Digitale Fernseh- und Hörfunktechnik in Theorie und Praxis

Walter Fischer

Digitale Fernseh- und Hörfunktechnik in Theorie und Praxis

MPEG-Quellcodierung und Multiplexbildung, analoge und digitale Hörfunk- und Fernsehstandards, DVB, DAB/DAB+, ATSC, ISDB-T, DTMB, terrestrische, kabelgebundene und Satelliten-Übertragungstechnik, Messtechnik

4., aktualisierte Auflage

Springer Vieweg

Walter Fischer
München, Deutschland

Walter Fischer Moosburg, München, Deutschland E-Mail: Walter.Fischer@rohde-schwarz.com“

ISBN 978-3-642-53895-7 ISBN 978-3-642-53896-4 (eBook)
DOI 10.1007/978-3-642-53896-4

Die Deutsche Nationalbibliothek verzeichnet diese Publikation in der Deutschen Nationalbibliografie; detaillierte bibliografische Daten sind im Internet über http://dnb.d-nb.de abrufbar.

Springer Vieweg

Gedruckt auf säurefreiem und chlorfrei gebleichtem Papier

Springer Berlin Heidelberg ist Teil der Fachverlagsgruppe Springer Science+Business Media
(www.springer.com)

Vorwort zur vierten deutschen Auflage

Seit der letzten deutschen Auflage dieses Buches ist nun auch bereits wieder ein halbes Jahrzehnt vergangen, der Abstand zur ersten Auflage beträgt etwa 10 Jahre. In beiden Zeiträumen ist technisch sehr viel Innovatives geleistet worden. Die hierbei bedeutendste Neuerung war wohl die Erfindung des Smart Phones und des Tablet PCs. Beide Produkte haben die Welt ganz allgemein verändert, aber speziell auch die des Rundfunks. Es werden über beide Medien nun auch Filme, TV- und Hörfunkprogramme per „Streaming" konsumiert. Es ist dadurch auch speziell bei der jüngeren Generation ein verändertes Rundfunknutzer-Verhalten festzustellen.

Die aktuelle Version des Buches ist überarbeitet und erweitert und entspricht wieder dem Stand der Technik. Praktische Erkenntnisse aus der Einführungsphase von DVB-T2 sind eingearbeitet, neue Standards und Verfahren wie 3DTV, HEVC/H.265/High Efficiency Video Coding, UHDTV Ultra High Definition Television, 4K, DOCSIS 3.1 werden besprochen. Der Hörfunk wird sowohl in digitaler Form wie auch in analoger Form als UKW-FM-System ausführlich beschrieben.

War mit dem Erscheinen der ersten Auflage analoges Fernsehen noch Gegenwart, waren hierbei auch zu fast 100% noch TV-Bildröhrengeräte zu Hause in den Wohnzimmern zu finden, so sind wir mit der vierten Auflage im Zeitalter der Flachbildschirme und des hochauflösenden Fernsehens bereits ein paar Jahre angekommen.

Dieses Werk, erschienen in Englisch und Deutsch, sowie teilweise auch in spanischer und ungarischer Übersetzung, hat viele Leser auf allen Kontinenten der Erde gefunden; zahlreiche Rückmeldungen bestätigen dies.

Viele meiner Seminarteilnehmer bei unzähligen Seminaren auf allen Erdteilen haben auch gerne auf dieses Buch ergänzend zurückgegriffen. Umgekehrt ist auch in die vierte deutsche Auflage wieder vieles aus meinen Seminarreisen, Vorträgen, aus der Vorlesung an der Hochschule München, aus diversen Feldversuchen und vielen Labormessungen in das vorliegende Werk mit eingeflossen.

Ich möchte mich hiermit bei allen bedanken, die zum Gelingen dieses Buches beigetragen haben, sei es direkt bei der Erstellung oder durch Anregungen und Rückmeldungen. Speziell bedanken möchte ich mich bei meinen Kollegen von Rohde&Schwarz und beim Springer Verlag. Besonders viel habe ich von den vielen intensiven Kontakten zu Rundfunknetzbetreibern auf allen Kontinenten dieser Erde gelernt, von denen ich wiederum die meisten Kontakte zur mir örtlich am nächsten gelegenen Rundfunkanstalt hatte, nämlich dem Bayerischen Rundfunk, den ich hiermit besonders erwähnen möchte; nicht alle aber fast alle Senderstandorte des BR habe ich bisher besuchen können und bin v.a. in der Sendestation Wendelstein des BR oft ein- und ausgegangen. Deswegen ist auch das Titelbild dieses Buches wieder dieser Station gewidmet.

Gerade rechtzeitig mit der Einführung von DVB-T2, bzw. mit der Umstellung von DVB-T der ersten Generation mit MPEG-2-Videocodierung auf DVB-T2 mit High Efficiency Video Coding wird den Rundfunktechnikern in Deutschland die neue Technik erläutert.

Dipl.Ing.(FH) Walter Fischer
Moosburg an der Isar, bei München, im August 2015

Vorwort

Die Welt der Rundfunk- und Fernsehtechnik hat mich schon recht früh fasziniert und seit meiner Diplomarbeit zum Thema "Prüfzeilenerzeugung" an der Fachhochschule München im Jahre 1983 bei Prof. Rudolf Mäusl nicht mehr losgelassen. Im Rahmen dieser Diplomarbeit entstanden Verbindungen zur Fa. Rohde&Schwarz, die mein späterer Arbeitgeber werden sollte. Bis 1999 war ich dort als Entwicklungsingenieur immer im Bereich Videomesstechnik, aber dort in verschiedenen Produkt- und Tätigkeitsfeldern tätig. Analoge Videomesstechnik, v.a. Prüfzeilenmesstechnik begleitete mich über lange Jahre. Ab Mitte der 90er Jahre wurde dann Digital Video Broadcasting (DVB) immer mehr mein Hauptgebiet. Während meiner Entwicklertätigkeit war ich natürlich auch intensiv in das Gebiet der Firm- und Softwareentwicklung eingebunden. Intensive Auseinandersetzung mit der Programmiersprache C und C++ führten mich in den Bereich von Softwareschulungen, die ich seit Anfang der 90er Jahre firmenintern verstärkt durchführte. Ich weiß nicht mehr wie viele Seminare und Seminarteilnehmer mir die Freude an dieser Art "Arbeit" vermittelt hatten. Jedenfalls entstand während dieser etwa 40 Seminare die Liebe zum Training, das ich dann im Jahre 1999 zum Hauptberuf wählte. Seit März 1999 bin ich im Trainingszentrum von Rohde&Schwarz als Trainer im Bereich Rundfunk- und Fernsehtechnik mit Hauptgebiet Digital Video Broadcasting (DVB) tätig. Seit dieser Zeit habe ich weltweit viele Hunderttausende von Flugkilometern zurückgelegt, um das neue Gebiet "Digitales Fernsehen" mit dem Praxisschwerpunkt Messtechnik zu lehren. Ich war unterwegs zwischen Stockholm und Sydney.

Wichtige Impulse entstanden während dieser bis heute 9 Australienreisen. Ich habe große praktische Erfahrung während meiner Seminare in "Down Under" gesammelt und ich weiß nicht, ob dieses Buch zustande gekommen wäre, wenn ich nicht all diese praktischen Erfahrungen dort gemacht hätte. Besonderer Dank gebührt meinem australischen Kollegen von Rohde&Schwarz Australien Simon Haynes, der mich intensivst unterstützt hat. Wir haben oft über die Publizierung der Seminarinhalte gesprochen. Den Aufwand hatte ich jedoch unterschätzt. Die ursprünglichen Seminarunterlagen waren nur geringfügig direkt für das Buch geeignet. Praktisch alle Texte entstanden komplett neu. Es entstand die erste englische Auflage meines Buches „Digital Television – A practical Guide for Engineers“. Die Leserschaft, die ich ansprechen will, sind Leute, die mit dem neuen Thema "Digitales Fernsehen, " bzw. „Digitale Rundfunktechnik“ in der Praxis zu tun haben. Dies ist ein Buch für Techniker und Ingenieure, die sich in dieses Gebiet einarbeiten wollen. Ich habe so wenig wie möglich mathematischen Ballast eingebaut, obwohl mich selber das Gebiet der Mathematik immer sehr interessiert und fasziniert hat. Aber wo es nicht notwendig ist, da soll und muss es auch nicht sein.

Herzlichen Dank an Professor Rudolf Mäusl. Er hat mir die Welt der Fernsehtechnik nahegebracht hat wie kein anderer. Seine Vorlesungen an der Fachhochschule und seine Art der Wissensvermittlung waren mir immer ein Vorbild und haben auch die Art und Weise dieses Buches hoffentlich positiv beeinflusst. Seine vielen Veröffentlichungen und Bücher sind als Literatur nur zu empfehlen. Der Kontakt zu ihm ist nie abgerissen. Vielen Dank für die vielen Gespräche und Anregungen.

Herzlichen Dank auch an den Springer Verlag, Hr. Dr. Merkle und Frau Jantzen, für die tatkräftige Unterstützung und die Möglichkeit beim Springer Verlag dieses Buch herausgeben zu können.

Und vielen Dank für die Unterstützung weltweit von Schweden, Grönland, Australien, Türkei, Dänemark, Frankreich, Deutschland, Österreich, Schweiz, USA, Kanada, UK, Neuseeland, Russland, Lettland, Italien, Spanien, Portugal, Niederlande, Belgien, Luxemburg, Singapur und all die anderen Länder in denen ich war oder aus denen Seminarteilnehmer nach München oder an einen der vielen Seminarorte weltweit kamen, um mit mir das komplexe Thema Digitales Fernsehen bzw. Digitaler Rundfunk zu erfahren.

Es waren nun bisher an die 600 Seminartage weltweit zum Thema analoges und digitales Fernsehen, sowie Digital Audio Broadcasting mit mehr als 2500 Teilnehmern aus der ganzen Welt. Die internationalen Seminare waren und sind eine reiche persönliche Erfahrung. Ich blicke mit großem Dank auf die vielen geknüpften Kontakte, die teils per Email immer noch bestehen.

Die englische Auflage dieses Buches ist Anfang 2004 erschienen. Im Vergleich zur englischen sind in dieser deutschen Version aber nun auch schon einige neue Kapitel und Ergänzungen, sowie auch der verwandte Bereich „Digital Audio Braodcasting – DAB“ enthalten. Außerdem gab es einige Erweiterungen in den Standards, neue Standards, aber auch neue Erkenntnisse für mich.

Moosburg an der Isar, bei München, im März 2006 Walter Fischer

Inhaltsverzeichnis

1 Einleitung

Das Fernsehen ist nun seit etwa 2012 wirklich im Zeitalter des hochauflösenden Fernsehens HDTV angekommen. Seit der Analogabschaltung über Satellit stehen hierfür ausreichend Kanäle zur Verfügung und die HDTV-Flachbildschirme haben inzwischen auch schon fast in jedes Wohnzimmer Einzug gehalten. Die Bildschirmdiagonalen sind gegenüber noch vor wenigen Jahren kräftig angewachsen. Die Durchschnittsgröße dürfte hierbei auch schon bei etwa 40 bis 42 Zoll liegen. Unangenehme Begleiterscheinungen der ersten Flachbildschirme, wie eingeschränkter Blickwinkel und Bewegungsunschärfe, wurden eliminiert; die Bildqualität ist mittlerweile hervorragend und nicht mehr mit der der Röhrengeräte vergleichbar. Auch das Ausstattungsmerkmal „Smart TV“ bzw. „HbbTV“ ist meist integriert und das bedeutet, dass der Fernseher mit der Welt des Internets zusammengeführt worden ist. Und seit 2014 wird auch schon kräftig die Werbetrommel für das ultra-hochauflösende Fernsehen UHDTV gerührt; UHDTV-Endgeräte kann man kaufen, technisch ist auch die Übertragungskette verfügbar, jedoch fehlen hierfür noch die hochauflösenden Inhalte und die Kanalkapazitäten. Fernsehen ist aber nur ein Teil des Rundfunks; hierzu zählt natürlich auch der Hörfunk. Und dieser wird auch noch meist in analoger Form empfangen, auch wenn z.B. in Deutschland DAB/DAB+ seit 2011 kräftig ausgebaut wurde und sowohl das Empfängerangebot als auch das Inhalte-Angebot nun doch recht üppig geworden ist. Unter dem Begriff Rundfunk versteht man die Übertragung von Information, sei es Sprache, Bild und Ton oder seien es Daten von einem Punkt, nämlich dem Sender zu vielen Punkten, nämlich den Rundfunkempfängern. Ein besonderes Merkmal des Rundfunks ist, dass hierbei der Sender nicht merkt, wie viele Empfänger zuhören. D.h. die Kanalkapazität wird dadurch nicht verringert, wenn mehr Empfänger den einen Sender empfangen. Dies ist der große Unterschied zu einer Mobilfunkverbindung und zu einer Internetverbindung, bei der eine Punkt-zu-Punkt-Verbindung besteht. Rundfunknetze wurden bisher auch immer sehr störunanfällig und somit robust im Katastrophenfall eingerichtet. Das macht den Rundfunk auch zum sicheren Medium, um Informationen auch noch unter schwierigen Bedingungen an die Bevölkerung zu verteilen.

In diesem Buch werden alle Rundfunkstandards – analog und digital – hinsichtlich Basisbandstandards (MPEG) und Übertragungsstandards (DVB, ATSC, ISDB-T, DAB, ...) diskutiert. Außerdem werden alle nötigen Grundlagen hierzu wie

- analoge Audio- und Videosignale
- Transformationen vom Zeitbereich in den Frequenzbereich und zurück
- analoge und digitale Modulationsverfahren
- Mehrträgermodulationsverfahren, OFDM
- digitale Video- und Audiosignale

usw., ausführlich in eigenen Kapiteln erklärt. In den MPEG-Standards sind die gängigsten Quellcodierungsverfahren für Multimedia- und Rundfunkanwendungen beschrieben, diesen wird natürlich in vielen Abschnitten breiter Raum gelassen; hierbei wird sowohl das MPEG-2-Transportstromprotokoll besprochen wie auch die Video- und Audiocodierung, d.h. die Kompression von digitalen Video- und Audiosignalen. Neben einer Einführung in H.262/MPEG-2-Video werden auch H.264/MPEG-4/AVC und H.265/HEVC erläutert. Es folgen Kapitel über Digital Video Broadcasting, ATSC, ISDB-T, DAB/DAB+, DTMB und hierbei werden alle Übertragungswege des Rundfunks, nämlich

- die Terrestrik
- der Satellitenübertragungsweg
- das Rundfunk-Breitbandkabel (CATV)
- und die Zweidrahtleitung

sowie die entsprechenden Übertragungsstandards betrachtet. Rundfunk ist linear, d.h. der Benutzer kann sich die Sendungen nur insofern auswählen, indem er den einen oder anderen Kanal auswählt. Innerhalb eines physikalischen oder logischen Rundfunkkanals kann der Rundfunkteilnehmer keinen Einfluss auf den Ablauf nehmen. Trotzdem gibt es bereits heute mittels VoD (Video on Demand), YouTube usw. Möglichkeiten des „nichtlinearen“ Fernsehgenusses. Wie sich Fernsehen über IP als IPTV oder als OTT (Over the Top TV) oder besser bekannt als „Streaming“-Dienste darstellt, wird auch angesprochen. Ebenso ist nun auch ein Kapitel über die Nutzung des Breitbandkabels für bidirektionale Dienste wie Telefonie und Internet über DOCSIS (Data over Cable Service Interface Specification) enthalten.

Ziel war es nicht, Standards „abzuschreiben“, sondern zu erklären, wie sie funktionieren und sie möglichst praxisnah und anschaulich mit vielen Beispielen zu erläutern. Es sind zahlreiche Kapitel über die entsprechende Messtechnik, sowie auch Abschnitte über terrestrische Rundfunknetze, Rundfunksender und Rundfunksendestationen zu finden. Erfahrungen aus unzähligen Seminarreisen, Messfahrten, Vorträgen und Lehrveranstaltungen des Autors mittlerweile auf allen Kontinenten der Erde, sowie aus vielen intensiven Fachdiskussionen mit Kollegen aus dem Hause Rohde&Schwarz, aus Rundfunkanstalten und Industrie sind in dieses Werk eingeflossen. Häufig konnte vieles einfach auch praktisch getestet und gemessen werden, sei es im Hause Rohde&Schwarz, vor Ort „im Feld“ durch Versorgungsmessungen in DVB-T und DVB-T2-Netzen, im DVB-T2-Feldversuch München oder im eigenen Labor in zahlreichen Experimenten.

Bevor nun im nächsten Kapitel in die Technik eingestiegen wird, sei nun noch etwas Platz für ein paar historische Betrachtungen. Videoübertragungen starteten bereits etwa 1884 mit der Entwicklung der Nipkow-Scheibe durch Paul Nipkow. Mit Hilfe einer rotierenden Scheibe, auf der er spiralförmig Löcher anordnete, hatte er eine Möglichkeit geschaffen, Bilder in Elemente, in „Zeilen“ zu zerlegen, um sie dann von einer rotierenden Senderscheibe zu einer synchron laufenden rotierenden Empfängerscheibe zu übertragen. Beide Scheiben waren durch Synchron-Motoren angetrieben worden, bei einer Netzfrequenz von 50 Hz oder 60 Hz, je nach Land. Einige Jahre vorher wurden durch Heinrich Hertz die von Maxwell mathematisch vorhergesagten elektromagnetischen Wellen nachgewiesen. Mit Hilfe dieser hat dann Marconi um 1895 erste Nachrichtenübertragungen vorgenommen. Rundfunk war anfangs hauptsächlich eine Technik, um kurze Informationen über längere Distanzen drahtlos, also anstelle der drahtgebundenen Telegraphie zu verschicken, sei es zu festen Zielen auf Land oder beweglichen Zielen auf dem Wasser. In den 1920er Jahren fanden dann erste Musikübertragungen statt. Der Rundfunk im heutigen Sinne wurde damit erfunden. Als eine Wiege des Hörfunks kann man die Station Königs Wusterhausen südlich von Berlin bezeichnen, da von hier aus wohl einige der ersten Versuche zur Musikübertragung überhaupt stattfanden. Rundfunkübertragungen fanden zuerst auf Langwelle, Mittelwelle und Kurzwelle in Amplitudenmodulation statt. Die Klangqualität war sehr mäßig, was v.a. durch die geringere Bandbreite von etwa 5 kHz und die atmosphärische Störanfälligkeit bedingt war. Über solche schmalbandigen Rundfunkkanäle fanden zu jener Zeit auch Schmalband-Fernsehübertragungen mit Nipkow-Scheiben auf beiden Seiten der Übertragungskette hin zu sog. „Fernsehstuben“ statt (siehe auch „NBTV“ = Narrow Band TV, John Logie Baird) - mit etwa 30 Zeilen pro Bild. Es war jedoch die Synchronisation der Synchronmotoren der Nipkow-Scheiben, die für die Anbindung der Bildwiederholfrequenz an die Frequenz des Stromversorgungsnetzes ursächlich war (50 Hz, 60 Hz). Ab den 1930er Jahren erfolgte dann auch erstes „Breitbandfernsehen“ mit einige Hundert Zeilen pro Bild. Das Zeitalter des Schwarzweißfernsehens startete aber erst nach dem Zweiten Weltkrieg. In Europa legte man die Grundlagen hierfür im sog. Gerber-Standard nieder. Weltweit entstanden dann quasi zwei Fernsehwelten, nämlich die 50 Hz – und die 60 Hz – Welt, mit 50 Halbbildern und 25 Vollbildern pro Sekunde, bzw. 60 Halbbildern und 30 Vollbildern pro Sekunde. Ende der 1940er Jahre wurde in Europa aus einer Frequenzknappheit heraus auch das UKW-FM-Band (VHF Band II, 87.5 – 108 MHz) für den Rundfunk erschlossen. Das nun verwendete Modulationsverfahren war dann Frequenzmodulation; in Verbindung mit dem gegenüber atmosphärischen Störungen deutlich weniger anfälligen Frequenzbereich entstand daraus ein Rundfunkstandard, der bis heute in den Haushalten als UKW-Rundfunk in zahlreichen Endgeräten verwendet wird und wie es sich momentan darstellt, noch lange nicht dem digitalen Rundfunk „zum Opfer fallen“ wird. Aus dem zunächst UKW-FM-Mono-Rundfunksignal entstand dann in den 1950er Jahren der UKW-FM-Stereo-Rundfunk, der dann etwas später durch ein RDS-Signal (Radio Data System) ergänzt wurde. In den 1960er Jahren wurde das Fernsehen dann farbig; mit NTSC, PAL und SECAM wurden drei verschiedene Farbübertragungsverfahren kompatibel in das Schwarzweißübertragungsverfahren integriert. In den 1980er Jahren erfolgte die Einführung des Videotexts und damit wurden zum ersten Mal programmergänzende Daten mit ausgestrahlt. Der Videotext wurde von der BBC als „British Teletext“ entwikkelt. In den 1980er Jahren entstanden dann auch erste Ansätze für hochauflösendes Fernsehen – HDTV. Es wird aber noch lange dauern, bis dieses dann wirklich umgesetzt wird, nämlich noch weitere 30 Jahre. Weitere Meilensteine waren zudem noch das D2MAC-Verfahren (etwa 1990) und PALplus (etwa 1991). Das D2MAC-Verfahren scheiterte zunächst am „flügellahmen“ Satelliten „TV-Sat1“ und dann aber vollends. Ende der 1980er Jahre erfolgte die Entwicklung von Digital Audio Broadcasting (DAB); erste digitale DAB-Hörfunksender gingen noch vor dem Beginn des digitalen Fernsehzeitalters in Betrieb. Außerdem kamen gegen Ende der 1980er Jahre mit Satellit und Breitbandkabel weitere Rundfunkübertragungswege zum bereits lange bestehenden terrestrischen Übertragungsweg hinzu. Mitte der 1990er Jahre begann mit der Veröffentlichung der MPEG-, DVB- und ATSC-Standards das Zeitalter des digitalen Fernsehens. MPEG versteht sich als eine Sammlung verschiedener Basisbandstandards für digitale Rundfunksignale (Video und Audio) mit dem Ziel, diese für die Speicherung (z.B. DVD) und Verbreitung (Rundfunk) durch

Quellcodierung und Multiplexbildung vorzubereiten. „MPEG“ steht für „Moving Pictures Expert Group“. Im Rahmen des europäischen Projekts „DVB“ – „Digital Video Broadcasting“ - ist eine Reihe von Rundfunkübertragungsstandards für die Verbreitung von Fernsehsignalen mit begleitendem Ton und Datendiensten entstanden: mit DVB-S ein Standard für digitale Satellitenfernsehübertragung, mit DVB-C ein Verfahren für digitales Breitbandkabelfernsehen und mit DVB-T ein digitales terrestrisches Fernsehübertragungsverfahren. DVB ist auch außerhalb von Europa von vielen Ländern übernommen worden. Anfang der 2000er Jahre war digitales Fernsehen als SDTV – Standard Definition Television bereits in einigen Ländern über Satellit, Kabel und Terrestrik gestartet. Parallel zu DVB, bzw. auch etwas zeitversetzt erschienen dann auch die Standards ATSC (USA) und IDSB-T (Japan), sowie DTMB (China). Im Jahr 2003 wurden mit der H.264/AVC-Videocodierung und der zweiten Generation Digitales Satellitenfernsehen DVB-S2 Verfahren veröffentlicht, mit denen dann auch HDTV praktisch in zahlreichen Ländern realisiert wurde. Aber erst nach 2010 kann man das eigentliche HDTV-Zeitalter als wirklich eingeführt erkennen; es gibt Inhalte und auch taugliche, erschwingliche TV-Endgeräte. Zwischenzeitlich wurde ab etwa 2004 mit DVB-H, MediaFLO und T-DMB versucht, das Fernsehen mobil zu machen, was zwar technisch funktionierte, aber wirtschaftlich kein Erfolg wurde. Ab 2011 wurde der digitale Hörfunk über DAB+ weiter ausgebaut und ab diesem Zeitpunkt waren dann auch deutlich mehr Hörfunkinhalte und Digitalradio-Endgeräte verfügbar. Mit HbbTV (Hybrid Broadband Broadcast TV) bzw. unter dem marktgängigeren Begriff „Smart TV“ war nun auch die Konvergenz des Fernsehens mit dem Internet erkennbar; die TV-Flachbildschirme wurden zunehmend mit WLAN bzw. Ethernet-Anschluss und entsprechender Software bzw. „Middleware“ und vorinstallierten und herunterladbaren Applikationen ausgestattet. Und mit UHDTV ist der Startschuss zum ultra-hochauflösenden Fernsehen auch schon gefallen. Analoges Fernsehen über die Terrestrik und über Satellit ist abgeschaltet. Von DVB-T der ersten Generation wird in den nächsten Jahre auf die zweite Generation mit DVB-T2 umgestellt. Kurz nach DVB-T2 wurde auch ein neuer digitaler Rundfunkstandard für das Breitbandkabel mit DVB-C2 veröffentlicht. Das Breitbandkabel wird schon seit Ende der 1990er Jahren über DOCSIS auch für Telefonie und Internet genutzt. Der neueste DOCSIS 3.1-Standard, der im Jahre 2013 erschienen ist, wird wohl die Nutzung des Breitbandkabels revolutionär verändern. Der Rundfunk hat mittlerweile auch den Weg über die verdrillte Zweidrahtleitung „twisted pair line“ über xDSL, sowie als Streaming-Dienste über das Internet entdeckt; ein neues Schlagwort taucht auf – „OTT“ – „Over the Top TV“. Damit ist die Geschichte erzählt und die Erläuterung der technischen

Standards kann beginnen. Die Entwicklungsschritte des Rundfunks, also von Hörfunk und Fernsehen über der Entdeckung der elektromagnetischen Wellen bis hin zur Gegenwart im Jahr 2015 sind:

- Maxwellsche Gleichungen, 1864
- Heinrich Hertz, Nachweis der elektromagnetischen Wellen, 1886
- Marconi, erste Nachrichtenübertragungen über elektromagnetische Wellen, 1895
- Nipkow-Scheibe, 1884
- Hörfunk über Langwelle, Mittelwelle und Kurzwelle, 1923
- Schmalbandfernsehen, John Logie Baird, 1926
- Schwarzweiß-Fernsehen, 1934
- UKW-Hörfunk, 1949
- Farbfernsehen, 1967
- Videotext, Anfang 1980er Jahre
- Ansätze für HDTV, Mitte 1980er Jahre
- D2MAC, PALplus, Anfang 1990er Jahre
- Kabelfernsehen, ab Mitte 1980er Jahre
- Satellitenfernsehen, ab Ende 1980er Jahre
- DAB – Digital Audio Broadcasting, Entwicklung gegen Ende der 1980er Jahre
- MPEG, Mitte 1990er Jahre
- DVB, ATSC, Mitte 1990er Jahre
- SDTV, Ende 1990er Jahre
- xDSL, Zweidrahtleitung, Anfang 2000er Jahre
- DOCSIS = Data over Cable System Interface Specification, Ende 1990er Jahre
- DAB-Ausbau ab ca. 2005 in UK
- DAB+ ab ca. 2008 in Australien, Skandinavien
- DAB/DAB+ - Ausbau ab 2011 in Deutschland
- HDTV, hochauflösendes Fernsehen ab (2002 …) 2010
- HbbTV = Hybrid Broadcast Broadband TV, Smart TV, ab 2010
- UHDTV, ultrahochauflösendes Fernsehen ab 2014
- „lineares“ und „nichtlineares“ Fernsehen
- OTT=Over the Top TV, Video-, Audio-Streaming

Tabelle 1.1. Verfahren und Standards für digitales Fernsehen und digitalen Hörfunk

Verfahren/Standards	Anwendung
JPEG	Standbildkomprimierung, Fotografie, Internet
Motion-JPEG	DVPRO, MiniDV, Digitale Heimvideokamera
MPEG-1	Video auf CD
MPEG-2	Basisbandsignal für digitales Fernsehen, DVD-Video
MPEG-4	Neue Video- und Audiokompressionsverfahren
MPEG-H	vgl. HEVC, High Efficiency Video Coding
H.262	Video Codierung (vgl. MPEG-2 Video)
H.264	Video Codierung, AVC (vgl. MPEG-4, Part 10 Video)
H.265	Video Codierung, HEVC (vgl. MPEG-H Video)
DVB	Digital Video Broadcasting
DVB-S	Digitales Fernsehen über Satellit
DVB-S2	Neuer DVB-Satellitenstandard
DVB-C	Digitales Fernsehen über Breitbandkabel
DVB-T	Digitales terrestrisches Fernsehen
J83A	= DVB-C
J83B	Nordamerikanischer Kabelstandard
J83C	Japanischer Kabelstandard
ATSC	Nordamerikanischer Standard für digitales terrestrisches Fernsehen (USA, Kanada)
ISDB-T	Japanischer Standard für digitales terrestrisches Fernsehen
DTMB	Chinesischer Standard für digitales terrestrisches Fernsehen (Digital Terrestrial Multimedia Broadcasting)
CMMB	Chinese Mobile Multimedia Broadcasting
DAB	Digital Audio Broadcasting
IBOC – HD-Radio	Hybrid Radio (digitaler Hörfunk)
FMextra	Digitaler Hörfunk
T-DMB	Südkoreanischer Standard für mobile Übertragung von MPEG-Video und Audio basierend auf DAB (Terrestrial Digital Multimedia Broadcasting)
DVB-H	Digital Video Broadcasting for Handhelds
MHP	Multimedia Home Platform
DRM	Digital Radio Mondiale
MediaFLO	Media Forward Link Only – mobile TV Standard
DVB-SH	DVB for Handheld Terminals via Satellite and Terrestrial
DVB-T2	Second Generation Digital Terrestrial Video Broadcasting
DVB-C2	Second Generation Digital Video Broadcasting - Cable
IPTV	Internet-Fernsehen, Fernsehen über xDSL
DOCSIS	Data over Cable System Interface Specification, IP und Telefon über Breitbandkabel

Hinweis: Viele in der Tabelle aufgeführten Begriffe sind durch ein Copyright © geschützt.

Rundfunk ist die Übertragung von Information vom Sender hin zu den den Empfängern (siehe Abb. 1.1.). Die Information, Bewegtbilder, zugehöriger lippensynchroner Ton und Zusatzdaten müssen erst auf die Übertragung vorbereitet werden; man nennt dies die Quellcodierung. Videosignale und Audiosignale werden hierbei z.B. gemäß MPEG komprimiert und somit auf erträglichere Datenraten gebracht. Anschließend werden die Video- und Audiosignale zu einem Datensignal, dem Multiplexsignal, zusammengefasst und dann im Modulator durch die Kanalcodierung auf den Übertragungskanal vorbereitet.

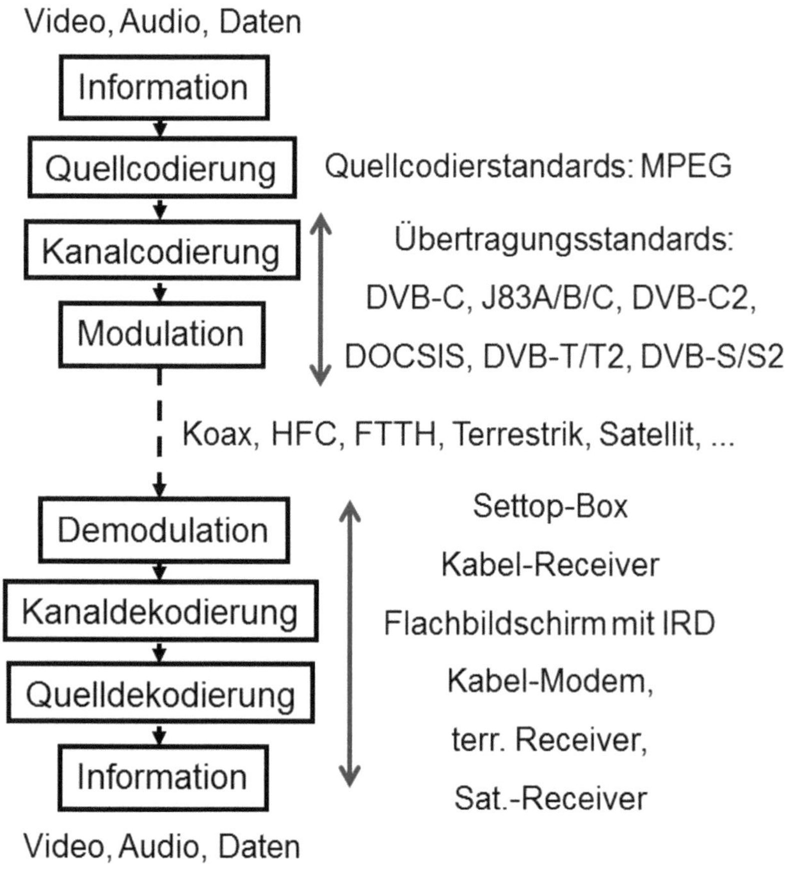

Abb. 1.1. Prinzip der Informationsübertragung

Darunter versteht man im Allgemeinen den Fehlerschutz, Forward Error Correction, FEC. Daraufhin werden die fehlergeschützten Daten durch Modulation einem sinusförmigen Hochfrequenz-Träger (HF-Signal) aufgeprägt. Das HF-Signal wird dann verstärkt und terrestrisch, über Satellit oder kabelgebunden übertragen. Der Rundfunkempfänger wandelt daufhin das HF-Signal durch Demodulation wieder um in einen Datenstrom, der aufgrund von Interferenzstörern (Rauschen, usw.) meist noch mit Übertragungsfehlern behaftet ist. Die Kanaldekodierung repariert dann durch die Umkehrung des Fehlerschutzes diese Fehler soweit wie möglich. Anschließend werden dann Video- und Audiosignale durch Quelldecodierung, d.h. durch Dekomprimierung wieder zurückgewonnen und ausgegeben, bzw. dargestellt. Jeder der digitalen Rundfunkstandards kann so beschrieben, bzw. dargestellt werden.

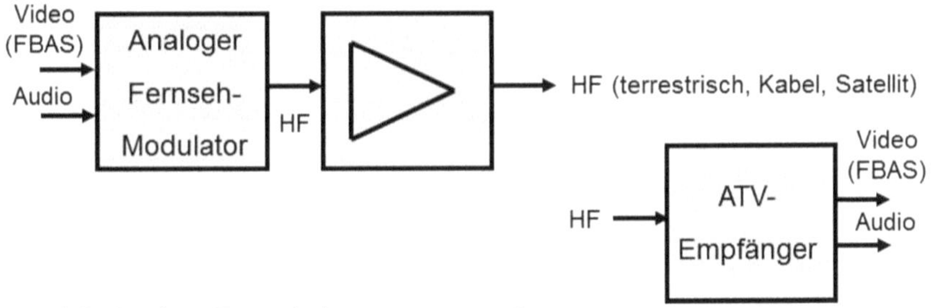

Abb. 1.2. Analoge Fernsehübertragungsstrecke

Beim analogen Fernsehen (ATV) kann man sich die Quellcodierung vereinfacht durch die Bandbegrenzung der Video- und Audiosignale, bzw. durch deren technische Ausführung (FBAS-Signal, Mono, L/R-Signal usw.) vorstellen. Video- und Audiosignale werden dem Bild- und Tonmodulator zugeführt, von dem dann ein HF-Signal, das genau ein Programm enthält, zum Empfänger übertragen wird. Der ATV-Empfänger ist auf einen Empfangskanal abgestimmt und gibt genau ein Programm wieder.

Beim digitalen Fernsehen werden einige Programme oder Services der Quellcodierung unterworfen und zu einem digitalen Multiplex-Signal zusammengefasst (z.B. MPEG-2-Transportstrom). Dieses Multiplex-Signal wird dann dem digitalen Rundfunkmodulator zugeführt, der den Datenstrom mit einem Fehlerschutz versieht und diesen dann per Einträgermodulationsverfahren oder Mehrträgermodulationsverfahren (OFDM) einem HF-Träger aufprägt. Das HF-Signal wird verstärkt und über Terrestrik, Satellit oder Breitbandkabel zu den Empfängern übertragen. Die digitalen Rundfunkempfänger werden auf den Empfangskanal abgestimmt und können daraus mehrere Programme entnehmen. Nur ein ausgewähltes Programm (Service) wird wiedergegeben.

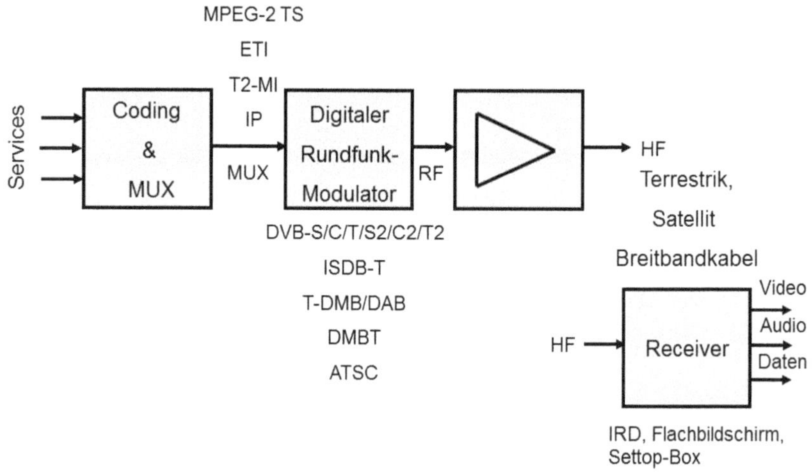

Abb. 1.3. Digitale Rundfunkübertragung

Literatur: [ISO13818-1], [ISO13818-2], [ISO13818-3], [ETS300421], [ETS300429], [ETS300744], [A53], [ITU205], [ETS300401], [ETS101980], [DOCSIS1.0], [DOCSIS2.0], [DOCSIS3.0], [DOCSIS3.1] [HEVC], [HEVC_IEEE_Overview], [HEVC_IEEE_Comparison], [FKT_2013_HEVC], [NBTV]

2 Analoges Fernsehen

Beim Analogen Fernsehen gibt es weltweit zwei Grundstandards, nämlich das 625-Zeilensystem mit 50 Hz Bildwechselfrequenz und das 525-Zeilensystem mit 60 Hz Bildwechselfrequenz. Und bezüglich der Farbübertragungsart beim Composite-Videosignal (FBAS=Farb-Bild-Austast-Synchron-Signal, CVBS=Color Video Blanking Signal) unterscheidet man zwischen

- PAL (= Phase Alternating Line)
- SECAM (= Sequentielle a Memoire)
- NTSC (= North American Television System Committee)

PAL, SECAM und NTSC-Farbübertragung ist in 625- und 525-Zeilensystemen möglich; es sind aber nur bestimmte Analog-TV-Standard-Kombinationen weltweit eingesetzt worden. Das geschlossen codierte Videosignal wird einem Träger, dem Bildträger in den meisten Fällen negativ amplitudenmoduliert (AM) aufgeprägt. Lediglich beim Standard L (Frankreich) wurde mit Positiv-Modulation (Sync innen) gearbeitet. Der erste und zweite Tonträger ist üblicherweise ein frequenzmodulierter (FM) Träger, der zweite Tonträger konnte jedoch auch ein digital modulierter NICAM-Träger sein. Die Unterschiede zwischen den in den einzelnen Ländern verwendeten Verfahren liegen zwar meist nur im Detail, ergeben aber in Summe eine Vielzahl von unterschiedlichen nicht untereinander kompatiblen Standards. Die Standards des analogen Fernsehens wurden alphabetisch von A...Z durchnummeriert und beschrieben im wesentlichen die Kanalfrequenzen und Bandbreiten in den Frequenzbändern VHF Band I, III (47...68 MHz, 174 ... 230 MHz), sowie UHF Band IV und V (470 ... 862 MHz); Beispiel: Standard B, G Deutschland: B = 7 MHz VHF, G = 8 MHz UHF.

In der Videokamera wird jedes Teilbild in eine Zeilenstruktur zerlegt (Abb. 2.1.), in 625 bzw. 525 Zeilen. Wegen der endlichen Strahlrücklaufzeit im Fernsehempfänger wurde jedoch eine Vertikal- und Horizontalaustastlücke notwendig. Somit sind nicht alle Zeilen sichtbare Zeilen, sondern Zeilen der Vertikalaustastlücke. Auch innerhalb einer Zeile ist nur ein bestimmter Teil tatsächlich sichtbar. Beim 625-Zeilensystem sind 50 Zeilen nicht sichtbar, die Anzahl der sichtbaren Zeilen beträgt hier 575. Beim 525-Zeilensystem fallen zwischen 38 und 42 Zeilen in den Bereich der Vertikalaustastlücke.

Zur Reduzierung des Flimmereffektes wird jedes Vollbild in zwei Halbbilder eingeteilt. Zu Halbbildern sind die geradzahligen bzw. die ungeradzahligen Zeilen zusammengefasst. Die Halbbilder werden abwechselnd übertragen und ergeben zusammen eine Halbbildwechselfrequenz, die doppelt so groß ist wie die Bildwechselfrequenz. Der Beginn einer Zeile ist durch den Horizontal-Synchronimpuls markiert, einem Impuls, der im Videosignal unter Null Volt zu liegen kommt und -300 mV groß ist. Jeder Zeitpunkt im Videosignal ist auf die Sync-Vorderflanke und dort exakt auf den 50%-Wert bezogen. 10 µs nach der Sync-Vorderflanke beginnt beim 625-Zeilensystem der aktive Bildbereich in der Zeile. Der aktive Bildbereich ist hier 52 µs lang.

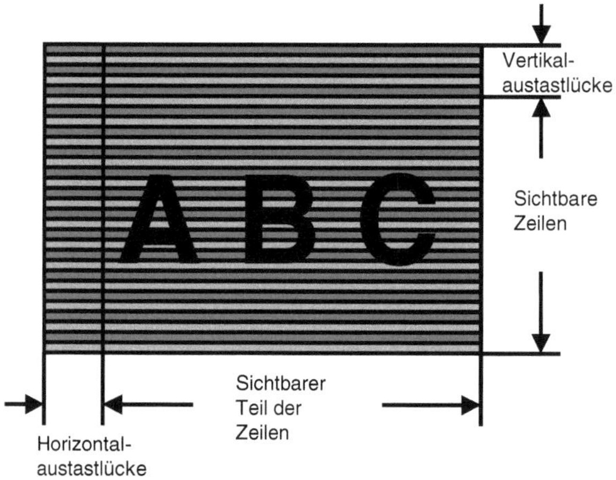

Abb. 2.1. Einteilung eines Bildes in Zeilen

Zunächst wird in der Matrix in der Videokamera das Luminanzsignal (= Y-Signal oder Schwarzweißsignal), das Helligkeitsdichtesignal gewonnen und in ein Signal umgesetzt, das einen Spannungsbereich zwischen 0 Volt (entspricht hierbei Schwarz) und 700 mV (entspricht 100% Weiß) aufweist. Ebenfalls in der Matrix in der Videokamera werden aus Rot, Grün und Blau die Farbdifferenzsignale gewonnen. Man hat sich für Farbdifferenzsignale entschieden, da zum einen die Luminanz aus Kompatibilitätsgründen zum Schwarz-Weiß-Fernsehen getrennt übertragen muss und man anderseits eine möglichst effektive bandbreitensparende Farbübertragung wählen wollte. Aufgrund des reduzierten Farbauflösungsvermögens des menschlichen Auges kann man nämlich die Bandbreite der Farbinformation im Vergleich zur Luminanz reduzieren.

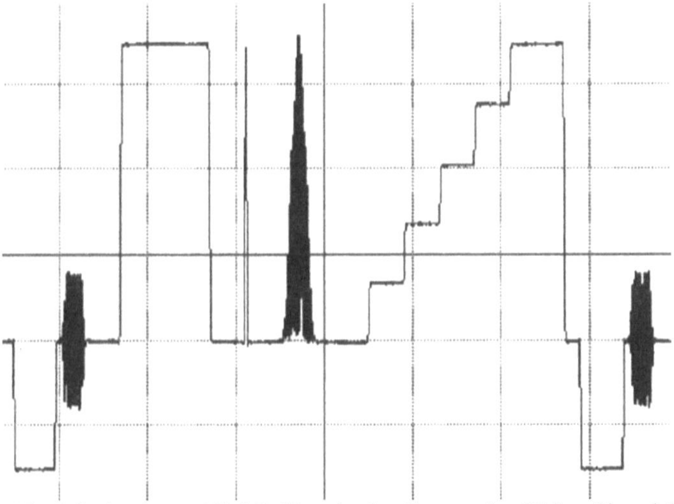

Abb. 2.2. Analoges FBAS-Signal oder Composite-Video Signal (PAL)

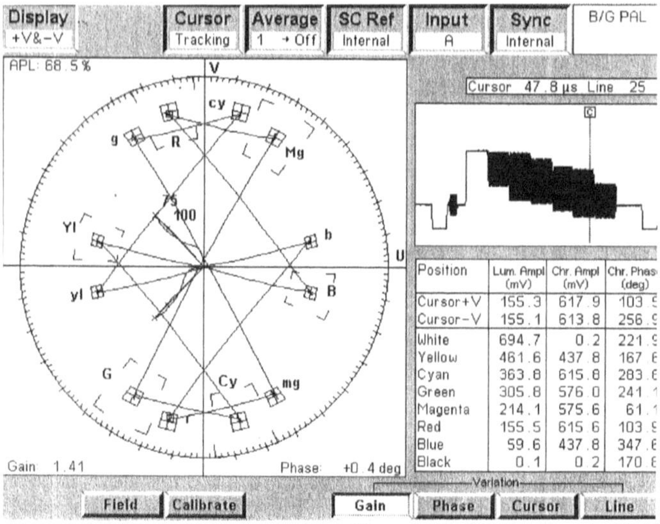

Abb. 2.3. Vektordiagramm eines Composite-Videosignals (PAL)

Tatsächlich wird die Farbbandbreite gegenüber der Luminanzbandbreite deutlich reduziert. Die Luminanzbandbreite liegt zwischen 4.2 MHz (Std.

M), 5 MHz (Std. B/G) und 6 MHz (Std. D/K, L), die Chrominanzbandbreite ist hingegen meist nur 1.3 MHz.

Im Studiobereich arbeitete man noch direkt mit den Farbdifferenzsignalen U=B-Y und V=R-Y. Zur Übertragung werden U und V, die Farbdifferenzsignale aber einem Farbträger vektor-moduliert (IQ-moduliert, Abb. 2.3.) aufgeprägt im Falle von PAL und NTSC. Bei SECAM wird die Farbinformation frequenzmoduliert übertragen. PAL, SECAM und NTSC haben aber alle gemeinsam, dass die Farbbinformation einem höherfrequenten Farbträger aufmoduliert wird, der im oberen Ende des Videofrequenzbereiches zum Liegen kommt und dem Luminanzsignal einfach durch Addition zugesetzt wird (Abb. 2.2.). Die Frequenz des Farbträgers wurde dabei jeweils so gewählt, dass sie den Luminanzkanal möglichst wenig stört. Oft ist jedoch ein Übersprechen zwischen Luminanz- und Chrominanz und umgekehrt nicht vermeidbar, z.B. wenn ein Nachrichtensprecher einen Nadelstreifenanzug gewählt hat. Die dann sichtbaren farbigen Effekte am Nadelstreifenmuster entstehen durch dieses Übersprechen (Cross-Color-, Cross-Luminanz-Effekte).

Endgeräte können folgende Videoschnittstellen aufweisen:

- FBAS/CCVS 75 0hm, 1V_{ss} (geschlossen kodiertes Videosignal, Abb. 2.2.)
- RGB-Komponenten (Scart)
- Y/C (Luminanz und Chrominanz getrennt geführt zur Vermeidung von Cross-Color/Cross-Luminanz).

Beim digitalen Fernsehen ist bei der Verdrahtung zwischen den Receivern und dem TV-Monitor möglichst eine RGB (Scart) - Verbindung oder eine Y/C - Verbindung zu wählen, um eine optimale Bildqualität zu erreichen.

Beim digitalen Fernsehen werden nur noch Vollbilder übertragen, keine Halbbilder mehr. Erst am Ende der Übertragungsstrecke findet wieder eine Generierung von Halbbildern im Receiver statt. Aber das ursprüngliche Quellmaterial liegt im Zeilensprungverfahren vor. Bei der Kompression muss dies entsprechend berücksichtigt werden (Halbbild-Codierung, Field-Codierung).

2.1 Abtastung einer Schwarz-Weiß-Bildvorlage

Zu Beginn des Zeitalters der Fernsehtechnik war diese nur „Schwarz-Weiß“. Die damals in den 1950er Jahren verfügbare Schaltungstechnik bestand aus Röhrenschaltungen, die relativ groß, anfällig und auch ziemlich energieintensiv waren. Der damalige Fernsehtechniker war wirklich noch Reparaturfachmann und kam im Falle einer Störung mit seinem „Röhrenkoffer" auf Kundenbesuch.

Betrachten wir zunächst, wie sich ein solches Schwarz-Weiß-Signal, ein sog. Luminanzsignal zusammensetzt, bzw. entsteht. Als beispielhafte Bildvorlage soll der Buchstabe „A" dienen (siehe Abb. 2.4.). Das Bild wird mit einer TV-Kamera erfasst und dabei zeilenförmig von dieser abgetastet. In früheren Zeiten geschah dies durch eine Röhrenkamera, bei der ein Lesestrahl (Elektronenstrahl) eine lichtempfindliche Schicht in der Röhre, auf die das Bild durch eine Optik projiziert wurde, zeilenförmig abgetastet hat. Die Ablenkung des Elektronenstrahles erfolgte durch horizontale und vertikale Magnetfelder.

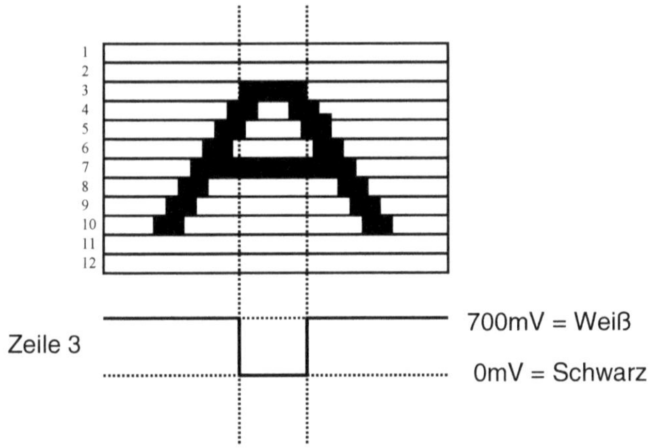

Abb. 2.4. Abtastung einer Schwarz-Weiß-Bildvorlage

Heute werden jedoch ausnahmslos CCD-Sensoren (Charge Coupled Devices = Eimerkettenspeicher) oder CMOS-Sensoren in den Kameras verwendet. Lediglich in den TV-Empfängern ist das Prinzip des abgelenkten Elektronenstrahles in den Bildröhrengeräten noch recht lange erhalten geblieben, auch wenn sich hier die Technik hin zum LCD-Flachbildschirm gewandelt hat. In den Wohnzimmern sind ab etwa 2010 nahezu alle TV-Endgeräte mit Kathodenstrahlröhre verschwunden.

Beim Abtasten der Bildvorlage entsteht das sogenannte Leuchtdichtesignal oder Luminanz-Signal. 100% Schwarz entsprechen hierbei 0 mV und 100% Weiß 700 mV. Die Bildvorlage wird zeilenförmig von oben nach unten abgetastet. Es entstehen die sog. Videozeilen, entweder 625 oder 525 je nach TV-Standard. Es sind aber nicht alle Zeilen sichtbar. Wegen der endlichen Strahlrücklaufzeit musste eine Vertikalaustastlücke von bis zu 50 Zeilen gewählt werden. Auch innerhalb einer Zeile ist nur ein bestimmter Teil ein sichtbarer Bildinhalt. Grund hierfür war die endliche Strahlrücklaufzeit in den Bildröhren vom rechten zum linken Bildrand, die sog. Horizontalaustastlücke. Abb. 2.4. zeigt die Beispielvorlage und Abb. 2.5. das zugehörige Videosignal.

2.2 Horizontal- und Vertikal-Synchronimpuls

Nun ist es jedoch notwendig, in einem Videosignal den linken und rechten Bildrand, aber auch den oberen und unteren in irgendeiner Form zu markieren. Dies geschieht mit Hilfe der Horizontal- und Vertikal-Synchronimpulse. Beide Impulsarten wurden zu Beginn des Fernsehzeitalters so geschaffen, dass sie vom Empfänger leicht zu erkennen und zu unterscheiden waren – sie liegen im ultraschwarzen, nicht sichtbaren Bereich unter Null Volt.

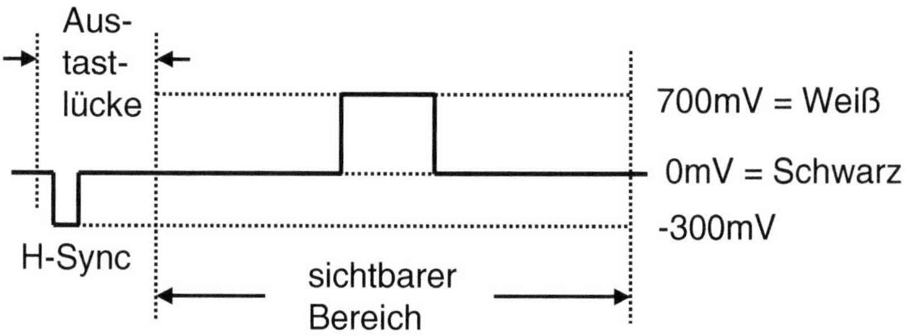

Abb. 2.5. Einfügen des Horizontal-Synchronimpulses

Der Horizontal-Synchronimpuls (Abb. 2.5.) markiert den Beginn einer Zeile. Als Zeilenbeginn gilt der 50%-Wert der Synchronimpuls-Vorderflanke (-150 mV nominal). Auf diesen Zeitpunkt sind alle Zeiten innerhalb einer Zeile bezogen. 10 µs nach der Sync-Vorderflanke beginnt per Definition die aktive Zeile, die 52 µs lang ist. Der Sync-Impuls selbst ist 4.7 µs lang und verharrt während dieser Zeit auf –300 mV.

Zu Beginn der Fernsehtechnik musste man mit den Möglichkeiten der damaligen eingeschränkten, aber immerhin schon erstaunlichen Impuls-Verarbeitungstechnik zurechtkommen. Das spiegelt sich auch in der Beschaffenheit der Synchronimpulse wieder. Der Horizontal-Synchronimpuls (H-Sync) ist als relativ kurzer Impuls (ca. 5 µs) ausgelegt worden. Der

Vertikal-Synchronimpuls (V-Sync) ist dagegen 2.5 Zeilen lang (ca. 160 µs). Die Länge einer Zeile inclusive H-Sync beträgt in einem 625-Zeilensystem 64 µs. Der V-Sync lässt sich deswegen leicht vom H-Sync unterscheiden. Der V-Sync (Abb. 2.6.) liegt ebenfalls im ultraschwarzen Bereich unter Null Volt und markiert den Beginn eines Bildes bzw. Halbbildes.

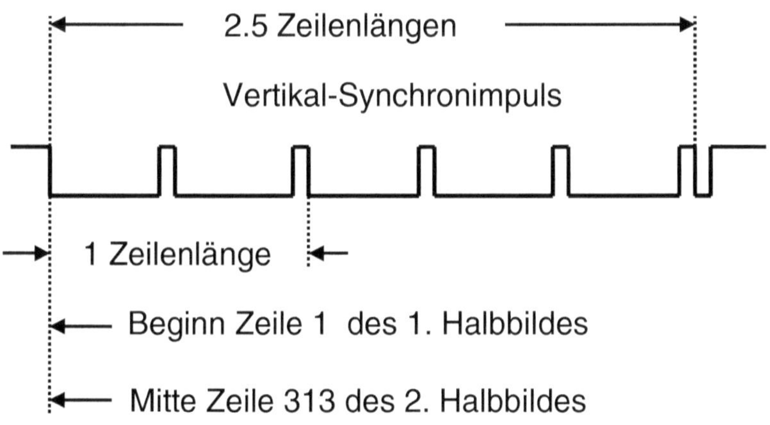

Abb. 2.6. Vertikal-Synchronimpuls

Wie schon erwähnt, wird ein Bild, das in einem 625-Zeilensystem eine Bildwechselfrequenz von 25 Hz = 25 Bilder pro Sekunde aufweist, in zwei Halbbilder (Fields) unterteilt. Dies geschieht deswegen, weil man dann damit die Trägheit des menschlichen Auges bzw. Gehirns überlisten kann und Flimmereffekte weitestgehend unsichtbar machen kann. Ein Halbbild besteht aus den ungeradzahligen Zeilen, das andere aus geradzahligen Zeilen. Die Halbbilder werden abwechselnd übertragen, es ergibt sich somit in einem 625-Zeilensystem eine Halbbildwechselfrequenz von 50 Hz. Ein Vollbild (Beginn des 1. Halbbildes) beginnt dann, wenn genau zu Beginn einer Zeile der V-Sync 2.5 Zeilen lang auf –300 mV Pegel geht. Das zweite Halbbild beginnt, wenn der V-Sync in der Mitte einer Zeile genau gesagt bei Zeile 313 zweieinhalb Zeilen lang auf –300 mV Pegel sinkt.

Das erste und zweite Halbbild wird verkämmt ineinander übertragen und reduziert so den Flimmereffekt. Wegen den eingeschränkten Möglichkeiten der Impulstechnik zu Beginn der Fernsehtechnik hätte ein 2.5 Zeilen langer V-Sync zum Ausrasten des Zeilenoszillators geführt. Deswegen wurde dieser zusätzlich durch sog. Trabanten unterbrochen. Des weiteren wurden auch Vor- und Nachtrabanten vor und nach dem V-Sync eingetastet, die zum heutigen Erscheinungsbild des V-Sync beitragen (Abb. 2.7.). Aus heutiger Sicht der Signalverarbeitungstechnik wären diese aber nicht mehr notwendig.

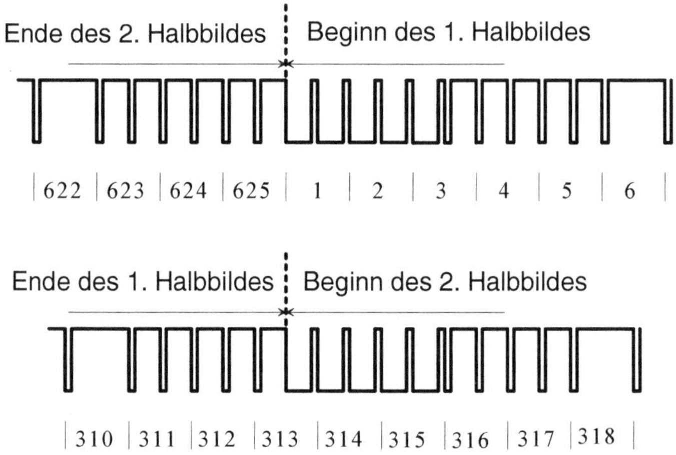

Abb. 2.7. Vertikal-Synchronimpulse mit Vor- und Nachtrabanten beim 625-Zeilen-System

2.3 Hinzunehmen der Farbinformation

Die Schwarz-Weiß-Technik war deswegen zu Beginn des TV-Zeitalters ausreichend, weil das menschliche Auge sowieso die höchste Auflösung und Empfindlichkeit im Bereich der Helligkeitsunterschiede aufweist und damit das Gehirn die wichtigsten Informationen daraus erhält. Das menschliche Auge hat deutlich mehr S/W-Rezeptoren als Farbrezeptoren in der Netzhaut. Aber genauso wie beim Kino hat die Fernsehtechnik der Begehrlichkeit wegen den Übergang vom Schwarz-Weißen zur Farbe geschafft, heute nennt man das Innovation. Beim Hinzunehmen der Farbinformation in den 1960er Jahren hat man die Kenntnisse über die Anatomie des menschlichen Auges berücksichtigt. Der Farbe (=Chrominanz) wurde deutlich weniger Bandbreite, also Auflösung zugestanden, als der Helligkeitsinformation (=Luminanz). Während die Luminanz mit meist etwa 5 MHz Bandbreite übertragen wird, so sind es bei der Chrominanz nur etwa 1.3 MHz. Hierbei wird die Chrominanz kompatibel in das Luminanzsignal eingebettet, so dass sich ein Schwarz-Weiß-Empfänger ungestört fühlte, ein Farbempfänger aber sowohl Farbe als auch Helligkeitsinformation richtig wiedergeben konnte. Wenn das nicht immer hundertprozentig funktioniert, so spricht man von Cross-Luminanz- und Cross-Color-Effekten.

Sowohl bei PAL, SECAM, als auch bei NTSC werden die Farbkomponenten Rot, Grün und Blau zunächst in drei separaten Aufnahmesystemen (früher Röhrenkameras, heute CCD- oder CMOS-Chips) erfasst und dann einer Matrix (Abb. 2.8.) zugeführt. In der Matrix erfolgt dann die Bildung des Luminanzsignals als Summe aus R + G + B und die Bildung des Chrominanzsignals. Das Chrominanzsignal besteht aus zwei Signalen, nämlich dem Farbdifferenzsignal Blau minus Luminanz und Rot minus Luminanz. Die Bildung des Luminanzsignales und der Chrominanzsignale muss aber entsprechend der Augenempfindlichkeit richtig mit entsprechenden Bewertungsfaktoren versehen matriziert, also berechnet werden.

Es gilt:

$Y = 0.3 \cdot R + 0.59 \cdot G + 0.11 \cdot B;$
$U = 0.49 \cdot (B - Y);$
$V = 0.88 \cdot (R - Y);$

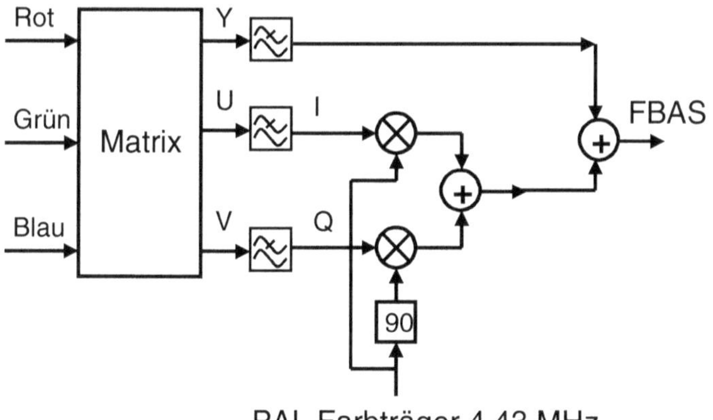

Abb. 2.8. Blockschaltbild eines PAL-Modulators

Das Luminanzsignal Y kann der Schwarz-Weiß-Empfänger direkt zur Wiedergabe verwenden. Die beiden Chrominanz-Signale werden für den Farbempfänger mit übertragen. Aus Y, U und V können R, G und B zurückgerechnet werden (De-Matrizierung). Hierbei ist die Farbinformation dann in entsprechender reduzierter Bandbreite und die Luminanzinformation in größerer Bandbreite verfügbar („Malkastenprinzip“).

Zur Einbettung der Farbinformation in ein zunächst für einen Schwarz-Weiß-Empfänger vorgesehenes BAS-Signal (Bild-Austast-Synchron-Signal) musste eine Methode gefunden werden, die sowohl den Schwarz-Weiß-Empfänger möglichst wenig beeinträchtigt, also die Farbinformation für ihn unsichtbar enthält, als auch alles Nötige für den Farbempfänger beinhaltet.

Man wählte grundsätzlich zwei Methoden, nämlich die Einbettung der Farbinformation entweder über eine analoge Amplituden-Phasenmodulation (IQ-Modulation) wie bei PAL und NTSC oder eine Frequenzmodulation wie bei SECAM.

Bei PAL und NTSC werden die Farbdifferenzsignale mit gegenüber dem Luminanzsignal reduzierter Bandbreite einem IQ-Modulator (Abb. 2.8.) zugeführt. Der IQ-Modulator erzeugt ein Chrominanzsignal als amplituden-phasenmodulierter Farbträger, in dessen Amplitude die Farbsättigung steckt und in dessen Phase die Farbart steckt. Mit Hilfe eines Oszilloskopes wäre deswegen nur erkennbar, ob und wieviel Farbe da wäre, aber die Farbart wäre nicht zu identifizieren. Hierzu benötigt man dann schon ein Vektor-Scope, das beide Informationen liefert (Abb. 2.3.).

Die Farbinformation wird bei PAL (= Phase Alternating Line) und NTSC (= North American Television Committee) einem Farbträger aufmoduliert, der im Frequenzbereich des Luminanzsignals liegt, mit diesem aber spektral so verkämmt ist, dass er im Luminanzkanal nicht sichtbar ist. Dies wird erreicht durch geeignete Wahl der Farbträgerfrequenz.

Die Wahl der Farbträgerfrequenz bei PAL, Europa erfolgte durch folgende Formel:

$$f_{sc} = 283.75 \cdot f_h + 25 \text{ Hz} = 4.43361875 \text{ MHz};$$

Bei SECAM (Sequentielle a Memoire) werden die Farbdifferenzsignale frequenzmoduliert von Zeile zu Zeile wechselnd zwei verschiedenen Farbträgern aufmoduliert (4.41 MHz und 4.25 MHz). Das SECAM-Verfahren wurde noch lange in Frankreich und in französisch-sprachigen Ländern in Nordafrika, sowie in Griechenland verwendet. Frühere Ostblockstaaten wechselten in den 1990er-Jahren nach Ende des „Eisernen Vorhangs“ von SECAM auf PAL.

PAL hat einen großen Vorteil gegenüber NTSC. Es ist wegen der von Zeile zu Zeile wechselnden Phase unempfindlich gegenüber Phasenverzerrungen. Die Farbe kann deshalb durch Phasenverzerrungen auf der Übertragungsstrecke nicht verändert werden. NTSC wurde v.a. in Nordamerika im Bereich des analogen Fernsehens angewendet. Wegen der Farbverzerrungen spotteten manche auch deswegen über „Never The Same Color“ = NTSC. Die NTSC-Farbträgerfrequenz beträgt 3.57954545 MHz.

Das geschlossen codierte Videosignal (Abb. 2.9.) gemäß PAL, NTSC und SECAM wird durch Überlagerung des Scharz-Weiß-Signals, der Synchron-Information und des Chrominanzsignals erzeugt und heißt nun FBAS-Signal (Farb-Bild-Austast-Synchron-Signal) oder CCVS-Signal. Bild 2.9. zeigt das FBAS-Signal eines Farbbalkensignals. Deutlich erkennt man den sog. Burst. Der Burst übermittelt dem TV-Empfänger die Referenzphase des Farbträgers, auf den der Farboszillator einrasten muss.

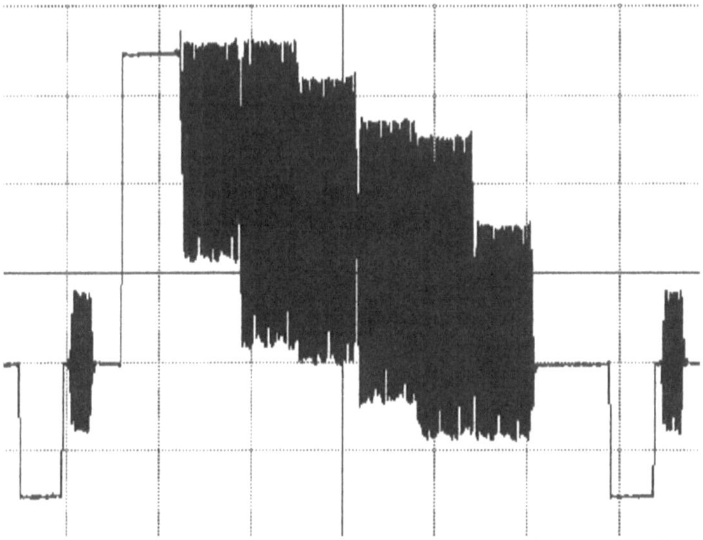

Abb. 2.9. Oszillogramm eines FBAS-Signals (geschlossen codiertes Videosignal, Composite Videosignal)

2.4 Übertragungsverfahren

Analoges Fernsehen wurde über drei Übertragungswege verbreitet, nämlich über terrestrische Übertragungswege, über Satellit und Breitbandkabel. Welche TV-Übertragungswege Priorität haben, hängt ganz stark von den Ländern und Regionen ab. In Deutschland gibt es das klassische analoge „Antennenfernsehen" – ein Begriff, den der Endverbraucher kennt und benutzt – nicht mehr. Es wurde vollständig durch DVB-T abgelöst, DVB-T ist aufgrund von Versorgungslücken nicht in allen Regionen durchgängig empfangbar. Und DVB-T wird in den nächsten Jahren durch DVB-T2 ersetzt. Dieses im eigentlichen Fachbegriff „terrestrische" oder „erdgebundene" Fernsehen war der erste Übertragungsweg und lange Zeit der einzige Distributionsweg für Fernsehsignale überhaupt. Die Übertragungswege Kabel und Satellit haben in Deutschland und in vielen Bereichen Europas dann ab 1985...1990 eine dominierende Rolle eingenommen.

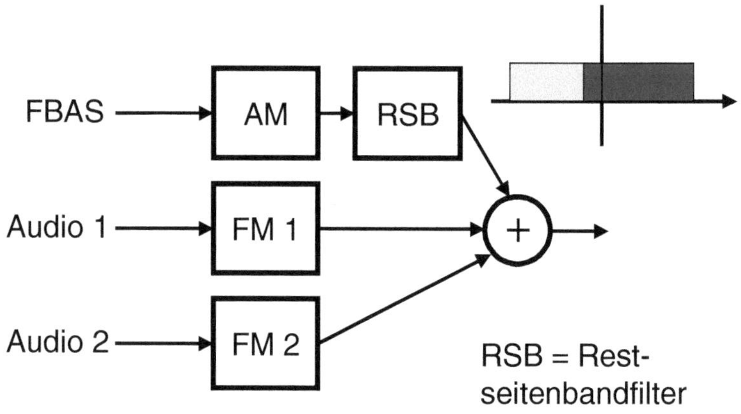

Abb. 2.10. Prinzip eines TV-Modulators für analoges terrestrisches Fernsehen und analoges TV-Breitbandkabel

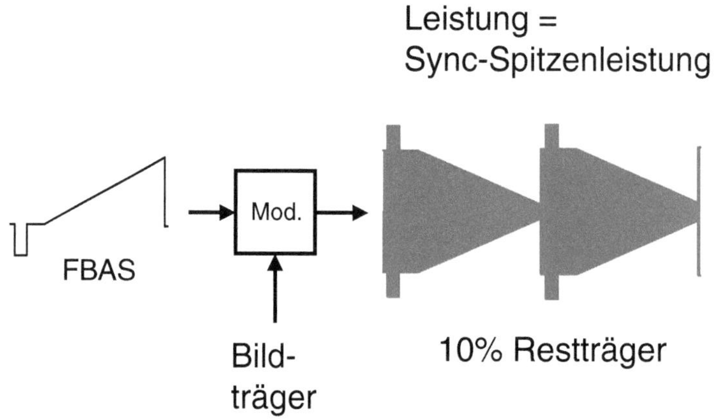

Abb. 2.11. Bildmodulator

Analoges Fernsehen gibt es noch in einigen Ländern, in Deutschland seit 2012 jedoch nur noch im Breitbandkabel parallel zu den DVB-C-Kanälen als „re-analogisierter“ Dienst für die Teilnehmer, die noch nicht auf digitales Fernsehen umgestellt haben. Aber auch hier wird ATV bald verschwinden.

Bei der terrestrischen und der kabelgebundenen Übertragung von analogen TV-Signalen wurde als Modulationsverfahren Amplitudenmodulation meist mit Negativmodulation verwendet. Lediglich beim Standard L Frankreich wurde mit Positivmodulation gearbeitet.
Die Tonträger waren frequenzmoduliert.
Um Bandbreite zu sparen, wurde der Bildträger restseitenbandmoduliert, d.h. ein Teil des Spektrums wurde durch Bandpassfilterung unterdrückt. Abb. 2.10. und 2.11. zeigen das Prinzip.
Über Satellit wurde wegen der Nichtlinearitäten und des geringen Störabstands der Übertragungsstrecke Frequenzmodulation verwendet.
Da die Bedeutung dieser analogen Übertragungswege immer mehr sinkt, wird in diesem Buch auch nicht mehr genauer darauf eingegangen. Die in diesem Kapitel besprochenen Grundlagen sind jedoch immer noch von Bedeutung für das grundlegende Verständnis der Fernsehtechnik.

2.5 Verzerrungen und Störungen

Ein analoges Videosignal ist auf der gesamten Übertragungsstrecke Einflüssen ausgesetzt, die sich unmittelbar auf dessen Qualität auswirken und meist sofort sichtbar werden. Diese Verzerrungen und Störungen kann man grob in folgende Kategorien einordnen:

- lineare Verzerrungen (Amplituden- und Phasenverzerrungen)
- nichtlineare Verzerrungen
- Rauschen
- Interferenzstörer
- Intermodulation.

Lineare Verzerrungen werden durch passive elektronische Bauelemente verursacht. Die Amplitude oder Gruppenlaufzeit ist über einen bestimmten Frequenzbereich nicht mehr konstant. Der für Video relevante Frequenzbereich liegt bei 0 ... 5 MHz. Bei linearen Verzerrungen werden Teile des relevanten Frequenzbereiches mehr oder weniger verzerrt, je nach Charakteristik der beteiligten Übertragungsstrecke. Im Zeitbereich werden dadurch bestimmte Signalbestandteile des Videosignals „verschliffen". Am schlimmsten wirkt sich die Verschleifung des Synchronimpulses aus, was zu Synchronisationsproblemen des TV-Empfängern führt, wie z.B. „Verziehen des Bildes" von oben nach unten oder „Durchlaufen". Das Bild „läuft durch", „fängt sich nicht", man kennt diese Begriffe bereits aus frühen Tagen der Fernsehtechnik. Bedingt durch den „Kopfwechsel" verursachten manche Videorecorder ähnliche Effekte am oberen Bildrand, das Bild wurde „verzogen“. Gegen Ende des Analog-TV-Zeitalters waren solche Effekte jedoch auch relativ selten geworden. Als Ausgangssignal eines TV-Empfängers, Smart-Phones bzw. als Eingangssignal eines Beamers finden FBAS-Signale aber immer noch Anwendung.

Im aktiven Bildbereich sind lineare Verzerrungen entweder als Unschärfe, Überschärfe, Verzeichnung oder als Verschiebung des Farbbildes gegenüber dem Helligkeitsbild zu erkennen.

Nichtlineare Verzerrungen ordnet man ein in

- statische Nichtlinearität
- differentielle Amplitude
- differentielle Phase.

Bei nichtlinearen Verzerrungen werden sowohl die Graustufen als auch der Farbträger in Amplitude und Phase nicht richtig wiedergegeben. Verursacht werden nichtlineare Verzerrungen durch aktive elektronische Bauelemente (frühere Senderöhre, Transistoren) in der Übertragungsstrecke. Im Endeffekt sind sie aber erst sichtbar bei der Aufsummierung vieler Prozesse, da das menschliche Auge hier sehr tolerant ist. Man kann dies so ausdrücken: „Man trifft die gewünschte Graustufe nicht, aber man erkennt das nicht.“ Wegen der Art und Weise der Farbübertragung wirkt sich dies im Farbkanal sowieso weniger aus, v.a. bei PAL.

Einer der am besten wahrnehmbaren Effekte ist der Einfluss von rauschartigen Störungen. Diese entstehen einfach durch Überlagerung des allgegenwärtigem Gausschen Rauschens, dessen Pegel relativ zum Abstand zum Nutzpegel des Signals angegeben wird. D.h. ist der Signalpegel zu niedrig, so wird Rauschen sichtbar. Der Pegel des thermischen Rauschens ist einfach über die Boltzmann-Konstante, die Bandbreite des Nutzkanals und der üblichen Umgebungstemperatur bestimmbar und somit eine fast feste Größe. Rauschen bildet sich sofort sichtbar im analogen Videosignal ab. Dies ist auch der große Unterschied zum digitalen Fernsehen.

Intermodulationsprodukte und Interferenzstörer sind im Videosignal ebenfalls sehr deutlich und sehr störend erkennbar. Es erscheinen Moire-Muster im Bild. Diese Effekte entstehen durch Überlagerung des Videosignals mit einem Störprodukt entweder aus Nachbarkanälen oder unmittelbar in das Nutzspektrum hineinfallenden Störern aus der gesamten Umwelt. Diese Art von Störungen ist am besten erkennbar und stört auch am meisten den Gesamteindruck des Bildes. Wegen der Vielkanalbelegung des Kabelfernsehens ist dies dort auch am meisten auffindbar.

2.6 Signale in der Vertikalaustastlücke

Die ursprünglich dem vertikalen Strahlrücklauf dienende Vertikalaustastlücke war seit Mitte der 1970er Jahre nicht mehr nur „leer" oder „schwarz". Vielmehr wurden dort anfangs sog. Prüfzeilensignale eingefügt, mit denen die Qualität des analogen Videosignals beurteilt werden konnte. Des weiteren fand man dort den Videotext und die Datenzeile.

Prüfzeilensignale dienen und dienten dazu, die Übertragungsqualität einer TV-Übertragungsstrecke oder eines Abschnittes quasi online ohne Freischaltung der Strecke erfassen zu können. In diesen Prüfzeilen sind Testsignale enthalten, mit denen man Rückschlüsse auf die Fehlerursachen machen kann.

Die Prüfzeile „CCIR 17" – heute „ITU 17" (links in Abb. 2.12.) beginnt mit dem sog. Weißimpuls (Bar). Er dient als messtechnische Spannungsreferenz für 100% Weiß. Seine Amplitude liegt bei 700 mV nominal. Das „Dach" des Weißimpulses ist 10 µs lang und soll flach und ohne Überschwinger sein. Es folgt dann der 2T-Impuls. Dieser ist ein sog. cos^2-Impuls mit einer Halbwertsdauer von 2T = 2 • 100 ns = 200 ns. Die Hauptbestandteile seines Spektrums reichen bis zum Ende des Luminanzkanals von 5 MHz. Er reagiert sehr empfindlich auf Amplitudengang und Gruppenlaufzeitverzerrungen von 0 ... 5 MHz und dient somit der „optischen", aber auch messtechnischen Beurteilung linearer Verzerrungen. Der darauf folgende 20T-Impuls ist ein mit Farbträger überlagerter cos^2-Impuls mit einer Halbwertsdauer von 20T = 20 • 100 ns = 2 µs. An ihm sind lineare Verzerrungen des Farbkanals gegenüber dem Luminanzkanal gut erkennbar.

Lineare Verzerrungen des Farbkanals gegenüber dem Luminanzkanal sind:

- Unterschiedliche Amplitude des Farbkanals gegenüber Luminanz
- Verzögerung Luminanz-Chrominanz verursacht durch Gruppenlaufzeit

Mit Hilfe der 5-stufigen Grautreppe lassen sich nichtlineare Verzerrungen leicht nachweisen. Alle 5 Treppenstufen müssen gleich hoch sein. Sind sie aufgrund von Nichtlinearitäten nicht gleich hoch, so spricht man von statischer Nichtlinearität (Luminanz Nonlinearity). Bei Prüfzeile „ITU 330" ist die Grautreppe durch eine farbträgerüberlagerte Treppe ersetzt. An ihr lassen sich nichtlineare Effekte am Farbträger, wie differentielle Amplitude und Phase nachweisen. Die der Grautreppe überlagerten Farbpakete sollen im Idealfalle alle gleich groß sein und dürfen an den Sprungstellen der Treppenstufen keine Phasenverschiebung aufweisen.

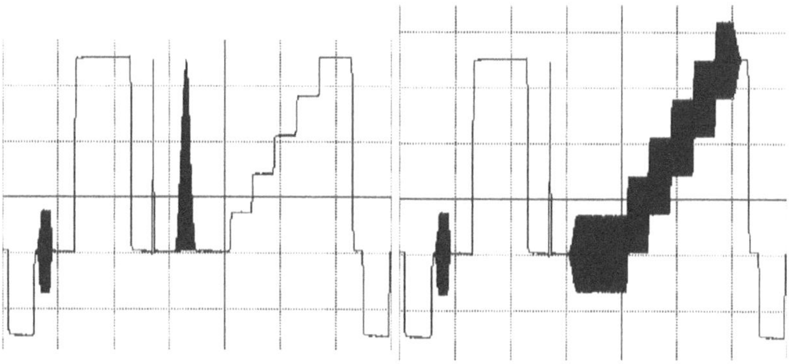

Abb. 2.12. Prüfzeile „CCIR 17 und 330"

Videotext (Abb. 2.13. und 2.14.) hat sich ab den 1980er Jahren beim analogen Fernsehen als programmbegleitender Datendienst durchgesetzt und ist beim Endnutzer gut angenommen worden. Die Datenrate liegt bei ca. 6.9 Mbit/s, jedoch nur im Bereich der wirklich benutzten Zeilen in der Vertikalaustastlücke. Tatsächlich ist die Datenrate deutlich niedriger; sie liegt bei ca. 160 kbit/s netto. Pro Videotextzeile werden 40 Nutzzeichen übertragen. Eine Videotextseite setzt sich aus 40 Zeichen mal 24 Zeilen zusammen. Würde man die gesamte Vertikalaustastlücke benutzen, so könnte man pro Halbbild knapp weniger als eine Videotextseite übertragen. Videotext wird im sog. NRZ = Non-Return-to-Zero Code übertragen.

Eine Videotextzeile beginnt mit dem 16 Bit langen Run-In. Dies ist eine Folge von 10101010 ... zum Einphasen des Videotext-Decoders im Empfänger. Anschließend folgt der sog. Framing-Code. Diese Hex-Zahl 0xE4 markiert den Beginn des aktiven Videotexts. Nach Magazin- und Zeilennummer werden die 40 Zeichen einer Zeile des Videotexts übertragen. Eine Videotextseite setzt sich aus 24 Textzeilen zusammen.

Die wichtigsten Videotextparameter sind:

- Code: Not-Return-to-Zero (NRZ)
- Datenrate: 444 · 15625 kbit/s = 6.9375 Mbit/s
- Fehlerschutz: Gerade Parität
- Zeichen pro Zeile: 40
- Zeilen pro Videotextseite: 24
- Nettodatenrate ca. (40 Zeichen/Zeile · 10 Zeilen/Halbbild · 8 bit)/20 ms = 160 kbit/s

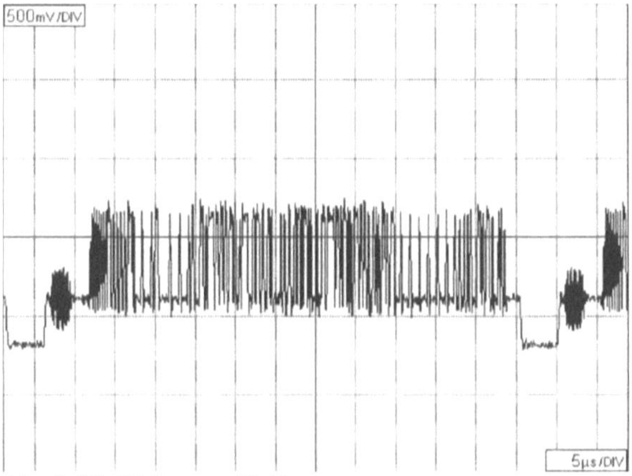

Abb. 2.13. Videotext-Zeile

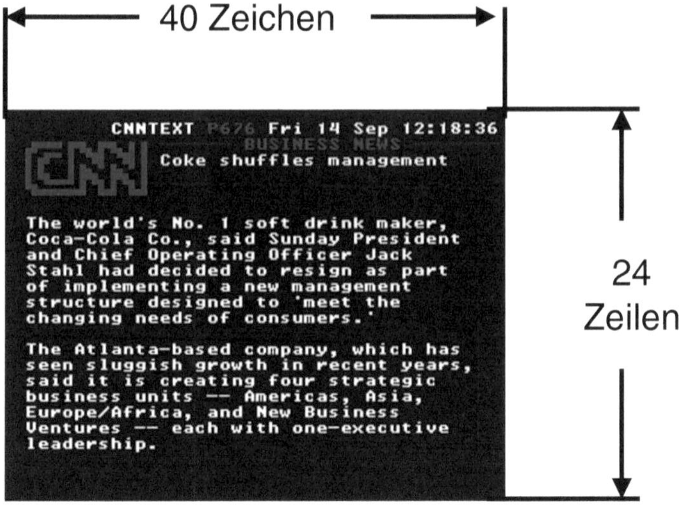

Abb. 2.14. Videotextseite

Mit Hilfe der Datenzeile (z.B. Zeile 16 und korrespondierende Zeile im 2. Halbbild, Abb. 2.15.) wurden Steuerinformationen, Signalisierung und u.a. die VPS-Daten (Video Program System) zur Steuerung von Videorecordern übertragen.

Im Detail wurden folgende Daten mit Hilfe der Datenzeile übermittelt:

Byte 1: Run-In 10101010
Byte 2: Startcode 01011101
Byte 3: Quellen-ID
Byte 4: serielle ASCII-Textübertragung (Quelle)
Byte 5: Mono/Stereo/Dual Sound
Byte 6: Videoinhalt-ID
Byte 7: serielle ASCII-Textübertragung
Byte 8: Fernbedienung (routing)
Byte 9: Fernbedienung (routing)
Byte 10: Fernbedienung
Byte 11 ... 14: Video Program System (VPS)
Byte 15: reserviert

Die VPS-Byte beinhalteten diese Information:

Tag (5 Bit)
Monat (4 Bit)
Stunde (5 Bit)
Minute (6 Bit)
= virtueller Startzeitpunkt der Sendung
Länderkennung (4 Bit)
Programm-Quellen-Kennung (6 Bit)

Die Übertragungsparameter der Datenzeile waren:

- Zeile: 16/329
- Code: Return-to-Zero-Code
- Datenrate: 2.5 MBit/s
- Pegel: 500 mV
- Daten: 15 Byte pro Zeile

Gemäß DVB (Digital Video Broadcasting) werden diese Signale der Vertikalaustastlücke teilweise im (externen) Receiver („Settop-Box“) wieder neu erzeugt und in diese eingetastet. Die Prüfzeilensignale sind dort aber nicht mehr vorhanden. Die Videotextdaten und die Datenzeile werden gemäß DVB sog. „getunnelt“ im sog. MPEG-2-Transportstrom übertragen.

Um ein analoges TV-Endgerät „digitaltauglich“ zu machen, wurden zu Beginn des digitalen TV-Zeitalters sog. „Settop-Boxen“ verwendet. Diese externen Digital-Receiver wurden z.B. einfach auf die TV-Geräte gestellt und über ein SCART-Kabel mit diesen verbunden. Auch analoge TV-

Satellitenreceivern waren meist externe Geräte. Heute ist der Begriff „Set-top-Box“ eher irreführend; zum einen sind meist alle Receiver integriert (Satellit, Kabel, Terrestrik = „Triple Tuner“), zum anderen kann man auf einen TV-Flachbildschirm sowieso keine Geräte mehr daraufstellen (= „Settop“).

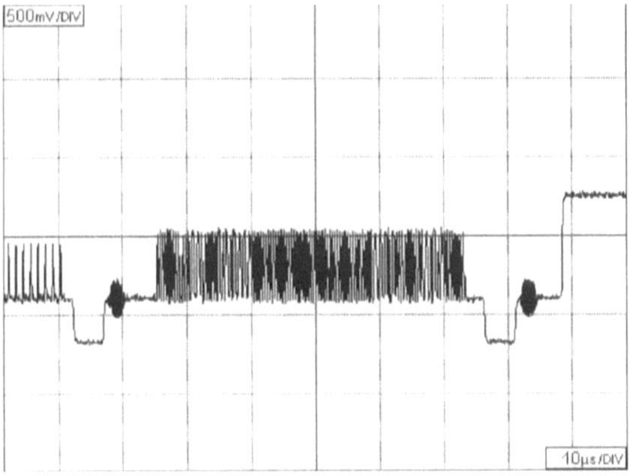

Abb. 2.15. Datenzeile (meist Zeile 16 der Vertikalaustastlücke)

2.7 Messungen an analogen Videosignalen

Messungen an analogen Videosignalen wurden seit Beginn des TV-Zeitalters durchgeführt, anfangs mit einfachen Oszilloskopen und Vektorskopen, dann später mit immer aufwändigeren Videoanalysatoren, die zuletzt dann digital arbeiteten (Abb. 2.22.). Mit Hilfe der Videomesstechnik sollen die Verzerrungen am analogen Videosignal erfasst werden.

Mit Hilfe der Prüfzeilenmesstechnik werden v.a. die folgenden Messparameter ermittelt:

- Weissimpulsamplitude
- Sync-Amplitude
- Burst-Amplitude
- Dachschräge am Weißimpuls
- 2T-Impuls-Amplitude
- 2T-K-Faktor
- Luminanz zu Chrominanz-Amplitude am 20T-Impuls
- Luminanz zu Chrominanz-Verzögerung am 20T-Impuls
- Statische Nichtlinearität an der Grautreppe

- Differentielle Amplitude an der farbträgerüberlagerten Grautreppe
- Differentielle Phase an der farbträgerüberlagerten Grautreppe
- Bewerteter und unbewerteter Luminanz-Signal-Rauschabstand
- Brumm.

Ein analoger TV-Messempfänger liefert zusätzlich noch Aussagen über:

- Bildträger-Pegel
- Tonträger-Pegel
- Aussteuerung der Tonträger
- Frequenzen von Bild- und Tonträger
- Restträger.

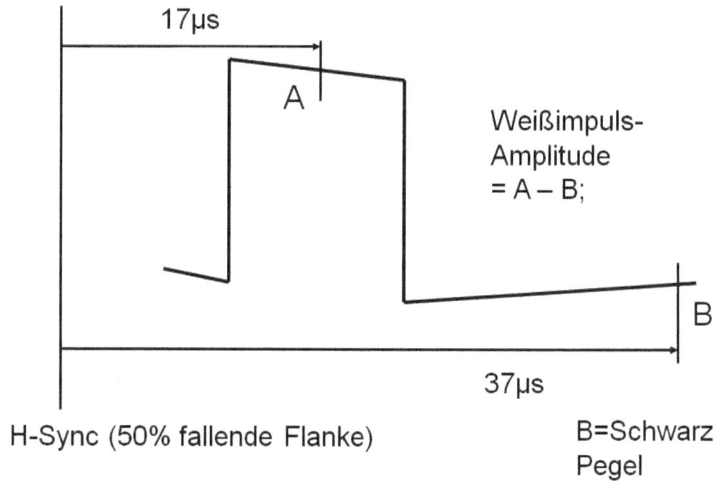

Abb. 2.16. Messung der Weißimpulsamplitude (Bar)

Ein wichtiger messtechnischer Parameter am analogen TV-Signal ist die Weißimpulsamplitude. Sie wird gemäß Abb. 2.16. gemessen. Der Weißimpuls kann im ungünstigsten Fall auch aufgrund linearer Verzerrungen ziemlich „verschliffen" sein, wie im Bild dargestellt.

Die Sync-Amplitude (siehe Abb. 2.17.) wird in den Endgeräten als Spannungsreferenz verwendet und hat deswegen besondere Bedeutung. Nominal gilt als Sync-Amplitude der Wert 300mV unter Schwarz. Als Zeitreferenz im analogen Videosignal gilt der 50%-Wert der fallenden Flanke des Synchronimpulses.

Der Burst (siehe Abb. 2.17.) dient als Spannungs- und Phasenreferenz für dem Farbträger. Dessen Amplitude beträgt 300 mV_{ss}. Amplitudenverzerrungen des Bursts wirken sich in der Praxis wenig auf die Bildqualität aus.

Lineare Verzerrungen führen zur sog. Dachschräge des Weißimpulses (Tilt, Abb. 2.18.). Auch dies ist ein wichtiger Messparameter. Man tastet hierzu den Weißimpuls am Anfang und Ende ab und berechnet die Differenz, die dann ins Verhältnis zur Weißimpulsamplitude gesetzt wird.

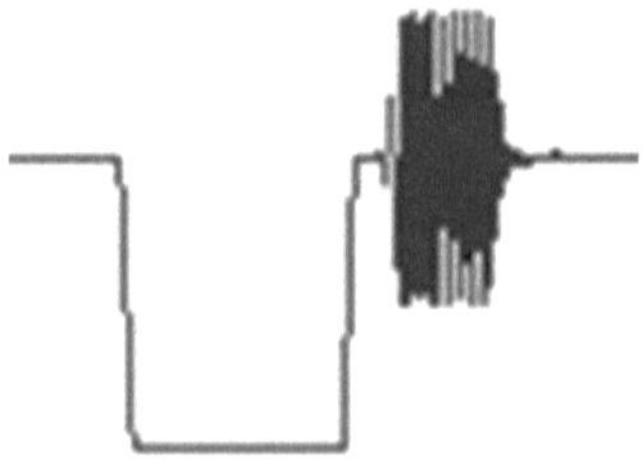

Abb. 2.17. Sync-Impuls und Burst

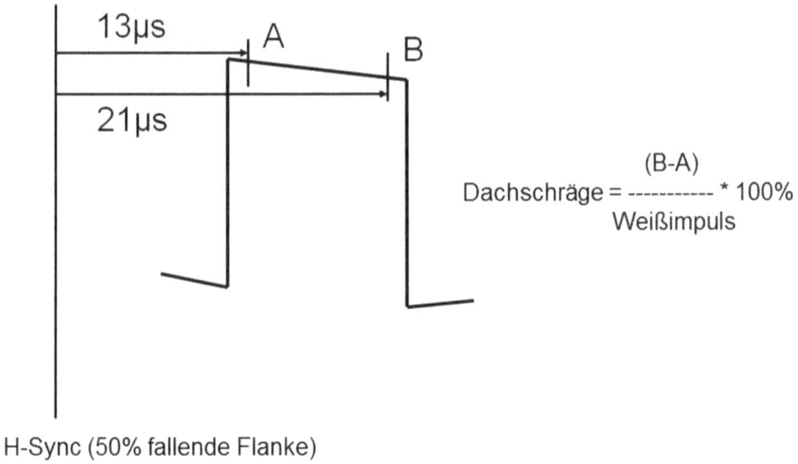

Abb. 2.18. Dachschräge des Weißimpulses (Tilt)

Der 2T-Impuls reagiert empfindlich auf lineare Verzerrungen im gesamten relevanten Übertragungskanal. Abb. 2.19. (links) zeigt den unverzerrten 2T-Impuls. Er dient seit den 1970er Jahren als Messsignal zum Nachweis von linearen Verzerrungen. Ein durch lineare Verzerrungen veränderter 2T-Impuls ist ebenfalls in Abb. 2.19. (rechts) dargestellt. Handelt es sich bei den Verzerrungen am 2T-Impuls um symmetrische Verzerrungen, so sind diese durch Amplitudengang-Fehler verursacht. Wirkt der 2T-Impuls unsymmetrisch, so sind Gruppenlaufzeitfehler (nicht-linearer Phasengang) im Spiel.

Der 20T-Impuls (Abb. 2.20. Mitte) wurde speziell für Messungen am Farbkanal geschaffen. Er reagiert sofort auf Unterschiede zwischen Luminanz und Chrominanz. Spezielles Augenmerk gilt hier dem „Boden“ des 20T-Impulses. Dieser soll einfach gerade ohne jede Art von „Eindellung“ sein. Der 20T-Impuls sollte im Idealfall ebenso wie der 2T-Impuls genauso groß sein wie der Weißimpuls (nominal 700 mV).

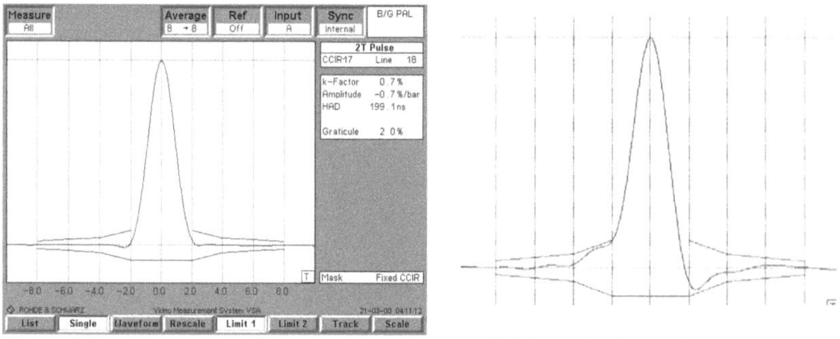

Abb. 2.19. unverzerrter (links) und verzerrter 2T-Impuls (rechts)

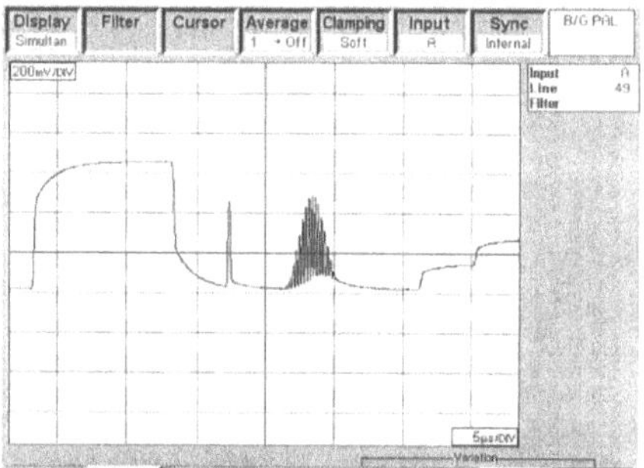

Abb. 2.20. Durch lineare Verzerrungen verformter Weißimpuls, 2T-Impuls und 20T-Impuls

Nichtlinearitäten verzerren das Videosignal aussteuerungsabhängig. Am besten lassen sich diese an treppenförmigen Signalen nachweisen. Hierzu wurde Grautreppe und die farbträgerüberlagerte Treppe als Mess-Signal eingeführt. In Gegenwart von Nichtlinearitäten sind diese Treppenstufen einfach verschieden groß.

Rauschen und Intermodulation lässt sich am besten in einer Schwarzzeile (Abb. 2.21.) nachweisen. Hierzu wurde meist Zeile 22 frei von Information gehalten, was aber heute oft auch nicht mehr gilt. Sie ist vielmehr meist mittlerweile auch mit Videotext belegt. Zur Messung dieser Effekte muss man sich innerhalb der 625 oder 525 Zeilen einfach eine hierfür geeignete leere Zeile aussuchen (Zeile 6). Dies ist auch meist von Programm zu Programm verschieden.

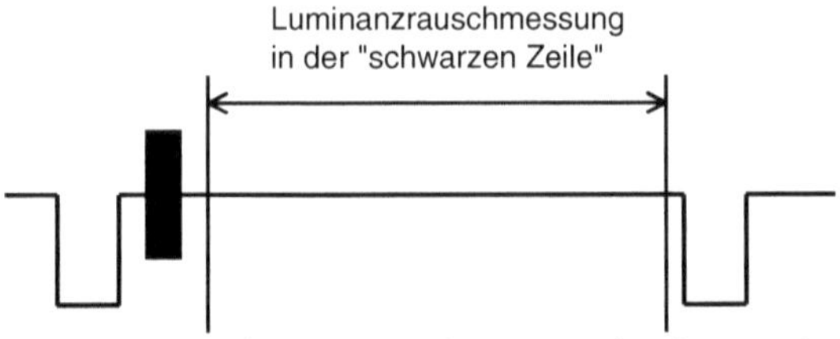

Abb. 2.21. Luminanz-Rauschmessung in einer „schwarzen Zeile“

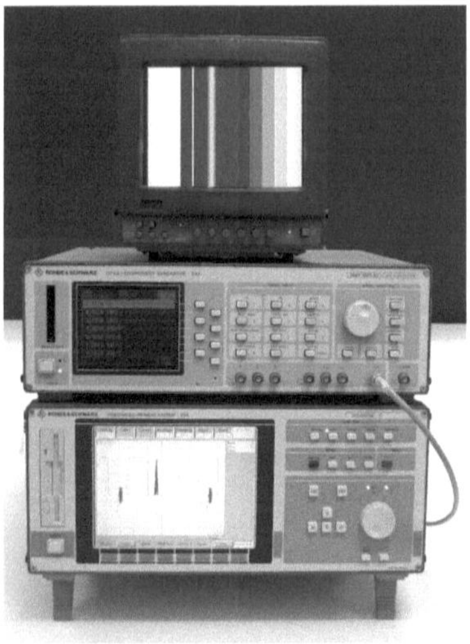

Abb. 2.22. Analoge Videomesstechnik: Videotestsignal-Generator und Video-Analyzer (Rohde&Schwarz SAF und VSA)

Prüfzeilenmesstechnik macht im Rahmen des digitalen Fernsehens nur noch zur Beurteilung des Anfangs (Studio-Equipment) und des Endes (Receiver) der Übertragungsstrecke Sinn. Dazwischen – auf der eigentlichen Übertragungsstrecke - passieren keine hierüber nachweisbaren Einflüsse. Die entsprechenden Messungen an den digitalen Übertragungsstrecken werden in den jeweiligen Kapiteln ausführlich beschrieben.

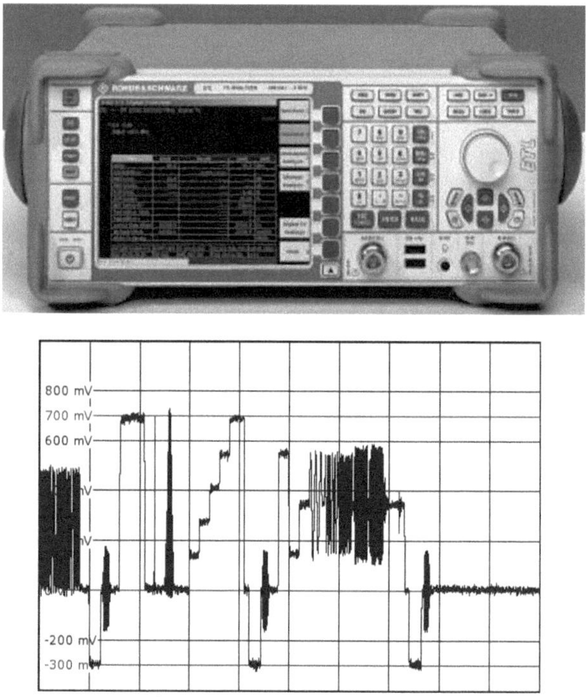

Abb. 2.23. Analoge Videoanalyse mit dem TV-Analyzer ETL, Rohde&Schwarz [ETL], hier Prüfzeilen ITU17 (Weissimpuls, 2T, 20T und Grautreppe) und ITU18 (Multiburst).

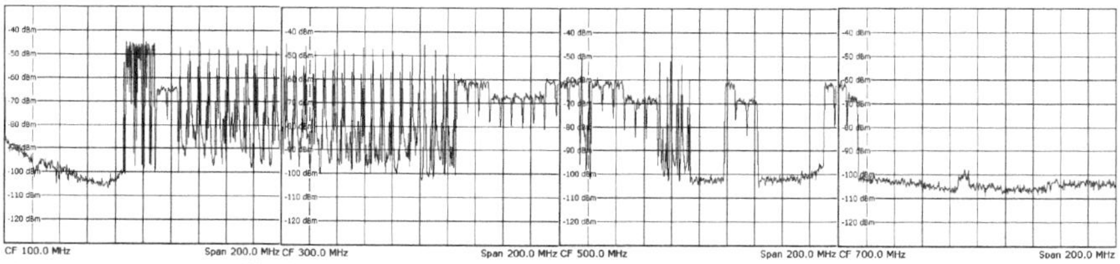

Abb. 2.24. Kanalbelegung Breitbandkabelnetz München, untere Kanäle UKW-FM, dann meist Analog-TV, dann 64 und 256QAM-modulierte DVB-C-Kanäle, erkennbar am 6dB Pegelunterschied mit Ausbau bis etwa 650 MHz (Aufnahme: Stand ca. 2010)

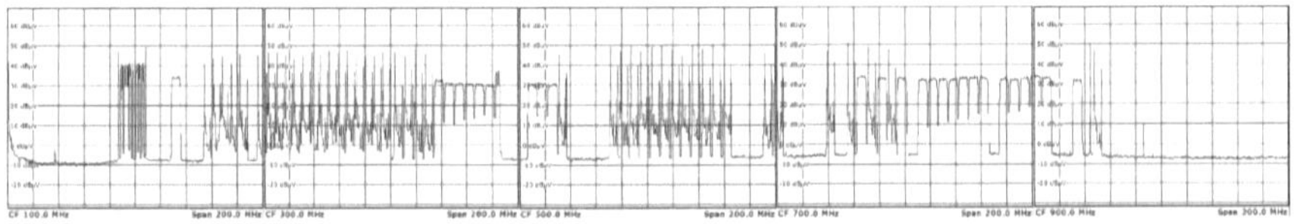

Abb. 2.25. Kanalbelegung Breitbandkabelnetz UPC Klagenfurt mit Ausbau bis 862 MHz (Aufnahme: Stand ca. 2010)

Abb. 2.24. und 2.25. zeigen Beispiele für die Kanalbelegung zweier Breitbandkabelnetze (München und Klagenfurt) mit Belegung von UKW-FM, Analog-TV und DVB-C (Stand entspricht etwa 2010). Abb. 2.25. zeigt den deutlich weiteren Ausbau des BK-Netzes in Österreich bis hin zu etwa 862 MHz. Die 256QAM-modulierten DVB-C-Kanäle erkennt man am 6 dB höheren Pegel. Typischerweise liegen die Pegel 256QAM-modulierter DVB-C-Kanäle etwa 6 dB unter dem ATV-Synchron-Spitzen-Pegel und die 64QAM-modulierten Kanäle 12 dB darunter. Die Breitbandkabel-Kanalbelegung ändert sich ständig; die Eckfrequenzen wandern weiter nach oben und das analoge Fernsehen wird bald abgeschaltet sein.

Literatur: [MAEUSL3], [MAEUSL5], [VSA], [FISCHER6]

3 MPEG

MPEG ist die Abkürzung für „Moving Pictures Expert Group“; MPEG stellt eine Reihe von Standards dar, die sich mit der Quellencodierung von digitalen Bewegtbildern und zugehörigem lippensynchronen Audio beschäftigen. Das im MPEG-2-Standard (Abb. 3.1.) als MPEG-2-Transportstrom definierte Datensignal kann jedoch auch Daten tragen, die überhaupt nichts mit Video und Audio zu tun haben; dieses Datensignal heißt MPEG-2-Transportstrom und es ist das Eingangssignal, das die meisten digitalen TV-Übertragungsstandards als Multiplexsignal verwenden. Es beinhaltet in der Regel mehrere Programme.

MPEG = Moving Pictures Expert Group

MPEG-1	**MPEG-2**	**MPEG-4**	**MPEG-7**	**MPEG-21**
Part1: Systems	Part1: Systems	Part1: Systems	Metadaten,	zusätzliche
ISO/IEC11172-1	ISO/IEC13818-1	ISO/IEC14496	XML basierend	“Werkzeuge“
“PES Layer“	“Transportation“		ISO/IEC15938	ISO/IEC21000
			“Multimedia	
Part2: Video	Part2: Video	Part2: Video	Content	
ISO/IEC11172-2	ISO/IEC13818-2	ISO/IEC14496-2	Description	**weitere ...**
Part3: Audio	Part3: Audio	Part3: Audio	Interface“	MPEG-A
ISO/IEC11172-3	ISO/IEC13818-3	(AAC)		MPEG-B
		ISO/IEC14496-3		MPEG-C
				MPEG-D
	Part6: DSM-CC	Part10: Video		...
	ISO/IEC13818-6	(AVC, H.264)		**MPEG-H**
	Part7: AAC	ISO/14496-10		**MPEG-DASH**
	ISO/IEC13818-7			

Abb. 3.1. MPEG Standards; MPEG-2 Datenstruktur definiert in ISO/IEC13818-1

3.1 MPEG-Standards und deren Anwendung

Als erster Standard für Bewegtbildcodierung mit begleitendem Ton wurde MPEG-1 im Jahre 1992 mit dem Ziel realisiert, bei CD-Datenraten (<1.5 Mbit/s) eine Bildqualität zu realisieren, die nahe an die VHS-Bildqualität heran kommt. MPEG-1 wurde nur für Applikationen auf Speichermedien vorgesehen (CD, Harddisk) und nicht für den Übertragungsbereich entwickelt (Broadcast). Entsprechend aufbereitet sind auch die vorzufindenden Datenstrukturen. In Bezug auf die Video- und Audiocodierung ist MPEG-1 schon ziemlich nah an MPEG-2 herangerückt. Alle grundsätzlichen Algorithmen und Verfahren wurden bereits hier entwickelt; die Auflösung des Bildes ist begrenzt auf in etwa halbe VGA-Auflösung (352 x 288). Auch besteht keine Notwendigkeit für die Field-Encodierung (Halbbildverfahren, Zwischenzeilenverfahren). Bei MPEG-1 gibt es nur den sog. Program Stream (PS), der sich aus gemultiplexten Packetized Elementary Stream Paketen von Video und Audio zusammensetzt. Die Video- und Audio-PES-Pakete variabler Länge (max. 64 kByte) werden einfach entsprechend der vorliegenden Datenrate verschachtelt zu einen Datenstrom zusammengestellt. Dieser Datenstrom wird nicht mehr weiterbehandelt, da er nur auf Speichermedien "gelagert" werden soll und nicht der Übertragung dient. Eine gewisse Anzahl von Video- und Audio-PES-Paketen werden zu sog. „Packs" zusammengefasst. Ein „Pack" besteht aus Header plus Payload, wie eben auch die PES-Pakete selbst. Ein Pack orientiert sich an der Größe eines physikalischen Datensektors des Speichermediums.

Bei MPEG-2 wurden die Codierungsverfahren in Richtung höhere Auflösung und bessere Qualität weiterentwickelt. Außerdem wurde neben der Speicherung solcher Daten auch an die Übertragung gedacht. Der MPEG-2-Transportstrom ist der Transportation-Layer, der wesentlich kleinere Paket-Strukturen mit weiterentwickelten Multiplexmechanismen vorsieht. Bei MPEG-1 gibt es nur ein Programm, bei MPEG-2 gibt es einen Multiplex mit vielen Programmen in einem Datenstrom.

MPEG-2 unterstützt neben Standard Definition Television (SDTV) auch High Definition Television (HDTV). MPEG-2 wird weltweit im Rundfunkbereich als digitales Basisbandsignal eingesetzt.

Auf einer Video-CD befindet sich MPEG-1-codiertes Datensignal als Program Stream. D.h. man findet hier ein Programm, bestehend aus gemultiplexten PES-Paketen. Die Gesamtdatenrate liegt bei 1.44 Mbit/s.

Eine Super-Video-CD (SVCD) trägt ein mit 2.4 Mbit/s codiertes MPEG-2-Datensignal ebenfalls als Program Stream, realisiert als gemultiplexte PES-Pakete. Eine Super-Video-CD entspricht in etwa VHS-Qualität, manchmal sogar besserer Qualität.

Das Datenmaterial auf einer Video-DVD (Digital Versatile Disk) ist MPEG-2-codiert bei Datenraten bis zu 10.5 Mbit/s und weist eine deutlich bessere - nahezu perfekte - Bildqualität im Vergleich zu VHS-Bandmaterial auf. Auf einer DVD befindet sich ebenfalls gemultiplexter PES-Datenstrom. Untertitel und vieles mehr sind ebenfalls möglich.

Das V im Term DVD steht nicht für Video, sondern für versatile, also für vielseitig. Die DVD ist für vielseitige Anwendungen vorgesehen (Video, Audio, Daten). Das Datenvolumen beträgt im Gegensatz zur CD (ca. 700 MByte) bis zu 17 GByte, wobei 1, 2 oder 4 Layer mit je 4.7 GByte pro Layer möglich sind (siehe Tabelle 10.1.).

Tabelle 3.1. DVD-Typen

Typ	Seiten	Layer je Seite	Kapazität [GByte]	x CD-ROM
DVD 5	1	1	4.7	7
DVD 9	1	2	8.5	13
DVD 10	2	1	9.4	14
DVD 18	2	2	17.1	25
Blu-ray	1	1	25	

Technische Daten der DVD-Video:

- Speicherkapazität 4.7 GByte bis 17.1 GByte
- MPEG-2-Video mit variabler Datenrate, max. 9.8 Mbit/s Video

Audio:

- Linear-PCM (LPCM) mit 48 kHz oder 96 kHz Abtastfrequenz bei 16 Bit, 20 Bit oder 24 Bit Auflösung
- MPEG-Audio (MUSICAM) Mono, Stereo, 6-Kanal-Ton (5.1), 8-Kanal-Ton (7.1)
- Dolby Digital (AC3) Mono, Stereo, 6-Kanal-Ton (5.1)

Neben MPEG gibt es auch von JPEG abgeleitete Verfahren wie Motion-JPEG, DVCPRO und MiniDV.

Nach der DVD wurde dann 2005 die „Blu-ray Disc“ (kurz BD) als deren Nachfolger entwickelt, mit dem Ziel HDTV-Auflösung und Datenrate sowie „3D“ zu unterstützen. Die UHDTV-Weiterentwicklung wird in 2015 abgeschlossen sein. Die „Blu-ray Disc“ kann pro Layer 25 GByte Daten tragen, d.h. eine Single Layer Disc hat eine Kapazität von 25 GByte, eine Dual Layer Disc eine Kapazität von 50 GByte. Videomaterial auf der BD kann MPEG-2-, MPEG-4-AVC- oder VC-1-codiert sein. Inhalte auf der BD können verschlüsselt sein. Die Datenrate der BD beträgt bei einfacher Lesegeschwindigkeit 36 Mbit/s bzw. 4.5 Mbyte/s.

Tabelle 3.2. Digitale Videostandards

Standard	Videocodierung	Auflösung	Videodatenrate [Mbit/s]	Gesamtdatenrate [Mbit/s]
MPEG-1	MPEG-1	352 x 288 192 x 144 384 x 288	0.150 – (1.150) - 3.0	max. ca. 3.5 (1.4112)
MPEG-2	MPEG-2	720 x 576 (SDTV, 25 Bilder pro Sekunde), verschiedene Auflösungen bis zu HDTV verfügbar	bis zu 15 bei MP@ML, bzw. höher	im Prinzip offen, von den Schnittstellen her bis zu 270 Mbit/s
Video-CD	MPEG-1	352 x 288	1.150	1.4112
Super-VCD	MPEG-2	480 x 576	2.4	2.624
Video-DVD	MPEG-2	720 x 576	bis zu 9.8, variabel	10.5
MiniDV	MJPEG-Variante	720 x 576	25	ca. 30
DVCPRO	MJPEG-Variante	720 x 576	25/50	ca. 30/55
Blu-ray Disc	MPEG-2, MPEG-4 AVC, VC-1	1920 x 1080 (3840 x 2160)		36

Neben MPEG-1 und MPEG-2 gibt es noch weitere Standards, nämlich MPEG-4, MPEG-7 und MPEG-21. MPEG-3 hat nur vorübergehend als HDTV-Ansatz existiert und ist vollständig im MPEG-2-Standard aufgegangen; es gibt also keinen MPEG-3-Standard. MPEG-4 ist ein Ende 1999 veröffentlichter Standard, der zunächst für Multimedia-Applikationen mit interaktiven Bestandteilen entwickelt wurde. Es wurden aber innerhalb von MPEG-4 auch neue Video- und Audiocodierungsverfahren wie MPEG-4 Teil 2 Video oder H.263, MPEG-4 Teil 3 Audio oder AAC = Advanced Audio Coding und MPEG-4 Teil 10 bzw. H.264 oder AVC = Advanced Video Coding in die Reihe der MPEG-Standards eingegliedert. MPEG-4-Video- und Audioströme können in IP-Pakete verpackt oder im MPEG-2-Transportstrom integriert übertragen werden.

Die wichtigsten Dokumente des MPEG-4-Standards sind

- MPEG-4 Part 1 - Systems ISO/IEC 14496-1
- MPEG-4 Part 2 - Videoencodierung: ISO/IEC 14496-2
- MPEG-4 Part 3 – Audioencodierung: ISO/IEC 14496-3
- MPEG-4 Part 10 – H.264 Advanced Video Encoding ISO/IEC 14496-10 (AVC)

MPEG-4 Part 10 Advanced Video Encoding (AVC) wird in Europa innerhalb von Digital Video Broadcasting (DVB) für die HDTV-Übertragung eingesetzt. Sind bei HDTV im Rahmen von MPEG-2 noch Datenraten von etwa knapp unter 20 Mbit/s für das Videosignal nötig, so liegen sie als MPEG-4 AVC encodierte Signale im Bereich von etwa 10 Mbit/s.

MPEG-7 beschäftigt sich ergänzend zu MPEG-2 und MPEG-4 ausschließlich mit programmbegleitenden „daten-beschreibenden" Daten, mit sog. Metadaten. Mit Hilfe von XML und HTML-basierenden Datenstrukturen können Informationen wie Aufnahmebedingungen, Aufnahmeformate (Kamera, Licht, Ton, ...) usw. parallel zu Video und Audio mitgeführt werden. MPEG-7 ist seit 2001 Standard; im Konsumerbereich ist aber MPEG-7 nicht zu finden. MPEG-7 dient der Beschreibung und Suche von Multimedia-Inhalten.

Außerdem gibt es noch MPEG-21, Anwendung und Status sind aber unklar.

Tabelle 3.3. MPEG-Standards

	Beschreibung	Status
MPEG-1	Bewegtbild plus Ton in etwa in VHS-Qualität mit CD-Datenrate (<1.5 Mbit/s)	Standard seit 1992
MPEG-2	Digitales Fernsehen (SDTV+HDTV)	Standard seit 1993
MPEG-3	hat nur vorübergehend existiert und hat nichts mit mp3 zu tun	gibt es nicht
MPEG-4	Multimedia, interaktiv	Standard seit 1999
MPEG-7	Programmbegleitende Zusatzdaten (Metadaten)	Standard seit 2001
MPEG-21		unklar
MPEG-A MPEG-B	weitere MPEG-Standards	ab ca. 2010

MPEG-C		
MPEG-D		
MPEG-E		
MPEG-V		
MPEG-U		
MPEG-H	u.a. als MPEG-H, Teil 2 HEVC, gleichbedeutend mit H.265	Standard seit 2013
MPEG -DASH	„Dynamic Adaptive Streaming over HTTP (DASH)"	Standard seit 2012

Später kamen dann noch weitere MPEG-Standards hinzu, die aber dann nicht mehr numerisch, sondern alphabetisch als MPEG-A, MPEG-B, usw. bezeichnet wurden.

Unter MPEG-H = ISO/IEC 23008 wird der als H.265 oder HEVC standardisierte neue Videocodec „High Efficiency Video Coding" in die Reihe der MPEG-Standards einsortiert.

Parallel zu den klassischen Verbreitungswegen Terrestrik, Kabel und Satellit gibt es aber auch die Möglichkeit des Streaming über IP. Immer mehr TV- und Radioprogramme verbreiten ihren Inhalt auch über das Internet. Man nennt dies heutzutage OTT = Over the Top TV. Mit OTT werden dann über Internet Video- und Audio-Streaming-Formate für verschiedene Zielgeräte wie Smart Phones, Tablet PCs und PCs mit verschiedenen Betriebssystemen angeboten. Mit MPEG-DASH sind dann neben proprietären Streaming-Formaten auch standardisierte festgelegt worden:

MPEG-DASH

„Dynamic Adaptive Streaming over HTTP (DASH)" ISO/IEC 23009

Die nach etwa 2010 neu hinzugekommenen MPEG-Standards sind:

MPEG-A	ISO/IEC 23000
MPEG-B	ISO/IEC 23001
MPEG-C	ISO/IEC 23002
MPEG-D	ISO/IEC 23003
MPEG-E	ISO/IEC 23004
MPEG-V	ISO/IEC 23005
MPEG-M	ISO/IEC 23006
MPEG-U	ISO/IEC 23007
MPEG-H	ISO/IEC 23008 (HEVC, H.265)
MPEG-DASH	ISO/IEC 23009.

3.2 MPEG-2-Transportstrom

Ähnlich wie beim MPEG-Standard [ISO13818-1] selber auch, wird nun zunächst der allgemeine Aufbau des MPEG-Datensignals ganz losgelöst von den eigentlichen Video- und Audioinhalten beschrieben. Auch ist das Verständnis der Datensignalstruktur für die meisten Praktiker von größerer Bedeutung als das Detailverständnis der Video- und Audiocodierung, die später aber auch erläutert wird.

Beginnen wir jedoch bei der Beschreibung des Datensignalaufbaues zunächst mit den unkomprimierten Video- und Audiosignalen.

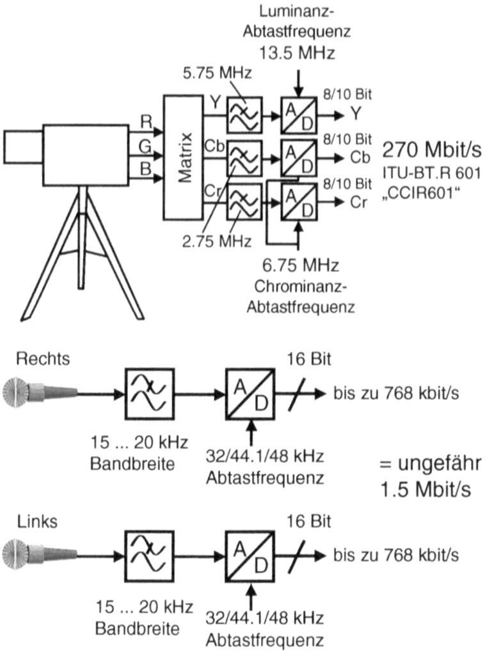

Abb. 3.2. Video- und Audio-Datensignale

Ein nicht-datenreduziertes Standard Definition Videosignal (SDTV) weist eine Datenrate von 270 Mbit/s auf, ein digitales Stereoaudiosignal in CD-Qualität hat eine Datenrate von etwa 1.5 Mbit/s (Abb. 3.2.). Die Videosignale werden gemäß MPEG-1 auf ca. 1 Mbit/s und gemäß MPEG-2 auf ca. 2 ... 5 Mbit/s komprimiert. HDTV- und UHDTV-Signale haben noch eine deutlich höhere Datenrate (1.5 Gbit/s bzw. 12 Gbit/s unkomprimiert); sie werden in späteren Kapiteln näher besprochen. Die Videodatenrate kann konstant oder auch variabel (statistischer Multiplex) sein. Die Audiosignale weisen nach der Komprimierung eine Datenrate von etwa 200 ... 400 kbit/s auf (typ. 192 kbit/s). Die Audiodatenrate ist aber immer konstant und ein Vielfaches von 8 kbit/s. Mit der Komprimierung selbst werden wir uns in einem eigenen Kapitel beschäftigen. Die komprimierten Video- und Audiosignale nennt man bei MPEG Elementarströme, kurz ES. Es gibt Video-, Audio- und ganz allgemein auch Datenelementarströme. Die Datenelementarströme können beliebigen Inhalt haben, meist handelt es sich hierbei aber um Videotext oder VPS-Daten (Video Program System). Alle Elementarströme werden bei MPEG-1 und MPEG-2 unmittelbar nach der Komprimierung (= Encodierung) in Pakete variabler Länge eingeteilt (Abb. 3.3.).

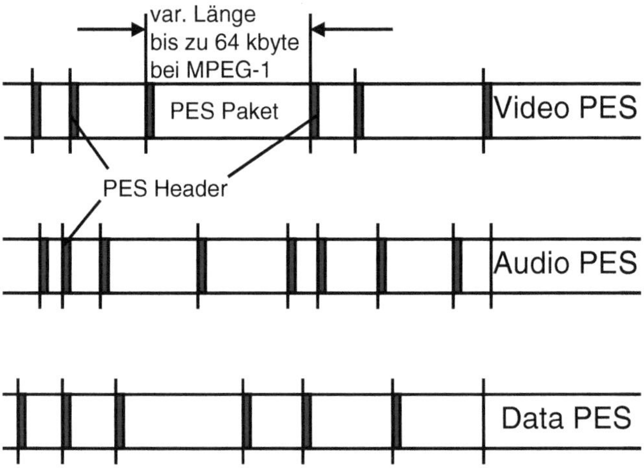

Abb. 3.3. MPEG-Elementarströme

Da man abhängig vom aktuellen Video- und Audioinhalt manchmal mehr, manchmal weniger stark komprimieren kann, braucht man im Datensignal Container variabler Länge. Diese Container tragen im Falle des Videosignals ein oder mehrere komprimierte Bilder oder auch Teile davon, im Falle des Audiosignals ein oder mehrere komprimierte Audiosignalabschnitte. Diese in Pakete eingeteilten Elementarströme (Abb. 3.3.) nennt man Packetized Elementary Streams, kurz einfach PES. Jedes PES-Paket ist üblicherweise bis zu 64 kByte groß. Es besteht aus einem relativ kurzen Kopfanteil, dem Header und aus einem Nutzlastanteil (= Payload). Im Header findet man u.a. einen 16-Bit langen Längenindikator für die maximal 64 kByte Paketlänge. Im Payloadanteil befindet sich der komprimierte Video- und Audioelementarstrom oder auch ein pures Datensignal. Videopakete können aber gemäß MPEG-2 auch manchmal länger als 64 kByte sein. In diesem Fall wird der Längenindikator auf Null gesetzt. Der MPEG-Dekoder muss dann andere Mechanismen anwenden, um das Paket-Ende zu finden.

3.3 Der Packetized Elementary Stream (PES)

Im Rahmen von MPEG werden alle Elementarströme, also Video, Audio und Daten zunächst in Pakete variabler Länge, sog. PES-Paketen (Abb. 3.4.) eingeteilt. Die zunächst bis zu max. 64 kByte großen Pakete beginnen mit einem mindestens 6 Byte langen PES-Header. Die ersten 3 Byte dieses Headers stellen den sog. Start Code Prefix dar, dessen Inhalt immer 0x00, 0x00, 0x01 (0x = Hexadezimal gemäß C/C++) ist und der zur Startidentifikation eines PES-Pakets dient. Das Byte, das dem Start Code folgt, ist die Stream ID, die die Art des im Payloadanteil folgenden Elementary Stream beschreibt. Anhand der Stream ID kann man erkennen, ob z.B. ein Video-, Audio- oder Datenstrom folgt. Weiterhin findet man dann 2 Byte Paketlänge - hierüber sind bis zu 64 kByte Payloadanteil adressierbar. Sind beide Bytes auf Null gesetzt, so ist ein PES-Paket zu erwarten, dessen Länge diese 64 kByte auch überschreiten kann. Der MPEG-Decoder muss dann die PES-Paket-Grenzen anhand anderer Strukturen erkennen, z.B. anhand des Start Codes. Nach diesem 6 Byte langem PES-Header wird ein Optional PES-Header (Abb. 3.4.), also eine variable optionale Verlängerung des PES-Headers übertragen. Dieser ist den aktuellen Bedürfnissen der Elementarstromübertragung angepasst und wird von 11 Flags in insgesamt 12 Bit in diesem optionalen PES-Header gesteuert. D.h. anhand dieser Flags erkennt man, welche Bestandteile in den Optional Fields im Optional PES-Header tatsächlich vorhanden sind oder nicht. Die Gesamtlänge des PES-Headers kann man dem Feld "PES Header Data Length" entnehmen. In den Optional Fields im Optional Header findet man u.a. die Presentation Time Stamps (PTS) und Decoding Time Stamps (DTS), die für die Synchronisierung von Video und Audio verwendet werden. Nach dem kompletten PES-Header wird der eigentliche Nutzanteil des Elementarstromes übertragen, der abzüglich des Optional PES-Headers üblicherweise bis zu 64 kByte lang sein kann, und in Sonderfällen auch länger ist.

Bei MPEG-1 werden einfach Video-PES-Pakete mit Audio-PES-Paketen gemultiplext und auf einem Datenträger gespeichert (Abb. 3.5.). Die maximale Datenrate beträgt für Video und Audio etwa 1.5 Mbit/s. Der Datenstrom umfasst nur einen Video- und Audioelementarstrom. Dieser Paketized Elementary Stream (PES) mit seinen relativ langen Paketstrukturen ist aber nicht geeignet für die Übertragung und speziell nicht für die Ausstrahlung mehrerer Programme in einem Datensignal.

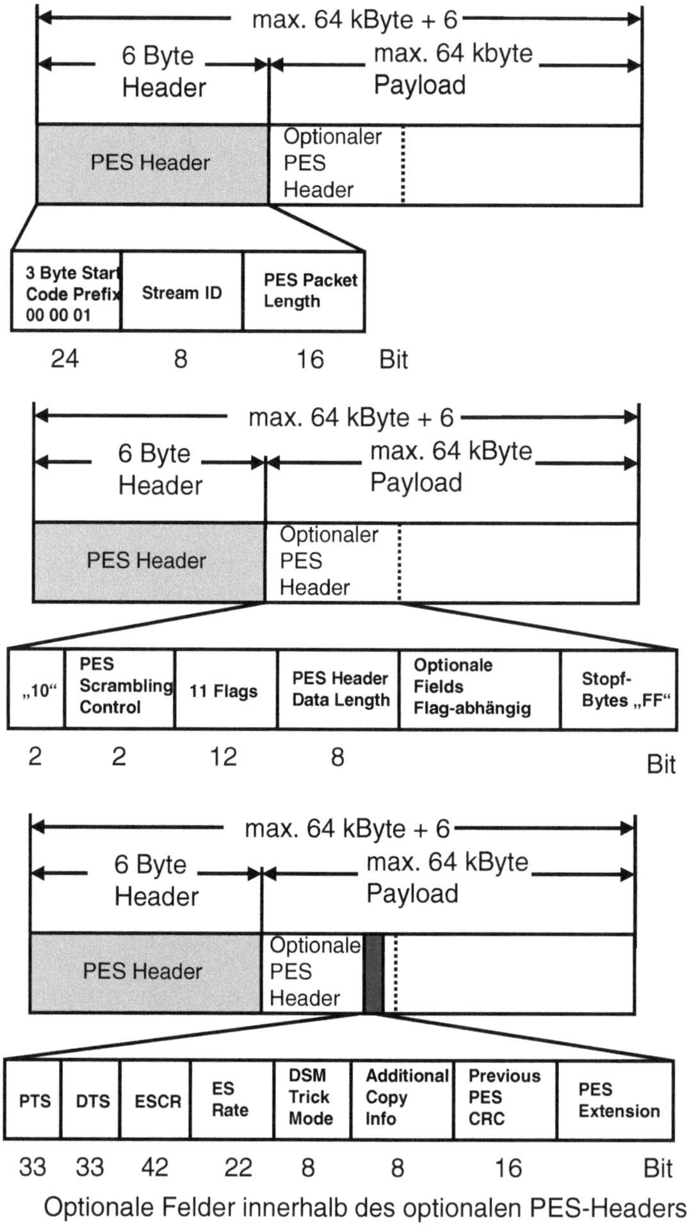

Abb. 3.4. Das PES-Paket

Bei MPEG-2 hat man sich jedoch das Ziel gesetzt, in einem MPEG-2-Datensignal bis zu 6, 10, 20 oder mehr unabhängige TV- oder Radioprogramme zu einem gemeinsamen gemultiplexten Datensignal zusammenzufassen. Dieses Datensignal wird dann z.B. über Satellit, Kabel oder über terrestrische Übertragungsstrecken übertragen. Hierzu werden die langen PES-Pakete zusätzlich in kleinere Pakete konstanter Länge eingeteilt. Man entnimmt immer 184 Byte lange Stücke aus den PES-Paketen und fügt dazu einen 4 Byte langen weiteren Header hinzu (Abb. 3.6.). Man erhält damit jetzt 188 Byte lange Pakete, sog. Transportstrompakete.

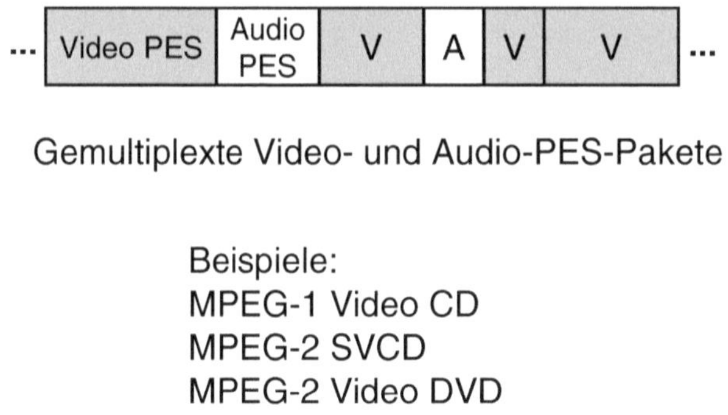

Abb. 3.5. Gemultiplexte PES-Pakete

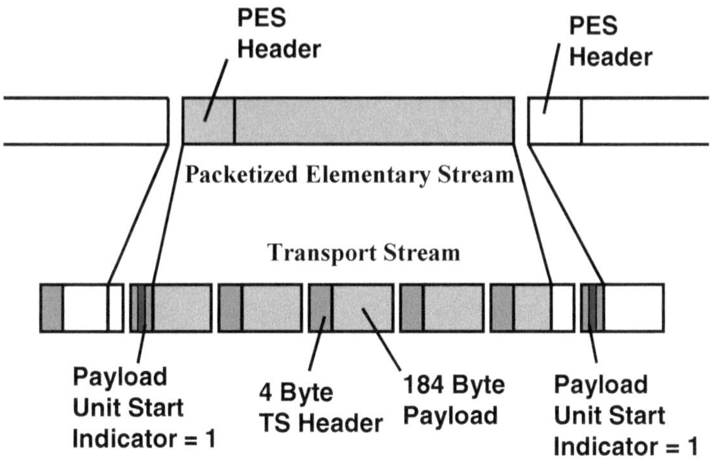

Abb. 3.6. Bildung eines MPEG-2-Transportstrom-Paketes

Diese Transportstrompakete werden nun gemultiplext. D.h. man verschachtelt zunächst die Transportstrompakete eines Programms miteinander. Ein Programm kann aus einem oder mehreren Video- oder Audiosignalen bestehen. Alle gemultiplexten Datenströme aller Programme werden nun nochmals gemultiplext und zu einem Gesamtdatenstrom zusammengefasst. Man spricht von nun von einem MPEG-2-Transportstrom.

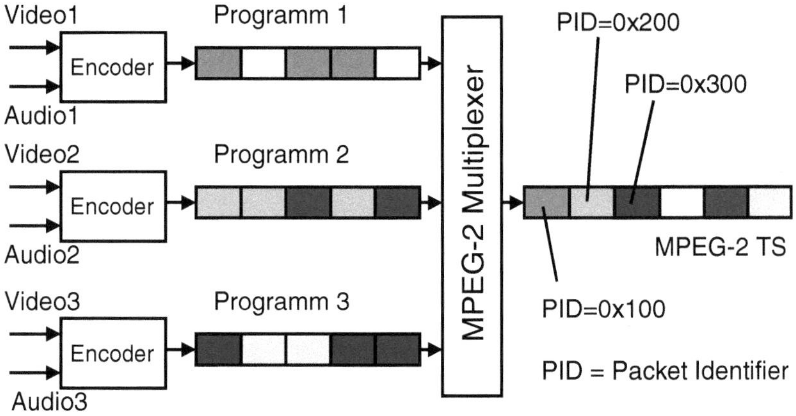

Abb. 3.7. Gemultiplexte MPEG-2-Transportstrompakete

In einem MPEG-2-Transportstrom findet man die 188-Byte langen Transportstrompakete aller Programme mit allen Video-, Audio- und Datensignalen. Je nach Datenraten findet man häufiger oder weniger häufiger Pakete des einen oder anderen Elementarstromes im MPEG-2-Transportstrom, kurz TS. Pro Programm gibt es einen MPEG-Encoder, der alle Elementarströme encodiert, eine PES-Struktur generiert und dann diese PES-Pakete in Transportstrompakete verpackt. Üblicherweise liegt die Datenrate pro Programm bei ca. 2... 5 Mbit/s; die Summendatenrate für Video, Audio und Daten kann konstant sein oder auch je nach aktuellem Programminhalt variieren. Man nennt dies im letzteren Fall dann „Statistical Multiplex". Die Transportströme aller Programme werden dann im MPEG-2-Multiplex zu einem Gesamttransportstrom zusammengefasst (Abb. 3.7.), der dann eine Datenrate bis zu ca. 40 Mbit/s aufweisen kann. Oft findet man bis zu 6, 8 oder 10 Programme manchmal auch über 20 Programme in einem Transportstrom. Die Datenraten können während der Übertragung schwanken, nur die Gesamtdatenrate, die muss konstant bleiben. In einem Programm können Video und Audio, mehrere Video-, Audio- und Datensignale, nur Audio (Hörfunk) oder auch nur Daten enthalten sein, somit ist die Struktur flexibel und kann sich auch während der Übertragung ändern. Um die aktuelle Struktur des Transportstromes beim Dekodiervorgang ermitteln zu können, werden Listen im Transportstrom mitgeführt, sog. Tabellen, die den Aufbau beschreiben.

3.4 Das MPEG-2-Transportstrompaket

Der MPEG-2-Transportstrom besteht aus Paketen konstanter Länge (Abb. 3.8.). Die Länge beträgt immer 188 Byte; sie ergibt sich aus 4 Byte Header und 184 Byte Payload. In der Payload sind die Video-, Audio- oder allgemeinen Daten enthalten. Im Header finden wir zahlreiche für die Übertragung der Pakete wichtigen Informationen. Das erste Byte des Headers ist das Sync-Byte. Es weist immer den Wert 47hex (Schreibweise 0x47 laut C/C++ Syntax) auf und man findet es in einem konstanten Abstand von 188 Byte im Transportstrom. Es ist nicht verboten und kann gar nicht verboten werden, dass sich ein Byte mit dem Wert 0x47 auch irgendwo anders im Paket befinden darf.

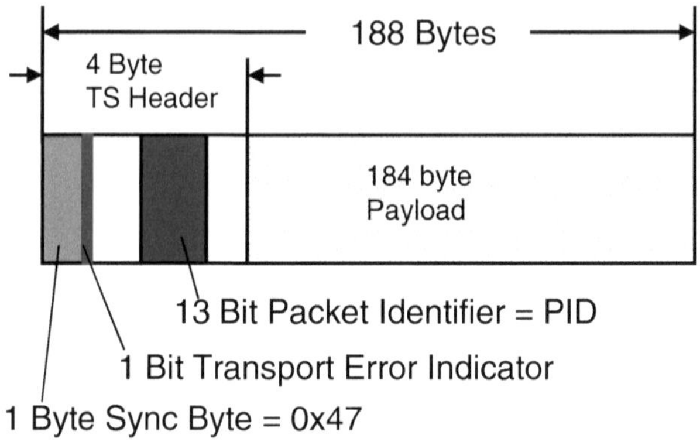

Abb. 3.8 MPEG-2-Transportstrom-Paket

Das Sync-Byte dient der Synchronisierung auf den Transportstrom und zwar wird der Wert und der konstante Abstand von 188 Byte zur Synchronisierung verwendet. Laut MPEG erfolgt am Dekoder Synchronisierung nach dem Empfang von 5 Transportstrompaketen. Ein weiterer wichtiger Bestandteil des Transportstrompaketes ist der 13 Bit lange Packet Identifier, kurz PID. Die PID beschreibt den aktuellen Inhalt des Payload-Anteiles dieses Paketes. Über die 13 Bit lange Hexadezimalzahl und über mitgeführte Listen kann man herausfinden, um welchen Bestandteil des Elementarstromes es sich hier handelt.

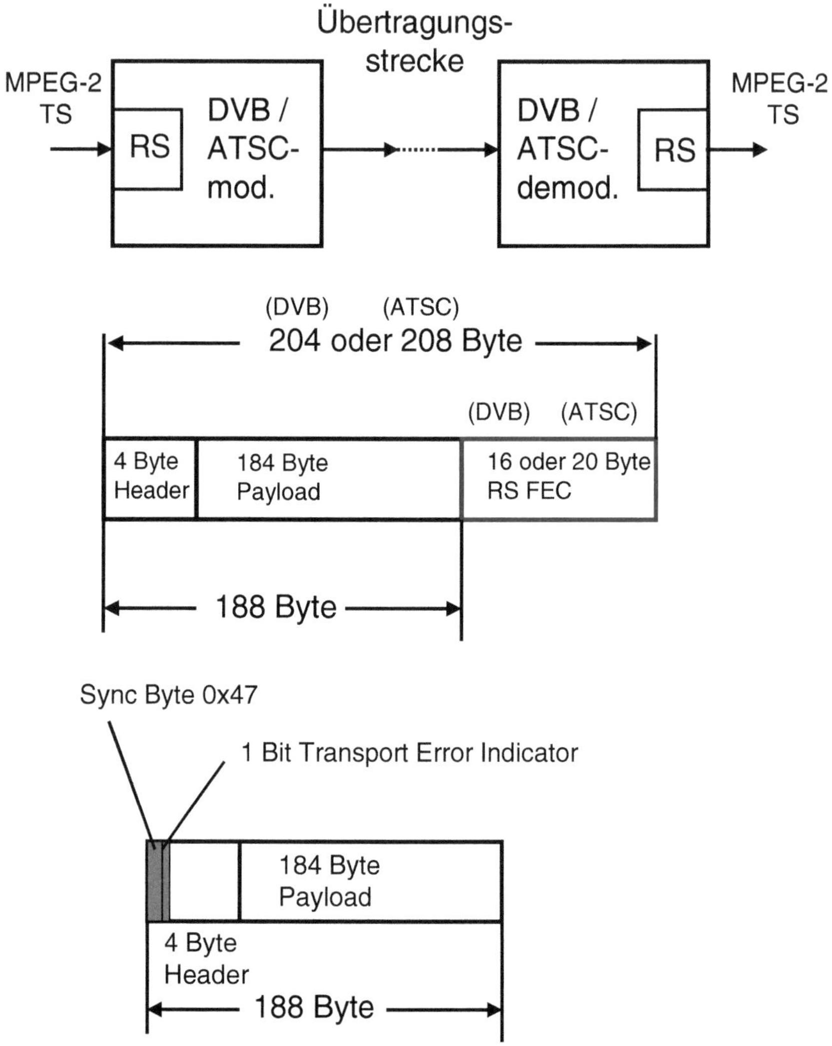

Abb. 3.9. Reed-Solomon-FEC (= Forward Error Correction)

Das Bit, das dem Sync-Byte unmittelbar folgt, nennt man Transport Error Indicator Bit (Abb. 3.8.). Dieses Bit markiert Transportstrompakete nach der Übertragung als fehlerhaft. Es wird von Demodulatoren in den Receivern am Ende der Übertragungsstrecke gesetzt, wenn z.B. zu viele Fehler aufgetreten sind und diese über während der Übertragung eingesetzte Fehlerkorrekturmechanismen nicht mehr repariert werden konnten. Bei DVB (Digital Video Broadcasting) wird z.B. bei den älteren Standards immer als erster Fehlerschutz der Reed-Solomon-Fehlerschutz (Abb. 3.9.) eingesetzt. In einer der ersten Stufen des Modulators (DVB-S, DVB-C und DVB-T) fügt man zum zunächst 188 Byte langen Paket 16 Byte Fehlerschutz hinzu. Bei diesem 16 Byte langen Fehlerschutz handelt es sich um eine spezielle Check-Summe, mit der man auf der Empfangsseite bis zu 8 Byte-Fehler pro Paket reparieren kann. Liegen mehr als 8 Fehler pro Paket vor, so besteht keine Möglichkeit mehr, die Fehler zu reparieren, der Fehlerschutz versagt, das Paket wird über den Transport Error Indicator als fehlerhaft markiert. Der MPEG-Dekoder darf dieses Paket nun nicht mehr auswerten, er muss Fehlerverschleierung vornehmen, was im Bild meist in Form von fehlenden oder eingefrorenen Blocks-Reihen (Slices) erkennbar ist.

Ab und zu ist es notwendig, mehr als 4 Byte Header pro Transportstrompaket zu übertragen. In diesem Fall wird der Header in den Playload-Anteil hinein verlängert. Der Playload-Anteil verkürzt sich dann entsprechend, die Gesamtpaketlänge bleibt konstant 188 Byte. Den verlängerten Header nennt man Adaptation Field (Abb. 3.10.). Die weiteren Inhalte des Headers und des Adaptation Fields werden später besprochen. Man erkennt anhand sog. Adaptation Control Bits im 4 Byte langen Header, ob ein Adaptation Field vorliegt oder nicht.

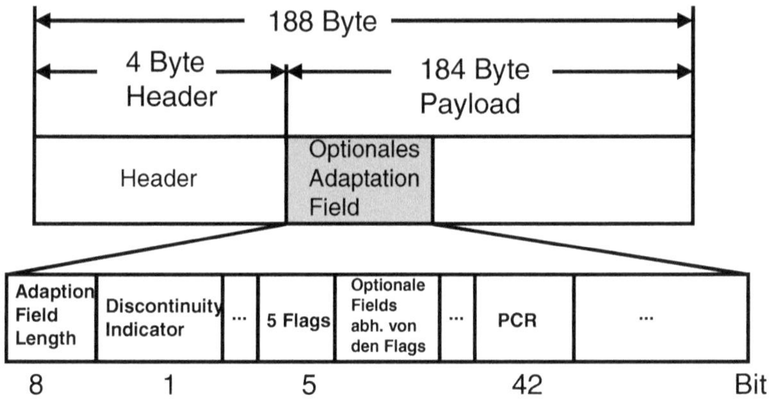

Abb. 3.10. Transportstrom-Paket mit Adaption Field

Die Struktur und speziell die Länge eines Transportstrompaketes lehnt sich sehr stark an eine Art der Datenübertragung an, die aus der Telefonie- und LAN-Technik bekannt ist, an - nämlich an den Asynchronous Transfer Mode, kurz ATM. ATM wird heutzutage sowohl in Weitverkehrsnetzen für Telefonie und Internetverbindungen verwendet, als auch für die Vernetzung von Rechnern in einem LAN-Netz in Gebäuden. ATM hat ebenfalls eine Paketstruktur. Die Länge einer ATM-Zelle beträgt 53 Byte; darin enthalten sind 5 Byte Header. Der Nutzlastanteil beträgt also 48 Byte. Schon von Beginn an dachte man bei MPEG-2 an die Möglichkeit, MPEG-2-Datensignale über ATM-Strecken zu übertragen. Daraus ergibt sich auch die Länge eines MPEG-2-Transportstrompaketes. Unter Berücksichtigung eines speziellen Bytes im Payloadteil einer ATM-Zelle bleiben 47 Byte Nutzdaten übrig. Mit Hilfe von 4 ATM-Zellen kann man dann 188 Byte Nutzinformation übertragen. Und dies entspricht genau der Länge eines MPEG-2-Transportstrompaketes. Heutzutage finden tatsächlich MPEG-2-Übertragungen über ATM-Strecken statt. Beispiele hierfür findet man z.B. in Österreich, wo alle Landesstudios der Österreichischen Rundfunks (ORF) über ein ATM-Netzwerk verbunden sind (dort genannt LNET). Aber auch in Deutschland werden MPEG-Ströme über ATM-Strecken ausgetauscht.

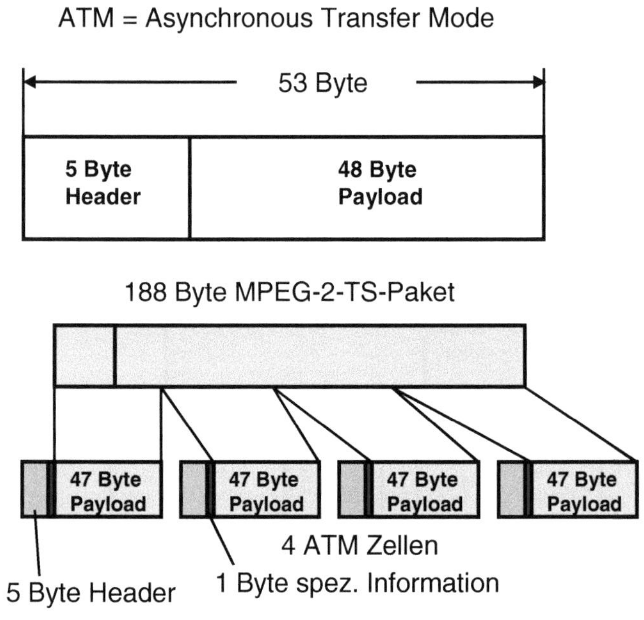

Abb. 3.11. Übertragung eines MPEG-2-Transportstromes über ATM

Bei der Übertragung von MPEG-Signalen über ATM-Strecken können auf ATM-Ebene verschiedene Übertragungs-Modi angewandt werden, man spricht von ATM Adaptation Layern. Der in Abb. 3.11. dargestellte Mode entspricht ATM Adaptation Layer 1 ohne FEC (=AAL1 ohne FEC).

Möglich ist aber auch ATM Adaptation Layer 1 mit FEC (= Forward Error Correction) oder ATM Adaptation Layer 5 (AAL5). Als geeignetster Layer erscheint eigentlich AAL1 mit FEC, da hier der Inhalt während der ATM-Übertragung einem Fehlerschutz unterliegt.

Besonders entscheidend ist, dass der MPEG-2-Transportstrom ein völlig asynchrones Datensignal darstellt. Es ist nicht bekannt, welche Information im nächsten Zeitschlitz = Transportstrompaket folgt. Dies kann nur anhand der PID des Transportstrompaketes erkannt werden. Die wirklichen Nutzdatenraten im Nutzlastanteil (= Payload) können schwanken; es wird ggf. auf die fehlenden 184 Byte „aufgestopft". Diese Asynchronität hat große Vorteile hinsichtlich Zukunftsoffenheit. Beliebige neue Verfahren können ohne große Anpassung implementiert werden. Dies bringt aber auch manche Nachteile mit sich; der Empfänger muss immer mithören und verbraucht dadurch mehr Strom; ungleicher Fehlerschutz, wie z.B. bei DAB (= Digital Audio Broadcasting) ist nicht möglich, verschiedene Inhalte können nicht nach Bedarf mehr oder weniger geschützt werden. Der MPEG-2-Transportstrom ist Träger für Inhalte aus unterschiedlichen Kompressionsformaten; d.h. die übertragenen Video- und Audiosignale können MPEG-1, MPEG-2, MPEG-4 usw. komprimiert sein.

3.5 Informationen für den Empfänger

Im folgenden sollen nun die für den Empfänger notwendigen Bestandteile des Transportstromes besprochen werden. Notwendige Bestandteile heißt in diesem Fall: Was braucht der Empfänger, d.h. der MPEG-Dekoder z.B. im Receiver, um aus der Vielzahl von Transportstrompaketen mit unterschiedlichsten Inhalten, genau die "herauszufischen" = demultiplexen, die für die Dekodierung des gewünschten Programms benötigt werden (siehe Abb. 3.12.). Des weiteren muss sich der Decoder dann auch richtig auf dieses Programm aufsynchronisieren können. Der MPEG-2-Transportstrom ist ein völlig asynchrones Signal, die Inhalte kommen rein zufällig bzw. nach Bedarf in den einzelnen Zeitschlitzen vor. Es gibt keine konkrete Regel, nach der ermittelt werden könnte, welche Information im nächsten Transportstrompaket enthalten ist. Der Decoder und auch jedes Element auf der Übertragungsstrecke muss sich auf die Paketstruktur aufsynchronisieren. Anhand des Packet Identifiers = PID kann ermittelt werden, was im jeweiligen Element tatsächlich übertragen wird. Diese Asynchronität hat auf der einen Seite Vorteile, wegen der totalen Flexibilität, auf der anderen Seite aber auch Nachteile hinsichtlich Stromsparen.

Jedes, aber auch wirklich jedes Transportstrom-Paket muss zunächst im Empfänger analysiert werden.

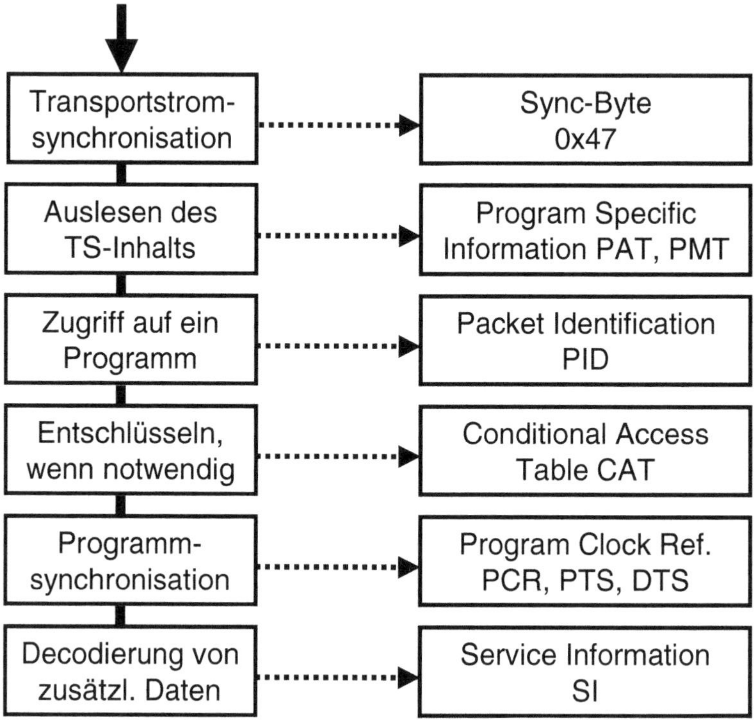

Abb. 3.12. Informationen für den Empfänger

3.5.1 Synchronisierung auf den Transportstrom

Verbindet man den MPEG-2-Dekodereingang mit einem MPEG-2-Transportstrom, so muss sich dieser zunächst auf den Transportstrom, sprich auf die Paketstruktur aufsynchronisieren. Hierzu sucht der Dekoder nach den Sync-Bytes im Transportstrom. Diese weisen konstant auf den Wert 0x47 auf und erscheinen immer am Anfang eines Transportstrompaketes. Sie liegen also in einem konstanten Abstand von 188 Byte vor. Beides, der konstante Wert 0x47 und der konstante Abstand von 188 Byte wird zur Synchronisierung verwendet. Erscheint ein Byte mit dem Wert 0x47, so untersucht der MPEG-Dekoder den Bereich n mal 188 Byte davor und dahinter im Transportstrom, ob dort auch ein Sync-Byte vorgelegen hat oder vorliegen wird. Ist dies der Fall, so handelt es sich um ein Sync-Byte, ist dies nicht der Fall, so war es einfach irgend ein Codewort, das zufällig diesen Wert angenommen hat. Es ist nicht vermeidbar, dass das Codewort 0x47 auch im laufenden Transportstrom vorkommt. Nach 5 Transportstrompaketen tritt Synchronisierung ein, nach dem Verlust von 3 Paketen fällt der Dekoder aus der Synchronisierung - so sagt es zumindest der MPEG-2-Standard.

3.5.2 Auslesen der aktuellen Programmstruktur

Die Anzahl und der Aufbau der im Transportstrom übertragenen Programme ist flexibel und offen. D.h. es kann ein Programm mit einem Video- und Audioelementarstrom enthalten sein, es können aber auch 20 Programme oder mehr teils nur mit Audio, teils mit Video und Audio, teils mit Video und mehreren Audiosignalen ausgestrahlt werden. Es ist deshalb notwendig, bestimmte Listen im Transportstrom mitzuführen, die den aktuellen Transportstromaufbau beschreiben.

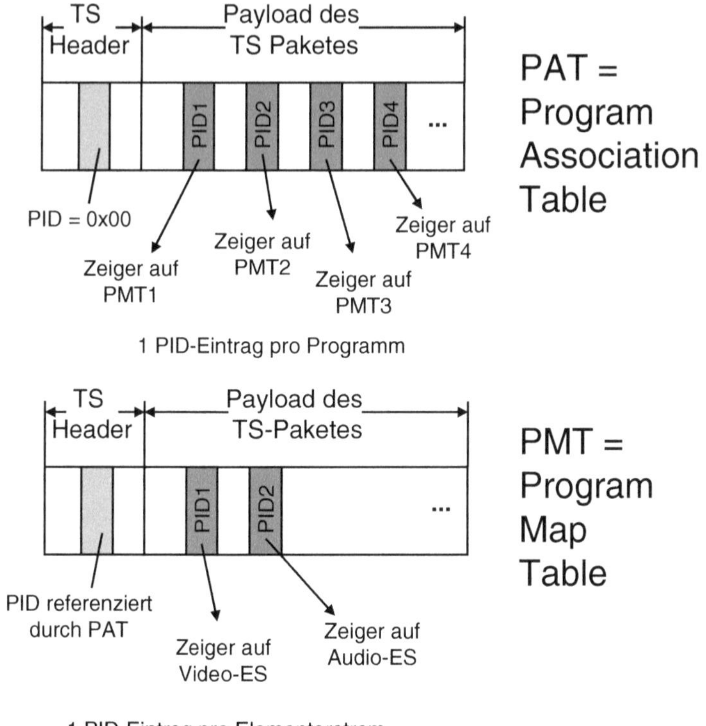

Abb. 3.13. PAT und PMT

Diese Listen sind die sog. Program Specific Information, kurz PSI (Abb. 3.13.) genannt. Es handelt sich hierbei um Tabellen, die im Payloadanteil ab und zu übertragen werden. Die erste Tabelle ist die Program Association Table (PAT). Diese Tabelle gibt es genau einmal pro Transportstrom, sie wird aber alle 0.5 s wiederholt. In dieser Tabelle ist abgelegt, wie viele Programme es in diesem Transportstrom gibt. Transportstrompakete, die diese Tabelle tragen, haben als Packet Identifier (PID) den Wert Null, sind also sehr leicht identifizierbar. Im Payloadanteil der Program Association Table wird eine Liste von speziellen PID´s übertragen. Man findet genau einen Packet Identifier (PID) pro Programm in der Program Association Table (Abb. 3.13.).

Diese PID`s sind gewissermaßen Zeiger auf weitere Informationen, die jedes einzelne Programm näher beschreiben. Diese PID`s zeigen auf weitere Tabellen, die sog. Program Map Tables (PMT). Die Program Map Tables sind wiederum spezielle Transportstrompakete mit speziellem Payloadanteil und spezieller PID. Die PID`s der PMT`s werden in der PAT übertragen. Will man z. B. Programm Nr. 3 empfangen, so wählt man in der Program Association Table (PAT) die PID der Nr. 3 in der Liste aller PID`s im Payloadanteil aus. Ist diese z. B. 0x1FF3, so sucht man nun nach Transportstrompaketen mit PID = 0x1FF3 im Header. Diese Pakete sind jetzt die Programm Map Table für Programm Nr. 3 im Transportstrom. In der Program Map Table (PMT) sind wiederum PID`s eingetragen und zwar die PID`s für alle in diesem Programm enthaltenen Elementarströme (Video, Audio, Daten). Da mehrere Video- und Audioelementarströme enthalten sein können TV-Übertragung in mehreren Sprachen - muss nun der Zuschauer die zu dekodierenden Elementarströme auswählen. Er wählt letztendlich genau 2 PID`s aus - eine für den Videoelementarstrom und eine für den Audioelementarstrom. Dies ergibt z. B. die beiden Hexadeximalzahlen PID1 = 0x100 und PID2 = 0x110. PID1 ist dann z. B. die PID für den zu dekodierenden Videoelementarstrom und PID2 die PID für den zu dekodierenden Audioelementarstrom. Nun wird sich der MPEG-2-Dekoder nur noch für diese Transportstrompakete interessieren, diese aufsammeln, also demultiplexen und wieder zu den PES-Paketen zusammenbauen. Es entstehen nun PES-Pakete für Video und Audio und genau diese Pakete werden nun dem Video- und Audiodekoder zugeführt, um dann wieder ein Video- und Audiosignal zu erzeugen. Die Zusammensetzung des Transportstromes kann sich während der Übertragung ändern, d. h. es können z. B. Lokalprogramme nur in bestimmten Zeitfenstern übertragen werden. Ein TV-Empfänger (integriert als IRD oder extern als sog. „Settop-Box") muss deshalb im Hintergrund ständig den aktuellen Aufbau des Transportstroms überwachen, die PAT und PMT´s auslesen und sich auf neue Situationen einstellen. Im Header einer Tabelle ist dafür eine sog.

Versionsverwaltung vorgesehen, die dem Receiver signalisiert, ob sich etwas im Aufbau verändert hat. Dass diese sog. „dynamische PMT-Umschaltung“ alle DVB-Receiver richtig verarbeiten ist nicht selbstverständlich und bedauerlich. Oft erkennt ein Receiver erst dann eine Änderung der Programmstruktur, wenn ein erneuter Programmsuchlauf gestartet wurde. In manchen deutschen Bundesländern werden im Rahmen in den öffentlich-rechtlichen Programmen sog. „regionale Fensterprogramme“ zu gewissen Zeiten am Tag eingetastet. Diese werden durch diese „dynamische PMT“ realisiert, d.h. die Inhalte der PMT werden verändert und signalisieren Änderungen in den PID’s der Elementarströme.

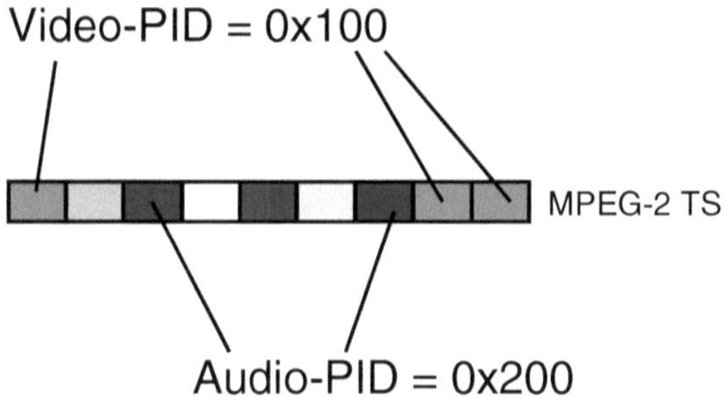

Abb. 3.14. Zugriff auf ein Programm über Video- und Audio-PID

3.5.3 Der Zugriff auf ein Programm

Nachdem über die Informationen in der PAT und den PMT´s die PID´s aller im Transportstrom enthaltenen Elementarströme bekannt gemacht wurden und sich der Benutzer auf ein Programm, einen Video- und Audioelementarstrom festgelegt hat, stehen nun eindeutig genau 2 PID`s fest (Abb. 3.14.): die PID für das zu dekodierende Videosignal und die PID für das zu dekodierende Audiosignal. Nehmen wir an, die Video-PID sei nun 0x100 und die Audio-PID sein nun 0x110. Jetzt wird der MPEG-2-Decoder auf Anweisung des Benutzers der Settop-Box sich nur noch für diese Pakete interessieren. Es findet ein Demultiplexing-Vorgang statt, bei dem alle TS-Pakete mit 0x100 zu Video-PES-Paketen zusammengebaut werden und dem Videodecoder zugeführt werden. Das gleiche gilt für die 0x110-Audio-Pakete. Diese werden aufgesammelt und wieder zu Audio-PES-Paketen zusammengefügt und dem Audiodecoder zugeführt. Falls die Elementarströme nicht verschlüsselt sind, können diese nun auch direkt dekodiert werden.

3.5.4 Zugriff auf verschlüsselte Programme

Oft ist es aber so, dass die Elementarströme verschlüsselt übertragen werden. Im Falle von Pay-TV oder nur aus lizenzrechtlichen Gründen lokal beschränkter Empfangsrechte werden alle oder teilweise die Elementarströme durch einen elektronischen Verschlüsselungscode geschützt übertragen. Die Elementarströme werden durch verschiedene Verfahren (Viaccess, Betacrypt, Irdeto, Conax, Nagravision ...) gescrambled (Abb. 3.17.) und können ohne Zusatzhardware und Berechtigung nicht empfangen werden. Diese Zusatzhardware muss aber mit entsprechenden Entschlüsselungs- und Berechtigungsdaten aus dem Transportstrom versorgt werden. Hierzu überträgt man eine spezielle Tabelle, die sog. Conditional Access Table (CAT) im Transportstrom. Die CAT (Abb. 3.15.) liefert uns die PID's für weitere Datenpakete im Transportstrom, in denen diese Entschlüsselungsinformationen übertragen werden. Diese weiteren Entschlüsselungsinformationen nennt man ECM's und EMM's. Man spricht von Entitlement Control Messages und Entitilement Management Messages. Die Entitlement Control Messages (ECM) dienen zur Übertragung der Entschlüsselungscodes und die Entitlement Management Messages dienen der Benutzerverwaltung. Wichtig ist, dass nur die Elementarströme selbst und keine Transportstromheader und auch keine Tabellen verschlüsselt werden dürfen. Es ist auch nicht erlaubt, den Transportstromheader und das Adaptationfield zu scramblen.

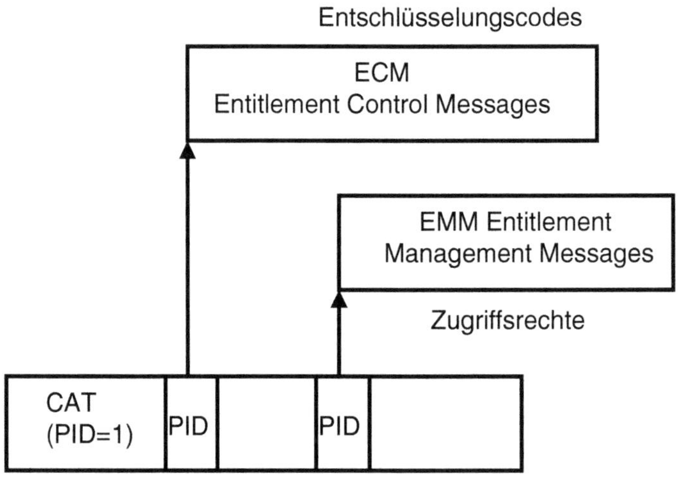

Abb. 3.15. Die Conditional Access Table (CAT)

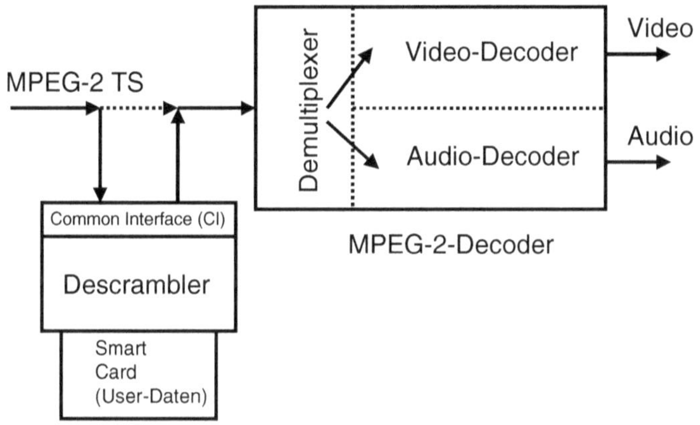

Abb. 3.16. Entschlüsselung im DVB-Receiver

Die Entschlüsselung selbst wird außerhalb des MPEG-Decoders in einer vom Verschlüsselungsverfahren abhängigen Zusatzhardware vorgenommen, die üblicherweise steckbar an einem sog. Common Interface (CI), bzw. CI+ in den Receiver integriert wird. Der Transportstrom wird durch diese Hardware geschleift (Abb. 3.16., Abb. 3.17.), bevor er im MPEG-Decoder weiterverarbeitet wird. Mit den Informationen der ECM's und EMM's, sowie dem Benutzerschlüssel aus der Smart-Card findet dann die Entschlüsselung statt.

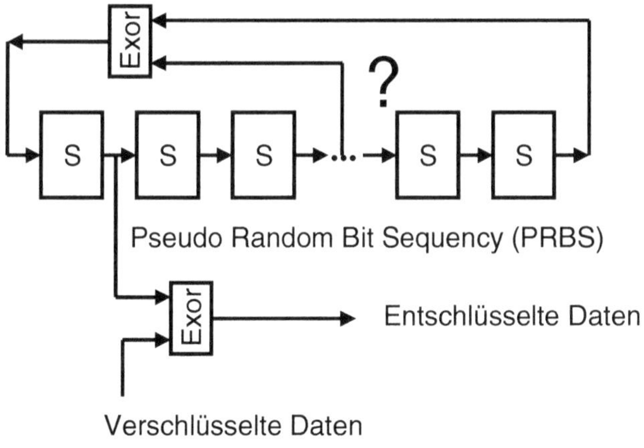

Abb. 3.17. Verschlüsselung und Entschlüsselung durch PRBS-Generator im CA-System und im Receiver

Das Verschlüsseln der Video- und Audioströme geschieht im sog. Common Scrambling Algorithmus (CSA) mit einem 8 Byte langen Schlüssel, dem sog. Control Word, kurz CW. Das CW kann außerhalb des eigentlichen Verschlüsselungssystems im Multiplex Center (Headend) generiert werden. Auch der CSA kann im Multiplex Center außerhalb des eigentlichen Verschlüsselungssystems laufen. Wichtig ist nur, dass die Nachricht, in der der Schlüssel auf die Reise zum Receiver geschickt wird, das CW in verschlüsselter geheimer Form enthält. Dies ist die eigentliche Aufgabe des Verschlüsselungssystems (Irdeto, Viaccess, usw.) und der Teil, der das Geheimnis des Verschlüsselungssystems darstellt. Somit ist es auch möglich, mehrere Verschlüsselungssysteme gleichzeitig zu benutzen (Simulcrypt). In diesem Fall werden die Video- und Audiosignale nur einmal gemeinsam im CSA gescrambled, das CW aber über mehrere ECMs = Entitlement Control Messages transportiert. Der Common Scrambling Algorithmus ist im Prinzip so aufgebaut, wie in Abb. 3.17. skizziert, besteht aber im Detail aus einer sog. Stream Cipher und einer Block Cipher Einheit.

Neben dem Common Interface gibt es seit der Einführung von HDTV auch ein CI+ - Interface, über das HD+ realisiert wurde. Mittels HD+ werden in Deutschland die HDTV-Programme der privaten Rundfunkanbieter grundverschlüsselt, mit dem Ziel

- der Reichweitenbeschränkung
- des Kopierschutzes
- der Lebensdauerbeschränkung einer Aufzeichnung
- und der Einschränkung hinsichtlich „Vorspulen“, bzw. Überspringen von aufgezeichneten Passagen (Werbung).

Bekannte Verschlüsselungssysteme sind

- Betacrypt (nicht mehr in Verwendung)
- Conax
- Cryptoworks
- Irdeto
- Nagravision
- Mediaguard Seca
- NDS Videoguard, usw.

Die ECM- und EMM-Botschaften werden in Sections übertragen, deren Table IDs im Wertebereich von 0x80 … 0x8F liegen. Diese Nachrichten findet man mit Hilfe eines MPEG-Analysators auch problemlos im MPEG-2-Transportstrom.

3.5.5 Programmsynchronisation (PCR, DTS, PTS)

Nachdem nun die PID`s für Video- und Audio feststehen und evtl. verschlüsselte Programme entschlüsselt worden sind, werden nun nach dem Demultiplex-Vorgang wieder Video- und Audio-PES-Pakete erzeugt. Diese werden dann dem Video- und Audiodecoder zugeführt. Für die eigentliche Decodierung sind nun aber einige weitere Synchronisierungsschritte notwendig. Der erste Schritt ist die Anbindung des Decodertaktes an den Encodertakt. Wie eingangs angedeutet, werden das Luminanzsignal mit 13.5 MHz und die beiden Farbdifferenzsignale mit 6.75 MHz abgetastet. 27 MHz ist ein Vielfaches dieser Abtastfrequenzen und wird deshalb auf der Senderseite als Referenz- oder Basisfrequenz für alle Verarbeitungsschritte bei der MPEG-Encodierung verwendet. Ein 27 MHz-Oszillator speist beim MPEG-Encoder die System Time Clock (STC). Die STC ist im wesentlichen ein 42-Bitzähler, mit eben dieser 27 MHz-Taktung, der nach einem Überlauf wieder mit Null startet. Die STC setzt sich zusammen aus 33 Bit MSB plus 9 Bit LSB. Die LSB-Stellen laufen hierbei nicht bis 0xFFF, sondern nur bis 0x300 und führen dann beim Überlauf zu einem Weiterschalten der 33 Bit breiten MSBs. Dies entspricht einem 90 kHz-Takt und damit dem Takt der Systemuhr von MPEG-1. Alle etwa 26.5 Stunden beginnt ein Neustart bei Null. Auf der Empfangsseite muss ebenfalls eine System Time Clock (STC) vorgehalten werden. D.h. man benötigt hier ebenfalls einen 27 MHz-Oszillator und einen daran angeschlossenen 42 Bit-Zähler. Es muss jedoch sowohl der 27 MHz-Oszillator vollkommen frequenzsynchron zur Sendeseite laufen, als auch der 42-Bit-Zähler vollkommen synchron zählen.

Um dies zu ermöglichen, werden Referenzinformationen im MPEG-Datenstrom übertragen (Abb. 3.18.). Bei MPEG-2 sind dies die sog. PCR-Werte. PCR steht für Program Clock Reference und ist nichts anderes als eine in den Transportstrom zu einem bestimmten Zeitpunkt eingespeiste aktuelle Kopie des STC-Zählers. Im Datenstrom wird also eine genaue interne "Uhrzeit" mitgeführt. Alle Codier- und auch Decodiervorgänge werden von dieser Uhrzeit gesteuert. Dazu muss der Empfänger, also der MPEG-Decoder die "Uhrzeit", also diese PCR-Werte auslesen und mit seiner eigenen Systemuhr, also seinem eigenen 42 Bit-Zähler vergleichen.

Laufen die empfangenen PCR-Werte synchron zur decoderseitigen Systemuhr, so stimmt der 27 MHz-Takt auf der Empfangsseite mit der Sendeseite überein. Im Falle einer Abweichung kann aus der Größe der Abweichung eine Regelgröße für eine PLL (Phase Locked Loop) erzeugt werden. D.h. der Oszillator auf der Empfangsseite kann nachgezogen werden. Außerdem wird parallel hierzu der 42-Bit-Zählerwert immer wieder auf den empfangenen PCR-Wert zurückgesetzt. Dies ist speziell für eine Grundinitialisierung und bei einem Programmwechsel notwendig.

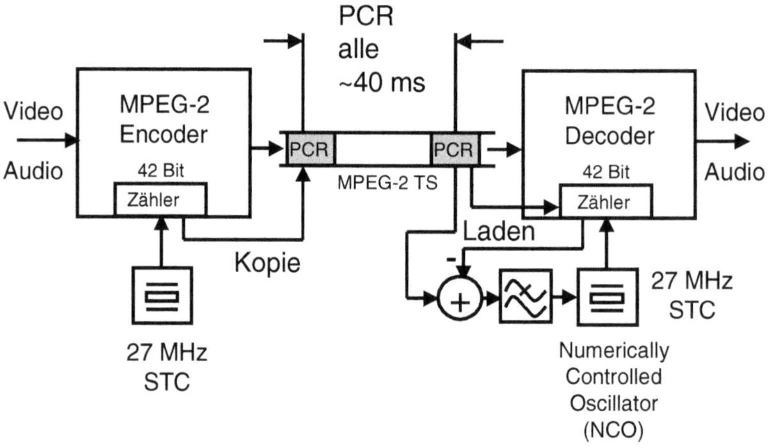

Abb. 3.18. Program Clock Reference (PCR)

Die PCR-Werte müssen in ausreichender Anzahl, also in einem Maximalstand und relativ genau, also jitterfrei vorliegen. Laut MPEG beträgt der Maximalstand pro Programm 40 ms zwischen einzelnen PCR-Werten. Der PCR-Jitter muss kleiner als ± 500 ns sein. PCR-Probleme äußern sich zunächst meist in einer Wiedergabe eines Schwarzweißbildes anstelle eines farbigen Bildes. PCR-Jitter-Probleme können v. a. bei einem Remultiplexing eines Transportstromes auftreten. Dies entsteht dadurch, dass z.B. die Zusammensetzung des Transportstromes geändert wird, ohne die darin enthaltenen PCR-Information anzupassen. Manchmal findet man PCR-Jitter von bis zu ± 30 µs, obwohl nur ± 500 ns erlaubt sind. Viele Receiver kommen damit zurecht, jedoch nicht alle. Die PCR-Information wird im Adaption Field eines zum entsprechenden Programm gehörigen Transportstrompaket übertragen. Die genaue Information, in welcher Art von TS-Paketen dies geschieht, kann man der entsprechenden Program Map Table (PMT) entnehmen. Dort in der PMT findet man die sog. PCR_PID, die jedoch meist der Video-PID des jeweiligen Programmes entspricht. Nach erfolgter Program Clock Synchronisation laufen nun die Video- und Audiocodierungsschritte gemäß der System Time Clock (STC) ab.

Nun tritt jedoch ein weiteres Problem auf. Video- und Audio müssen lippensynchron decodiert und wiedergegeben werden. Um Lippensynchronisation, also Synchronisation zwischen Video und Audio erreichen zu können, werden zusätzliche Zeitformationen in die Header der Video- und Audio- Packetized Elementary Streams eingetastet. Diese Zeitinformationen sind von der Systemuhr (STC, 42 Bit) abgeleitet. Man verwendet die 33 höherwertigsten Bits (MSB = Most Significant Bits) der STC und trägt diese in die Video- und Audio-PES-Header in einem maximalen Abstand von 700 ms ein. Man nennt diese Werte Presentation Time Stamps (PTS) (Abb. 3.19.).

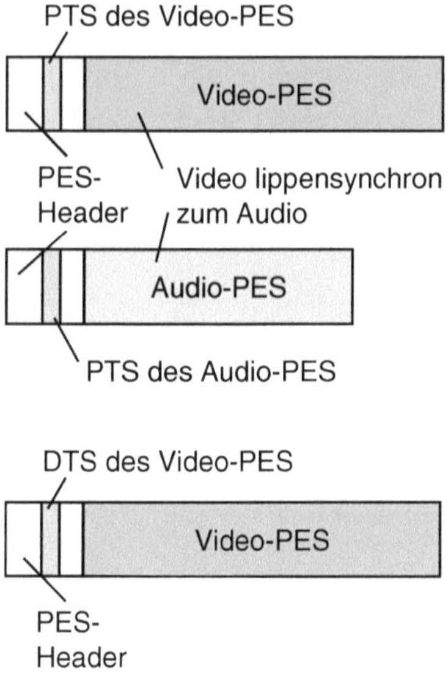

Abb. 3.19. Presentation Time Stamps (PTS) und Decoding Time Stamps (DTS)

Wie wir später bei der Videocodierung sehen werden, wird die Übertragungsreihenfolge der komprimierten Bildinformationen eine andere sein, als die Aufzeichnungsreihenfolge. Die Bildreihenfolge ist nun nach einer gewissen Gesetzmäßigkeit verwürfelt. Dies ist notwendig, um Speicher im Decoder zu sparen. Um die Originalreihenfolge wieder gewinnen zu können, müssen zusätzliche Zeitmarken in den Videoelementarstrom eingetastet werden. Diese Informationen heißen Decoding Time Stamps (DTS) (Abb. 3.19.) und werden ebenfalls im PES-Header übertragen.

Ein MPEG-2-Decoder in einem Receiver ist nun in der Lage, Video- und Audioelementarströme eines Programms zu decodieren. D.h. es entstehen nun wieder Video- und Audiosignale in analoger oder auch digitaler Form.

3.5.6 Zusatz-Informationen im Transportstrom (PSI / SI / PSIP)

Gemäß MPEG werden nur relativ hardwarenahe Informationen im Transportstrom übertragen, gewissermaßen nur absolute Minimalanforderungen. Dies macht die Bedienbarkeit eines Receivers bzw. eines TV-Gerätes aber nicht besonders benutzerfreundlich. Es ist z.B. sinnvoll und notwendig Programmnamen zur Identifikation zu übertragen. Außerdem ist es wünschenswert, die Suche nach benachbarten physikalischen Übertragungskanälen zu vereinfachen. Die Übertragung von elektronischen Programmzeitschriften (EPG = Electronical Program Guide), sowie Zeit- und Datums-Informationen ist ebenfalls notwendig. Sowohl die europäische DVB-Projektgruppe, als auch die nordamerikanische ATSC-Projektgruppe haben hier Zusatzinformationen für die Übertragung von digitalen Video- und Audioprogrammen definiert, die die Bedienbarkeit von Receivern bzw. von TV-Geräten vereinfachen und wesentlich benutzerfreundlicher machen sollen.

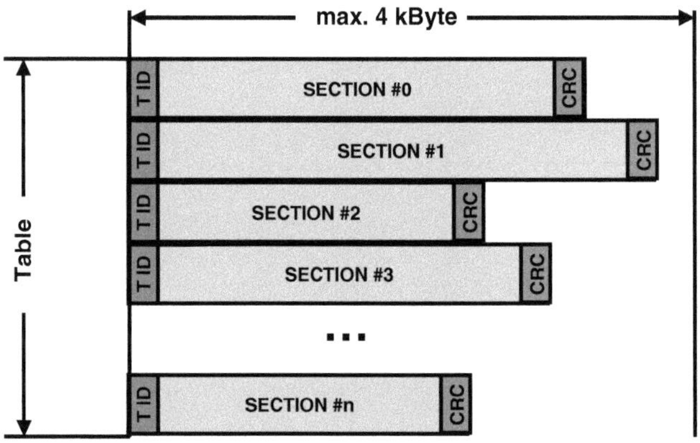

Abb. 3.20. Sections und Tabellen

3.5.7 Nicht-private und private Sections und Tabellen

Für evtl. Erweiterungen hat man beim MPEG-2-Standard eine sog. "Offene Tür" eingebaut. Neben der sog. Program Specific Information (PSI), nämlich der Program Association Table (PAT), der Program Map Table (PMT) und der Conditional Access Table (CAT) wurde die Möglichkeit geschaffen, sog. Private Sections und Private Tables (Abb. 3.20.) in den Transportstrom einzubauen. Es wurden Mechanismen definiert, wie eine Section, bzw. Tabelle auszusehen hat, wie sie aufgebaut sein muss und nach welchen Gesetzmäßigkeiten sie in den Transportstrom einzubinden ist.

Gemäß MPEG-2-Systems (ISO/IEC 13818-1) wurde für jede Art von Tabelle folgendes festgelegt:

- Eine Tabelle wird im Payloadteil eines Transportstrompaketes oder mehrerer Transportstrompakete mit einer speziellen PID, die nur für diese Tabelle (DVB) oder einige Tabellenarten (ATSC) reserviert ist, übertragen.
- Jede Tabelle beginnt mit einer Table ID. Hierbei handelt es sich um ein spezielles Byte, das genau diese Tabelle identifiziert. Die Table ID ist das erste Nutzbyte einer Tabelle.
- Jede Tabelle ist in Sections unterteilt, die eine maximale Größe von 4 kByte haben dürfen. Jede Section einer Tabelle wird mit einer 32 Bit langen CRC-Checksum über die ganze Section abgeschlossen.

Die PSI (Program Specific Information) ist genauso aufgebaut: Die PAT (Program Association Table) hat als PID die Null und beginnt mit Table ID Null. Die PMT (Program Map Table) hat als PID die in der PAT definierten PID`s und eine Table ID von 2. Die CAT (Conditional Access Table) weist als PID und als Table ID die 1 auf. Die PSI kann sich aus einem oder abhängig vom Inhalt auch aus mehreren Transportstrompaketen für PAT, PMT und CAT zusammensetzen.

Neben den bisher genannten PSI-Tabellen PAT, PMT und CAT wurde bei MPEG grundsätzlich eine weitere Tabelle, die sog. Network Information Table NIT vorgesehen, aber im Detail nicht standardisiert.

Die tatsächliche Realisierung von der NIT erfolgte im Rahmen des DVB-Projektes (Digital Video Broadcasting).

Alle Tabellen sind über den Mechanismus der Sections realisiert. Es gibt nicht-private und private Sections (Abb. 3.21.). Nicht-private Sections sind im Original-MPEG-2-Systems-Standard definiert. Alle anderen sind sinngemäß privat. Zu den nicht-privaten Sections gehören die PSI-Tabellen, zu den privaten die SI-Tabellen von DVB, sowie auch die MPEG-2-DSM-CC-Sections (Data Storage Media Command and Control), die für Data Broadcasting Anwendung finden. Im Header einer Tabelle findet man eine Verwaltung über die Versionsnummer einer Tabelle, sowie eine Angabe über die Anzahl der Sections, aus der eine Tabelle aufgebaut ist. Ein Receiver muss v.a. erst den Header dieser Sections durchscannen, bevor er den Rest der Sections und Tabellen auswertet. Alle Sections müssen natürlich von ursprünglich max. 4 kByte Länge auf je max. 184 Byte Nutzlastlänge eines MPEG-2-Transportstrompaketes heruntergebrochen werden, bevor sie übertragen werden.

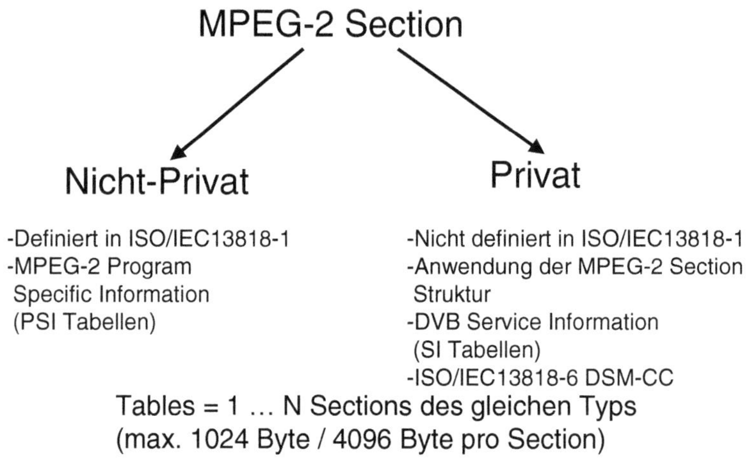

Abb. 3.21. Sections und Tabellen gemäß MPEG-2

Bei PSI/SI ist die Grenze der Section-Länge bei fast allen Tabellen auf 1 kByte heruntersetzt, eine Ausnahme bildet hier nur die EIT (= Event Information Table), die der Übertragung der elektronischen Programmzeitschrift (EPG = Electronical Program Guide) dient. Die Sections der EIT können die max. Größe von 4 kByte annehmen, über sie wird ja auch im Falle eines 1 Wochen langen EPG jede Menge an Information übertragen.

Beginnt eine Section in einem Transportstrompaket (Abb. 3.22.), so wird dort im Header der Payload Unit Start Indicator auf „1" gesetzt. Unmittelbar nach dem TS-Header folgt dann der sog. Pointer. Dies ist ein Zeiger (in Anzahl an Bytes) auf den tatsächlichen Beginn der Section. Meistens – und bei PSI/SI immer – ist dieser Pointer auf Null gesetzt und dies bedeutet dann, dass unmittelbar nach dem Pointer die Section beginnt. Weist der Pointer einen von Null verschiedenen Wert auf, so findet man dann noch Reste der vorangegangenen Section in diesem Transportstrompaket. Ausgenutzt wird dies, um TS-Pakete zu sparen; ein Beispiel hierfür ist die Multi-Protocol-Encapsulation (MPE) über sog. DSM-CC-Sections im Falle von IP over MPEG-2 (siehe DVB-H).

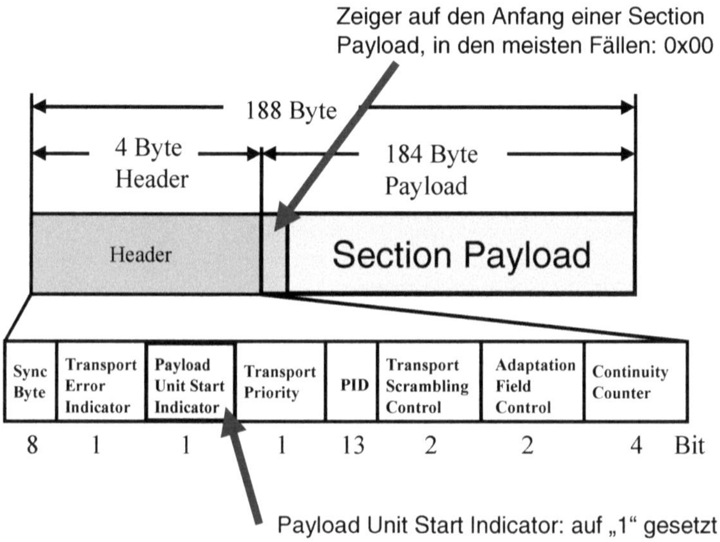

Abb. 3.22. Beginn einer Section in einem MPEG-2-Transportstrom-Paket

```
table_id                           8 Bit
section_syntax_indicator           1
private_indicator                  1
reserved                           2
section_length                     12
if (section_syntax_indicator == 0)
  table_body1() /* short table */
else
  table_body2() /* long table */
if (section_syntax_indicator == 1)
  CRC                              32 Bit
```

Abb. 3.23. Aufbau einer Section

Sections sind immer nach dem gleichen Bauplan aufgebaut (Abb. 3.23., Abb. 3.24.). Eine Section beginnt mit der Table_ID, einem Byte, das den Tabellentyp signalisiert. Über das Section-Syntax-Indicator-Bit wird gekennzeichnet, ob es sich von der Art her um eine kurze Section (Bit = 0)

oder lange Section (Bit = 1) handelt. Im Falle einer langen Section folgt dann ein verlängerter Section-Kopf, in dem u.a. die Versionsverwaltung der Section und auch deren Länge, sowie die Nr. der letzten Section enthalten ist. Über die Versionsnummer wird signalisiert, ob sich der Inhalt der Section verändert hat (z.B. bei einer dynamischen PMT, bei Änderung der Programmstruktur). Eine lange Section ist stets mit einer 32 Bit langen CRC-Checksum über die gesamte Section abgeschlossen.

```
table_body1()
{
  for (i=0;i<N;i++)
    data_byte                    8 Bit
}

table_body2()
{
  table_id_extension             16 Bit
  reserved                       2
  version_number                 5
  current_next_indicator         1
  section_number                 8
  last_section_number            8

  for (i=0;i<N;i++)
    data_byte                    8 Bit
}
```

Abb. 3.24. Aufbau der Section Payload

Nun ist auch der Detailaufbau einer PAT und PMT leichter zu verstehen. Eine PAT (Abb. 3.25., Abb. 3.26.) beginnt mit der Table_ID = 0x00. Sie ist vom Typ her eine nicht-private lange Tabelle, d.h. es folgt im Tabellenkopf die Versionsverwaltung. Da die zu übertragenden Informationen über die Programmstruktur sehr kurz sind, kommt man aber quasi immer mit einer einzelnen Section aus (last_section_no = 0), die noch dazu in ein Transportstrompaket hineinpasst. In der Program-Loop werden für jedes Programm dessen Programmnummer und die zugehörige Program Map PID aufgelistet. Eine besondere Ausnahme bildet die Programm Nr.

Null, über sie wird die PID der späteren NIT (= Network Information Table) bekannt gemacht. Die PAT schließt dann mit der CRC-Checksum ab. Eine PAT gibt es einmal pro Transportstrom, wird aber alle 0.5 s wiederholt ausgestrahlt. Im Kopf der Tabelle wird dem Transportstrom eine eindeutige Nummer, die Transport Stream_ID verpasst, über die er in einem Netzwerk adressiert werden kann (z.B. Satellitennetzwerk mit vielen Transportströmen). In der PAT ist keinerlei Textinformation enthalten.

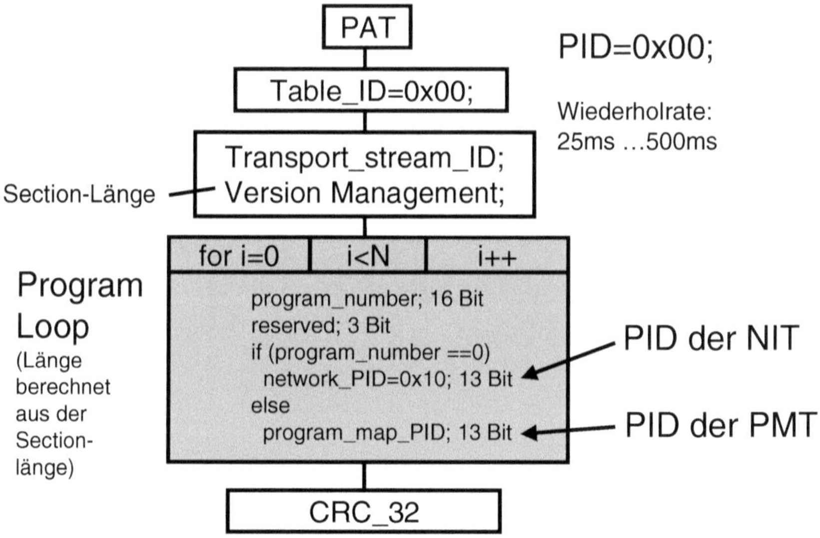

Abb. 3.25. Detailaufbau der PAT

Die Program Map Table (PMT) (Abb. 3.27.) beginnt mit der Table_ID = 0x02. Die PID wird über die PAT signalisiert und liegt im Bereich von 0x20 … 0x1FFE. Auch die PMT ist eine sog. nicht-private Tabelle mit Versionsverwaltung und abschließender CRC-Checksum. Im Header der PMT taucht die schon von der PAT her bekannte Program_no. auf. Die Program_no. in PAT und PMT müssen sich entsprechen, also gleich sein.

Nach dem Header der PMT folgt eine Schleife, die sog. Program_info_loop, in die je nach Bedarf verschiedene Descriptoren eingeklinkt werden können, die dann Programmbestandteile näher beschreiben. Diese muss aber nicht ausgenutzt werden. Die eigentlichen Programmbestandteile wie Video, Audio oder Teletext werden über die Stream Loop bekannt gemacht. Dort finden sich die Einträge für den jeweiligen Stream Type und die PID des Elementarstroms.

Für jeden Programmbestandteil können in der ES_info_loop mehrere Descriptoren eingeklinkt werden. Die PMT gibt es für jedes Programm einmal und wird alle 0.5 s ausgestrahlt. In der PMT ist auch keinerlei Textinformation enthalten.

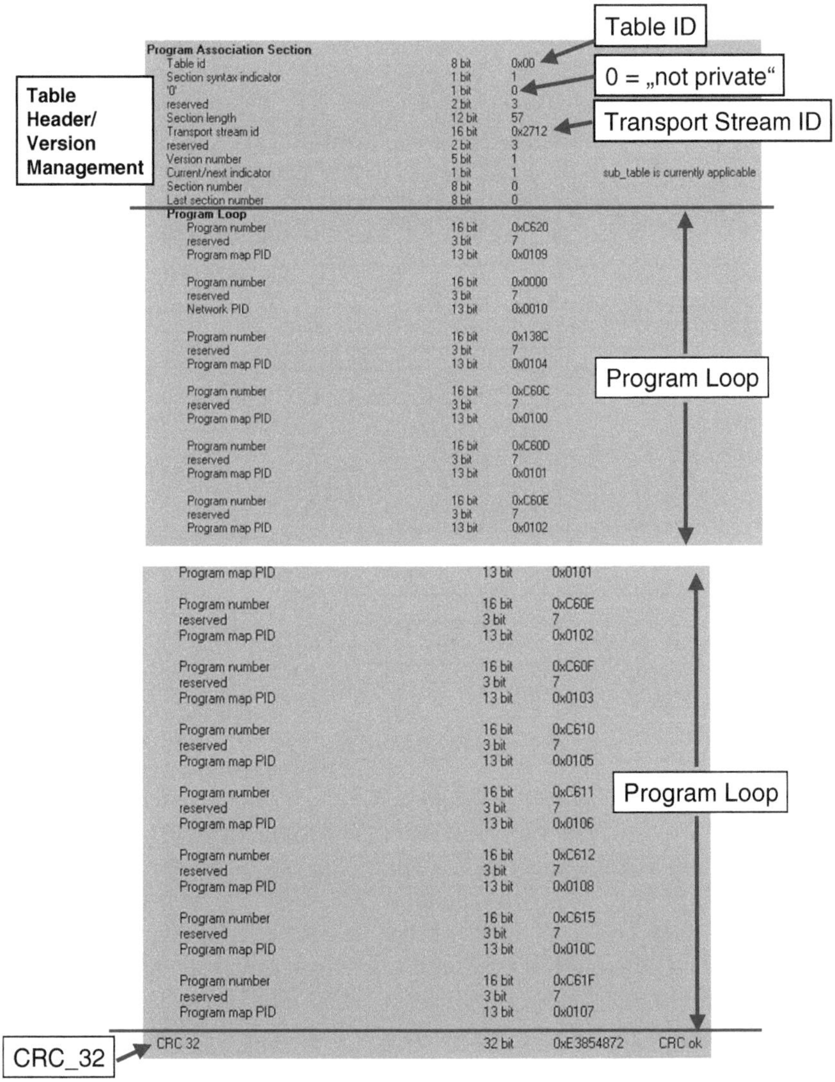

Abb. 3.26. Details der Program Association Table (Praxisbeispiel)

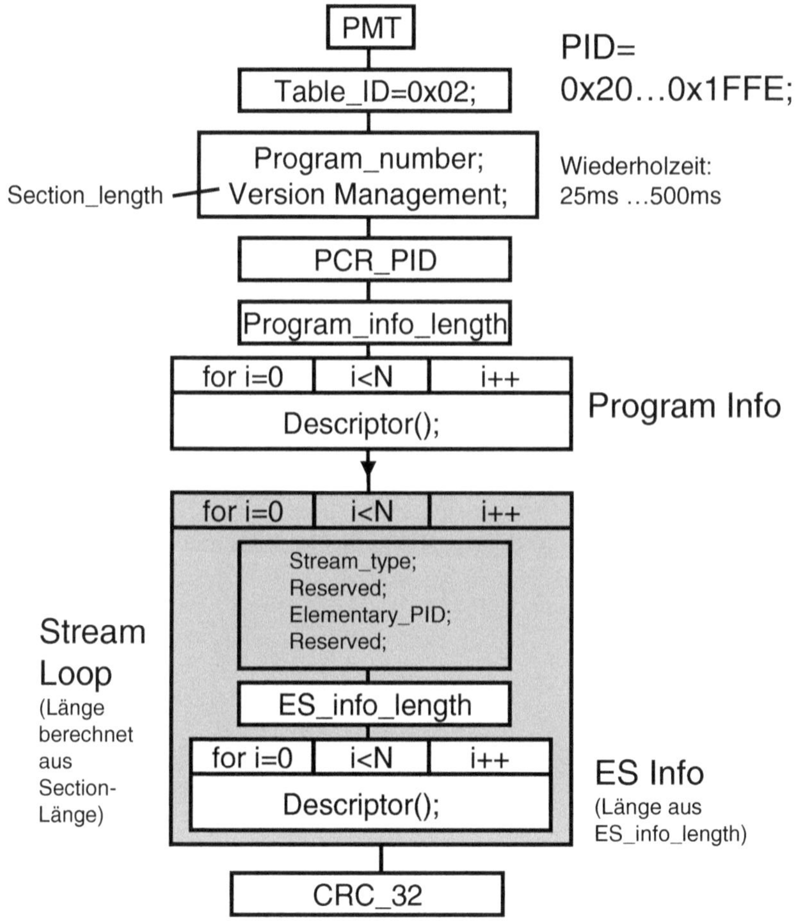

Abb. 3.27. Detailaufbau der Program Map Table

Abb. 3.28. zeigt ein konkretes Beispiel für den Aufbau einer in diesem Fall recht kurzen Program Map Table. Stellvertretend für viele andere folgende Tabellen soll nun diese näher diskutiert werden. Das mit einem MPEG-2-Analyzer aufgenommene Beispiel zeigt, dass die PMT mit der Table ID = 0x02 beginnt, einem Byte, an dem es eindeutig als solche identifizierbar ist. Das Section-Syntax-Indicator-Bit ist auf „1“ gesetzt und besagt, dass es sich um eine lange Tabelle mit Versionsverwaltung handelt. Das darauf folgende Bit ist auf „0“ gesetzt und identifiziert diese Tabelle als sog. nicht-private MPEG-Tabelle. Die Section Length besagt, wie lange diese aktuelle Section dieser Tabelle gerade ist; sie ist in diesem Falle

23 Byte lange. Im Feld der Table_ID-Extension findet man die Programm-Nr.; einen korrespondierenden Eintrag muss man auch in der PAT finden. Über die Versions-Nr. und dem Current/Next-Indicatior erfolgt die Signalisierung einer Veränderung der Program Map Table. Diese Information muss ein Receiver ständig abprüfen und ggf. auf einen Wechsel in der Programmstruktur (dynamische PMT) reagieren. Die Section-No. besagt, um welche aktuelle Section es sich gerade handelt, die Last Section No. informiert über die Nr. der letzten Section einer Tabelle. Sie ist in diesem Falle auf Null gesetzt, d.h. die Tabelle besteht nur aus einer Section.

Die PCR_PID (Program Clock Reference – Packet Identifier) besagt, auf welcher PID der PCR-Wert ausgestrahlt wird. Meist ist dies aber die Video-PID.

Es würde nun eine Program-Info-Loop (Schleife) folgen, diese ist aber in diesem Beispiel nicht vorhanden, was durch den Längenindikator „Program_info_length = 0" signalisiert wird.

In der Stream Loop jedoch erfolgt das Bekanntmachen der Video- und Audio-PID. Anhand der Stream-Types (siehe Tabelle 3.4.) erkennt man den Typ der Nutzlast, in diesem Falle MPEG-2-Video und MPEG-2-Audio.

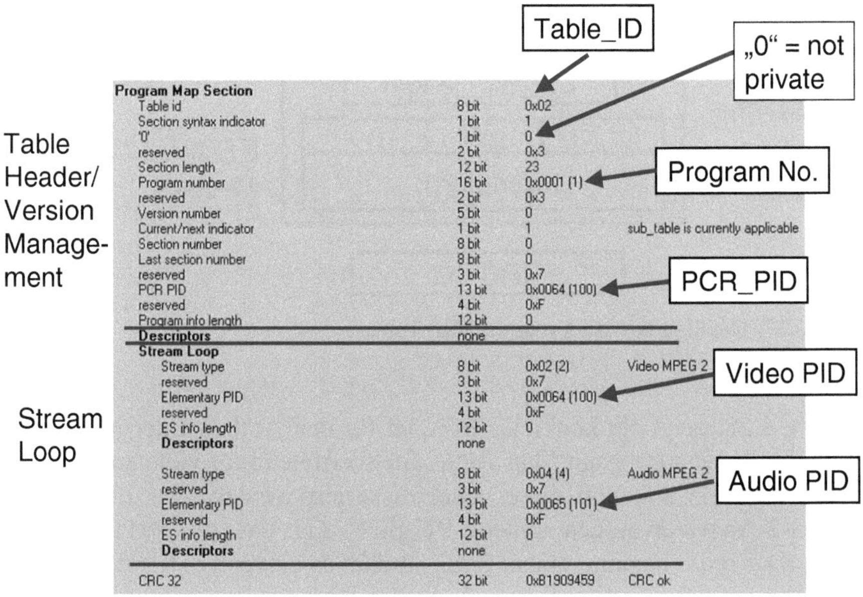

Abb. 3.28. Details der Program Map Table (Praxisbeispiel)

Tabelle 3.4. Stream Types der Program Map Table

Wert	Beschreibung
0x00	ITU-T/ISO/IEC reserviert
0x01	ISO/IEC 11172 MPEG-1 Video
0x02	ITU-T H.262 / ISO/IEC13818-2 MPEG-2 Video
0x03	ISO/IEC 11172 MPEG-1 Audio
0x04	ISO/IEC 13818-3 MPEG-2 Audio
0x05	ITU-T H222.0 / ISO/IEC 13818-1 private Sections
0x06	ITU-T H.222.0 / ISO/IEC 13818-1 PES Pakete mit privaten Daten
0x07	ISO/IEC 13522 MHEG
0x08	ITU-T H.222.0 /ISO/IEC 13818-1 Annex A DSM-CC
0x09	ITU-T H.222.1
0x0A	ISO/IEC 13818-6 DSM-CC Typ A
0x0B	ISO/IEC 13818-6 DSM-CC Typ B
0x0C	ISO/IEC 13818-6 DSM-CC Typ C
0x0D	ISO/IEC 13818-6 DSM-CC Typ D
0x0E	ISO/IEC 13818-1 auxiliary
0x0F-0x7F	ITU-T H.222.0 / ISO/IEC 13818-1 reserviert
0x80-0xFF	User Private

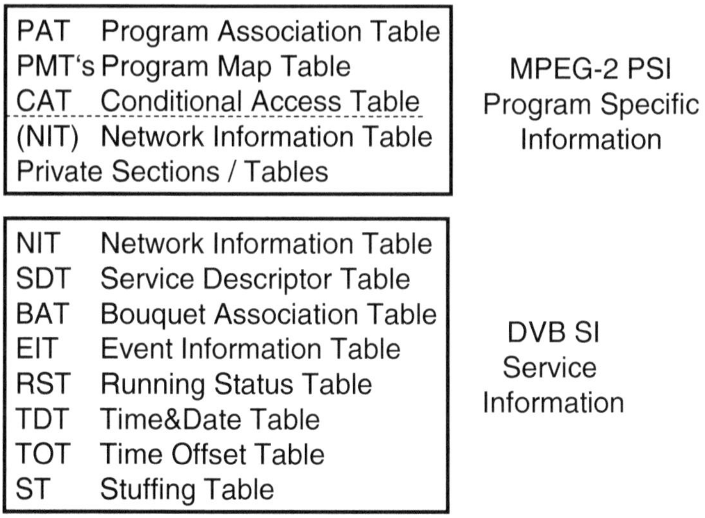

Abb. 3.29. MPEG-2-PSI und DVB-SI

3.5.8 Die Service Information gemäß DVB (SI)

Die europäische DVB (Digital Video Broadcasting)-Gruppe hat unter Ausnutzung der Private Sections und Private Tables zahlreiche zusätzliche Tabellen eingeführt. Mit Hilfe dieser Tabellen sollte die Bedienung der der DVB-Empfangsgeräte (Receiver, anfangs Settop-Boxen) vereinfacht werden. Diese zusätzlichen Tabellen nennt man Service Information (SI). Sie sind im ETSI-Standard [ETS300468] definiert.

Es handelt sich hierbei um folgende Tabellen (Abb. 3.29.): die Network Information Table (NIT), die Service Descriptor Table (SDT), die Bouquet Association Table (BAT), die Event Information Table (EIT), die Running Status Table (RST), die Time&Date Table (TDT), die Time Offset Table (TOT) und schließlich die Stuffing Table (ST). Diese acht Tabellen werden nun im folgenden Abschnitt genauer beschrieben.

NIT
Network Information Table
(PID=0x10, Table_ID=0x40/0x41)

Informationen über das
physikalische Netzwerk
(Satellit, Kabel, Terrestrik)

Netzwerkbetreiber-Name
Übertragungsparameter
(RF, QAM, Fehlerschutz)

Abb. 3.30. Network Information Table (NIT)

Die Network Information Table (NIT) (Abb. 3.30, 3.31, 3.32) beschreibt alle physikalischen Parameter eines DVB-Übertragungskanals. In dieser NIT ist z. B. die Empfangsfrequenz, sowie die Art der Übertragung (Satellit, Kabel, terrestrisch) enthalten. Außerdem sind dort alle technischen Daten der Übertragung, d. h. Fehlerschutz, Modulationsart, usw. aufgelistet. Sinn dieser Tabelle ist es, den Kanalsuchlauf möglichst zu optimieren. Ein Receiver kann während eines Scan-Vorgangs beim Setup alle Parameter eines physikalischen Kanals speichern. Innerhalb eines Netzwerkes (z.B. Satellit, Kabel) kann z.B. in jedem Kanal eine Information über alle verfügbaren physikalischen Kanäle ausgestrahlt werden. Somit kann eigentlich die tatsächliche physikalische Suche nach Kanälen entfallen.

Inhalte der NIT sind:

- Übertragungsweg (Satellit, Kabel, Terrestrik)
- Empfangsfrequenz
- Modulationsart
- Fehlerschutz
- Übertragungsparameter

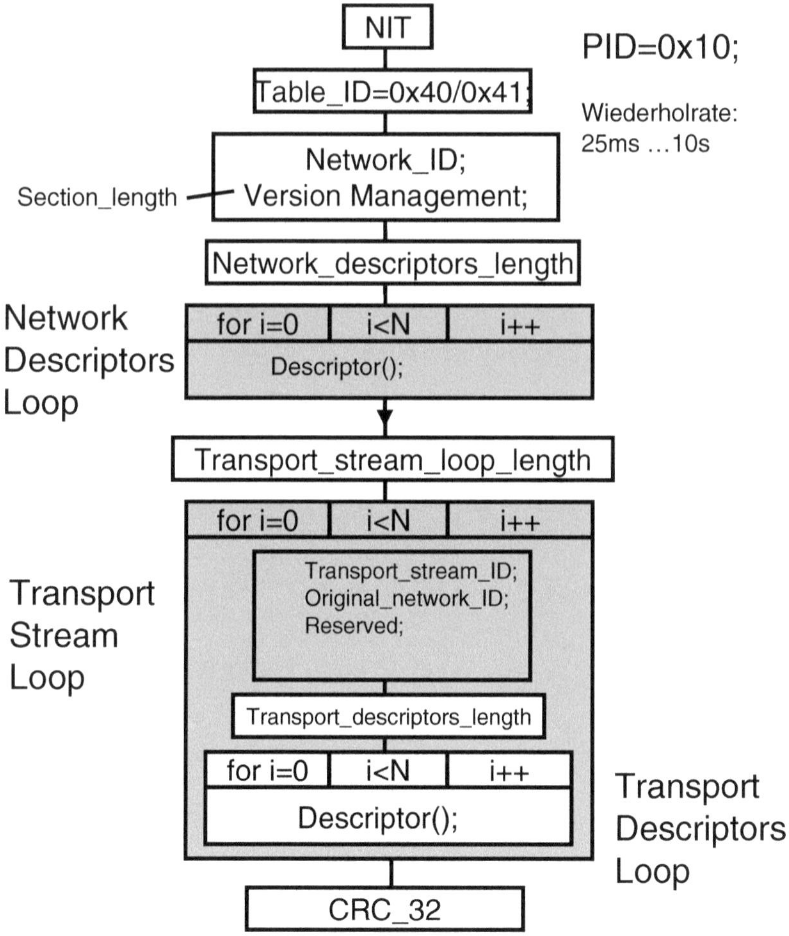

Abb. 3.31. Aufbau der Network Information Table (NIT)

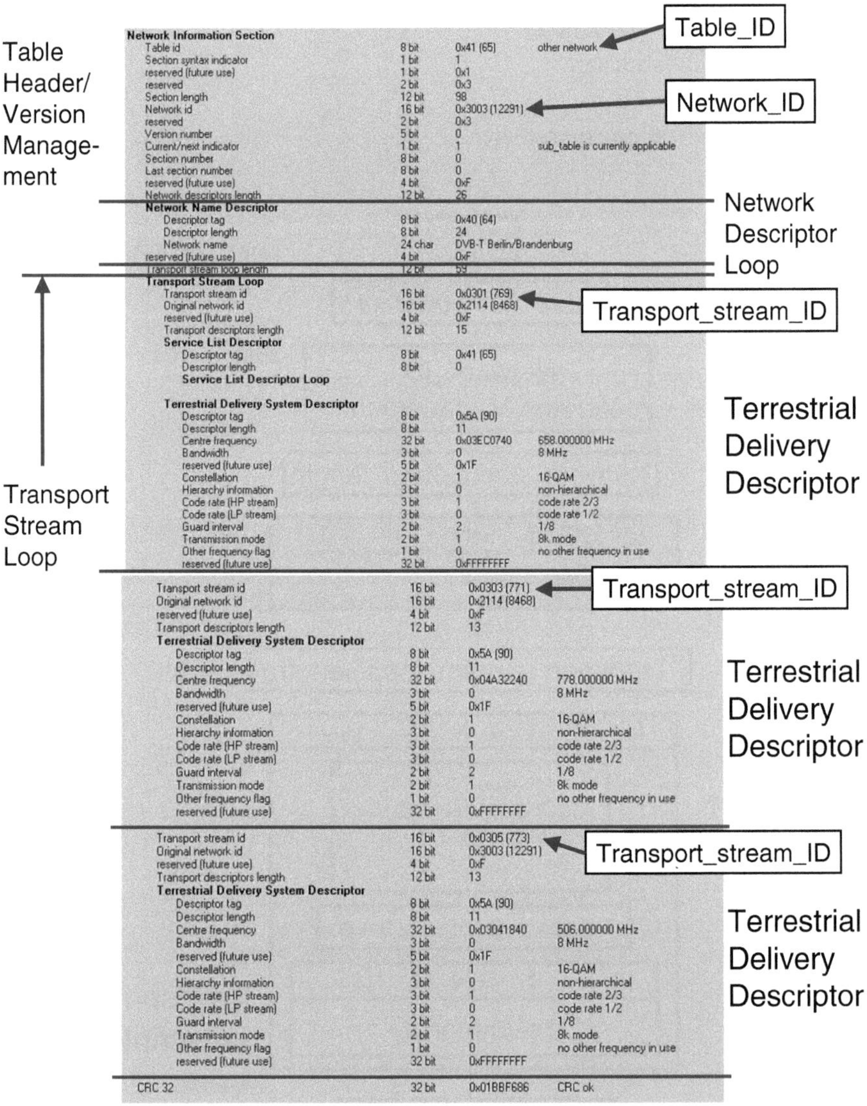

Abb. 3.32. Beispiel einer Network Information Table (NIT) (Praxisbeispiel)

Wichtig im Zusammenhang mit der NIT ist, dass sich manche Empfänger etwas "eigenartig" verhalten können, wenn die Übertragungsparameter in der NIT nicht zur tatsächlichen Übertragung passen. Stimmt z. B.

die in der NIT übertragene Sendefrequenz nicht mit der tatsächlichen Empfangsfrequenz überein, so können manche TV-Endgeräte einfach ohne Angabe von Gründen die Bild- und Tonwiedergabe verweigern.

In der Service Descriptor Table (SDT) findet man nähere Beschreibungen der im Transportstrom enthaltenen Programme, der Services. V.a. findet man dort als Text die Bezeichnung der Programme. Dies ist z. B. "CNN", "Eurosport", "ARD", "ZDF", "BBC", usw. D.h. parallel zu den in der PAT eingetragenen Programm-PID`s findet man in der SDT nun Textinformationen für den Benutzer. Dies soll die Bedienung des Empfangsgerätes anhand von Textlisten erleichtern.

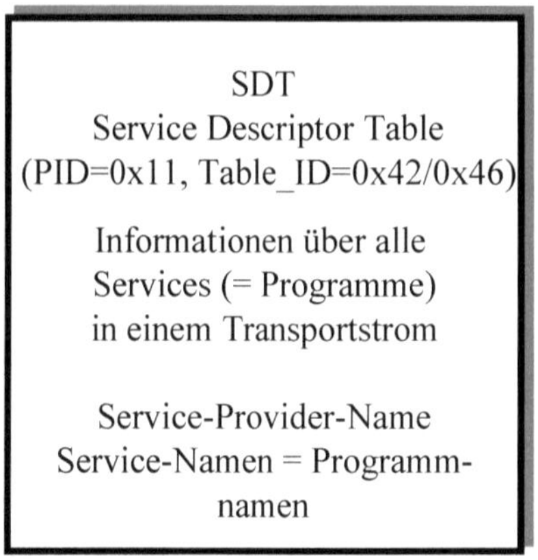

Abb. 3.33. Service Descriptor Table (SDT)

Mit der Service Descriptor Table ganz nah verwandt ist die Bouquet Association Table (BAT). SDT und BAT haben gleiche PID, sie unterscheiden sich nur in der Table ID. Während die SDT einen physikalischen Kanal bezüglich seiner Programmstruktur beschreibt, so beschreibt eine BAT mehrere oder eine Vielzahl physikalischer Kanäle bezüglich der Programmstruktur.

Die BAT ist also nichts anderes als eine kanalübergreifende Programmtabelle. Sie gibt also eine Übersicht über alle in einem Bündel, einem sog. Bouquet von Kanälen enthaltenen Services. Programmanbieter können z.B. ein ganzes Bouquet von physikalischen Kanälen für sich beanspruchen, wenn ein einzelner Kanal nicht ausreicht, um das ganze Programmangebot zu übertragen. Ein Beispiel hierfür ist der Pay-TV-Anbieter "Sky" in Deutschland. Hier sind etwa eine Hand voll DVB-Kanäle über Satellit oder über Kabel zu einem Bouquet dieses Providers zusammengefasst. Die zugehörige BAT wird in allen Einzelkanälen übertragen und verbindet dieses Bouquet.

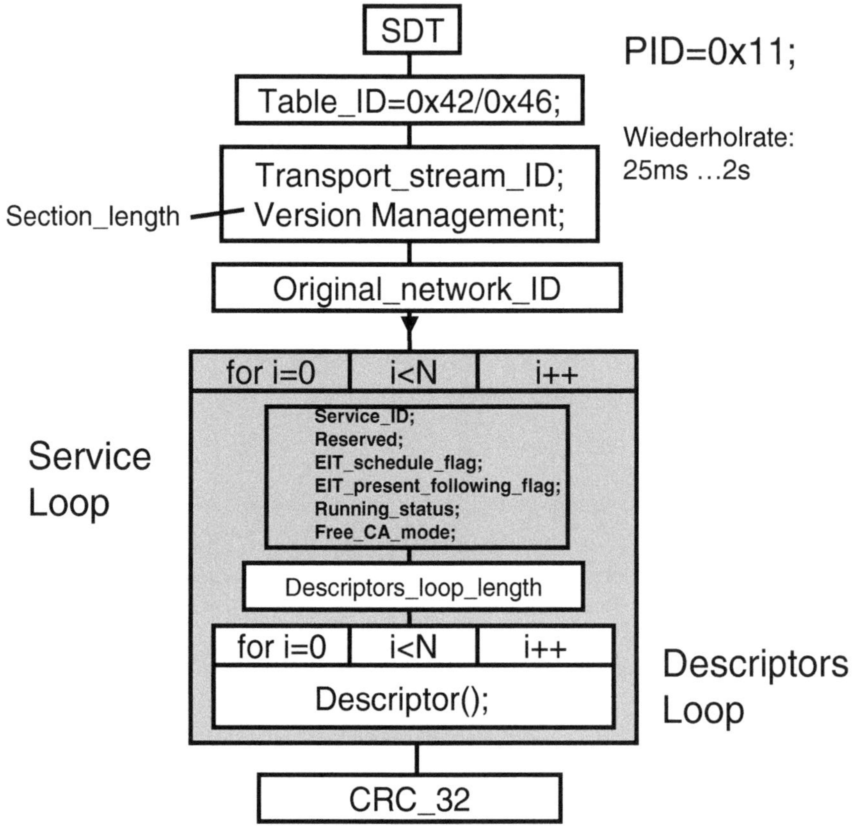

Abb. 3.34. Aufbau der Service Descriptor Table (SDT)

In der Realität findet man aber eine Bouquet Association Table nicht in jedem Transportstrom. In Deutschland strahlen z.B. „ARD“ und „ZDF“, sowie „Sky“ für ihr jeweiliges Bouquet eine BAT aus. Die BAT ist also quasi eine Klammer über zusammengehörige Services eines Service Providers, ggf. auch verteilt über mehrere Transportströme eines Netzwerkes.

Häufig ist die BAT aber wie schon erwähnt, gar nicht vorhanden. In der BAT wird meist über sog. „Linkage-Descriptoren“ mitgeteilt, in welchen Transportströmen welcher Service einer bestimmten Service-ID zu finden ist.

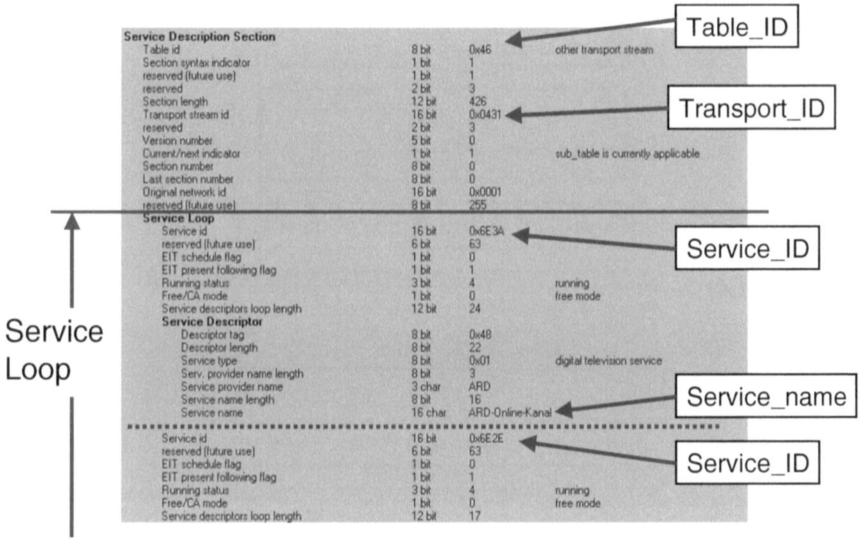

Abb. 3.35. Beispiel einer SDT (Praxisbeispiel)

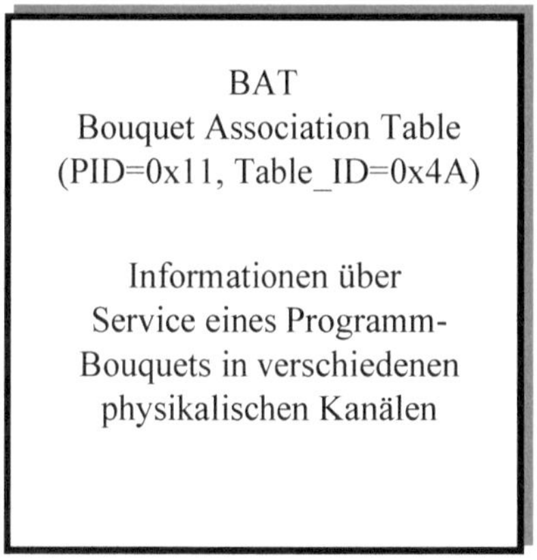

Abb. 3.36. Bouquet Association Table (BAT)

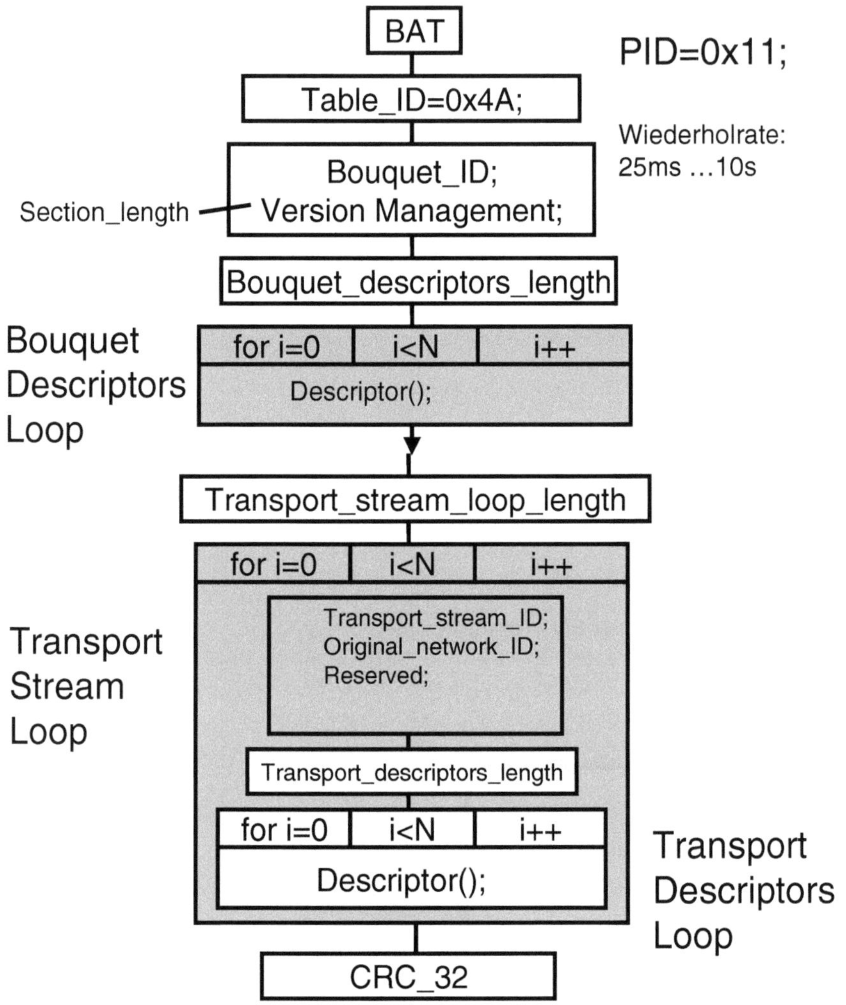

Abb. 3.37. Aufbau einer Bouquet Association Table (BAT)

Viele Service Provider (Programmanbieter, Rundfunkanstalten) übertragen eine elektronische Programmzeitschrift (Electronical Program Guide, EPG, Abb. 3.38. und 3.39.). Hierzu gibt es innerhalb DVB eine eigene Tabelle, die sog. Event Information Table, kurz EIT. Man findet hier die geplanten Startzeiten, sowie die Dauer aller Sendungen z.B. eines Tages oder einer Woche. Die dort mögliche Struktur ist sehr flexibel und erlaubt auch die Übertragung jeder Menge von Zusatzinformationen. Fast alle TV-

Endgeräte (heute meist LCD-Flachbildschirme mit integriertem Receiver) unterstützen heute dieses Feature, wenn auch unterschiedlich.

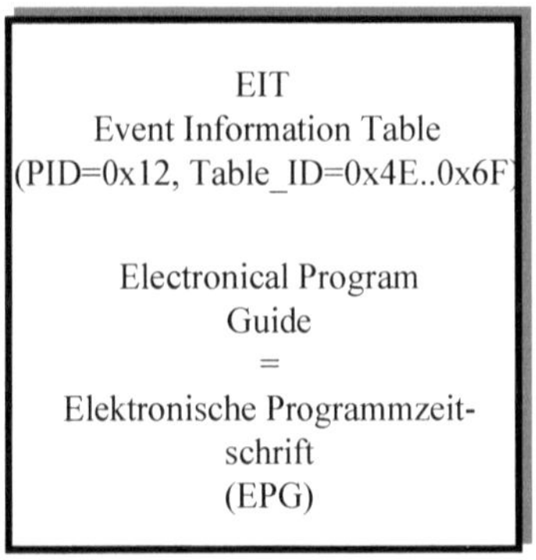

Abb. 3.38. Event Information Table (EIT)

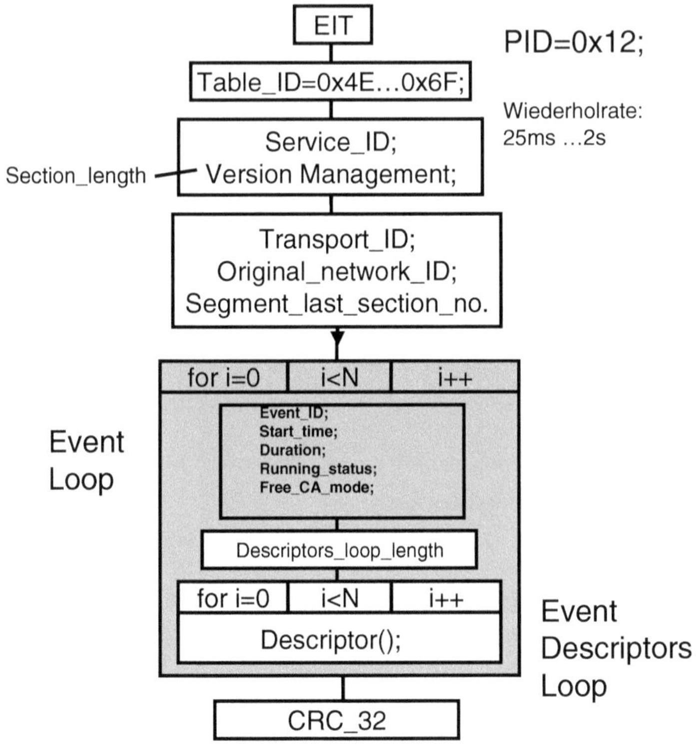

Abb. 3.39. Aufbau der Event Information Table (EIT)

Oft treten im Programmablauf jedoch Abweichungen, Verzögerungen der geplanten Start- und Stopzeiten von Sendungen auf. Um z.B. Videorecorder, heute meist PVR (Personal Video Recoder, meist über externe USB-Festplatte realisiert) genannt, gezielt starten und stoppen zu können wird in der sog. Running Status Table (RST, Abb. 3.41., 3.42.) hierzu Steuerinformation übertragen. Man kann also die RST durchaus vergleichen mit dem VPS-Signal in der Datenzeile eines analogen TV-Signals. Die RST wird in der Praxis leider nirgends verwendet, zumindest wurde sie vom Autor nirgendwo auf der Welt in einem Transportstrom gefunden, außer in „synthetischen" Transportströmen. Vielmehr wurde zur Steuerung von Videorecordern und ähnlichen Aufzeichnungsmedien die Datenzeile mit der VPS-Information (Video Program System) innerhalb von DVB adaptiert. Aber auch die darin enthaltenen Informationen enden im Endgerät, ohne darin zur PVR-Steuerung Verwendung zu finden.

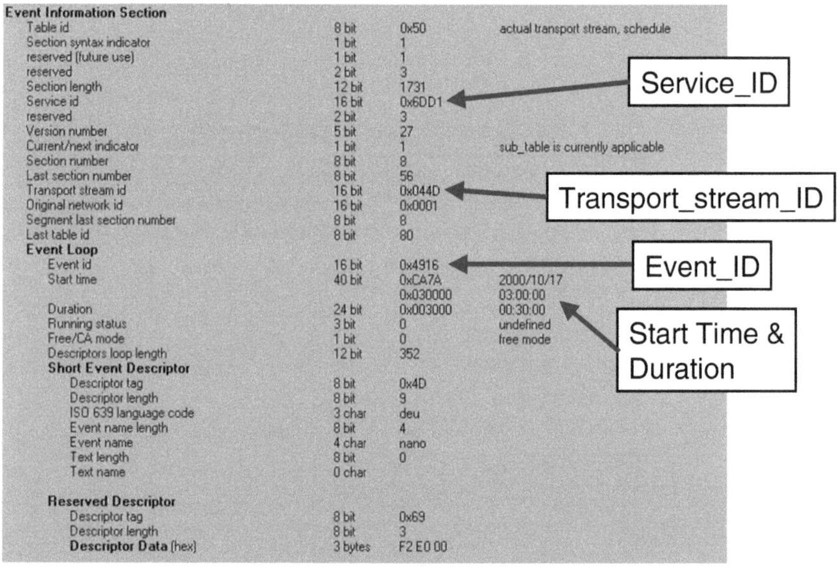

Event Information Section			
Table id	8 bit	0x50	actual transport stream, schedule
Section syntax indicator	1 bit	1	
reserved (future use)	1 bit	1	
reserved	2 bit	3	
Section length	12 bit	1731	
Service id	16 bit	0x6DD1	
reserved	2 bit	3	
Version number	5 bit	27	
Current/next indicator	1 bit	1	sub_table is currently applicable
Section number	8 bit	8	
Last section number	8 bit	56	
Transport stream id	16 bit	0x044D	
Original network id	16 bit	0x0001	
Segment last section number	8 bit	8	
Last table id	8 bit	80	
Event Loop			
Event id	16 bit	0x4916	
Start time	40 bit	0xCA7A	2000/10/17
		0x030000	03:00:00
Duration	24 bit	0x003000	00:30:00
Running status	3 bit	0	undefined
Free/CA mode	1 bit	0	free mode
Descriptors loop length	12 bit	352	
Short Event Descriptor			
Descriptor tag	8 bit	0x4D	
Descriptor length	8 bit	9	
ISO 639 language code	3 char	deu	
Event name length	8 bit	4	
Event name	4 char	nano	
Text length	8 bit	0	
Text name	0 char		
Reserved Descriptor			
Descriptor tag	8 bit	0x69	
Descriptor length	8 bit	3	
Descriptor Data (hex)	3 bytes	F2 E0 00	

Abb. 3.40. Beispiel einer EIT (Praxisbeispiel)

Zur Handhabung der TV-Endgerätes ist es auch notwendig die aktuelle Uhrzeit und das aktuelle Datum zu übertragen. Dies geschieht in zwei Stufen. In der Time&Date Table (Abb. 3.43. und 3.44.) (TDT) wird die Greenwich Mean Time (=GMT, UTC), also die aktuelle Uhrzeit am Null-Grad-Meridian in London ohne Sommerzeitverschiebung übertragen. In einer Time Offset Table (TOT) (Abb. 3.43. und 3.44.) können dann für unterschiedliche Zeitzonen die jeweiligen aktuellen Zeitoffsets ausgestrahlt werden. Wie und wieweit die Informationen in der TDT und TOT ausgewertet werden, hängt von der Software des TV-Endgerätes ab. Zur vollständigen Unterstützung dieser ausgestrahlten Zeitinformationen wäre es notwendig, dem TV-Endgerät den aktuellen Ort mitzuteilen. Speziell in Ländern mit einer Vielzahl von Zeitzonen, muss man diesen Punkt mehr Aufmerksamkeit widmen.

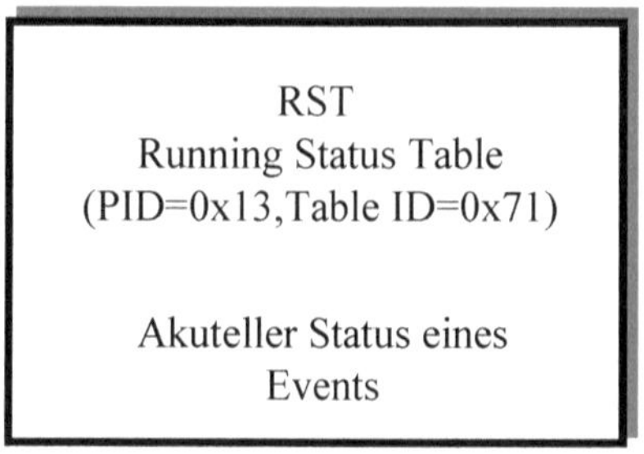

Abb. 3.41. Running Status Table (RST)

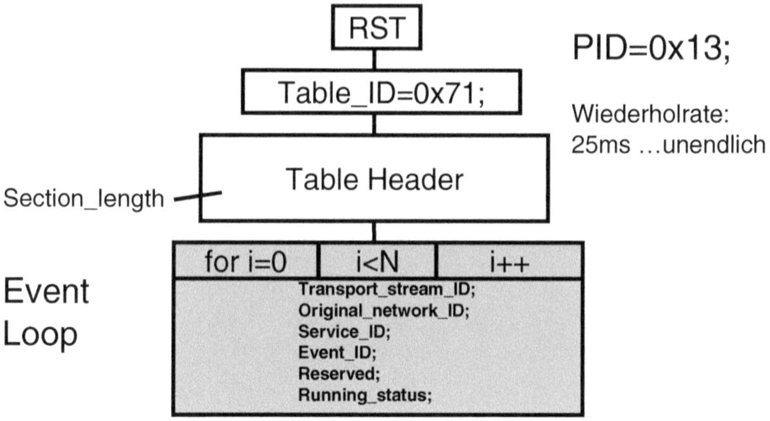

Abb. 3.42. Aufbau der Running Status Table (RST)

TDT/TOT
Time and Date Table,
Time Offset Table
(PID=0x14, Table ID =0x70, 0x74)

Aktuelle Uhrzeit und Datum
(UTC/GMT)
und
örtlicher Zeitoffset

Abb. 3.43. Time and Date (TDT) und Time Offset Table (TOT)

Time and Date Section			
Table id	8 bit	0x70	
Section syntax indicator	1 bit	0	
reserved (future use)	1 bit	1	
reserved	2 bit	3	
Section length	12 bit	5	
UTC time	40 bit	0xCA79	2000/10/16
		0x105827	10:58:27

Time Offset Section			
Table id	8 bit	0x73 (115)	
Section syntax indicator	1 bit	0	
reserved (future use)	1 bit	0x1	
reserved	2 bit	0x3	
Section length	12 bit	26	
UTC time	40 bit	0xCA79	2000/10/16
		0x112519	11:25:19
reserved	4 bit	0xF	
Descriptors loop length	12 bit	15	
Local Time Offset Descriptor			
Descriptor tag	8 bit	0x58 (88)	
Descriptor length	8 bit	13	
Country Loop			
Country code	3 char	DEU	
Country region id	6 bit	0	no time zone extension used
reserved	1 bit	0x1	
Local time offset polarity	1 bit	0	local time is advanced to UTC
Local time offset	16 bit	0x0200	02:00
Time of change	40 bit	0xCA86	2000/10/29
		0x030000	03:00:00
Next time offset	16 bit	0x0100	01:00
CRC 32	32 bit	0xD49C603D	CRC ok

Abb. 3.44. Beispiel einer Time&Date Table und Time Offset Table (TDT und TOT)

Manchmal kann es notwendig sein, gewisse Informationen, speziell Tabellen im Transportstrom ungültig zu machen. Nach dem Empfang eines DVB-S-Signals in einer Kabelkopfstation kann es durchaus vorkommen, dass z. B. die NIT ausgetauscht oder überschrieben werden muss, oder dass einzelne Programme für die Weiterversendung unbrauchbar gemacht werden müssen. Dies kann mit Hilfe der Stuffing Table (ST) (Abb. 3.44.) geschehen. Mit Hilfe der ST können Informationen im Transportstrom überschrieben werden. Die Stuffing Table wurde aber nur anfangs von umsetzenden Kleinkopfstellen verwendet, heute wird praktisch immer eine neue passende NIT in den umgesetzten Transportstrom eingetastet. Selbst kleinste Kabelkopfstellen für Hotels oder für die Wohnungswirtschaft leisten heute mehr als die großen digitalen Kabelkopfstellen zu Beginn des DVB-Zeitalters; sie sind in der Lage die Tabellen des Originalnetzwerkes (Satellit) an die Eigenschaften des Zielnetzwerkes (z.B. DVB-C) anzupassen.

ST
Stuffing Table
(Table ID=0x72)

Ungültigmachen
von existierenden Sections
in einem
Zuführungssystem

z.B. bei Kabelkopfstellen

Abb. 3.45. Stuffing Table (ST)

Die PID's und die Table ID's für die Service Information sind innerhalb von DVB fest vergeben worden; in der nachfolgenden Tabelle (Tabelle 3.5.) sind alle PSI/SI-Tabellen und deren PID's und Table ID's aufgelistet.

Bei DVB wird der PID-Wertebereich zwischen 0x00 und 0x1F für die PSI/SI-Tabellen verwendet. Zwischen 0x20 und 0x1FFE finden sich die Program Map Tables und die Elementarströme. Die PID = 0x1FFF ist für die Nullpakete reserviert. Nullpakete sind Transportstrompakete ohne Inhalt und dienen ggf. zum „Aufstopfen“ (Stuffing) auf eine bestimmte Datenrate. Bei DVB wurde im Rahmen von MHP und HbbTV noch eine weitere Tabelle definiert, nämlich die AIT = Application Information Table. Diese wird in einem späteren Kapitel in Rahmen von Data Broadcasting besprochen.

Tabelle 3.5. PID's und Table ID's der PSI/SI-Tabellen

Tabelle	PID	Table_ID
PAT	0x0000	0x00
PMT	0x0020...0x1FFE	0x02
CAT	0x0001	0x01
NIT	0x0010	0x40...0x41
BAT	0x0011	0x4A
SDT	0x0011	0x42, 0x46
EIT	0x0012	0x4E...0x6F
RST	0x0013	0x71
TDT	0x0014	0x70
TOT	0x0014	0x73
ST	0x0010...0x0014	0x72

Die PSI/SI-Tabellen sind miteinander über verschiedenste Identifier verknüpft (Abb. 3.45.). Dies sind sowohl PID's = Packet Identifier, als auch spezielle tabellenabhängige Identifier. In der PAT sind über die Prog_no die PMT_PID's miteinander verkettet. Jeder Prog_no ist eine PMT_PID zugeordnet, die auf ein Transportstrompaket mit der entsprechenden PMT dieses zugeordneten Programmes verweist. Die Prog_no ist dann auch im Header der jeweiligen PMT zu finden. Prog_no = 0 ist der NIT zugeordnet; dort findet man die PID der NIT.

In der NIT sind über die TS_ID's aller Transportströme eines Netzwerks deren physikalische Parameter beschrieben. Eine TS_ID entspricht dem aktuellen Transportstrom; in der PAT ist in deren Header auch genau diese TS_ID an der Stelle der Table ID Extension zu finden.

In der Service Descriptor Table sind über die Service ID's die in diesem Transportstrom enthaltenen Services = Programme aufgelistet. Die Service_ID's müssen den Prog_no in der PAT und in den PMT's entsprechen.

Genauso geht es in der EIT weiter; man findet für jeden Service eine EIT. Im Header der EIT entspricht die Table_ID_Extension der Service_ID des zugeordneten Programmes. In der EIT sind die Events über Event_ID's diesen zugeordnet. Gibt es zugehörige RST's, so sind diese über diese Event_ID's mit der jeweiligen RST verkettet.

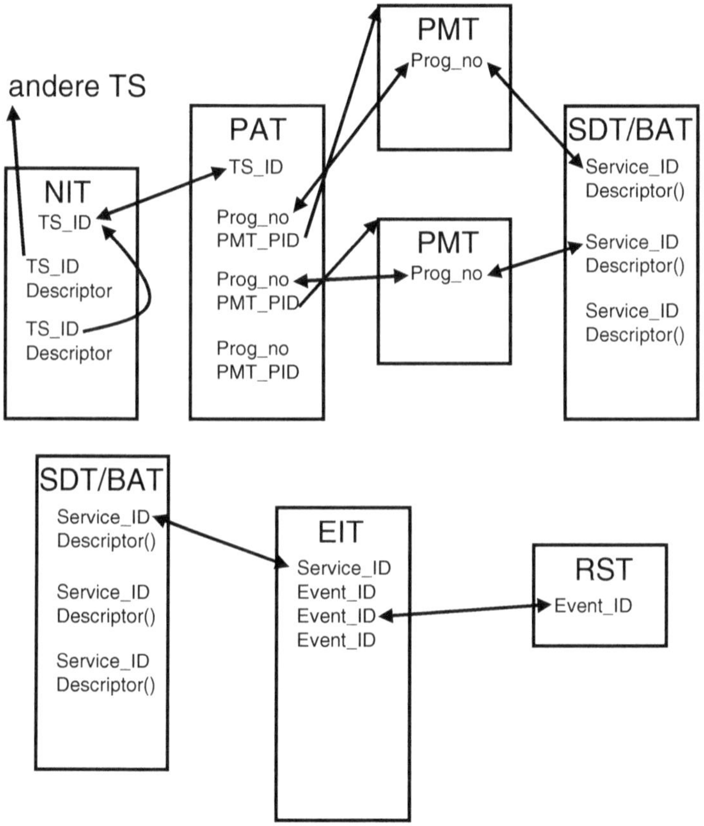

Abb. 3.46. Verknüpfung der PSI/SI-Tabellen

Tabelle 3.6. Wiederholraten der PSI/SI-Tabellen gemäß MPEG/DVB

PSI/SI-Tabelle	Max. Intervall (komplette Tabelle)	Min. Intervall (einzelne Sections)
PAT	0.5 s	25 ms
CAT	0.5 s	25 ms
PMT	0.5 s	25 ms
NIT	10 s	25 ms
SDT	2 s	25 ms
BAT	10 s	25 ms
EIT	2 s	25 ms
RST	-	25 ms
TDT	30 s	25 ms
TOT	30 s	25 ms

Die Wiederholraten der PSI/SI-Tabellen sind über MPEG-2-Systems [ISO/IEC13818-1] bzw. DVB-SI [ETS300468] geregelt (Tabelle 3.6.).

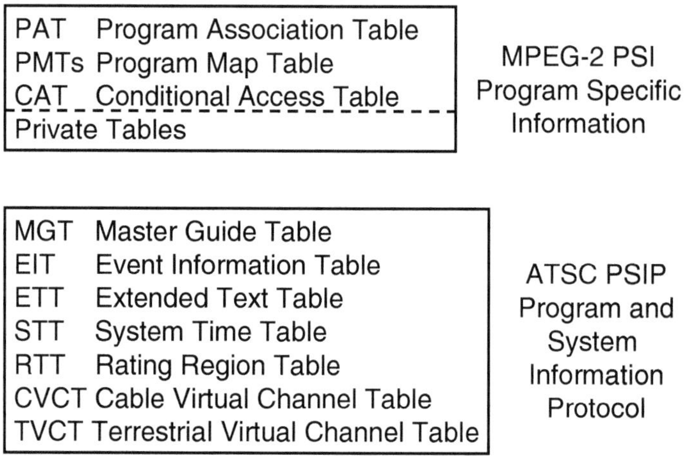

Abb. 3.47. PSIP-Tabellen gemäß ATSC

3.6 PSIP gemäß ATSC

In den USA wurde für das Digitale Terrestrische bzw. Kabel- Fernsehen ein eigener Standard festgelegt, nämlich ATSC. ATSC steht für Advanced Television System Committee. Im US-Breitbandkabel wird jedoch anstelle von ATSC der Standard J83B verwendet. Im Rahmen der Arbeiten zu ATSC wurde entschieden, dass als Basisbandsignal MPEG-2 Transportstrom mit MPEG-2-Video und AC-3 Dolby Digital Audio verwendet wird. Als Modulationsart dient 8VSB. Es wurde außerdem die Notwendigkeit für weitere über PSI hinausgehende Tabellen erkannt. So wie es bei DVB die SI-Tabellen gibt, so gibt es bei ATSC die PSIP-Tabellen. Diese werden im folgenden näher beschrieben.

PSIP steht für Program and System Information Protocol und ist nichts anderes als eine andere Art der Darstellung von ähnlichen Informationen wie im Beispiel des vorigen Kapitels über DVB SI. Bei ATSC werden folgende Tabellen eingesetzt: die Master Guide Table (MGT) (Abb. 3.47), die Event Information Table (EIT), die Extended Text Table (ETT), die System Time Table (STT), die Rating Region Table (RRT), sowie die Cable

Virtual Channel Table (CVCT) oder die Terrestrial Virtual Channel Table (TVCT).

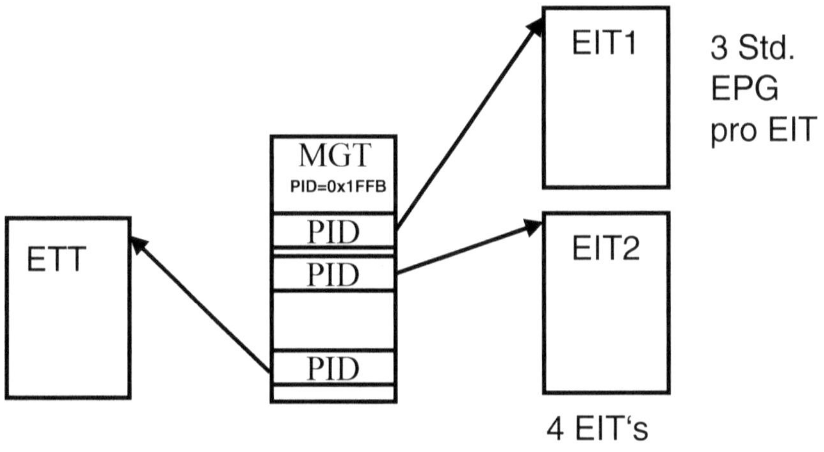

Abb. 3.48. Referenzierung der PSIP in der MGT

Gemäß ATSC werden die bei MPEG-2 definierten PSI Tabellen, so wie im MPEG-Standard vorgesehen verwendet, um auf die Video- und Audioelementarströme zugreifen können. D.h. es werden im Transportstrom eine PAT und mehrere PMT`s mitgeführt. Auch wird über eine CAT die Conditional Access-Information referenziert.

Die ATSC-Tabellen sind als Private Tables implementiert. In der Master Guide Table, die gewissermaßen die Haupttabelle darstellt, findet man die PID`s für einige dieser ATSC-Tabellen. Die Master Guide Table erkennt man an der PID=0x1FFB, sowie der Table ID=0xC7. Zwingend enthalten sein müssen im Transportstrom mindestens 4 Event Information Tables (EIT-0, EIT-1, EIT-2, EIT-3). Die PID`s dieser EIT`s findet man in der Master Guide Table. Weitere insgesamt bis zu 128 Event Information Tables sind möglich, aber optional. Innerhalb einer EIT findet man einen 3- Stunden-Abschnitt einer elektronischen Programmzeitschrift (Electronic Programm Guide, EPG). Mit den 4 zwingend notwendigen EIT`s kann also ein Zeitraum von 12 Stunden abgedeckt werden. Weiterhin können in der MGT optional Extended Text Tables referenziert werden. Jede vorhandene Extended Text Table (ETT) ist einer EIT zugeordnet.

So findet man z. B. in der ETT-0 erweiterte Textinformationen für die EIT-0. Bis zu insgesamt 128 ETT`s sind möglich.

In der Virtual Channel Table, die je nach Übertragungsweg als Terrestrial Virtual Channel Table (TVCT) oder als Cable Virtual Channel Table

(CVCT) vorliegen kann, werden Identifikationsinformationen für die in einem Transportstrommultiplex enthaltenen virtuellen Kanäle, sprich Programme übertragen. In der VCT findet man u. a. die Programmnamen. Man kann also die VCT vergleichen mit der DVB-Tabelle SDT.

In der System Time Table (STT) werden alle notwendigen Zeitinformationen übertragen. Man erkennt die STT an der PID=0x1FFB und der Table ID=0xCD.

In der STT wird die GPS-Zeit (Global Positioning System) und die Zeitdifferenz zwischen GPS-Zeit und UTC übertragen. Mit Hilfe der Rating Region Table (RRT) kann der Zuschauerkreis regional oder nach Alter eingeschränkt werden. Es wird hier neben der Information über Region (US-Bundesstaat) auch eine Information übertragen, welches Mindestalter für die gerade ausgestrahlte Sendung Vorraussetzung ist. Mit Hilfe der RRT kann also in einem ATSC-Empfänger eine Art Kindersicherung verwirklicht werden.

Die RRT erkennt man an der PID=0x1FFB und der Table ID=0xCA.

In der folgenden Tabelle sind die PID`s und Table ID`s der PSIP-Tabellen aufgelistet:

Tabelle 3.7. PSIP-Tabellen

Tabelle	PID	Table ID
Program Association Table (PAT)	0x0	0x0
Program Map Table (PMT)	über PAT	0x2
Conditional Access Table (CAT)	0x1	0x1
Master Guide Table (MGT)	0x1FFB	0xC7
Terrestrial Virtual Channel Table (TVCT)	0x1FFB	0xC8
Cable Virtual Channel Table (CVCT)	0x1FFB	0xC9
Rating Region Table (RRT)	0x1FFB	0xCA
Event Information Table (EIT)	über PAT	0xCB
Extended Text Table (ETT)	über PAT	0xCC
System Time Table (STT)	0x1FFB	0xCD

3.7 ARIB-Tabellen gemäss ISDB-T

Wie DVB (Digital Video Broadcasting) und ATSC (Advanced Televison Systems Committee), so hat auch Japan in seinem ISDB-T-Standard (Integrated Services Digital Broadcasting – Terrestrial) seine eigenen Tabellen definiert. Diese heißen hier ARIB-Tabellen (Association of Radio Industries and Business) gemäß ARIB-Std.-B10.

Folgende Tabellen werden gemäß ARIB-Standard vorgeschlagen:

Tabelle 3.8. ARIB-Tabellen

Type	Name	Anmerkung
PAT	Program Association Table	ISO/IEC 13818-1 MPEG-2
PMT	Program Map Table	ISO/IEC 13818-1 MPEG-2
CAT	Conditional Access Table	ISO/IEC 13818-1 MPEG-2
NIT	Network Information Table	wie DVB-SI, ETS 300468
SDT	Service Description Table	wie DVB-SI, ETS 300468
BAT	Bouquet Association Table	wie DVB-SI, ETS 300468
EIT	Event Information Table	wie DVB-SI, ETS 300468
RST	Running Status Table	wie DVB-SI, ETS 300468
TDT	Time&Date Table	wie DVB-SI, ETS 300468
TOT	Time Offset Table	wie DVB-SI, ETS 300468
LIT	Local Event Information Table	
ERT	Event Relation Table	
ITT	Index Transmission Table	
PCAT	Partial Content Announcement Table	
ST	Stuffing Table	wie DVB-SI, ETS 300468
BIT	Broadcaster Information Table	
NBIT	Network Board Information Table	
LDT	Linked Description Table	
sowie weitere		
ECM	Entitlement Control Message	
EMM	Entitlement Management Message	
DCT	Download Control Table	
DLT	Download Table	
SIT	Selection Information Table	
SDTT	Software Download Trigger Table	
DSM-CC	Data Storage Media Command & Control	

Die BAT, PMT und die CAT entspricht hierbei voll der MPEG-2 PSI. Ebenso sind die NIT, SDT, BAT, EIT, RST, TDT, TOT und ST genauso aufgebaut, wie bei DVB-SI und haben auch die gleiche Funktionalität. So wird im ARIB-Standard auch auf ETS 300468 verwiesen.

Tabelle 3.9. PID's und Table ID's der ARIB-Tabellen

Tabelle	PID	Table ID
PAT	0x0000	0x00
CAT	0x0001	0x01
PMT	über PAT	0x02
DSM-CC	über PMT	0x3A...0x3E
NIT	0x0010	0x40, 0x41
SDT	0x0011	0x42, 0x46
BAT	0x0011	0x4A
EIT	0x0012	0x4E...0x6F
TDT	0x0014	0x70
RST	0x0013	0x71
ST	alle außer 0x0000, 0x0001, 0x0014	0x72
TOT	0x0014	0x73
DIT	0x001E	0x7E
SIT	0x001F	0x7F
ECM	über PMT	0x82...0x83
EMM	über CAT	0x84...0x85
DCT	0x0017	0xC0
DLT	über DCT	0xC1
PCAT	0x0022	0xC2
SDTT	0x0023	0xC3
BIT	0x0024	0xC4
NBIT	0x0025	0xC5, 0xC6
LDT	0x0025	0xC7
LIT	über PMT oder 0x0020	0xD0

3.8 DTMB-Tabellen (China)

Auch China hat seinen eigenen digital-terrestrischen TV-Standard, genannt DTMB – Digital Terrestrial Multimedia Broadcasting (früher DMB-T). Die verwendeten Tabellen sind vermutlich denen von DVB vergleichbar, auch wenn dies aufgrund fehlender bzw. für Europäer unlesbarer Dokumente nicht weiter belegt werden kann.

3.9 Weitere wichtige Details des MPEG-2 Transportstromes

Im folgenden Abschnitt wird auf weitere Details des MPEG-2-Transportstrom-Headers näher eingegangen.

Im Transportstrom-Header findet man neben dem schon bekannten Sync-Byte (Synchronisation auf dem Transportstrom), dem Transportstrom Error Indikator (Fehlerschutz) und dem Packet Identifier (PID) noch zusätzlich:

- den Payload Unit Start Indicator
- die Transport Priority
- die Transport Scrambling Control Bits
- die Adaptation Field Control Bits
- den Continuity Counter

Der Payload Unit Start Indicator ist ein Bit, das den Start einer Payload kennzeichnet. Ist dieses Bit gesetzt, so heißt dies, dass eine neue Payload genau in diesem Transportstrompaket startet: man findet dann in diesem Transportstrompaket entweder den Anfang eines Video- oder Audio-PES-Paketes samt PES-Header oder den Beginn einer Tabelle samt Table ID als erstes Byte im Payload-Bereich des Transportstrompakets.

3.9.1 Die Transport Priority

Dieses Bit kennzeichnet, das dieses Transportstrompaket eine höhere Priorität hat als andere Transportstrompakete gleicher PID.

3.9.2 Die Transport Scrambling Control Bits

Mit Hilfe der zwei Transport Scrambling Control Bits kann man erkennen, ob der Payload -Bereich eines Transportstrompaketes verschlüsselt ist oder nicht. Sind beide Bits auf Null gesetzt, so heißt dies, dass der Nutzlastanteil unverschlüsselt übertragen wird. Ist eines der beiden Bits verschieden von Null, so wird die Nutzlast verschlüsselt übertragen. In diesem Falle benötigt man eine Conditional Access Table (CAT) zum Entschlüsseln.

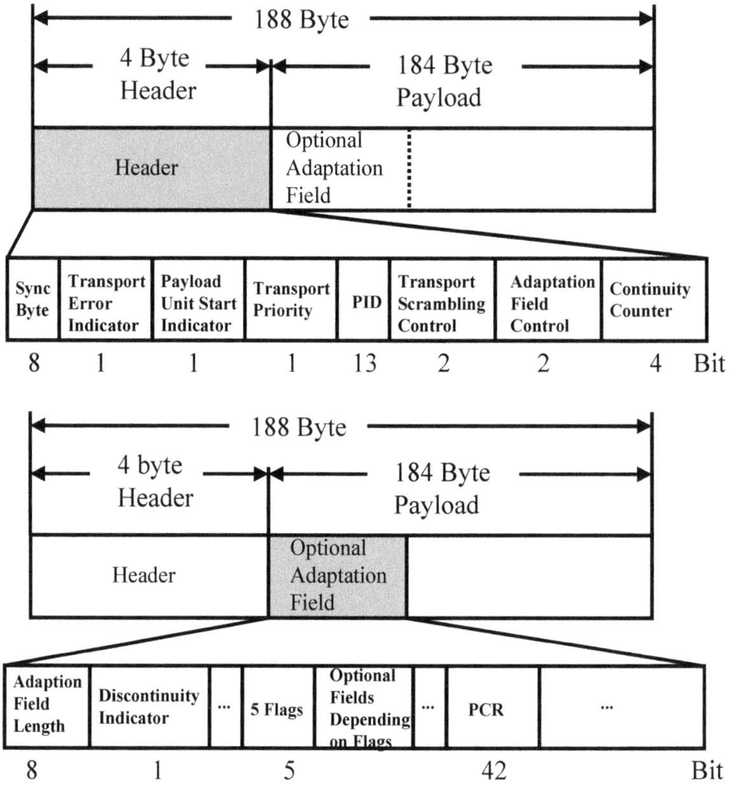

Abb. 3.49. Weitere wichtige Details im Transportstrom-Paket

3.9.3 Die Adaptation Field Control Bits

Diese beiden Bits kennzeichnen, ob ein verlängerter Header, sprich ein Adaptation Field vorliegt oder nicht. Sind beide Bits auf Null gesetzt, so liegt kein Adaptation Field vor. Bei einem vorliegenden Adaptation Field verkürzt sich der Payloadanteil, der Header wird länger, die Paketlänge bleibt konstant 188 Byte.

3.9.4 Der Continuity Counter

Jedes Transportstrompaket mit gleicher PID führt einen eigenen 4 Bit-Zähler mit sich. Man nennt diesen Zähler, der immer kontinuierlich von TS-Paket zu TS-Paket von 0-15 zählt und dann wieder bei Null beginnt,

Continuity_counter. Anhand des Continuity_counters kann man sowohl fehlende Transportstrompakete erkennen, als auch einen fehlerhaften Multiplex identifizieren (Diskontinuität des Zählers). Eine Diskontinuität bei einem Programmwechsel ist möglich und erlaubt und wird dann im Discontinuity Indicator im Adaptation Field angezeigt.

Literatur: [ISO13818-1], [ETS300468], [A53], [A65], [REIMERS], [SIGMUND], [DVG], [DVMD], [GRUNWALD], [FISCHER3], [FISCHER4], [DVM], [ISO/IEC23008] [ISO/IEC23009]

4 Digitales Videosignal gemäss ITU-BT.R601 (CCIR601)

Schon gegen Ende der 1980er Jahre wurde das digitale unkomprimierte Standard-Definition-Video-Datensignal-Format (SDTV) definiert. Basierend auf der ursprünglichen Norm CCIR601, die heute ITU-BT.R601 genannt wird, gewinnt man dieses Datensignal, wie im folgenden beschrieben.

Die analoge Videokamera liefert zunächst die analogen Signale Rot, Grün und Blau (R, G, B). Diese Signale werden schon in der Kamera matriziert zu Luminanz (Y) und zu den Farbdifferenzsignalen C_B (Component Blue) und C_R (Component Red) (= Chrominanz) (Abb. 4.1.).

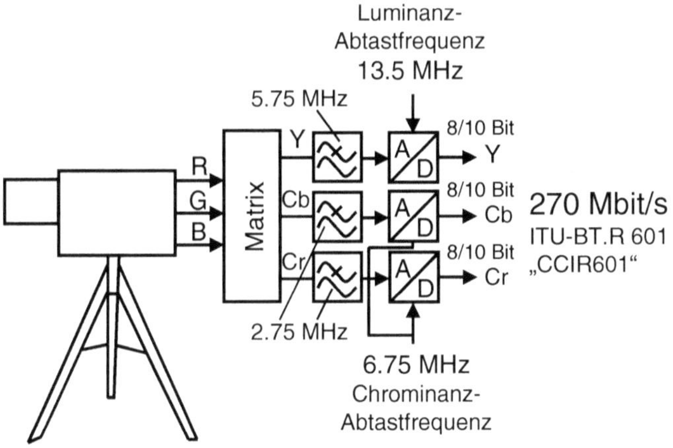

Abb. 4.1. Digitalisierung von Luminanz und Chrominanz

Diese Signale entstehen durch einfache Summen- oder Differenzbildung aus R, G, B:

$Y = (0.30 \cdot R) + (0.59 \cdot G) + (0.11 \cdot B);$
$C_B = 0.56 \cdot (B\text{-}Y);$
$C_R = 0.71 \cdot (R\text{-}Y);$

Das Luminanzsignal wird dann mit Hilfe eines Tiefpassfilters auf eine Bandbreite von 5.75 MHz bandbegrenzt (Abb. 4.1.). Die beiden Farbdifferenzsignale limitiert man auf 2.75 MHz (Abb. 4.1.). D.h. die örtliche Farbauflösung ist gegenüber der örtlichen Helligkeitsauflösung um etwa die Hälfte reduziert. Dies ist aber möglich, da das menschliche Auge ein gegenüber dem Helligkeitsempfinden deutlich reduziertes Farbauflösungsvermögen aufweist. Dieses Prinzip ist schon von den Kindermalbüchern her bekannt, wo sich der Schärfeeindruck einfach durch gedruckte schwarze Linien ergibt. Auch schon beim analogen Fernsehen (PAL, SECAM, NTSC) wurden die Farbartsignale (Chrominanz) auf etwa 1.3 MHz begrenzt. Die tiefpassgefilterten Signale Y, C_B und C_R werden dann mit Hilfe von Analog/Digital-Wandlern abgetastet und digitalisiert. Der AD-Wandler im Luminanz-Zweig arbeitet mit einer Abtastfrequenz von 13.5 MHz, die beiden Farbdifferenzsignale C_B und C_R werden mit je 6.75 MHz abgetastet.

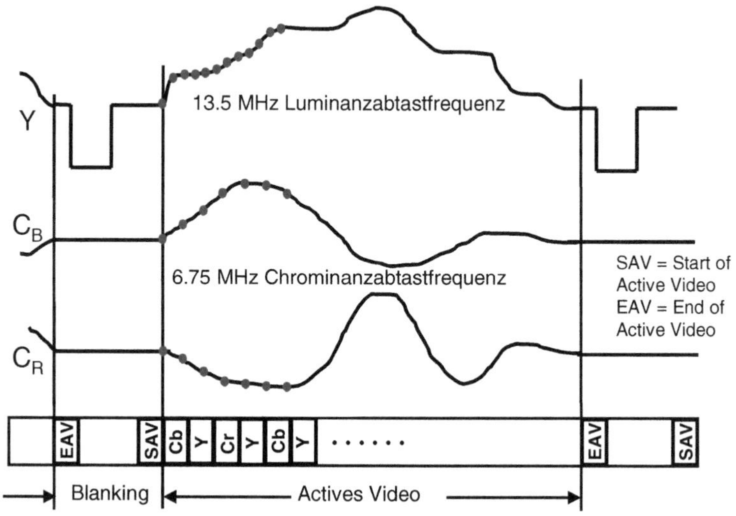

Abb. 4.2. Abtastung der Komponenten gemäß ITU-BT.R601

Das Abtasttheorem ist damit erfüllt. Es sind keine Signalanteile mehr über der halben Abtastfrequenz enthalten. Alle drei AD-Wandler können eine Auflösung von 8 oder 10 Bit aufweisen. Bei einer Auflösung von je 10 Bit ergibt sich dann eine Gesamtdatenrate von 270 MBit/s. Diese hohe Datenrate ist nun für eine Verteilung im Studio möglich; für eine TV-Übertragung über existierende Kanäle (terrestrisch, Kabel Satellit) ist sie viel zu hoch. Die Abtastwerte aller drei AD-Wandler werden in folgender

Reihenfolge gemultiplext (Abb. 4.2.): C_B Y C_R Y C_B Y... Man findet also in diesem digitalen Videosignal abwechselnd einen Luminanzwert und dann entweder einen C_B- oder C_R-Wert. Es sind doppelt so viele Y-Werte gegenüber C_B- oder C_R-Werten enthalten. Man spricht von einer 4:2:2-Auflösung. Unmittelbar nach der Matrizierung war die Auflösung aller Komponenten gleich groß, also 4:4:4.

Dieses digitale TV-Signal kann in paralleler Form an einem 25-poligen Sub-D-Stecker vorliegen oder in serieller Form an einer 75-Ohm-BNC-Buchse. Im Falle einer seriellen Schnittstelle spricht man dann von SDI. SDI steht für Serial Digital Interface und ist die mittlerweile am meisten verwendete Schnittstelle, da ein übliches 75-Ohm-BNC-Kabel verwendet werden kann.

Innerhalb des Datenstroms ist der Start und das Ende des aktiven Videosignales durch spezielle Codewörter gekennzeichnet (Abb. 4.2.); diese heißen SAV (=Start of Active Video) und EAV (End of Active Video). Zwischen EAV und SAV befindet sich die Horizontalaustastlücke, die keine für das Videosignal relevanten Informationen beinhaltet. D.h. der Synchronimpuls ist nicht im digitalen Signal enthalten. In der Horizontalantastlücke können Zusatzinformationen übertragen werden; dies können z. B. Audiosignale oder Fehlerschutzinformationen für das digitale Videosignal sein.

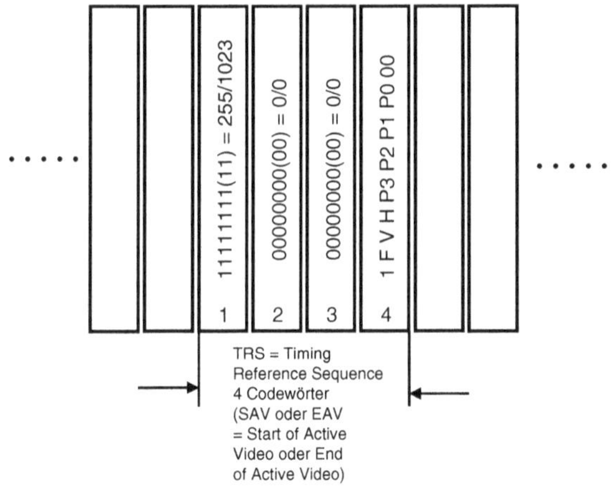

Abb. 4.3. SAV- und EAV-Codewörter im ITU-BT.R601-Signal

Die SAV- und EAV-Codewörter (Abb. 4.3.) bestehen aus jeweils vier Codewörtern zu je 8 oder 10 Bit. SAV und EAV beginnt mit einem Codewort bei dem alle Bits auf Eins gesetzt sind, gefolgt von zwei Wörtern bei denen alle Bits auf Null gesetzt sind. Im vierten Codewort sind Informationen über das jeweilige Halbbild bzw. über die vertikale Austastlücke enthalten. Über dieses vierte Codewort kann der Start des Vollbildes, Halbbildes und des aktiven Bildbereiches in vertikaler Richtung erkannt werden. Das höherwertigste Bit des 4. Codewortes ist immer 1. Das nächste Bit (Bit Nr. 8) im Falle einer 10-Bit-Übertragung, bzw. Bit Nr. 6 im Falle einer 8-Bit-Übertragung kennzeichnet das Halbbild; ist dieses Bit auf Null gesetzt, so handelt es sich um eine Zeile des 1. Halbbildes. Ist dieses Bit auf Eins gesetzt, so ist dies eine Zeile des 2. Halbbildes. Das nächste Bit (Bit Nr. 7 bei einer 10-Bit Übertragung / Bit Nr. 5 bei einer 8-Bit-Übertragung) markiert den aktiven Videobereich in vertikaler Richtung. Ist dieses Bit auf Null gesetzt, so befindet man sich im sichtbaren aktiven Videobereich, andernfalls befindet man sich in der Vertikalaustastlücke. Bit Nr. 6 (10 Bit) bzw. Bit Nr. 4 (8 Bit) gibt uns Informationen darüber, ob das vorliegende Codewort ein SAV oder EAV ist. SAV liegt vor, wenn dieses Bit auf Null gesetzt ist, sonst liegt EAV vor. Bit Nr. 5...2 (10 Bit) bzw. 3...0 (8 Bit) dienen zum Fehlerschutz der SAV- und EAV-Codewörter.

Im Codewort Nr. 4 der Time Reference Sequence (TRS) sind folgende Informationen enthalten:

- F = Field/Halbbild (0 = 1. Halbbild, 1 = 2. Halbbild)
- V = V-Austastlücke (1 = Vertikalaustastlücke aktiv)
- H = SAV/EAV Identifikation (0 = SAV, 1 = EAV)
- P0, P1, P2, P3 = Schutzbits (Hamming Code)

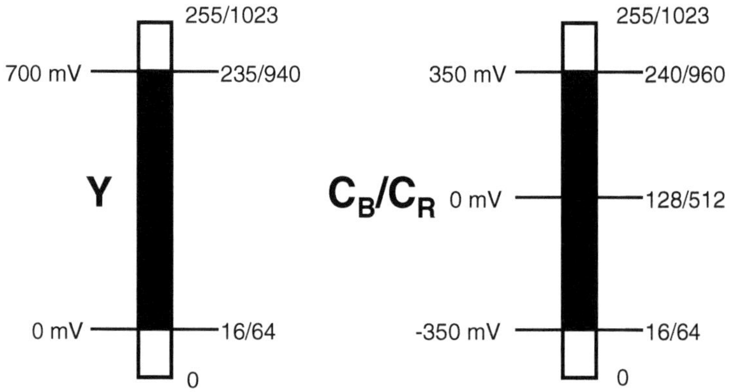

Abb. 4.4. Aussteuerbereich der AD-Wandler

Weder beim Luminanzsignal (Y), noch bei den Farbdifferenzsignalen (C_B, C_R) wird der gesamte Aussteuerbereich (10 Bit/8 Bit) verwendet (Abb. 4.4.). Es wird ein verbotener Bereich vorgehalten, der zum einen ein Headroom ist und zum anderen eine leichte Identifikation von SAV und EAV erlaubt. Ein Y-Signal bewegt sich zwischen 16 dezimal / 64 dezimal (8/10Bit) und 240/960 dezimal (8/10 Bit).

Der Aussteuerbereich von C_B und C_R beträgt 16 bis 240 dezimal (8 Bit), bzw. 64 bis 960 dezimal (10 Bit). Der Bereich außerhalb dient als Headroom bzw. zur Synchronisationskennung.

Ein digitales Videosignal gemäß ITU-BT.R601, üblicherweise als SDI-Signal (SDI=Serial Digital Interface, siehe Kapitel 9.3) vorliegend, ist das Eingangssignal eines SDTV-MPEG-Encoders. Über SDI werden einem MPEG-Encoder heute üblicherweise Video, eingebettetes Audio, sowie auch eingebetteter Videotext usw. zugeführt.

Literatur: [ITU601], [MAEUSL4], [GRUNWALD]

5 Videosignalformate für HDTV und UHDTV

Von den 1950er Jahren bis etwa zum Jahr 2002 hatte analoges und digitales Fernsehen eine Auflösung von 625 oder 525 Zeilen. Man bezeichnet dieses Format auch mit „SDTV" – „Standard Definition Television". In vielen Ländern wird aber heute schon in hochauflösendem Fernsehen – in HDTV – High Definition Television ausgestrahlt. Mit HDTV hat sich die sichtbare Zeilenzahl auf 1080 und die sichtbare Pixelzahl auf 1920 pro Zeile erhöht. Doch mit HDTV ist noch nicht das Ende erreicht, mit Ultra High Definition steht auch schon das noch „schärfere Fernsehen" vor der Tür.

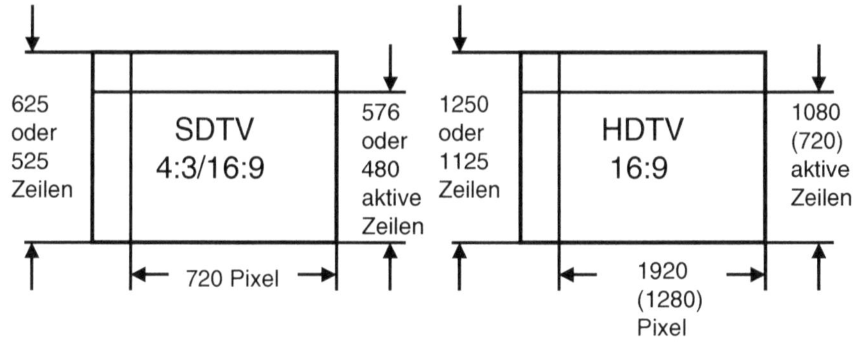

Abb. 5.1. SDTV- und HDTV-Auflösung

Schon seit Ender 1980er Jahre gab es Bestrebungen von SDTV auf HDTV überzugehen. Erste Ansätze hierzu gab es in Japan mit MUSE, entwickelt durch die dortige Rundfunkanstalt NHK (Nippon Hoso Kyokai). Auch in Europa beschäftigte man sich Ende der 1980er Jahre mit HDTV. HD-MAC (= High Definition Multiplexed Analog Components), wurde aber nie in den Markt eingeführt. Im Rahmen von ATSC = Advanced Television System Committee wurde in den USA Mitte der 1990er Jahre festgelegt, HDTV zu senden. In Australien wurde schon mit der Festlegung auf den DVB-T-Standard entschieden, mit Hilfe des digitalen terrestrischen Fernsehens auch HDTV auszustrahlen. In Japan, USA und in Australien wird HDTV momentan über MPEG-2-Videocodierung realisiert. Europa hat etwa ab 2003 mit der Einführung von HDTV im MPEG-4-AVC-Format begonnen, wirklich umgesetzt war HDTV in Europa aber erst nach 2010. Kaum war HDTV in den Wohnzimmern Standard, tauchten im Jahr 2013 auf der Funkausstellung in Berlin UHDTV-Geräte auf. Und deren Markteinführung begann dann schon knapp ein Jahr später, obwohl noch keinerlei Inhalte greifbar waren. Mittlerweile gibt es für den Heimbereich sogar schon UHDTV-Kameras.

5.1 Bildformate

Bekannte Bildschirmauflösungen liegen bei

- VGA 640 x 480 (4:3)
- SVGA 800 x 600 (4:3)
- XGA 1024 x 768 (4:3)
- SXGA 1280 x 1024 (5:4)
- UXGA 1600 x 1200 (4:3)
- HDTV 1920 x 1080 (16:9)
- QXGA 2048 x 1536 (4:3)

Pixeln mit dem jeweils angegebenen Bildschirmseitenverhältnis Breite zu Höhe.

Bei HDTV wollte man zunächst von einer Verdoppelung der Zeilenzahl und Verdoppelung der Pixelzahl pro Zeile ausgehen.

Dies ergäbe bei

- einem 625 Zeilensystem 1250 Zeilen brutto mit 1440 aktiven Bildpunkten (4:3) und 1152 aktiven Zeilen
- einem 525 Zeilensystem 1050 Zeilen insgesamt mit 1440 aktiven Bildpunkten (4:3) und 960 aktiven Zeilen

bei der Einführung von HDTV.

In einem 625-Zeilensystem sind 50 Hz Halbbildwechselfrequenz und bei einem 525-Zeilensystem 60 Hz Halbbildwechselfrequenz üblich. Dies hat mit den in den Ursprungsländern üblichen Stromwechselfrequenzen 50/60 Hz zu tun. Beim Übergang auf HDTV ist ein verändertes Seiten-Höhenverhältnis von 16:9 anzustreben gegenüber dem meist üblichen 4:3 bei SDTV, wobei 16:9 auch im Rahmen von SDTV gesendet wurde.

Die in USA im Rahmen von ATSC und HDTV benutzte Auflösung beträgt jedoch 1280 x 720 bei 60 Hz. Australien verwendet eine HDTV-Auflösung über DVB-T von üblicherweise 1920/1440 x 1080 Pixel/50 Hz.

Tabelle 5.1. Bildformate

Format	Horizontal	Vertikal	Aspect Ratio	Pixel
VHS	320	240	4:3	76800
SDTV	720	576	4:3/16:9	414720
VGA	640	480	4:3	307200
HDTV	1920 1280	1080 720	16:9	2073600 921600
WUXGA	1920	1200	16:10	2304000
2K	2048	1536	4:3	3145728
UHDV-1	3840	2160	16:9	2359296
4K	4096	3072	4:3	12582912
UHDV-2	7680	4320	16:9	33177600
UHXGA	7680	4800	16:10	36864000
8K	8192	6144	4:3	50331648

Tabelle 5.2. Höhen-/Seitenverhältnisse (Aspect Ratio)

Aspect Ratio	Bezeichnung	Anwendung
4:3 (1.33:1)		Fernsehen
16:9 (1.78:1)	TV Widescreen	Fernsehen
1.85:1	Widescreen	Kino
2.35:1	Cinemascope	Kino
16:10		PC

In Europa ging über Satellit Anfang 2004 ein HDTV-Kanal on Air, nämlich EURO1080. Dort wurde über MPEG-2-Codierung eine Auflösung von 1920 Pixeln mal 1080 aktiven Zeilen bei 50 Hz Halbbildwechselfrequenz gesendet. Später wurde dieser Kanal in „HD1“ umbenannt und hat auch sein Sendeformat verändert. Bei der Einführung von HDTV in Europa hat man sich dann aber für die um den Faktor zwei effizientere MPEG-4/Part-10 H.264 – Videocodierung (AVC, Advanced Video Coding) entschieden.

5.2 Unkomprimiertes HDTV-Basisbandsignal

Im folgenden wird zunächst das digitale unkomprimierte Basisbandsignal für HDTV beschrieben, wie es gemäß der Standards ITU-R BT.709 und ITU-R BT.1120 definiert wurde.

Man hat sich bei der ITU allgemein auf eine Gesamtzeilenzahl von 1250 Zeilen im 50 und 1125 im 60 Hz-System geeinigt, die aktiven Zeilen betragen 1080 Zeilen (Abb. 5.1.). Die Anzahl der Pixel pro Zeile beträgt im 50 Hz und im 60 Hz-System 1920 Pixel. Ein 1920 Pixel mal 1080 Zeilen großes aktives Bild nennt man CIF (= Common Image Format). Die Abtastrate des Luminanzsignals beträgt 74.25 MHz (Abb. 5.2.), das Format $Y:C_B:C_R$ ist 4:2:2. Die Abtastfrequenz der Farbdifferenzsignale liegt bei 0.5 x 74.25 MHz = 37.125 MHz. Beim 1250-Zeilensystem mit 50 Hz Halbbildwechselfrequenz war laut ITU-R.BT 709 eine Abtastfrequenz von 72 MHz für die Luminanz und 36 MHz für die Chrominanz vorgesehen. Zur Vermeidung von Aliasing wird das Luminanzsignal vor der Abtastung durch Tiefpassfilterung auf 30 MHz und die Chrominanzsignale auf 15 MHz bandbegrenzt.

Beim 1125/60-System (Abb. 5.2.) ergibt sich hieraus eine physikalische Bruttodatenrate bei 10 Bit Auflösung von

Y: 74.25 x 10 Mbit/s = 742.5 Mbit/s
C_B: 0.5 x 74.25 x 10 Mbit/s = 371.25 Mbit/s
C_R: 0.5 x 74.25 x 10 Mbit/s = 371.25 Mbit/s

1.485 Gbit/s Bruttodatenrate (1125/60)

Wegen den etwas niedrigeren Abtastfrequenzen beim 1250/50-System (Abb. 5.2.) beträgt die Bruttodatenrate dort bei 10 Bit Auflösung:

Y: 72 x 10 Mbit/s = 720 Mbit/s
C_B: 0.5 x 72 x 10 Mbit/s = 360 Mbit/s
C_R: 0.5 x 72 x 10 Mbit/s = 360 Mbit/s

1.44 Gbit/s Bruttodatenrate (1250/50)

Vorgesehen ist sowohl das Zwischenzeilenverfahren (interlaced) als auch die Übertragung von Vollbildern (progressiv). V.a. bei Flachbildschirmen wie Plasmaschirmen und LCD's macht ein progressiver Betrieb Sinn, da diese technologiebedingt sowieso nur Vollbilder wiedergeben und das Zwischenzeilenverfahren eher zu unschönen Artefakten führen kann. Bei 50/60 Bildern progressiv verdoppeln sich die Abtastraten auf 148.5 MHz bzw. 144 MHz für das Luminanzsignal und 74.25 MHz bzw. 72 MHz für die Farbdifferenzsignale. Die Bruttodatenraten liegen in diesem Fall beim ebenfalls doppelten Wert von 2.97 Gbit/s bzw. 2.88 Gbit/s.

Der Aufbau des digitalen unkomprimierten HDTV-Datensignals ist ähnlich wie bei ITU-R BT.601. Es ist eine parallele, sowie eine serielle Schnittstelle (HD-SDI) definiert.

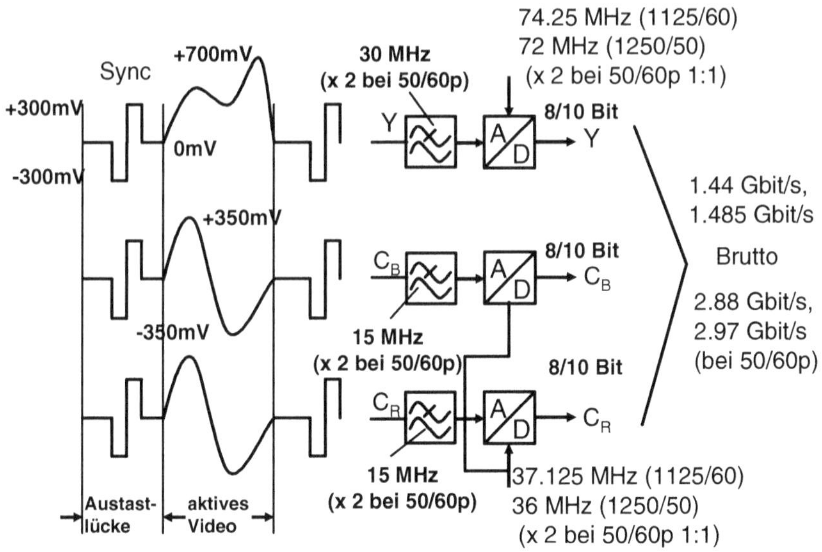

Abb. 5.2. Abtastung eines HDTV (= High Definition Television)-Signals gemäß ITU-R.BT.709

Die europäischen TV-Empfängerhersteller definierten zunächst die Logos „HD-Ready" und „Full-HD", um Eigenschaften eines Display oder Projektors zu beschreiben. Unter „HD-Ready" versteht man ein Display oder einen Projektor, der folgende Features bietet:

- mindestens 720 Zeilen physikalische Auflösung
- Seiten-/Höhenverhältnis 16:9
- Unterstützung der 1280 x 720 Auflösung bei 50 Hz oder 60 Hz Bildwechselfrequenz, progressiv

- Unterstützung der 1920 x 1080 Auflösung bei 50 oder 60 Hz Bildwechselfrequenz, Zwischenzeilenverfahren
- analoges Y Pb Pr Interface
- digitales DVI oder HDMI Interface
- HDCP-Verschlüsselung auf dem digitalen Interface

Tabelle 5.3. Technische Daten des 1920x1080-HD-Produktionsformats

HDTV-System	1125/60	1125/60	1250/50 bzw. 1125/50	1250/50 bzw. 1125/50
Anzahl der aktiven Zeilen	1080	1080	1080	1080
Halbbildwechsel-, bzw. Vollbildwechselfrequenz	60 Hz interlaced (2:1)	60 Hz progressiv (1:1)	50 Hz interlaced (2:1)	50 Hz progressiv (1:1)
Zeilenfrequenz	33.75 kHz	67.5 kHz	31.25 kHz	62.5 kHz
Aspect Ratio	16:9	16:9	16:9	16:9
Anzahl der Abtastwerte der aktiven Zeile	1920	1920	1920	1920
Anzahl der aktiven Zeilen	1080	1080	1080	1080
Abtastfrequenz Y	74.25 MHz	148.5 MHz	74.25 MHz	148.5 MHz
Abtastperiodendauer Y	13.46 ns	6.73 ns	13.46 ns	6.73 ns
Dauer der aktiven Zeile	25.85 µs	12.92 µs	25.85 µs	12.92 µs
Horziontal-Austastlücke	12.7 %	12.7 %	19.2 %	19.2 %

Tabelle 5.3. (aus [MÄUSL6], [ITU1120])

DVI steht für „Digital Visual Interface" und ist bereits vom PC-Bereich her bekannt und hat dort die herkömmliche VGA-Schnittstelle abgelöst. DVI erlaubt eine Datenrate von 1.65 Gbit/s. HDMI steht für High Definition Multimedia Interface; HDMI unterstützt eine Datenrate von bis zu 18 Gbit/s. HDMI transportiert Bild und Ton. HDCP = High Bandwidth Digital Content Protection schützt digitales HD-Material auf der DVI- und HDMI-Schnittstelle vor unerlaubter Aufzeichnung. Dies war eine Forderung der Film-Industrie. Die HDMI-Schnittstelle, aktuell in den Versionen 1.4a und 2.0 verfügbar, ist mittlerweile zur Standardschnittstelle an Multimedia-Geräten wie Flachbildschirmen, Blu-ray Disc – Playern, Kameras, Projektoren usw. und auch beim PC geworden.

„Full-HD“ bietet im Gegensatz zu „HD-Ready“ volle physikalische 1920 x 1080 – Pixel-Auflösung. Heutige Flachbildschirme haben mindestens „Full-HD“-Auflösung, „HD-Ready“ ist Vergangenheit. Es werden auch schon zahlreiche Bildschirme mit Ultra High Definition – Auflösung angeboten.

Im Februar 2010 starteten in Deutschland ARD und ZDF anlässlich der Winterolympiade in Vancouver mit einem durchgängigen HDTV-Programm. Mit der Analogabschaltung über Satellit im April 2012 war dann gleichzeitig der Start vieler weiterer HDTV-Programme verbunden.

HDTV ist eingeführt, UHDTV steht aber auch schon vor der Tür.

5.3 Physikalische Videoschnittstellensignale bis hin zu UHDTV

Betrachten wir nun alle aktuell eingesetzten Studio-Videosignalformate bis hin zu UHDTV. Sie sind in Tabelle 5.3. aufgelistet. Bisher wurden für die Videosignalzuführung 75 Ohm-Koaxialkabel (Farbe: Grün) eingesetzt. Die Formate reichen vom analogen FBAS-Signal mit 5 MHz Bandbreite über SDI mit 270 Mbit/s und HD-SDI mit 1.485 Gbit/s bis hin zur parallelen Nutzung von vier 75 Ohm – Koaxleitungen mit einer Gesamtdatenraten von 12 Gbit/s (Quad-3G-HD-SDI), welches bei UDTV zum Einsatz kommt.

Jahrzehnte lang kannte nutzte man analoge Videosignale mit 5 MHz Bandbreite, sie spielen heute kaum mehr eine Rolle im professionellen Bereich, jedoch weisen fast alle Endgeräte, seien es Flachbildschirme, Mobiltelefone, Projektoren usw. immer noch einen analogen Videoeingang oder Ausgang mit wählbarem PAL-, SECAM- oder NTSC-Format auf. Seit den 1990er Jahren ist im Studio das gängige Kamerasignalformat ein SDI-Signal (SDI = Serial Digital Interface) mit typisch 10 Bit Auflösung und einer Datenrate von 270 Mbit/s für SDTV. Ab etwa 2003 setzte sich dann auch HDTV immer mehr durch und hierfür wird dann im Studio ein HD-SDI-Signal verwendet, welches eine Datenrate von 1.485 Mbit/s aufweist mit ebenfalls 10 Bit Auflösung. Gängiges HD-Kamera-Format ist hierbei meist 1080i. Höhere Bildwiederholraten fordern noch mehr Datenrate; der nächste Schritt war 3G-HD-SDI. Dies entspricht einem hochauflösenden digitalen TV-Signal mit bis zu 3 Gbit/s Datenrate ebenfalls in einem 75 Ohm-Koaxialkabel. Teilweise werden dann auch parallel zwei Koaxkabel verwendet, so z.B. bei Dual Link HD-SDI. Und momentan kommen bei UHDTV-Applikationen auch vier parallele 75 Ohm – Koaxkabel zum Einsatz, um im Falle von Quad-3G-HD-SDI bis zu 12 Gbit/s UHDTV-

Videosignal zu verteilen. Hierbei wird jeweils ein Viertel eines UHDTV-Bildes auf einer der vier Quad-3G-HD-SDI-Leitungen übertragen. Die Zukunft wird in anderen physikalischen Medien wie z.B. einer CAT6-Leitung mit RJ45-Steckern als 802.AVB-Signal oder als „SDI over IP"/SMPTE2022-Format.

Tabelle 5.4. Physikalische Videosignalformate bis hin zu UHDTV

Videosignal-Format	Physikalisches Interface	Datenrate	Standard	Format
SDI Serial Digital Interface	75 Ohm, Koax, BNC	270 Mbit/s	ITU-T B.801	ein Datenstrom auf einem Kabel
HD-SDI High Definition Serial Digital Interface	75 Ohm, Koax, BNC	1.485 Gbit/s	ITU-T B1120-3	ein Datenstrom auf einem Kabel
Dual Link HD-SDI	2 x 75 Ohm, Koax	2 x 1.485 Gbit/s		ein Datenstrom auf 2 Kabeln 1080p50/60 4:2:2 oder 1080p50/60 4:4:4
3G-HD-SDI	75 Ohm, Koax	3 Gbit/s		ein Datenstrom auf einem Kabel 1080p50/60 4:2:2 oder 1080p50/60 4:4:4
Dual Stream 3G-HD-SDI	75 Ohm, Koax	3 Gbit/s		2 Datenströme mit je 1.485 Gbit/s (1080p 4:2:2) + (1080p 4:2:2) z.B. für 3D links und rechts

Quad-3G-HD-SDI	4 x 75 Ohm, Koax	12 Gbit/s		ein Datenstrom auf 4 Kabeln
802.AVB	Gbit-Ethernet, RJ45			AVB = Audio Video Bridge
SDI over IP	Gbit-Ethernet		SMPTE2022	

Literatur: [MÄUSL6], [ITU709], [ITU1120], [UHDTV], [802.AVB], [SMPTE2022]

6 Transformationen vom Zeitbereich in den Frequenzbereich und zurück

In diesem Kapitel werden Grundlagen der Transformationen vom Zeitbereich in den Frequenzbereich und zurück erläutert. Dies sind Verfahren, die ganz allgemein in der elektrischen Nachrichtentechnik angewendet werden. Das Verständnis dieser Grundlagen ist aber von ganz großer Bedeutung für die nachfolgenden Kapitel der Video-Encodierung, Audio-Encodierung, sowie für den „Orthogonal Frequency Division Multiplex" (OFDM) bzw. DVB-T und DAB. Experten können dieses Kapitel einfach überspringen.

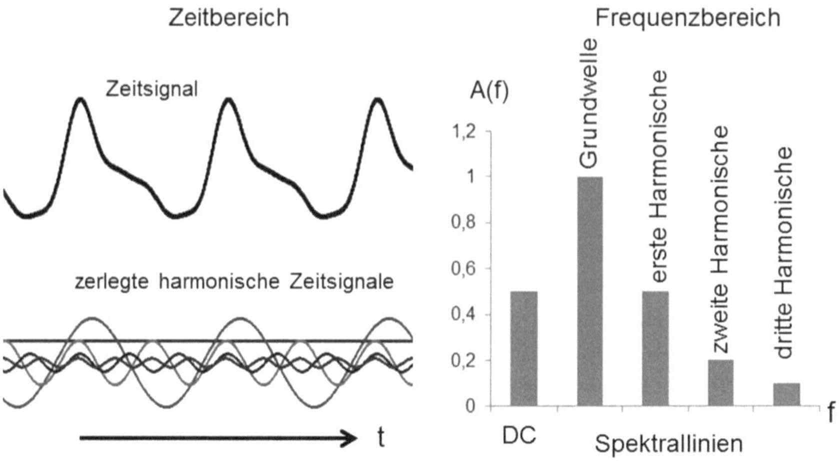

$$u(t) = 0.5 + 1.0\sin(t + 0.2) + 0.5\sin(2t) + 0.2\sin(3t - 1) + 0.1\sin(4t - 1.5);$$

Abb. 6.1. Fourieranalyse eines Zeitsignales

Signale werden üblicherweise als Signalverlauf über die Zeit dargestellt. Ein Oszilloskop zeigt uns z.B. ein elektrisches Signal, eine Spannung im Zeitbereich. Voltmeter geben uns nur wenige Parameter dieser elektrischen Signale, z.B. den Gleichspannungsanteil und den Effektivwert. Beide Parameter kann man mit Hilfe moderner Digital-Oszilloskope auch aus dem Spannungsverlauf berechnen lassen. Ein Spektrumanalysator zeigt uns das Signal im Frequenzbereich. Jedes beliebige Zeitsignal kann man sich zusammengesetzt denken aus unendlich vielen Sinussignalen ganz bestimmter Amplitude, Phase und Frequenz. Das Signal im Zeitbereich ergibt sich, wenn man all diese Sinus-Signale an jedem Zeitpunkt aufaddiert; das ursprüngliche Signal ergibt sich also aus der Überlagerung. Ein Spektrumanalysator zeigt uns jedoch nur die Information über die Amplitude bzw. Leistung dieser sinusförmigen Teilsignale, man spricht von Harmonischen. Mathematisch kann man ein periodisches Zeitsignal mit Hilfe der Fourieranalyse (Abb. 6.1.) in seine Harmonischen zerlegen. Ein periodisches Zeitsignal beliebiger Form kann man sich zusammengesetzt denken aus der Grundwelle, die die gleiche Periodendauer aufweist wie das Signal selber, sowie den Oberwellen, die einfach an Vielfachen der Grundwelle zu finden sind. Außerdem weist jedes periodische Zeitsignal auch einen bestimmten Gleichanteil auf. Die Gleichspannung entspricht der Frequenz Null. Auch nichtperiodische Signale lassen sich im Frequenzbereich darstellen. Nichtperiodische Signale haben jedoch kein Linienspektrum, sondern ein kontinuierliches Spektrum. Man findet also im Spektralbereich nicht nur an bestimmten Stellen Spektrallinien, sondern dann an beliebig vielen Stellen.

6.1 Die Fouriertransformation

Das Spektrum jedes beliebigen Zeitsignales erhält man mathematisch durch die sog. Fouriertransformation (Abb. 6.2.). Es handelt sich hierbei um eine Integraltransformation, bei der man das Zeitsignal von minus Unendlich bis plus Unendlich beobachten muss. Richtig lösbar ist also solch eine Fouriertransformation nur, wenn das Zeitsignal mathematisch eindeutig beschreibbar ist. Die Fouriertransformation berechnet dann aus dem Zeitsignal den Verlauf der Realteile, sowie den Verlauf der Imaginärteile über die Frequenz. Jedes sinusförmige Signal beliebiger Amplitude, Phase und Frequenz lässt sich zusammensetzen aus einem cosinusförmigen Signalanteil dieser Frequenz mit spezieller Amplitude und einem sinusförmigen Signalanteil dieser Frequenz und spezieller Amplitude. Der Realteil beschreibt genau die Amplitude des Cosinusanteils und der Imaginärteil genau die Amplitude des Sinusanteils.

Im Vektordiagramm (Abb. 6.3.) ergibt sich der Vektor einer sinusförmigen Größe durch vektorielle Addition von Realteil und Imaginärteil, also von Cosinus- und Sinusanteil. Die Fouriertransformation liefert uns also die Information über den Realteil, also Cosinusanteil und den Imaginärteil, also Sinusanteil an jeder beliebigen Stelle im Spektrum, unendlich fein aufgelöst. Die Fouriertransformation ist vorwärts und rückwärts möglich, man spricht von der Fouriertransformation und von der inversen Fouriertransformation (FT und IFT).

$$H(f) = \int_{-\infty}^{+\infty} h(t) e^{-j2\pi ft} dt; \text{ Fourier-Transformation (FT)}$$

$$h(t) = \int_{-\infty}^{\infty} H(f) e^{j2\pi ft} df; \text{ Inverse Fourier-Transformation (IFT)}$$

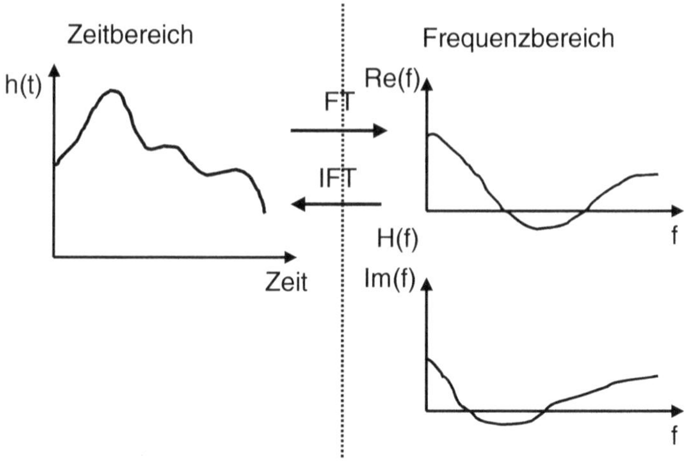

Abb. 6.2. Fouriertransformation

Aus einem reellen Zeitsignal entsteht durch die Fouriertransformation ein komplexes Spektrum, das sich aus Realteilen und Imaginärteilen zusammensetzt. Das Spektrum besteht aus positiven und negativen Frequenzen, wobei uns der negative Frequenzbereich keine zusätzlichen Informationen über unser Zeitsignal liefert. Der Realteil ist spiegelsymmetrisch zur Frequenz Null; es gilt Re(-f) = Re(f). Der Imaginärteil ist punkt-zu-punktsymmetrisch; es gilt Im(-f) = - Im(f). Die inverse Fouriertransformation liefert uns aus dem komplexen Spektralbereich wieder ein einziges reelles Zeitsignal. Die Fourieranalyse, also die Harmonischenanalyse ist nichts anderes als ein Sonderfall der Fouriertransformation. Es ist einfach die Fouriertransformation angewendet auf ein periodisches Signal, wobei dann das Integral ersetzt werden kann durch eine Summenformel. Das Signal ist eindeutig beschreibbar, da es periodisch ist. Es genügt die Information über eine Periodendauer.

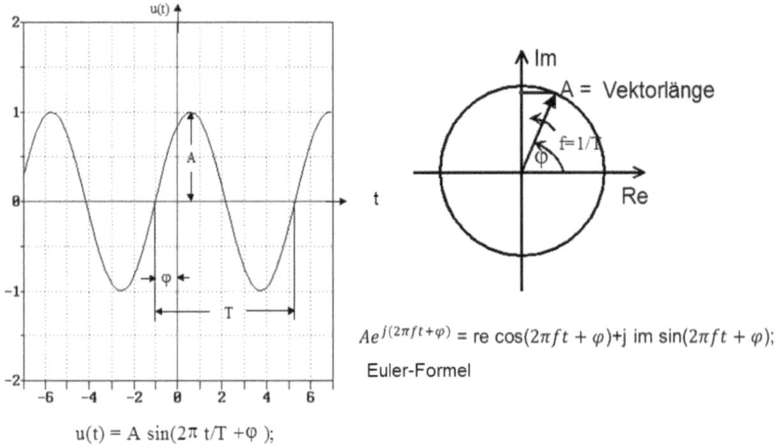

Abb. 6.3. Vektordiagramm eines sinusförmigen Signals

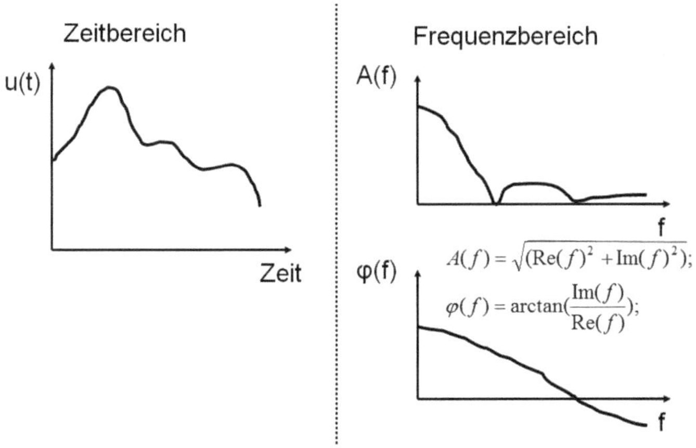

Abb. 6.4. Amplituden- und Phasenverlauf

Aus den Realteilen und Imaginärteilen lassen sich durch Anwendung des Satzes des Pythagoras bzw. der Anwendung des Arcus-Tangens Amplituden- und Phaseninformation ermitteln (Abb. 6.4.), falls dies gewünscht ist. Durch Differenzieren des Phasenverlaufes über die Frequenz erhält man den Verlauf der Gruppenlaufzeit.

6.2 Die Diskrete Fouriertransformation (DFT)

Ganz allgemeine Signale lassen sich nicht mathematisch beschreiben; man findet keine Periodizitäten - man müsste sie unendlich lang beobachten, was natürlich in der Praxis nicht möglich ist. Somit ist also weder ein mathematischer, noch ein numerischer Ansatz möglich, um den Spektralbereich zu berechnen. Eine Lösung, die uns annähernd den Frequenzbereich liefert, stellt die Diskrete Fouriertransformation (DFT) dar. Man tastet das Signal z.B. mit Hilfe eines Analog-Digital-Wandlers an diskreten Stellen im Zeitbereich im Abstand Δt ab und beobachtet das Signal auch nur innerhalb eines begrenzten Zeitfensters an N Punkten (Abb. 6.5.).

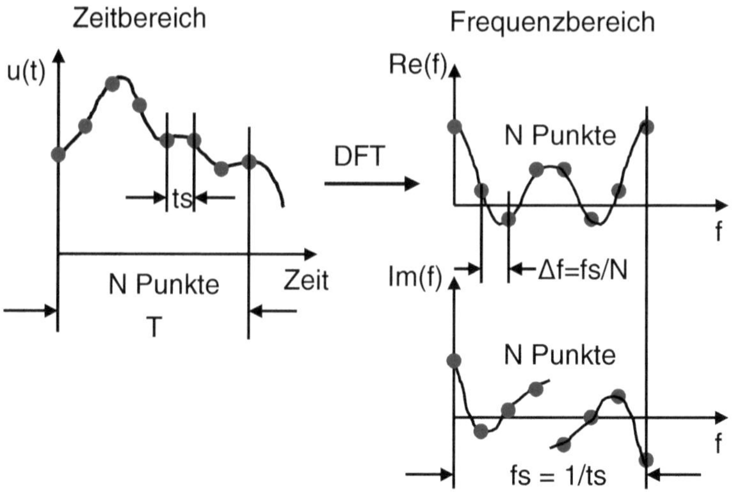

Abb. 6.5. Diskrete Fouriertransformation (DFT)

Anstelle eines Integrals von minus Unendlich bis plus Unendlich ist dann nur eine Summenformel zu lösen und dies ist sogar rein numerisch durch digitale Signalverarbeitung möglich. Man erhält als Ergebnis der Diskreten Fouriertransformation im Spektralbereich N Punkte für den Realteil(f) und N Punkte für den Imaginärteil(f).

Die Diskrete Fouriertransformation (DFT) und die Inverse Diskrete Fouriertransformation ergibt sich über folgende mathematische Beziehung:

$$H_n = \sum_{k=0}^{N-1} h_k e^{-j2\pi k\frac{n}{N}} = -\sum_{k=0}^{N-1} h_k \cos(2\pi k\frac{n}{N}) - j\sum_{k=0}^{N-1} h_k \sin(2\pi k\frac{n}{N}); \text{DFT}$$

$$h_k = \frac{1}{N}\sum_{n=0}^{N-1} H_n e^{j2\pi k\frac{n}{N}}; \text{IDFT}$$

Der Frequenzbereich ist also nicht mehr unendlich fein aufgelöst, sondern nur an diskreten Frequenzstützpunkten beschrieben. Der Frequenzbereich erstreckt sich von Gleichspannung bis zur halben Abtastfrequenz um sich dann symmetrisch bzw. punkt-zu-punkt-symmetrisch bis zur Abtastfrequenz fortzusetzen. Der Realteilgraph ist symmetrisch zur halben Abtastfrequenz, der Imganiärteil punkt-zu-punkt-symmetrisch. Die Frequenzauflösung hängt von der Anzahl der Punkte im Beobachtungsfenster und der Abtastfrequenz ab und umgekehrt (siehe Zeitauflösung der Impulsantwort bei DVB-T/T2 abhängig von der Pilotdichte).

Es gilt $\Delta f = f_s/N$; $\Delta t = 1/f_s$;

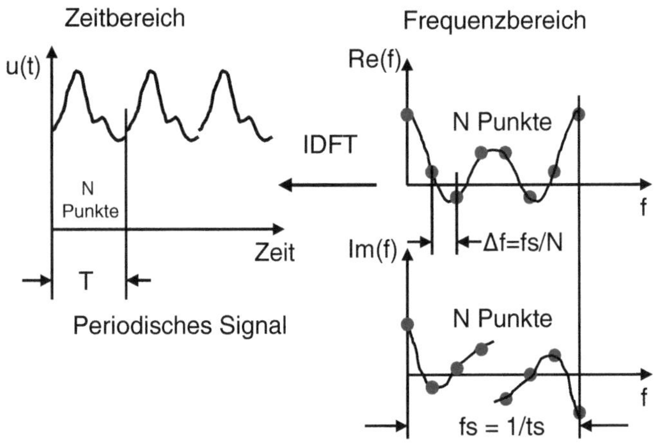

Abb. 6.6. Inverse Diskrete Fouriertransformation (IDFT)

In Wirklichkeit entspricht die Diskrete Fouriertransformation (DFT) eigentlich der Fourieranalyse des beobachteten Zeitfensters des bandbegrenzten Signals. Man nimmt also an, dass sich das Signal im beobachteten Zeitfenster periodisch fortsetzt (Abb. 6.6.). Durch diese Annahme entstehen "Unschärfen" in der Analyse, so dass die Diskrete Fouriertransformation nur näherungsweise Informationen über den tatsächlichen Frequenzbereich liefern kann. Näherungsweise insofern, als dass man den Bereich vor und nach dem Zeitbereichsbeobachtungsfenster nicht in Betracht zieht und den Signalausschnitt hart „ausstanzt". Die DFT ist aber mathematisch und numerisch einfach lösbar. Die Diskrete Fouriertransformation funktioniert sowohl vorwärts als auch rückwärts in den Zeitbereich (Inverse Diskrete Fouriertransformation, IDFT, Abb. 6.6.). Aus einem reellen Zeitsignalabschnitt lässt sich durch die DFT ein komplexes Spektrum (Realteil und Imaginärteil) an diskreten Stellen berechnen. Aus dem komplexen Spektrum entsteht durch die IDFT wieder ein reelles Zeitsignal. Der ausgestanzte und in den Frequenzbereich transformierte Zeitsignalabschnitt ist aber in Wirklichkeit periodisiert worden (Abb. 6.6.).

Nachdem der Zeitsignalabschnitt rechteckförmig ausgeschnitten wurde, entspricht das Spektrum nun der Faltung aus einer sin(x)/x-Funktion und dem Originalspektrum des Signals. Dadurch entstehen unterschiedliche Effekte, die bei einer mit Hilfe der DFT vorgenommenen Spektralanalyse mehr oder weniger das Messergebnis stören und beeinflussen. In der Messtechnikanwendung würde man deshalb keine rechteckförmige Fensterfunktion, sondern z.B. eine $\cos^2$-förmige „Ausschneidefunktion" wählen, die den Zeitsignalausschnitt „geschmeidiger" ausschneiden würde und zu weniger Störungen im Frequenzbereich führen würde. Es werden unterschiedliche Fensterfunktionen angewendet, z.B. Rechteckfenster, Hanningfenster, Hammingfenster, Blackmanfenster usw. „Fenstern" heißt, man schneidet den Signalausschnitt zunächst rechteckförmig aus, um ihn dann mit der Fensterfunktion zu multiplizieren (siehe später Abschnitt 6.8).

6.3 Die Fast Fouriertransformation (FFT)

Die Diskrete Fouiertransformation ist ein einfacher aber relativ zeitaufwendiger Algorithmus. Schränkt man jedoch die Anzahl der Punkte N im Beobachtungsfenster auf $N=2^x$, also Zweierpotenzen ein, so kann man einen weniger aufwendigeren, also weniger Rechenzeit in Anspruch nehmenden Algorithmus (nach Cooley, Tukey, 1965) verwenden, die sog. Fast Fouriertransformation (FFT). Der Algorithmus selbst liefert absolut das gleiche Resultat wie eine DFT, nur eben wesentlich schneller und mit der Einschränkung auf $N=2^x$ Punkte (2, 4, 8, 16, 32, 64, ..., 256, ..., 1024, 2048, ... 8192 ...). Die Fast Fouriertransformation ist vorwärts wie rückwärts (Inverse Fast Fouriertransformation, IFFT) möglich.

Der FFT-Algorithmus benutzt Methoden der Linearen Algebra. Die Abtastwerte werden im sog. Bitreversal vorsortiert und dann mit Hilfe von

Butterfly-Operationen bearbeitet. Signalprozessoren und spezielle FFT-Chips haben diese Operationen als Maschinencodes implementiert.

Der zeitliche Gewinn der FFT gegenüber der DFT ergibt sich aus:

Anzahl der benötigten Multiplikationen:
DFT $N \cdot N$
FFT $N \cdot \log(2N)$

Die FFT wird schon relativ lange im Bereich der Akustik (Vermessen von Konzerthallen, Kirchen) und in der Geologie (Suche nach Mineralien, Erzen, Erdöl, ...) eingesetzt. Die Analysen wurden jedoch Offline mit schnellen Rechnern durchgeführt. Man regt hierbei das zu untersuchende Medium (Halle, Gestein) mit einem Dirac-Stoß, also einem sehr kurzen, sehr kräftigen Impuls an und zeichnet dann die Impulsantwort des Systems auf. Im Dirac-Stoß sind praktisch alle Frequenzen enthalten und man kann somit das Frequenzverhalten des zu untersuchenden Mediums erfassen. Ein akustischer Dirac-Stoß ist z.B. ein Pistolenschuss, ein geologischer Dirac-Stoß ist die Explosion eines Sprengsatzes.

Ca. 1988 benötigte eine 256-Punkte-FFT auf einem PC noch eine Rechenzeit im Minutenbereich. Heute ist eine 8192-Punkte-FFT (8K-FFT) in Rechenzeiten von deutlich unter einer Millisekunde machbar! Dies öffnete Tür und Tor für neue interessante Applikationen, z.B. Video- und Audiokomprimierung, Orthogonal Frequency Division Multiplex (OFDM). Die FFT wird auch seit etwa Ende der 80er Jahre vermehrt in der analogen Videomesstechnik zur Spektralanalyse, sowie zum Erfassen des Amplituden- und Gruppenlaufzeitganges von Videoübertragungsstrecken eingesetzt. Auch moderne Speicheroszilloskope verfügen heutzutage oft über diese interessante Messfunktion. Damit kann man gewissermaßen eine Low-Cost-Spektrumanalyse durchführen. Speziell auch in der Audiomesstechnik ist die FFT ideal einsetzbar.

6.4 Praktische Realisierung und Anwendung der DFT und FFT

Sowohl die Fouriertransformation als auch die Diskrete Fouriertransformation und Fast Fouriertransformation arbeiten im komplexen Zahlenbereich. Dies bedeutet, dass sowohl das Zeitsignal, als auch der Frequenzbereich aufgespaltet in Real- und Imanginärteil vorliegen. Ein gewöhnliches Zeitsignal liegt aber als rein reelles Signal vor, d.h. der Imagnärteil ist zu jedem Zeitpunkt immer Null. Somit ist dieser bei der Anwendung der Fouriertransformation als auch bei den numerischen Abwandlungen DFT und FFT auf Null zu setzen.

Auch jede praktische Realisierung einer DFT bzw. FFT sowie IDFT und IFFT weist zwei Eingangssignale auf (Abb. 6.7.). Die Eingangssignale liegen in Form von Realteil- und Imäginärteiltabellen vor und entsprechen dem abgetasteten Zeit- bzw. Frequenzbereich. Nachdem ein gewöhnliches Zeitsignal nur als reell abgetasteter Signalausschnitt mit N Punkten vorliegt, ist der entsprechende imäginäre Zeitbereich an jeder Stelle der N Punkte auf Null zu setzen. D.h. die Tabelle für den imäginären Zeitsignalbereich ist mit Nullen vor zu belegen. Bei der Rücktransformation erhält man wieder nur Nullen für den imäginären Zeitsignalbereich unter der Voraussetzung, dass der Frequenzbereich für den Realteil spiegelsymmetrisch und für den Imaginärteil punkt-zu-punktsymmetrisch zur halben Abtastfrequenz vorliegt. Eine Verletzung dieser Symmetrien im Frequenzbereich führt zu einem komplexen Zeitsignal. D.h. in diesem Fall erhält man auch ein Ausgangssignal am Imäginärausgang im Zeitbereich.

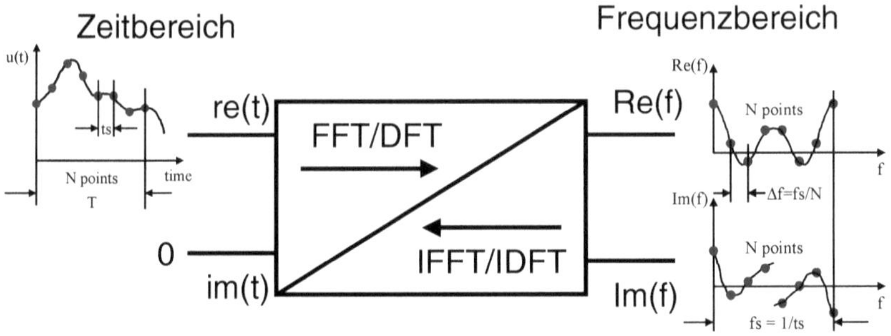

Abb. 6.7. Praktische Realisierung einer DFT/IDFT und FFT/IFFT.

6.5 Die Diskrete Cosinustransformation (DCT)

Die Diskrete Fouriertransformation und damit als deren Sonderfall auch die Fast Fouriertransformation ist eine Cosinus-Sinus-Transformation, wie man schon an deren Formel erkennen kann; man versucht einen Zeitsignalabschnitt durch Überlagerung vieler Cosinus- und Sinussignale unterschiedlicher Frequenz und Amplitude zusammenzusetzen. Ähnliches kann man jedoch auch erreichen, wenn man nur Cosinussignale oder nur Sinussignale verwendet.

Man spricht dann von einer Diskreten Cosinustransformation (DCT) (Abb. 6.8.) oder einer Diskreten Sinustransformation (DST) (Abb. 6.9.).

Die Summe der notwendigen Einzelsignale bleibt hierbei gegenüber der DFT gleich, nur sind nun doppelt so viele Cosinussignale oder Sinussignale notwendig. Auch sind nun nicht nur ganzzahlige, sondern auch halbzahlige Vielfache der Grundwelle notwendig. Speziell die Diskrete Cosinustransformation (Abb. 6.8.) hat für die Video- und Audiokomprimierung eine große Bedeutung erlangt.

$$F_k = \sum_{z=0}^{N-1} f_z \cos\left(\frac{\pi k (z + \frac{1}{2})}{N}\right);$$

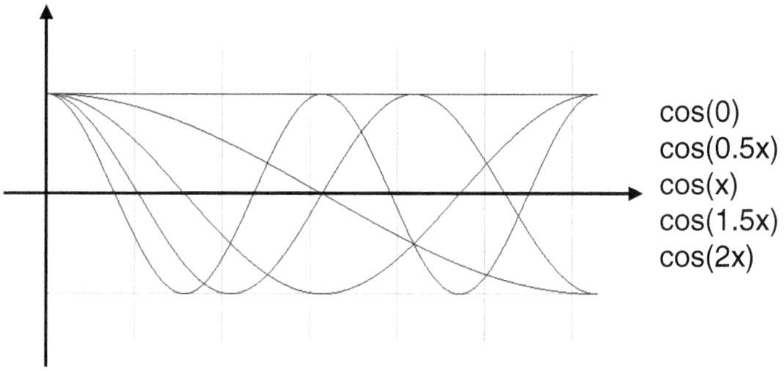

Abb. 6.8. Diskrete Cosinustransformation

$$F_k = \sum_{z=0}^{N-1} f_z \sin\left(\frac{\pi z k}{N}\right);$$

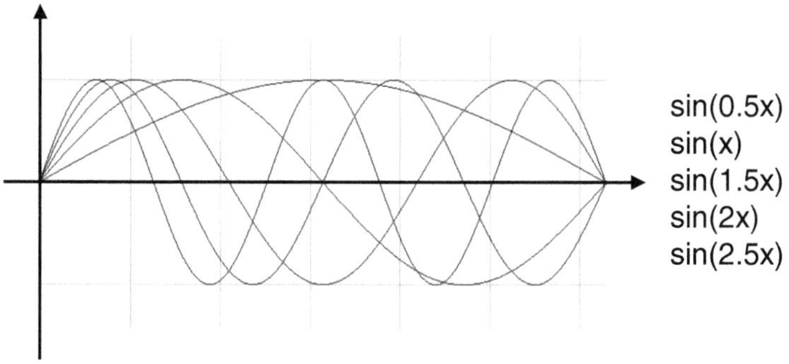

Abb. 6.9. Diskrete Sinustransformation

Die DCT liefert uns im Frequenzbereich die Amplituden der Cosinussignale, aus denen man den analysierten Zeitabschnitt zusammensetzen kann. Der „nullte“ Koeffizient entspricht dem Gleichspannungsanteil des Signalabschnitts. Alle anderen Koeffizienten beschreiben zunächst die tieffrequenten, dann die mittelfrequenten, dann die höherfrequenten Signalbestandteile, bzw. die Amplituden der Cosinusfunktionen, aus denen man den Zeitsignalabschnitt durch deren Überlagerung erzeugen kann. Die DCT reagiert relativ „gutmütig“ an den Rändern des ausgeschnittenen Signalabschnittes und führt zu geringeren „Stoßstellen“, wenn man ein Signal abschnittsweise transformiert und rücktransformiert. Dies dürfte der Grund sein, warum die DCT im Bereich der Komprimierung eine so große Bedeutung erlangt haben dürfte. Die DCT ist der Kernalgorithmus der JPEG- und MPEG-Bildkomprimierung (Digitale Fotographie und Video). Ein Bild wird hier blockweise zweidimensional in den Frequenzbereich transformiert und Block für Block datenkomprimiert. Hierbei ist es besonders wichtig, dass man die Blockränder nach der Dekomprimierung im Bild nicht erkennen kann (keine Stoßstellen an den Rändern).

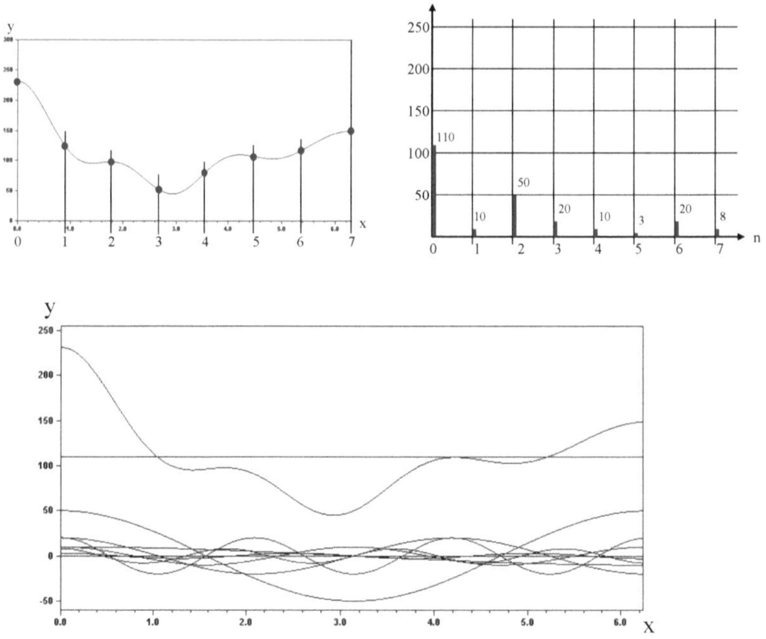

y(x)=110+10cos(0.5x)+50cos(x)+20cos(1.5x)+10cos(2x)+3cos(2.5x)+20cos(3x)+8cos(3.5x);

Abb. 6.10. DCT und IDCT

Die Diskrete Cosinustransformation (DCT) liefert uns die Koeffizienten im Frequenzbereich nicht paarweise, also nicht getrennt nach Realteil und Imaginärteil. Man erhält keine Information über die Phase, nur Information über die Amplitude. Auch entspricht der Amplitudenverlauf nicht direkt dem Ergebnis der DFT. Für viele Applikationen genügt diese Art der Frequenztransformation, die ebenfalls vorwärts wie rückwärts (Inverse Diskrete Cosinustransformation, IDCT) möglich (Abb. 6.10.) ist.

Grundsätzlich gibt es natürlich auch eine diskrete Sinustransformation (Abb. 6.9.), die ein beliebiges Zeitsignal durch Überlagerung von reinen Sinussignalen nachzubilden versucht. Die DST wird mittlerweile bei HEVC bei der Intra-Codierung verwendet.

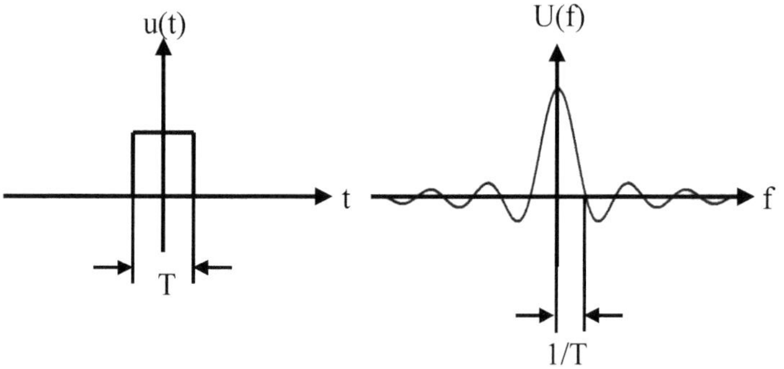

Abb. 6.11. Fouriertransformierte eines Rechteckimpulses

6.6 Signale im Zeitbereich und deren Transformierte im Frequenzbereich

Im folgenden sollen nun einige wichtige Zeitsignale und deren Transformierte im Frequenzbereich diskutiert werden. Diese Betrachtungen sollen dazu dienen, ein Gefühl für die Beurteilung der Ergebnisse der Fast Fourier Transformation zu bekommen.

Beginnen wir mit einem periodischen Rechtecksignal (Abb. 6.12.): da es ein periodisches Signal ist, weist es diskrete Linien im Frequenzspektrum auf; alle diskreten Spektrallinien des Recktecksignals liegen auf Vielfachen der Grundschwingung des Rechtecksignals. Die Hauptenergie wird in der Grundwelle selber zu finden sein. Wenn ein Gleichspannungsanteil vorhanden ist, so wird dieser eine Spektrallinie bei der Frequenz Null zur Folge haben (Abb. 6.14.). Die Spektrallinien der Grundwelle und der Oberwellen haben als Einhüllende die sin(x)/x-Funktion.

Lässt man nun die Periodendauer T des Recktecksignals gegen Unendlich laufen, so rücken die diskreten Spektrallinien immer näher zusammen, bis sich ein kontinuierliches Spektrum eines Einzelimpulses ergibt (Abb. 6.11.).

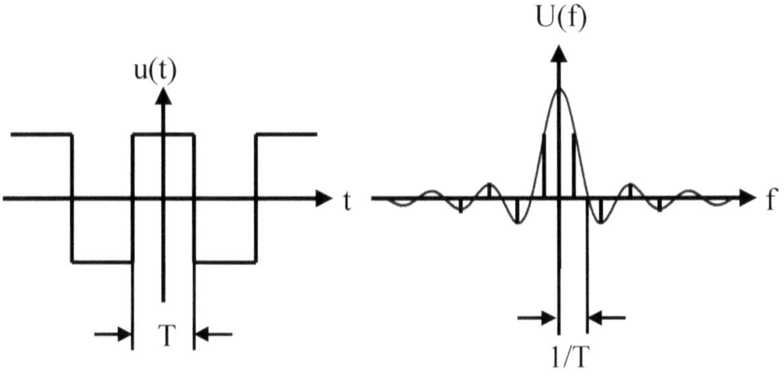

Abb. 6.12. Fouriertransformierte eines periodischen Rechtecksignals

Das Spektrum eines einzelnen Rechteckimpulses ist eine sin(x)/x-Funktion. Lässt man nun die Pulsbreite T immer kleiner werden und gegen Null laufen, so laufen alle Nullstellen der sin(x)/x-Funktion ins Unendliche. Im Zeitbereich erhält man einen unendlich kurzen Impuls, einen sogenannten Dirac-Impuls, dessen Fouriertransformierte eine Gerade ist; d.h. die Energie ist von der Frequenz Null bis Unendlich gleich verteilt (Abb. 6.13.).

Umgekehrt entspricht eine einzelne Dirac-Nadel bei f=0 im Frequenzbereich einer Gleichspannung im Zeitbereich.

Eine Dirac-Impulsfolge von Impulsen im Abstand T zueinander hat wieder ein diskretes Spektrum von Dirac-Nadeln im Frequenzbereich im Abstand 1/T zur Folge (Abb. 6.15.). Wichtig ist die Dirac-Impulsfolge zur Betrachtung eines Abtastsignals. Eine Abtastung eines analogen Signals hat zur Folge, dass dieses Signal mit einer Dirac-Impulsfolge gefaltet ist.

Schließlich und endlich betrachten wir noch ein reines sinusförmiges Signal. Dessen Fouriertransformierte ist eine Dirac-Nadel bei der Frequenz der Sinusschwingung fs und –fs (Abb. 6.16.).

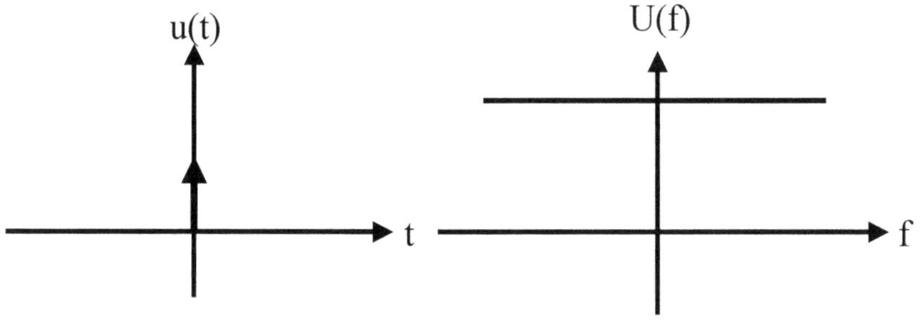

Abb. 6.13. Fouriertransformierte eines Dirac-Impulses

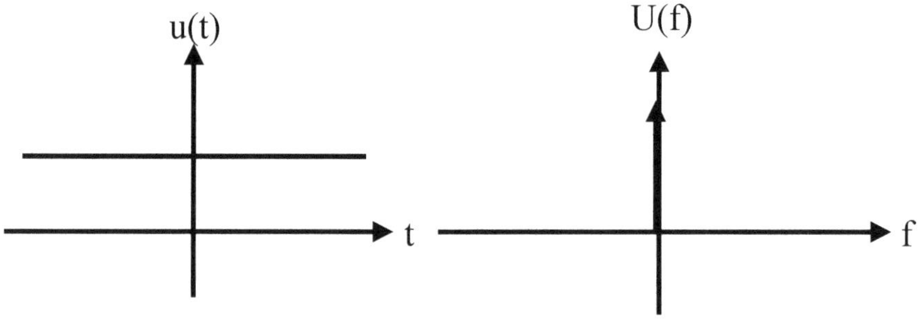

Abb. 6.14. Fouriertransformierte einer DC (Gleichspannung)

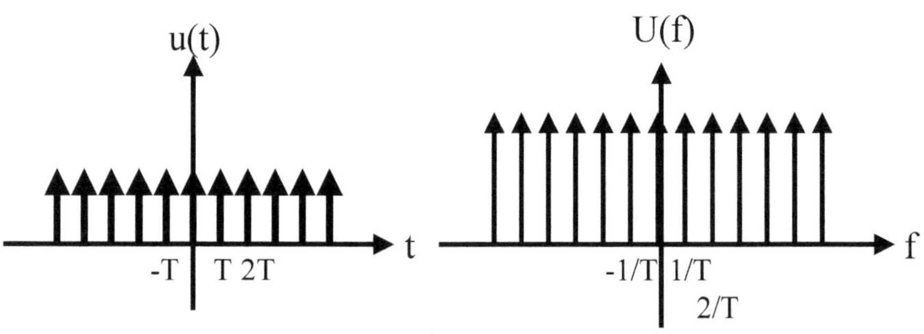

Abb. 6.15. Fouriertransformierte einer Diracimpulsfolge

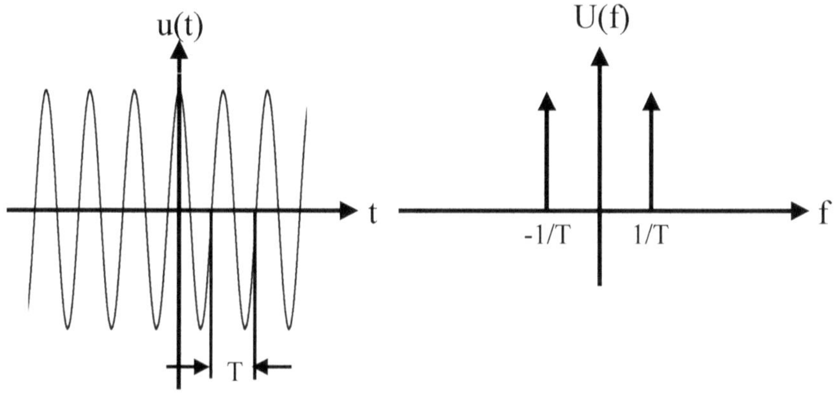

Abb. 6.16. Fouriertransformierte eines sinusförmigen Signals

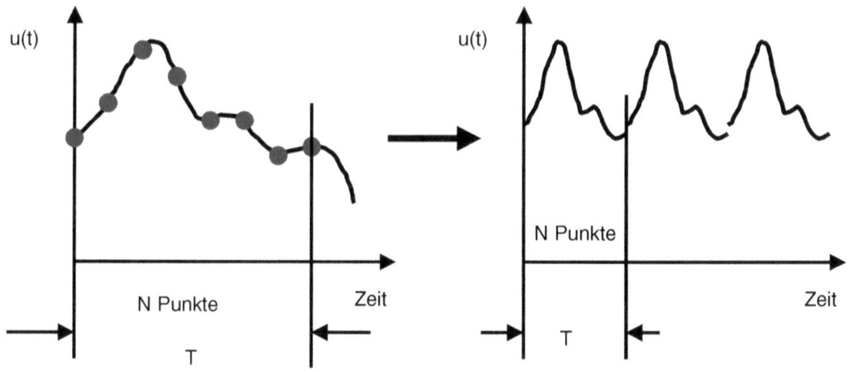

Abb. 6.17. Periodische Wiederholung eines Signalausschnittes durch die DFT und FFT

6.7 Systemfehler der DFT bzw. FFT und deren Vermeidung

Um exakt das Ergebnis der Fouriertransformation zu erhalten, müsste man ein Zeitsignal unendlich lang beobachten. Bei der Diskreten Fouriertransformation wird aber nur ein Signalausschnitt eine endliche Zeit lang betrachtet und transformiert. Somit wird das Ergebnis der DFT bzw. FFT immer von dem der Fouriertransformation abweichen. Wir haben gesehen, dass dieser analysierte Zeitabschnitt bei der DFT im Prinzip periodisiert wird. D.h. man muss das Resultat der DFT als Fouriertransformierte dieses periodisierten Zeitabschnitts betrachten.

Es liegt auf der Hand, dass das Transformationsergebnis natürlich stark von der Art und der Position des „Ausstanzvorganges", der sogenannten „Fensterung" abhängt. Am besten kann man sich dies anhand der DFT eines sinusförmigen Signals vorstellen. Entnimmt man genau eine Probe aus dem sinusförmigen Signal, so dass diese eine Vielfache n=1, 2, 3 usw. der Periodendauer lang ist, so wird das Ergebnis der DFT genau mit dem der Fouriertransformation übereinstimmen, denn eine Periodisierung dieses Zeitabschnittes wird wieder ein exakt sinusförmiges Signal zur Folge haben.

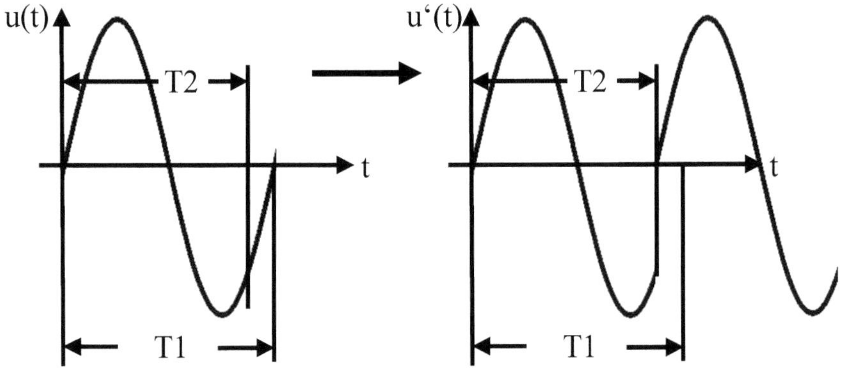

Abb. 6.18. Rechteckförmige Fensterung eines sinusförmigen Signals

Weicht jedoch die Länge des Ausstanzfensters (Abb. 6.18.) von der Periodendauer ab, so wird das Transformationsergebnis abhängig von der Anzahl der erfassten Schwingungen mehr oder weniger vom Erwartungswert abweichen. Am schlimmsten wird sich eine Abtastung von weniger als einer Grundwelle auswirken. Aus einer Dirac-Nadel wird eine breitere „Keule" z. T. mit „Nebenkeulen" werden. Die Amplitude der Hauptkeule wird mehr oder weniger mit dem Erwartungswert übereinstimmen. Lässt man die Beobachtungszeit konstant und verändert die Frequenz des Signales, so wird die Amplitude der Spektrallinie schwanken, sie wird immer dann mit dem Erwartungswert übereinstimmen, wenn genau ein Vielfaches der Periodendauer im Beobachtungsfenster liegt; sie wird dazwischen kleiner werden und immer wieder den exakten Wert annehmen.

Man nennt dies den sogenannten „Lattenzauneffekt" (Abb. 6.19.).

Das Schwanken der Amplitude der Spektrallinie wird verursacht durch ein Verschmieren der Energie durch Verbreiterung der Hauptkeule und durch Auftauchen von Nebenkeulen (Abb. 6.20.).

Zusätzlich können Aliasing-Produkte auftauchen, wenn das Mess-Signal nicht ordentlich bandbegrenzt wird; außerdem ist das sogenannte Quantisierungsrauschen sichtbar; es wird uns den Dynamikbereich begrenzen.

Diese Systemfehler können vermieden bzw. unterdrückt werden durch eine entsprechend lange Beobachtungszeit, durch eine entsprechend gute Unterdrückung von Alias-Produkten und durch AD-Wandler mit entsprechend hoher Auflösung. Im nächsten Kapitel werden wir die „Fensterung" als weiteres Hilfsmittel zur DFT-Systemfehlerunterdrückung kennen lernen.

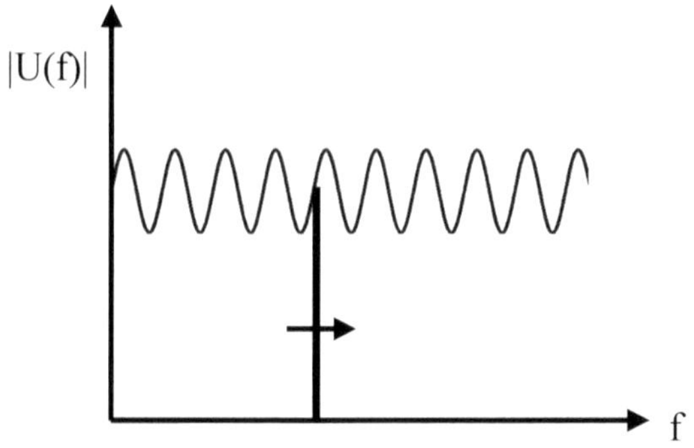

Abb. 6.19. Lattenzauneffekt

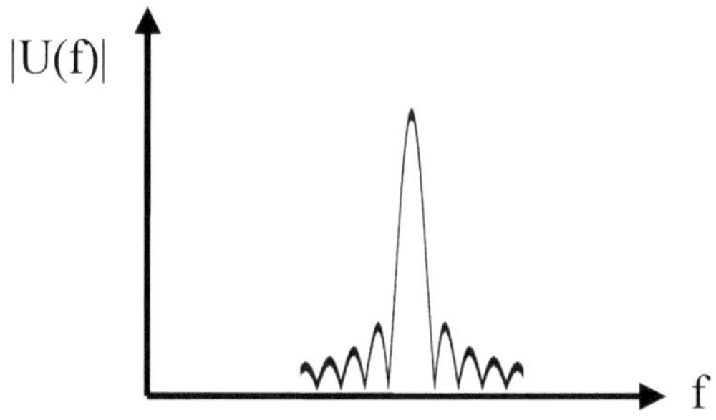

Abb. 6.20. Verschmierung der Energie auf Haupt- und Nebenkeulen

6.8 Fensterfunktionen

Im letzten Abschnitt wurde gezeigt, dass aufgrund des scharfen „Ausstanzens“ Störeffekte, sogenannte Leckeffekte (Leakage) als Lattenzauneffekt, sowie Nebenkeulen auftreten. Die Hauptkeule wird verschmiert, abhängig davon ob ein Vielfaches der Periodendauer abgetastet wurde oder nicht.

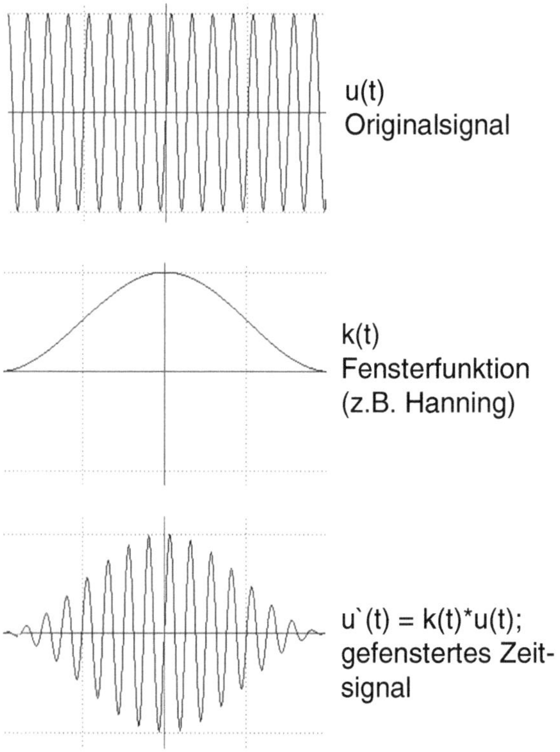

Abb. 6.21. Multiplizieren eines Signals mit einer Fensterfunktion

Diese Leckeffekte kann man vermindern, wenn man das Originalsignal nicht hart rechteckförmig, sondern weich mit Hilfe von Fensterfunktionen ausschneidet.

Anhand Abb. 6.21. erkennt man, dass bei der Fensterung das Originalsignal mit der Fensterfunktion k(t) bewertet, d.h. multipliziert wird. Das Signal wird weich zum Rand hin ausgeschnitten. Die dargestellte Fensterfunktion ist die Hanning-Fensterfunktion - ein einfaches Cosinusquadrat-Fenster. Das Hanningfenster ist das gebräuchlichste Fenster. Die Nebenkeulen werden stärker gedämpft, der Lattenzauneffekt verringert.

Nun gibt es in der Praxis eine Reihe von gebräuchlichen Fenstern.
Beispiele hierfür sind:

- Rechteckfenster
- Hanningfenster
- Hammingfenster
- Dreiecksfenster
- Tukey-Fenster
- Kaiser-Bessel-Fenster
- Gauß-Fenster
- Blackman-Fenster.

Abhängig vom gewählten Fenster werden die Hauptkeulen mehr oder weniger verbreitert und die Nebenkeulen mehr oder weniger gedämpft, sowie der Lattenzauneffekt mehr oder weniger vermindert. Rechteckfensterung heißt keine Fensterung bzw. maximal hartes Ausstanzen; das Hanning-Cosinus-Quadrat-Fenster wurde im Bild dargestellt. Bei den weiteren Fenstern sei auf die entsprechenden Literaturstellen verwiesen u.a. auch auf den Artikel [HARRIS].

Literatur: [COOLEY], [PRESS], [BRIGHAM], [HARRIS], [FISCHER1], [GIROD], [KUEFPF], [BRONSTEIN]

7 Videocodierung (MPEG-2, MPEG-4/AVC, HEVC)

Digitale unkomprimierte Videosignale weisen eine Datenrate von 270 Mbit/s (SDTV) oder 1.5 Gbit/s (HDTV), 3 Gbit/s (HDTV) bis hin zu 12 Gbit/s (UHDTV) auf. Die Datenrate dieser Signale ist jedoch viel zu groß, um sie effizient speichern oder übertragen zu können. Die Videosignale müssen hierzu mittels einer sog. „Wahrnehmungscodierung" (engl. Perceptual Coding) komprimiert, d.h. datenreduziert werden. Man nennt diesen Prozess Quellcodierung. Bei der digitalen TV-Übertragung ist dies eine der Aufgaben des sog. Headends; solche Vorgänge finden jedoch auch schon teilweise bei der Aufzeichnung von Videosignalen statt (Reportagekamera, Heimvideokamera, Mobiltelefon, ...). Nach der Quellcodierung liegt die Videodatenrate dann üblicherweise im Bereich zwischen 1 ... 15 Mbit/s; das Ergebnis ist allerdings abhängig vom verwendeten Algorithmus (MPEG-1-Video, MPEG-2-Video, MPEG-4-AVC/H.264 oder MPEG-H/H.265/HEVC), dem Video-Codec und von der gewünschten Bildqualität (SDTV, HDTV, UHDTV, usw.). Es erfolgt hierbei eine Redundanzreduktion und Irrelevanzreduktion, der Kompressionsfaktor ist sehr hoch und liegt im Bereich von deutlich größer als Eins zu Hundert. In diesem Kapitel werden die Grundlagen der Bewegtbildcodierung und die Besonderheiten der Videocodierstandards MPEG-2-Video (H.262), MPEG-4-Teil 10/AVC (H.264) und MPEG-H-Teil 2/HEVC (H.265) erläutert.

7.1 Videokomprimierung

Um Daten zu komprimieren, kann man redundante oder irrelevante Information aus dem Datenstrom entfernen. Redundanz heißt Überfluss, Irrelevanz bedeutet unnötig. Überflüssige Information ist Information, die entweder mehrfach im Datenstrom enthalten ist, oder Information die keinerlei Informationsgehalt hat oder einfach Information, die man problemlos durch Rechenvorgänge auf der Empfangsseite verlustfrei zurückgewinnen kann. Redundanzreduktion kann z.B. über eine Lauflängencodierung erreicht werden. Anstelle einer Übertragung von 10 Nullen kann man bei der Übertragung durch einen speziellen Code auch einfach die Information 10 mal 0 versenden, was wesentlich kürzer ist.

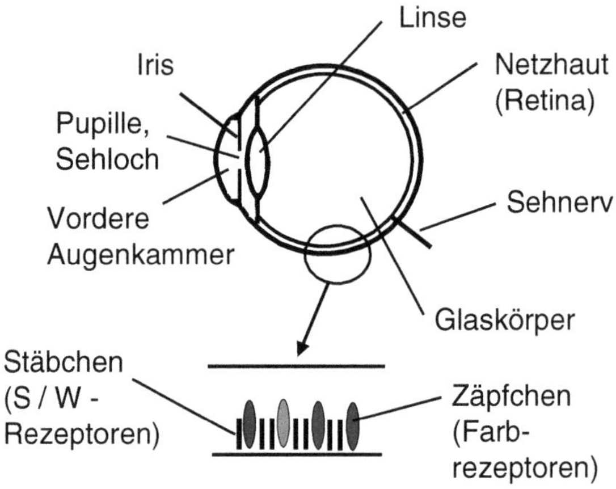

Abb. 7.1. Anatomie des menschlichen Auges

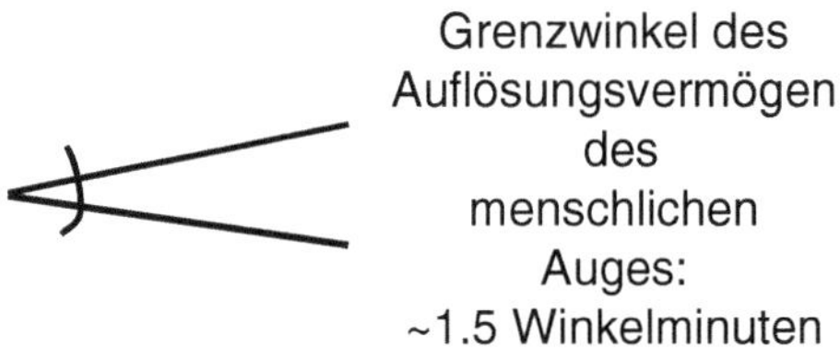

Abb. 7.2. Grenzwinkel des Auflösungsvermögens des menschlichen Auges

Auch das Morsealphabet stellt gewissermaßen eine Redundanzreduktion dar. Häufig benutzte Buchstaben werden durch kurze Codesequenzen dargestellt, weniger häufig verwendete Buchstaben durch längere Codesequenzen repräsentiert. In der Datentechnik spricht man hier von Huffmann-Codierung bzw. Variable Length Coding.

Irrelevante Information ist Information, die z.B. die menschlichen Sinne nicht wahrnehmen. Im Videosignal sind dies Bestandteile, die das menschliche Auge aufgrund seiner Anatomie (Abb. 7.1.) nicht wahrnehmen kann. Das menschliche Auge hat deutlich weniger Farbrezeptoren als Erfassungszellen für Helligkeitsinformation. Man kann also deswegen die "Schärfe in der Farbe" zurücknehmen, was eine Bandbreitenreduktion in der Farbinformation bedeutet. Die Rezeptoren für das Schwarz/Weiß-Sehen nennt man Stäbchen, die Rezeptoren für das Farbsehen Zäpfchen. Beide Arten befinden sich auf der Netzhaut (Retina) hinter dem Glaskörper. Die Linse fokussiert das Bild und bildet es scharf auf der Netzhaut ab. Die Stäbchen sind v.a. auch für das Nachtsehen da und deutlich empfindlicher und eben auch häufiger vorhanden. Der Grenzwinkel der Wahrnehmbarkeit von Strukturen hat beim menschlichen Auge mit der Anzahl der Stäbchen zu tun und liegt bei etwa 1.5 Winkelminuten (Abb. 7.2.).

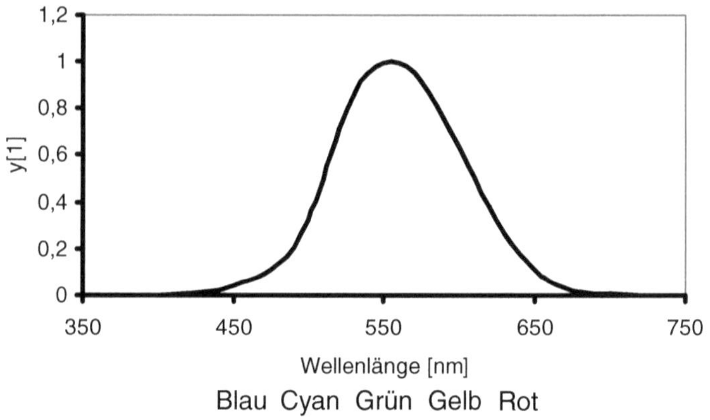

Abb. 7.3. Helligkeitsempfindlichkeit des menschlichen Auges

Von den Zäpfchen gibt es rot-, grün- und blauempfindliche Arten. Beim menschlichen Auge ist das Grün-Empfinden deutlich stärker ausgeprägt, als das Blau- und Rot-Empfinden. Und das Rot-Empfinden ist stärker als das Blau-Empfinden. Dies drückt sich auch aus in der Matrizierungsformel für die Bildung des Luminanz-Signals:

$$Y = 0.30 \cdot R + 0.59 \cdot G + 0.11 \cdot B ;$$

Auch ist bekannt, dass wir feine Bildstrukturen, also z.B. dünne Striche anders - ungenauer wahrnehmen als grobe Bildstrukturen. Dies kann man durch Wahrnehmungstest recht anschaulich zeigen (Abb. 7.4.). Variiert man z.B. die Größe eines Punktes und dessen Helligkeit auf einem Hintergrund, dessen Farbe ebenso variierbar ist, so kann man verdeutlichen, dass das menschliche Auge einen kleinen Punkt, der sich nur noch geringfügig vom Hintergrund unterscheidet, irgendwann gar nicht mehr erkennen kann. Genau hier setzen die Datenreduktionsverfahren gemäß JPEG und MPEG hauptsächlich an. Grobe Strukturen werden dort mit deutlich größerer Genauigkeit, also mit mehr Bit übertragen als feine Strukturen. Man nimmt eine Irrelevanzreduktion vor, man macht eine sog. Wahrnehmungscodierung. Irrelevanzreduktion bedeutet aber immer Informationsverlust und zwar irreparabel. In der üblichen Datentechnik kommt deshalb nur Redundanzreduktion in Frage, z. B. bei den bekannten ZIP-Files.

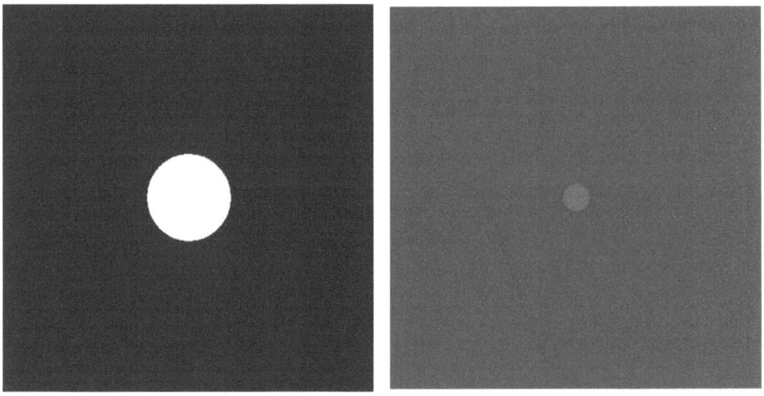

Abb. 7.4. Wahrnehmungstest von groben und feinen Bildstrukturen

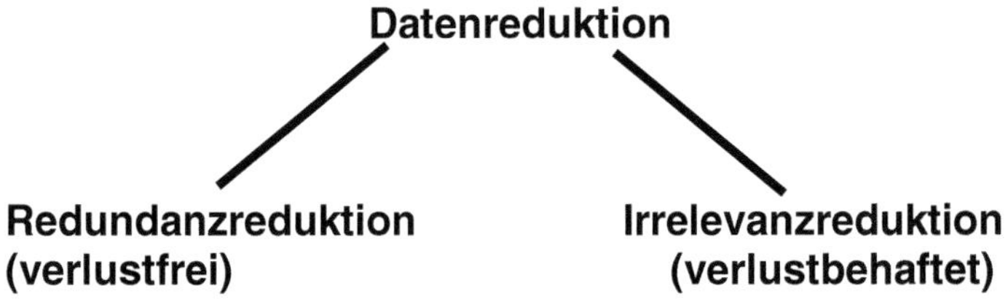

Bei MPEG werden folgende Schritte durchgeführt, um eine Datenreduktion bis zu einem Faktor von etwa 130 zu erreichen:

- 8 Bit Auflösung anstelle von 10 Bit (Irrelevanzreduktion)
- Weglassen der H- und V-Lücke (Redundanzreduktion)
- Reduktion der Farbauflösung auch in vertikaler Richtung (4:2:0) (Irrelevanzreduktion)
- Differenzpulscodemodulation von Bewegtbildern (Redundanzreduktion)
- Diskrete Cosinus-Transformation (DCT) mit nachfolgender Quantisierung (Irrelevanzreduktion)

- Zig-Zag-Scanning mit Lauflängencodierung (Redundanzreduktion)
- Huffmann-Codierung (Redundanzreduktion)

Wir betrachten zunächst die Komprimierung eines Standard Definition Video Signals (SDTV) nach einer TV-Kamera. Die Ausgangssignale Rot, Grün und Blau (RGB) werden zu Y, C_B und C_R matriziert. Es folgt dann eine Bandbegrenzung dieser Signale, sowie eine A/D-Wandlung. Gemäß ITU-BT.R601 erhält man ein Datensignal mit einer Datenrate von 270 Mbit/s. Die Farbauflösung ist gegenüber der Helligkeitsauflösung reduziert. Die Anzahl der Helligkeitsabtastwerte ist doppelt so groß wie die der C_B- und C_R-Werte; man spricht von einem 4:2:2-Signal (Abb. 7.6.). D. h. schon bei ITU-BT.R601 wurde eine Irrelevanzreduktion vorgenommen. Dieses hochdatenratige Signal von 270 Mbit/s muss nun im MPEG-Videocodierungsprozess auf etwa 2...7 Mbit/s komprimiert werden.

7.1.1 Zurücknahme der der Quantisierung von 10 auf 8 Bit

Beim analogen TV-Signal galt die Faustregel, dass, wenn ein Videosignal einen auf den Weißimpuls bezogenen und bewerteten Signal-Rauschabstand von mehr als 48 dB aufweist, der Rauschanteil für das menschliche Auge gerade nicht mehr wahrnehmbar ist. Das aufgrund von 8 Bit Auflösung verursachte Quantisierungsgeräusch ist bei entsprechender Aussteuerung des AD-Wandlers bereits deutlich unter der Wahrnehmungsgrenze, so dass außerhalb des Studiobereiches auf 10 Bit Auflösung bei Y, C_B und C_R verzichtet werden kann. Im Studiobereich bietet sich 10 Bit Auflösung wegen der leichteren und besseren Nachbearbeitbarkeit an. Eine Zurücknahme der Auflösung von 10 auf 8 Bit gegenüber ITU-BT.R601 bedeutet eine um 20% ((10-8)/10 = 2/10 = 20%) geringere Datenrate; dies ist aber eine Irrelevanzreduktion, d.h. das Signal ist bei der Decodierung auf der Empfangsseite nicht wieder im ursprünglichen Zustand zurückgewinnbar. Nach der Faustregel S/N [dB]=6•N ist nun das Quantisierungsgeräusch um 12 dB angestiegen.

7.1.2 Weglassen der H- und V-Lücke

In der Horizontal- und Vertikal-Austastlücke (Abb. 7.5.) eines digitalen Videosignals gemäß ITU-BT.R601 ist keinerlei relevante Information, auch kein Videotext enthalten. In diesem Bereich können Zusatzdaten, z.B.

Tonsignale enthalten sein, die aber gemäß MPEG eigens codiert übertragen werden. Man lässt deshalb den Bereich der H- und V-Lücke bei MPEG während der Übertragung komplett weg. Die H- und V-Lücke und alle darin enthaltenen Signale können problemlos auf der Empfangsseite wieder neu erzeugt werden.

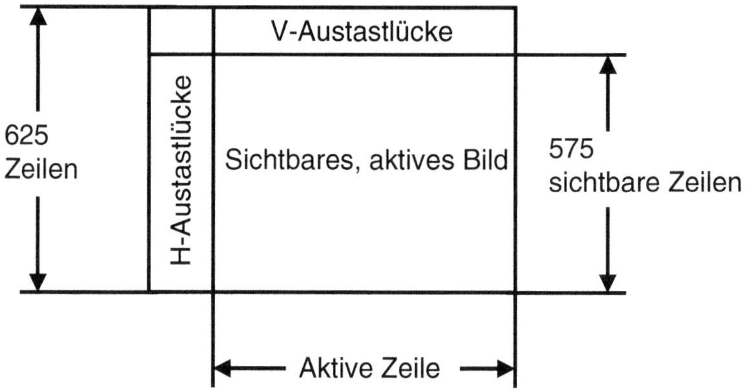

Abb. 7.5. Horizontale und vertikale Austastlücke

Ein PAL-Signal hat 625 Zeilen, davon sind 575 sichtbar. 50 geteilt durch 625 ergibt 8%, d.h. die Datenratenersparnis beim Weglassen der V-Lücke ergibt 8%. Die Zeilenlänge beträgt 64µs - der aktive Videobereich ist nur 52µs lang. 12µs geteilt durch 64 ergibt 19%. Man erspart sich weitere 19% Datenrate. Nachdem es eine Überlappung beider Spareffekte gibt, beträgt das Gesamtergebnis dieser Redundanzreduktion etwa 25%.

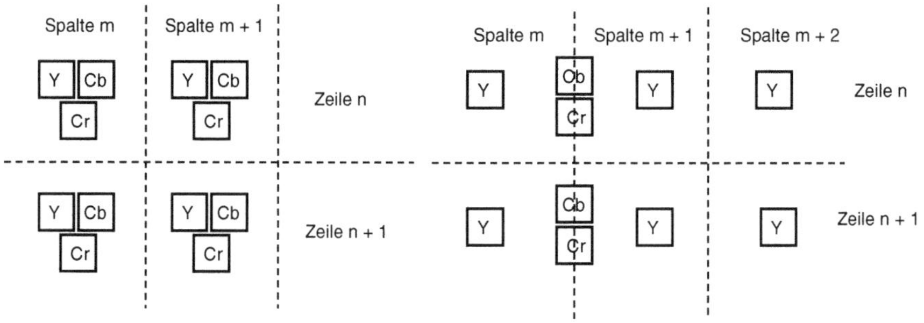

Abb. 7.6. 4.4.4- und 4:2:2-Auflösung

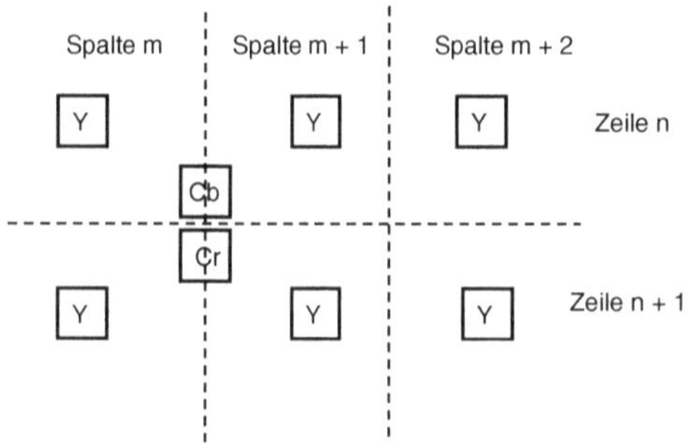

Abb. 7.7. 4:2:0-Auflösung

7.1.3 Reduktion der Farbauflösung auch in vertikaler Richtung (4:2:0)

Die beiden Farbdifferenzsignale C_B und C_R werden im Vergleich zum Luminanzsignal Y mit der halben Datenrate abgetastet. Dazu wurde auch die Bandbreite von C_B und C_R auf 2.75 MHz gegenüber der Luminanzbandbreite von 5.75 MHz begrenzt. Man spricht von einem 4:2:2-Signal (Abb. 7.6.). Dieses 4:2:2-Signal hat aber nur in horizontaler Richtung eine reduzierte Farbauflösung. Die vertikale Farbauflösung entspricht der vollen sich durch die Zeilenzahl ergebenden Auflösung.

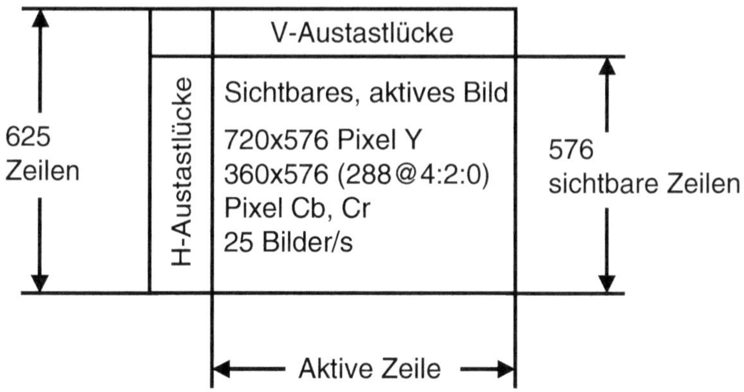

Abb. 7.8. Erste Datenreduktionen

Das menschliche Auge unterscheidet aber bezüglich der Farbauflösung nicht zwischen horizontal und vertikal. Man kann deshalb auch die Farbauflösung in vertikaler Richtung auf die Hälfte zurücknehmen, ohne dass es das Auge wahrnimmt. Dies wird bei MPEG-2 üblicherweise auch in einem der ersten Schritte getan. Man spricht dann von einem 4:2:0-Signal (Abb. 7.7.). Zu jeweils 4 Y-Pixeln ist nun nur noch je ein C_B- und ein C_R-Wert zugeordnet. Durch diese Art der Irrelevanzreduktion spart man exakt 25% Datenrate ein.

7.1.4 Weitere Schritte zur Datenreduktion

Als Bilanz der bisher durchgeführten Datenreduktion (Abb. 7.8) ist folgendes festzustellen: Beginnend mit einer ursprünglichen Datenrate des ITU-BT.R601-Signals von 270 Mbit/s wurde dieses Signal nun auf über die Hälfte, auf 124.5 Mbit/s komprimiert. Dies ergibt sich aus folgenden Maßnahmen:

- ITU-BT.R601 (unkomprimiert) 270 Mbit/s
- 8 Bit anstelle 10 Bit (-20%)
- H-Banking + V-Banking (ca. -25%)
- 4:2:0 (-25%)
- Datenrate nachher 124.5 Mbit/s

Zwischen den nun erreichten 124.5 Mbit/s und den geforderten 2...6 MBit/s mit Obergrenze 15 Mbit/s klafft aber noch eine große Lücke, die mit weiteren wesentlich aufwändigeren Schritten geschlossen werden muss.

7.1.5 Differenz-Plus-Code-Modulation von Bewegtbildern

Bewegte benachbarte Bilder unterscheiden sich meist nur sehr geringfügig voneinander. In bewegten Bildern findet man feststehende Bereiche, die sich von Bild zu Bild überhaupt nicht verändern; man findet Bereiche die nur die Lage ändern und findet Objekte, die vollkommen neu hinzukommen. Würde man jedes Bild immer wieder komplett übertragen, so überträgt man zum Teil die gleiche Information immer wieder. Dies ergibt eine sehr große Datenrate. Es liegt nun nahe, zwischen den oben genannten Bildbereichen zu unterscheiden und wirklich nur das Delta von einem zum anderen Bild zu übertragen. Angelehnt an ein Verfahren, das es schon lange gibt, nennt man diese Methode der Redundanzreduktion Differenz-Puls-Code-Modulation (DPCM).

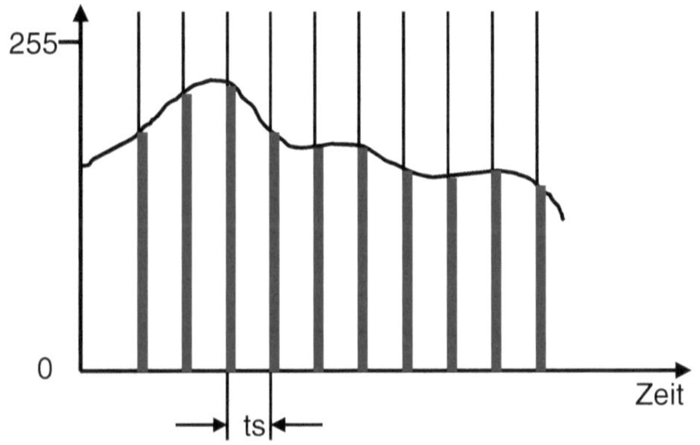

Abb. 7.9. Pulse Code Modulation

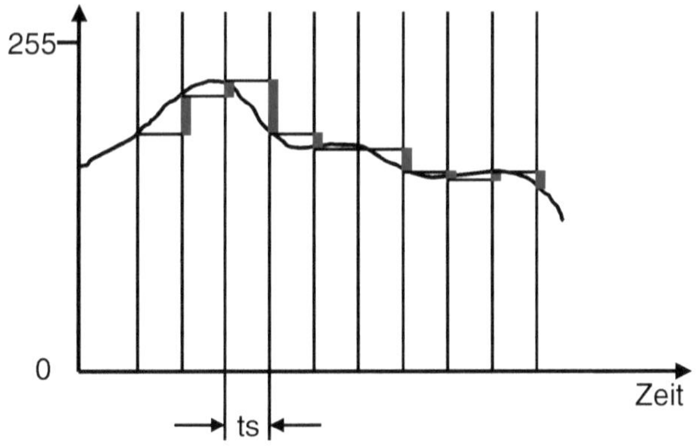

Abb. 7.10. Differenz-Puls-Code-Modulation

Was nun aber bedeutet Differenz-Puls-Code-Modulation? Wird ein zunächst kontinuierliches analoges Signal abgetastet und digitalisiert, so liegen dann diskrete, also nicht mehr kontinuierliche Werte im äquidistanten Zeitabstand vor (Abb. 7.9.). Diese Werte kann man als Impulse im äquidistanten Abstand repräsentieren. Diese Darstellung entspricht dann einer Puls-Code-Modulation. Jeder Impuls trägt in seiner Höhe in diskreter, nicht kontinuierlicher Form eine Information über den aktuellen Zustand des abgetasteten Signals zu genau diesem Zeitpunkt.

In der Realität sind die Unterschiede benachbarter Abtastwerte, also der PCM-Werte wegen der vorherigen Bandbegrenzung nicht sehr groß. Überträgt man nur die Differenz zwischen benachbarten Abtastwerten, so kann man Übertragungskapazität einsparen, die benötigte Datenrate geht zurück. Diese Idee ist relativ alt, man nennt diese Art der Puls-Code-Modulation nun Differenz-Puls-Code-Modulation (Abb. 7.10.).

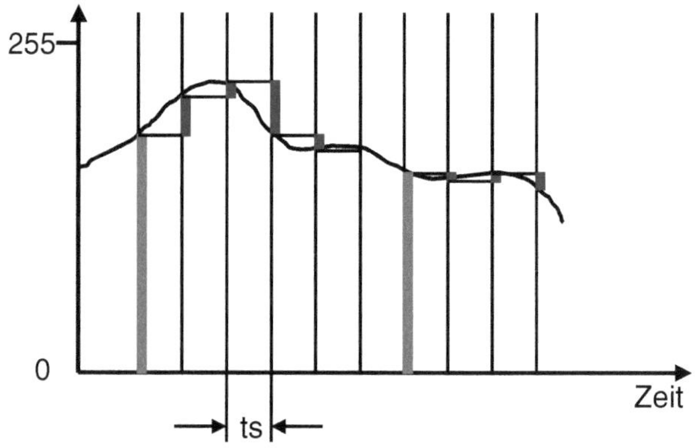

Abb. 7.11. Differenz-Puls-Code-Modulation mit Referenzwerten

Bei der üblichen DPCM hat man aber das Problem, dass es nach einem Einschaltvorgang oder nach Übertragungsfehlern sehr lange dauert, bis das demodulierte Zeitsignal wieder einigermaßen dem Originalsignal entspricht. Dieses Problem kann man durch einen kleinen Trick leicht beseitigen. Man überträgt einfach in einem regelmäßigen Abstand komplette Abtastwerte und dann einige Male Differenzen, dann wieder einen kompletten Abtastwert, usw. (Abb. 7.11.). Wir sind nun dem Verfahren der Differenz-Puls-Code-Modulation (DPCM) bei der Bildkomprimierung gemäß MPEG-1/-2 sehr nahe gekommen.

Bevor ein Bild auf feststehende und bewegte Bestandteile untersucht wird, wird es zunächst in zahlreiche Blöcke, in Quadrate von je 16 x 16 Luminanzpixeln bzw. 8 x 8 C_B- und C_R-Pixeln eingeteilt (Abb. 7.12.). Aufgrund der 4:2:0-Struktur liegen je 8 x 8 C_B und 8 x 8 C_R-Pixeln über einem 16 x 16 Luminanz-Pixel-Layer. Solch eine Anordnung nennt man nun Makroblock (siehe auch Abb. 7.24.). Ein einzelnes Bild besteht nun aus vielen Makroblöcken. Die horizontale und vertikale Pixelanzahl für Luminanz und Chrominanz ist dabei so gewählt, dass sie durch 16 und auch durch 8 teilbar ist (Y: 720 x 576 Pixel). Man überträgt nun in einem bestimmten Abstand immer wieder vollständige ohne Differenzbildung ermittelte Referenzbilder, sogenannte I-Bilder und dann dazwischen die Differenzbilder.

Abb. 7.12. Einteilen eines Bildes in Blöcke bzw. Makro-Blöcke

Die Differenzbildung erfolgt hierbei auf Makroblock-Ebene. D.h. man vergleicht immer den jeweiligen Makroblock eines nachfolgenden Bildes mit dem Makroblock des vorhergehenden Bildes. Genauer gesagt untersucht man zunächst, ob sich dieser aufgrund von Bewegung im Bild in irgend eine Richtung verschoben hat, sich überhaupt nicht geändert hat, sich geringfügig verändert hat, oder ob die in diesem Makroblock vorhandene Bildinformation komplett neu entstanden ist. Im Falle einer einfachen Verschiebung überträgt man nur einen sog. Bewegungsvektor. Zusätzlich zum Bewegungsvektor kann dann noch eine evtl. vorhandene Differenz zum vorhergehenden Makroblock gesendet werden. Hat sich der Makroblock weder verschoben, noch verändert, so braucht gar nichts übertragen zu werden. Ist keine Korrelation mit einem benachbarten vorhergehenden Makroblock bestimmbar, so wird der Makroblock komplett neu codiert. Solche durch einfache Vorwärts-Differenz-Bildung erzeugten Bilder nennt man P-Bilder (Predicted Pictures) (Abb. 7.13.).

Neben einfach vorwärts prädizierten Bildern gibt es jedoch auch beidseitig, also vorwärts- und rückwärts differenzgebildete Bilder, sog. B-Bilder (Bidirectional Predicted Pictures). Der Grund hierfür ist die dadurch mögliche deutlich niedrigere Datenrate in den B-Bildern gegenüber P- oder gar I-Bildern. Alle zwischen zwei I-Bildern, also Komplettbildern vorkommende Bilderanordnung nennt man Group of Pictures (kurz GOP) (Abb. 7.14.).

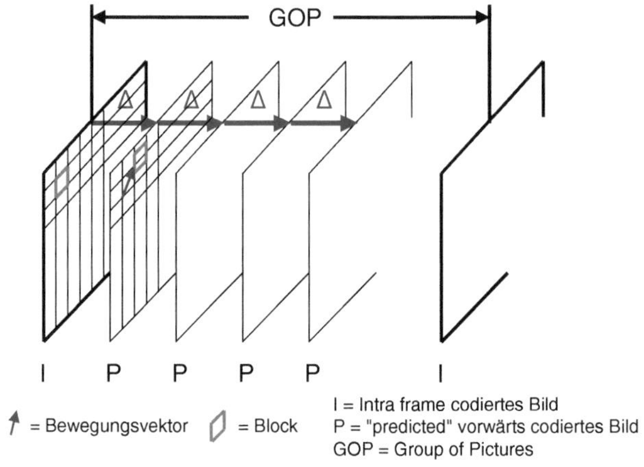

Abb. 7.13. Vorwärts codierte Differenzbilder

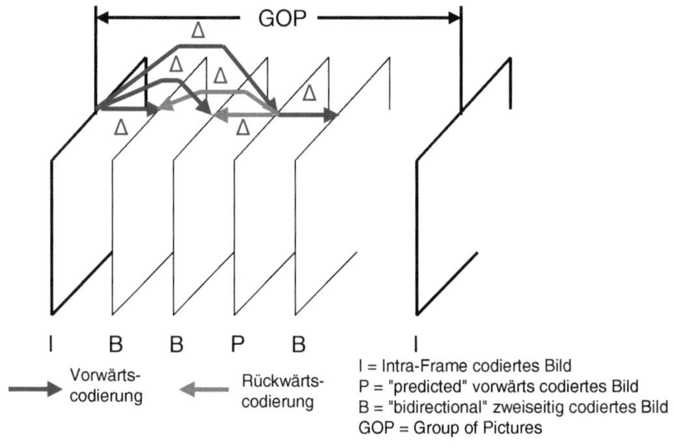

Abb. 7.14. Bidirektional codierte Differenzbilder

Die Bewegungsschätzung zur Gewinnung der Bewegungsvektoren läuft hierbei wie folgt ab. Ausgehend von einem zu codierenden Differenzbild sucht man im Bild davor (Vorwärts-Prädiktion P) und evtl. auch im Bild danach (Bidirektionale Prädiktion B) nach passenden Makro-Block-Informationen im Umfeld des zu codierenden Makro-Blocks (Abb. 7.15.).

Dies erfolgt nach dem Prinzip des Block-Matchings innerhalb eines bestimmten Suchbereiches um den Makroblock herum.

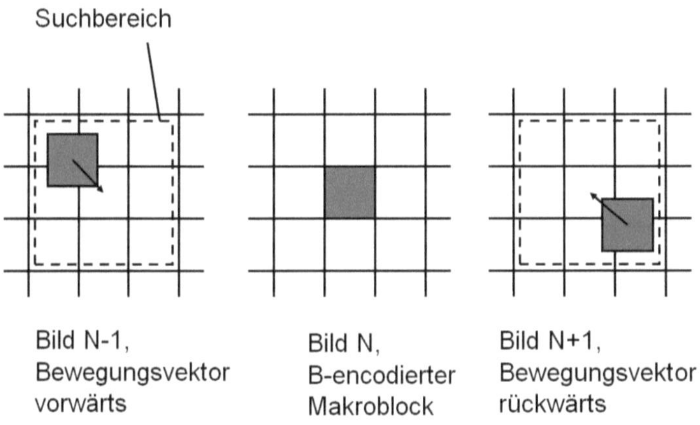

Abb. 7.15. Bewegungsschätzung und Bewegungsvektoren

Ist ein gut passender Block davor und bei bidirektionaler Codierung auch dahinter gefunden, dann werden die Bewegungsvektoren vorwärts und rückwärts ermittelt und übertragen. Zusätzlich kann ein evtl. notwendiges zusätzliches Block-Delta mit übertragen werden und zwar vorwärts und rückwärts. Das Block-Delta wird aber eigens gemäß dem im nachfolgenden Kapitel beschriebenen Verfahren der DCT mit Quantisierung besonders speichersparend codiert.

Eine Group of Pictures (GOP) besteht nun also aus einer bestimmten Anzahl und aus einer bestimmten Struktur von zwischen zwei I-Bildern angeordneten B- und P-Bildern. Üblicherweise ist eine GOP 12 Bilder lang und entspricht der Reihenfolge I, B, B, P, B, B, P,... Die B-Bilder sind also zwischen I- und P-Bildern eingebettet. Bevor man auf der Empfangsseite jedoch ein B-Bild - dekodieren kann, braucht man unbedingt die Information der vorhergehenden I und P-Bilder, als auch die Information des jeweils nachfolgenden I- oder P-Bildes. Die GOP-Struktur kann aber gemäß MPEG variabel gestaltet sein. Um nun nicht unendlich Speicherplatz auf der Empfangsseite vorhalten zu müssen, muss bei der Übertragung die GOP-Struktur so geändert werden, dass die jeweilige Rückwärtsprädiktions-Information schon vor den eigentlichen B-Bildern vorhanden ist. Man überträgt deshalb die Bilder in einer Reihenfolge, die nicht mehr der Originalreihenfolge entspricht.

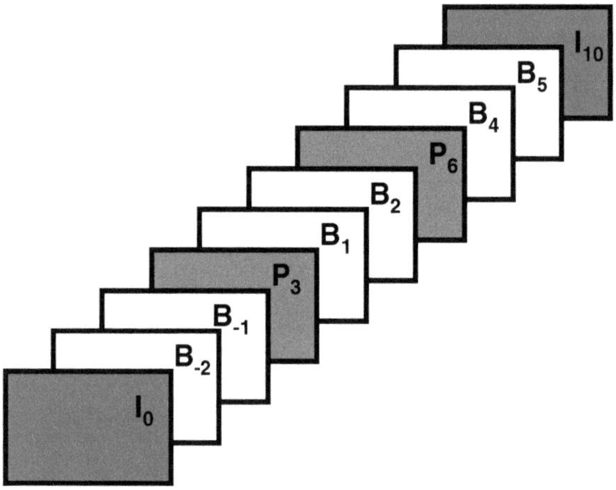

Abb. 7.16. Reihenfolge bei der Bilderübertragung

Anstelle der Reihenfolge I_0, B_1, B_2, P_3, B_4, B_5, P_6, B_7, B_8, P_9, wird nun üblicherweise in der folgenden Bildreihenfolge ausgestrahlt. I_0, B_{-2}, B_{-1}, P_3, B_1, B_2, P_6, B_4, B_5, P_9, usw. (Abb. 7.16.). D.h. es liegen nun die den B-Bildern nachfolgenden P- oder I-Bilder auf der Empfangsseite vor, bevor die entsprechenden B-Bilder empfangen werden und decodiert werden können. Der auf der Empfangsseite vorzuhaltende Speicherbedarf ist nun kalkulierbar und limitiert. Um die Originalreihenfolge wieder herstellen zu können, müssen in irgend einer Weise die Bildnummern codiert übertragen werden. Hierzu dienen u.a. die DTS-Werte, die Decoding Time Stamps, die im PES-Header enthalten sind (siehe Kapitel 3 - MPEG-Datenstrom).

Im Bereich des Rundfunks wird mit sog. kurzen GOP's („short GOP") von typischerweise 12 Bildern Länge (ca. 0.5 s) gearbeitet, damit der Umschaltvorgang von einem zum anderen Programm („Zappen") nicht zu lange dauert. Außerdem liefern die Echtzeit-Encoder meist sog. „open GOP's", bei denen die ersten B-Bilder einer GOP zur davorliegenden GOP gehören. Erst mit dem I-Bild starten dann die Bilder der eigentlichen Group of Pictures. Auf Speichermedien (DVD, Blu Ray, Festplatte) findet man meist „long GOP's". Software-Encoder verwenden oft „closed GOP's", bei der alle Bilder ausschließlich zu dieser GOP gehören.

7.1.6 Diskrete Cosinustransformation mit nachfolgender Quantisierung

Schon seit Ende der 1980er-Jahre wird ein Verfahren zur Standbildkomprimierung sehr erfolgreich eingesetzt: das JPEG-Verfahren, das mittlerweile sehr erfolgreich auch bei digitalen Fotoapparaten Anwendung findet - bei hervorragender Bildqualität. JPEG steht für Joint Photographics Experts Group, also Expertengruppe zur Standbildcodierung. Der bei JPEG angewendete Basis-Algorithmus ist die Diskrete Cosinus-Transformation (Abb. 7.17.), kurz DCT genannt. Diese DCT bildet gewissermaßen auch den Kernalgorithmus des MPEG-Videocodierungsverfahrens.

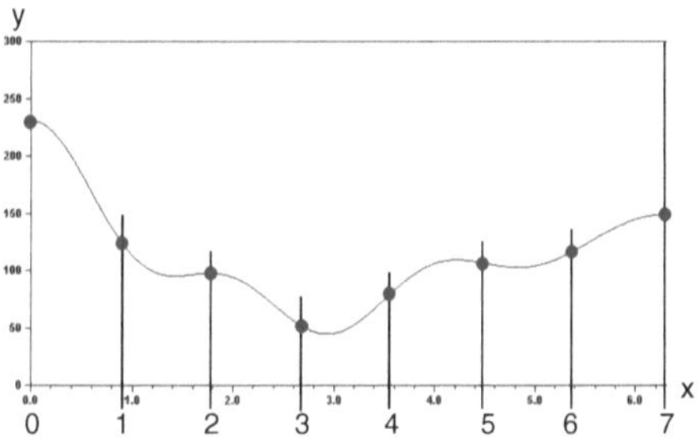

DCT ↓ IDCT ↑

$$F_k = \sum_{z=0}^{N-1} f_z \cos\left(\frac{\pi k (z+\frac{1}{2})}{N}\right);$$

$$f_z = \frac{2}{N}\sum_{k=0}^{N-1} F_k \cos\left(\frac{\pi k (z+\frac{1}{2})}{N}\right);$$

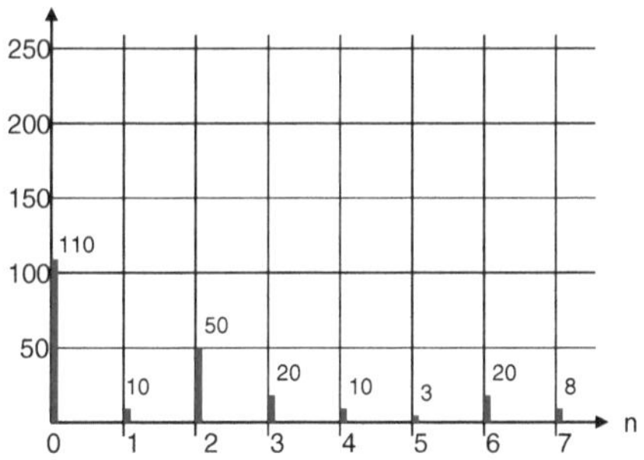

Abb. 7.17. Eindimensionale Diskrete Cosinustransformation

Das menschliche Auge nimmt feine Bildstrukturen anders wahr als grobe Bildstrukturen. Schon bei der analogen Videomesstechnik war bekannt, dass tieffrequente Bildstörungen, also Bildstörungen, die groben Bildstrukturen entsprechen, oder diese stören, eher wahrgenommen werden, als hochfrequente Bildstörungen, d.h. Störungen, die feinen Bildstrukturen entsprechen oder diese stören.

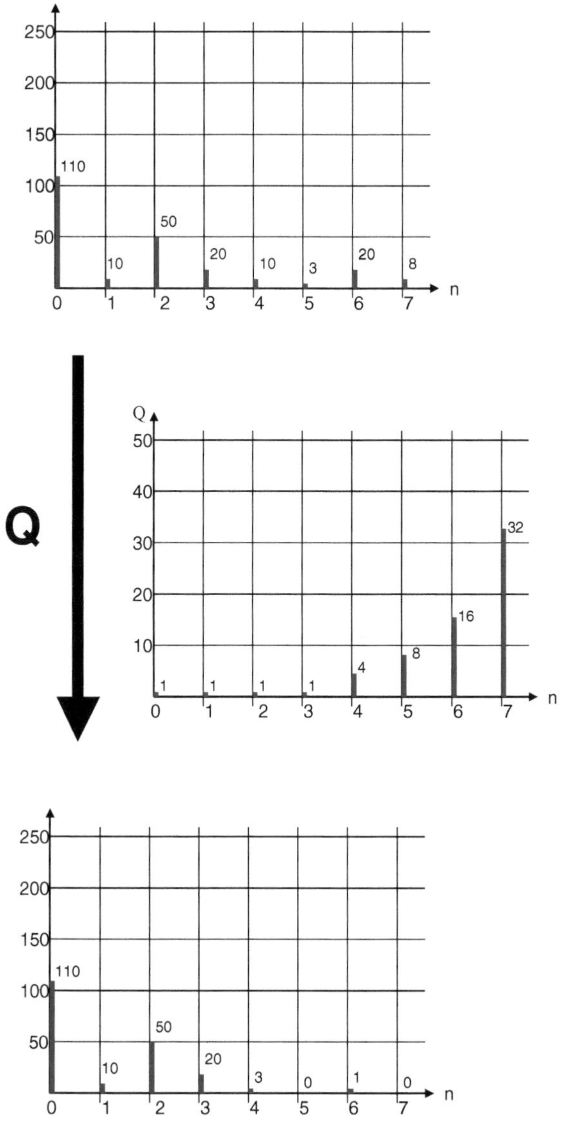

Abb. 7.18. Quantisierung der DCT-Koeffizienten

Deshalb hat man schon seit den Anfängen der Videomesstechnik den Signal/Rauschabstand „bewertet“ erfasst, also ihn bezogen auf die Augenempfindlichkeit gemessen. In Richtung höhere Bildfrequenzanteile, also in Richtung feinere Bildstrukturen konnte man sich deutlich mehr Rauschen erlauben als bei groben niederfrequenten Signalbestandteilen. Dieses Wissen nutzt man bei JPEG und bei MPEG aus. Man codiert niederfrequente, also grobe Bildbestandteile mit feinerer Quantisierung und feine Bildbestandteile mit gröberer Quantisierung, um damit Datenrate zu sparen. Aber wie kann man nun grobe von mittleren und feinen Bildbestandteilen trennen? Man nutzt hier das Verfahren der Transformationscodierung (Abb. 7.17.). D.h. man macht zunächst einen Übergang vom Zeitbereich des Videosignals in den Frequenzbereich. Die Diskrete Cosinus-Transformation ist eine Spezialform der Diskreten Fourier Transformation bzw. der Fast Fourier Transformation. Bezüglich dieser Transformationen sei auf ein eigenes Kapitel (Kap. 6) in diesem Zusammenhang hingewiesen. Beginnen wir mit einem einfachen Beispiel: 8 Abtastwerte in einer Videozeile werden mit Hilfe der DCT in den Frequenzbereich überführt (Abb. 7.17.). Man erhält wieder 8 Werte, die aber nun nicht mehr Videospannungswerten im Zeitbereich entsprechen, sondern 8 Leistungswerten im Frequenzbereich gestuft nach Gleichspannung, tiefen, mittleren bis hohen Frequenzanteilen innerhalb dieser 8 transformierten Videospannungswerte. Der erste Wert (DC-Koeffizient) in der Frequenzebene entspricht der Energie der niederfrequentesten Videokomponente in diesem Abschnitt bis hin zu mittleren oder höherfrequenten Signalanteilen.

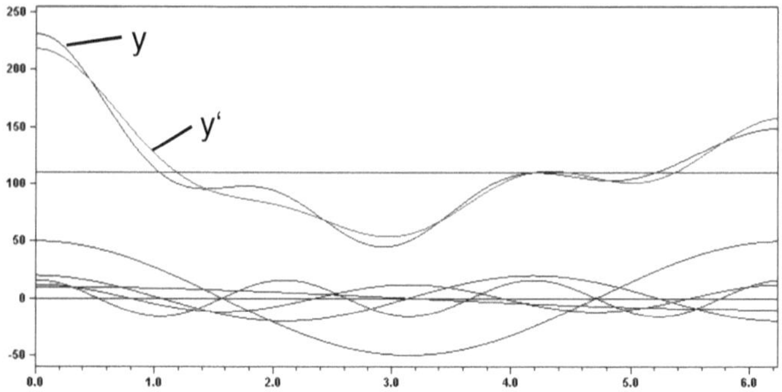

y(x)=110+10cos(0.5x)+50cos(x)+20cos(1.5x)+10cos(2x)+3cos(2.5x)+20cos(3x)+8cos(3.5x);

y'(x)=110+10cos(0.5x)+50cos(x)+20cos(1.5x)+12cos(2x)+0cos(2.5x)+16cos(3x)+0cos(3.5x);

Abb. 7.19. Ursprüngliche (y) und nach der Quantisierung zurückgewonnene Kurve (y')

Nun sind die Informationen über einen Videosignalabschnitt so aufbereitet, dass man eine Irrelevanzreduktion entsprechend dem Erfassungsvermögen des menschlichen Auges vornehmen kann.

In einem ersten Schritt werden hierzu diese Koeffizienten in der Frequenzebene quantisiert, d.h. man teilt jeden Koeffizienten durch einen bestimmten Quantisierungsfaktor (Abb. 7.18.). Je höher der Wert des Quantisierungsfaktors ist, desto gröber wird die Quantisierung. Bei groben Bildstrukturen darf die Quantisierung nur wenig oder gar nicht verändert werden, bei feinen Bildstrukturen nimmt man die Quantisierung mehr zurück. D.h. die Quantisierungsfaktoren steigen in Richtung feinere Bildstrukturen an. Durch die Quantisierung ergeben sich in Richtung feinere Bildstrukturen, also in Richtung höhere Frequenzkoeffizienten viele Werte, die zu Null geworden sind. Diese kann man dann speziell codiert und damit platzsparend übertragen. Die nach der Quantisierung durch Decodierung auf der Empfangsseite zurückgewonnene Kurve entspricht jedoch dann nicht mehr 100% der Originalkurve (Abb. 7.19.). Sie weist Quantisierungsfehler auf.

183	198	220	239	244	236	222	211
198	209	222	231	229	215	198	186
144	154	170	184	190	190	185	180
162	164	166	167	165	161	157	154
195	191	185	180	178	178	179	181
174	168	161	156	160	170	183	192
174	160	138	119	112	115	125	133
152	138	119	105	104	115	133	146

f(x,y)

Abb. 7.20. 8x8 Pixel-Block

In Wirklichkeit wird jedoch bei JPEG und MPEG eine Zweidimensionale Transformationscodierung vorgenommen. Dazu teilt man das Bild in 8 x 8-Pixelblöcke ein (Abb. 7.12.). Jeder 8 x 8-Pixelblock (Abb. 7.20.) wird dann mit Hilfe der zweidimensionalen Diskreten Cosinus -Transformation in den Frequenzbereich überführt. Vor der Transformation selber wird aber zunächst von allen Pixelwerten der Wert 128 abgezogen, um vorzeichenbehaftete Werte zu erhalten (Abb. 7.21.).

Das Ergebnis (Abb. 7.22.) der zweidimensionalen Diskreten Cosinus-Transformation eines 8 x 8-Pixelfeldes ist dann wiederum ein 8 x 8-Pixelfeld, jetzt aber in der Frequenzebene. Der erste Koeffizient der ersten Zeile ist der sog. DC-Koeffizient; er entspricht dem Gleichspannungsanteil des gesamten Blockes. Der zweite Koeffizient entspricht der Energie der gröbsten Bildstrukturen in horizontaler Richtung. Der letzte Koeffizient der ersten Zeile entspricht der Energie der feinsten Bildstrukturen in horizontaler Richtung. In der ersten Spalte des 8 x 8-Pixelblockes findet man von oben nach unten die Energien der gröbsten bis feinsten Bildstrukturen in vertikaler Richtung. In diagonaler Richtung sind die Koeffizienten der groben bis feinen Bildstrukturen eben in diagonaler Richtung zu finden.

55	70	92	111	116	108	94	83
70	81	94	103	101	87	70	58
16	81	42	56	62	62	57	52
34	36	38	39	37	33	29	26
67	63	57	52	50	50	51	53
46	40	33	28	32	42	55	64
46	32	10	-9	-16	-13	-3	5
24	10	-9	-23	-24	-13	5	18

Abb. 7.21. Subtraktion von 128

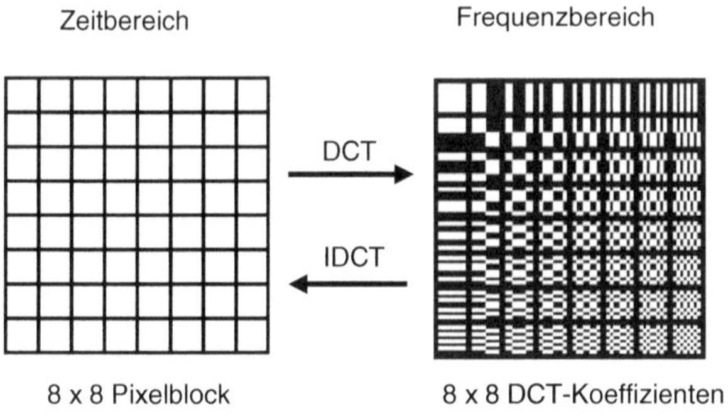

DC-Koeffizient (mit höherer Genauigkeit)

1384	0	0	0	0	0	0	0
216	-36	-99	0	0	0	0	0
0	0	0	0	0	0	0	0
99	0	0	0	0	0	0	0
0	0	0	0	0	0	0	0
-58	0	0	0	0	0	0	0
0	-60	0	0	0	0	0	0
0	0	0	0	0	0	0	1

F(v,u) = DCT(f(x,u));

Abb. 7.22. Zweidimensionale DCT (DC-Koeffizient mit höherer Genauigkeit, wird bei MPEG-2 differenziell codiert übertragen)

Im nächsten Schritt erfolgt die Quantisierung. Man teilt alle Koeffizienten durch geeignete Quantisierungsfaktoren. Im MPEG-Standard sind Quantisierungstabellen definiert; jeder Encoder kann diese aber austauschen und eigene verwenden. Diese müssen dann aber auch durch eine Übertragung dem Decoder bekannt gemacht werden. Aufgrund der Quantisierung ergeben sich üblicherweise sehr viele Werte, die nun zu Null geworden sind. Auch ist die Matrix nach der Quantisierung relativ symmetrisch zur diagonalen Achse von links oben nach rechts unten. Deshalb liest man die Matrix in einen Zig-Zag-Scan-Vorgang aus, um dann sehr viele benachbarte Nullen zu erhalten. Diese kann man dann im nächsten Schritt lauflängencodieren, um dann eine sehr große Datenreduktion zu erreichen.

Die Quantisierung ist die einzige "Stellschraube" zur Steuerung der Datenrate des Videoelementarstromes.

Diese Transformationscodierung mit anschließender Quantisierung muss für die Y-Pixel-Ebene und für die C_B- und C_R-Ebenen durchgeführt werden.

8	16	19	22	26	27	29	34
16	16	22	24	27	29	34	37
19	22	26	27	29	34	34	38
22	22	26	27	29	34	37	40
22	26	27	29	32	35	40	48
26	27	29	32	35	40	48	58
26	27	29	34	38	46	56	69
27	29	35	38	46	56	69	83

Q(v,u)

scale_factor = 2 ;

173	0	0	0	0	0	0	0
6	-1	-2	0	0	0	0	0
0	0	0	0	0	0	0	0
2	0	0	0	0	0	0	0
0	0	0	0	0	0	0	0
-1	0	0	0	0	0	0	0
0	-1	0	0	0	0	0	0
0	0	0	0	0	0	0	0

QF(v,u) = F(v,u) / Q(v,u) / scale_factor ;

Abb. 7.23. Quantisierung nach der DCT

Bei der 4:2:0-Codierung sind 4 Y - 8x8-Pixelblöcke und je ein C_B - 8x8- und C_R - 8x8- Pixelblock zu einem Makroblock (Abb. 7.24.) zusammengefasst. Von Makroblock zu Makroblock kann die Quantisierung für Y, C_B und C_R durch einen speziellen Quantizer Scale Factor verändert werden. Dieser Faktor verändert alle Quantisierungsfaktoren entweder der MPEG-Standardtabellen oder der durch den Encoder vorgegeben Quantisierungstabellen durch eine einfache Multiplikation mit einem bestimmten Faktor. Dieser Scale-Factor ist die eigentliche „Stellschraube" für die Videodatenrate. Die komplette Quantisierungstabelle kann nur zu bestimmten Zeitpunkten - wie wir später sehen werden - auf Sequence-Ebene ausgetauscht werden. Die DC-Koeffizienten werden mit besonders hoher Genauigkeit und von Block zu Block differenzcodiert übertragen.

Bei I-Bildern werden alle Makroblöcke so codiert, wie eben beschrieben. Bei den P-und B-Bildern werden jedoch die Pixeldifferenzen von Makroblock in einem Bild zu Makroblock in einem anderen Bild transformationscodiert. D.h. man verschiebt evtl. zuerst den Makroblock des davorliegenden Bildes mit Hilfe des Bewegungsvektors des Makroblocks an eine passende Position und errechnet dann noch die Differenz zum Makroblock an dieser Stelle. Diese 8 x 8-Differenzwerte werden dann mit Hilfe der DCT in den Frequenzbereich überführt und dann quantisiert. Das gleiche gilt auch für die Rückwärtsprädiktion von B-Bildern.

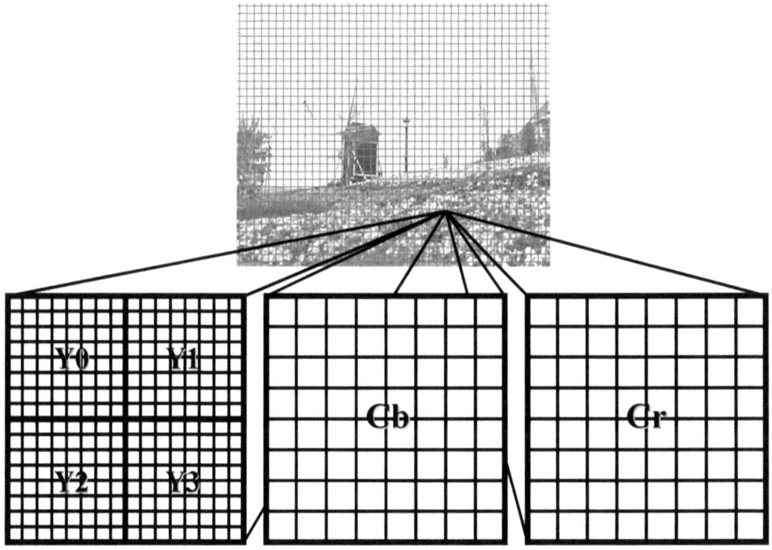

Abb. 7.24. 4:2:0-Makroblockstruktur

7.1.7 Zig-Zag-Scan und Lauflängencodierung von Null-Sequenzen

Nach dem Zig-Zag-Scan (7.25.) der quantisierten DCT-Koeffizienten erhält man sehr viele benachbarte Nullen. In einer Lauflängencodierung (Run Length Coding, RLC) (Abb. 7.26.) wird dann anstelle dieser vielen Nullen einfach nur deren Anzahl übertragen, also z.B. die Information 10 mal 0 anstelle von 0,0,0... 0. Diese Art der Redundanzreduktion in Verbindung mit DCT und Quantisierung ergibt den Hauptgewinn bei der Datenkompression.

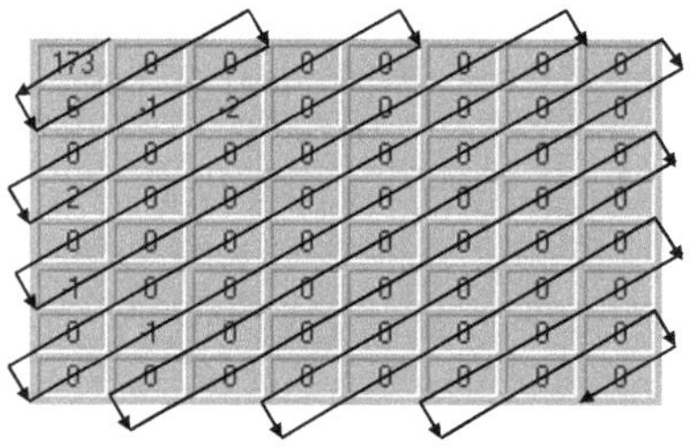

173	6	0	0	-1	0	2	0
-2	0	0	0	0	0	0	-1
0	0	0	0	0	0	0	0
0	0	0	0	0	-1	0	0
0	0	0	0	0	0	0	0
0	0	0	0	0	0	0	0
0	0	0	0	0	0	0	0
0	0	0	0	0	0	0	0

QFS(v,u)

Abb. 7.25. Zig-Zag-Scanning

173	6	0	0	-1	0	2	0
-2	0	0	0	0	0	0	-1
0	0	0	0	0	0	0	0
0	0	0	0	0	-1	0	0
0	0	0	0	0	0	0	0
0	0	0	0	0	0	0	0
0	0	0	0	0	0	0	0
0	0	0	0	0	0	0	0

↓ RLC

173, 6, 2*0, -1, 1*0, 2, 1*0, -2, 6*0, -1, 13*0, -1, 34*0

Abb. 7.26. Lauflängencodierung (RLC)

7.1.8 Huffmann-Codierung

Häufig vorkommende Codes im lauflängencodierten Datenstrom werden dann noch einer Huffman-Codierung (Abb. 7.27.) unterzogen. D.h. die Codewörter werden geeignet umcodiert, so dass sich eine weitere Redundanzreduktion ergibt. Dabei werden wie bei der Morsecodierung die Codes, die häufig verwendet werden, in besonders kurze Codes umcodiert.

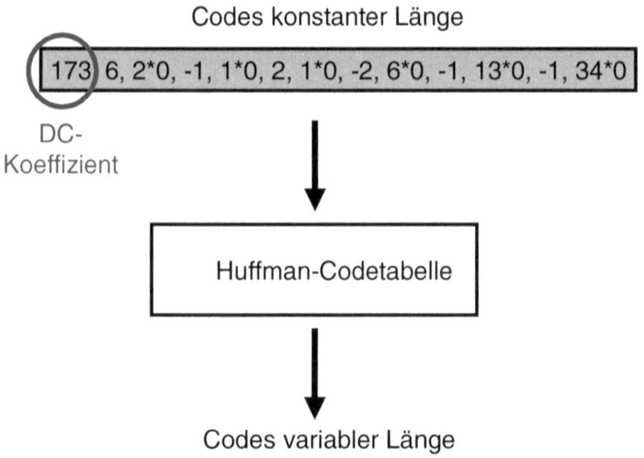

Abb. 7.27. Huffmann-Codierung (VLC, Variable Length Coding)

7.2 Zusammenfassung

Mit Hilfe einiger Redundanz - und Irrelevanzreduktionsverfahren konnte die Datenrate eines Standard Definition Television-Signals, das zunächst gemäß ITU-BT.R601 im Format 4:2:2 mit einer Datenrate von 270 Mbit/s vorgelegen hat, auf etwa 2...7 Mbit/s mit Obergrenze 15 Mbit/s komprimiert werden. Als Kern dieses Kompressionsverfahrens kann eine Differenz-Puls-Code-Modulation mit Bewegungskompensation kombiniert mit einer DCT-Transformationscodierung angesehen werden. MPEG-2-Signale, die für die Distribution vorgesehen sind, also für die Verteilung zum Haushalt, werden sowohl in horizontaler als auch vertikaler Richtung in der Farbauflösung reduziert. Man spricht vom 4:2:0-Format. Für die Contribution, also für die Zuspielung von Studio zu Studio ist gemäß MPEG auch 4:2:2 vorgesehen bei natürlich etwas höherer Datenrate. Bei 4:2:0/Standard Definition spricht man von Main Profile@Main Level, 4:2:2/Standard Definition nennt man High Profile@Main Level (Abb.

7.28.). Jedoch ist im MPEG-2-Standard auch High Definition Television implementiert und zwar sowohl als 4:2:0-Signal (Main Profile@High Level) und als 4:2:2-Signal (High Profile@High Level). Die Ausgangsdatenrate eines HDTV-Signale liegt mit über 1 Gbit/s deutlich höher als die eines SDTV-Signals. Alle Kompressionsvorgänge bei HDTV, SDTV und 4:2:2, 4:2:0 laufen jedoch wie zuvor beschrieben in der gleichen Form ab. Im Ergebnis unterscheiden sich die Signale nur in der unterschiedlichen Qualität und natürlich in der Datenrate.

Ein 6 Mbit/s - SDTV-Signal im MPEG-2-4:2:0-Format entspricht in etwa der Qualität eines herkömmlichen analogen TV-Signals. In der Praxis findet man jedoch Datenraten, die sich im Bereich von 2...7 Mbit/s bewegen. Davon abhängig ist natürlich die Bildqualität. Eine entsprechend hohe Datenrate benötigt man speziell bei Sportübertragungen.

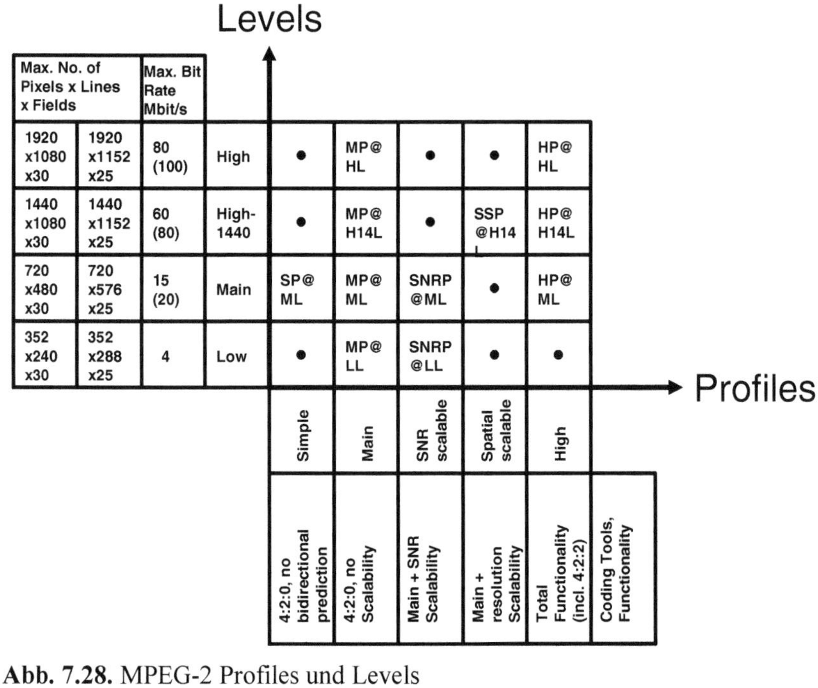

Abb. 7.28. MPEG-2 Profiles und Levels

Die Datenrate des Videoelementarstromes kann konstant sein oder auch abhängig vom aktuellen Bildinhalt variieren. Gesteuert wird die Datenrate abhängig vom Füllzustand des Ausgangpuffers des MPEG-Encoders über die Änderung des Scale-Factors.

Die Makroblöcke eines I-, P- oder B-Bildes können auf unterschiedliche Art kodiert werden. Speziell beim B-Bild kann man die zahlreichsten Varianten vorfinden.

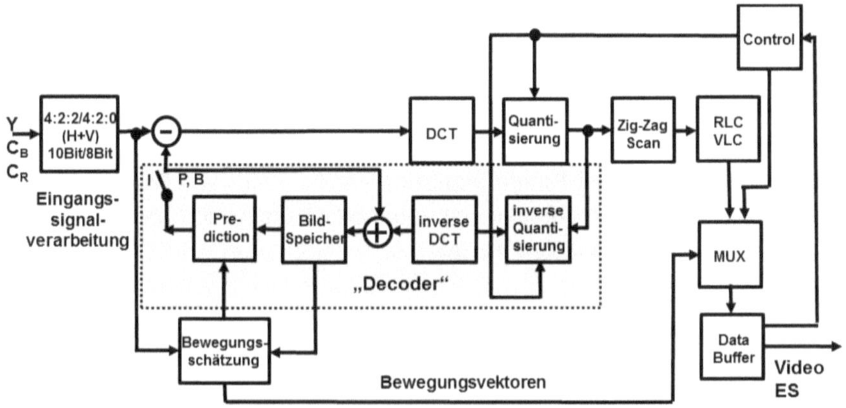

Abb. 7.29. Blockschaltbild eines MPEG-2 Encoders (mit „integriertem Decoder")

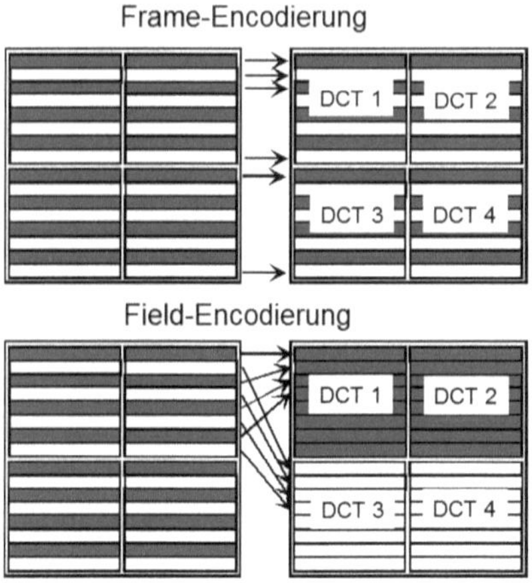

Abb. 7.30. Frame- und Field-Encodierung von Makroblocks

Dort kann ein Makroblock folgendermaßen codiert sein:

- Intraframe-codiert (komplett neu)
- einfach vorwärts codiert
- vorwärts- und rückwärts codiert
- gar nicht codiert (skipped).

Die Art der Codierung entscheidet der Encoder (Abb. 7.29.) anhand des aktuellen Bildinhaltes und der zur Verfügung stehenden Kanalkapazität (Datenrate). Anders als beim analogen Fernsehen üblich, werden keine Teilbilder übertragen, sondern immer nur Vollbildinformationen. Die Halbbilder entstehen erst wieder auf der Empfangsseite durch spezielles Auslesen des Bildspeichers. Jedoch ist eine spezielle Art der DCT-Codierung möglich, die eine bessere Bildqualität für das Zwischenzeilenverfahren ergibt bei entsprechend codiertem Ausgangsmaterial. Man spricht von Frame- und Field-Codierung (Abb. 7.30.) von Makroblöcken. Dabei werden die Makroblöcke erst zeilenweise umsortiert, bevor sie einer DCT-Codierung unterworfen werden.

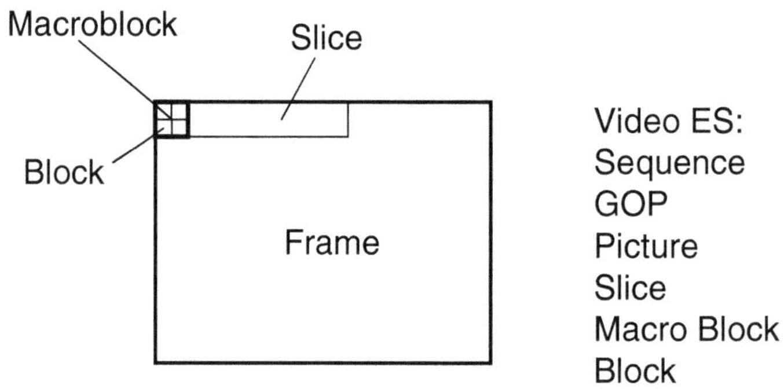

Abb. 7.31. Block, Macro-Block, Slice und Frame

7.3 Aufbau des Videoelementarstroms

Die kleinste Einheit des Videoelementarstromes ist ein Block, bestehend aus 8 mal 8 Pixeln. Jeder Block wird bei der Videokomprimierung einer eigenständigen Diskreten Cosinus-Transformation (DCT) unterworfen. Beim 4:2:0-Profile ergeben vier Luminanzblöcke und je ein C_B- und C_R-Block zusammen einen Makroblock. Jeder Makroblock kann eine unterschiedliche Quantisierung aufweisen, d.h. stärker oder weniger stark komprimiert werden. Hierzu kann der Videoencoder unterschiedliche Sklarierungsfaktoren wählen, durch die dann jeder DCT-Koeffizient noch zusätzlich geteilt wird. Diese Quantizer - Skalierungsfaktoren sind die eigentlichen "Stellschrauben" für die Datenrate des Videoelementarstroms. Die Quantisierungstabelle selber kann nicht von Makroblock zu Makroblock getauscht werden. Jeder Makroblock kann entweder frame- oder field-encodiert sein. Das entscheidet der Encoder anhand von Notwendigkeit und Möglichkeit. Eine Notwendigkeit zur Field-Encodierung ergibt sich aus Bewegungsanteilen zwischen erstem und zweitem Halbbild und eine Möglichkeit hierzu ergibt sich aus der zur Verfügung stehenden Datenrate.

Eine gewisse Anzahl von Makroblöcken in einer Zeile ergeben zusammen dann einen Slice (Abb. 7.31.). Jeder Slice startet mit einem Header, der dem Neuaufsynchronisieren z.B. bei Bitfehlern dient. Die Fehlerverschleierung auf Videoelementarstromebene findet v.a. auf Slice-Ebene statt, d.h. die MPEG-Dekoder kopieren bei Bitfehlern den Slice des Vorgängerbildes in das aktuelle Bild. Mit Beginn eines neuen Slices kann der MPEG-Dekoder wieder neu aufsynchronisieren. Je kürzer die Slices sind, desto geringer fällt dann die durch Bitfehler verursachte Bildstörung aus.

Viele Slices zusammen ergeben dann einen Frame (Picture), also ein Bild. Auch ein Frame startet mit einem Header, nämlich dem Picture-Header. Es gibt unterschiedliche Arten von Frames, nämlich I-, P- und B-Frames. Die Reihenfolge der Frames entspricht nicht der Originalreihenfolge wegen der bidirektionalen Differenzcodierung. In den Headern, v.a. auch in den PES-Headern wird hierzu eine Zeitmarke übertragen, um die Originalreihenfolge wieder herstellen zu können (DTS).

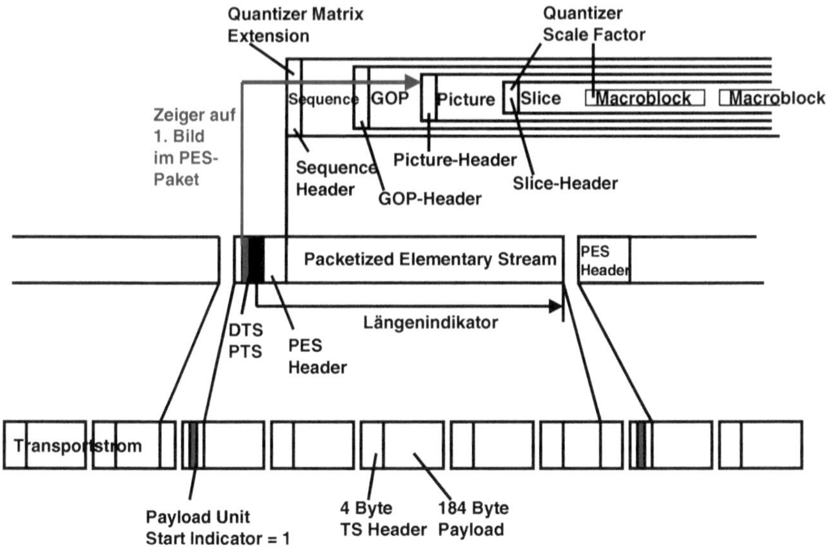

Abb. 7.32. Aufbau des MPEG-2-Videoelementarstromes

Eine bestimmte Anzahl von Frames, die einem vom Encoder vorgegebenen Codiermuster der I-, P- und B-Bildcodierung entsprechen, sind dann zusammen eine GOP, eine Group of Pictures. Jede GOP verfügt über einen GOP-Header. Beim Broadcast-Betrieb wird mit relativ kurzen GOP's gearbeitet; sie sind in der Regel 12 Bilder lang, also etwa eine halbe Sekunde lang. Erst mit GOP-Beginn, also mit dem ersten empfangenen I-Bild kann der MPEG-Dekoder aufsynchronisieren und mit der Bildwiedergabe beginnen. Daraus ergibt sich die minimal notwendige Umschaltzeit von einem Programm zum nächsten. Auf Massenspeichern wie z.B. der DVD können durchaus auch längere GOP's gewählt werden, da dort der Lesekopf leicht auf das erste I-Bild positioniert werden kann (short GOP bei Broadcast, long GOP bei Storage).

Ein oder mehrere GOP's ergeben eine Sequence. Jede Sequence startet ebenfalls mit einem Header. Auf Sequence-Header-Ebenene können wesentliche Videoparameter verändert werden, wie z.B. die Quantisierungstabelle. Verwendet ein MPEG-Encoder eine eigene vom Standard abweichende Tabelle, so ist diese dort zu finden, bzw. wird hier dem MPEG-Dekoder mitgeteilt.

Die soeben beschriebene Videoelementarstromstruktur (Abb. 7.32.) ist als Ganzes oder in Teilen in die Video-PES-Pakete eingebettet. Die Art- und Weise der Einbettung, sowie die Länge eines PES-Paketes bestimmt der Videoencoder. Auf Massenspeichern, wie z.B. der DVD sind die PES-Pakete zusätzlich noch in sog. Pack's eingefügt. PES-Pakete und Pack's starten ebenfalls mit einem Header.

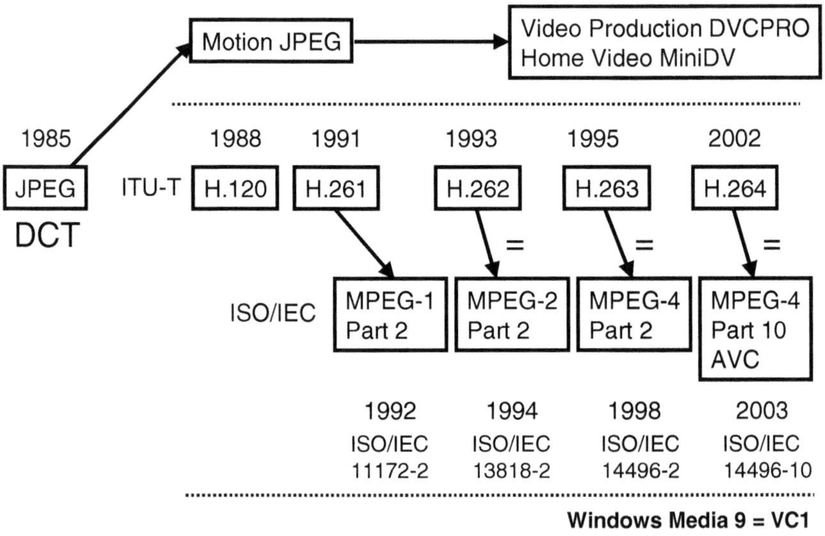

Abb. 7.33. Entwicklungsgeschichte der Videocodierung

7.4 Von MPEG-2 nach MPEG-4

Die Zeit ist nicht stehen geblieben. Es gibt heute schon modernere, weiterentwickelte Komprimierungsverfahren, wie MPEG-4 Part 10 Advanced Video Coding (AVC) (H.264). Bei um den Faktor 2...3 niedrigeren Datenraten ist z.T. eine bessere Bildqualität erreichbar als bei MPEG-2. Das Grundprinzip der Videocodierung ist jedoch das gleiche geblieben, die Unterschiede liegen im Detail. So wird z.B. bei H.264 mit variablen Transformations-Blockgrößen gearbeitet. HDTV wird in Europa mit H.264-Codierung (= MPEG.4 Part 10 AVC) übertragen. In Abb. 7.33. ist die Entwicklungsgeschichte der Videocodierung dargestellt. Wie schon mehrfach erwähnt, war die Fixierung des JPEG-Standards auch ein gewisser Meilenstein für die Bewegtbildcodierung. Im Rahmen von JPEG wurde zum erstenmal die DCT eingesetzt. Erst bei MPEG-4 Part 10 = H.264 wurde diese durch eine ähnliche Transformation, nämlich durch eine Integer-Transformation ersetzt. Die Videocodierung wurde im Rahmen von ITU-T H.xxx – Standards entwickelt und dann als MPEG-1, MPEG-2 und MPEG-4-Video in die Reihe der MPEG-Videocodierungsverfahren eingegliedert. H.262 entspricht MPEG-2 Part 2 Video, H.263 MPEG-4 Part 2 Video und schließlich ITU-T H.264 MPEG-4 Part 10 AVC = Advanced Video Coding. Nicht unerwähnt bleiben darf an dieser Stelle Windows Media 9, ein von Microsoft stammendes Video-Kompressionsverfahren, das jetzt als sog. VC1-Verfahren ein SMPTE-Standard geworden ist.

7.5 MPEG-4 Advanced Video Coding

Mit Hilfe des deutlich verbesserten Video-Codecs MPEG-4 Part 10 AVC = H.264 ist es möglich, 30 bis 50% Datenratengewinn zu erreichen gegenüber MPEG-2. Dies bedeutet, dass ein SDTV-Signal gegenüber 2...7 Mbit/s Datenrate nun auf ca. 1.5 ... 3 Mbit/s komprimiert werden kann. Hierbei betrug die ursprüngliche unkomprimierte Ausgangsdatenrate 270 Mbit/s. Ein HDTV-Signal kann mit Hilfe von MPEG-4 von ca. 1.5 Gbit/s auf etwa 10 Mbit/s zusammengeschrumpft werden. Bei MPEG-2 wären hierfür etwa 20 Mbit/s nötig gewesen.

MPEG-4 Part 10 Advanced Video Coding (=H.264) zeichnet sich durch folgende Merkmale aus:

- Unterstützung der Formate 4:2:0, 4:2:2 und 4:4:4
- Maximum von bis zu 9 Referenz-Bildern
- Verbesserte Bewegungskompensation (1/4 Pixel Genauigkeit)

- Switching P (SP) und Switching I (SI) Frames
- Intra-Frame-Prediktion durch Blockverschiebung innerhalb von Einzelbildern
- Höhere Genauigkeit aufgrund von 16 Bit-Implementierung
- Flexible Makroblock-Struktur (16x16, 16x8, 8x16, 8x8, 8x4, 4x8, 4x4)
- 52 wählbare Sets von Quantisierungstabellen
- Integer- bzw. Hadamard-Transformation anstelle einer DCT (Blockgröße: 4x4 bzw. 2x2 Pixel)
- Verbesserte Einzelbildcodierung (Intra-Codierung) durch differentielle Blockcodierung benachbarter Blöcke innerhalb eines Bildes
- In-Loop Deblocking-Filter (beseitigt Blocking-Artefakte)
- Flexible Slice-Struktur (bessere Bitfehler-Performance)
- Entropie-Codierung: VLC=Variable Length Coding und CABAC=Context Adaptive Binary Arithmetic Coding)

Doch nun zu den Details:

Bei der MPEG-2-Videocodierung besteht ein Makroblock im Format 4:2:0 aus vier 8x8 Pixel großen Luminanzblöcken und je einem 8x8 Pixel großen C_B- und C_R-Block. Bei MPEG-4 AVC gibt es hier deutlich mehr Flexibilität. Ein Makroblock ist dort im Luminanz-Layer entweder 16x16, 16x8, 8x16, 8x8, 8x4, 4x8 oder 4x4 Pixel groß. Der Block selbst umfasst entweder 4x4 oder 2x2 Pixel. Bei MPEG-2 und MPEG-1 war dieser immer auf 8x8 Pixel fixiert.

Die Genauigkeit der Bewegungskompensation ist bei MPEG-4 AVC gegenüber MPEG-2 anstatt ½ Pixel Genauigkeit nun ¼ Pixel Genauigkeit. Bei MPEG-2 gab es nur die Möglichkeit bei der Differenzbildcodierung je einen Bezug vorwärts und rückwärts zu verwenden. Bei MPEG-4 können mehrfache Referenzbilder gebildet werden. Dadurch ist es möglich, die Datenrate deutlich zu reduzieren.

Bei MPEG-2 war ein Slice immer ein Vielfaches von Makroblöcken in horizontaler Richtung. Bei MPEG-4 ist eine flexible Makroblockzuordnung in einem Slice möglich.

Doch v.a. im Bereich der Transformationscodierung wurden bei MPEG-4 AVC große Veränderungen vorgenommen.

Im Prinzip wird schon bei MPEG-2 die Transformationscodierung mittels der DCT eigentlich durch eine Matrixmultiplikation im Encoder vorwärts und zurück dann im Decoder durchgeführt. Hierzu ist eine Cosinus-Lookup-Table in der Hardware abgelegt. Die Formel für die zweidimensionale DCT lautet (Abb. 7.34.):

$$F(u,v) = \frac{2}{N} C(u)C(v) \sum_{x=0}^{N-1} \sum_{y=0}^{N-1} f(x,y) \cos\frac{(2x+1)u\pi}{2N} \cos\frac{(2y+1)v\pi}{2N}$$

$$C(u), C(v) = \begin{cases} \frac{1}{\sqrt{2}} & \text{for } u,v = 0 \\ 1 & \text{otherwise} \end{cases}$$

Abb. 7.34. Zweidimensionale Diskrete Cosinus-Transformation

Sie kann zerlegt werden in Matrix-Multiplikationen, basierend auf einer Cosinus-Werte-Matrix (Abb. 7.35.).

$M_{ab}[]$ ⟶ a $\quad M_{ab}[\ ] = \cos(\frac{(2a+1)b\pi}{16});$

↓ b

cos(0) =1	cos(0) =1	cos(0) =1	cos(0) =1	cos(0) =1	cos(0) =1	cos(0) =1	cos(0) =1
cos(π/16) =0.9808	cos(3π/16) =0.8315	cos(5π/16) =0.5556	cos(7π/16) =0.1951	cos(9π/16) =-0.1951	cos(11π/16) =-0.5556	cos(13π/16) =-0.8315	cos(15π/16) =-0.9808
cos(π/8) =0.9239	cos(3π/8) =0.3827	cos(5π/8) =-0.3827	cos(7π/8) =-0.9239	cos(9π/8) =-0.9239	cos(11π/8) =-0.3827	cos(13π/8) =0.3827	cos(15π/8) =0.9239
cos(3π/16) =0.8315	cos(9π/16) =-0.1950	cos(15π/16) =-0.9808	cos(21π/16) =-0.5556	cos(27π/16) =0.5556	cos(33π/16) =0.9808	cos(39π/16) =0.1951	cos(45π/16) =-0.8315
cos(π/4) =0.7071	cos(3π/4) =-0.7071	cos(5π/4) =-0.7071	cos(7π/4) =0.7071	cos(9π/4) =0.7071	cos(11π/4) =-0.7071	cos(13π/4) =-0.7071	cos(15π/4) =0.7071
cos(5π/16) =0.5556	cos(15π/16) =-0.9807	cos(25π/16) =0.1951	cos(35π/16) =0.8315	cos(45π/16) =-0.8315	cos(55π/16) =-0.1951	cos(65π/16) =0.9808	cos(75π/16) =-0.5556
cos(3π/8) =0.3827	cos(9π/8) =-0.9239	cos(15π/8) =0.9239	cos(21π/8) -0.3827	cos(27π/8) =-0.3827	cos(33π/8) =0.9239	cos(39π/8) =-0.9239	cos(45π/8) =0.3827
cos(7π/16) =0.1951	cos(21π/16) =-0.5556	cos(35π/16) =0.8315	cos(49π/16) =-0.9808	cos(63π/16) =0.9808	cos(77π/16) =-0.8315	cos(91π/16) =0.5556	cos(105π/16) =-0.1951

Abb. 7.35. Cosinus-Lookup-Table der zweidimensionalen DCT

Die Diskrete Cosinustransformation kann in beiden Richtungen als Matrix-Multiplikation dargestellt und ausgeführt werden:

$F[] = C \bullet f[] \bullet M_{ab}[] \bullet M_{ab}[]^T;$

$M_{ab}[]^T$ ist hierbei die transponierte Matrix von $M_{ab}[]$; d.h. es sind Spalten mit Zeilen vertauscht. Damit ist es möglich, sowohl gleichzeitig eine horizontale, wie vertikale, also zweidimensionale Transformation durchzuführen. Über die Verknüpfung mit C wird die Matrix M_{ab} zu einer sog. orthonormalen Matrix, was für die Realisierung des Transformationsvorganges eine große praktische Bedeutung hat. Eine orthogonale Matrix ist eine Matrix, bei der die invertierte Matrix der transponierten Matrix entspricht. Es gilt also bei einer orthogonalen Matrix:

$$M^T = M^{-1};$$

Eine orthonormale Matrix hat zusätzlich die Eigenschaft, dass die Vektoren der Matrix alle gleich lang sind. Die Cosinus-Werte-Matrix wird zu einer orthonormalen Matrix, wenn man die erste Zeile mit $1/\sqrt{2}$ multipliziert, was durch die Multiplikation mit C erreicht wird. Eine invertierte Matrix wird für die Umkehrung des Transformationsvorganges benötigt.

Die Umkehrung der Matrix-Multiplikation

$$M_1 = M_2 \bullet M_3;$$

ist natürlich nicht

$$M_2 = M_1/M_3;$$

sondern definiert durch

$$M_2 = M_1 \bullet M_3^{-1};$$

also durch die Multiplikation mit der invertierten Matrix.

Grundsätzlich ist eine Matrix-Multiplikation (Abb. 7.36.) wie folgt definiert:

$$A \cdot B = \left[\sum_{j=1}^{n} a_{ij} \cdot b_{jk} \right];$$

$$\begin{bmatrix} a_{11}, a_{12} \\ a_{21}, a_{22} \end{bmatrix} \cdot \begin{bmatrix} b_{11}, b_{12} \\ b_{21}, b_{22} \end{bmatrix} = \begin{bmatrix} a_{11}b_{11} + a_{12}b_{21}, a_{11}b_{21} + a_{12}b_{22} \\ a_{21}b_{11} + a_{22}b_{21}, a_{21}b_{12} + a_{22}b_{22} \end{bmatrix};$$

Abb. 7.36. Matrizen-Multiplikation

Neben der Diskreten Cosinus-Transformation (DCT) sind auch andere Transformationsverfahren zur Kompression von Bildern denkbar und als Matrix-Multiplikationen darstellbar.

Dies ist die

- Karhunen Loeve Transformation (1948/1960)
- Haar Transformation (1910)
- Walsh-Hadamard Transformation (1923)
- Slant Transformation (Enomoto, Shibata, 1971)
- Discrete Cosine Transformation (DCT)
- (Ahmet, Natarajan, Rao, 1974)
- Short Wavelet Transformation.

Ein großer Vorteil der DCT ist hierbei die große Energiekonzentration (Abb. 7.37.) im Spektralbereich auf ganz wenige Werte, sowie die Vermeidung des Gibb'schen Phänomens, das zu Überschwingern bei der Rücktransformation und damit zu deutlich sichtbarem Blocking führen würde. Das von der Diskreten Fouriertransformation bekannte Gibb'sche Phänomen (Abb. 7.38.) beruht auf dem Sinusanteil dieses Transformationsverfahrens.

183	198	220	239	244	236	222	211
198	209	222	231	229	215	198	186
144	154	170	184	190	190	185	180
162	164	166	167	165	161	157	154
195	191	185	180	178	178	179	181
174	168	161	156	160	170	183	192
174	160	138	119	112	115	125	133
152	138	119	105	104	115	133	146

Die DCT erzeugt eine Energiekonzentration; Die Information kann nun in wenigen Werten gespeichtert werden; viele Werte werden Nullen.

1384	0	0	0	0	0	0	0
216	-36	-99	0	0	0	0	0
0	0	0	0	0	0	0	0
99	0	0	0	0	0	0	0
0	0	0	0	0	0	0	0
-58	0	0	0	0	0	0	0
0	-60	0	0	0	0	0	0
0	0	0	0	0	0	0	1

Abb. 7.37. Energiekonzentration der DCT

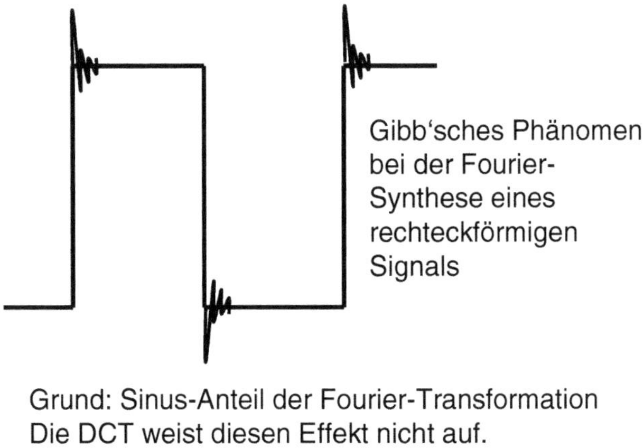

Abb. 7.38. Gibb'sches Phänomen

Nachdem die Cosinus-Matrix der DCT nun durch die Umformung der ersten Zeile, die aus lauter Einsen bestanden hat, in $1/\sqrt{2}$ umgewandelt wurde und somit orthonormal wurde, kann nun Hin- und Rücktransformation recht einfach realisiert werden.

Die Hin- und Rücktransformation kann nun wie folgt dargestellt werden:

$$F = f \bullet M_{ab} \bullet M_{ab}^{T};$$

$$f = F \bullet M_{ab}^{T} \bullet M_{ab};$$

Bei der Quantisierung werden die Ergebnisse der Hin- und Rücktransformation zusätzlich durch eine skalare bzw. elementweise Multiplikation beeinflusst:

$$F = f \bullet M_{ab} \bullet M_{ab}^{T} \, x \, Q;$$

$$f = F \bullet M_{ab}^{T} \bullet M_{ab} \, x \, Q';$$

Bei der elementweisen Multiplikation (gekennzeichnet durch x anstelle •) wird jedes korrespondierende Element der einen Matrix mit dem entsprechenden der anderen Matrix multipliziert bzw. bei der Quantisierung mit durch den entsprechenden Wert geteilt oder mit anderen Worten mit dem Kehrwert multipliziert.

Sind in Q bzw. Q` nur lauter Einsen eingetragen, so ändert sich gar nichts. Über Q wird jedoch die Quantisierung der DCT-Koeffizienten in Richtung höhere Frequenzen reduziert.

Bei verschiedenen Transformationsverfahren kommen im Prinzip nur andere Matrizen M_{ab} zum Einsatz, d.h. die „Basisfunktionen", aus denen man versucht, die Originalfunktionen darzustellen, sind andere. Bei der DCT handelt es sich um Cosinus-Muster.

$$T=\begin{bmatrix} 1 & 1 & 1 & 1 \\ 2 & 1 & -1 & -2 \\ 1 & -1 & -1 & 1 \\ 1 & -2 & 2 & -1 \end{bmatrix} \quad H=\begin{bmatrix} 1 & 1 & 1 & 1 \\ 1 & 1 & -1 & -1 \\ 1 & -1 & -1 & 1 \\ 1 & -1 & 1 & -1 \end{bmatrix} \quad C=\begin{bmatrix} 1 & 1 \\ 1 & -1 \end{bmatrix}$$

T = Integer-Transformation für Luminanz und Chrominanz
H = Hadamard-Transformation für Luminanz-DC-Koeffizienten
C = Hadamard-Transformation für Chrominanz-DC-Koeffizienten

Abb. 7.39. Transformationsmatrizen bei MPEG-4 AVC

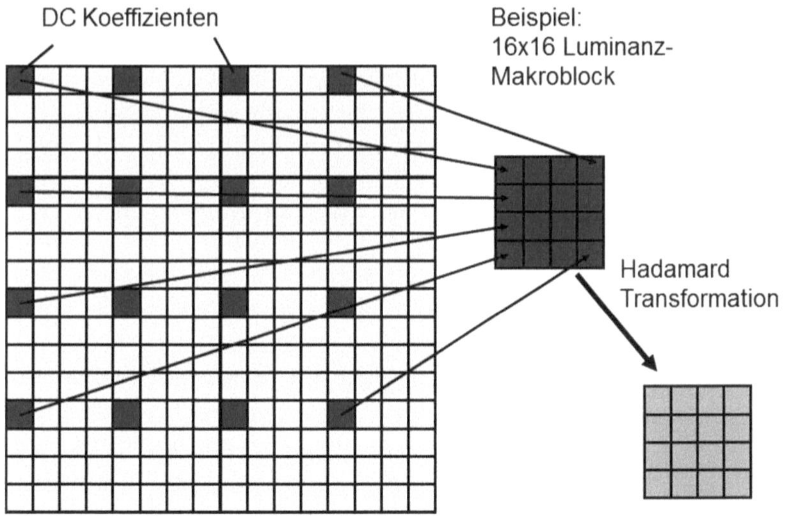

Abb. 7.40. Hadamard-Transformation der DC-Koeffizienten bei MPEG-4 AVC

Bei MPEG-4 sind nun diese Basismuster bzw. die Koeffizienten der Matrix M_{ab} ausgetauscht durch andere. Man spricht bei MPEG-4 von einer sog. Integer-Matrix-Multiplikation bzw. auch einer Hadamard-Transformation. Die bei MPEG-4 AVC zum Einsatz kommenden Transformationsmatrizen sind die folgenden:

Die bei MPEG-4 AVC verwendeten Matrizen sind nur noch 4x4 bzw. 2x2 Pixel groß (Abb. 7.39.). Bei der Luminanz wird die Transformation in zwei Schritten vorgenommen. Im ersten Schritt werden die Original-4x4-Pixelblöcke mit Hilfe der Matrix T in den Spektralbereich überführt. Daraufhin werden die DC-Koeffizienten von 16 Blöcken nochmals mit Hilfe der Hadamard-Matrix H (Abb. 7.40.) nachtransformiert, um diese weiter komprimieren zu können.

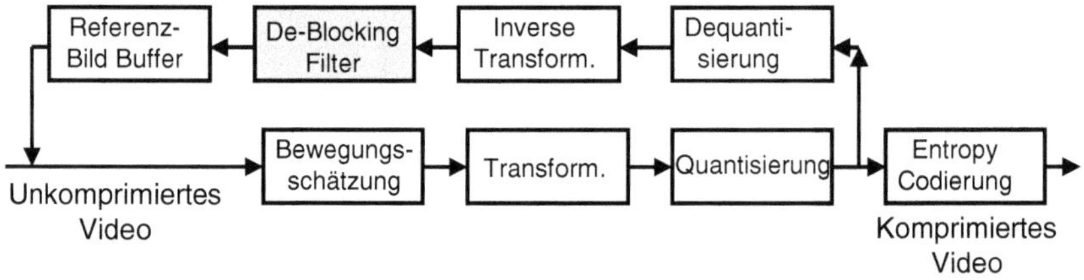

Abb. 7.41. Deblocking-Filter bei MPEG-4 AVC

Bei MPEG-2 kommen als Quantisierungsmatrizen entweder die im Standard definierten Matrizen zum Einsatz oder sie werden vom Encoder vorgegeben und verändert und jeweils zu Beginn einer Sequenz im Sequenz-Header zum Receiver übertragen. Zustätzlich wird bei MPEG-2 jeder Koeffizient durch den Quantizer Scale Factor geteilt, der im Endeffekt die wirkliche Datenrate bestimmt. Bei MPEG-4 kommt ein Set von 52 Quantisierungsmatrizen zum Einsatz.

Tabelle 7.1. MPEG-4 AVC Profiles

Coding Tools	Baseline Profile	Extended Profile	Main Profile
I, P Slices	X	X	X
CAVLC	X	X	X
Error Resilience	X	X	
SP and SI Slices		X	
B Slices		X	X
Interlaced Coding		X	X
CABAC			X

Weiterhin kommt bei MPEG-4 AVC ein sog. Deblocking-Filter (Abb. 7.41.) zum Einsatz, das die Sichtbarkeit von Blocking-Artefakten zusätzlich unterdrücken soll. Hilfe dabei leistet aber auch schon die kleinere Blockgröße und die variable Makroblock- und Slice-Größe.

Bei MPEG-4 AVC wurde außerdem eine Intra-Frame-Prediktion durch Verschiebung von 4x4 und 8x8-Blöcken in 8 mögliche Richtungen innerhalb eines Einzelbildes eingeführt (siehe Abb. 7.46.), welche beim Nachfolgestandard HEVC/H.265 noch weiter verfeinert wird.

Tabelle 7.2. MPEG-4 AVC Levels

Level Nr.	Typische Bildgröße	Max. Frame-Rate	Max. kompr. Bitrate	Max. Anzahl an Referenzbildern
1	QCIF	15	64 kbit/s	4
1.1	320 x 240	10	192 kbit/s	3
	QCIF	30		9
1.2	CIF	15	384 kbit/s	6
1.3	CIF	30	768 kbit/s	6
2	CIF	30	2 Mbit/s	6
2.1	HHR	30/25	4 Mbit/s	6
2.2	SD	15	4 Mbit/s	5
3	SD	30/25	10 Mbit/s	5
3.1	1280 x 720p	30	14 Mbit/s	5
3.2	1280 x 720p	60	20 Mbit/s	4
4	HD 720p, 1080i	60p/30i	20 Mbit/s	4
4.1	HD 720p, 1080i	60p/30i	50 Mbit/s	4
4.2	1920 x 1080p	60p	50 Mbit/s	4
5	2k x 1k	72	135 Mbit/s	5
5.1	2k x 1k	120	240 Mbit/s	5
	4k x 2k	30		

Auch bei MPEG-4 AVC gibt es wie bei MPEG-2 Profiles und Levels. SDTV = Standard Definition Television entspricht weitestgehend Main Profile @ Level 3 (MP@L3). HDTV ist dann Main Profile @ Level 4 (MP@L4).

MPEG-4 Part 10 AVC erlaubt eine um bis zu 50% effektivere Bildkompression gegenüber MPEG-2, bei besserer Bildqualität. Die SDTV-Datenrate nach der Kompression liegt nun bei unter 3 Mbit/s und die HDTV-Datenrate unter 10 Mbit/s. Auch deutlich unter 1 Mbit/s ist für Anwendungen für kleine Bildschirme eine akzeptable Bildqualität unter

Anwendung von MPEG-4 AVC möglich (z.B. für Videos auf Smart Phones und Tablet PCs).

MPEG-4 AVC kommt heute zum Einsatz bei HDTV in Verbindung mit DVB-S2; AVC war der verwendete Video-Codec bei DVB-H, MediaFLO, bzw. ist es bei T-DMB. MPEG-4 AVC kann problemlos in den MPEG-2 Transportstrom eingebunden werden. Im Gegenteil – es gibt gar keine Ansätze am Transport-Layer irgend etwas zu verändern. Auch die Lippensynchronitäts-Mechanismen sind die gleichen, diese kommen sogar vom MPEG-1-PES-Layer. Außerdem nutzen praktisch alle Heimvideokameras und Smart Phones, Table PCs MPEG-4 AVC zum Aufzeichnen und Wiedergeben von Videos.

7.6 HEVC, High Efficiency Video Coding, UHDTV

MPEG-2 Video Encodierung ist seit den 1990er Jahren sehr erfolgreich im Einsatz im Bereich des Digitalen Fernsehens, v.a. für Single Definition Definition (SDTV) bei Datenraten im Bereich von ca. 3 … 6 Mbit/s, aber auch schon für High Definition Television (USA/ATSC V1.0, Australien/DVB-T) bei Datenraten von etwa 20 Mbit/s pro Programm. Auf der DVD wird MPEG-2-Videocodierung eingesetzt. Ab 2003 setzte sich dann vermehrt MPEG-4, Part 10, Advanced Video Coding (AVC) oder H.264 durch; Applikationen hierfür finden sich in allen Bereichen, wo komprimierte Videosignale zum Einsatz kommen. Mit Hilfe von H.264 / AVC spart man gegenüber MPEG-2 Video etwa die Hälfte an Datenrate; damit wird dann SDTV mit ca. 1.5 … 3 Mbit/s und HDTV mit etwa 10 Mbit/s pro Videosignal pro Programm möglich. Heute ist hochauflösendes Fernsehen Gegenwart geworden; fast in jedem modernen Haushalt findet sich mindestens ein Flachbildschirm, die Bildschirmdiagonalen sind von wenigen 30 Zoll auf über 40 Zoll oder mehr gestiegen. Mittlerweile spricht man auch von der nächsten Generation HDTV, nämlich UHDTV = Ultra High Definition Television. Die Auflösungen hier liegen beim mindestens doppelten von Full HD, nämlich 3840 x 2160 Pixel. Und damit liegen die Datenraten bei komprimierten UHDTV-Strömen wieder in Größenordnungen jenseits von 20 Mbit/s. Neue Video-Codecs werden notwendig. Im folgenden wird mit ITU-T H.265 der Standard für High Efficiency Video Coding oder HEVC beschrieben; es wird aber auch auf UHDTV, sowie auf moderne professionelle Videoschnittstellen näher eingegangen.

7.6.1. Bildformate

Jahrzehntelang waren in den Wohnzimmern Fernsehgeräte mit einem Bildformat von 4:3 zu finden. Dieses „Aspect Ratio“ oder „Höhen-Seiten-Verhältnis war ein mechanisch leicht fertigbarer Kompromiß für die Bildröhren. Das menschliche Gesichtsfeld weist aber in Wirklichkeit ein anderes Format auf, deswegen findet man in Kinos auch deutlich breitere Bildformate. In Tabelle 5.2., Kapitel 5 sind typische Bildformate aufgelistet.

Mit PALplus tauchte dann bei den TV-Endgeräten auch das 16:9-Bildformat auf, das seit HDTV bei den Flachbildschirmen zum Standard wurde. Flachbildschirme sind in jedem Höhen-Seiten-Verhältnis fertigbar. Beim analogen Fernsehen bestimmte die Videobandbreite von typisch 5 MHz die Bildauflösung und hat somit die Bildschärfe beschrieben. Jahrzehntelang gab es quasi hierbei auch nur SDTV, Standard Definition, obwohl dieser Begriff lange gar nicht verwendet wurde; den Begriff Pixel verwendete man beim analogen Fernsehen nicht, er war aber natürlich in der Computerwelt seit langem Anwendung. Seit den 1980er Jahren wurde dann immer wieder ein Versuch gestartet, hochauflösendes Fernsehen, HDTV, High Definition Television einzuführen, was aber erst viele Jahrzehnte später mit Hilfe des digitalen Fernsehens um das Jahr 2010 herum dann Wirklichkeit wurde. Aus SDTV (720 x 576 Bildpunkte) wurde dann erst HD-Ready, dann Full-HD und schließlich einfach HDTV (1920 x 1080 Bildpunkte). Nun sind aber auch schon zahlreiche TV-Flachbildschirme mit nochmals vierfacher Pixelzahl als UHDTV-Geräte verfügbar. UHDTV steht für Ultra High Definition Television und verspricht noch mehr Bilddetails. Außer als Endgeräte sind aber noch lange keine UHDTV-Inhalte beim Endkunden angekommen. Tabelle 5.1. in Kapitel 5 listet die typischen verwendeten Bildauflösungen, bzw. Videosignalformate auf.

Bis zum 3D-Filmereignis „Avatar“ um 2008 herum waren fast alle Kinos analog, d.h. es wurde der seit einem Jahrhundert benutzte 35mm-Film abgespielt. Da 3D-Filme quasi nur ökonomisch in digitaler Form möglich sind, rüsteten dann immer mehr Kinos auf digitale Projektoren um. Die verwendete Auflösung ist hierbei typischerweise das 2K-Format (2048x1536 Pixel) mit 24 oder 30 Bildern pro Sekunde. Aufgrund der noch niedrigen Bildwiederholfrequenz im Kino ist der sog. „Kinoeffekt“ immer noch vorhanden; damit entsteht aber auch die Bewegungsunschärfe (Motion Blur). Die Bildwiederholfrequenzen im Kino werden aber auch steigen. Kinos der Zukunft werden 4K oder 8K – Auflösung mit noch deutlich höheren Bildwiederholraten aufweisen. Bezeichnet man Bildformate mit einem „K“, so meint man damit Kinoformate, obwohl das „K“ nicht für Kino sondern für Kilo steht. TV-Formate sind SDTV, HDTV,

UHD-1 und UHD-2 und diese weisen immer etwas weniger Pixel pro Zeile als deren vergleichbare Kinoformate auf, so z.B. HDTV = 1920 Pixel und nicht 2048 pro Zeile oder UHD-1 = 3840 Pixel und nicht 4096 Pixel pro Zeile. Fälschlicherweise wird aber UHD-1 mit dem Label „4K" beworben.

Die physikalischen Videosignalformate bis hin zu UHDTV sind bereits in Kapitel 5 genauer beschrieben.

7.6.2. Videocodierungsverfahren

Die Grundlagen der Videocodierung wurden bereits ausführlich beschrieben und anhand der bisher am häufigsten verwendeten Standards diskutiert worden:

- MPEG-2 Videocodierung, auch H.262 genannt
- MPEG-4-Part 10 – Videocodierung auch AVC = Advance Video Coding oder H.264 genannt

MPEG-2-Video ist seit Mitte der 1990er Jahre beim digitalen Fernsehen und auch auf der DVD-Video v.a. für SDTV im Einsatz. Nur in den USA (ATSC 1.0), Japan und Australien (DVB-T) wird MPEG-2-Video auch und immer noch für HDTV verwendet. Seit etwa 2005 startete dann MPEG-4 Part 10/AVC/H.264-Video seinen Siegeszug und wird nun für SDTV und HDTV und für jegliche Art von Streaming verwendet. Mit H.264 konnte die Videodatenrate gegenüber H.262 um etwa die Hälfte reduziert werden. Typische komprimierte Videodatenraten sind:

- SDTV in MPEG-2 mit ca. 3…5 Mbit/s
- HDTV in MPEG-2 mit ca. 18…20 Mbit/s
- SDTV in MPEG-4/AVC mit ca. 1.5 … 3 Mbit/s
- HDTV in MPEG-4/AVC mit ca. 8…12 Mbit/s

Mit Hilfe von H.265 soll nun nochmals eine Halbierung der Videodatenraten erreicht werden, bzw. für die zukünftigen UHDTV-Formate Platz geschaffen werden.

7.6.3. Einordung von H.265 in die MPEG-Welt

Bisher sind v.a. die Standards MPEG-1, MPEG-2 und MPEG-4 bekannt und in folgenden Dokumenten beschrieben:

MPEG-1
ISO/IEC 11172-1 MPEG-1 Systems
ISO/IEC 11172-2 MPEG-1 Video
ISO/IEC 11172-3 MPEG-1 Audio (Layer I, II, III)
...
MPEG-2:
ISO/IEC 13818-1 MPEG-2 Systems
ISO/IEC 13818-2 MPEG-2 Video
ISO/IEC 13818-3 MPEG-2 Audio (Layer I, II, III)
ISO/IEC 13818-6 DSM-CC (Data Broadcasting)
ISO/IEC 13818-7 MPEG-2 Advanced Audio Coding
...
MPEG-4:
ISO/IEC 14496-1 MPEG-4 Systems
ISO/IEC 14496-2 MPEG-4 Part 2 Video
ISO/IEC 14496-3 MPEG-4 AAC Audio
ISO/IEC 14496-10 MPEG-4 Part 10 Advanced Video Coding
...

Einen Standard "MPEG-3" gibt es nicht, auch kein MPEG-5 oder MPEG-6. In MPEG-7 ist eine Metadaten-Beschreibung definiert, berührt aber die Rundfunkwelt kaum; deswegen wird hier auch nicht weiter darauf eingegangen. Bei neueren MPEG-Standards hat man die Nomenklatur geändert und ordnet weitere MPEG-Standards nun ein in

MPEG-A	ISO/IEC 23000
MPEG-B	ISO/IEC 23001
MPEG-C	ISO/IEC 23002
MPEG-D	ISO/IEC 23003
MPEG-E	ISO/IEC 23004
MPEG-V	ISO/IEC 23005
MPEG-M	ISO/IEC 23006
MPEG-U	ISO/IEC 23007
MPEG-H	**ISO/IEC 23008**
MPEG-DASH	ISO/IEC 23009

Wichtig hierbei sind v.a. MPEG-H und MPEG-DASH.

Wie Rundfunk und v.a. Fernsehen der Zukunft aussehen wird, weiss noch niemand. Man spricht heute vom linearen Rundfunk oder linearen Fernsehen und meint damit, dass der Zuschauer und Zuhörer das „konsumiert", was die Rundfunkanstalt per Sendeplan gerade ausstrahlt; man wechselt jeweils nur den Kanal, um sich seinem persönlichen Geschmack anzupassen. Alternativen nennt man VoD = Video on Demand oder Pay TV oder nichtlineares Fernsehen usw. Parallel zu den klassischen Verbreitungswegen Terrestrik, Kabel und Satellit gibt es aber auch die Möglichkeit des Streaming über IP. Immer mehr TV- und Radioprogramme verbreiten ihren Inhalt auch über das Internet. Man nennt dies heutzutage OTT = Over the Top TV. Mit OTT werden dann über Internet Video- und Audio-Streaming-Formate für verschiedene Zielgeräte wie Smart Phones, Tablet PCs und PCs mit verschiedenen Betriebssystemen angeboten. Mit MPEG-DASH sind dann neben proprietären Streaming-Formaten auch standardisierte festgelegt worden:

MPEG-DASH
„Dynamic Adaptive Streaming over HTTP (DASH)" ISO/IEC 23009

Der neue Videocodec, der in den nächsten Abschnitten näher besprochen wird wird auch unter MPEG-H geführt:

MPEG-H
MPEG-H ISO/IEC 23008
„ High Efficiency Coding and Media Delivery in Heterogenous Environment"
MPEG-H part 2 ISO/IEC 23008-2 entspricht Video Codec ITU-T H.265 HEVC
MPEG-H part 1: Digital Container
MPEG-H part 2: High Efficiency Video Coding
MPEG-H part 3: 3D Audio
MPEG-H part 5: HEVC Conformance Testing ...
MPEG-H part 8: ...

Soviel zur Standardisierung des neuen Video Codecs.

7.6.4. Schritte der Videocodierung bei H.265

Grundsätzlich handelt es sich auch bei H.265 um einen hybriden Bildcodierstandard, der sich aus den folgenden Bearbeitungsschritten zusammensetzt:

- Eingangssignal-Anpassung (8 Bit anstatt 10 Bit, Entfernung von H- und V-Lücke, 4:2:0 anstatt 4:2:2 usw.)

- Transformationscodierung (DCT, Discrete Cosine Transform, etc.) mit Quantisierung
- Einzelbildcodierung (Intra-Frame-Codierung)
- Differenzbildcodierung (Inter-Frame-Codierung)
- Entropie-Codierung (Redundanzreduktion, Lauflängencodierung, usw.)
- De-Blocking-Filter (seit H.264 zur Unterdrückung von Transformationscodier-Artefakten)

Bei der Bildkompression unterschiedet man zwischen der

- Intra-Frame-Codierung (Codierung von Standbildbestandteilen)
- und der Inter-Frame-Codierung (Codierung von Bewegtbild-Differenzen).

Begriffe wie GOP = Group of Pictures, I-, P- und B-Bilder sucht man in H.265 vergeblich; man findet aber dann Hinweise auf intra-codierte, predictive und bidirectional-codierte Slices. Bei MPEG-2 war ein Slice eine horizontale Reihe von Makroblöcken, bei H.264 und bei H.265 können Slices relativ beliebig über ein Bild hinweg gebildet werden und im Endeffekt auch durch parallel-laufende Prozesse im Encoder bearbeitet werden. Neue Begriffe bei H.265 sind Coding Trees, Coding Quadtrees, Coding Tree Units, Coding Tree Blocks, Transform Unit und Transform Blocks. Bei HEVC gibt es Profiles, Levels und Tiers.

Bei allen Videocodierungsverfahren werden die Bilder zunächst in Makroblöcke und die Makroblöcke dann in immer kleinere Einheiten bis hin zu Blöcken unterteilt. Ein Block besteht dann aus N x N Pixeln. Wie ein Makroblock bis hin zu Blöcken unterteilt wird, hängt vom Verfahren ab; hier unterscheiden sich H.262, H.264 und H.265. Ein Makroblock beschreibt immer ein Bildelement bestehend aus Luminanz (Y) und Chrominanz (Cb, Cr). Mehrere Makroblöcke bilden dann auch einen Slice, um in Gegenwart von Bitfehlern leichter wieder einen Startpunkt für die Dekodierung zu finden, oder ggf. auch eine Möglichkeit für die Parallelisierung bei der Videocodierung zu schaffen. Auch hier unterscheiden sich die Videokompressionsverfahren.

Auf Makroblock-Ebene geschieht die Differenzbild-Codierung; auf Blockebene erfolgt die Transformationscodierung. Bei der Transformationscodierung wird ein Block oder eine bewegungsgeschätzte Blockdifferenz vom Originalbereich in den Frequenzbereich transformiert, so z.B. mit Hilfe der

- DCT = Diskrete Cosinus-Transformation bei MPEG-2
- Hadamar-Transformation
- Short Wavelet Transformation bei JPEG2000
- oder nun bei H.265 auch mit Hilfe der DST = Diskreten Sinustransformation.

Die Blockgrößen hierbei sind

- immer 8 x 8 Pixel bei H.262/MPEG-2
- 4 x 4 Pixel und 2 x 2 Pixel bei H.264/MPEG-4 AVC, sowie
- 64 x 64, 32 x 32, 16 x 16, 8 x 8 und 4 x 4 bei H.265/HEVC.

Die Transformation erfolgt für alle Blöcke der Luminanz- und der Chrominanz.

Eine Differenzcodierung (Prädiktion) erfolgt bei der Intra-Frame-Codierung

- bei MPEG-2/H.262 nur für die DC-Koeffizienten
- bei MPEG-4 AVC/H.264 auch zwischen den Makroblock-Partionen
- bei H.265 innerhalb der Bereiche eines Coding Quadtrees mit Hilfe von DCT oder DST.

Eine Differenzcodierung findet bei allen Bewegtbild-Kompressionsverfahren bei der Differenzcodierung zwischen den Bildern, also bei der Inter-Frame-Codierung statt, sofern sie aktiviert ist. Hierbei wird eine Differenz in Bildrichtung vorwärts, rückwärts oder in beide Richtungen gebildet, wobei

- bei MPEG-2/H.262 jeweils nur ein Bild vorwärts oder rückwärts oder in beide Richtung differenzgebildet wird
- bei MPEG-4/AVC/H.264 bis zu 9 Bilder bei der Differenzbildcodierung beteiligt sein können
- und bei H.265/HEVC erfolgt die Differenzbildcodierung nun innerhalb von Slices über vergleichbar viele Bilder hinweg wie bei H.264; es gibt reine intra-codierte, P-Slices und B-Slices.

Hinsichtlich der weiteren Makroblock-Aufteilung gilt bei

- MPEG-2-Video/H.262: die Einteilung ein Makroblock gleich mehrere Blöcke mit 8 x 8 Pixel für Luminanz und Chrominanz

- MPEG-4/AVC/H.264: die Einteilung ein Makroblock gleich mehrere Partitionen; eine Partition gleich mehrere Blöcke mit 4 x 4 Pixeln bei Luminanz und 2 x 2 Pixeln für Chrominanz
- H.265/HEVC: der Begriff Makroblock wird ersetzt durch den Begriff „Coding Tree Unit“, bestehend aus „Coding Tree Blocks“, mit je nach aktuellem Bildinhalt immer feinerer Detailierung über „Coding Quadtrees“ bis hin zu mehr oder weniger großen „Coding Blocks“ und „Transform Blocks“ von N x N Pixeln (32 x 32, 16 x 16, 8 x 8 und 4 x 4).

7.6.5. HEVC im Detail

Im folgenden werden nun die wesentlichen Details von HEVC = High Efficiency Video Coding oder H.265 besprochen. Die folgende Tabelle vergleicht H.261, H.262, H.264 und H.265.

Die Schlüsselmerkmale von HEVC sind:

- Auflösungen bis hin zu 8K
- Coding Tree Units (CTU), Coding Tree Block (CTB), Coding Unit (CU), Coding Block (CB), Transform Unit (TU), Transform Block (TB) – Struktur
- Multiple Reference Pictures
- Advanced Motion Vector Signalling
- Bewegungskompensation mit höherer Genauigkeit
- Dependent Slice Segments
- DCT - Discrete Cosine Transform für 4x4, 8x8, 16x16, 32x32 - Pixel-Blocks
- verbesserte Intra-Prädiktion durch Verschieben eines Blocks innerhalb eines Einzelbildes in 34 mögliche Richtungen
- DST Discrete Sine Transform für 4x4 Luma Intra Prediction Residuals
- De-blocking-Filter
- 8 Bit und 10 Bit-Profiles (“deep Color Space”).

HEVC/H.265 definiert Ebenen (Tiers), Levels und Profiles. Die zwei Ebenen von HEVC werden mit Main Tier und High Tier bezeichnet. Main Tier ist für Standardanwendungen vorgesehen, High Tier für professionelle Applikationen. Es gibt drei Profiles, nämlich Main Profile, Main 10 Profile und Main Still Picture Profile. Das Main Profile und das Main 10 Profile unterscheiden sich in der möglichen

Bit-Auflösung, nämlich 8 bzw. 8, 9 und 10 Bit. Die Levels beschreiben die maximal möglichen Auflösungen, Bildwiederholraten und Datenraten. Nicht in allen Levels ist ein „High Tier" definiert.

Tabelle 7.3. H.261, H.262, H.264 und H.265 im Vergleich

	H.261	H.262 MPEG-2 video	H.264/AVC	H.265/HEVC
Auflösung (Pixel)	QCIF (174x144), CIF (352x288)	bis zu 1920x1080	bis zu 4096x2304	bis zu 8192x4320
Abtastung	4:2:0	4:2:0, 4:2:2, 4:4:4	4:2:0, 4:2:2, 4:4:4	4:2:0, (4:2:2), (4:4:4)
Interlace	nein	ja	Ja	bisher eigentlich nicht
Blockgröße	16x16	16x16	16x16	8x8,16x16, 32x32, 64x64
Intra-Partition Größe	16x16	16x16	16x16, 8x8, 4x4	4x4, 8x8, 16x16, 32x32
In-loop Filter	nein	Nein	De-Blocking	De-Blocking, weiterentwickelt
Transformation	8x8 DCT	8x8 DCT	4x4, 8x8 Integer DCT	4x4, 8x8, 16x16, 32x32 Integer DCT, 4x4-Integer DST, Transform Skip
Entropy Coding	Zig-zag-scan, VLC	Zig-zag-scan, VLC	Zig-zag-scan, CAVLC, CABAC	hor. and vert. and diag. Scan, CABAC

Tabelle 7.4. Profiles in HEVC

Profile	Erläuterung
Main Profile	4:2:0, 8 bit
Main 10 Profile	4:2:0, 8 to 10 bit
Main Still Picture Profile	4:2:0, 8 bit

Im HEVC-Standard findet man die Begriffe „Group of Pictures" (GOP), I-, P- und B-Bilder zunächst nicht wie in den Vorgängerstandards, in der „Umgangssprache" in diversen Veröffentlichungen wird aber der Begriff GOP aber wieder verwendet. Am Beginn eines H.265-Datenstroms oder am Beginn einer H.265-„GOP" findet ein sog. IDR = Instantaneous Decoding Refresh oder ein CRA = Clean Random Access statt; zu diesem Zeitpunkt wird dann ein intra-codiertes Bild übertragen; hier kann der Decoder neu aufsetzen (z.B. beim Umschalten bzw. „Zappen" von einem Programm zum nächsten).

Bei HEVC wird jedes Bild in mehr oder weniger große Slices (ähnlich flexibel wie bei H.264) unterteilt. Ein Slice dient der Parallelisierbarkeit bei der Videocodierung, sowie der leichteren Wiederaufsynchronisierbarkeit bei der Decodierung; er ist in Coding-Tree-Units unterteilt, die wiederum aus Coding-Tree-Blocks der Komponenten Y, C_B, C_R bestehen. Die Coding-Tree-Unit ersetzt hierbei den Begriff „Makroblock" der Vorgängerstandards. Die Bewegtbildcodierung ist bei H.265 innerhalb der Slices organsiert; es gibt nun Intra-Slices, Predicted-Slices und Bidirectional-Slices. Eine Coding Tree Unit ist bis zu 64x64 Pixel groß und stellt quasi das kleinste gemeinsame Vielfache für alle drei Layer – Luminanz, C_B und C_R dar. Eine Coding Tree Unit besteht aus wiederum aus Coding Blocks. Jeder Coding Block besteht aus N x N Pixeln. Und genau hier – beim weiteren Herunterbrechen eines Coding Blocks in Transform Blocks und Pixel unterscheidet sich H.265/HEVC von den Vorgängerstandards H.262 (MPEG-2-Video), H.264 (MPEG-4-AVC).

Eine „Unit" ist bei H.265 immer die Kombination aller Component Layer, ein „Block" beschreibt bei H.265 einen Bereich aus NxM oder NxN Pixeln eines Component Layers (Y, C_B, C_R), d.h. eine Unit besteht aus Blocks.

Tabelle 7.5. Levels in HEVC

Level	Auflösung [Pixel n x m]	max. Bildwieder-wieder-holfrequenz [1/s]	Main Tier max. Daten-rate [Mbit/s]	High Tier max. Daten-rate [Mbit/s]
1	128x96 176x144	33.7 15	0.128	--
2	176x144 352x288	100 30	1.5	--
2.1	352x288 640x360	60 30	3	--
3	640x360 720x576 960x540	67.5 37.5 30	6	--
3.1	720p HD	33	10	-
4	720p HD 1080p HD	68 32	12	30
4.1	720p HD 1080p HD	136 64	20	50
5	720p HD 1080p HD 3840x2160	272 128 32	25	100
5.1	720p HD 1080p HD 3840x2160	300 256 64	40	160
5.2	1080p HD 3840x2160	300 128	60	240
6	3840x2160 7680x4320	256 32	60	240
6.1	3840x2160 7680x4320	300 64	120	480
6.2	7680x4320	128	240	800

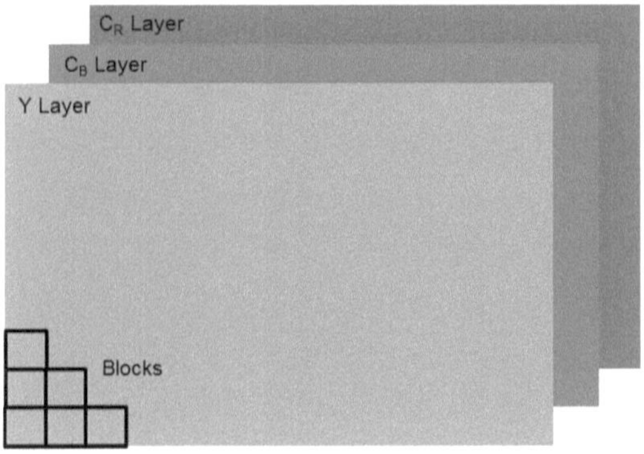

Abb. 7.42. Blockbildung in allen drei Layern bei H.262 bis H.265; bei H.265 wird der Begriff Block durch Begriffe wie Coding Tree Block, Transform Block, ... ersetzt und wird „granularer“ eingeteilt

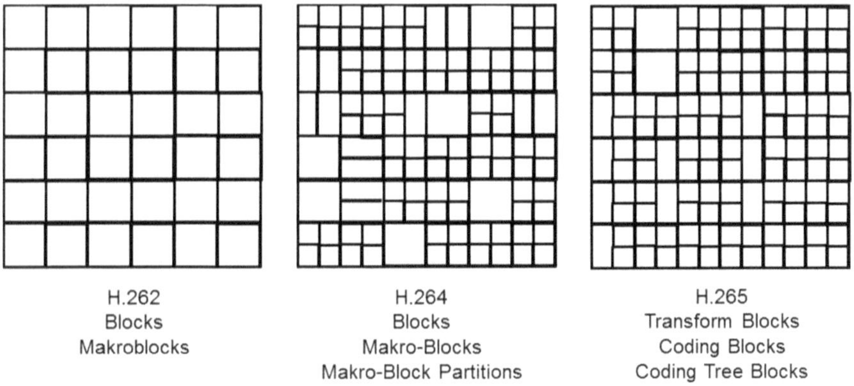

Abb. 7.43. Blockeinteilung bei H.262, H.264 und H.265

Bei H.265/HEVC wird der Coding Tree Block dann je nach aktuellem partiellen Bildinhalt weiter in kleinere „Tiles“ unterteilt nach sog. „Coding Quadtree“-Verläufen. Diese Aufteilung erfolgt für alle Layer (Luminanz und Chrominanz) und führt zu verschieden großen sog. Prediction Blocks (PB), Coding Blocks (CB) und Transform Blocks (TB). Auf Prediction Block – Ebene wird die Intra und Interframe-Codierung vorgenommen; auf Transform Block – Ebene wird die Transformationscodierung durchgeführt. Die maximale Größe eines Transform Blocks ist 32x32 Pixel, die minimale Größe 4x4 Pixel. Die maximale Größe eines Prediction Blocks ist 64x64 Pixel.

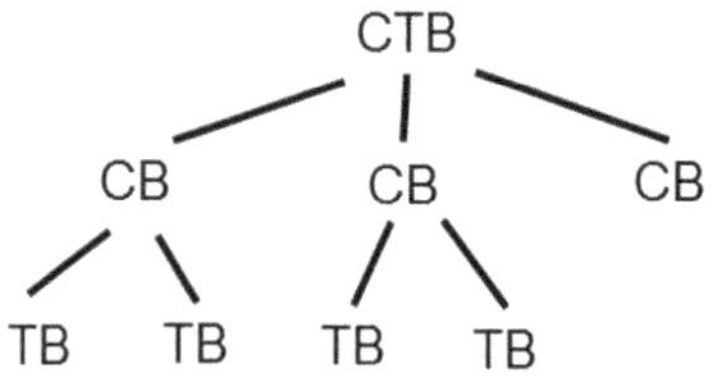

Abb. 7.44. Einteilung, Verfeinerung eines Coding Tree Blocks (CTB) in Coding Blocks (CB) und Transform Blocks (TB)

Man kann sich den Übergang von H.262/MPEG-2 über H.264/MPEG-4 nach H.265/HEVC so vorstellen, dass die Verfeinerung der Makroblockstrukturen - nur nennt wird der Begriff Makroblock bei HEVC durch den Begriff Coding Tree Unit ersetzt - immer mehr „bedarfsgerecht" an das aktuell zu codierende Bild angepasst werden können. D.h. der Videocoder kann bei HEVC grobe Makroblockmuster wählen, wo wenig Bilddetails vorliegen und feinere Stukturen wählen, dort wo mehr Bilddetails zu codieren sind (siehe auch Abb. 7.43. und 7.49.). Bei H.262 endete die Verfeinerung beim Block, bzw. Makroblock, bei H.264 wurde ein Makroblock in bedarfsgerechte Makroblock-Partitionen eingeteilt und bei H.265 wird der Coding Tree Block entlang von sog. Coding Quadtrees bedarfsgerecht verfeinert.

Man unterscheidet bei HEVC/H.265 zwischen

- CTU = Coding Tree Unit (bestehend aus Coding Tree Blocks der verschiedenen Components Y, C_B, C_R)
- CU = Coding Unit
- PU = Prediction Unit (64x64, … 4x4 Pixel-Einheit, auf der die Intra- oder Inter-Prädiktion stattfindet)
- TU = Transform Unit (mehrere Transform Blocks gleicher Transformationscodierungsart)
- CTB = Coding Tree Block
- CB = Coding Block
- PB = Prediction Block
- TB = Transform Block (NxN-Block, der der Transfomationscodierung unterworfen wird))

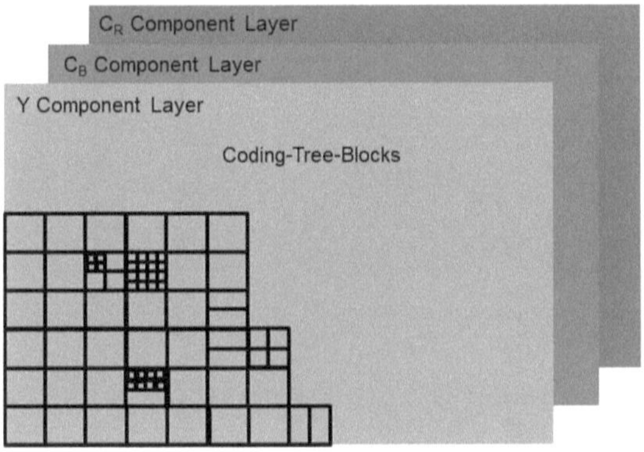

Abb. 7.45. Verfeinerung von Coding-Tree-Blöcken entlang von Coding Quadtree Strukturen

Am Ende bleibt dann ein Transform Block (= NxN-Block einer bestimmten Größe) für jeden Component Layer (Y, C_B, C_R) übrig, der dann per Transformationscodierung (Abb. 7.47.) in den Frequenzbereich überführt wird; dort findet dann die bekannte Energiekonzentration auf wenige Werte, sowie die Quantisierung statt. Bei der Transformationscodierung (Abb. 7.47.) kommt die DCT = Diskete Cosinus-Transformation zum Einsatz bei einer maximalen Blockgrösse von 32x32 Pixeln und einer minimalen Blockgrösse von 4x4 Pixeln. Bei der Intra-Codierung ist auch eine DST = Diskrete Sinustransformation möglich. Nach der Transformation erfolgt die Quantisierung; erst dieser Schritt ist verlustbehaftet (Irrelevanz-Reduktion). Durch Entropiecodierung mittels CABAC (Context-based Adaptive Binary Arithemtic Coding) findet dann eine Redundanzreduktion statt.

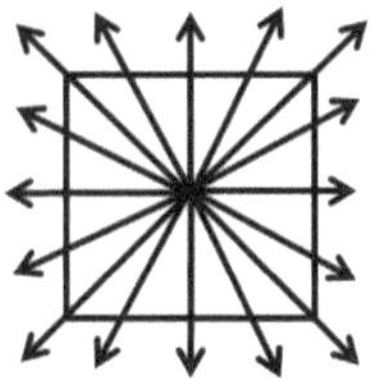

Abb. 7.46. Intra-Codierung durch Verschieben eines Blocks innerhalb eines Bildes bei H.264 (8 Modi) und H.265 (34 Modi)

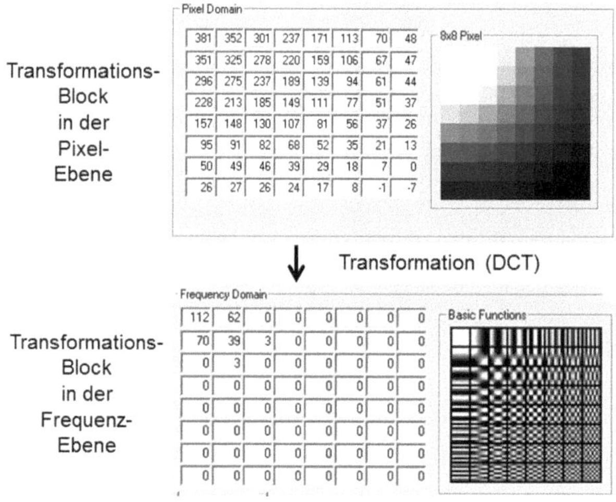

Abb. 7.47. Transformationscodierung

Differenzcodierung gab es bei H.262 nur auf Differenzbildebene, also bei der sog. Inter-Frame-Codierung. Meist wird jedoch auch nicht erwähnt, dass auch bei den DC-Koeffizienten bei H.262/MPEG-2-Video eine Differenzcodierung zwischen benachbarten Blöcken stattfindet. D.h. die Intra-Frame-Codierung, also die Codierung von Bildbestandteilen innerhalb eines Bildes erfolgt bei H.262 durch DCT-Transformationscodierung und einer Differenzcodierung der DC-Werte des transformierten Blocks.

Bei H.264 ist die Intra-Codierung, also die Einzelbildcodierung insofern weiterentwickelt worden, als dass sich nun ein Block auch durch Verschieben von Blöcken und Beschreibung mit Verschiebungsvektoren codieren lässt (Abb. 7.46.); die Differenz wird dann wieder DCT-codiert.

H.265 hat eine deutlich feinere Block-Verschiebungsvektor-Winkelauflösung (34 Winkelrichtungen anstelle von 8 beim Vorgängerstandard H.264) bei der Intra-Codierung (Abb. 7.46.). Und es ist auch möglich, die DST = Diskrete Sinus Transformation bei der Codierung von benachbarten Blöcken innerhalb eines Einzelbildes anzuwenden, wenn dies zu effizienteren Ergebnissen führt. Die DST macht hier Sinn, weil sie ggf. besser zur Musterbeschreibung innerhalb eines Einzelbildes (Bildhintergrund) verwendet werden kann. Das ist hier kein Widerspruch hinsichtlich des früher beschriebenen Gibbschen Phänomens.

Das folgende De-Blocking-Filter hat die Aufgabe evtl. Blocking-Artefakte aufgrund der Transformationscodierung zu verschleiern. Bei der De-Blocking-Filterung wird gezielt nach ursprünglich nicht im Bild vorhandenen Kanten gesucht und diese werden dann so gut wie möglich eliminiert.

In Abb. 7.48. ist das Blockdiagramm des hybriden HEVC-Videoencoders dargestellt. Man erkennt, dass der HEVC-Encoder einen HEVC-Decoder enthält.

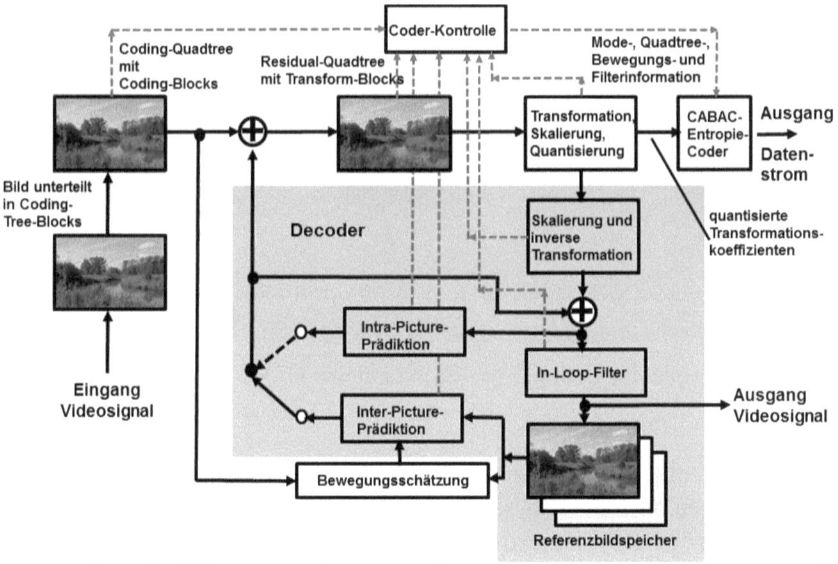

Abb. 7.48. Blockdiagramm eines HEVC-Encoders mit integriertem Decoder [FKT_2013_HEVC]

7.6.6. Zusammenfassung, Ausblick und Entwicklung bis hin zu UHDTV

HEVC ist eine Weiterentwicklung und Verfeinerung der hybriden Bildcodierung (Abb. 7.48.) des Vorgängerstandards AVC und erlaubt ein weitere Reduzierung der Bilddatenrate um etwa 50 %. Bestand bei H.262 die Intra-Frame-Codierung noch nur aus der Transformationscodierung von Blöcken, sowie der Differenzcodierung der DC-Werte, so wurde die Intra-Codierung bei H.264 bereits in Richtung Differenzcodierung von Blöcken erweitert. Bei H.265 erfolgte hier eine weitere Evolution. Bei H.262 wurde ein Makroblock in Blöcke unterteilt; bei H.264 besteht ein Makroblock aus

Makroblockpartionen und diese dann aus Blöcken; bei H.265 wird der Begriff Makroblock durch den Begriff „Coding Tree Unit“ ersetzt und über Coding Quadtrees weiter zerlegt.

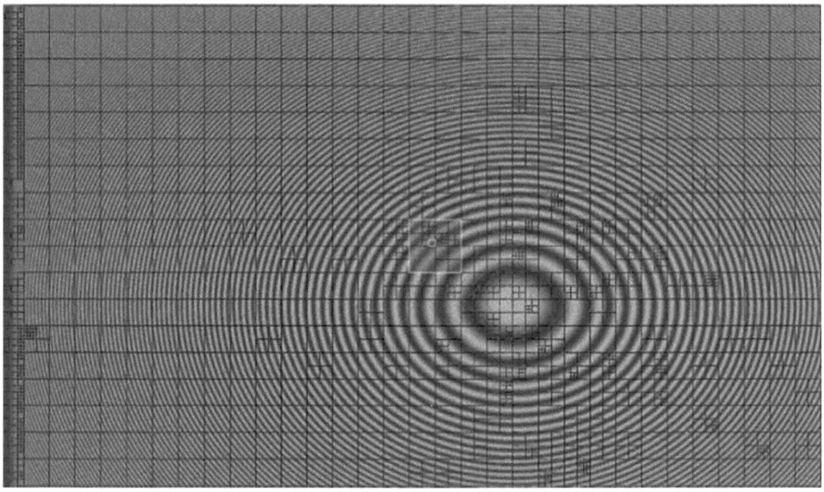

Abb. 7.49. Beispiel für Coding Tree–Strukturen bei HEVC

Die TV-Endgeräte weisen einen klaren Trend zu deutlich größeren Bilddiagonalen auf, als man sie jahrzehntelang in den Wohnzimmern vorgefunden hat bei teilweise extrem schlanken Abmessungen hinsichtlich der Gerätetiefe, wodurch sie sehr einfach in den Wohnraum integriert werden können. Dies führt aber gleichzeitig zu höheren Anforderungen bei der Bildqualität. UHDTV = Ultra High Definition Television geht diesen Weg; UHDTV-Datenraten des unkomprimierten Videomaterials liegen aber nun bei 12 Gbit/s und werden auch noch höher werden, wenn die Bildwiederholfrequenz weiter angehoben wird. Damit einher gehen Notwendigkeiten nach besserer Bildkomprimierung, die jetzt mit H.265 = HEVC gestillt werden können. Gleichzeitig kann mit HEVC die Videodatenrate von komprimierten SDTV-Signalen auf unter 1 Mbits/s und die Videodatenrate von HDTV-Signalen auf unter 4 Mbit/s abgesenkt werden.

Literatur: [ITU13818-2], [TEICHNER], [GRUNWALD], [NELSON], [MÄUSL4], [REIMERS], [ITU-T H.264], [HEVC], [FKT_2013_HEVC]

8 Audiocodierung

Zu den wichtigsten Sinnen des Menschen gehören Sehen und Hören. Rundfunk beschäftigt sich mit der Übertragung von Information für diese Sinne. Vergleich man beide Sinne miteinander so stellt man fest, dass das Sehen eine sehr breitbandige breitbandige Informationsquelle mit einer Dynamik von etwa 50 dB darstellt. Hören ist schmalbandig und kann in Bezug auf die Bandbreite des Ohres auch relativ genau beschrieben werden mit ca. 15 bis 20 kHz; die Dynamik des menschlichen Ohres umfasst einen Bereich von über 100 dB. Entsprechend dem Seh- und Hörvermögen müssen die dem Auge angebotenen Rundfunksignale auch aufbereitet, bzw. aufgebaut sein. Bildsignale mit etwa 8 Bit Auflösung zu beschreiben ist weitestgehend ausreichend, auch wenn die Signalverarbeitung in den Studios schon lange 10 Bit unterstützt und auch die Endgeräte in Zukunft höhere Auflösung unterstützen werden. Audiosignale hingegen müssen mit 16 Bit oder mehr beschrieben werden. Die Quelldatenraten von Video- und Audiosignalen unterscheiden sich gewaltig. Während mit 1.44 Mbit/s auf der Audio-CD hervorragende Qualität für ein unkomprimiertes Stereo-Audiosignals erzielt wird, so reichen 270 Mbit/s gerade mal aus, um ein unkomprimiertes Standard Definition Video Signal (SDTV) zu transportieren. Dafür können aber Audiosignale längst nicht so stark komprimiert werden wie Videosignale. Man kann grundsätzlich feststellen, dass der Kompressionsfaktor von Videosignalen bei eins zu hundert bis zweihundert liegen kann, der Kompressionfaktor von Audiosignalen jedoch nur bei eins zu zehn bis zwanzig zu erwarten ist. In beiden Fällen – bei der Video- und Audiosignal-Quellcodierung findet eine sog. Wahrnehmungscodierung (engl. Perceptual Coding) statt, bei der die Kenntnis über die Anatomie des menschlichen Sehens und Hörens berücksichtigt wird und bei der für Auge und Ohr nicht relevante Inhalte aus den Video- und Audiosignalen entfernt und somit nicht gespeichert bzw. übertragen werden.

8.1 Das digitale Audioquellensignal

Das menschliche Ohr weist eine Dynamik von etwa 140 dB und eine Hörbandbreite von bis zu 20 kHz auf. Folglich müssen hochqualitative Audiosignale diesem Anspruch genügen. Bevor man diese zunächst analogen Audiosignale abtastet und digitalisiert, müssen diese durch ein Tiefpassfilter bandbegrenzt werden. Die Analog-Digital-Wandlung erfolgt dann mit einer Abtastrate von 32, 44.1 oder 48 kHz (und jetzt auch 96 kHz) bei einer Auflösung von mindestens 16 Bit. 44.1 kHz Abtastrate entspricht der Audio-CD, 48/96 kHz entsprechen Studioqualität. 32 kHz Abtastfrequenz sind zwar bei MPEG im Standard noch vorgesehen, aber mittlerweile veraltet. Eine Abtastrate von 48 kHz bei 16 Bit Auflösung ergibt dann z.B. eine Datenrate von 786 kbit/s pro Kanal. D.h. das sind dann also etwa 1.5 Mbit/s für ein Stereosignal (Abb. 8.1.).

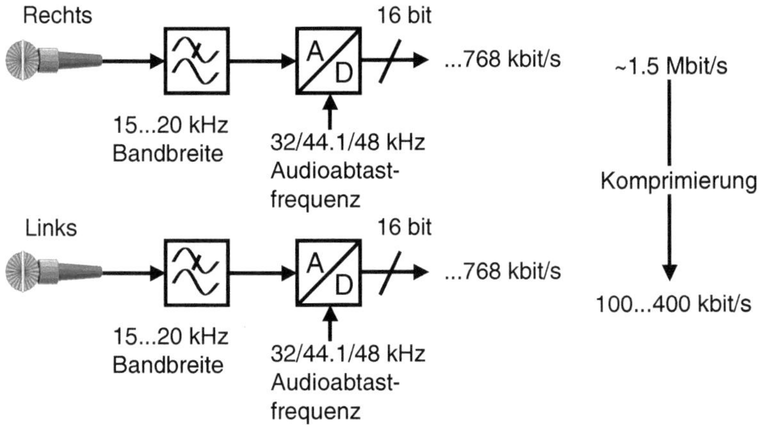

Abb. 8.1. Digitales Audioquellensignal

Aufgabe der Audiokomprimierung ist es nun, diese Datenrate von 1.5 Mbit/s auf etwa 100...400 kbit/s zu reduzieren, typ. 192 kbit/s. Bei den heutzutage sehr weit verbreiteten MP3-Audiofiles findet man auch eine Datenrate von 32…64 kbit/s. Man erreicht dies wie auch bei der Videokomprimierung durch Anwendung von Redundanz- und auch Irrelevanzreduktion. Bei der Redundanzreduktion werden überflüssige Information einfach weggelassen, es tritt kein Informationsverlust auf. Bei der Irrelevanzreduktion hingegen lässt man Informationen weg, die der Empfänger - in unserem Fall das menschliche Ohr - nicht wahrnehmen kann. Alle Audiokompressionsverfahren basieren auf dem psychoakustischen Modell, d.h. sie nutzen "Unzulänglichkeiten" des menschlichen Ohres aus, um eine Irrelevanzreduktion im Audiosignal vornehmen zu können. Das menschliche Ohr vermag Schallereignisse, die nahe an einem starken Schallereignis in zeitlicher oder in Frequenzrichtung liegen, nicht wahrzunehmen. Schallereignisse maskieren also für das Ohr bestimmte andere Schallereignisse geringerer Amplitude.

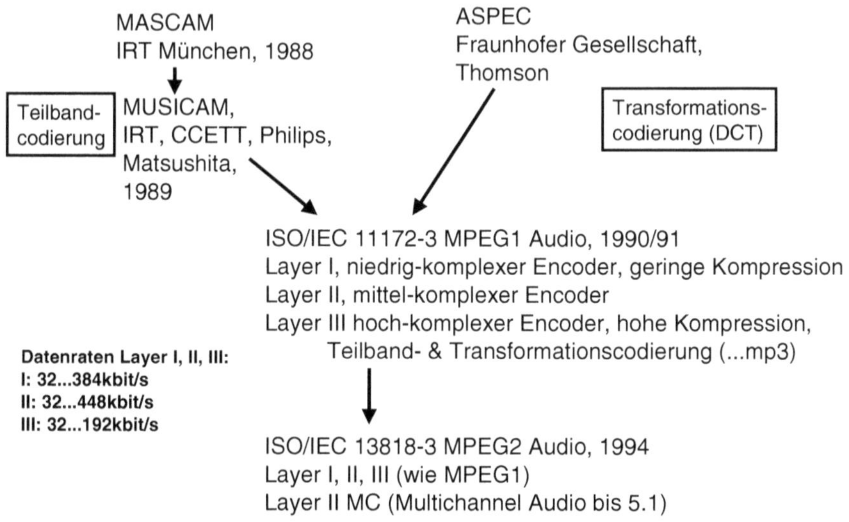

Abb. 8.2. Entwicklung von MPEG-Audio [DAMBACHER]

8.2 Geschichte der Audiokomprimierung

Im Jahre 1988 wurde am Institut für Rundfunktechnik (IRT) in München in Vorarbeiten zu Digital Audio Broadcasting (DAB) zunächst das MASCAM-Verfahren (Masking-Pattern Adapted Subband Coding And Multiplexing) (siehe Abb. 8.2.) entwickelt, aus dem dann 1989 in Zusammenarbeit mit CCETT, Philips und Matsushita das MUSICAM-Verfahren (Masking-Pattern Universal Subband Integrated Coding and Multiplexing) entstand.

MUSICAM-codierte Audiosignale werden bei DAB (Digital Audio Broadcasting) eingesetzt. Sowohl MASCAM als auch MUSICAM verwendet das sog. Teilbandcodierungsverfahren. Ein Audiosignal wird in viele Teilbänder aufgespaltet und jedes Teilband wird dann mehr oder weniger irrelevanzreduziert.

Parallel zu diesem Teilbandcodierungsverfahren wurde von der Fraunhofer Gesellschaft und Thomson das ASPEC-Verfahren (Adaptive Spectral Perceptual Entropy Encoding) fixiert, das nach dem Prinzip der Transformationscodierung arbeitet. Man führt hierbei das Audiosignal mit Hilfe der DCT (Diskrete Cosinus-Transformation) vom Zeitbereich in den Frequenzbereich über, um dann irrelevante Signalanteile zu entfernen.

Sowohl das teilbandorientierte MUSICAM- als auch das transformationscodierende ASPEC-Verfahren (Abb. 8.2.) sind dann in das MPEG-1-Audiokompressionsverfahren eingeflossen, das 1991 festgeschrieben wurde (Standard ISO/IEC 11172-3). MPEG-1-Audio besteht aus 3 möglichen Layern: Layer I und Layer II verwenden im Prinzip die MUSICAM-Codierung, das ASPEC-Verfahren findet man in Layer III. MP3-Audiofiles sind codiert gemäß MPEG-1 Layer III. MP3 wird oft fälschlicherweise mit MPEG-3 verwechselt. MPEG-3 hatte ursprünglich HDTV (High Definition Television) als Ziel; nachdem aber HDTV schon in MPEG-2 integriert wurde, wurde MPEG-3 übersprungen und gar nicht erst in Angriff genommen - es gibt also kein MPEG-3.

Bei MPEG-2-Audio wurden die drei Layer aus MPEG-1-Audio übernommen und Layer II wurde erweitert auf Layer II MC (Multichannel). Der MPEG-2-Audiostandard ISO/IEC13818-3 wurde 1994 verabschiedet.

Parallel zu MPEG-Audio wurde von den Dolby Labs in den USA der Dolby-Digital-Audio-Standard - auch AC-3 Audio (Audio Coding – 3) genannt - entwickelt. Dieser Standard wurde 1990 fixiert und erstmals im Dezember 1991 beim Kinofilm "Star Track VI" öffentlich demonstriert. Heutzutage werden alle großen Kinofilme mit Dolby Digital - Ton produziert. In den USA wird beim digitalen terrestrischen Fernsehstandard ATSC ausschließlich AC-3-Ton übertragen. Viele andere Länder weltweit verwenden jetzt zusätzlich zu MPEG-Audio auch AC-3-Audio. Moderne MPEG-Decoder-Chips unterstützen beide Verfahren. Auch auf der Video-DVD kann neben PCM-Ton und MPEG-Ton auch Dolby Digital AC-3 - Audio aufgezeichnet sein. Hier ist nochmals tabellarisch die Entwicklungsgeschichte von Dolby Digital:

- 1990 Dolby Digital AC-3 Audio
- 1991 erste Kinovorführung eines AC-3-Audio codierten Filmes
- Dez. 1991 „Star Track VI“ mit AC-3-Audio
- Heute: AC-3 bei allen Kinofilmen Standard, angewendet bei ATSC und weltweit in MPEG-2-Transportströmen zusätzlich zu

MPEG-Audio (DVB), außerdem auf der DVD. Dolby AC-3 Audio: Transformierungs-Coding unter Anwendung der Modifizierten Diskreten Cosinus Transformation (MDCT), 5.1 Audio Kanäle (Links, Mitte, Rechts, Links Surround, Rechts Surround, Subwoofer); 128 kbit/s pro Kanal.

Auch bei MPEG ging die Entwicklung weiter; es gibt hier folgende weitere Audiocodierungsverfahren:

- MPEG-2 AAC ISO/IEC 13818-7 AAC = Advanced Audio Coding
- MPEG-4 ISO/IEC 14496-3, AAC und AAC Plus

8.3 Das psychoakustische Modell des menschlichen Ohres

Doch nun kommen wir nun zum Audiokomprimierungsverfahren selbst. Durch verlustfreie Redundanzreduktion, sowie verlustbehaftete Irrelevanzreduktion wird dem ursprünglichen Audiosignal bis zu etwa 70% bis 90% Datenrate entzogen. Bei der Irrelevanzreduktion greift man auf das sog. psychoakustische Modell des menschlichen Ohres zurück, das vor allem auf Arbeiten von Prof. Zwicker (ehemals TU München, Lehrstuhl für Elektroakustik) zurückgeht. Man spricht hier von einer sog. "Wahrnehmungscodierung". Audiobestandteile, die das menschliche Ohr nicht wahrnimmt, werden nicht übertragen.

Betrachten wir zunächst den anatomischen Aufbau des menschlichen Ohres (Abb. 8.3., sowie Abb. 8.4.). Es besteht im Prinzip aus drei Abschnitten, dem äußeren Ohr, dem Mittelohr und dem Innenohr. Das äußere Ohr samt Gehörgang bildet eine Impedanzanpassung, Schall-Luftleitung und ein Filter, das eine leichte Resonanzüberhöhung in der Gegend von 3 kHz aufweist. Im Bereich von 3...4 kHz ist das menschliche Ohr auch am empfindlichsten. Das Trommelfell wandelt dann die Schallwellen in mechanische Schwingungen um, um sie dann über Hammer, Amboss und Steigbügel auf eine Fenstermembran des Hörorgans im Innenohr zu übertragen. Vor und hinter dem Trommelfell muss der gleiche Luftdruck herrschen. Um dies zu gewährleisten, gibt es eine Verbindung des Raums hinter dem Trommelfell mit dem Rachenraum, die sog. Eustachische Röhre. Jeder kennt die Druckausgleichsprobleme beim Erklimmen größerer Höhen. Durch Schlucken bringt man die Schleimhaut in der Eustachischen Röhre dazu, den Weg zum Druckausgleich frei zu machen.

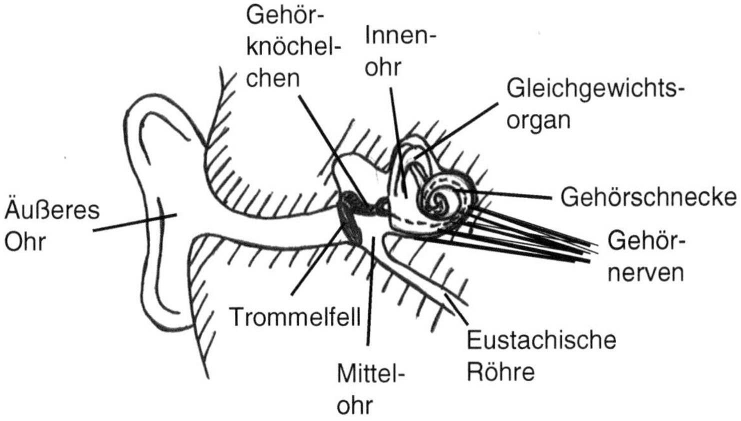

Abb. 8.3. Anatomie des menschlichen Ohres

Im Innenohr findet man sowohl das sich aus mehreren flüssigkeitsgefüllten Bögen zusammensetzende Gleichgewichtsorgan, als auch die Gehörschnecke. Bei der Hörschnecke handelt es sich um das aufgerollte eigentliche Hörorgan. Würde man die Hörschnecke abwickeln, so würde man am Eingang zunächst die Sensoren für die hohen, dann die mittleren und am Ende für die tiefen Frequenzen vorfinden.

Der Gehörschneckengang ist durch eine von vorne nach hinten breiter werdende Membran in zwei Teile eingeteilt. Auf dieser Membran sitzen die frequenzselektiven Tonerfassungssensoren (Rezeptoren), von denen die Gehörnerven zum Gehirn laufen. In den Hörnerven laufen elektrische Signale, die eine Amplitude von etwa 100 mV_{ss} aufweisen. Die Wiederholrate der elektrischen Impulse liegt in der Größenordnung von 1 kHz; in der Wiederholrate steckt die Information, wie laut oder leise ein Ton bei einer bestimmten Frequenz ist. Je lauter ein Ton ist, desto höher ist die Wiederholrate. Jeder Frequenzsensor hat eine eigene Nervenleitung zum Gehirn. Die Frequenzselektivität der Sensoren ist am größten bei niedrigen Frequenzen und nimmt in Richtung höhere Frequenzen ab.

Betrachten wir nun die für die Audiocodierung interessanten Eigenschaften des menschlichen Ohres. Zunächst einmal ist die Empfindlichkeit des Ohres sehr stark frequenzabhängig. Töne unter 20 Hz und über 20 kHz sind praktisch nicht hörbar. Am empfindlichsten ist das Ohr bei etwa 3...4 kHz, dann nimmt diese Empfindlichkeit nach unten und nach oben hin ab. Töne mit einem Pegel unter einer bestimmten Schwelle, der sog. Hörschwelle werden vom Ohr nicht mehr wahrgenommen. Die Hörschwelle (Abb. 8.5.) ist frequenzabhängig. Falls im Audiosignal Töne irgendwo im Spektrum unter der Hörschwelle liegen, brauchen diese nicht übertragen werden; sie sind irrelevant für das menschliche Ohr. In Abb. 8.5. ist der prinzipielle Verlauf der Hörschwelle über der Frequenz dargestellt.

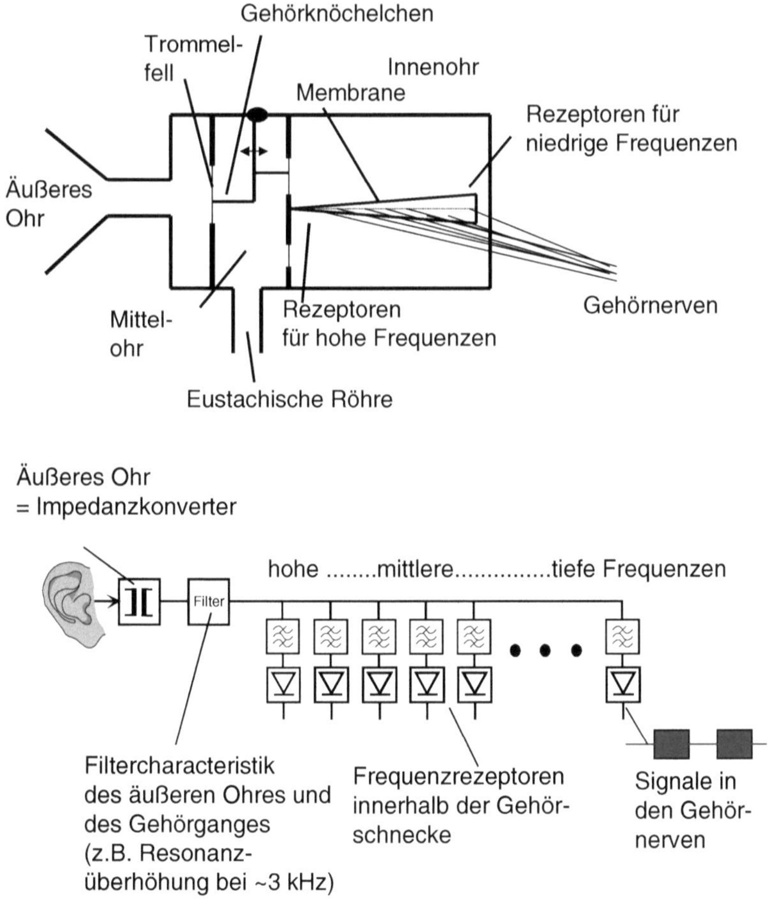

Abb. 8.4. Technisches Modell des menschlichen Ohres

Nun zur nächsten für die Audiocodierung wichtigen Eigenschaft des menschlichen Ohres, dem sog. Maskierungsverhalten. Nimmt man als Testsignal für das Ohr eines Probanden z.B. einen Sinusträger bei 1 kHz und untersucht die Gegend um 1 kHz mit ebenfalls sinusförmigen Trägern und variiert Frequenz und Amplitude dieser Testsignale, so wird man feststellen, dass diese Testsignale unterhalb einer gewissen frequenzabhängigen Schwelle um 1 kHz herum nicht mehr hörbar sind. Man spricht von einer Mithörschwelle oder Maskierungsschwelle (Abb. 8.6.). Der Verlauf der Maskierungsschwelle hängt von der Frequenz des maskierenden Signals ab. Der maskierte Bereich ist umso breiter, je höher die Frequenz des maskierenden Signals wird. Diese Eigenschaft des Ohres nennt man Maskierung im Frequenzbereich. Wichtig für die Audiocodierung ist hierbei, dass man Tonbestandteile, die sich unterhalb irgend einer Maskierungsschwelle befinden, nicht zu übertragen braucht.

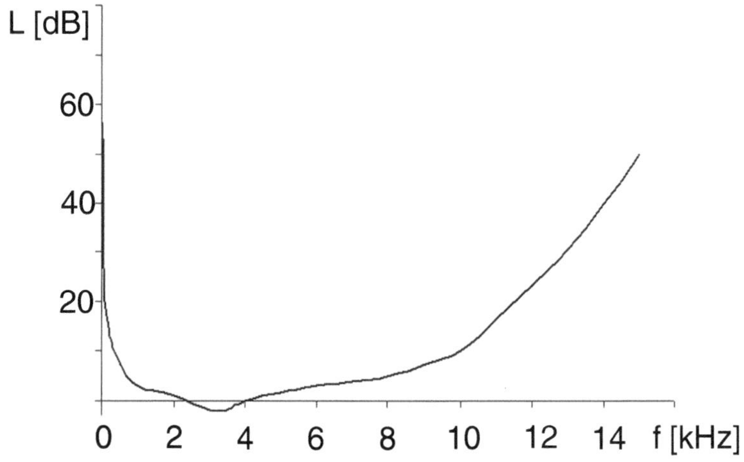

Abb. 8.5. Verlauf der Hörschwelle

Maskierungsverhalten gibt es jedoch nicht nur im Frequenzbereich, sondern auch im Zeitbereich (Abb. 8.7.). Ein starker Impuls im Zeitbereich maskiert Töne im Bereich vor dem Impuls, als auch dahinter, sofern sie sich unter einer bestimmten Schwelle befinden. Dieser Effekt, speziell die zeitliche Vormaskierung ist nur schwer vorstellbar, aber durchaus erklärbar. Dieser Effekt kommt von der zeitlich endlichen Auflösung des Ohres in Verbindung mit der Art und Weise wie die Signale über die Hörnerven zum Gehirn übertragen werden.

Bei den bisher bekannten Audiokomprimierungsverfahren wird aber nur das frequenzmaskierende Verhalten des menschlichen Ohres berücksichtigt und zwar bei allen Verfahren in sehr ähnlicher Form.

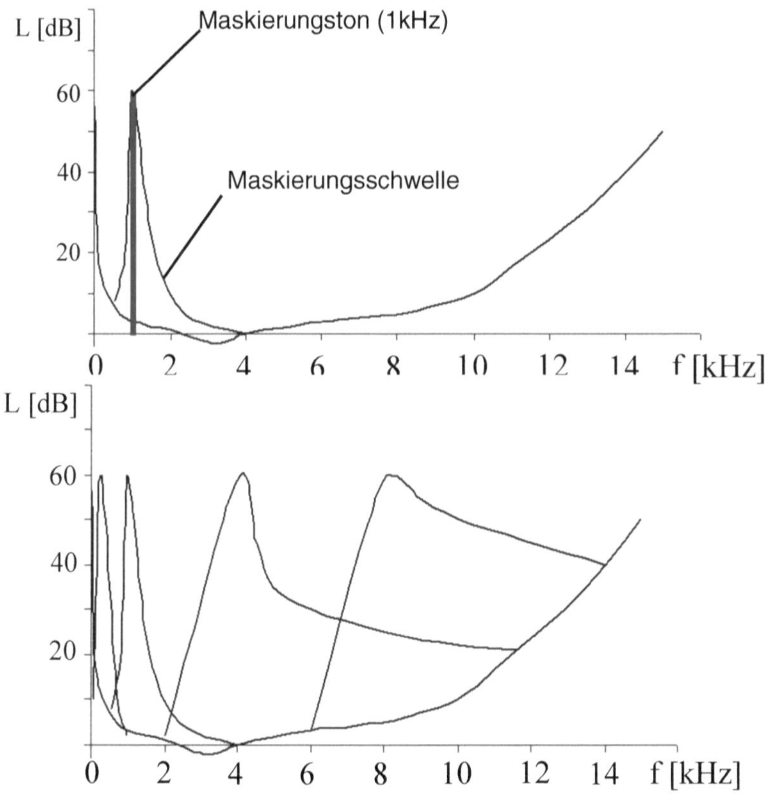

Abb. 8.6. Maskierung im Frequenzbereich

8.4 Grundprinzip der Audiocodierung

Bevor wir nun gleich auf das Prinzip der Irrelevanzreduktion bei Audio näher eingehen, nun aber noch eine Betrachtung des Quantisierungsrauschens. Steuert man einen Analog/Digital-Wandler voll mit einem sinusförmigen Signal aus, so ergibt sich bei einer Auflösung von N Bit ein Signal-Störabstand bedingt durch entstehendes Quantisierungsrauschen von etwa 6 mal N dB (Faustformel) (Abb. 8.8.). Bei 8 Bit Auflösung erhält man also etwa 48 dB und bei 16 Bit Auflösung etwa 96 dB Störabstand. Üblicherweise tastet man Audiosignale mit 16 oder mehr Bit ab. 16 Bit Auflösung entsprechen aber immer noch nicht dem Dynamikbereich des menschlichen Ohres, der etwa bei 140 dB liegt.

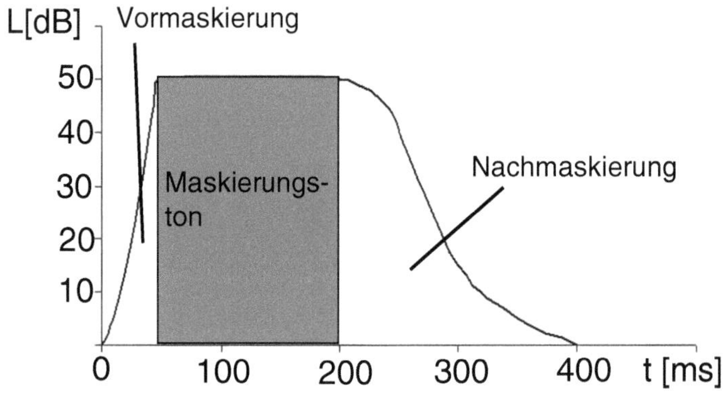

Abb. 8.7. Maskierung im Zeitbereich

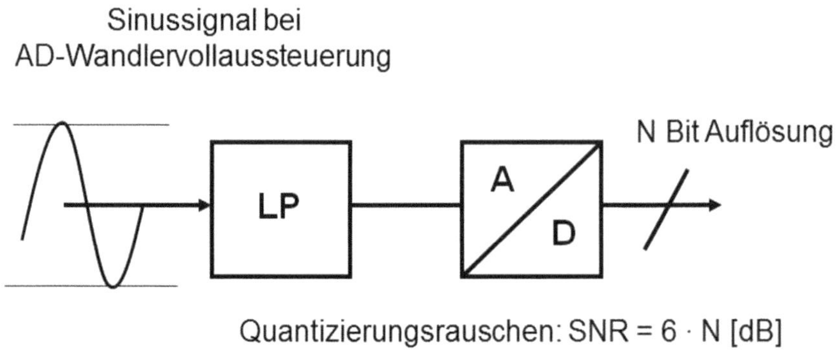

Abb. 8.8. Quantisierungsgeräusch nach AD-Wandlung

Kommen wir nun zum Grundprinzip der Audiocodierung (Abb. 8.9). Das digitale Audioquellensignal wird im Coder aufgespaltet in zwei Zweige und nun sowohl einem Filterprozess, als auch einen Frequenzanalysator zugeführt. Der Frequenzanalysator führt mit Hilfe einer Fast Fourier Transformation (FFT) eine Spektrumanalyse durch und ermittelt zeitlich in grober Auflösung, dafür frequenzmäßig in feiner Auflösung die aktuellen Audiosignalbestandteile. Mit der Kenntnis des Psychoakustischen Modells (Maskierungsverhalten) ist es nun möglich, im aktuellen Signal irrelevante Frequenzanteile zu identifizieren.

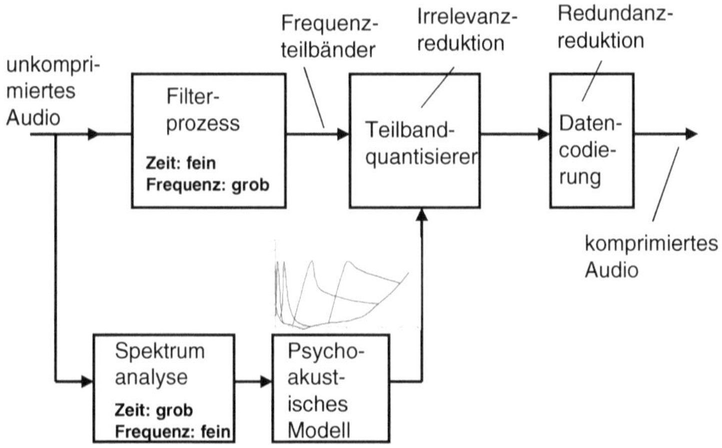

Abb. 8.9. Prinzip der Wahrnehmungscodierung bei der Audiocodierung

Durch den parallel hierzu durchgeführten Filterprozess wird das Audiosignal in viele Frequenzteilbänder aufgespaltet. Nun kann es sein, dass ein Teilband durch Signale in anderen Teilbändern komplett maskiert wird, d.h. das Signal in diesem Teilband liegt vom Pegel her unter der Mithörschwelle. In diesem Fall braucht man dieses Teilband nicht zu übertragen; die Information ist komplett irrelevant für das menschliche Ohr. Der Filterprozess, der das Audiosignal zerlegt, muss eine feine zeitliche Auflösung haben, d.h. es dürfen keine Informationen in Zeitrichtung verloren gehen; es genügt aber eine grobe Auflösung in Frequenzrichtung. In Bezug auf die Irrelevanzreduktion gibt es eine zweite Möglichkeit. Es kann sein, dass Signale in Teilbändern zwar über der Maskierungsschwelle liegen, aber evtl. nur leicht darüber. In diesem Fall reduziert man die Quantisierung in diesem Teilband so, dass das Quantisierungsgeräusch in diesem Teilband unter der Mithörschwelle zum liegen kommt, also nicht hörbar ist.

Signale, die unter der Hörschwelle liegen, brauchen ebenfalls nicht mit übertragen zu werden. Auch kann man damit die Quantisierung aufgrund der Hörschwelle in den unterschiedlichen Teilbändern unterschiedlich wählen, so dass das dadurch entstehende Quantisierungsrauschen unter der Hörschwelle zum liegen kommt. Speziell bei höheren Frequenzen kann man mit geringerer Bitauflösung arbeiten.

Die Entscheidung, ob ein Teilband komplett unterdrückt wird oder ob nur die Quantisierung geändert wird, fällt im Bearbeitungsblock "Psychoakustisches Modell", der als Eingangssignal die Information des Spektrumanalyseblocks erhält. Im Teilband-Qantisierer erfolgt dann die Unterdrückung bzw. Steuerung der Quantisierung. Nachfolgend kann dann noch durch eine spezielle Codierung der Daten eine Redundanzreduktion erfolgen. Anschließend liegt das komprimierte Audiosignal vor.

Nun gibt es unterschiedliche Ausprägungen des Verfahrens der sog. Wahrnehmungscodierung (engl. Perceptual Coding). Man spricht von einer reinen Teilbandcodierung und von einer Transformationscodierung. Es gibt auch Mischlösungen sog. Hybridverfahren, die beides benutzen.

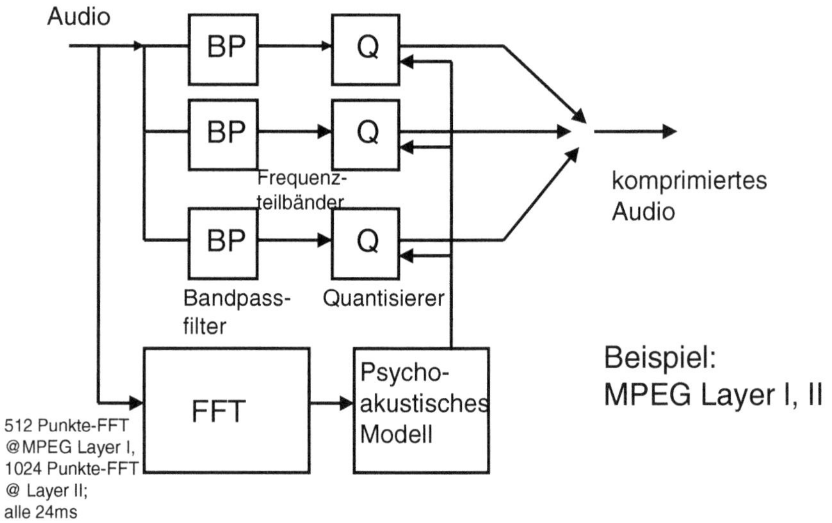

Abb. 8.10. Teilbandcodierung mit Hilfe von 32 Bandpassfiltern bei MPEG-1 und MPEG-2 Audio Layer I, II

8.5 Teilbandcodierung bei MPEG Layer I, II

Beginnen wir zunächst mit dem Verfahren der Teilbandcodierung. So wird z.B. bei MPEG Layer I und II (Abb. 8.10.) das Audiosignal mit Hilfe von 32 Teilbandfiltern in 750 Hz breite Frequenzteilbänder eingeteilt. In jedem Teilband findet man einen Quantisierer, der über einen FFT-Block und das psychoakustische Modell angesteuert wird und die zuvor beschriebenen Teilbänder entweder komplett unterdrückt oder die Quantisierung entsprechend zurücknimmt. Bei Layer II wird die FFT alle 24 Millisekunden über

1024 Abtastwerte gerechnet. D.h. alle 24 Millisekunden ändert sich die Information für das Psychoakustische Modell. Während dieser Abschnitte werden die Teilbänder entsprechend der Information aus dem psychoakustischen Modell irrelevanz-reduziert. Es wird also 24 ms lang so getan, als hätte sich die Zusammensetzung des Signals nicht verändert.

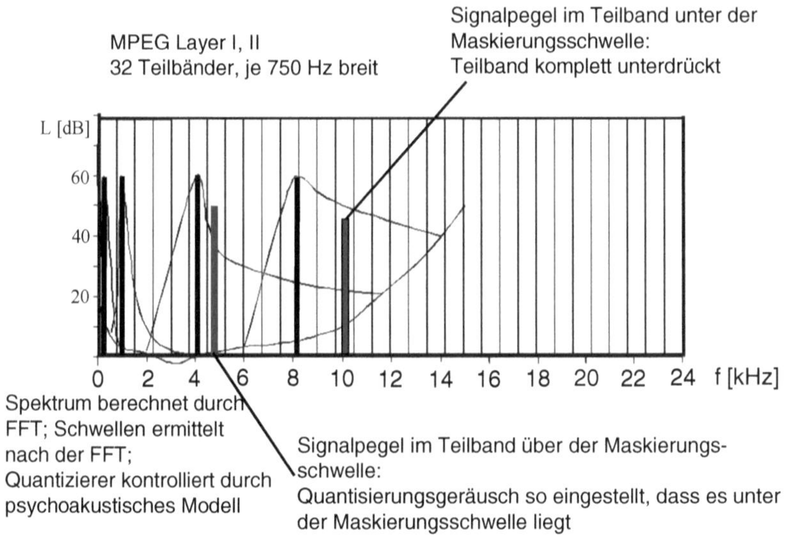

Abb. 8.11. Irrelevanzreduktion durch Ausnutzung von Maskierungseffekten bei MPEG Layer I und II

Aufgrund der Hörschwelle wird in den unterschiedlichen Teilbändern von Haus aus mit unterschiedlicher Bitzuweisung, d.h. unterschiedlicher Quantisierung gearbeitet. Bei tiefen Tönen muss die Quantisierung am feinsten sein und kann in Richtung höheren Frequenzen abnehmen.

In Abb. 8.11. ist nochmals an zwei Beispielen das Prinzip der Irrelevanzreduktion bei Audio dargestellt. In einem Teilband bei ca. 5 kHz liegt ein Signal, dessen Pegel über der Mithörschwelle liegt. Hier kann nur die Quantisierung zurückgenommen werden. In einem Teilband bei ca. 10 kHz liegt ein anderes Signal, dessen Pegel unter der Mithörschwelle liegt. Es wird also vollkommen durch Signale in benachbarten Teilbändern maskiert und kann vollkommen unterdrückt werden.

Bei der Irrelevanzreduktion wird auch untersucht, ob sich in einem Teilband eine Harmonische eines tieferen Teilbandsignals befindet, d.h. ob es sich um ein tonales (harmonisches) oder atonales Signal handelt. Nur atonale maskierte Signale dürfen komplett unterdrückt werden.

Bei MPEG werden immer eine bestimmte Anzahl Abtastwerte zu Frames (Rahmen) zusammengefasst. Bei Layer I bilden pro Teilband 12 Abtastwerte einen Layer I Frame. Bei Layer II werden pro Teilband 3 mal 12 Abtastwerte zu einem Layer II Frame verbunden (Abb. 8.12.).

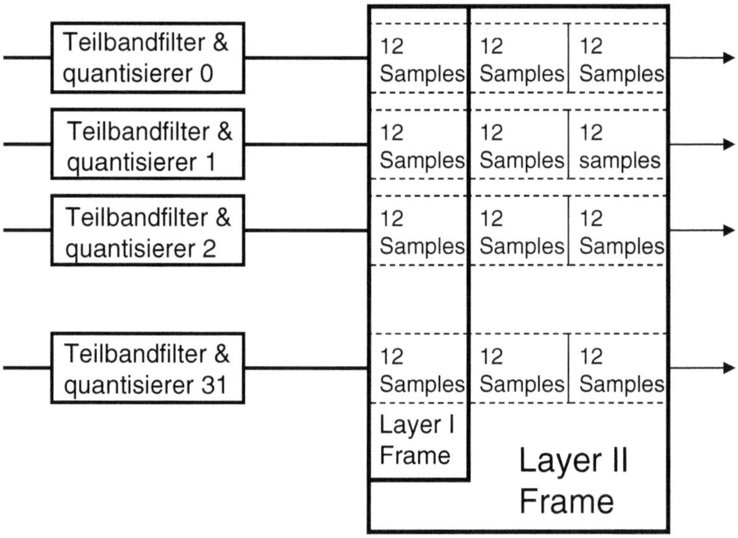

Abb. 8.12. MPEG Layer I und II Datenstruktur

Innerhalb eines Blocks von 12 Abtastwerten wird dann jeweils nach dem größten Abtastwert gesucht. Aus diesem größten Abtastwert wird dann ein Skalierungsfaktor bestimmt, alle 12 Abtastwerte in diesem Block werden dann skaliert übertragen, um eine Redundanzreduktion durchführen zu können (Abb. 8.13.).

8.6 Transformationscodierung bei MPEG Layer III und Dolby Digital

Im Gegensatz zur Teilbandcodierung wird bei der Transformationscodierung kein Teilbandfiltersatz verwendet; hier geschieht die Aufteilung der Audioinformation im Frequenzbereich durch eine Abart der Diskreten Fouriertransformation. Mit Hilfe der Diskreten Cosinus-Transformation

(DCT) oder Modifizierten Diskreten Cosinus-Transformation (MDCT) wird das Audiosignal in 256 oder 512 spektrale Leistungswerte transformiert. Parallel dazu wird wie bei der Teilbandcodierung eine relativ fein in Frequenzrichtung auflösende FFT durchgeführt. Mit Hilfe des Psychoakustischen Modells, abgeleitet von den Ausgangsdaten der FFT, werden die von der MDCT ermittelten Frequenzkoeffizienten des Audiosignals mehr oder weniger quantisiert oder komplett unterdrückt. Der Vorteil dieses Verfahrens gegenüber der Teilbandcodierung liegt in der feineren Auflösung im Frequenzbereich bei der Irrelevanzreduktion. Dieses Verfahren wird z.B. bei Dolby Digital AC-3 Audio angewendet (Abb. 8.14.). AC-3 steht für Audio Coding - 3.

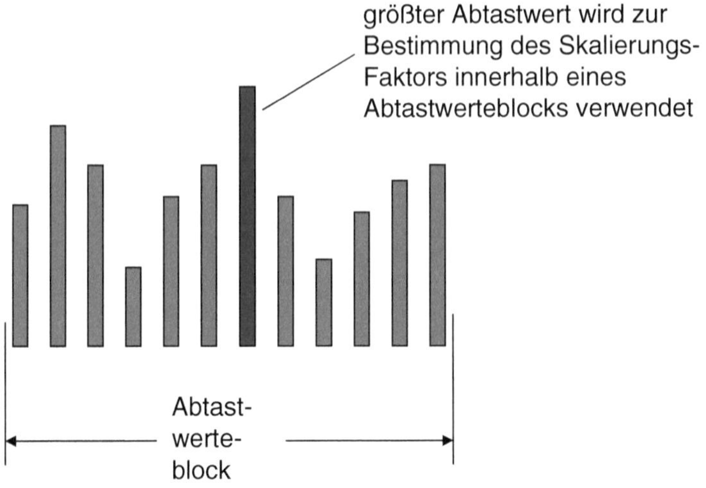

Abb. 8.13. Redundanzreduktion bei MPEG Layer I, II

Es gibt aber auch Mischungen aus Teilbandcodierung und Transformationscodierung, sog. Hybridverfahren. Z.B. wird bei MPEG-Layer III vor die (M)DCT ein Teilbandfilter gesetzt (Abb. 8.15.). D.h. nach einer groben Aufspaltung in Teilbänder wird in jedem Teilband eine feinere Aufteilung mit Hilfe der (M)DCT vorgenommen. Die Daten nach der (M)DCT werden wiederum gemäß des psychoakustischen Modells, das seine Eingangsdaten aus einer FFT bezieht, irrelevanz-codiert. MPEG-Layer III ist besser bekannt als sog. „MP3"-Audio und sehr weit verbreitet.

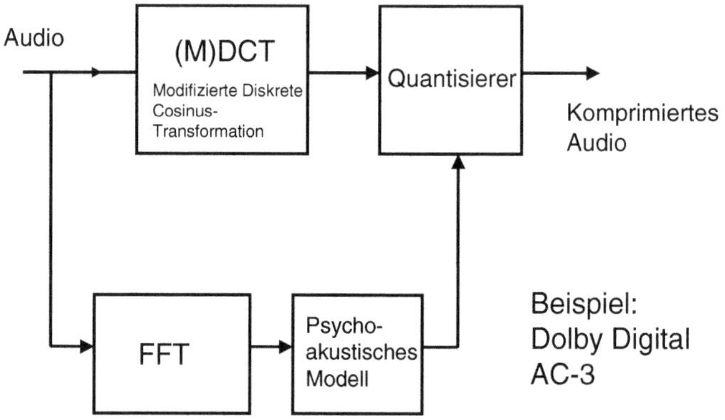

Abb. 8.14. Transformationscodierung

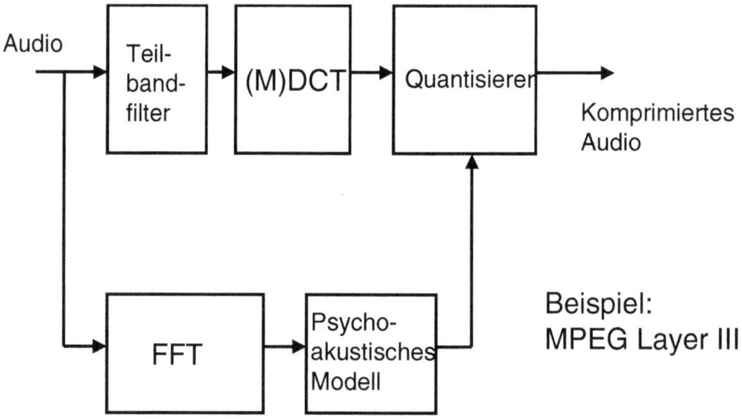

Abb. 8.15. Hybride Teilband- und Transformationscodierung (MPEG Layer III)

8.7 Mehrkanalton

Bei Mehrkanalton (Multi Channel Audio Coding) kann man auch irrelevante Informationen in den einzelnen Kanälen ermitteln und entsprechend nicht mit übertragen. D.h. man sucht in den einzelnen Kanälen nach korrelierten Bestandteilen oder Anteilen, die nicht für den räumlichen Höreindruck von Bedeutung sind. Dies wird z.B. bei MPEG-Layer II MC, sowie bei Dolby Digital 5.1 Surround angewendet. 5.1 Audio bedeutet, man überträgt Links, Mitte, Rechts, Links Surround, Rechts Surround und einen Tieftonkanal (LFE) für einen Subwoofer.

Die Anordnung der Lautsprecher bei 5.1 Multi Channel Audio ist in Abb. 8.16. dargestellt.

Der weitergehende Detailaufbau dieser Audiocodierungsverfahren ist für die Praxis nicht relevant und wird deswegen an dieser Stelle nicht weiter diskutiert. Hier sei auf entsprechend tiefer gehende Literatur bzw. auf die Standards selbst verwiesen.

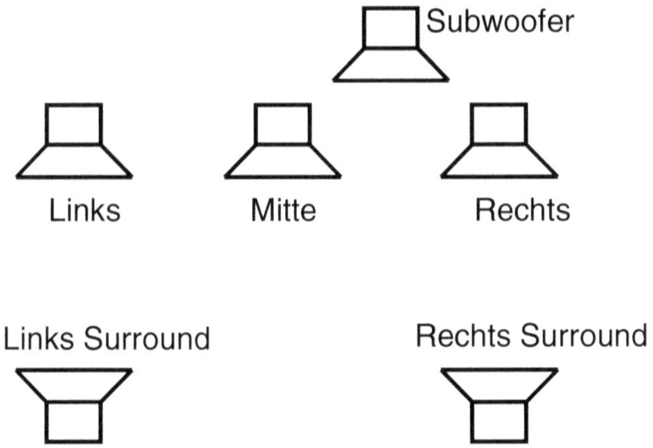

Abb. 8.16. Multi Channel Audio Coding

8.8 Neue Entwicklungen – MPEG-4

Auch im Bereich Audiokompression ist die Zeit nicht stehen geblieben. MPEG-4 Advanced Audio Coding = MPEG-4 AAC ist ein Standard, der eine Reihe von neu entwickelten Audio-Codecs enthält. Abb. 8.17. zeigt noch einmal die komplette Entwicklungsgeschichte der Audio-Kompression incl. MPEG-4 AAC auf. MPEG-4 AAC = ISO/IEC 14493-3 also MPEG-4 Teil 3 umfasst sowohl den schon den MPEG-2 AAC-Codec als auch verschiedene neue MPEG-4-Audio-Codecs bis hin zu MPEG-4 HE AAC, MPEG-4 High Efficiency Advanced Audio Coding, gleichbedeutend wie AAC+, entwickelt von Coding Technologies mit Sitz in Nürnberg, jetzt Teil von Dolby. AAC+ erlaubt Broadcast-Audioqualität bei Datenraten von 64 kbit/s. Dies bedeutet 1/3 der Datenrate im Vergleich zu MPEG-1 Layer II.

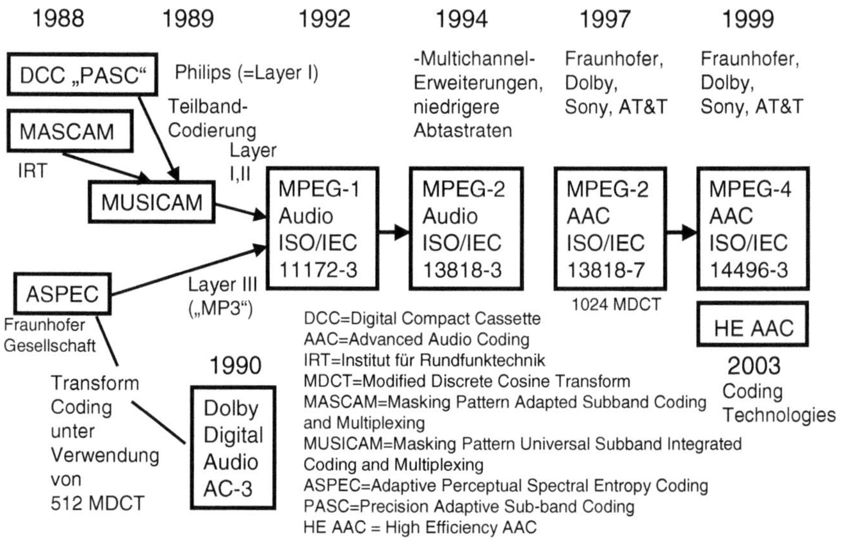

Abb. 8.17. Entwicklungsgeschichte der Audio-Codierung

Spectral Band Replication (SBR) ist das „Zauberwort“ des neuesten Audio-Codierungsverfahren, d.h. effektive Übertragung und Wiedergewinnung höher-frequenter Audioanteile. Alle Mobile-TV-Standards verwendeten dieses Audiokompressionsverfahren. Auch im Rahmen von DAB+ und DRM kommen die modernsten MPEG-4-AAC-Algorithmen zum Einsatz. Abb. 8.18. zeigt noch einmal die Audio-Struktur aller MPEG-Standards (MPEG-1, MPEG-2, MPEG-4). Es ist immer der Teil 3 = Part 3, in dem im jeweiligen MPEG-Standard das Audio-Codierungsverfahren beschrieben ist. Im Rahmen von DVB wird momentan meist MPEG-1 Layer II Audio bei einer Datenrate von 192 kbit/s verwendet. Die MPEG-2-Erweiterungen bringen bei DVB keine Vorteile. Mehrkanalfähigkeit wird über ein parallel ausgestrahlte Dolby Digital Audio realisiert. Und niedrigere Abtastraten, wie über MPEG-2 Layer II Audio möglich sind bei DVB nicht nötig. Audio-Player unterstützten meist MPEG-1 Layer III Audio, MPEG-2 Layer III Audio oder MPEG-4 AAC. Diese meist also sog. MP3-Player bezeichneten Geräte kennt mittlerweile jeder und sie ersetzen mittlerweile auch fast jedes andere Audioaufzeichnungs- und Wiedergabegerät.

MPEG-1 Part 3	**MPEG-2 Part 3**	**MPEG-4 Part 3**
Layer I (Philips, DCC, PASC)	Layer I	(beinhaltet MPEG-2 AAC) AAC LC
Layer II (DAB, MUSICAM)	Layer II	AAC LTP AAC skalierbar
Layer III (ASPEC, Fraunhofer, MP3)	Layer III (alle Layer: niedrigere Abtastraten und Multichannel 3/2 +LFE)	Twin VQ CELP HVXC TTSI BSAC HE AAC = AAC+
	MPEG-2 Part 7 AAC	

Abb. 8.18. Audio-Codec-Struktur bei MPEG

Obwohl es deutlich effizientere Audio-Codecs gibt, wird beim Digitalen Fernsehen entweder nur MPEG-1 Layer II Audio (meist 192 kbit/s pro Service), nur Dolby Digital AC-3 Audio (meist 448 kbit/s 5.1 pro Service) oder beides gleichzeitig übertragen. Beim Digitalen Hörfunk DAB wurde dieser MPEG-1 Layer II Audio Codec entwickelt und ist somit mit DAB unmittelbar verbunden (meist 192 kbit/s Stereo oder 128 kbit/s Mono pro Service).

DAB wird aber immer mehr durch das „neue" DAB+ ersetzt, was aber praktisch nur bedeutet, dass der physikalische Layer von DAB unverändert bleibt und anstelle von MPEG-1 Layer II – Audio nun bei DAB+ MPEG-4 AAC –Audio eingesetzt wird (meist mit 128 kbit/s Stereo bis herunter auf 96 oder 64 kbit/s pro Service). Damit sind sind 1.5 bis 2 mal mehr Programme (Services) pro physikalischem DAB-Kanal möglich. DAB+ wird in Deutschland unter dem Slogan „Digital Radio" beworben.

Literatur: [ISO13818-3], [DAMBACHER], [DAVIDSON], [THIELE], [TODD], [ZWICKER], [FASTL]

9 Programmbegleitende Daten

Videotext, Untertitel und auch VPS (Video Program System, Videorecordersteuerung) sind seit vielen Jahren beim Analogen Fernsehen gängige und viel benutzte Zusatzdienste. Neben der Möglichkeit, bei DVB völlig neue vergleichbare Dienste zu schaffen, wurden bei DVB Standards geschaffen, die eine kompatible Einbindung dieser bekannten Dienste in DVB-konforme MPEG-2-Datenströme ermöglichen. Ansatz hierzu ist, dass der DVB-Receiver am Composite-Video-Ausgang (FBAS, CCVS) diese Dienste wieder vollkompatibel in die Vertikal-Austastlücke eintastet. Dass es parallel hierzu andere DVB-Datenservice gibt wie EPG = Electronical Program Guide und MHP = Multimedia Home Platform gibt, ist davon unberührt.

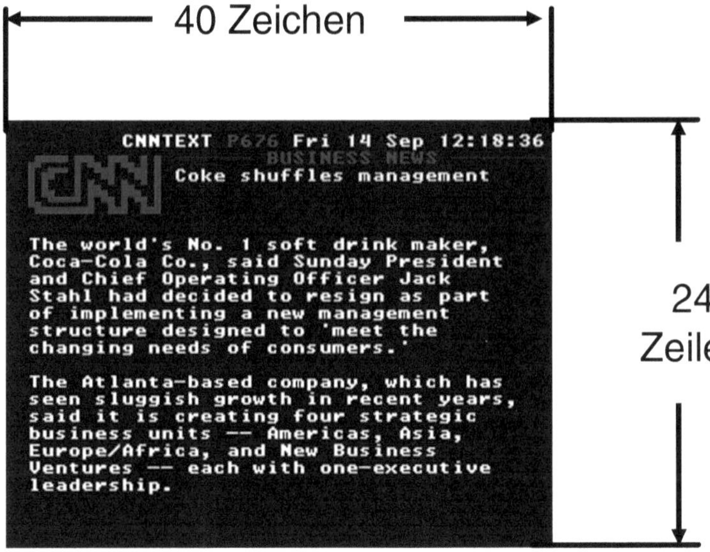

Abb. 9.1. Videotextseite

9.1 Videotext und Untertitel

Im Gegensatz zum Analogen Fernsehen, wo Videotext (Abb. 9.1.) als Non-Return-to-Zero-Code (NRZ) mit Rolloff-Filterung in die Vertikal-Austastlücke als Zusatzsignal eingetastet wird (Abb. 9.2.), wird bei DVB einfach ein Videotext-Elementarstrom gemultiplext unmittelbar in den MPEG-2-Transportstrom eingefügt. Hierbei werden die Videotext-Daten in der gleichen Struktur wie bei British-Teletext magazin- und zeilenartig aufbereitet und zunächst als Packetized Elementary Stream zusammengestellt. Eine Videotextseite (Abb. 9.1.) gemäß British Teletext bzw. EBU-Teletext setzt sich aus 24 Zeilen zu je 40 Zeichen zusammen. Die Daten jeder Zeile werden in einer Videotextzeile in der Vertikalaustastlücke übertragen.

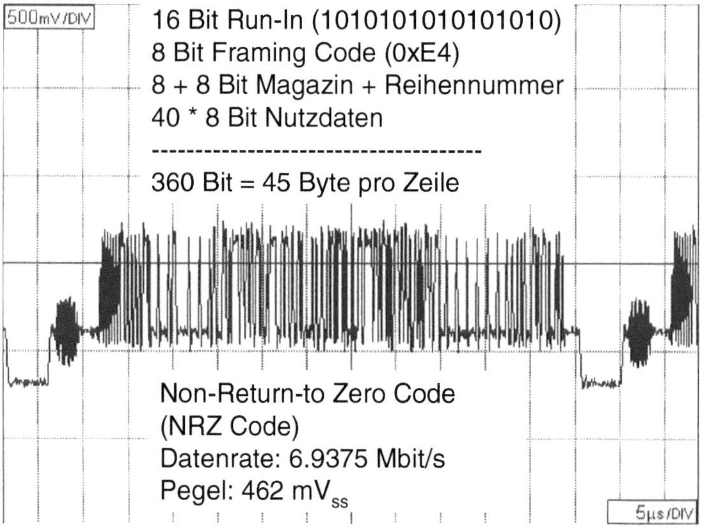

Abb. 9.2. Videotextzeile des analogen Fernsehens in der Vertikalaustastlücke

Die in Abb. 9.2. dargestellte Videotextzeile des analogen Fernsehens beginnt mit dem 16 Bit langem Run-In (1010-Sequenz), anschließend folgt der 1 Byte lange Framing Code; dessen Wert beträgt 0xE4. Er markiert den Beginn des aktiven Videotexts. Es kommt dann die jeweils 1 Byte lange Magazin- und Reihennummer. Daraufhin werden 40 Zeichen Nutzdaten bestehend aus 7 Bit Nutzlast und einem Paritätsbit (gerade Parität) übertragen. Insgesamt beträgt die Datenmenge pro Zeile 360 Bit (= 45 Byte), die Datenrate liegt bei 6.9375 Mbit/s. Bei DVB-Teletext (ETS 300472) werden die Videotextdaten ab dem Framing Code in die PES-Pakete eingefügt (Abb. 9.3.). Der 6 Byte lange PES-Header beginnt mit einem 3 Byte langem Start Code 0x00 0x00 0x01, gefolgt von der Stream ID 0xBD, was einem "Private_Stream_1" entspricht. Anschließend folgt ein 16 Bit (= 2 Byte) langer Längenindikator, der im Falle von Videotext immer so gesetzt ist, dass die Gesamt-PES-Länge einem ganzzahligen Vielfachen von 184 Byte entspricht.

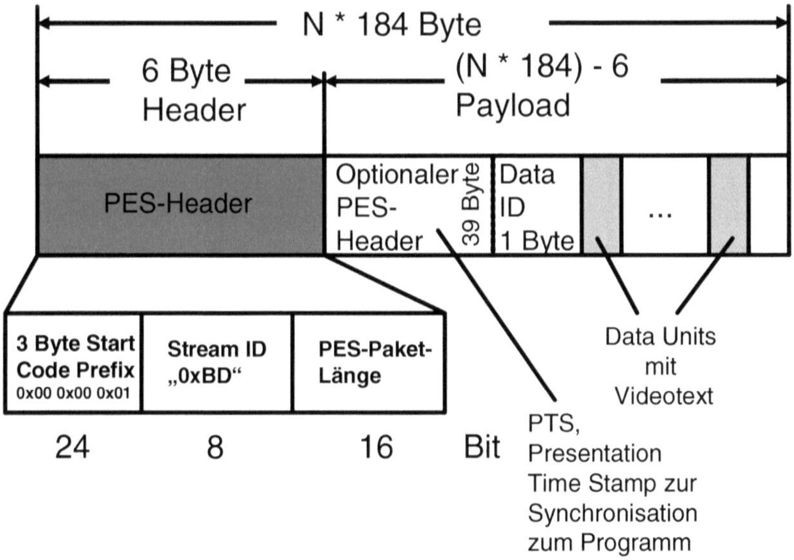

Abb. 9.3. PES-Paket mit Videotext

Es folgt dann ein 39 Byte langer Optional PES Header, so dass der gesamte PES-Header im Falle von Videotext 45 Byte lang ist. Anschließend findet man die 1 Byte lange Data ID, deren Wert immer 0x10 beträgt. Die folgende eigentliche VTXT-Information ist in Blöcke von 44 Byte eingeteilt, wobei jeweils die letzten 43 Byte unmittelbar dem Aufbau einer VTXT-Zeile eines EBU-VTXT nach dem Run-In-Code entsprechen.

Man findet somit sowohl die anschließenden Magazin- als auch Zeileninformationen, sowie die eigentlichen 40 Byte Zeichen pro Zeile. Eine Videotext-Seite besteht aus 24 Zeilen zu je 40 Zeichen. Die Codierung entspricht direkt dem EBU-Teletext, bzw. British Teletext.

Der in den langen PES-Paketen aufbereitete Teletext wird dann in kurze Transportstrompakete von je 184 Byte Nutzlast, sowie 4 Byte Transportstrom-Header aufgeteilt und genauso gemultiplext im Transportstrom übertragen wie Video und Audio.

Die Packet Identifiers (PID's) der Transportstrompakete, die den Videotext beinhalten, findet man als PID für Private Streams in der Program Map Table (PMT) des jeweiligen Programms (Abb. 9.5.).

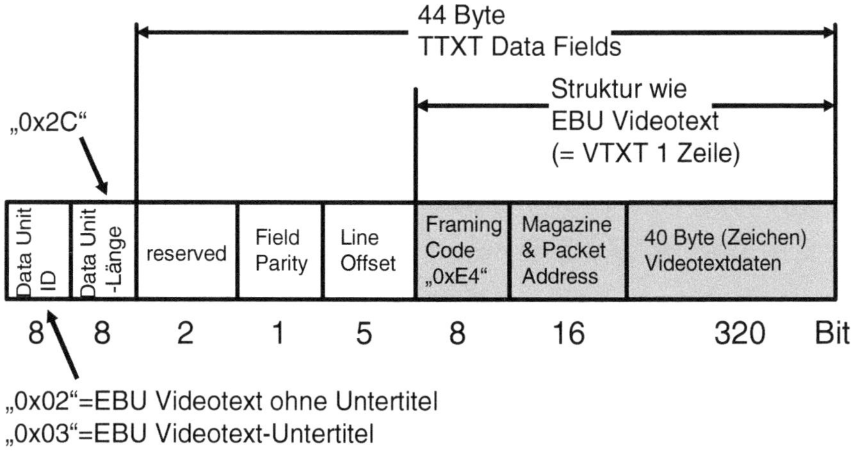

Abb. 9.4. Videotext-Datenblock innerhalb eines PES-Paketes

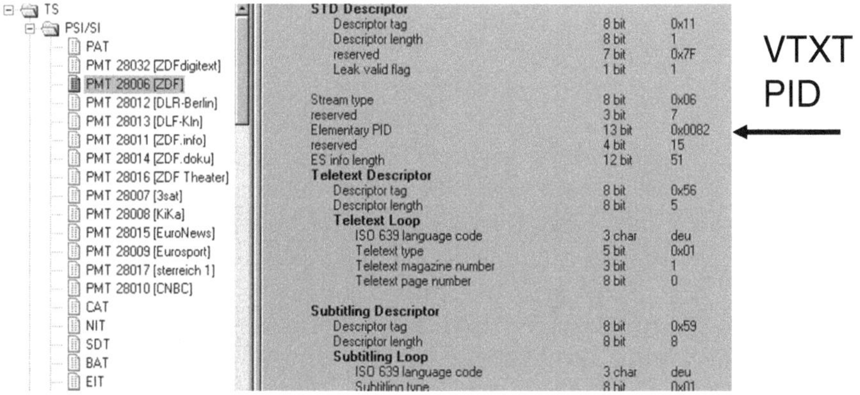

Abb. 9.5. Eintrag eines Videotext-Services in einer Program Map Table (PMT)

Mit Hilfe dieser PID's kann man dann auf die Transportstrompakete mit Videotext-Inhalt zugreifen. Ein Transportstrom-Paket mit PES-Header erkennt man am gesetzten Payload Unit Start Indicator Bit. Im Payload-

Anteil dieses Pakets findet man zunächst den 45 Byte langen PES-Header und dann die ersten Videotext-Pakete. Die weiteren Videotext-Pakete folgen dann in den anschließenden Transportstrom-Paketen, die die gleiche PID aufweisen. Die Länge des Videotext-PES-Paketes wurde dabei so justiert, dass eine ganzzahlige Anzahl von vielen Transportstrompaketen ein gesamtes PES-Paket ergibt. Nach der vollständigen Übertragung eines Videotext-PES-Pakets folgt die Wiederholung bzw. Neuübertragung bei evtl. Änderungen im Videotext. Unmittelbar vor den Videotextdaten wird im PES-Paket mit Hilfe der Field Parity und des Line Offsets signalisiert, in welchem Halbbild und in welcher Zeile die Videotextdaten vom DVB-Receiver wieder in das Composite Videosignal eingetastet werden sollen.

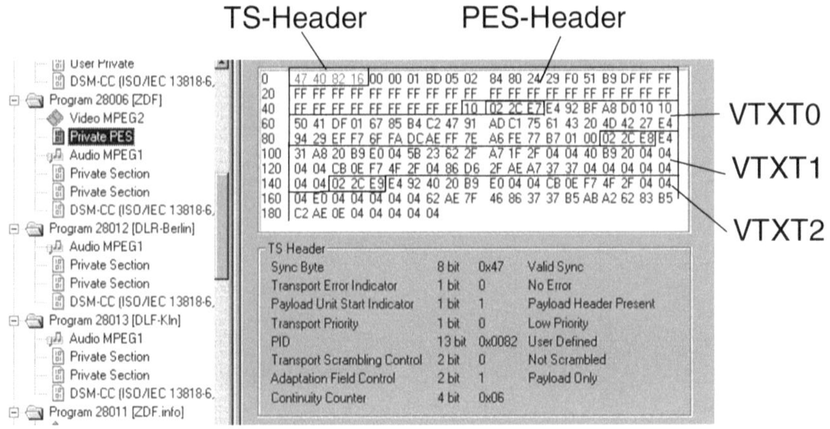

Abb. 9.6. Transportstrom-Paket mit Videotext-Inhalt

9.2 Video Program System (VPS)

Seit langem bekannt und v.a. in Europa beim öffentlich-rechtlichen Fernsehen benutzt wird VPS, das Video Program System zur Steuerung von Videorecordern. Hierüber hatte sich über die Datenzeile, meist in Zeile 16 im ersten Halbbild, kontrolliert die Aufnahme im Videorecorder steuern lassen. In der Datenzeile (Abb. 9.7.) werden im Return-to-Zero-Code (RZ) 15 Byte übertragen, u.a. auch die VPS-Information. Bei DVB werden gemäß ETSI [ETS301775] die Bytes 3 bis 15 der Datenzeile einfach in den Nutzlastanteil eines PES-Pakets auf ähnliche Weise wie bei DVB-TTXT eingetastet (Abb. 9.8. und 9.9.). Die Data Unit ID ist hier auf 0xC3 gesetzt, was der VBI = Vertical Blanking Information gemäß DVB entspricht. Es folgt dann ebenfalls wie bei DVB-TTXT die Data Unit Length, dann die Halbbildkennung, sowie die Zeilennummer im Halbbild.

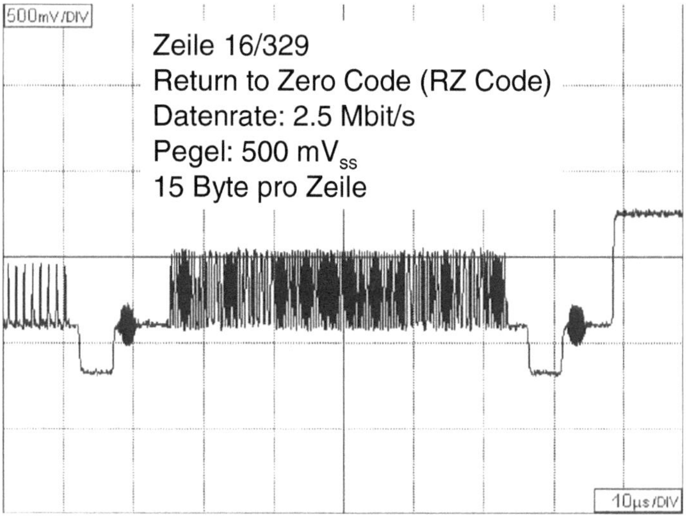

Abb. 9.7. Datenzeile des analogen Fernsehens in der Vertikalaustastlücke

Die Datenzeile (Abb. 9.7.) beinhaltet folgende Informationen:

- Byte 1: Run-In 10101010
- Byte 2: Startcode 01011101
- Byte 3: Quellen ID
- Byte 4: serielle ASCII-Textübertragung (Quelle)
- Byte 5: Mono/Stereo/Zweiton
- Byte 6: Videoinhalt ID
- Byte 7: serielle ASCII Textübertragung
- Byte 8: Fernbedienung (Routing)
- Byte 9: Fernbedienung (Routing)
- Byte 10: Fernbedienung
- Byte 11 bis 14: Video Program System
- Byte 15: reserviert

4 Byte VPS-Daten (Byte 11 bis 14):

- Tag (5 Bit)
- Monat (4 Bit)
- Stunde (5 Bit)
- Minute (6 Bit)
- Land (4 Bit)
- Programmquellen ID (6 Bit)

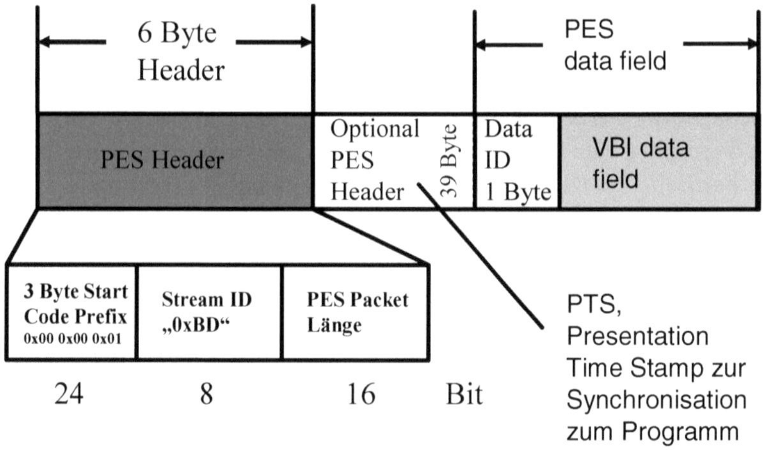

Abb. 9.8. PES-Paktet mit VBI-Daten (Vertical Blanking Information = Datenzeile)

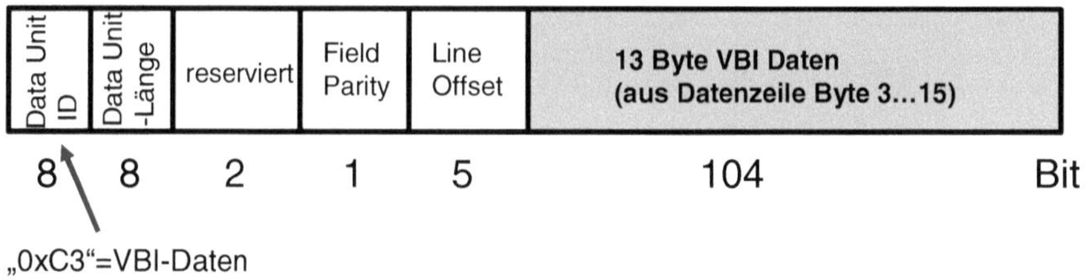

Abb. 9.9. VBI-Datenfeld

Die sog. „Tunnelung“ von Videotext und VPS wird von den Service-Providern und auch von den Receiver-Herstellern unterschiedlich, manchmal auch gar nicht unterstützt. Öffentlich-rechtliche Rundfunkanstalten in Deutschland, Österreich und der Schweiz unterstützen beides, wohingegen die privaten Rundfunkbetreiber meist nur den Videotext abstrahlen. Meist wird der gesamte Videotext einer Vertikalaustastlücke, oft samt Untertitel und VPS-Daten in einem PES-Paket übertragen; die Netto-Datenrate liegt hierbei bei etwa 260 kbit/s, je nach Anzahl der zu übertragenden Videotextzeilen. Zeile für Zeile der nachzubildenden Vertikalaustastlücke werden im PES-Paket samt Signalisierung der Zeilennummer ausgestrahlt. Videotext wird manchmal im Verbund mit Untertiteln und VPS-Information, manchmal auch völlig getrennt in den MPEG-Datenstrom eingebettet. Entsprechend muss dies auch in der jeweilig zum Programm gehörigen PMT eingetragen sein.

Die Receiver sind unterschiedlich ausgestattet. Sie unterstützen entweder die „Tunnelung" von Videotext über SCART, die Decodierung im Receiver oder beides. Manche erlauben auch die „Tunnelung" von VPS. All diese Merkmale sind dem Endverbraucher sehr wohl bewusste Merkmale, die sofort bemerkt werden, wenn sie fehlen, weil eben diese Dienste vom analogen Fernsehen her bestens bekannt sind. „Showview" war ein beim analogen Fernsehen her bekannter Service, den es bei DVB so nicht mehr gibt; er hatte die Programmierung von Aufzeichnungen über Videorecorder über Codes, die in Programmzeitschriften abgedruckt waren, unterstützt.

Leider gibt es außer der Funktionalität des EPG in der EIT keinerlei weitere Unterstützung mehr in den TV-Endgeräten, um auf veränderte Sendeabläufe zu reagieren; d.h. die oben beschriebenen VPS-Daten werden von den sog. PVR = Personal Video Recordern nicht berücksichtigt.

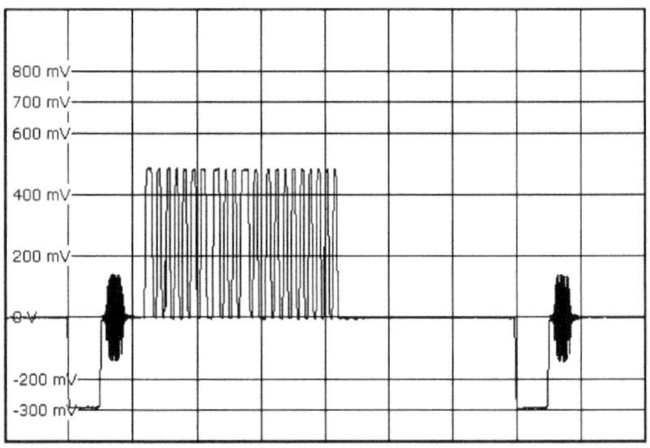

Abb. 9.10. WSS-Signal in Zeile 23 eines analogen TV-Signals

9.3 WSS – Wide Screen Signalling

Seit PALplus wird z.T. ein sog. Wide Screen-Signalling-Signal (WSS) in Zeile 23 des analogen Fernsehsignals ausgestrahlt. Dieses Signal soll den Fernsehbildschirm (heute Flachbildschirm) über das Höhen-Seitenverhältnis von 4:3 oder 16:9 informieren und diesen automatisch auf das richtige Anzeigeformat schalten. Zu diesem Zweck wird ein digitales Steuersignal in die erste Hälfte von Zeile 23 eingetastet (Abb. 9.10.). Ein WSS-Signal kann auch via DVB in privaten PES-Paketen getunnelt werden. Das Prinzip ist das gleiche wie bei Videotext und VPS. Aus technischen Gründen war dieses Steuersignal v.a. bei älteren Röhrenfernsehern noch auf dem oberen linke Bildrand sichtbar sein (Abb. 9.11.).

Abb. 9.11. Sichtbares WSS-Signal auf einem TV-Bildschirm (oben, links)

```
5th Stream
Stream type                        8 bit  0x06 (6)     Private PES
reserved                           3 bit  0x7
Elementary PID                    13 bit  0x0C8F (3215)
reserved                           4 bit  0xF
ES info length                    12 bit  10
Teletext Descriptor
 Descriptor tag                    8 bit  0x56 (86)
 Descriptor length                 8 bit  5
 Teletext Loop
  ISO 639 language code           3 char  ger
  Teletext type                    5 bit  0x01         initial teletext page
  Teletext magazine number         3 bit  1
  Teletext page number             8 bit  0
Stream Identifier Descriptor
 Descriptor tag                    8 bit  0x52 (82)
 Descriptor length                 8 bit  1
 Component tag                     8 bit  0x04 (4)
```

Abb. 9.12. Deklaration von Videotext in einer PMT

4th Stream			
Stream type	8 bit	0x06 (6)	Private PES
reserved	3 bit	0x7	
Elementary PID	13 bit	0x0C8E (3214)	
reserved	4 bit	0xF	
ES info length	12 bit	19	
VBI Data Descriptor			
Descriptor tag	8 bit	0x45 (69)	
Descriptor length	8 bit	6	
Data service id	8 bit	0x04 (4)	VPS
Data service descriptor length	8 bit	1	
reserved	2 bit	0x3	
Field parity	1 bit	1	
Line offset	5 bit	16	
Data service id	8 bit	0x05 (5)	WSS
Data service descriptor length	8 bit	1	
reserved	2 bit	0x3	
Field parity	1 bit	1	
Line offset	5 bit	23	
User Defined Descriptor			
Descriptor tag	8 bit	0xC3 (195)	
Descriptor length	8 bit	6	
Descriptor Data (hex)	6 byte	04 01 F0 05 01 F7	
Stream Identifier Descriptor			
Descriptor tag	8 bit	0x52 (82)	
Descriptor length	8 bit	1	
Component tag	8 bit	0x06 (6)	

Abb. 9.13. Deklaration von VBI und WSS in einer PMT [DVM]

9.4 Praktische Beispiele

In diesem Kapitel werden einige Screen-Shots eines MPEG-Analyzers für die praktische Realisierung der Videotext, VBI/VPS und WSS-Tunnelung in einem DVB-kompatiblen MPEG-2-Transportstrom gezeigt (Abb. 9.12., 9.13., 9.14., 9.15.).

Packetized Elementary Stream (PES)			
Packet Start Code Prefix	24 bit	0x000001	
Stream Id	8 bit	0xBD	privat
PES packet length	16 bit	1282	
PES header data			
...			
PES data			
Data identifier	8 bit	0x10	EBU da
data_unit_id	8 bit	0x02	EBU Te
data_unit_length	8 bit	44	
txt_data_field (includes one line of text)			
reserved_future_use	2 bit	3	
field_parity	1 bit	1	first
line_offset	5 bit	7	videol
framing_code	8 bit	0xE4	bit re
magazine_and_packet_address	16 bit	0xD91C	magazi
data_block		0xE0234F75E337F746	
data block in bit reverse		0x07 *D r . G l o*	
data_unit_id	8 bit	0x02	EBU Te
data_unit_length	8 bit	44	
txt_data_field (includes one line of text)			

Abb. 9.14. Videotextübertragung in einem privaten PES-Paket [DVM]

```
txt_data_field (includes one line of text)
  reserved_future_use                2 bit  3
  field_parity                       1 bit  1            first videofie
  line_offset                        5 bit  8            videoline 8
  framing_code                       8 bit  0xE4         bit reverse 0x
  magazine_and_packet_address       16 bit  0x7AF4       magazine: 3
  data_block                                0xE0234F75B3864F2F977604CB
  data block in bit reverse                 0x07 D r . M a r t i n
data_unit_id                         8 bit  0x02         EBU Teletext n
data_unit_length                     8 bit  44
txt_data_field (includes one line of text)
  reserved_future_use                2 bit  3
  field_parity                       1 bit  1            first videofie
  line_offset                        5 bit  9            videoline 9
  framing_code                       8 bit  0xE4         bit reverse 0x
  magazine_and_packet_address       16 bit  0xD9F4       magazine: 3
  data_block                                0xE00B4FF7677504CB97B6F776
  data block in bit reverse                 0x07 P r o f .   S i m c
data_unit_id                         8 bit  0x02         EBU Teletext n
data_unit_length                     8 bit  44
```

```
vps_data_field (includes one line of vertical blanking)
  reserved_future_use                2 bit  3
  field_parity                       1 bit  1            first videofie
  line_offset                        5 bit  16           videoline 16
  not_relevant                       8 bit  0xB1
  not_relevant                       8 bit  0x62
  PCS                                8 bit  0xA0
  not_relevant                       8 bit  0x00
  not_relevant                       8 bit  0x00
  not_relevant                       8 bit  0x00
  not_relevant                       8 bit  0x00
  not_relevant                       8 bit  0x00
  Net or provider bin                2 bit  0x3
  Day                                5 bit  24
  Month                              4 bit  8
  Hour                               5 bit  10
  Minute                             6 bit  30
  Country                            4 bit  0xD
  Net or provider bin                6 bit  0x01
  Programmetype bin                  8 bit  0xFF
stuffing_bytes all                   8 bit  0xFF
```

```
wss_data_field
  reserved_future_use                2 bit  3
  field_parity                       1 bit  1
  line_offset                        5 bit  23
  Aspect ratio                       4 bit  0xE
  Film bit                           1 bit  0x0
  Colour coding bit                  1 bit  0x1
  Helper bit                         1 bit  0x0
  reserved bit                       1 bit  0x0
  Subtitles within Teletext bit      1 bit  0x0
  Subtitling mode                    2 bit  0x0
  Suround sound bit                  1 bit  0x0
  Copyright information              2 bit  0x0
  reserved_future_use                2 bit  3
stuffing_bytes all                   8 bit  0xFF
data_unit_id                         8 bit  0x02
data_unit_length                     8 bit  44
```

Fig. 9.15. Videotext, VBI and WSS Datenblöcke in einem PES-Paket [DVM]

9.5 Weitere programmbegleitende Daten

Moderne TV-Endgeräte werden heute mit dem Logo „HbbTV“ bzw. „Smart TV“ angeboten. Dies beinhaltet weitreichendere Funktionalitäten wie Internetzugang, herunterladbare Applikationen usw. Diese werden in späteren Kapiteln genauer beschrieben. Jedenfalls werden auch für diese Dienste programmbegleitende Informationen übertragen.

In den USA ist der Videotext unbekannt, aber es gibt vergleichbare Dienste zu den Untertitel-Angeboten aus Europa. Man bezeichnet dies mit „Closed Capturing“ und es ist ein per Gesetz verpflichtendes Angebot an optional einblendbaren Texten. Im Prinzip entspricht es aber Gedanken der Untertitel. „Closed Capturing“ wird direkt im Videoelementarstrom übertragen und nicht parallel als privater Datenstrom. Beim analogen US-Fernsehen wurden die „Closed Capturing“-Daten in Zeile 21 (gemäss Standard EIA-608-A) der Vertikalaustastlücke übertragen (Abb. 9.16.) und Abb. 9.17.). Der Standard für die Übertragung von „Closed Capturing“ innerhalb von ATSC heisst EIA-708-B.

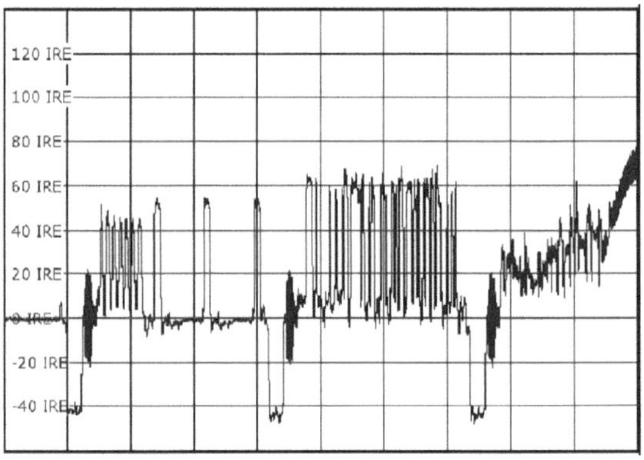

Abb. 9.16. „Closed Capturing“-Daten in Zeile 21 eines analogen Std.M-Fernsehsignals

Abb. 9.17. „Closed Capturing"-Einblendung (Beispiel aus USA)

Literatur: [ETS300472], [ETS301775], [DVM],[EIA-608-A], [EIA-708-B]

10 Physikalische AV-Schnittstellen-Signale

Analoge SDTV-Videosignale (Standard Definition Television) weisen eine Bandbreite von ca. 4.2 bis zu 6 MHz auf und werden auf 75 Ohm - Koaxialleitungen übertragen. Diese meist grün ummantelten Kabel sind im Profibereich und auch im besseren Konsumerbereich mit BNC-Steckern versehen. Analoge Videosignale weisen bei exaktem 75 Ohm-Abschluss eine Amplitude von 1 V_{SS} auf. Analoge Videosignale können in unterschiedlichem Format vorliegen, nämlich als

- geschlossen codiertes Videosignal oder Composite Videosignal auch als FBAS oder CCVS oder CVBS bezeichnet in PAL, SECAM oder NTSC,
- RGB-Komponentensignal oder
- als YUV-Signal.

Oft wird die Frage gestellt, warum sich in der Videotechnik die 75 Ohm-Technik durchgesetzt hat. Der Grund ist einzig in der geringeren Dämpfung eines Koaxialkabels mit 75 Ohm Impedanz zu sehen. Überall dort, wo geringe Dämpfung wichtig ist, werden im Bereich der Rundfunktechnik ganz allgemein Leitungen mit 75 Ohm Impedanz eingesetzt, dies gilt für die Videokabel genauso wie für die Antennenleitungen (terrestrisch, BK-Kabel und Satellit). Im Konsumerbereich werden für die Video- und Audioein- und Ausgangsbuchsen ausnahmslos Cinch-Buchsen, bzw. Stekker verwendet oder die Signale liegen an einer sog. SCART-Schnittstelle vor.

Abb. 10.1. Cinch-Buchsen, hier für Videokomponentensignale

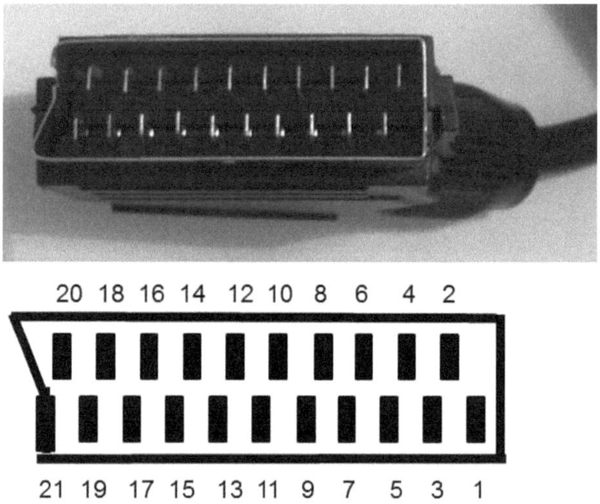

Abb. 10.2. SCART-Stecker (Pin-Belegung Buchse)

Tabelle 10.1. SCART-Schnittstelle, Pin-Belegung

Pin	Signal
1	Audio-Ausgang, rechts
2	Audio-Eingang, rechts
3	Audio-Ausgang, links/mono
4	Audio-Masse
5	RGB - Blau-Masse (Pin 7–Masse)
6	Audio-Eingang, links/mono
7	RGB – Blau, S-Video C down, Component P_B up
8	Status und Aspect Ratio up 0...0.4V – off 5…8V – on/16:9 9.5…12V on/4:3
9	RGB-Grün–Masse (Pin 11-Masse)
10	Clock / Daten 2 / Control Bus

11	RGB-Grün Component Y
12	Reserviert / Daten 1
13	RGB-Rot–Masse (Pin 15–Masse)
14	Daten – Masse (Pin 8, 10, 12–Masse)
15	RGB-Rot up, S-Video C up Component P_R up
16	Austastsignal up RGB-selection voltage up 0...0.4V Composite 1…3V RGB
17	Composite Video–Masse (Pin 19, 20–Masse)
18	Austastsignal–Masse (Pin 16-Masse)
19	Composite Video Output S-Video Y-Ausgang
20	Composite Video Eingang S-Video Y-Eingang
21	Gehäuse-Masse

Analoge Audiosignale weisen typische Pegel von 0dBu (1mW an 600 Ohm) oder +6dBu (man beachte das „kleine u“) auf und liegen vor an

- XLR-Steckern, bzw. XLR-Buchsen (professioneller Bereich) oder
- an Cinch-Steckern, bzw. Cinch-Buchsen (Konsumer-Endgeräte).

Die Impedanz der Schnittstelle liegt im Bereich von 600 Ohm bis 100 Kilo-Ohm.

10.1 Physikalische Schnittstellen für digitale Videosignale

Erste Schnittstellen für digitale TV-Signale waren als parallele Schnittstellen ausgeführt. Anwendung fand der von der PC-Druckerschnittstelle her bekannte 25 Pin-Sub-D-Stecker. Die Übertragung fand wegen der Störfestigkeit als Low Voltage Differential Signalling über Twisted Pair Leitungen statt. Heutzutage ist es aber auch hier wieder nur die 75 Ohm-Koax-Technik im Einsatz. Digitale Videosignale werden als serielles Datensignal mit einer Datenrate von 270 MBit/s über 75 Ohm-Koaxkabel, ausgestattet mit den bekannten und beliebten und robusten BNC-Steckern, übertragen. Und es wird hierbei nicht zwischen unkomprimierten Videosignalen gemäß der 601-Norm und MPEG-2-Transportstrom unterschieden. Die Verteilwege im Studio sind die gleichen, die Kabel sind die gleichen, Verstärker und Kabel-Equalizer sind ebenfalls die gleichen. In der technischen Umgangssprache ist oft von SDI die Rede oder von TS-ASI. Die physikalische Schnittstelle ist bei TS-ASI und SDI die gleiche, nur der Inhalt ist verschieden. SDI steht für Serial Digital Interface und man meint hier das serielle digitale unkomprimierte Videosignal der 601-Norm mit einer Datenrate von 270 Mbit/s. TS-ASI steht für Transportstrom Asynchron und bedeutet MPEG-2-Transportstrom auf einer seriellen Schnittstelle, die physikalisch der SDI-Schnittstelle entspricht, inhaltlich aber kein SDI, sondern Transportstrom transportiert, der eine Datenrate aufweist, die deutlich geringer ist als die Datenrate auf dieser seriellen physikalischen Übertragungsstrecke; deshalb „asynchron“. Der Transportstrom ist also von der Datenrate her asynchron zur konstanten Datenrate von 270 Mbits/s auf der TS-ASI-Schnittstelle. Weist der Transportstrom z.B. eine Datenrate von 38 Mbit/s auf, so wird auf die Datenrate von 270 Mbit/s mit Stopfinformation aufgefüllt. Der Grund, warum konstant mit 270 Mbit/s gearbeitet wird ist klar, man möchte einheitliche Verteilwege im Studiobereich für 601-Signale und die MPEG-2-Transportströme haben. Mittlerweile sind auch weitere digitale Videoschnittstellen wie HD-SDI, DVI und HDMI hinzugekommen. Die physikalischen Schnittstellen für digitale TV-Signale sind die

- parallele Schnittstelle für digitale unkomprimierte Videosignale
- SDI-Schnittstelle
- HD-SDI-Schnittstelle
- 3G-HD-SDI-Schnittstelle
- TS-Parallel-Schnittstelle
- TS-ASI-Schnittstelle
- SMPTE310
- BCMUX-Schnittstelle (ISDB-T)
- DVI-Schnittstelle
- HDMI-Schnittstelle.

10.2 "CCIR601" Parallel und Seriell

Unkomprimierte SDTV-Videosignale weisen eine Datenrate von 270 Mbit/s auf. Sie werden entweder parallel über Twisted-Pair-Leitungen oder seriell über 75 Ohm-Koaxkabel verteilt. Das parallele Interface ist hierbei eine 25-polige Sub-D-Buchse, wie sie auch von der PC-Druckerschnittstelle her bekannt ist. Bei den Signalen handelt es sich um LVDS-Signale (Low Voltage Differential Signalling), also um Signale mit niedrigem Spannungspegel mit Differenzübertragung. Dies bedeutet, dass als Spannungspegel ECL-Pegel und nicht TTL-Pegel verwendet werden (800 mV_{SS}). Außerdem wird jeweils zum Datenbit auch das invertierte Datenbit übertragen, um über verdrillte Leitungen den Störpegel so niedrig wie möglich zu halten. Tabelle 10.2. zeigt die Pinbelegung der 25-poligen Parallelschnittstelle. Gleichzeitig eingetragen ist auch die kompatible Belegung der parallelen MPEG-2-Transportstromschnittstelle. Heutzutage wird jedoch meist nur noch die serielle "CCIR 601"-Schnittstelle verwendet. Sie wird auch SDI - Serial Digital Interface - bezeichnet. Als Interface dient eine 75 Ohm - BNC-Buchse mit einem Spannungspegel von 800 mV_{SS}. Es werden übliche 75 Ohm-Videokabel verwendet. Die Signale können im Gegensatz zur parallelen Schnittstelle über längere Strecken verteilt werden, wenn Kabel-Equalizer eingesetzt werden.

Tabelle 10.2. Paralleles CCIR601- und Transportstrom-Interface

Pin	Signal	Pin	Signal
1	Takt	14	Takt invertiert
2	System Masse	15	System Masse
3	601 Daten Bit 9 (MSB) TS Daten Bit 7 (MSB)	16	601 Daten Bit 9 (MSB) invertiert TS Daten Bit 7 (MSB) invertiert
4	601 Daten Bit 8 TS Daten Bit 6	17	601 Daten Bit 8 invertiert TS Daten Bit 6 invertiert
5	601 Daten Bit 7 TS Daten Bit 5	18	601 Daten Bit 7 invertiert TS Daten Bit 5 invertiert
6	601 Daten Bit 6 TS Daten Bit 4	19	601 Daten Bit 6 invertiert TS Daten Bit 4 invertiert
7	601 Daten Bit 5 TS Daten Bit 3	20	601 Daten Bit 5 invertiert TS Daten Bit 3 invertiert
8	601 Daten Bit 4	21	601 Daten Bit 4 invertiert

	TS Daten Bit 2		TS Daten Bit 2 invertiert
9	601 Daten Bit 3	22	601 Daten Bit 3 invertiert
	TS Daten Bit 1		TS Daten Bit 1 invertiert
10	601 Daten Bit 2	23	601 Daten Bit 2 invertiert
	TS Daten Bit 0		TS Daten Bit 0 invertiert
11	601 Daten Bit 1	24	601 Daten Bit 1 invertiert
	TS Daten gültig		TS Daten gültig invertiert
12	601 Daten Bit 0	25	601 Daten Bit 0 invertiert
	TS Paket-Sync		TS Paket-Sync invertiert
13	Gehäuse Masse		

10.3 Synchrone, parallele Transportstromschnittstelle (TS PARALLEL)

Die parallele MPEG-2-Transportstromschnittstelle ist vollkommen kompatibel zur parallelen "CCIR601"-Schnittstelle ausgelegt. Auch hier handelt es sich um LVDS-Signale (Low Voltage Differerential Signalling), also Signale mit ECL-Pegel (Emitter Coupled Logik), die in Gegentaktpegeln auf verdrillten Leitungen übertragen werden. Es wird ebenfalls ein 25poliger Sub-D-Stecker eingesetzt, der kompatibel zur "CCIR601"-Schnittstelle belegt ist. Die Pinbelegung des nun im Gegensatz zum "CCIR601"-Signal nur 8 Bit breiten Datensignals ist der Tabelle im vorigen Abschnitt zu entnehmen (Tab. 10.2.).

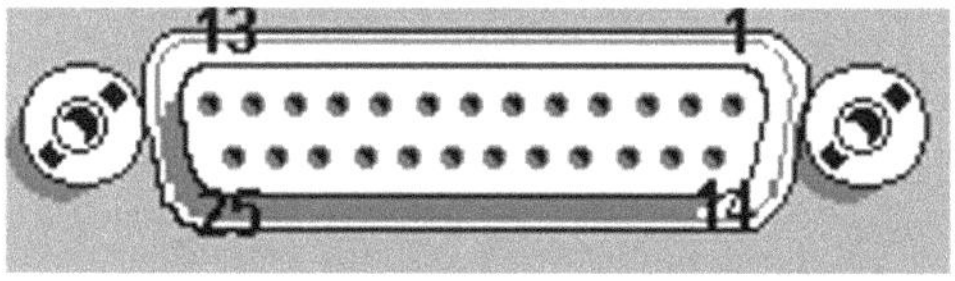

Abb. 10.3. Paralleles Transportstrom-Interface

Der über diese parallele Transportstromschnittstelle übertragene Datenstrom (Abb. 10.3., 10.4 und 10.5.) ist stets synchron zum zu übertragenden MPEG-2-Transportstrom. D.h. wenn der Transportstrom eine Datenrate von z.B. 38 Mbit/s aufweist, so ist hier ebenfalls eine Datenrate von 38 Mbit/s vorzufinden. Es wird am Transportstrom nichts verändert.

Die Transportstromschnittstelle kann jedoch mit 188 Byte langen Paketen oder 204 oder 208 Byte langen MPEG-2-Transportstrompaketen betrieben werden. Die 204 oder 208 Byte langen Pakete rühren her vom

Reed-Solomon-Fehlerschutz-Struktur auf der Übertragungsstrecke von DVB-Signalen. An der Transportstromschnittstelle sind die über 188 Byte hinausgehenden Daten jedoch nur Dummy-Bytes. Ihr Inhalt kann ignoriert werden. Viele Geräte können auf diese verschieden Paketlängen konfiguriert werden, bzw. kommen mit allen Formaten zurecht.

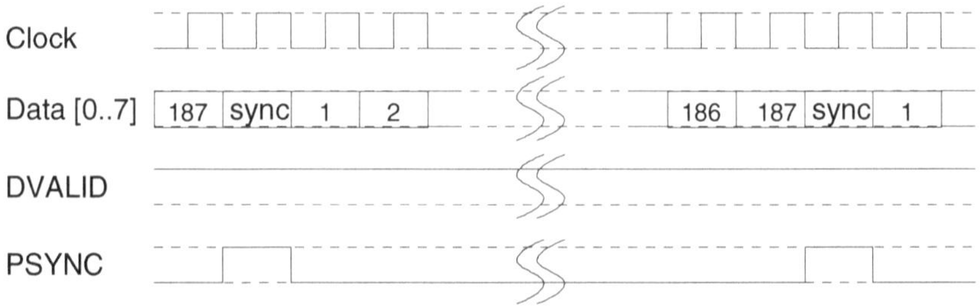

Abb. 10.4. Übertragungsformat bei TS-Parallel mit 188-Byte-Paketen [DVG]

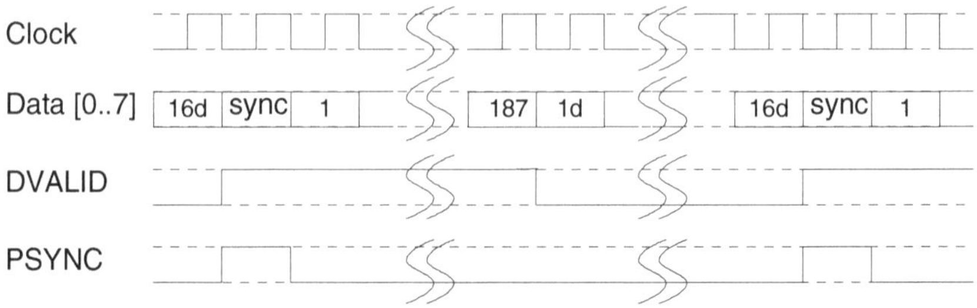

Abb. 10.5. Übertragungsformat mit 188-Byte-Paketen und 16 Dummy-Bytes [DVG]

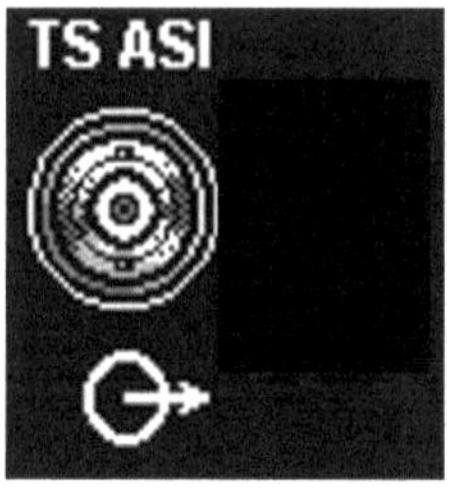

Abb. 10.6. TS-ASI (75 Ohm, BNC)

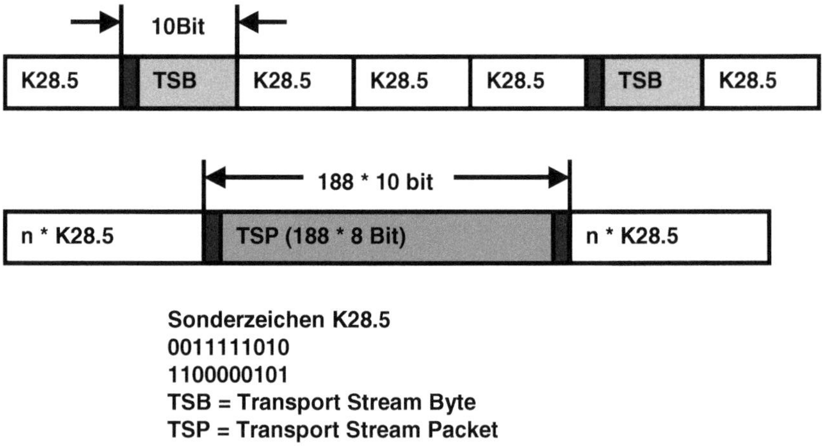

Abb. 10.7. TS-ASI im Single-Byte Mode (oben) und im Burst Mode (unten)

Auf die Möglichkeit, 16 zusätzliche Informationsbyte an die 188 Byte des Transportstrompakets anzuhängen greift man bei ISDB-T im Falle des BCMUX-Formats zurück. Bei ISDB-T wird hier über diese 16 Byte die Multiplex-Beschreibung, d.h. die Information, um welchen Layer es sich handelt, angehängt.

10.4 Asynchrone serielle Transportstromschnittstelle (TS-ASI)

Die asynchrone serielle Transportstromschnittstelle (Abb. 10.6.) ist eine Schnittstelle mit einer konstanten Datenrate von 270 Mbit/s. Über diese Schnittstelle werden Datenbytes (8 Bit) mit maximal 27 MByte/s übertragen werden. D.h. die Datenrate auf dieser Schnittstelle ist nicht synchron zum tatsächlichen MPEG-2-Transportstrom, sondern immer konstant 270 Mbit/s. Dies hat jedoch den Vorteil, dass die gleiche Verteilanlage verwendet werden kann wie bei SDI. Jedes Byte wird nach einer genormten Tabelle um zwei zusätzliche Bits ergänzt. Mit dieser Maßnahme werden zum einen die Datenbytes gekennzeichnet, die nicht relevant sind (Dummy-Bytes), aber zum Auffüllen der Datenrate von 27 MByte/s notwendig sind, zum anderen wird dadurch ein Gleichspannungsanteil im seriellen Signal verhindert.

Als Stecker wird eine BNC-Buchse mit einer Impedanz von 75 Ω verwendet. Der Pegel beträgt 800 mV_{SS} (+/-10 %).

Die TS-ASI-Schnittstelle kann in zwei Betriebsarten (Abb. 10.7.) arbeiten: Beim Burst-Mode bleiben die TS-Pakete in sich unverändert, Dummy-Pakete werden eingefügt, um auf die Datenrate von 270 Mbit/s zu kommen; beim Single-Byte-Mode werden Dummy-Bytes eingefügt, um auf die Ausgangsdatenrate von 270 Mbit/s "aufzustopfen".

10.5 SMPTE310-Schnittstelle

Eine Sonderform der TS-ASI-Schnittstelle ist das für ATSC definierte SMPTE310-Interface. Dieses Interface ist auf die Datenrate von exakt 19.39 Mbit/s des ATSC-Standards fixiert. Es ist eine serielle synchrone Datenschnittstelle. Die Steckerform ist BNC.

10.6 ISDB-T BCMUX

Bei japanischen ISDB-T-Standard gibt es drei physikalische Layer, in den jeweils ein Transportstrom mit unterschiedlichen physikalischen Parametern (Fehlerschutz, Modulationsart) übertragen werden kann. Um diese drei Transportströme in einem Signal zu den Senderstandorten transportieren zu können, wurde das BCMUX-Format definiert (siehe auch Kapitel 25, ISDB-T). Hierzu werden zu den 188 Byte des Transportstrompaketes weitere 16 Byte angehängt, in denen die Zugehörigkeit des Transportstrompaketes zu jeweiligen Layer signalisiert wird.

10.7 DVI-Schnittstelle

DVI steht für Digital Visual Interface und ist eine Schnittstelle, die im PC-Bereich die VGA-Schnittstelle als Display-Schnittstelle vorübergehend abgelöst hat. Es gibt sie in der Ausführung DVI-I = Integrated und DVI-D = Digital. Die DVI-I-Schnittstelle beinhaltet zusätzlich die analogen VGA-Komponenten, d.h. durch einen passiven Adapterstecker kann daraus auch VGA konvertiert werden. Die DVI-D-Schnittstelle verfügt nur über die digitalen Monitor-Signale. Die Datenrate der DVI-Schnittstelle liegt bei 1.65 Gbit/s. DVI ist ein mögliches Interface eines HD-Ready-tauglichen Monitors oder Beamers.

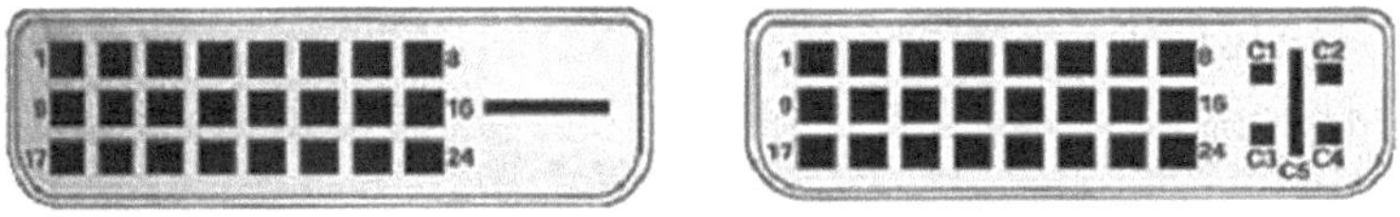

Abb. 10.8. DVI-Schnittstelle (links DVI-D, rechts DVI-I)

Tabelle 10.3. Belegung der DVI-Schnittstelle

Pin	Signal
01	TMDS Daten 2-
02	TMDS Daten 2+
03	Masse TDMS Daten 2, 4
04	TMDS Daten 4-
05	TMDS Daten 4+
06	DDC Takt
07	DDC Daten
08	Analog V-Sync
09	TMDS Daten 1-
10	TMDS Daten 1+
11	Masse TMDS Daten 1, 3
12	TMDS Daten 3-
13	TMDS Daten 3+
14	+5V
15	Masse für +5V
16	Hotplug Detect
17	TMDS Daten 0-
18	TMDS Daten 0+
19	Masse TMDS Daten 0, 5
20	TMDS Daten 5-
21	TMDS Daten 5+
22	Masse TMDS Takt
23	TMDS Takt+
24	TMDS Takt-
C1	Analog Rot
C2	Analog Grün
C3	Analog Blau
C4	Analog Masse

TMDS = Transmission Minimized Digital Signalling
DDC = Display Data Channel

10.8 HD-SDI-Schnittstelle

HD-SDI = High Definition Serial Digital Interface ist der große Bruder der SDI-Schnittstelle. Hierüber wird bei einer Datenrate von 1.485 Gbit/s unkomprimiertes HD-Video mit 10 Bit Auflösung verteilt, bzw. einem HD-MPEG-Encoder zugeführt. Diese Schnittstelle kann als BNC-Schnittstelle mit einer Impedanz von 75 Ohm und einem Pegel von 800 mV realisiert sein oder als optisches Interface vorliegen. Auf der 3G-HD-SDI-Schnittstelle beträgt die Datenrate bis zu 3 Gbit/s.

10.9 DVB-IP-Schnittstelle

Immer häufiger findet man Applikationen in denen als MPEG-2-Transportstrom-Schnittstelle TS-ASI durch eine Gigabit-Ethernet-Schnittstelle (CAT6-Leitung, Steckertyp RJ45) ersetzt wird. Diese DVB-IP-Schnittstelle wird mittelfristig die TS-ASI-Schnittstelle komplett ablösen. Hierbei können auch mehrere Transportströme über eine Schnittstelle verteilt werden. Die Adressierung erfolgt dann über einen aus der IP-Welt bekannten „Socket“, der sich aus Port-Nr. und IP-Adresse zusammensetzt.

10.10 SDI over IP, AVB

Zur Zeit werden unkomprimierte Videosignale jenseits von HD (4K, UHD-1) meist über vier parallele 3G-HD-SDI-Leitungen übertragen, von denen je eine Leitung einen Quadranten transportiert. Parallel hierzu sind zwei Verfahren für eine praktikablere Lösung in Arbeit, nämlich

- 802.AVB = „Audio Video Bridge“
- SDI over IP – SMPTE2022.

Beide Verfahren setzen auf IP-Kabelstrukturen. 802.AVB ersetzt alle ISO/OSI-Layer durch eigene Protokolle, wohingegen SDI over IP = SMPTE2022 die untersten ISO/OSI-Layer unberührt lässt.

Abb. 10.9. HDMI-Schnittstelle

10.11 HDMI – High Definition Multimedia Interface

Im Zeitalter des analogen Fernsehen war es die SCART-Schnittstelle (Abb. 10.2), über die externe Geräte mit dem TV-Gerät verbunden wurden und über die sowohl das Videosignal, sei es in geschlossen codierter Form als FBAS-Signal (Composite Video) als auch in Komponentenform (RGB) und auch die Audiosignale (links, rechts) verteilt wurden. Von der PC-Welt her kennt man die VGA-Schnittstelle (Video Graphics Array), die nur das Videosignal in Komponentenform trägt und die DVI-Schnittelle, die ebenfalls keinerlei Audio übertragen kann. DVI also Digital Visual Interface wurde quasi als digitaler Ersatz für die analoge VGA-Schnittstelle entwickelt. Auf DVI aufbauend entstand dann ca. um das Jahr 2003 herum das HDMI-Interface (Abb. 10.9.). Für die Konvertierung von DVI auf HDMI und zurück gibt es rein passive Adapterstecker. Im Zeitalter des hochauflösenden Fernsehens HDTV ist die HDMI-Schnittstelle die wichtigste Verbindung zwischen Flachbildschirm und externen Video- und Audioquellen, seien es DVD-Player, Blue Ray Player oder AV-Receiver. Von Seiten der Filmindustrie wird ein Kopierschutzmechanismus gefordert, der als HDCP = High Bandwidth Digital Content Protection in HDMI realisert wurde. Im folgenden werden die wesentlichen Funktionen und Datenprotokolle der HDMI-Schnittstelle besprochen.

10.11.1 HDMI - Entwicklung und Versionen

Der Standard HDMI-Standard wurde im Jahr 2003 veröffentlicht, damals stand HDTV quasi noch in den Kinderschuhen. Heutige Geräte werden alle mindestens mit HDMI-Schnittstellen der Version 1.4 bzw. Produkte aus dem UHDTV-Umfeld auch schon mit HDMI-Version 2.0 ausgeliefert.

Die Versionen von HDMI-Versionen unterstützen unterschiedliche Funktionalitäten, Datenraten und Steckertypen, es sind

- HDMI Version 1.0, Jahr 2002, max. 3.96 Gbit/s, Stecker Typ A
- HDMI Version 1.1, Jahr 2004, Stecker Typ A max. 3.96 Gbit/s, Stecker Typ B max. 7.92 Gbit/s, DVD-Audio
- HDMI Version 1.2, Jahr 2005, Stecker und Datenraten wie 1.1, nun auch SACD-Audio
- HDMI Version 1.2a, Jahr 2005, wie 1.2, jedoch nun auch CEC-Unterstützung
- HDMI Version 1.3, Jahr 2006, max. 8.16 Gbit/s, zus. Stecker Typ C (Mini-HDMI), jetzt auch Dolby Digital Plus Audio
- HDMI Version 1.3abc, Jahr 2006, max. 8.16 Gbit/s, erstmals Unterstützung von 3D
- HDMI Version 1.4, Jahr 2009, max. 8.16 Gbit/s, zus. Stecker Typ D (Micro-HDMI), jetzt auch 4K/2K-Auflösung, HDMI-Ethernet Channel, Audio Return Channel
- HDMI Version 1.4a, Jahr 2010, weitere 3D-Standardisierung (Side-by-Side, Top-Bottom usw.)
- HDMI Version 2.0, Jahr 2014, Datenraten bis 14.4 Gbit/s, Unterstützung von 4Kp50/60
- HDMI Version 2.0a, Jahr 2015, Unterstützung von HDR = High Dynamic Range

Im Rahmen der Evolution der HDMI-Versionen wurden verschiedene Steckertypen eingeführt, die Datenraten immer mehr erhöht und auch speziell für AV-Receiver die Möglichkeit eines Audiorückkanals im HDMI-Kabel geschaffen.

10.11.2 Mechanische Ausführung

Es gibt unterschiedliche mechanische Ausführungen der HDMI-Schnittstelle, wesentliches Merkmal ist die mechanische Größe des Steckers, der auf die jeweilige Applikation bezogen ist; die HDMI-Schnittstelle findet man nämlich sowohl am TV-Flachbildschirm, an externen typisch mit dem TV-Gerät verbundenen Geräten, sowie auch am Mobiltelefon, an der Videokamera, an der Action Cam, im Kraftfahrzeug usw. und muss je nach Anwendung und Anwendungsort verschiedene Belastungen aushalten oder einfach auch nur entsprechend klein sein oder gar mechanisch zu anderen Schnittstellenformaten kompatibel sein.

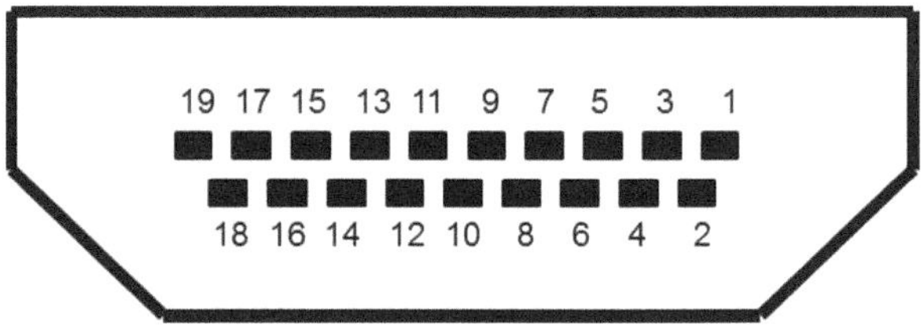

Abb. 10.10. HDMI-Standard-Stecker-Typ A, Pin-Belegung

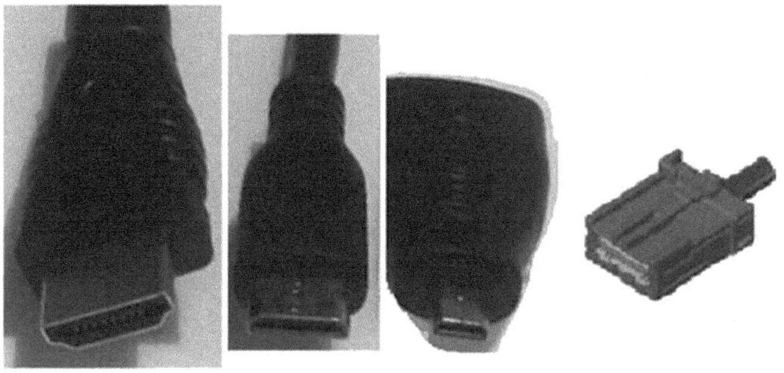

Abb. 10.11. HDMI-Stecker-Typen (von links) Typ „Standard“ A, Typ „Mini“ C, Typ „Micro“ D und Typ „Automotive“ E

HDMI-Stecker unterscheidet man zwischen dem

- mechanisch relativ großen Standard-Typ „Type A“ mit 19 Signalleitungen
- dem „Typ B“ (29-polig, hat sich nicht im Markt durchgesetzt)

- dem Mini-Typ „Type C“ (19-polig)
- dem Micro-Typ „Type D“ (19-polig)
- dem Automotive-Typ „Type E“.

Der Mini- und Micro-Typ wird v.a. bei Mobiltelefonen, Tablet PC’s und Kameras eingesetzt. Type E ist für Anwendungen in der Fahrzeugindustrie gedacht.

Tabelle 10.4. HDMI-Pin-Belegung

Pin Nr., Stecker Typ A	Pin Nr., Stecker Typ D	Signal	Erläuterung
1	3	TMDS Data 2+	
2	4	TMDS Data 2 GND	Masse
3	5	TMDS Data 2-	
4	6	TMDS Data 1+	
5	7	TMDS Data 1 GND	Masse
6	8	TMDS Data 1-	
7	9	TMDS Data 0+	
8	10	TMDS Data 0 GND	Masse
9	11	TMDS Data 0-	
10	12	TMDS Clock+	
11	13	TMDS Clock GND	Masse
12	14	TMDS Clock-	
13	15	CEC	
14	2	reserviert bzw. HEC-Data-	
15	17	SCL	I2C-Bus für DDC Clock
16	18	SDA	I2C-Bus für DDC Data
17	16	DDC/CEC/HEC-GND	Masse
18	19	+5V, max. 55 mA	Versorgungsspannung
19	1	Hot-Plug-Detect, HEC Data +	

10.11.3 HDMI-Schnittstellenfunktionen

Die von der HDMI-Schnittstelle her zu realisierenden Funktionen (Abb. 10.12.) sind

- Video- und Audiodatenübertragung (ggf. verschlüsselt),
- Austausch von Fähigkeiten der Quelle und Senke und Absprache der verwendeten Formate,
- Fernsteuerung von Geräten (CEC = Consumer Electronics Control),
- Audiorückkanal vom TV-Endgerät zum AV-Receiver (ARC = Audio Return Channel),
- Hot-Plug-Detect (HPD),
- Stromversorgung (5V, max. 55 mA) z.B. für Leitungsverstärker/Equalizer,
- sowie eine Ethernet-Datenübertragung.

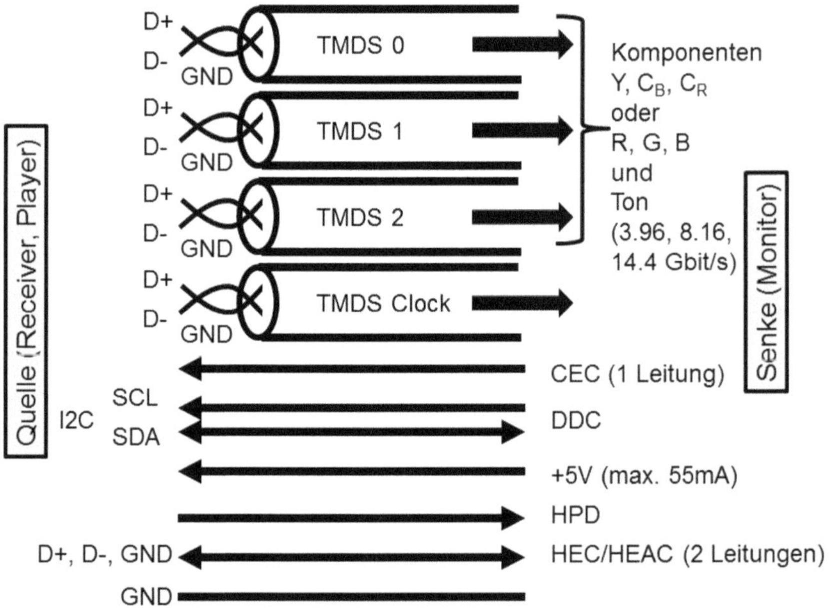

Abb. 10.12. HDMI-Schnittstellensignale

Über die HDMI-Schnittstelle werden Video- und Audiodatensignale ggf. in kopiergeschützter Form (HDCP) von einer Quelle (Receiver, Blu Ray Player etc.) zu einem Zielgerät (TV-Flachbildschirm) übertragen. Dies erfolgt über die sog. TMDS-Leitungen der HDMI-Schnittstelle (transition-minimized differential signalling). Die Übertragung ist gerichtet und sie weist eine sehr hohe Datenrate auf. Die Daten müssen ggf. verschlüsselt übertragen werden, wobei das Abgreifen der Daten von Seiten Dritter geschützt sein muss. HDCP wird aber nur aktiviert, wenn die Quelle (Blu Ray, TV-Service usw.) dies verlangt. Welcher Schlüssel gerade verwendet wird, wird von den beiden betroffenen Geräte (Quelle und Senke) über die HDMI-Schnittstelle ausgehandelt.

HDMI sieht auch eine Fernsteuerung von Geräten vor, d.h. es kann z.B. über die Fernbedienung des TV-Geräts auch ein ggf. angeschlossener Blu Ray – Player bedient werden; die Kommunikation läuft hierbei über das HDMI-Kabel.

HDMI-Kabel können „heiss“ gesteckt und wieder entfernt werden. Die angeschlossenen Geräte müssen dies automatisch erkennen können und darauf reagieren. Man nennt dies HPD = Hot Plug Detect.

Geräte, die mit einem HDMI-Kabel verbunden werden, tauschen ihre physikalischen Fähigkeiten aus, d.h. sie teilen gegenseitig mit, was sie sind und welche Video- und Audioformate sie unterstützen. Beide Geräte vereinbaren dann ein gemeinsames verträgliches Format für Video und Audio.

Werden AV-Receiver in das Heimkino integriert, so sind diese für die Surround-Sound-Versorgung zuständig; hierzu ist es notwendig diese mit dem zum Video gehörigen aktuellen Tonsignal aus dem TV-Endgerät zu versorgen. Um zusätzliche Kabel zu sparen, kann hierzu auf dem Rückkanalweg im HDMI-Kabel der AV-Receiver vom TV-Gerät mit Ton versorgt werden.

Über eine Versorgungsleitung, die 5 Volt mit einem max. Strom von 55 mA zur Verfügung stellt, können z.B. Leitungsverstärker/Equalizer versorgt werden.

10.11.4 HDMI-Schnittstellensignalfomate

Die Schnittstellensignalformate auf der HDMI-Leitung sind

- TMDS = Transistion-Minimized Differential Signalling
- I2C-Bus = serieller bidirektionaler Datenbus
- CEC = Consumer Electronic Control
- HEC = HDMI Ethernet Channel
- HEAC = HDMI Ethernet and Audio Channel
- DDC = Display Data Channel
- sowie die Versorgungsspannung.

Unter TMDS = Transistion-Minimized Differential Signalling versteht man die gerichtete schnelle Datenübertragung der Video- und Audiodaten von der Quelle zu Senke in serieller differentieller Form auf drei geschirmten Leitungspaaren (0, 1, 2) unter Nutzung eines ECL-Pegels (800 mVss) mit einer Leitungsimpedanz gegen Masse von 50 Ohm. Die TMDS-Datenraten liegen bei

- bis zu 1.65 Gbit/s (DVI = Digital Visual Interface)
- bis zu 3.96 Gbit/s (HDMI 1.0, 1.1, 1.2)
- bis zu 8.16 Gbit/s (HDMI 1.3, 1.4)
- und bzw. bis zu 14.4 Gbit/s (HDMI 2.0).

Neben den drei TMDS-Datenleitungspaaren wird auch der TMDS-Takt auf einem geschirmten Leitungspaar übertragen. Die tatsächliche Datenrate und somit der tatsächliche Takt hängt vom aktuell zu übertragenden Inhalt ab. Die Daten auf den TMDS-Leitungen sind ggf. HDCP-verschlüsselt und 8b10b-kanalcodiert, wobei dies so erfolgt, dass die TMDS-Signale quasi gleichspannungsfrei sind. Die Videosignale beinhalten sogar noch Horizontal- und Vertikalaustastlücken; Formate wie RGB 4:4:4, YCbCr 4:4:4, YCbCr 4:2:2 und YCbCr 4:2:0 mit Farbräumen bis 24, 30, 36 und 48 Bit Auflösung werden über HDMI unterstützt. In den Austastlücken ist Platz für Daten und Audio. D.h. die Audiosignale werden innerhalb der Austastlücken des Videosignal eingebettet in Data Islands übertragen.

Es wurden drei TMDS-Leitungspaare plus ein Leitungspaar für den TMDS-Takt auf der HDMI-Schnittstelle eingeführt, um ursprünglich genau drei Videosignalbestandteile übertragen zu können, nämlich

- R G B oder
- Y C_B C_R

und dies mit ursprünglich 8 Bit Auflösung. Die 8 Bit Nutzdaten wurden dann mittel 8b10b-Codierung auf 10 Bit aufgebläht. Ein gleichzeitiger 10 Bitwert auf allen drei TMDS-Leitungen ergibt ein TMDS-Zeichen. So ist z.B. ursprünglich der Leitung TMDS 0 = B, TMDS 1 = G und TMDS 2 = R bei RGB 4:4:4 zugewiesen worden. Es sind jedoch mittlerweile auch zahlreiche Videosignalformate mit höherer Bitauflösung definiert, so dass diese generelle Zuordnung so nicht mehr gültig ist.

Der I2C-Bus ist ein in der Konsumer-Elektronik seit langem eingesetzter serieller bidirektionaller Datenbus bestehend aus einer Daten (SDA) - und einer Taktleitung (SCL). Über den I2C-Bus wird der DDC übertragen.

Über den DDC = Display Data Channel werden Informationen über die physikalischen Fähigkeiten der Endgeräte ausgetauscht, welche in den sog. E-EDID = Enhanced Extended Display Indentification Data der Geräte gespeichert sind.

Der HEC = HDMI – Ethernet Channel bzw. der HEAC = HDMI Ethernet and Audio Channel besteht aus zwei geschirmten Leiterpaaren (HEC Data- und HEC Data+); hierüber werden Ethernet Daten und v.a. der ARC = Audio Return Channel übertragen.

Die Versorgungsspannung (5 Volt, max. 55 mA) dient ggf. zur Versorgung von Leitungsverstärkern/Equalizern.

Optional kann ein Gerät, typischerweise der TV-Flachbildschirm, über HDMI daran angeschlossene Geräte über die CEC-Leitung auf dem HDMI-Kabel fernsteuern.

Tabelle 10.5. Übliche Videoformate über HDMI, technische Parameter

Video Identification Code (VIC)	Auflösung, Bildwiederholfrequenz	Pixel Clock
1	640x480p (VGA), 59.94/60 Hz	25.175 MHz
2, 3	720x480p, 59.94/60 Hz	27.000 MHz
17, 18	720x576p, 50 Hz	27.000 MHz
6,7	720 (1440)x480i, 59.94/60 Hz	27.000 MHz
21, 22	720 (1440)x576i, 50 Hz	27.000 MHz
4	1280x720p, 59.94/60 Hz	74.250 MHz
19	1280x720p, 50 Hz	74.250 MHz
5	1920x1080i, 59.94/60 Hz	74.250 MHz
20	1920x1080i, 50 Hz	74.250 MHz
16	1920x1080p, 59.94/60 Hz	148.500 MHz
31	1920x1080p, 50 Hz	148.500 MHz
34	1920x1080i, 29.97/30 Hz	74.250 MHz
101	4096x2160p, 50 Hz	594.000 MHz
102	4096x2160p, 59.94 Hz	594.000 MHz

Im folgenden Beispiel wird kurz verdeutlicht, wie die HDMI-Datenrate und der Pixel-Clock aus dem Videoformat ermittelt werden kann; zu berücksichtigen ist hierbei immer, dass das Datenformat auf den TMDS-Leitungen immer der Codierung „8b10b“ folgt, d.h. die eigentlichen Nutzdaten pro Symbol sind nur 8 Bit, es werden aber 10 Bit übertragen. Die zusätzlichen zwei Bit werden nach einer bestimmten Regel codiert (gleichspannungsfrei).

Beispielrechnung für **1920x1080p30 mit 12 Bit Farbtiefe** pro Farbkomponente:

d_{tmds} =(1920 + 280) · (1080 + 45) · 30 Hz · 3 · 12 Bit · 10/8 = 3.34 Gbit/s

(mit H-Austastlücke = 280 Pixel, V-Austastlücke = 45 Zeilen)

d.h. die Datenrate pro TMDS-Leitung beträgt in etwa 1.11 Gbit/s.

Der Pixel Clock berechnet sich bei diesem Beispiel zu

f_{pixel} =1.11 Gbit/s / (12 · 10/8) = 74.25 MHz.

10.11.5 HDMI-Messtechnik

Die Schnittstellen von AV-Konsumer-Endgeräten müssen getestet werden; hierzu gehört auch die HDMI-Schnittstelle, sei es als Ausgang oder als Eingang. Entsprechende Geräte für die HDMI-Protokollanalyse, sowie die physikalische Time Domain-Analyse („Augendiagramm“) gibt es (siehe Rohde&Schwarz VTC, VTE, VTX).

Abb. 10.13. zeigt Augendiagramme von TMDS-Signalen der HDMI-Schnittstelle bei verschiedenen Kabellängen. Die Verkleinerung des Auges bei längeren Kabeln ist deutlich erkennbar. Abb. 10.14. zeigt gemessene Parameter auf der HDMI-Schnittstelle bei SDTV, HDTV und UHDTV-Signalen.

10.11.6 HDMI - Zusammenfassung und Ausblick

Über die HDMI-Schnittstelle werden audiovisuelle Geräte miteinander verbunden, seien es Geräte für SDTV, HDTV und nun und in der Zukunft auch für die UHDTV-Formate. Die Geräte tauschen hierüber die Video- und Audioinhalte aus und es lassen sich Geräte hierüber auch von anderen Geräten steuern. Die Bandbreiten und Datenraten im HDMI-Kabel liegen jetzt schon im deutlichen Gigahertz-Bereich und werden noch weiter steigen. Kabellängen und Kabelqualitäten sind bedeutend und beschränken Verbindungslängen auf etwa 3 - 5 Meter, obwohl der HDMI-Standard auch bis zu 15 m lange Kabel vorsieht. Es werden durchaus auch 10 m lange oder noch längere HDMI-Kabel angeboten, deren Verwendbarkeit hängt aber sehr stark von der Qualität des Kabels und der Ein- und Ausgangsschnittstelle der jeweilig zu verbindenden Geräte ab.

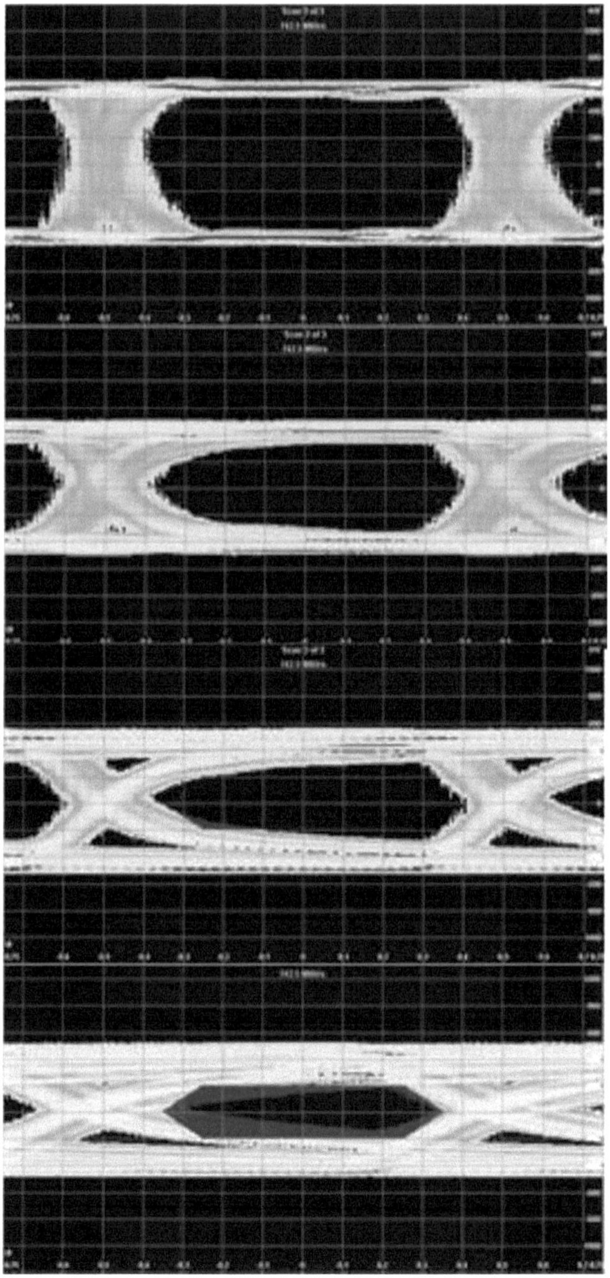

Abb. 10.13. Time-Domain-Analyse mit dem Rohde&Schwarz Video Test Center VTC; Augendiagramm eines TMDS-Signals bei verschiedenen HDMI-Kabellängen (0m, 3m, 10m)

Video Code	Pixel Clock	TMDS Char Clk	Input	Standard
720 (1440) x 576i @ 50Hz (22)	27.000MHz	27.000MHz	HDMI [L1]	HDMI 2.0

Video Code (derived from AVI InfoFrame)			720 (1440) x 576i @ 50Hz (22)
Pixel Clock	27.000 000MHz	Vertical Frequency	50.000Hz
Video Format	Interlaced	Horizontal Frequency	15.625kHz
Horizontal Video Parameters		Vertical Video Parameters	
H Total Pixels	1 728	V Total Lines	625
H Active Pixels	1 440	V Active Lines	576
H Front Porch Pixels	24	V Front Porch Lines	2
H Sync Pixels	126	V Sync Lines	3
H Back Porch Pixels	138	V Back Porch Lines	19
H Sync Polarity	Negative	V Sync Polarity	Negative

Video Code	Pixel Clock	TMDS Char Clk	Input	Standard
1280 x 720p @ 50Hz (19)	74.250MHz	74.250MHz	HDMI [L1]	HDMI 2.0

Video Code (derived from AVI InfoFrame)			1280 x 720p @ 50Hz (19)
Pixel Clock	74.250 000MHz	Vertical Frequency	50.000Hz
Video Format	Progressive	Horizontal Frequency	37.500kHz
Horizontal Video Parameters		Vertical Video Parameters	
H Total Pixels	1 980	V Total Lines	750
H Active Pixels	1 280	V Active Lines	720
H Front Porch Pixels	440	V Front Porch Lines	5
H Sync Pixels	40	V Sync Lines	5
H Back Porch Pixels	220	V Back Porch Lines	20
H Sync Polarity	Positive	V Sync Polarity	Positive

Video Code	Pixel Clock	TMDS Char Clk	Input	Standard
1920 x 1080i @ 50Hz (20)	74.250MHz	74.250MHz	HDMI [L1]	HDMI 2.0

Video Code (derived from AVI InfoFrame)			1920 x 1080i @ 50Hz (20)
Pixel Clock	74.250 000MHz	Vertical Frequency	50.000Hz
Video Format	Interlaced	Horizontal Frequency	28.125kHz
Horizontal Video Parameters		Vertical Video Parameters	
H Total Pixels	2 640	V Total Lines	1 125
H Active Pixels	1 920	V Active Lines	1 080
H Front Porch Pixels	528	V Front Porch Lines	2
H Sync Pixels	44	V Sync Lines	5
H Back Porch Pixels	148	V Back Porch Lines	15
H Sync Polarity	Positive	V Sync Polarity	Positive

Video Code	Pixel Clock	TMDS Char Clk	Input	Standard
3840 x 2160 @ 50Hz (96)	594.000MHz	297.000MHz	HDMI [L1]	HDMI 2.0

Video Code (derived from AVI InfoFrame)			3840 x 2160 @ 50Hz (96)
Pixel Clock	594.000 000MHz	Vertical Frequency	50.000Hz
Video Format	Progressive	Horizontal Frequency	112.500kHz
Horizontal Video Parameters		Vertical Video Parameters	
H Total Pixels	2 640	V Total Lines	2 250
H Active Pixels	1 920	V Active Lines	2 160
H Front Porch Pixels	528	V Front Porch Lines	8
H Sync Pixels	44	V Sync Lines	10
H Back Porch Pixels	148	V Back Porch Lines	72
H Sync Polarity	Positive	V Sync Polarity	Positive

Abb. 10.14. HDMI-Videoparameter gängiger Rundfunk-Videoformate (SDTV 720x576i, HDTV 720p, HDTV 1080i und UHD-1 3840x2150p50) gemessen mit dem Rohde&Schwarz Video Test Center VTC

Eigentlich ist von deren Verwendung abzuraten. Dies zeigen gerade praktische Erfahrungswerte aus der Verwendung von Laptops in Verbindung mit diversen Projektoren in diversen Seminarumgebungen. Sind längere Entfernungen zu überbrücken, so empfiehlt sich die Wandlung z.B. in optische Signale und zurück oder die Verwendung von Verteilsystemen unter Nutzung von CAT6-Kabeln. Moderne Geräte mit HDMI-

Schnittstellen verfügen aber heute auch teilweise über HDMI-Kabel-Equalizer und können somit Leitungsverluste korrigieren.

Literatur: [GRUNWALD], [DVG], [DVMD], [DVQ], [FISCHER4], [ITU601], [REIMERS], [TAYLOR], [HDMI1.4], [HDMI2.0], [7BM85_0E]

11 Messungen am MPEG-2-Transportstrom

Mit der Einführung des digitalen Fernsehens hat sich die Rundfunkmesstechnik weiterentwickelt und den neuen Bedürfnissen angepasst. Es werden keine Prüfzeilen oder sonstige Mess-Signale mehr in die ausgestrahlten Videosignale eingetastet; die Messgeräte nehmen nur noch Messungen an der Anatomie der ausgestrahlten Signale vor. Zu den Messaufgaben des Digitalen Rundfunks gehören nun

- die MPEG-2-Transportstrom-Analyse
- die Bildqualitätsanalyse
- die Messung von RF-Pegel, SNR, CNR, MER und BER.

Ein MPEG-2-Analyzer hat als Eingangsschnittstelle entweder eine parallele 25-polige MPEG-2-Schnittstelle oder einen seriellen TS-ASI-BNC-Anschluss oder beides gleichzeitig, bzw. heute auch eine DVBIP-Schnittstelle (Gigabit-Ethernet).

Der MPEG-Analyzer besteht aus den wesentlichen Schaltungsblöcken MPEG-2-Decoder, MPEG-Analyse - üblicherweise als Signalprozessor ausgeführt - und einem Steuerrechner, der alle Ergebnisse erfasst, am Display darstellt und alle Bedien- und Steuervorgänge vornimmt und verwaltet. Ein MPEG-2-Analyzer kann sowohl die Video- und Audiosignale, die im Transportstrom enthalten sind wieder decodieren, als auch zahlreiche Analysen und Messungen an der Datenstruktur vornehmen. MPEG-2-Transportstromanalyse ist eine spezielle Art der Logikanalyse.

Im Rahmen des DVB-Projektes wurden von der Measurement Group innerhalb der sog. Measurement Guidelines ETR 290 / [TR100290] zahlreiche Messungen am MPEG-2-Transportstrom definiert. Diese Messungen werden im folgenden näher beschrieben. Die mit Hilfe dieser Messungen zu erfassenden Fehler wurden gemäß ETR 290 / [TR100290] in drei Prioritätsstufen eingeteilt: Priorität 1, 2, 3.

Liegt ein Priorität-1-Fehler vor, so besteht oft keine Chance, sich auf den Transportstrom aufzusynchronisieren oder gar ein Programm zu dekodieren. Priorität 2 bedeutet hingegen, dass teilweise keine Möglichkeit besteht, ein Programm fehlerfrei wiederzugeben. Ein Vorliegen eines Fehlers nach Kategorie 3 deutet hingegen lediglich auf Fehler bei der Ausstrahlung der DVB-Serviceinformationen hin. Die Auswirkung ist dann vom Verhalten des verwendeten TV-Endgeräts abhängig. So war zumindest die ursprüngliche Idee hinter den Prioritätsstufen. In der Praxis haben diese Prioritätsstufen nicht mehr die frühere Bedeutung. Wir sind aber jetzt auch mittlerweile Jahre von der ursprünglichen Definition der Measurement Guidelines entfernt. Praktische Erkenntnisse sind hinzugekommen, Verhalten von Empfängern bekannt. Neue zusätzliche Messungen wurden definiert.

Bis auf die Fehler nach Kategorie 3 sind alle Messungen auch direkt beim amerikanischen ATSC-Standard anwendbar. Dort sind aber vergleichbare Analysen an den PSIP-Tabellen möglich.

In den DVB-Measurement-Guidelines ETR 290 sind folgende Messungen am MPEG-2-Transportstrom definiert:

Tabelle 11.1. MPEG-2-Analyse gemäß DVB-Measurement Guidelines

Messung	Priorität
TS_sync_loss	1
Sync_byte_error	1
PAT_error	1
PMT_error	1
Continuity_count_error	1
PID_error	1
Transport_error	2
CRC_error	2
PCR_error	2
PCR_accuracy_error	2
PTS_error	2
CAT_error	2
SI_repetition_error	3
NIT_error	3
SDT_error	3
EIT_error	3
RST_error	3
TDT_error	3
Undefined_PID	3

11.1 Verlust der Synchronisation (TS-Sync-Loss)

Der MPEG-2-Transportstrom besteht aus 188 Byte langen Datenpaketen, die sich aus 4 Byte Header und 184 Byte Payload zusammensetzen. Das erste Byte des Headers ist das Sync-Byte, das konstant den Wert 0x47 aufweist und in einem konstanten Abstand von 188 Byte vorkommt. In Sonderfällen sind auch 204 oder 208 Byte Abstand möglich, nämlich dann, wenn der Datenrahmen an den Reed-Solomon-Fehlerschutz gemäß DVB oder ATSC angelehnt ist. Die zusätzlichen 16 oder 20 Byte sind dann Dummy-Bytes, die einfach zu ignorieren sind. Verwertbare Information ist darin jedenfalls nicht vorhanden, da der Reed-Solomon-Coder und Decoder nicht das erste bzw. letzte Element der Übertragungsstrecke darstellt, sondern die Energierverwischungseinheit und damit würden evtl. vorhandene Reed-Solomon-Fehlerschutz-Bytes nicht zum tatsächlichen Transportstrompaket passen. Gemäß DVB liegt Synchronität nach dem Empfang von 5 aufeinanderfolgenden Sync-Bytes in korrektem Abstand und mit korrektem Inhalt vor. Nach dem Verlust von 3 aufeinanderfolgenden Sync-Bytes bzw. Transportstrompaketen fällt der MPEG-2-Decoder bzw. die entsprechende Übertragungseinrichtung wieder aus der Synchronisation. Den Zustand des Verlustes von Transportstromsynchronisation, der entweder wegen einer stark gestörten Übertragung oder einfach aufgrund eines Leitungsbruches auftreten kann, nennt man "TS_sync_loss" (Abb. 11.1.).

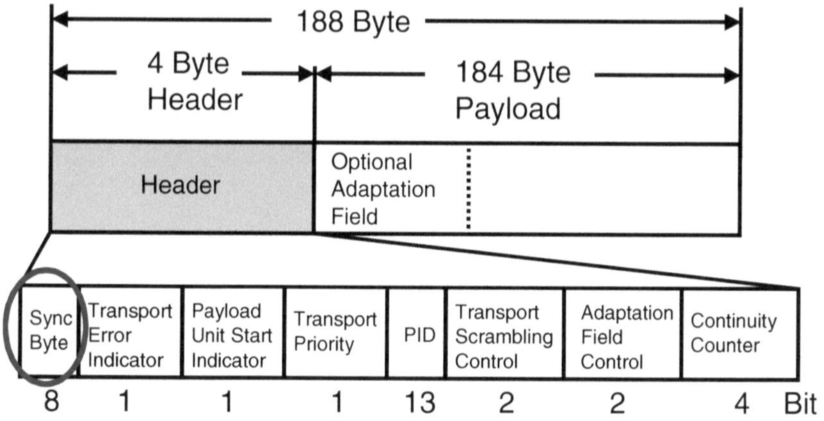

Abb. 11.1. TS_sync_loss

"TS_sync_loss" liegt vor, wenn

- der Inhalt des Synchronisations-Bytes von mindestens drei aufeinanderfolgenden Transportstrompaketen ungleich 0x47 ist.

Bei vielen Messdecodern / MPEG-Analyzern sind die Synchronisationsbedingungen (Einrasten, Ausrasten) einstellbar.

11.2 Fehlerhafte Sync-Bytes (Sync_Byte_Error)

Wie im vorigen Kapitel erläutert, gilt als Zustand der Synchronität zum Transportstrom der Empfang von mindestens 5 richtigen Sync-Bytes. Synchronitätsverlust tritt nach dem Verlust von 3 richtig empfangenen Sync-Bytes ein. Nun können aber bedingt durch Probleme auf der Übertragungsstrecke vereinzelt falsche Sync-Bytes verstreut im Transportstrom entstehen, die aber die Synchronisitation noch nicht zum Ausrasten bringen. Diesen meist durch zu viele Bitfehler verursachten Zustand nennt man "Sync_Byte_Error" (Abb. 11.2.).

Ein "Sync_Byte_Error" liegt vor, wenn

- der Inhalt eines Sync-Bytes im Transportstrom-Header ungleich 0x47 ist.

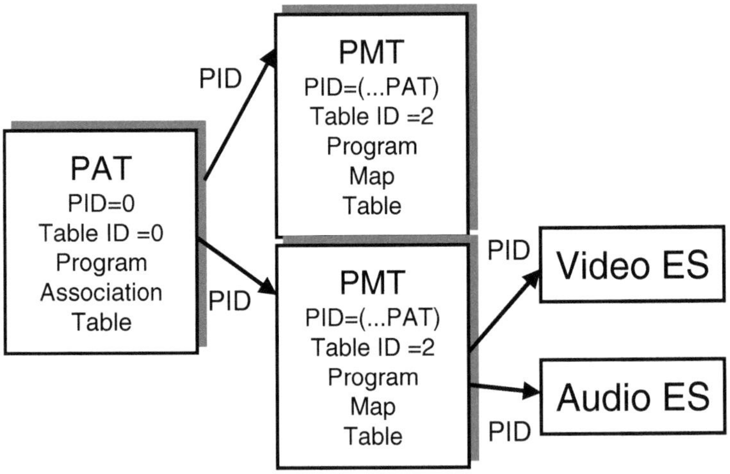

Abb. 11.2. PAT- und PMT-Fehler

11.3 Fehlende oder fehlerhafte Program Association Table (PAT) (PAT_Error)

Die Programmstruktur, d.h. die Zusammensetzung des MPEG-2-Transportstromes ist variabel, d.h. offen. Deswegen werden Listen zur Beschreibung der aktuellen Transportstromzusammensetzung im Transportstrom in speziellen TS-Paketen übertragen. Die wichtigste Tabelle ist die Program Association Table (PAT), die immer in Transportstrompaketen mit PID=0 und Table-ID=0 übertragen wird. Fehlt diese Tabelle oder ist diese Tabelle fehlerhaft, so ist die Identifikation und somit die Decodierung der Programme unmöglich.

In der PAT werden die PID`s aller Program Map Tables (PMT`s) aller Programme übertragen. D.h. in der PAT befinden sich Zeigerinformationen auf viele PMT`s. In der PAT findet ein TV-Receiver alle notwendigen Basisinformationen.

Eine fehlende, eine verschlüsselt übertragene, eine fehlerhafte oder eine zu selten übertragene Program Association Table führt zur Fehlermeldung "PAT-Error". Die PAT sollte alle max. 500 ms fehlerfrei und unverschlüsselt übertragen werden.

Ein PAT_Error liegt vor, wenn

- die PAT fehlt
- wenn die Wiederholrate größer als 500 ms
- die PAT verschlüsselt ist
- die Table ID verschieden von Null ist.

Details in der PAT werden dabei nicht überprüft.

11.4 Fehlende oder fehlerhafte Program Map Table (PMT) (PMT_Error)

Pro Programm wird eine Program Map Table im max. Abstand von 500 ms übertragen. Die PID`s der Program Map Tables sind in der PAT aufgelistet. In der PMT sind die jeweiligen PID`s aller zu diesem Programm gehörigen Elementarströme zu finden. Fehlt eine in der PAT referenzierte PMT, so besteht keine Möglichkeit für den TV-Receiver, die Elementarströme zu finden bzw. zu demultiplexen und zu dekodieren. Eine fehlende oder fehlerhafte oder eine verschlüsselte PMT, die in der PAT aufgelistet ist, führt zur Fehlermehldung "PMT_Error".

Ein "PMT_Error" liegt vor, wenn

- eine in der PAT aufgelistete PMT fehlt
- wenn eine Section der PMT nicht spätestens nach 500 ms wiederholt wird
- wenn eine PMT verschlüsselt ist
- wenn die Table ID verschieden von 2 ist.

Details in der PMT werden nicht überprüft.

Die PMT`s können wie jede andere Tabelle auch in sog. Sections eingeteilt sein. Jede Section beginnt mit der Table_ID=2 und mit einer in der PAT spezifizierten PID zwischen 0x0010 bis 0x1FFE gemäß MPEG-2 bzw. 0x0020 bis 0x1FFE gemäß DVB. Die PID 0x1FFF ist für die sog. Nullpakete vorgesehen.

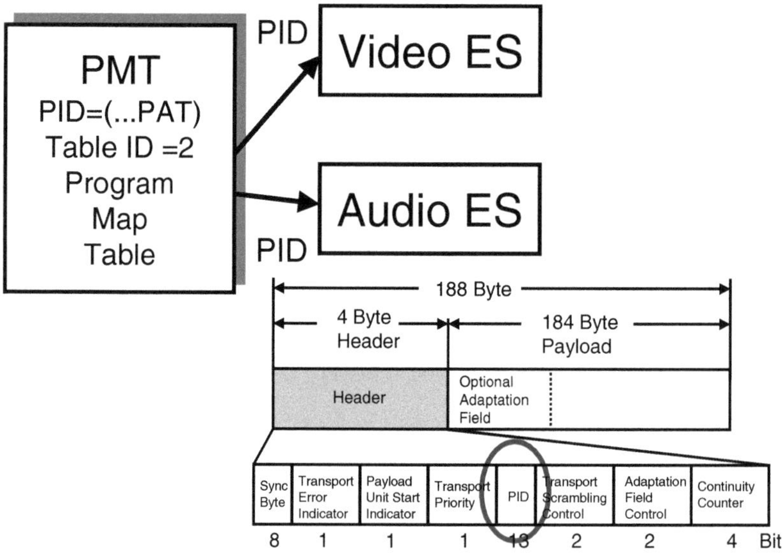

Abb. 11.3. PID_Error

11.5 Der PID_Error

Die PID`s aller Elementarströme eines Programms sind in der zugehörigen Program Map Table (PMT) enthalten. Die PID`s sind Zeiger auf die Elementarströme; über diese Packet Identifier erfolgt der adressierte Zugriff auf die entsprechenden Pakete des zu dekodierenden Elementarstromes. Ist eine PID zwar innerhalb irgend einer PMT aufgelistet, diese dann aber in keinem einzigen Paket im Transportstrom enthalten, so hat der MPEG-2-Decoder keine Chance auf den entsprechenden Elementarstrom zuzugreifen, da dieser nun nicht im Transportstrom enthalten ist oder aber mit falscher PID-Information gemultiplext wurde. Es handelt sich dann um einen klassischen PID-Fehler. Das Zeitlimit für die erwartete Wiederholrate von Transportstrompaketen mit einer bestimmten PID muss hierfür applikationsabhängig bei der Messung gesetzt werden. Üblicherweise liegt dieses in der Größenordnung von einer halben Sekunde. Es ist aber auf jeden Fall eine benutzerdefinierbare Größe. Speziell bei DVB-H musste dieses Zeitlimit oft angepasst werden.

Ein "PID_Error" (Abb. 11.3.) liegt vor,

- wenn Transportstrom-Pakete mit einer in einer PMT referenzierten PID nicht im Transportstrom enthalten sind
- oder wenn deren Wiederholrate ein benutzerdefinierbares Limit überschreitet, das üblicherweise in der Größenordnung von etwa 500 ms liegt.

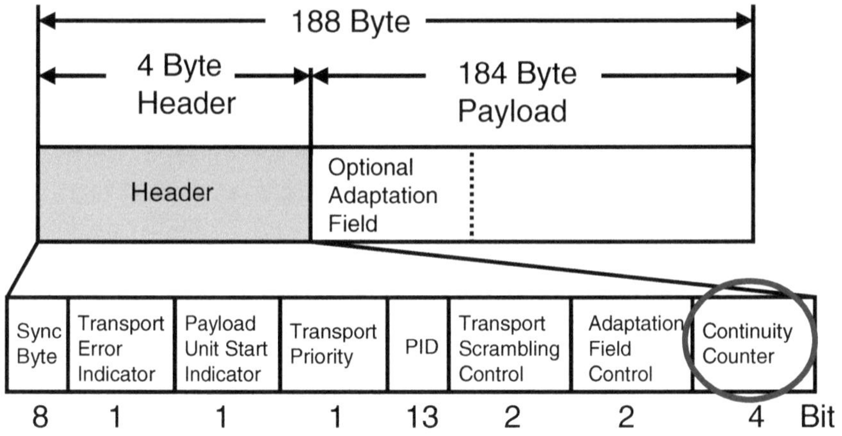

Abb. 11.4. Continuity_count_error

11.6 Der Continuity_Count_Error

Jedes MPEG-2-Transportstrompaket enthält im vier Byte langen Header einen 4-Bit-Zähler, der kontinuierlich von 0...15 zählt und dann nach einem Überlauf wieder bei Null beginnt (Modulo-16-Zähler). Jedes Transportstrompaket jeder PID weist aber einen eigenen Continuity-Zähler auf (Abb. 11.4.). D.h. z.B. Pakete mit PID=100 haben einen anderen eigenen Zähler, Pakete mit PID=200 ebenfalls, usw.. Sinn dieses Zählers ist es, fehlende oder wiederholte Transportstrompakete gleicher PID erkennen zu können, um auf evtl. Multiplexerprobleme aufmerksam zu machen. Solche Probleme können auch durch einen fehlerhaften Remultiplex oder sporadisch durch Bitfehler auf der Übertragungsstrecke entstehen. Gemäß MPEG-2 sind zwar Diskontinuitäten im Transportstrom erlaubt, jedoch müssen diese z.B. nach einem Umschaltvorgang im Adaptation Field angekündigt werden (discontinuity indicator=1). Bei Nullpaketen (PID=0x1FFF) ist dagegen Diskontinuität erlaubt und wird deshalb nicht überprüft.

Ein Continuity_Error liegt vor, wenn

- das gleiche TS-Paket zweimal übertragen wird, ohne Ankündigung einer Diskontinuität, oder
- wenn ein Paket fehlt (Zählerstand um 2 erhöht) ohne Ankündigung einer Diskontinuität, oder
- wenn eine komplett falsche Paketreihenfolge vorliegt.

Hinweis: Wie ein MPEG-2-Dekoder auf einen falschen Continuity Counter bei in der Tat richtiger Paketreihenfolge reagiert, hängt TV-Empfänger und dem darin verwendeten Decoderchip ab. Im Prinzip ist der Continuity Counter eigentlich für den TV-Empfänger irrelevant, er ist eigentlich für Messzwecke, Monitoring usw. gedacht.

Mit Hilfe des Continuity Counters können sogar Transportprobleme in verschlüsselten Nachrichten, wie ECMs, EMMs und CA-Video- und Audioinhalten identifiziert werden, ohne diese Nachrichten vorher zu entschlüsseln. Es kann aber damit nur überprüft werden, ob diese Nachrichten lückenlos übermittelt werden, nicht deren Inhalt.

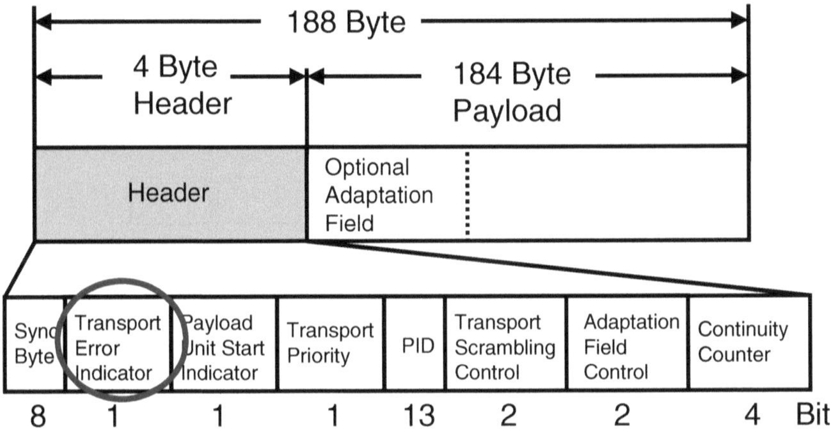

Abb. 11.5. Transport_error

11.7 Der Transport_Error

Jedes MPEG-2-Transportstrompaket enthält ein Bit, das Transport Error Indicator genannt wird und dem Sync-Byte unmittelbar folgt. Dieses Bit markiert evtl. fehlerhafte Transportstrompakete auf der Empfangsseite. Während der Übertragung können bedingt durch verschiedenartigste Einflüsse Bitfehler auftreten. Können über den Fehlerschutz (bei DVB und ATSC mindestens Reed-Solomon) nicht mehr alle Fehler in einem Paket repariert werden, so wird dieses Bit gesetzt. Der MPEG-2-Decoder kann dieses Paket nicht mehr verwerten, es ist fehlerhaft und zu verwerfen.

Ein Transport_Error (Abb. 11.5.) liegt vor, wenn

- das Transport-Error-Indicator-Bit im TS Header auf 1 gesetzt ist.

Es ist zu beachten, dass sich die DVB-Standards der ersten und zweiten Generation hinsichtlich des Fehlerschutzes und des Fehlerschutzverhaltens und damit auch hinsichtlich des Auftretens von gesetzten Transport-Error-Indicator-Bits deutlich unterscheiden. Treten bei der ersten DVB-Generation noch einzelne defekte Transportstrompakete auf, so ist bei der zweiten Generation immer eine Bündelung zu erwarten, da lange LDPC/BCH-Pakete viele TS-Pakete beinhalten.

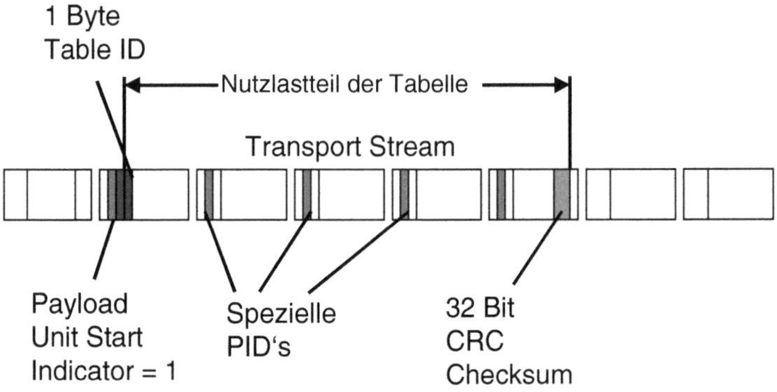

Abb. 11.6. CRC_Error

11.8 Der Cyclic Redundancy Check-Fehler

Bei der Übertragung sämtlicher Tabellen im MPEG-2-Transportstrom, seien dies PSI-Tabellen, sonstige private Tabellen gemäß DVB (SI-Tabellen) oder gemäß ATSC (PSIP) sind alle Sections der Tabellen jeweils durch eine Checksumme (CRC-Checksum) geschützt. Diese umfasst 32 Bit und wird am Ende jeder Section übertragen. Jede Section, die sich aus vielen Transportstrompaketen zusammensetzen kann, ist somit zusätzlich geschützt. Stimmen diese Checksummen nicht mit dem Inhalt der tatsächlichen Section der jeweiligen Tabelle überein, so liegt ein CRC_Error vor. In diesem Fall muss der MPEG-2-Decoder diesen Tabelleninhalt verwerfen und abwarten, bis dieser Abschnitt wiederholt wird. Ursache für einen CRC_Error ist meist eine gestörte Übertragungsstrecke. Würde ein TV-Endgerät solche fehlerhaften Tabellenabschnitte auswerten, so könnte es "verwirrt" werden.

Ein CRC_Error (Abb. 11.6.) liegt vor, wenn

- eine Tabelle (PAT, PMT, CAT, NIT,...) innerhalb einer Section eine falsche, nicht zum Inhalt passende Checksum aufweist.

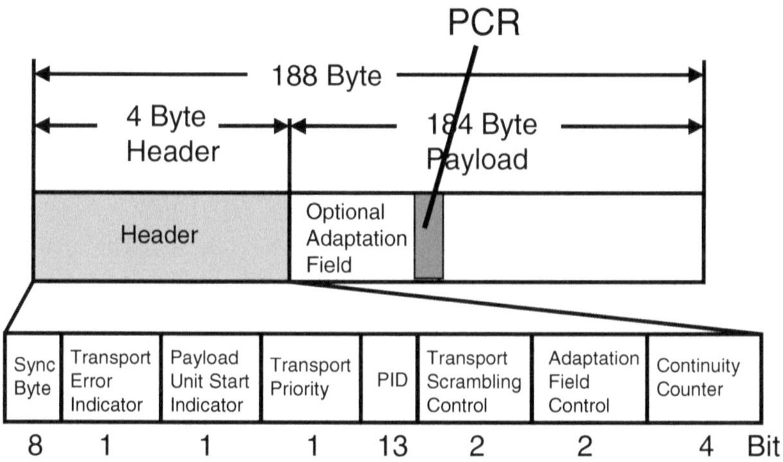

Abb. 11.7. PCR-Wert

11.9 Fehler der Program Clock Reference (PCR_Error, PCR_accuracy)

Auf der MPEG-2-Encoder-Seite werden alle Codiervorgänge von einer 27-MHz-Referenz abgeleitet. An diesen 27-MHz-Taktoszillator ist ein 42-Bit langer Zähler angekoppelt. Dieser ergibt die sog. System Time Clock (STC). Je Programm wird eine eigene Systemuhr (STC) verwendet. Um den MPEG-2-Decoder an diese Uhr anbinden zu können, werden Kopien der aktuellen Programm-Systemzeit etwa alle 40 ms je Programm im sog. Adaptionfield übertragen. In welchen TS-Paketen diese Uhrzeit zu finden ist, wird in der PMT des jeweiligen Programmes signalisiert.

Die Referenzwerte der STC nennt man Program Clock Reference (PCR) (Abb. 11.7.). Sie sind nichts anderes als eine 42-Bit-Kopie des 42-Bit-Zählers. Der MPEG-2-Decoder bindet sich über eine PLL an diese PCR-Werte an und leitet davon seine eigene Systemuhr ab.

Ist die Wiederholungsrate der PCR-Werte zu langsam, so kann es sein, dass die Empfänger-PLL Probleme hat, darauf einzurasten. MPEG-2 sieht vor, dass der maximale Abstand von zwei PCR-Werten eines Programms eine Zeit von 40 ms nicht überschreiten darf. Gemäß den DVB-Measurement Guidelines liegt ein PCR_Error vor, wenn diese Zeit überschritten wird.

Die Zeitwerte der PCR sollten zueinander auch relativ genau sein, also keinen Jitter aufweisen. Solch ein Jitter kann u.a. entstehen, wenn bei einem evtl. Remultiplex die Korrektur der PCR-Werte nicht erfolgt oder zu ungenau ist.

Überschreitet der PCR-Jitter den Wert von ± 500 ns, so liegt ein PCR_accuracy_error vor.

Häufig findet man PCR-Jitter bis in den Bereich von ± 30 µs, was viele Settop-Boxen vertragen, jedoch nicht alle. Erste Anzeichen für einen zu großen PCR-Jitter ist ein Schwarzweißbild anstelle eines Farbbildes. Die tatsächliche Auswirkung hängt aber von der Verdrahtung der Settopbox mit dem Fernsehempfänger ab. Unkritischer ist sicherlich eine RGB-Verbindung über ein Scart-Kabel anstelle einer Composite-Video-Verdrahtung.

Ein PCR_Error liegt vor, wenn

- wenn die Differenz zweier aufeinanderfolgender PCR-Werte eines Programmes größer als 100 ms ist und keine Diskoninuität im Adaption Field angezeigt wird.
- wenn der zeitliche Abstand zweier Pakete mit PCR-Werten eines Programmes mehr als 40 ms beträgt.

Ein PCR_accuracy_Error liegt vor, wenn

- die Toleranz der PCR-Werte zueinander größer als ± 500 ns ist (PCR-Jitter).

11.10 Der Presentation Time Stamp Fehler (PTS_Error)

Die Presentation Time Stamps (PTS), die in dem PES-Headern übertragen werden, beinhalten eine 33 Bit breite Zeitinformation über den exakten Präsentationszeitpunkt. Diese Werte werden sowohl in den Video- als auch in den Audioelementarströmen übertragen und dienen u.a. der Lippensynchronisitation von Video und Audio zueinander. Die PTS-Werte (Abb. 11.8.) sind von der System Time Clock (STC) abgeleitet, die insgesamt 42 Bit breit ist. Es werden jedoch hier nur die oberen 33 Bit (MSB) verwendet. Der Abstand zweier PTS-Werte darf nicht größer als 700 ms sein. Andernfalls liegt ein PTS-Fehler vor.

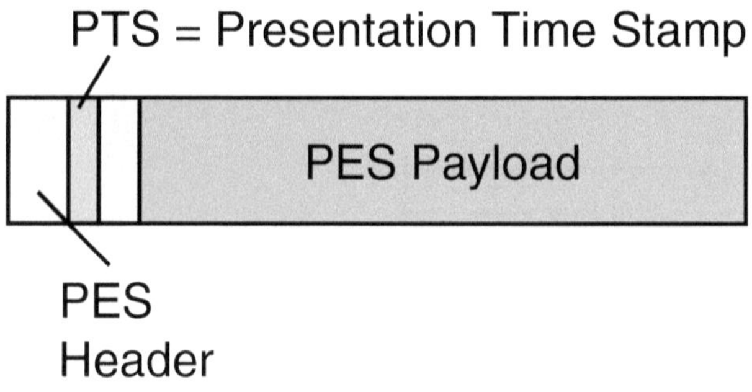

Abb. 11.8. PTS-Wert im PES-Header

Ein PTS_Error liegt vor, wenn

- der Abstand zweier PTS-Werte eines Programms größer als 700 ms ist.

Obwohl man selten wirkliche PTS-Fehler findet, kommt es doch öfters vor, dass eine erkennbare Lippenasynchronität zwischen Video und Audio vorliegt. Die Ursachen hierfür sind in der Praxis schwer im laufenden Sendebetrieb erfassbar und identifizierbar. Sowohl ältere MPEG-2-Chips als auch fehlerhafte MPEG-2-Encoder können daran schuld sein. Eigentlich wäre die direkte Messung der Lippensynchronität ein wichtiger Messparameter; es sind aber keine „Bezugspunkte" für eine solche Messung im Video- und Audiosignal enthalten.

11.11 Fehlende oder fehlerhafte Conditional Access Table (CAT_Error)

In einem MPEG-2-Transportstrom-Paket können verschlüsselte Daten enthalten sein. Dabei darf aber nur der Payloadanteil und keinesfalls der Header oder das Adaptation Field gescrambled werden. Ein verschlüsselter Payloadanteil wird durch zwei spezielle Bits im TS-Header gekennzeichnet. Es handelt sich hierbei um die Transport Scrambling Control Bits. Sind beide Bits auf Null gesetzt, so liegt keine Verschlüsselung vor. Ist eines von beiden verschieden von Null, so ist der Payloadanteil verschlüsselt und man benötigt eine Conditional Access Table zum entschlüsseln. Ist diese dann nicht oder zu selten vorhanden, so liegt ein CAT_Error vor. Die CAT hat als PID die „Eins“ und als Table ID ebenfalls die „Eins“. Sämtliche DVB-Tabellen außer der EIT im Falle einer Programmübersichtsübertragung dürfen nicht verschlüsselt werden.

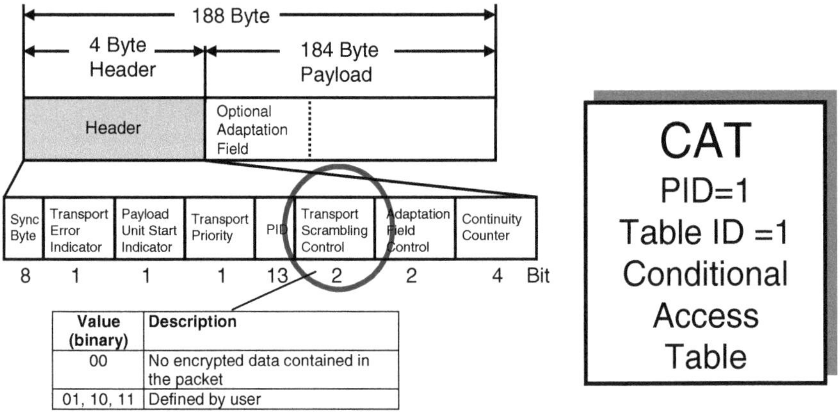

Abb. 11.9. CAT_Error

Ein CAT_Error (Abb. 11.9.) liegt vor, wenn

- ein verschlüsseltes TS-Paket gefunden wurde, aber keine CAT übertragen wird, oder
- eine CAT gefunden wurde anhand der PID=1, aber die Table ID ungleich 1 ist.

11.12 Fehlerhafte Wiederholrate der Service Informationen (SI_Repetition_Error)

Alle MPEG-2-und DVB-Tabellen (PSI/SI) müssen regelmäßig in einem Minimal- und Maximalabstand zueinander wiederholt werden. Die Wiederholzeiten hängen von der jeweiligen Tabellenart ab.

Das Minimum liegt normalerweise bei 25 ms, das Maximum des Zeitintervalls der Tabellenwiederholrate (siehe Tabelle 11.2.) liegt zwischen 500 ms und 30 s bzw. auch unendlich.

Tabelle 11.2. Wiederholraten der PSI/SI-Tabellen

Service Information	Max. Intervall (komplette Tabelle)	Min. Intervall (einzelne Sections)
PAT	0.5 s	25 ms
CAT	0.5 s	25 ms
PMT	0.5 s	25 ms
NIT	10 s	25 ms
SDT	2 s	25 ms
BAT	10 s	25 ms
EIT	2 s	25 ms
RST	-	25 ms
TDT	30 s	25 ms
TOT	30 s	25 ms

Ein SI_Repetition_Error liegt vor, wenn

- der zeitliche Abstand zwischen SI-Tabellen zu groß ist.
- der zeitliche Abstand zwischen SI-Tabellen zu klein ist.

Die Grenzwerte sind tabellenabhängig.

Da nicht in jedem Multiplex alle Tabellenarten vorhanden sind, muss beim MPEG-Analyzer die Möglichkeit bestehen, bestimmte Messungen zu aktivieren oder deaktivieren.

Auch müssen die Grenzwerte applikationsabhängig einstellbar sein.

11.13 Überwachung der Tabellen NIT, SDT, EIT, RST und TDT/TOT

Die DVB-Gruppe spezifizierte zusätzlich zu den PSI-Tabellen des MPEG-2-Standards die SI-Tabellen NIT, SDT/BAT, EIT, RST und TDT/TOT.

Die DVB-Measurement Group erkannte die Notwendigkeit der Überwachung dieser Tabellen auf Vorhandensein, Wiederholzeit und korrekte Identifizierbarkeit. Die Konsistenz, also der Inhalt der Tabelle, wird dabei nicht überprüft. Die Identifikation einer SI-Tabelle erfolgt anhand der PID und der Table ID. Es gibt nämlich einige SI-Tabellen, die die gleiche PID aufweisen und somit nur anhand der Table_ID erkannt werden können (SDT/BAT und TDT/TOT).

Tabelle 11.3. SI-Tabellen

Service Information	PID [hex]	Table_id [hex]	Max. interval [sec]
NIT	0x0010	0x40, 0x41, 0x42	10
SDT	0x0011	0x42, 0x46	2
BAT	0x0011	0x4A	10
EIT	0x0012	0x4E to 0x4F, 0x50 to 0x6F	2
RST	0x0013	0x71	-
TDT	0x0014	0x70	30
TOT	0x0014	0x73	30
Stuffing Table	0x0010 to 0x0013	0x72	-

Ein NIT_Error, SDT_Error, EIT_Error, RST_Error oder TDT_Error liegt vor, wenn

- ein entsprechendes Paket zwar im TS enthalten ist, aber einen falschen Tabellenindex aufweist.
- der zeitliche Abstand zwischen zwei Sections dieser SI-Tabellen zu groß oder zu klein ist.

11.14 Nicht referenzierte PID (unreferenced_PID)

Über die PAT und die PMT`s werden alle im Transportstrom enthaltenen PID`s an den MPEG-2-Decoder übermittelt. Außerdem gibt es noch die PSI/SI-Tabellen. Es besteht jedoch durchaus die Möglichkeit, dass Transportstrompakete im Transportstrom enthalten sind, deren PID nicht über diesen Mechanismus bekannt gemacht wird; man spricht von sog. nicht referenzierten PID`s. Gemäß DVB darf lediglich während eines Programmwechsels für eine halbe Sekunde eine nicht referenzierte PID enthalten sein.

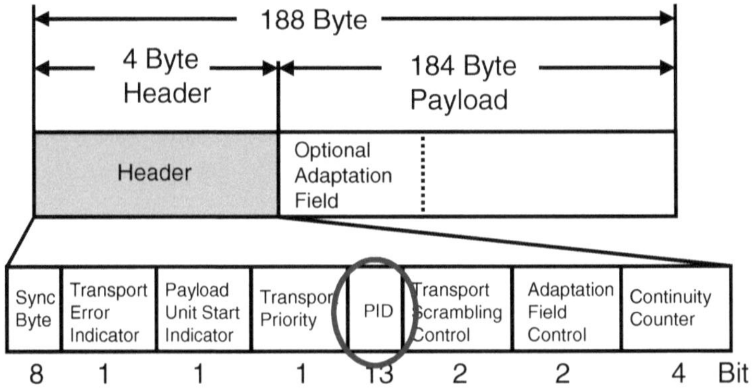

Abb. 11.10. Unreferenced PID

Eine unreferenced_PID (Abb. 11.10.) liegt vor, wenn

- wenn ein Paket mit einer unbekannten PID im Transportstrom enthalten ist und dieses nicht spätestens nach einer halben Sekunde innerhalb einer PMT referenziert wird.

11.15 SI_other_Error

Neben den gewöhnlichen Informationen können gemäß DVB auch zusätzliche Service Informationen (SI_other) für andere Kanäle übertragen werden. Es handelt sich hierbei um die Tabellen NIT_other, SDT_other und EIT_other.

Man erkennt die SI_other-Tabellen anhand der PID`s und der Table ID`s (siehe Tabelle 11.4.). SI_other-Tabellen sind aber optional; auch sie werden ggf. innerhalb bestimmter minimaler und maximaler Zeitintervalle wiederholt ausgestrahlt.

Tabelle 11.4. SI other Tabellen

Service Information	Table_id	Max. Zeitintervall (ganze Tabelle)	Min. Zeitintervall (einzelne Sections)
NIT_OTHER	0x41	10 s	25 ms
SDT_OTHER	0x46	2 s	25 ms
EIT_OTHER	0x4F, 0x60 to 0x6F	2 s	25 ms

Ein SI_other_Error liegt vor, wenn

- der zeitliche Abstand zwischen SI_other-Tabellen zu groß ist.
- der zeitliche Abstand zwischen SI_other-Tabellen zu klein ist.

11.16 Fehlerhafte Tabellen NIT_other, SDT_other_Error, EIT_other_Error

Neben einer Gesamtüberwachung der SI_other-Tabellen kann auch eine Einzelüberwachung der 3 SI_other-Tabellen erfolgen.

Ein NIT_other_Error, SDT_other_Error bzw. EIT_other_Error liegt vor,

- wenn der zeitliche Abstand zwischen Sections dieser Tabellen zu groß ist.

11.17 Überwachung eines ATSC-konformen MPEG-2-Transportstroms

An einem ATSC-konformen MPEG-2-Transportstrom können alle folgenden Messungen gemäß der DVB-Measurement Guidelines unverändert vorgenommen werden:

- TS_sync_loss
- Syn_byte_error
- PAT_error
- Continuity_count_error

- PMT_error
- PID_error
- Transport_error
- CRC_error
- PCR_error
- PCR_accuracy_error
- PTS_error
- CAT_error

Lediglich müssen alle Messungen der Prioritätsstufe 3 an die PSIP-Tabellen angepasst werden.

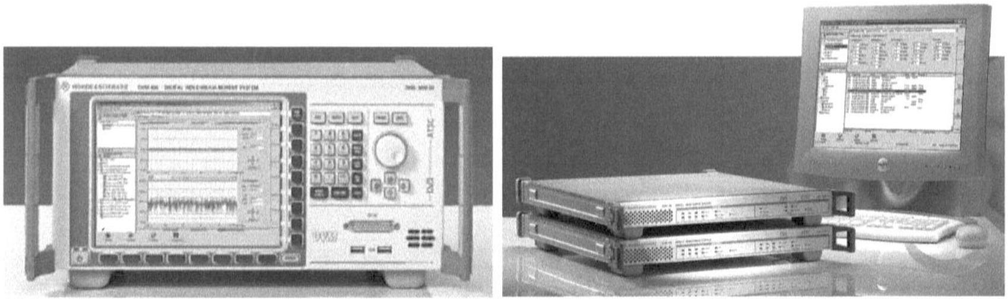

Abb. 11.11. MPEG-2-Analyzer; Rohde&Schwarz-Werkfotos: Rohde&Schwarz DVM400 (links) und DVM100 (rechts)

Moderne MPEG-Analyzer müssen heutzutage viel weiterreichendere Analysen zur Überwachung durchführen, wie z.B. Template-Überwachung, d.h. die Feststellung bestimmter Änderungen im Transportstrom.

MPEG-Analyzer erlauben die Analyse von Transportströmen mit

- DVB-konformen Inhalten (PSI/SI),
- ATSC-konformen Inhalten (PSI/PSIP),
- ISDB-T-BCMUX-Signalen,
- sowie auch T2-MI-Signalen.

Das Eingangssignalformat ist entsprechend richtig einzustellen, damit der Analyzer z.B. auch weiß, welche Tabellen er zu erwarten hat.

Literatur: [TR100290], [DVMD], [DVM], [DVMS]

12 Bildqualitätsanalyse an digitalen TV-Signalen

Die Bildqualität von digitalen TV-Signalen ist von ganz anderen Effekten und Einflüssen geprägt, als die Bildqualität von analogen TV-Signalen. Während bei analogen TV-Signalen Rauscheinflüsse direkt als rauschartiger Effekt im Bild erkennbar sind, äußert sich dies beim digitalen Fernsehen zunächst nur in einem Anstieg der Kanalbitfehlerrate. Aufgrund des im Signal enthaltenen Fehlerschutzes können aber bis zu einer bestimmten Grenze die meisten Bitfehler repariert werden und werden somit nicht als Störung im Bild oder im Ton erkennbar. Ist der Übertragungsweg beim digitalen Fernsehen zu verrauscht, so bricht die Übertragung quasi fast schlagartig zusammen ("Fall-off-the-Cliff"). Auch lineare und nichtlineare Verzerrungen wirken sich beim digitalen Fernsehen nicht direkt auf die Bild- und Tonqualität aus. Sie führen im Extremfall einfach zum Totalzusammenbruch der Übertragung. Prüfzeilen zur Erfassung linearer und nichtlinearer Verzerrungen, sowie Schwarzzeilen zur Rauschmessung sind beim digitalen Fernsehen nicht notwendig, nicht vorhanden und würden auch keine Messergebnisse über die Übertragungsstrecke bringen. Und trotzdem kann die Bildqualität gut oder schlecht oder eben mäßig sein. Nur muss die Bildqualität nun anders klassifiziert und erfasst werden. Es gibt hauptsächlich zwei Quellen, die die Bildübertragung stören können und ganz anders geartete Störeffekte hervorrufen können. Dies ist oder sind

- der oder die MPEG-Encoder bzw. auch manchmal der Multiplexer und
- die Übertragungsstrecke vom Modulator bis hin zum Empfänger.

Der MPEG-Encoder bestimmt aufgrund der mehr oder weniger starken Kompression direkt die Bildqualität. Die Übertragungsstrecke bringt mehr oder weniger Störeinflüsse hinsichtlich Kanalbitfehlern ein, die sich als großflächige blockartige Störungen (fehlende Slices), eingefrorene Bildbereiche oder Bilder oder Totalausfall der Übertragung auswirken. Der MPEG-2-Encoder erzeugt bei zu starker Kompression blockartige Strukturen. Man nennt diese Effekte ganz einfach Blocking (Abb. 12.1.). Die Entstehung und Analyse der Effekte die durch die MPEG-2-Bildencodierung erzeugt werden, sollen in diesem Abschnitt erläutert werden.

Abb. 12.1. Blocking-Effekte durch zu starke MPEG-2-Komprimierung

Alle Bildkomprimierungsalgorithmen arbeiten blockorientiert, d.h. das Bild wird meist zunächst z.B. in 8 mal 8 - Pixelblöcke eingeteilt. Jeder dieser Blöcke wird einzeln unabhängig zu den anderen Blöcken mehr oder weniger stark komprimiert. Bei MPEG-2 wird das Bild zusätzlich noch in 16 mal 16 Pixel eingeteilt, in die sog. Makroblöcke. Diese sind die Grundlage für die Differenzbildcodierung. Wird die Kompression übertrieben, so werden die Blockgrenzen sichtbar, man spricht von Blocking. Es sind Sprünge im Luminanzsignal und in den Chrominanzsignalen von Block zu Block vorhanden und erkennbar. Mehr oder weniger Blocking im Bild bei vorgegebener Kompression hängt aber v.a. auch vom Bildmaterial ab. Manche Vorlagen lassen sich bei niedriger Datenrate problemlos und fast fehlerfrei komprimieren, andere Vorlagen produzieren starke Blockeffekte bei Komprimierung. Einfache Bewegtbildvorlagen für die Bewegtbildkomprimierung sind zum Beispiel Szenen mit wenig Bewegung und wenig Detailreichtum. Zeichentrickfilme, aber auch klassische Filme lassen sich relativ problemlos in guter Qualität komprimieren. Dies liegt v.a. auch daran, dass vom ersten bis zum zweiten Halbbild keinerlei Bewegung vorhanden ist. Bei Zeichentrickfilmen sind die Bildstrukturen außerdem relativ grob. Am kritischsten sind Sportübertragungen. Dies wiederum ist aber von der Sportart abhängig. Formel 1 - Übertragungen werden naturgemäß schwieriger störungsfrei komprimierbar sein als Übertragungen der Denk-Sportart Schach. Die tatsächliche Bildqualität hängt aber zusätzlich vom MPEG-2-Encoder und den dort benutzten Algorithmen ab. In den Jahren nach Einführung eines neues Videokompressionstandards (MPEG-2, MPEG-4/AVC, ...) ist zunächst immer eine starke Verbesserung der Performance der realisierten Encoder zu beobachten. In Abb. 12.1. ist ein Beispiel für Blocking abgebildet.

Neben den Blockstrukturen sind im zu stark komprimierten Bild auch die DCT-Strukturen erkennbar. Das bedeutet, dass im Bild plötzlich musterartige Störungen auftreten, man spricht von „Mosquito-Rauschen". Zusätzlich wird das Bild bei zu starker Kompression einfach unscharf.

Ganz entscheidend ist, dass für solche Störeffekte immer der MPEG-2-Encoder zuständig ist. Niemals wird die Übertragungsstrecke solche Artefakte hervorrufen. Gute oder schlechte Bildqualität, die durch Komprimierungsprozesse hervorgerufen wird, ist zwar schwer, aber sie ist messtechnisch erfassbar. Entscheidend hierbei ist, dass Bildqualität niemals ein exakt 100%-iger Messwert sein kann. Es steckt hier immer ein Stück Subjektivität dahinter. Auch objektiv arbeitende Bildqualitätsanalysatoren sind anhand subjektiver Tests von Testpersonen kalibriert. Zumindest gilt dies für Analysatoren, die kein Referenzsignal zur Qualitätsbeurteilung benutzen. Nur ist in der Praxis kein Referenzsignal verfügbar, mit dem das komprimierte Videosignal verglichen werden könnte. Es ist unrealistisch, zumindest bei Übertragungsmesstechnik auf Referenzsignale zurückgreifen zu können.

Grundlage für alle Bildqualitätsanalysatoren weltweit - und viele gibt es aber nicht - ist die Norm ITU-R.BT 500. In dieser Norm sind Verfahren zur subjektiven Bildqualitätsanalyse beschrieben. Eine Gruppe von Testpersonen analysiert Videosequenzen auf deren Bildqualität.

Die im folgenden beschriebenen Verfahren gelten in vollem Umfang für die MPEG-2-Videocodierung. Modernere Video-Codierverfahren, wie MPEG-4/AVC/H.264 und HEVC/H.265 verhalten sich aber anders, da sie kleinere Blöcke aufweisen und zusätzlich ein De-Blocking-Filter beinhalten. Bei diesen Verfahren wird dann zur Abschätzung der Bildqualität meist die sog. Quasi-Peak-Signal-to-Noise-Ratio-Methode (qPSNR) verwendet, bei der man entweder die im Videodatenstrom enthaltenen Quantisier-Informationen auswertet oder das dekodierte Bild mit dem Original vergleicht.

12.1 Methoden zur Bildqualitätsmessung

Von der Video Quality Experts Group (VQEG) innerhalb der ITU wurden Methoden zur Bildqualitätsbeurteilung definiert, die dann in die Norm ITU-R BT.500 eingeflossen sind.

Im wesentlichen handelt es sich hierbei um zwei subjektive Methoden für die Bildqualitätsbeurteilung durch Testpersonen.

Die beiden Methoden heißen

- DSCQS Double Stimulus Continual Quality Scale method und
- SSCQE Single Stimulus Continual Quality Evaluation method.

Die beiden Methoden unterscheiden sich im Prinzip nur dadurch, dass bei der einen Methode ein Referenzvideosignal verwendet wird und bei der anderen Methode diese Referenz nicht vorhanden ist. Grundlage ist zunächst immer eine subjektive Bildqualitätsanalyse durch eine Gruppe von Testpersonen, die eine Bildsequenz nach einem bestimmten Schema beurteilen. Diese subjektiven Verfahren versucht man dann in unserem Fall durch objektive Verfahren in einem Messgerät durch Bildanalysen an den Makroblöcken und unter Zuhilfenahme von Adaptionsalgorithmen nachzubilden.

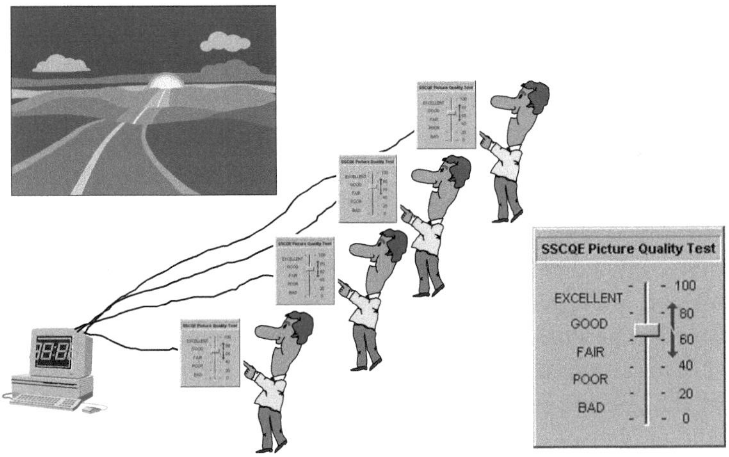

Abb. 12.2. Subjektive Bildqualitätsanalyse

12.1.1 Subjektive Bildqualitätsanalyse

Bei der subjektiven Bildqualitätsanalyse beurteilt eine Gruppe von Testpersonen eine Bildsequenz (SSCQE = Single Stimulus Continual Quality Scale Method, Abb. 12.2.) oder vergleicht eine Bildsequenz nach der Kompression mit dem Original (DSCQS = Double Stimulus Continual Quality Scale Method) und vergibt mittels eines Schiebereglers Noten auf einer Qualitätsskala von 0 (Bad) bis 100 (Excellent). Ein angeschlossener Rechner erfasst den Stand des Schiebereglers und ermittelt ständig z.B. alle 0.5 sec. einen Mittelwert von allen vergebenen Noten der Testpersonen (Abb. 12.2.).

Man erhält nun von einer Videosequenz einen Bildqualitätswert über die Zeit, also ein Qualitätsprofil der Videosequenz.

12.1.2 Double Stimulus Continual Quality Scale Method DSCQS

Bei der Double Stimulus Qualtiy Scale Method nach ITU-R BT.500 vergleicht eine Gruppe von Testpersonen eine bearbeitete oder verarbeitete Videosequenz mit der Originalvideosequenz. Als Ergebnis erhält man ein Vergleichsqualitätsprofil der bearbeiteten oder verarbeiteten Videosequenz, also einen Bildqualitätswert von 0 (Bad) bis 100 (Excellent) über die Zeit.

Bei der DSCQS Methode braucht man zum einen immer ein Referenzsignal, zum anderen ist die reine objektive Analyse relativ einfach durch Differenzbildung machbar. Jedoch steht in der Praxis oft kein Referenzsignal mehr zur Verfügung. Vor allem bei Messungen an Übertragungsstrecken scheidet dieses Verfahren aus. Messgeräte, die dieses Verfahren nachbilden gibt es auf dem Markt.

12.1.3 Single Stimulus Continual Quality Scale Method SSCQE

Da die Single Stimulus Continual Quality Scale Method SSCQE bewusst auf ein Referenzsignal verzichtet, ist dieses Verfahren wesentlich vielfältiger in der Praxis einsetzbar. Bei dieser Methode beurteilt eine Gruppe von Testpersonen nur die verarbeitete Videosequenz und vergibt Noten von 0 (Bad) bis 100 (Excellent). Man erhält ebenfalls ein Bildqualitätsprofil über die Zeit.

12.2 Objektive Bildqualitätsanalyse

Im folgenden wird nun ein objektives Messverfahren zur Beurteilung der Bildqualitätsanalyse nach der Single Continual Quality Scale Methode beschrieben. Ein derart arbeitender Digital Picture Quality Analyzer liefert z.B. eine Anzeige wie bei Abb. 12.3.

Nachdem die DCT-spezifischen Artefakte eines komprimierten Videosignales immer mit Blocking zu tun haben, versucht ein SSCQE-Digital Picture Quality Analyzer dieses Blocking im Bild nachzuweisen. Um dies tun zu können, muss man die Makroblöcke und Blöcke detailliert analysieren.

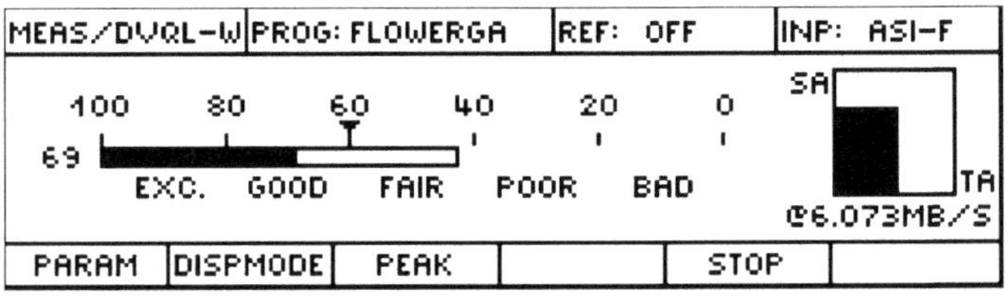

Abb. 12.3. Objektive Bildqualitätsanalyse mit Hilfe eines Video Quality Analyzers [DVQ]

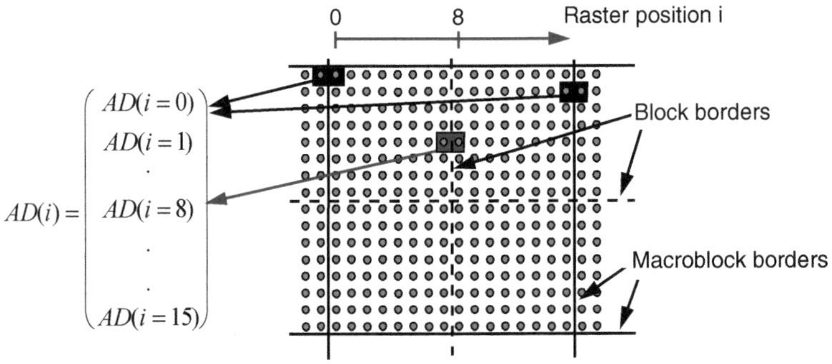

Abb. 12.4. Pixeldifferenzen an den Block- und Makroblockgrenzen

Bei einem Messverfahren, das von der TU Braunschweig und Rohde&Schwarz entwickelt wurde, werden innerhalb eines Makroblocks die Differenzen von benachbarten Pixeln gebildet. Pixeldifferenz heißt, man subtrahiert einfach die Amplitudenwerte von benachbarten Pixeln des Y-Signals innerhalb eines Makroblockes und auch separat die der C_B und

C_R Signale. Man erhält dann für jeden Makroblock pro Zeile 16 Pixeldifferenzen z.B. für das Y-Signal. Man analysiert dann alle 16 Zeilen. Das gleiche geschieht auch in vertikaler Richtung. Man erhält somit auch 16 Pixeldifferenzen pro Spalte für den Makroblock des Y-Signals. Die Analyse wird für alle Spalten innerhalb des Makroblockes vorgenommen. Besondere Bedeutung haben hier vor allem die Pixeldifferenzen an den Makroblockgrenzen. Bei einem evtl. auftretenden Blocking sind diese besonders groß. Man fasst nun durch Aufsummieren die Pixeldifferenzen aller Makroblöcke innerhalb einer Zeile so zusammen, dass sich pro Zeile 16 Einzelwerte ergeben (Abb. 12.4.).

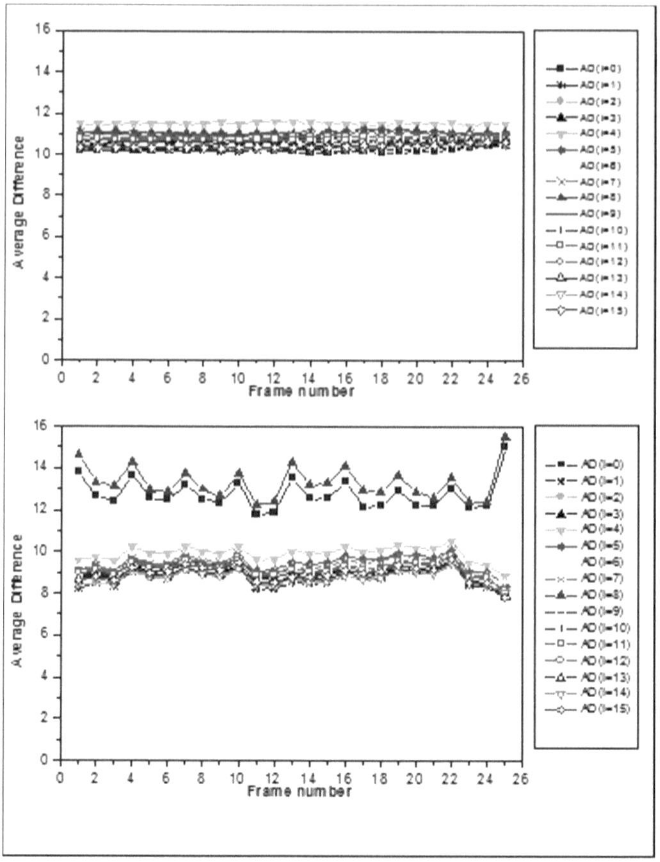

Abb. 12.5. Gemittelte Makroblock-Pixeldifferenzen bei guter (oben) und schlechter (unten) Bildqualität; Beispiel „Flower Garden“ mit 6 und 2 Mbit/s.

Die 16 Pixeldifferenzwerte der einzelnen Zeilen werden nun innerhalb eines Bildes ebenfalls aufaddiert, so dass sich 16 Werte in horizontaler Richtung pro Bild als Pixeldifferenzwerte ergeben. Anschließend werden die Werte durch die Anzahl aller Pixel N, die aufaddiert wurden, dividiert. Das gleiche geschieht in vertikaler Richtung. Auch hier ergeben sich am Schluss lediglich 16 Werte für die Pixeldifferenzen pro Bild. Man erhält also schließlich eine Aussage über die mittleren Pixeldifferenzen 0...15 in horizontaler und vertikaler Richtung innerhalb aller Makroblöcke. Der gleiche Vorgang wird für C_B und C_R, also für die Farbdifferenzsignale vorgenommen.

Betrachtet man nun die Pixeldifferenzen einer Videosequenz mit guter und einer Videosequenz mit schlechterer Bildqualität, so sieht man ganz deutlich, worauf dieses objektive Messverfahren für die Bildqualitätsbeurteilung hinausläuft:

Anhand von Abb. 12.5. erkennt man deutlich, dass die Pixelamplitudendifferenzen bei der "guten" Videosequenz (Abb. 12.5., oben) alle 16 Pixeldifferenzen innerhalb der Makroblöcke ganz nah beieinander liegen. Sie liegen in unserem Beispiel alle etwa bei 10 ... 12.

Bei einer qualitativ "schlechten" Videosequenz (Abb. 12.5, unten) mit Blocking sieht man, dass die Makroblockgrenzen stärkere Sprünge aufweisen, d.h. die Pixeldifferenzen sind dort höher.

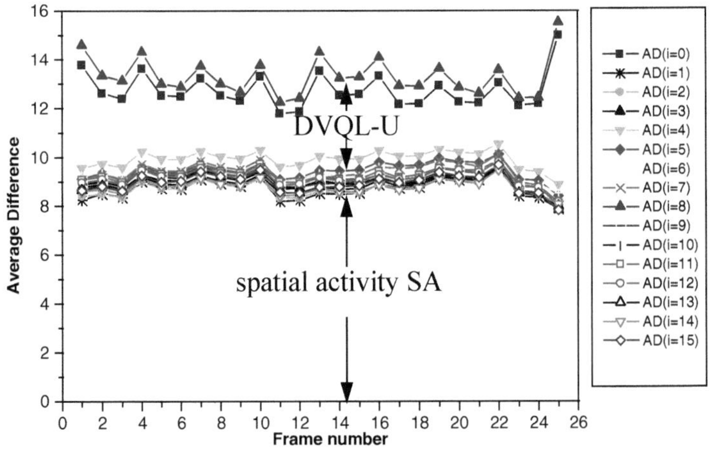

Abb. 12.6. Ermittlung von Spatial Activity und unbewerteter Bildqualität (DVGL-U) anhand der Makroblock-Pixeldifferenzen

Es ist deutlich erkennbar, dass die Pixeldifferenzen Nr. 0 und Nr. 8 in der unteren Bildhälfte deutlich größer sind als die restlichen Differenzwerte. Nr. 0 entspricht der Makroblockgrenze und Nr. 8 der Blockgrenze innerhalb eines Makroblocks.

Man erkennt, dass sich durch dieses einfache Analysieren der Pixelamplitudendifferenzen vorhandenes Blocking nachweisen lässt (Abb. 12.6).

Der Bildqualitätsmesswert DVQL-U (Digital Video Quality Level – Unweighted) ist der Basismesswert eines Digital Video Quality Analyzers DVQ von Rohde&Schwarz für die Berechnung der Bildqualität DCT-codierter Bildsequenzen. Der DVQL-U dient als Absolutwert für das Vorhandensein blockartiger Störmuster innerhalb einer Bildvorlage. Im Gegensatz zum Messparameter DVQL-W ist der DVQL-U ein direktes Maß für diese blockartigen Störungen. Der Messwert korreliert jedoch je nach Bildvorlage nicht immer mit dem Qualitätseindruck einer subjektiven Betrachtung.

Abb. 12.7. Niedrige (links) und hohe (rechts) spatiale (räumliche) Aktivität

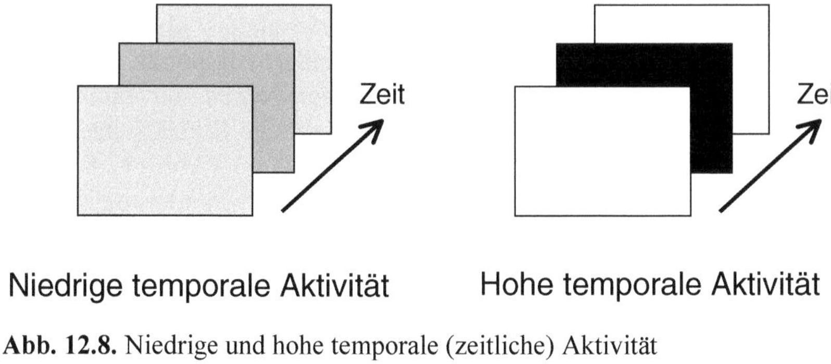

Abb. 12.8. Niedrige und hohe temporale (zeitliche) Aktivität

Um den objektiven Bildqualitätsmesswert näher an die subjektiv wahrgenommene Bildqualität heranzubringen, müssen weitere Größen im Bewegtbild mit in Betracht gezogen werden. Dies ist

- die Spatial Activity (SA) und
- die Temporal Activity (TA).

Beide Größen, nämlich Spatial und Temporal Activity können nämlich Blockstrukturen unsichtbar machen, also maskieren. Das menschliche Auge nimmt diese im Bild vorhandenen Artefakte dann einfach nicht wahr.

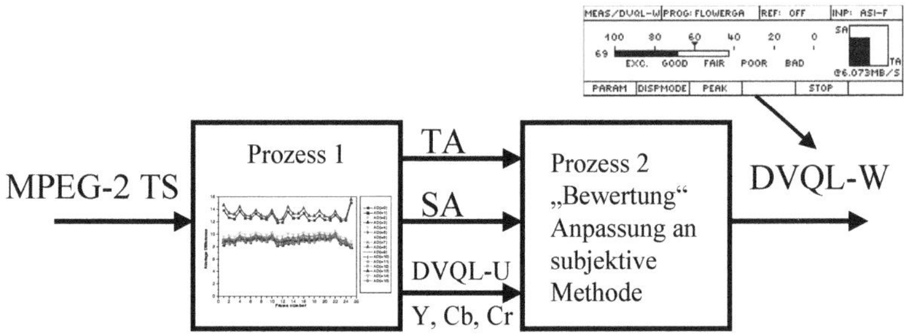

Abb. 12.9. Bildqualitätsanalyse mit Hilfe eines Bildqualitätsanalysators [DVQ]

Die „Spatial Activity“ ist als räumliche Bildaktivität ein Maß für das Vorhandensein feiner Bildstrukturen im Bild. Ein Bild mit viel Detailreichtum, d.h. mit viel feinen Bildstrukturen weißt eine große Spatial Activity auf. Ein einfarbiges Bild entspräche einer Spatial Activity von Null. Die maximale theoretisch erreichbare „Spatial Activity“ wäre dann gegeben, wenn innerhalb eines Bildes sowohl in horizontaler - als auch in vertikaler Richtung abwechselnd immer ein weißer Bildpunkt auf einen schwarzen Bildpunkt folgt (feines Gittermuster).Neben der räumlichen Bildaktivität (Abb. 12.7.) muss auch noch die zeitliche Bildaktivität in Betracht gezogen werden, die Temporal Activity (TA) (Abb. 12.8.). Die Temporal Activity ist ein Summenmaß für die Bildveränderung (Bewegung) in zeitlich aufeinanderfolgenden Bildern. Die maximale theoretisch erreichbare „Temporal Activity“ wäre dann erreicht, wenn in aufeinanderfolgenden Bildern alle Bildpunkte von weiß nach schwarz oder umgekehrt wechseln würden. Eine „Temporal Activity“ von 0 entspricht demzufolge einer Bildsequenz ohne Bewegung.

Beide Parameter SA und TA müssen bei der Berechung der bewerteten Bildqualität aus dem unbewerteten Maß des Blockings verwendet werden.
In einem ersten Prozess wird beim Bildqualitätsanalysator aus dem Beispiel der unbewertete Bildqualitätsmesswert DVQL-U für alle Bildsignale Y, C_B, C_R sowie die Spatial Activity SA und die Temporal Activity TA ermittelt (Abb. 12.9.).
In einem zweiten Arbeitsschritt erfolgt dann die Bewertung und somit die Anpassung an die subjektive Methode. Der Bildqualitätsanalysator zeigt in seinem Display sowohl den Bildqualitätsmesswert – bewertet oder ungewertet – und die Spatial und Temporal Activity. Solch ein Bildqualitätsanalysator ist zusätzlich in der Lage, neben der Bildqualität auch Dekodierstörungen zu erfassen.
Dies sind

- Bildstillstand - Picture Freeze (TA = 0)
- Bildausfall - Picture Loss (TA=0 und SA=0) und
- Tonausfall - Sound Loss.

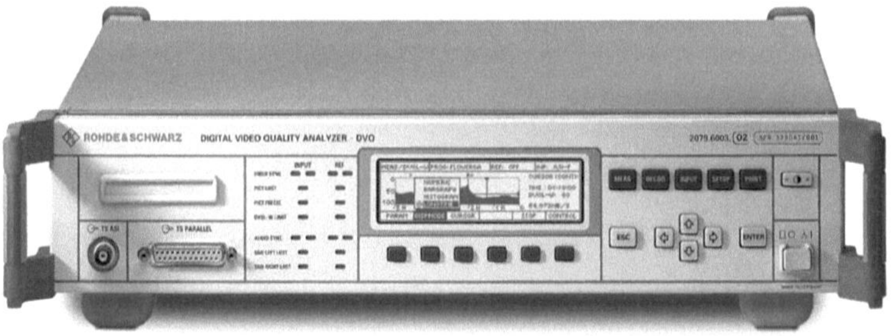

Abb. 12.10. Digital Picture Quality Analyzer: Werkfoto Rohde&Schwarz DVQ

Hauptsächlich werden Bildqualitätsanalysatoren direkt in der Nähe der Videoencodierung-Encodierung (Headend, Multiplex-Center) eingesetzt, da während der Übertragung die Bildqualität selbst nicht mehr beeinträchtigt wird. Natürlich erkennt ein solcher Analysator auch die Dekodierstörungen, die durch Bitfehler hervorgerufen werden, die auf der Strecke erst entstehen. Da oft der Netzbetreiber nicht gleich Programmanbieter ist, findet man deswegen auch am Netz-Ende Bildqualitätsanalysatoren, um bei der Diskussion zwischen Netz-Betreiber und Programmanbieter objektive

Messparameter als Grundlage zu haben. Von Bedeutung ist der Einsatz von Bildqualitätsanalysatoren beim Test von MPEG-Encodern. Hier hat man aber immer die Möglichkeit des direkten Vergleichs mit dem Bildausgangsmaterial, d.h. man hat das Referenzsignal und das encodierte Signal für den Bildqualitätsanalysator zur Verfügung.

Abb. 12.11. Bildstörungen, verursacht durch Störungen bei der Übertragung; es werden Slice-artige Strukturen erkennbar, hier verursacht durch starken Regen während Satelliten-Empfang; „Fall-off-the-Cliff“

12.3 Zusammenfassung und Ausblick

Vom MPEG-Encodierungs-Prozess versursachte Artefakte führen zu mehr oder weniger guter Bildqualität. Man unterscheidet hier zwischen:

- Blocking (Sichtbarkeit von Blockübergängen)
- Unschärfe (Fehlen hoher Frequenzen)
- Mosquito-Rauschen (Sichtbarkeit von DCT-Strukturen).

Bei neueren Bildcodierverfahren wie MPEG-4/AVC oder H.265/HEVC muss man jedoch andere Ansätze bei der Bildqualitätsanalyse gehen. Durch sog. De-Blocking-Filter wird dort versucht, Blocking soweit wie möglich unsichtbar zu halten. Einzige objektive Aussagen macht hier eine Analyse der durch den Encoder vorgenommenen Quantisierung. Es gibt

Messgeräte die hieraus einen qPSNR-Wert berechnen (quasi-Peak Signal to Noise Ratio) und darüber versuchen die Bildqualität abzuschätzen. Natürlich bleibt nachwievor der Weg über der Vergleich von Eingangssignal und Ausgangssignal nach der Codierung; das ist aber meist nicht praktikabel, weil das Eingangssignal nicht mehr verfügbar ist.

Gleich bleibt aber der Einfluss der Verteil- und Übertragungsstrecke im digitalen TV-Netzwerk. Er führt zu Bitfehlern und die wiederum irgendwann zum „Fall-off-the-cliff" (Abb. 12.11.), d.h. es geht oder es geht irgendwann nicht mehr. Im Übergangsfall werden Slice-Strukturen sichtbar, wie in Abb. 12.11. erkennbar.

Literatur: [ITU500], [DVQ], [DVMS]

13 Grundlagen der Digitalen Modulation

In diesem Grundlagenkapitel wird ganz allgemein ein Überblick über die Digitalen Modulationsverfahren gegeben. Nach diesem Kapitel könnte auch im Bereich der Mobilfunktechnik (GSM, IS95, UMTS) fortgefahren werden. Das hier besprochene Basiswissen ist im Bereich der modernen Nachrichtentechnik ganz allgemein anwendbar. Doch sollen hier aber Grundlagen für die nachfolgenden Kapitel der Übertragungsverfahren DVB-S, DVB-C, OFDM, DVB-T, ATSC und ISDB-T besprochen werden. Experten können dieses Kapitel einfach überspringen.

13.1 Einführung

Zur analogen Übertragung von Nachrichten wird seit langer Zeit Amplitudenmodulation (AM) und Frequenzmodulation (FM) verwendet. Die zu übertragende Information wird dem Träger entweder durch Veränderung (Modulation) der Amplitude oder der Frequenz oder der Phase aufgeprägt.

Zur Übertragung von Datensignalen wurden in der Anfangszeit der Datenübertragung zunächst Amplitudentastverfahren bzw. Frequenzumtastverfahren eingesetzt. Will man einen Datenstrom mit z.B. 10 Mbit/s mittels simpler Amplitudenumtastung übertragen, so wäre eine Bandbreite von mindestens 10 MHz in der RF notwendig, vorausgesetzt man arbeitet mit einem Non-Return-to-Zero-Code (NRZ-Code). Das Nyquist-Theorem besagt, dass im Basisband mindestens die Bandbreite notwendig ist, die der halben Datenrate entspricht. In unserem Beispiel einfacher Amplitudenumtastung ergeben sich dann zwei Seitenbänder von je 5 MHz. Aufgrund der notwendigen Signalfilterung zur Vermeidung von Nachbarkanalstörungen ist die tatsächlich notwendige Bandbreite aber größer.

Ein analoger Telefonkanal ist etwa 3 kHz breit. Ursprünglich schaffte man 1200 bit/s Datenrate über diesen Kanal zu übertragen. Schon etwa um das Jahr 2000 herum waren 33 kbit/s bzw. 55 kbit/s üblich. Bei Fax- und Modemverbindungen waren wir diese Datenraten gewohnt; heute bewegen wir uns mit DSL-Techniken, Vectoring usw. sogar in anderen Dimensionen und holen noch mehr aus der guten alten verdrillten Zweidrahtleitung heraus. Dieser Riesensprung war nur möglich unter Anwendung von modernen digitalen Modulationsverfahren, nämlich der sogenannten IQ-Modulation. IQ-Modulation ist im Prinzip eine Variante der Amplitudenmodulation bzw. Phasenmodulation.

Es gibt folgende Modulationsverfahren:

- Amplitudenmodulation
- Frequenzmodulation
- Phasenmodulation
- Amplitudenumtastung
- Frequenzumtastung (FSK)
- Phasenumtastung (PSK)
- Amplituden- und Phasenumtastung (QAM)

Ziel ist es nun, bei der Übertragung von Datensignalen Bandbreite zu sparen. Dies geht aber nur unter Anwendung moderner digitaler Modulationsverfahren. Es soll erreicht werden, dass die notwendige Bandbreite im Übertragungskanal um Faktoren kleiner ist, als die zu übertragende Datenrate des Datensignals.

Dass dies nicht ohne Verluste hingenommen werden kann, ist zu erwarten - die Anfälligkeit gegenüber Rauschen oder anderen Störeinflüssen wird steigen.

Im folgenden werden nun die digitalen Modulationsverfahren diskutiert. Doch kommen wir zunächst noch zu einigen wichtigen Grundlagen aus der elektrischen Wechselstromlehre (Abb. 13.1.):

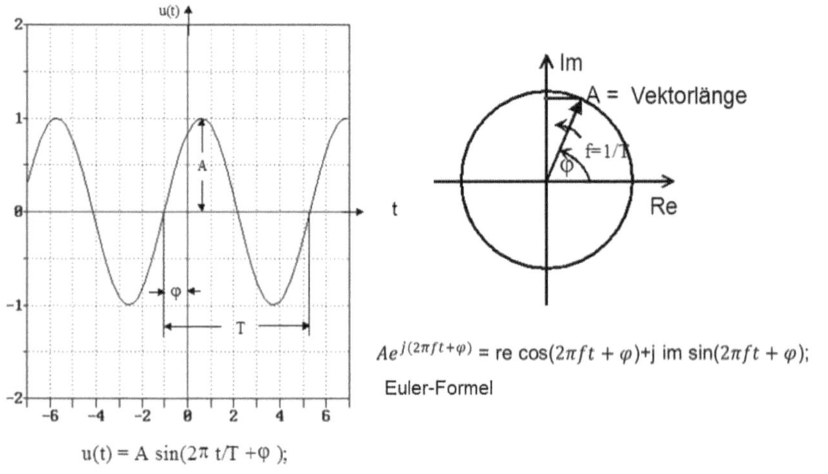

Abb. 13. 1. Zeit- und Vektordarstellung einer sinusförmigen Größe

Es ist in der Elektrotechnik üblich, sinusförmige Größen anhand eines Vektors (Abb. 13.1.) darzustellen. Eine sinusförmige Größe lässt sich eindeutig durch drei Parameter, nämlich durch deren Amplitude, durch deren Nullphasenwinkel und deren Frequenz beschreiben. In der Zeigerdarstellung wählt man die eingefrorene Form des rotierenden Zeigers zum Zeitpunkt t=0. Der Zeiger steht dann im Nullphasenwinkel; seine Länge entspricht der Amplitude der sinusförmigen Größe.

Abb. 13.1. zeigt ein sinusförmiges Signal im Zeitbereich, sowie dessen Vektordarstellung. Der rotierende Zeiger mit einer Länge, die der Amplitude entspricht, steht im Nullphasenwinkel φ. Das sinusförmige Signal erhält man zurück, indem man den Endpunkt des rotierenden Zeigers auf die vertikale Achse (Im) projiziert und den Verlauf über die Zeit mitschreibt.

Der Vektor kann zerlegt werden in seinen Realteil und in seinen Imaginärteil. Die Begriffe Realteil und Imaginärteil kommen hierbei aus der komplexen Zahlenebene der Mathematik. Der Realteil entspricht der Projektion auf die horizontale Achse; er berechnet sich aus $Re = A \cdot \cos \varphi$. Der Imaginärteil entspricht der Projektion auf die vertikale Achse und lässt sich aus $Im = A \cdot \sin \varphi$ berechnen. Die Länge des Vektors steht über den Satz des Pythagoras $A = \sqrt{(Re^2 + Im^2)}$ in Beziehung zu Real- und Imaginärteil. Den Realteil kann man sich auch als Amplitude eines Cosinussignals vorstellen, den Imaginärteil als die Amplitude eines Sinussignals.

Eine beliebige sinus- bzw. cosinusförmige Größe ergibt sich durch eine Überlagerung eines Cosinussignals und eines Sinussignals gleicher Frequenz bei entsprechenden Amplituden der Cosinus- und der Sinusgröße.

Man bezeichnet den Realteil auch als I-Anteil, den Imaginärteil auch als Q-Anteil. I steht hierbei für Inphase, Q für Quadraturphase. Inphase bedeutet in 0° Phasenbeziehung zu einem Referenzträger, Q bedeutet in 90° Phasenbeziehung zu einem Referenzträger. In den folgenden Abschnitten und Kapiteln werden sowohl die Bezeichnungen Realteil, Imaginärteil, Cosinus- und Sinusanteil, sowie I- und Q-Anteil immer wieder verwendet werden.

13.2 Mischer

Der Mischer (Abb. 13.2.) ist eines der wichtigsten elektronischen Bauteile zur Realisierung eines IQ-Modulators. Ein Mischer ist im Prinzip ein Multiplizierer. Das zu modulierende Signal wird mit einem Trägersignal meist auf die Zwischenfrequenzebene gemischt. Das Resultat sind zwei Seitenbänder um den Träger herum. Es handelt sich um eine Zweiseitenband-Amplitudenmodulation mit unterdrücktem Träger.

Ein Mischer nach Abb. 13.2. ist im Prinzip nur ein Doppelumschalter, der vom Träger geschaltet wird und das zu modulierende Signal trägerfrequent umpolt.

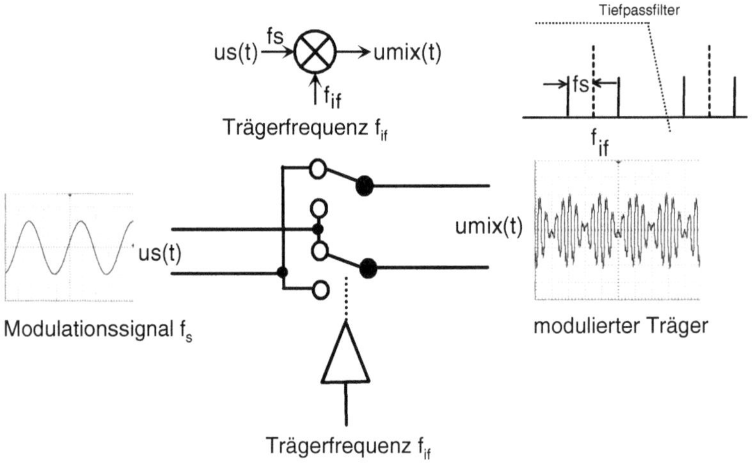

Abb. 13.2. Mischer und Mischvorgang; Amplitudenmodulation mit unterdrücktem Träger

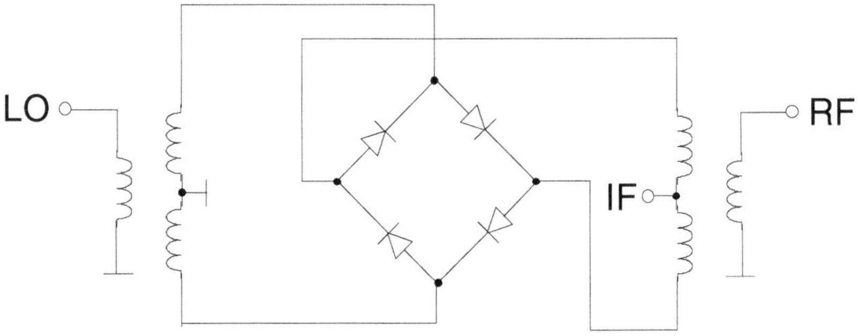

Abb. 13.3. Blockschaltbild eines Ringmischers

Das Ergebnis ist im Falle eines rein sinusförmigen Modulationseingangssignals eine Spektrallinie im Abstand der Modulationsfrequenz unter der Trägerfrequenz, sowie darüber. Außerdem entstehen Harmonische im Abstand der doppelten Trägerfrequenz. Diese müssen mit Hilfe eines Tiefpassfilters unterdrückt werden.

In Abb. 13.3. sieht man den Aufbau eines analogen Ring-Mischers. Vier Pin-Dioden dienen als Schalter zum Umpolen des Modulationssignals. Ein HF-Transformator dient zum Einkoppeln des Trägers (LO = Local Oscillator), ein HF-Transformator wird zum Auskoppeln des Modulationsproduktes verwendet. Das Modulationssignal selbst wird gleichspannungsgekoppelt eingespeist.

Häufig wird jedoch heutzutage ein Mischer rein digital als Multiplizierer realisiert, der dann bis auf das durch den Quantisierungsvorgang erzeugte Rauschen und die Rundungsfehler ideal arbeitet.

Legt man als Modulationssignal Gleichspannung an, so erscheint der Träger selbst am Ausgang des Mischers. Ein Überlagerung von Gleichspannung und eines sinusförmigen Signals als Modulationssignal führt zur gewöhnlichen Amplitudenmodulation mit nicht unterdrücktem Träger (Abb. 13.4.).

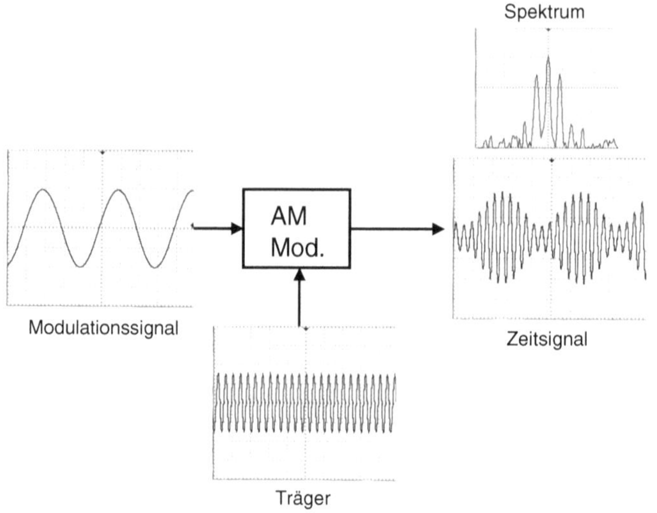

Abb. 13.4. „normale“ Amplitudenmodulation mit nicht unterdrücktem Träger

13.3 Amplitudenmodulation

Bei der Amplitudenmodulation steckt die Information in der Amplitude des Trägersignals. Das Modulationsprodukt verändert (moduliert) die Amplitude des Trägers. Dies geschieht im AM-Modulator.

Abb. 13.4. zeigt den Vorgang einer "normalen" AM-Modulation mit nicht unterdrücktem Träger. Ein in unserem Fall sinusförmiges Modulationssignal variiert die Amplitude des Trägers und prägt sich so als Einhüllende dem Träger auf. Beides - Träger und Modulationssignal sind in unserem Fall sinusförmig. Im Spektrum findet man im Modulationsprodukt neben einer Spektrallinie bei der Trägerfrequenz nun auch zwei Seitenbänder im Abstand der Modulationsfrequenz vor. Wird z.B. ein Träger von 600 MHz von einem sinusförmigen Modulationssignal von 1 kHz amplitudenmoduliert, so findet man bei 600 MHz das Trägersignal im Spektrum des Modulationsproduktes und bei 1 kHz darunter und darüber die beiden Seitenbandsignale. Die Bandbreite im HF-Kanal beträgt nun 2 kHz.

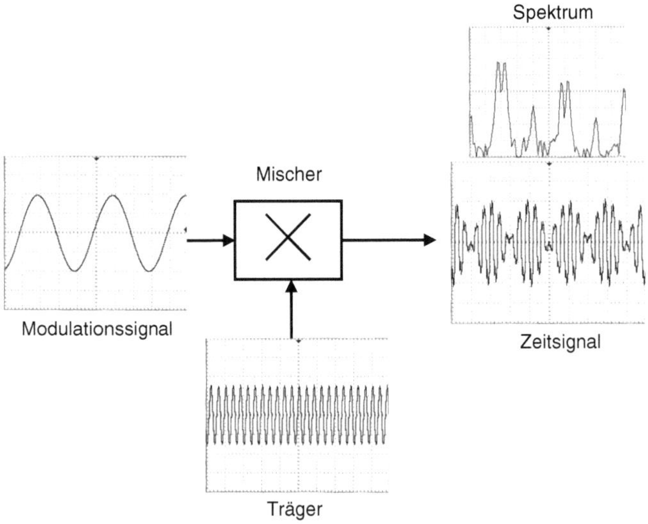

Abb. 13.5. Amplitudenmodulation mit unterdrücktem Träger durch Mischung

Wie schon erwähnt, unterdrückt ein Mischer den Träger selbst. Verwendet man zur Amplitudenmodulation einen Mischer und weist das Modulationssignal selbst keinen Gleichanteil auf, so findet man im Spektrum des Modulationsproduktes keine Spektrallinie bei der Trägerfrequenz selbst vor. Es bleiben nur die beiden Seitenbänder übrig. Abb. 13.5. zeigt eine Amplitudenmodulation, die mit Hilfe eines Ringmischers erzeugt wurde. Man erkennt im Spektrum neben den beiden Seitenbändern auch Seitenbänder um Vielfache der doppelten Trägerfrequenz herum. Diese Vielfachen/Harmonischen müssen durch Tiefpassfilter unterdrückt werden. In Abb. 13.5. ist auch das typische Zeitsignal einer Amplitudenmodulation mit unterdrücktem Träger erkennbar. Die Bandbreite selber ist nach wie vor die gleiche wie bei einer gewöhnlichen Amplitudenmodulation.

13.4 IQ-Modulator

Schon seit langer Zeit wird in der Farbfernsehtechnik das Verfahren der Quadraturamplitudenmodulation bzw. IQ-Modulation zur Übertragung der Farbinformation verwendet. Beim PAL- bzw. NTSC-Farbträger steckt die Farbart in der Phase des Farbträgers und die Farbintensität, die Farbsättigung in der Amplitude des Farbträgers, der dem Luminanzsignal überlagert wird.

Erzeugt wird der modulierte Farbträger durch einen IQ-Modulator bzw. Quadraturamplitudenmodulator (Abb. 13.6.).

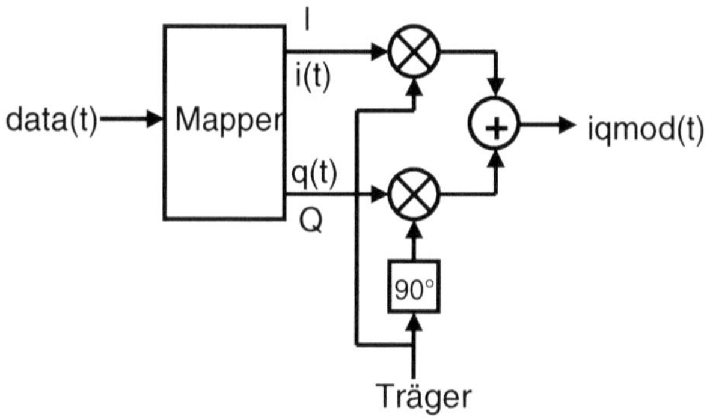

Abb. 13.6. IQ-Modulator

I steht bei IQ für Inphase und Q für Quadraturphase.

Ein IQ-Modulator besteht zunächst aus einem I-Pfad und einem Q-Pfad. Im I-Pfad findet man einen Mischer, der mit Null Grad Trägerphase angesteuert wird. Der Mischer im Q-Pfad wird mit 90 Grad Trägerphase gespeist. D.h. I steht für 0 Grad Trägerphase und Q für 90 Grad Trägerphase. I und Q sind orthogonal zueinander, sie stehen also senkrecht aufeinander. Im Zeigerdiagramm (Vektordiagramm) liegt die I-Achse auf der reellen Achse und die Q-Achse auf der imaginären Achse.

Auch ein PAL- oder NTSC-Modulator beinhaltet solch einen IQ-Modulator. Im Falle der digitalen Modulation ist dem IQ-Modulator ein Mapper vorgeschaltet (siehe Abb. 13.6.). Der Mapper wird vom zu übertragenden Datenstrom data(t) gespeist, seine Ausgangssignale i(t) und q(t) sind die Modulationssignale für den I- bzw. den Q-Mischer. i(t) und q(t) sind vorzeichenbehaftete Spannungen und keine Datensignale mehr. Ist i(t)=0 , so erzeugt der I-Mischer kein Ausgangssignal, ist q(t)=0, so erzeugt der Q-Mischer kein Ausgangssignal. Legt man i(t) z.B. auf 1V, so wird der I-Mischer am Ausgang ein Trägersignal mit Null Grad Trägerphase und konstanter Amplitude liefern (Abb. 13.7.). Legt man q(t) z.B. auf 1V, so wird der Q-Mischer am Ausgang ein Trägersignal mit konstanter Amplitude, aber 90 Grad Trägerphase liefern (siehe später Abb. 13.10.).

Ein Addierer kombiniert das I-Modulationsprodukt mit dem Q-Modulationsprodukt.

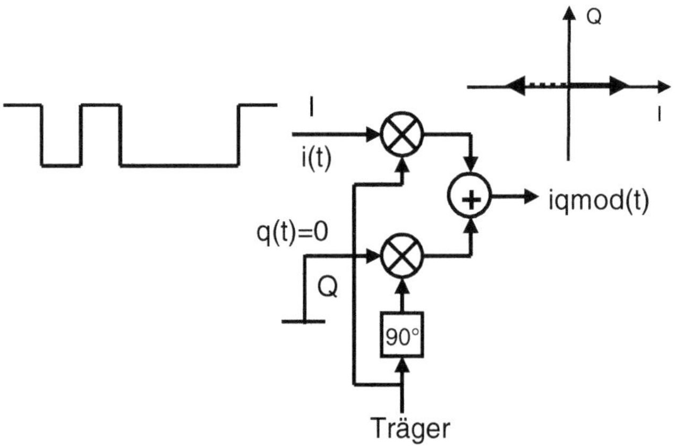

Abb. 13.7. IQ-Modulator, nur I-Zweig in Betrieb

Das Kombinationsprodukt iqmod(t) ist also die Summe aus dem Ausgangssignal des I-Mischers und des Q-Mischers. Liefert der Q-Mischer keinen Beitrag, so entspricht iqmod(t) dem Ausgangssignal des I-Zweiges und umgekehrt.

Nachdem die Ausgangssignale des I- und Q-Zweiges nun aber cosinus- bzw. sinusförmige Signale gleicher Frequenz (Trägerfrequenz) sind, die nur in der Amplitude voneinander abweichen, stellt sich ein sinusförmiges Ausgangssignal iqmod(t) variabler Amplitude und Phase durch die Überlagerung des cosinusförmigen I-Ausgangssignales und sinusförmigen Q-Ausgangssignales ein. Man kann also mit Hilfe des Steuersignales i(t) und q(t) die Amplitude und Phase von iqmod(t) variieren.

Mit Hilfe eines IQ-Modulators kann man sowohl eine reine Amplitudenmodulation, eine reine Phasenmodulation, als auch beides gleichzeitig erzeugen. Ein sinusförmiges Modulatorausgangssignal ist also in Amplitude und Phase steuerbar.

Wenn Ai die Amplitude des I-Modulatorzweiges ist und Aq die Amplitude des Q-Zweiges ist, dann gilt für die Amplitude und Phase von iqmod(t):

$$Aiq\,\mathrm{mod} = \sqrt{(Ai)^2 + (Aq)^2}$$

$$\varphi = \arctan(\frac{Aq}{Ai});$$

Der Mapper generiert nun aus dem Datenstrom data(t) diese beiden Modulationssignale i(t) und q(t) in Abhängigkeit vom einlaufenden Datenstrom. Hierbei werden Bitgruppen zusammengefasst werden, um bestimmte Muster für i(t) und q(t), also für die Modulationssignale des I- und des Q-Zweiges zu erzeugen.

Zunächst soll einmal nur der I-Zweig (Abb. 13.7.) betrachtet werden; der Q-Zweig wird mit q(t)=0 angesteuert, liefert also keinen Beitrag am Ausgang, trägt also nicht zu iqmod(t) bei. Es wird nun +1V und abwechselnd -1V am Modulationseingang des I-Zweiges angelegt; i(t) ist also +1V oder -1V. Beobachtet man dann das Ausgangssignal iqmod(t), so sieht man, dass dort Träger anliegt und lediglich in der Phase umgetastet wird und zwar zwischen den Phasenlagen 0 Grad und 180 Grad. Durch Variation der Amplitude von i(t) erreicht man eine Variation der Amplitude von iqmod(t).

In der Vektordarstellung bedeutet das, dass der Zeiger zwischen 0 Grad und 180 Grad hin- und herspringt bzw. in der Länge variiert wird, aber immer auf der I-Achse liegt, wenn nur i(t) anliegt und variiert wird (Abb. 13.7.).

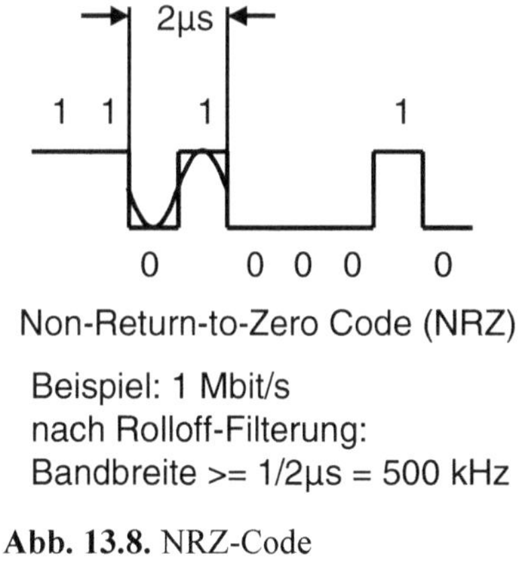

Abb. 13.8. NRZ-Code

An dieser Stelle bietet es sich an, grundlegende Dinge bezüglich der Bandbreitenbedingungen im Basisband- und im HF-Bereich zu diskutieren. Ein Non-Return-to-Zero-Code (NRZ-Code, Abb. 13.8.) mit einer Datenrate von 1 Mbit/s kann im Extremfall ein Datensignal soweit in seiner Bandbreite beschnitten (gefiltert) werden, dass 500 kHz Bandbreite gerade noch zu sicheren Decodierbarkeit ausreichen. Erklären kann man die ohne viel Mathematik ganz einfach damit, dass die höchste Frequenz in einem 01-Wechsel steckt; die Periodendauer liegt bei einer Länge von 2 Bit, also im Beispiel mit einer Datenrate von 1 Mbit/s beträgt sie 2 µs. Der Kehrwert von 2 µs ergibt dann eine Frequenz von 500 kHz. D.h. zur Übertragung eines NRZ-Codes beträgt die mindest notwendige Basisbandbreite dann:

$f_{Basisband\_NRZ}$ [Hz] $\geq 0.5 \cdot$ $Datenrate_{NRZ}$ [bit/s];

Führt man nun solch einen gefilterten NRZ-Code (Abb. 13.8.) z.B. gleichspannungsfrei einem Mischer wie im I-Zweig unseres IQ-Modulators zu, so ergeben sich in der HF-Ebene zwei Seitenbänder mit je einer Bandbreite des zugeführten Basisbandsignals (Abb. 13.9.). Damit gilt für die mindest notwendig Bandbreite in der HF:

f_{HF_NRZ} [Hz] $\geq$ $Datenrate_{NRZ}$ [bit/s];

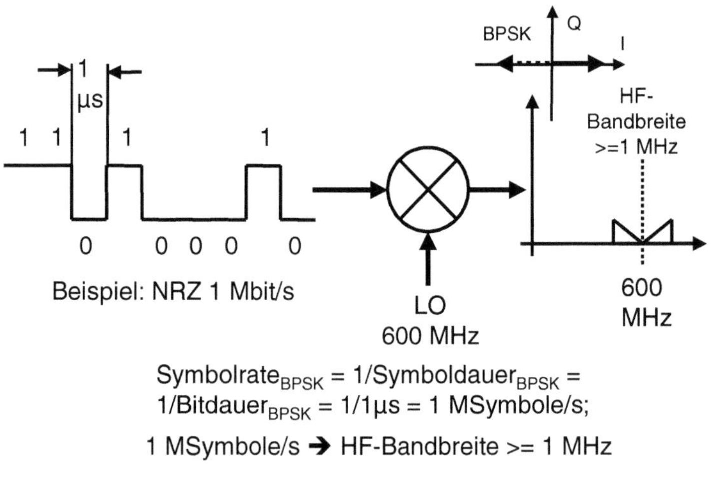

Abb. 13.9. BSPK-Modulation

Es liegt also ein 1:1 Verhältnis zwischen Datenrate und benötigter Mindestbandbreite in der HF bei dieser Art der digitalen Modulation vor. Diese Art der Modulation nennt man 2-Phasenumtastung oder BPSK = Biphase Shift Keying. 1 Mbit/s Datenrate erfordert bei der BPSK eine Mindestbandbreite von 1 MHz in der HF-Ebene. Die Dauer eines stabilen Zustandes des Trägers nennt man Symbol. Bei der BPSK ist die Dauer eines Symbols genauso lang wie die Dauer eines Bits. Den Kehrwert der Symboldauer nennt man Symbolrate.

Symbolrate = 1/Symboldauer;

Bei einer Datenrate von 1 Mbit/s bei einer BPSK (Abb. 13.9.) beträgt die Symbolrate 1 MSymbole/s. Die mindest notwendige Bandbreite entspricht immer der Symbolrate. D.h. 1 MSymbole/s erfordern eine Mindestbandbreite von 1 MHz.

Im nächsten Fall wird nun i(t) auf Null gesetzt und lässt also nur einen Beitrag von q(t) zu. Es wird also nun q(t) zwischen +1V und -1V hin- und hergeschaltet. iqmod(t) entspricht nun nur dem Ausgangssignal des Q-Mischers. iqmod(t) ist nun wiederum ein trägerfrequentes sinusförmiges Signal, jedoch mit 90 Grad oder 270 Grad Phasenlage. Variiert man nun auch noch die Amplitude von q(t), verändert sich auch die Amplitude von iqmod(t). In der Vektordarstellung bedeutet dies, dass der Zeiger zwischen 90 Grad und 270 Grad geschaltet wird bzw. auf der Q-Achse (imaginäre Achse) in der Länge variiert wird (siehe Abb. 13.10.).

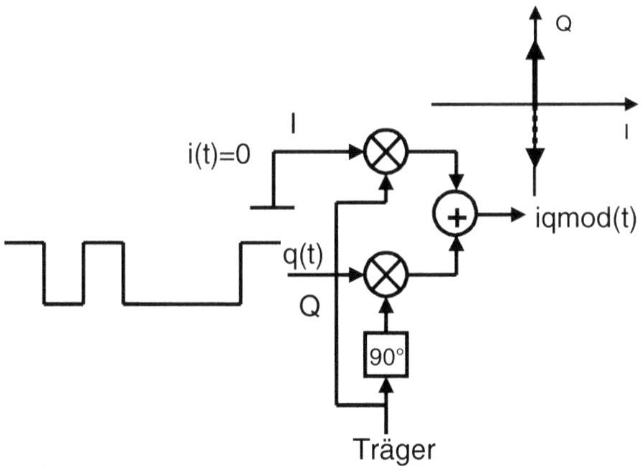

Abb. 13.10. IQ-Modulator, nur Q-Zweig aktiv

Nun wird sowohl i(t) als auch q(t) zwischen +/-1V variiert (Abb. 13.11.). Nachdem nun die Modulationsprodukte des I- und Q-Zweigs aufaddiert werden, kann man nun den Träger zwischen 45 Grad, 135 Grad, 225 Grad und 315 schalten. Man spricht von einer Vierphasenumtastung, einer QPSK (Quadrature Phase Shift Keying) (Abb. 13.11.). Lässt man beliebige Spannungszustände für i(t) und q(t) zu, so lässt sich eine beliebige Amplitude und Phasenlage von iqmod(t) erreichen.

Die Umsetzung des Datenstromes data(t) in die beiden Modulationssignale i(t) für den I-Zweig und q(t) für den Q-Zweig erfolgt im Mapper. Abb. 13.12. zeigt den Fall einer QPSK-Modulation. Die Mapping-Tabelle ist hierbei die Vorschrift für die Umsetzung des Datenstromes data(t) in die Modulationssignale i(t) und q(t). Im Falle der QPSK werden immer zwei Bit zu einem Dibit zusammengefasst (entspricht Bit 0 und Bit 1 in der Mapping-Tabelle). Ist die aktuelle Dibit-Kombination z.B. 10, so ergibt sich in unserem Beispiel ein Ausgangssignal nach dem Mapper von i(t) = -1V und q(t) = -1V.

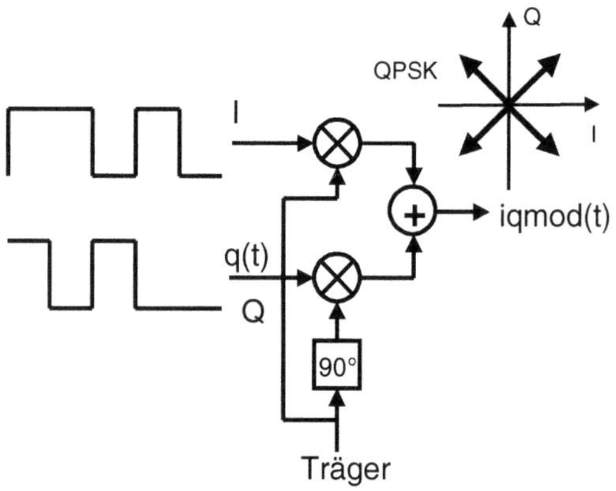

Abb. 13.11. IQ-Modulator, aktiver I- und Q-Zweig bei gleichen Amplitudenverhältnissen (QPSK)

Die Bitkombination 11 ergäbe i(t) = +1V und q(t) = -1V. Wie der Bitstrom im Mapper zu lesen und umzusetzen ist, ist einfach Festlegungssache. Modulator und Demodulator, d.h. Mapper und Demapper müssen einfach die gleichen Mappingvorschriften benutzen, welche in den jeweiligen Standards definiert sind. Wie man ebenfalls anhand Abb. 13.12. erkennen kann, halbiert sich die Symbolrate nach dem Mapper in unserem Fall. QPSK kann pro Zustand 2 Bit übertragen. 2 Bit werden zu einem Dibit zusammengefasst und bestimmen den Zustand der Mapperausgangssignale i(t) und q(t). Und i(t) und q(t) weisen nun dadurch in unserem Fall die halbe Datenrate von data(t) auf. i(t) und q(t) wiederum modulieren unser Trägersignal und tasten es in unserem Fall der QPSK nur in der Phase um. Es ergeben sich 4 mögliche Konstellationen für iqmod(t): 45 Grad, 135 Grad, 225 Grad und 315 Grad. Die Information steckt nun in der Phase des Trägers. Da man nun mit der halben Datenrate im Vergleich zur Eingangsdatenrate takten kann, reduziert sich die benötigte Kanalbandbreite um den Faktor 2. Die Verweildauer des Trägers bzw. Zeigers in einer bestimmten Phasenlage nennt man Symbol (Abb. 13.12. und Abb. 13.14.). Der Kehrwert der Symboldauer ist die Symbolrate. Die benötigte Bandbreite entspricht der Symbolrate. Im Vergleich zu einer einfachen Bitübertragung hat man nun den Faktor 2 an Bandbreite gewonnen.

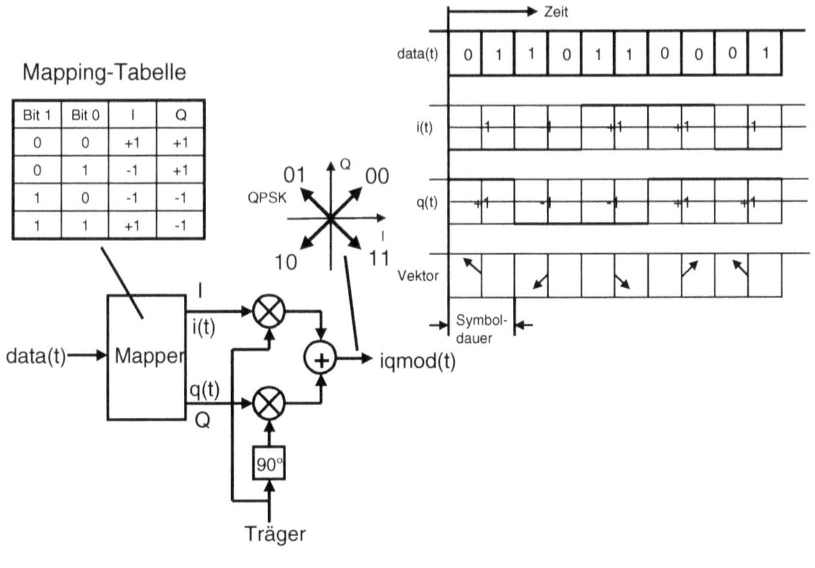

Abb. 13.12. Mapping-Vorgang bei QPSK-Modulation

In der Praxis werden aber auch höherwertigere Modulationsverfahren als QPSK angewendet. Durch Variation der Trägeramplitude und Trägerphase ist z.B. 16QAM möglich. Die Information steckt dann in Betrag und Phase. 16QAM (= 16 Quadrature Amplitude Modulation) fasst 4 Bit im Mapper zusammen; eine Trägerkonstellation kann 4 Bit tragen; es gibt 16 mögliche Trägerkonstellationen. Die Datenrate nach dem Mapper, bzw. die Symbolrate geht auf ein Viertel der Eingangsdatenrate zurück. Damit reduziert sich die benötigte Kanalbandbreite auf ein Viertel.

Bei der Vektordarstellung der IQ-Modulation zeichnet man üblicherweise nur noch den Endpunkt des Vektors (Abb. 13.13.). Alle möglichen

Konstellationen des Vektors eingetragen nennt man Konstellationsdiagramm.

Abb. 13.13. zeigt die Konstellationsdiagramme realer QPSK-, 16QAM- und 64QAM-Signale, d.h. mit Rauscheinfluss. Eingezeichnet sind auch die Entscheidungsgrenzen des Demappers.

Die Anzahl der übertragbaren Bit pro Symbol ergibt sich aus dem Zweier-Logarithmus der Konstellation.

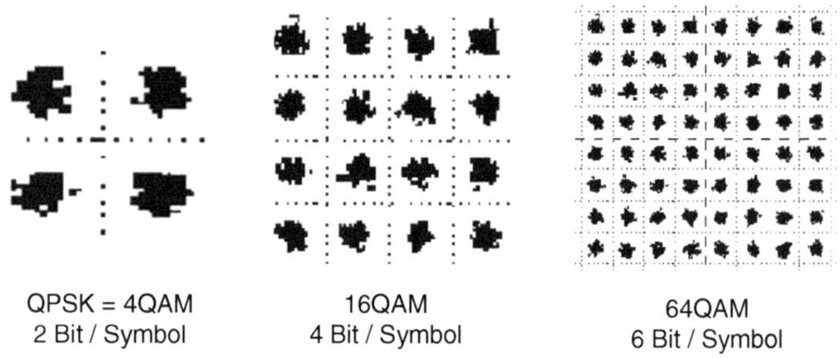

Abb. 13.13. Konstellationsdiagramme einer QPSK, 16QAM und 64QAM

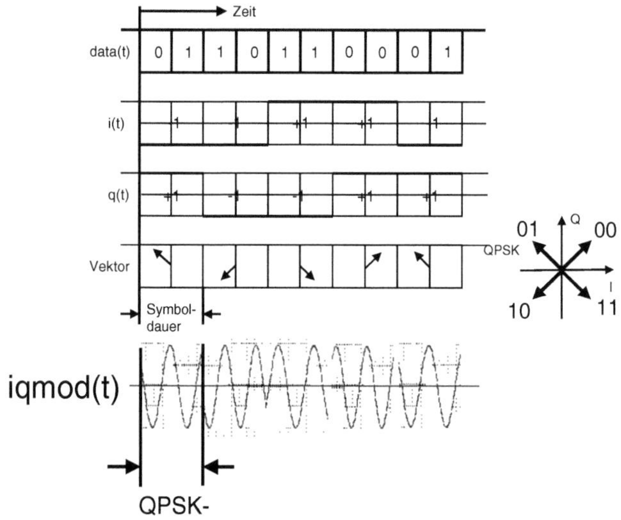

Abb. 13.14. QPSK

In Abb. 13.14. sieht man sowohl den ursprünglichen Datenstrom data(t), als auch die entsprechende Konstellation des Trägerzeigers im Falle einer

QPSK-Modulation, sowie auch den zeitlichen Verlauf der getasteten Trägerschwingung iqmod(t). Einen Tastzustand nennt man, wie schon erwähnt, Symbol. Die Dauer eines Symbols heißt Symboldauer. Der Kehrwert der Symboldauer heißt Symbolrate.

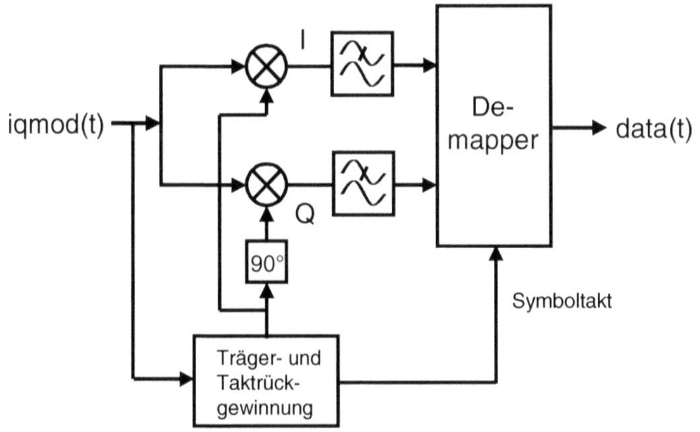

Abb. 13.15. IQ-Demodulator

13.5 Der IQ-Demodulator

Im folgenden Abschnitt soll nun kurz das Verfahren der IQ-Demodulation (Abb. 13.15.) besprochen werden. Das digital modulierte Zeitsignal iqmod(t) wird sowohl in den I-Mischer, der mit 0 Grad Trägerphase angesteuert wird, als auch in den Q-Mischer, der mit 90 Grad Trägerphase versorgt wird, eingespeist. Parallel dazu versucht ein Signalverarbeitungsblock den Träger und den Symboltakt zurückzugewinnen (Träger- und Taktrückgewinnung). Ein Schritt zur Trägerrückgewinnung ist die zweifache Quadrierung des Eingangssignals iqmod(t). Damit lässt sich eine Spektrallinie bei der vierfachen Trägerfrequenz mit Hilfe eines Bandpassfilters isolieren. Daran bindet man dann einen Taktgenerator mittels einer PLL an. Außerdem muss der Symboltakt zurück gewonnen werden, d.h. es muss der Zeitpunkt der Symbolmitte ermittelt werden. Bei einigen Modulationsverfahren ist es nur möglich den Träger mit einer Unsicherheit von Vielfachen von 90 Grad zurückzugewinnen.

Nach der IQ-Mischung entstehen die Basisbandsignale i(t) und q(t), denen noch Harmonische des Trägers überlagert sind. Diese müssen deshalb vor dem Demapper noch tiefpassgefiltert werden.

Der Demapper macht dann einfach den Mappingvorgang rückgängig, d.h. tastet die Basisbandsignale i(t) und q(t) zur Symbolmitte ab und gewinnt den Datenstrom data(t) zurück.

Abb. 13.16. zeigt nun sowohl den Vorgang der IQ-Modulation als auch IQ-Demodulation im Zeitbereich und in der Vektordarstellung (Konstellation) für den Fall einer QPSK. Das Signal in der ersten Zeile entspricht dem Eingangsdatenstrom data(t). In der zweiten und dritten Zeile sind die Signal i(t) und q(t) auf der Modulationsseite dargestellt. Die vierte und fünfte Zeile entspricht den Spannungsverläufen nach dem I- und Q-Mischer des Modulators imod(t) und qmod(t); die nächste Zeile stellt den Verlauf von iqmod(t) dar. Man sieht deutlich die Phasensprünge von Symbol zu Symbol. Die Amplitude ändert sich nicht (QPSK). In der letzten Zeile ist der Vollständigkeit halber das zugehörige Konstellationsdiagramm abgebildet. idemod(t) und qdemod(t) sind die digital zurückmischten Signale i(t) und q(t) auf der Demodulationsseite. Man erkennt deutlich, dass hier neben den Basisbandsignalen selber der doppelte Träger enthalten ist. Dieser muss durch ein Tiefpassfilter sowohl im I- als auch im Q-Zweig vor dem Demapping noch entfernt werden. Im Falle einer analogen Mischung würden auch noch weitere Harmonische enthalten sein, die ein Tiefpassfilter mit unterdrücken würde.

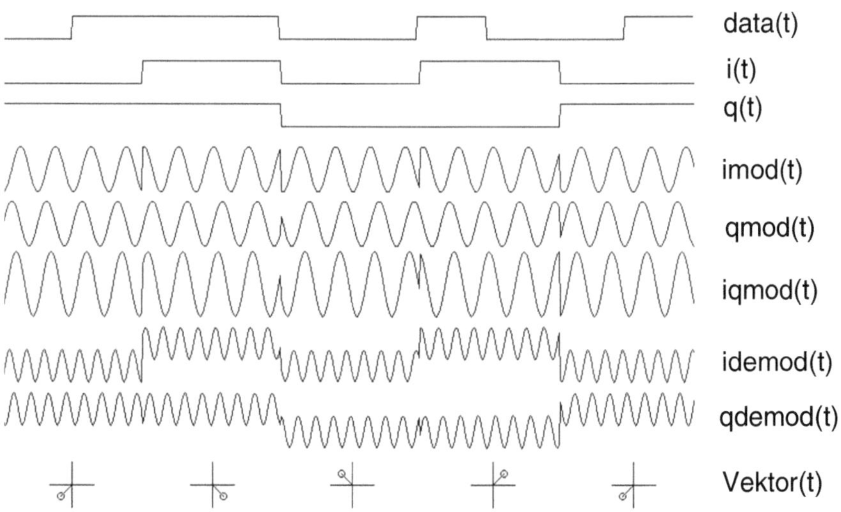

Abb. 13.16. IQ-Modulation und IQ-Demodulation (andere Mapping-Tabelle als in Bild 13.13. verwendet)

Sehr häufig arbeitet man jedoch mit einem aufwandsreduzierten IQ-Demodulator nach dem $f_S/4$-Verfahren (Abb. 13.17.). Das Modulationssignal iqmod(t) wird nach einem Anti-Aliasing-Tiefpassfilter mit einem Analog-Digitalwandler abgetastet, der exakt auf der vierfachen Zwischenfrequenz (daher der Name „$f_S/4$-Verfahren") des Modulationssignals iqmod(t) arbeitet. D.h. liegt der Träger von iqmod(t) bei f_{IF}, so ist die Abtastfrequenz $4 \cdot f_{IF}$. Eine vollständige Trägerschwingung wird also damit exakt viermal pro Periode abgetastet. Vorausgesetzt der AD-Wandlertakt ist exakt mit dem Trägertakt synchronisiert, so erwischt man den rotierenden Trägerzeiger in den in Abb. 13.8. dargestellten Momenten. Für die Taktrückgewinnung sorgt hier ebenfalls eine Trägerrückgewinnungsschaltung, wie zuvor beschrieben.

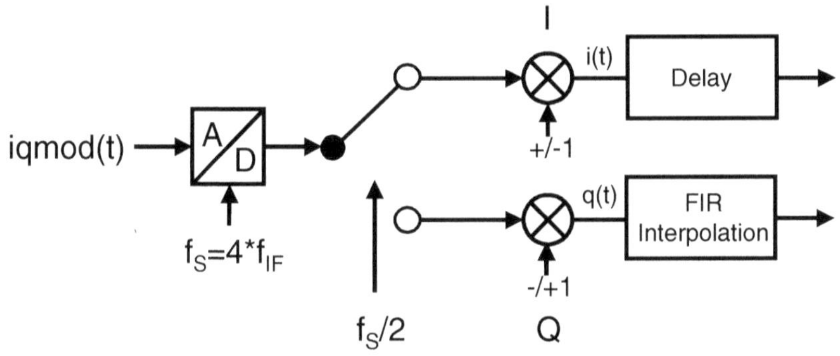

Abb. 13.17. IQ-Demodulation nach der fs/4-Methode

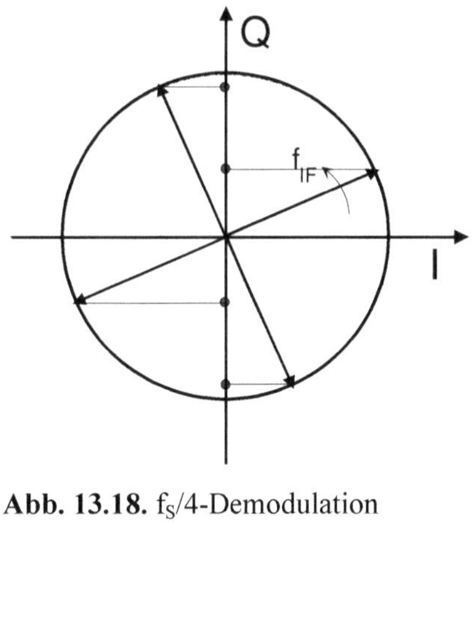

Abb. 13.18. $f_S/4$-Demodulation

Nach dem AD-Wandler wird der Datenstrom mit Hilfe eines Umschalters aufgeteilt in zwei Datenströme der halben Datenrate. D.h. es gehen z.B. die ungeraden Samples in den I-Zweig und die geraden in den Q-Zweig. Da somit nur jedes zweite Sample in den I- bzw. Q-Zweig eingespeist wird, reduziert sich die Datenrate in beiden Zweigen. Die in den beiden Zweigen dargestellten Multiplizierer sind hier nur Vorzeichenumpoler, multiplizieren also die Abtastwerte einmal mit plus oder minus Eins abwechselnd.

Zur Erklärung der Funktionsweise:

Da der AD-Wandler exakt auf der vierfachen Trägerfrequenz (ZF, IF) arbeitet und der voll synchronisierte Fall angenommen wird, entspricht abwechselnd ein Abtastwert immer dem I-Wert und einer immer dem Q-Wert. Dies ist bei näherer Betrachtung von Abb. 13.18. deutlich erkennbar. Lediglich weist jedes zweite Sample im I- bzw. Q-Zweig (Abb. 13.19.) ein negatives Vorzeichen auf und muss deshalb mit minus Eins multipliziert werden.

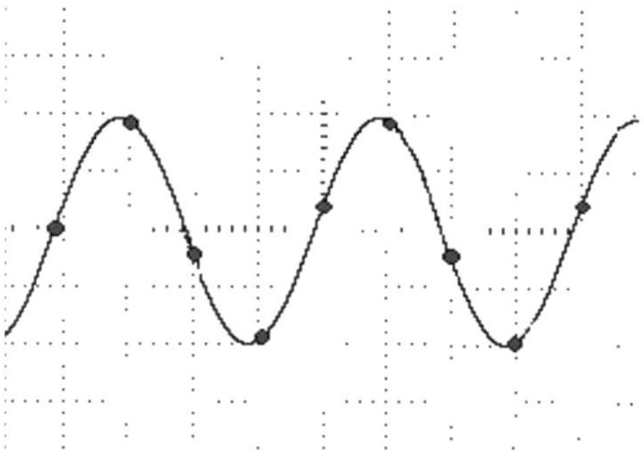

Abb. 13.19. Zeitdiagramm der IQ-Demodulation nach der fs/4-Methode

Auf diese einfache Art und Weise ist nun das Basisbandsignal i(t) und q(t) zurückgewonnen worden. Nachdem aber sowohl das Signal i(t), als auch q(t) aufgrund von Symbolwechselvorgängen einschwingen und diese Einschwingvorgänge aufgrund des Umschalters nach dem AD-Wandler um einen halben Takt verzögert wurden, müssen beide Signale mit Hilfe von Digitalfiltern wieder auf "Gleichtakt" gezogen werden. D.h. man interpoliert ein Signal, z.B. q(t) so, dass man den Abtastwert zwischen zwei Werten genau an der Stelle, wo ein i-Wert sitzen würde, zurückerhält. Dies geschieht mit Hilfe eines FIR-Filters (Finite Impulse Response, Digitalfilter). Jedes Digitalfilter hat jedoch eine Grundlaufzeit und die muss im anderen Zweig, hier im I-Zweig, mit Hilfe eines Verzögerungsgliedes

(Delay) ausgeglichen werden. Nach dem FIR-Filter und dem Verzögerungsglied sind nun beide Signale i(t) und q(t) taktsynchron abgetastet und können dem Demapper zugeführt werden.

Wie schon erwähnt, wird im praktischen Einsatz sehr häufig diese aufwandsparende Variante der IQ-Demodulation verwendet. Bei COFDM-modulierten Signalen (Coded Orthogonal Frequency Division Multiplex) findet man exakt diesen Schaltungsteil unmittelbar vor dem FFT-Signalverarbeitungsblock. Viele moderne digitale Schaltkreise unterstützen diesen als fs/4-Verfahren bekannten Modus.

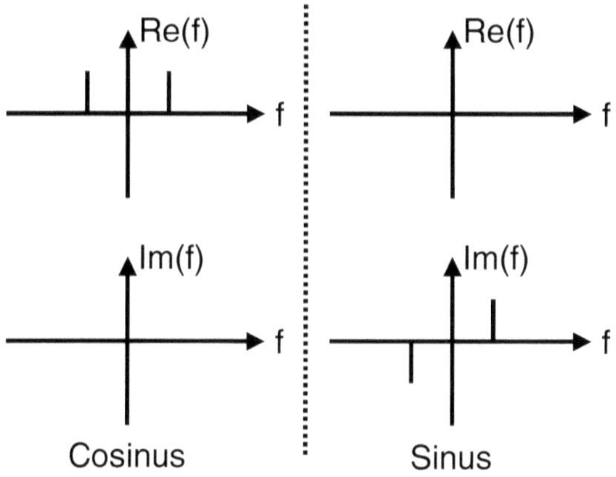

Abb. 13.20. Fouriertransformierte eines Cosinus und Sinus

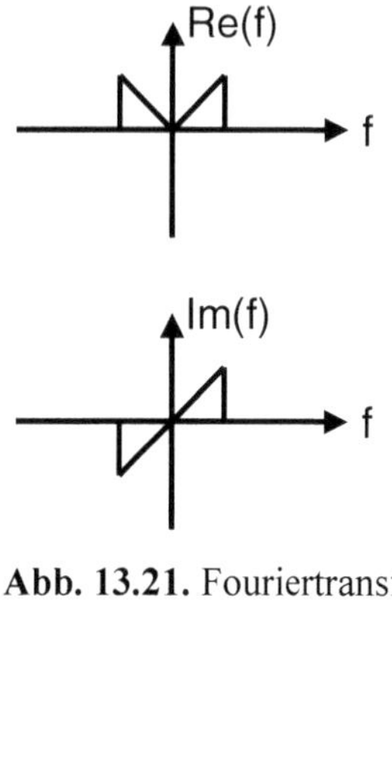

Abb. 13.21. Fouriertransformierte eines allgemeinen reellen Zeitsignals

13.6 Anwendung der Hilbert-Transformation bei der IQ-Modulation

In diesem Abschnitt wird die Hilbert-Transformation besprochen, eine Transformation, die bei einigen Digitalen Modulationsarten wie z.B. COFDM und 8VSB (siehe ATSC, US-Variante des digitalen terrestrischen Fernsehens) eine große Rolle spielt.

Begonnen werden muss hier zunächst mit den Sinus- und Cosinus-Signalen. Der Sinus weist zum Zeitpunkt t=0 den Wert Null auf, der Cosinus beginnt mit dem Wert 1. Der Sinus ist gegenüber dem Cosinus um 90 Grad verschoben, er eilt dem Cosinus um 90 Grad voraus. Wie man später sehen kann, entspricht der Sinus der Hilbert-Transformierten des Cosinus.

Man kann anhand des Sinus und des Cosinus einfache wichtige Definitionen vornehmen: der Cosinus ist eine gerade Funktion, d.h. er ist symmetrisch zu t=0, d.h. es gilt cos(x) = cos(-x).

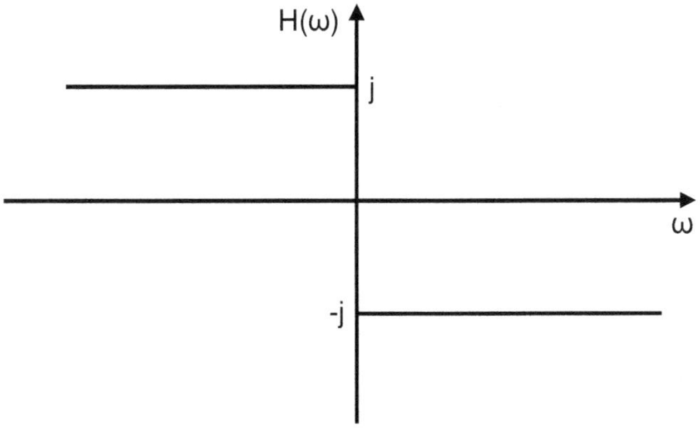

Abb. 13.22. Fouriertransformierte der Hilbertransformation

Der Sinus hingegen ist eine ungerade Funktion, d.h. er ist punkt-zu-punkt-symmetrisch; sin(x) = -sin(-x). Das Spektrum des Cosinus, die Fourier-Transformierte, ist rein reell und symmetrisch zu f=0. Der Imaginärteil ist Null (siehe hierzu Abb. 13.20.).

Das Spektrum des Sinus, also die Fourier-Transformierte hingegen ist rein imaginär und punkt-zu-punkt-symmetrisch (siehe Abb. 13.20.). Die genannten Erkenntnisse sind wichtig für das Verständnis der Hilbert-Transformation. Das Spektrum eines beliebigen reellen Zeitsignales weist immer ein symmetrisches Spektrum Re(f) aller Realteile über f auf und ein punkt-zu-punkt-symmetrisches Spektrum Im(f) aller Imaginärteile über f bezüglich f=0 (siehe Abb. 13.21.).

Jedes beliebige reelle Zeitsignal kann als Überlagerung seiner harmonischen Cosinusanteile und Sinusanteile dargestellt werden (Fourierreihe). Ein Cosinus ist eine gerade und ein Sinus eine ungerade Funktion. Folglich gilt auch für alle Cosinus-Signale und Sinus-Signale in einem Frequenzband die für einen einzelnen Cosinus und Sinus festgestellte Eigenschaft. Gehen wir nun über zur Hilbert-Transformation selber. Abb. 13.22. zeigt hierzu die Übertragungsfunktion eines Hilbert-Transformators. Ein Hilbert-Transformator ist ein Signalverarbeitungsblock mit speziellen Eigenschaften. Seine Grundeigenschaft ist, dass ein eingespeistes sinusförmiges Signal um exakt 90 Grad in der Phase geschoben wird. Aus einem Cosinus wird somit ein Sinus und aus einem Sinus wird ein Minus-Cosinus. Die Amplitude bleibt unbeeinflusst. Diese Eigenschaft gilt für beliebige sinusförmige Signale, also beliebiger Frequenz, Amplitude und Phase. Es gilt also auch für alle Harmonischen eines beliebigen Zeitsignals. Erreicht wird dies durch die im Abb. 13.22. dargestellte Übertragungsfunktion des Hilbert-Transformators, die im Prinzip nur die bekannten Symmetrieeigenschaften von geraden und ungeraden Zeitsignalen ausnutzt.

Die Interpretation der Übertragungsfunktion des Hilbert-Transformators ergibt folgendes:

- alle negativen Frequenzen werden mit j multipliziert, alle positiven Frequenzen werden mit -j multipliziert. j ist die imaginäre Zahl Wurzel aus Minus Eins.
- es gilt die Rechenregel $j \cdot j = -1$
- reelle Spektralanteile werden somit imaginär und imaginäre reell
- durch die Multiplikation mit j oder -j kippt u.U. der negative oder positive Frequenzbereich.

Wenden wir nun die Hilbert-Transformation auf einen Cosinus an:

Der Cosinus hat ein rein reelles Spektrum, das symmetrisch zu Null ist; multipliziert man die negative Frequenzhälfte mit j, so ergibt sich ein rein positiv imaginäres Spektrum für alle negativen Frequenzen. Multipliziert man die positive Frequenzhälfte mit -j, so ergibt sich ein rein negativ imaginäres Spektrum für alle Frequenzen größer Null. Man erhält das Spektrum eines Sinus.

Ähnliches gilt für die Anwendung der Hilbert-Transformation auf einen Sinus:

Durch die Multiplikation des positiv imaginären negativen Frequenzbereiches des Sinus wird dieser negativ reell (j · j = -1). Der negativ imaginäre positive Frequenzbereich des Sinus wird durch die Multiplikation mit -j rein positiv reell (-j · -j = -√-1 · -√-1 = 1). Man erhält einen Minus-Cosinus.

Die dargestellten Konvertierungen eines Cosinus in einen Sinus und eines Sinus in einen Minus-Cosinus durch die Anwendung der Hilbert-Transformation gilt auch für alle harmonischen eines beliebigen Zeitsignals.

Die Hilbert-Transformation verschiebt somit alle Harmonischen eines beliebigen Zeitsignals um exakt 90 Grad, sie ist also ein 90 Grad-Phasenschieber für alle Harmonischen.

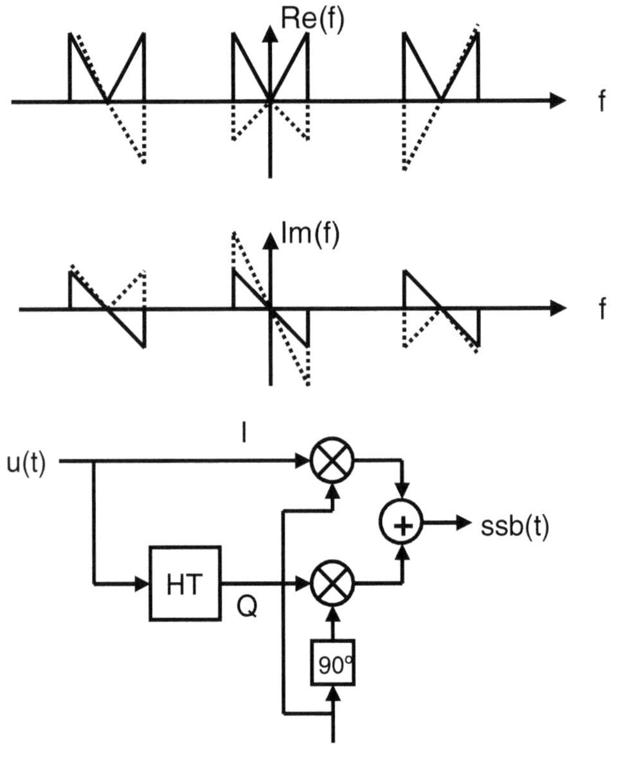

Abb. 13.23. Praktische Anwendung der Hilbert-Transformation zur Unterdrükkung eines Seitenbandes bei der SSB-Modulation

13.7 Praktische Anwendungen der Hilbert-Transformation

Oft stellt sich bei Modulationsvorgängen die Aufgabe, ein Seitenband oder Teile eines Seitenbandes zu unterdrücken. Bei der Einseitenbandmodulation (SSB = Single Side Band Modulation) gilt es, durch verschiedenartigste Maßnahmen das untere oder obere Seitenband zu unterdrücken. Dies kann natürlich geschehen durch einfache Tiefpassfilterung oder wie z.B. beim analogen Fernsehen üblich, durch Restseitenbandfilterung. Eine harte Tiefpassfilterung hat nämlich den Nachteil, dass große Gruppenlaufzeitverzerrungen entstehen. Der Filteraufwand ist in jedem Fall nicht unbeträchtlich. Seit langem gibt es als Alternative für die Einseitenbandmodulation eine Schaltung nach der sogenannten Phasemethode. Ein Einseitenbandmodulator nach der Phasenmethode arbeitet folgendermaßen: Man speist in einen IQ-Modulator das zu modulierende Signal in den I-Pfad direkt ein und in den Q-Pfad mit 90 Grad Phasenverschiebung. Durch plus oder minus 90 Grad Phasenverschiebung im Q-Pfad lässt sich entweder das obere oder untere Seitenband auslöschen. Analog ist es schwierig einen ideal arbeitenden 90 Grad Phasenschieber für alle Harmonischen eines Basisbandsignals zu realisieren. Digital ist das kein Problem - man verwendet das Verfahren der Hilbert-Transformation. Ein Hilbert-Transformator ist ein 90 Grad - Phasenschieber für alle Signalbestandteile eines reellen Zeitsignals.

Abb.13.23. zeigt, wie man mit Hilfe eines IQ-Modulators und eines Hilbert-Transformators ein Seitenband bei der IQ-Modulation unterdrücken kann. Ein reelles Basisbandsignal wird direkt in den I-Zweig eines IQ-Modulators eingespeist und dem Q-Zweig über einen Hilbert-Transformator zugeführt. Das Spektrum mit den durchgezogenen Linien bei f=0 entspricht dem Spektrum des Basisbandsignals, das gestrichelte Spektrum bei f=0 der Hilbert-Transformierten des Basisbandsignals. Man erkennt deutlich, dass durch die Hilbert-Transformation der punkt-zu-punkt-symmetrische Imaginärteil zu einem symmetrischen Realteil wird und der symmetrische Realteil zu einem punkt-zu-punkt-symmetrischen Imaginärteil auf Basisbandebene. Speist man nun das unveränderte Basisbandsignal in den I-Zweig ein und das Hilbert-Transformierte Basisband-Signal in den Imaginärzweig, so ergeben sich Spektren wie sie ebenfalls in Abb. 13.23. um den Träger des IQ-Modulators herum dargestellt sind. Wie man sieht, wird in unserem Fall das untere Seitenband ausgelöscht, also unterdrückt.

13.8 Kanalcodierung/Fehlerschutz

Aus den Eigenschaften des jeweiligen Übertragungskanals wählt man neben dem am besten geeigneten Modulationsverfahren auch den passenden Fehlerschutz, d.h. die Kanalcodierung. Man versucht heute bezüglich der Datenrate so nah wie möglich an das Shannon-Limit heran zu kommen. In diesem Abschnitt werden übliche Fehlerschutzmechanismen besprochen und die Grundlagen für die Übertragungsverfahren beim Digitalen Rundfunk geschaffen.

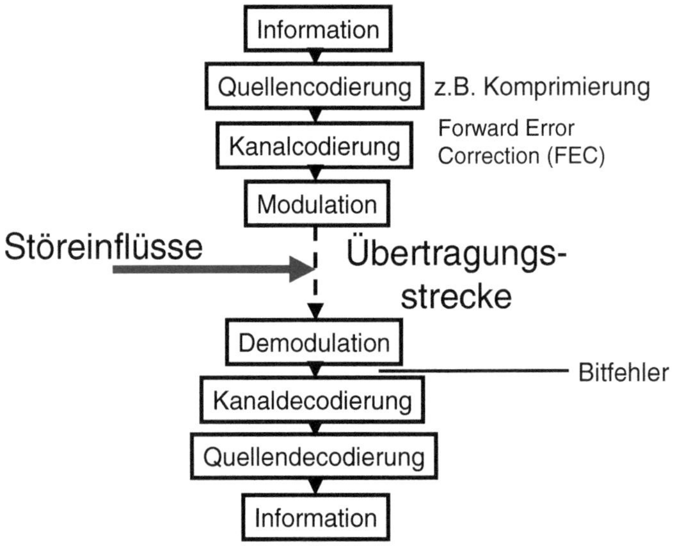

Abb. 13.24. Nachrichtenübertragung

Bevor man Information (Abb. 13.24.) überträgt, werden diese mittels Quellencodierung in eine Form gebracht, um sie möglichst platzsparend übertragen zu können. Dies bedeutet einfach, dass diese so gut und erträglich wie möglich komprimiert werden. Anschließenden wird dann Fehlerschutz hinzugefügt, bevor man die Daten auf die Reise schickt. Dies entspricht der Kanalcodierung. Die fehlergeschützten Daten werden dann einem sinusförmigen Träger durch digitale Modulation aufgeprägt. Anschließend geht dann die Information auf die Reise, beeinflusst durch Störeinflüsse wie Rauschen, lineare und nichtlineare Verzerrungen, diskrete und breitbandige Störer, Intermodulation, Mehrwegeausbreitung usw. Dies verursacht auf der Empfangsseite aufgrund von mehr oder weniger guter Signalqualität Bitfehler nach der Demodulation zurück zu einem Datenstrom. Mit Hilfe des im Sender beigefügten Fehlerschutz (Forward Error Correction = FEC) lassen sich dann im Kanaldecoder Fehler bis auf ein bestimmtes Maß korrigieren. Die Bitfehlerrate wird wieder auf ein erträgliches Maß reduziert oder zu null gemacht. Daraufhin wird dann die Information wieder so aufbereitet, dass sie präsentiert werden kann. D.h. die Daten werden ggf. dekomprimiert. Dies entspricht der Quellendecodierung.

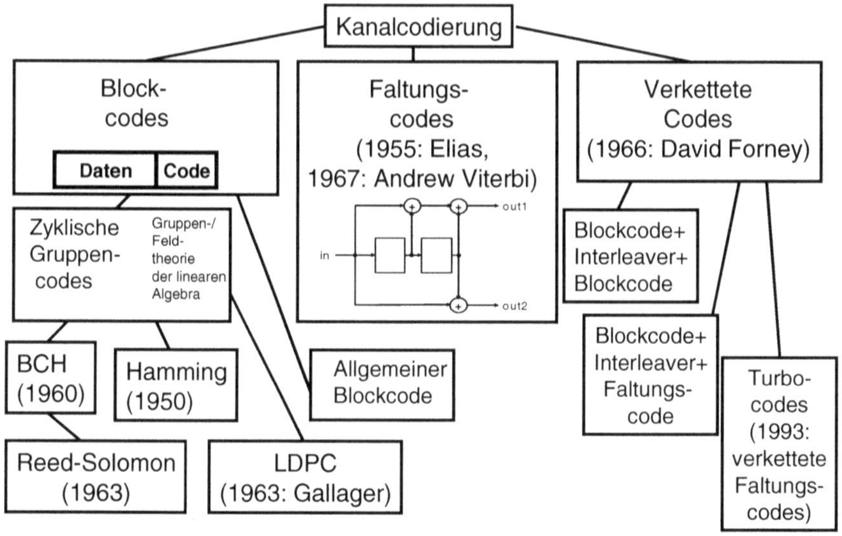

Abb. 13.25. Kanalcodierung

Die „Werkzeugkiste" in die man beim Fehlerschutz greifen kann, ist gar nicht so groß, wie man eigentlich meinen könnte. Wesentliche Grundlagen wurden bereits in den Jahren 1950 – 1970 weitestgehend geschaffen. Man unterscheidet im wesentlichen zwischen sog. Blockcodes und Faltungscodes. Blockcodes basieren auf Grundlagen der linearen Algebra und schützen einfach einen Block von Daten mit einem Block eines Fehlerschutzes (Abb. 13.27.). Aus den zu übertragenden Daten wird im Prinzip eine Art Checksumme errechnet, mit der man dann herausfinden kann, ob sich Fehler während der Übertragung eingeschlichen haben oder nicht, beziehungsweise, wo sich die Fehler befinden. Manche Blockcodes erlauben auch eine bestimmte Anzahl an Fehlern zu reparieren. Faltungscodes verzögern und „verschmieren" den Datenstrom mit sich selbst und bringen so eine gewisse „Intelligenz" in den zu übertragenden Datenstrom hinein. Das

Gegenstück zu den Faltungscodes ist der von Andrew Viterbi 1967 entwickelte Viterbi-Decoder.

Bevor man jedoch die Daten dem Fehlerschutz (Abb. 13.26.) zuführt, werden diese jedoch zuerst einmal „gescrambled", um Bewegung in den Datenstrom hineinzubringen, um evtl. vorhandene benachbarte lange Null– oder Eins- Sequenzen aufzubrechen in mehr oder wenige zufällige Datenströme. Dies geschieht durch Mischen bzw. EXOR-Verknüpfungen mit einer Pseudo-Zufallssequenz. Auf der Empfangsseite muss dann der nun verschlüsselte Datenstrom durch synchrones „Descrambling" wieder zurückgewonnen werden. Nach dem Scrambling folgt die erste FEC. Daraufhin wird der Datenstrom zeitlich verteilt beim sog. Zeit-Interleaving. Dies ist notwendig, um beim Deinterleaving auf der Empfangsseite Burstfehler in Einzelfehler aufbrechen zu können. Anschließend kann man eine zweite FEC ankoppeln.

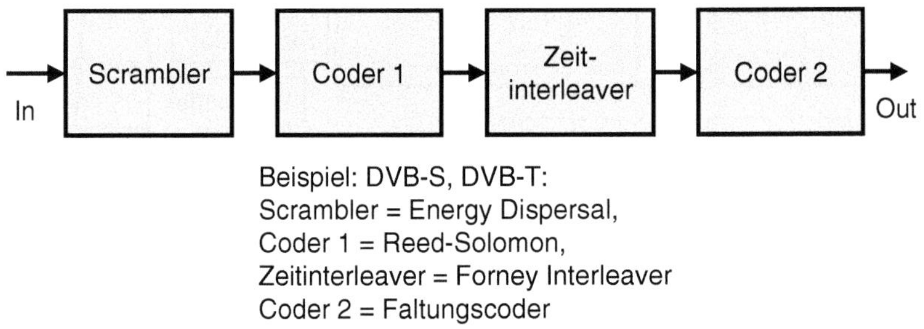

Abb. 13.26. Verketteter Fehlerschutz

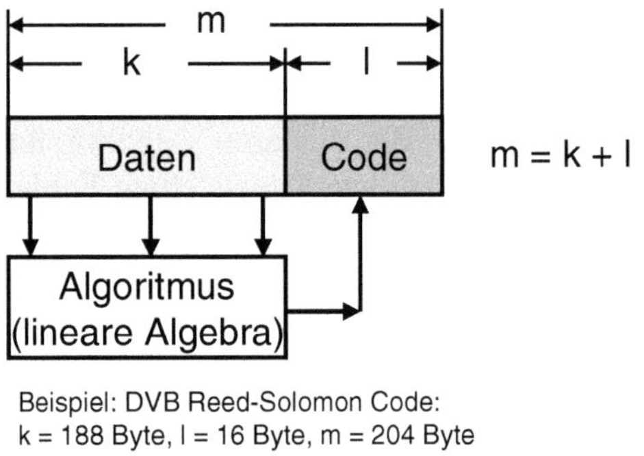

Abb. 13.27. Blockcodes

Es gibt auch sog. verketteten Fehlerschutz (nach David Forney, 1966). Man kann sowohl Blockcodes mit Blockcodes, als auch Blockcodes mit Faltungscodes oder auch Faltungscodes mit Faltungscodes verketten. Verkettete Faltungscodes bezeichnet man als sog. Turbocodes. Diese kamen erst in den 1990er Jahren mit ins Spiel.

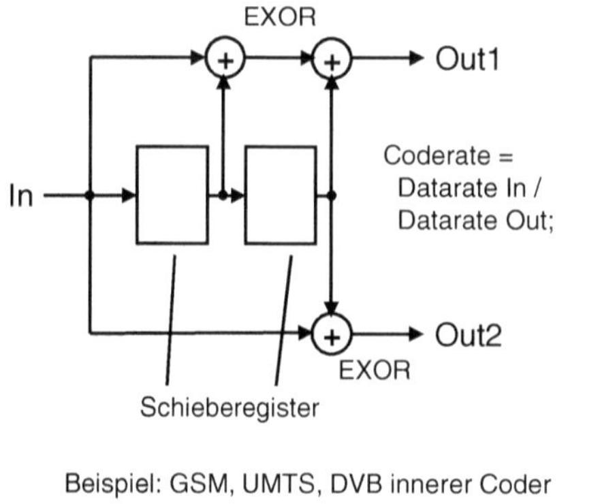

Abb. 13.28. Faltungscodierung

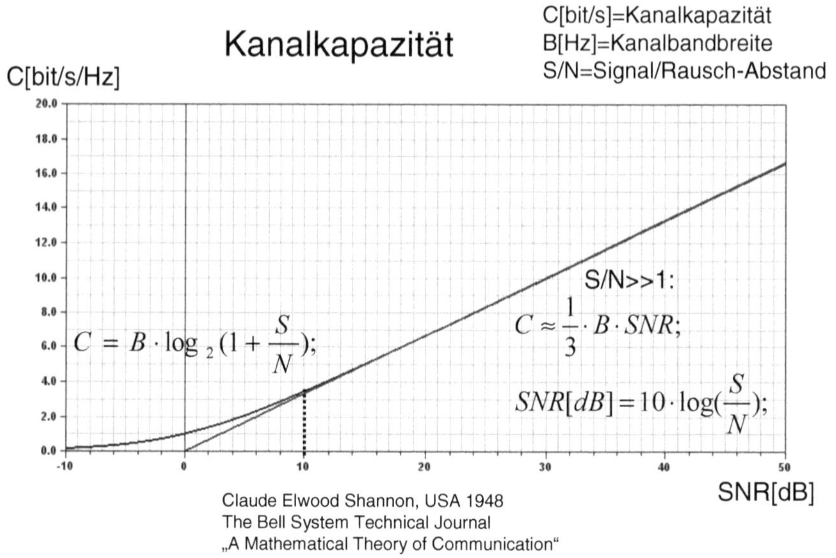

Abb. 13.29. Kanalkapazität

Je nach Wahl des Modulationsverfahrens und des Fehlerschutzes kommt man mehr oder weniger nah an das Shannon-Limit heran. Shannon hat im Jahr 1948 die theoretische Grenze der Datenrate in einem gestörten Kanal einer bestimmten Bandbreite ermittelt. Die exakte Formel hierzu lautet:

$$C = B \cdot \log_2(1 + \frac{S}{N});$$

Bei einem Störabstand von größer als 10 dB kann auch die folgende Formel angewendet werden:

$$C[Bit/s] \approx \frac{1}{3} \cdot B[Hz] \cdot SNR[dB];$$

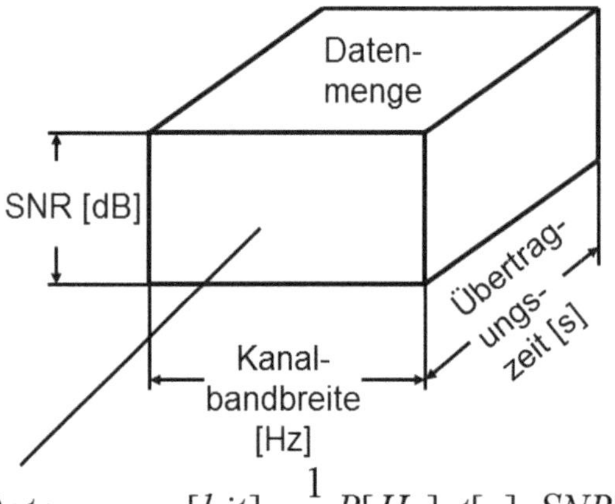

$$Datenmenge[bit] \approx \frac{1}{3} B[Hz] \cdot t[s] \cdot SNR[dB];$$

Abb. 13.30. Nachrichtenquader

Eine bestimmte Datenmenge kann nun je nach den Eigenschaften des Übertragungskanals in kürzerer oder längerer Zeit übertragen werden. Aus der zur Verfügung stehenden Kanalbandbreite ergibt sich die maximal mögliche Symbolrate. Der im Kanal vorliegende Störabstand bestimmt dann das zu wählende Modulationsverfahren im Kombination mit dem geeigneten Fehlerschutz. Anschaulich vermittelt diese Beziehungen der sog. Nachrichtenquader.

Welche FEC = Forward Error Correction bei welchem Übertragungsverfahren tatsächlich verwendet wird, wird im jeweiligen Kapitel erläutert.

13.9 Analoge Modulationsverfahren im Vergleich

Im Zeitalter der Digitalen Übertragungsverfahren empfiehlt sich immer noch ein Blick auf die traditionellen analogen Modulationsverfahren, die uns über 100 Jahre begleitet haben, vom Beginn der Trägertastung an beim Morsen über AM-Radio bis hin zum FM-Radio, das aufgrund seiner Qualität dem digitalen Hörfunk immer noch das Leben schwer macht. Es werden nun aber auch benachbart zu einem frequenzmodulierten Träger digital modulierte Signale (Beispiel: IBOC, HD-Radio) übertragen; schon deswegen ist es sinnvoll die Eigenschaften der analogen Modulationsverfahren noch zu kennen. In diesem Abschnitt sollen die Besonderheiten der traditionellen Modulationsverfahren

- Amplitudenmodulation (AM)
- Frequenzmodulation (FM) und
- Phasenmodulation (PM)

dargestellt werden. Die Erfahrungen hieraus sind auch bei den digitalen Modulationsverfahren gut anwendbar. Zudem soll dieses Kapitel helfen, dass dieses traditionelle Wissen nicht verloren geht. Mitte bis Ende des 19. Jahrhunderts sahen sich die angehenden Nachrichtentechniker vor die Frage gestellt, wie man denn Nachrichten drahtgebunden und drahtlos von einem Ort zu einem anderen bringen kann. Telephonie und Telegramm waren die erste drahtgebundene Variante der Nachrichtenübertragung. Bei der Telephonie wurde Sprache über ein Kohlemikrofon in Amplitudenschwankungen einer elektrischen Spannung umgewandelt und als reines Basisbandsignal über Zweidrahtleitungen übertragen. Beim Telegramm tastete man eine Gleichspannung ein und aus und konnte so unter Zuhilfenahme des Morsealphabets Textnachrichten vom Punkt A zum Punkt B übertragen. Hierbei war das Morsealphabet schon quasi eine Art von Quellencodierung – es machte eine Redundanzreduktion. Kurze Codes wurden für Buchstaben des Alphabets verwendet, die sich häufig in der Sprache finden, lange Codes wurden für Buchstaben verwendet, die sich weniger häufig in der Sprache finden. Nach der Entdeckung und Erforschung der elektromagnetischen Wellen ging es dann um deren Anwendung bei der drahtlosen Übertragung von Nachrichten. Basisbandsignale (Sprache, codierte Texte) wurden dann einem sinusförmigen Träger einer bestimmten Frequenz aufgeprägt und dieser Träger übertrug dann die Information von einer Sendeantenne zu einer oder mehreren Empfangsantennen. Schon aus der Tatsache heraus, dass sich elektromagnetische Wellen erst dann von einer Sendeantenne lösen, wenn die Wellelänge $\lambda=c/f$ in die Größenordnung der Antennenabmessung kommt, ergibt sich die Notwendigkeit eine geeignete im richtigen Frequenz-, also Wellenlängenbereich liegende Sende-, also Trägerfrequenz zu wählen und die zu versendende Information dieser durch Modulation aufzuprägen. Abhängig vom gewählten Frequenzbereich konnten diesen Nachrichten mehr oder weniger weit übertragen werden. V.a. aber konnte man verschiedene Trägerfrequenzen wählen und somit verschiedene und viele Nachrichten gleichzeitig versenden. Und dieses Prinzip gilt bis heute. Heute hat man im Gegensatz zu damals aber v.a. das Problem, dass sehr viele Leute sehr viel Information gleichzeitig verschicken wollen – es herrscht das Problem der Frequenzknappheit und damit die Notwendigkeit der Regulierung der Frequenzverfügbarkeit. Zu Beginn der Nachrichtentechnik war es egal, ob man ein ganzes Band belegt oder nur einen Teil davon, Frequenz- und Kapazitätsnöte gab es damals nicht. Das ist heute anders. Die Resource Frequenz ist knapp und muss gut verwaltet werden. Hierzu gibt es länderübergreifend eigene Organisationen, die sich darum kümmern.

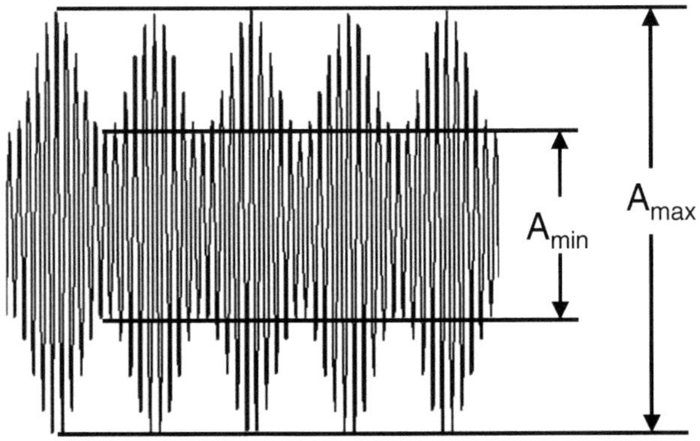

Abb. 13.31. Amplitudenmodulation

13.9.1 Amplitudenmodulation

Bei der Amplitudenmodulation wird die zu übertragende Information der Amplitude eines sinusförmigen Trägers aufgeprägt (Abb. 13.31.). Diese

Art der Modulation kann man sich einfach als Multiplikation eines Modulationssignals mit einem Trägersignal vorstellen. Multipliziert man das Trägersignal mit dem Wert Null, so ergibt sich als Ergebnis ebenfalls der Wert Null. Multipliziert man das Trägersignal mit einem bestimmten informationsabhängigen Wert, so stellt sich eine bestimmte Trägeramplitude ein. Die einfachste Variante der Amplitudenmodulation ergibt sich bei der Amplitudentastung (ASK = Amplitude Shift Keying). Bei der ursprünglichen Morseübertragung wurde einfach ein Träger ein- oder ausgeschaltet. Aus der Ein- und Ausschaltdauer konnte man die einzelnen Zeichen wieder decodieren. Nun soll jedoch der Fall der Modulation eines sinusförmigen bzw. cosinusförmigen Trägers mit einem sinusförmigen bzw. cosinusförmigen Modulationssignals betrachtet werden. Wird zur Darstellung des Sachverhalts anstelle des Sinus der Cosinus verwendet, so ergeben sich einfachere Additionstheoreme, anhand deren die Physik erklärt werden kann. Das Modulationssignal sei nun beschrieben durch

$$u_{Signal}(t) = U_{Signal} \cdot \cos(2\pi f_{Signal} t) = U_{Signal} \cdot \cos(\omega_{Signal} t);$$

Das Trägersignal sei beschrieben durch

$$u_{Träger}(t) = U_{Träger} \cdot \cos(2\pi f_{Träger} t) = U_{Träger} \cdot \cos(\omega_{Träger} t);$$

Wird dem Modulationssignal $u_{Signal}(t)$ ein Gleichspannungsanteil von U_{DC} hinzu addiert und dann mit dem Trägersignal mittels eines Mischers (Multiplizierer) multipliziert, so ergibt sich

$$u(t) = (u_{Signal}(t) + U_{DC}) \cdot u_{Träger}(t) =$$
$$(U_{Signal} \cdot \cos(\omega_{Signal} t) + U_{DC}) \cdot U_{Träger} \cdot \cos(\omega_{Träger} t);$$

Unter Anwendung der Additionstheoreme der Mathematik/Geometrie

$$\cos(\alpha) \cdot \cos(\beta) = \frac{1}{2}\cos(\alpha - \beta) + \frac{1}{2}\cos(\alpha + \beta);$$

ergibt sich dann als Ergebnis:

$$u(t) = U_{DC} \cdot u_{Träger}(t) + u_{Signal}(t) \cdot u_{Träger}(t);$$

bzw.

$$u(t) = U_{DC} \cdot U_{Träger} \cos(\omega_{Träger} t)$$
$$+ \frac{1}{2} U_{Signal} U_{Träger} \cos((\omega_{Träger} - \omega_{Signal})t)$$
$$+ \frac{1}{2} U_{Signal} U_{Träger} \cos((\omega_{Träger} + \omega_{Signal})t);$$

Umgedeutet entsteht jetzt ein Trägeranteil in Bandmitte, sowie zwei Seitenbänder – eins um die Modulationsfrequenz tiefer als der Träger und eins um die Modulationsfrequenz höher als der Träger. Setzt man den Gleichspannungsanteil zu Null, so entsteht eine Amplitudenmodulation mit unterdrücktem Träger. Abhängig von dem dem Modulationsanteil zugesetztem Gleichspannungsanteil entsteht mehr oder weniger Trägeranteil. Man erkennt, dass zwei Seitenbänder von je der höchsten Modulationsfrequenz entstehen (Abb. 13.32.), und dass damit die notwendige Mindestbandbreite in der HF-Ebene größer/gleich der doppelten höchsten Modulationsfrequenz sein muss:

$$b_{HFAM} \geq 2 \cdot f_{Signal};$$

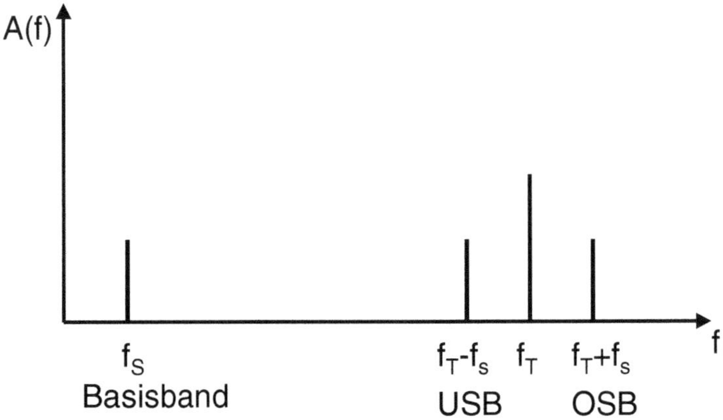

Abb. 13.32. Spektrum der Amplitudenmodulation (AM) mit Basisbandsignal, unterem (USB) und oberem Seitenband (OSB)

Wie stark ein sinus- bzw. cosinusförmiger Träger amplitudenmoduliert ist, wird durch den Modulationsgrad m beschrieben (Abb. 13.31.). Entspricht A_{max} der maximalen Trägeramplitude des modulierten Trägers und A_{min} der minimalen Trägeramplitude des modulierten Trägersignals, so ist als Modulationsgrad m definiert:

$$m = \frac{A_{max} - A_{min}}{A_{max} + A_{min}};$$

Bei der Amplitudenmodulation steckt die zu übertragende Information in der Amplitude des modulierten Trägers. Nichtlinearitäten im Übertragungskanal wirken sich direkt als Amplitudenverzerrungen im demodulierten Basisband-Signal aus. AM-Systeme müssen also sehr linear sein. Reale Übertragungssysteme weisen aber auch rauschförmige Störeinflüsse auf. Bei AM entsteht nach der Demodulation ein Basisbandsignal mit überlagertem weißem Gauß'schem Rauschen. Hierbei ist die Rauschleistungsdichte konstant und unabhängig von der Frequenz des Modulationssignals (Abb. 13.33.). Der sich ergebende Basisband-Störabstand (Abb. 13.34.) entspricht hierbei linear unmittelbar dem HF-Störabstand bzw. ist ggf. ein wenig parallel verschoben aufgrund von negativen Demodulator-Eigenschaften.

Abb. 13.33. NF-Störabstand bei der AM als Funktion der Basisband-Signalfrequenz (AWGN = Additive White Gaussian Noise)

13.9.2 Varianten der Amplitudenmodulation

Bei der Amplitudenmodulation haben sich verschiedene Varianten in der Praxis durchgesetzt, dies ist

- die klassische AM mit nicht unterdrücktem Träger und beiden Seitenbändern,
- die AM mit unterdrücktem Träger und beiden Seitenbändern,
- die Einseitenbandmodulation mit nicht unterdrücktem Träger,
- die Einseitenbandmodulation mit unterdrücktem Träger,
- sowie die Restseitenbandmodulation.

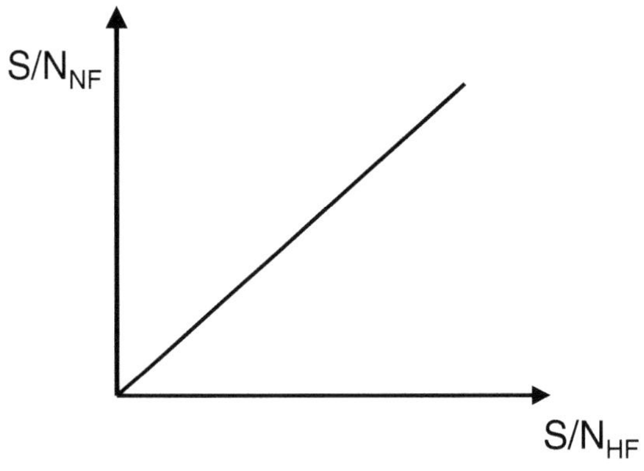

Abb. 13.34. NF-Störabstand der AM als Funktion des HF-Störabstands

Bei der Einseitenbandmodulation wird entweder das untere oder das obere Seitenband komplett unterdrückt, bei der Restseitenbandmodulation wird ein Seitenband teilweise unterdrückt. Der praktische Nutzen liegt einfach im Sparen von Bandbreite, da die Information sowohl im unteren wie auch im oberen Seitenband komplett vorhanden ist. Die vollständige oder teilweise Unterdrückung eines Seitenbands geschah dabei früher durch analoge Filterung und dann unter Anwendung eines Hilbert-Transformators bzw. 90 Grad – Phasenschiebers und eines IQ-Modulators. Bei der Restseitenbandmodulation (RSB, engl. VSB = Vestigial Sideband Modulation) ließen sich die analogen Filter auf Sende- und Empfangsseite „gutmütiger" gestalten.

13.9.3 Frequenzmodulation

Bei der Frequenzmodulation (Abb. 13.35.) prägt man die zu übertragende Information der Frequenz des Trägers auf. D.h. die Frequenz des Trägers ändert sich in einem bestimmten Maße abhängig von der zu übertragenden Information. Die einfachste Variante der Frequenzmodulation ergibt sich bei der Frequenztastung (FSK = Frequency Shift Keying). Das Prinzip der

Frequenzmodulation geht zurück auf Edwin Howard Armstrong (1933), der ebenfalls den Überlagerungsempfänger erfunden hat. Das damalige Ziel war es, unempfindlicher gegen atmosphärische Störeinflüsse zu sein. Heute hat die Frequenzmodulation v.a. im Bereich des UKW-Hörfunks eine sehr große Bedeutung. Frequenzmodulation (FM) ist ziemlich unempfindlich gegenüber Nichtlinearitäten und deutlich unempfindlicher gegenüber rauschartigen Einflüssen.

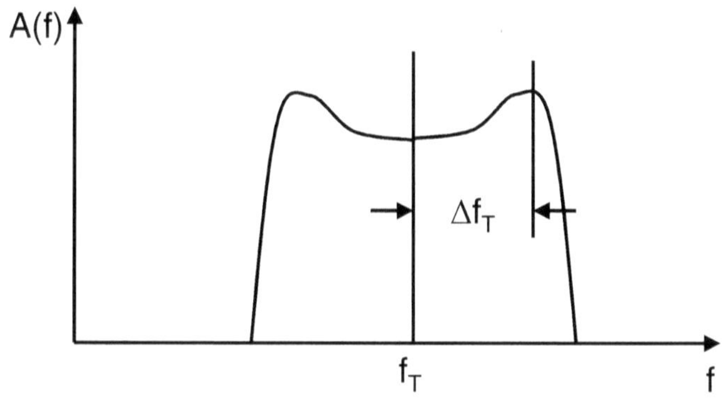

Abb. 13.35. Spektrum der Frequenzmodulation

FM-Sender arbeiten deswegen auch meist im C-Betrieb, d.h. die Verstärker selbst sind stark nichtlinear, was aber einen deutlich günstigeren Wirkungsgrad bedeutet. D.h. FM wird v.a. dort eingesetzt, wo entsprechende Kanalanforderungen (geringer Störabstand, Nichtlinearitäten) gestellt werden. Bei der analogen TV-Übertragung über Satellit arbeitete man mit Breitband-FM; sowohl in der Bodenstation als auch im Satelliten werden Wanderfeldröhrenverstärkern (TWA = Travelling Wave Tube Amplifier) eingesetzt, welche recht nichtlinear sind. Außerdem liegt der Störabstand aufgrund der großen Distanz von etwa 36000 km zwischen Satellit und Erde bei etwa 10 dB.

Mathematisch lässt sich die Frequenzmodulation ausdrücken durch

$$u(t) = U_{Träger} \cdot \cos(2\pi f(t) \cdot t);$$

D.h. die Frequenz f(t) ist zeitabhängig und wird vom Modulationssignal beeinflusst. Hierbei gibt es zwei Parameter, nämlich

- Frequenzhub $\Delta f_{\text{Träger}}$ und
- maximale Modulationsfrequenz $f_{\text{Signal max}}$.

Als Modulationsindex bei der Frequenzmodulation wird bezeichnet

$$M = \frac{\Delta f_{Träger}}{f_{Signal\,\max}};$$

Aus der Carson-Formel (J. R. Carson, 1922) lässt sich die näherungsweise mindest notwendige FM-Bandbreite in der HF-Ebende angeben zu

$$B_{10\%} = 2(\Delta f_{Träger} + f_{Signal\,\max});$$

bzw.

$$B_{1\%} = 2(\Delta f_{Träger} + 2 \cdot f_{Signal\,\max});$$

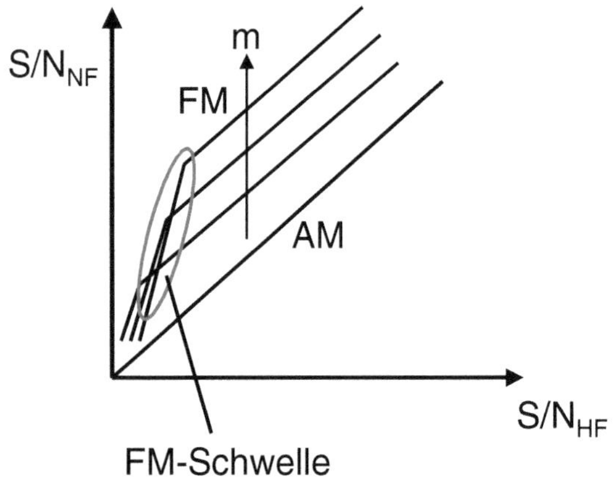

Abb. 13.36. NF-Störabstand bei der Frequenzmodulation (FM) als Funktion des HF-Störabstands

Hierbei liegen dann alle Signalbestandteile im Kanal unter 10% bzw. 1%. Die entstehenden Spektrallinien lassen sich über Besselfunktionen ermitteln. Eine Bandbreitenbegrenzung wirkt sich aus in nichtlinearen Verzerrungen des demodulierten Signals. Aufgrund der Spreizung der Bandbreite im Kanal ergibt sich ein Gewinn im NF-Störabstand gegenüber der Amplitudenmodulation oberhalb der sog. FM-Schwelle (Abb. 13.36.). Dieser Gewinn kann ausgedrückt werden zu:

$$FM_{Gewinn\_SN\_NF} = 10 \cdot \log(3 \cdot M^3) dB;$$

Dieser Gewinn stellt sich nur oberhalb der FM-Schwelle ein und diese liegt in etwa bei einem HF-Störabstand von ca.

$$FM_{Schwelle} \approx 7...10 dB + 10 \cdot \log(2 \cdot (M+1)) dB;$$

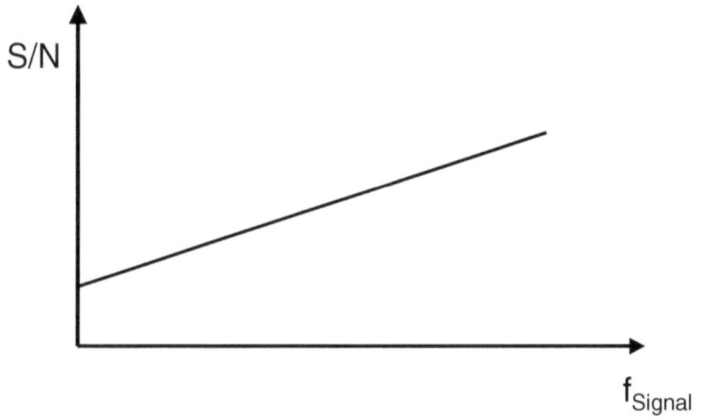

Abb. 13.37. NF-Störabstand der FM als Funktion der Basisband-Signalfrequenz

Die FM-Schwelle selbst ist definiert als überproportionaler Abfall gegenüber dem FM-Gewinn am 1 dB-Punkt. Unterhalb der FM-Schwelle kommt es zu Spike-artigen Rauschsignalen aufgrund von Phasensprüngen des Trägers. Bei der über Satellit üblichen Breitband-FM beim analogen Fernsehen entstanden dann die weißen „Fischchen"-Produkte im Bild. Bei dem sich bei der Frequenzmodulation ergebenden NF-Rauschen spricht man von sog. „Dreiecksrauschen" (Abb. 13.37.), d.h. die Rauschleistungsdichte ist nicht konstant, sondern steigt mit zunehmender NF-Bandbreite an. Um dem entgegen zu halten, macht man auf der Sendeseite eine sog. Preemphase, d.h. man hebt höhere Frequenzen stärker an. Hierzu macht man dann auf der Empfängerseite eine Deemphase, d.h. man senkt dann höhere Frequenzen wieder entsprechend der Preemphase-Charakteristik ab, um wieder einen linearen Frequenzgang zu erreichen.

13.9.4 Phasenmodulation

Die Phasenmodulation ist eng mit der Frequenzmodulation verwandt. Bei der Phasenmodulation wird die zu übertragende Information der Phase des Trägers aufgeprägt:

$$u(t) = U_{Träger} \cdot \cos(2\pi f t + \varphi(t));$$

Beides – Frequenz- und Phasenmodulation - ist unter dem Oberbegriff Winkelmodulation zusammengefasst. Phasenmodulation ist ebenso wie Frequenzmodulation unempfindlich gegenüber Nichtlinearitäten. Technisch wird die Phasenmodulation v.a. bei der Frequenzmodulation mit Preemphase angewandt. Um Frequenz- und Phasenmodulation unterscheiden zu können, müssen folgende Zusammenhänge betrachtet werden: Bei der Frequenzmodulation ist der Frequenzhub $\Delta f_{Träger}$ proportional zur Amplitude des modulierenden Signals U_{Signal}:

$$\Delta f_{Träger\_FM} \sim U_{Signal};$$

Der Frequenzhub ist nicht von der maximalen Signalfrequenz des modulierenden Signals abhängig, also keine Funktion dieser:

$$\Delta f_{Träger\_FM} \neq f(f_{Signal});$$

Der Phasenhub $\Delta\varphi_{Träger}$ bei der Frequenzmodulation entspricht dem Modulationsindex und ist umgekehrt proportional zur Frequenz des modulierenden Signals f_{Signal}:

$$\Delta\varphi_{Träger\_FM} \sim \frac{1}{f_{Signal}};$$

Bei der Phasenmodulation gilt: Der Phasenhub $\Delta\varphi_{Träger}$ ist proportional zur Amplitude des modulierenden Signals U_{Signal}:

$$\Delta\varphi_{Träger\_PM} \sim U_{Signal};$$

Der Frequenzhub bei der Phasenmodulation ist von der maximalen Signalfrequenz abhängig und proportional zur Signalfrequenz des modulierenden Signals:

$$\Delta f_{Träger\_PM} \sim f_{Signal};$$

Der Phasenhub bei der Phasemodulation ist nicht von der maximalen Signalfrequenz des modulierenden Signals abhängig, ist also keine Funktion dieser:

$$\Delta \varphi_{Träger\_PM} \neq f(f_{Signal});$$

D.h. man kann Frequenzmodulation von Phasenmodulation nur dann physikalisch unterscheiden, wenn sich die Frequenz des modulierenden Signals ändert; bei der Frequenzmodulation ändert sich dann der Frequenzhub nicht, bei der Phasenmodulation ändert sich der Frequenzhub des Trägers abhängig von der Signalfrequenz des Modulationssignals. Auch im NF-Störabstand lassen sich FM und PM unterscheiden: Bei der FM gilt, dass der NF-Störabstand mit zunehmender Signalfrequenz ansteigt (Dreiecks-Rauschen); bei der PM gilt, dass der NF-Störabstand keine Funktion der Signalfrequenz ist.

13.10 Bandbegrenzung modulierter Trägersignale

Modulierte Trägersignale dürfen nur den vorgegebenen Kanal belegen; sie dürfen benachbarte und auch weiter entfernte Kanäle nicht stören. Dies gilt für jegliche Art von Modulation, sei es Amplituden-, Phasen- oder Frequenzmodulation, sei sie nun digital oder analog. Hierzu werden Maßnahmen sowohl auf der Basisbandseite, als auch auf der HF-Seite getroffen. Schon das Basisbandsignal selbst muss bandbegrenzt werden. Aber auch auf der HF-Seite werden meist durch SAW-Filter im Zwischenfrequenzbereich Vorkehrungen getroffen, um die Nachbarkanäle zu schützen. Zusätzlich werden direkt im HF-Pfad Oberwellenfilter und kanalabhängige Maskenfilter eingesetzt.

Speziell bei der digitalen Modulation soll an dieser Stelle noch kurz auf die sog. Basisbandfilterung eingegangen werden, weil dies bei jedem digitalen TV- oder Hörfunk-Übertragungstandard, der ein Einträgermodulationsverfahren verwendet, ein Thema ist. Es kann somit hier an zentraler Stelle vorab behandelt werden. Werden sinusförmige Träger rechteckförmig umgetastet, wie dies im Falle digitaler Modulation (Amplituden- und Phasenumtastung) der Fall ist, so ergibt sich im Zeitbereich eine Multiplikation eines Rechtecksignals mit einem Sinussignal, im Frequenzbereich eine Faltung mit der Fouriertransformierten des Rechtecksignals mit der Fouriertransformierten des Sinussignals. Würde ein einzelner Rechtekkimpuls von minus Unendlich bis plus Unendlich vorliegen, so ergäbe sich ein kontinuierliches sin(x)/x-förmiges Spektrum mit Nullstellen, die dem Kehrwert der Rechteckimpulsdauer entsprechen (Abb. 13.38.).

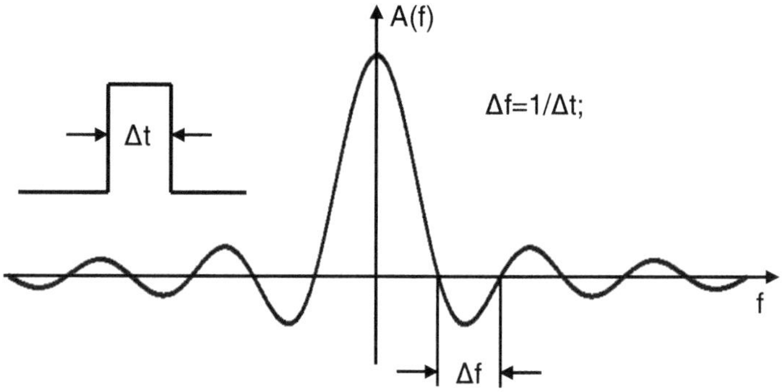

Abb. 13.38. Spektrum eines rechteckförmigen Einzelimpulses

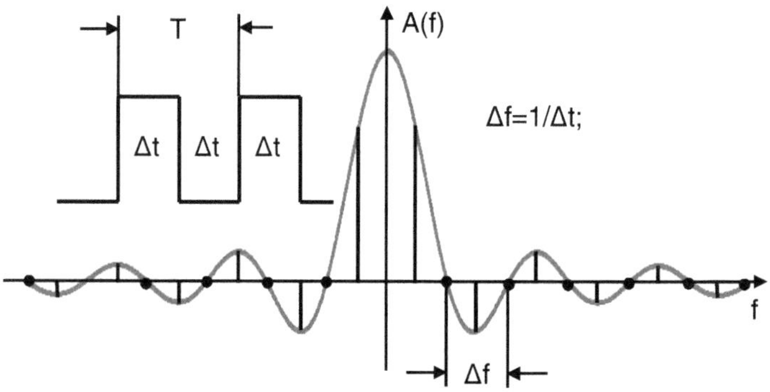

Abb. 13.39. Linienspektrum einer symmetrischen Rechteckimpulsfolge

Eine Rechteckimpulsfolge ergibt ein Linienspektrum, das sich der sin(x)/x-Funktion anschmiegt. Die Spektrallinien kommen im Abstand der Periodendauer T vor. Entspricht die Periodendauer exakt der doppelten Breite des Rechteckimpulses, so ergibt sich das höchstfrequente Liniensprektrum, das möglich ist. Es liegen dann spektrale Komponenten im Abstand von $1/(2 \cdot \Delta t)$ vor. Jede zweite Spektrallinie fällt aber hierbei genau in eine Nullstelle des sin(x)/x (Abb. 13.39.). Liegt eine längere Periodendauer vor, so wandern die Spektralinien in Richtung tiefere Frequenzen. Es ergibt sich aber immer ein periodisches Linienspektrum an Vielfachen der Grundwelle, die dem Kehrwert der Periodendauer der Rechteckimpulsfolge entspricht. Liegen nun schwankende Periodendauern bei konstanter Rechteckimpulsdauer vor, so wird die sin(x)/x-förmige Form mehr oder weniger „ausmoduliert", d.h. es ergibt sich in der Praxis ein sin(x)/x-förmiges Gesamtspektrum bei einer digitalen Modulation mit einem gut „energieverwischten" Datensignal. Zur Demodulation wird aber nur die Grundwelle benötigt. D.h. man kann alle Oberwellen unterdrücken. Dies geschieht im Maximalfall rechteckförmig (Abb. 13.40.).

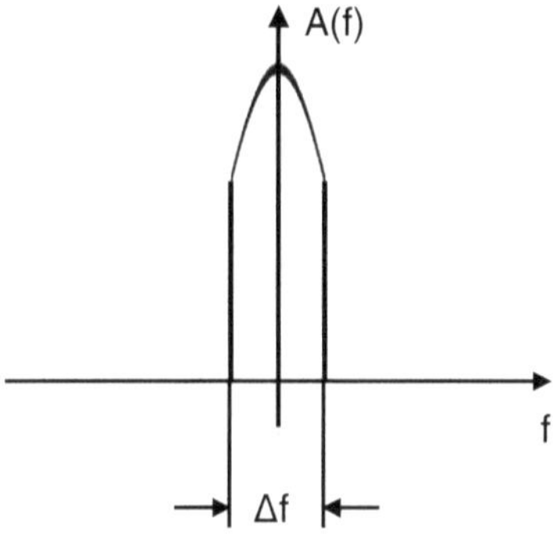

Abb. 13.40. Rechteckförmige Unterdrückung der Oberwellen (lineare Darstellung)

Die Steuersignale am IQ-Modulatoreingang i(t) und q(t) sind zunächst rechteckförmige Signale und erfüllen die gerade genannten Bedingungen. Sie müssen bandbegrenzt werden, bevor sie dem IQ-Modulator zugeführt werden. Diese Bandbegrenzung wird also im Falle digitaler Modulation auf der Basisbandebene durch spezielle „gutmütige" Tiefpass-Filter durchgeführt. Diese sind meist als Wurzel-Cosinus-Quadrat-Filter mit einer speziellen „Rolloff"-Charakteristik und heute immer auf der digitalen Ebene realisiert. Der Rolloff-Faktor r beschreibt hierbei, ab wann im Verhältnis zur Nyquist-Bandbreite die Filterung einsetzt. Die Filterkurve ist symmetrisch und hat ihren Mittelpunkt im sog. Nyquist-Punkt. Im Empfänger wird hierbei die gleiche „angepasste" („matched") Filterung nochmals vorgenommen. Es ergibt sich dann die Gesamt-Filterkurve. Die Filtercharakteristik ist hierbei so ausgelegt, dass sich ein minimales Überschwingen der demodulierten Signale i(t) und q(t) ergibt. Abb. 13.41. zeigt das resultierende HF-Spektrum. Die gestrichelte Kurve entspricht hierbei dem Spektrum nach dem Modulator und die durchgezogene Linie dem Spektrum nach einer zusätzlichen Filterung („matched Filter") im Demodulator.

Bei GSM erfolgt eine sog. Gauss-Filterung anstelle der Cosinus-Filterung. DVB-S, DVB-S2 und DVB-C verwenden aber die in Abb. 13.41. dargestellte Cosinus-Quadrat bzw. Wurzel-Cosinus-Quadrat-Filterung. Auf der Basisbandseite kann man sich das Spektrum links der vertikalen Achse als negative Frequenzen vorstellen; auf der HF-Seite entspricht die vertikale Achse der Bandmitte des Kanals.

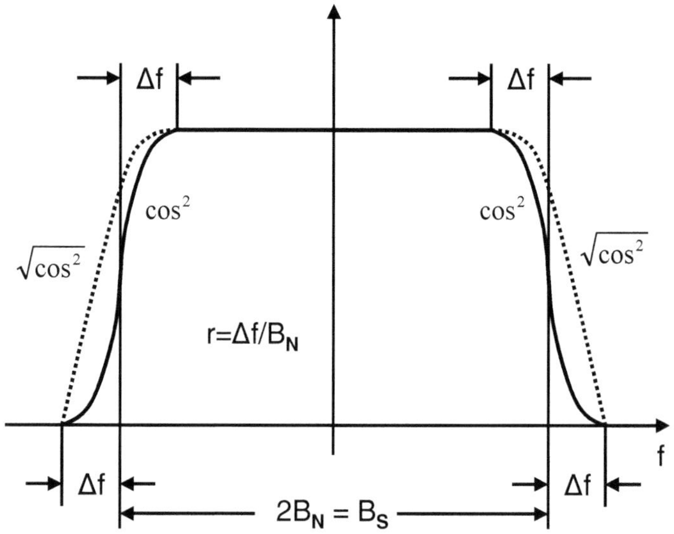

Abb. 13.41. Rolloff-Filterung digital modulierter Signale

13.11 Zusammenfassung

In diesem Kapitel wurden nun viele Grundlagen für die Video- und Audio-Übertragungsstandards wiederholt bzw. geschaffen. Das grundlegende Verständnis der Single Carrier Modulation (SC Modulation) ist auch Voraussetzung für das Verständnis der Multicarrier Modulation (MC Modulation, bzw. OFDM). Viele Übertragungsstandards arbeiten mit Single Carrier Modulation (Einzelträgermodulation), andere mit Mehrträgerverfahren, je nach Eigenschaften und Anforderungen des Übertragungskanals.

Literatur: [MÄUSL1], [BRIGHAM], [KAMMEYER], [LOCHMANN], [GIROD], [KUEPF], [REIMERS], [STEINBUCH]

14 Digitale TV-Übertragung über Satellit - DVB-S/S2/S2X

Analogen Direktempfang von Rundfunksatellitensignalen gab von Ende der 1980er Jahre bis zur Analogabschaltung in Europa am 30. April 2012. Hierbei wurden geschlossen codierte Videosignale und Tonunterträger über Breitband-Frequenzmodulation übertragen. Seit Ende der 1990er Jahre waren parallel aber auch schon immer mehr digitale TV-Transponder über das DVB-S-Verfahren in SDTV zu empfangen. Und nun löst das effizientere DVB-S2-Verfahren mit HDTV-Inhalten langsam auch schon wieder DVB-S ab. Dieses Kapitel beschreibt das Übertragungsverfahren für MPEG-quellencodierte TV-Signale über Satellit.

Zentrifugalkraft:

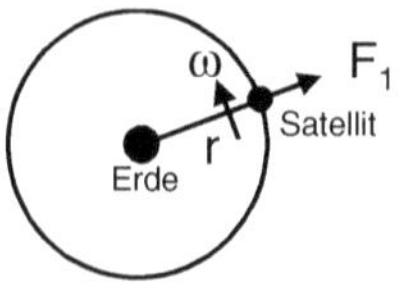

$F_1 = m_{Sat} \cdot \omega^2 \cdot r$;

m_{Sat} = Masse des Satelliten;

$\omega = 2 \cdot \pi / T$ = Kreisgeschwindigkeit;

$\pi = 3.141592654$ = Kreiszahl;

$T = 1$ Tag $= 24 \cdot 60 \cdot 60$ s $= 86400$ s ;

Abb. 14.1. Zentrifugalkraft eines geostationären Satelliten

Jeder Kommunikationssatellit steht geostationär (Abb. 14.1., 14.2 und 14.3.) über dem Äquator in einer Umlaufbahn von etwa 36.000 km über der Erdoberfläche. D.h. diese Satelliten werden so positioniert, dass sie sich mit der gleichen Geschwindigkeit um die Erde bewegen, wie die Erde selbst. Sie drehen sich also genau wie die Erde einmal pro Tag um die Erde. Hierzu steht exakt nur eine Orbitalposition in einem konstanten Abstand von etwa 36.000 km von der Erdoberfläche zur Verfügung und diese befindet sich über dem Äquator. Nur dort halten sich Zentrifugalkraft des

Satelliten und Anziehungskraft der Erde bei gleicher Orbitalgeschwindigkeit die Waage. Die physikalischen Zusammenhänge zur Bestimmung der geostationären Orbitalposition bei 35850 km über der Erdoberfläche sind hierbei in den Abb. 14.1. bis 14.3. aufgeführt. Die verschiedenen Satelliten können jedoch in verschiedenen Längengraden, also Winkelpositionen über der Erdoberfläche positioniert werden. Die für die Versorgung von Zentraleuropa wichtigsten Satelliten der SES Astra-Flotte stehen z.B. auf 19,2° Ost, die der Eutelsat-Flotte auf 13° Ost. In der nördlichen Hemisphäre sind aufgrund der Position der Satelliten über dem Äquator alle Satellitenempfangsantennen in Richtung Süden gerichtet und in der südlichen Hemisphäre alle in Richtung Norden (mit je nach Empfangsort spezifischen Azimut- und Elevationswinkeln).

Zentripetalkraft:

$F_2 = \gamma \cdot m_{Erde} \cdot m_{Sat} / r^2$;

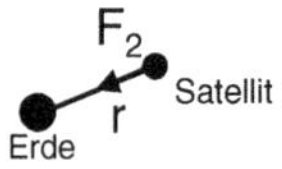

m_{Erde} = Masse der Erde ;

γ = Graphitationskonstante = $6.67 \cdot 10^{-11}$ $m^3/kg\ s^2$;

Abb. 14.2. Zentripetalkraft eines geostationären Satelliten

Gleichgewichtsbedingung:
Zentrifugalkraft = Zentripetalkraft:

$F_1 = F_2$;

$m_{Sat} \cdot \omega^2 \cdot r = \gamma \cdot m_{Erde} \cdot m_{Sat} / r^2$;

$r = (\gamma \cdot m_{Erde} / \omega^2)^{1/3}$;

r = 42220 km ;

$d = r - r_{Erde}$ = 42220 km – 6370 km = 35850 km ;

Abb. 14.3. Gleichgewichtsbedingung bei einem geostationären Satellit

Die Berechnung der Bahndaten eines geostationären Satelliten kann aufgrund folgender Zusammenhänge ermittelt werden; der Satellit bewegt sich mit einer Geschwindigkeit von einem Tag pro Umlaufbahn um die Erde. Dadurch ergibt sich folgende Zentrifugalkraft: Aufgrund seiner Bahnhöhe wird er von der Erde mit einer bestimmten Graphitationskraft angezogen. Beide - Zentrifugal- und Erdanziehungskraft müssen sich im Gleichgewicht befinden. Daraus kann man die Bahndaten eines geostationären Satelliten ermitteln (Abb. 14.1. bis 14.3.). Im Vergleich zur Umlaufbahn eines Space-Shuttles, die bei etwa 400 km über der Erdoberfläche liegt, sind die geostationären Satelliten weit von der Erde entfernt. Dies ist in etwa schon ein Zehntel der Entfernung Erde-Mond. Geostationäre Satelliten, die z.B. vom Space-Shuttle oder ähnlichen Trägersystemen ausgesetzt werden, müssen erst noch durch Zünden von Hilfstriebwerken (Apogäumsmotor) in diese weit entfernte geostationäre Umlaufbahn gepuscht werden. Von dort gelangen sie auch nie wieder in die Erdatmosphäre zurück. Im Gegenteil, sie müssen kurz vor dem Aufbrauchen der Treibstoffreserven für die Bahnkorrekturen in den sog. „Satellitenfriedhof", eine erdfernere Umlaufbahn, hinausgeschubst werden. Wieder „eingesammelt" werden können nur erdnahe Satelliten in einer nicht-stationären Umlauflaufbahn. Zum Vergleich – die Umlaufzeiten erdnaher Satelliten, zu denen im Prinzip auch die internationale Raumstation ISS oder das Space-Shuttle gehört, liegen bei etwa 90 Minuten pro Erdumlauf, bei einer Bahngeschwindigkeit von etwa 27000 km/h.

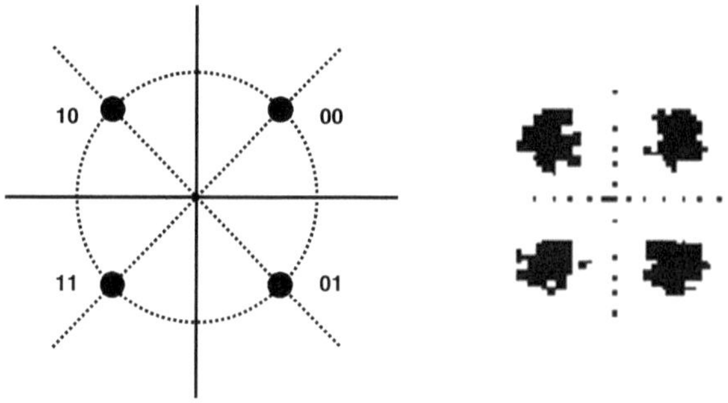

Abb. 14.4. Modulationsparameter bei DVB-S (QPSK), gray-codiert

Doch nun zurück zu DVB-S. Im wesentlichen können für die Übertragung digitaler TV-Signale die gleichen Satellitensysteme gewählt werden, wie für die Übertragung analoger TV-Signale. In Europa lagen diese aber anfangs in einem anderen Frequenzband (High Band), zumindest solange die bisherigen Satelliten-Frequenzbänder noch mit analogem Fernsehen belegt waren. In Europa sind Hunderte von TV-Programmen digital über Satellit empfangbar, viele davon vollkommen frei.

Im weiteren wird nun die Übertragungstechnik für digitales Fernsehen über Satellit beschrieben. Dieses Kapitel ist auch Voraussetzung für das Verständnis des Digitalen Terrestrischen Fernsehens DVB-T. Bei beiden Systemen DVB-S und DVB-T werden die gleichen Fehlerschutzmaßnahmen angewendet, nur wird bei DVB-T ein wesentlich aufwändigeres Modulationsverfahren benutzt (OFDM). Das Übertragungsverfahren DVB-S ist im Standard ETS 300421 "Digital Broadcasting Systems for Television, Sound and Data Services; Framing Structure, Channel Coding and Modulation for 11/12 GHz Satellite Services" definiert und wurde 1994 verabschiedet.

14.1 Die DVB-S-Systemparameter

Bei DVB-S wurde als Modulationsverfahren QPSK, also Quadrature Phase Shift Keying (Abb. 14.4.) gewählt. Man arbeitet mit gray-codierter direktgemappter QPSK. Gray-Codierung bedeutet, dass sich zwischen den benachbarten Konstellationen nur jeweils ein Bit ändert, um die Bitfehlerrate auf ein Minimum zu reduzieren. Grundsätzlich braucht man bei der Satellitenübertragung ein Modulationsverfahren, das zum einen relativ robust gegenüber Rauschen ist und zugleich gut mit starken Nichtlinearitäten zurecht kommt. Die Satellitenübertragung unterliegt aufgrund der großer Entfernung von 36000 km zwischen Satellit und Empfangsantenne einem großen Rauscheinfluss, verursacht durch die Freiraumdämpfung von etwa 205 dB. Das aktive Element eines Satellitentransponders ist eine Wanderfeldröhre (Travelling Wave Tube Amplifier, TWA) und diese weist sehr große Nichtlinearitäten in der Aussteuerkennlinie auf. Diese Nichtlinearitäten sind schwer kompensierbar, da damit eine geringere Energieeffizienz verbunden wäre. Es steht aber nur begrenzt Energie am Satelliten zur Verfügung. Am Tage versorgen die Solarzellen sowohl die Elektronik des Satelliten als auch die Batterien. In der Nacht wird die Energie für die Elektronik ausschließlich den Pufferbatterien entnommen. Sowohl bei QPSK, als auch bei 8 PSK steckt die Information nur in der Phase. Deswegen dürfen in der Übertragungsstrecke auch Amplitudennichtlinearitäten vorhanden sein. Auch bei der analogen TV-Übertragung über Satellit wurde aus diesem Grunde Frequenzmodulation anstelle von Amplitudenmodulation verwendet.

Ein Satellitenkanal eines Broadcast-Direktempfangssatelliten ist üblicherweise 26 bis 36 MHz breit (Beispiel: Astra 1F: 33 MHz, Eutelsat Hot Bird 2: 36 MHz), der Uplink liegt im Bereich 14...17 GHz, der Downlink bei 11...13 GHz. Es muss nun eine Symbolrate gewählt werden, die ein

Spektrum ergibt, das schmäler als die Transponderbandbreite ist. Man wählt deshalb als Symbolrate häufig 27.5 MS/s. Da mit QPSK zwei Bit pro Symbol übertragen werden können, erhält man somit eine Bruttodatenrate von 55 MBit/s:

Bruttodatenrate = 2 Bit/Symbol · 27.5 Megasymbole/s = 55 Mbit/s;

Der MPEG-2-Transportstrom, der nun als QPSK-moduliertes Signal (Abb. 14.4.) auf die Reise zum Satelliten geschickt werden soll, muss aber zunächst mit einem Fehlerschutz versehen werden, bevor er in den eigentlichen Modulator eingespeist wird. Bei DVB-S verwendet man zwei gekoppelte Fehlerschutzmechanismen (Abb. 14.5.), nämlich sowohl einen Reed-Solomon-Blockcode, als auch eine Faltungscodierung (Convolutional Coding, Trellis Coding). Bei dem schon von der Audio-CD her bekannten Reed-Solomon-Fehlerschutz fasst man die Daten zu Paketen einer bestimmten Länge zusammen und versieht diese mit einer speziellen Quersumme einer bestimmten Länge. Diese Quersumme erlaubt nicht nur Fehler zu erkennen, sondern auch eine bestimmte Anzahl von Fehlern zu reparieren. Die Anzahl der reparierbaren Fehler hängt direkt von der Länge der Quersumme ab. Bei Reed-Solomon entspricht die Anzahl der reparierbaren Fehler immer exakt der Hälfte der Fehlerschutzbytes (vgl. „Quersumme", „Checksum").

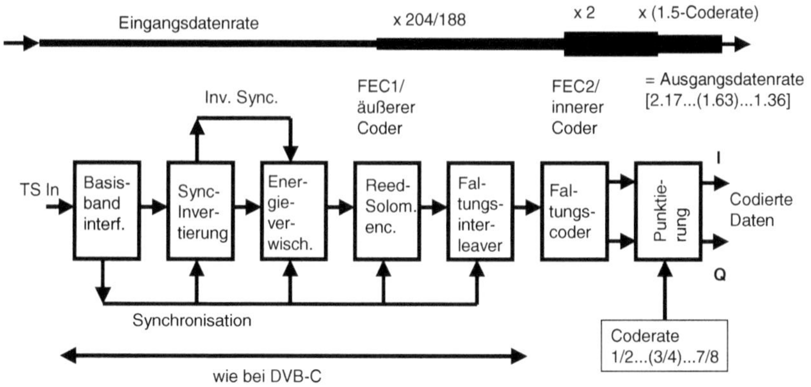

Abb. 14.5. Fehlerschutz bei DVB-S und DVB-T, DVB-S-Modulator, Teil 1

Es bietet sich nun an, genau immer ein Transportstrompaket als einen Datenblock anzusehen und dieses mit Reed-Solomon-Fehlerschutz zu schützen. Ein MPEG-2-Transportstrompaket ist 188 Byte lang. Bei DVB-S wird es um 16 Byte Reed-Solomon-Fehlerschutz erweitert zu einem nun 204 Byte langen Datenpaket. Man spricht von einer RS(204, 188)-Codierung. Auf der Empfangsseite sind nun bis zu 8 Byte-Fehler in diesem 204 Byte langen Paket reparierbar. Es ist hierbei offen, wo der oder die Fehler liegen dürfen. Sind mehr als 8 Fehler in einem Paket vorhanden, so wird dies immer noch sicher erkannt, nur können dann keine Fehler mehr repariert werden. Das Transportstrompaket wird dann mit Hilfe des Transport Error Indicator Bits im Transportstrom-Header als fehlerhaft markiert. Der MPEG-2-Decoder muss dann dieses Paket verwerfen. Aufgrund des Reed-Solomon-Fehlerschutzes reduziert sich nun die Datenrate:

$$\text{Nettodatenrate}_{\text{Reed Solomon}} = \text{Bruttodatenrate} \cdot 188/204$$
$$= 55\ \text{Mbit/s} \cdot 188/204 = 50.69\ \text{Mbit/s};$$

Ein einfacher Fehlerschutz würde aber bei der Satellitenübertragung nicht ausreichen. Deshalb fügt man hinter dem Reed-Solomon-Fehler-Schutz noch einen weiteren Fehlerschutz durch eine Faltungscodierung hinzu. Dadurch wird der Datenstrom weiter aufgebläht. Es wurde hierbei vorgesehen, diesen Aufblähvorgang durch einen Parameter steuerbar zu machen. Dieser Parameter ist die Coderate. Die Coderate beschreibt das Verhältnis von Eingangsdatenrate zu Ausgangsrate dieses zweiten Fehlerschutzblocks:

$$\text{Coderate} = \text{Eingangsdatenrate}/\text{Ausgangsdatenrate};$$

Die Coderate ist bei DVB-S wählbar im Bereich von 1/2, 2/3, 3/4, 5/6, 7/8. Beträgt die Coderate = 1/2, so wird der Datenstrom um den Faktor 2 aufgebläht. Es liegt nun maximaler Fehlerschutz vor, nur die Nettodatenrate ist nun auf ein Minimum gesunken. Bei einer Coderate von 7/8 hat man nur ein Minimum an Overhead, aber auch nur ein Minimum an Fehlerschutz. Die zur Verfügung stehende Nettodatenrate ist nun ein Maximum. Üblicherweise verwendet man als guten Kompromiss eine Coderate von 3/4. Mit Hilfe der Coderate kann man nun den Fehlerschutz und damit reziprok dazu auch die Nettodatenrate des DVB-S-Kanales steuern. Die Nettodatenrate nach der Faltungscodierung ergibt sich nun bei DVB-S mit der Coderate=3/4 als:

$$\text{Nettodatenrate}_{\text{DVB-S 3/4}} = \text{Coderate} \cdot \text{Nettodatenrate}_{\text{Reed-Solomon}}$$
$$= 3/4 \cdot 50.69\ \text{Mbit/s} = 38.01\ \text{Mbit/s};$$

14.2 Der DVB-S-Modulator

Im folgenden werden nun alle Bestandteile eines DVB-S-Modulators im Detail behandelt. Nachdem sich dieser Schaltungsteil auch in einem DVB-T-Modulator wiederfindet, empfiehlt sich die Lektüre dieses Abschnittes auch hierzu.

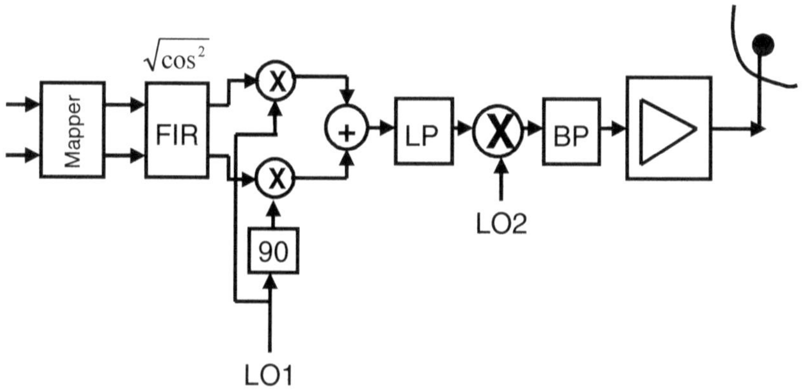

Abb. 14.6. DVB-S-Modulator, Teil 2

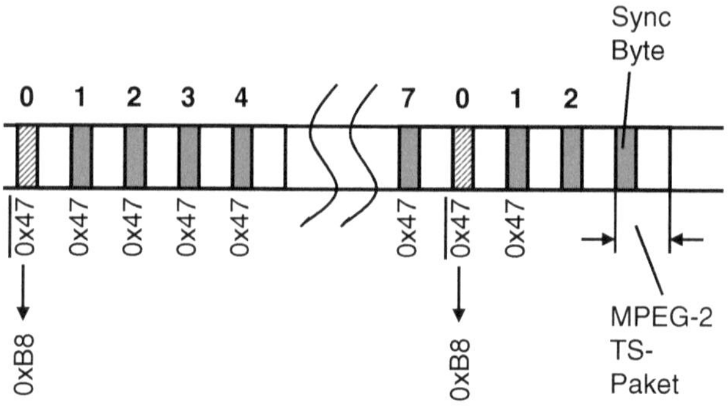

Abb. 14.7. Sync-Invertierung

Die erste Stufe im DVB-S-Modulator (Abb. 14.5.) stellt das Basisband-Interface dar. Hier erfolgt das Aufsynchronisieren auf den MPEG-2-Transportstrom. Der MPEG-2-Transportstrom besteht aus Paketen einer konstanten Länge von 188 Byte, bestehend aus 4 Byte Header und 184 Byte Payload, wobei der Header mit einen Sync-Byte beginnt. Dieses weist konstant den Wert 0x47 auf und folgt in konstantem Abstand von

188 Byte. Im Basisband-Interface wird auf diese Sync-Byte-Struktur aufsynchronisiert. Synchronisation erfolgt nach etwa 5 Paketen. Alle Clock-Signale werden von diesem Schaltungsteil abgeleitet.

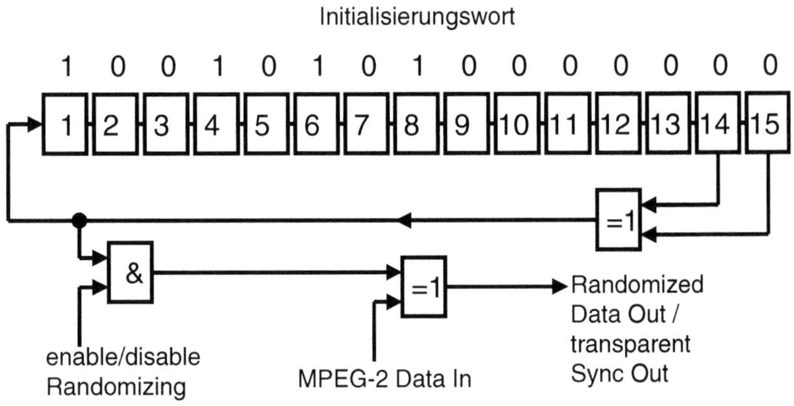

Abb. 14.8. Energieverwischungsstufe (Randomizing, Energy Dispersal)

Im nächsten Block, der Energieverwischungseinheit (Energy-Dispersal) wird zunächst jedes achte Sync-Byte invertiert (Abb. 14.7.). D.h. aus 0x47 wird dann durch Bit-Inversion 0xB8. Alle anderen 7 dazwischen liegenden Sync-Bytes bleiben unverändert 0x47. Mit Hilfe dieser Sync-Byte-Invertierung werden zusätzliche Zeitmarken in das Datensignal eingefügt und zwar sind das gegenüber der Transportstromstruktur gewisse "Langzeit-Zeitmarken" über 8 Pakete hinweg. Diese Zeitmarken werden im Energieverwischungsblock auf der Sende- und Empfangsseite für Reset-Vorgänge benötigt. Das wiederum bedeutet, dass sowohl der Modulator bzw. Sender als auch Demodulator bzw. Empfänger diese 8er-Sequenz der Sync-Byte-Invertierung im Transportstrom transparent mitbekommt und gewisse Verarbeitungsschritte damit steuert. In einem Datensignal können rein zufällig längere Null- oder Eins-Sequenzen vorkommen. Diese sind aber unerwünscht, da sie über einen bestimmten Zeitraum keine Taktinformation beinhalten bzw. diskrete Spektrallinien im HF-Signal verursachen. Praktisch jedes digitale Übertragungsverfahren schaltet ein sog. Scrambling (Energieverwischung, Randomizing) vor den eigentlichen Modulationsvorgang.

Zur Energieverwischung wird zunächst eine Quasizufallsequenz (PRBS, Pseudo Random Binary Sequency, Abb. 14.8.) erzeugt, die aber immer wieder definiert neu gestartet wird. Der Start- bzw. Rücksetzvorgang findet bei DVB-S immer dann statt, wenn ein Sync-Byte invertiert wird.

Der Datenstrom wird dann durch eine Exklusiv-Oder-Verknüpfung mit der Pseudo-Zufallssequenz gemischt. Lange Null- oder Einssequenzen werden dadurch aufgebrochen. Wird auf der Empfangsseite dieser energieverwischte Datenstrom mit der gleichen Zufallssequenz nochmals gemischt, so hebt sich der Verwischungsvorgang wieder auf.

Hierzu wird auf der Empfangsseite die absolut identische Schaltung vorgehalten, die aus einem rückgekoppelten 15-stufigen Schieberegister besteht, das immer beim Auftreten eines invertierten Sync-Bytes definiert mit einem Startwort geladen wird. Das bedeutet, dass die beiden Schieberegister auf Sende- und Empfangsseite vollkommen synchron arbeiten und durch die 8er-Sequenz der Sync-Byte-Invertierung synchronisiert werden. Um diese Synchronisierung überhaupt erst möglich zu machen, werden die Sync-Bytes und die invertierten Sync-Bytes vollkommen transparent durchgereicht. Diese werden also nicht mit der Pseudo-Zufallssequenz gemischt.

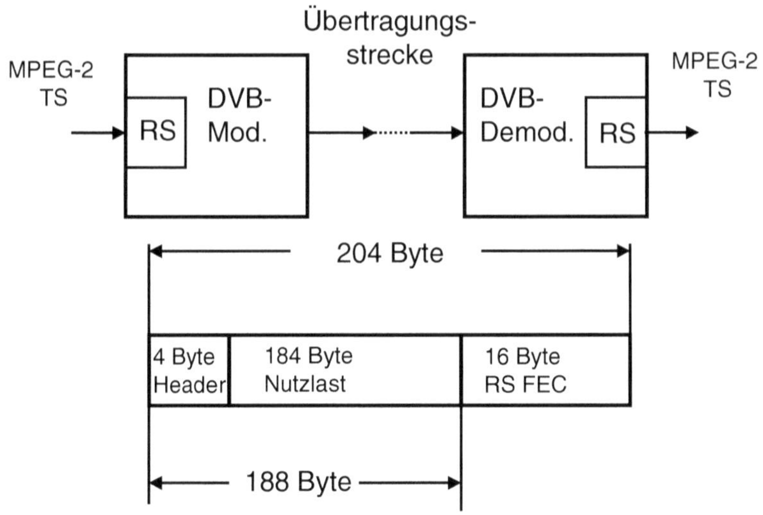

Abb. 14.9. Reed-Solomon-Encoder, bzw. äußerer Coder bei DVB-S

In der nächsten Stufe findet man den äußeren Coder (siehe Abb. 14.5 und Abb. 14.9.), den Reed-Solomon-Fehlerschutz. Hier werden nun zu den immer noch 188-Byte langen, aber energieverwischten Datenpaketen 16 Byte Fehlerschutz hinzuaddiert. Die Pakete sind nun 204 Byte lang und ermöglichen die Reparatur von bis zu 8 Byte-Fehlern auf der Empfangsseite. Liegen mehr Fehler vor, so versagt der Fehlerschutz; das Paket wird durch den Demodulator als fehlerhaft markiert. Hierzu wird der Transport Error Indicator im Transportstrom-Header auf Eins gesetzt.

Häufig treten jedoch bei einer Übertragung Bündelfehler (Burstfehler) auf. Kommen hierzu mehr als 8 Fehler in einem Reed-Solomon-(RS 204, 188)-fehlergeschützten Paket zustande, so versagt der Blockfehlerschutz. Deshalb werden die Daten nun in einem weiteren Arbeitsschritt interleaved, d.h. über einen bestimmten Zeitraum verteilt.

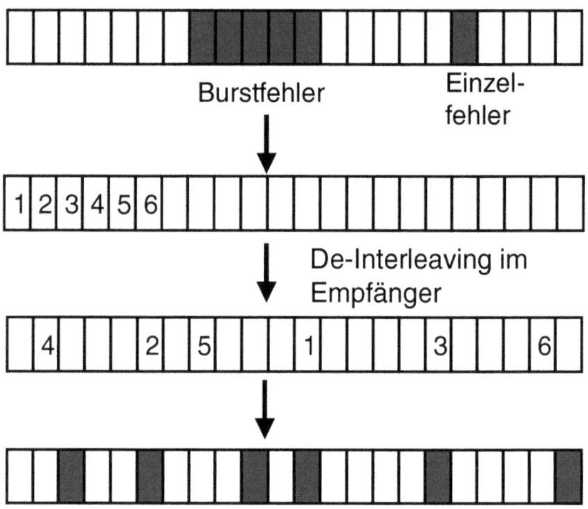

Abb. 14.10. De-Interleaving der Daten auf der Empfangsseite

Beim De-Interleaving auf der Empfangsseite (Abb. 14.10.) werden dann evtl. vorhandene Bündelfehler aufgebrochen und über mehrere Transportstrompakete verteilt. Nun ist es leichter, diese zu Einzelfehlern gewordenen Bündelfehler zu reparieren und dies ohne zusätzlichen Daten-Overhead.

Das Interleaving erfolgt bei DVB-S im sog. Forney-Interleaver (Abb. 14.11.), der sich aus zwei rotierenden Schaltern und mehreren Schieberegisterstufen zusammengesetzt. Dadurch wird dafür gesorgt, dass die Daten möglichst "unsystematisch" verwürfelt und damit verteilt werden. Die max. Verwürfelung erfolgt über 11 Transportstrompakete hinweg. Die Sync-Bytes und invertierten Sync-Bytes durchlaufen dabei immer genau einen bestimmten Pfad. Dies bedeutet, dass die Rotationsgeschwindigkeit der Schalter exakt einem Vielfachen der Paketlänge entspricht. Interleaver- und De-Interleaver sind somit synchron zum MPEG-2-Transportstrom.

Die nächste Stufe des Modulators ist der Faltungscoder (Convolutional Coder, Trelliscoder). Diese Stufe stellt den zweiten sog. inneren Fehlerschutz dar. Der Aufbau des Faltungscoders ist relativ einfach, dessen Verständnis weniger.

Der Faltungscoder besteht aus einem 6-stufigen Schieberegister, sowie zwei Signalpfaden, in denen das Eingangssignal mit dem Schieberegisterinhalt an bestimmten Auskoppelstellen gemischt wird. Der Eingangsdatenstrom wird in 3 Datenströme verzweigt. Zunächst laufen die Daten in das Schieberegister hinein, um dort 6 Taktzyklen lang den oberen und unteren Datenstrom des Faltungscoders durch Exklusiv-Oder-Verknüpfung zu beeinflussen. Dadurch wird die Information eines Bits über 6 Bit "verschmiert". Sowohl im unteren, als auch im oberen Datenzweig befinden sich an definierten Punkten EXOR-Gatter, die die Datenströme mit den Schieberegisterinhalten mischen. Man erhält zwei Datenströme am Ausgang des Faltungscoders; jeder weist die gleiche Datenrate auf wie das Eingangssignal. Außerdem wurde dem Datenstrom nun ein bestimmtes Gedächtnis über 6 Taktzyklen verpasst. Die Gesamtausgangsdatenrate ist nun doppelt so groß wie die Eingangsdatenrate, man spricht von einer Coderate = 1/2. Dem Datensignal wurde nun 100% Overhead hinzugefügt.

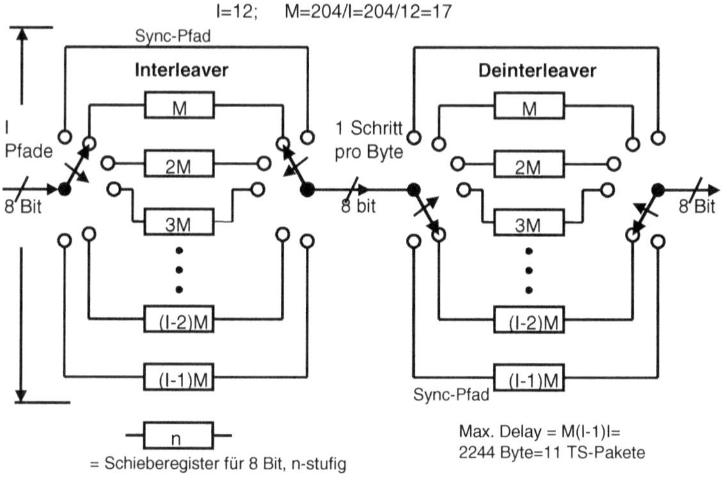

Abb. 14.11. Forney-Interleaver und De-Interleaver (Sende- und Empfangsseite)

14.3 Faltungscodierung

Jeder Faltungscoder (Abb. 14.12.) besteht aus mehr oder weniger verzögernden Stufen mit Gedächtnis, praktisch über Schieberegister realisiert. Bei DVB-S und auch DVB-T hat man sich für ein sechsstufiges Schieberegister mit je 5 Auskoppelpunkten im oberen und unteren Signalpfad entschieden. Die zeitverzögerten Bitströme, die diesen Auskoppelpunkten entnommen werden, werden mit dem unverzögerten Bitstrom exklusiv-oder-verknüpft und ergeben so zwei einer sog. Faltung unterworfene Ausgangsdatenströme je der gleichen Datenrate wie die Eingansdatenrate. Eine Faltung liegt immer vor, wenn ein Signal sich selbst zeitverzögert "manipuliert".

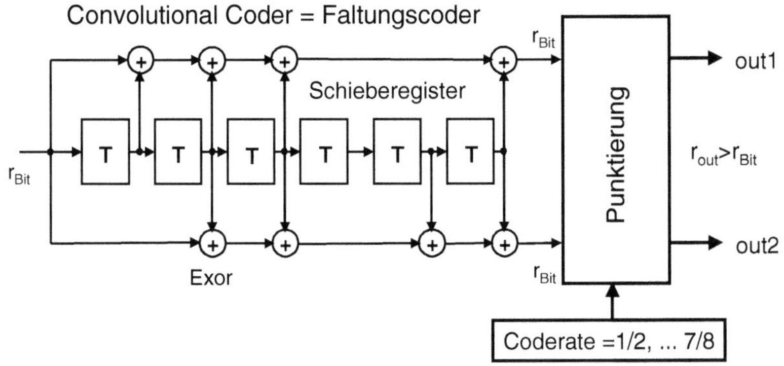

Abb. 14.12. Faltungscoder (Convolutional Coder, Trellis Coder) bei DVB-S und DVB-T

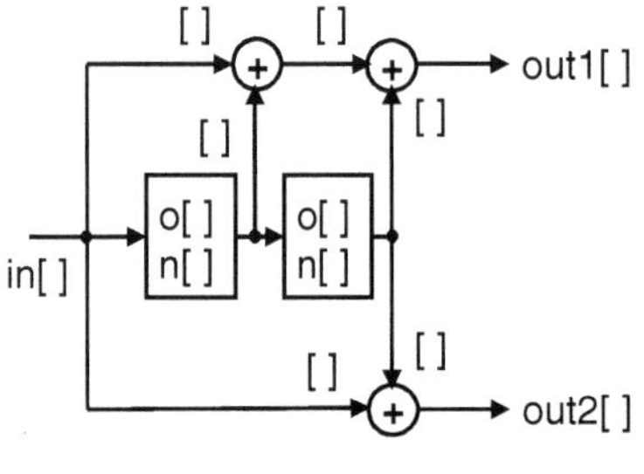

Abb. 14.13. 2-stufiger Beispiel-Faltungscoder zur Erläuterung des Grundprinzips einer Faltungscodierung, bzw. Trellis-Codierung

Auch ein Digitalfilter (FIR) führt eine Faltung durch. Den bei DVB-S bzw. DVB-T verwendeten Faltungscoder (Abb. 14.12.) direkt zu analysieren wäre zu zeitaufwändig, da er ein Gedächtnis von 2^6=64 aufgrund seiner Sechsstufigkeit aufweist. Deshalb reduzieren wir den Faltungscoder hier nun auf einen 2-stufigen Beispiel-Encoder (Abb. 14.13.). Man muss dann nur 2^2=4 Zustände betrachten. Das Schieberegister kann die internen Zustände 00, 01, 10 und 11 annehmen. Um das Verhalten der Schaltungsanordnung zu testen, muss man nun jeweils eine Null und Eins für alle diese vier Zustände in das Schieberegister einspeisen und dann den Folgezustand analysieren und auch die Ausgangssignale durch die Exklusiv-Oder-Verknüpfungen berechnen. Speist man z.B. in das Schieberegister mit dem aktuellen Inhalt 00 eine Null ein (Abb. 14.14. ganz links oben), so wird sich als neuer Inhalt ebenfalls 00 ergeben, da eine Null herausgeschoben wird und gleichzeitig eine neue Null hineingeschoben wird. Im oberen Signalpfad ergeben die beiden EXOR-Verknüpfungen als Gesamtergebnis 0 am Ausgang. Das gleiche gilt für den unteren Signalpfad.

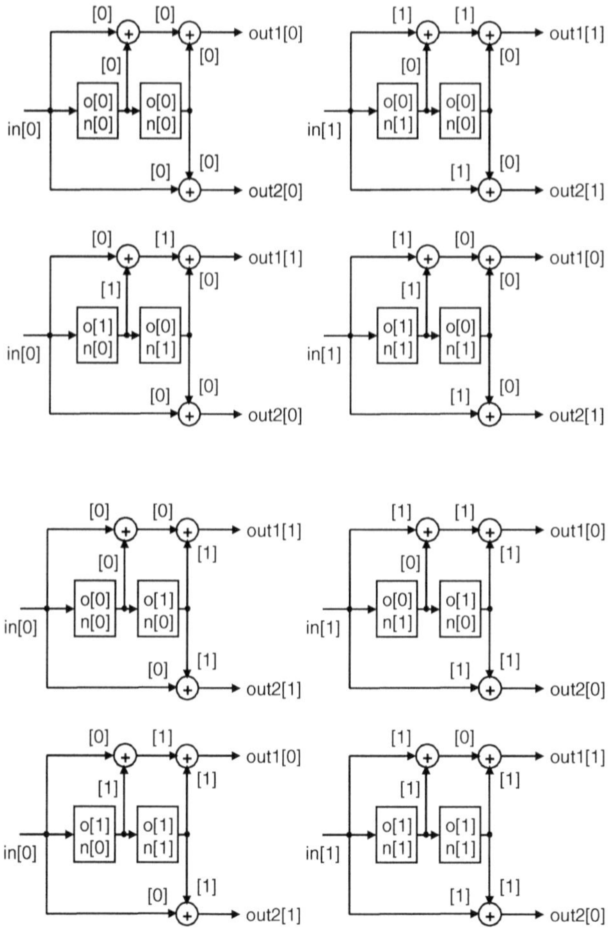

Abb. 14.14. Zustände des Beispiel-Encoders (o=alter Zustand, n=neuer Zustand)

Speist man eine Eins in das Schieberegister mit dem Inhalt 00 ein (Abb. 14.14. rechts oben), so ergibt sich als neuer Zustand 10 und man erhält als Ausgangssignal im oberen Signalpfad eine Eins, im unteren ebenfalls. So können wir nun auch die weiteren 3 Zustände durchspielen und jeweils eine Null und eine Eins einspeisen. Anschaulicher und übersichtlicher kann man das Gesamtergebnis der Analyse in einem Zustandsdiagramm (Abb. 14.15.) darstellen. Dieses zeigt die vier internen Zustände des Schieberegisters in Kreisen eingetragen.

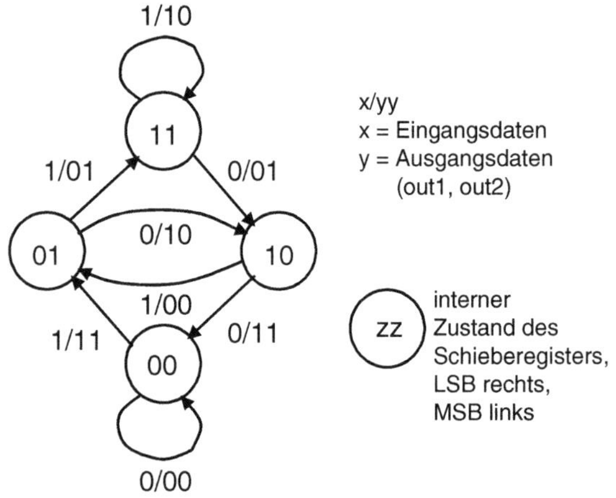

Abb. 14.15. Zustandsdiagramm des Beispiel-Encoders

Das niederwertigste Bit ist hierbei rechts und das höherwertigste Bit links eingetragen, man muss sich also die Schieberegisteranordnung horizontal gespiegelt vorstellen. Die Pfeile zwischen diesen Kreisen kennzeichnen die möglichen Zustandsübergänge. Die Zahlen an den Kreisen beschreiben das jeweilige Stimuli-Bit bzw. die Ausgangsbits der Anordnung. Man erkennt deutlich, dass nicht alle Übergänge zwischen den einzelnen Zuständen möglich sind. So ist es z.B. nicht möglich direkt vom Zustand 00 nach 11 zu gelangen, sondern man muss z.B. erst den Zustand 01 passieren.

Trägt man die Zustandsübergänge, die erlaubt sind, über die Zeit auf, so gelangt man zum sog. Spalierdiagramm oder (auf Englisch) Trellis-Diagramm (siehe Abb. 14.16.). Innerhalb des Trellis-Diagramms kann man sich nur auf bestimmten Pfaden bzw. Verästelungen bewegen. Nicht alle Wege durch das Spalier (Trellis) sind möglich. In vielen Gegenden ist es üblich, bestimmte Pflanzen (Obstbäume, Wein) an Spalieren an einer

Hauswand wachsen zu lassen. Man erzwingt ein bestimmtes Muster, ein geordnetes Wachsen der Pflanze durch Fixieren an bestimmten Punkten an der Mauer. Doch manchmal kann es vorkommen, dass aufgrund von Witterungseinflüssen so ein Spalierpunkt reißt und das Spalier durcheinander bringt. Aufgrund des vorgegebenen Musters kann man jedoch herausfinden, wo sich der Ast befunden haben muss und kann ihn erneut fixieren. Genauso verhält es sich mit unseren Datenströmen nach der Übertragung. Aufgrund von Bitfehlern, z.B. hervorgerufen durch Rauschen, können die faltungscodierten Datenströme aus „dem Spalier gebracht" werden. Nachdem man aber die Vor- und Nachgeschichte, also den Verlauf durch das Trellis-Diagramm (Abb. 14.16.) kennt, kann man aufgrund der größten Wahrscheinlichkeit Bitfehler reparieren durch die Rekonstruktion der Pfade. Genau nach diesem Prinizip arbeitet der sog. Viterbi-Decoder, benannt nach seinem Erfinder Dr. Andrew Viterbi (1967). Der Viterbi-Decoder ist quasi das Gegenstück zum Faltungscoder. Es gibt somit keinen Faltungsdecoder. Der Viterbi-Decoder ist auch deutlich aufwändiger als der Faltungscoder.

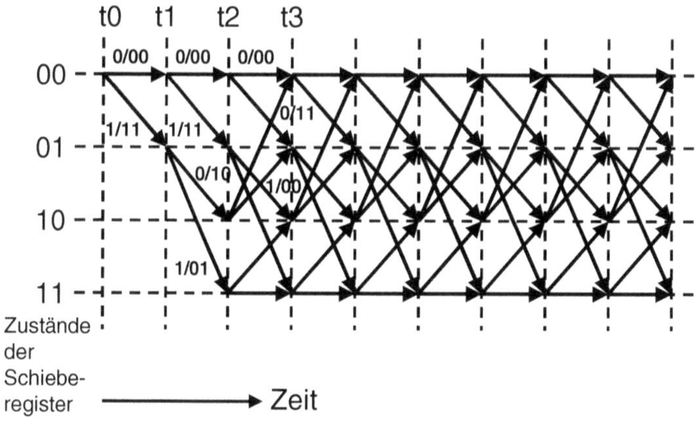

Abb. 14.16. Trellis-Diagramm (engl. Spalierdiagramm)

Nach der Faltungscodierung wurde der Datenstrom nun um den Faktor zwei aufgebläht. Aus z.B. 10 Mbit/s wurden nun 20 Mbit/s. Die beiden Ausgangsdatenströme tragen aber nun zusammen 100% Overhead, also Fehlerschutz. Dies senkt aber entsprechend die zur Verfügung stehende Nettodatenrate. In der Punktierungseinheit (Abb. 14.17.) kann nun dieser Overhead und damit auch der Fehlerschutz gesteuert werden. Durch gezieltes Weglassen von Bits kann die Datenrate wieder gesenkt werden. Das

Weglassen, also Punktieren geschieht nach einem dem Sender und Empfänger bekannten Schema.

Man spricht von einem Punktierungsschema. Die Coderate kann nun hiermit zwischen 1/2 und 7/8 variiert werden. 1/2 bedeutet keine Punktierung, also maximaler Fehlerschutz und 7/8 bedeutet minimaler Fehlerschutz. Entsprechend stellt sich auch eine minimale bzw. maximale Nettodatenrate ein. Auf der Empfangsseite werden punktierte Bits mit Don`t-Care-Bits aufgefüllt und im Viterbi-Decoder ähnlich wie Fehler behandelt und somit rekonstruiert. Bis hierhin decken sich die Verarbeitungsstufen von DVB-S und DVB-T zu 100%. Im Falle von DVB-T werden die beiden Datenströme durch abwechselnden Zugriff auf den oberen und unteren punktierten Datenstrom zu einem gemeinsamen Datenstrom zusammengefasst. Bei DVB-S läuft der obere und untere Datenstrom jeweils direkt in den Mapper (siehe hierzu nochmals Abb. 14.5. und 14.6. Teil 1 und 2 des Blockschaltbilds des DVB-S-Modulators zu Beginn dieses Kapitels). Im Mapper werden die beiden Datenströme in die entsprechende Konstellation der QPSK-Modulation umgesetzt.

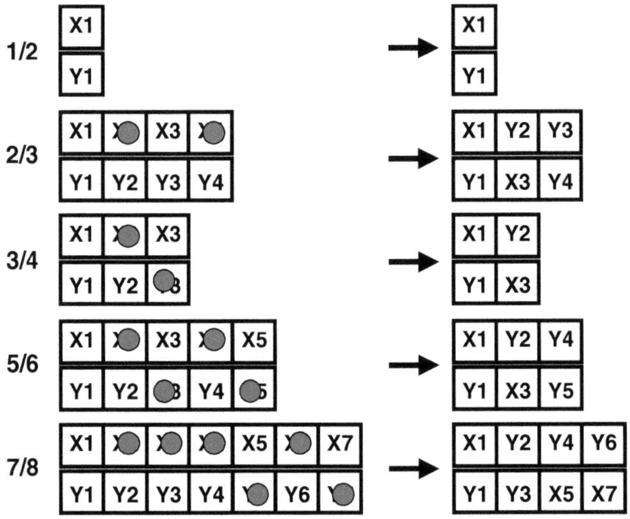

Abb. 14.17. Punktierungsschema bei DVB-S

Nach dem Mapping erfolgt eine digitale Filterung, um das Spektrum zu den Nachbarkanälen hin weich "ausrollen" zu lassen. Damit wird das Signal bandbegrenzt und gleichzeitig das Augendiagramm des Datensignals optimiert. Bei DVB-S wird eine Rolloff-Filterung (Abb. 14.18.) mit einem

Rolloff-Faktor von r=0.35 vorgenommen. Das Signal rollt im Frequenzbereich wurzelcosinusquadrat-förmig aus. Die eigentlich gewünschte cosinusquadrat-förmige Form des Spektrums kommt erst durch Kombination mit dem Empfängerfilter zustande. Beide - Senderausgangsfilter und Empfängereingangsfilter weisen nämlich eine wurzelcosinusquadrat-förmige Rolloff-Filterung auf. Der Rolloff-Faktor beschreibt die Steilheit der Rolloff-Filterung. Er ist definiert zu $r = \Delta f/f_N$. Nach der Rolloff-Filterung wird das Signal im IQ-Modulator QPSK-moduliert, weiter hochgemischt zur eigentlichen Satelliten-RF, um dann nach einer Leistungsverstärkung die Satellitenantenne zu speisen. Daraufhin erfolgt der Uplink zum Satelliten im Bereich von 14...17 GHz (Ku-Band).

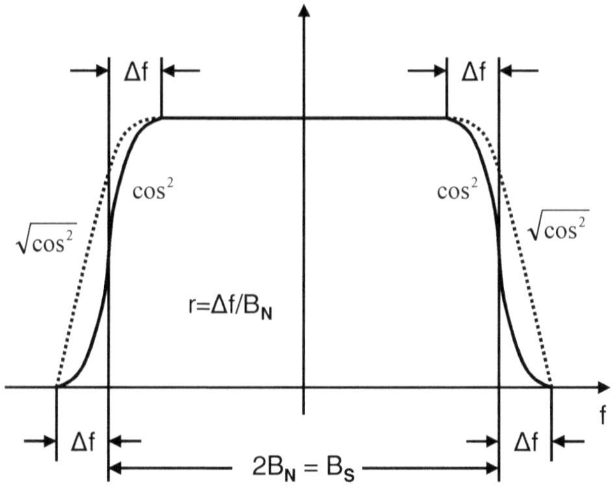

Abb. 14.18. Rolloff-Filterung des DVB-S-Spektrums

14.4 Signalverarbeitung im Satelliten

Die geostationärten Direktempfangssatelliten, die sich in einer Umlaufbahn von etwa 36000 km über der Erdoberfläche fest über dem Äquator stehend befinden, empfangen das von der Uplink-Stelle kommende DVB-S-Signal, um es dann zunächst mit einem Bandpassfilter zu begrenzen. Da aufgrund der über 36.000 km langen Uplink-Strecke eine Freiraumdämpfung von über 200 dB vorliegt und das Nutzsignal dadurch entsprechend gedämpft wird, müssen die Uplink-Antenne und die Empfangsantenne am Satelliten einen entsprechend guten Gewinn aufweisen. Das DVB-S-Signal wird im Satelliten durch Mischung auf die Downlink-Frequenz im Bereich von 11...14 GHz (Ku-Band) umgesetzt, um dann mit Hilfe einer Wanderfeldröhre (Travelling Wave Tube Amplifier, TWA) verstärkt zu werden. Diese Verstärker sind stark nichtlinear und können aufgrund der Leistungsbilanz am Satelliten praktisch auch nicht korrigiert werden. Der Satellit wird durch Solarzellen am Tage mit Energie versorgt, die dann in Akkus gespeichert wird. In der Nacht wird der Satellit dann nur über seine Akkus gespeist.

Bevor das Signal wieder auf die Reise zur Erde geschickt wird, wird es zunächst nochmals gefiltert, um Außerbandanteile zu unterdrücken. Die Sendeantenne des Satelliten hat eine bestimmte Charakteristik, so dass im zu versorgenden Empfangsgebiet auf der Erde optimale Versorgung vorliegt. Auf der Erdoberfläche ergibt sich ein sog. Footprint; innerhalb dieses Footprints sind die Programme empfangbar. Wegen der hohen Freiraumdämpfung von etwa 200dB aufgrund der über 36000 km langen Downlink-Strecke muss die Satellitensendeantenne einem entsprechend guten Gewinn aufweisen. Die Sendeleistung liegt im Bereich von etwa 60 ... 80 W. Die Signalverarbeitungseinheit für einen Satellitenkanal nennt man Transponder. Uplink und Downlink erfolgen polarisiert, d.h. man unterscheidet zwischen horizontal und vertikal polarisierten Kanälen. Die Nutzung der Polarisierung erfolgt, um die Anzahl der Kanäle erhöhen zu können.

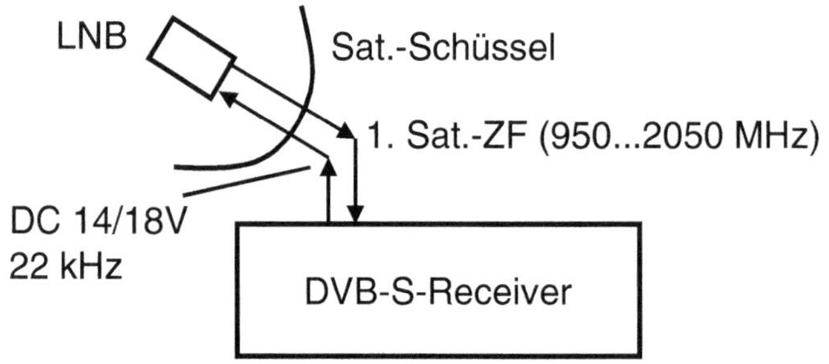

Abb. 20.19. Satellitenempfänger mit Outdoor-Einheit (LNB=Low Noise Block) und Indoor-Einheit (Receiver)

14.5 Der DVB-S-Empfänger

Nachdem das DVB-S-Signal vom Satelliten kommend nun nochmals seinen Weg von über 36000 km durchlaufen hat und somit entsprechend um etwa 205 dB gedämpft wurde, sowie durch atmosphärische, witterungsabhängige Einflüsse (Regen, Schnee) nochmals in seiner Leistung reduziert wurde, kommt es an der Satellitenempfangsantenne an und wird zunächst im Brennpunkt des Spiegels gebündelt. Genau in diesem Brennpunkt des Spiegels sitzt der Low Noise Block (LNB, Abb. 20.19. und 20.20.). Im LNB findet man zunächst ein Hohlleitergebilde, in dem sich je ein Detektor für die horizontale und vertikale Polarisation befindet. Je nach Polarisationsebene wird entweder das Signal des H- bzw. V-Detektors durchgeschaltet. Die Wahl der Polarisationsebene erfolgt durch die Höhe der Versorgungsspannung des LNB's (14/18V). Das Empfangssignal wird dann in einem besonders rauscharmen Gallium-Arsenid-Verstärker verstärkt und dann durch Mischung auf die erste Satelliten-ZF im Bereich von 900...2100 MHZ umgesetzt.

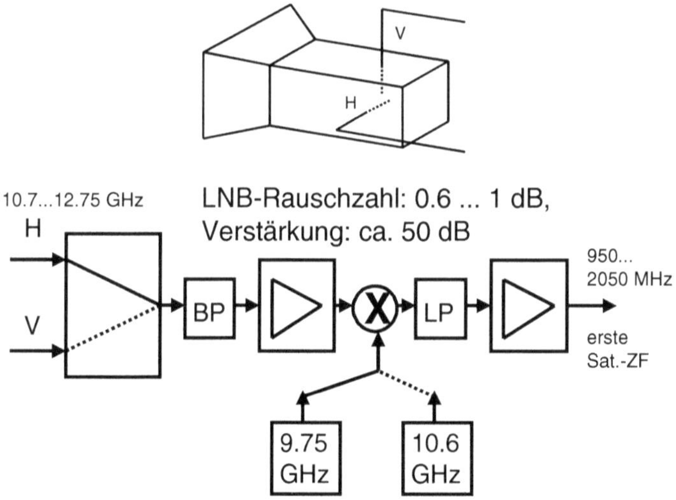

Abb. 14.20. Outdoor-Einheit, LNB=Low Noise Block

In modernen, sog. "digitaltauglichen" LNB's findet man zwei Lokaloszillatoren vor. Diese arbeiten mit einem LO bei 9.75 GHz und 10.6 GHz. Je nachdem, ob sich nun der zu empfangene Kanal im unteren oder oberen Satellitenfrequenzband befindet, mischt man nun mit 9.75 bzw. 10.6 GHz. Zu Beginn des digitalen TV-Satellitenzeitalters befanden sich DVB-S-Kanäle im oberen Satelliten-Frequenzband (High Band, aktiver 10.6 GHz-Oszillator).

Der Begriff "digitaltauglich" bezieht sich nur auf das Vorhandensein eines 10.6 GHz-Oszillators und war somit eigentlich irreführend. Die Umschaltung zwischen 9.75/10.6 GHz erfolgt durch eine 22 kHz-Schaltspannung, einem Signal das der LNB-Versorgungsspannung überlagert ist oder nicht. Die Versorgung des LNB`s erfolgt über das Koaxkabel für die Verteilung der nun erzeugten ersten Satellitenzwischenfrequenz im Bereich von 900 ... 2100 MHz. Man sollte deswegen bei Installationsarbeiten darauf achten, dass die Satellitenempfänger deaktiviert sind, da man sonst die Spannungsversorgung für den LNB durch einen möglichen Kurzschluss beschädigen könnte.

Im DVB-S-Empfänger (früher die sog. DVB-S-Settop-Box, heute meist in das TV-Gerät integriert) (Abb. 14.21.) erfolgt dann eine weitere Heruntermischung auf eine zweite Satelliten-ZF. Diese Mischung erfolgt mit Hilfe eines IQ-Mischers, der von einem durch die Trägerrückgewinnungsschaltung geregelten Oszillator gespeist wird. Nach der IQ-Mischung steht nun wieder I und Q in analoger Form zur Verfügung. Das I und Q-Signal wird nun A/D-gewandelt und einem Matched-Filter zugeführt. In diesem Filter erfolgt der gleiche wurzelcosinusquadratförmige Filterprozess wie auf der Sendeseite mit einem Rolloff-Faktor von 0.35. Zusammen mit dem Senderfilter ergibt sich nun die eigentliche cosinusquadratförmige Rolloff-Filterung des DVB-S-Signals.

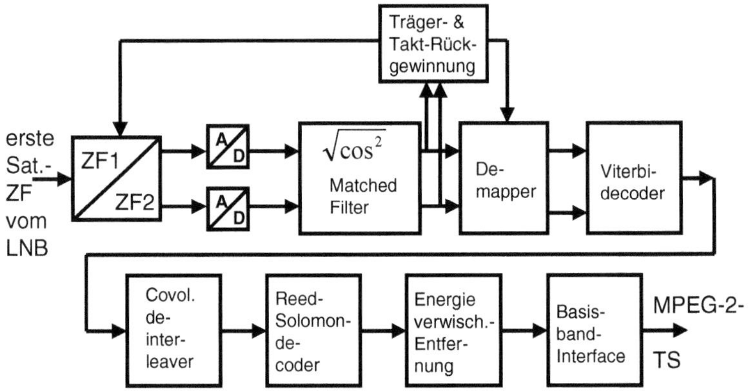

Abb. 14.21. Blockschaltbild eines DVB-S-Receivers (ohne MPEG-Decoderteil)

Der Filterprozess auf der Sender- und Empfängerseite muss bezüglich des Rolloff-Faktors aneinander angepasst sein (= auf Englisch: matched). Nach dem Matched Filter greift die Träger- und Taktrückgewinnungsschaltung, sowie der Demapper seine Eingangsignale ab. Der Demapper erzeugt wieder einem Datenstrom, der im Viterbi-Dekoder von den ersten Fehlern befreit wird. Der Viterbi-Dekoder ist das Gegenstück zum Faltungscoder. Der Viterbi-Dekoder muss Kenntnis über die aktuell verwendete Coderate haben. Diese Coderate (1/2, 2/3, 3/4, 5/6, 7/8) muss dem

Sat-TV-Receiver somit per Bedienung beim Setup bekannt gemacht werden. Nach dem Viterbi-Dekoder erfolgt das Convolutional De-Interleaving. Evtl. Burstfehler werden hier zu Einzelfehlern aufgebrochen. Im Reed-Solomon-Dekoder werden dann die noch vorhandenen Bitfehler repariert. Auf der Sendeseite wurden die Transportstrompakete, die ursprünglich 188 Byte lang waren mit 16 Byte Fehlerschutz versehen. Damit können in einem nun 204 Byte langen Paket bis zu 8 Byte-Fehler hier auf der Empfangsseite repariert werden. Durch den De-Interleaving-Prozess davor sollten Burstfehler, also Mehrfachfehler in einem Paket möglichst aufgebrochen sein. Sollten nun aber mehr als 8 Fehler in einem 204-Byte langen fehlergeschützten TS-Paket vorliegen, so versagt der Fehlerschutz. Der Transport-Error-Indicator im Transportstrom-Header wird auf Eins gesetzt, um dieses Paket als fehlerhaft zu markieren. Nun beträgt die Paketlänge wieder 188 Byte. Als fehlerhaft markierte TS-Pakete dürfen vom nachfolgenden MPEG-Dekoder nicht verwendet werden. Es muss Fehlerverschleierung (Error Concealment) vorgenommen werden. Nach der Reed-Solomon-Dekodierung wird die Energieverwischung wieder rückgängig gemacht, sowie die Invertierung der Sync-Bytes aufgehoben. Hierbei wird die Energieverwischungseinheit von dieser 8er-Sequenz der Sync-Byte-Invertierung synchronisiert. Nach dem nachfolgenden Basisband-Interface steht nun wieder der MPEG-2-Transportstrom zur Verfügung, der nun einem MPEG-Dekoder zugeführt wird.

Heutzutage befindet sich der gesamte DVB-S-Dekoder ab den AD-Wandlern auf einem Chip und dieser wiederum ist üblicherweise in den Satellitentuner integriert. D.h. der Tuner hat einen F-Connector-Eingang für das Signal vom LNB und einen parallelen Transportstromausgang. Der Tuner wird über I2C-Bus gesteuert. Und heute sind im Gegensatz zu früher die Satellitentuner meist schon ins TV-Endgerät integriert.

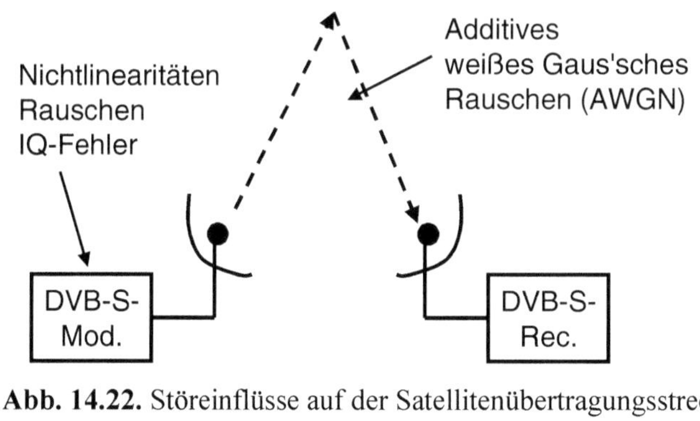

Abb. 14.22. Störeinflüsse auf der Satellitenübertragungsstrecke

14.6 Einflüsse auf der Satellitenübertragungsstrecke

Dieser Abschnitt beschäftigt sich mit den zu erwartenden Einflüssen auf der Satellitenübertragungsstrecke (Abb. 14.22.). Man wird jedoch sehen, dass sich der Haupteinfluss im wesentlichen auf Rauschen beschränkt. Beginnen wir jedoch nun zunächst mit dem Modulator. Dieser kann bis zum IQ-Modulator als fast ideal angenommen werden. Der IQ-Modulator kann unterschiedliche Verstärkung im I- und Q-Zweig, einen Phasenfehler im 90°-Phasenschieber, sowie mangelnde Trägerunterdrückung aufweisen. Auch kann es Rauscheinflüsse, sowie Phasenjitter kommend von diesem Schaltungsteil geben. Wegen der hohen Robustheit der QPSK-Modulation können diese Probleme jedoch ignoriert werden. Diese Einflüsse werden üblicherweise nie in eine Größenordnung kommen, um einen spürbaren Beitrag zur Signalqualität zu leisten. Im Uplink- und Downlink-Bereich erfährt das DVB-S-Signal eine sehr hohe Dämpfung von über 200 dB aufgrund des über je 36000 km langen Übertragungsweges. Dies führt zu starken Rauscheinflüssen. Im Satelliten erzeugt die Wanderfeldröhre starke Nichtlinearitäten, die jedoch in der Praxis wegen QPSK keine Rolle spielen. D.h. der einzige Einfluss, der zu diskutieren ist, ist der Einfluss von weißem gaussförmigen Rauschen, das sich dem Signal additiv überlagert (AWGN=Additiv White Gaussian Noise).

Im folgenden werden nun beispielhaft die Satelliten-Downlink-Strecke in bezug auf die Signaldämpfung und den dadurch entstehenden Rauscheinfluss analysiert.

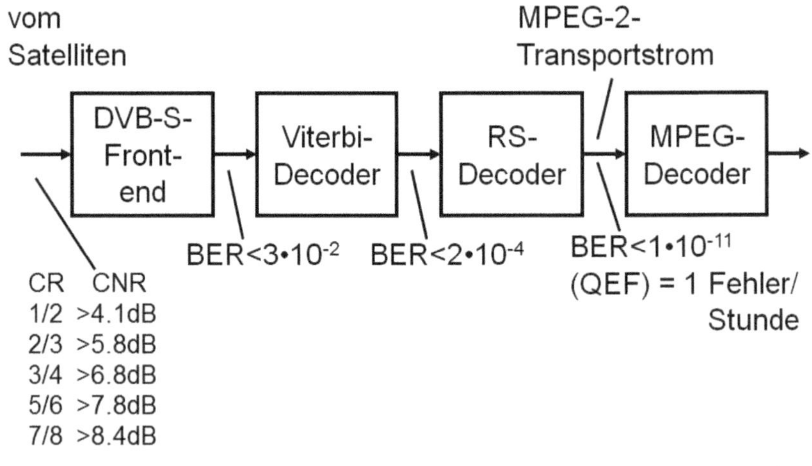

Abb. 14.23. Mindestnotwenige Störabstände auf der Empfangsseite, sowie Bitfehlerraten bei DVB-S

Die mindestnotwenigen Störabstände CNR (Carrier to Noise Ratio), sowie notwendige Kanalbitfehlerrate sind vom Fehlerschutz (FEC, Reed-Solomon u. Faltungscodierung) her bekannt und vorgegeben (Abb. 14.23.)

Um eine Vorstellung des zu erwartenden Rauschabstandes CNR zu bekommen, betrachten wir nun die Pegelverhältnisse auf der Satelliten-Downlink-Strecke.

Ein geostationärer Satellit "parkt" in einer Umlaufbahn von 35800 km über dem Äquator. Nur in dieser Umlaufbahn bewegt er sich synchron mit der Erde um die Erde. Auf dem 45. Breitengrad (Zentral-Europa) beträgt der Abstand zur Erdoberfläche dann

$$d = \text{Erdradius} \cdot \sin(45) + 35800\ \text{km} = 6378\ \text{km} \cdot \sin(45) + 35800\ \text{km} = 37938\ \text{km};$$

Sendeleistung (Beispiel):	
angenommene Sendeleistung Satellitentransponder:	82 W = 19 dBW
Sendeantennengewinn	33 dB
EIRP(Equivalent Isotropic Radiated Power) Satellit	52 dBW
Raumdämpfung:	
Distanz Satellit/Erde = 37938 km	91.6 dB
Sendefrequenz = 12.1 GHz	21.7 dB
Verlustkonstante	92.4 dB
Raumdämpfung	205.7 dB

Empfangsleistung:	
EIRP(Satellit)	52.0 dBW
Raumdämpfung	205.7 dB
Clear Sky Dämpfung	0.3 dB
Empfänger Richtungsfehler	0.5 dB
Polarisationsfehler	0.2 dB
Empfangsleistung an der Antenne	-154.7 dBW
Antennengewinn	37 dB
Empfangsleistung C	-117.7 dBW

Rauschleistung am Empfänger:	
Boltzmannkonstante	-228.6 dBW/K/Hz
Bandbreite 33 MHz	74.4 dB
Temperatur 20 C = 273K+20K = 293 K	24.7 dB
Rauschzahl des LNB	1 dB
Rauschleistung N	-128.5 dBW

Rauschabstand C/N:	
Empfangsleitung C	-117.7 dBW
Rauschleistung N	-128.5 dBW
CNR	**10.8 dB**

Es ist also im Beispiel ein CNR von ca. 10 dB zu erwarten. Tatsächlich liegt das gemessene CNR zwischen 9 ... 12 dB. Folgende Formeln sind die Grundlagen der CNR-Kalkulation:

Freiraumdämpfung:

$L[dB] = -92.4 + 20 \cdot \log(f/GHz) + 20 \cdot \log(d/km)$;
f = Übertragungsfrequenz in GHz;
d = Abstand Sender/Empfänger in km;

Antennengewinn einer Parabolantenne:

$G[dB] = 20 + 20 \cdot \log(D/m) + 20 \cdot \log(f/GHz)$;
D = Durchmesser Parabolantenne in m;
f = Übertragungsfrequenz in GHz;

Rauschleistung am Empfängereingang:

$N[dBW] = -228.6 + 10 \cdot \log(b/Hz) + 10 \cdot \log((T/°C+273)) + F$;
B = Bandbreite in Hz;
T = Temperatur in °C;
F = Rauschzahl des Empfängers in dB;

In Abb. 14.23. sind die Mindeststörabstände CNR in Abhängigkeit von der verwendeten Coderate dargestellt. Darüber hinaus sind die Bitfehlerraten vor Viterbi, nach Viterbi (= vor Reed-Solomon) und nach Reed-Solomon eingetragen. Häufig wird mit Coderate 3/4 gearbeitet. In diesem Fall ergibt sich bei einem Mindeststörabstand von 6.8 dB eine Kanalbitfehlerrate, also Bitfehlerrate vor Viterbi von $3 \cdot 10^{-2}$. Nach Viterbi stellt sich dann eine Bitfehlerrate von $2 \cdot 10^{-4}$ ein, die der Grenze entspricht, bei der der nachfolgende Reed-Solomon-Dekoder noch eine Ausgangsbitfehlerrate von $1 \cdot 10^{-11}$ oder besser liefert. Dies entspricht in etwa einem Fehler pro Stunde und ist als quasi-fehlerfrei (QEF) definiert. Gleichzeitig entsprechen die dargestellten Bedingungen quasi auch nahezu dem "fall-off-the

Cliff". Etwas mehr Rauschen und die Übertragung bricht schlagartig zusammen.

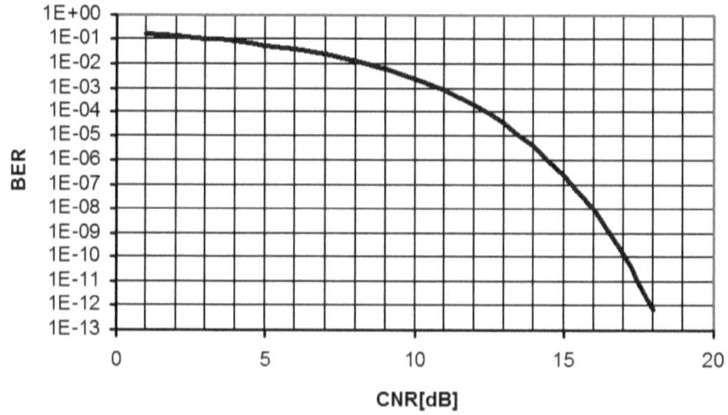

Abb. 14.24. Kanal-Bitfehlerrate bei DVB-S in Abhängigkeit vom Störabstand

Im gerechneten Beispiel für das zu erwartende CNR auf der Satellitenübertragungsstrecke liegt also im Falle einer Coderate von 3/4 noch etwa 3 dB Reserve vor. Der genaue Zusammenhang zwischen der Kanalbitfehlerrate, also der Bitfehlerrate vor Viterbi und dem Störabstand CNR ist in Abb. 14.24. dargestellt.

14.7 DVB-S2

DVB-S wurde 1994 verabschiedet. Als Modulationsverfahren wurde das recht robuste QPSK-Modulationsverfahren vorgesehen. Bei DVB-S wird mit einem verketteten Fehlerschutz aus Reed-Solomon-FEC und Faltungscodierung gearbeitet. 1997 wurde der Standard DVB-DSNG [ETS301210] fixiert, der für Reportagezwecke geschaffen wurde (Digital Satellite News Gathering = DSNG"). Reportage heißt, dass man Live-Signale z.B. aus Großveranstaltungen über Übertragungswagen über Satellit zu den Studios überträgt.

Bei DVB-DSNG wird schon mit 8PSK und mehr gearbeitet. 2003 wurden im ETSI-Standard [ETS302307] zukunftsweisende neue Methoden als „DVB-S2" (Blockschaltbild siehe Abb. 14.25.) sowohl für Direkt-Broadcast-Zwecke, als auch für professionelle Anwendungen definiert.

Sowohl QPSK, 8PSK (8 Phase Shift Keying, uniform und non-uniform), 16APSK (16 Amplitude Phase Shift Keying) wurden als Modulationsverfahren vorgesehen, wobei letztere nur für den professionellen Bereich (DSNG) eingesetzt werden. Es kommen völlig neue Fehlerschutzmechanismen zum Einsatz, wie z.B. Low Density Parity Check (LDPC) Coding. Der Standard ist ziemlich offen für Broadcast-Anwendungen, Interaktive Services und eben DSNG.

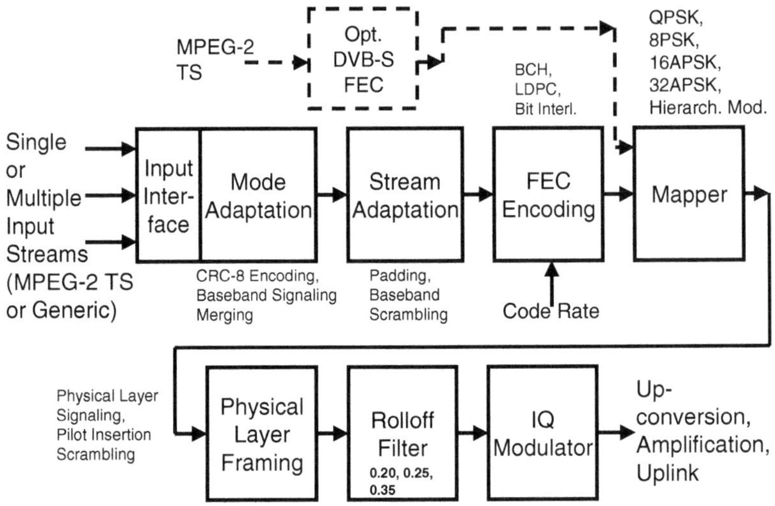

Abb. 14.25. Blockschaltbild eines DVB-S2-Modulator

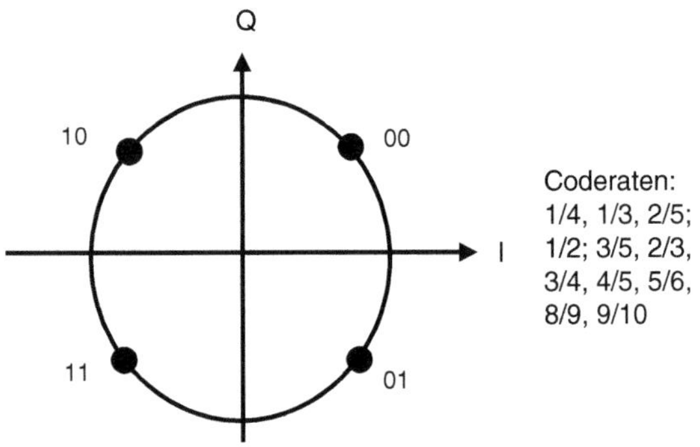

Abb. 14.26. Gray-codierte QPSK, absolut gemappt (wie DVB-S)

Es können auch Datenströme übertragen werden, die nicht MPEG-2-Transportstrom-konform sind. Hierbei kann man sowohl einen Transportstrom, als auch mehrere Transportströme übertragen. Das gleiche gilt für einfache und multiple Generic-Datenströme, also allgemeine Datenströme, die noch dazu in Pakete eingeteilt sein können oder einfach kontinuierlich sein können. Abb. 14.25. zeigt das Blockschaltbild eines DVB-S2-Modulators. Am Input Interface läuft der Datenstrom oder es laufen die Datenströme in Form eines MPEG-2-Transportstroms oder in Form von Generic-Datenströmen auf. Nach dem Blöcken Mode- und Stream-Adaptation werden die Daten dem Fehlerschutzblock (FEC Encoding) zugeführt.

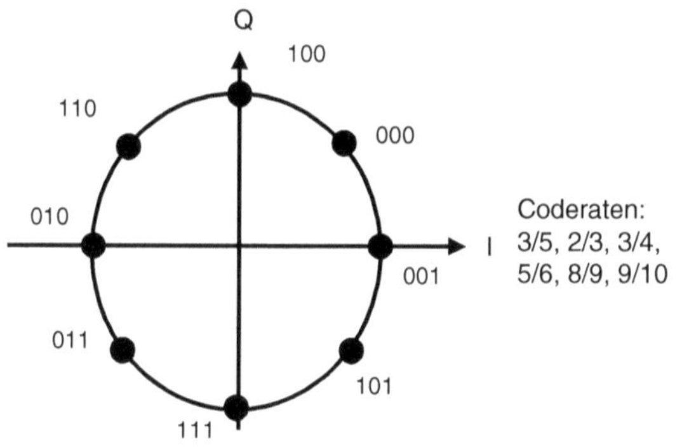

Abb. 14.27. Gray-codierte 8PSK (8 Phase Shift Keying)

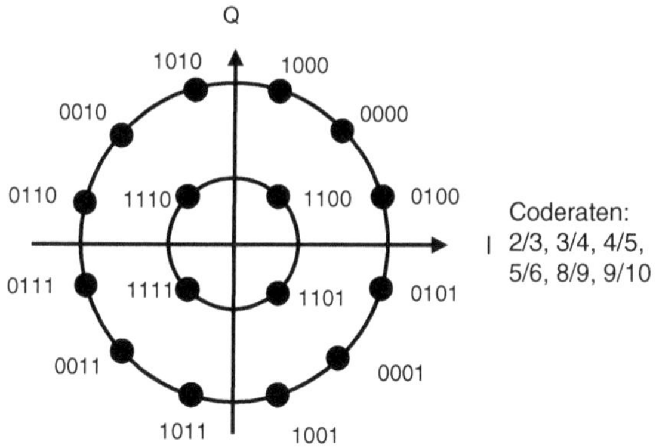

Abb. 14.28. 16APSK (16 Amplitude Phase Shift Keying)

Im anschließenden Mapper wird dann eine QPSK (= Quadrature Phase Shift Keying, Abb. 14.26.), 8PSK (= 8 Phase Shift Keying, Abb. 14.27.),

16APSK (= 16 Amplitude Phase Shift Keying, Abb. 14.28.) oder eine 32APSK (= 32 Amplitude Phase Shift Keying, Abb. 14.29.) aufbereitet. Das Mapping erfolgt immer als sog. absolutes Mapping, also nicht-differentiell. Einen Sonderfall stellt die Modulationsart „Hierarchische Modulation" dar. Sie ist ein quasi rückwärts zum DVB-S Standard kompatibler Mode, bei dem ein DVB-S-Strom und ein zusätzlicher DVB-S2-Strom übertragen werden kann. Das Konstellationsdiagramm kann in der Modulationsart „Hierarchische Modulation" (Abb. 14.30.) auf zwei verschiedene Arten interpretiert werden; dies wird aber in der Praxis nicht verwendet.

Man kann den Quadraten als einen Konstellationspunkt interpretieren und dabei 2 Bit für den sog. High Priority Path gewinnen, der zu DVB-S konform ist. Man kann aber auch nach den beiden diskreten Punkten im Quadranten suchen und dabei ein weiteres Bit für den Low Priority Path decodieren. Es werden also hierbei 3 Bit pro Symbol übertragen. Hierarchische Modulation gibt es auch bei DVB-T. Nach dem Mapping durchläuft das Signal dann die Stufen Physical Layer Framing und Rolloff-Filterung, um dann im IQ-Modulator in das eigentliche Modulationsignal umgesetzt zu werden. Der Rolloff-Faktor liegt bei 0.20, 0.25 oder 0.35.

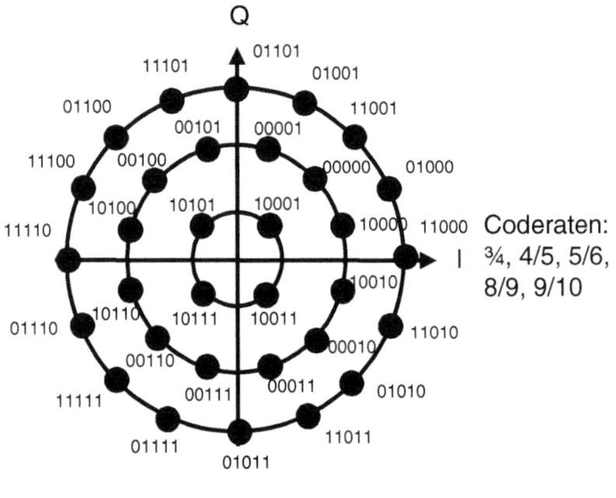

Abb. 14.29. 32APSK (32 Amplitude Phase Shift Keying)

Der Fehlerschutz (Abb. 14.31.) setzt sich zusammen aus einem BCH-Coder (Bose-Chaudhuri-Hocquenghem), einem LDPC-Encoder (Low Density Parity Check Code), gefolgt vom Bit-Interleaver. Die möglichen Coderaten liegen bei 1/4 ... 9/10 und sind in den jeweiligen Abbildungen zu den Konstellationsdiagrammen (QPSK ... 32APSK) eingetragen.

Der mindestens notwendige Störabstand CNR ist bei DVB-S2 gegenüber DVB-S deutlich weiter abhängig vom Modulationsverfahren und von der Coderate variierbar.

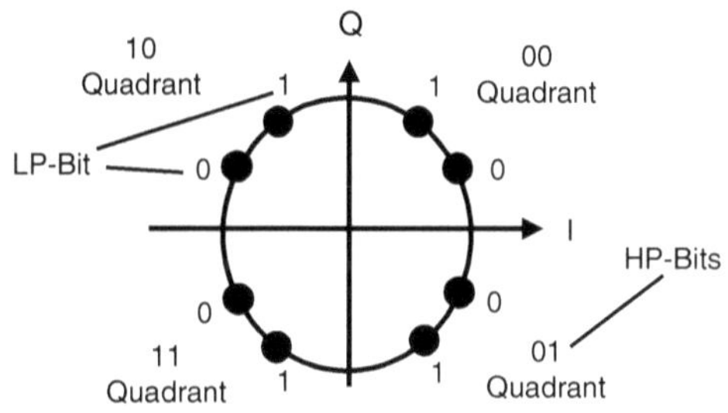

Abb. 14.30. Hierarchische QPSK-Modulation (non-uniform 8PSK)

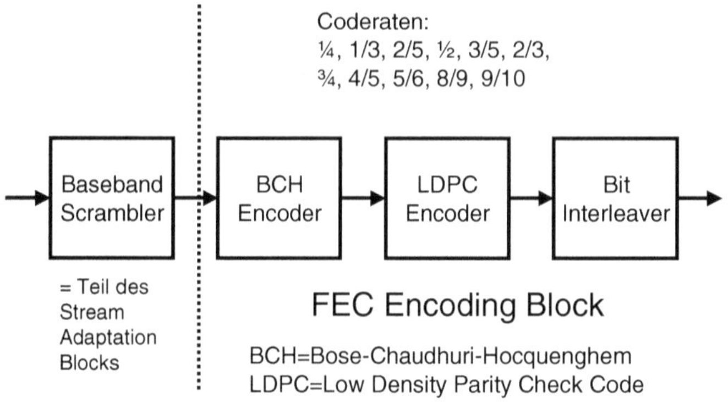

Abb. 14.31. DVB-S2-Fehlerschutz-Block

Tabelle 14.1. zeigt die Mindeststörabstände, entnommen aus dem DVB-S2-Standard [ETS302307].

DVB-S2 weist im Gegensatz zu DVB-S eine Rahmenstruktur (Frame-Struktur) auf. Man spricht bei DVB-S2 von einem sog. FEC-Frame und einem Physical Layer Frame. Ein FEC-Frame beinhaltet zunächst die zu übertragenden Daten, bei denen es sich um Daten handelt, die entweder eine MPEG-2-Transportstrom-Struktur aufweisen oder um Daten, die davon ganz losgelöst keinerlei Beziehung haben, sog. Generic Daten (Kap. 36.).

Zu diesem Datenfeld wird dann ein 80 Bit langer Baseband Header addiert. Der mit dem Baseband Header versehene Datenblock wird dann auf eine von der gewählten Coderate des Fehlerschutzes abhängigen Länge

„aufgestopft" und dann mit dem BCH-Code versehen. Daraufhin wird dann noch der LDPC-Code hinzuaddiert. Ein FEC-Frame ist dann je nach Mode 64800 oder 16200 Bit lang.

Tabelle 14.1. mindest notwendiges CNR bei DVB-S2

Mod.	CR =1/4	CR =1/3	CR =2/5	CR =1/2	CR =3/5	CR =2/3	CR =3/4	CR =4/5	CR =5/6	CR =8/9	CR =9/10
QPSK	-2.4 dB	-1.2 dB	0 dB	1 dB	2.2 dB	3.1 dB	4 dB	4.6 dB	5.2 dB	6.2 dB	6.5 dB
8PSK	-	-	-	-	5.5 dB	6.6 dB	7.9 dB	-	9.4 dB	10.6 dB	11 dB
16APSK	-	-	-	-	-	9 dB	10.2 dB	11 dB	11.6 dB	12.9 dB	13.1 dB
32APSK	-	-	-	-	-	-	12.6 dB	13.6 dB	14.3 dB	15.7 dB	16.1 dB

Der FEC-Frame wird dann in einen Physical Layer Frame eingeteilt, der sich aus n Slots zusammensetzt. Der Physical Layer Frame startet mit dem 1 Slot langen Physical Layer Header, in dem der Träger π/2-shift-BPSK-moduliert ist. Anschließend folgt dann Slot 1 ... Slot 16.

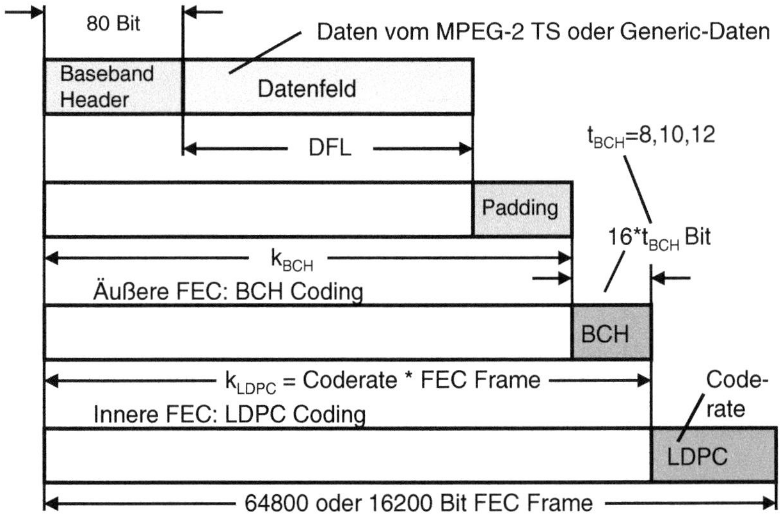

Abb. 14.32. DVB-S2-Rahmenstruktur

Slot 17 ist dann ggf. ein Pilot-Block, falls Pilote übertragen werden (optional). Es folgen dann wieder 16 Zeitschlitze mit Daten und dann ggf. nach Zeitschlitz 32 wieder ein Pilotblock usw.

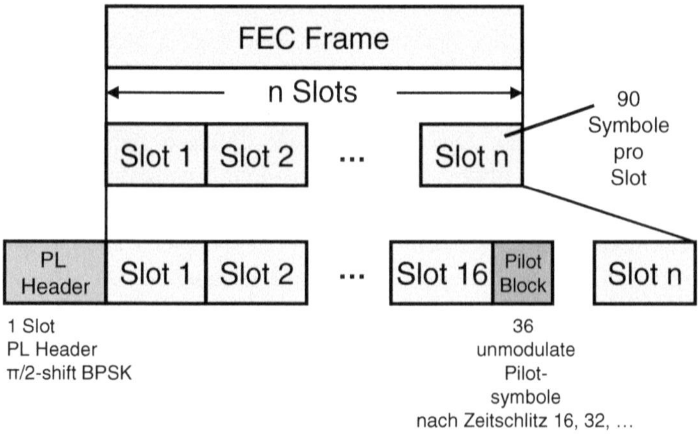

Abb. 14.33. Physical Layer Frame bei DVB-S2

Tabelle 14.2. Coding Parameter bei DVB-S2

LDPC Code-rate	k_{BCH}	k_{LDPC}	t_{BCH}	FEC Frame
1/4	16008	16200	12	64800
1/3	21408	21600	12	64800
2/5	25728	25920	12	64800
1/2	32208	32400	12	64800
3/5	38688	38880	12	64800
2/3	43040	43200	10	64800
3/4	48408	48600	12	64800
4/5	51648	51840	12	64800
5/6	53840	54000	10	64800
8/9	57472	57600	8	64800
9/10	58192	58320	8	64800
1/4	3072	3240	12	16200
1/3	5232	5400	12	16200
2/5	6312	6480	12	16200
1/2	7032	7200	12	16200
3/5	9552	9720	12	16200
2/3	10632	10800	12	16200
3/4	11712	11880	12	16200
4/5	12432	12600	12	16200
5/6	13152	13320	12	16200
8/9	14232	14400	12	16200
9/10	NA	NA	NA	16200

Ein Slot ist 90 Symbole lang. Ein Pilot-Block hat eine Länge von 36 Symbolen. Tab. 14.2. zeigt die Coding Parameter des FEC-Frame. Die Datenraten bei DVB-S2 lassen sich über die in Abb. 14.34. dargestellte Formel berechnen. Sie liegen in der Praxis (Symbolrate = 27.5 MS/s) bei ca. 49 Mbits/s. Datenratenbeispiele sind in Tab. 14.3. aufgelistet.

Der bei DVB-S2 verwendete Fehlerschutz erlaubt eine enorme Steigerung der Effizienz (ca. 30%). D.h. man kommt deutlich näher an das Shannon-Limit heran. Es ist aber auch deutlich mehr Rechenleistung auf der Empfängerseite nötig, was aber heute aufgrund der Technologie möglich ist. Der bei DVB-S2 angewendete Fehlerschutz wird jetzt auch eingesetzt beim chinesischen terrestrischen digitalen TV-Standard DTMB, sowie bei DVB-T2 und DVB-C2.

90 Symbole PL Header

$$\text{Net\_data\_rate} = \text{symbol\_rate} \,/\, (\text{FEC\_frame}/q + 90 + \text{ceil}(\,(\text{FEC\_frame}/q/90/16 - 1)\,) \cdot 36) \cdot (\text{FEC\_frame} \cdot \text{code\_rate} - (16 \cdot t_{BCH}) - 80);$$

36 Pilot-Symbole

Anzahl BCH Polynome

80 Bit DF Header

FEC_frame = 64800 oder 16200 Bit;
q=2,3,4,5 Bit/Symbol; (QPSK, 8PSK, 16APSK, 32APSK)
ceil(A) rundet A auf
code_rate = ¼ ...9/10;
t_{BCH} = 8,10 or 12;

Abb. 14.34. Formel zur Berechnung der Nettodatenrate bei DVB-S2

Über DVB-S2 wird in Europa HDTV – High Definition Television (hochauflösendes Fernsehen) übertragen. Die HD-Angebote haben Ende 2005 in Europa begonnen, ab 2010 waren einige HD-Programme bereits im Regelbetrieb und nach der Analogabschaltung über Satellit am 30. April 2012 hat die Anzahl der HD-Programme deutlich zugenommen. Das HD-Videosignal ist hierbei MPEG-4/AVC codiert. Die Datenrate pro HD-Programm liegt etwa 10 Mbit/s; dies bedeutet, dass in der Regel vier HD-Programme pro Satellitentransponder Platz haben. Innerhalb eines Programmes werden neben dem MPEG-4/AVC-HDTV-Videosignal (8...12 Mbit/s stat. Mux.) und MPEG-1-Layer II – Stereo-Audiosignalen (192 kbit/s) meist auch Dolby 5.1 AC-3-Audio (448 kbit/s), sowie Videotext (ca. 260 kbit/s) und die Referenz auf HbbTV, sowie teilweise auch Datensignale für HbbTV-Dienste übertragen.

Tabelle 14.3. Beispiele für Datenraten von DVB-S2 und DVB-S bei einer Symbolrate von 27.5 MS/s

Standard	Modulation	CR	Pilote	Nettodatenrate [Mbit/s]
DVB-S	QPSK	¾	--	38.01
DVB-S2	QPSK	9/10	On	48.016345
DVB-S2	QPSK	9/10	Off	49.186827
DVB-S2	QPSK	8/9	On	47.421429
DVB-S2	QPSK	8/9	Off	48.577408
DVB-S2	8PSK	9/10	On	72.005046
DVB-S2	8PSK	9/10	Off	73.678193

14.8 DVB-S2X – Erweiterungen im DVB-S2-Standard

Seit 2013 ist das Thema „Ultra High Definition Television“ meist als Slogan „4K“ auf allen Rundfunkmessen präsent. Endgeräte, die mit diesen Logos werben, gibt es seit 2014, einen neuen Videokompressionsstandard mit HEVC seit 2013. Jedoch werden die Datenraten des komprimierten UHD-TV-Videomaterials auch mit dem neuesten HEVC-Codec bei etwa 20 … 30 Mbit/s liegen. Deshalb haben sich Experten von DVB an die Arbeit gemacht und auch einen hierfür weiterentwickelten DVB-Satellitenstandard entwickelt. Das Ergebnis der Entwicklungsarbeiten war aber kein DVB-S3, sondern nur DVB-S2X; diese Erweiterung des DVB-S2-Standards ist im Jahr 2014 als „Optional Higher Data Rate Extensions“ veröffentlicht worden. Da den Entwicklern der erreichte Sprung nicht weit genug ging, wurde der Standard „nur“ DVB-S2X genannt. Der bei DVB-S2X verwendete Fehlerschutz ist der gleiche wie der bei DVB-S2. Bei DVB-S2X wurden jedoch weitere Coderaten definiert. DVB-S2X ist für Direct to Home (DTH) - Empfang, sowie für Interactive Services, DSNG, und für professionelle Anwendungen vorgesehen; entsprechend gibt es hierfür geeignete Modulationsarten, die mehr oder weniger hohe Robustheiten, bzw. Datenraten erlauben.
Die Eckdaten von DVB-S2X sind

- neue Modulations-Pattern von QPSK, 8PSK, 16APSK, 32APSK bis 64APSK, 128APSK, 256APSK
- Konstellationspunkte auf 1...9 Kreisen, der Radius hängt ab der Modulationsart und der Coderate
- Modulations-Pattern (uniform und non-uniform) für lineare und nicht-lineare Satellitentransponder
- mehr Coderaten / Modulation-Kombinationen, feinere Abstufung der SNR-Werte
- Super-Frame als Option definiert
- kleinere Roll-off-Faktoren zur Erhöhung der spektralen Effizienz (5% und 10%)
- Channel Bonding (Kanalbündelung)
- Unterstützung von High Efficiency Mode GSE
- Unterstützung von sehr niedrigen SNR-Betriebsarten bis hin zu –10 dB
- VCM (Variable Coding and Modulation, auch für Direct to Home (DTH)
- FEC wie bei DVB-S2 (BCH und LDPC)

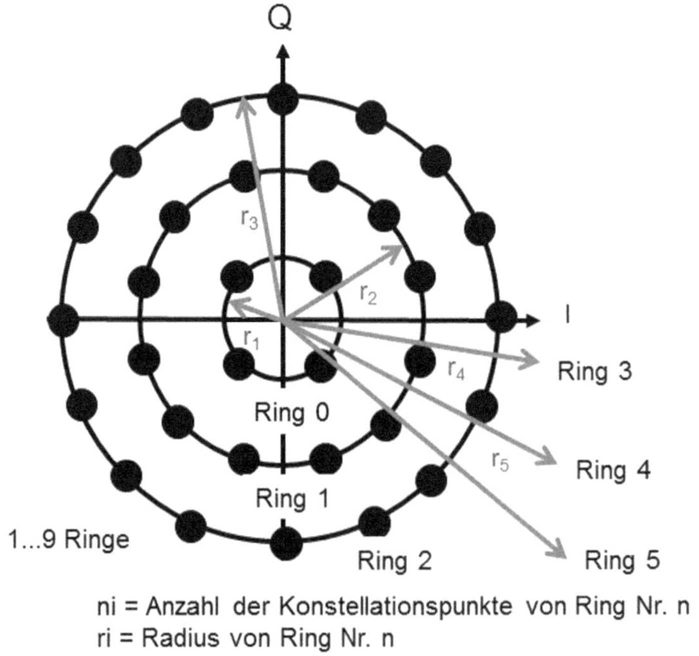

Abb. 14.35. Konstellationsdiagramme bei DVB-S2X

Bei DVB-S2X wurden Konstellationsdiagramme über die 32. Ordnung hinaus bis zu 256ASK definiert; die Konstellationspunkte liegen hierbei immer auf bis zu neun konzentrischen Kreisen unterschiedlicher Radien r_1 … r_9. Die Anzahl der Punkte pro Kreis und der Radius (Abb. 14.35.; Abb. 14.37.) hängen ab von der Kombination Modulationsart/Coderate. Bei DVB-S gibt es noch keine Frames, sondern nur Symbole; erst bei DVB-S2 wurden Symbole in Slots angeordnet und ein Rahmen über mehrere Slots gebildet. Bei DVB-S2X gibt es optional auch die Definition eines Superframes über mehrere Frames hinweg. Mit Hilfe der nun erlaubten Wahl kleinerer Roll-off-Faktoren von 5% und 10% ist eine effizientere spektrale Ausnutzung möglich. Modulationsarten wurden zusammen mit Coderaten zu wählbaren Paaren verknüpft, mit denen eine feinere SNR-Abstufung für den „Fall-off-the-Cliff" möglich ist. Es sind nun sogar Modi für Signal-Rauschabstände bis hin zu -10 dB definiert worden.

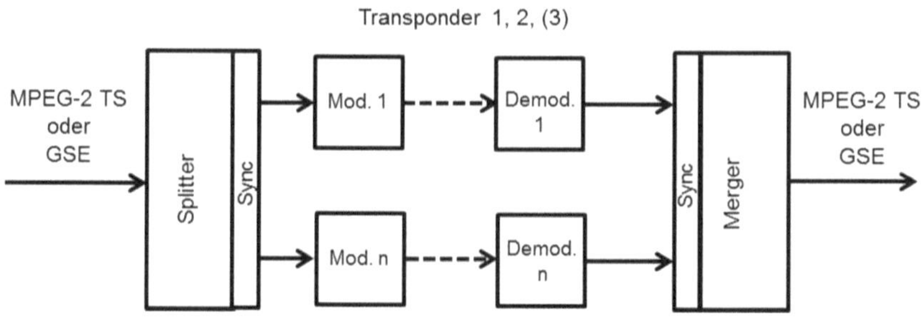

Abb. 14.36. Channel Bonding bei DVB-S2X (bis zu drei Transponder)

Für den Heimempfang (DTH) enden die sinnvollen Datenraten bei etwa 50 … 60 Mbit/s pro Transponder, andernfalls müßten die Satellitenempfangsantennen deutlich mehr Gewinn haben und damit größer als 1m Durchmesser werden. Bei UHD-TV-Applikationen beträgt die Datenrate pro Service jedoch 20 … 30 Mbit/s, damit wären nur zwei Service pro Transponder transportierbar. Um einen größeren Statistischen Multiplex - Gewinn erreichen zu können, macht es jedoch Sinn mehrere Service in einen Statistischen Multiplex zu verpacken. Einen Transponder einfach zu verbreitern ist aber wegen der IMUX- und OMUX-Filter in den Satelliten nicht möglich. Deswegen wurde bei DVB-S2X die Möglichkeit geschaffen, mehrere auch nicht physikalisch nebeneinander liegende Transponder zu einen logischen Datenkanal zu verknüpfen, man spricht von Channel Bonding. Dies erfolgt bei DVB-S2X dann durch das Aufsplitten eines „großen" Datenstroms in mehrere zueinander synchrone Datenströme, die dann über verschiedene, eben nicht notwendigerweise nebeneinander liegende Transponder (Abb. 14.36.) übertragen werden. Bis zu drei Transponder können hierbei gebündelt werden. Ein entsprechend DVB-S2X-tauglicher Empfänger muss dann parallel bis zu drei Transponder empfangen können und dann wieder einen „großen“ Datenstrom mit Hilfe der im DVB-S2X-Modulator in den einzelnen „kleinen“ Datenströme zugesetzten Synchronsignale bilden.

Tabelle 14.4. Erlaubte Kombinationen von DVB-S2X-Modulationsarten und Coderaten bei „long FEC-Frame“

Modulationsart	Coderate	Anwendungen
QPSK	1/4, 1/3, 2/5 (wie S2) 1/2, 3/5, 2/3, 4/5, 5/6, 8/9, 8/10 (wie S2) 13/45 9/20, 11/20	Broadcast, Interactive, DSNG, Professional, VL-SNR
8PSK	3/5, 2/3, 3/4, 5/6, 8/9, 9/10 (wie S2) 23/36, 25/36, 13/18	Broadcast, Interactive, DSNG, Professional, VL-SNR
8APSK-L	5/9, 26/45	Broadcast, Interactive, DSNG, Professional, VL-SNR
16APSK	2/3, 3/4, 4/5, 5/6, 8/9, 9/10 (wie S2) 32/45, 11/15, 7/9	Broadcast, Interactive, DSNG, Professional, VL-SNR
16APSK-L	5/9, 8/15,1/2, 3/5, 2/3	Broadcast, Interactive, DSNG, Professional, VL-SNR
32APSK	3/4, 4/5, 5/6, 8/9, 9/10 (wie S2) 32/45, 11/15, 7/9	Broadcast, Interactive, DSNG, Professional, VL-SNR
32APSK-L	2/3	Broadcast, Interactive, DSNG, Professional, VL-SNR
64APSK	11/15, 7/9, 4/5, 5/6	Optional für Broadcast, zwingend für Interactive, DSNG, zwingend für Pro-

		fessional, optional für VL-SNR
64APSK-L	32/45	Optional für Broadcast, Interactive, DSNG, zwingend für Professional, optional für VL-SNR
128APSK	3/4, 7/9	Optional für Interactive, optional für DSNG, zwingend für Professional
256APSK	32/45, 3/4	Optional für Interactive, optional für DSNG, zwingend für Professional
256APSK-L	29/45, 2/3, 31/45, 11/15	Optional für Interactive, optional für DSNG, zwingend für Professional

Tabelle 14.5. Erlaubte Kombinationen von DVB-S2X-Modulationsarten und Coderaten bei „short FEC Frame“

Modulationsart	Coderate	Anwendung
QPSK	1/4, 1/3, 2/5 (wie S2) 1/2, 3/5, 2/3, 3/4, 4/5, 5/6, 8/9 (wie S2) 11/45, 4/15, 14/45, 7/15, 8/15, 32/45	zwingend für Interactive, optional für DSNG, zwingend für Professional, zwingend für VL-SNR
8PSK	3/5, 2/3, 3/4, 5/6, 8/9 (wie S2) 7/15, 8/15, 26/45, 32/45	zwingend für Interactive, optional für DSNG, zwingend für Professional, zwingend für VL-SNR
16APSK	2/3, 3/4, 4/5, 5/6, 8/9 (wie S2) 7/15, 8/15, 26/45, 3/5, 32/45	zwingend für Interactive, optional für DSNG, zwingend für Professional, zwingend für VL-SNR
32APSK	3/4, 4/5, 5/6, 8/9 (wie S2) 2/3, 32/45	zwingend für Interactive, optional für DSNG, zwingend für Professional, zwingend für VL-SNR

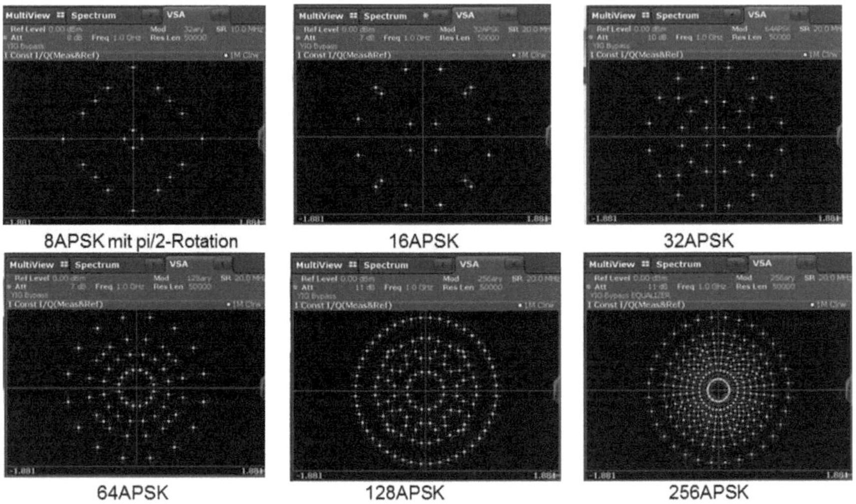

Abb. 14.37. DVB-S2X-Konstellationsdiagramme (Beispiele, aufgenommen mit Rohde&Schwarz FSW-K70 VSA)

Bisher unterstützt kein TV-Endgerät den DVB-S2X-Standard, d.h. erste UHD-TV-Übertragungen werden über reine DVB-S2-Transponder laufen. Hierbei werden dann DVB-S2-Parameter gewählt, die dann eine Datenrate von etwa 55 Mbit/s ergeben (z.B. 8PSK und Coderate =2/3, Pilote aus, Roll-off = 0.20 ergibt 54.5 Mbit/s oder 8PSK und Coderate = ¾, Pilote aus, Roll-off=0.20 ergibt 61.3 Mbit/s); über solche Transponder können dann zwei UHD-Programme übertragen werden.

Literatur: [ETS300421], [MÄUSL3], [MÄUSL4], [REIMERS], [GRUNWALD], [FISCHER3], [EN301210], [ETS302307], [GERTSEN], [DVB-A83-2]

15 DVB-S/S2 - Messtechnik

15.1 Einführung

Die Satellitenübertragungstechnik von digitalen TV-Signalen wurde nun ausführlich besprochen. Das folgende Kapitel beschäftigt sich mit der DVB-S/S2-Messtechnik. Die Satellitenübertragung ist relativ robust und im Prinzip nur geprägt durch Rauscheinflüsse (ca. 205 dB Freiraumdämpfung) und evtl. Einstrahlungen von Richtfunkstrecken. Es gibt auch Störeinflüsse auf der ersten Sat-ZF durch Interferenzen von Schnurlos-Telefonen (DECT).

Wesentliche Messparameter am DVB-S/S2-Signal sind:

- Signalpegel
- Bitfehlerverhältnisse (BER)
- CNR (Störabstand, Carrier to Noise Ratio)
- E_b/N_0
- Modulation Error Ratio (MER)
- Schulterabstand.

Für Messungen an DVB-S-Signalen benötigt man:

- einen modernen Spektrumanalyzer (z.B. Rohde&Schwarz FSW)
- einen DVB-S/S2-Betriebsempfänger mit BER-Messung oder ein Antennenmessgerät (z.B. KWS Varos 109, Kathrein MSK) oder z.B. einen MPEG-Analyzer mit entsprechendem RF-Interface (Rohde&Schwarz DVM400, DVMS)
- für Messungen an Satellitenempfängern einen DVB-S/S2-Messsender (Rohde&Schwarz SFU, SFL, SFE, BTC).

15.2 Messung der Bitfehlerverhältnisse

Aufgrund des inneren und äußeren Fehlerschutzes gibt es bei DVB-S drei verschiedene Bitfehlerverhältnisse (BER = Bit Error Ratio)

- Bitfehlerverhältnis vor Viterbi
- Bitfehlerverhältnis vor Reed-Solomon
- Bitfehlerverhältnis nach Reed-Solomon

Das interessanteste und für die Übertragungsstrecke aussagekräftigste Bitfehlerverhältnis ist das Bitfehlerverhältnis vor Viterbi. Es kann dadurch gemessen werden, indem man den Datenstrom nach dem Viterbi-Dekoder wieder auf einen Faltungscoder gibt, der genauso aufgebaut ist, wie der auf der Senderseite. Vergleicht man nun den Datenstrom vor dem Viterbi-Dekoder mit dem nach den Faltungscoder (Abb. 15.1.) – wobei die Laufzeit des Faltungscoder ausgeglichen werden muss – miteinander, so sind beide bei Fehlerfreiheit identisch. Ein Komparator für den I- und Q-Zweig ermittelt dann die Unterschiede und somit die Bitfehler.

Die gezählten Bitfehler werden dann ins Verhältnis zur Anzahl der im entsprechenden Zeitraum übertragenen Bits gesetzt; dies ergibt dann das Bitfehlerverhältnis

BER = Bitfehler / übertragene Bit;

Der Bereich des Bitfehlerverhältnisses vor Viterbi liegt in der Praxis bei etwa $1 \cdot 10^{-4}$ bis $1 \cdot 10^{-2}$. Dies bedeutet, das jedes zehntausendste bis hundertste Bit fehlerhaft ist.

Der Viterbi-Dekoder kann nur einen Teil der Bitfehler korrigieren. Es bleibt somit eine Restbitfehlerrate vor Reed-Solomon. Zählt man die Korrekturvorgänge des Reed-Solomon-Dekoders und setzt diese ins Verhältnis zur Anzahl der im entsprechenden Zeitraum übertragenen Bits, so erhält man das Bitfehlerverhältnis vor Reed-Solomon. Das Grenzbitfehlerverhältnis vor Reed-Solomon liegt bei $2 \cdot 10^{-4}$. Bis dorthin kann der Reed-Solomon-Decoder alle Fehler reparieren. Gleichzeitig steht die Übertragung aber auch „auf der Klippe". Etwas mehr Störeinflüsse z.B. durch zu viel Dämpfung aufgrund von starkem Regen und die Übertragung bricht zusammen, bzw. das Bild beginnt zu „blocken".

Auch der Reed-Solomon-Dekoder kann nicht alle Bitfehler korrigieren. In diesem Fall entstehen dann fehlerhafte Transportstrompakete. Diese sind im TS-Header markiert (Transport Error Indicator Bit = 1). Zählt man die fehlerhaften Transportstrompakete, so kann man daraus das Bitfehlerverhältnis nach Reed-Solomon berechnen.

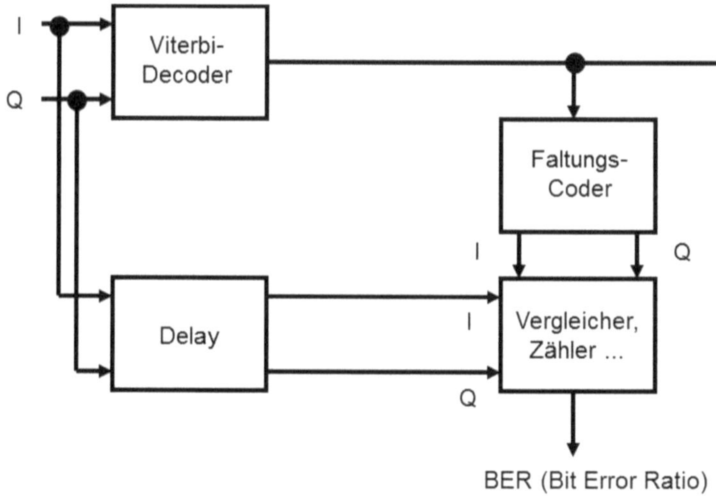

Abb. 15.1. Schaltung zur Messung der Bitfehlerrate vor Viterbi

Misst man sehr kleine Bitfehlerverhältnisse (z.B. kleiner $1 \cdot 10^{-6}$), so muss man lange Messzeiten im Minuten- bzw. Stundenbereich wählen, um diese mit einigermaßen Genauigkeit zu erfassen. Nachdem ein direkter Zusammenhang zwischen der Bitfehlerrate und dem Störabstand besteht, läßt sich der Störabstand CNR daraus ermitteln (siehe Diagramm im Kapitel "Störeinflüsse auf der Übertragungsstrecke", Abb. 14.24.). Eine Schaltung zur Ermittelung der Bitfehlerrate vor Viterbi findet man praktisch in jedem DVB-S-Chip bzw. DVB-S-Empfänger. Man kann diesen Messwert nämlich zum Ausrichten der Satellitenempfangsantenne bzw. zur Ermittelung der Empfangsqualität recht gut verwenden. Der Schaltungsaufwand selbst ist dabei gering. Meist zeigen DVB-S-Receiver zwei Balkendiagramme im Setup-Menü an; nämlich ein Balkendiagramm für die Signalstärke und eines für die Signalqualität. Letzteres ist von der Bitfehlerrate abgeleitet.

Bei DVB-S2 sind aufgrund des geänderten Fehlerschutzes folgende Bitfehlerverhältnisse definiert:

- Bitfehlerverhältnis vor LDPC
- Bitfehlerverhältnis vor BCH
- Bitfehlerverhältnis nach BCH.

15.3 Messungen an DVB-S/S2-Signalen mit einem Spektrumanalyzer

Mit Hilfe eines Spektrumanalysators kann man zumindest im Uplink sehr gut die Leistung des DVB-S-Kanals vermessen. Natürlich könnte man hierzu auch einfach einen thermischen Leistungsmesser verwenden. Prinzipiell lässt sich mit einem Spektrumanalyzer aber auch relativ gut der annähernde Störabstand im Uplink ermitteln. Zunächst soll jedoch nun die Leistung des DVB-S/S2-Signals mit Hilfe eines Spektrumanalyzers ermittelt werden. Ein DVB-S/S2-Signal sieht rauschartig aus und hat einen ziemlich großen Crestfaktor. Aufgrund seiner Ähnlichkeit mit weißem gauß'schen Rauschen erfolgt die Leistungsmessung genauso wie beim Rauschen.

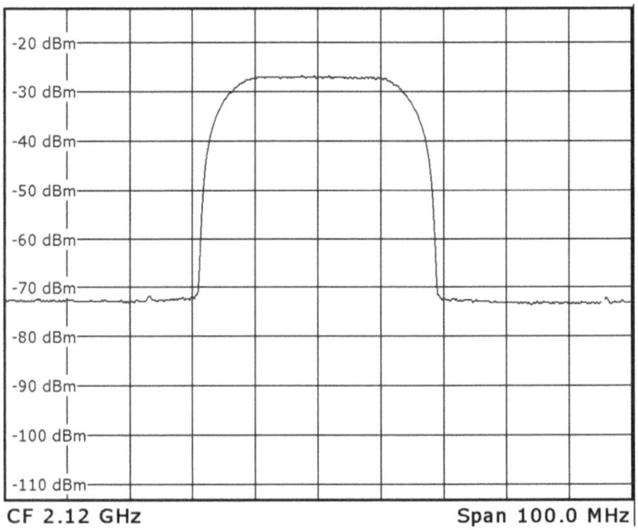

Abb. 15.2. Spektrum eines DVB-S-Signals

Zur Ermittelung der Trägerleistung C stellt man den Spektrumanalyzer folgendermaßen ein:

Am Analysator wird eine Auflösebandbreite von 300 kHz und eine Videobandbreite gewählt, die 3 bis 10 mal so groß ist, wie die Auflösebandbreite (3 MHz). Es ist eine langsame Ablaufzeit einzustellen (2000 ms), um eine gewisse Mittelung zu erreichen. Diese Parameter sind nötig, da mit dem RMS-Detektor des Spektrumanalyzers gearbeitet wird. Man verwendet nun z.B. folgende Einstellungen:

- Center Frequenz auf Kanalmitte des DVB-S/S2-Kanals
- Span 100 MHz
- Resolution Bandwidth auf 300 kHz
- Video Bandwidth auf 3 MHz (wegen RMS Detector)
- Detector RMS (Route Mean Square)
- Langsame Ablaufzeit (2000 ms)
- Noise Marker auf Kanalmitte (ergibt Rauschleistungdichte C‘ in dBm/Hz).

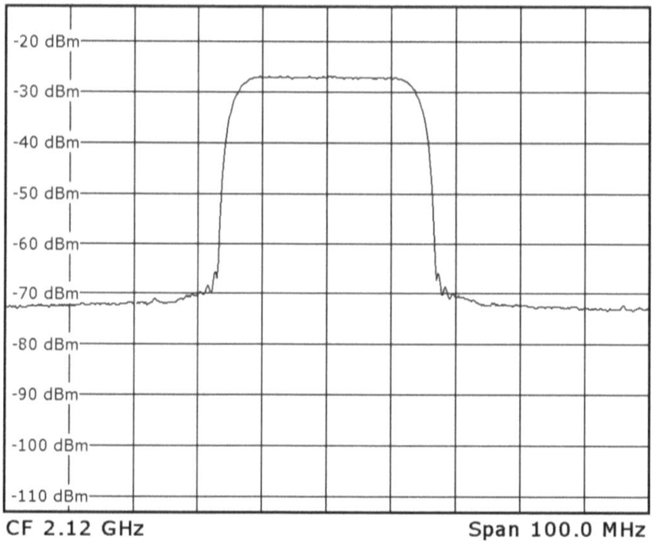

Abb. 15.3. Spektrum eines DVB-S2-Signals mit Rolloff=0.25

Es ergibt sich dann ein Spektrum, wie in Abb. 15.2. dargestellt. Der RMS-Detector berechnet die Leistungsdichte des Signals in einem Fenster von 1 Hz Bandbreite, wobei das Messfenster ständig über das zu messende Frequenzfenster (Sweep-Bereich) geschoben wird. Prinzipiell wird zunächst der Effektivwert der Spannung gemäß der folgenden Formel (= Wurzel aus dem quadratischen Mittelwert = RMS = Root Mean Square) aus allen Abtastwerten im Signalfenster von 1 Hz Bandbreite ermittelt:

$$U_{RMS} = \frac{1}{N}\sqrt{u_1^{\ 2} + u_2^{\ 2} + u_3^{\ 2} + ...};$$

Daraufhin wird daraus die Leistung in diesem Signalfenster bezogen auf eine Impedanz von 50 Ω berechnet und in dBm umgerechnet. Dies ergibt dann die Signalleistungsdichte in einem Fenster von 1 Hz Bandbreite. Je langsamer die gewählte Sweep-Time eingestellt ist, desto mehr Abtastwerte haben in diesem Signalfenster Platz und umso ruhiger und besser gemittelt wird das Messergebnis.

Wegen des rauschartigen Signals wird der Noise-Marker zur Leistungsmessung verwendet. Hierzu wird der Noise-Marker in Bandmitte gestellt. Voraussetzung ist aber ein flacher Kanal, der aber am Uplink immer vorausgesetzt werden kann. Beim Vorliegen eines nicht-flachen Kanals müssen andere geeignete, aber vom Spektrumanalyzer abhängige Messfunktionen zur Kanalleistungsmessung verwendet werden.

Der Analyzer gibt uns den Wert C' als Rauschleistungsdichte an der Stelle des Noise-Markers in dBm/Hz, wobei die Filterbandbreite sowie die Eigenschaften des Logarithmierers des Analysators üblicherweise automatisch berücksichtigt werden. Um die Signalleistungsdichte C' nun auf die Nyquist-Bandbreite B_N des DVB-S-Signals zu beziehen, muss die Signalleistung C über

$$C = C' + 10 \cdot \log B_N = C' + 10 \cdot \log(\text{symbol\_rate} / \text{Hz}) \cdot \text{dB}; \ [\text{dBm}]$$

berechnet werden. Die Nyquist-Bandbreite des Signales entspricht hierbei der Symbolrate des DVB-S-Signals.

Beispiel:

Messwert des Noise-Markers:	-100 dBm/Hz
Korrekturwert bei 27.5 MS/s Symbolrate:	+74.4 dB

Leistung im DVB-S-Kanal:	-25.6 dBm

15.3.1 Näherungsweise Ermittelung der Rauschleistung N

Würde man das DVB-S-Signal abschalten können, ohne die Rauschverhältnisse im Kanal zu verändern, so würde man vom Noise-Marker in Bandmitte nun eine Aussage über die Rauschverhältnisse im Kanal bekommen. Dies ist aber nicht so einfach möglich. Keinen exakten Messwert, aber zumindest eine "gute Idee" über die Rauschleistung im Kanal erhält man, wenn man mit dem Noise-Marker auf der Schulter des DVB-S-Signals ganz nah am Signal misst. Man kann nämlich annehmen, dass sich der Rauschsaum im Nutzband ähnlich fortsetzt, wie er auf der Schulter zu finden ist.

Der Wert N' der Rauschleistungsdichte wird vom Spektrumanalysator ausgegeben. Um aus der Rauschleistungsdichte N' nun die Rauschleistung im Kanal mit der Bandbreite B_K des DVB-S-Übertragungskanals zu berechnen, muss die Rauschleistung N über

$$N = N' + 10 \cdot \log B_K = N' + 10 \cdot \log(\text{Kanalbandbreite / Hz}) \cdot \text{dB}; [\text{dBm}]$$

ermittelt werden. Als Kanalbandbreite ist nun die entsprechende Bandbreite des Satellitenkanales einzusetzen. Als diese sollte die Symbolrate gewählt werden. Dies wird in den DVB-Measurement Guidelines [ETR290] empfohlen und vermeidet auch Unsicherheiten in der Definition. Man sollte aber immer angeben, was die bei der CNR-Messung gewählte Rauschbandbreite war.

Beispiel:

Messwert des Noise-Markers:	-120 dBm/Hz
Korrekturwert bei 27.5 MS/s Symbolrate:	+74.4 dB

Rauschleistung im DVB-S-Kanal:	-45.6 dBm

Daraus ergibt sich für den Wert C/N:

$$\text{CNR [dB]} = \text{C [dBm]} - \text{N [dBm]};$$

Im Beispiel: CNR[dB] = -25.6 dBm - (-45.6 dBm) = 20 dB.

Im Downlink wird tatsächlich zur Abschätzung des CNR in der Praxis eine Rauschmessung in den Lücken zwischen den einzelnen Kanälen vorgenommen. Weitere Möglichkeiten der CNR-Messung ergeben sich bei der Verwendung eines geeigneten Konstellations-Analyzers für DVB-S/S2 (z.B. Rohde&Schwarz DVM mit RF-Option oder Antennenmessgerät) oder über den Umweg über eine Bitfehlerratenmessung. Mit solch einem Analysegerät kann natürlich auch der Pegel gemessen werden.

15.3.2 CNR, SNR und Eb/N0

Der Rauschabstand CNR ist eine wichtige Größe für die Qualität der Satellitenübertragungsstrecke. Aus dem CNR kann unmittelbar auf die zu erwartende Bitfehlerrate geschlossen werden. Das CNR ergibt sich aus der vom Satelliten abgestrahlten Leistung (ca. kleiner 100W pro Transponder), dem Antennengewinn auf der Sende- und Empfangsseite (Größe der Empfangsantenne) und der Raumdämpfung dazwischen. Außerdem spielt die Ausrichtung der Satellitenempfangsantenne und die Rauschzahl des LNB eine Rolle. DVB-S-Empfänger geben den Wert CNR zumindest meist als Hilfsgröße zur Ausrichtung der Empfangsantenne aus.

$$\text{CNR [dB]} = 10 \log(P_{Carrier}/P_{Noise});$$

Neben dem Carrier to Noise Ratio (CNR) gibt es auch das Signal to Noise Ratio (SNR):

$$\text{SNR [dB]} = 10 \log(P_{Signal}/P_{Noise});$$

Mit der Signalleistung P_{Signal} ist hierbei die Leistung des Signals nach der Rolloff-Filterung gemeint. P_{Noise} ist die Rauschleistung innerhalb der Nyquistbandbreite (Symbolrate).

Der Signalrauschabstand SNR ergibt sich somit aus dem Trägerrauschabstand CNR zu

$$\text{SNR [dB]} = \text{CNR [dB]} + 10\log(1-r/4);$$

r = Rolloff-Faktor; bei DVB-S ist der Rolloff-Faktor = 0.35;

d.h. bei DVB-S ist

$$\text{SNR [dB]} = \text{CNR [dB]} - 0.3977 \text{ dB};$$

15.3.3 Ermittelung des E_B/N_0

Oft findet man speziell bei DVB-S die Angabe E_B/N_0 vor. Man versteht hierbei die Energie pro Bit bezogen auf die Rauschleistungsdichte.

E_B = Energie pro Bit
N_0 = Rauschleistungsdichte in dBm/Hz

Man kann das E_B/N_0 aus dem CNR berechnen:

$$E_B/N_0\ [\mathrm{dB}] = \mathrm{CNR}\ [\mathrm{dB}] - 10 \log(188/204) - 10 \log(m) - 10 \log(\mathrm{coderate});$$

m = 2; (bei QPSK / DVB-S)
m = 4 (16QAM),
6 (64QAM),
8 (256QAM);

coderate = ½, 2/3, ¾, 5/6, 7/8;

Für den Fall der Coderate 3/4 bei üblicher QPSK-Modulation ergibt sich:

$$E_B/N_0\ [\mathrm{dB}]_{3/4} = \mathrm{CNR}\ [\mathrm{dB}] - 10 \log(188/204) - 10 \log(2) - 10 \log(3/4) = \mathrm{CNR}\ [\mathrm{dB}] + 0.3547\ \mathrm{dB} - 3.0103\ \mathrm{dB} + 1.2494\ \mathrm{dB} = = \mathrm{CNR}\ [\mathrm{dB}] - 1.4062\ \mathrm{dB};$$

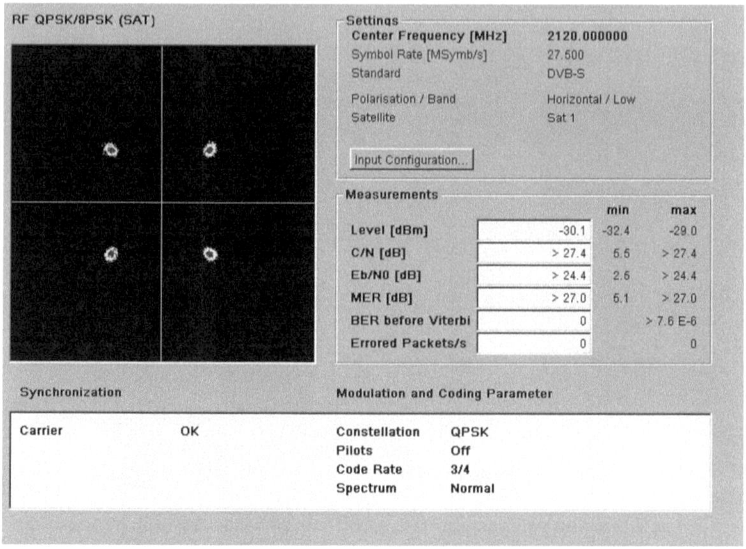

Abb. 15.4. Konstellationsdiagramm eines DVB-S-Signals mit BER- und MER-Messung, ungestört [DVM]

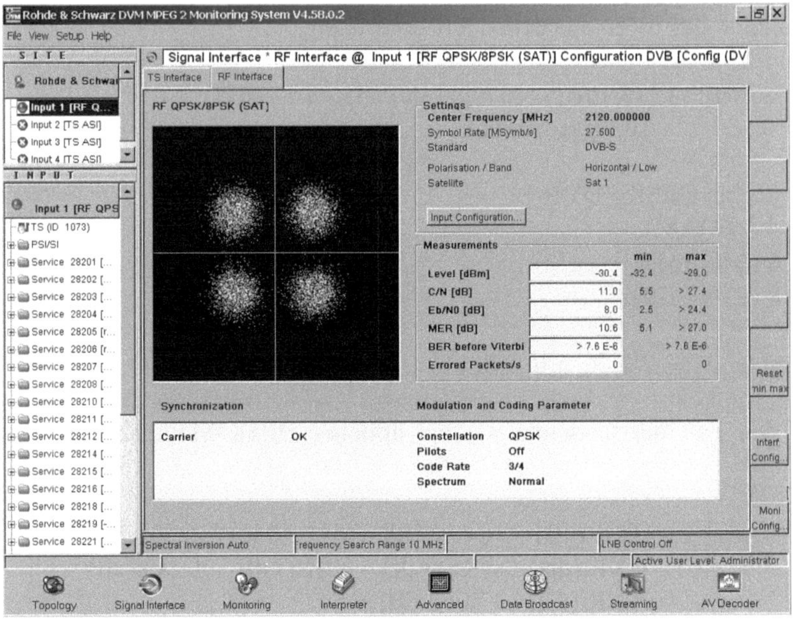

Abb. 15.5. Konstellationsdiagramm eines durch Rauschen beeinflussten DVB-S-Signals [DVM]

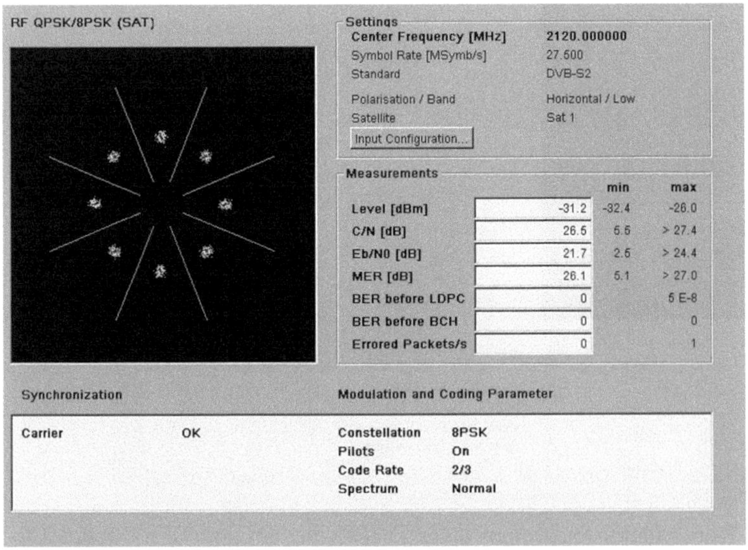

Abb. 15.6. Ungestörtes Konstellationsdiagramm eines DVB-S2-Signals mit 8PSK-Modulation [DVM]

15.4 Modulation Error Ratio (MER)

Das Modulation Error Ratio (MER) ist ein Summenparameter, in dem alle auf ein digital moduliertes Signal einwirkenden Störsignale abgebildet werden. Jedes Störereignis kann durch einen Fehlervektor beschrieben werden, der den Konstellationspunkt von der idealen Mitte eines Entscheidungsfeldes herausschiebt. Das Verhältnis der Signalamplitude, effektiv gemessen, zum quadratischen Mittelwert der Fehlervektoren ergibt das MER. Die genaue Definition ist im Kapitel DVB-C und DVB-T-Messtechnik vorgenommen. Bei DVB-S/S2 entspricht das MER nahezu dem SNR-Wert, da es praktisch nur rauschartige Einflüsse gibt.

15.5 Messung des Schulterabstands

Innerhalb des DVB-S-Nutzkanals sollte das DVB-S-Signal möglichst flach sein, d.h. weder Welligkeit noch Schräglage aufweisen. Zu den Kanalrändern hin fällt das DVB-S-Spektrum sanft rolloff-gefiltert ab. Außerhalb des eigentlichen Nutzbandes sind jedoch auch Signalanteile vorzufinden, man spricht von den Schultern des DVB-S-Signals. Diese Schultern (Abb. 15.2. und Abb. 15.3) stören je nach Dämpfung die Nachbarkanäle mehr oder weniger. Es ist ein möglichst guter Schulterabstand im Bereich von ca. 40 dB anzustreben. In ETS 300421 ist eine Toleranzmaske für das DVB-S Signalspektrum definiert. Grundsätzlich kann jedoch der Satellitenbetreiber eine bestimmte Toleranzmaske für den Schulterabstand vorgeben.

Die Analyse des Signalspektrums erfolgt mit einem Spektrumanalyzer mit Hilfe einfacher Markerfunktionen in vorgegebenen Abständen von der Kanalmitte aus.

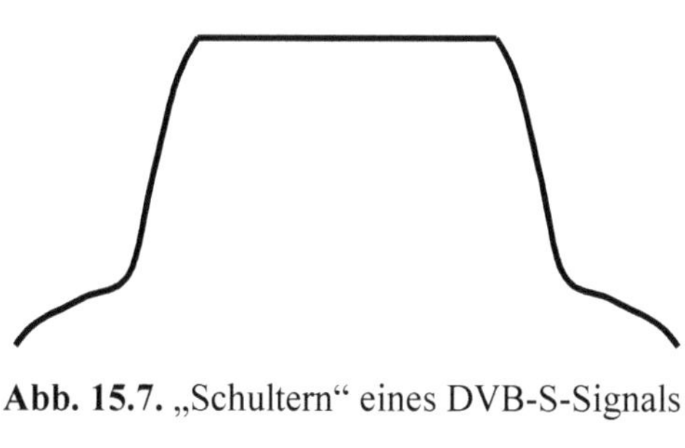

Abb. 15.7. „Schultern" eines DVB-S-Signals

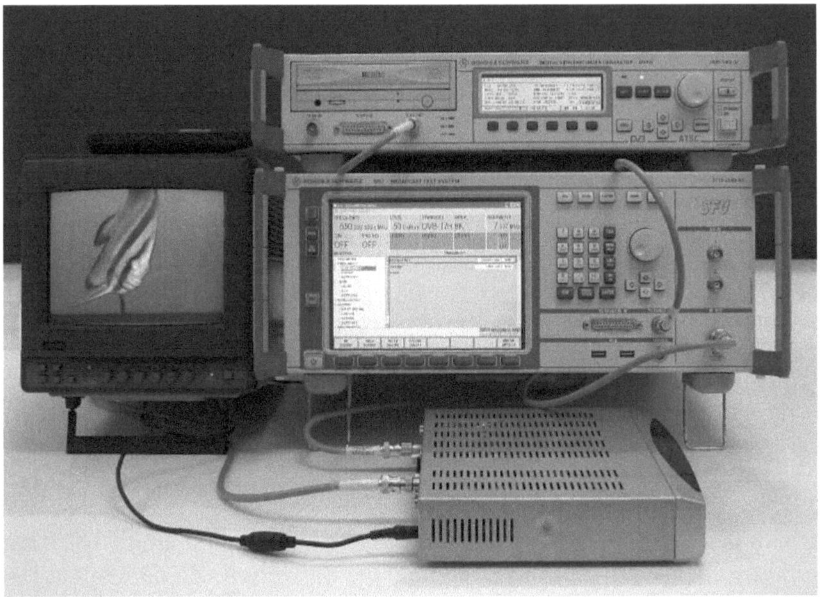

Abb. 15.8. Test von DVB-Receivern mit Hilfe eines MPEG-2-Generators (Rohde&Schwarz DVRG) und eines Mess-Senders (Rohde&Schwarz SFU): Der MPEG-2-Generator (oben) liefert den MPEG-2-Transportstrom mit Testinhalten und speist den DVB-Mess-Sender (Mitte), der wiederum dann ein DVB-konformes IQ-moduliertes HF-Signal für den DVB-Receiver (unten) erzeugt. Das Video-Ausgangssignal des DVB-Receivers wird am TV-Monitor (links) dargestellt.

15.6 DVB-S-Empfänger-Test

Ganz große messtechnische Bedeutung hat der Test von DVB-S/S2-Empfängern (früher sog. Settop-Boxen, siehe Abb. 15.4. bzw. heute v.a. Flachbildschirmen mit integriertem Satellitentuner). Hierzu werden DVB-S/S2-Mess-Sender verwendet, die die Satellitenübertragungsstrecke samt Modulationsprozess simulieren können. In solch einem Mess-Sender (z.B. Rohde&Schwarz TV Test Transmitter SFU oder Broadcast Test Center BTC) findet man neben dem DVB-S-Modulator und Upkonverter auch eine zuschaltbare Rauschquelle und ggf. sogar einen Kanalsimulator. In den Mess-Sender wird MPEG-2-Transportstrom aus einem MPEG-2-Generator eingespeist bzw. es ist bereits eine im Mess-Sender integrierte MPEG-2-Transportstromquelle verfügbar. Der Mess-Sender liefert dann ein DVB-S/S2-Signal im Bereich der ersten Satelliten-ZF (900 - 2100 MHz). Dieses

Signal kann direkt dem Eingang des DVB-S/S2-Empfängers zugeführt werden. Im Mess-Sender können dann durch Änderung zahlreicher Parameter Stressbedingungen für den DVB-S/S2-Empfänger erzeugt werden. Auch ist die Messung der Bitfehlerverhältnisse in Abhängigkeit vom CNR möglich. Solche Mess-Sender finden Einsatz sowohl in der Entwicklung, als auch in der Fertigung und Qualitätssicherung von DVB-S/S2-Receivern.

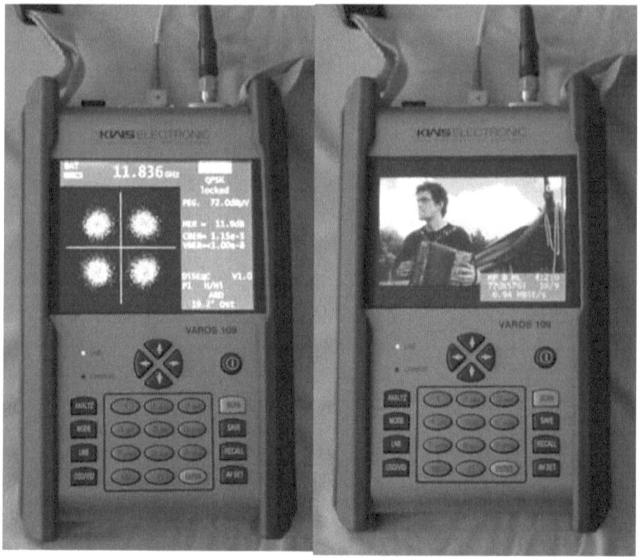

Abb. 15.9. Messungen an einer Satellitenempfangsanlage mit einem Antennenmessgerät (KWS VAROS 109), links wichtigste Messparameter (Pegel, MER, BER), sowie Konstellationsdiagramm, rechts decodiertes Videosignal; man beachte auch die Möglichkeit der optischen LNB-Verbindung beim KWS VAROS 109 [KWS]

15.7 Messungen an der Satellitenempfangsanlage

Mit Hilfe eines Sat-Antennenmessgeräts wird die Signalqualität der Satellitenempfangsanlage gemessen und ggf. die Satellitenantenne korrekt auf den Satellitenorbit ausgerichtet. Antennenmessgeräte (vgl. Abb. 15.10. und 15.11. KWS Electronic, VAROS 109) [KWS] liefern die bereits diskutierten Messparameter wie

- HF-Pegel in dBµV (60… 80 dBuV, ideal ca. 70 dBuV)
- MER in dB (7…13 dB, ideal >11 dB)
- BER vor Viterbi oder LDPC
- BER vor Reed-Solomon oder BCH.

Außerdem kann das Spektrum der Sat-Kanäle dargestellt werden, was speziell beim ersten Ausrichten der Satellitenantenne sehr hilfreich ist. Zusätzlich ist es möglich, die Programme zu dekodieren. Ggf. ist ein CA-Modul mit Karte erforderlich. Abb. 15.11. zeigt einige Beispiele von Messbildschirmen eines Sat-Antennenmessgerätes mit den wichtigsten Messparametern, Konstellationsdiagrammen (hier DVB-S/QPSK, DVB-S2/8PSK) und Spektrum.

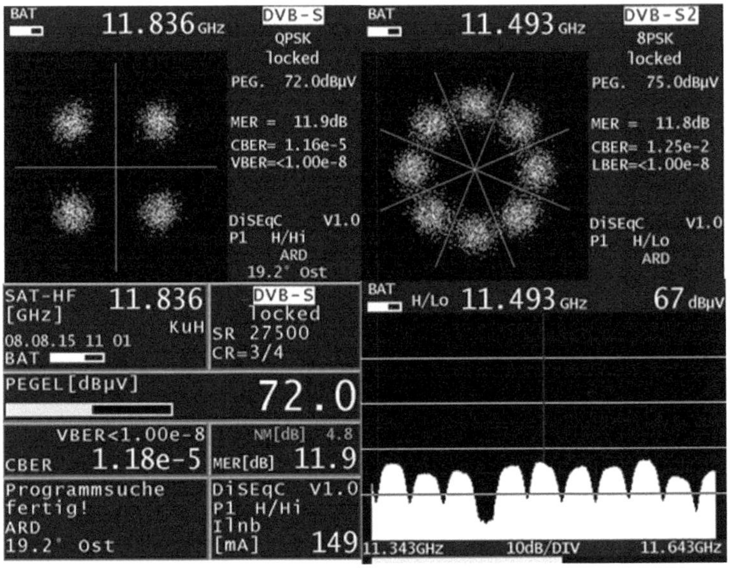

Abb. 15.10. Messbildschirme KWS-Antennenmessgerät VAROS 109 (Konstellatinsdiagramme von DVB-S/QPSK, DVB-S2/8PSK, wichtigste Messparameter, Spektrumsdarstellung [KWS]

Um eine Satellitenempfangsanlage auf die Satellitenposition ausrichten zu können, benötigt man ein oben beschriebenes Sat-Antennenmessgerät, die geographische Position des Empfangsortes, die Orbitalposition des gewünschten Satelliten, sowie die technischen Parameter der wichtigsten Satellitentransponder auf dieser Satellitenposition, d.h.

- Sat-Transponder-Frequenz (GHz)
- High/Low Band
- Polarisation Horizontal/Vertikal
- Symbolrate
- Fehlerschutz (FEC, Coderate).

Anhand von Tabellen ermittelt man dann aus den geographischen Daten des Empfangsortes (Länge, Breite) und der Satellitenposition den Azimut- und Elevationswinkel der Satellitenempfangsantenne. Mit Hilfe dieser Daten wird die Antenne zunächst grob ausgerichtet. Dann stellt man den an den LNB der Satellitenantenne angeschlossenen Satellitenmessempfänger auf einen bekannten Transponder ein und betrachtet und optimiert zunächst das Spektrum (deutliches Abheben der Satellitentransponder aus dem Rauschen heraus). Dann kontrolliert man, ob man tatsächlich den richtigen Satelliten „erwischt" hat, indem man versucht, einen Transponder zu dekodieren und die darin enthaltenen SI-Tabellen auszulesen. Nach erfolgtem Grobabgleich optimiert man dann noch das MER auf einen möglichst großen Wert (Ziel: > ca. 11 dB). Je größer der MER-Wert wird, desto mehr Reserve hat man bei Schlechtwetterbedingungen. Es ist jedoch festzustellen, dass die verschiedenen Transponder mit verschiedener Qualität zu empfangen sind (unterschiedliche MER-Werte). Die Grenze des Empfangs liegt in etwa meist bei MER = 7 dB.
Ggf. ist es nötig, die Transponderfrequenz auf die erste Satelliten-ZF umzurechnen; im LNB sind zwei Oszillatoren enthalten, nämlich einer bei 9.75 GHz (Low Band) und einer bei 10.6 GHz (High Band). Die folgenden Tabellen 15.1. und 15.2. können bei der Wahl der richtigen Steuerparameter für den LNB hilfreich sein. Es gibt verschiedene LNB-Ausführungen, nämlich

- Single LNB mit 14/18V/22kHz-Steuerung
- Quad LNBs mit 14/18V/22kHz-Steuerung mit vier schaltbaren Ausgängen für vier Receiver
- Quattro LNBs mit vier Ausgängen mit fester Belegung (für Multischalter)
- Quad LNBs mit DiSEqC-Steuerung mit vier schaltbaren Ausgängen für vier Receiver
- Single LNB für Unicable-Applikationen,
- LNB mit optischer ZF für alle vier Sat-Ebenen,
- usw.

Entsprechend des LNB-Typs ist dieser dann auch durch das Sat-Antennenmessgerät zu steuern, bzw. zu betreiben.

Tabelle 15.1. Steuerung eines LNB über LNB-Versorgungsspannung und 22kHz-Schaltsignal

Sat-Band	Polarisation	LNB-Versorgung
Low Band	vertikal	14V
High Band	horizontal	18V
High Band	vertikal	14V/22 kHz
High Band	horizontal	18V/22 kHz

Tabelle 15.2. Frequenzbereich Low Band / High Band

Ku-Band-Bereich	Transponderfrequenzbereich
Low Band	10.7-11.7 GHz
High Band	11.7-12.75 GHz

Literatur: [ETS300421], [ETR290], [REIMERS], [GRUNWALD], [FISCHER3], [SFQ], [SFU], [DVM], [DVMS], [BTC], [KWS], [KWS_VAROS109]

16 Digitale TV-Übertragung über Breitbandkabel gemäß DVB-C

Aus früheren analogen Fernsehgemeinschaftsantennenanlagen hat sich in den 1980er Jahren das sog. „Kabelfernsehen" oder „Breitbandkabel" entwickelt. Viele Länder weisen v.a. in dichtbesiedelten Gegenden eine gute Rundfunkversorgung über das Breitbandkabel (engl. CATV) auf. Diese Netze waren in manchen Ländern lange nur bis 600 MHz ausgebaut, heute sind viele Netze bis 860 MHz belegt (Abb. 16.1.). Planungen, diese Frequenzgrenze auf über 1 GHz anzuheben, gibt es bereits. Neben dem vom terrestrischen Fernsehen her bekannten VHF- und UHF-Band sind hier noch zusätzliche Sonderkanäle belegt. Analoge Fernsehkanäle sind ohne zusätzlichen Aufwand bequem mit herkömmlichen TV-Empfangsgeräten empfangbar, wobei diese analogen TV-Kanäle auch bald verschwunden sein werden.

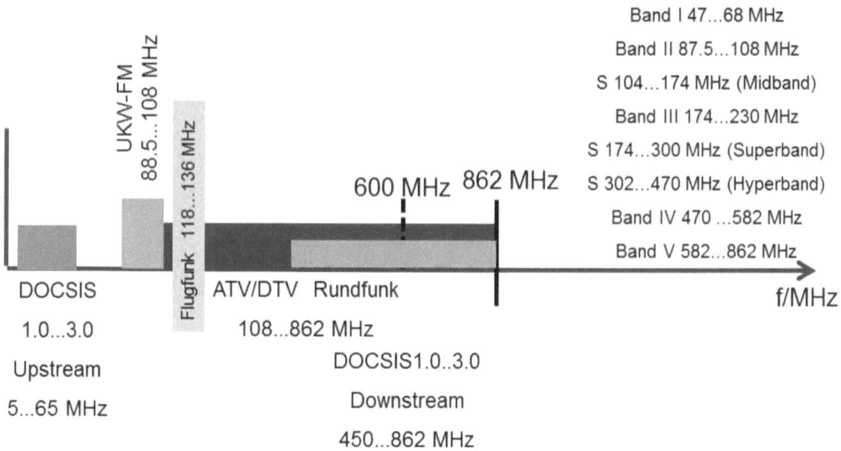

Abb. 16.1. Frequenzbelegung Breitbandkabel (CATV)

Im Gegensatz zur Nutzung des Satellitenfernsehens oder des terrestrischen Fernsehempfangs fällt bei der Nutzung des Breitbandkabels eine regelmäßige Teilnehmergebühr von monatlich ca. 20 … 30 EUR an. Nutzt jemand heute noch analogen TV-Empfang über das Breitbandkabel, so fällt die mäßige Qualität dieser nun „re-analogisierten" Kabel-TV-Signale in Kombination mit manchmal zusätzlichen Moire-Effekten im Bild, aufgrund von Mischprodukten der Vielkanalbelegung, auf.Das Breitbandkabel ist technologisch aus dem analogen terrestrischen Fernsehen entstanden und deshalb beträgt die TV-Kanalbandbreite somit 6, 7 oder 8 MHz. Im Breitbandkabel sind heute typischerweise folgende Dienste zu finden, nämlich

- Rückkanal für Telefon und Internet (5…65 MHz)
- UKW-FM-Hörfunk (87.5…108 MHz)
- Freier Schutzbereich/Flugfunk 118…136 MHz
- ATV/DTV-Dienste (ca. 140 … 862 MHz)
- DOCSIS-Downstreams (ab ca. 600 MHz).

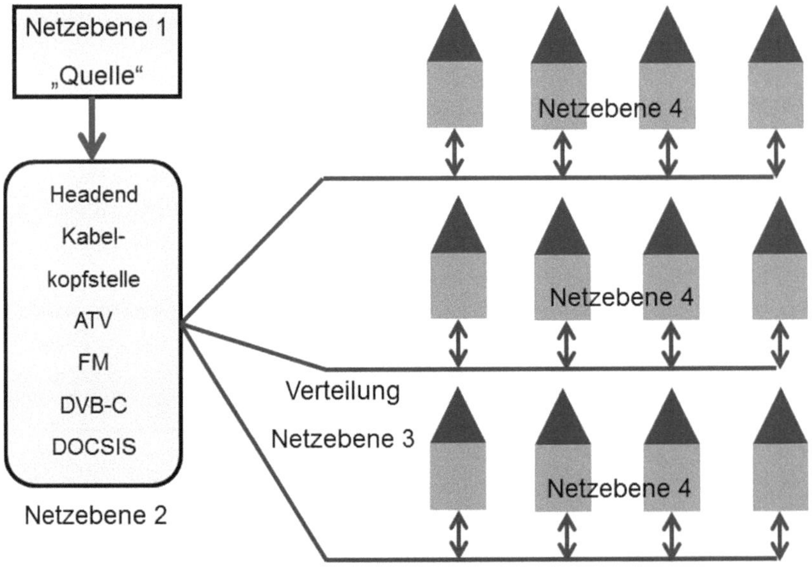

Abb. 16.2. Struktur eines Breitbandkabelnetzes, Netzebene 1 = Quelle/Zuführung, Netzebene 2 = Kopfstelle, Netzebene 3 = Verteilung, Glasfaser, 75 Ohm-Koaxtechnik, Netzebene 4 = Hausverteilung, Netzebene 5 = Verbindung zwischen Wandanschlussdose und Endgerät (engl. CATV-Netz)

Ab etwa 1995 tauchten in den Breitbandkabelnetzen digitale TV-Signalen gemäß DVB-C zunächst v.a. in den höheren Frequenzbereichen über etwa 300 MHz auf. Dieses Kapitel beschreibt das Verfahren zur Übertragung von digitalen TV-Signalen über Breitbandkabel gemäß DVB der ersten Generation, bezeichnet mit DVB-C.

Die gewählten Übertragungsverfahren und -parameter wurden anhand der typischen Eigenschaften eines Breitbandkabels ausgewählt. Dieses weist ein wesentlich günstigeres Signal/Rausch-Verhältnis (heute ca. 33 … 39 dB) auf als bei der Satellitenübertragung (ca. 10…12 dB) und es gibt ebenfalls kaum Probleme mit Reflexionen.

Deshalb wählte man höherwertige digitale Modulationsverfahren von 64QAM (Koax) bis hin zu 256QAM (Glasfaser) (siehe Abb. 16.3.). Ein Breitbandkabelnetz besteht aus der Kabelkopfstelle (Netzebene 2), den Kabelverteilstrecken (unterirdisch oder in manchen Ländern auch oberirdisch, Netzebene 3) bestehend aus Koaxialkabeln und Kabelverstärkern, dem letzten Stück Leitung vom Verteiler zum Hausanschluss des Teilnehmers und dem Hausnetz des Teilnehmers (Netzebene 4) selbst, sowie dem Weg von der Teilnehmeranschlußdose bis hin zum TV-Endgerät (Netzebene 5) (Abb. 16.2.). Die Kabelverteilstrecken von der Kopfstelle bis hin zum letzten Verteilerkasten können auch in Glasfaser ausgeführt sein. Über dieses Breitbandkabelsystem erfolgt nun die Verteilung von Rundfunkprogrammen, analogen und digitalen TV-Programmen. Mittlerweile sind Rückkanaltechniken (Nutzung von Telefon und Internet über Breitbandkabel, DOCSIS) im Frequenzbereich unter etwa 65 MHz nahezu in jedem Breitbandkabelnetz Stand der Technik.

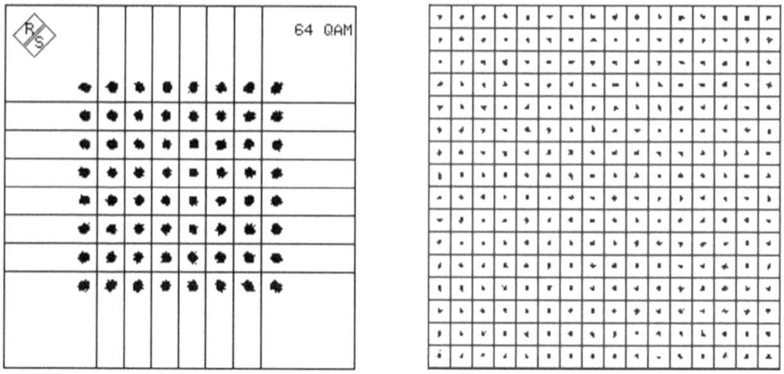

Abb. 16.3. 64QAM-Modulation (links) und 256QAM-Modulation (rechts)

16.1 Der DVB-C-Standard

Das DVB-Übertragungsverfahren für digitale TV-Signale im Breitbandkabel ist ist im Standard ETS 300429 etwa 1995 veröffentlicht worden. Seit dieser Zeit bzw. seit kurz danach ist dieser Service in den Kabelnetzen verfügbar. Man wird sehen, dass der MPEG-2-Transportstrom im DVB-C-Modulator zunächst fast die gleichen Aufbereitungsstufen durchläuft, wie beim DVB-S-Satellitenstandard. Lediglich die letzte Stufe - die Faltungscodierung fehlt hier; sie ist einfach wegen des robusteren Ausbreitungsmediums nicht nötig. Anschließend erfolgt die 16-, 32-, 64-, 128- oder 256 – Quadraturamplitudenmodulation. In früheren reinen Koaxial-Kabel-Systemen wurde praktisch immer 64QAM-Modulation verwendet, in heutigen hybriden modernen Glasfaser/Koax-Netzen meist 256QAM und in manchen Kanälen immer noch 64QAM (Abb. 16.1.).

Betrachten wir nun zunächst ein übliches CATV-Netz mit einem Kanalraster von 8 MHz. Dort wird üblicherweise mit einem 64QAM-modulierten Trägersignal mit einer Symbolrate von beispielsweise 6.9 MSymbolen/s gearbeitet. Die Symbolrate muss niedriger sein als die Systembandbreite, die in diesem Fall von 8 MHz beträgt. Das modulierte Signal wird sanft zu den Kanalrändern hin ausrollen mit einem Rolloff-Faktor von r=0.15. Mit 6.9 MS/s und 64QAM (6 Bit/Symbol) ergibt sich eine Bruttodatenrate von

$$\begin{aligned}\text{Bruttodatenrate}_{\text{DVB-C}} &= 6\ \text{Bit/Symbol} \cdot 6.9\ \text{MSymbole/s} \\ &= 41.4\ \text{Mbit/s};\end{aligned}$$

Bei DVB-C wird nur mit Reed-Solomon-Fehlerschutz gearbeitet und zwar mit dem gleichen wie bei DVB-S bzw. DVB-T, also mit RS(188, 204). Ein 188 Byte langes MPEG2-Transportstrompaket wird mit 16 Byte Fehlerschutz versehen und ergibt so ein 204 Byte langes Gesamtpaket während der Übertragung.

Es ergibt sich folgendermaßen eine Nettodatenrate von

$$\text{Nettodatenrate}_{\text{DVB-C}} = \text{Bruttodatenrate} \cdot 188/204 = 38.15\ \text{Mbit/s};$$

Somit weist ein 36 MHz breiter Satellitenkanal mit einer Symbolrate von 27.5 MS/s und einer Coderate von 3/4 die gleiche Nettodatenrate, also Transportkapazität auf wie dieser DVB-C-Kanal, der nur 8 MHz breit ist.

Allgemein gilt bei DVB-C:

$$\text{Nettodatenrate}_{\text{DVB-C}} = \text{ld}(m) \cdot \text{symbol\_rate} \cdot 188/204;$$

Der DVB-C-Kanal verfügt aber auch über einen deutlich besseren Störabstand S/N von etwa 30 dB (Koax-Technologie) gegenüber von etwa 10 dB bei DVB-S. Bei HFC-Netzen (Hybrid Fibre Coax) kann von einem SNR von etwa 38 dB und darüber ausgegangen werden.

Die im DVB-C-Standard vorgesehenen Konstellationen sind 16QAM, 32QAM, 64QAM, 128QAM, sowie 256QAM. Gemäß DVB-C ist das Spektrum (Abb. 16.4.) rolloff-gefiltert mit einem Rolloff-Faktor von r=0.15. Das bei DVB-C spezifizierte Übertragungsverfahren findet man auch als internationaler Standard ITU-T J83A. Parallel hierzu gibt es auch den in Nordamerika verwendeten Standard ITU-T J83B, der später separat beschrieben wird und ITU-T J83C, das Verfahren, das in 6 MHz breiten Kanälen in Japan Anwendung findet. J83C ist prinzipiell genauso aufgebaut wie DVB-C, nur wird hier mit einem anderen Rolloff-Faktor bei 16QAM (r=0.18), sowie bei 256QAM (r=0.13) gearbeitet. Alles andere ist identisch. ITU-T J83B, das Verfahren, das in USA und in Kanada vorzufinden ist, weist eine völlig unterschiedliche FEC auf und wird in einem eigenständigen Teil beschrieben.

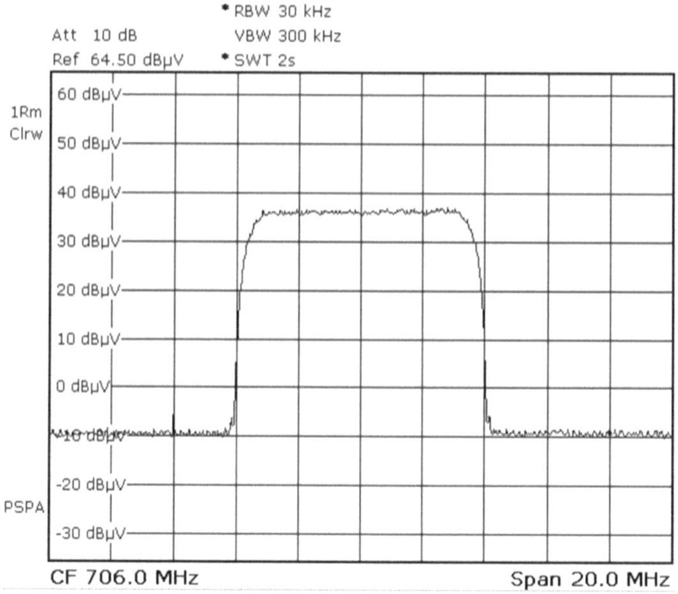

Abb. 16.4. DVB-C-Spektrum (8 MHz-Kanal, Symbolrate = 6.9 MS/s, gemessen mit R&S ETL [ETL])

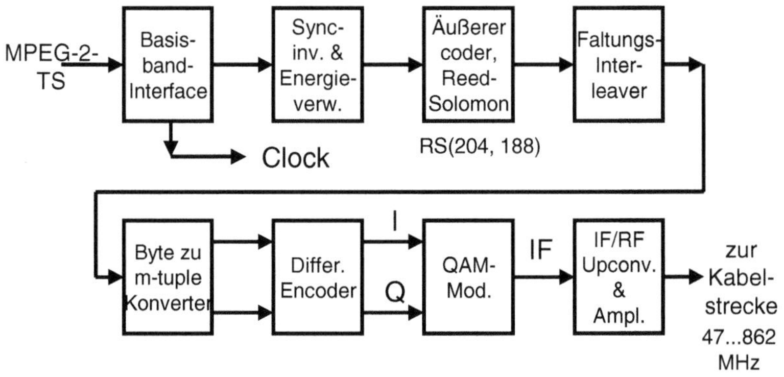

Abb. 16.5. Blockschaltbild des DVB-C-Modulators

16.2 Der DVB-C-Modulator

Die Beschreibung des DVB-C-Modulators (Abb. 16.5.) braucht nun nicht so detailliert zu erfolgen, da die meisten Stufen absolut identisch zum DVB-S-Modulator sind und bereits im DVB-S-Kapitel ausführlich beschrieben sind. Im Baseband-Interface wird auf den eingespeisten aus 188 Byte langen Transportstrompaketen bestehenden MPEG-2-Transportstrom aufsynchronisiert. Die TS-Pakete bestehen aus einem 4 Byte langen Header, der mit dem Sync-Byte (0x47) beginnt, und dem nachfolgenden 184 Byte langen Nutzlastanteil (Payload). Anschließend wird jedes achte Sync-Byte invertiert zu 0xB8, um Langzeit-Zeitmarken im Datenstrom bis hin zum Empfänger für die Energieverwischung und deren Rückgängigmachung mitzuführen. Es folgt die eigentliche Energieverwischungsstufe (Energy Dispersal, Randomizer), dann der Reed-Solomon-Coder, der 16 Byte Fehlerschutz zu jedem 188 Byte langen Transportstrompaket hinzufügt. Die hinterher 204 Byte langen Pakete werden dann dem Forney-Interleaver zugeführt, um den Datenstrom robuster gegenüber Burstfehlern zu machen. Die im DVB-C-Demodulator erfolgende Rückgängigmachung des Interleaving-Vorganges bricht die Burstfehler auf. Damit ist es für den Reed-Solomon-Block-Dekoder leichter, Fehler zu reparieren.

Der fehlergeschützte Datenstrom wird dann in den Mapper eingespeist, wobei hier im Gegensatz zu DVB-S und DVB-T eine Differenzcodierung des QAM-Quadranten vorgenommen werden muss. Im 64QAM-Demodulator kann der Träger nämlich nur noch auf Vielfache von 90 Grad genau zurückgewonnen werden. Der DVB-C-Empfänger kann also auf beliebige Vielfache von 90 Grad Trägerphase einrasten. Nach dem Mapper erfolgt die heutzutage digital vorgenommene Quadraturamplitudenmodulation. Üblicherweise wählte man früher 64QAM für reine Koax-Strecken und 256QAM früher und heute für kombinierte Glasfaser/Koax-Strecken (HFC = Hybrid Fibre Coax). Das Signal wird rolloff-gefiltert mit einem Rolloff-Faktor von r=0.15. Durch dieses sanfte Ausrollen zu den Bandgrenzen hin wird die Augenhöhe des modulierten Signals optimiert. Nach der Leistungsverstärkung erfolgt die Einkoppelung in des Breitband-Kabelsystem.

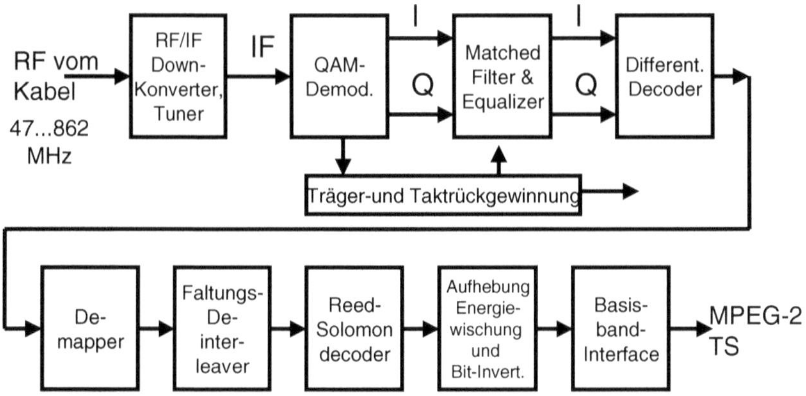

Abb. 16.6. Blockschaltbild eines DVB-C-Empfängers

16.3 Der DVB-C-Empfänger

Der DVB-C-Empfänger (Abb. 16.6.) – früher die sog. Kabel-Settop-Box bzw. der Kabel-Receiver, heute der mittlerweile im TV-Flachbildschirm integrierte Kabel-Tuner - empfängt den DVB-C-Kanal im Bereich von ca. 140...860 MHz. Während der Übertragung sind Einflüsse von der Übertragungsstrecke hinzugekommen. Die hierbei wesentlichen sind Rauschen, Echos, sowie Amplituden- und Gruppenlaufzeitverzerrungen. Diesen Einflüssen wird später noch in ein eigenes Kapitel gewidmet.

Die erste Baugruppe im DVB-C-Empfänger ist der kabeltaugliche Tuner, der sich im wesentlichen nicht von dem eines Tuners für analoges Fernsehen unterscheiden muss. Der Tuner mischt den 8 MHz breiten DVB-C-Kanal auf eine ZF mit einer Bandmitte bei etwa 36 MHz herunter. Diese 36 MHz entsprechen auch der Bandmitte eines analogen TV-Kanals in der ZF-Lage zumindest nach Standard BG/Europa. Ein nachfolgendes Oberflächenwellenfilter (OFW, SAW) unterdrückt Nachbarkanalanteile.

Es ist exakt 8 MHz breit. Im Falle eines möglichen 7 oder 6 MHz - Kanals muss dieses durch entsprechende Ausführungen ersetzt werden. Nach dieser Bandpassfilterung entsprechend der tatsächlichen Kanalbandbreite von 8, 7 oder 6 MHz erfolgt eine weitere Mischung auf eine tiefere Zwischenfrequenz, um die nachfolgende Analog-Digital-Wandlung einfacher zu machen. Vor der AD-Wandlung müssen jedoch mit Hilfe eines Tiefpassfilters alle Frequenzkomponenten über der halben Abtastfrequenz entfernt werden. Es erfolgt nun die Abtastung bei etwa 20 MHz bei einer Auflösung von mindestens 10 Bit. Die nun digital vorliegende ZF wird einem IQ-Demodulator und dann einem Wurzelcosinusquadrat-Matched Filter zugeführt, nun in der digitalen Ebene arbeitend. Parallel hierzu findet die Rückgewinnung des Trägers und des Taktes statt. Der zurückgewonnene Träger mit einer Unsicherheit von Vielfachen von 90 Grad wird in den Trägereingang des IQ-Demodulators eingespeist. Es folgt ein Kanal-Equalizer z.T. mit dem Matched Filter kombiniert, der als komplexes FIR-Filter ausgeführt, den durch Amplitudengang- und Gruppenlaufzeitfehler verzerrten Kanal zu korrigieren versucht. Dieser Equalizer arbeitet nach dem Maximum-Liklihood-Prinzip, d.h. es wird versucht, die Signalqualität nach dem Equalizer auf ein Optimum zu bringen durch "Drehen" an digitalen "Einstellschrauben". Diese sind die Taps des Digitalfilters. Das so nun optimierte Signal läuft in den Demapper, der den Datenstrom wieder zurückgewinnt. Dieser Datenstrom wird nun aber noch Bitfehler aufweisen. Es ist jedoch noch Fehlerschutz hinzugefügt. Zuerst wird nun das Interleaving aufgehoben, Burstfehler werden nun zu Einzelfehlern. Der nachfolgende Reed-Solomon-Decoder kann bis zu 8 Byte-Fehler pro 204 Byte langem RS-Paket beheben. Es entstehen wieder 188 Byte lange Transportstrompakete, die noch energieverwischt sind. Sind mehr als 8 Byte-Fehler in einem Paket enthalten, so können diese nicht mehr repariert werden. Der Transport Error Indicator im TS-Header wird dann auf Eins gesetzt. Nach dem RS-Decoder wird die Energieverwischung rückgängig gemacht und die Sync-Invertierung jedes achten Sync-Bytes wieder aufgehoben. Es steht nun wieder MPEG-2-Transportstrom am Basisband-Interface an. In der praktischen Realisierung finden sich alle Baugruppen ab dem AD-Wandler bis hin zum Transportstromausgang in einem Chip. In einem DVB-C-Receiver (heute meist als sog. „Triple-Tuner“ in TV-Endgerät integriert) findet man als wesentliche Bauteile den Tuner, etwas diskrete Bauelemente, den DVB-C-Demodulator-Chip, sowie den MPEG-Decoder-Chip. Ein Mikroprozessor steuert alles.

Anmerkung: Heute gibt es Silicon-Tuner-IC’s, sowie Kombi-Chips für DVB-C/C2/T/T2.

16.4 Störeinflüsse auf der DVB-C-Übertragungsstrecke

Da beim DVB-C-Modulator praktisch nur digitale IQ-Modulatoren zu Einsatz kommen, können heutzutage IQ-Fehler wie Amplituden-Ungleichheit, IQ-Phasenfehler und mangelnde Trägerunterdrückung vernachlässigt werden. Diese Effekte existieren einfach im Gegensatz zur ersten Generation nicht mehr. Im wesentlichen treten im Laufe der Übertragung Rauschen, Intermodulations- und Kreuzmodulationsstörungen und Echos bzw. Amplituden- und Gruppenlaufzeiteinflüsse auf. Ist ein Kabelverstärker in der Sättigung und dabei mit vielen Kanälen belegt, so entstehen Mischprodukte, die sich im Nutzsignalbereich wiederfinden werden. Jeder Verstärker muss deshalb im richtigen Arbeitspunkt betrieben werden.

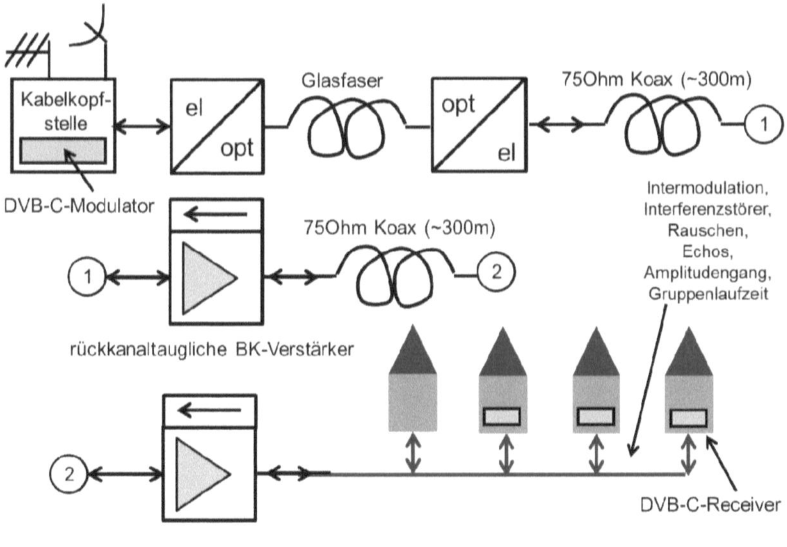

Abb. 16.7. DVB-C-Übertragungsstrecke mit Störeinflüssen

Es ist deshalb entscheidend, dass eine TV-Kabelübertragungsstrecke richtig gepegelt ist. Ein zuviel an Pegel erzeugt an den Verstärkern Intermodulationsprodukte, ein zuwenig an Pegel reduziert den Störabstand, beides äußert sich in einem Rauscheinfluss. Eine Hausinstallation sollte z.B. für DVB-C so ausgepegelt sein, dass sich für den Störabstand ein Maximum ergibt. Man pegelt den evtl. vorhandenen Verstärker so ein, dass sich der Störabstand an der am weitesten entfernten Antennendose im Umkehrpunkt befindet. Ein optimaler DVB-C-Empfängereingangspegel liegt bei ca. 70 dBµV; DVB-C-Empfänger kommen mit Pegeln zwischen

50...80 dBµV recht gut zurecht; BK-Verstärkerausgangspegel werden meist auf ca. 90 dBµV eingestellt (DVB-C-Pegel bei 64QAM).

DVB-C-Signale sind außerdem sehr empfindlich gegenüber Amplituden- und Gruppenlaufzeitgang. Oft genügt eine leicht fehlerhafte Verbindungsleitung zwischen TV-Kabelanschlussdose und DVB-C-Empfänger, um einen korrekten Empfang unmöglich zu machen. Für den noch quasifehlerfreien Betrieb einer DVB-C-Übertragungsstrecke ist ein Störabstand SNR von mehr als 26 dB bei 64QAM erforderlich.

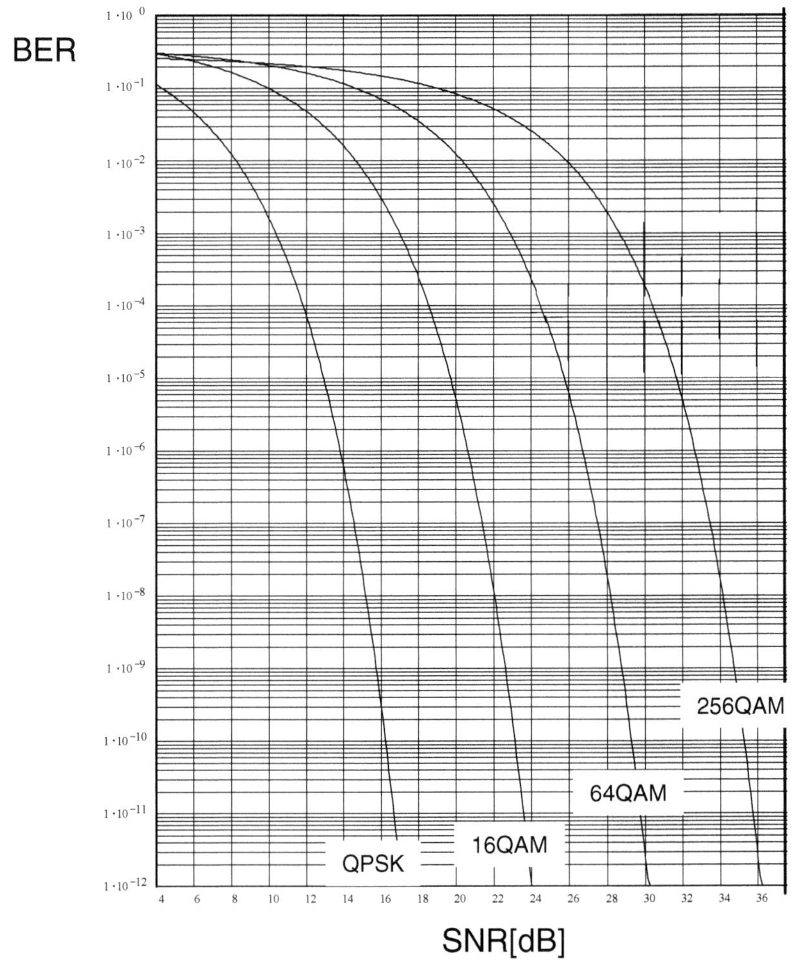

Abb. 16.8. Bitfehlerverhältnisse als Funktion des Störabstands S/N bei DVB-C [EFA]

Das Kanalbitfehlerverhältnis, also das Bitfehlerverhältnis vor Reed-Solomon beträgt dann $2 \cdot 10^{-4}$. Der Reed-Solomon-Dekoder repariert dann Fehler bis auf ein Restbitfehlerverhältnis nach Reed-Solomon von $1 \cdot 10^{-11}$. Dies entspricht dem quasifehlerfreien Betrieb (1 Fehler pro Stunde), ist aber gleichzeitig nahezu auch "Fall-off-the-Cliff". Etwas mehr an Rauschen und die Übertragung bricht schlagartig zusammen. Der für den QEF-Fall (= Quasi Error Free) notwendige Störabstand SNR hängt vom Grad der Modulation ab. Je höher der Grad der Quadraturamplitudenmodulation, desto empfindlicher ist das Übertragungssystem. Abb. 16.5. zeigt den Verlauf des Bitfehlerverhältnisses über das SNR (Signal to Noise Ratio) für QPSK, 16QAM, 64QAM und 256QAM.

Am verbreitetsten ist heute der Betrieb mit 256QAM-modulierten Signalen in HFC-Netzen. Hierbei ist ein Störabstand S/N von mehr als 32 dB erforderlich (Abb. 16.9.). Dies entspricht dann dem Betrieb kurz vor "Fall off-the-Cliff".

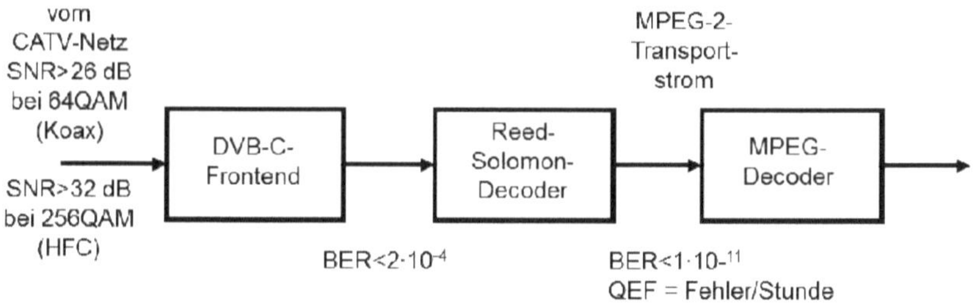

Abb. 16.9. Bitfehlerverhältnisse (BER) bei DVB-C

Mit DVB-C2 ist im Jahre 2009 ein neuer Breitbandkabelstandard der zweiten Generation erschienen. DVB-C2 wird im Kapitel 38 beschrieben. DOCSIS ist der Standard, mit dem Telefonie und schnelles Internet über Breitbandkabel angeboten wird; mit DOCSIS 3.1 kann evtl. die alleinige zukünftige Technik im Breitbandkabel werden; diese Technik wird ebenfalls in einem späteren Kapitel besprochen.

Literatur: [ETS300429], [ETR290], [EFA], [GRUNWALD]

17 Digitale TV-Übertragung über Breitbandkabel nach ITU-T J83B (USA)

In Nordamerika kommt ein anderer Standard für die Breitbandkabelübertragung von digitalen TV-Signalen zum Einsatz, nämlich ITU-T J83B [ITUJ83].
„J83B" ist Teil eines Dokuments, das insgesamt 4 Systemvorschläge für Breitbandkabel-Standards beschreibt:

- System A entspricht voll DVB-C (8 MHz Bandbreite)
- System B ist der momentan verwendete US-Kabelstandard (6 MHz Bandbreite, komplett anders) = J83B
- System C ist der japanische Kabelstandard (weitestgehend identisch zu DVB-C, anderer Rolloff, 6 MHz Bandbreite)
- System D ist „ATSC für's Kabel" (16VSB, 6 MHz Bandbreite, nicht in Verwendung).

J83B ist prinzipiell mit J83A, C (Europa, Japan) vergleichbar, jedoch im Detail speziell bei der FEC völlig anders. Die bei J83B vorliegende Kanalbandbreite liegt wie bei J83C (Japan) bei 6 MHz. Als Modulationsverfahren kommen nur 64QAM und 256QAM zum Einsatz bei einem Rolloff-Faktor von r=0.18 (64QAM) und r=0.12 (256QAM). Der Fehlerschutz (FEC) ist bei J83B deutlich aufwändiger als bei J83A, C. Dies beginnt schon beim MPEG-Framing.

Das im MPEG-2-Transportstrom vorhandene Sync-Byte wird nämlich hier durch eine spezielle Checksumme ersetzt, die auf der Empfangsseite wie bei ATM (Asynchronous Transfer Mode) gleitend mitgerechnet wird und bei Übereinstimmung als Synchronisationskriterium verwendet wird.

Über J83B ist sowohl eine MPEG-2-Transportstrom-Übertragung als auch eine ATM-Übertragung möglich. Nach dem Ersetzen des Sync-Bytes durch eine CRC folgt dann ein Reed-Solomon-Blockcoder RS(128,122), der sich im Gegensatz zu J83A und J83C nicht an der MPEG-2-Blockstruktur orientiert. Im RS-Encoder werden zu je 122 7 Bit langen Symbolen 6 RS-Symbole hinzuaddiert. Hiermit können auf der Empfangsseite 3 Symbole innerhalb von 128 Symbolen repariert werden. Es wird ein

Rahmen (Frame) aus mehreren RS(128,122)-Paketen gebildet, zu dem ein 42 Bit oder 40 Bit langer Sync-Trailer hinzugesetzt werden, in dem u.a. auch die einstellbare Interleaver-Länge signalisiert wird. Nach dem RS-Encoder findet sich dann der Interleaver, der den Datenstrom zur Vermeidung von Burstfehlern günstiger aufbereitet. Ein Randomizer sorgt für eine günstige spektrale Verteilung und bricht lange Null- und Eins-Sequenzen im Datenstrom auf. Als letzte Stufe in der FEC findet sich ein Trellis-Encoder (vgl. Faltungscoder), der nochmals zusätzlichen Fehlerschutz und natürlich Overhead in den Datenstrom einfügt. Der so vorbereitete Datenstrom wird dann 64QAM- oder 256QAM-moduliert, um dann im Breitbandkabel über Koax oder Glasfaser übertragen zu werden.

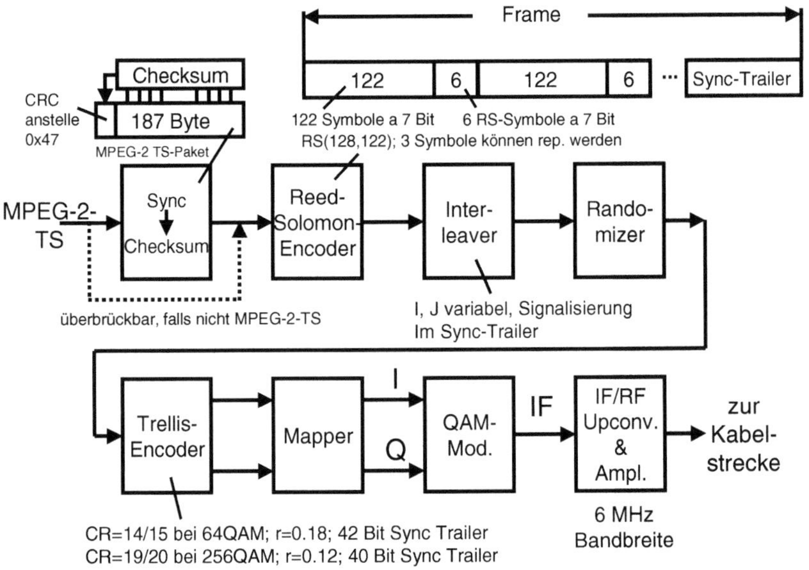

Abb. 17.1. Blockschaltbild eines ITU-T J83B-Modulators

Neben J83A, B und C gibt es grundsätzlich noch den im selben ITU-Dokument beschriebenen Standard J83D, der aber praktisch nicht eingesetzt wird. J83D entspricht ATSC (siehe Kapitel 23), nur wird hier an Stelle von 8VSB die 16VSB-Modulation vorgeschlagen.

17.1 J83B-Übertragungsparameter

Die bei J83B vorgesehenen Übertragungsparameter sind

- 64QAM, Symbolrate = 5.05641 MS/s, r=0.18, Nettodatenrate = 26.970352 Mbit/s
- 256QAM, Symbolrate = 5.360537 MS/s, r=0.12, Nettodatenrate = 38.810701 Mbit/s.

Abb. 17.2. zeigt die bei J83B verwendeten Konstellationsdiagramme.

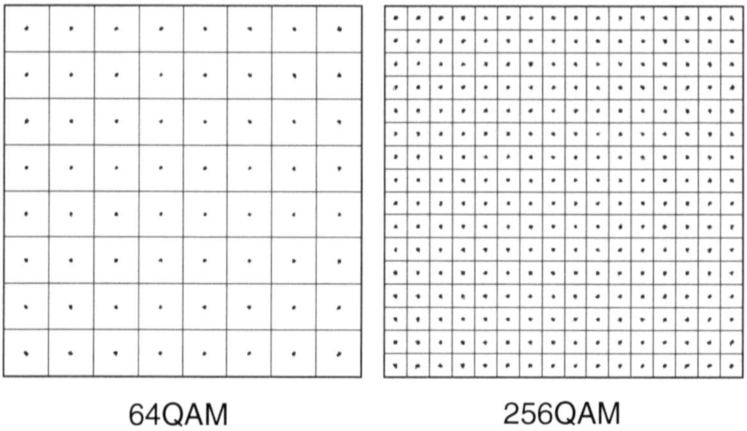

Abb. 17.2. Konstellationsdiagramme bei J83B

Die Bruttodatenraten bei J83B berechnen sich wie folgt:

Bruttodatenrate = Symbolrate · Bit_pro_Symbol;

64QAM: Bruttodatenrate = 5.05641 MS/s · 6 bit/Symbol
= 30.34 Mbit/s;

256QAM: Bruttodatenrate = 5.360537 MS/s · 8 bit/Symbol
= 42.88 Mbit/s;

Wegen der bei 256QAM höheren Symbolrate wird dort ein kleinerer Rolloff-Faktor von r=0.12 verwendet.

17.2 J83B-Basisband-Eingangssignale

Im Gegensatz zu DVB-C ist J83B nicht fest an den MPEG-2-Transportstrom als Eingangssignal angebunden. Vorgesehen sind bei J83B sowohl MPEG-2-Transportströme als auch z.B. ATM-Daten. Es besteht keine Verkopplung zwischen dem J83B-FEC-Layer und dem Eingangsdatensignal. Im Falle eines MPEG-2-Transportstroms wird aber das Sync-Byte 0x47 durch eine über das gesamte Transportstrompaket gerechnete Checksumme ersetzt (ähnlich wie bei ATM).

17.3 Forward Error Correction

Der Fehlerschutz bei J83B besteht aus einem nicht an die Eingangsdatenstruktur angekoppelten Reed-Solomon-Fehlerschutz RS(128,122), der sich aus 7 Bit langen Reed-Solomon-Symbolen zusammensetzt. Pro RS-Block können 3 Symbole repariert werden. Ein FEC-Frame startet mit einem Sync-Trailer.

Der Sync-Trailer weist folgende Struktur auf:

- 64QAM: 42 Bit Sync Trailer, 0x752C0D6C (28 Bit), 4 Bit Kontroll-Wort, 10 reservierte Bit (auf Null gesetzt)
- 256QAM: 40 Bit Sync Trailer, 0x71E84DD4 (32 Bit), 4 Bit Kontroll-Wort, 4 reserviert Bit (auf Null gesetzt).

Der FEC-Rahmen bei J83B besteht aus

- 60 RS-Blöcken von 128 RS-Symbolen einer Breite von 7 Bit bei 64QAM
- 88 RS-Blöcken von 128 RS-Symbolen einer Breite von 7 Bit bei 256QAM.

Nach dem Reed-Solomon-Coder folgt der Zeitinterleaver (Abb. 17.3). Dessen Aufgabe ist es, im Deinterleaver im Empfänger Burstfehler in Einzelfehler aufzubrechen. Anschließend wird der Datenstrom durch Mischen mit einer Pseudo-Randomsequenz verwürfelt (Abb. 17.4.). Das Rücksetzen des Randomizers erfolgt während des Sync-Trailers. Daraufhin wird der Datenstrom dem Trellis-Coder zugeführt. Unter Trellis-Codierung versteht man eine besondere Art der Faltungscodierung. Der Trellis-Coder hat einen Eingang und N Ausgänge. Die Anzahl der Ausgänge ist an das anschließend kommende Mapping bzw. an die Modulation angepasst. Erlaubt das gewählte Modulationsschema N Bit pro Symbol zu übertragen, so hat der Trellis-Coder eben N Ausgänge. Trellis-Codierung geht zurück auf Gottfried Ungerböck (IBM, 1982) und wurde zum ersten Mal bei Telefon-Modems eingesetzt.

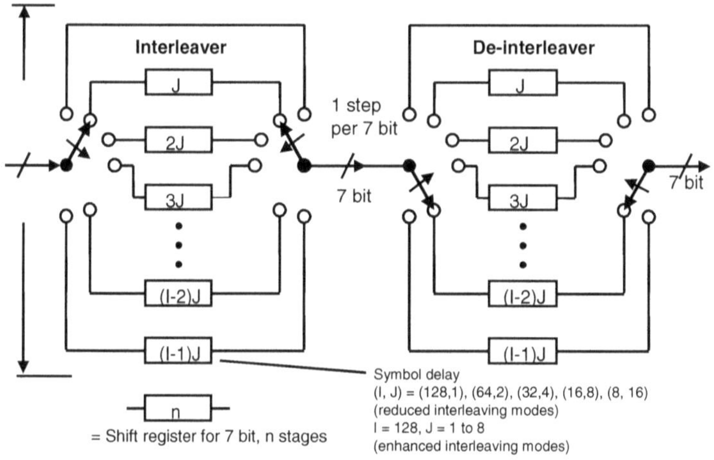

Abb. 17.3. Zeitinterleaver

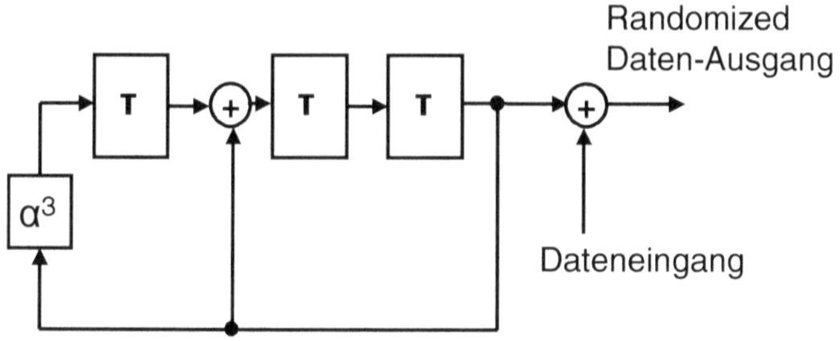

Abb. 17.4. Randomizer

Die anschließende Modulation ist eine Kombination aus kohärenter und differentieller Modulation. Aufgrund der N · 90° - Unsicherheit bei der QAM-Demodulation wird der Quadrant differentiell gemappt. Der Trellis-Coder bei J83B besteht aus einem Parser, der 4 bzw. 6 Bit dem Mapper direkt zuführt und einem differentiellen Precoder mit anschließenden Faltungscodern, die die beiden in den Quadranten enthaltenen Bits aufbereiten. Insgesamt werden dann 6 bzw. 8 Bit pro Symbol gemappt. Das Eingangssignal des Parsers sind Gruppen von je 7 Bit (insgesamt 28 bzw.

38 Bits). Der Parser ist für die Gruppenbildung zuständig und verändert auch nach einem definierten Schema deren Reihenfolge.

17.4 Berechnung der Nettodatenrate

Die Berechnung der Nettodatenrate bei J83B erfolgt unter Kenntnis der Bruttodatenrate, des verwendeten Fehlerschutzes und der J83B-Rahmenstruktur. Bei DVB-S und DVB-C gibt es keinerlei Rahmenstruktur; deshalb ist dort die Berechnung der Nettodatenrate vergleichsweise einfach. Bei Standards wie ISDB-T und v.a. bei den „neuen DVB-Standards ist dies noch komplexer. Die Formel zur Berechnung der Nettodatenrate bei J83B lautet:

Nettodatenrate = Bruttodatenrate · f1· f2· f3;

mit
f1 = 122/128 = 0.953125 = Reed-Solomon-Faktor;
f2 = frame_size_factor = f4/(f4+f5);
f3 = code_rate;
f4 = bit_per_frame_without_trailer;
f5 = bit_per_trailer;

Es ergibt sich somit bei 64QAM:

f4 = 60 · 128 · 7 Bit = 53760 Bit;
f5 = 42 Bit;
f2 = 53760/(53760 + 42) = 0.9992;
f3 = 14/15 = 0.93333;

Nettodatenrate = 30.34 Mbit/s · 0.9992 · 0.93333 = 26.97 Mbit/s;

und bei 256QAM:

f4 = 88 · 128 · 7 Bit = 78848 Bit;
f5 = 40 Bit;
f2 = 78848/(78848 + 40) = 0.9995;
f3 = 19/20 = 0.95;

Nettodatenrate = 42.88 Mbit/s · 0.953125 · 0.9995 = 38.81 Mbit/s;

17.5 Rolloff-Filterung

Bei J83B sind je nach gewähltem Modulationschema zwei verschiedene Rolloff-Faktoren möglich, nämlich

- bei 64QAM r=0.18
- und bei 256QAM r=0.12.

Abb. 17.6. zeigt die Spektren bei 64QAM und 256QAM. Die unterschiedlichen Rolloff-Faktoren sind deutlich erkennbar.

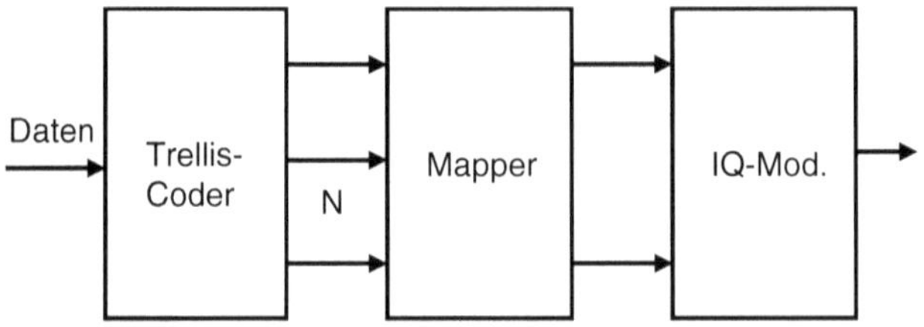

Abb. 17.5. Prinzip Trellis Coded Modulation (TCM)

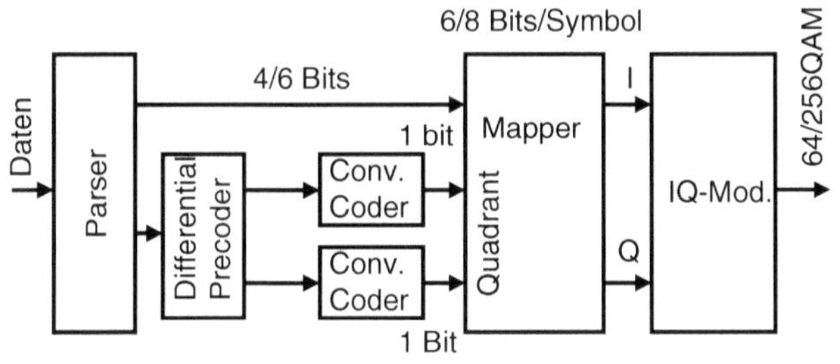

Abb. 17.6. Trellis-Codierte Modulation bei J83B

17.6 Fall-off-the-Cliff

Aufgrund von zwei verwendeten Fehlerschutzmechanismen bei J83B gibt es im Empfänger prinzipiell drei mögliche Bitfehlerverhältnisse, nämlich

- das Bitfehlerverhältnis vor Viterbi,
- das Bitfehlerverhältnis vor Reed-Solomon
- und das Bitfehlerverhältnis nach Reed-Solomon.

Das Bitfehlerverhältnis vor Viterbi ist bei Trellis-Codierung aufgrund von Mehrdeutigkeiten im Empfänger bei der Viterbi-Decodierung messtechnisch nicht erfassbar. Das Übertragungssystem befindet sich bei J83B an der „Klippe“ bei

- 64QAM bei einem C/N von 22 dB
- 256QAM bei einem C/N von 28 dB.

Dies entspricht einem Bitfehlerverhältnis vor Reed-Solomon von $1.4 \cdot 10^{-4}$. Unter der Annahme von 10 dBµV Rauschpegel am Empfängereingang ergibt sich dann ein Mindest-Empfängereingangspegel von etwa 32 bzw. 38 dBµV.

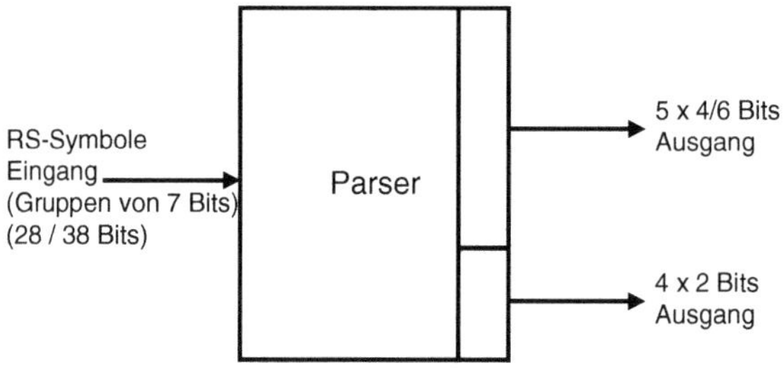

Abb. 17.7. Parser

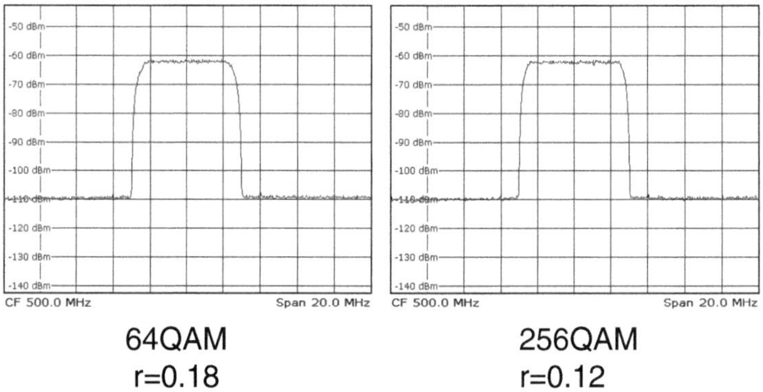

Abb. 17.8. J83B-Spektren

Literatur: [ITUJ83], [EFA], [SFQ], [SFU], [ETL]

18 Messungen an digitalen TV-Signalen im Breitbandkabel

Bei der Breitbandkabel-Messtechnik ist eine breite Messtechnikpalette verfügbar und auch notwendig. Die Einflüsse auf das BK-Signal, das bis zu 256QAM-moduliert sein kann, sind weitaus vielfältiger und kritischer als im Satellitenbereich. In diesem Abschnitt werden nun die Messgeräte und Messverfahren für Messungen an DVB-C, sowie J83A, B, C-Signalen erläutert. Breiter Raum wird v.a. der sog. Konstellationsanalyse von IQ-modulierten Signalen geschenkt, die uns auch bei DVB-T begegnet. Die bei der Kabelübertragung zu erfassenden Parameter bzw. Einflüsse sind:

- Signalpegel
- Störabstand CNR bzw. SNR
- Fehler des IQ-Modulators
- Interferenzstörer
- Phasenjitter
- Echos im Kabel
- Frequenzgang
- Bitfehlerverhältnisse (BER)
- Modulation Error Ratio bzw. Error Vector Magnitude
- Schulterabstand.

Um diese Einflüsse erfassen und bewerten zu können, werden folgende Messgeräte eingesetzt:

- moderne Spektrumanalysatoren
- Messempfänger mit Konstellationsanalyse
- Mess-Sender mit integriertem Rauschgenerator bzw. Kanalsimulator zum Stresstest von DVB-C- bzw. J83A, B, C-Empfängern.

18.1 DVB-C/J83A, B, C-Messempfänger mit Konstellationsanalyse

Wichtigstes Messgerät für Messungen an digitalen TV-Signalen in BK-Netzen ist ein DVB-C/J83ABC-Messempfänger mit einem integrierten Konstellationsanalyzer. Solch ein Messempfänger (Abb. 18.1.) arbeitet folgendermaßen: Ein hochwertiger Kabeltuner empfängt das digitale TV-Signal und setzt es in die ZF-Lage um. Anschließend wird der zu empfangende TV-Kanal mit einem SAW-Filter (Oberflächenwellenfilter) auf 8, 7 oder 6 MHz bandbegrenzt; Nachbarkanäle werden somit unterdrückt. Üblicherweise wird der TV-Kanal dann auf eine noch tiefere 2. ZF herabgemischt, um auf günstigere und bessere AD-Wandler zurückgreifen zu können Daraufhin wird das mit einem Antialiasing-Tiefpaßfilter gefilterte ZF-Signal mit einem AD-Wandler abgetastet und im DVB-C/J83A, B, C-Demodulator demoduliert.

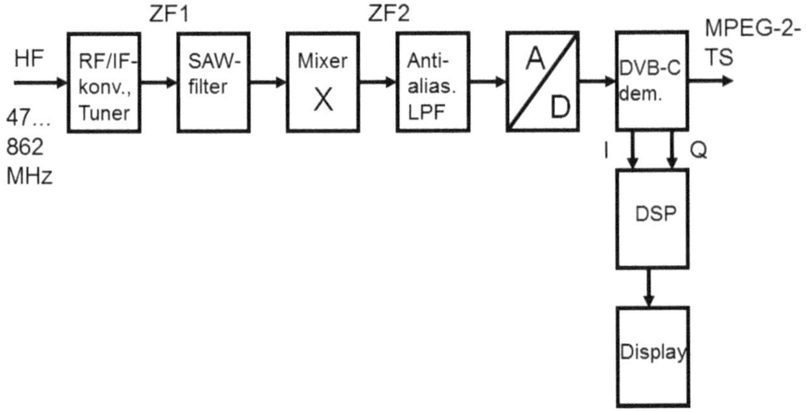

Abb. 18.1. Blockschaltbild eines DVB-C/J83A, B, C – Messempfängers mit Konstellationsanalyse [EFA]

Ein Signalprozessor hat hierbei Zugriff auf die IQ-Ebene des Demodulators, erfasst die Konstellationspunkte als Trefferhäufigkeiten in I- und Q-Richtung in den Entscheidungsfeldern des QAM-Konstellationsdiagramms. Man erhält nun im komplexen I/Q-Diagramm Häufigkeitsverteilungen (Wolken) um die einzelnen Konstellationspunkte herum; bei 64QAM ergibt dies 64QAM-"Wolken". Durch mathematische Analysen dieser Häufigkeitsverteilungen werden dann die einzelnen QAM-Parameter ermittelt. Außerdem wird das Konstellationsdiagramm selbst graphisch dargestellt und kann dann optisch begutachtet werden. Zusätzlich wird das Signal dann noch bis zum MPEG-2-Transportstrom demoduliert, der dann für evtl. weitere Analysen einem MPEG-Messdekoder zugeführt werden kann.

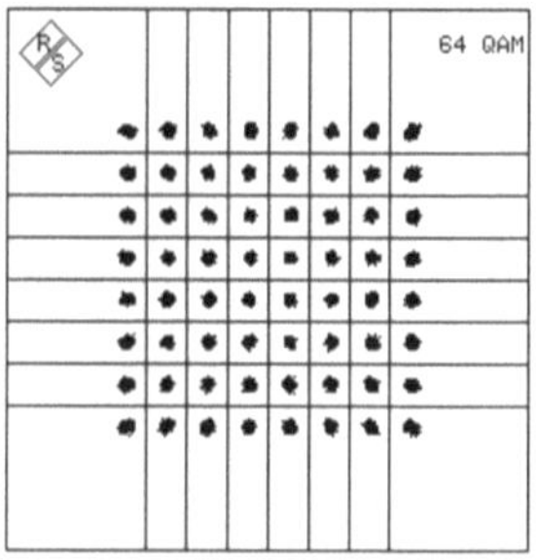

Abb. 18.2. Korrekt gerastetes Konstellationsdiagramm mit überlagertem Rauschen

Liegt am Messempfänger ein korrektes DVB-C oder J83A, B, C-Signal an und sind alle Messempfängereinstellungen so gewählt, dass er auf das QAM-Signal korrekt einrasten kann, so ergibt sich ein Konstellationsdiagramm mit mehr oder weniger großen Konstellationspunkten (Abb. 18.2.), von rauschwolkenartigem Aussehen. Die Größe der Konstellationspunkte hängt von der Größe der Störeinflüsse ab. Je kleiner die Konstellationspunkte sind, desto besser ist die Signalqualität.

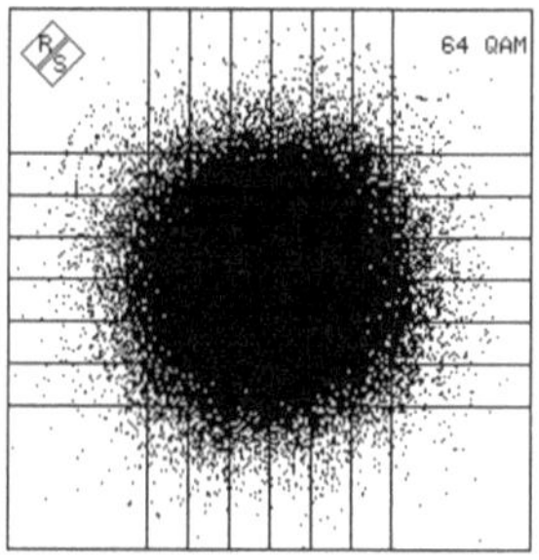

Abb. 18.3. Kein QAM-Signal im gewählten Kanal, nur Rauschen

Bei DVB-C und J83A, B, C müssen folgende Einstellparameter des Messempfängers richtig gewählt sein, damit der Empfänger einrastet:

- Kanalfrequenz (Bandmitte des Kanals, ca. 47 bis 862 MHz)
- Standard DVB-C/J83A, J83B oder J83C

- Kanalbandbreite 8, 7, 6 MHz
- QAM-Ordnung (16QAM, 32QAM, 64QAM, 128QAM, 256QAM)
- Symbolrate (ca. 2 bis 7 MS/s)
- SAW-Filter ein bei Nachbarkanalbelegung
- Eingangsdämpfungssteuerung möglichst auf Automatik.

Liegt einfach kein Signal im gewählten RF-Kanal vor, so zeigt uns der Konstellationsanalyzer des Messempfängers ein völlig verrauschtes Konstellationsdiagramm (Abb. 18.3.), das keinerlei Regelmäßigkeiten aufweist. Es erscheint wie ein riesiger Konstellationspunkt in Bildmitte, jedoch ohne scharfe Konturen.

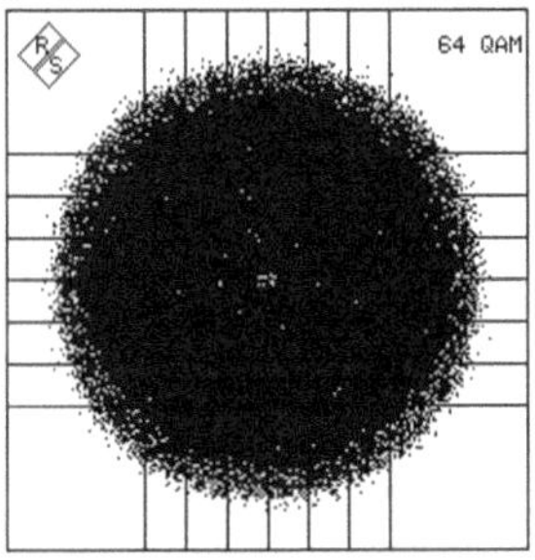

Abb. 18.4. Konstellationsdiagramm bei falsch gewählter Trägerfrequenz und falsch gewählter Symbolrate

Wurde zufällig ein analoger TV-Kanal anstelle z.B. eines DVB-C-Kanales gewählt, so entstehen Lissajou-Figuren-ähnliche Konstellationsdiagramme, die sich ständig ändern, abhängig vom aktuellen Inhalt des analogen TV-Kanals. Liegt jedoch ein QAM-Signal im gewählten Kanal an und es sind aber einige Empfängerparameter falsch gewählt (RF nicht exakt, evtl. falsche Symbolrate, falsche QAM-Ordnung usw.), so erscheint ein riesiger Konstellationspunkt mit deutlich schärferen Konturen (Abb. 18.4.).

Sind alle Parameter richtig gewählt, nur die Trägerfrequenz weist nur noch eine Abweichung auf, so rotiert das Konstellationsdiagramm (Abb. 18.5.). Es sind dann konzentrische Kreise erkennbar.

Ein ideales völlig unverzerrtes Konstellationsdiagramm würde nur einen einzelnen Konstellationspunkt pro Entscheidungsfeld exakt in der Mitte der Felder zeigen (Abb. 18.6.). Solch ein Konstellationsdiagramm ist aber nur in der Simulation erzeugbar.

Heutzutage gibt es v.a. in HFC-Netzen (Hybrid Fiber Coax) auch Übertragungen bis 256QAM. Solch ein Konstellationsdiagramm ist in Abb. 18.7. dargestellt.

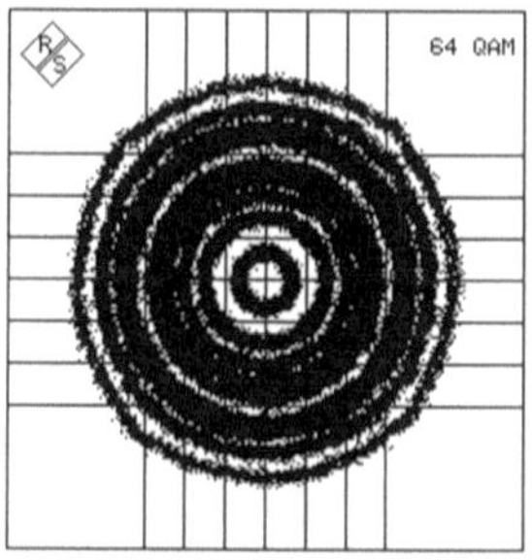

Abb. 18.5. QAM-Signal bei unsynchronisiertem Träger (RF falsch, Symbolrate richtig)

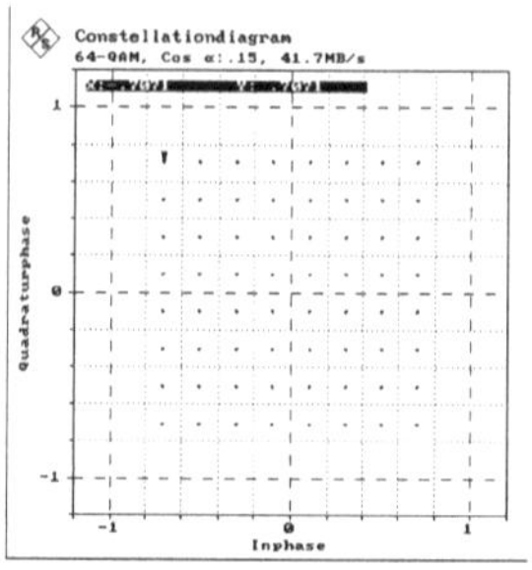

Abb. 18.6. Vollständig unverzerrtes Konstellationsdiagramm eines ungestörten 64QAM-Signals

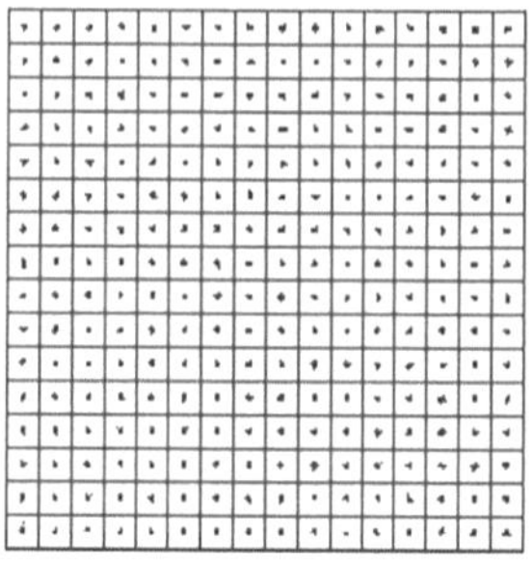

Abb. 18.7. 256QAM-moduliertes DVB-C-Signal

18.2 Erfassung von Störeinflüssen mit Hilfe der Konstellationsanalyse

In diesem Abschnitt werden nun die wichtigsten Störeinflüsse auf der BK-Übertragungsstrecke und deren Analyse mit Hilfe des Konstellations-Diagramms erläutert. Die mit Hilfe der Konstellationsanalyse direkt erkennbaren und unterscheidbaren Einflüsse sind:

- additives weißes gaussches Rauschen
- Phasenjitter
- Interferenzstörungen
- IQ-Fehler des Modulators

Neben der rein optischen Begutachtung des Konstellations-Diagramms können auch folgende Parameter direkt daraus berechnet werden:

- Signalpegel
- Störabstand
- Phasenjitter
- IQ-Amplitudenungleichheit
- IQ-Phasenfehler
- Trägerunterdrückung
- Modulation Error Ratio (MER)
- Error Vector Magnitude (EVM)

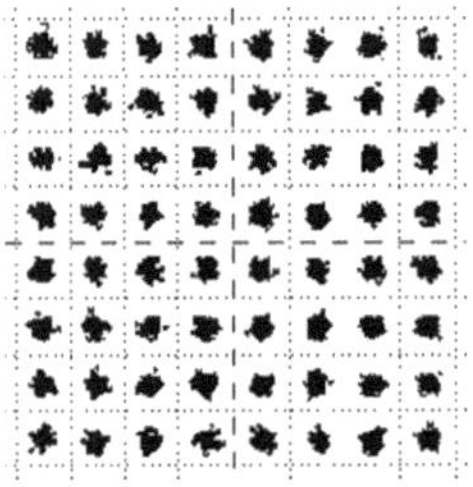

Abb. 18.8. Konstellationsdiagramm eines 64QAM-Signals mit überlagertem Rauschen

18.2.1 Additives weißes gauß'sches Rauschen (AWGN)

Ein Störeinfluss, der alle Arten von Übertragungsstrecken gleichermaßen beeinflusst, ist das sog. additive weiße gauß'sche Rauschen (AWGN).

Dieser Einfluss kann praktisch von jedem Punkt der Übertragungsstrecke mehr oder weniger ausgehen. Im Konstellationsdiagramm erkennt man rauschartige Einflüsse anhand der nun mehr oder weniger großen Konstellationspunkte (Abb. 18.8.). Je größer diese wolkenartige Ausprägung erscheint, desto größer ist der Rauscheinfluss. Zur Messung des Effektivwertes des rauschartigen Störers zählt man innerhalb der Konstellationsfelder die Treffer in den einzelnen Bereichen der einzelnen Konstellationsfelder, d.h. man erfasst, wie häufig die Mitte und die Bereiche darum herum in immer größeren Abstand getroffen werden. Würde man diese Treffer, bzw. Zählergebnisse innerhalb eines Konstellationsfeldes mehrdimensional darstellen, so ergibt sich eine zweidimensionale Gauß'sche Glockenkurve (Abb. 18.9.).

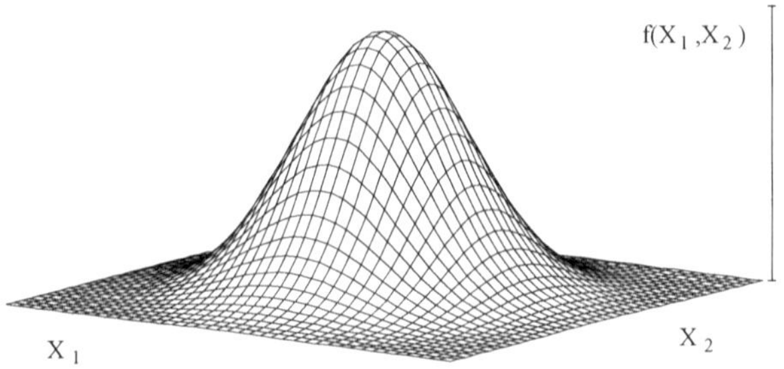

Abb. 18.9. Zweidimensionale gaussche Normalverteilung [EFA]

Diese zweidimensionale Verteilung ist nun in jedem Konstellationsfeld gleichermaßen vorzufinden (Abb. 18.10.). Zur Ermittelung des Effektivwertes des Rauscheinflusses berechnet man nun einfach die Standardabweichung anhand dieser Treffergebnisse. Die Standardabweichung entspricht dann direkt dem Effektivwert des Rauschsignals. Setzt man nun diesen Effektivwert N ins Verhältnis zur Amplitude des QAM-Signals S, so lässt sich dann durch Logarithmieren das logarithmische Rauschmaß S/N in dB berechnen.

Eine normalverteilte Häufigkeitsverteilung lässt sich durch die von Gauß ermittelte Normalverteilungsfunktion beschreiben zu:

mit σ = Standardabweichung, μ = Mittelwert.

$$y(x) = \frac{1}{\sigma\sqrt{2\pi}} e^{-0.5(\frac{x-\mu}{\sigma})^2}$$

Die Standardabweichung lässt sich hierbei aus dem Zählerergebnissen berechnen aus:

$$\sigma = \sqrt{\int_{-\infty}^{\infty} (x-\mu)^2 f(x)dx} \; ;$$

Man erkennt deutlich, dass die Formel zur Ermittelung der Standardabweichung im Prinzip dem mathematischen Zusammenhang zur Effektivwertberechnung entspricht.

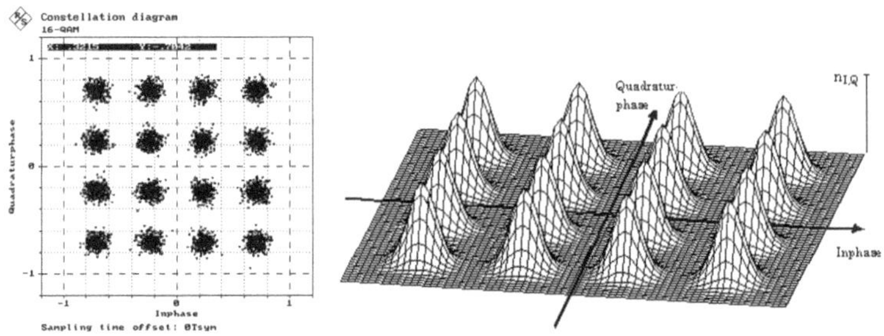

Abb. 18.10. Zweidimensionale Trefferkurven im 16QAM-Konstellationsdiagramm bei überlagertem Rauschen [HOFMEISTER]

Zu beachten ist jedoch, dass nicht nur reines Rauschen, sondern auch impulsartige Störer oder Intermodulations- und Kreuzmodulationsprodukte durch Nichtlinearitäten auf der Übertragungsstrecke vergleichbare rauschwolkenartige Verzeichnungen im Konstellationsdiagramm hervorrufen und so von eigentlichem Rauschen nicht zu unterscheiden sind.

Grundsätzlich ist zu beachten, dass es zwei Definitionen für den Störabstand gibt; man spricht vom Carrier to Noise Ratio CNR und vom Signal to Noise Ratio SNR. Beide lassen sich aber ineinander umrechnen. Das CNR ist auf die Verhältnisse am Empfängereingang bezogen. Dieser hat in BK-Netzen eine Bandbreite von 8, 7 oder 6 MHz. Der Signal-Störabstand SNR bezieht sich jedoch auf die Verhältnisse nach der Rolloff-Filterung und auf die tatsächliche Nyquist-Bandbreite des Signals. Für die Signalbandbreite und für die Rauschbandbreite ist hier die Symbolrate des Signals einzusetzen. Es ist jedoch grundsätzlich zu empfehlen, als Bezugsbandbreite für die Rauschbandbreite bei der CNR-Messung auch die Symbolrate zu verwenden. Damit ergibt sich für das CNR eine eindeutige

Definition. Dies ist z.B. in den DVB-Measurement Guidelines vorgeschlagen [ETR290].

Die Signalleistung S ergibt sich aus der Trägerleistung C zu

S = C + 10 log(1 - r/4);

mit r = Rolloff-Faktor.

Somit ergibt sich für den logarithmischen Signal-Störabstand S/N:

SNR[dB] = CNR [dB] + 10 log(1-r/4);

Beispiel:
Kanalbandbreite: 8 MHz
Symbolrate: 6.9 MSymbole/s
Rolloff-Faktor: 0.15

SNR [dB] = CNR [dB] + 10 log(1-0.15/4)
= CNR [dB] –0.1660 dB;

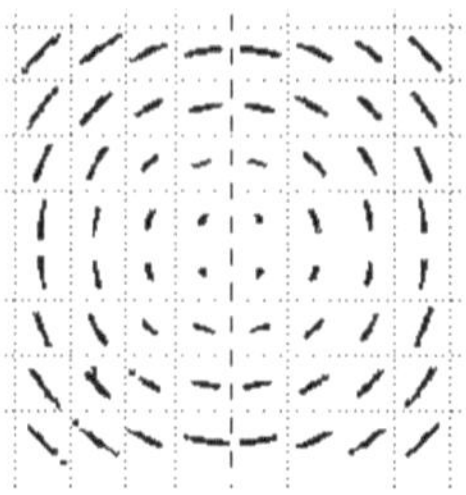

Abb. 18.11. Konstellationsdiagramm eines 64QAM-Signales mit Phasenjitter

18.2.2 Phasenjitter

Phasenjitter oder Phasenrauschen im QAM-Signal wird von Umsetzern im Übertragungsweg oder vom I/Q-Modulator selbst verursacht. Im Konstellationsdiagramm bewirkt ein Phasenjitter eine mehr oder weniger große schlierenförmige Verzeichnung (Abb. 18.11.). Das Konstellationsdiagramm "wackelt" drehend um den Mittelpunkt herum.

Zur Ermittelung des Phasenjitters werden die schlierenförmigen Verzeichnungen der äußersten Konstellationspunkte vermessen. Dort ist der Phasenjittereinfluss am größten. Nun wird die Häufigkeitsverteilung innerhalb des Entscheidungsfeldes entlang jener Kreisbahn betrachtet, deren Mittelpunkt im Ursprung des Zustandsdiagramms liegt. Wiederum lässt sich hier die Standardabweichung berechnen, die noch von einem zusätzlichen Rauschen beeinflusst ist. Dieser Rauscheinfluss muss dann noch herausgerechnet werden.

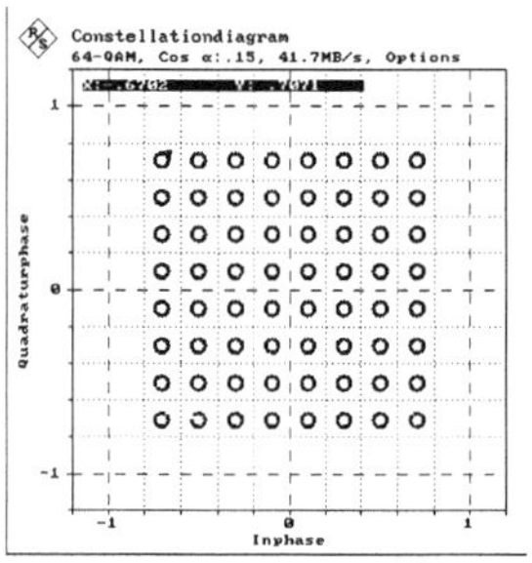

Abb. 18.12. Einfluss eines sinusförmigen Interferenzstörers

18.2.3 Sinusförmiger Interferenzstörer

Ein sinusförmiger Interferenzstörer (Abb. 18.12.) bewirkt kreisförmige Verzeichnungen der Konstellationspunkte. Diese Kreise entstehen dadurch, dass der Störvektor um die Mitte des Konstellationspunktes herum rotiert. Der Durchmesser der Kreise entspricht hierbei der Amplitude des sinusförmigen Störers.

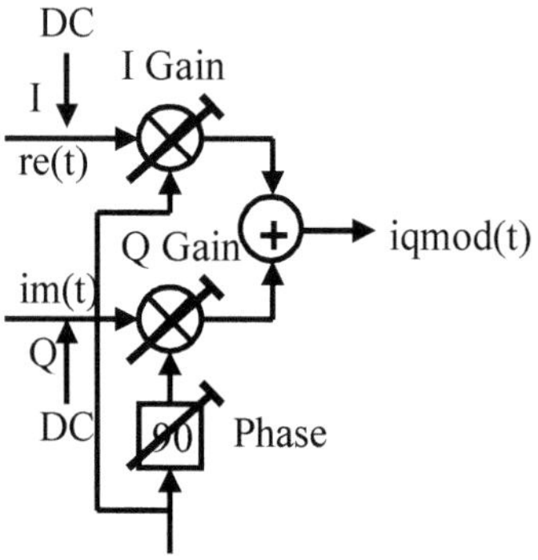

Abb. 18.13. IQ-Modulator mit Fehlern

18.2.4 Einflüsse des IQ-Modulators

In der ersten Generation von DVB-C-Modulatoren kamen analoge IQ-Modulatoren zum Einsatz. Aufgrund von Fehlern im IQ-Modulator (Abb. 18.13.) traten dann IQ-Fehler am QAM-modulierten Signal auf. Liegt. z.B. im I-Zweig eine andere Verstärkung vor als im Q-Zweig des IQ-Modulators, so kommt es zur IQ-Amplituden-Ungleichheit. Ist der 90-Grad-Phasenschieber in der Trägerzuführung des Q-Modulators nicht exakt 90 Grad, so entsteht ein IQ-Phasenfehler. Ein noch häufigeres Problem war die mangelnde Trägerunterdrückung. Diese wird hervorgerufen durch Trägerübersprechen oder durch einen gewissen Gleichanteil im I- bzw. Q-Modulationssignal. Heute findet man ausnahmslos digital arbeitende IQ-Modulatoren im BK-Bereich vor. Somit spielen die geschilderten Probleme des IQ-Modulators keine Rolle mehr. Der Vollständigkeit halber sollen diese aber zumindest noch kurz erläutert werden.

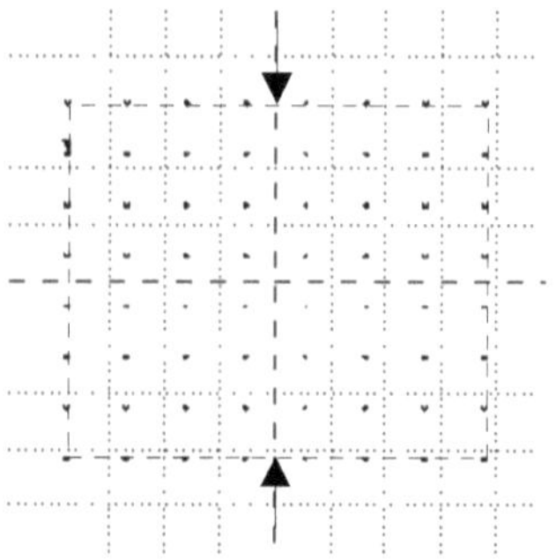

Abb. 18.14. Konstellationsdiagramm bei Amplituden-Ungleichheit (IQ-Imbalance)

18.2.4.1 IQ-Amplituden-Ungleichheit (I/Q-Imbalance)

Bei einer IQ-Amplituden-Ungleichheit ist das Konstellationsdiagramm in I- oder Q-Richtung gestaucht (Abb. 18.14.). Es entsteht ein rechteckförmiges Konstellationsdiagramm anstelle eine quadratischen. Die Amplituden-Ungleichheit lässt sich durch Abmessen der Seitenlängen des nun rechteckförmigen Diagramms ermitteln. Sie ist definiert zu

$$AI = (v_2/v_1 - 1) \bullet 100\%;$$

mit v_1 = Verstärkung in I-Richtung oder Rechteckseitenlänge I und
v_2 = Verstärkung in Q-Richtung oder Rechteckseitenlänge Q.

18.2.4.2 IQ-Phasenfehler

Ein IQ-Phasenfehler (Abb. 18.15.) (PE) führt zu einem rautenförmigen Konstellationsdiagramm. Der Phasenfehler im 90-Grad-Phasenschieber des IQ-Modulators lässt sich im Konstellationsdiagramm aus den Winkeln der Raute bestimmen. Der spitze Winkel weist dann einen Wert von 90°-PE und der stumpfe Winkel einen Wert von 90°+PE auf.

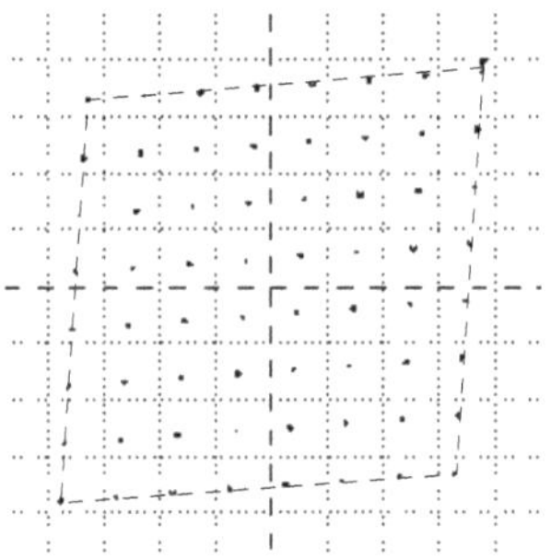

Abb. 18.15. Konstellationsdiagramm mit IQ-Phasenfehler

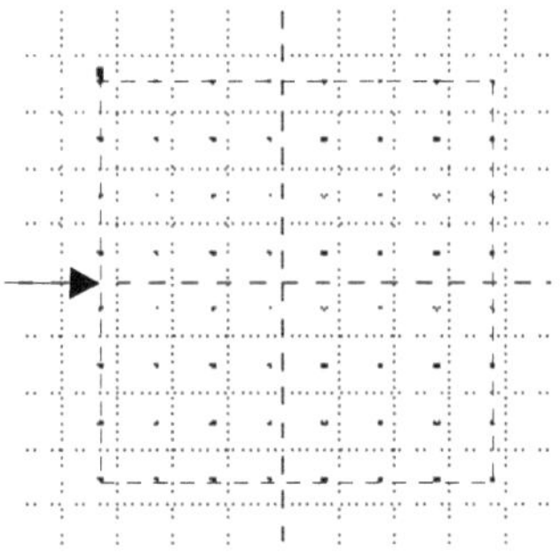

Abb. 18.16. Konstellationsdiagramm mit schlechter Trägerunterdrückung (Carrier Leakage)

18.2.4.3 Trägerunterdrückung

Bei schlechter Trägerunterdrückung (Abb. 18.16.) wird das Konstellationsdiagramm in irgend einer Richtung aus der Mitte herausgeschoben. Aus dem Maß der Verschiebung lässt sich die Trägerunterdrückung berechnen. Sie ist definiert zu:

$$CS = -10 \cdot \log(P_{RT}/P_{Sig}); \text{ [dB]}$$

18.2.5 Modulation Error Ratio (MER) - Modulationsfehler

Alle erläuterten Störeinflüsse auf ein digitales TV-Signal in Breitbandkabelnetzen bewirken, dass die Konstellationspunkte Ablagen in Bezug auf die Soll-Lage in der Mitte der Entscheidungsfehler aufweisen. Sind die Ablagen zu groß, so werden die Entscheidungsgrenzen überschritten und es entstehen Bitfehler. Die Ablagen von der Entscheidungsfeldmitte können aber auch als Messparameter für die Größe einer beliebigen Störgröße aufgefasst werden.

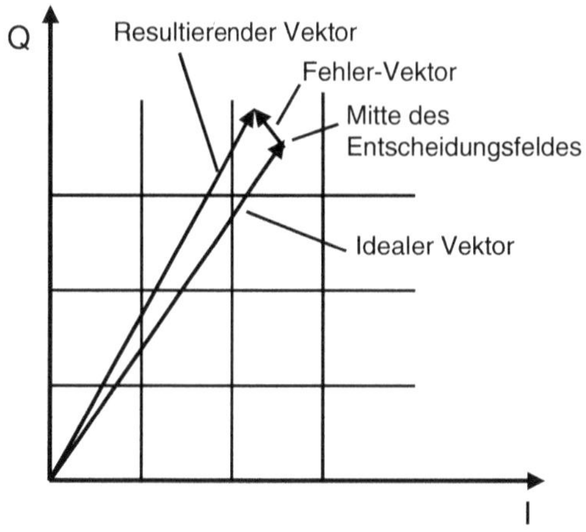

Abb. 18.17. Definition des Fehlervektors zur Bestimmung des Modulation Error Ratios (MER)

Und genau das ist das Ziel eines künstlichen Messparameter, wie er im MER = Modulation Error Ratio vorzufinden ist. Bei der MER-Messung nimmt man an, dass die tatsächlichen Treffer in den Konstellationsfeldern durch Störgrößen aus der Mitte des jeweiligen Fehlers herausgeschoben wurden (Abb. 18.17.). Man vergibt für die Störgrößen Fehlervektoren; der Fehlervektor zeigt von der Mitte des Konstellationsfeldes zum Punkt des tatsächlichen Treffers im Konstellationsfeld. Man vermisst dann die Längen aller dieser Fehlervektoren in jedem Konstellationsfeld über die Zeit und bildet den quadratischen Mittelwert oder erfasst den maximalen Spitzenwert in einem Zeitfenster. Die Definition des MER ist in den DVB-Measurement Guidelines ETR290 zu finden.

$$MER_{PEAK} = \frac{\max(|error\_vector|)}{U_{RMS}} \cdot 100\%;$$

$$MER_{RMS} = \frac{\sqrt{\frac{1}{N}\sum_{n=0}^{N-1}(|\,error\_vector\,|)^2}}{U_{RMS}} \cdot 100\%;$$

Als Bezug U_{RMS} gilt hier der Effektivwert des QAM-Signals.

Üblicherweise arbeitet man aber im logarithmischen Maß:

$$MER_{dB} = 20 \cdot \lg\left(\frac{MER[\%]}{100}\right) \quad [dB] \quad .$$

Der MER-Wert ist also eine Summengröße, in die alle möglichen Einzelfehler eingehen. Der MER-Wert beschreibt also die Performance unserer Übertragungsstrecke vollständig.

Es gilt grundsätzlich: MER [dB] $\leq$ SNR [dB];

Tabelle 18.1. Umrechung EVM und MER

Ord-nung	MER ⇒ EVM [%]	EVM ⇒ MER [%]	MER ⇒ EVM [dB]	EVM ⇒ MER [dB]
4	EVM = MER	MER = EVM	|EVM| = MER	MER = |EVM|
16	EVM = MER / 1,342	MER = EVM * 1,342	|EVM| = MER + 2,56 dB	MER = |EVM| - 2,56 dB
32	EVM = MER / 1,304	MER = EVM * 1,304	|EVM| = MER + 2,31 dB	MER = |EVM| - 2,31 dB
64	EVM = MER / 1,527	MER = EVM * 1,527	|EVM| = MER + 3,68 dB	MER = |EVM| - 3,68 dB
128	EVM = MER / 1,440	MER = EVM * 1,440	|EVM| = MER + 3,17 dB	MER = |EVM| - 3,17 dB
256	EVM = MER / 1,627	MER = EVM * 1,627	|EVM| = MER + 4,23 dB	MER = |EVM| - 4,23 dB

18.2.6 Error Vector Magnitude (EVM)

Die Error Vector Magnitude (EVM) ist mit dem Modulation Error Ratio (MER) sehr nah verwandt. Der einzige Unterschied ist der unterschiedliche Bezug. Während man beim MER den Effektivwert des QAM-Signals als Bezug wählt, wird beim EVM der Spitzenwert des QAM-Signals als Bezugswert herangezogen.

Mit Hilfe von Tabelle 18.1. können EVM und MER ineinander umgerechnet werden.

18.3 Messung der Bitfehlerverhältnisse (BER)

Bei DVB-C, sowie J83A, C ist die Übertragung durch einen Reed-Solomon-Fehlerschutz RS(204,188) geschützt. Dieser Schutz erlaubt anhand von 16 Fehlerschutzbytes pro Transportstrompaket eine Korrektur von 8 Byte-Fehlern pro Paket auf der Empfangsseite. Zählt man nun die vom Reed-Solomon-Decoder auf der Empfangsseite vorgenommenen Korrekturereignisse und nimmt an, dass diese auf Einzelfehler zurückzuführen sind und setzt diese ins Verhältnis zu dem im vergleichbaren Zeitraum einlaufenden Bitstrom (ein Transportstrompaket hat 188 · 8 Nutzbits und insgesamt 204 · 8 Bits), so erhält man das Bitfehlerverhältnis (engl. Bit Error Ratio = BER). Der Reed-Solomon-Dekoder kann jedoch nicht alle Fehler reparieren. Nicht mehr korrigierbare Fehler in Transportstrompaketen führen zu fehlerhaften Pakete, die dann durch den Transport Error Indicator im MPEG-2-Transportstrom-Header markiert sind. Zählt man die nicht mehr korrigierbaren Fehler und setzt diese ins Verhältnis zum entsprechenden Datenvolumen, so kann man daraus das Bitfehlerverhältnis nach Reed-Solomon berechnen. Bei DVB-C und J83AC gibt es also zwei Bitfehlerverhältnisse:

- Bitfehlerverhältnis vor Reed-Solomon
  = Kanalbitfehlerverhältnis
- Bitfehlerverhältnis nach Reed-Solomon.

Die Definition für das Bitfehlerverhältnis lautet:

BER = Bitfehler / übertragene Bits;

Die Bitfehlerverhältnis steht in einem festen Zusammenhang zum Signal-Rauschabstand, falls nur Rauschen vorliegt.

Equivalent Noise Degradation (END):

Die Äquivalente Rauschverschlechterung ist ein Maß für die „Einfügungsdämpfung" des gesamten Systems vom Modulator über die Kabelstrecke bis zum Demodulator. Es wird die Abweichung des realen vom idealen SNR-Verhältnis für eine BER von $1 \cdot 10^{-4}$ in dB angegeben. In der Praxis werden Werte von wenigen Zehntel dB erreicht.

Noise Margin:

Unter der Rauschreserve wird der Abstand vom CNR, welcher zu einer BER = $1 \cdot 10^{-4}$ führt zum CNR-Wert des Kabelsystems verstanden. Bei der Messung des CNR im Kabel ist die Kanalbandbreite des QAM-Signals als Rauschbandbreite anzusetzen.

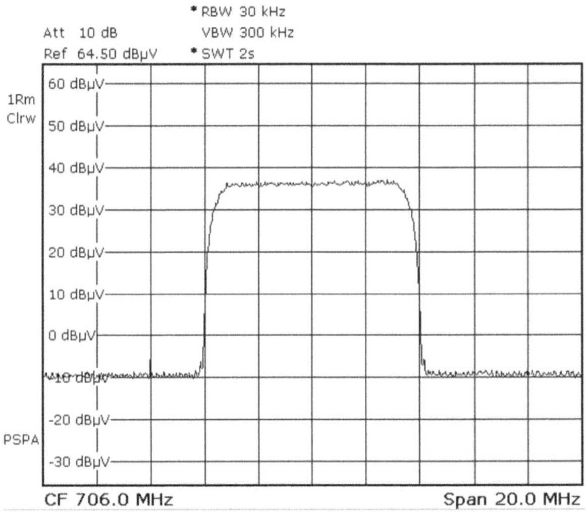

Abb. 18.18. Spektrum eines DVB-C-Signals

18.4 Messungen mit einem Spektrumanalyzer

Mit Hilfe eines Spektrumanalysators kann man zumindest auf der Modulationsseite sehr gut die Leistung des DVB-C-Kanals vermessen. Ein DVB-C-Signal sieht rauschartig aus und hat einen ziemlich großen Crest-

Faktor. Aufgrund seiner Ähnlichkeit mit weißem gausschen Rauschen erfolgt die Leistungsmessung wie bei einer Rauschleistungsmessung.

Zur Ermittelung der DVB-C/J83ABC-Trägerleistung stellt man den Spektrumanalyzer folgendermaßen ein:

Am Analysator wird eine Auflösebandbreite von 30 kHz und eine Videobandbreite gewählt, die 3 bis 10 mal so groß ist, wie die Auflösebandbreite (300 kHz). Es ist eine langsame Ablaufzeit einzustellen (2000 ms), um eine gewisse Mittelung zu erreichen. Diese Parameter sind nötig, da wir mit dem RMS-Detektor des Spektrumanalyzers arbeiten. Es werden nun folgende Einstellungen verwendet:

- Center Frequenz auf Kanalmitte des Kabelkanals
- Span 10 MHz
- Res. Bandwidth auf 30 kHz
- Video Bandwidth auf 300 kHz (wegen RMS Detector und log. Darstellung)
- Detector RMS
- Langsame Ablaufzeit (2000 ms)
- Noise Marker auf Kanalmitte (ergibt Wert C‘ in dBm/Hz)

Wegen des rauschartigen Signals wird der Noise-Marker zur Leistungsmessung benutzt. Hierzu wird der Noise-Marker in Bandmitte gestellt. Voraussetzung ist aber ein flacher Kanal, der aber am Modulator immer vorausgesetzt werden kann. Beim Vorliegen eines nicht-flachen Kanals müssen andere geeignete, aber vom Spektrumanalyzer abhängige Messfunktionen zur Kanalleistungsmessung verwendet werden. Der Analyzer gibt uns den Wert C' als Rauschleistungsdichte an der Stelle des Noise-Markers in dBm/Hz, wobei die Filterbandbreite sowie die Eigenschaften des Logarithmierers des Analysators automatisch berücksichtigt werden. Um die Signalleistungsdichte C' nun auf die Nyquist-Bandbreite B_N des Kabel-Signals zu beziehen, muss die Signalleistung C über

$$C = C' + 10 \cdot \log B_N = C' + 10 \cdot \log(\text{symbol\_rate} / \text{Hz}) \cdot \text{dB}; \; [\text{dBm}]$$

berechnet werden. Die Nyquist-Bandbreite des Signals entspricht hierbei der Symbolrate des Kabel-Signals.

Beispiel:

Messwert des Noise-Markers:	-100 dBm/Hz
Korrekturwert bei 6.9 MS/s Symbolrate:	+68.4 dB

Leistung im Kanal:	-31.6 dBm

Näherungsweise Ermittelung der Rauschleistung N:

Würde man das DVB-C/J83ABC-Signal abschalten können, ohne die Rauschverhältnisse im Kanal zu verändern, so würde man vom Rauschmarker in Bandmitte nun eine Aussage über die Rauschverhältnisse im Kanal bekommen. Dies ist aber nicht so einfach möglich. Keinen exakten Messwert, aber zumindest eine "gute Idee" über die Rauschleistung im Kanal erhält man, wenn man mit dem Noise-Marker auf der Schulter des DVB-C/J83ABC-Signales ganz nah am Signal misst. Man kann nämlich annehmen, dass sich der Rauschsaum im Nutzband ähnlich fortsetzt, wie er auf der Schulter zu finden ist.

Der Wert N' der Rauschleistungsdichte wird vom Spektrumanalysator ausgegeben. Um aus der Rauschleistungsdichte N' nun die Rauschleistung im Kanal mit der Bandbreite B_K des Kabel-Übertragungskanals zu berechnen, muss die Rauschleistung N über

$$N = N' + 10 \cdot \log B_K = N' + 10 \cdot \log(\text{Kanalbandbreite / Hz}) \cdot \text{dB}; \ [\text{dBm}]$$

ermittelt werden. Als Kanalbandbreite kann man die tatsächliche Bandbreite des Kabelkanals einsetzen (z.B. 8 MHz) oder wie in den DVB Measurement Guidelines empfohlen, die Signalbandbreite = Symbolrate (z.B. 6.9 MHz).

Beispiel:

Messwert des Noise-Markers:	-140 dBm/Hz
Korrekturwert bei 6.9 MHz Bandbreite:	+68.4 dB

Rauschleistung im Kabel-Kanal:	-71.6 dBm

Daraus ergibt sich für den Wert C/N:

$$\text{CNR [dB]} = \text{C [dBm]} - \text{N [dBm]};$$

Im Beispiel: CNR[dB] = -31.6 dBm - (-71.6 dBm) = 40 dB.

18.5 Messung des Schulterabstandes

Außerbandanteile nahe am DVB-C/J83ABC-Nutzband erkennt man anhand der sog. Schultern des QAM-Signals (siehe Abb. 18.18. bzw. 18.19.). Diese Schultern sollten so gut wie möglich unterdrückt werden, um die Nachbarkanäle so wenig wie möglich zu stören. Man spricht von einem sog. mindestens geforderten Schulterabstand (z.B. 43 dB). Die Schulterabstandsmessung erfolgt unter Verwendung einfacher Markerfunktionen des Spektrumanalysators.

18.6 Messung der Welligkeit im Kanal bzw. Kanalschräglage

Ein digitaler TV-Kanal sollte eine möglichst geringe Welligkeit (kleiner 0.4 dB_{SS}) im Amplitudengang aufweisen. Außerdem sollte die Schräglage des Kanals diesen Wert ebenfalls nicht überschreiten. Eine Messung der Welligkeit und der Kanalschräglage kann mit Hilfe eines Spektrum-Analyzers erfolgen. Ebenfalls zur Messung heranziehen könnte man die Korrekturdaten des Kanal-Equalizers im Messempfänger. Manche Kabelmessempfänger erlauben daraus die Berechnung des Kanalfrequenzganges.

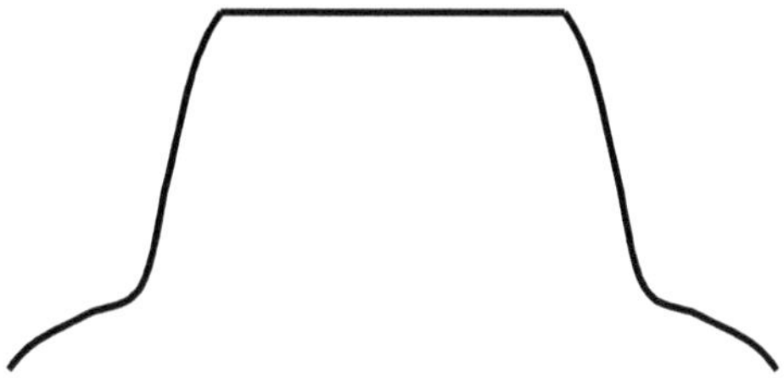

Abb. 18.19. Schultern eines DVB-C-Signals

18.7 DVB-C/J83ABC-Empfänger-Test

Wie bei DVB-S und auch bei DVB-T hat der Test von Empfängern (früher sog. Settop-Box bzw. heute integrierter sog. „Triple Tuner“ im TV-Flachbildschirm) eine große messtechnische Bedeutung. Es werden Mess-Sender verwendet, die eine Kabelübertragungsstrecke samt Modulationsprozess simulieren können. In solch einem Mess-Sender (z.B. Rohde&Schwarz TV Test Transmitter SFU, Broadcast Test Center BTC) findet man neben dem Kabel-Modulator und Upconverter auch eine zuschaltbare Rauschquelle und ggf. auch einen Kanalsimulator. In den Mess-Sender wird MPEG-2-Transportstrom aus einem MPEG-2-Generator eingespeist; dieser kann auch bereits im Mess-Sender integriert sein. Das Ausgangssignal des Mess-Senders kann direkt dem Eingang des Kabel-Empfänger zugeführt werden. Im Messsender können dann durch Änderung zahlreicher Parameter Stressbedingungen für den Empfänger erzeugt werden. Auch ist die Messung der Bitfehlerverhältnisse in Abhängigkeit vom CNR möglich.

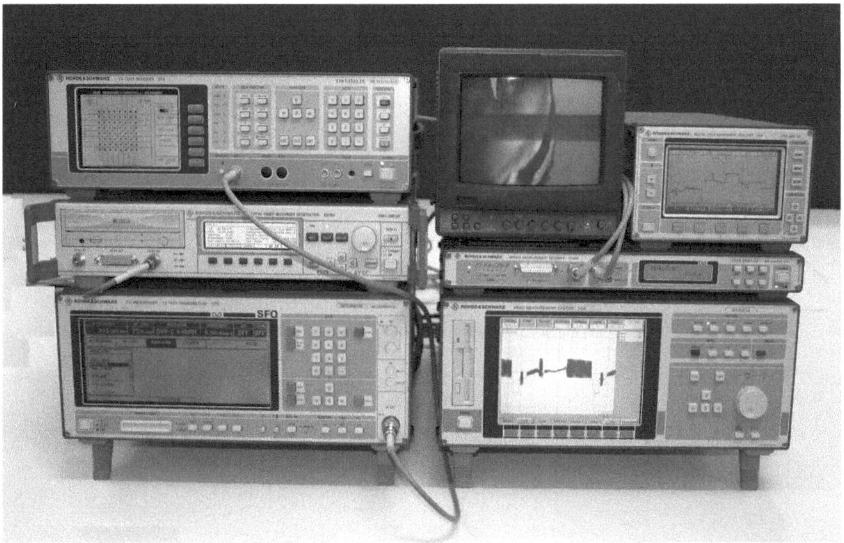

Abb. 18.20. Konstellationsanalyse an einem DVB-C-Signal aus einem Mess-Sender (Rohde&Schwarz SFQ, links unten) mit Hilfe eines Messempfängers (Rohde&Schwarz EFA, links oben): Ein MPEG-2-Generator (Rohde&Schwarz DVRG, links Mitte) liefert einen MPEG-2-Transportstrom mit Testinhalten, der in den Mess-Sender eingespeist wird. Der DVB-C-Messempfänger EFA stellt das Konstellationsdiagramm des DVB-C-Signals dar und demoduliert außerdem das DVB-C-Signal zurück zum MPEG-2-Transportstrom, der dann mit einem MPEG-2-Messdecoder (Rohde&Schwarz DVMD, rechts Mitte) decodiert werden kann. Im Bild sind außerdem dargestellt: Videoanalyzer VSA (rechts unten), sowie TV-Monitor (Mitte oben) und ein „601"-Analyzer VCA (rechts oben)

Die beschriebenen Messverfahren orientieren sich an der Implementierung des Rohde&Schwarz-Messempfängers EFA. Heutige Messempfänger wie z.B. der R&S-Messempfänger ETL basieren auf anderen Technologien, bieten z.B. auch einen integrierte Spektrumanalyzerplattform und führen das DVB-C-Signal relativ früh per AD-Wandler in die digitale Ebene über. SAW-Filter usw. existieren dort nicht mehr, vergleichbare Filtervorgänge werden in der digitalen Ebene durchgeführt.

Der in Abb. 18.20. dargestellte Messaufbau entspricht in etwa dem des Jahres 2005. Heute (2015) ist vieles in einem einzigen Messgerät integriert (R&S BTC, Broadcast Test Center). Aber Abb. 18.20. verdeutlicht recht anschaulich den Signalfluss.

Literatur: [ETR290], [EFA], [SFQ], [HOFMEISTER], [ETS300429], [REIMERS], [GRUNWALD], [JAEGER], [FISCHER3], [SFU], [ETL]

19 Coded Orthogonal Frequency Division Multiplex (COFDM)

Praktisch seit Beginn der elektrischen Nachrichtenübertragung, also seit etwa einem Jahrhundert werden Einträgermodulationsverfahren zur Übertragung von Information verwendet. Einem Sinusträger wird durch Amplituden-, Frequenz- oder Phasenmodulation die zu übertragende Nachricht aufgeprägt. Seit den 1980er Jahren fand die Übertragung mit diesen Einträgermodulationsverfahren mehr und mehr in digitaler Art und Weise zunächst in Form von Frequency Shift Keying und später durch Vektormodulation (QPSK, QAM) statt. Hauptapplikationen waren früher Fax und Modem, dann Mobilfunk, digitaler Richtfunk, sowie Satellitenübertragung und Übertragung von Daten über Breitbandkabel. Manche Übertragungswege weisen jedoch Eigenschaften auf, die die Anwendung von Einträgerverfahren relativ störanfällig, aufwändig oder ungenügend gestalteten. Solche Übertragungswege sind v.a. die erdgebundenen, also terrestrischen und damit eigentlich besonders die konservativen Übertragungswege. Seit Marconi und Hertz sind es jedoch gerade diese Übertragungswege, die am häufigsten Verwendung finden. Dieser terrestrische Empfangsweg wird benutzt für Hörfunk- und Fernsehen, Mobilfunk, klassischen Funkgeräten oder bei WLAN. Jeder Autofahrer kennt den „roten Ampeleffekt" beim Rundfunkempfang im Auto; man hält an einer roten Ampel an und manchmal stoppt dann auch der Empfang, man befindet sich in einem „Funkloch". Aufgrund von Mehrwegempfang kommt es zu einer frequenz- und ortsselektiven Schwunderscheinung. Diese wird durch eine Überlangung von zwei Signalpfaden mit 180 Grad Phasenverschiebung verursacht. Im terrestrischen Funkfeld ist auch mit schmalbandigen oder breitbandigen Sinus- oder Impulsstörern zu rechnen, die den Empfang beeinträchtigen können. Ort, Art und Ausrichtung, sowie die Mobilität, also Bewegung spielen eine Rolle. Dies gilt gleichermaßen für Radio- und TV-Empfang, als auch für dem Mobilempfang über Handies. Die terrestrischen Empfangsbedingungen sind die schwierigsten überhaupt. Ähnliches gilt auch für die alte Zweidrahtleitung im Telekommunikationsbereich. Echos, Übersprechen von anderen Zweidrahtleitungen, Impulsstörer, sowie Amplituden- und Gruppenlaufzeitgang können dort auftreten. ADSL und

VDSL haben unter Nutzung der Mehrträgertechnik (sog. Discrete Multitone) alle früheren Datendienste über Telefonleitung ersetzt. Im terrestrischen Funkfeld sind es jetzt v.a. die seit jeher breitbandigen Funkdienste, wie vor allem das Fernsehen mit üblicherweise bis zu 8 MHz Kanalbandbreite, die zuverlässige digitale Übertragungsverfahren fordern. Ein sicherer Weg hierzu war in der Anwendung eines Mehrträgerverfahrens zu finden. Man überträgt die Information in einem Frequenzband digital nicht über einen Träger, sondern über viele - über zum Teil Tausende von Unterträgern mit Vielfachfehlerschutz und Daten-Interleaving. Diese seit den 1970er Jahren bekannten Verfahren sind:

- Coded Orthogonal Frequency Division Multiplex (COFDM) bzw.
- Discrete Multitone (DMT)

Mehrträgerverfahren werden heute angewendet bei:

- Digital Audio Broadcasting – DAB
- Digital Video Broadcasting - DVB-T
- Asymmetrical Digital Suscriber Line (ADSL)
- Wireless Lan (WLAN)
- Übertragung von Datensignalen über Netzleitungen (Power Line)
- ISDB-T
- DTMB/DMB-T
- T-DMB
- WiMAX
- LTE
- DRM
- DVB-T2
- DVB-C2
- DOCSIS 3.1.

Dieses Kapitel beschreibt die Hintergründe, Eigenschaften und die Generierung von Mehrträgermodulationsverfahren wie Coded Orthogonal Frequency Division Multiplex (COFDM) bzw. Discrete Multitone (DMT).

Die Idee des Mehrträgerverfahren geht zurück in die 1970er Jahre auf Untersuchungen in den Bell Labs [CHANG] in USA bzw. auf Ideen in Frankreich. Damals gab es jedoch noch keine Möglichkeiten der praktischen Realisierung, da entsprechend schnelle Chips nicht annähernd verfügbar waren. Viele Jahre später - zum Anfang der 1990er Jahre wurde die Idee praktisch umgesetzt und zum ersten Mal bei DAB - Digital Audio Broadcasting angewendet. ADSL bzw. VDSL-Techniken sind Gegenwart und deren Verfügbarkeit wird jetzt v.a. auch in der Fläche, d.h. im ländlichen Raum gefordert. Digitales Terrestrisches Fernsehen - DVB-T hat sich weltweit verbreitet. Jedes TV-Endgerät verfügt heute über einen integrierten DVB-T- oder DVB-T/T2-Tuner. DAB/DAB+ und DVB-T/DVB-T2 sind ein sehr guter Beitrag zur Frequenzökonomie bei besserer Leistung. Viele neuen Übertragungsstandards u.a. auch LTE = Long Term Evolution im Bereich UMTS oder WiMAX setzen auf COFDM-basierende Modulationsverfahren.

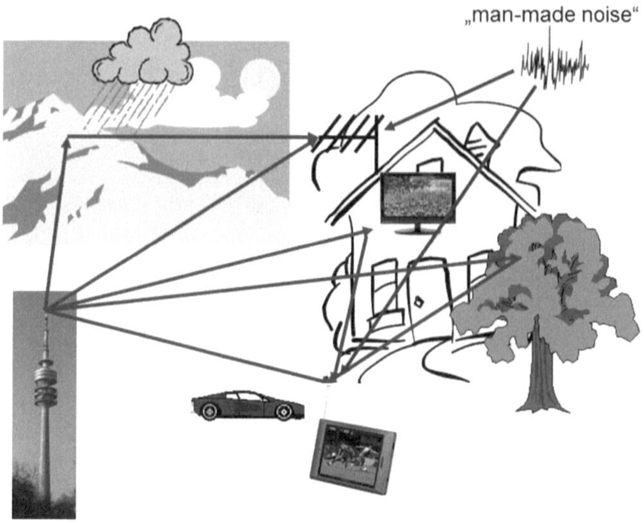

Abb. 19.1. Der terrestrische Übertragungskanal

19.1 Warum Mehrträgerverfahren?

Mehrträgerverfahren gehören zu den kompliziertesten Übertragungsverfahren überhaupt und sind ähnlich komplex wie die Code-Vielfachzugriffsverfahren (CDMA=Code Division Multiple Access). Doch warum hat man sich überhaupt ein so kompliziertes und für viele schwer verständliches Modulationsverfahren wie COFDM ausgedacht? Nicht ohne Grund! Die Ursache liegt einfach im extrem schwierigen Übertragungsmedium.

Beim verwendeten Übertragungsmedium handelt es sich hier um:

- erdgebundene Übertragungswege

- schwierige leitungsgebundene Übertragungsbedingungen, v.a. mit frequenzselektiven Problemen (Telefon-„Zweidrahlteitung“).

Speziell die erdgebundenen (=terrestrischen) Übertragungswege weisen folgende charakteristische Merkmale auf (Abb. 19.1.):

- Mehrwegeempfang über verschiedene Echopfade, verursacht durch Reflexionen an Gebäuden, Bergen, Bäumen, Fahrzeugen
- additives weißes gauß'sches Rauschen (AWGN = Additive White Gaussian Noise)
- Interferenzstörer, schmalbandig oder breitbandig verursacht durch Ottomotoren, Straßenbahnen oder andere Funkdienste
- Dopplereffekt, d.h. Frequenzverschiebung bei Mobilempfang

Mehrwegeempfang führt zu orts- und frequenzselektiven Schwunderscheinungen (Abb. 19.2.); dieses sog. Fading ist bekannt als "roter Ampel-Effekt" bei Autoradios. Man stoppt an einer roten Ampel und der Radioempfang bricht zusammen. Würde man einen anderen Sender wählen oder das Auto nur geringfügig weiterbewegen, so hätte man wieder Empfang.

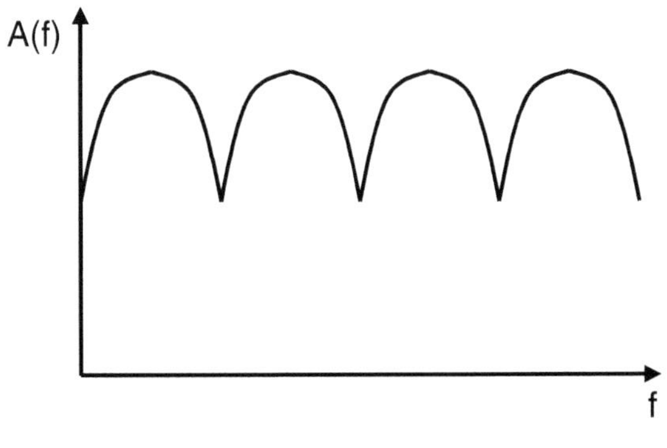

Abb. 19.2. Übertragungsfunktion eines Funkkanals mit Mehrwegeempfang; frequenzselektive Schwunderscheinungen (Fading)

Überträgt man Informationen genau nur über einen diskreten Träger exakt auf einer bestimmten Frequenz, so wird es bedingt durch Echos genau an bestimmten Orten genau an dieser spezifischen Frequenz zu Auslöschungen des Empfangssignals kommen, verursacht durch 180° Phasenverschiebung zweier Signalpfade. Dies ist von der Frequenz, der Echosignalstärke und der Echolaufzeit abhängig.

Überträgt man hohe Datenraten digitaler Signale über vektormodulierte (IQ-modulierte) Träger, so weisen diese eine Bandbreite auf, die der Symbolrate entspricht.

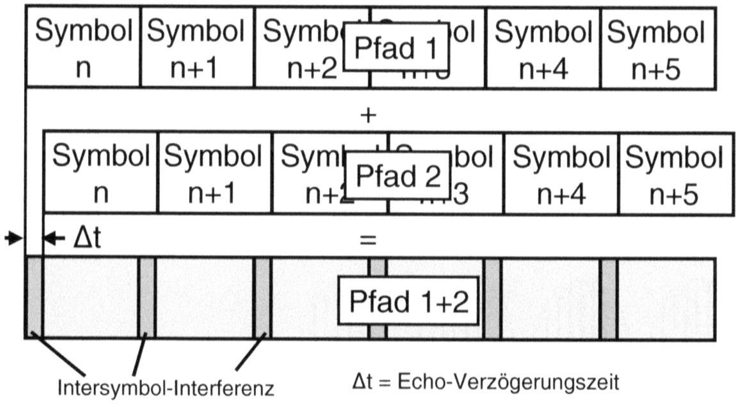

Abb. 19.3. Intersymbol-Interferenz / Intersymbol-Übersprechen bei Mehrwegeempfang

Die zur Verfügung stehende Bandbreite ist üblicherweise fest vorgegeben. Die maximal mögliche Symbolrate hängt von der Bandbreite ab. Einträgerverfahren weisen aber eine relativ hohe Symbolrate oft im Bereich von über 1 MS/s bis zu 30 MS/s auf. Dies führt zu sehr kurzen Symboldauern von 1µs und kürzer (Kehrwert der Symbolrate). Echolaufzeiten in terrestrischen Übertragungskanälen können aber durchaus im Bereich von bis zu etwa 10 µs oder mehr liegen. Solche Echos würden zu Symbolübersprechen von benachbarten bis zu weit entfernten Symbolen führen (Abb. 19.3.) und die Übertragung gewissermaßen unmöglich machen. Naheliegend wäre nun, dass man durch Tricks versucht, die Symboldauern möglichst lang zu machen, um das Symbolübersprechen zu minimieren und es wäre zusätzlich sinnvoll, Pausenzeiten zwischen die Symbole einzufügen, sog. Schutzintervalle.

Nun gibt es aber immer noch das Problem mit den orts- und frequenzselektiven Schwunderscheinungen. Wenn man nun aber bei konstanter zur Verfügung stehender Kanalbandbreite die Information nicht über einen einzelnen Träger überträgt, sondern auf viele bis zu Tausende von Unterträgern aufteilt und insgesamt entsprechend Fehlerschutz einbaut, so sind zwar einzelne Träger oder Trägerbereiche von Fading betroffen, aber nicht alle Träger (Abb. 19.4.).

Aus den nicht oder wenig gestörten Trägern könnte man dann auf der Empfangsseite genügend fehlerfreie Information zurückgewinnen, um insgesamt mit den vorgenommenen Fehlerschutzmaßnahmen einen fehlerfreien Ausgangsdatenstrom wieder ableiten zu können. Verwendet man jedoch viele - Tausende von Unterträgern anstelle eines Trägers, so vermindert sich die Symbolrate um den Faktor der Anzahl der Unterträger, die Symbole verlängern sich entsprechend mehrtausendfach bis hin einer Millisekunde.

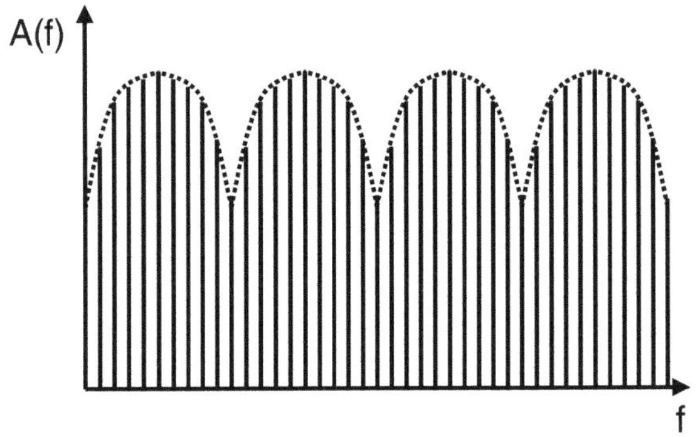

Abb. 19.4. Anwendung von Mehrträgerverfahren in einem Funkkanal mit Schwunderscheinungen

Das Fadingproblem ist gelöst und gleichzeitig ist durch die verlängerten Symbole mit entsprechenden Pausenzeiten dazwischen auch das Problem des Intersymbolübersprechens gelöst.

Ein Mehrträgerverfahren - COFDM- Coded Orthogonal Frequency Division Multiplex ist geboren. Man muss nur noch erreichen, dass sich die vielen nun benachbarten Träger nicht stören, also orthogonal zueinander sind.

19.2 Was ist COFDM?

Bei Coded Orthogonal Frequency Division Multiplex (COFDM) handelt es sich um ein Vielträgerverfahren mit bis zu Tausenden von Unterträgern die sich alle gegenseitig nicht stören, also orthogonal zueinander sind.

Die zu übertragende Information wird auf die vielen Unterträger verschachtelt (interleaved) aufgeteilt, wobei vorher entsprechend Fehlerschutz hinzugefügt wurde (= Coded Orthogonal Frequency Multiplex = COFDM). Jeder dieser Unterträger ist vektormoduliert also QPSK-, 16QAM oft bis zu 64QAM-moduliert.

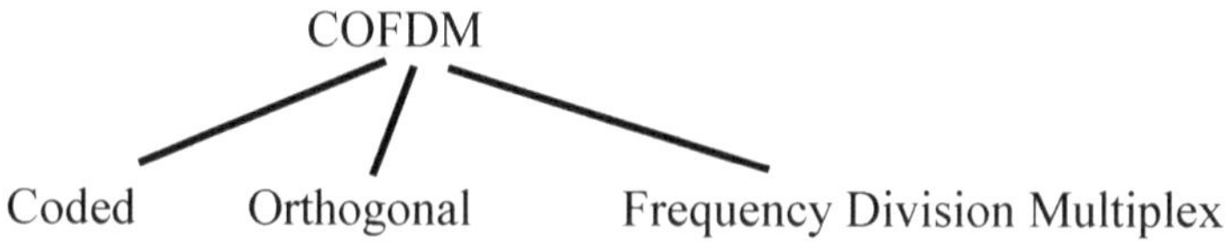

COFDM setzt sich zusammen aus Coded (=Fehlerschutz), Orthogonal (= rechtwinklig zueinander, aber eigentlich vom Sinn her: sich gegenseitig nicht störend) und Frequency Division Multiplex (= Aufteilung der Information auf viele Unterträger im Frequenzbereich).

In einem Übertragungskanal kann Information kontinuierlich oder in Zeitschlitzen übertragen werden. In den verschiedenen Zeitschlitzen können dann unterschiedliche Nachrichten transportiert werden, z.B. Datenströme von verschiedenen Quellen. Dieses Zeitschlitzverfahren wird seit jeher v.a. in der Telefonie zur Übertragung verschiedener Telefongespräche auf einer Leitung, einem Satellitenkanal oder auch Mobilfunkkanal angewendet. Die typischen pulsartigen Störungen, die ein Mobiltelefon nach dem GSM-Standard bei Einstrahlungen auf Stereoanlagen und Fernseher hervorruft, rühren her von diesem Zeitschlitzverfahren, das man auch Time Division Multiple Access (TDMA) nennt. Einen Übertragungskanal einer bestimmten Bandbreite kann man jedoch auch in Frequenzrichtung unterteilen; es entstehen Unterkanäle, in die man je einen Unterträger setzen kann. Jeder Unterträger wird unabhängig von den anderen moduliert und trägt eigene von den anderen Unterträgern unabhängige Information. Jeder dieser Unterträger kann vektormoduliert werden, z.B. QPSK-, 16QAM- oder auch 64QAM- moduliert.

Alle Unterträger befinden sich in einem konstanten Abstand Δf zueinander. In einem Nachrichtenkanal können sich bis zu Tausende von Unterträgern befinden. Jeder Unterträger könnte die Information einer Quelle tragen, die mit den anderen überhaupt nichts zu tun hätte. Man könnte jedoch auch einen gemeinsamen Datenstrom zunächst mit Fehlerschutz versehen, um ihn dann anschließend auf die vielen Unterträger aufzuteilen. Wir sind nun beim Frequency Division Multiplex (FDM) angelangt. Bei FDM wird also ein gemeinsamer Datenstrom aufgespaltet und in einem Kanal nicht über einen einzelnen Träger, sondern über viele bis zu Tausenden von Unterträgern digital vektormoduliert übertragen. Nachdem diese Träger aber sehr nahe beieinander liegen z.B. im Abstand von wenigen kHz muss man sehr darauf achten, dass sich diese Träger nicht gegenseitig stören. Die Träger müssen orthogonal zueinander liegen. Der Begriff orthogonal wird normalerweise für 90 Grad zueinander stehend verwendet; ganz allgemein meint man in der Nachrichtentechnik damit Signale, die sich gegenseitig aufgrund bestimmter Eigenschaften nicht beeinflussen. Wann beeinflussen sich nun benachbarte Träger eines FDM-Systems mehr oder weniger? Beginnen müssen wir hier erstaunlicherweise mit dem Rechteckimpuls und seiner Fouriertransformierten (Abb. 19.5.). Ein einzelner Rechteckimpuls der Dauer Δt ergibt im Frequenzbereich ein sin(x)/x-förmiges Spektrum mit Nullstellen im Spektrum im konstanten Abstand von Δf=1/Δt. Ein einzelner Rechteckimpuls weist ein kontinuierliches Spektrum auf, d.h. man findet keine diskreten Spektrallinien, sondern einen kontinuierlichen sin(x)/x-förmigen Verlauf.

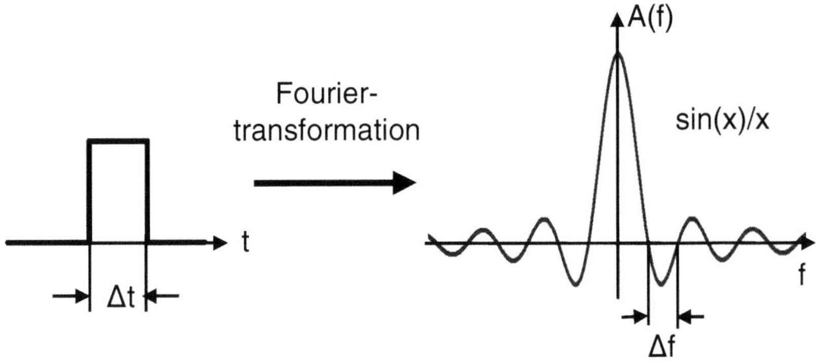

Abb. 19.5. Fouriertransformierte eines Rechteckimpulses

Variiert man die Dauer Δt des Rechteckimpulses, so ändert sich auch der Abstand Δf der Nullstellen im Spektrum. Lässt man Δt gegen Null laufen, so wandern die Nullstellen im Spektrum gegen Unendlich. Es entsteht ein Dirac-Impuls, der ein unendlich flaches Spektrum aufweist. Alle Frequenzen sind enthalten. Läuft Δt gegen Unendlich, so laufen die Nullstellen im Spektrum gegen Null. Es entsteht eine Spektrallinie bei der Frequenz Null - es liegt also Gleichspannung vor. Und für alle Fälle dazwischen gilt einfach:

$\Delta f = 1/\Delta t;$

Auch eine Rechteckimpulsfolge der Periodendauer T_P und der Pulsbreite Δt genügt diesem sin(x)/x-förmigen Verlauf, nur findet man jetzt nur einzelne diskrete Spektrallinien im Abstand $f_P = 1/T_P$, die sich aber in diesen sin(x)/x-förmigen Verlauf einschmiegen.

Doch was hat nun der Rechteckimpuls mit Orthogonalität zu tun? Unsere Trägersignale sind sinusförmig. Ein sinusförmiges Signal der Frequenz $f_S = 1/T_S$ hat im Frequenzbereich eine einzelne Spektrallinie bei der Frequenz f_S und $-f_S$ zur Folge. Diese sinusförmigen Träger tragen aber Information durch Amplituden- und Phasenumtastung.

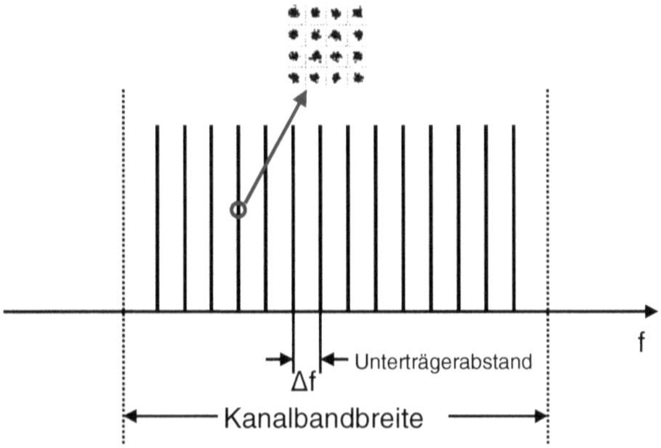

Abb. 19.6. Coded Orthogonal Frequency Division Multiplex; viele unabhängig modulierte Träger in einem Kanal

D.h. diese sinusförmigen Trägersignale laufen nicht kontinuierlich von Minus-Unendlich bis Plus-Unendlich durch, sondern sie ändern Amplitude und Phase nach einer bestimmten Zeit Δt. Man kann sich so ein moduliertes Trägersignal zusammengesetzt denken aus rechteckförmig ausgeschnittenen sinusförmigen Teilabschnitten, sog. Burst-Paketen. Es tritt nun mathematisch eine Faltung im Frequenzbereich ein, d.h. es überlagern sich die Spektren des Rechteckfensterimpulses und des Sinus. Im Frequenzbereich liegt nun ein sin(x)/x-förmiges Spektrum an der Stelle f_S und $-f_S$ anstelle einer diskreten Spektrallinie vor. Die Nullstellen des sin(x)/x werden beschrieben durch die Länge des Rechteckfensters Δt. Der Abstand der Nullstellen beträgt $\Delta f = 1/\Delta t$.

Werden nun gleichzeitig viele benachbarte Träger übertragen (Abb. 19.6.), so würden die sin(x)/x-förmigen Ausläufer, die durch die burstweise Übertragung entstehen (Abb. 19.7.), die benachbarten Träger stören.

Diese Störungen werden aber zu einem Minimum, wenn man den Trägerabstand so wählt, dass immer ein Trägermaximum auf eine Nullstelle der benachbarten Träger fällt (Abb. 19.9.). Dies erreicht man dadurch, in dem man den Unterträgerabstand Δf so wählt, dass er dem Kehrwert der

Rechteckfensterlänge, also der Burstdauer bzw. Symboldauer (Abb. 19.7.) entspricht. Ein solches Burstpaket mit vielen oft bis zu Tausenden von modulierten Unterträgern nennt man COFDM-Symbol. Durch Überlagerung aller Träger entsteht dann ein quasi-zufälliges Signal (rauschartig) mit hohem Spitzenfaktor (Crest-Faktor, Abb. 19.8.).

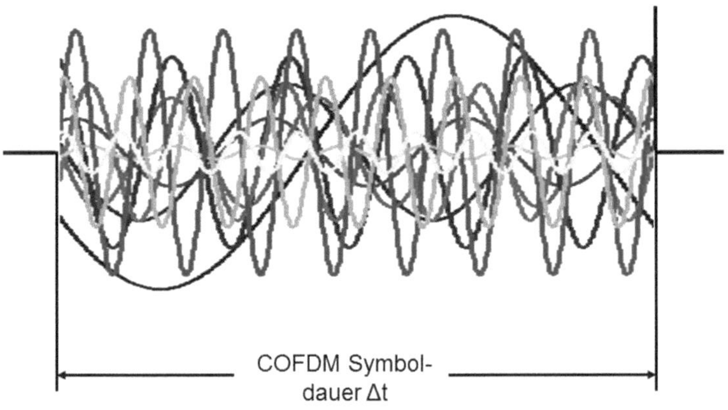

Abb. 19.7. COFDM-Symbol (diskrete Träger)

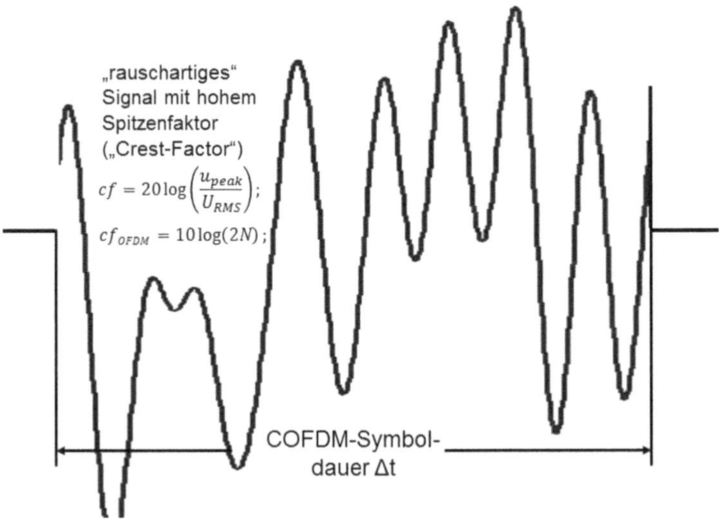

Abb. 19.8. COFDM-Symbol (alle Träger überlagert)

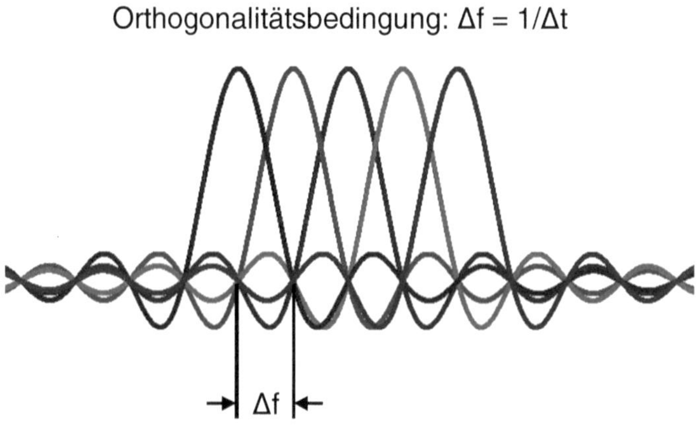

Abb. 19.9. Orthogonalitätsbedingung (hier: Frequenzbereich) bei COFDM

Es gilt als COFDM-Orthogonalitätsbedingung (Abb. 19.10.):

$\Delta f = 1/\Delta t$;

mit Δf = Unterträgerabstand
Δt = Symboldauer.

Weiß man z.B. von einem COFDM-System die Symboldauer, so kann man jetzt direkt auf den Unterträgerabstand schließen und umgekehrt.

Bei DVB-T z.B. gelten für den sog. 2K - und 8K - Modus folgende Bedingungen (Tabelle 19.1.):

Tabelle 19.1. COFDM-Modi bei DVB-T

Mode	2K	8K
Anzahl Unterträger	2048	8192
Unterträgerabstand	$\Delta f \cong 4$kHz	$\Delta f \cong 1$kHz
Symboldauer	$\Delta t = 1/\Delta f \cong 250\mu$s	$\Delta t = 1/\Delta f \cong 1$ms

19.3 Erzeugung der COFDM-Symbole

Bei COFDM wird die zu übertragende Information zunächst fehlergeschützt, d.h. es wird beträchtlicher Overhead hinzugefügt, bevor man dann diesen aus Nutzdaten und Fehlerschutz bestehenden Datenstrom auf viele Unterträger aufprägt. Jeder dieser oft bis zu Tausenden von Unterträgern hat nun einen Teil dieses Datenstroms zu übertragen. Wie bei den Eintträgerverfahren benötigt man für jeden Unterträger einen Mappingvorgang, der die QPSK, 16QAM oder 64QAM erzeugt. Jeder Unterträger ist unabhängig von den anderen moduliert. D.h. prinzipiell könnte man sich einen COFDM-Modulator zusammengesetzt vorstellen aus vielen bis zu Tausenden von QAM-Modulatoren mit je einem Mapper (Abb. 19.10.). Alle Modulatorausgangssignale müsste man dann einfach aufaddieren. Jeder Modulator erhält einen eigenen präzis abgeleiteten Träger. Alle Modulationsvorgänge sind so zueinander synchronisiert, dass jeweils ein gemeinsames Symbol entsteht in genau der Länge $\Delta t = 1/\Delta f$. Aber diese Vorgehensweise ist Theorie! In der Praxis wäre dies unbezahlbar und instabil. Aber für die gedankliche Vorstellung des COFDM-Prinzips ist dieses Bild aber bestens geeignet.

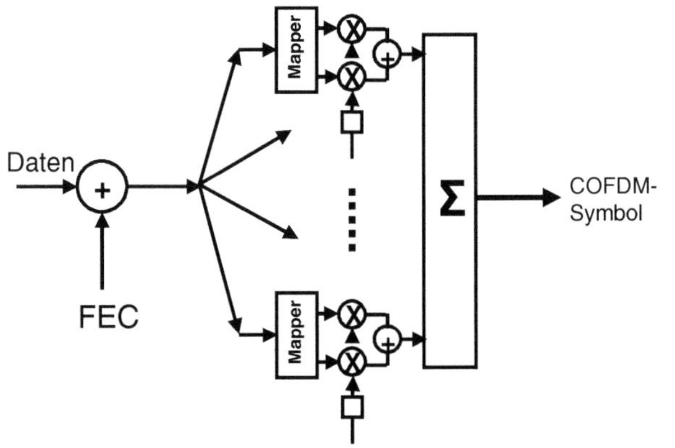

Abb. 19.10. Theoretisches Blockschaltbild eines COFDM-Modulators

In Wirklichkeit wird ein COFDM-Symbol durch einen Vielfachmappingvorgang und einer nachfolgenden Inversen Fast Fouriertransformation (IFFT) erzeugt, bei dem zwei Tabellen entstehen. D.h. COFDM entsteht einfach durch die Anwendung von numerischer Mathematik in einem Hochgeschwindigkeitsrechenwerk (Abb. 19.11.).

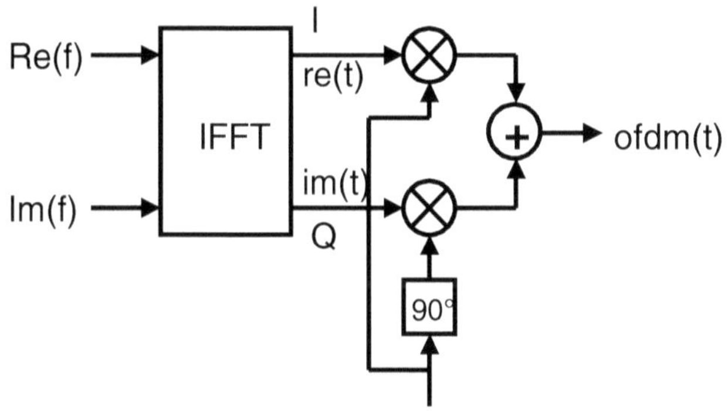

Abb. 19.11. Praktische Realisierung eines COFDM-Modulators mittels einer IFFT

Der COFDM-Modulationsprozeß läuft folgendermaßen ab: der fehlergeschützte, also mit Overhead versehene Datenstrom wird aufgespaltet und auf viele bis zu Tausende von Teilströmen möglichst zufällig aufgeteilt - man spricht vom Multiplexen und Interleaven. Jeder Teilstrom läuft paketweise in einen Mapper. Der Mapper erzeugt aufgeteilt nach Real- und Imaginärteil die Beschreibung des jeweiligen Teilvektors. D.h. es entsteht nun für jeden Unterträger ein Tabelleneintrag für den Realteil und Imaginärteil. Es werden zwei Tabellen mit vielen bis zu Tausenden von Einträgen erzeugt. Es wird eine Realteil- und eine Imaginärteiltabelle gebildet. Es entsteht die Beschreibung des zu generierenden Zeitsignalabschnittes im Frequenzbereich. Jeder Unterträger ist nun moduliert vorliegend beschrieben als x-Achsenabschnitt und y-Achsenabschnitt bzw. mathematisch genau ausgedrückt als Cosinus- und Sinusanteil oder Real- und Imaginärteil. Diese beiden Tabellen - Real- und Imaginärtabelle sind nun die Eingangssignale für den nächsten Signalverarbeitungsblock, die Inverse Fast Fouriertransformation (IFFT). Nach der IFFT liegt das Symbol im Zeitbereich vor. In der Signalform, die aufgrund der vielen Tausenden von unabhängig modulierten Unterträgers rein zufällig - stochastisch - aussieht, stecken die vielen Unterträger. Die Vorstellung, wie die vielen Träger entstehen, fällt vielen erfahrungsgemäß sehr schwer. Darum sei nun der Modulationsvorgang mit Hilfe der IFFT Schritt für Schritt beschrieben.

In den in Abb. 19.11. dargestellten COFDM-Modulator, bestehend aus IFFT-Block und nachfolgendem komplexen Mischer (IQ-Modulator) werden nun der Reihe nach verschiedene Real- und Imaginärteiltabellen auf der Frequenzebene eingespeist, anschließend wird die Inverse Fast Fouriertransformation durchgeführt und das Ergebnis an den Ausgängen re(t) und im(t) nach der IFFT, also im Zeitbereich, sowie nach dem komplexen Mischer betrachtet.

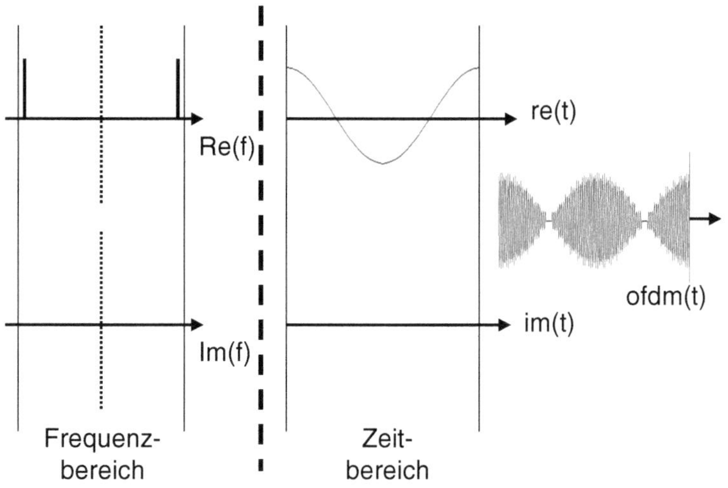

Abb. 19.12. IFFT eines symmetrischen Spektrums

Hierbei wird zunächst mit einem zur Bandmitte des COFDM-Kanals symmetrischen Spektrums begonnen (Abb. 19.12.), einfach bestehend aus dem Träger Nr. 1 und N. Nach der IFFT entsteht ein Ausgangssignal am Ausgang re(t); es ist rein cosinusförmig. Am Ausgang im(t) liegt u(t)=0V an. Es wird ein rein reelles Zeitsignal erwartet, da das Spektrum die hierfür notwendigen Symmetriebedingungen erfüllt. Nach dem IQ-Modulator entsteht ein nur durch den reelen Zeitanteil hervorgerufenes amplitudenmoduliertes Signal mit unterdrücktem Träger (siehe Abb. 19.12.).

Unterdrückt man jedoch z.B. die Spektrallinie im oberen Bandbereich, also den Träger bei N und lässt nur die Komponente bei Träger Nr. 1 übrig, so ergibt sich nun aufgrund des asymmetrischen Spektrums (Abb. 19.13. und 19.14.) ein komplexes Zeitsignal. Am Ausgang re(t) nach der IFFT liegt nun ein Cosinus-förmiges Signal der halben Amplitude im Vergleich von zuvor an. Außerdem liefert die IFFT nun auch am Ausgang im(t) ein sinusförmiges Ausgangssignal gleicher Frequenz und gleicher Amplitude. Speist man dieses komplexe Zeitsignal - also re(t) und im(t) - in den nachfolgenden IQ-Modulator ein, so verschwindet die Modulation. Es entsteht eine einzelne in das Trägerfrequenzband umgesetzte Sinusschwingung. Es entsteht ein einseitenband-moduliertes Signal. Die Anordnung stellt nun einen ESB-Modulator dar. Eine Änderung der Frequenz der

Stimulie-Größe in der Frequenzebene bewirkt lediglich eine Frequenzveränderung des Cosinus- und Sinus-förmigen Ausgangssignals bei re(t) und im(t). re(t) und im(t) weisen exakt gleiche Amplitude und Frequenz, sowie wie zuvor eine Phasendifferenz von 90 Grad auf. Ganz entscheidend für das Verständnis dieser Art von COFDM-Realisierung ist, dass grundsätzlich für alle Unterträger diese Beziehung zueinander gilt. im(t) ist für jeden Unterträger immer in einer 90 Grad-Phasenbeziehung zu re(t) und weist die gleiche Amplitude auf.

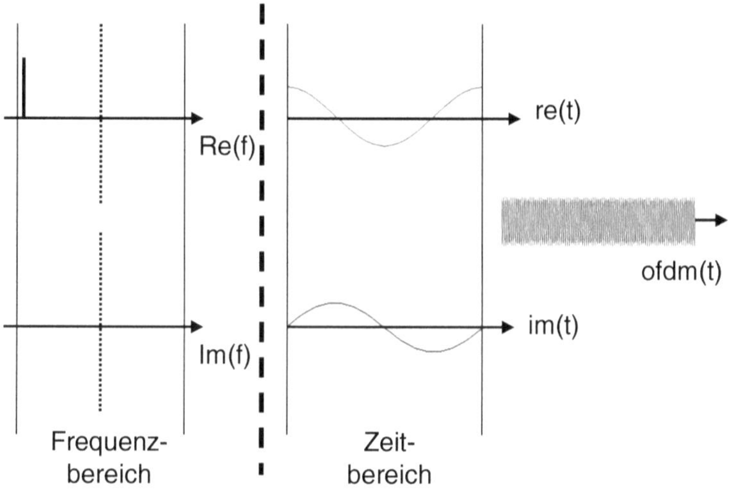

Abb. 19.13. IFFT eines asymmetrischen Spektrums

Bringt man immer mehr Träger ins Spiel, so entsteht ein immer zufälliger aussehendes Signal für re(t) und im(t), wobei sich die reellen und imaginären Teilsignale in der Zeit-Ebene in 90 Grad Phasenbeziehung zueinander befinden.

Man sagt, dass im(t) die Hilbert-Transformierte von re(t) ist. Man kann sich diese Transformation als einen 90 Grad-Phasenschieber für alle Spektralanteile vorstellen. Speist man beide Zeitsignale in den nachfolgenden IQ-Modulator ein, so entsteht das eigentliche COFDM-Symbol. Durch diese Art der Modulation wird jeweils das korrespondierende obere bzw. untere COFDM-Teilband unterdrückt. Man erhält einen tausendfachen Einseitenbandmodulator nach der Phasenmethode. In vielen Literaturstellen, die bis zu über 20 Jahre alt sind, sind Hinweise auf den Einseitenbandmodulator nach dieser Phasenmethode zu finden. Nur durch die gleichen Amplitudenverhältnisse jedes Unterträgers an re(t) und im(t) und der exakten 90 Grad Phasenbeziehung zueinander wird erreicht, dass das obere COFDM-Seitenband bezüglich der Mittenfrequenz nicht ins untere und umgekehrt „überspricht“. Nachdem heutzutage bei COFDM sehr oft analoge also nichtideale IQ-Modulatoren wegen des Verfahrens der Direktmodulation eingesetzt werden, sind die entstehenden Effekte nur dadurch erklärbar.

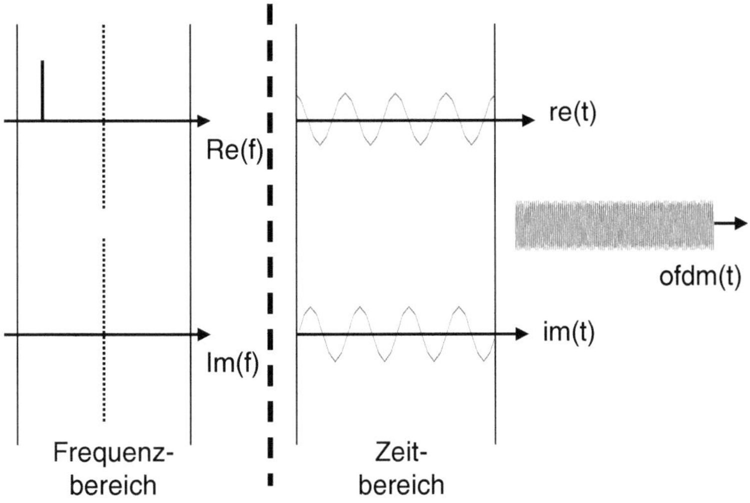

Abb. 19.14. IFFT eines asymmetrischen Spektrums bei geänderter Frequenz

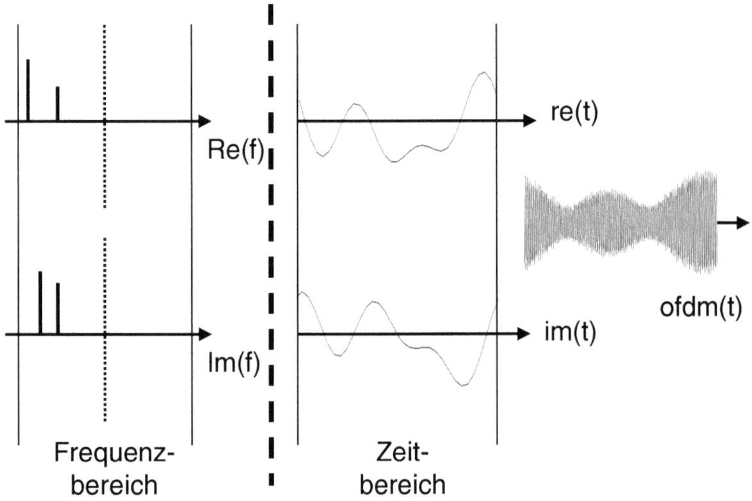

Abb. 19.15. COFDM mit 3 Trägern

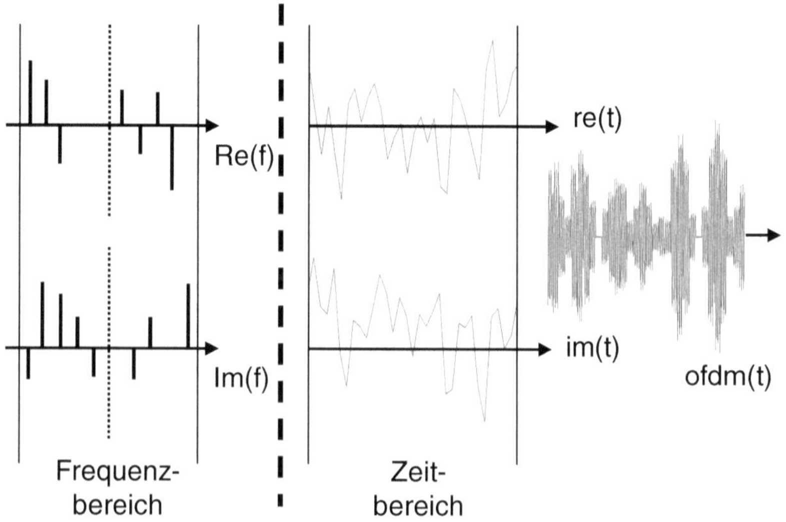

Abb. 19.16. COFDM mit 12 Trägern

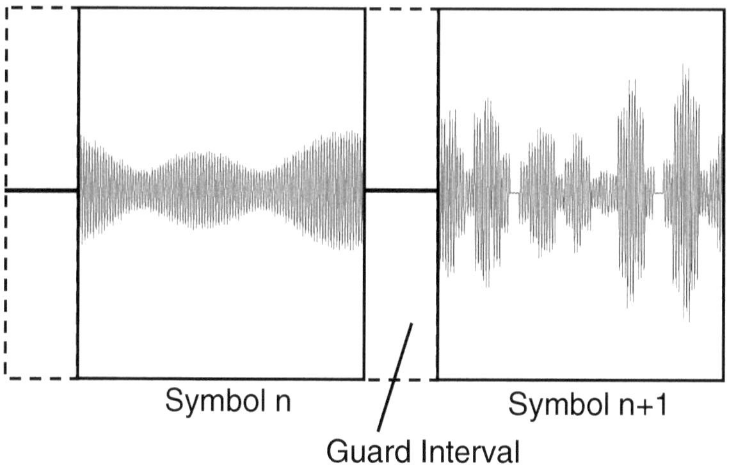

Abb. 19.17. COFDM-Symbole mit Schutzintervall (Guard Interval)

Immer mehr Träger (Abb. 19.15.) - und immer zufälliger sieht das entsprechende COFDM-Symbol aus. Schon mit 12 Einzelträgern (Abb. 19.16.), relativ zufällig zueinander gesetzt, ergibt sich ein stochastisch aussehendes COFDM-Symbol. Die Symbole werden abschnittsweise - pipelineartig gerechnet und erzeugt. Es werden immer die gleiche Anzahl an Datenbits zusammengefasst und auf viele oft bis zu Tausende von COFDM-

Teilträgern aufmoduliert. Es entstehen zunächst Real- und Imaginärteiltabellen im Frequenzbereich, dann nach der IFFT Tabellen für re(t) und im(t), die in nachfolgenden Speichern abgelegt werden. Zeitabschnitt für Zeitabschnitt entsteht nun ein COFDM-Symbol exakt konstanter Länge von $\Delta t = 1/\Delta f$. Zwischen diesen Symbolen wird ein Schutzintervallabstand (Guard Interval) bestimmter, meist einstellbarer Länge eingehalten.

Innerhalb dieses Schutzintervalles können Einschwingvorgänge aufgrund von Echos ausklingen, Intersymbolübersprechen wird dadurch vermieden. Das Schutzintervall (Guard Interval, Abb. 19.17.) muss länger sein, als die längste Echolaufzeit des Übertragungssystems. Nach Ablauf des Guard Intervals sollen also alle Einschwingvorgänge abgelaufen sein. Ist dies nicht so, so entsteht aufgrund von Intersymbolübersprechen zusätzliches Rauschen. Dieses wiederum hängt einfach von der Stärke des Echos ab. Die Schutzintervalle sind aber nicht einfach zu Null gesetzt. Üblicherweise wird das Ende des nachfolgenden Symbols exakt in diesen Zeitabschnitt eingetastet (Abb. 19.18.) (CP = Cyclic Prefix). Somit sind die Schutzintervalle in keinem Oszillogramm erkennbar. Rein signalverarbeitungsmässig sind diese Schutzintervalle leicht generierbar. Man schreibt sowieso die Ergebnisse nach der IFFT erst in einen Speicher, um sie dann abwechselnd im Pipeline-Prinzip auszulesen. Das Guard Interval entsteht einfach dadurch, dass man das Ende des jeweiligen komplexen Speichers in entsprechender Schutzintervall-Länge zuerst ausliest (Abb. 19.19.).

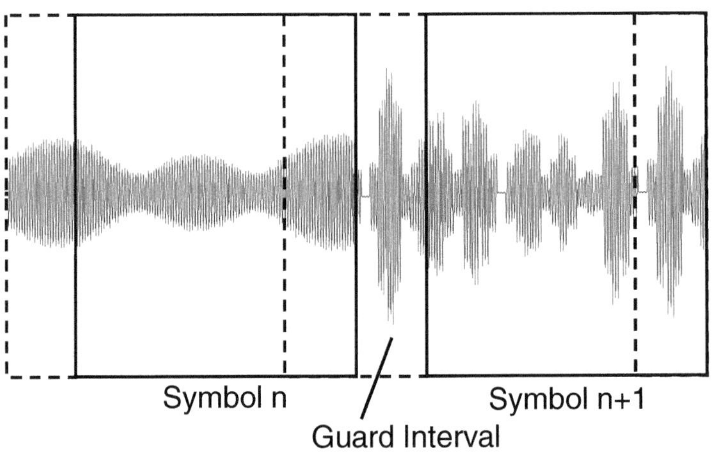

Abb. 19.18. Guard-Interval aufgefüllt mit dem Ende des nachfolgenden Symbols (Guard Interval, Cyclical Prefix, CP)

Doch warum wird das Schutzintervall nicht einfach leer gelassen, sondern üblicherweise mit dem Ende des nachfolgenden Symbols aufgefüllt (CP = Cyclic Prefix)? Der Grund hierfür ist in der Art und Weise, wie sich ein COFDM-Empfänger auf die COFDM-Symbole aufsynchronisiert, begründet. Würde man das Schutzintervall einfach nicht mit Nutzinformation belegen, so müßte der Empfänger die COFDM-Symbole exakt treffen, was aber aufgrund deren Verschleifung durch Mehrfachechos während der Übertragung praktisch nicht mehr möglich ist.

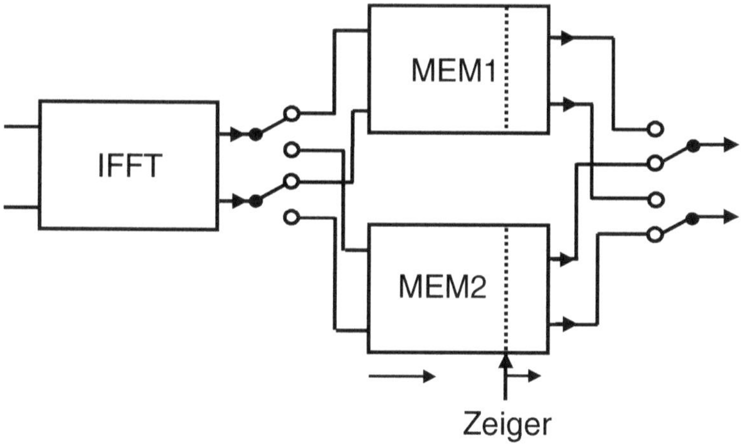

Abb. 19.19. Erzeugung des Guard Intervals

In diesem Falle wäre der Anfang und das Ende der Symbole nur schwer detektierbar. Wiederholt man jedoch z.B. das Ende des folgenden Symbols im Schutzintervallbereich davor, so kann man mit Hilfe der Autokorrelation im Empfänger die im Signal mehrfach vorhandenen Signalanteile leicht auffinden. Man findet dadurch Anfang und Ende des nicht durch Intersymbolinterferenzen durch Echos beeinflussten Bereiches innerhalb der Symbole. Es ist dies in Abb. 19.20 dargestellt für den Fall von zwei Empfangspfaden. Der Empfänger positioniert nun mit Hilfe der Autokorrelation sein FFT-Abtastfenster, das exakt die Länge eines Symbols aufweist, so innerhalb der Symbole, dass immer der unzerstörte Bereich getroffen wird. Man positioniert das Abtastfenster also nicht exakt über dem eigentlichen Symbol. Dadurch entsteht aber lediglich ein Phasenfehler, den man nun in nachfolgenden Verarbeitungsschritten beheben muss. Dieser Phasenfehler bewirkt aber eine Verdrehung aller Konstellationsdiagramme.

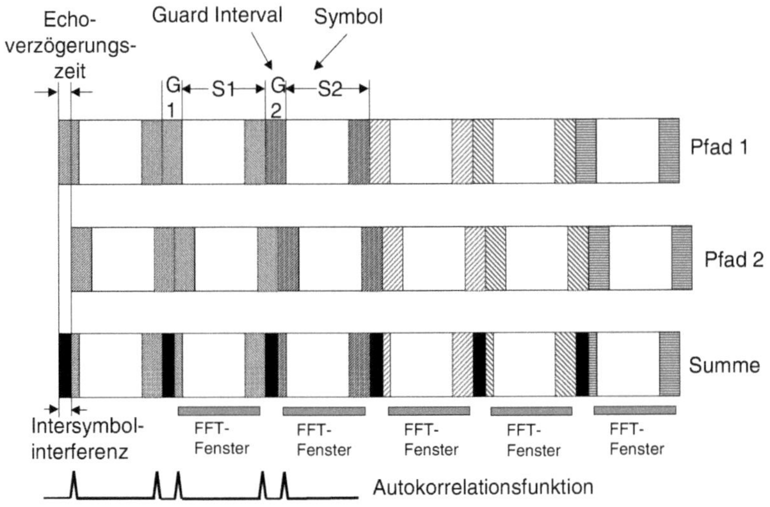

Abb. 19.20. Mehrwegeempfang bei COFDM

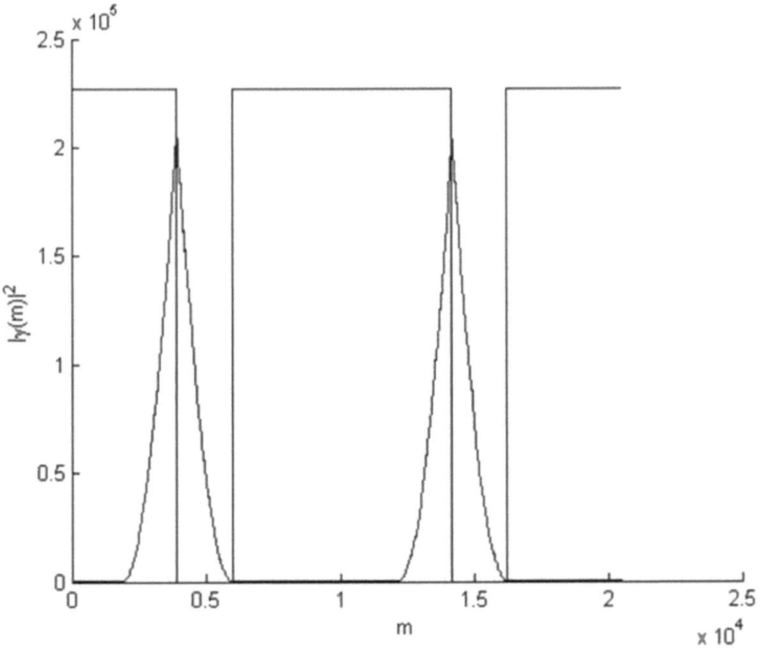

Abb. 19.21. Praktisches Beispiel einer Autokorrelationsfunktion mit FFT-Fenster-Positionierung beim Einwegeempfang [VIERACKER]

Es darf nun aber nicht der Eindruck entstehen, dass man mit Hilfe des Schutzintervalls Schwunderscheinungen (Fading) beheben kann. Dies ist aber nicht so. Gegen Fading kann man gar nichts tun - außer man fügt dem Datenstrom Fehlerschutz durch eine vorangestellte Forward Error Correction (FEC) hinzu und verteilt den Datenstrom möglichst gleichmäßig auf alle COFDM-Unterträger im Übertragungskanal. Praktische Beispiele einer Autokorrelationsfunktion unter realen Bedingungen sind in Abb. 19.21. und 19.22. dargestellt.

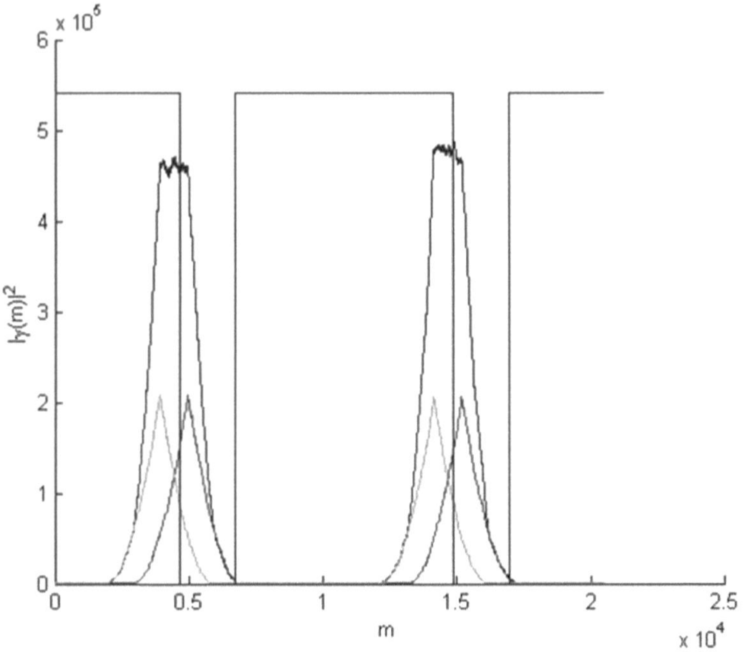

Abb. 19.22. Praktisches Beispiel einer Autokorrelationsfunktion mit FFT-Fenster-Positionierung beim 0dB-Echo-Empfang (Gesamt-AKF und Einzel-AKF's für die beiden Signalpfade) [VIERACKER]

19.4 Zusatzsignale im COFDM-Spektrum

Bisher wurde lediglich darüber gesprochen, dass beim Coded Orthogonal Frequency Division Multiplex die zu übertragende Information plus Fehlerschutz auf die vielen Teilträger aufgeteilt wird, um diese dann vektormoduliert zu übertragen. Dabei wurde der Anschein erweckt, dass jeder Träger Nutzlast trägt. Dies ist aber tatsächlich nicht so. Bei allen bekannten COFDM-Übertragungsverfahren (DAB, DVB-T, ISDB-T, WLAN,

ADSL, VDSL) findet mal mehr mal wendiger oder mal auch nicht folgende COFDM-Träger-Kategorien:

- Nutzlastträger (Payload)
- auf Null gestetzte nicht benutzte Träger
- feste Pilote
- verstreute, nicht feste Pilote
- spezielle Datenträger für Zusatzinformationen

Die Bezeichnung wurde hier an dieser Stelle bewusst allgemein gehalten, da diese zwar überall die gleiche Funktion aufweisen, aber unterschiedlich bezeichnet werden.

In diesem Abschnitt soll nun näher auf die Funktion dieser Zusatzsignale im COFDM-Spektrum eingegangen werden.

Die Nutzlastträger wurden schon beschrieben. Diese übertragen die eigentlichen Nutzdaten plus Fehlerschutz und sind auf verschiedenste Art und Weise vektormoduliert. Als Modulation kommt u.a. oft kohärente QPSK, 16QAM oder 64QAM - Modulation vor. D.h. in diesem Falle werden die zusammengefassten 2, 4 oder 6 Bit je Träger direkt auf den jeweiligen Träger aufgemappt. Im Falle der auch oft üblichen nicht-kohärenten Differenzcodierung steckt die Information in der Differenz der Trägerkonstellation von einem Symbol zum nächsten Symbol. Oft wird v.a. DQPSK oder DBPSK verwendet. Die Differenzcodierung hat den Vorteil, dass sie "selbstheilend" ist, d.h. v.a. evtl. Phasenfehler werden automatisch kompensiert. Man erspart sich damit eine Kanalkorrektur im Empfänger, der Empfänger wird einfacher. Dies erkauft man sich jedoch mit einer in etwa doppelt so hohen Bitfehlerrate im Vergleich zur kohärenten Codierung.

Die Datenträger können also folgendermaßen codiert sein:

- kohärent
- differenzcodiert.

Die Randträger, also die untersten und obersten Träger benutzt man nicht, man setzt sie auf Null, sie tragen also überhaupt keine Information. Man nennt sie Nullträger oder Schutzband (Guard Band, Abb. 19.25.). Grundsätzlich sind zwei Gründe anzusetzen, warum es diese nicht benutzten Nullträger gibt:

- Vermeiden von Nachbarkanalübersprechen durch erleichtertes Filtern der Schultern des COFDM-Spektrums

- Anpassung der Bitkapazität pro Symbol an die Eingangsdatenstruktur.

Ein COFDM-Spektrum (Abb. 19.23.) weist sog. "Schultern" auf, die einfach durch die sin(x)/x-förmigen Ausläufer jedes Einzelträgers entstehen. Dieses Schultern stören aber die Nachbarkanäle. Man muss deshalb durch geeignete Filtermaßnahmen (FIR-Filter im Modulator, Maskenfilter nach dem Sendeverstärker) den sog. Schulterabstand verbessern. Und man erleichtert sich diese Filtermaßnahmen, wenn man die Randträger einfach nicht benutzt (Abb. 19.25.).

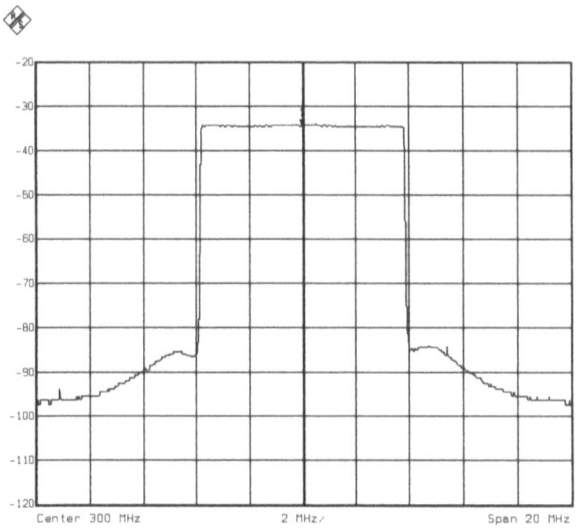

Abb. 19.23. Spektrum eines COFDM-Signales; Beispiel DVB-T im 8 MHz-Kanal

Die Schultern eines COFDM-Signals werden um so besser unterdrückt je mehr COFDM-Träger verwendet werden, d.h. höhere COFDM-Modi weisen eine niedrigere Schulter auf (Abb. 19.24.). Deswegen kann ein COFDM-Signal mit hoher Trägerzahl auch etwas breiter gemacht werden (siehe DVB-T2: „extended Carrier Mode“).

Des weiteren ist man oft gezwungen, sich nach einem ganzzahligen Vielfachen von Symbolen auf die Eingangsdatenstruktur, die oft auch blockweise aufgebaut ist, anzukoppeln. Ein Symbol kann aufgrund der im Symbol vorhandenen Datenträger eine bestimmte Anzahl an Bit tragen. Die Datenstruktur des Eingangsdatenstromes kann pro Block auch eine bestimmte Anzahl an Bit liefern. Nun verwendet man nur so viele Payload-Träger im Symbol, so dass die Rechnung nach einer bestimmten Anzahl von ganzen Datenblöcken, sowie Symbolen aufgeht (kleinstes gemeinsames Vielfaches). Wegen der Verwendung der IFFT ist man aber gezwungen, als Trägeranzahl eine Zweierpotenz zu wählen. Somit bleiben also nach Abzug aller Daten- und Pilotträger noch Träger übrig, die Nullträger.

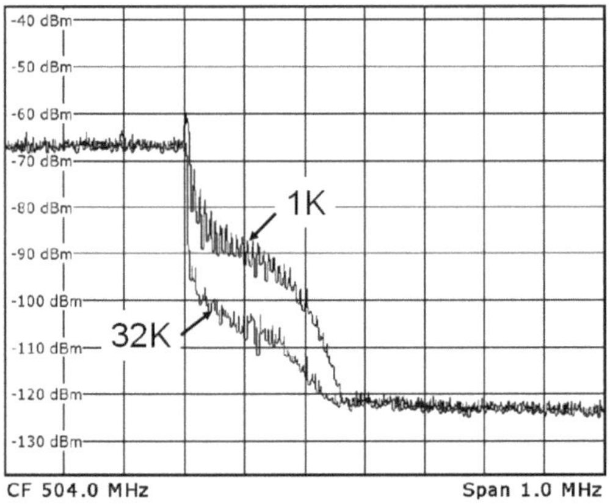

Abb. 19.24. Schultern eines COFDM-Signals im 1K und im 32K-Mode

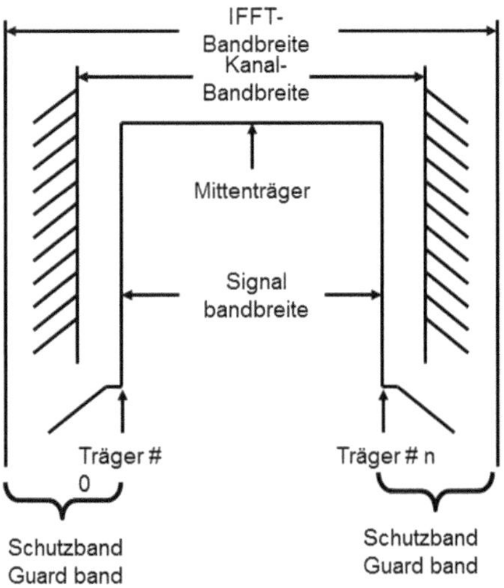

Abb. 19.25. COFDM-Spektrum mit Nutzsignal, Schutzbändern und IFFT-Bandbreite

Die eigentliche IFFT-Bandbreite eines COFDM-Signals ist deutlich breite als der eigentliche Nutzkanal und das Nutzspektrum wiederum ist schmäler als der Nutzkanal (Abb. 19.25.).

Des weiteren gibt es nun die Pilotträger, nämlich

- die Pilotträger mit fester Position im Spektrum und
- die Pilotträger mit variabler Position im Spektrum.

Pilotträger mit fester Position im Spektrum verwendet man zur automatischen Frequenzregelung des Empfängers (AFC=Automatic Frequency Control), also zur Anbindung an die Sendefrequenz. Diese Pilotträger sind üblicherweise Cosinus-förmige Signale, liegen also auf der reellen Achse auf festen Amplitudenpositionen. Üblicherweise findet man mehrere solcher festen Pilote im Spektrum. Ist die Empfangsfrequenz nicht an die Sendefrequenz angebunden, so rotieren alle Konstellationsdiagramme auch in einem Symbol. Auf der Empfangsseite vermisst man einfach diese festen Pilote innerhalb eines Symbols und korrigiert die Empfangsfrequenz so, dass die Phasendifferenz von einem zum nächsten festen Piloten innerhalb eines Symbols zu null wird.

Die Pilote mit variabler Position im Spektrum dienen im Falle der kohärenten Modulation als Mess-Signal für die Kanalschätzung und Kanalkorrektur auf der Empfangsseite. Sie stellen gewissermaßen ein Wobbelsignal für die Kanalschätzung dar, um den Kanal vermessen zu können.

Spezielle Datenträger mit Zusatzinformationen dienen sehr oft als schneller Informationskanal vom Sender zum Empfänger, um den Empfänger über vorgenommene Modulationsartänderungen, z.B. Umschalten von QPSK auf 64QAM zu informieren. Oft werden alle aktuellen Übertragungsparameter vom Sender zum Empfänger auf diese Art und Weise übertragen, z.B. bei DVB-T. Am Empfänger ist dann lediglich die ungefähre Empfangsfrequenz einzustellen.

19.5 Hierarchische Modulation

Digitale Übertragungsverfahren weisen einen harten "Fall-off-the-Cliff"-Effekt auf, d.h. die Übertragung bricht abrupt zusammen, wenn der Grenzstörabstand unterschritten wird. Dies gilt natürlich auch für COFDM. Bei manchen COFDM-basierenden Übertragungsstandards (DVB-T, ISDB-T, DVB-T2) löst man dies durch sog. "Hierarchische Modulation", bzw. verschieden robuste physikalische Layer (ISDB-T: drei Layer, DVB-T2: PLPs = Physical Layer Pipes). Man überträgt die Information hierbei unter Nutzung von zwei oder mehr verschiedenen Robustheitsgraden (z.B. beschrieben durch ein Pärchen aus Modulation und FEC-Coderate, oder wie bei DVB-T(1) durch ineinander verschachtelte hierarchische Modulation mit unterschiedlichem Modulationsgrad und Fehlerschutz). Es gibt hierbei Layer oder „Pipes“ die robuster sind, aber keine so große Datenrate transportieren können. Andere Layer können dann z.B. weniger robust sein, dafür eine höhere Datenrate übertragen. Somit könnte z.B. das gleiche Videosignal mit schlechterer und besserer Bildqualität im gleichen COFDM-Signal übertragen werden. Auf der Empfangsseite könnte man dann anhand der Empfangsbedingungen den einen oder anderen Weg wählen. Genauer soll an dieser Stelle nicht auf diese hierarchische Modulation, bzw. Layer-Bildung usw. eingegangen werden, da es mehrere Lösungsansätze hierfür gibt und diese standardabhängig sind. Jedenfalls gibt es Ansätze hierfür, nämlich

- eingebettete Modulation (DVB-T-hierarchische Modulation),
- über die Frequenz verteilte physikalische Layer (ISDB-T-Layer) oder
- über die Zeit verteilte physikalische Layer (DVB-T2 – PLPs)

unterschiedlicher Robustheit.

19.6 Zusammenfassung

Coded Orthogonal Frequency Division Multiplex (COFDM) ist ein Übertragungsverfahren, das anstelle eines Trägers viele Unterträger in einem Übertragungskanal verwendet. Es ist speziell auf die Eigenschaften eines terrestrischen Übertragungskanals mit Mehrfachechos ausgelegt. Die zu übertragende Information wird mit Fehlerschutz versehen (COFDM = Coded Orthogonal Frequency Division Multiplex) und auf all diese Unterträger aufgeteilt. Die Unterträger sind vektormoduliert und übertragen je einen Teil der Information. Durch COFDM ergeben sich längere Symbole als bei einer Einträgerübertragung, damit und mit Hilfe eines Schutzintervalls zwischen den Symbolen kann das Intersymbolübersprechen aufgrund von Echos eliminiert bzw. minimiert werden. Aufgrund des Fehlerschutzes und der Aufteilung der Information auf die vielen Unterträger kann trotz vorhandener Schwunderscheinungen aufgrund von Echos (Fading) der ursprüngliche Datenstrom meist fehlerfrei zurückgewonnen werden. Zum Schluss noch eine Anmerkung: in vielen Literaturstellen ist oft von beiden Begriffen CODFM und OFDM die Rede. Praktisch gibt es keinen Unterschied zwischen beiden Verfahren. OFDM ist ein Teil von COFDM. OFDM würde nie ohne Fehlerschutz funktionieren, der im Term COFDM enthalten ist. Sollte also irgendwo von OFDM alleine gesprochen werden, so ist eigentlich immer COFDM gemeint.

Literatur: [REIMERS], [HOFMEISTER], [FISCHER2], [DAMBACHER], [CHANG], [VIERACKER]

20 Die terrestrische Übertragung von digitalen TV-Signalen über DVB-T

Im Kapitel COFDM – Coded Orthogonal Frequency Division Multiplex - wurden bereits ausführlich die besonderen Eigenschaften eines terrestrischen Funkkanals erläutert. Dieser ist bestimmt v.a. durch den sog. Mehrwegeempfang. Mehrwegeempfang führt zu orts- und frequenzselektivem Fading (Schwunderscheinungen). Bei DVB-T, also bei - der ersten Generation – der terrestrischen Übertragung von digitalen TV-Signalen gemäß Digital Video Broadcasting hat man sich deshalb für COFDM, also für das hierfür geeignetste Modulationsverfahren entschieden (Kap. 19). In Abb. 20.1. und 20.2. ist das Blockschaltbild das DVB-T-Modulators dargestellt. Das Herzstück des DVB-T-Modulators ist der COFDM-Modulator, bestehend aus dem IFFT-Block und dem nachfolgenden IQ-Modulator. Die Position des IQ-Modulators in der Schaltungsanordnung kann hierbei variieren, abhängig von der praktischen Realisierung des DVB-T-Modulators. Der IQ-Modulator kann digital oder analog ausgeführt sein. Vor der COFDM-Modulation erfolgt die Kanalkodierung, also der Fehlerschutz. Dieser ist bei DVB-T exakt in gleicher Art- und Weise realisiert, wie bei der Satellitenübertragung DVB-S.

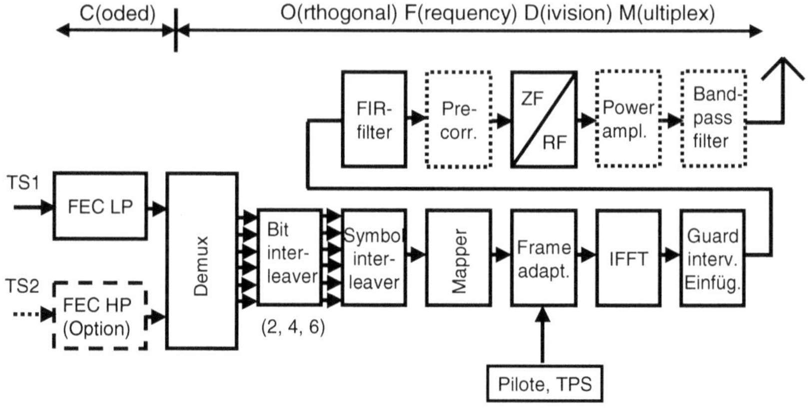

Abb. 20.1. Blockschaltbild eines DVB-T-Modulators – Teil 1

Wie man dem Blockschaltbild weiterhin entnehmen kann, sind zwei MPEG-2-Transportstromeingänge möglich. Man nennt dies dann hierarchische Modulation. Hierarchische Modulation ist bei DVB-T als Option vorgesehen und wird aber praktisch nicht verwendet. In Australien und in den Niederlanden wurde die hierarchische Modulation aber getestet. Ursprünglich wurde die hierarchische Modulation vorgesehen, um die gleichen TV-Programme in einem DVB-T-Kanal mit unterschiedlicher Datenrate, unterschiedlichem Fehlerschutz und unterschiedlicher Qualität zu übertragen. Der High Priority Path (HP) überträgt einen Datenstrom mit niedriger Datenrate, also schlechterer (Bild-) Qualität aufgrund höherer Komprimierung, erlaubt aber die Verwendung eines besseren Fehlerschutzes bzw. einer robusteren Modulationsart (QPSK). Der Low Priority Path (LP) dient der Übertragung des höherdatenratigen MPEG-2-Transportstromes mit niedrigerem Fehlerschutz und höherwertiger Modulationsart (16QAM, 64QAM). Auf der Empfangsseite kann man sich dann abhängig von den Empfangsbedingungen für den HP oder LP entscheiden. Die hierarchische Modulation soll hierbei helfen, den "Fall-off-the-Cliff"-Effekt abzumildern. Es ist aber auch durchaus denkbar, zwei total voneinander unabhängige Transportströme zu übertragen. In beiden Zweigen, im HP und LP findet man den gleichen Kanalcoder wie bei DVB-S, aber wie bereits erwähnt, ist dies eine Option, eine Option im DVB-T-Modulator, nicht im Empfänger. Im DVB-T-Empfänger bedeutet dies nur einen ganz geringfügigen Mehraufwand.

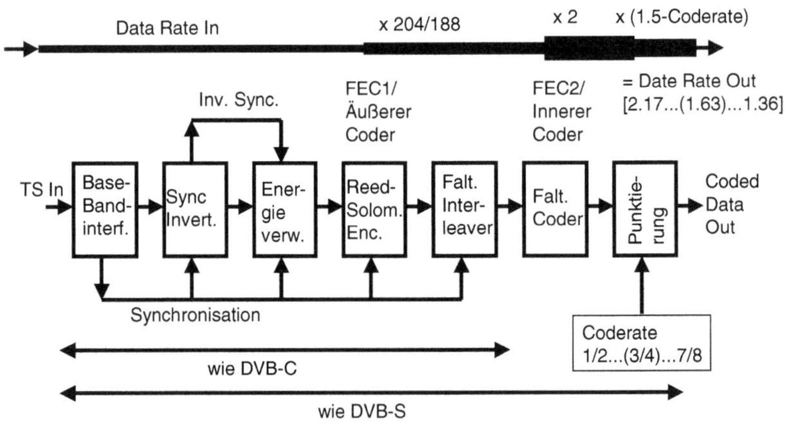

Abb. 20.2. Blockschaltbild eines DVB-T-Modulators – Teil 2 FEC

Bei DVB-T ist nicht jeder COFDM-Träger ein Nutzträger. Es sind darüber hinaus viele Pilot- bzw. Sonderträger enthalten. Diese Spezialträger dienen der Frequenzsynchronisation, der Kanalschätzung und Kanalkorrektur, sowie der Realisierung eines schnellen Informationskanals. Diese Träger werden vor der IFFT an die vorgesehenen Stellen im DVB-T-Spektrum eingefügt.

Viele Haushalte weltweit haben Zugriff auf Satellitenfernsehen oder Kabelfernsehen, aber bei weitem nicht alle. DVB-T, bzw. digitales terrestrisches Fernsehen ergänzt die Versorgung. Digitales terrestrisches Fernsehen ist notwendig wegen

- länderspezifischen Versorgungsanforderungen (historische Infrastrukturen, kein Satellitenempfang)
- länderspezifischen geographischen Gegebenheiten
- portablem TV-Empfang / Zusatzversorgung
- „quasi"-mobilem TV-Empfang
- lokalen stadtbezogenen Zusatzdiensten (Regional-/ Stadtfernsehen).

Viele Länder weltweit verfügen aus verschiedensten Gründen politischer, geographischer oder sonstiger Art über keinen oder keinen ausreichenden TV-Satellitenempfang. Ersatzweise Kabelversorgung ist oft nicht möglich (Dauerfrostgegenden) und wegen spärlicher Bevölkerungsdichte oft auch nicht finanzierbar. Hier bleibt einzig und allein die terrestrische Versorgung übrig. Länder, die weit weg vom Äquator liegen (Skandinavien) weisen naturgemäß mehr Probleme mit dem Satellitenempfang auf. In Norwegen sind v.a. die Fjorde über Satellit nicht erreichbar. Es gibt auch viele Länder, in denen auch analoger Satellitenempfang bisher nicht Standard war. In Australien z.B. spielt Satellitenempfang nur eine untergeordnete Rolle. Ballungszentren sind terrestrisch und über Kabel bzw. über Satellit versorgt. In manchen Ländern ist es auch aus politischen Gründen nicht erlaubt, sich eine unkontrollierbare Vielfalt von TV-Programmen vom Himmel zu holen. Auch in gut mit Satellitenempfang und Kabelempfang versorgten Gegenden in Zentraleuropa ist eine zusätzliche terrestrische TV-Versorgung notwendig v.a. für lokale TV-Programme, die nicht über Satellit ausgestrahlt werden. Portabler und mobiler Empfang ist quasi nur auf dem terrestrischen Wege möglich.

20.1 Der DVB-T-Standard

In ETS 300744 wurde 1995 im Rahmen des DVB-Projektes der terrestrische Standard zur Übertragung von digitalen TV-Programmen fixiert. Ein DVB-T-Kanal kann 8, 7 oder 6 MHz breit sein. Es gibt hierbei zwei verschiedene Betriebsarten, nämlich den 2K- und den 8K-Modus. 2K steht für eine 2048-Punkte IFFT und 8K für eine 8192-Punkte IFFT. Wie bereits aus dem COFDM-Kapitel bekannt ist, muss die Anzahl der COFDM-Unterträger eine Zweierpotenz sein. Man hat sich nun im Rahmen von DVB-T für Symbole von einer Länge von etwa 250 µs (2K-Mode) bzw. 1 ms (8K-Mode) entschieden. Je nach Bedürfnissen kann man sich für den einen oder anderen Mode entscheiden. Der 2K-Mode weist einen größeren Unterträgerabstand von etwa 4 kHz auf, dafür ist die Symboldauer aber auch wesentlich kürzer. Er ist damit im Gegensatz zum 8K-Mode mit einem Unterträgerabstand von etwa 1 kHz deutlich weniger störanfällig gegenüber Verschmierungen im Frequenzbereich, hervorgerufen durch Dopplereffekte bei Mobilempfang und Mehrfachechos, dafür aber deutlich anfälliger auf längere Echolaufzeiten. In Gleichwellennetzen wird man z.B. immer den 8K-Mode wählen, wegen des größeren möglichen Senderabstands. Bei Mobilempfang ist der 2K-Mode günstiger, wegen des größeren Unterträgerabstands. Der DVB-T-Standard erlaubt flexible Einflussmöglichkeiten in die Übertragungsparameter. Neben der Symbollänge, die sich aus dem 2K- bzw. 8K-Mode ergibt, lässt sich auch das Guard Interval im Bereich von 1/4 bis hin zu 1/32 der Symbollänge einstellen. Als Modulationsarten können QPSK, 16QAM oder 64QAM gewählt werden. Der Fehlerschutz, die FEC, ist genauso ausgelegt, wie beim Satellitenstandard DVB-S. Über die Coderate 1/2 ... 7/8 lässt sich die DVB-T-Übertragung an die jeweiligen Bedürfnisse hinsichtlich Robustheit bzw. Nettodatenraten anpassen. Als Option wurde im DVB-T-Standard die Möglichkeit der hierarchischen Modulation vorgesehen. In diesem Falle findet man im Modulator zwei Transportstromeingänge und zwei voneinander unabhängig konfigurierbare aber identisch aufgebaute FEC's vor. Die Idee, die dahinter steckt ist, einen Transportstrom mit niedriger Datenrate mit besonders viel Fehlerschutz zu beaufschlagen, um ihn dann auch noch mit einer sehr robusten Modulationsart, nämlich QPSK zu übertragen. Diesen Transportstrompfad nennt man High Priority Path (HP). Der zweite Transportstrom weist eine höhere Datenrate auf und wird mit weniger Fehlerschutz versehen, z.B. 64QAM-moduliert übertragen. Dieser Transportstromzweig wird Low Priority Path (LP) genannt. Man könnte nun z.B. das identische Programmpaket einmal mit niedriger und einmal mit höherer Datenrate MPEG-2-codieren und zu zwei in unabhängigen Transportströmen übertragenen Multiplexpaketen zusammenfassen. Höhere Datenrate heißt dann aber auch automatisch z.B. bessere Bildqualität. Den Datenstrom mit der niedrigeren Datenrate, aber mit der dadurch schlechteren Bildqualität führt man dem High Priority Path, den Datenstrom mit der höheren Datenrate dem Low Priority Path zu. Auf der Empfangsseite wird sich der HP leichter demodulieren lassen, als der LP. Abhängig von den Empfangsbedingungen kann man sich dann auf der Empfangsseite entweder für den High oder Low Priority Path entscheiden. Bei ungünstigen Empfangsbedingungen ergibt sich dann aufgrund der niedrigeren Datenrate und der damit höheren Komprimierung zwar eine schlechtere Bild- und Tonqualität, aber man hat zumindest noch Empfang.

Bei DVB-T wird eine kohärente COFDM-Modulation verwendet, d.h. die Nutzträger werden absolut gemappt und sind nicht differenzencodiert. Dies erfordert aber eine Kanalschätzung - und korrektur. Hierzu findet man zahlreiche Pilotsignale im DVB-T-Spektrum, die u.a. als Messsignal für die Kanalschätzung dienen (Abb. 20.3.). Kohärente Modulation benötigt aber bei gleichem Kanalbitfehlerverhältnis (BER, Bit Error Ratio) einen um 3dB niedrigeren Störabstand im Vergleich zu differenzieller.

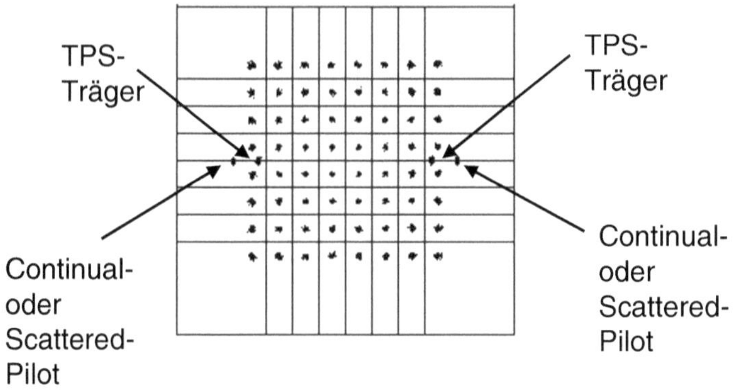

Abb. 20.3. DVB-T-Träger: Nutzlastträger, Continual und Scattered Pilots, TPS-Träger

20.2 Die DVB-T-Träger

Bei DVB-T wird mit einer 2048- oder 8192-Punkte-IFFT gearbeitet. Theoretisch stünden dann eben 2048 oder 8192 Träger für die Datenübertragung zur Verfügung. Es werden jedoch nicht alle diese Träger als Nutzlastträger verwendet. Im 8K-Modus findet man 6048 Nutzlastträger, im

2K-Modus sind es 1512. Somit gibt es im 8K-Mode exakt vier mal mehr Nutzlastträger (Payload) als im 2K-Mode. Nachdem aber die Symbolrate im 2K-Mode exakt um den Faktor 4 höher ist, ergibt sich für beide Modi unter gleichen Übertragungsbedingungen die gleiche Datenrate. Es gibt bei DVB-T folgende COFDM-Trägertypen (Abb. 20.3.):

- Nutzlastträger (Payload) mit fester Position
- Nullträger (Guard Band) mit fester Position
- Continual Pilots mit fester Position
- Scattered Pilots mit wechselnder Position im Spektrum
- TPS-Träger mit fester Position.

Die Bedeutung der Nutzlastträger ist klar, sie dienen einfach der eigentlichen Datenübertragung. Die Randträger am unteren und oberen Kanalrand sind auf Null gesetzt; diese Träger tragen also überhaupt keine Modulation, ihre Amplituden sind auf Null gesetzt. Die Continual Pilots liegen auf der reellen Achse, also auf der I-Achse und zwar entweder bei 0 oder 180 Grad. Sie weisen eine definierte Amplitude auf. Die Continual Pilots sind gegenüber der mittleren Signalleistung um 3 dB geboostet. Sie werden im Empfänger als Phasenreferenz verwendet und dienen zur Automatic Frequency Control (AFC), also zur Anbindung der Empfangsfrequenz an die Sendefrequenz. Die Scattered Pilots springen von Symbol zu Symbol über das ganze Spektrum des DVB-T-Kanales hinweg (Abb. 20.4.). Sie sind quasi ein Wobbel-Mess-Signal für die Kanalschätzung. Innerhalb eines Symbols findet man alle 12 Träger einen Scattered Piloten. Jeder Scattered Pilot springt im nächsten Symbol um 3 Trägerpostionen weiter. D.h. je 2 Nutzträger dazwischen werden niemals zu einem Scattered Piloten, andere Nutzlastträger, eben jene an jeder 3. Position im Spektrum sind manchmal Nutzlastträger und manchmal Scattered Pilote. Die Scattered Pilote liegen ebenfalls auf der I-Achse bei 0 Grad oder 180 Grad und haben die gleiche Amplitude wie die Continual Pilote.

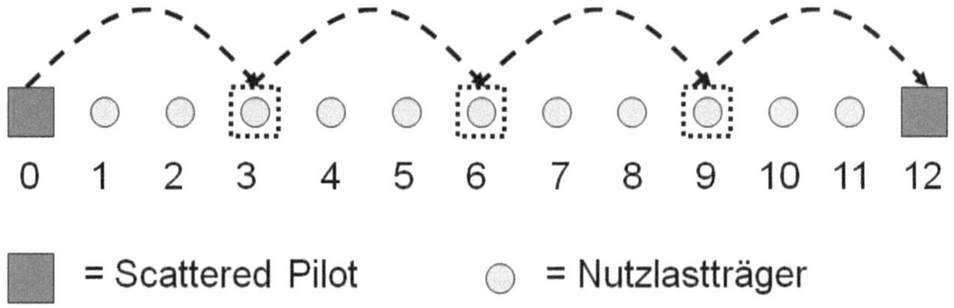

Abb. 20.4. Positionswechsel der Scattered Pilote; jeder 3. Träger wird immer wieder zu einem Scattered Piloten, um den Kanal an dieser Stelle zu vermessen.

Die TPS-Träger liegen auf festen Frequenzpositionen z.B. ist Träger Nr. 50 ein TPS-Träger. TPS steht für Transmission Parameter Signalling. Diese Träger stellen quasi einen schnellen Informationskanal dar; über sie wird der Empfänger vom Sender über die momentanen Übertragungsparameter informiert. Die TPS-Träger sind Differential Biphase Shift Keying (Abb. 20.5.) - moduliert (DBPSK). Die TPS-Träger liegen entweder bei 0 oder 180 Grad auf der I-Achse. Sie sind differenzcodiert, d.h. die Information steckt in der Differenz von einem zum nächsten Symbol. Alle TPS-Träger in einem Symbol tragen die gleiche Information. D.h. alle liegen entweder bei 0 oder bei 180 Grad auf der I-Achse. Auf der Empfangsseite wird dann per Mehrheitsentscheid pro Symbol festgestellt, ob nun 0 oder 180 Grad die richtige Stellung der TPS-Träger war; diese wird dann für die Demodulation verwendet. DBPSK heißt, dass z.B. eine Null übertragen wird, wenn sich der Zustand der TPS-Träger von einem zum nächsten Symbol ändert, und dass eine Eins übertragen wird, wenn die TPS-Träger die Phase von einem zum nächsten Symbol nicht wechseln. Die gesamte TPS-Information wird über 68 Symbole hinweg ausgestrahlt; die Gesamtinformation umfasst 67 Bit über 68 Symbole. Das erste Symbol dient der Initialisierung der DQPSK. Diesen Abschnitt von 68 Symbolen nennt man Rahmen oder Frame. Innerhalb dieses Rahmens springen auch die Scattered Pilots vom Anfang des Kanals über den Kanal hinweg bis zum Ende des DVB-T-Kanals.

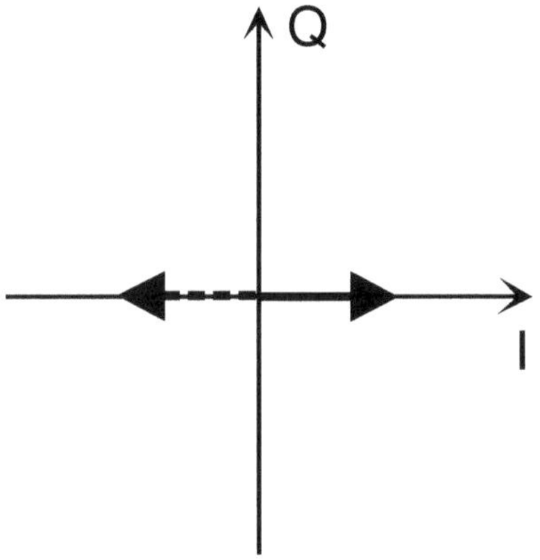

Abb. 20.5. DBPSK-modulierte TPS-Träger

Von den 67 TPS-Bit dienen 17 Bit der Initialisierung und Synchronisation, 13 Bit sind Fehlerschutz, 22 Bit sind momentan benutzt und 13 Bit sind reserviert für zukünftige Applikationen. Diese reservierten Bits sind schon teilweise verwendet für die Signalisierung der Cell-ID in einem Gleichwellennetz und für DVB-H (siehe eigenes Kapitel). Die folgende Tabelle erläutert die Nutzung der TPS-Träger:

Tabelle 20.1. Bit-Belegung der TPS-Träger (Transmission Parameter Signalling)

Bit-Nr.	Format	Verwendungszweck/Inhalt
s_0		Initialization
s_1 - s_{16}	0011010111101110 or 1100101000010001	Synchronization word
s_{17} - s_{22}	010 111	Length indicator
s_{23}, s_{24}		Frame number
s_{25}, s_{26}		Constellation 00=QPSK/01=16QAM/10=64QAM
s_{27}, s_{28}, s_{29}		Hierarchy information 000=Non hierarchical, 001=α=1, 010=α=2, 011=α=4
s_{30}, s_{31}, s_{32}		Code rate, HP stream 000=1/2, 001=2/3, 010=3/4, 011=5/6, 100=7/8
s_{33}, s_{34}, s_{35}		Code rate, LP stream 000=1/2, 001=2/3, 010=3/4, 011=5/6, 100=7/8
s_{36}, s_{37}		Guard interval 00=1/32, 01=1/16, 10=1/8, 11=1/4
s_{38}, s_{39}		Transmission mode 00=2K, 01=8K
s_{40} - s_{53}	all set to "0"	Reserved for future use
s_{54} - s_{67}	BCH code	Error protection

Über die TPS-Träger wird also der Empfänger informiert über:

- den Mode (2K, 8K)
- die Länge des Guard Intervals (1/4, 1/8, 1/16, 1/32)
- die Modulationsart (QPSK, 16QAM, 64QAM)
- die Coderate (1/2, 2/3, 3/4, 5/6, 7/8)
- die Verwendung der hierarchischen Modulation.

Die Mode-Information (2K, 8K) und die Länge des Guard Intervals muss der Empfänger aber bereits vorher ermittelt haben und sind somit innerhalb der TPS-Information eigentlich bedeutungslos.

Tabelle 20.2. Träger-Positionen der Continual Pilots

2K Mode	8K Mode
0 48 54 87 141 156 192	0 48 54 87 141 156 192 201 255 279 282 333
201 255 279 282 333 432 450	432 450 483 525 531 618 636 714 759 765 780
483 525 531 618 636 714 759	804 873 888 918 939 942 969 984 1050 1101
765 780 804 873 888 918 939	1107 1110 1137 1140 1146 1206 1269 1323 1377
942 969 984 1050 1101 1107	1491 1683 1704 1752 1758 1791 1845 1860 1896
1110 1137 1140 1146 1206	1905 1959 1983 1986 2037 2136 2154 2187 2229
1269 1323 1377 1491 1683	2235 2322 2340 2418 2463 2469 2484 2508 2577
1704	2592 2622 2643 2646 2673 2688 2754 2805 2811
	2814 2841 2844 2850 2910 2973 3027 3081 3195
	3387 3408 3456 3462 3495 3549 3564 3600 3609
	3663 3687 3690 3741 3840 3858 3891 3933 3939
	4026 4044 4122 4167 4173 4188 4212 4281 4296
	4326 4347 4350 4377 4392 4458 4509 4515 4518
	4545 4548 4554 4614 4677 4731 4785 4899 5091
	5112 5160 5166 5199 5253 5268 5304 5313 5367
	5391 5394 5445 5544 5562 5595 5637 5643 5730
	5748 5826 5871 5877 5892 5916 5985 6000 6030
	6051 6054 6081 6096 6162 6213 6219 6222 6249
	6252 6258 6318 6381 6435 6489 6603 6795 6816

Tabelle 20.3. Träger-Positionen der TPS-Träger

2K Mode	8K Mode
34 50 209 346 413 569 595 688	34 50 209 346 413 569 595 688 790 901
790 901 1073 1219 1262 1286 1469	1073 1219 1262 1286 1469 1594 1687
1594 1687	1738 1754 1913 2050 2117 2273 2299
	2392 2494 2605 2777 2923 2966 2990
	3173 3298 3391 3442 3458 3617 3754
	3821 3977 4003 4096 4198 4309 4481
	4627 4670 4694 4877 5002 5095 5146
	5162 5321 5458 5525 5681 5707 5800
	5902 6013 6185 6331 6374 6398 6581
	6706 6799

In Abb. 20.3. erkennt man deutlich die Position der Pilot- und TPS-Träger in einem 64QAM-Konstellationsdiagramm. Die äußeren beiden Punkte auf der I-Achse entsprechen den Continual und Scattered Pilot-Positionen. Die inneren beiden Punkte auf der I-Achse sind die TPS-Träger.

Die Positionen der Continual Pilots und der TPS-Träger innerhalb des Spektrums kann man Tabelle 20.2. und 20.3. entnehmen. In diesen Tabellen sind die Trägernummern aufgeführt, an denen Continual Pilots, bzw. TPS-Träger zu finden sind. Hierbei beginnt die Zählung mit Träger Nummer Null; dieser ist der erste von Null verschiedene Träger am Kanalanfang.

Die Gesamtbilanz der bei DVB-T verwendeten verschiedenen Trägertypen ist im nachfolgenden kurz dargestellt (Tab. 20.4.). Von den 2048 Trägern des 2K-Modes werden nur 1705 Träger verwendet. Alle anderen sind auf Null gesetzt. Innerhalb dieser 1705 Träger findet man 1512 Nutzlastträger, die QPSK-, 16QAM- oder 64QAM-moduliert sein können, 142 Scattered Pilote, 45 Continual Pilote und 17 TPS-Träger. Manche Scattered Pilote fallen ab und zu auf Continual Pilot Positionen. Somit ist für die Berechnung der tatsächlichen Nutzlastträger bei den Scattered Piloten im 2K-Mode die Zahl 131 zu verwenden. Beim 8K-Mode liegen vergleichbare Verhältnisse vor. Auch hier werden nicht alle 8192 Träger genutzt, sondern nur 6817. Hiervon sind wiederum nur 6048 tatsächliche Nutzlastträger. Der Rest sind Scattered Pilote (568), Continual Pilote (177), sowie TPS-Träger (68). Auch hier muß für die Kalkulation der Nutzlastträger die Zahl 524 bei den Scattered Piloten eingesetzt werden, da manchmal ein Scattered Pilot auf einen Continual Piloten fällt. Jeder 12. Träger innerhalb eines Symbols ist ein Scattered Pilot. Man kann damit leicht die Anzahl der Scattered Pilote errechnen. Man braucht nur die Anzahl der tatsächlich verwendeten Träger durch 12 teilen (1705/12 = 142, 6817/12 = 568).

Tabelle 20.4. Anzahl der verschiedenen Träger bei DVB-T

2K Mode	8K Mode	
2048	8192	Träger
1705	6817	verwendete Träger
142/131	568/524	Scattered Pilote
45	177	Continual pilote
17	68	TPS Träger
1512	6048	Nutzlastträger

Die Nutzlastträger sind entweder QPSK-, 16QAM- oder 64QAM-moduliert und übertragen den fehlergeschützten MPEG-2-Transportstrom. In Abb. 20.6. sind die Konstellationsdiagramme für QPSK, 16QAM und 64QAM mit den Spezialträgerpositionen bei nicht-hierarchischer Modulation dargestellt.

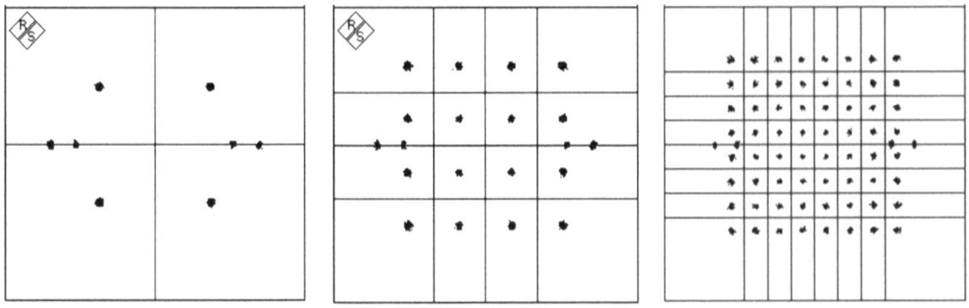

Abb. 20.6. DVB-T-Konstellationsdiagramme (QPSK, 16QAM und 64QAM)

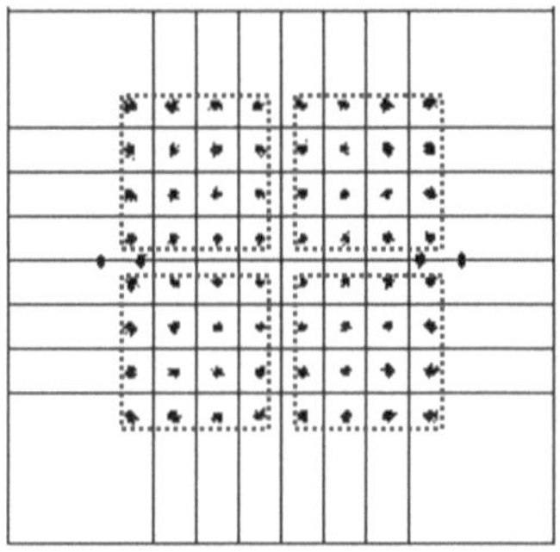

Abb. 20.7. Eingebettete QPSK in einer 64QAM bei hierarchischer Modulation

20.3 Hierarchische Modulation

DVB-T sieht als Option hierarchische Modulation vor, um auch bei ungünstigeren Empfangsbedingungen noch eine sichere Übertragung zu gewährleisten. Andernfalls führt z.B. ein zu schlechter Signal/Rauschabstand zu einem harten "Fall-off-the-Cliff". Bei der oft üblichen DVB-T-Übertragung mit 64QAM und Coderate 3/4 oder 2/3 liegt die Grenze des stabilen Empfangs bei einem Signal/Rauschabstand von knapp unter 20 dB. In diesem Abschnitt sollen nun die Details dieser hierarchischen Modulation näher erläutert werden. Bei hierarchischer Modulation weist der DVB-T-Modulator (Abb. 20.1.) zwei Transportstromeingänge und zwei FEC-Blöcke auf. Ein Transportstrom mit einer niedrigeren Datenrate wird in den sog. High Priority Path (HP) eingespeist und mit viel Fehlerschutz versehen z.B. durch die Wahl der Coderate = 1/2. Ein zweiter höherdatenratiger Transportstrom wird parallel hierzu dem Low Priority Path

(LP) zugeführt und mit weniger Fehlerschutz z.B. mit Coderate = 2/3 ausgestattet.

Beide Transportströme, der im HP und der im LP können grundsätzlich die gleichen Programme beinhalten, nur eben mit verschiedenen Datenraten, also mit unterschiedlich starker Kompression. Beide könnten aber auch vollkommen voneinander unabhängige Nutzlasten tragen. Im High Priority Path wird eine besonders robuste Modulationsart verwendet, nämlich QPSK. Im Low Priority Path benötigt man aufgrund der höheren Datenrate eine höherwertige Modulation. Nun ist es bei DVB-T so, dass nicht einzelne Nutzlastträger verschiedenartig moduliert werden. Es ist vielmehr so, dass jeder Nutzlastträger Anteile sowohl vom LP als auch vom HP überträgt. Der High Priority Path wird als sog. eingebettete QPSK in einer 16QAM oder 64QAM übertragen. In Abb. 20.7. ist der Fall einer in eine 64QAM eingebetteten QPSK dargestellt. Der diskrete Konstellationspunkt trägt die Information des LP, der Quadrant beschreibt den HP. Eine Wolke von 8 mal 8 Punkten in einem Quadranten entspricht somit zusammen quasi dem Gesamtkonstellationspunkt der QPSK in diesem Quadranten.

Eine 64QAM ermöglicht die Übertragung von 6 Bit pro Symbol. Nachdem aber die Quadranteninformation als QPSK 2 Bit pro Symbol für den HP abzweigt, bleiben für die Übertragung des LP noch 4 Bit pro Symbol übrig. Die Bruttodatenraten für LP und HP stehen also in einem festen Verhältnis von 4:2 zueinander. Die Nettodatenraten sind zusätzlich von der verwendeten Coderate abhängig. Möglich ist auch eine QPSK, die in eine 16QAM eingebettet ist. Hierbei ist dann das Verhältnis der Bruttodatenraten von LP zu HP 2:2. Um die QPSK des High Priority Path robuster, also störunanfälliger zu machen, besteht die Möglichkeit, das Konstellationsdiagramm an der I- und Q-Achse zu spreizen. Im Falle eines Faktors α von 2 oder 4 erhöht man den Abstand der einzelnen Quadranten der 16QAM oder 64QAM zueinander. Je höher der Faktor α, desto unempfindlicher wird aber dann der High Priority Path, desto empfindlicher wird aber dann auch der Low Priority Path, da die diskreten Konstellationspunkte näher zusammenrücken. In Abb. 20.8. erkennt man die 6 möglichen Konstellationen bei hierarchischer Modulation, nämlich 64QAM mit $\alpha = 1, 2, 4$ und 16QAM mit $\alpha = 1, 2, 4$. Die Information, ob hierarchisch moduliert übertragen wird oder nicht und der Faktor α, sowie die Coderaten für LP und HP wird in den TPS-Trägern übermittelt. Der Empfänger wertet diese Information aus und stellt davon abhängig seinen Demapper automatisch ein. Die Entscheidung, ob der HP oder LP im Empfänger demoduliert werden soll, kann automatisch, abhängig von den aktuellen Empfangsbedingungen (Kanalbitfehlerrate) fallen oder dem Benutzer manuell überlassen werden. Die hierarchische Modulation wird bei modernen DVB-T-Chipsätzen unterstützt, da sie praktisch keinen größeren Hardwareaufwand bedeutet. In vielen DVB-T-Receivern ist diese Option aber softwaremäßig nicht vorgesehen, weil sie momentan in keinem Land verwendet wird. Lediglich in Australien wurde Anfang 2002, sowie in den Niederlanden in den Jahren 2005/2006 bei Feldversuchen die hierarchische Modulation getestet, kommt aber nirgendwo zum Einsatz.

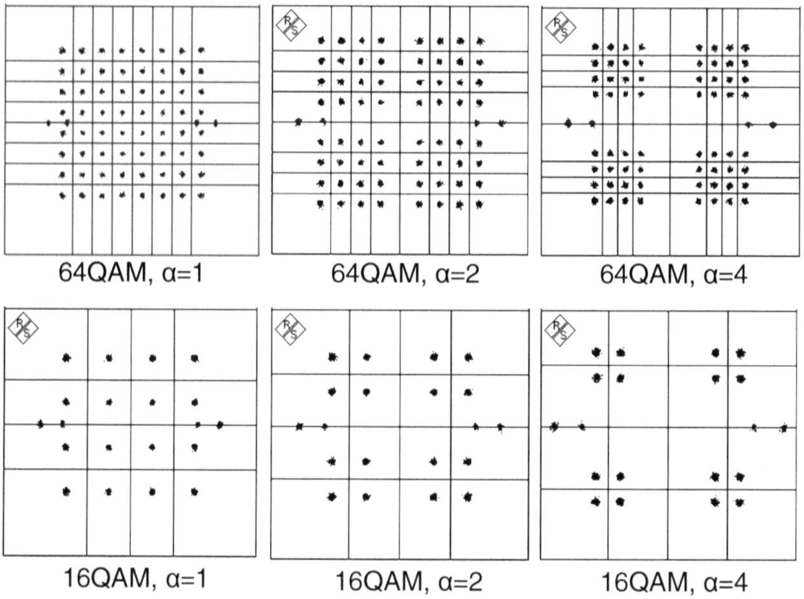

Abb. 20.8. Mögliche Konstellationsdiagramme bei hierarchischer Modulation

20.4 DVB-T-Systemparameter des 8/7/6-MHz-Kanals

Im folgenden sollen nun die Systemparameter von DVB-T im Detail hergeleitet und erläutert werden; dies sind:

- die IFFT-Abtastfrequenzen
- die DVB-T-Signalbandbreiten
- die spektrale Belegung des DVB-T-Kanals beim 8, 7 und 6 MHz-Kanal
- die Datenraten
- der Signalpegel der einzelnen Träger.

Der Basissystemparameter bei DVB-T ist die IFFT-Abtastfrequenz des 8 MHz-Kanals. Sie ist definiert zu

$f_{\text{Abtast IFFT 8MHz}} = 64/7\ \text{MHz} = 9.142857143\ \text{MHz};$

Von diesem Basisparameter lassen sich fast alle weiteren Systemparameter herleiten und zwar die des 8- , 7- und 6 MHz-Kanals. Unter der IFFT-Abtastfrequenz versteht man die Abtastrate des COFDM-Symbols bzw. die Bandbreite innerhalb der alle 2K=2048 bzw. 8K=8192 Unterträger Platz finden. Viele dieser 2048 oder 8192 Träger sind jedoch auf Null gesetzt. Die Bandbreite des DVB-T-Signales muss kleiner sein als die des eigentlichen 8, 7 oder 6 MHz breiten TV-Kanals. Wie wir sehen werden, beträgt die Signalbandbreite des 8 MHz-Kanals nur ca. 7.6 MHz. Es ist also unten und oben ca. 200 kHz Abstand zu den Nachbarkanälen. Innerhalb dieser 7.6 MHz findet man die 6817 bzw. 1705 tatsächlich verwendeten Träger. Beim 7- oder 6 MHz-DVB-T-Kanal kann die IFFT-Abtastfrequenz dieser Kanäle durch einfache Multiplikation mit dem Faktor 7/8 bzw. 6/8 aus der IFFT-Abtastfrequenz des 8 MHz - Kanales errechnet werden:

$f_{\text{Abtast IFFT 7MHz}} = 64/7\ \text{MHz} \cdot 7/8 = 8\ \text{MHz};$

$f_{\text{Abtast IFFT 6MHz}} = 64/7\ \text{MHz} \cdot 6/8 = 48/7\ \text{MHz} = 6.857142857\ \text{MHz};$

Alle 2048 oder 8192 IFFT-Träger sind beim 8-, 7- und 6 MHz-Kanal innerhalb dieser IFFT-Bandbreiten zu finden. Aus diesen Bandbreiten bzw. Abtastfrequenzen lässt sich leicht der jeweilige Unterträgerabstand herleiten. Man muss nur die Bandbreite $f_{\text{Abtast IFFT}}$ durch die Anzahl der IFFT-Träger teilen:

$\Delta f = f_{\text{Abtast IFFT}} / N_{\text{Träger komlett}};$
$\Delta f_{2K} = f_{\text{Abtast IFFT}} / 2048;$
$\Delta f_{8K} = f_{\text{Abtast IFFT}} / 8192;$

Der COFDM-Unterträgerabstand Δf ist in Tabelle 20.5. beim 2K und 8K-Mode im 8, 7 und 6 MHz breiten DVB-T-Kanal aufgelistet:

Tabelle 20.5. Unterträgerabstände beim 2K- und 8K-Mode

Kanalbandbreite	Δf des 2K Modes	Δf des 8K Modes
8 MHz	4.464285714 kHz	1.116071429 kHz
7 MHz	3.90625 kHz	0.9765625 kHz
6 MHz	3.348214275 kHz	0.8370535714 kHz

Aus dem Unterträgerabstand lässt sich sofort die Symbollänge Δt_{Symbol} bestimmen. Sie beträgt aufgrund der Orthogonalitätsbedingung:

$$\Delta t_{Symbol} = 1/\ \Delta f;$$

Die Symbollängen betragen bei DVB-T in den verschiedenen Modes und Kanalbandbreiten somit:

Tabelle 20.6. Symboldauern beim 2K- und 8K-Mode

Kanalbandbreite	Δt_{Symbol} des 2K Modes	Δt_{Symbol} des 8K Modes
8 MHz	224 µs	896 ms
7 MHz	256 µs	1.024 ms
6 MHz	298.7 µs	1.1947 ms

Die DVB-T-Signalbandbreiten ergeben sich aus dem Unterträgerabstand Δf des jeweiligen Kanals (8, 7, 6 MHz) und der Anzahl der tatsächlich verwendeten Träger im 2K- und 8K-Mode (1705 / 6817):

$$f_{Signal\ DVB\text{-}T} = N_{benutze\ Träger} \cdot \Delta f;$$

Tabelle 20.7. Signalbandbreiten bei DVB-T

Kanalbandbreite	$f_{Signal\ DVB\text{-}T}$ des 2K Modes	$f_{Signal\ DVB\text{-}T}$ des 8K Modes
8 MHz	7.612 MHz	7.608 MHz
7 MHz	6.661 MHz	6.657 MHz
6 MHz	5.709 MHz	5.706 MHz

Bei der Zählweise der COFDM-Unterträger des DVB-T-Kanales wären prinzipiell zwei Möglichkeiten gegeben. Man kann die Träger entsprechend der 2048 bzw. 8192 IFFT-Träger von 0 bis 2047 oder 0 bis 8191 durchzählen oder mit Träger Nummer Null beim ersten tatsächlich genutzten Träger des jeweiligen Modes beginnen. Letztere Zählweise wird üblicherweise verwendet, man zählt also im 2K-Mode von 0 bis 1704 und im 8K-Mode von 0 bis 6816. Abb. 20.9. zeigt nun die Lage des Spektrums im DVB-T-Kanal und fasst die wichtigsten DVB-T-Systemparameter zusammen. In Abb. 20.9. eingetragen sind auch die für die messtechnische Praxis besonders wichtigen Zentralträgernummern. Diese Trägernummer 3408 im 8K-Modus und 852 im 2K-Modus entspricht exakt der Kanalmitte des DVB-T-Kanals. Einige Effekte, die durch den DVB-T-Modulator hervorgerufen werden können, sind nur an dieser Stelle beobachtbar. Die in Abb.

20.9. in eckigen Klammern angegebenen Werte gelten für den 2K-Mode (Beispiel: 3408 [852]), die anderen Werte für den 8K-Mode.

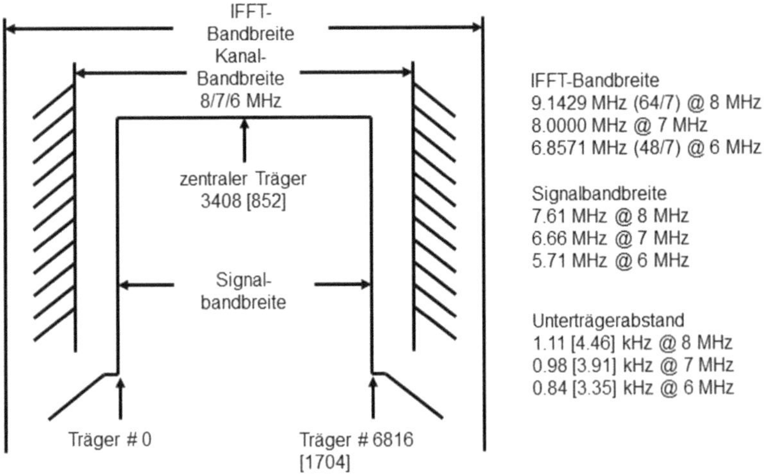

Abb. 20.9. Spektrum eines DVB-T-Signals im 8K- und im [2K]-Mode beim 8/7/6 MHz-Kanal

Die Bruttodatenrate des DVB-T-Signals leitet sich u.a. von der Symbolrate des DVB-T-COFDM-Signals ab. Die Symbolrate hängt ab von der Länge des Symbols und von der Länge des Guard Intervals.

Es gilt:

$\text{Symbolrate}_{\text{COFDM}} = 1 / (\text{Symboldauer} + \text{Guard\_interval\_dauer});$

Die Bruttodatenrate ergibt sich dann aus der Symbolrate, der Anzahl der tatsächlichen Nutzlastträger und der Art der Modulation (QPSK, 16QAM oder 64QAM). Beim 2K-Mode sind 1512 Nutzlastträger und beim 8K-Mode 6048 Nutzlastträger vorhanden. Bei QPSK werden 2 Bit pro Symbol, bei 16QAM 4 Bit pro Symbol und bei 64QAM werden 6 Bit pro Symbol übertragen. Nachdem im 8K-Mode die Symbole um den Faktor 4 länger sind, dafür aber 4 mal soviel Nutzlastträger im Kanal enthalten sind, kürzt sich dieser Faktor wieder heraus. D.h. die Datenraten sind vom 2/8K-Modus unabhängig.

Für die Bruttodatenrate des DVB-T-Kanals gilt:

$$\text{Bruttodatenrate} = \text{Symbolrate}_{\text{COFDM}} \cdot \text{Anzahl\_Nutzträger} \cdot \text{Bit\_pro\_Symbol};$$

Die Gesamtlänge der COFDM-Symbole setzt sich zusammen aus der Symbollänge und der Länge des Schutzintervalls. Tabelle 20.8. stellt die Gesamtsymboldauer in Abhängigkeit vom Mode und von der Kanalbandbreite dar.

Tabelle 20.8. Gesamtsymboldauern bei DVB-T

	Gesamtsymboldauer = Symbol + Guard [us]							
Kanal-band-breite [MHz]	2K g= ¼	2K g= 1/8	2K g= 1/16	2K g= 1/32	8K g= 1/4	8K g= 1/8	8K g= 1/16	8K g= 1/32
8	280	252	238	231	1120	1008	952	924
7	320	288	272	264	1280	1152	1088	1056
6	373.33	336	317.3	308	1493.3	1344	1269.3	1232

Die Symbolrate des DVB-T-Kanals berechnet sich zu:

Symbolrate = 1/Gesamtsymboldauer;

Die Symbolraten von DVB-T sind in Tabelle 20.9. in Abhängigkeit vom Mode und von der Kanalbandbreite aufgelistet.

Tabelle 20.9. Symbolraten bei DVB-T

	Symbolrate [kS/s]							
Kanal-band-breite [MHz]	2K g= ¼	2K g= 1/8	2K g= 1/16	2K g= 1/32	8K g= 1/4	8K g= 1/8	8K g= 1/16	8K g= 1/32
8	3.5714	3.9683	4.2017	4.3290	0.8929	0.9921	1.0450	1.0823
7	3.1250	3.4722	3.6760	3.7888	0.7813	0.8681	0.9191	0.9470
6	2.6786	2.9762	3.1513	3.2468	0.6696	0.7440	0.7878	0.8117

Nun wird die Bruttodatenrate ermittelt aus:

Bruttodatenrate = Symbolrate · Bit pro Symbol
· Anzahl der Nutzlastträger;

Die DVB-T-Bruttodatenraten sind in Tabelle 20.10. in Abhängigkeit von der Kanalbandbreite und von der Guard Interval – Länge aufgeführt.

Tabelle 20.10. Bruttodatenraten bei DVB-T

	Bruttodatenrate [Mbit/s]							
Kanal-Band-breite+ Modu-lation	2K g= ¼	2K g= 1/8	2K g= 1/16	2K g= 1/32	8K g= 1/4	8K g= 1/8	8K g= 1/16	8K g= 1/32
8 MHz QPSK	10.800	12.000	12.706	13.091	10.800	12.000	12.706	13.091
8 MHz 16QAM	21.6	24.0	25.412	26.182	21.6	24.0	25.412	26.182
8 MHz 64QAM	32.4	36.0	38.118	39.273	32.4	36.0	38.118	39.273
7 MHz QPSK	9.45	10.5	11.118	11.455	9.45	10.5	11.118	11.455
7 MHz 16QAM	18.9	21.0	22.236	22.91	18.9	21.0	22.236	22.91
7 MHz 64QAM	28.35	31.5	33.354	34.365	28.35	31.5	33.354	34.365
6 MHz QPSK	8.1	9.0	9.530	9.818	8.1	9.0	9.530	9.818
6 MHz 16QAM	16.2	18.0	19.06	19.636	16.2	18.0	19.06	19.636
6 MHz 64QAM	24.3	27.0	28.59	29.454	24.3	27.0	28.59	29.454

Die Nettodatenrate hängt zusätzlich von der verwendeten Coderate der Faltungscodierung und vom Reed-Solomon-Fehlerschutz RS(188, 204) ab. Sie ergibt sich aus:

Nettodatenrate = Bruttodatenrate · 188/204 · Coderate;

Die Gesamtformel zur Ermittelung der Nettodatenrate von DVB-T-Signalen ist unabhängig vom 2K bzw. 8K-Mode, da sich der Faktor 4 herauskürzt. Die Formel lautet:

Nettodatenrate = 188/204 · Coderate · $\log_2(m)$ · 1/(1+Guard)
· Channel · Const1;

mit m = 4 (QPSK), 16 (16QAM), 64 (64QAM);
bzw. $\log_2(m)$ = 2 (16QAM), 4 (16QAM), 6 (64QAM);

und Coderate = 1/2, 2/3, 3/4, 5/6, 7/8;

und Guard = 1/4, 1/8, 1/16, 1/32;

und Channel = 1 (8 MHz), 7/8 (7 MHz), 6/8 (6 MHz);

und Const1 = $6.75 \cdot 10^6$ Bit/s;

Daraus lassen sich die Nettodatenraten des 8, 7 und 6 MHz Kanals in den verschiedensten Betriebsarten ermitteln.

Die Nettodatenraten variieren bei DVB-T stark, abhängig von den Übertragungsparametern und Kanalbandbreiten zwischen etwa 4 und 31 Mbit/s. Beim 7 und 6 MHz-Kanal sind die zur Verfügung stehenden Nettodatenraten im Vergleich zum 8 MHz-Kanal um den Faktor 7/8 bzw. 6/8 niedriger.

Tabelle 20.11. DVB-T-Nettodatenraten bei nicht-hierarchischer Modulation beim 8 MHz Kanal

Modulation	CR	Guard 1/4	Guard 1/8	Guard 1/16	Guard 1/32
		Mbit/s	Mbit/s	Mbit/s	Mbit/s
QPSK	½	4.976471	5.529412	5.854671	6.032086
	2/3	6.635294	7.372549	7.806228	8.042781
	¾	7.464706	8.294118	8.782007	9.048128
	5/6	8.294118	9.215686	9.757785	10.05348
	7/8	8.708824	9.676471	10.24567	10.55617
16QAM	½	9.952941	11.05882	11.70934	12.06417
	2/3	13.27059	14.74510	15.61246	16.08556
	¾	14.92941	16.58824	17.56401	18.09626
	5/6	16.58824	18.43137	19.51557	20.10695
	7/8	17.41765	19.35294	20.49135	21.11230
64QAM	½	14.92941	16.58824	17.56401	18.0926
	2/3	19.90588	22.11765	23.41869	24.12834
	¾	22.39412	24.88235	26.34602	27.14439
	5/6	24.88235	27.64706	29.27336	30.16043
	7/8	26.12647	29.02941	30.73702	31.66845

Tabelle 20.12. DVB-T-Nettodatenraten bei nicht-hierarchischer Modulation beim 7 MHz Kanal

Modulation	CR	Guard 1/4	Guard 1/8	Guard 1/16	Guard 1/32
		Mbit/s	Mbit/s	Mbit/s	Mbit/s
QPSK	½	4.354412	4.838235	5.122837	5.278075
	2/3	5.805882	6.450980	6.830450	7.037433
	¾	6.531618	7.257353	7.684256	7.917112
	5/6	7.257353	8.063725	8.538062	8.796791
	7/8	7.620221	8.466912	8.964965	9.236631
16QAM	½	8.708824	9.676471	10.245675	10.556150
	2/3	11.611475	12.901961	13.660900	14.074866
	¾	13.063235	14.514706	15.368512	15.834225
	5/6	14.514706	16.127451	17.076125	17.593583
	7/8	15.240441	16.933824	17.929931	18.473262
64QAM	½	13.063235	14.514706	15.368512	15.834225
	2/3	17.417647	19.352941	20.491350	21.112300
	¾	19.594853	21.772059	23.052768	23.751337
	5/6	21.772059	24.191177	25.614187	26.390374
	7/8	22.860662	25.400735	26.894896	27.709893

Bei hierarchischer Modulation teilen sich die Bruttodatenraten bei 64QAM-Modulation im Verhältnis von 2:4 für HP zu LP auf, bei 16QAM ist das Verhältnis der Bruttodatenraten von HP zu LP exakt 2:2. Zudem sind die Nettodatenraten im High und Low Priority Path von den dort verwendeten Coderaten im HP und LP abhängig.

Die Formeln zur Ermittelung der Nettodatenraten von HP und LP lauten:

$$Nettodatenrate_{HP} = 188/204 \cdot Coderate_{HP} \cdot Bit\_pro\_symbol_{HP} \cdot 1(1+Guard) \cdot Channel \cdot Const1;$$

$$Nettodatenrate_{LP} = 188/204 \cdot Coderate_{LP} \cdot Bit\_pro\_symbol_{LP} \cdot 1(1+Guard) \cdot Channel \cdot Const1;$$

mit $Bit\_pro\_symbol_{HP} = 2$;

und $Bit\_pro\_symbol_{LP} = 2$ (16QAM) oder 4 (64QAM);

und $\text{Coderate}_{HP/LP}$ = 1/2, 2/3, 3/4, 5/6, 7/8;

und Guard = 1/4, 1/8, 1/16, 1/32;

und Channel = 1 (8 MHz), 7/8 (7 MHz), 6/8 (6 MHz);

und Const1 = $6.75 \cdot 10^6$ bit/s;

Tabelle 20.13. DVB-T-Nettodatenraten bei nicht-hierarchischer Modulation beim 6 MHz Kanal

Modulation	CR	Guard 1/4	Guard 1/8	Guard 1/16	Guard 1/32
		Mbit/s	Mbit/s	Mbit/s	Mbit/s
QPSK	½	3.732353	4.147059	4.391003	4.524064
	2/3	4.976471	5.529412	5.854671	6.032086
	¾	5.598529	6.220588	6.586505	6.786096
	5/6	6.220588	6.911765	7.318339	7.540107
	7/8	6.531618	7.257353	7.684256	7.917112
16-QAM	½	7.464706	8.294118	8.782007	9.048128
	2/3	9.952941	11.058824	11.709343	12.064171
	¾	11.197059	12.441177	13.173010	13.572193
	5/6	12.441176	13.823529	14.636678	15.080214
	7/8	13.063235	14.514706	15.368512	15.834225
64-QAM	½	11.197059	12.441177	13.173010	13.572193
	2/3	14.929412	16.588235	17.564014	18.096257
	¾	16.795588	18.661765	19.759516	20.358289
	5/6	18.661765	20.735294	21.955017	22.620321
	7/8	19.594853	21.772059	23.052768	23.751337

Nun kommen wir zu den letzten praxisrelevanten Details des DVB-T-Standards - zur Konstellation und zu den Pegeln der einzelnen Träger. Je nach Art der Konstellation - QPSK, 16QAM oder 64QAM, hierarchisch mit Faktor α = 1, 2 oder 4, ergibt sich ein Signalmittelwert der Nutzsignalträger, der sich einfach durch den quadratischen Mittelwert aller möglichen Vektorlängen in deren korrekter Verteilung berechnen lässt. Dieser Mittelwert sei nun zu 100% oder einfach zu Eins definiert. Im Falle des 2K-Modes gibt es nun 1512 oder 6048 Nutzlastträger, deren mittlere Leistung 100% oder Eins ist. Die TPS-Trägerpegel haben exakt im Verhältnis zu einzelnen Nutzlastträgern die gleiche Pegelung. Ihre mittlere Leistung ist ebenfalls 100% oder Eins im Verhältnis zu den Nutzlastträgern. Anders sieht das bei den Continual und Scattered Piloten aus. Diese Pilote sind aufgrund der Notwendigkeit der leichteren Detektierbarkeit um 2.5 dB gegenüber dem mittleren Signalpegel der Nutzlastträger "geboostet", also verstärkt. D.h. der Spannungswert der Continual und Scattered Pilote ist um 4/3 gegenüber dem Mittelwert der Nutzlastträger höher, die Leistung ist um 16/9 höher:

20 log(4/3) = 2.5 dB; Spannungsdifferenz der Continual und Scattered Pilots gegenüber dem Signalmittelwert der Nutzlastträger;

oder

10 log(16/9) = 2.5 dB; Leistungsdifferenz der Continual und Scattered Pilots gegenüber dem Signalmittelwert der Nutzlastträger;

Man kann also zusammenfassend sagen, dass die Position der TPS-Träger im Konstellationsdiagramm immer dem 0 dB-Punkt des Mittelwertes der Nutzlastträger entspricht, und dass die Position der Continual und Scattered Pilote immer dem 2.5 dB-Punkt zuzuordnen ist, egal um welche DVB-T-Konstellation es sich gerade handelt.

Die Energie in den Piloten muss in Betracht gezogen werden, wenn das Carrier to Noise Ratio CNR umgerechnet werden muss in ein Signal to Noise Ratio SNR. Das Signal to Noise Ratio ist aber wiederum relevant für die Berechnung des Bitfehlerverhältnisses BER im Kanal hervorgerufen durch reinen Rauscheinfluss. Oft sind jedoch Messgeräte geeicht auf CNR und nicht auf SNR. In diesem Fall muss dann eine Umrechnung erfolgen. Hier ist der Lösungsansatz hierzu. Die Energie der reinen Nutzlastträger ohne Pilote lässt sich wie folgt für den 2K und 8K-Mode ermitteln:

$$\begin{aligned}\text{Nutzlast\_zu\_Signal}_{2K} &= (\text{Nutzlast} / (\text{Nutzlast} + (\text{Scattered} + \text{Continual}) \cdot (4/3)^2 + \text{TPS} \cdot 1)) \\ &= 10 \log(1512/(1512 + (131 + 45) \cdot 16/9 + 17 \cdot 1)) \\ &= -0.857 \text{ dB};\end{aligned}$$

$$\text{Nutzlast\_zu\_Signal}_{8K} = 10 \log(6048/(6048 + (524 + 177) \cdot 16/9 + 68 \cdot 1)) = -0.854 \text{ dB};$$

Der Pegel der DVB-T-Nutzlasträger alleine liegt also etwa 0.86 dB unter dem Gesamtträgerpegel.

Ein weiterer DVB-T-Systemparameter ist das Mapping der Konstellationsdiagramme für QPSK, 16QAM und 64QAM. Die Mappingtabellen beschreiben die Bitzuordung zu den jeweiligen Konstellationspunkten. Die nachfolgenden Mappingtabellen sind so dargestellt, dass das LSB (Bit 0) links und das jeweilige MSB rechts zu finden ist. Bei QPSK gilt also die Reihenfolge Bit 0, Bit 1, bei 64QAM gilt Bit 0, Bit 1, Bit 2, Bit 3 und schließlich bei 64QAM beträgt die Reihenfolge Bit 0, Bit 1, Bit 2, Bit 3, Bit 4, Bit 5.

QPSK

10 •	00 •
11 •	01 •

16QAM

1000 •	1010 •	0010 •	0000 •
1001 •	1011 •	0011 •	0001 •
1101 •	1111 •	0111 •	0101 •
1100 •	1110 •	0110 •	0100 •

64QAM

100000 •	100010 •	101010 •	101000 •	001000 •	001010 •	000010 •	000000 •
100001 •	100011 •	101011 •	101001 •	001001 •	001011 •	000011 •	000001 •
100101 •	100111 •	101111 •	101101 •	001101 •	001111 •	000111 •	000101 •
100100 •	100110 •	101110 •	101100 •	001100 •	001110 •	000110 •	000100 •
110100 •	110110 •	111110 •	111100 •	011100 •	011110 •	010110 •	010100 •
110101 •	110111 •	111111 •	111101 •	011101 •	011111 •	010111 •	010101 •
110001 •	110011 •	111011 •	111001 •	011001 •	011011 •	010011 •	010001 •
110000 •	110010 •	111010 •	111000 •	011000 •	011010 •	010010 •	010000 •

Abb. 20.10. DVB-T-Mapping-Tabellen

20.5 DVB-T-Modulator und Sender

Nachdem nun der DVB-T-Standard und alle Systemparameter ausführlich behandelt wurden, kann nun der DVB-T-Modulator und Sender diskutiert werden. Ein DVB-T-Modulator kann ein oder zwei Transportstromeingänge mit nachfolgender Forward Error Correction (FEC) beinhalten. Dies hängt nur davon ab, ob dieser Modulator hierarchische Modulation unterstützt oder nicht. Beide FEC-Stufen sind im Falle hierarchischer Modulation vollkommen voneinander unabhängig, aber absolut identisch aufgebaut. Der eine Transportstrompfad mit FEC wird High Priority Path (HP), der andere Low Priority Path (LP) genannt. Nachdem beide FEC vollkommen identisch sind mit der FEC des Satellitenstandards DVB-S, brauchen diese nicht nochmals im Detail besprochen werden. Es sei hier auf das Kapitel DVB-S (Kap. 14.) verwiesen.

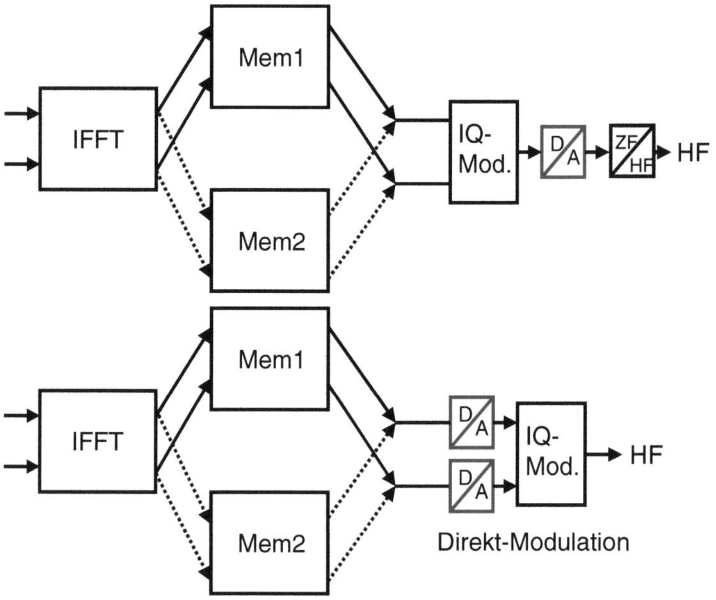

Abb. 20.11. Mögliche Realisierung eines DVB-T-Modulators

Auf den an am Transportstromeingang anliegenden Transportstrom wird im Basebandinterface aufsynchronisiert. Hierzu dient das im Transportstrom-Header enthaltene Sync-Byte, das konstant den Wert 0x47 im Abstand von 188 Byte aufweist. Um Langzeit-Zeitmarken im Transportstrom mitzuführen, wird anschließend vor der Energieverwischung jedes achte Sync-Byte invertiert zu 0xB8. Es folgt dann die Energieverwischungsstufe, die sowohl auf Sende- als auch auf Empfangsseite von diesen invertierten Sync-Bytes synchronisiert wird. Daraufhin findet im Reed-Solomon-Encoder der erste Fehlerschutz statt. Die TS-Pakete werden nun um 16 Byte Fehlerschutz erweitert. Nach dieser Blockcodierung wird der Datenstrom interleaved, um auf der Empfangsseite Burstfehler beim De-Interleaving aufbrechen zu können. Im Convolutional Encoder wird zusätzlicher Fehlerschutz hinzugefügt, der in der Punktierungsstufe wieder reduziert werden kann.

Bis hierhin sind beide Pfade - HP und LP - absolut gleich ausgeführt. Die Coderate kann aber unterschiedlich gewählt werden. Die fehlergeschützten Daten des HP und LP oder im Falle nicht-hierarchischer Modulation die Daten des einen TS-Pfades laufen dann in den Demultiplexer, wo sie dann in 2, 4 oder 6 ausgehende Datenströme abhängig vor der Art der Modulation (QPSK = 2, 16QAM = 4, 64QAM = 6 Pfade) aufgeteilt werden. Die aufgeteilten Datenströme laufen dann in einen Bitinterleaver hinein. Dort werden dann 126 Bit lange Blöcke gebildet, die dann in jedem Pfad in sich gemischt werden (Interleaving). Im nachfolgenden Symbolinterleaver werden dann die Blöcke nochmals blockweise gemischt, um dann den fehlergeschützten Datenstrom gleichmäßig über den ganzen Kanal zu verteilen. Ausreichender Fehlerschutz und eine gute Verteilung über den DVB-T-Kanal sind die Voraussetzung für das Funktionieren von COFDM. Zusammen ist das dann COFDM - Coded Orthogonal Frequency Division Multiplex. Anschließend erfolgt dann das Mapping aller Nutzlastträger abhängig von der gewählten Modulationsart und abhängig von hierarchischer oder nicht-hierarchischer Modulation und vom Faktor $\alpha = 1, 2$ oder 4. Es entstehen zwei Tabellen, nämlich die für den Realteil Re(f) und die für den Imaginärteil Im(f). Darin sind aber auch noch Lücken enthalten, in die dann vom Frame Adaptation Block die Pilote und die TPS-Träger eingefügt werden. Die vollständigen 2048 bzw. 8192 Werte umfassenden Tabellen für die Real- und Imaginärteile werden dann in das Herzstück des DVB-T-Modulators, nämlich in den IFFT-Block eingespeist. Anschließend liegt das COFDM-Signal getrennt nach Real- und Imaginärteil im Zeitbereich vor. Die 2048 bzw. 8192 Werte für Real- und Imaginärteile im Zeitbereich werden dann in Speichern zwischengespeichert, die nach dem Pipeline-Prinzip organisiert sind. D.h. es wird abwechselnd in einen Speicher geschrieben, während aus dem anderen ausgelesen wird. Beim Auslesevorgang wird das Ende des Speichers zuerst ausgelesen, wodurch das Guard Interval gebildet wird. Es sei speziell für das Verständnis dieses Abschnittes auf das COFDM-Kapitel verwiesen. Üblicherweise wird das Signal dann in der zeitlichen IQ-Ebene digital gefiltert (FIR-Filter), um dann die Schultern (Nachbarkanal-Aussendungen) stärker zu unterdrücken. Bei einem Leistungssender wird jetzt eine Vorentzerrung vorgenommen, um die Nichtlinearitäten der Endstufe zu kompensieren. Gleichzeitig findet ein Clipping statt, um das DVB-T-Signal bezüglich des Crest-Faktors zu begrenzen, da ansonst die Endstufen ggf. zerstört werden könnten. Ein OFDM-Signal weist nämlich einen sehr großen Crestfaktor auf, d.h. das Signal weist sehr große und sehr kleine Amplituden auf. Die Position des IQ-Modulators ist nun abhängig von der praktischen Realisierung des

DVB-T-Modulators bzw. Senders. Entweder wird das Signal in der IQ-Ebene getrennt für I- und Q digital-analog-gewandelt und dann einem analogen IQ-Modulator zugeführt, der es erlaubt nach dem Prinzip der Direktmodulation sofort in die RF-Lage zu mischen. Dieses Prinzip nennt man Direktmodulation und ist heutzutage üblich. Der andere Weg ist, bis einschließlich IQ-Modulator in der digitalen Ebene zu bleiben, um anschließend eine D/A-Wandlung durchzuführen. Dies erfordert jedoch eine weitere Umsetzerstufe von einer niedrigeren Zwischenfrequenz auf die letztendliche HF-Lage. Dies ist aber aufwändiger. Man erkauft sich die Direktmodulation aber mit den evtl. unangenehmen Eigenschaften eines analogen IQ-Modulators. Den analogen IQ-Modulator kann man im Ausgangssignal praktisch immer messtechnisch nachweisen. Die Direktmodulation vom Basisband in die HF-Lage ist aber heutzutage bei richtiger Realisierung zu beherrschen (Abb. 20.11.).

20.6 Der DVB-T-Empfänger

Obwohl schon der DVB-T-Modulator ziemlich komplex erscheint - die Empfangsseite ist noch deutlich aufwändiger. Die meisten Baugruppen des DVB-T-Empfängers finden aber aufgrund der heute möglichen hohen Integrationsdichte in einem einzigen Chip Platz. Die erste Baugruppe des DVB-T-Empfängers ist der Tuner. Er dient zur RF/IF-Down-Konvertierung des DVB-T-Kanals. Von der Ausführung her unterscheidet sich ein DVB-T-Tuner lediglich in der Forderung nach einem deutlich besseren Phasenrauschverhalten von dem eines Tuners für analoges Fernsehen. Nach dem Tuner findet man den DVB-T-Kanal bei 36 MHz Bandmitte vor. Dies entspricht auch der Bandmitte eines analogen 8 MHz breiten TV-Kanals. Beim analogen Fernsehen wird jedoch alles auf die Bildträgerfrequenz bezogen. Sie liegt in der ZF-Lage bei 38.9 MHz. Beim digitalen Fernsehen, also bei DVB-S, DVB-C und auch bei DVB-T gilt als Kanalfrequenz die Kanalmittenfrequenz. In der ZF-Ebene findet dann die Bandpassfilterung auf 8, 7 oder 6 MHz Bandbreite statt. Man verwendet hierzu Oberflächenwellenfilter (OFW) oder auf Englisch Surface Acoustic Wave Filter (SAW). Die Filter sind mit den hier bei DVB-T geforderten Eigenschaften gut in diesem Frequenzbereich realisierbar. Nach dieser Bandpassfilterung sind nun die Nachbarkanäle ausreichend gut unterdrückt. Ein SAW-Filter ist minimalphasig, d.h. es weist keine Gruppenlaufzeitverzerrungen auf. Es sind lediglich Ampituden- und Gruppenlaufzeit-Rippel, also Welligkeit vorzufinden.

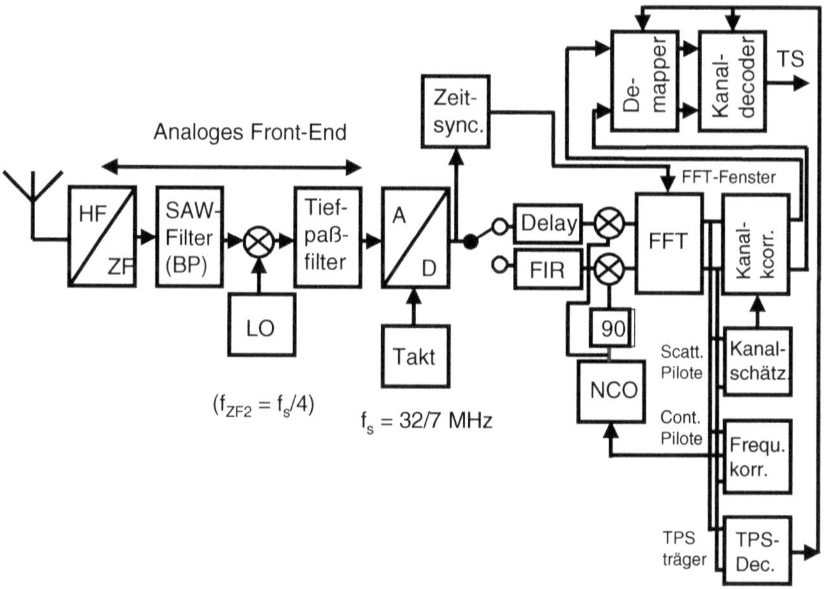

Abb. 20.12. Blockschaltbild eines DVB-T-Empängers (Teil 1)

Im nächsten Schritt wird das DVB-T-Signal auf eine tiefere zweite ZF bei ca. 5 MHz heruntergemischt. Häufig wird eine ZF von 32/7 MHz = 4.571429 MHz verwendet. Nach dieser Mischstufe werden dann mit Hilfe eines Tiefpassfilters alle Signalbestandteile über der halben Abtastfrequenz unterdrückt, um Alias-Effekte zu vermeiden. Es folgt dann die Analog-Digital-Wandelung. Der AD-Wandler wird üblicherweise exakt auf der 4-fachen zweiten ZF getaktet, also bei 4 · 32/7 MHz = 18.285714 MHz. Dies ist notwendig, um im DVB-T-Modulator zur IQ-Demodulation die sog. fs/4-Methode anwenden zu können (siehe Kapitel IQ-Modulation). Nach dem AD-Wandler wird der Datenstrom, der nun mit einer Datenrate von etwa 20 Megaworten/s vorliegt, u.a. der Time Synchronization-Stufe zugeführt. In dieser Stufe wird mit Hilfe der Autokorrelation versucht, Synchroninformation abzuleiten. Man detektiert mit Hilfe der Autokorrelation Signalbestandteile, die mehrfach gleichartig im Signal vorhanden sind. Nachdem im Guard Interval vor jedem Symbol das Ende des nachfolgenden Symbols wiederholt wird, wird man von der Autokorrelationsfunktion ein Identifikationssignal im Bereich der Guard Intervalle und im Bereich der Symbole geliefert bekommen. Mit Hilfe der Autokorrelation wird nun das FFT-Abtastfenster in den intersymbolstörungsfreien Bereich von Schutzintervall plus Symbol positioniert. Dieses Positionierungs-

Steuersignal wird in den FFT-Prozessor im DVB-T-Empfänger eingespeist. Die „richtige“ Zeitsynchronisation ist ganz entscheidend v.a. in Gleichwellennetzen. Parallel zur Zeitsynchronisierung wird der Datenstrom nach dem AD-Wandler durch einen Umschalter in 2 Datenströme aufgespaltet. Es gelangen z.B. die ungeradzahligen Abtastwerte in den oberen und die geradzahligen Abtastwerte in den unteren Zweig. So entstehen nun 2 Datenströme, die je die halbe Abtastrate aufweisen. Diese sind aber nun zueinander um einen halben Abtasttakt versetzt. Um diesen Versatz aufzuheben, wird eine Interpolation der Zwischenwerte z.B. im unteren Zweig mit Hilfe eines FIR-Filters durchgeführt. Dieses Digitalfilter verursacht aber eine Grundverzögerung von z.B. 20 Taktperioden oder mehr. Diese Grundverzögerung muss auch im oberen Signalzweig mit Hilfe einfacher Schieberegister vorgenommen werden. Daraufhin werden beide Datenströme in einen komplexen Mischer eingespeist, der von einem Numerically Controlled Oszillator (NCO) mit Träger versorgt wird. Mit Hilfe dieses Mischers und des NCO's kann nun noch eine Frequenzkorrektur des DVB-T-Signals vorgenommen werden. Aufgrund der mangelnden Genauigkeit der Oszillatoren im Empfänger muss eine Automatic Frequency Control (AFC) durchgeführt werden und der Empfänger an die Sendefrequenz angebunden werden. Hierzu werden die Continual Pilots nach der Fast Fourier Transformation ausgewertet. Liegt eine Frequenzablage der Empfangsfrequenz gegenüber der Sendefrequenz vor, so rotieren alle Konstellationsdiagramme im oder entgegen dem Uhrzeigersinn mehr oder weniger schnell. Die Rotationsrichtung hängt einfach davon ab, ob die Frequenzablage positiv oder negativ ist; die Rotationsgeschwindigkeit ist von der Größe der Frequenzablage abhängig. Nun vermisst man einfach die Position der Continual Pilots im Konstellationsdiagramm. Interessant für die Frequenzkorrektur ist nur die Phasendifferenz der Continual Pilots von Symbol zu Symbol. Ziel ist es, diese Phasendifferenz zu Null zu bringen. Die Phasendifferenz ist eine direkte Regelgröße für die AFC. D.h. man verändert die NCO-Frequenz so lange, bis die Phasendifferenz zu Null wird. Die Rotation der Konstellationsdiagramme ist dann gestoppt, der Empfänger ist an die Sendefrequenz angebunden. Der FFT-Signalverarbeitungsblock, dessen Abtastfenster von der Time Synchronization gesteuert wird, transformiert die COFDM-Symbole zurück in den Frequenzbereich. Man erhält 2048 bzw. 8192 Real- und Imaginärteile zurück. Diese entsprechen aber noch nicht direkt den Trägerkonstellationen. Nachdem das FFT-Abtastfenster nicht exakt über dem eigentlichen Symbol liegt, liegt bei allen COFDM-Unterträgern eine Phasenverschiebung vor, d.h. alle Konstellationsdiagramme sind verdreht. Dies bedeutet, dass auch die Continual und Scattered Pilote nicht mehr auf der reellen Achse zu finden sind, sondern irgendwo auf einem Kreis dessen Radius der Amplitude dieser Pilote entspricht. Weiterhin sind aber auch Kanalverzerrungen aufgrund von Echos oder aufgrund von Amplitudengang oder Gruppenlaufzeitgang zu erwarten. Dies wiederum bedeutet, dass die Konstellationsdiagramme auch in der Amplitude verzerrt sein können und zusätzlich mehr oder weniger verdreht sein können. Im DVB-T-Signal werden jedoch jede Menge Pilotsignale mitgeführt, die im Empfänger als Messsignal für die Kanalschätzung und Kanalkorrektur verwendet werden können. Über die Zeit von 12 Symbolen hinweg werden an jeder dritten Trägerposition Scattered Pilote zum Liegen gekommen sein; d.h. es liegen an jeder dritten Trägerposition Information über die Verzerrungen des Kanals vor. Man vermisst die Continual und Scattered Pilote bezüglich deren Amplituden und Phasenverzerrung und errechnet daraus die Korrekturfunktion für den Kanal. Man dreht damit alle Konstellationsdiagramme wieder auf Soll-Lage zurück, man entzerrt auch die Amplitudenverzerrungen, d.h. man komprimiert oder expandiert die Konstellationsdiagramme so, dass die Pilote auf deren Soll-Lage auf der reellen Achse an der richtigen Position zum Liegen kommen. Die Kenntnis über die Funktion der Kanalschätzung und Korrektur ist wichtig für das Verständnis messtechnischer Probleme bei DVB-T.

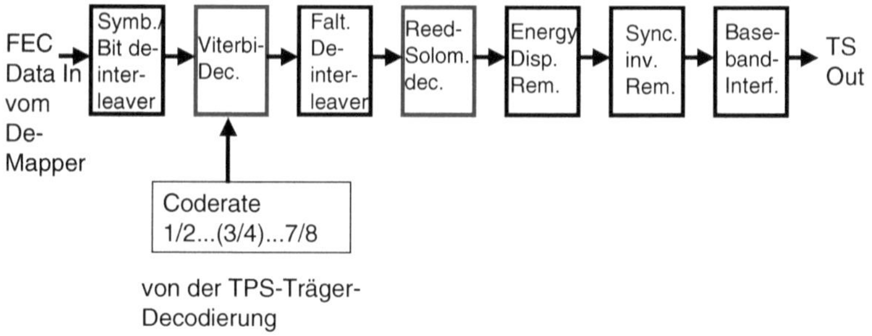

Abb. 20.13. Blockschaltbild eines DVB-T-Empfängers (Teil 2 – FEC), Kanaldecoder

Aus den Kanalschätzdaten können sowohl jede Menge Messinformationen im DVB-T-Messempfänger abgeleitet werden (Übertragungsfunktion des Kanals, Impulsantwort), als auch Probleme des DVB-T-Modulators erkannt werden (IQ-Modulator, Mittenträger). Parallel zur Kanalkorrektur werden die TPS-Träger im unkorrigierten Kanal dekodiert. Die Transmission Parameter Signalling Träger brauchen keine Kanalkorrektur, da sie differenzcodiert sind. Die Modulationsart der TPS-Träger ist DBPSK - Differential Biphase Shift Keying. Innerhalb eines Symbols sind viele TPS-Träger zu finden. Jeder Träger trägt die gleiche Information. Das jeweilige zu dekodierende Bit wird durch Differenzdekodierung im Vergleich zum vorherigen Symbol und durch Mehrheitsentscheidung innerhalb eines Symbols ermittelt. Zusätzlich sind die TPS-Informationen fehlergeschützt. Die TPS-Information ist deshalb deutlich vor der Schwelle zum "Fall-off-the-Cliff" für die DVB-T-Übertragung richtig auswertbar. Die TPS-Information benötigt der dem Kanalkorrektur nachfolgende Demapper und auch der Kanaldekoder. Aus den TPS-Trägern kann die aktuell gewählte Modulationsart (QPSK, 16QAM, 64QAM) und die Information über das Vorliegen hierarchischer Modulation abgeleitet werden. Der Demapper wird nun entsprechend auf die richtige Modulationsart eingestellt, d.h. es wird die richtige Demapping-Tabelle geladen. Im Falle hierarchischer Modulation muss nun entweder manuell oder automatisch abhängig von der Kanalbitfehlerrate entschieden werden, welcher Pfad dekodiert werden soll, der High Priority Path (HP) oder der Low Priority Path (LP). Nach dem Demapper liegt nun wieder Datenstrom vor. Dieser Datenstrom wird der Kanaldecodierung zugeführt.

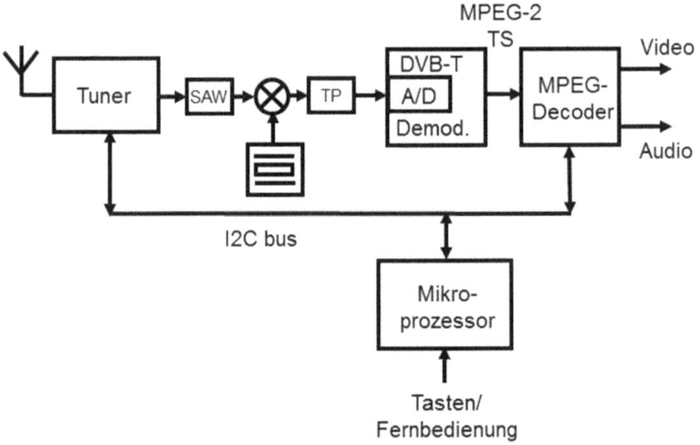

Abb. 20.14. Blockschaltbild einer DVB-T-Settop-Box (DVB-T-Receiver)

Der Kanaldekoder (Abb. 20.13.) ist bis auf den Symbol- und Bitdeinterleaver absolut identisch wie beim Satellitenstandard DVB-S aufgebaut. Die ge-demappten Daten gelangen vom Demapper in den Symbol- und Bitdeinterleaver und werden wieder zurücksortiert und in den Viterbi-Dekoder eingespeist. Dieser benötigt für die Depunktierung die Coderate, die er vom TPS-Dekoder zugespielt bekommt. An den Stellen, wo Bits punktiert wurden, werden wieder Don't Care - Bits eingefügt. Der Viterbi-

Dekoder behandelt diese dann ähnlich wie Fehlerbits. Der Viterbi-Dekoder versucht dann entsprechend der vom Trellis-Diagramm her bekannten Wege die ersten Fehler zu reparieren. Daraufhin folgt der Convolutional De-Interleaver, der durch Rückgängigmachung des Interleavings Burstfehler aufbricht. Damit tut sich der Reed-Solomon-Decoder leichter, Bitfehler zu reparieren. Der Reed-Solomon-Dekoder repariert bis zu 8 Bitfehler pro Paket mit Hilfe der 16 Byte Fehlerschutzbytes. Liegen mehr als 8 Fehler pro Paket vor, so wird der Transport Error Indicator auf Eins gesetzt. Das Transportstrompaket darf dann im MPEG-2-Dekoder nicht weiterverwendet werden. Es muss Fehlerverschleierung durchgeführt werden. Weiterhin wird dann die Energieverwischung rückgängig gemacht. Diese Stufe wird durch die invertierten Sync-Bytes synchronisiert. Diese Sync-Byte-Invertierung muss nun rückgängig gemacht werden und anschließend liegt wieder MPEG-2-Transportstrom vor.

Ein praktisch realisierter DVB-T-Empfänger (Abb. 20.14.) weist nur noch wenige diskrete Bauteile auf. Tuner, SAW-Filter, Mischoszillator für die zweite ZF und Tiefpassfilter waren anfangs noch diskret auffindbar. Dann folgt ein DVB-T-Demodulator-Chip, der ab dem AD-Wandler alle Baugruppen des DVB-Demodulators beinhaltet; oft aber ist mittlerweile alles bis hierher bereits in den Tuner integriert, auch der COFDM-Chip. Der aus dem DVB-T-Demodulator herauskommende Transportstrom wird in den nachfolgenden MPEG-Dekoder eingespeist und wieder zu Video und Audio dekodiert. Ein Mikroprozessor steuert alle Baugruppen über I2C-Bus (Abb. 20.14.). Heute werden meist hochintegrierte Multistandard-Tuner eingesetzt, die nur noch aus einem Silicon-Tuner-IC und einem Kombi-Demodulator-Chip für DVB-T/T2/C bestehen.

20.7 Störeinflüsse auf der DVB-T-Übertragungsstrecke

Terrestrische Übertragungswege sind zahlreichen Einflüssen ausgesetzt (Abb. 20.15.). Neben additivem weißem gausschem Rauschen (AWGN = Additive White Gaussian Noise), sind es vor allem die zahlreichen Echos, also Mehrwegeempfang, die diese Art der Übertragung so besonders schwierig machen. Abhängig von der Echosituation ist ein terrestrischer Empfang leichter oder schwieriger.

Aber auch der DVB-T-Modulator und Sender bestimmt die Güte der Übertragungsstrecke. Wegen des hohen Crestfaktors von COFDM-Übertragungen ergeben sich schon auf der Sendeseite besondere Anforderungen. Theoretisch liegt der Crestfaktor, also das Verhältnis zwischen maximaler Spitzenamplitude und Effektivwert von DVB-T-Signalen in der

Größenordnung von 35 bis 41 dB. Kein praktisch realisierbarer Leistungsverstärker wäre wirtschaftlich bei diesen Crestfaktoren betreibbar. Man würde die Leistungsverstärker früher oder später "zerschießen". Deswegen wird der Crestfaktor praktisch auf etwa 13 dB limitiert bevor das DVB-T-Signal in die Leistungsverstärker eingespeist wird. Dies führt aber wiederum zu einem schlechten Schulterabstand des DVB-T-Signals. Außerdem entsteht aufgrund von Inter- und Kreuzmodulation Inband-Rauschen in der gleichen Größenordnung wie der Schulterabstand. Der Schulterabstand liegt nun bei ca. 35...40 dB. Um diesen Schulterabstand wieder in eine vernünftige Größenordnung zu bringen, werden passive Bandpassfilter, die auf den DVB-T-Kanal abgestimmt sind, nachgeschaltet (Abb. 20.29.).

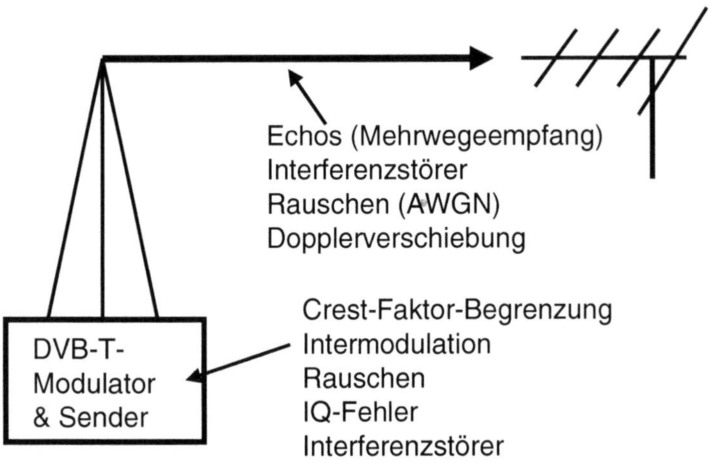

Abb. 20.15. Störeinflüsse auf der DVB-T-Übertragungsstrecke

Man erhält damit wieder einen Schulterabstand von besser 40 dB. Gegen den nun vorliegenden Inband-Störabstand von etwa 35...38 dB kann man aber nichts mehr tun. Diese Störprodukte sind aufgrund des notwendigen Clippings zur Reduzierung des Crestfaktors entstanden und bestimmen nun die Performance des DVB-T-Senders. D.h. jeder DVB-T-Sender wird einen Störabstand CNR in der Größenordnung von etwa 35...38 dB aufweisen. Im DVB-T-Modulator wird heutzutage praktisch immer Direktmodulation angewendet, d.h. man setzt direkt vom digitalen Basisband in die HF-Lage um, was einen analog arbeitenden IQ-Modulator zur Folge hat. Folglich beeinträchtigt auch dieser nun nicht mehr perfekt arbeitende Schaltungsteil auch die Signalqualität. Dies hat IQ-Fehler wie Amplituden-Imbalance, IQ-Phasenfehler und mangelnde Trägerunterdrückung zur Folge. Es ist nun die Kunst der Modulatorhersteller, diese Einflüsse so gering wie möglich zu halten. Messtechnisch ist ein analog arbeitender IQ-Modulator im DVB-T-Sender aber immer nachzuweisen, wie später im Messtechnik-Kapitel zu sehen sein wird. Aber auch aufgrund der endlich guten Signalverarbeitungsvorgänge im DVB-T-Modulator werden rauschartige Störer erzeugt. Auf der Übertragungsstrecke kommt weiteres Rauschen hinzu abhängig von den Empfangsbedingungen. Ebenso ist mit Mehrfachechos und Interferenzstörern, die sinusförmig oder impulsartig sein können, zu rechnen. Echos führen zu frequenz- und ortsselektiven Schwunderscheinungen (Fading).

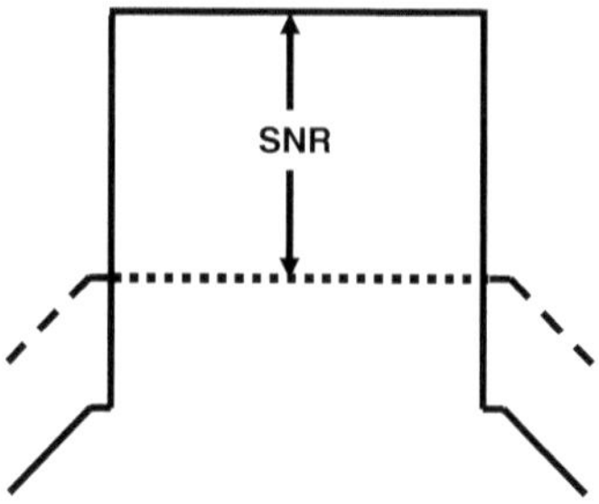

Abb. 20.16. Schulterabstand nach dem Clipping und nach der Bandpaßfilterung

Zur Berechnung des Crest-Faktors bei COFDM-Signalen:

Üblicherweise ist der Crest-Faktor definiert zu

$c_{fu} = 20 \log(U_{peak}/U_{RMS})$;

Teilweise sind Leistungsmesser und Spektrumanalysatoren auch auf die folgende Definition geeicht:

$c_{fp} = 10 \log(PEP/P_{AVG})$;

mit PEP = Peak Envelope Power = $(U_{peak}/\sqrt{2})^2/z_o$;
und $P_{AVG} = U_{rms}^2/z_o$;

Beide Crestfaktor-Definitionen unterscheiden sich um 3dB:

$c_{fu} = c_{fp} + 3dB$;

Der Crestfaktor von COFDM-Signalen berechnet sich folgendermaßen:

Die maximale Spitzenspannung ergibt sich bei Aufaddierung der Spitzenamplituden aller Einzelträger:

$U_{Peak} = N \cdot U_{peak0}$;

Dabei ist

U_{peak0} = Spitzenwert der Amplitude eines einzelnen COFDM-Trägers;

und

N = Anzahl der benutzten COFDM-Träger;

Der Effektivwert eines COFDM-Signals berechnet sich aus dem quadratischen Mittelwert zu:

$$Urms = \sqrt{(N \cdot Urms0^2)};$$

Dabei ist

U_{rms0} = Effektivwert eines einzelnen COFDM-Trägers;

$$Urms0 = Upeak0 / \sqrt{2};$$

Damit erhält man für den Effektivwert des COFDM-Signals:

$$Urms = \sqrt{(N \cdot Upeak0^2 / 2)};$$

Setzt man nun den maximal auftretenden Spitzenwert bei Überlagerung aller Einzelträger, sowie den Effektivwert des Gesamtsignals in die Gleichung ein, so erhält man:

$$cf_{OFDM} = 20\log(Upeak / Urms)$$

$$= 20\log((N \cdot Upeak0) / \sqrt{(N \cdot Upeak0^2 / 2)});$$

Dies wiederum lässt sich umformen und vereinfachen zu:

$$cf_{OFDM} = 20\log(\frac{N}{\sqrt{N/2}}) = 10\log(2N);$$

Die theoretischen Crestfaktoren bei DVB-T sind nun

im 2K Mode:

1705 benutzte Träger

$$cf_{DVB-T2K} = 35dB;$$

und im 8K Mode:

6817 benutzte Träger

$$cf_{DVB-T8K} = 41dB;$$

Zu beachten ist, dass dies theoretische Werte sind, die in der Praxis aufgrund der begrenzten Auflösung der Signalverarbeitung und der Spannungsbegrenzung (Clipping) nicht auftreten können.

Praktische Werte liegen in der Größenordung von 13 dB (DVB-T-Leistungssender) bis etwa 15 dB (bei Modulatoren ohne Clipping).

Im folgenden wird nun der DVB-T-Übertragungsweg selbst genauer betrachtet. Im Idealfalle trifft an der Empfangsantenne genau ein Signalpfad ein. Das Signal ist lediglich mehr oder weniger gedämpft. In diesem Fall ist das DVB-T-Signal lediglich mit additivem weißen gausschen Rauschen beaufschlagt. Man spricht von AWGN oder von einem Gauß-Kanal (Abb. 20.17.). Dies ist die für den Empfänger günstigste Empfangsbedingung.

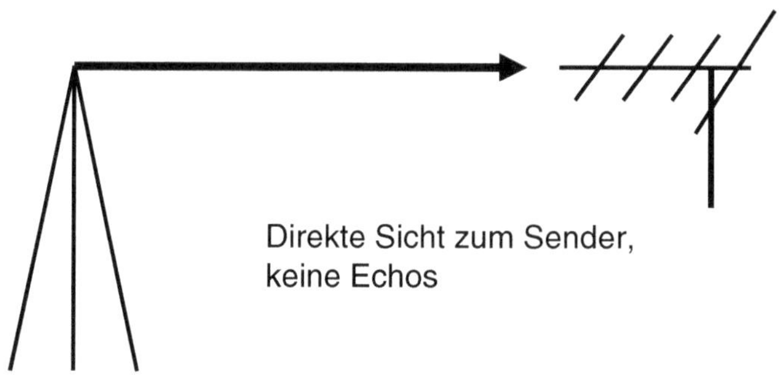

Abb. 20.17. Gauß'scher Kanal

Kommen zu diesem direkten Signalpfad, man spricht von direkter Sicht zum Sender, jedoch noch Mehrfachechos hinzu, so ergeben sich schon deutlich schwierigere Empfangsbedingungen. Dieser als mathematisches Kanalmodell simulierbare Kanal mit direkter Sicht und einer definierten Anzahl an Mehrfachechos wird Rice-Kanal (Abb. 20.18.) genannt.

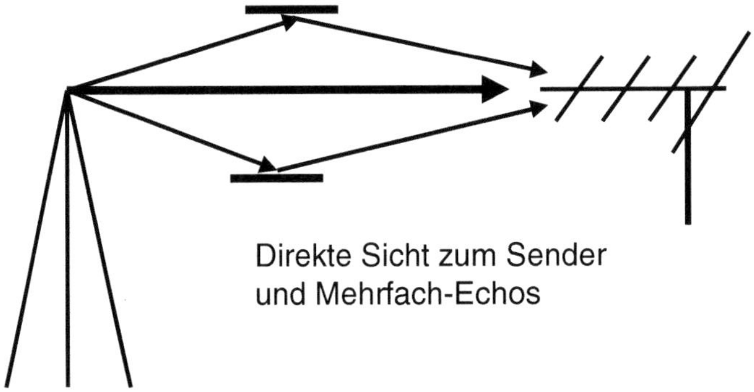

Abb. 20.18. Rice-Kanal

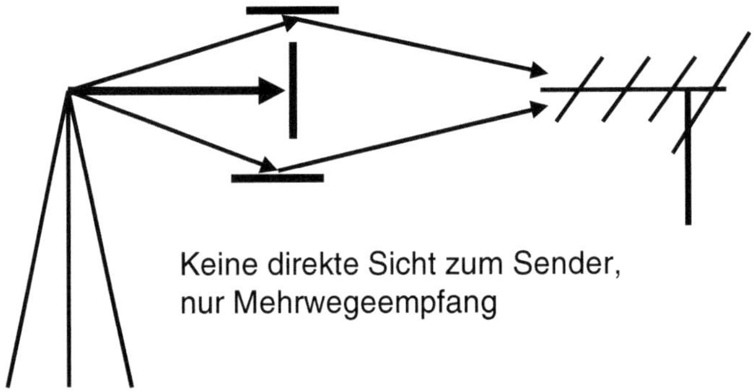

Abb. 20.19. Rayleigh-Kanal

Entfällt nun auch noch die direkte optische Sicht zum Sender, also der Direktsignalpfad, so spricht man von einem Rayleigh-Kanal (Abb. 20.19.). Dieser stellt die ungünstigsten stationären Empfangsbedingungen dar.

Bewegt sich z.B. der Empfänger (Abb. 20.20.) mit einer bestimmten Geschwindigkeit vom Sender weg oder zum Sender hin, so entsteht aufgrund des Dopplereffektes eine negative oder positive Frequenzverschiebung Δf. Diese Frequenzverschiebung alleine stellt für den DVB-T-Empfänger kein Problem dar. Seine AFC korrigiert diese Frequenzablage.

Die Frequenzverschiebung lässt sich berechnen aus der Geschwindigkeit, der Sendefrequenz und der Lichtgeschwindigkeit.

Es gilt:

$\Delta f = v \cdot (f/c) \cdot \cos(\varphi);$

Mit

v = Geschwindigkeit;
f = Sendefrequenz;
c = Lichtgeschwindigkeit = 299792458 m/s;
φ = Einfallswinkel des Echos in Relation zur Bewegungsrichtung;

Beispiel: Bei einer Sendefrequenz von 500 MHz und einer Geschwindigkeit von 200 km/h ergibt sich eine Dopplerverschiebung von 94 Hz.

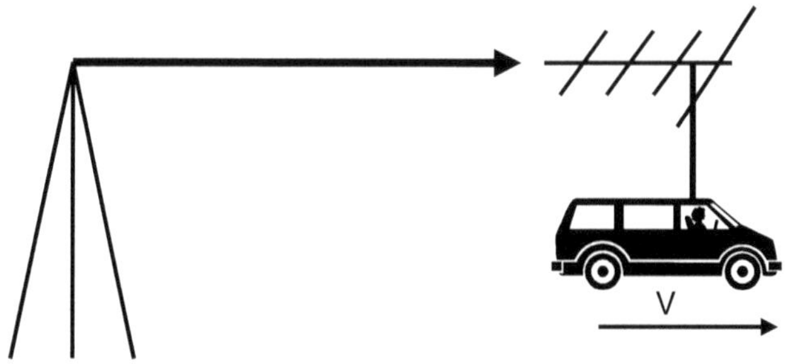

Abb. 20.20. Doppler-Effekt

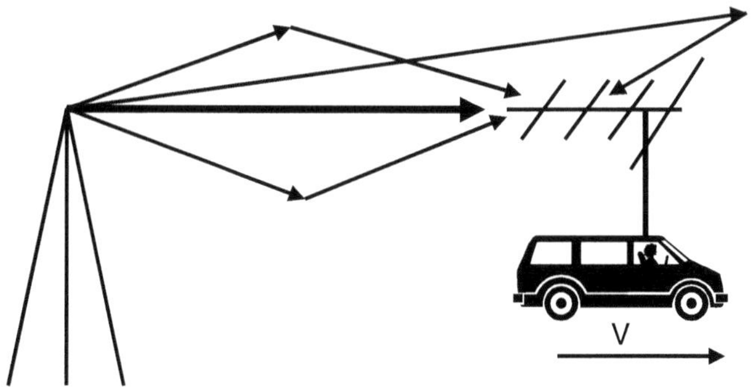

Abb. 20.21. Doppler-Effekt und Mehrwegeempfang

Kommen jedoch auch noch Mehrfachechos (Abb. 20.21.) hinzu, so wird das COFDM-Spektrum verschmiert. Diese Verschmierung kommt dadurch zustande, dass sich der Mobilempfänger sowohl auf Signalpfade zubewegt, als sich auch von anderen Quellen wegbewegt. D.h. es gibt nun COFDM-Spektral-Kämme, die sich nach oben und nach unten schieben. Der 8K-Modus ist aufgrund seines um den Faktor 4 engeren Unterträgerabstand deutlich empfindlicher gegenüber solchen Verschmierungen im Frequenzbereich als der 2K-Modus. Somit trifft man mit dem 2K-Modus beim Mobilempfang die bessere Wahl. Ursprünglich war jedoch der Mobilempfang bei DVB-T nicht vorgesehen.

Betrachten wir nun das Verhalten des DVB-T-Empfängers in Gegenwart von Rauschen. Mehr oder weniger Rauschen im DVB-T-Kanal führt zu mehr oder weniger Bitfehlern während des Empfanges. Abhängig von der gewählten Coderate im Faltungscoder kann nun der Viterbi-Dekoder mehr oder weniger dieser Bitfehler reparieren. Grundsätzlich gelten bei DVB-T die gleichen Regeln wie bei einem Einträgerverfahren (DVB-C, DVB-S). D.h. es sind die gleichen "Wasserfall-Kurven" für die Bitfehlerrate als Funktion des Störabstandes gültig. Vorsichtig muss man nur in Bezug auf die Definition des Signal/Rauschabstandes sein. Oft ist aber auch die Rede von einem Carrier to Noise Ratio CNR. Beide - SNR und CNR - unterscheiden sich bei DVB-T geringfügig. Die Ursache hierfür liegt in der Leistung in den Pilot- und Hilfsträgern (Continual und Scattered Pilote, sowie TPS-Träger). Als Signalleistung darf man für die Ermittelung der Bitfehlerverhältnisse bei DVB-T nur die Leistung in den eigentlichen Nutzlastträgern heranziehen. Die Differenz zwischen der kompletten Trägerleistung und der Leistung in den reinen Nutzlastträgern beträgt bei DVB-T im 2K-Mode 0.857 dB und beim 8K-Mode 0.854 dB (siehe Kap. 20.4.). Jedoch ist auch die Rauschbandbreite der reinen Payload-Träger gegenüber dem Gesamtsignal reduziert.

Die reduzierte Rauschleistung bei reduzierter Rauschbandbreite der Payload-Träger ergibt sich zu:

$$10 \cdot \log(1512/1705) = -0.522 \text{ dB im 2K-Mode}$$

und

$$10 \cdot \log(6048/6817) = -0.52 \text{ dB im 8K-Mode.}$$

Somit beträgt die Differenz zwischen dem CNR und SNR bei DVB-T:

$$CNR - SNR = -0.522 \text{ dB} - (-0.857 \text{ dB}) = 0.34 \text{ dB im 2K-Mode}$$

und

CNR - SNR = -0.52 dB –(-0.854 dB) = 0.33 dB im 8K-Mode.

Aus dem SNR lässt sich unter Anwendung von Abb. 20.22. das Bitfehlerverhältnis vor Viterbi, also das Kanalbitfehlerverhältnis ermitteln. Diese Abbildung gilt nur bei nicht-hierarchischer Modulation, da bei hierarchischer Modulation das Konstellationsdiagramm expandiert sein kann.

Die theoretischen Mindeststörabstande für den quasi-fehlerfreien Betrieb hängen bei DVB-T ebenso wie bei DVB-S von der Coderate ab. Zusätzlichen Einfluss nimmt die Art der Modulation (QPSK, 16QAM, 64QAM) und die Art des Kanals (Gauß, Rice, Rayleigh). Die theoretischen Mindeststörabstände CNR sind in Tabelle 20.14. für den Fall der nicht-hierarchischen Modulation aufgelistet.

Tabelle 20.14. Minimal notwendiges C/N bei nicht-hierarchischer Modulation

Modulationsart	Coderate	Gauß-Kanal	Rice-Kanal	Rayleigh-Kanal
		[dB]	[dB]	[dB]
QPSK	1/2	3.1	3.6	5.4
	2/3	4.9	5.7	8.4
	3/4	5.9	6.8	10.7
	5/6	6.9	8.0	13.1
	7/8	7.7	8.7	16.3
16QAM	1/2	8.8	9.6	11.2
	2/3	11.1	11.6	14.2
	3/4	12.5	13.0	16.7
	5/6	13.5	14.4	19.3
	7/8	13.9	15.0	22.8
64QAM	1/2	14.4	14.7	16.0
	2/3	16.5	17.1	19.3
	3/4	18.0	18.6	21.7
	5/6	19.3	20.0	25.3
	7/8	20.1	21.0	27.9

Die Forderungen für ein Mindest-CNR schwanken also bei DVB-T in einem weiten Bereich von etwa 3 dB bei QPSK mit Coderate 1/2 im Gauß-Kanal bis hin zu etwa 28 dB im Rayleigh-Kanal bei 64QAM mit Coderate 7/8. Praktische Werte für stationären Empfang liegen bei etwa 18 bis

20 dB (64QAM, Coderate 2/3 oder 3/4) und für portablen Empfang bei etwa 11 bis 17 dB (16QAM, Coderate 2/3 oder 3/4).

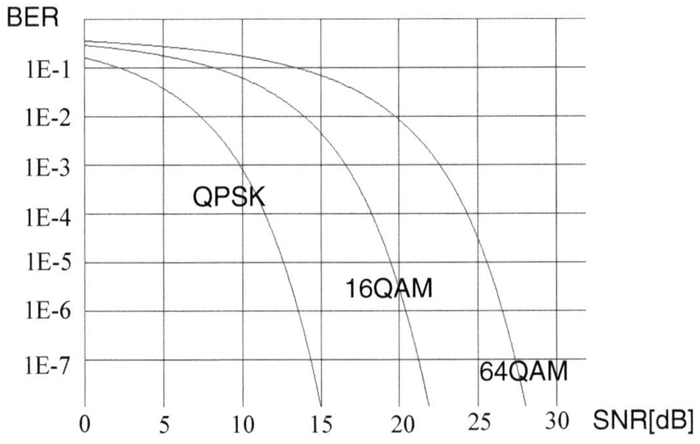

Abb. 20.22. Bitfehlerverhältnis BER bei DVB-T in Abhängigkeit vom Störabstand S/N bei QPSK, 16 QAM und 64QAM

Tabelle 20.15. Theorestische Mindeststörabstände bei hierarchischer Modulation (QPSK in 64-QAM mit α=2); Low Priority Path (LP)

Modulationsart	Coderate	Gauß-Kanal	Rice-Kanal	Rayleigh-Kanal
		[dB]	[dB]	[dB]
QPSK	1/2	6.5	7.1	8.7
	2/3	9.0	9.9	11.7
	3/4	10.8	11.5	14.5
64QAM	1/2	16.3	16.7	18.2
	2/3	18.9	19.5	21.7
	3/4	21.0	21.6	24.5
	5/6	21.9	22.7	27.3
	7/8	22.9	23.8	29.6

20.8 DVB-T-Gleichwellennetze (SFN)

COFDM ist bestens geeignet für einen Gleichwellenbetrieb (SFN =Single Frequency Network). Bei einem Gleichwellenbetrieb arbeiten alle Sender, die den gleichen Inhalt ausstrahlen auf der gleichen Frequenz. Daher ist der Gleichwellenbetrieb sehr frequenzökonomisch. Alle Sender strahlen ein absolut identisches Signal ab und müssen deswegen vollkommen synchron arbeiten. Signale von benachbarten Sendern sieht ein DVB-T-Empfänger so, als wären es einfach Echos. Die am einfachsten einhaltbare Bedingung ist die Frequenzsynchronisation, denn auch schon beim analogen terrestrischen Fernsehen musste die Frequenzgenauigkeit und Stabilität hohen Anforderungen genügen. Bei DVB-T bindet man die RF des Senders an eine möglichst gute Referenz an. Nachdem das Signal der GPS-Satelliten (Global Positioning System) weltweit verfügbar ist, benutzt man dieses als Referenz für die Synchronisation der Sendefrequenzen eines DVB-T-Gleichwellennetzes. Die GPS-Satelliten strahlen ein 1pps-Signal (one puls per second) aus, an das man in professionellen GPS-Empfängern einen 10 MHz-Oszillator anbindet. Dieser wird als Referenzsignal für die DVB-T-Sender verwendet.

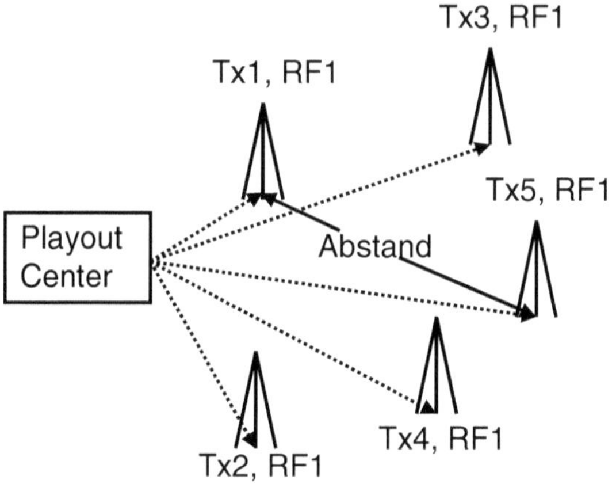

Abb. 20.23. DVB-T-Gleichwellen-Netze (SFN)

Es besteht aber noch eine strenge Forderung hinsichtlich des maximalen Senderabstandes (Abb. 20.23. und Tab. 20.16., Tab. 20.17., Tab. 20.18.). Der mögliche maximale Senderabstand ergibt sich hierbei aus der Länge des Guard-Intervals und der Lichtgeschwindigkeit, bzw. der damit verbundenen Laufzeit. Es sind Intersymbolinterferenzen nur vermeidbar, wenn bei Mehrwegeempfang kein Pfad eine längere Laufzeit aufweist wie die Schutzintervall-Länge. Die Frage, was denn passiert, wenn ein Signal eines weiter entfernteren Senders, das das Schutzintervall verletzen würde, empfangen wird, ist leicht zu beantworten. Es entstehen Intersymbol-

Interferenzen, die sich als rauschartige Störung im Empfänger bemerkbar machen. Signale von weiter entfernten Sendern müssen einfach ausreichend gut gedämpft sein. Als Schwelle für den quasi-fehlerfreien Betrieb gelten die gleichen Bedingungen wie bei reinem Rauschen. Es ist also besonders wichtig, dass ein Gleichwellennetz richtig gepegelt ist. Nicht die maximale Sendeleistung an jedem Standort ist gefordert, sondern eben die richtige. Bei der Netzplanung sind topographische Informationen erforderlich.

Vielfach ist die Netzplanung aber relativ einfach, da meist nur kleine regionale Gleichwellennetze mit nur ganz wenigen Sendern (2-3) aufgebaut werden.

Tabelle 20.16. Guard Interval-Längen 8K, 2K und Senderabstände (8 MHz-Kanal)

Mode	Symbol-dauer [µs]	Guard Interval	Guard Interval [µs]	max. Sender-abstand [km]
2K	224	1/4	56	16.8
2K	224	1/8	28	8.4
2K	224	1/16	14	4.2
2K	224	1/32	7	2.1
8K	896	1/4	224	67.1
8K	896	1/8	112	33.6
8K	896	1/16	56	16.8
8K	896	1/32	28	8.4

Tabelle 20.17. Guard-Interval-Längen 8K, 2K und Senderabstände (7 MHz-Kanal)

Mode	Symbol-dauer [µs]	Guard Interval	Guard Interval [µs]	max. Sender-abstand [km]
2K	256	1/4	64	19.2
2K	256	1/8	32	9.6
2K	256	1/16	16	4.8
2K	256	1/32	8	2.4
8K	1024	1/4	256	76.7
8K	1024	1/8	128	38.4
8K	1024	1/16	64	19.2
8K	1024	1/32	32	9.6

Mit c=299792458 m/s Lichtgeschwindigkeit ergibt sich eine Signallaufzeit pro Kilometer Senderabstand von t_{1km} = 1000m / c = 3.336 µs. Da im 8K-Betrieb das Guard Interval absolut gesehen länger ist, ist dieser Mode hauptsächlich für den Gleichwellenbetrieb vorgesehen.

Lange Guard Intervale sind für nationale Gleichwellennetze vorgesehen. Mittlere Guard Intervale werden bei regionalen Netzen verwendet. Die kurzen Guard Intervale schließlich sind für lokale Netze vorgesehen oder werden außerhalb von Gleichwellennetzen eingesetzt.

Tabelle 20.18. Guard-Interval-Längen 8K, 2K und Senderabstände (6 MHz-Kanal)

Mode	Symbol-dauer [µs]	Guard Intervall	Guard Intervall [µs]	Sender-abstand [km]
2K	299	1/4	75	22.4
2K	299	1/8	37	11.2
2K	299	1/16	19	5.6
2K	299	1/32	9	2.8
8K	1195	1/4	299	89.5
8K	1195	1/8	149	44.8
8K	1195	1/16	75	22.4
8K	1195	1/32	37	11.2

In einem Gleichwellennetz müssen alle einzelnen Sender aufeinander synchronisiert arbeiten. Die Zuspielung erfolgt hierbei vom Headend (Multiplex-Center) aus, in dem sich der MPEG-2-Multiplexer befindet, z.B. über Glasfaser oder Richtfunk. Dabei ist klar, dass sich aufgrund verschiedener Weglängen bei der Zuführung unterschiedliche Zuführungslaufzeiten für die MPEG-2-Transportströme ergeben. Innerhalb jedes DVB-T-Modalators in einem Gleichwellennetz müssen jedoch die gleichen Transportstrompakete zu COFDM-Symbolen verarbeitet werden. Jeder Modulator muss alle Arbeitsschritte vollkommen synchron zu allen anderen Modulatoren im Netz vollziehen. Die gleichen Pakete, die gleichen Bits and Bytes müssen zur gleichen Zeit verarbeitet werden. Absolut identische COFDM-Symbole müssen zur gleichen Zeit an jedem DVB-T-Senderstandort abgestrahlt werden.

Die DVB-T-Modulation ist in Rahmen, in Frames organisiert. 1 Frame setzt sich hierbei aus 68 DVB-T-COFDM-Symbolen zusammen. Innerhalb eines Rahmens wird die volle TPS-Information übertragen, innerhalb eines Rahmens springen die Scattered Pilote über den ganzen DVB-T-Kanal. 4 solcher Frames ergeben wiederum einen Überrahmen, einen sog. Superframe.

Rahmenstruktur von DVB-T:

- 1 Frame = 1 Rahmen = 68 COFDM-Symbole
- 4 Frames = 1 Superframe = 1 Überrahmen

Bei DVB-T ist es gelungen, innerhalb eines Superframes eine ganzzahlige Anzahl an MPEG-2-Transportstrompaketen unterzubringen. Dies sind:

Tabelle 20.19. Anzahl der Transportstrompakete pro Superframe

Code-rate	QPSK 2K	QPSK 8K	16QAM 2K	16QAM 8K	64QAM 2K	64QAM 8K
1/2	252	1008	504	2016	756	3024
2/3	336	1344	672	2688	1008	4032
3/4	378	1512	756	3024	1134	4536
5/6	420	1680	840	3360	1260	5040
7/8	441	1764	882	3528	1323	5292

In Tabelle 20.19. ist die Anzahl der Transportstrompakete pro Superframe angegeben.

Innerhalb eines Gleichwellennetz muss sich folglich ein Superframe aus den absolut identischen Transportstrompaketen zusammensetzen. Jeder Modulator im Gleichwellennetz muss den Superframe zur gleichen Zeit erzeugen und abstrahlen.

Nun müssen diese Modulatoren aber zueinander synchronisiert werden und es müssen außerdem die Laufzeitunterschiede bei der Zuführung statisch und dynamisch ausgeglichen werden. Hierzu werden in den MPEG-2-Transportstrom Pakete mit Zeitmarken im DVB-T-Headend eingestanzt. Diese Pakete sind spezielle Transportstrompakete, die ähnlich wie eine MPEG-2-Tabelle (PSI/SI) aufgebaut sind. Dazu wird der Transportstrom in Abschnitte eingeteilt. Die Abschnittlängen wurden dabei so gewählt, dass sie ungefähr eine halbe Sekunde lang sind. Ungefähr deswegen, weil diese Abschnitte einer bestimmten ganzzahligen Anzahl von Transportstrompaketen entsprechen müssen, die in eine bestimmte ganzzahlige Anzahl von Superframes hineinpassen. Diese Abschnitte nennt man Megaframes.

Ein Megaframe setzt sich auch einer ganzzahligen Anzahl von Superframes zusammen:

- 1 Megaframe = 2 Superframes im 8K-Modus
- 1 Megaframe = 8 Superframes in 2K-Modus

Zur Zeitsynchronisation der DVB-T-Modulatoren werden ebenfalls die 1pps-Signale der GPS-Satelliten verwendet. Im Falle eines Gleichwellennetzes findet man im Headend (Abb. 20.24.), in dem der Multiplex zusammengesetzt wird, und an jedem Senderstandort einen professionellen GPS-Empfänger, der sowohl ein 10 MHz-Referenzsignal, als auch dieses 1pps-Zeitsignal ausgibt.

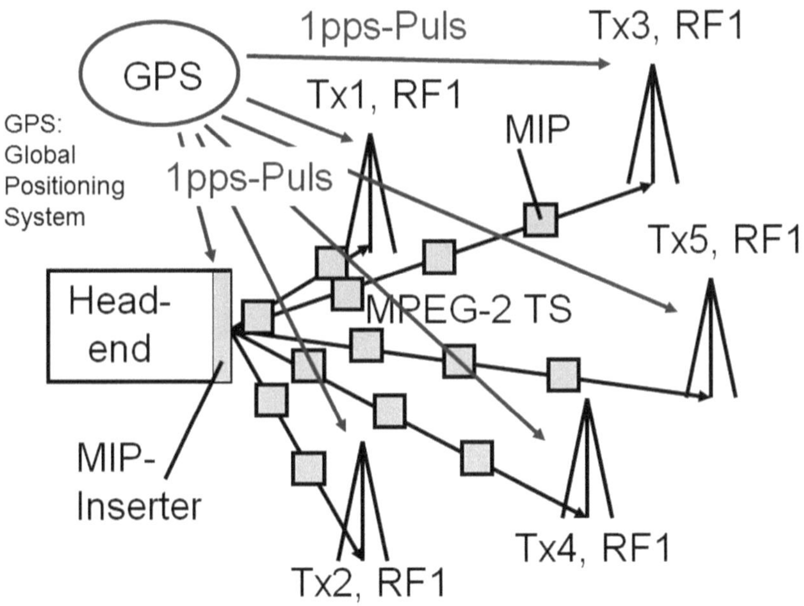

Abb. 20.24. DVB-T-Gleichwellen-Netzwerk mit Transportstromverteilung

Am Multiplexerstandort findet man den sog. MIP-Inserter, der dieses spezielle Transportstrompaket innerhalb jeweils eines Megaframes eintastet. Man nennt dieses Paket deshalb Megaframe Initializing Packet (Abb. 20.25.) kurz MIP. Das MIP hat eine besondere PID von 0x15; daran ist es identifizierbar (Abb. 20.26.). Im MIP findet man Zeitreferenz- und Steuerinformationen für die DVB-T-Modulatoren. U.a. ist dort die Zeit rückwärts zum Empfangszeitpunkt des letzten 1pps-Impulses am MIP-Inserter aufzufinden. Diese in 100ns-Schritten aufgelöste Zeitmarke dient zum automatischen Vermessen der Zuführungsstrecke. Der Single Frequency Network - Adapter (SFN-Adapter) im DVB-T-Modulator wertet diese Zeitinformation aus und korrigiert automatisch mit Hilfe eines Pufferspeichers die Laufzeit vom DVB-T-Headend zum Senderstandort. Er benötig dazu die

Information über die maximale Verzögerung im Netzwerk. Mit dieser Information stellt sich jeder SFN-Adapter im Sender auf diese Zeit ein. Des weiteren ist im MIP-Paket ein Zeiger (Pointer) auf den Start des nachfolgenden Megaframes in Anzahl von Transportstrompaketen enthalten. Unter Ausnutzung dieser Pointerinformation kann nun jeder Modulator einen Megaframe zum gleichen Zeitpunkt starten lassen.

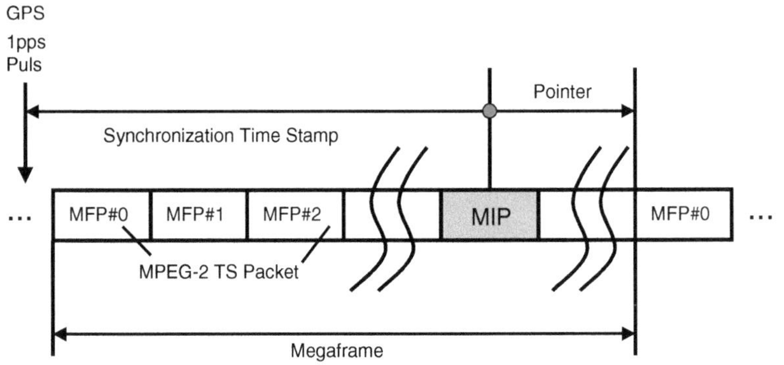

Abb. 20.25. Megaframe-Struktur auf Transportstrom-Ebene

Die Länge eines Megaframes ist abhängig von der Länge des Guard Intervals und von der Bandbreite des Kanals. Je schmäler der Kanal (8, 7, 6 MHz) ist, desto länger werden die COFDM-Symbole, da der Unterträgerabstand kleiner wird. Mit Hilfe der im MIP-Paket enthaltenen Informationen kann nun jeder DVB-T-Modulator synchronisiert werden. Das MIP-Paket kann immer an einer festen Position im Megaframe übertragen werden; die Position darf aber auch variieren. Die exakten Längen eines Megaframes sind in Tabelle 20.20. aufgelistet.

Tabelle 20.20. Dauer eines Megaframes

Guard Interval	8 MHz Kanal	7 MHz Kanal	6 MHz Kanal
1/32	0.502656 s	0.574464 s	0.670208 s
1/16	0.517888 s	0.598172 s	0.690517 s
1/8	0.548352 s	0.626688 s	0.731136 s
1/4	0.609280 s	0.696320 s	0.812373 s

In einem MIP kann aber auch noch zusätzliche Information z.B. die DVB-T-Übertragungsparameter übertragen werden. Damit kann das ganze

DVB-T-Gleichwellennetz von einer Zentrale aus gesteuert und konfiguriert werden. Es kann damit z.B. die Modulationsart, die Coderate, die Guard Interval-Länge usw. umgestellt werden. Dies ist möglich, wird aber evtl. nicht jeder DVB-T-Modulator unterstützen.

Fällt die Übertragung der MIP-Pakete aus oder ist die Information in den MIP-Paketen korrupt, so fällt das Gleichwellennetz aus der Synchronisation. Stellt ein DVB-T-Sender fest, dass er aus der Synchronisation fällt, oder dass er über längere Zeit keinen GPS-Empfang mehr hatte und deswegen die 1pps-Referenz und die 10 MHz-Referenz weggelaufen ist, so muss er Offair gehen. Andernfalls spielt dieser Sender nur noch Rauschquelle im Gleichwellennetz. Nur noch in Sendernähe ist dann bei gerichtetem Empfang ein sicherer Empfang möglich. Oft wird deshalb eine MIP-Überwachung des am Sender ankommenden Transportstromes mit Hilfe eines MPEG-Messdekoderes durchgeführt (siehe Abb. 20.27., MIP-Paketanalyse).

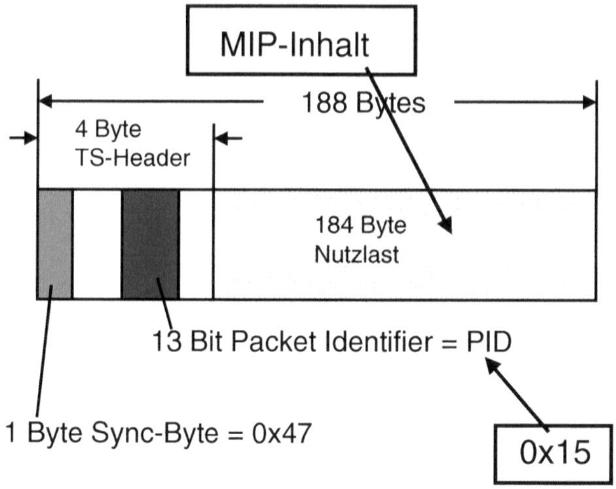

Abb. 20.26. Megaframe-Initializing Packet

Man sieht in Abb. 20.27. (MIP-Analyse), dass nun im MPEG-2-Multiplex ein weiteres tabellenartiges Paket mitgeführt wird, das MIP-Paket. Man erkennt das Synchronisation Time Stamp, den Pointer und das Maximum Delay. Außerdem findet man die Übertragungsparameter. Es ist auch erkennbar, dass sogar jeder einzelne Sender im Verbund adressierbar ist. Der Inhalt des MIP-Paketes ist wie bei einer Tabelle mit einer CRC-Checksum geschützt.

Jeder Sender kann zusätzlich noch "geschoben" werden, d.h. es kann der Abstrahlzeitpunkt des COFDM-Symboles verändert werden. Dies wirft aber das Gleichwellennetz nicht aus der Synchronisation, sondern variiert nur die Laufzeit der Signale der Sender zueinander. Damit lässt sich das SFN-Netz optimieren. In Abb. 20.27. (MIP-Paketanalyse) findet man diese Time Offsets in den TX time offset functions. Durch das Verschieben des Abstrahlzeitpunktes erscheint für den Empfänger dann der jeweilige Sender als in seiner geographischen Position verschoben. Dies ist ggf. gerade dann interessant, wenn zwei Sender in einem SFN sehr weit auseinander liegen und nahe an die Grenze des Guard Intervals kommen (Beispiel: DVB-T-Netz Südbayern mit Olympiaturm München und Sender Wendelstein mit einem Abstand von d = 63 km) oder das Guard Interval recht kurz gewählt wurde aus Datenratengründen (Beispiel: Sydney Australien mit g=1/16).

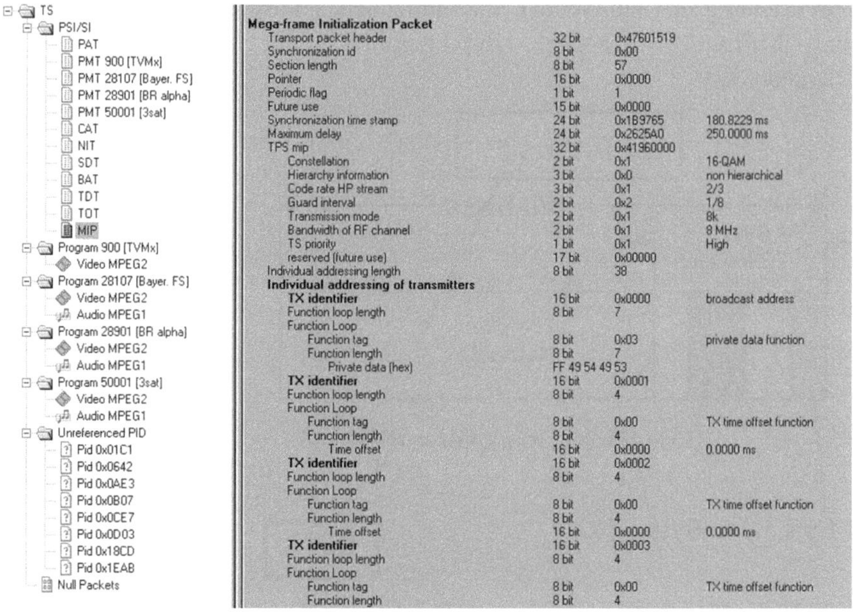

Abb. 20.27. MIP-Paket-Analyse [DVMD]

20.9 Mindestens notwendiger Empfängereingangspegel bei DVB-T

Zum fehlerfreien Empfang eines DVB-T-Signals muss am DVB-T-Empfängereingang der mindestens notwendige Empfangspegel anliegen. Unter einem bestimmten Signalpegel bricht der Empfang ab, an der Schwelle kommt es zum sog. Slicing und Freezing, darüber ist dann die

Wiedergabe fehlerfrei. In diesem Abschnitt werden die Grundlagen zur Ermittlung dieses Mindestpegels diskutiert.

Der Mindestpegel bei DVB-T hängt ab

- von der Modulationsart (QPSK, 16QAM, 64QAM)
- vom verwendeten Fehlerschutz (Coderate = 1/2, 2/3, 3/4, … 7/8)
- vom Kanalmodell (Gauss, Rice, Rayleigh)
- von der Bandbreite (8, 7, 6 MHz)
- von der Umgebungstemperatur
- von den tatsächlichen Empfängereigenschaften (Rauschzahl des Tuners, …).

Grundsätzlich ist ein mindestens notwendiger Störabstand SNR gefordert, der mathematisch eine Funktion von einigen oben aufgelisteten Faktoren ist. Die theoretischen SNR-Limits sind in Tabelle 20.14. im Abschnitt 20.7. aufgelistet. Beispielhaft soll eine Betrachtung für 2 Fälle durchgeführt werden, nämlich

- Fall 1 = Rice-Kanal, bei 16QAM mit Coderate = 2/3 und
- Fall 2 = Rice-Kanal, bei 64QAM mit Coderate=2/3.

Fall 1 entspricht Bedingungen die für ein DVB-T-Netzwerk, das für portable Indoor ausgelegt wurde (z.B. Deutschland), Fall 2 entspricht Bedingungen für ein DVB-T-Netzwerk, dessen Parameter für Dachantennenempfang zugeschnitten wurden (z.B. Schweden, Australien). Aus Tabelle 20.14. kann entnommen werden, dass

- für Fall 1 ein SNR von 11.6 dB und
- für Fall 2 ein SNR von 17.1 dB notwendig ist.

Der am Empfängereingang anliegende Rauschpegel N (Noise) ergibt sich aus folgender physikalischen Beziehung:

$N[dBW] = -228.6 + 10 \cdot \log(b/Hz) + 10 \cdot \log((T/°C+273)) + F;$
B = Bandbreite in Hz;
T = Temperatur in °C;
F = Rauschzahl des Empfängers in dB;

Die Konstante -228.6 dBW/K/Hz in der Formel ist hierbei die sog. Boltzmann-Konstante.

Angenommen werden soll:

Umgebungstemperatur T = 20 °C;
Rauschzahl des Tuners F = 7 dB;
Empfangsbandbreite B = 8 MHz;

N[dBW] = -228.6 + 10·log(8000000/Hz) + 10·log((20/°C+273)) + 7;

0 dBm @ 50 Ohm = 107 dBµV;
0 dBm @ 75 Ohm = 108.8 dBµV;

N = -98.1 dBm = -98.1 dBm + 108.8 dB = **10.7 dBµV**; (an 75 Ohm)

Am Empfängereingang liegt also unter diesen Bedingungen
10.7 dBµV Rauschpegel an.

Für den **Fall 1 (16QAM)** ergibt sich somit ein mindest notwendiger Empfängereingangspegel von
S = SNR [dB] + N [dBµV] = (11.6 + 10.7) [dBµV] = **22.3 dBµV**;

Für den **Fall 2 (64QAM)** ergibt sich ein mindest notwendiger Empfängereingangspegel von
S = SNR [dB] + N [dBµV] = (17.1 + 10.7) [dBµV] = **27.8 dBµV**;

In der Praxis zeigt sich, dass bei nur einem Signalpfad diese Werte recht gut getroffen werden, sobald aber mehrere Signalpfade (Mehrwegeempfang) am Empfängereingang anliegen ist der notwendige Pegel oft bis zu 10 – 15 dB höher und streut bei den verschiedenen Empfängertypen ziemlich stark.

Der tatsächlich vorhandene Empfangspegel wiederum ergibt sich aus

- der vorliegenden Empfangsfeldstärke am Empfangsort
- dem Antennengewinn
- Polarisationsverlusten
- den Verlusten der Zuführungsleitung von der Antenne zum Empfänger.

Es gilt für die Umrechnung den Antennenausgangspegels aus der am Empfangsort vorhandenen Feldstärke:

$E[dB\mu V/m] = U[dB\mu V] + k[dB/m];$

$k[dB] = (-29.8 + 20 \cdot \log(f[MHz]) - g[dB]);$

mit
E = elektrische Feldstärke;
U = Antennenausgangspegel;
k = Antennen-k-Faktor;
f = Empfangsfrequenz;
g = Antennengewinn;

Der am Empfängereingang dadurch anliegende Pegel beträgt dann:

$S[dB\mu V] = U[dB\mu V] - Loss[dB];$

Loss = Implementierungsverluste (Antennenleitung usw.);

Nun soll Fall 1 (16QAM) und Fall 2 (64QAM) bei 3 Frequenzen betrachtet werden, nämlich bei

a) f = 200 MHz,
b) f = 500 MHz,
c) f = 800 MHz.

Der Antennengewinn sei jeweils g = 0 dB (Stabantenne ungerichtet).

Antennen-k-Faktoren:

a) k = (-29.8 + 46) dB = 16.2 dB;
b) k = (-29.8 + 54) dB = 24.2 dB;
c) k = (-29.8 + 58.1) dB = 28.3 dB;

Feldstärken für Fall 1(16QAM; mindest notwendiger Pegel U = S – Loss = 22.3 dBµV – 0 dB = 22.3 µV):

a) E = (22.3 + 16.2) dBµV/m = 38.5 dBµV/m;
b) E = (22.3 + 24.2) dBµV/m = 46.5 dBµV/m;
c) E = (22.3 + 28.3) dBµV/m = 50.6 dBµV/m;

Kommt eine gerichtete Antenne mit Antennengewinn, z.B. eine Dachantenne zum Einsatz, so ergeben sich folgende Verhältnisse:

a) bei f = 200 MHz (Annahme Antennengewinn g = 6 dB):
   E = 32.5 dBµV/m;
b) bei f = 500 MHz (Annahme g = 10 dB): E = 36.5 dBµV/m;
c) bei f = 800 MHz (Annahme g = 10 dB). E = 40.6 dBµV/m;

Feldstärken für Fall 2(64QAM; mindest notwendiger Pegel U = S – Loss = 27.8 dBµV – 0 dB = 27.8 dBµV):

a) E = (27.8 + 16.2) dBµV/m = 44.0 dBµV/m;
b) E = (27.8 + 24.2) dBµV/m = 52.0 dBµV/m;
c) E = (27.8 + 28.3) dBµV/m = 56.1 dBµV/m;

Kommt eine gerichtete Antenne mit Antennengewinn, z.B. eine Dachantenne zum Einsatz, so ergeben sich folgende Verhältnisse:

a) bei f = 200 MHz (Annahme Antennengewinn g = 6 dB):
   E = 38.0 dBµV/m;
b) bei f = 500 MHz (Annahme g = 10 dB): E = 42.0 dBµV/m;
c) bei f = 800 MHz (Annahme g = 10 dB). E = 46.1 dBµV/m;

Die Feldstärke am Empfangsort lässt sich unter Freiraumbedingungen berechnen zu:

$$E[\text{dB}\mu\text{V/m}] = 106.9 + 10 \cdot \log(\text{ERP}[\text{kW}]) - 20\lg(d[\text{km}]);$$

mit:
E = elektrische Feldstärke;
ERP = Equivalent Radiated Power des Senders, also Leistung des Senders plus Antennengewinn;
d = Entfernung Sender – Empfänger;

Man muss aber unter reellen Bedingungen von deutlich niedrigeren Feldstärken ausgehen, weil in dieser Formel keinerlei Abschattung, Mehrwegeempfang usw. berücksichtigt ist. Der „Abschlag“, den man vornehmen muss hängt von den topologischen Bedingungen ab (Hügel, Berge, Bebauung usw.). Er kann bis zu etwa 20 – 30 dB betragen, bei kompletter Abschattung auch deutlich mehr.

Beispiel (ohne Abschlag, ein Abschlag von ca. min. 20 dB ist empfehlenswert):

ERP = 50 kW;

$$d = 1\text{ km};\ E = (106.9 + 10\cdot\log(50) - 20\cdot\log(1))\ \text{dB}\mu\text{V/m} = 123.9\ \text{dB}\mu\text{V/m};$$

$$d = 10\text{ km};\ E = (106.9 + 10\cdot\log(50) - 20\cdot\log(10))\ \text{dB}\mu\text{V/m} = 103.9\ \text{dB}\mu\text{V/m};$$

$$d = 30\text{ km};\ E = 94.4\ \text{dB}\mu\text{V/m};$$

$$d = 50\text{ km};\ E = 89.9\ \text{dB}\mu\text{V/m};$$

$$d = 100\text{ km};\ E = 83.9\ \text{dB}\mu\text{V/m};$$

Da im Zuge der DVB-T-Umstellung oft auch die Polarisationsebene von horizontal auf vertikal am Senderstandort umgestellt wurde, treten dann ggf. auch noch Polaristionsverluste (ca. 10 dB) an der Empfangsantenne auf, wenn diese nicht von horizontal auf vertikal mit umgestellt wurde.

Empfängt man das DVB-T-Signal im Haus mit einer Zimmerantenne, so muss man auch noch die Gebäudedämpfung mit berücksichtigen. Diese liegt im Bereich von 10 bis 20 dB.

In Deutschland wurden bei der Simulation der Empfangsbedingungen als Grenzwerte der Feldstärke außerhalb des Gebäudes in etwa folgende Feldstärken bei 16QAM, CR = 2/3 angesetzt:

- Empfang über Dachantenne: ca. 55 dBμV/m;
- Empfang über Außenantenne: ca. 65 dBμV/m;
- Empfang mit Zimmerantenne: ca. 75 dBμV/m;

Literatur: [ETS300744], [REIMERS], [HOFMEISTER], [EFA], [SFQ], [TR101190], [ETR290]

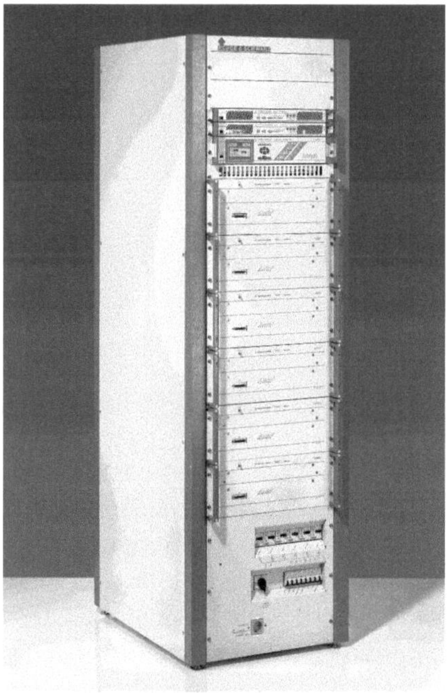

Abb. 20.28. DVB-T-Mittelleistungssender; Werkfoto Rohde&Schwarz

Abb. 20.29. DVB-T-Maskenfilter, kritische Maske (8-Kreis-Dual Mode Filter); Werkfoto: Spinner

21 Messungen an DVB-T-Signalen

Der DVB-T-Standard mit seinem sehr aufwändigem Modulationsverfahren COFDM wurde nun sehr ausführlich diskutiert. In diesem Kapitel werden Messverfahren an DVB-T Signalen erläutert. Terrestrische TV-Netze werden ausgehend von der Sendestation vom Senderausgang bis hin zum Empfangsort messtechnisch bewertet. Die mit Hilfe der DVB-T-Messtechnik zu erfassenden Störeinflüsse sind:

- Rauschen (AWGN)
- Phasenjitter
- Interferenzstörer
- Mehrwegeempfang
- Dopplereffekt
- Effekte im Gleichwellennetz
- Störeinflüsse auf die Nachbarkanäle (Schulterabstand)
- IQ-Fehler des Modulators:
  - IQ-Amplituden-Ungleichheit (Amplitude Imbalance)
  - IQ-Phasenfehler
  - mangelhafte Trägerunterdrückung (Carrier Leakage)

Die bei der DVB-T-Messtechnik eingesetzten Messgeräte sind im wesentlichen vergleichbar mit den bei der Breitbandkabelmesstechnik verwendeten. Für Messungen an DVB-T-Signalen benötigt man:

- einen modernen Spektrumanalyzer
- einen DVB-T-Messempfänger mit Konstellationsanalyse
- für Messungen an DVB-T-Empfängern einen DVB-T-Mess-Sender.

Das wichtigste Messmittel bei DVB-T ist der DVB-T-Messempfänger. Er erlaubt es aufgrund der in DVB-T integrierten Pilotsignale umfangreichste Analysen am Signal ohne weitere zusätzliche Hilfsmittel durchzuführen. Die wichtigste Analyse ist hierbei die Analyse des DVB-T-Konstellationsdiagramms. Obwohl seit Mitte der 1990er Jahre weitreichende Erfahrungen auf dem Gebiet der DVB-C-Konstellationsanalyse vorliegen, reicht es nicht aus, diese einfach in die DVB-T-Welt zu kopieren. Dieses Kapitel beschäftigt sich in der Hauptsache mit den Besonderheiten der DVB-T-Konstellationsanalyse, zeigt Probleme auf und gibt Hilfestellung für die Interpretation der Messergebnisse.

DVB-T-Konstellationsanalyse ist im Vergleich zur DVB-C-Konstellationsanalyse nicht einfach nur eine Konstellationsanalyse an vielen Tausenden von Unterträgern; viele Dinge lassen sich nicht einfach übertragen.

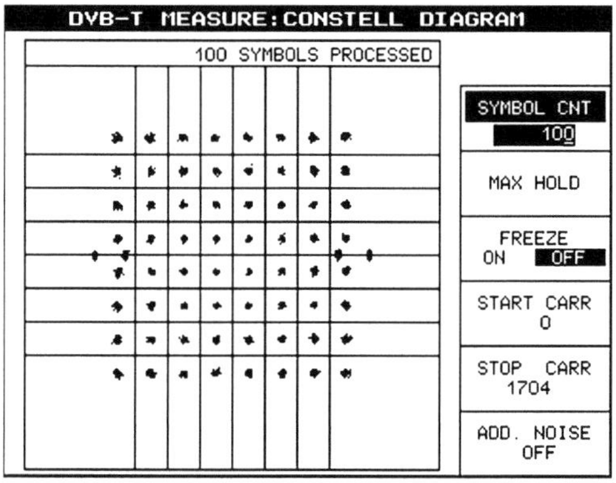

Abb. 21.1. Konstellationsdiagramm eines 64QAM-DVB-T-Signals samt Pilote

Abb. 21.1. zeigt das Konstellationsdiagramm einer 64QAM bei DVB-T. Gut erkennbar sind die Positionen der Scattered und Continual Pilote (links und rechts außerhalb des 64QAM-Konstellationsdiagramms, auf der I-Achse liegend), sowie der TPS-Träger (Konstellationspunkte innerhalb des 64QAM-Konstellationsdiagramms, ebenfalls auf der I-Achse liegend). Die Scattered Pilote werden zur Kanalschätzung und -korrektur verwendet und stellen somit einen Fixpunkt im Konstellationsdiagramm dar, der immer an die gleiche Position "geregelt" wird. Die Transmission Parameter Signalling - Träger dienen als schneller Informationskanal vom Sender zum Empfänger. Das dargestellte Konstellationsdiagramm (Abb. 21.1.) weist außer etwas Rauschen keine weiteren Einflüsse auf.

Mit Hilfe eines DVB-T-Messempfängers (Abb. 21.2., Blockschaltbild) können alle Einflüsse auf der Übertragungsstrecke erfasst werden. Ein DVB-T-Messempfänger unterscheidet sich von einem DVB-T-Receiver im wesentlichen dadurch, dass die analoge Signalaufbereitung wesentlich hochwertiger ist, und dass ein Signalprozessor (DSP) Zugriff auf die IQ-Daten und auf die Kanalschätzdaten hat. Der DSP berechnet dann das

Konstellationsdiagramm und die Messwerte. Außerdem kann das DVB-T-Signal bis auf MPEG-2-Transportstromebene demoduliert werden.

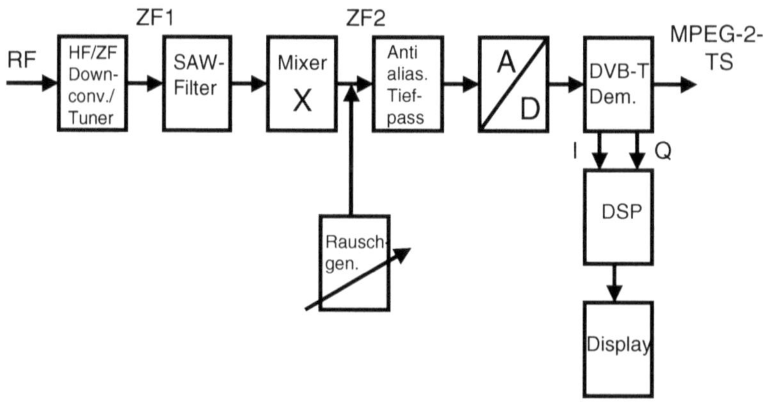

Abb. 21.2. Beispiel-Blockschaltbild eines DVB-T-Messempfängers [EFA]

21.1 Messung der Bitfehlerverhältnisse

Aufgrund des inneren und äußeren Fehlerschutzes gibt es bei DVB-T ebenso wie bei DVB-S drei verschiedene Bitfehlverhältnisse (engl. Bit Error Ratio = BER):

- Bitfehlerverhältnis vor Viterbi
- Bitfehlerverhältnis vor Reed-Solomon
- Bitfehlerverhältnis nach Reed-Solomon

Das interessanteste und für die Übertragungsstrecke aussagekräftigste Bitfehlerverhältnis ist das Bitfehlerverhältnis vor Viterbi. Es kann dadurch ermittelt werden, indem man den Datenstrom nach dem Viterbi-Dekoder wieder auf einen Faltungscoder gibt, der genauso aufgebaut ist, wie der auf der Senderseite. Vergleicht man nun den Datenstrom vor dem Viterbi-Dekoder mit dem nach den Faltungscoder miteinander – wobei die Laufzeit des Faltungscoder berücksichtigt werden muss – so sind beide bei Fehlerfreiheit identisch. Ein Komparator für den I- und Q-Zweig ermittelt dann die Unterschiede und somit die Bitfehler.

Die gezählten Bitfehler werden dann ins Verhältnis zur Anzahl der im entsprechenden Zeitraum übertragenen Bits gesetzt; dies ergibt dann das Bitfehlerverhältnis BER (Bit Error Ratio):

BER = Bitfehler / übertragene Bit;

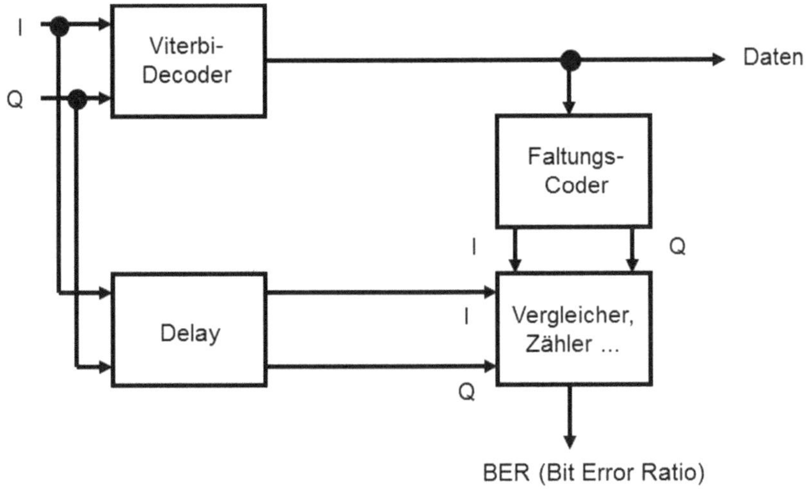

Abb. 21.3. Blockschaltbild / Messung des Bitfehlerverhältnisses vor Viterbi

Der Bereich des Bitfehlerverhältnisses vor Viterbi liegt bei 10^{-9} (Senderausgang) bis 10^{-2} (Empfängereingang bei ungünstigen Empfangsbedingungen).

Der Viterbi-Dekoder kann nur einen Teil der Bitfehler korrigieren. Es bleibt somit ein Restbitfehlerverhältnis vor Reed-Solomon. Zählt man die Korrekturvorgänge des Reed-Solomon-Dekoders und setzt diese ins Verhältnis zur Anzahl der im entsprechenden Zeitraum übertragenen Bits, so erhält man das Bitfehlerverhältnis vor Reed-Solomon.

Auch der Reed-Solomon-Dekoder kann nicht alle Bitfehler korrigieren. In diesem Fall entstehen dann fehlerhafte Transportstrompakete. Diese sind im TS-Header markiert (Transport Error Indicator Bit = 1). Zählt man die fehlerhaften Transportstrompakete, so kann man daraus das Bitfehlerverhältnis nach Reed-Solomon berechnen. Ein DVB-T-Messempfänger erfasst alle drei Bitfehlerverhältnisse und zeigt sie uns in einem der Messmenüs. Zu beachten ist, dass bei relativ niedrigen Bitfehlerverhältnissen, wie sie üblicherweise nach Viterbi und nach Reed-Solomon vorliegen, entsprechend lange Messzeiten im Minuten- bis Stundenbereich zu wählen sind. Im Beispiel-Messmenü [EFA] erkennt man, dass hier alle wichtigen

Informationen über die DVB-T-Übertragung zusammengefasst sind. Neben der gewählten RF sind auch der Empfangspegel, die Frequenzablage, alle drei BER's, sowie die dekodierten TPS-Parameter dargestellt.

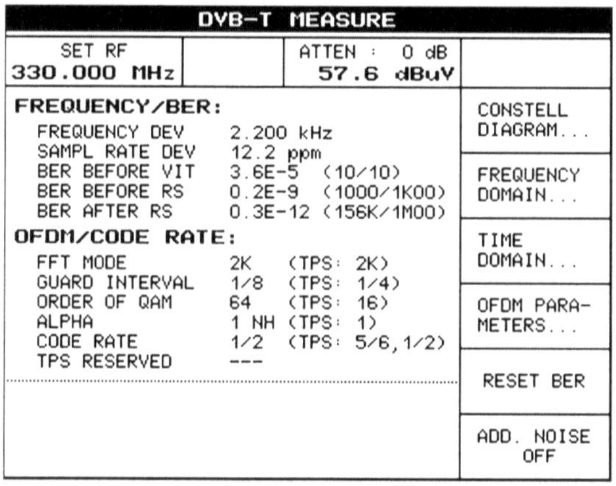

Abb. 21.4. BER-Messung [EFA]

21.2 Messungen an DVB-T-Signalen mit einem Spektrumanalyzer

Mit Hilfe eines Spektrumanalysators kann man zumindest am DVB-T-Senderausgang sehr gut die Leistung des DVB-T-Kanals vermessen. Natürlich könnte man hierzu auch einfach einen thermischen Leistungsmesser verwenden. Prinzipiell lässt sich mit einem Spektrumanalyzer aber auch relativ gut der Störabstand schätzen. Zunächst soll jedoch nun die Leistung des DVB-T-Signals ermittelt werden. Ein COFDM-Signal sieht rauschartig aus und hat einen ziemlich großen Crestfaktor. Aufgrund seiner Ähnlichkeit mit weißem Gauß'schen Rauschen erfolgt die Leistungsmessung vergleichbar wie bei rauschförmigen Signalen.

Zur Ermittelung der Trägerleistung stellt man den Spektrumanalyzer folgendermaßen ein: Am Analysator wird eine Auflösebandbreite von 30 kHz und eine Videobandbreite gewählt, die 3 bis 10 mal so groß ist, wie die Auflösebandbreite, also z.B. 300 kHz. Es ist eine langsame Ablaufzeit einzustellen (2000 ms), um eine gewisse Mittelung zu erreichen. Diese Parameter sind nötig, da sinnvollerweise mit dem RMS-Detektor des Spektrumanalyzers gearbeitet wird. Folgende Einstellungen sind zu empfehlen:

- Center Frequenz auf Kanalmitte des DVB-T-Kanals
- Span 20 MHz
- Res. Bandwidth auf 30 kHz
- Video Bandwidth auf 300 kHz (wegen RMS Detector und log. Darstellung)
- Detector RMS (= Root Mean Square)
- Langsame Ablaufzeit (2000 ms)
- Noise Marker auf Kanalmitte (ergibt Wert C‘ in dBm/Hz)

$$C[dBm] - 10\lg(\frac{DVB-T-Signalbandbreite}{Auflösebandbreite})[dB];$$

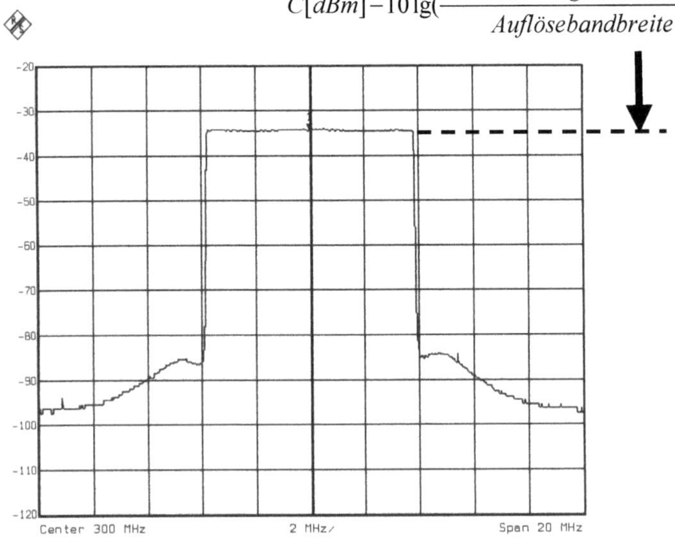

Abb. 21.5. Spektrum eines DVB-T-Signals

Der angezeigte Pegel im Nutzbandes des DVB-T-Spektrums (siehe Abb. 21.5.) hängt von der Wahl der Auflösebandbreite (RBW = Resolution Bandwidth) des Spekrumanalyzers (z.B. 1, 4, 10, 20, 30 kHz) im Verhältnis zur Bandbreite des DVB-T-Signals (7.61 MHz, 6.66 MHz, 5.71 MHz) ab. Oft wird in Literaturangaben (DVB-T-Standard, Pflichtenhefte) als Bezugsbandbreite 4 kHz gewählt, die aber Spektrumanalysatoren oft nicht unterstützen. Bei 4 kHz Bezugsbandbreite liegt der dargestellte Pegel im Nutzband um 38.8 dB (7.61 MHz) bzw. 32.2 dB unter dem Pegel des DVB-T-Signals.

Tabelle 21.1. Pegel des vom Spektrumanalyzer dargestellten Nutzbandes gegenüber dem Signalpegel

Auflösebandbreite [kHz]	Dämpfung [dB] im Nutzband gegenüber DVB-T-Signalpegel beim 7MHz-Kanal	Dämpfung [dB] im Nutzband gegenüber DVB-T-Signalpegel beim 8MHz-Kanal
1	38.8	38.2
4	32.8	32.2
5	31.8	31.2
10	28.8	28.2
20	25.8	25.8
30	24.0	24.0
50	21.8	21.8
100	18.8	18.8
500	11.8	11.8

Wegen des rauschartigen Signals sollte der Noise-Marker zur Leistungsmessung verwendet werden. Hierzu wird der Noise-Marker in die-Bandmitte gestellt. Voraussetzung für die Gültigkeit der folgenden Betrachtung ist aber ein flacher Kanal, der aber am Senderausgang immer vorausgesetzt werden kann. Beim Vorliegen eines nicht-flachen Kanals müssen andere geeignete, aber Spektrumanalyzer-abhängige Messfunktionen zur Kanalleistungsmessung verwendet werden.

Der Analyzer gibt uns den Wert C' als Rauschleistungsdichte an der Stelle des Noise-Markers in dBm/Hz, wobei die Filterbandbreite, sowie die Eigenschaften des Logarithmierers des Analysators automatisch berücksichtigt werden. Um die Signalleistungsdichte C' nun auf die Nyquist-Bandbreite B_N des DVB-T-Signals zu beziehen, muss die Signalleistung C über

$$C = C' + 10\log(\text{Signal\_bandwidth/Hz}); \text{[dBm]}$$

berechnet werden.

Die Signalbandbreite des DVB-T-Signals hängt von der Kanalbandbereite ab und beträgt im

- 8 MHz-Kanal: 7.61 MHz
- 7 MHz-Kanal: 6.66 MHz
- 6 MHz-Kanal: 5.71 MHz.

Beispiel (8 MHz-Kanal):

Messwert des Noise-Markers:	-100 dBm/Hz
Korrekturwert bei 7.6 MHz Signalbandbreite:	+68.8 dB

Leistung im DVB-T-Kanal:	-31.2 dBm

Näherungsweise Ermittelung der Rauschleistung N

Würde man das DVB-T-Signal abschalten können, ohne die Rauschverhältnisse im Kanal zu verändern, so würde man vom Rauschmarker in Bandmitte nun eine Aussage über die Rauschverhältnisse im Kanal bekommen. Dies ist aber nicht so einfach möglich. Keinen exakten Messwert, aber zumindest eine "gute Idee" über die Rauschleistung im Kanal erhält man, wenn man mit dem Noise-Marker auf der Schulter des DVB-T-Signals ganz nah am Signal misst. Man kann nämlich annehmen, dass sich der Rauschsaum im Nutzband ähnlich fortsetzt, wie er auf der Schulter zu finden ist.

Der Wert N' der Rauschleistungsdichte wird vom Spektrumanalysator ausgegeben. Um aus der Rauschleistungsdichte N' nun die Rauschleistung im Kanal mit der Bandbreite BK des DVB-T-Übertragungskanals zu berechnen, muss die Rauschleistung N über

$$N = N' + 10\log(\text{Kanalbandbreite} / \text{Hz}); \quad [\text{dBm}]$$

ermittelt werden. Als Rauschbandbreite sollte die tatsächliche Signalbandbreite des DVB-T-Signals eingesetzt werden (empfohlen gemäß [ETR290]. Diese sind z.B. 7.6 MHz beim 8 MHz-Kanal.

Beispiel:

Messwert des Noise-Markers:	-140 dBm/Hz
Korrekturwert bei 7.6 MHz Bandbreite:	+68.8 dB

Rauschleistung im DVB-T-Kanal:	-71.2 dBm

Daraus ergibt sich für den Wert CNR:

$$CNR[dB] = C[dBm] - N[dBm];$$

Im Beispiel: CNR[dB] = -31.2 dBm - (-71.2 dBm) = 40 dB.

Entscheidend ist wenn so eine CNR-Abschätzung anhand der Schultern des DVB-T-Signals vorgenommen wird, dass diese Messung vor evtl. passiven Bandpassfiltern direkt an Auskoppelschnittstellen nach dem Leistungsverstärker vorgenommen wird. Andernfalls sieht man nur noch die durch das Bandpassfilter abgesenkten Schultern. Die näherungsweise Gültigkeit dieser Messmethode wurde vom Autor in Vergleichen mit Messergebnissen eines DVB-T-Messempfängers immer wieder bewiesen.

21.3 Konstellationsanalyse an DVB-T-Signalen

Der große Unterschied zwischen der Konstellationsanalyse von DVB-C und DVB-T-Signalen ist die Analyse von vielen Tausenden von COFDM-Unterträgern bei DVB-T. Es muss der Trägerbereich wählbar sein. Oft interessiert die Gesamtdarstellung aller Konstellationsdiagramme (Träger Nr. 0 bis 6817, bzw. 0 bis 1705) als übereinander geschriebene Konstellationsdiagramme. Die Wahl der Trägerbereiche kann auf zwei Arten erfolgen:

- Start-/ Stop-Träger-Nr.
- Center-/ Span-Träger-Nr.

Neben den reinen Nutzlastträgern können auch die Pilotträger und die TPS-Träger betrachtet werden. Eine mathematische Konstellationsanalyse wird jedoch an diesen Spezial-Trägern nicht vorgenommen. Im folgenden werden nun die einzelnen Einflüsse und Messparameter besprochen.
Die mit Hilfe der Konstellationsanalyse erfassbaren Messwerte sind:

- Signal/Rauschverhältnis SNR
- Phasenjitter
- IQ-Amplitudenungleichheit
- IQ-Phasenfehler
- Modulation Error Ratio MER

21.3.1 Weißes Rauschen (AWGN = Additive White Gaussian Noise)

Weißes Rauschen (AWGN = Additive White Gaussian Noise) führt zu wolkenförmigen Konstellationspunkten. Je größer der Konstellationspunkt, desto größer ist der Rauscheinfluss (Abb. 21.6.). Der Parameter Signal/Noise-Ratio SNR kann durch die Analyse der Verteilungsfunktion (Gauß'sche Normalverteilung) im Entscheidungsfeld ermittelt werden. Der Effektivwert des Rauschanteiles entspricht hierbei der Standardabweichung. Rauscheinflüsse betreffen jeden DVB-T-Unterträger und können auch an jedem Unterträger nachgewiesen werden. Die Effekte und Messverfahren sind hier völlig identisch mit den Verfahren bei DVB-C.

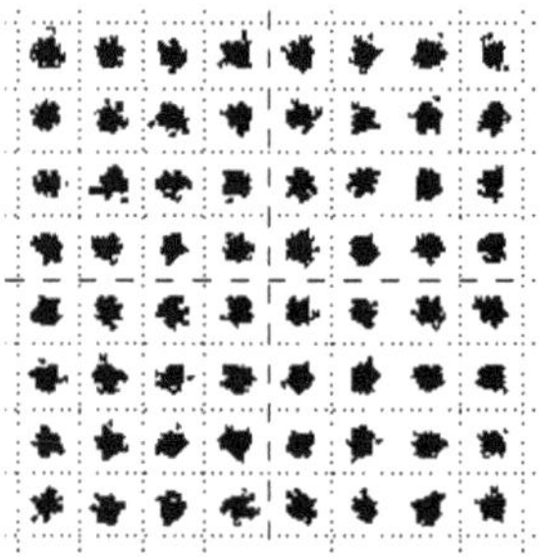

Abb. 21.6. Konstellationsdiagramm eines DVB-T-Signals mit Rauscheinfluss

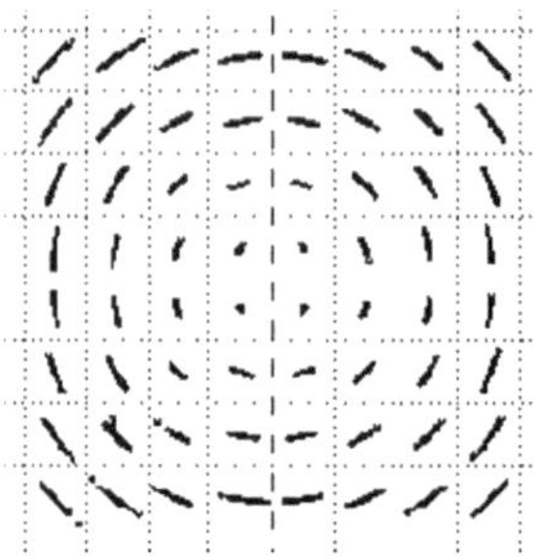

Abb. 21.7. Konstellationsdiagramm eines DVB-T-Signals mit Jitter

21.3.2 Phasenjitter

Phasenjitter (Abb. 21.7.) führt zu einer schlierenförmigen Verzerrung im Konstellationsdiagramm. Phasenjitter wird durch die Oszillatoren im Modulator verursacht und betrifft ebenfalls jeden Träger und kann auch an jedem Träger nachgewiesen werden.

Auch hier sind Messverfahren und Effekte völlig vergleichbar mit den Effekten bei DVB-C.

21.3.3 Interferenzstörer

Interferenzstörer betreffen einzelne Träger oder Trägerbereiche. Sie können rauschförmig sein, die Konstellationspunkte werden zu Rauschwolken; sie können auch sinusförmig sein, die Konstellationspunkte erscheinen dann als Kreise.

21.3.4 Echos, Mehrwegeempfang

Echos, also Mehrwegeempfang führt zu frequenzselektiven Schwunderscheinungen (Fading). Einzelne Trägerbereiche erscheinen gestört. Aufgrund des Interleavings über die Frequenz und des hohen Fehlerschutzes bei DVB-T (Reed-Solomon und Faltungs-Codierung) kann die dadurch verloren gehende Information jedoch wiederhergestellt werden. COFDM - Coded Orthogonal Frequency Division Multiplex wurde ja entwickelt, um speziell mit dem Mehrwegeempfang bei der terrestrischen Übertragung gut zurecht zu kommen.

21.3.5 Dopplereffekt

Beim Mobilempfang entsteht aufgrund des Dopplereffektes eine Frequenzverschiebung des gesamten DVB-T-Spektrums. Der Dopplereffekt alleine ist kein Problem für die DVB-T-Übertragung; eine Verschiebung von wenigen Hundert Hertz bei KFZ-Geschwindigkeiten stört weiter nicht. Eine Kombination von Mehrwegeempfang und Dopplereffekt führt aber zu einer Verschmierung des Spektrums; Echos, die bewegungsmäßig auf uns zukommen verschieben das Spektrum in eine andere Richtung, als Echos, von denen wir uns wegbewegen. Dies führt dann dazu, dass der Störabstand SNR im Kanal abnimmt, bzw. teilweise zu einer Amplitudenmodulation des Konstellationsdiagramms.

21.3.6 IQ-Fehler des Modulators

Im folgenden sollen nun die Auswirkungen von IQ-Fehlern des DVB-T-Modulators erläutert werden. Diese wirken sich nämlich bei DVB-T ganz anders aus, als bei DVB-C.

Das COFDM-Symbol entsteht dadurch, dass man mit Hilfe des Mappers die Realteile und Imaginärteile aller Unterträger in der Frequenzebene vor der IFFT (Inverse Fast Fourier Transformation) setzt. Jeder Träger wird unabhängig von den anderen Trägern QAM-moduliert (QPSK, 16QAM,

64QAM). Das Spektrum weist keine Symmetrien oder Punktsymmetrien auf, ist also nicht konjugiert komplex in Bezug auf die IFFT-Bandmitte.

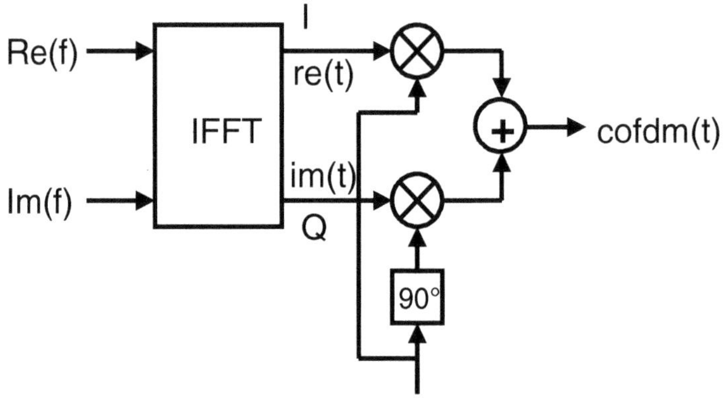

Abb. 21.8. COFDM-Modulator bestehend aus IFFT-Block und nachfolgendem IQ-Modulator

Nach der Systemtheorie muss deshalb ein komplexes Zeitsignal nach der IFFT entstehen. Betrachtet man nun Träger für Träger das reelle Zeitsignal re(t) mit dem imaginären Zeitsignal im(t), so stellt man fest, dass re(t) für jeden Träger exakt die gleiche Amplitude aufweist wie im(t), und dass im(t) immer exakt um 90 Grad gegenüber re(t) phasenverschoben ist. Die zeitliche Überlagerung aller re(t) wird in den I-Zweig des komplexen IQ-Mischers und die Überlagerung aller im(t) wird in den Q-Zweig eingespeist. Der I-Mischer wird mit 0 Grad Trägerphase und der Q-Mischer mit 90 Grad Trägerphase gespeist. Beide Modulationsprodukte werden aufaddiert und ergeben das COFDM-Signal cofdm(t).

Die Signalzweige re(t) und im(t) müssen exakt die richtigen Pegelverhältnisse zueinander aufweisen. Auch der 90°-Phasenschieber muss exakt richtig eingestellt sein. Ebenso darf den Signalen re(t) und im(t) kein Gleichspannungsanteil überlagert sein. Andernfalls stellen sich sog. IQ-Fehler ein. Die sich in diesem Falle ergebenden Erscheinungen am DVB-T-Signal werden im folgenden dargestellt.

Abb. 21.10 zeigt das Konstellationsdiagramm bei einer im IQ-Mischer des Modulators vorliegenden IQ-Amplituden-Imbalance am zentralen Träger. Das Konstellationsdiagramm erscheint rechteckförmig verzerrt. Es ist also in einer Richtung (horizontal oder vertikal) gestaucht. Dieser Effekt kann bei DVB-C problemlos beobachtet werden, bei DVB-T wird man diesen Effekt nur am zentralen Träger (Bandmitte) nachweisen können, alle anderen Träger erscheinen rauschartig gestört.

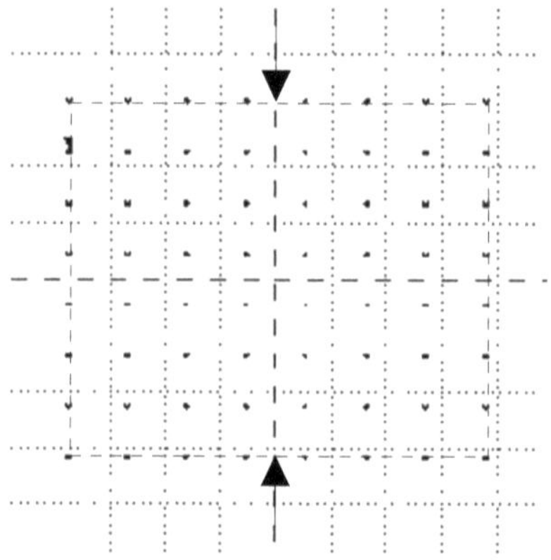

Abb. 21.9. IQ-Amplituden-Ungleichheit bei DVB-T gemessen am **zentralen** Träger

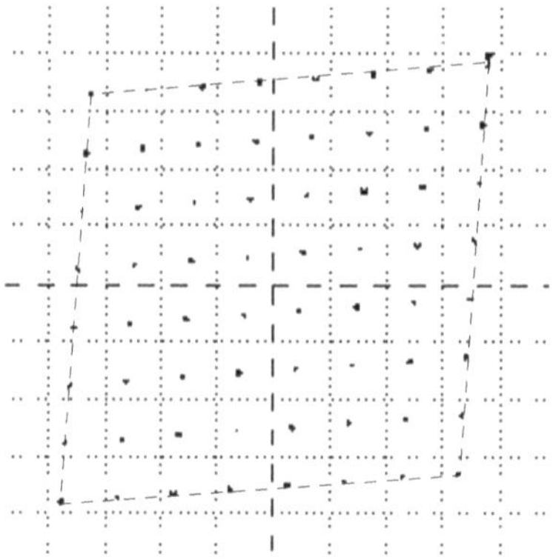

Abb. 21.10. IQ-Phasenfehler bei DVB-T gemessen am **zentralen** Träger

Ein IQ-Phasenfehler führt zu einer rautenförmigen Verzeichnung des Konstellations-Diagramms (Abb. 21.10.). Beim Kabelstandard DVB-C kann dies problemlos beobachtet und erfasst werden; bei DVB-T lässt sich ein Phasenfehler nur am zentralen Träger nachweisen. Alle anderen Träger erfahren aufgrund dieses Effektes ebenfalls eine rauschartige Störung.

Ein am IQ-Mischer vorliegender Restträger verschiebt das Konstellationsdiagramm in irgend einer Richtung aus der Mitte heraus (Abb. 21.11.).

Das Diagramm selber bleibt unverzerrt. Dieser Effekt ist nur am **zentralen** Träger beobachtbar und beeinflusst auch nur diesen.

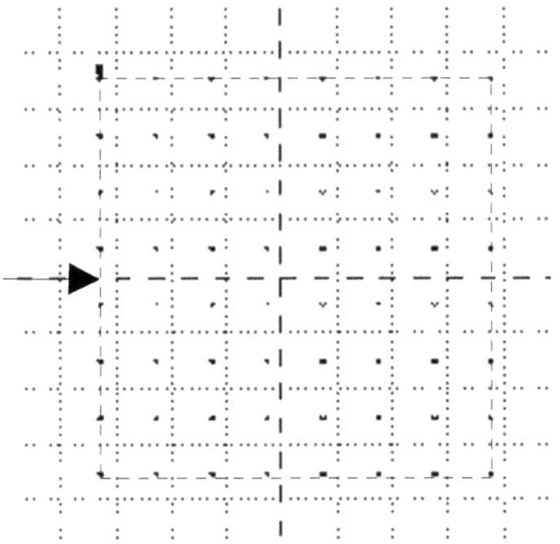

Abb. 21.11. Schlechte Trägerunterdrückung am **zentralen** Träger bei DVB-T

Moderne DVB-T-Modulatoren arbeiten heute praktisch alle nach dem Verfahren der Direktmodulation. Ein hierbei verwendeter analoger IQ-Modulator weist üblicherweise v.a. Probleme bei der Unterdrückung des Trägers auf. IQ-Amplituden-Ungleichheit und IQ-Phasenfehler haben die Hersteller meist gut im Griff. Jedoch ist bei jedem DVB-T-Modulator dieser Bauweise mehr oder weniger ein Trägerunterdrückungsproblem nachweisbar. Die Restträgerproblematik ist nur in DVB-T-Bandmitte am zentralen Träger (3408 bzw. 852) nachweisbar und stört auch nur dort bzw. in den Bereichen um den zentralen Träger herum. Eine mangelnde Trägerunterdrückung ist sofort an der Darstellung des Modulation Error Ratios über den DVB-T-Unterträgerbereich in der Bandmitte als Einbruch erkennbar. Ein DVB-T-Messtechnik-Experte erkennt an diesen Eigenheiten sofort einen DVB-T-Modulator nach dem Verfahren der Direktmodulation.

21.3.7 Ursache und Auswirkung von IQ-Fehlern bei DVB-T

Wodurch entstehen nun die IQ-Fehler, warum sind diese Effekte nur am zentralen Träger beobachtbar und warum werden alle anderen Träger im Falle einer vorliegenden IQ-Amplituden-Imbalance und eines IQ-Phasenfehlers rauschartig gestört?

Abb. 21.12. zeigt die Stellen im COFDM-Modulator, an denen diese Fehler entstehen. Ein Gleichspannungsanteil in re(t) bzw. im(t) nach der

IFFT führt zu einem Restträger im I- oder Q- Zweig oder in beiden Zweigen. Der Restträger weist also neben einer entsprechenden Amplitude auch einen Phasenwinkel auf.

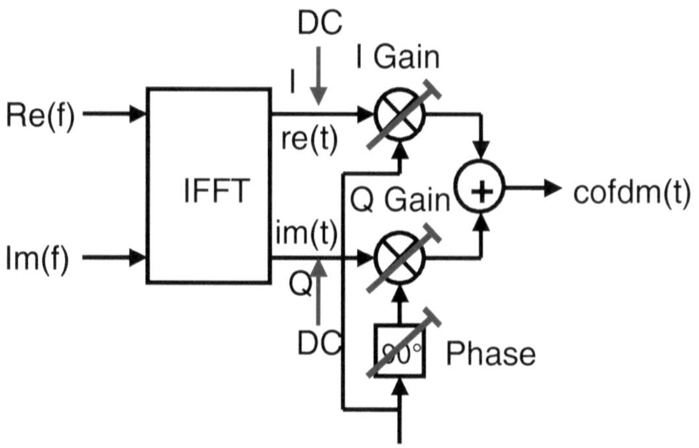

Abb. 21.12. IQ-Fehler eines DVB-T-Modulators

Liegt im I- und Q-Zweig eine unterschiedliche Verstärkung vor, so ergibt sich eine IQ-Amplituden-Imbalance. Ist der Phasenwinkel am IQ-Mischer verschieden von 90 Grad, so entsteht ein IQ-Phasenfehler (Quadraturfehler).

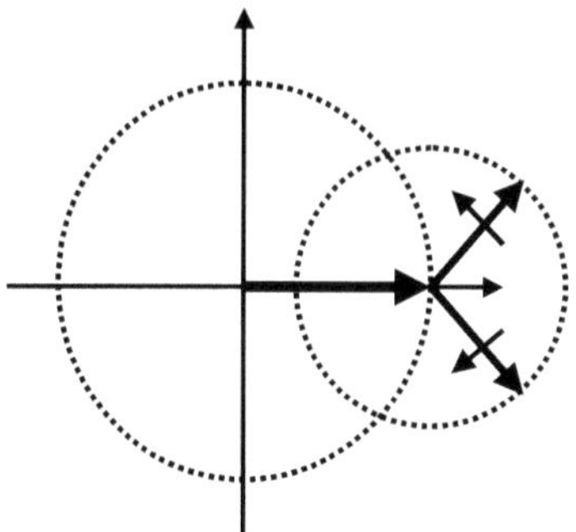

Abb. 21.13. Zeigerdiagramm einer Amplitudenmodulation bei nicht-unterdrücktem Träger

Anhand von Zeigerdiagrammen kann man die durch die IQ-Fehler hervorgerufenen Störungen bei DVB-T sehr anschaulich ohne viel Mathematik erläutern. Beginnen wir mit dem Zeigerdiagramm einer gewöhnlichen Amplitudenmodulation (Abb. 21.13.). Eine AM kann dargestellt werden als rotierender Trägerzeiger und durch überlagerte Zeiger der beiden Seitenbänder, wobei ein Seitenbandzeiger links herum und ein Seitenbandzeiger rechts herum rotiert. Der resultierende Zeiger liegt stets in der Ebene des Trägerzeigers. D.h. der Trägerzeiger wird in der Amplitude variiert (moduliert).

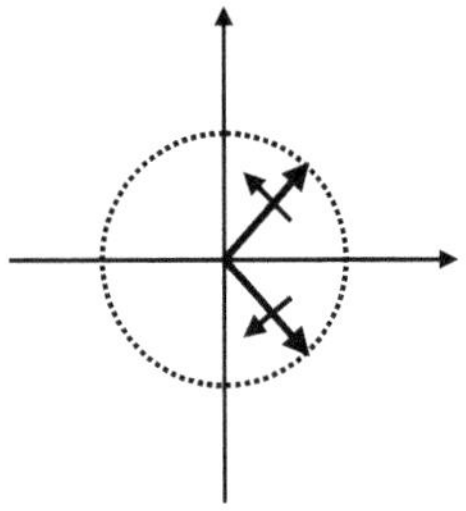

Abb. 21.14. Zeigerdiagramm mit unterdrücktem Träger

Unterdrückt man den Trägerzeiger, so entsteht eine Amplitudenmodulation mit Trägerunterdrückung (Abb. 21.14.).

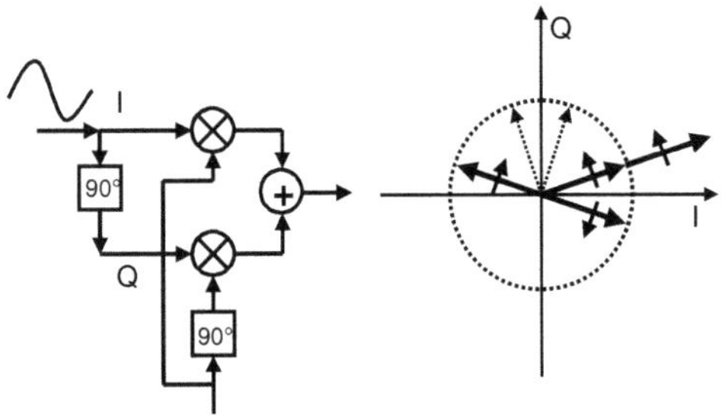

Abb. 21.15. Vektordiagramm einer IQ-Modulation

Entsprechend kann man auch das Verhalten eines IQ-Modulators durch die Überlagerung von 2 Zeigerdiagrammen darstellen (Abb. 21.15.). Beide Mischer arbeiten mit unterdrücktem Träger.

Speist man in den I- und Q-Zweig das selbe Signal ein, jedoch mit 90 Grad Phasendifferenz zueinander, so ergibt sich ein Zeigerdiagramm wie in Abb. 21.16. "Einseitenbandmodulation" dargestellt. Wie bereits in Kap. 20. erwähnt, liegen genau diese Verhältnisse nach der IFFT beim COFDM-Modulator vor. Man erkennt deutlich, dass sich zwei Seitenbandzeiger addieren und zwei Seitenbandzeiger auslöschen (subtrahieren). Es wird somit ein Seitenband unterdrückt; es entsteht eine Einseitenband-Amplitudenmodulation. Man kann also einen COFDM-Modulator als Einseitenbandmodulator für viele tausend Unterträger interpretieren. Bei einem idealen COFDM-Modulator gibt es kein Übersprechen vom oberen COFDM-Band ins untere und umgekehrt.

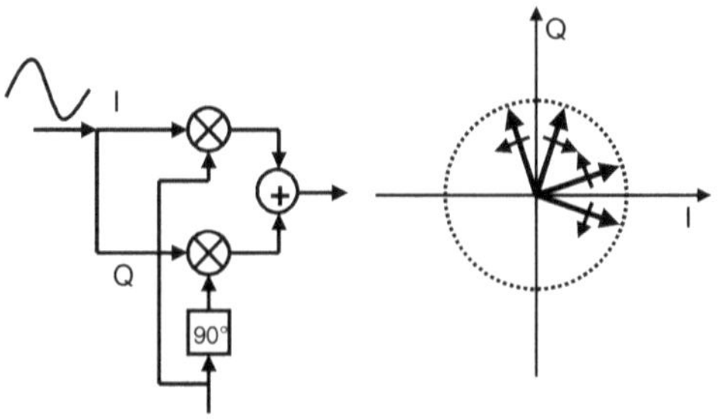

Abb. 21.16. Unterdrückung eines Seitenbandes mit Hilfe eines Hilbert-Transformators und eines IQ-Modulators (Einseitenbandmodulation nach der Phasenmethode)

Nachdem die IFFT ein rein mathematischer Prozess ist, kann dieser als ideal angenommen werden. Der IQ-Mischer jedoch kann digital (also ideal) oder auch analog (also nicht ideal) realisiert werden. Es gibt und es wird auch in Zukunft analoge IQ-Mischer innerhalb von DVB-T-Modulatoren geben (Direktmodulation).

Liegt nun eine IQ-Amplituden-Imbalance vor, so löscht sich das obere, bzw. das untere Seitenband nicht mehr vollständig aus. Es bleibt eine Störkomponente übrig. Das gleiche gilt für einen IQ-Phasenfehler. Somit ist klar, dass alle Unterträger mit Ausnahme des zentralen Trägers rauschartig gestört werden. Auch ist nun klar, warum ein Restträger das Konstellationsdiagramm am zentralen Träger aus der Mitte herausschiebt und auch nur diesen stört.

Eindrucksvoll kann dies auch im Spektrum des DVB-T-Signals gezeigt werden (Abb. 21.17.), wenn es der DVB-T-Modulator testweise zulässt, z.B. den unteren Trägerbereich im Spektrum abzuschalten. Dies ist z.B. möglich mit einem DVB-Mess-Sender (Rohde&Schwarz SFU, BTC). Man erkennt deutlich einen vorhandenen Restträger in Bandmitte (zentraler Träger, Abb. 21.18.). Verstellt man nun den IQ-Modulator so, dass eine Amplituden-Imbalance vorliegt, so erkennt man deutlich ein Übersprechen vom oberen ins untere Seitenband (Abb. 21.19.). Das gleiche gilt für einen IQ-Phasenfehler.

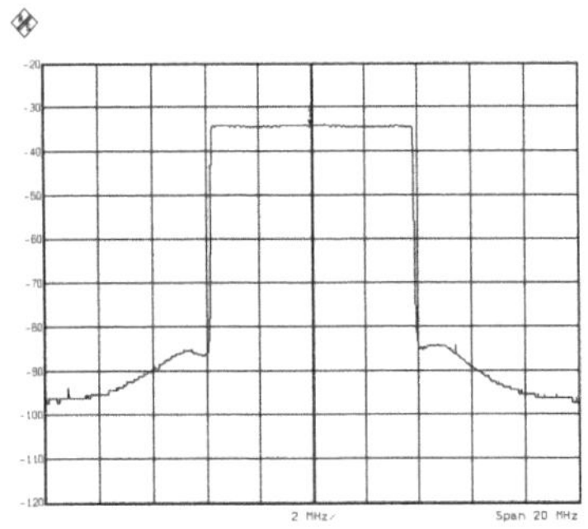

Abb. 21.17. Spektrum eines DVB-T-Signals (vollständig)

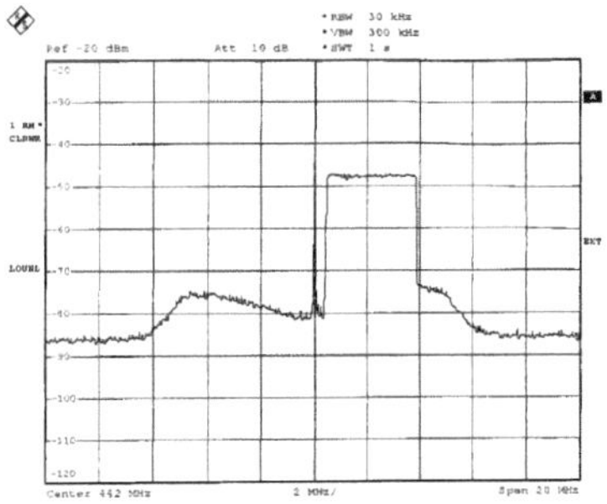

Abb. 21.18. Spektrum eines DVB-T-Signals mit teilweise abgeschalteten Trägerbereichen

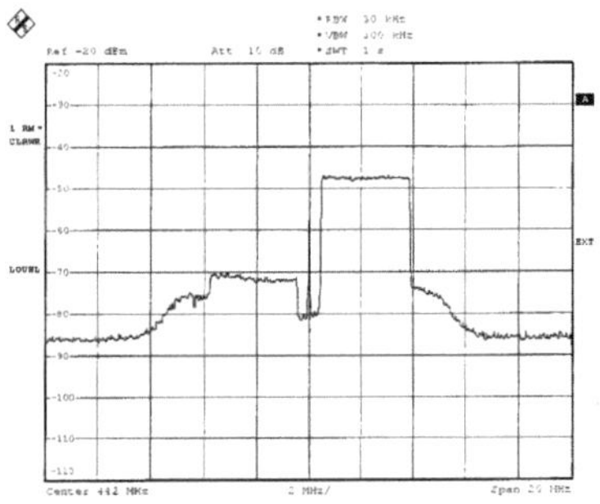

Abb. 21.19. Spektrum eines DVB-T-Signals mit teilweise abgeschalteten Trägerbereichen bei Amplitudenungleichheit des IQ-Modulators von 10%

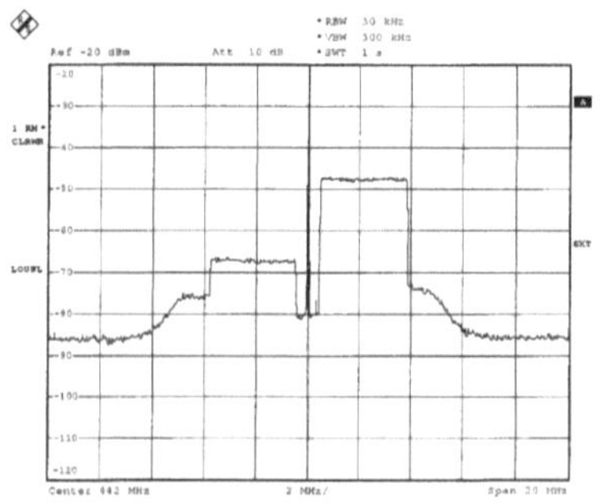

Abb. 21.20. Spektrum eines DVB-T-Signals mit teilweise abgeschalteten Trägerbereichen und Vorliegen eines IQ-Phasenfehlers von 10°; das Übersprechen von Trägerbereichen oberhalb der Bandmitte auf die Bereiche unterhalb der Bandmitte ist ebenso wie in Abb. 21.19. deutlich erkennbar.

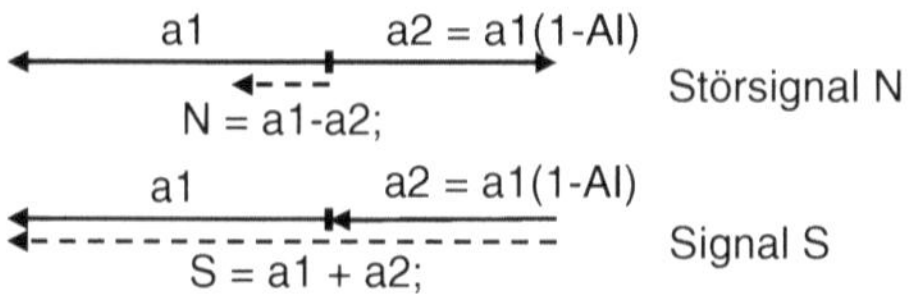

S/N = (a1+a2)/(a1-a2) = (a1+a1(1-AI)/(a1-a1(1-AI) = (2-AI)/AI;

S/N[dB] = 20lg((2-AI[%]/100)/(AI[%]/100));

Abb. 21.21. Ermittelung des Störabstands S/N beim Vorliegen einer IQ-Amplituden-Imbalance

Den Prozess des rauschartigen Übersprechens kann man leicht durch einfache trigonometrische Operationen beschreiben, die sich aus dem Zeigerdiagramm ableiten lassen. Bei Amplitudenungleichheit löschen sich die gegenüberstehenden Vektoren nicht mehr ganz aus (Abb. 21.21.). Es entsteht ein Störvektor, der sich als Übersprechen vom oberen ins untere DVB-T-Band und umgekehrt auswirkt. In gleichem Maße wie das Übersprechen zunimmt, nimmt die eigentliche Nutzsignalamplitude ab.

Beim Vorliegen eines Phasenfehlers ergibt sich ein Störvektor, dessen Länge sich aus dem Vektorparallelogramm (Abb. 21.22.) ermitteln lässt. Die Nutzsignalamplitude nimmt in gleichem Maße ebenfalls ab. Die Verhältnisse für den Störabstand SNR bei vorliegender Amplitudenungleichheit bzw. bei einem Phasenfehler, die nun formelmäßig hergeleitet wurden, sind in Abb. 21.22. dargestellt. Anzustreben ist bei der praktischen Realisierung eines DVB-T-Modulators eine Amplitudenungleichheit von kleiner 0.5% und eine Phasenfehler von kleiner 0.5 Grad.

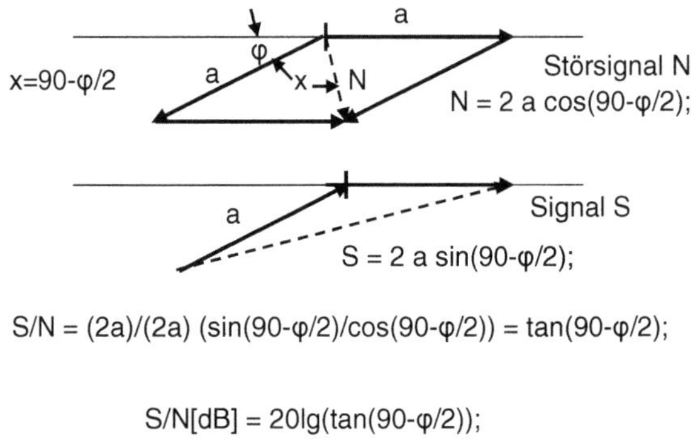

Abb. 21.22. Ermittelung des Störabstands S/N beim Vorliegen eines IQ-Phasenfehlers

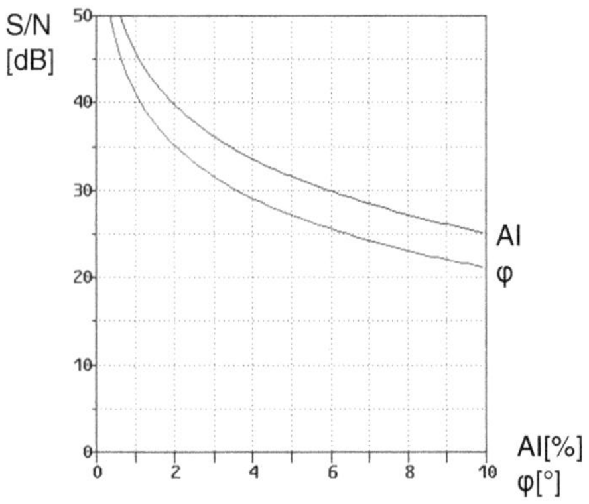

Abb. 21.23. Störabstand S/N in Abhängigkeit von der Amplituden-Imbalance (AI) und vom IQ-Phasenfehler (φ)

IQ-Fehler des DVB-T-Modulators lassen sich also nur durch Beobachtung des zentralen Trägers identifizieren, stören aber u.U. das ganze DVB-T-Signal. Zusätzlich wird man feststellen, dass jeweils mindestens die beiden oberen und unteren benachbarten Träger zum zentralen Träger mitverzerrt werden (Abb. 21.24.). Ursache hierfür ist die Kanalkorrektur im DVB-T-Empfänger. Die Kanalschätzung- und korrektur geschieht auf der Basis der Auswertung der Scattered Pilote. Diese liegen aber nur im Abstand von 3 Trägern vor. Dazwischen muss interpoliert werden.

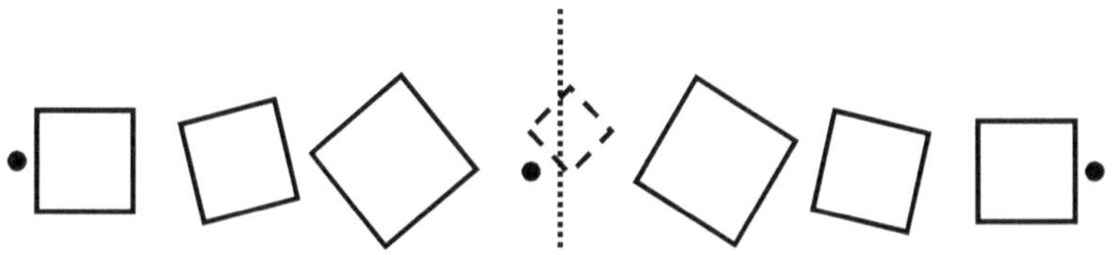

Abb. 21.24. Durch die Kanalkorrektur im Empfänger gestörte Konstellationsdiagramme in der Nähe des zentralen Trägers, verursacht durch IQ-Fehler des Modulators

Der zentrale Träger im 2K-Mode ist die Nr. 852; es handelt sich hierbei um einen Payload-Träger bzw. manchmal um einen Scattered Piloten. D.h. der Nachweis der IQ-Fehler ist hier kein Problem. Anders ist die Situation im 8K-Mode. Hier ist der zentrale Träger die Nr. 3408 und immer ein Continual Pilot. IQ-Fehler können hier nur durch die Beobachtung der unteren und oberen Nachbarträger erahnt werden.

Für jeden der beschriebenen Einflüsse gibt es eigene Messparameter. Schon beim Kabelstandard DVB-C wurden diese zusätzlich zu einem Summenparameter zusammengefasst, dem Modulation Error Ratio.

Das Modulation Error Ratio (MER) ist ein Maß für die Summe aller auf der Übertragungsstrecke auftretenden Störeinflüsse. Es wird üblicherweise ebenso wie der Signal-Rauschabstand in dB angegeben. Liegt nur ein Rauscheinfluss vor, so sind MER und SNR gleich.

Alle erläuterten Störeinflüsse auf ein digitales terrestrisches TV-Signal bewirken, dass die Konstellationspunkte Ablagen in Bezug auf die Soll-Lage in der Mitte der Entscheidungsfehler aufweisen (Abb. 21.25.). Sind die Ablagen zu groß, so werden die Entscheidungsgrenzen überschritten und es entstehen Bitfehler. Die Ablagen von der Entscheidungsfeldmitte können aber auch als Messparameter für die Größe einer beliebigen Störgröße aufgefasst werden. Und genau das ist das Ziel eines künstlichen Messparameter, wie er im MER = Modulation Error Ratio vorzufinden ist. Bei der MER-Messung nimmt man an, dass die tatsächlichen Treffer in den Konstellationsfeldern durch Störgrößen aus der Mitte des jeweiligen Fehlers herausgeschoben wurden. Man vergibt für die Störgrößen Fehlervektoren; der Fehlervektor zeigt von der Mitte des Konstellationsfeldes zum Punkt des tatsächlichen Treffers im Konstellationsfeld (Abb. 21.25.). Man vermisst dann die Längen aller dieser Fehlervektoren in jedem Konstellationsfeld über die Zeit und bildet den quadratischen Mittelwert oder erfasst den maximalen Spitzenwert in einem Zeitfenster. Die Definition des MER ist in den DVB-Measurement Guidelines [ETR290] zu finden.

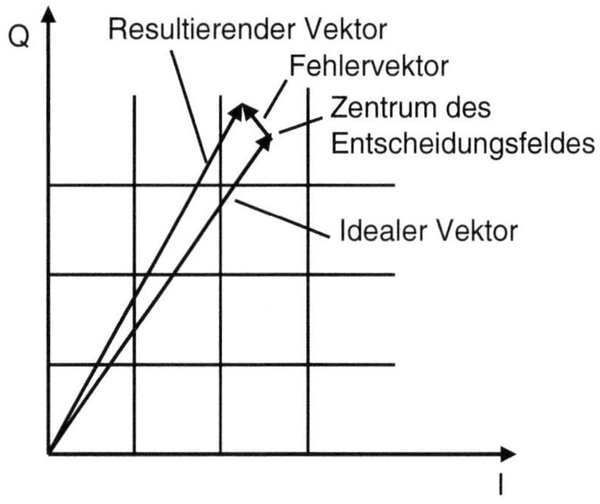

Abb. 21.25. Definition des Fehlervektors beim Modulation Error Ratio (MER)

Das MER errechnet sich aus der Fehlervektorlänge über folgende Beziehung:

$$MER_{PEAK} = \frac{\max(|\,error\_vector\,|)}{U_{RMS}} \cdot 100\%;$$

$$MER_{RMS} = \frac{\sqrt{\frac{1}{N}\sum_{n=0}^{N-1}(|\,error\_vector\,|)^2}}{U_{RMS}} \cdot 100\%;$$

Als Bezug U_{RMS} gilt hier der Effektivwert des QAM-Signals.

Üblicherweise arbeitet man aber im logarithmischen Maß:

$$MER_{dB} = 20 \cdot \lg\left(\frac{MER[\%]}{100}\right) \quad [dB] \quad ;$$

Der MER-Wert ist also eine Summengröße, in die alle möglichen Einzelfehler eingehen. Der MER-Wert beschreibt also die Qualität der DVB-T-Übertragungsstrecke vollständig.

Es gilt grundsätzlich: MER [dB] $\leq$ SNR [dB];

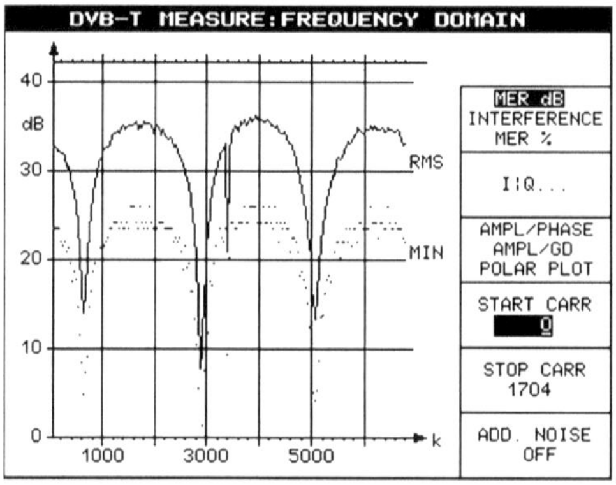

Abb. 21.26. MER als Funktion der Unterträgernummer MER(f)

Besonders bedeutend ist bei DVB-T die Darstellung des MER als Funktion der Unterträgernummer MER(f) (Abb. 21.26.). Dadurch lässt sich nämlich sehr gut die Situation im Kanal betrachten. Man erkennt sehr leicht gestörte Trägerbereiche.

Zusammenfassend kann man sagen, dass Rauschen und Phasen-Jitter alle Träger gleichermaßen beeinflusst, Interferenzstörer beeinflussen Träger oder Trägerbereiche rauschartig oder sinusförmig, Echos betreffen ebenfalls nur Trägerbereiche.

IQ-Fehler des Modulators wirken sich z.T. auf die Träger als rauschartige Störung aus und lassen sich als solche nur durch Beobachtung des zentralen Trägers identifizieren.

Alle beschriebenen Einflüsse auf der DVB-T-Übertragungsstrecke lassen sich gut mit Hilfe der Konstellationsanalyse in einem DVB-T-Messempfänger erfassen. Zusätzlich gestattet ein DVB-T-Messempfänger auch die Messung des Empfangspegels, die Messung des Bitfehlerverhältnisses, die Berechnung des Amplituden- und Gruppenlaufzeitganges, sowie der Impulsantwort aus den Kanalschätzdaten. Die Impulsantwort spielt eine große Rolle bei der Erfassung des Mehrwegeempfanges im Feld besonders bei Gleichwellennetzen (SFN - Single Frequency Network). D.h. neben der dargestellten IQ-Analyse ermöglicht ein DVB-T-

Messempfänger auch noch eine Vielzahl bedeutender Messungen auf der DVB-T-Übertragungsstrecke.

Tabelle 21.2. DVB-T-Störeinflüsse

Störeinfluss	Auswirkung	Nachweis
Rauschen	alle Träger	alle Träger
Phasenjitter	alle Träger	alle Träger
Interferenzstörer	einzelne Träger	betroffene Träger
Echos	Trägerbereiche	betroffene Träger, bzw. Impulsantwort
Doppler	alle Träger	Frequenzablage, bzw. Verschmierung des Spektrums
IQ-Amplituden-imbalance	alle Träger	zentraler Träger
IQ-Phasenfehler	alle Träger	zentraler Träger
Restträger	zentraler Träger, bzw. benachbarte Träger zum zentralen Träger	zentraler Träger

21.4 Messung des Crestfaktors

DVB-T-Signale weisen einen großen Crestfaktor auf, der theoretisch bis zu 40 dB betragen kann. Praktisch ist aber der Crestfaktor auf ca. 13 dB bei Leistungssendern begrenzt. Eine Crestfaktor-Messung kann mit einem DVB-T-Messempfänger erfolgen. Hierzu erfasst der Messempfänger den Datenstrom direkt nach dem AD-Wandler und berechnet daraus sowohl den Effektivwert als auch den maximal in einem Zeitfenster auftretenden Signalspitzenwert. Der Crestfaktor ergibt sich dann per Definition zu

$$c_f = 20 \log(U_{Max\ Peak}/U_{RMS});$$

Zu beachten ist, dass es zwei Crestfaktor-Definitionen gibt, die sich um genau 3 dB unterscheiden (siehe hierzu Erläuterung im Kapitel DVB-T). Auf Spektrum-Analyzer-Plattformen basierende Geräte weisen einen gegenüber der vorherigen Definition um 3 dB niedrigeren Crestfaktor aus [ETL], wohingegen andere Analyzer den Crestfaktor aus der in der Formel dargestellten Beziehung ermitteln [EFA].

21.5 Messung des Amplituden-, Phasen- und Gruppenlaufzeitganges

Obwohl DVB-T ziemlich tolerant gegenüber linearen Verzerrungen, wie Amplituden-, Phasen- und Gruppenlaufzeitverzerrungen ist, ist andererseits eine Messung dieser Parameter kein größeres Problem. Ein DVB-T-Messempfänger kann die im Signal enthaltenen Pilotträger (Scattered und Continual Pilots) analysieren und daraus leicht die linearen Verzerrungen berechnen. Zur Ermittelung der linearen Verzerrungen werden also die Kanalschätzdaten verwendet (Abb. 21.28.).

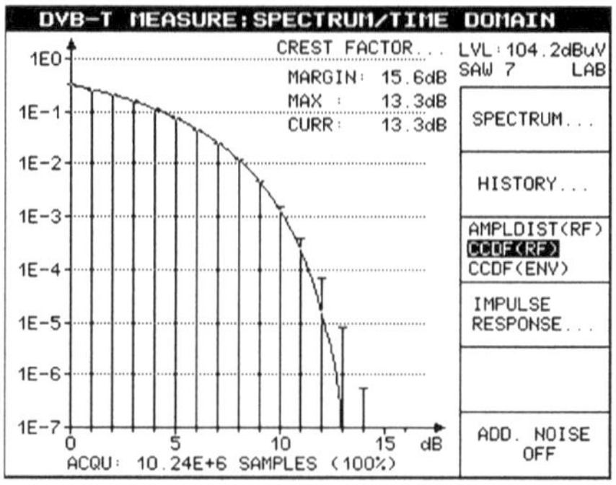

Abb. 21.27. Messung des Crestfaktors [EFA]

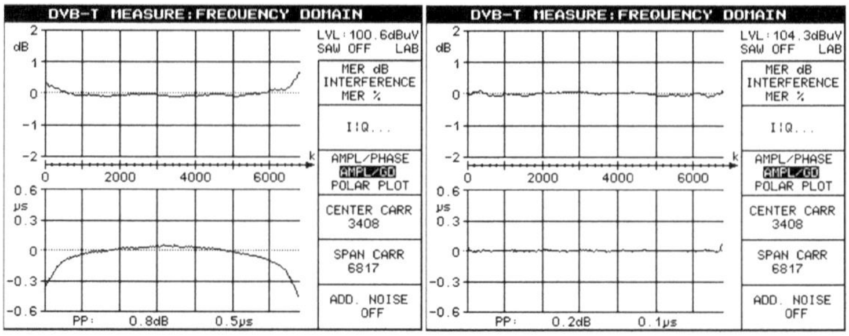

Abb. 21.28. Messung von linearen Verzerrungen (Amplituden- und Gruppenlaufzeitgang) am DVB-T-Signal mit Hilfe der Scattered Pilote; links ist ein gruppenlaufzeitvorentzerrtes DVB-T-Signal vor dem Maskenfilter dargestellt, rechts ein DVB-T-Signal (entzerrt) nach dem Maskenfilter [EFA].

21.6 Messung der Impulsantwort

Transformiert man die im Frequenzbereich vorliegenden Kanalschätzdaten, aus denen die Darstellung des Amplituden- und Phasenganges abgeleitet wurde, mit Hilfe einer inversen Fast Fourier Transformation in den Zeitbereich, so erhält man die Impulsantwort. Die maximale Länge der berechenbaren Impulsantwort hängt hierbei von den von der Kanalschätzung zur Verfügung gestellten Abtastwerten ab. Jeder 3. Unterträger liefert irgendwann einen Beitrag zur Kanalschätzung. D.h. der Abstand zwischen zwei Stützwerten der Kanalschätzung beträgt $3 \cdot \Delta f$, wobei Δf dem Unterträgerabstand der COFDM entspricht. Somit beträgt die berechenbare Impulsantwortlänge $1/(3\Delta f)$, d.h. ein Drittel der COFDM-Symboldauer. Im Idealfall findet man als Impulsantwort nur einen Hauptimpuls bei t=0, also nur einen Signalpfad. Mehrfachechos sind leicht nach Laufzeit und Pfaddämpfung aus der Impulsantwort klassifizierbar.

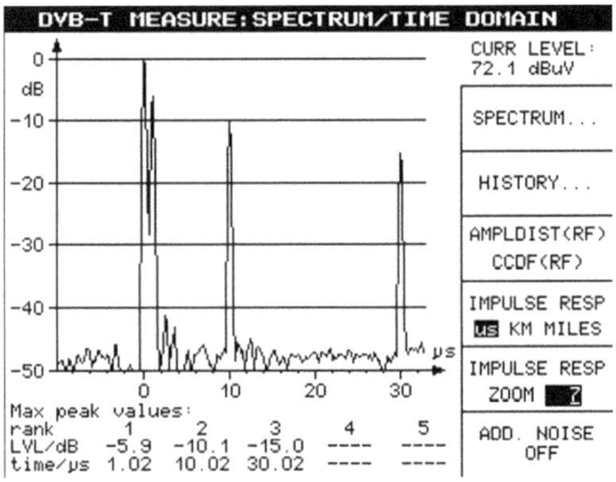

Abb. 21.29. Messung der Kanal-Impulsantwort (Channel Impulse Response CIR) über eine IFFT der durch die Scattered Pilote ermittelten Kanalübertragungsfunktion

21.7 Messung des Schulterabstandes

Um benachbarte Kanäle nicht zu stören, wird nicht die volle Kanalbandbandbreite ausgenutzt, d.h. ein Teil der 8K bzw. 2K Frequenzunterträger sind auf Null gesetzt. Aufgrund von Nichtlinearitäten kommt es aber trotzdem zu Außerbandanteilen, man spricht aufgrund der spektralen Auswirkung und Form vom sog. Schulterabstand.

Der zulässige Schulterabstand ist in der Norm als Toleranzschablone definiert. In Abb. 21.30. ist das Spektrum eines DVB-T-Signals am Leistungsverstärkerausgang, also vor dem Maskenfilter abgebildet. Zur Bestimmung des Schulterabstandes sind unterschiedliche Methoden definiert, speziell auch eine relativ aufwändige Methode in den Measurement Guidelines [ETR290]. In der Praxis vermisst man das DVB-T-Spektrum meist einfach mit Hilfe von drei Markern. Ein Marker wird auf Bandmitte gestellt, die anderen stellt man auf +/- (DVB-T-Kanalbandbreite/2 + 0.2 MHz). Dies ergibt beim 8 MHz-Kanal Messpunkte bei +/- 4.2 MHz relativ zur Bandmitte bzw. beim 7 MHz-Kanal Messpunkte bei +/- 3.7 MHz und +/- 3.2 MHz beim 6 MHz-Kanal. Abb. 21.31 zeigt das Spektrum eines DVB-T-Signals nach dem Maskenfilter (kritische Maske). Es sind im DVB-T-Standard [ETS 300 744] verschiedene Toleranz-Masken für verschiedene Nachbarkanalbelegungen definiert.

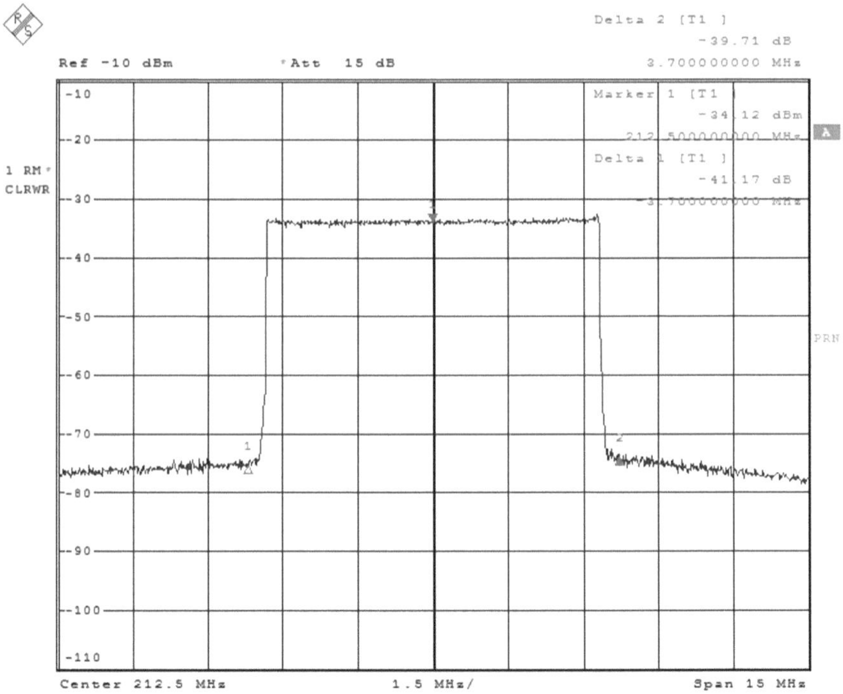

Abb. 21.30. Spektrum eines DVB-T-Signals gemessen am Senderausgang vor dem Maskenfilter

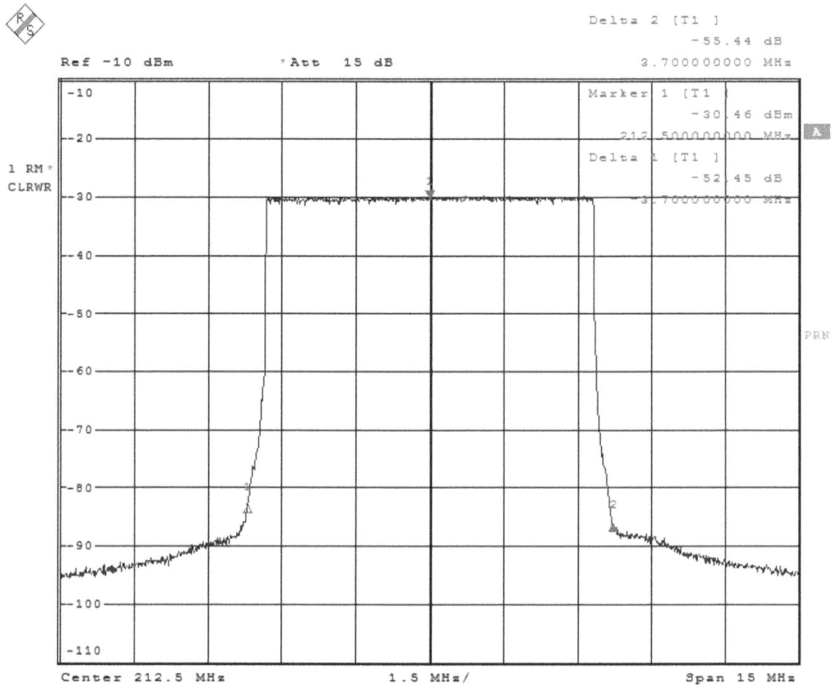

Abb. 21.31. Spektrum eines DVB-T-Signals gemessen nach dem Maskenfilter (kritische Maske)

Folgende Schulterabstände werden in der Praxis erreicht:

- Leistungsverstärker unverzerrt: ca. <30 dB
- Leistungsverstärker entzerrt: ca. <40 dB
- nach Ausgangsbandpassfilter: ca. >50 dB

Es werden üblicherweise die in Tabelle 21.3. (unkritische Maske) und 21.4. (kritische Maske) aufgelisteten Toleranzmasken für die Bewertung eines DVB-T-Signals (7 und 8 MHz Kanalbandbreite) verwendet. In den entsprechenden Dokumenten (DVB-T-Standard [ETS300744], Bundesnetzagentur, Deutsche Telekom, Pflichtenhefte ARD) wird üblicherweise der Abstand zur Kanalleistung bei 4 kHz Bezugsbandbreite angegeben. Falls der Spektrumanalyzer diese Auflösebandbreite (Resolution Bandwidth) nicht unterstützt, kann auch eine andere gewählt werden (z.B. 10, 20 oder 30 kHz), die Werte sind umrechenbar.

Tabelle 21.3. DVB-T-Toleranzmaske (unkritische Maske) im 7 und 8 MHz-Kanal

f_{rel}[MHz] bei 7MHz Kanalband-breite	f_{rel}[MHz] bei 8MHz Kanalband-breite	Dämpfung [dB] gegenüber Kanalgesamt-leistung bei 4kHz Bezugs-bandbreite	Dämpfung [dB] bei 7MHz Kanal-bandbreite	Dämpfung [dB] bei 8MHz Kanal-bandbreite
+/-3.4	+/-3.9	-32.2 (7MHz) -32.8 (8MHz)	0	0
+/-3.7	+/-4.2	-73	-40.8	-40.2
+/-5.25	+/-6.0	-85	-52.8	-52.2
+/-10.5	+/-12.0	-110	-77.8	-77.2
+/-13.85		-126	-93.8	

Tabelle 21.4. DVB-T-Toleranzmaske (kritische Maske) im 7 und 8 MHz-Kanal

f_{rel}[MHz] bei 7MHz Kanalband-breite	f_{rel}[MHz] bei 8MHz Kanalband-breite	Dämpfung [dB] gegenüber Kanalgesamtleistung bei 4kHz Bezugs-bandbreite	Dämpfung [dB] bei 7MHz Ka-nal-bandbreite	Dämpfung [dB] bei 8MHz Ka-nal-bandbreite
+/-3.4	+/-3.9	-32.2 (7MHz) -32.8 (8MHz)	0	0
+/-3.7	+/-4.2	-83	-50.8	-50.2
+/-5.25	+/-6.0	-95	-62.8	-62.2
+/-10.5	+/-12.0	-120	-87.8	-87.2
+/-13.85		-126	-93.8	

10lg(4/7610) = -32.8 dB bzw. 10lg(4/6770) = -32.2 dB entsprechen der Dämpfung gegenüber der Gesamtsignalleistung des DVB-T-Signals bei 4 kHz Bezugsbandbreite im DVB-T-Nutzband. Bei Verwendung einer anderen Auflösebandbreite des Analyzers sind entsprechend andere Werte in die Formel einzusetzen. In den Tabellen ist jedoch auch die relative Dämpfung gegenüber dem Nutzkanal unabhängig von der Bezugsbandbreite dargestellt.

Wichtig bei der Wahl der Auflösebandbreite des Spektrumanalyzers ist, dass diese nicht zu klein und nicht zu groß gewählt wird, üblicherweise wird 10, 20 oder 30 kHz eingestellt.

Abb. 21.32. DVB-T-Maskenfilter (unkritische Maske, Kleinleistung, Hersteller: Spinner) mit Messrichtkoppler am Ein- und Ausgang

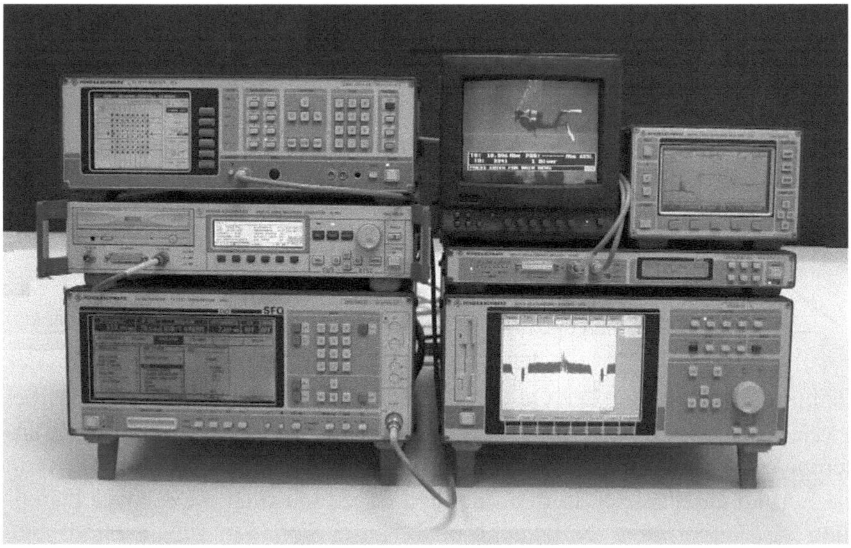

Abb. 21.33. DVB-T-Übertragungsstrecke mit MPEG-2-Generator DVRG (links, Mitte), DVB-T-Mess-Sender SFQ (links, unten), DVB-T-Messempfänger EFA (links, oben), MPEG-2-Messdecoder DVMD (rechts, Mitte), sowie TV-Monitor, Videoanalyzer VSA und „601"-Analyzer VCA (Rohde&Schwarz); Aufnahme ca. aus dem Jahr 2006, heute ist so ein Messaufbau deutlich kompakter realisierbar, aber dann auch nicht mehr so anschaulich.

Literatur: [ETS300744], [ETR290], [HOFMEISTER], [EFA], [SFQ], [SFU], [FISCHER2], [ETL]

22 DVB-H/DVB-SH – Digital Video Broadcasting for Handhelds

22.1 Einführung

Die Einführung der 2. Mobilfunkgeneration GSM (Global System for Mobile Communication) hat einen regelrechten Boom hin auf diese drahtlose Art der Kommunikation ausgelöst. War zu Beginn der 1990er Jahre der Besitz von Autotelefonen oder ähnlichen mobiltauglichen Telefonen meist speziellen Personenkreisen vorbehalten, so hatte Ende der 1990er Jahre fast zumindest jeder zweite sein persönliches Mobiltelefon, das bis dorthin meist auch entweder zum Telefonieren oder zum Versenden und Empfangen von Kurznachrichten – SMS – benutzt wurde. Ende der 1990er Jahre entstand dann aber auch der Wunsch Daten z.B. von einem PC aus über ein Mobiltelefon zu versenden und zu empfangen. Seine Emaildatenbank zu checken war v.a. im professionellen Bereich bei Dienstreisen eine zunächst angenehme Möglichkeit, um auf dem Laufenden zu bleiben; heute ist dies einfach Standard. Die Datenraten beim hauptsächlich für das Mobiltelefonieren entwickelten GSM-Standard bewegen sich jedoch im Bereich von 9600 Bit/s. Dies reicht meist für einfache Textemails ohne Anhang gut aus, bei längeren angehängten Files wird die Datenrate aber eher unerträglich. Surfen im Internet ist hierüber zwar auch möglich, aber eine teure und mühselige Angelegenheit. Mit der Einführung der sog. 2.5 Generation von Mobiltelefonen – Schlagwort GPRS = General Packet Radio System – wurde die mögliche Datenrate durch Paketbildung, also durch Zusammenfassen von Zeitschlitzen des GSM-Systems auf 171.2 kbit/s erhöht. Erst mit der 3. Mobilfunkgeneration, dem UMTS-Standard (Universal Mobile Telecommunication System) war eine deutliche Datenratensteigerung auf 144 kbit/s bis 384 kbit/s bzw. 2 Mbit/s möglich, die jedoch von den jeweiligen Empfangs-, bzw. Versorgungsbedingungen stark abhängig ist. Auch der EDGE-Standard (Enhanced Data Rates for GSM Evolution) unter Anwendung einer höherwertigen Modulation (8 PSK) erlaubt höhere

Datenraten von bis zu 345.6 kbit/s (ECSD) bzw. 473.6 kbit/s (EGPRS). Der LTE-Standard erlaubt heute noch deutlich höhere Datenraten.

Alle Mobilfunkstandards sind naturgemäß als eine bidirektionale Kommunikation zwischen Endgerät und Basisstation ausgelegt. Die Modulationsverfahren wie z.B. GMSK = Gaussian Minumum Shift Keying bei GSM oder WCDMA = Wide Band Code Division Multiple Access bei UMTS, sowie der verwendete Fehlerschutz (FEC = Forward Error Correction) sind auf diese „rauhen“ Empfangsbedingungen beim Mobilempfang ausgelegt worden.

Heute sind Mobiltelefone längst nicht mehr nur Telefone; sie dienen als Fotoapparat oder als Spielkonsole oder als Organizer; ein Mobiltelefon wird mehr und mehr zum Multimedia-Endgerät. Gerätehersteller und Netzbetreiber suchen ständig nach weiteren neuen Anwendungen; und daraus ist das sog. Smart-Phone entstanden.

Parallel zur Entwicklung des Mobilfunks fand der Übergang vom Analogen Fernsehen hin zum Digitalen Fernsehen statt. Schien es Ende der 1980er Jahre noch unmöglich, Bewegtbilder digital über existierende Übertragungswege wie Satellit, Kabelfernsehen oder über den seit jeher bekannten terrestrischen Übertragungsweg schicken zu können, so ist dies heute selbstverständlich. Moderne Kompressionsverfahren wie MPEG (= Moving Pictures Expert Group), sowie moderne Modulationsverfahren und angepasster Fehlerschutz (FEC) machen dies möglich.

Während der Entwicklung von DVB = Digital Video Broadcasting wurden zunächst drei Übertragungsverfahren entwickelt, nämlich DVB-S (Satellit), DVB-C (Kabel) und DVB-T (Terrestrisch). Wird DVB-T als portabel empfangbares Netz betrieben, so liegen die Datenraten bei ca. 15 Mbit/s, entsprechend finden auch nur etwa vier Programme = Services Platz in einem DVB-T-Kanal. Dies sind aber immerhin 4 mal mehr als zuvor in einem vergleichbaren analogen TV-Kanal. Die pro Programm zur Verfügung stehenden Datenraten liegen deshalb bei ca. 2.5 bis 3.5 Mbit/s, meist als variable Datenraten in einem sog. Statistischen Multiplex vorliegend.

22.2 Konvergenz zwischen Mobilfunk und Broadcast

Mobilfunknetze sind Netze, bei denen bidirektionale Verbindungen (Punkt zu Punkt) über relativ niedrige Datenraten robust möglich sind. Modulationsverfahren, Fehlerschutz und Handover-Verfahren sind an die mobilen Gegebenheiten entsprechend angepasst. Entsprechend ist auch Billing usw. systembedingt im Standard zu finden. Der End-User bestimmt die Art der entsprechend zu wählenden Services, sei es nun ein Telefonat, eine SMS oder eine Datenverbindung. Entsprechend den angeforderten Services erfolgt auch eine Gebührenabrechnung.

Broadcastnetze sind unidirektionale Netze, bei denen Inhalte Punkt zu Multipunkt gemeinsam an viele Teilnehmer bei relativ hohen Datenraten verteilt werden. Inhalte on Demand sind relativ selten, für viele Teilnehmer wird ein vorgegebener Inhalt von einem Sendestandort oder jetzt auch von Gleichwellennetzen an viele Teilnehmer verteilt. Dieser Inhalt ist üblicherweise ein Radio- oder Fernsehprogramm. Die Datenraten sind deutlich höher als bei Mobilfunknetzen. Modulationsverfahren und Fehlerschutz sind oft nur auf portablen oder Dachantennenempfang ausgelegt. Mobilempfang ist nur im Rahmen von DAB (= Digital Audio Broadcasting) im Standard vorgesehen. DVB-T ist nur für stationären bzw. portablen Empfang entwickelt worden.

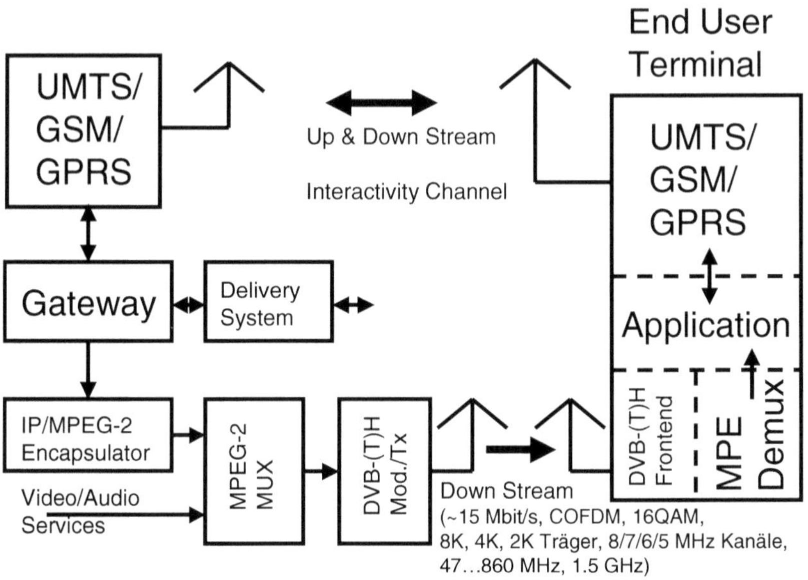

Abb. 22.1. Konvergenz zwischen Mobilfunk und DVB

Im Rahmen von DVB-H (= Digital Video Broadcasting for hand-held mobile terminals) gab es Bestrebungen, die Mobilfunkwelt und den Broadcastbereich konvergent zusammen zu bringen (Abb. 22.1.) und die Vorteile beider Netzsysteme zu kombinieren. Die Bidirektionalität der Mobilfunknetze bei relativ niedrigen Datenraten galt es mit der Unidirektionalität von Broadcast-Netzen bei relativ hohen Datenraten zu vereinigen. Werden die gleichen Dienste, wie z.B. bestimmte Video/Audio-Services on Demand von vielen Teilnehmern angefordert, wird der Datendienst vom Mobilfunknetz auf die Broadcast-Schiene Punkt zu Multipunkt umgemappt. Dies geschieht dann je nach Bedarf und Nachrichtenaufkommen.

DVB-H ist aber wegen fehlender Geschäftsmodelle nie über den Versuchsstatus hinausgekommen.

22.3 DVB-H – die wesentlichen Parameter

DVB-H entspricht in den wesentlichen Parametern dem DVB-T-Standard. Am physikalischen Layer von DVB-T wurden nur geringfügige Erweiterungen vorgenommen. Zusätzlich zum schon bei DVB-T existierenden 8K-Mode und 2K-Mode wurde als guter Kompromiss zwischen beiden der 4K-Mode eingeführt, der es gestattet, bei besserer Mobiltauglichkeit gleichzeitig Gleichwellennetze in vernünftiger Größe zu bilden. Der 8K-Mode ist wegen des geringen Unterträgerabstandes zu schlecht mobiltauglich und der 2K-Mode lässt nur geringe Senderabstände von etwa 20 km zu. Beim 8K-Mode wird für das Interleaving und De-Interleaving der Daten mehr Speicher benötigt als im 4K-Mode und 2K-Mode. Frei werdender Speicher im 4K-Mode und 2K-Mode kann nun bei DVB-H für tieferes Interleaving verwendet werden. D.h. der Interleaver kann im 4K-Mode und 2K-Mode zwischen Native und In-Depth gewählt werden. Zur Signalisierung zusätzlicher Parameter werden bei DVB-H reservierte bzw. auch bereits anderweitig verwendete Transmission Parameter Signalling Bits (TPS-Bits) eingesetzt.

Die bei DVB-H zusätzlich eingeführten Parameter sind im DVB-T-Standard [ETS300744] als Anhang eingefügt. Alle weiteren Änderungen bzw. Erweiterungen beziehen sich auf den MPEG-2-Transportstrom. Diese wiederum sind im DVB Data Broadcast Standard [ETS301192] zu finden. Der MPEG-2-Transportstrom ist als DVB-Basisbandsignal das Eingangssignal eines DVB-H-Modulators. Die schon vor DVB-H im Rahmen von DVB Data Broadcasting definierte Multiprotocol Encapsulation (MPE) wird bei DVB-H im Zeitschlitzverfahren eingesetzt, um im Mobilteil Energie sparen zu können. Sowohl Zeitschlitzlänge als auch Zeitschlitzabstand müssen signalisiert werden. Die in MPE-Zeitschlitze verpackten IP-Pakete können bei DVB-H optional mit einer zusätzlichen FEC (=Forward Error Correction) versehen werden. Es handelt sich hierbei um einen Reed-Solomon-Fehlerschutz auf IP-Paket-Ebene (MPE-FEC). Alles weitere entspricht direkt DVB-T bzw. MPEG-2. DVB-H ist eine IP-Paketübertragung im Zeitschlitzverfahren über einen MPEG-2-Transportstrom. Als physikalischer Layer dient DVB-T mit einigen Erweiterungen. Ziel ist die Konvergenz zwischen einem Mobilfunknetz und einem DVB-H-Broadcastnetzwerk; Datendienste werden je nach Verkehrsaufkommen entweder über das Mobilfunknetz zum Mobile übertragen, oder es erfolgt diese über das DVB-H-Netzwerk.

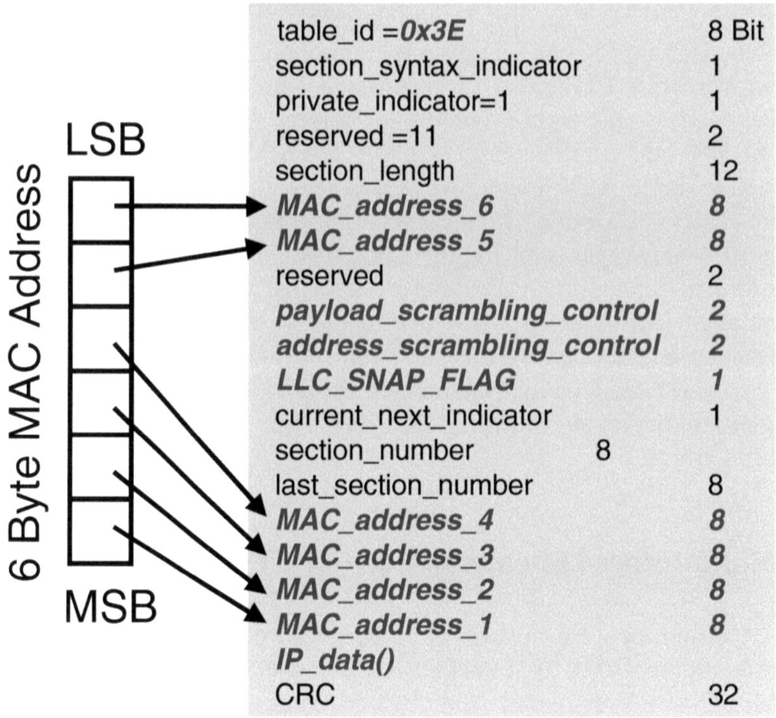

Abb. 22.2. DSM-CC Section für IP-Übertragung (Table_ID=0x3E)

22.4 DSM-CC Sections

Im MPEG-2-Standard ISO/IEC 13818 Teil 6 wurden schon früh Mechanismen zur Übertragung von Daten, Datendiensten und Directory-Strukturen geschaffen. Dies sind die sog. DSM-CC Sections. DSM-CC steht für Digital Storage Media Command and Control. DSM-CC Sections weisen grundsätzlich eine vergleichbare Struktur wie die PSI/SI-Tabellen auf. Sie beginnen mit einer Table ID, die immer im Bereich von 0x3A bis 0x3E liegt. DSM-CC Sections sind bis zu 4 kByte lang und werden ebenfalls in Transportstrompakete eingeteilt und in den Transportstrom hineingemultiplext ausgestrahlt. Mit Hilfe von Object Carousels (= zyklisch wiederholte Ausstrahlung von Daten) können über DSM-CC Sections ganze Directory-Bäume mit verschiedenen Files zum DVB-Empfänger übermittelt werden. Dies geschieht z.B. bei MHP, bei der Multimedia Home Platform. Bei MHP werden HTML- und Java-Files übertragen, die dann im MHP-tauglichen DVB-Empfänger ausgeführt werden können.

Über DSM-CC Sections mit Table ID=0x3E (Abb. 22.2.) können Internet-Pakete (IP) im MPEG-2-Transportstrom übermittelt werden. In einem IP-Paket wird ein TCP-Paket (Transmission Control Protocol) oder ein UDP-Paket (User Datagram Protocol) übertragen. TCP-Pakete führen zwischen Sender und Empfänger über einen Handshake eine kontrollierte Übertragung durch. UDP-Pakete werden dagegen ohne jegliche Rückmeldung verschickt. Da beim Broadcast-Betrieb meist kein Rückkanal vorhanden ist – deswegen der Begriff Broadcast – machen deshalb TCP-Pakete keinen Sinn. Man verwendet deshalb bei der sog. Multiprotocol Encapsulation (MPE) bei der IP-Übertragung im Rahmen von DVB nur UDP-Protokolle. Bei DVB-H wäre zwar über das Mobilfunknetz ein Rückkanal vorhanden, da die Nachrichten bei DVB-H aber an viele Adressaten gleichzeitig laufen müssen, kann hier keine Neuanforderung eines IP-Paketes erfolgen.

22.5 Multiprotocol Encapsulation (MPE)

Bei der Multiprotocol Encapsulation im Rahmen von DVB werden in User Datagram Protocol (UDP) – Paketen Inhalte wie z.B. HTML-Files oder auch MPEG-4 – Video- und Audioströme transportiert. Auch Windows Media 9 Applikationen sind so übertragbar und können in entsprechend ausgestatteten Endgeräten auch wiedergegeben werden. In den UDP-Paketen ist die sog. Portadresse des Zieles (DST Port) enthalten (Abb. 22.3.), ein 16 Bit breiter Zahlenwert, über den die Zielapplikation adressiert wird. Das World Wide Web (WWW) kommuniziert z.B. grundsätzlich über Port Nr. 0x80. Eine Firewall blockiert und kontrolliert Ports.

Die UDP-Pakete wiederum werden dann in den Nutzlastanteil von IP-Paketen eingebettet. Im Header der IP-Pakete findet man dann die Quell- und Ziel-IP-Adresse (SRC- und DST IP Address), über die ein IP-Paket von einem Sender zum Empfänger kontrolliert durch das Netz geschleift wird.

Werden IP-Pakete über ein gewöhnliches Rechnernetzwerk übertragen, so werden sie meist in sog. Ethernet-Paketen transportiert. Im Header der

Ethernet-Pakete wiederum findet man die Hardware-Adressen der miteinander kommunizierenden Netzwerkkomponenten, die sog. MAC-Adressen (Media Access Command).

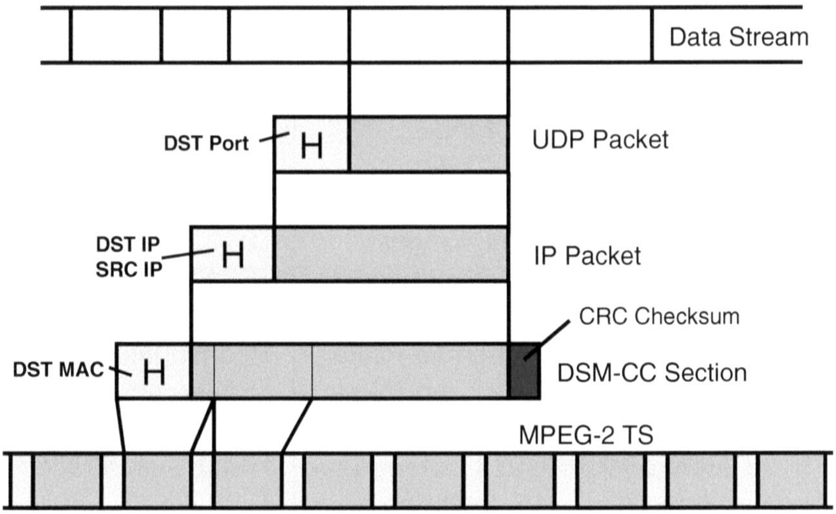

Abb. 22.3. Multi-Protocol Encapsulation (MPE)

Bei der Übertragung von IP-Paketen über DVB-Netzwerke wird der Ethernet-Layer durch den MPEG-2-Transportstrom, sowie dem physikalischen DVB-Layer (DVB-C, S, T) ersetzt. Die IP-Pakete werden zunächst in DSM-CC-Sections verpackt, die dann wiederum in viele Transportstrompakete eingeteilt werden. Man spricht von Multiprotocol Encapsulation: UDP in IP, IP in DSM-CC, DSM-CC in TS-Pakete aufgeteilt. Im Header der DSM-CC-Sections findet sich die Ziel-MAC-Adresse (DST-MAC). Sie ist wie beim Ethernet-Layer 6 Byte lang. Die Quell-MAC-Adresse fehlt.

22.6 DVB-H – Standard

DVB-H steht für "Digital Video Broadcasting for hand-held mobile Terminals". Es handelt sich hierbei um einen Versuch der Konvergenz zwischen Mobilfunknetzwerken und Broadcast-Netzwerken. Abhängig vom Verkehrsaufkommen wird der Downstream vom Mobilfunknetzwerk (GSM/GPRS, UMTS) auf das Broadcast-Netzwerk umgemappt. Fordert z.B. nur ein einzelner Teilnehmer einen Service über z.B. UMTS an, so läuft dieser im Downstream weiterhin über UMTS. Fordern viele Teilnehmer den gleichen Service zur etwa gleichen Zeit an, so macht es Sinn, diesen Service, z.B. ein Video Punkt zu Multipunkt über das Broadcast-Netzwerk anzubieten. Die Services, die über DVB-H realisiert werden sollen, sind alle samt und sonders IP-Paket-basierend.

2K Mode	**4K Mode**	**8K Mode**
Δf~4kHz,	**Δf~2kHz,**	**Δf~1kHz,**
t_s~250us	**t_s~500us**	**t_s~1000us**
2048 Träger	4096 Träger	8192 Träger
1705 verwendete Träger	3409 verwendete Träger	6817 verwendete Träger
Continual Pilote	Continual Pilote	Continual Pilote
Scattered Pilote	Scattered Pilote	Scattered Pilote
TPS Träger	TPS Träger	TPS Träger
1512 Datenträger	3024 Datenträger	6048 Datenträger
In-depth Interleaving on/off	In-depth Interleaving on/off	

Abb. 22.4. Übersicht 2K-, 4K- und 8K-Mode bei DVB-T

Im Rahmen von DVB-H sollte ein physikalisch modifiziertes DVB-T-Netzwerk IP-Services in Zeitschlitzen in einem MPEG-2-Transportstrom ausstrahlen. Hierbei waren die physikalischen Modulationsparameter denen eines DVB-T-Netzwerkes sehr ähnlich bis fast gleich. Größere Modifikationen waren im MPEG-2-Transportstrom erforderlich.

Eine Systemübersicht von DVB-H wird im ETSI-Dokument TM 2939 gegeben. Die Details hierzu sind im DVB-Data Broadcasting Standard [ETS301192] , sowie im DVB-T-Standard [ETS300744] beschrieben.

Der physikalische Layer DVB-T ist hierbei am wenigsten modifiziert bzw. beeinflusst. Neben dem für Gleichwellennetze (SFN) besonders gut geeigneten 8K-Mode und dem für Mobilempfang besser geeigneten 2K-Mode, wurde als Kompromiss nun noch zusätzlich der 4K-Mode wahlweise eingeführt. Es lassen sich mit dem 4K-Mode doppelt so große Senderabstände im Gleichwellennetz realisieren wie beim 2K-Mode bei deutlich verbesserter Mobiltauglichkeit gegenüber dem 8K-Mode. Freiwerdende Speicherkapazitäten im Interleaver und De-Interleaver sollen im 4K- und 2K- Mode für ein größeres Interleaving (In-Depth Interleaving) nutzbar werden. Mit Hilfe des In-Depth Interleaving sollte DVB-H robuster gegenüber Burstfehlern, also Mehrfachbitfehlern gemacht werden; der Datenstrom wird hierbei besser über die Zeit verteilt.

Bei DVB-H müssen des weiteren einige zusätzliche Systemparameter über TPS-Träger signalisiert werden.

Dies sind:

- Zeitschlitzverfahren im MPEG-2-Transportstrom (=DVB-H) ein/aus
- IP mit FEC ein/aus
- tieferes Interleaving ein/aus
- 4K-Mode

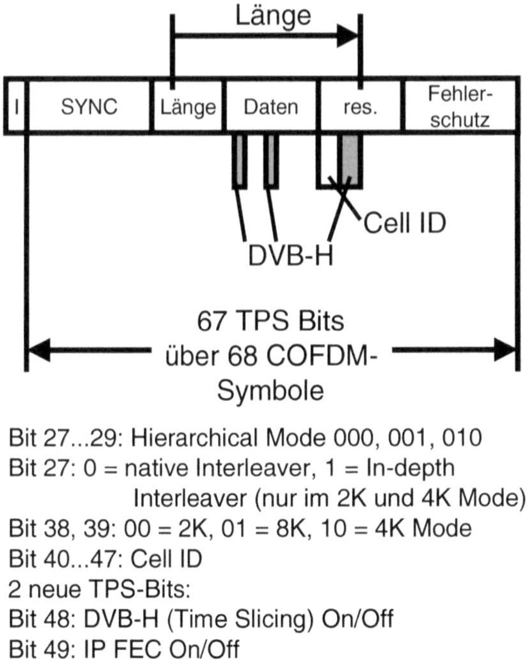

Abb. 22.5. TPS-Bits in einem DVB-T-Frame (Transmission Parameter Signalling)

Hierzu werden 2 zusätzliche Bit aus den reservierten TPS-Bit (=Transmission Parameter Signalling, Bit 42 und 43), sowie bereits verwendete TPS-Bits benutzt. Die Details sind Abb. 22.5. entnehmbar.

Durch Verwendung des 4K-Modes und tieferem Interleaving im 4K-Mode bzw. 2K-Mode lässt sich eine bessere RF-Performance im Mobilkanal erreichen. Gleichzeitig sind um den Faktor 2 größere Senderabstände im 4K-Mode (ca. 35 km) gegenüber dem 2K-Mode (ca. 17 km) in einem SFN möglich.

Neben dem schon von DVB-T her bekannten 8, 7 oder 6 MHz-Kanal ist nun im Rahmen von DVB-H auch eine Bandbreite von 5 MHz (L-Band, USA) wählbar.

Die weiteren Modifikationen finden sich jedoch in der Struktur des MPEG-2-Transportstroms.

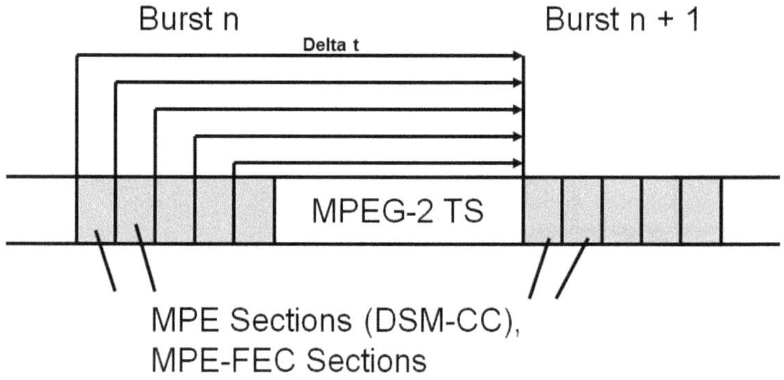

Abb. 22.6. Time-Slicing bei DVB-H

Bei DVB-H wird über die bereits beschriebene Multiprotocol Encapsulation (MPE) eine IP-Übertragung über den MPEG-2-Transportstrom realisiert. Gegenüber einer herkömmlichen MPE gibt es bei DVB-H aber einige Besonderheiten; die IP-Pakete können mit einer zusätzlichen Reed-Solomon-FEC geschützt werden (Abb. 22.7.). Die Reed-Solomon-FEC eines IP-Datagrams wird in eigenen MPE-FEC-Sections ausgestrahlt. Diese Sections haben als Table_ID den Wert 0x78. Der Header dieser FEC-Sections ist aber genauso aufgebaut, wie der der MPE-Sections. Durch das getrennte Übertragen der FEC kann ein Empfänger auch ohne FEC-Auswertung im fehlerfreien Fall das IP-Paket zurückgewinnen. Desweiteren werden die zu übertragenden IP-Informationen im MPEG-2-Transportstrom zu Zeitschlitzen zusammengefasst. In den Zeitschlitzen wird im DSM-CC-Header die Zeit Δt bis zum Beginn des nächsten Zeitschlitz signalisiert. Das Mobiltelefon kann sich nach dem Empfang eines Zeitschlitzes dann wieder bis kurz vor dem nächsten Zeitschlitz „Schlafen“

legen, um Batterie-Energie zu sparen. Die Datenraten in den Zeitschlitzen werden gemittelt in etwa bis zu 400 kbit/s betragen, je nach Applikation. Es handelt sich um IP-Informationen, die viele Benutzer zur gleichen Zeit angefordert haben. Zur Signalisierung der Zeit Δt bis zum nächsten Zeitschlitz werden 4 der insgesamt 6 für die Ziel-MAC-Adresse vorgesehenen Bytes im DSM-CC-Header verwendet. Das Ende eines Zeitschlitzes wird über das Frame Boundary und Table Boundary-Bit in den MPE- und FEC-Sections signalisiert (Abb. 22.8.). Über eine neue SI-Tabelle, die IP-MAC Notification Table (INT) wird im MPEG-2-Transportstrom dem Mobilempfänger mitgeteilt, wo ein IP-Service zu finden ist. Außerdem werden dort die Zeitschlitzparameter übertragen (Abb. 22.8.).

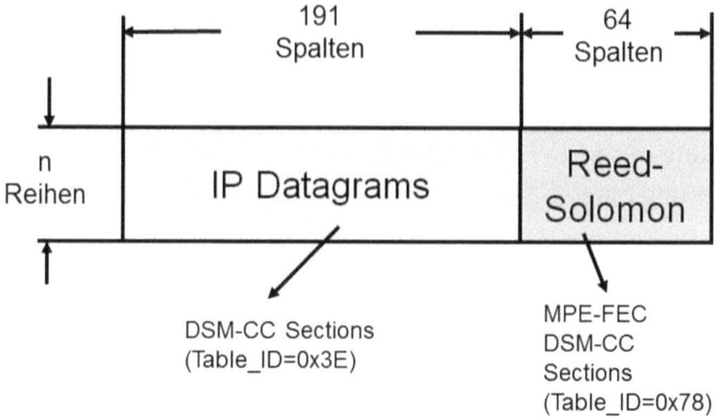

Abb. 22.7. MPE- und FEC-Sections bei DVB-H

Anstelle der niederwertigsten 4 MAC-Adress-Bytes findet man bei DVB-H in der MPE-Section die Zeitschlitzparameter, die Zeit Δt in 10 ms-Schritten bis zum Beginn eines neuen Zeitschlitzes und die beiden Bits „table_boundary“ und „frame_boundary“. „table_boundary“ markieren die letzte Section innerhalb eines Time Slices und „frame_boundary“ das echte Ende eines Time Slices, speziell wenn mit MPE-FEC-Sections gearbeitet wird.

22.7 DVB-H - Zusammenfassung

DVB-H stellte eine Konvergenz zwischen GSM/UMTS und DVB dar. Als interaktiver Kanal diente das Mobilfunknetzwerk GSM/UMTS. Über dieses wurden höherdatenratige Dienste, wie z.B. Videostreaming (H.264 /

MPEG-4 Part 10 AVC = Advanced Video Coding oder auch Windows Media 9 = VC-1) angefordert, die dann entweder über das Mobilfunknetzwerk (UMTS) übertragen wurden oder auf das DVB-H-Netzwerk umgemappt wurden. Bei DVB-H wurde physikalisch quasi ein DVB-T-Netzwerk verwendet, wobei es einige Modifikationen am DVB-T-Standard gab. Es wurden im Rahmen von DVB-H zusätzliche Betriebsarten eingeführt:

- der 4K-Mode als guter Kompromiss zwischen dem 2K- und 8K-Mode mit nun 3409 verwendeten Trägern
- tieferes Interleaving im 4K-Mode und auch im 2K-Mode ist möglich
- 2 neue TPS-Bit zur zusätzlichen Signalisierung, sowie auch zusätzliche Signalisierung über schon verwendete TPS-Bit
- Time Slicing zum Stromsparen
- IP-Pakete mit FEC-Fehlerschutz
- Einführung eines 5 MHz-Kanals (L-Band, USA)

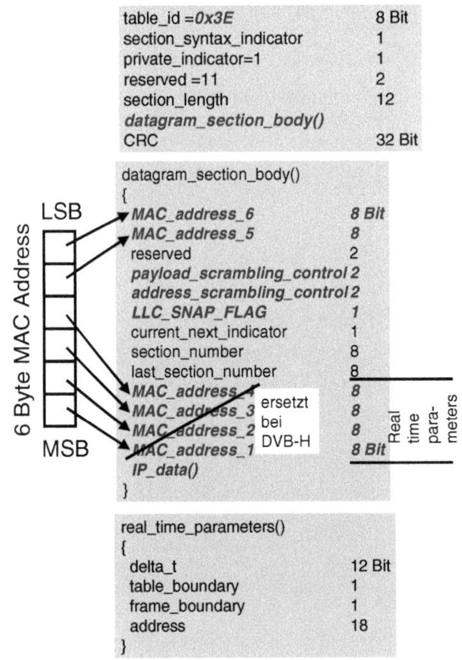

Abb. 22.8. Aufbau einer MPE-Section mit Zeitschlitzparameter gemäß DVB-H

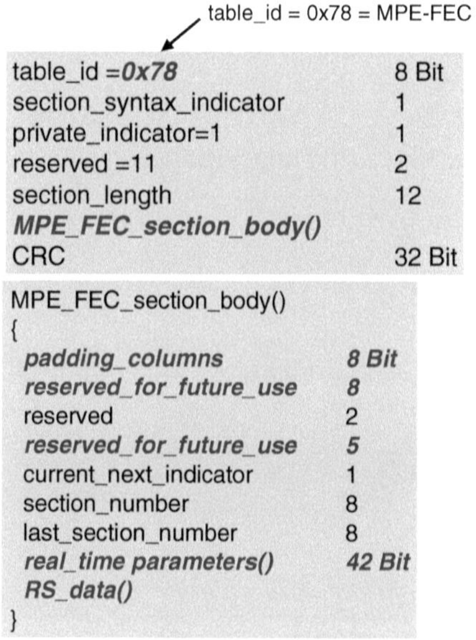

Abb. 22.9. Aufbau einer DVB-H-MPE-FEC-Section mit Zeitschlitzparameter

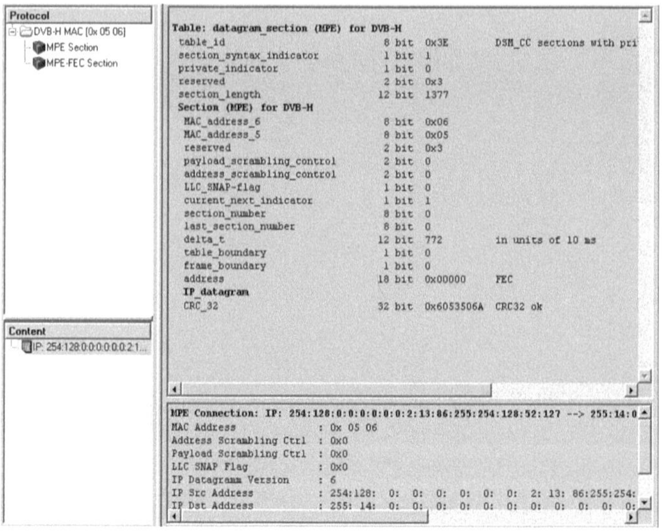

Abb. 22.10. Darstellung einer DVB-H-MPE-Section auf einem MPEG-2-Analyzer [DVM]

Im MPEG-2-Transportstrom wurde Multiprotocol Encapsulation im Zeitschlitzverfahren angewendet. Die zu übertragenden IP-Pakete konnten hierbei über eine zusätzliche Reed-Solomon-FEC geschützt werden. Über eine neue DVB-SI-Tabelle (INT) wurde dem End User Terminal mitgeteilt, wo es den IP-Service finden kann.

DVB-H wurde kein Markterfolg, alle Netze sind abgeschaltet.

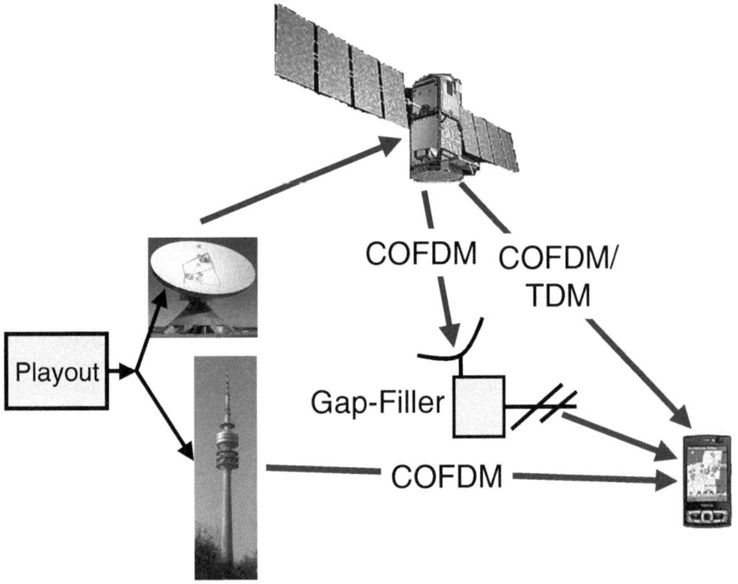

Abb. 22.11. Verbreitungswege von DVB-SH

22.8 DVB-SH

DVB-SH steht für Mobile TV über Satellit und Terrestrik und ist im Endeffekt eine quasi Kombination von DVB-H und DVB-S2 mit veränderten technischen Parametern. Die terrestrische Austrahlung ist für Ballungsräume vorgesehen und die Satellitenvorsorgung im S-Band (2170 bis 2200 GHz) ist für den ländlichen Raum gedacht. Dieses MSS-Band (Mobile Satellite Services) ist benachbart zum UMTS-Band. Über Terrestrik wird mit der von DVB-T/H bekannten COFDM-Mehrträgertechnologie im UHF-Bereich gearbeitet, über Satellit wird ein Einträgermodulationsverfahren im nahen GHz-Bereich eingesetzt, wo auch z.B. GPS mobil sehr gut funktioniert. In Ballungszentren ist der Satellitenempfang schwieriger aufgrund der Bebauung, die terrestrische Versorgung über die Funktürme aber kostengünstig; umgekehrt ist es im ländlichen Raum. Der Vorschlag für DVB-SH stammt von Alcatel und ist mittlerweile ein ETSI-Standard [ETSI EN 302583]. Dieser Standard wurde im August 2007 veröffentlicht. Bei den technischen Parametern wurden beim Fehlerschutz Veränderungen vorgenommen; der Zeitinterleaver wurde auf etwa 300 ms verlängert und die Faltungscodierung (Convolutional Coding) durch Turbocodierung ersetzt.

Die technischen Parameter von DVB-SH sind im direkten und indirekten Pfad vom Satelliten oder über Repeater oder Funktürme (Abb. 22.11.):

- abgeleitet von DVB-T/H
- COFDM-Mode
- QPSK
- 16QAM
- FEC = 3GPP2 Turbo Encoder (modifiziert und erweitert)
- 1K, 2K, 4K, 8K – Mode
- hierarchische Modulation via 16QAM, α=1,2,4
- Bandbreiten 8, 7, 6, 5, 1.7 MHz.

Die technischen Parameter nur im direkten Pfad vom Satelliten zum Endgerät können auch sein (Abb. 22.11.):

- abgeleitet von DVB-S2
- Single Carrier TDM-Mode
- QPSK
- 8PSK
- 16APSK
- FEC=3GPP2 Turbo Encoder (modifiziert und erweitert)
- Bandbreiten 8, 7, 6, 5, 1.7 MHz.

Als Basisbandsignal dient wie bei DVB-H der MPEG-2-Transportstrom mit Time-Slicing, aber Generic-Ströme sind nicht ausgeschlossen (optional berücksichtigt). Es sind bei DVB-SH zwei Betriebsarten vorgesehen, nämlich

- Typ 1: SH-A-SFN: Satellit und Terrestrik benutzen die gleiche Frequenz

- Typ 2: SH-B oder SH-A-MFN Satellit und Terrestrik benutzen unterschiedliche Frequenzen.

Hinsichtlich der Time-Interleaver-Tiefe sind bei DVB-SH zwei Receiver-Typen definiert worden:

- Class 1 – Receiver: nur 4 Mbit Interleaver-Speicher
- Class 2 – Receiver: 512 Mbit Interleaver-Speicher.

DVB-SH wurde ebenfalls kein Markterfolg; es sind keine Netze bekannt.

Literatur: [ETS300744], [TM2939], [ETS301192], [ISO/IEC13818-6], [R&S_APPL_1MA91], [ETSI EN 302583]

23 Digitales Terrestrisches Fernsehen gemäß ATSC (Nordamerika)

Obwohl der terrestrische Funkkanal aufgrund von Mehrwegeempfang sehr schwierig ist und am besten mit Hilfe von Mehrträgerverfahren (Coded Orthogonal Frequency Division Multiplex - COFDM) bewältigt werden kann, hat man sich in Nordamerika im Rahmen der Arbeiten zu ATSC für ein Einträgerverfahren entschieden. In den Jahren 1993 bis 1995 wurde vom Advanced Television System Committee (ATSC) unter der Federführung von AT&T, Zenith, General Instruments, MIT, Philips, Thomson und Sarnoff ein Verfahren zur Übertragung von digitalen TV-Signalen über terrestrische Austrahlungswege und auch über Kabel entwickelt. Das dort entstandene Kabelübertragungsverfahren kommt jedoch nicht zum Einsatz und wird vom Standard J83B ersetzt. Als Basisbandsignal kommt wie bei allen anderen digitalen TV-Übertragungsverfahren auch der MPEG-2-Transportstrom zum Einsatz. Das Videosignal wird MPEG-2-komprimiert, das Audiosignal ist jedoch Dolby Digital AC-3 codiert. Außerdem hat man von Anfang an dem High Definition Television (HDTV) bei ATSC große Priorität gegeben. Das Eingangssignal eines ATSC-Modulators ist also ein MPEG-2-Transportstrom mit MPEG-2-Video, Dolby Digital AC-3-Audio, und das Videosignal ist als SDTV oder HDTV-Signal vorliegend. Als Übertragungsverfahren kommt 8VSB zum Einsatz. 8VSB steht für 8-Vestigial Sideband und ist ein Einträgerverfahren. 8VSB ist IQ-Modulation nur unter Ausnutzung der I-Achse (Abb. 23.1.). Man findet 8 Konstellationspunkte auf der I-Achse in äquidistantem Abstand. Das 8VSB-Basisbandsignal ist 8-stufig. Zunächst wird jedoch ein 8ASK-Signal erzeugt, wobei ASK für Amplitude Shift Keying steht.

Es ist ein treppenförmiges Signal (Abb. 23.2.), in dessen Treppenhöhe die zu übertragenden Bitinformationen stecken. Eine Treppenstufe entspricht einem Symbol und man kann 3 Bit pro Symbol übertragen. Der Kehrwert der Treppenstufenlänge entspricht der Symbolrate, eine Treppenstufe entspricht einem Symbol. Dieses treppenförmige Signal wird nun einem sinusförmigen Träger durch Amplitudenmodulation aufgeprägt. Es entsteht dabei aber ein Zweiseitenband-Spektrum.

Um nun Bandbreite zu sparen, wird gemäß 8VSB ein Seitenband wie beim analogen Fernsehen auch teilweise unterdrückt. D.h. das amplitudenmodulierte Signal wird nun ein restseitenbandgefiltertes Signal (= Vestigial Sideband Filtering / VSB). Daher kommt der Name 8VSB. Neben dem oberen Seitenband bleibt ein unteres Restseitenband übrig. Wegen der Restseitenbandfilterung ist aber auf der Empfängerseite eine Nyquistflanke notwendig. In der ursprünglichen Bandmitte wird das 8VSB-Signal auf der Empfängerseite sanft nyquist-gefiltert.

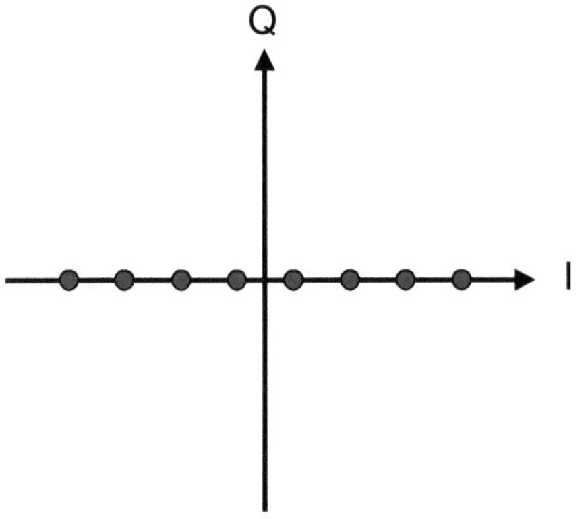

Abb. 23.1. Konstellationsdiagramm eines 8ASK-Signals

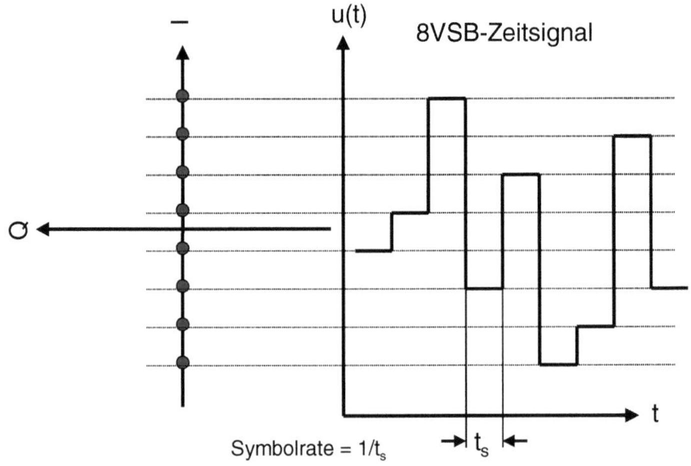

Abb. 23.2. 8ASK/8VSB-Basisbandsignal

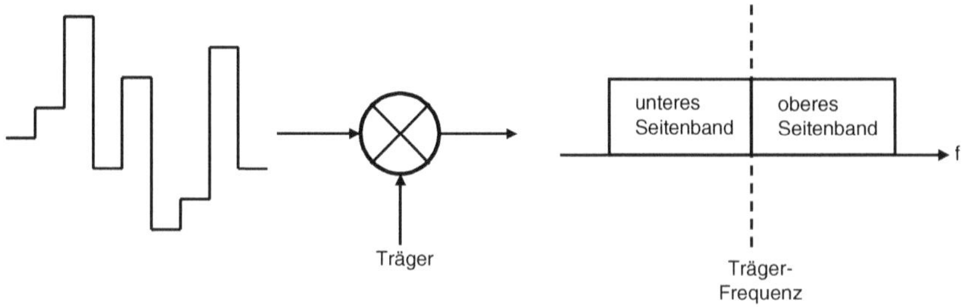

Abb. 23.3. ASK-Modulation in der HF-Lage

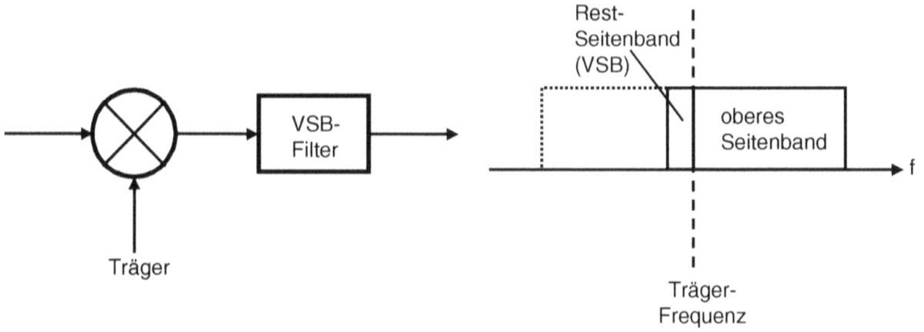

Abb. 23.4. Restseitenband-Filterung

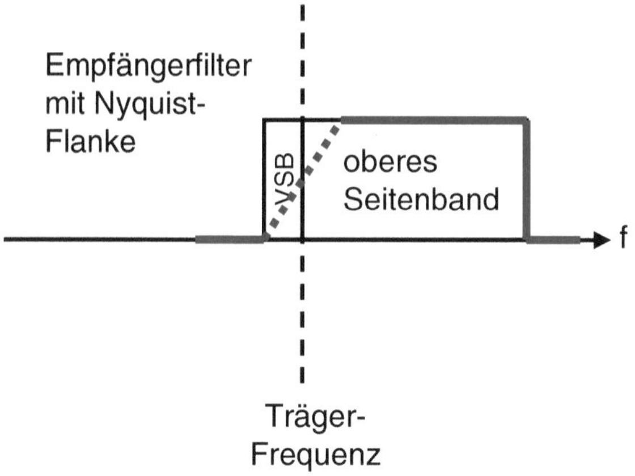

Abb. 23.5. ZF-Fiterung im Empfänger mit Nyquist-Flanke

Die Fläche unter der Nyquist-Kurve unterhalb der ursprünglichen Bandmitte (Abb. 23.5.) füllt dabei die fehlende Fläche oberhalb der ursprünglichen Bandmitte auf. Zusammen ergibt sich dann ein gerader Amplitudengangverlauf. Ist die Nyquist-Flanke nicht korrekt abgeglichen, so entsteht niederfrequenter Frequenzgang.

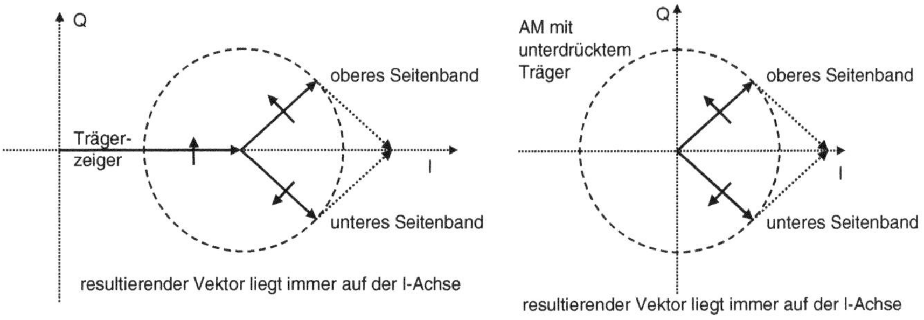

Abb. 23.6. Vektor-Diagramm einer Amplitudenmodulation mit Träger (links) und mit unterdrücktem Träger (rechts)

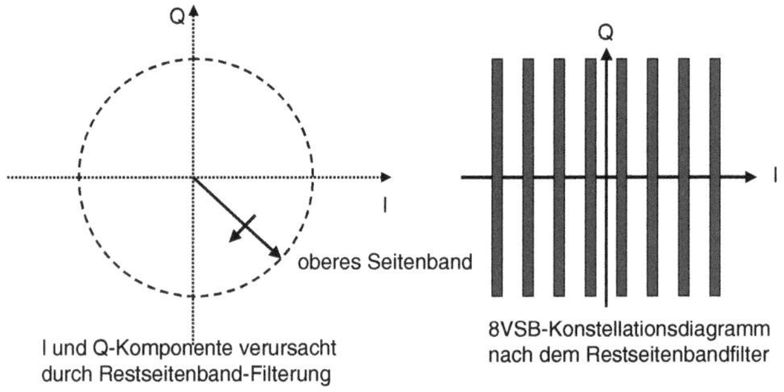

Abb. 23.7. Vektor-Diagramm und Konstellationsdiagramm eines 8VSB-Signals

Bei einem zweiseitigen Spektrum rotieren auf der Spitze des Trägervektors die Vektoren des oberen und unteren Seitenbandes in entgegengesetzter Richtung und verändern (modulieren) die Länge des Trägervektors. Der Trägervektor bleibt auf der I-Achse liegen. Unterdrückt man den Träger selbst, so bleibt die Resultierende nach wie vor auf der I-Achse (Abb. 23.6.).

Wird jedoch ein Seitenband mehr oder weniger unterdrückt, so beginnt der resultierende Vektor zu pendeln. Es entsteht ein Q-Anteil aufgrund der Restseitenbandfilterung. Auch ein analoges restseitenbandgefiltertes TV-Signal weist diesen Q-Anteil auf (Abb. 23.7.). Ein analoger TV-Messempfänger hat meist auch neben dem Videoausgang (I-Ausgang) einen Q-Messausgang. Dieser dient der Messung der ICPM, der Incidental Phase Modulation, der aussteuerungsabhängigen Bildträgerphase. Das

Konstellationsdiagramm eines 8VSB-Signales weist aufgrund der Restseitenbandfilterung nun eine Q-Komponente auf, es ist nun nicht mehr punktförmig, sondern linienförmig. Ein ATSC-Messempfänger zeigt das 8VSB-Konstellationsdiagramm ebenfalls in Linienform (Abb. 23.7., 23.8.).

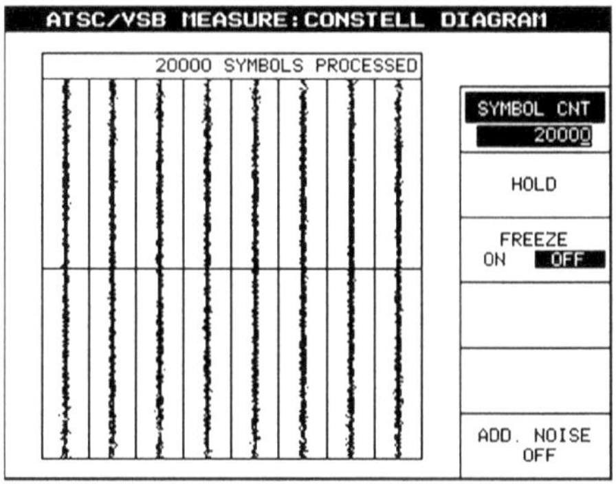

Abb. 23.8. Konstellationsdiagramm eines 8VSB-Signals wie es ein ATSC-Messempfänger darstellt [EFA]

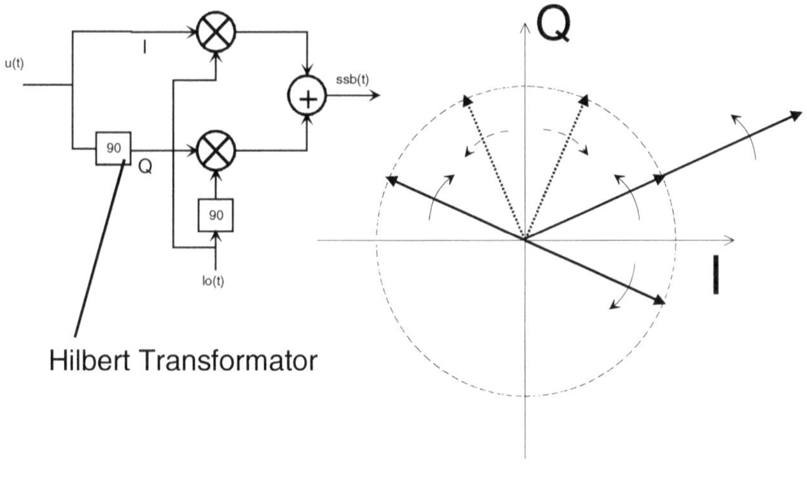

Abb. 23.9. Restseitenbandfilterung oder Einseitenbandfilterung mit Hilfe eines Hilbert-Transformators

Die Restseitenbandfilterung erfolgt bei 8VSB aber nun nicht mehr durch einfachen Einsatz eines analogen Restseitenbandfilters, wie dies früher beim analogen Fernsehen üblich war. Vielmehr kommt ein Hilbert-

Transformator und ein IQ-Modulator zum Einsatz (Abb. 23.9.). Hierzu wird das 8VSB-Basisbandsignal in zwei Züge aufgeteilt und einmal direkt dem I-Mischer zugeführt und im anderen Zweig dem Q-Mischer über einen Hilbert-Transformator gefiltert eingespeist. Ein Hilbert-Transformator ist ein 90°-Phasenschieber für alle Teilfrequenzen im Hilberttransformierten Band. Zusammen mit dem IQ-Modulator ergibt sich ein Einseitenbandmodulator; es werden Frequenzanteile des unteren Seitenbandes unterdrückt. Auf gleiche Art und Weise arbeitet heute auch die Restseitenbandfilterung moderner analoger TV-Sender. Ganz entscheidend bei diesem Verfahren der Restseitenbandfilterung ist, dass der IQ-Modulator perfekt arbeitet. Dies bedeutet, dass sowohl die Verstärkung im I-Zweig und Q-Zweig gleich sein muss, als auch der 90°-Phasenschieber in der Trägerzuführung des Q-Zweiges exakt stimmen muss. Andernfalls wird das Restseitenband nicht mehr komplett unterdrückt. Mangelnde Trägerunterdrückung des IQ-Modulators führt zu einem Restträger in Bandmitte.

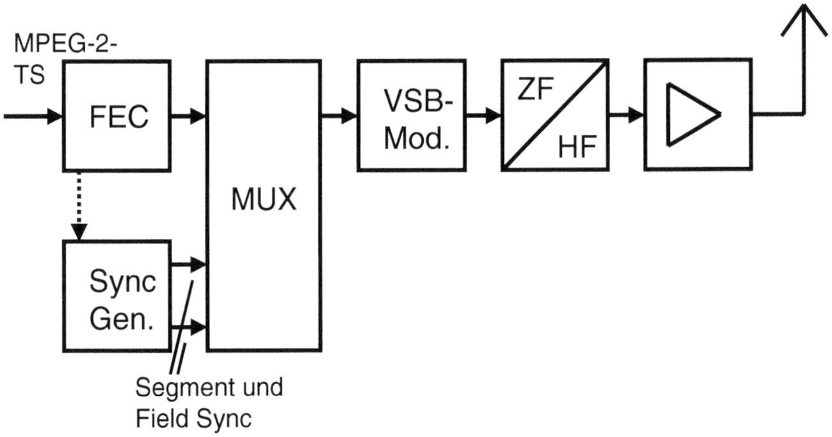

Abb. 23.10. Blockschaltbild eines ATSC-Modulators und -Senders

23.1 Der 8VSB-Modulator

Nachdem nun die ATSC-Grundlagen diskutiert wurden, soll nun der 8VSB-Modulator (Abb. 23.10.) im Detail besprochen werden. Der ATSC-konforme MPEG-2-Transportstrom mit den PSIP-Tabellen, MPEG-2-Video-Elementarströmen, sowie Dolby Digital AC-3-Audio-Elementarströmen wird mit einer Datenrate von exakt 19.3926585 Mbit/s in den Forward Error Correction Block des 8VSB-Modulators eingespeist.

Im Baseband-Interface wird dann auf die 188-Byte-Blockstruktur des MPEG-2-Transportstromes anhand der Sync-Bytes aufsynchronisiert.

Alle 188 Byte sind im Transportstrom-Paket-Header hierzu Sync-Bytes mit einem konstanten Wert von 0x47 enthalten. Der Transportstrompaket-Takt und der Byte-Takt, der hier abgeleitet wird, wird sowohl innerhalb des FEC-Blocks verwendet, als auch dem Sync-Generator des 8VSB-Modulators zugeführt. Der Sync-Generator erzeugt daraus den Segment- und Field-Sync-Rahmen.

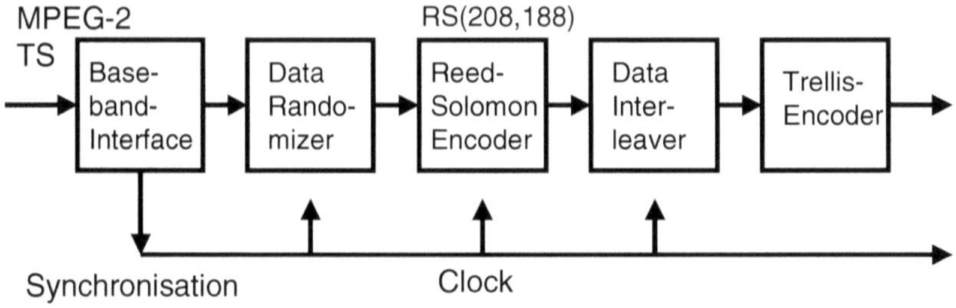

Abb. 23.11. Blockschaltbild des ATSC-Fehlerschutzes (FEC-Block)

Im FEC-Block (Abb. 23.11.) werden die Daten dann in einen Randomizer (Abb. 23.12.) eingespeist, um ggf. im Transportstrom vorhandene lange Null- oder Einssequenzen aufzubrechen. Da lange Null- oder Eins- Sequenzen keine Taktinformation mehr beinhalten würden, würden sich die 8VSB-Symbole über eine längere Zeit nicht mehr ändern. Dies würde zu Synchronisationsproblemen im Empfänger und über einen bestimmten Zeitraum zu diskreten Spektrallinien im Übertragungskanal führen. Randomizing führt jedoch zur Energieverwischung. In diesem Randomizing-Block wird der Transportstrom hierzu mit einer Pseudo-Random-Sequenz (PRBS) exklusiv-oder-verknüpft. Der Pseudo-Zufallsgenerator, der aus einem 16-stufigen rückgekoppelten Schieberegister besteht, wird hierbei immer wieder zu einem definierten Zeitpunkt während des sog. Field-Syncs auf einen definierten Initialisierungswert zurückgesetzt. Die Sync-Bereiche, die später genauer besprochen werden, werden vom Randomizer nicht beeinflusst und dienen u.a. dazu, den Empfänger an den Modulator anzukoppeln. Auf der Empfangsseite ist ebenfalls ein Zufallsgenerator und Randomizer vorhanden, der exakt so aufgebaut ist, wie auf der Sendeseite und der exakt synchron hierzu läuft.

Dieser Randomizer im Empfänger hebt den Mischvorgang der Sendeseite wieder auf und generiert wieder den Originaldatenstrom. Nach dem Randomizer folgt der Reed-Solomon-Blockcoder. Der RS-Coder (Abb.

23.12.) fügt zum ursprünglich 188 Byte langen Transportstrompaket bei ATSC 20 Byte Fehlerschutz hinzu (vergleiche DVB: 16 Byte). Es entstehen nun insgesamt 208 Byte lange Pakete. Auf der Empfangsseite können mit Hilfe dieser 20 Byte Fehlerschutz bis zu 10 Fehler pro Paket repariert werden. Liegen mehr als 10 Fehler pro TS-Paket vor, so versagt der RS-Fehlerschutz und die TS-Pakete werden als fehlerhaft gekennzeichnet.

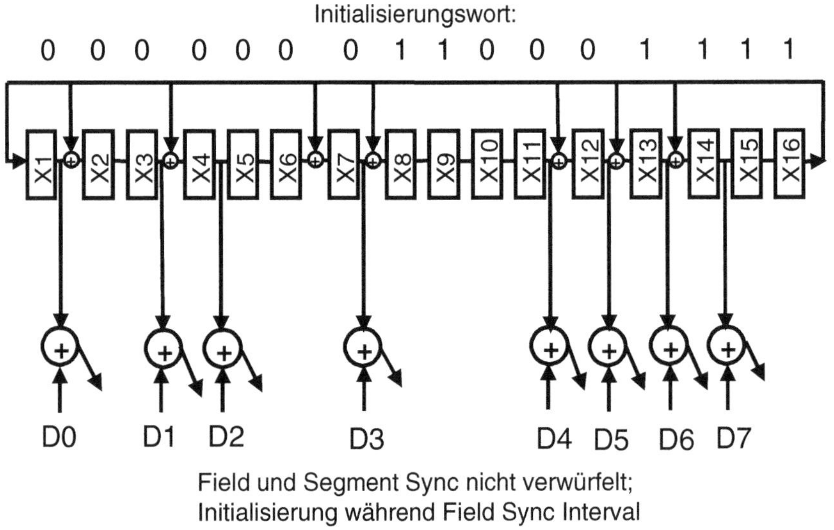

Abb. 23.12. Blockschaltbild des Randomizers

Hierzu dient der sog. Transport Error Indicator (Abb. 23.13.) im Transportstrompaket-Header. Ist dieses Bit auf Eins gesetzt, so muss der dem 8VSB-Demodulator nachfolgende MPEG-2-Decoder im Empfänger dieses Paket verwerfen und Fehlerverschleierung vornehmen.

Nach dem Reed-Solomon-Coder RS(188,208) folgt der Daten-Interleaver; dieser hat die Aufgabe, die zeitliche Position der Daten zueinander zu verändern, sie also zu verwürfeln. Auf der Empfangsseite werden die Daten dann im De-Interleaver wieder in die richtige Reihenfolge gebracht. Hierbei werden dann evtl. Burstfehler aufgebrochen zu Einzelfehlern, die dann im Reed-Solomon-Decoder leichter repariert werden können. Es folgt dann der zweite Fehlerschutz im Trellis-Encoder. Der Trellis-Encoder arbeitet vergleichbar wie der Faltungscoder bei DVB-S und DVB-T.

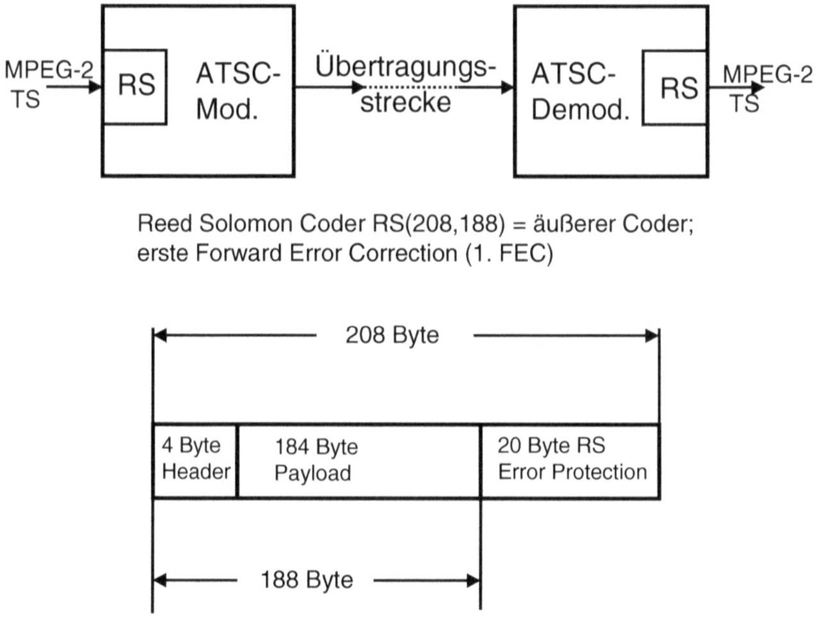

Abb. 23.13. Reed-Solomon-FEC

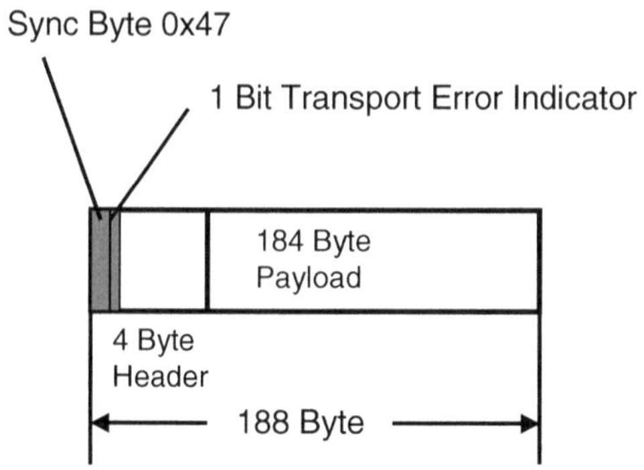

Abb. 23.14. Transport Error Indicator im TS-Header

Der bei ATSC eingesetzte Coder (Abb. 23.15.) besteht aus zwei Signalzweigen. Aus dem Bitstrom wird abwechselnd ein Bit dem sog. Precoder, welcher eine Coderate von 1 aufweist, zugeführt und dann dem eigentlichen Trellis-Coder mit einer Coderate von 1/2. Zusammen ergibt sich eine

Coderate von 2/3. Die vom Precoder und Trellis-Coder generierten Datenströme werde als 3 Datenströme in den Mapper eingespeist und führen schließlich zum 8-stufigen 8VSB-Basisbandsignal. Das Gegenstück zum Trellis-Coder ist auf der Empfängerseite der Viterbi-Decoder.

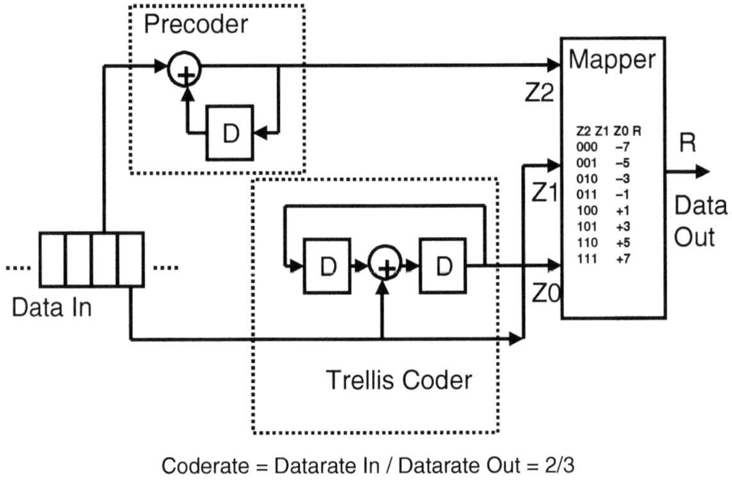

Abb. 23.15. ATSC-Trellis-Encoder

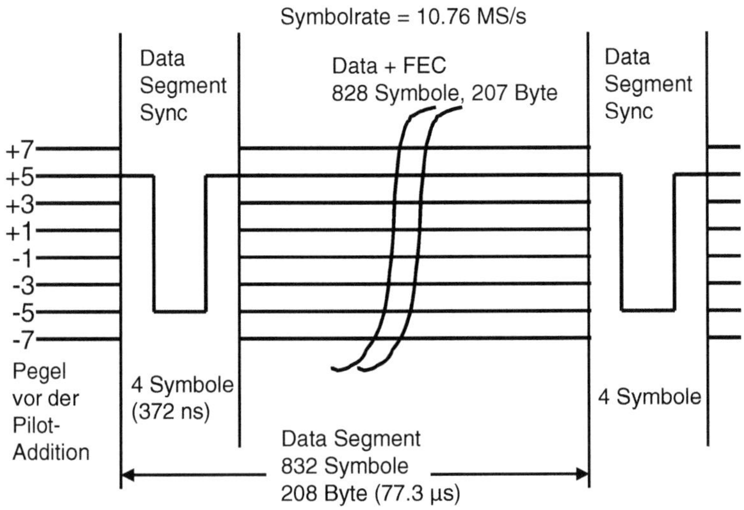

Abb. 23.16. ATSC-8VSB-Datensegment mit Segment-Sync

Dieser Viterbi-Decoder versucht nach dem Prinzip der größten Wahrscheinlichkeit anhand der Wege im Trellis-Diagramm Bitfehler zu reparieren (siehe hierzu auch DVB-S-Kapitel). Parallel zum FEC-Block findet man im 8VSB-Modulator den Sync-Generator. Dieser erzeugt in gewissen zeitlichen Abschnitten spezielle Sync-Muster, die dann anstelle von Daten im 8VSB-Signal übertragen werden, um für den Empfänger Synchroninformation zu übertragen. Die FEC-geschützten Daten und der vom Sync-Generator erzeugte Segment- und Field-Sync werden im Multiplexer zusammengefasst. Das 8VSB-Signal ist in Datensegmente (Abb. 23.16.) eingeteilt. Jedes Datensegment beginnt mit einem Data Segment Sync.

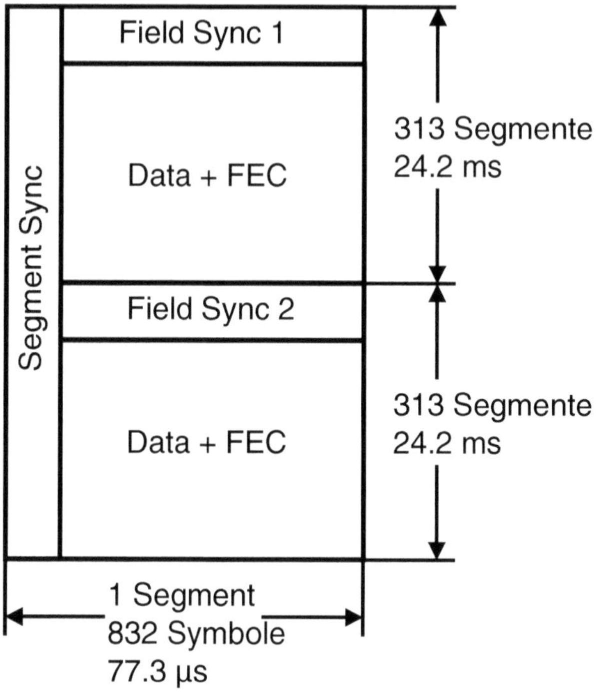

Abb. 23.17. ATSC-Daten-Frame bestehend aus 2 Fields

Der Data Segment Sync ist hierbei eine ganz spezielle Kombination von 8VSB-Signalpegeln bzw. 8VSB-Symbolen. Er besteht aus 4 Symbolen, das erste Symbol liegt auf Signalpegel +5, die beiden mittleren auf -5 und das letzte Symbol des Data Segment Sync liegt wieder auf Signalpegel +5. Der Data Segement Sync ist vergleichbar mit dem analogen TV-Synchronimpuls. Der Data Segment Sync markiert den Beginn einer Datenübertragung bestehend aus 828 Symbolen, die insgesamt 207 Byte Daten übertragen. Innerhalb eines kompletten Datensegmentes findet man 832 Symbole. Das Datensegment ist 77.3 µs lang. Es folgt dann das nächste Datensegment, wieder beginnend mit einem 4 Symbole langem Data Segment Sync. Jeweils 313 Segmente werden zu einem Field (Abb. 23.17.) zusammengefasst. Bei der 8VSB-Übertragung unterscheidet man zwischen Field 1 und Field 2. Insgesamt gibt es also je 313 Datensegmente in Field 1 und 313 Datensegmente in Field 2, zusammen also 626 Datensegmente. Jedes Field beginnt mit einem Field Sync. Ein Field Sync ist ein ganz spezielles Datensegment, auch beginnend mit einem 4 Symbole langen Data Segment Sync, aber mit ganz speziellem Dateninhalt. Ein Field, das 313 Segmente umfasst, ist 24.2 ms lang. Zusammen sind Field 1 und Field 2 also 48.4 ms lang.

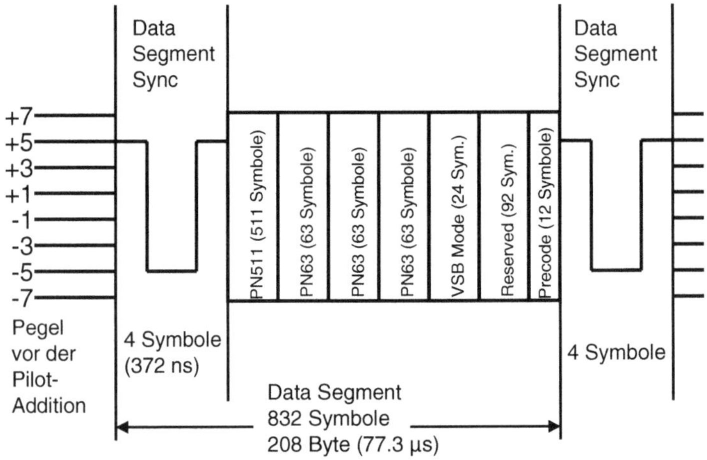

Abb. 23.18. ATSC-Field-Sync

Der Field Sync (Abb. 23.18.) beginnt ebenfalls wie ein normales Datensegment mit einem Data Segment Sync, beinhaltet aber dann anstelle normaler Daten einige Pseudo-Random-Sequenzen, sowie den VSB Mode und einige spezielle reservierte Symbole. In den VSB-Mode-Bits wird die VSB-Betriebsart 8/16VSB übertragen. 16VSB war für die Kabelübertragung vorgesehen, kommt aber nicht zum Einsatz.

Im terrestrischen Übertragungsweg wird bei ATSC immer mit 8VSB gearbeitet. Die Pseudo-Random-Sequenzen dienen dem im Empfänger vorhandenen Kanal-Equalizer als Trainingssequenzen. Außerdem kann der Empfänger anhand dieser Pseudo-Random-Sequenzen erst überhaupt den

Field-Sync erkennen und sich auf die Rahmenstruktur aufsynchronisieren. Während des Field Syncs erfolgt auch das Rücksetzen des Randomizer Blocks im Modulator und Empfänger. Das nun generierte 8VSB-Basisbandsignal bestehend aus den Field-Syncs und den Datensegmenten wird dann dem 8VSB-Modulator zugeführt (Abb. 23.19.). Vor der eigentlichen Amplitudenmodulation wird dem 8-stufigen Signal aber zunächst ein Gleichspannungsanteil von relativ +1.25 hinzuaddiert. Vorher hatte das 8VSB-Signal die diskreten Amplitudenstufen -7, -5, -3, -1, +1, +3, +5 und +7 angenommen. Nach der Hinzufügung des Gleichspannungsanteiles sind alle 8VSB-Pegel nun relativ um +1.25 verschoben.

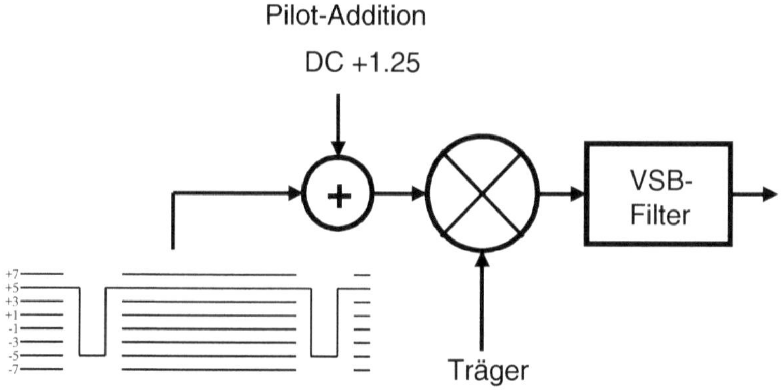

Abb. 23.19. 8VSB-Modulation mit Pilot

Eine Amplitudenmodulation mit einem nun nicht mehr gleichspannungsfreien Basisbandsignal mit Hilfe eines eigentlich trägerfreien Mischers führt nun aber zu einem Trägeranteil. Man spricht von einem 8VSB-Pilotsignal, das exakt in Bandmitte des noch nicht restseitenbandgefilterten 8VSB-Modulationsproduktes zu finden ist. Das Modulationsprodukt ist aber nun ein zweiseitiges Spektrum und würde nun mindestens eine Bandbreite der Symbolrate entsprechend belegen. Nachdem die Symbolrate 10.76 MSymbole/s beträgt, beträgt die benötigte Bandbreite nun ebenfalls mindestens 10.76 MHz bzw. etwas mehr. Die Kanalbandbreite im nordamerikanischen TV-System beträgt aber nur 6 MHz. Wie beim analogen Fernsehen auch, wird das 8VSB-Signal nach der Amplitudenmodulation nun restseitenbandgefiltert, d.h. ein Teil - der größte Teil - des unteren Seitenbandes wird einfach unterdrückt. Man könnte nach dem Amplitudenmodulator ein herkömmliches analoges Restseitenbandfilter einsetzen, tut dies aber heutzutage auch bei modernen analogen TV-

Sendern nicht mahr. Vielmehr spaltet man das 8VSB-Basisbandsignal mit Pilot-DC-Anteil auf in ein Signal, das man direkt einem I-Mischer zuführt und in ein Signal, das man einem Hilbert-Transformator und dann einem Q-Mischer zuführt (Abb. 23.20.).

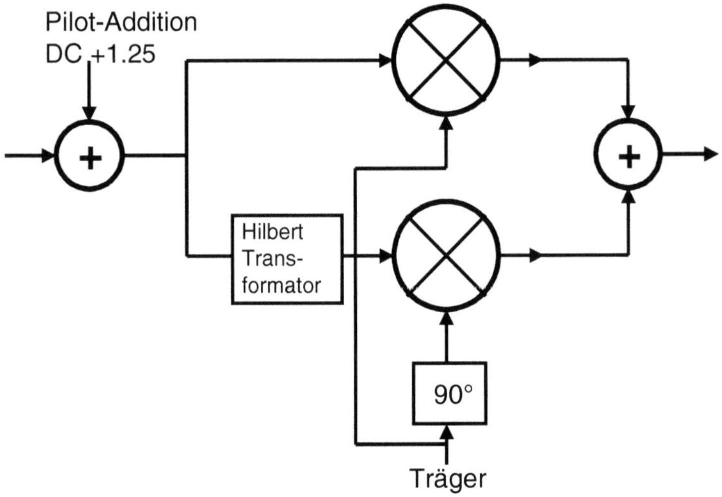

Abb. 23.20. 8VSB-Modulator mit Hilbert-Transformator

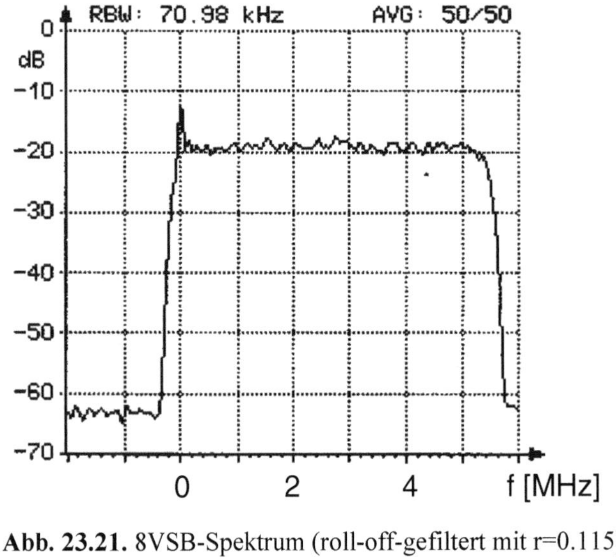

Abb. 23.21. 8VSB-Spektrum (roll-off-gefiltert mit r=0.115)

Der Hilbert-Transformator ist ein 90°-Phasenschieber für alle Frequenzen innerhalb eines Bandes. Zusammen mit dem IQ-Modulator ergibt sich nun aufgrund der Amplituden- und Phasenverhältnisse eine teilweise Unterdrückung des unteren Seitenbandes. Im 8VSB-Spektrum (Abb. 23.21.) ist nun nur noch das obere Seitenband und ein unteres Restseitenband zu finden. Außerdem findet man an der Stelle der ehemaligen Bandmitte vor der Restseitenbandfilterung eine Spektrallinie vor, die durch die DC-Addition entstanden ist und Pilotträger genannt wird. Nach der VSB-Modulation folgt die Umsetzung in die HF-Lage, die heute meist oft direkt im Rahmen der VSB-Modulation durch Direktmodulation erfolgt. Es kommt deshalb bei der VSB-Modulation meist ein analoger IQ-Modulator zum Einsatz, der das Basisbandsignal direkt in die HF-Lage umsetzt. Der IQ-Modulator ist aber nun nicht mehr perfekt und muss deshalb so gut wie eben analog nur möglich gleiche Verstärkung im I- und Q-Zweig aufweisen, sowie in der 90°-Phasenlage in der Q-Trägerzuführung so gut wie möglich stimmen. Andernfalls wird das Restseitenband nur schlecht unterdrückt. Am Ende erfolgt dann nach der Vorentzerrung noch die Leistungsverstärkung. In der Zuführung zur Antenne findet man dann noch ein passives Bandpass-Filter zur Unterdrückung der Außerbandanteile und schließlich wird das Signal in die Antenne eingespeist.

23.2 8VSB-Brutto- und Nettodatenrate

Die bei 8VSB zur Anwendung kommende Symbolrate ergibt sich zu

Symbolrate = 4.5/286 · 684 MSymbole/s = 10.76223776 MSymbole/s;

Damit erhält man eine Bruttodatenrate von

Bruttodatenrate = 3 Bit/Symbol · 10.76 MSymbole/s = 32.2867 Mbit/s;

Die Nettodatenrate beträgt dann

Nettodatenrate = 188/208 · 2/3 · 312/313 · Bruttodatenrate
= 19.39265846 Mbit/s.

Die Faktoren, die dies bestimmen sind:

- 8VSB = 3 Bit/Symbol
- Reed-Solomon = 188/208

- Coderate = 2/3 (Trellis)
- Field Sync = 312/313.

23.3 Der ATSC-Empfänger

Im ATSC-Empfänger setzt der Tuner das Signal von der HF-Lage zunächst in die ZF-Lage um. Anschließend folgt das SAW-Filter, das die Nachbarkanäle unterdrückt und außerdem eine Nyquist-Flanke aufweist. Die Nyquist-Flanke ist notwendig wegen des Restseitenbands. Das bandbegrenzte ATSC-Signal wird dann auf eine tiefere 2. ZF umgesetzt, um die AD-Wandlung nach dem Anti-Aliasing-Tiefpass einfacher zu gestalten. Nach dem AD-Wandler findet man dann in der digitalen Ebene einen Kanal-Equalizer, der den Kanal dann korrigiert. Daraufhin wird das 8VSB-Signal demoduliert und schließlich im FEC-Block fehlerkorrigiert. Es liegt dann wieder Transportstrom vor, der dann dem MPEG-2-Decoder zugeführt wird und wieder in Video und Audio decodiert wird. Heute bestehen ATSC-Tuner genauso wie DVB-Tuner meist nur noch aus einem Silicon-Tuner-Chip und einem ATSC-Demodulator-Schaltkreis.

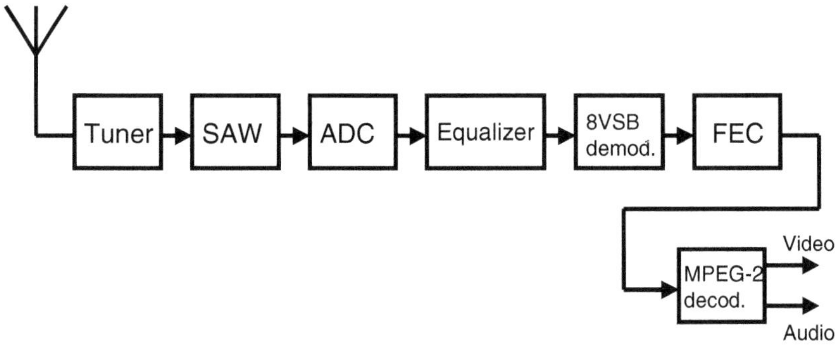

Abb. 23.22. Blockschaltbild eines ATSC-Empfängers

23.4 Störeinflüsse auf der ATSC-Übertragungsstrecke

Grundsätzlich sind die Störeinflüsse auf der ATSC-Übertragungsstrecke die gleichen wie bei DVB-T. Ein terrestrischer Übertragungskanal ist gekennzeichnet durch

- Rauscheinflüsse
- Interferenzstörer
- Mehrwegeempfang (Echos)
- Amplitudengang, Gruppenlaufzeit
- Dopplereffekt bei Mobilempfang (nicht berücksichtigt bei ATSC/8VSB).

Der einzige Störeinfluss der für die ATSC-Übertragung gut kalkulierbar ist und relativ problemlos bewältigbar ist, ist der Rauscheinfluss. Mit allen anderen Effekten, besonders mit dem Mehrwegeempfang kommt eine ATSC-Übertragung leider nicht so gut zurecht. Dies liegt am Prinzip des Einträgerübertragungsverfahrens. Der Equalizer korrigiert bei 8VSB / ATSC zwar auch Echos; im Vergleich zu COFDM ist aber 8VSB störempfindlicher. Mobilempfang ist praktisch unmöglich.

„Fall-off-the-Cliff“ liegt bei ATSC bei einem SNR von etwa 14.9 dB. Dies entspricht etwa 2.5 Segment-Fehlern pro Sekunde bzw. einer Segment Error Rate von $1.93 \cdot 10^{-4}$. Die Bitfehlerrate vor Reed-Solomon liegt dann bei $2 \cdot 10^{-3}$ und die Bitfehlerrate nach Reed-Solomon bei $2 \cdot 10^{-6}$.

Nimmt man an, dass die Rauschleistung am Tunereingang etwa bei 10 dBµV liegt (siehe DVB-T-Kapitel), so beträgt die mindest notwendige Empfängereingangsspannung bei ATSC etwa 25 dBµV.

23.5 ATSC-M/H „Mobile DTV“

Aus zwei Vorschlägen der Firmen Samsung/Rohde&Schwarz („A-VSB“ = Advanced VSB) und Harris/LG („ATSC-MHP“) wurde ein sog. Candidate-Standard ATSC-M/H als Erweiterung des ATSC-Standards für Mobile TV im Jahr 2008 generiert. Der ATSC-M/H-Standard heißt [A/153] und besteht aus mehreren Dokumenten. Teil 2 beschreibt den Übertragungsteil (Transmission System Characteristics). Durch den Einsatz neuer Techniken soll ATSC nun besser portabel und mobil empfangbar gemacht werden. Die Erweiterungen sind rückwärts-kompatibel, stören also bestehende ATSC-Empfänger nicht. Die für die Mobil-Nutzung eingefügten Services sind für normale ATSC-Empfänger quasi unsichtbar. Im MPEG-2-Transportstrom, der dem ATSC-M/H-Modulator zugeführt wird, laufen die mobilen Services auf einer PID, die nicht über die PSI-Tabellen signalisiert wird, über eine sog. unreferenced PID. Ein ATSC-M/H-Modulator kennt aber diese PID und fügt die Inhalte in besonderer Art und Weise in den ATSC-Rahmen ein. Die „normalen“ ATSC-Dienste und die mobilen Dienste teilen sich dann die konstante Gesamtdatenrate von 19.39 Mbit/s.

Ein ATSC-M/H-Multiplexer bereitet den MPEG-2-Transportstrom entsprechend auf und fügt die Mobile-DTV-Inhalte in den Datenstrom ein. Die Mobile-DTV-Services sind MPEG-4-AVC und MPEG-4-AAC codiertes Video und Audio auf Datenraten von ca. insgesamt 0.5 Mbit/s Netto pro Service bei Display-Auflösungen, die den Mobil-Telefonen entsprechen (416 Pixel x 240 Zeilen (16:9)). Die Inhalte sind aus Kompatibilätsgründen ähnlich wie bei DVB-H in UDP- und IP-Protokolle eingebettet (Abb. 23.23.). Zusätzlich werden dem ATSC-M/H-kompatiblen Modulator Signalisierungs- und Steuersignale zugeführt. Nicht Bestandteil des ATSC-M/H-Standard-Vorschlags, aber parallel mit auch vorgesehen ist die Möglichkeit der Bildung von Gleichwellennetzen (SFN's = Single Frequency Networks). Es gibt hierzu einen Standard [A/110B], der momentan aus Aufwands- und Lizenzgründen nicht genutzt wird, aber auch proprietäre Lösungen der SFN-Synchronisierung (z.B. Rohde&Schwarz).

23.5.1 Kompatiblität zur bestehenden ATSC-Rahmenstruktur

Der Schlüssel bei ATSC-M/H ist die Rückwärtskompatibilität zum normalen ATSC. Normale ATSC-Receiver dürfen sich nicht von den zusätzlichen mobilen Inhalten gestört fühlen. Um dies zu erreichen, ist es notwendig sich vollständig an die bestehende ATSC-Segment-, Field – und Framestruktur anzupassen. Ein ATSC-Segment beinhaltet ein zeitlich geinterleavtes und zweifach-fehlergeschütztes (Reed-Solomon und Trellis) MPEG-2-Transportstrom-Paket. Die ursprünglichen MPEG-2-Sync-Bytes, die nicht in der zeitlichen Lage verschoben wurden, sind hierbei durch den Segment-Sync (4 Symbole) ersetzt worden. Aus den 187 Byte – ohne Sync – Byte – eines MPEG-2-Transporstrompakets werden mittels RS(188, 208) und 2/3-Trellis-Codierung nun 2484 Bytes eines ATSC-Segments. Aufgrund des zeitlichen Verwürfelns sind die fehlergeschützten Daten nun aber auch nicht mehr transparent in einem Segment auffindbar, sondern über 52 Segmente bzw. Transportstrom-Pakete verteilt.

ATSC ordnete 313 Segmente einem Field und 2 Fields einem Rahmen zu. Will man neue mobile Inhalte kompatibel in ATSC eingliedern, so muss man sich an diese Rahmenstruktur halten. Für die Adaption von ATSC-M/H sind nun folgende Betrachtungen wichtig:

- 52 Transportstrom-Pakete bzw. 52 benachbarte Segmente beinhalten interleavte zusammengehörige Daten.
- 3 • 52 Transportstrom-Pakete ergeben eine Anzahl von 156 Paketen, bzw. 156 Segmenten.
- 2 • 156 = 312 Segmente ergeben ein ATSC-Field.

- Das ATSC-Field ist zusammen mit dem Field-Sync insgesamt 313 Segmente lang.

Möchte man Gleichwellennetze bilden, so ist die Grundvoraussetzung, dass alle Modulatoren vollkommen frequenz-, zeit- und datensynchron arbeiten. D.h. man braucht eine Synchronisation der Rahmenstruktur, ausgehend vom ATSC-M/H-Multiplexer. D.h. der Multiplexer teilt dem ATSC-Modulator den ATSC-Rahmenstart und den Abstrahlzeitpunkt der ATSC-Symbole mit.

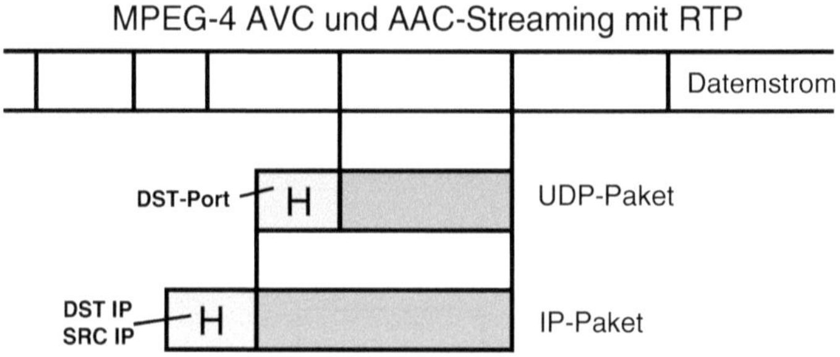

Abb. 23.23. MPEG-4 AVC und AAC-Streaming bei ATSC-M/H

Bei ATSC-M/H – „Mobile DTV“ wird nun der Inhalt für die mobilen Services

- MPEG-4 AVC – H.264 codiert (Video), Bildauflösung 416 Pixel x 240 Zeilen (16:9),
- sowie MPEG-4 AAC codiert (Audio),
- eingebettet in eine IP-Landschaft,
- mit zusätzlichem Reed-Solomon – und Faltungscode versehen,
- mit zusätzlichen TPC = Transmission Parameter Channel – Informationen (Informationen über den physikalischen Layer, Fehlerschutz) ausgestattet,
- mit zusätzlichen FIC = Fast Information Channel – Informationen (Anzahl der Services) erweitert,
- mit zusätzlichen SSC = Service Signalling Channel – Informationen (ähnlich PSIP, Service-Namen) transparent bedienbar gemacht,
- mit zusätzlichen Trainingssequenzen für die mobilen Receiver besser empfangbar gemacht,

- optional mit ESG = Electronical Service Guide über OMA BCAST (Open Mobile Alliance Broadcast) ausgestattet,

so vorbereitet in den dem ATSC-Modulator zugeführten MPEG-2-Transportstrom eingetastet (Abb. 23.24.), dass das dort stattfindende Interleaving und der Fehlerschutz quasi „überlistet", also vorausberechnet werden. Die zusätzlichen Inhalte laufen auf einer speziellen dem ATSC-M/H-Multiplexer und Modulator bekannten PID (0x1FF9 oder benutzerdefiniert). Jegliche Art der Signalisierung läuft auch hierüber. Die Daten für ATSC-M/H sind voraus so vor-interleaved (52 Transportstrom-Pakete), dass das Interleaving im Modulator die richtige Reihenfolge wiederherstellt (52 Segmente). Die Hauptaufgaben, wie zusätzlicher Fehlerschutz, das Einfügen von zusätzlichen Trainingssequenzen werden hierbei schon im ATSC-M/H-Multiplexer erledigt.

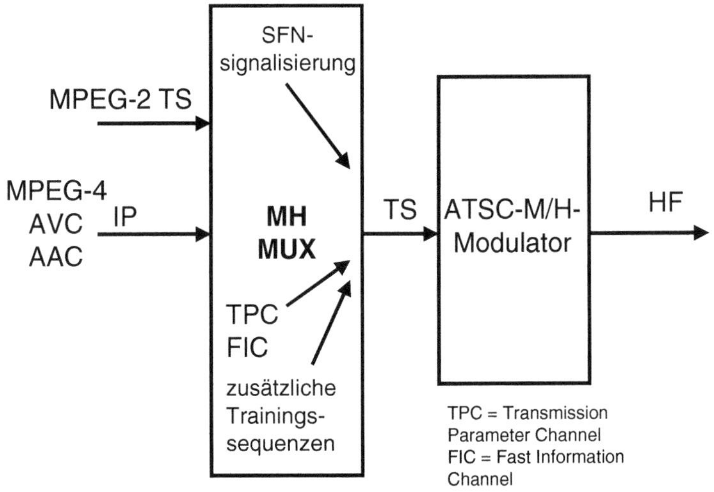

Abb. 23.24. ATSC-M/H-Multiplexer und ATSC-M/H-Modulator

23.5.2 MPEG-4-Video- und Audio-Streaming

Wie bei anderen Mobile-TV-Standards auch, wird bei ATSC-M/H der für die Mobil-Applikationen übertragene Inhalt über IP-Protokolle eingebettet (Abb. 23.23.). MPEG-4 AVC und MPEG-4 AAC Streaming- Material wird zunächst in UDP-Pakete (= User Datagram Protocol Packets) über den Umweg von DSM-CC-Sections in den MPEG-2-Transportstrom eingefügt. Diese Variante der Datenübertragung ermöglicht die Kompatibilität zu anderen Übertragungsvarianten (siehe hierzu auch Kapitel DVB-H). MPEG-4 AVC = H.264 ist die modernste und effektivste Art der Videokompression momentan. Gleiches gilt für MPEG-4 AAC+ für die Audio-Codierung.

23.5.3 ATSC-M/H-Multiplexer

Der ATSC-M/H-Multiplexer (Abb. 23.34.) ist eigentlich das Schlüsselelement für die ATSC-M/H-Signal-Aufbereitung. Er bereitet die ATSC-M/H-Zusatzdaten in für den ATSC-M/H-Modulator „verdaulicher“ Art- und Weise auf. Er sorgt für die IP-Encapsulation und für den Fehlerschutz, sowie für das Vor-Interleaving und das Einfügen der zusätzlichen Trainingssequenzen für die M/H-Receiver.

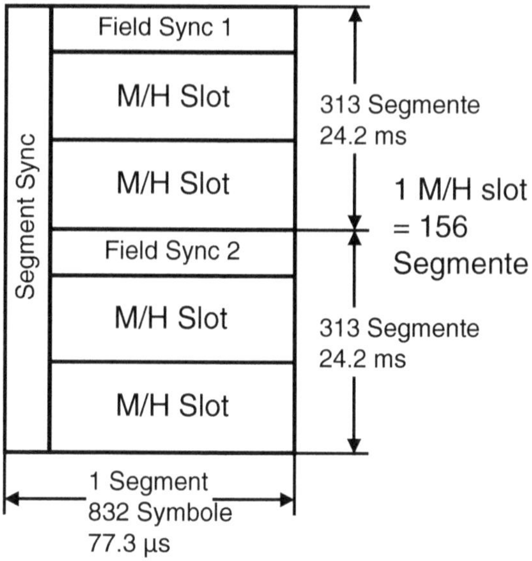

Abb. 23.25. Bildung von ATSC-M/H-Slots

Vereinfacht beginnen die ATSC-M/H-Slots (Abb. 23.25.) genau an einer Field-Grenze. In Wirklichkeit haben diese jedoch einen vor den Field-Sync verschobenen Offset von 37 Transportstrompaketen bzw. Segmenten. Dies ist aber im Bild nicht dargestellt und könnte im ersten Moment eher verwirren.

23.5.3.1 Kompatible ATSC-M/H-Rahmenbildung

Ein ATSC-Field wird hierbei in zwei M/H-Slots eingeteilt (Abb. 23.25.). Jeder M/H-Slot ist 156 Segmente lang (man erinnere sich: 3 • 52 interleavte TS-Pakete = 156 Pakete). Der eigentliche ATSC-M/H-Anteil steckt hierbei in den ersten 118 Segmenten, der Rest der 156 Segmente wird immer für den ATSC-Main-Stream verwendet. Einer bis acht M/H-Slots ergeben eine Parade. Eine Parade kann ein oder zwei ATSC-M/H-Ensembles tragen. Eine Parade ist also nichts anderes als eine Reihe von M/H-Slots, die die gleichen M/H-Inhalte übertragen. Der Datenratenanteil einer Parade an den insgesamt 19.39 Mbit/s des Netto-ATSC-Kanals beträgt 0.9 bis 7.3 Mbit/s. Die eigentliche Nutzdatenrate einer Parade ist aber aufgrund des zusätzlichen Fehlerschutzes niedriger.

Bei ATSC-M/H wird zunächst ein aus 16 benachbarten M/H-Slots bestehender M/H-Sub-Frame gebildet. 5 M/H-Subframes ergeben einen M/H-Frame (Abb. 23.26.). Welche M/H-Slots wirklich mit M/H-Inhalt belegt werden, hängt von der Anzahl der einer Parade zugeordneten Slots (1 bis 8) ab und ist im Detail im Standard definiert. Ist ein M/H-Slot mit M/H-Inhalt belegt, so werden nur die ersten 118 Segmente, bzw. Transportstrom-Pakete hierzu verwendet; der Rest ist dem Main-ATSC vorbehalten. Man will damit erreichen, dass die MPEG-Buffer für Main-ATSC im Receiver nicht leer laufen.

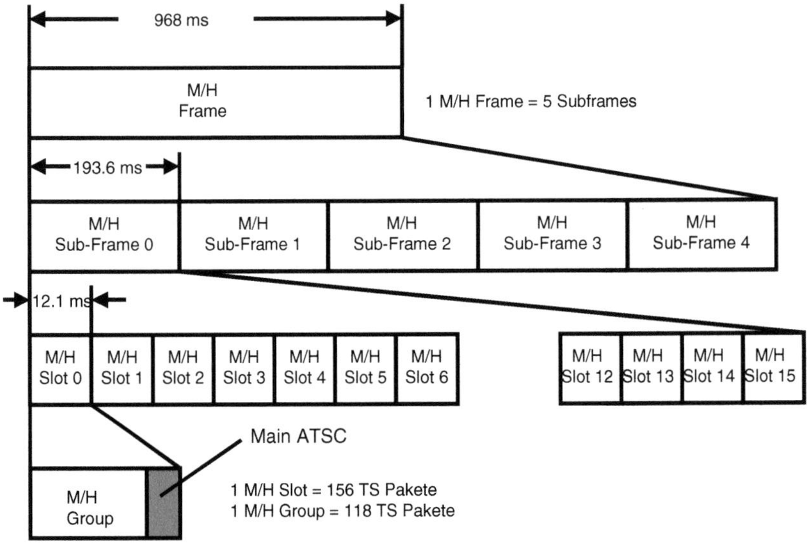

Abb. 23.26. ATSC-M/H-Rahmenbildung

23.5.3.2 Zusätzlicher Fehlerschutz

Der ATSC-M/H-Inhalt ist zusätzlich fehlergeschützt (Abb. 23.28. und 23.29.). Der Fehlerschutz wird hierbei schon im ATSC-M/H-Multiplexer hinzugefügt. Der zusätzliche Fehlerschutz besteht aus einem Reed-Solomon-Fehlerschutz und aus einer Faltungscodierung. Die zusätzliche Faltungscodierung zusammen mit der Trellis-Codierung im ATSC-Modulator ergibt dann einen Turbo-Code. Nach der Faltungscodierung wird der ATSC-M/H-Inhalt zusätzlich noch ge-interleaved.

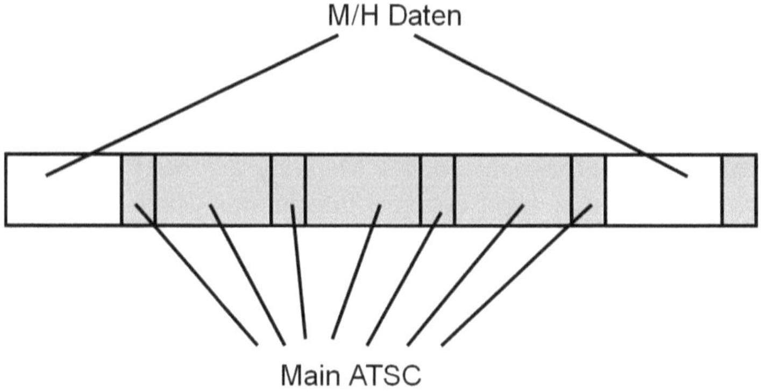

Abb. 23.27. M/H-Daten und Main-ATSC-Daten

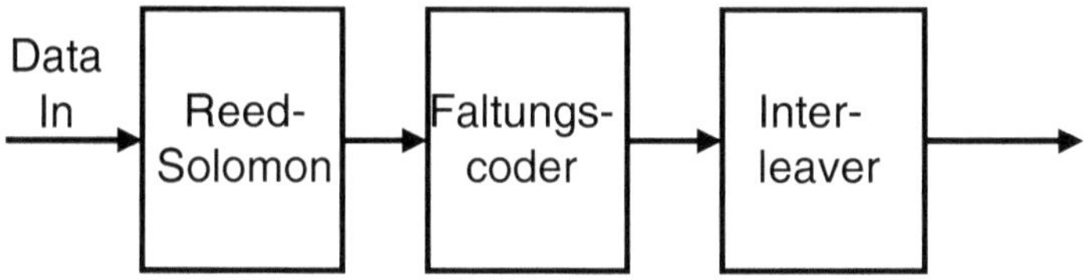

Abb. 23.28. Zusätzlicher ATSC-M/H-Fehlerschutz

23.5.3.3 Zusätzliche Trainingssequenzen

Der ATSC-Multiplexer fügt zudem 6 zusätzliche Trainingssequenzen für den Equalizer im Empfänger ein. Damit ist es dem Receiver möglich, sich besser auf ungünstige, portable, wie mobile Empfangsbedingungen einzustellen. Auch wird hierüber ein Receiver besser mit Gleichwellennetz-Bedingungen fertig werden.

23.5.3.4 Zusatzdaten

Neben den MPEG-4-Streaming-Daten, werden bei ATSC-M/H auch zusätzliche für den Empfänger wichtige Informationen auf verschiedenen Layern übertragen (Abb. 23.30.). Dies sind

- TPC = Transmission Parameter Channel,
- FIC = Fast Information Channel,
- SSC = Service Signalling Channel,
- OMA BCAST = Open Mobile Alliance Broadcast.

Der Transmission Parameter Channel und der Fast Information Channel sind relativ nah am untersten physikalischen Layer eingebunden; beide sind fest in bestimmten Bytes in den M/H-Slots eingetragen. Der Transmission Parameter Channel signalisiert das Mapping der M/H-Slots und den zusätzlichen Fehlerschutz. Über den Fast Information Channel werden die Anzahl der Services und deren ID's übertragen. Die eigentlichen Service-Namen stecken im Service Signalling Channel, der auf IP-Ebene transportiert wird. Zusätzlich können EPG – Daten im OMA BCAST ausgestrahlt werden.

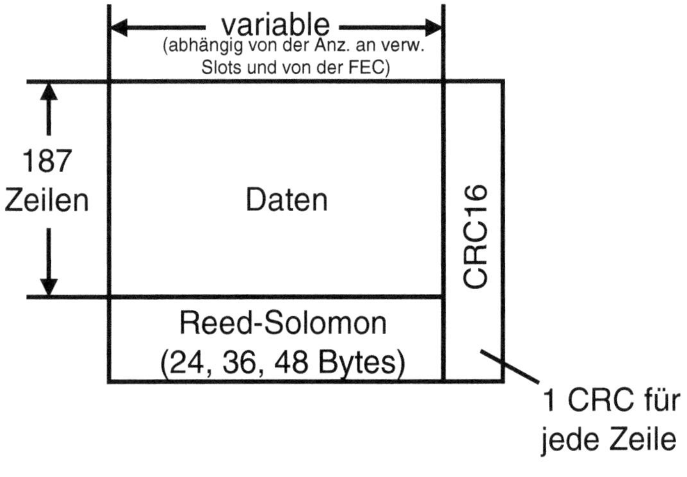

Abb. 23.29. Zusätzlicher Reed-Solomon-Fehlerschutz

23.5.4 ATSC-M/H-Modulator

Der ATSC-M/H-Modulator empfängt die voraufbereiteten M/H-Daten auf einer speziellen PID inklusive der „normalen" ATSC-Daten auf den üblichen über PSI signalisierten PID's und fügt die M/H-Mobile DTV-Daten in M/H-Slots ein. Ein M/H-Slot ist ein halbes ATSC-Field lang. Ein M/H-Time-Slot besteht aus einer bestimmten Anzahl von benachbarten ATSC-Segmenten. Der ATSC-M/H-Modulator wird durch Signalisierung vom ATSC-M/H-Multiplexer gesteuert. Die ATSC-Frame-Bildung ist nun nicht mehr im ATSC-Modulator frei wählbar, sondern an die ATSC-M/H-Daten angebunden. Außerdem muss der ATSC-Modulator nun zu bestimmten Zeitpunkten einen Trellis-Reset durchführen. Das Resultat nach der Modulation sieht aber nun für einen „normalen“ ATSC-Receiver einfach nur so aus, als wäre ein Teil der übertragenen Daten in nicht bekannten, also unreferenced PID's enthalten. ATSC-M/H-Receiver sind aber in der Lage eben auch diese Daten zu nutzen.

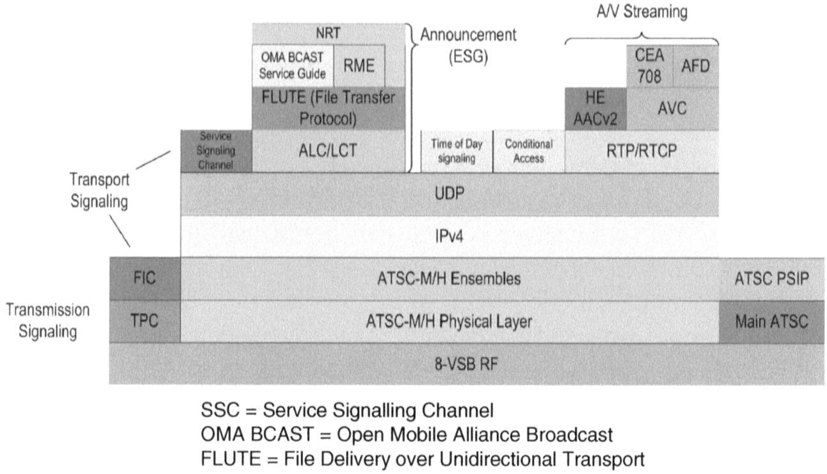

Abb. 23.30. ATSC-M/H-Layer (Quelle: Rohde&Schwarz)

23.5.5 Bildung von Gleichwellennetzen

Gleichwellennetze sind aufgrund der Frequenzknappheit eine sehr wirtschaftliche Möglichkeit, die gleiche Frequenz auf einer größeren Fläche zu verwenden. Dies wird v.a. sehr intensiv bei COFDM-basierenden Übertragungsstandards verwendet. Bei ATSC versucht man nun auch diesen Weg zu gehen. Hierbei gilt ebenfalls, dass alle Sender in einen ATSC-Gleichwellennetz

- frequenzsynchron
- zeitsynchron

- datensynchron und
- Abstrahlzeitpunkte erfüllend

sein müssen. Schutzintervalle gibt es bei einem Einträgermodulationsverfahren nicht. Hierbei müssen im Empfänger entsprechende Equalizer das maximal mögliche aus den Empfangsbedingungen herausholen helfen. Das Wesentliche bei ATSC im Zusammenhang mit Gleichwellennetzen ist die Rahmensynchronisation aller beteiligten Modulatoren und der Abstrahlzeitpunkt der Symbole. Die Synchronisation der Modulatoren erfolgt über den Multiplexer.

23.5.6. Zusammenfassung

ATSC-M/H „Mobile DTV“ ist eine Erweitung im bestehenden ATSC-Standard, um ATSC besser portabel und mobil nutzbar zu machen. Zahlreiche rückwärts-kompatible Erweiterungen, die ein „normaler“ ATSC-Empfänger einfach ignoriert, sind in das ATSC-Signal eingefügt worden. Um ATSC-M/H ausstrahlen zu können, ist neben einem ATSC-M/H-kompatiblen Modulator ein ATSC-M/H-Multiplexer (Abb. 23.34.) notwendig. Neue ATSC-Receiver können bei Mehrwege-Empfang Laufzeitdifferenzen von etwa bis zu 40 µs in gewissen Grenzen kompensieren und ermöglichen somit auch Gleichwellennetze in dieser Größenordnung; dies ist aber v.a. von den Pegeldifferenzen der Empfangspfade und der Anzahl der Pfade abhängig und v.a. vom Receiver abhängig.

Abb. 23.31. Beispiel für Closed Captioning

23.6 Closed Captioning

Bei NTSC ist bzw. war es üblich, sog. Closed Captioning Daten in der Vertikalaustastlücke in Zeile 21 des ersten und zweiten Halbbildes zu übertragen. Hierüber werden in je zwei Bytes pro Halbbild im Prinzip Untertitel ggf. in verschiedenen Sprachen zum TV-Empfänger geschickt (Abb. 23.31.); es sind also Texte, die zur laufenden Sendung Bezug haben. Die Datenrate hierüber lässt sich berechnen zu:

- 2 Byte pro Halbbild mit 60 Halbbildern pro Sekunde ergeben
- 120 Byte pro Sekunde je 8 Bit = 920 Bit/s.

Abb. 23.31. zeigt ein Beispiel für eine Einblendung von Closed Captioning (oft mit CC abgekürzt) in einem TV-Bildschirm. Die Einblendung kann vom Zuschauer über die CC-Taste auf der Fernbedienung ein- oder ausgeschaltet werden. Abb. 23.32. zeigt Zeile 21 mit Closed Captioning Daten.

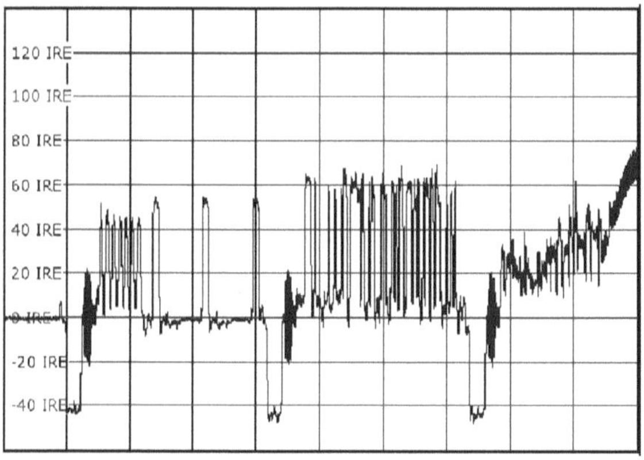

Abb. 23.32. Zeile 21 bei NTSC mit Closed Captioning Daten

Der Standard hierzu ist EIA-608 A. Die Ausstrahlung von Closed Captioning Daten ist in den USA gesetzlich geregelt. Auch bei ATSC wurde eine kompatible Übertragung solcher Daten standardisiert im Standard EIA-708 B. Der Versand der Closed Captioning Daten erfolgt nicht wie bei DVB in privaten PES-Strömen, sondern über die optionalen User Data nach dem Picture Header im Video-PES-Strom. Damit sind die Daten automatisch synchron zum Videostrom. Die Datenrate ist 10 mal so groß wie beim analogen Fernsehen. Die Datenrate der Closed Captioning Daten bei ATSC beträgt

- 9600 Bit/s,
- oder 20 Byte pro Picture User Data Field mit 60 Frames pro Sekunde.

Abb. 23.33. zeigt die Position der Picture User Data im Video-PES-Strom. Ein CC-Decoder, der Bestandteil eines MPEG-Decoder-Chips sein kann, holt diese Daten aus dem Datenfeld nach dem Picture Header und blendet die entsprechenden Textinformationen in das decodierte Bild ein.

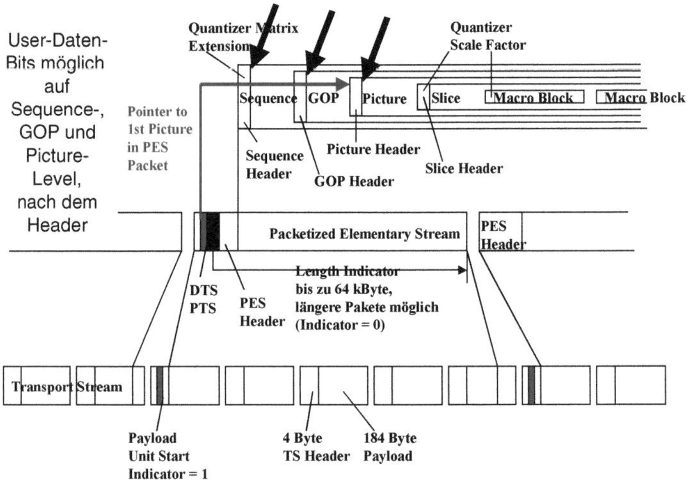

Abb. 23.33. Picture User-Daten mit eingebetteten Closed Captioning-Daten

23.7 Aktueller Stand ATSC

Analog Switch-off war in USA am 12. Juni 2009. Seither ist nur noch ATSC „in der Luft". ATSC wird aktuell in den USA, Kanada, Mexiko und Südkorea benutzt. In Kanada war der „Analog-Switch-off" mehrfach geplant und verschoben worden. In Südkorea wurde mittlerweile auch DVB-T2 mit UHDTV-Inhalten in einem Feldversuch getestet.

Bei ATSC gibt es mehrere Versionen, nämlich

- ATSC 1.0 („klassisches ATSC“ mit MPEG-2-Video und AC-3-Audio)
- ATSC 2.0 (physikalischer Layer wie ATSC 1.0, aber mit Erweiterungen im Transportstrom),
- sowie ATSC 3.0 (neuer Standard mit OFDM-Übertragungsverfahren, noch in der Definition).

ATSC 1.0 und ATSC 2.0 nutzen den gleichen physikalischen Layer, nämlich wie beschrieben 8VSB-Modulation. ATSC 2.0 ist rückwärtskompatibel und erlaubt interaktive und hybride Services über Internet. Außerdem ist nun auch MPEG-4/AVC zugelassen.

ATSC 3.0 ist ein geplanter völlig neuer Standard, bei dem das Übertragungsverfahren ähnlich sein wird wie bei DVB-T2. D.h. es wird hier ein OFDM-basierendes Verfahren zum Einsatz kommen. Es gibt momentan keine offiziellen Veröffentlichungen.

Literatur: [A/153], [A/110B], [7EB01_APP], [SFQ], [SFU], [EFA], [ETL], [EIA-608A], [EIA-708B], [A/153]

24 ATSC/8VSB-Messtechnik

Im folgenden Abschnitt wird die Messtechnik an der Luftschnittstelle für das nordamerikanische Übertragungsverfahren des digitalen terrestrischen Fernsehens im Detail diskutiert. ATSC - Advanced Television System Committee verwendet als Modulationsverfahren ein Einträgerverfahren, nämlich 8VSB - 8 Vestigial Sideband. Das Konstellationsdiagramm von 8VSB ist kein Punkt-Diagramm - es ist ein Liniendiagramm. Wegen der von der von der Restseitenbandfilterung hervorgerufenen Q-Komponente entstehen aus den ursprünglich 8 Punkten auf der I-Achse 8 Linien. Grundsätzlich gilt bei 8VSB, dass die Signalqualität umso besser sein wird, je schmäler die 8 Linien sind. Das 8VSB-Verfahren erscheint im Vergleich zum Mehrträgerverfahren COFDM als relativ einfach, aber umso empfindlicher ist es auf diverse Signaleinflüsse aus dem terrestrischen Umfeld.

Die zu besprechenden Signaleinflüsse sind:

- Additives weißes gauß'sches Rauschen
- Echos
- Amplituden- und Gruppenlaufzeitverzerrungen
- Phasenjitter
- IQ-Fehler des Modulators
- mangelnder Schulterabstand
- Interferenzstörer.

Alle Einflüsse auf das 8VSB-Signal äußern sich in Bitfehlern. Diese Bitfehler können aufgrund der Forward Error Correction (FEC) bis zu einem bestimmten Maß korrigiert werden. Die Messung des Bitfehlerverhältnisses ist ebenso wichtig, wie die detaillierte Analyse der Ursachen für die Bitfehler.

24.1 Messung der Bitfehlerverhältnisse

Bei ATSC/8VSB gibt es aufgrund zweier vorhandener Fehlerschutzmechanismen, nämlich der Reed-Solomon-Blockcodierung und der Faltungscodierung insgesamt 3 Bitfehlerverhältnisse (Bit Error Ratio = BER), nämlich das

- Bitfehlerverhältnis vor Viterbi
- Bitfehlerverhältnis vor Reed-Solomon
- Bitfehlerverhältnis nach Reed-Solomon.

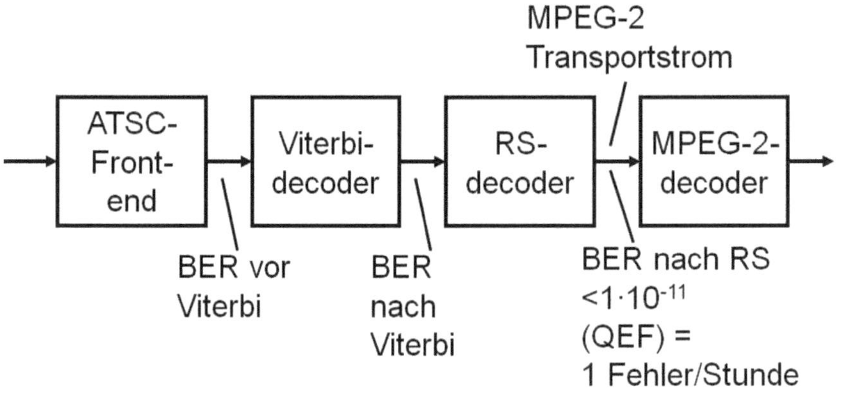

Abb. 24.1. Bitfehlerverhältnisse bei ATSC

Die interessanteste BER ist die BER vor Viterbi; sie entspricht dem Kanalbitfehlerverhältnis. Das Bitfehlerverhältnis vor Viterbi kann aufgrund von Mehrdeutigkeiten bei der Trelliscodierung systembedingt leider nicht messtechnisch erfasst werden. Das Bitfehlerverhältnis nach Viterbi, also vor Reed-Solomon lässt sich direkt vom Reed-Solomon-Decoder ableiten. Nicht-korrigierbare Bitfehler, also mehr als 10 Bitfehler pro 208 Byte langem blockfehlergeschütztem Transportstrompaket ergeben Bitfehler nach Reed-Solomon. Dieses Bitfehlerverhältnis lässt sich ebenfalls vom Korrekturergebnis des Reed-Solomon-Decoders ableiten. Diese Bitfehler erkennt man an gesetzten Transport Error Indicator's im MPEG-2-Transportstrom. Die Messung der Bitfehlerverhältnisse erfolgt mit Hilfe eines ATSC/8VSB-Messempfängers.

24.2 8VSB-Messungen mit Hilfe eines Spektrumanalysators

Mit Hilfe eines Spektrumanalysators können am 8VSB-Signal sowohl Messungen im Band als auch vor allem außerhalb des Bandes vorgenommen werden. Die mit Hilfe eines modernen Spektrumanalysator zu erfassenden Parameter sind:

- Schulterabstand
- Amplitudenfrequenzgang
- Pilotträgeramplitude
- Oberwellen.

Es empfiehlt sich, an einem modernen Spektrumanalysator folgende Einstellungen vorzunehmen:

- Center Frequency auf Bandmitte
- Span 20 MHz
- RMS-Detektor
- Auflösebandbreite 20 kHz
- Videobandbreite 200 kHz
- langsame Ablaufzeit von größer 1 s wegen Mittelungsverhalten des RMS-Detektors
- kein Averaging.

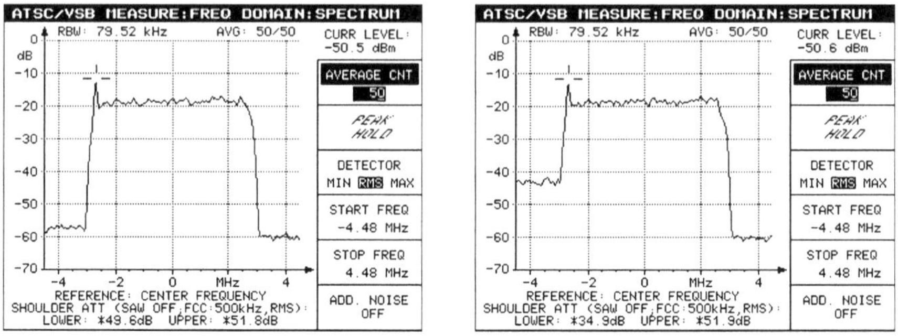

Abb. 24.2. Spektrum eines 8VSB-Signals mit guter (links) und schlechter (rechts) Unterdrückung des Restseitenbands

Anschließend kann dann der Schulterabstand, speziell auch die Unterdrückung des Restseitenbandes vermessen werden. Ebenfalls lässt sich die Pilotamplitude und die Amplitudenverzerrung im Durchlassbereich erfassen.

24.3 Konstellationsanalyse an 8VSB-Signalen

Das Konstellationsdiagramm eines 8VSB-Signales ist im Gegensatz zur Quadraturamplitudenmodulation (QAM) nicht ein Punkt-, sondern ein Liniendiagramm. Ein ATSC-Messempfänger beinhaltet meist einen Konstellationsanalyzer, der dieses Liniendiagramm mit acht parallelen und möglichst schmalen vertikalen Linien darstellt.

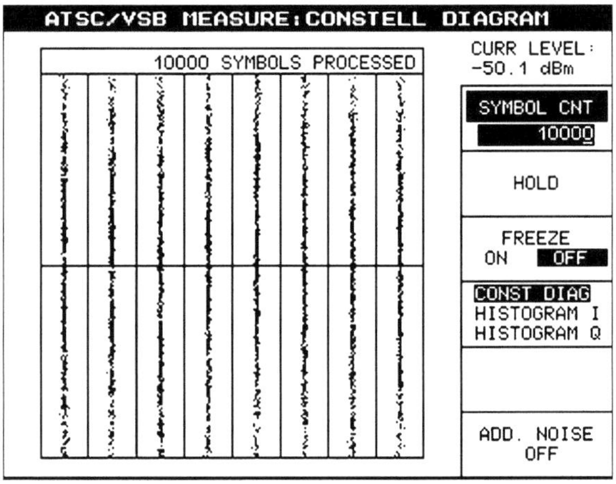

Abb. 24.3. Unverzerrtes Konstellationsdigramm eines 8VSB-Signals

Das in Abb. 24.3. dargestellte Konstellationsdiagramm mit sehr schmalen Linien weist nur geringfügigen Rauscheinfluss auf, wie er auch schon im ATSC-Modulator bzw. -Sender entsteht. Es kann jedoch grundsätzlich gesagt werden, je dünner die Linien, desto geringer sind auch die Signalverzerrungen. Im Falle eines reinen rauschförmigen Einflusses sind die Linien über den gesamten Bereich gleichmäßig aufgeweitet (Abb. 23.4.). Je breiter die Linien werden, desto größter ist der Rauscheinfluss. Bei der Konstellationsanalyse wird mit Hilfe der Statistik (gauß'sche Normalverteilung) durch Ermittelung der Standardabweichung der Treffergebnisse in den verschiedenen Bereichen des Konstellationsdiagramms der Effektivwert des rauschförmigen Einflusses ermittelt.

Ein Messempfänger ermittelt daraus den Störabstand SNR in dB bezogen auf die Signalleistung, die er ebenfalls erfasst.

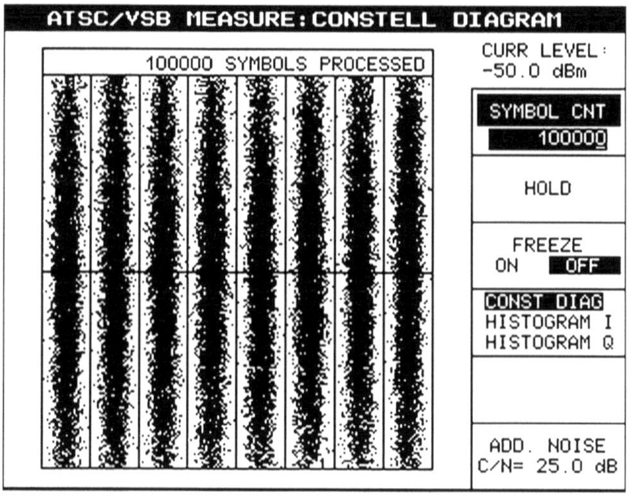

Abb. 23.4. 8VSB-Konstellationsdiagramm mit Rauscheinfluss

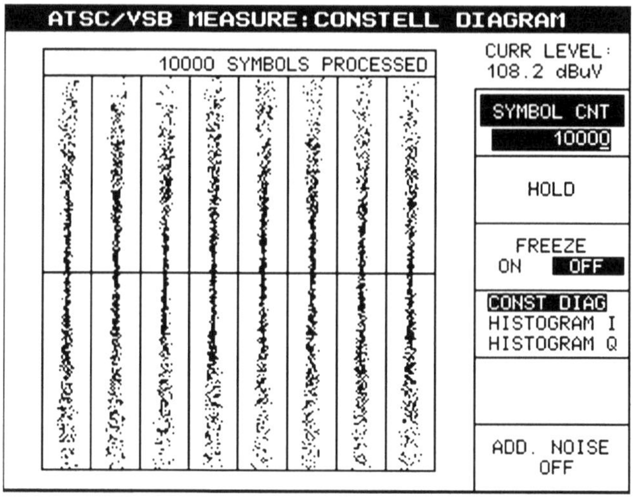

Abb. 23.5. 8VSB-Konstelltionsdiagramm mit Phasenjitter

Im Falle eines Phasen-Jitters (Abb. 23.5.) wird das Konstellationsdiagramm trompetenförmig verzerrt, d.h. die Konstellationslinien im entsprechenden Entscheidungsfeld werden umso mehr aufgeweitet, je weiter man sich von der horizontalen Mittellinie entfernt.

Im Modulation Error Ratio - im MER - werden alle Störeinflüsse in einem Gesamtparameter erfasst (Abb. 24.6.). Beim MER wird aus jedem Störeinfluss zu jeder Zeit ein Fehlervektor ermittelt. Der Effektivwert aller Fehlervektoren wird dann ins Verhältnis zur Signalamplitude gesetzt und ergibt dann das MER, das üblicherweise in dB angegeben wird. Ist nur reiner Rauscheinfluss vorhanden, so entspricht das MER direkt dem SNR.

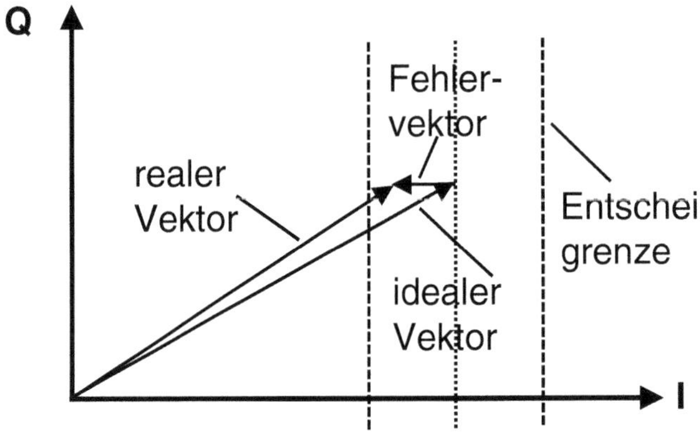

Abb. 24.6. Bestimmung des Modulation Error Ratios (MER) eines 8VSB-Signals

Grundsätzlich gilt:

MER[dB] <= SNR[dB];

$MER_{RMS}[dB] = -10 \log(1/n \cdot (\Sigma(|Fehlervektoren|)^2/U_{RMS\_Signal\_ohne\_Pilot});$

Ein 8VSB-Messempfänger erfasst eine Vielzahl an Messparametern auch rein numerisch (Abb. 24.7.). Dies ist u.a. die Signalamplitude, Bitfehlerrate, die Pilotamplitude, die Symbolrate, der Phasenjitter, das SNR und das MER.

24.4 Ermittelung des Amplituden- und Gruppenlaufzeitganges

Obwohl im ATSC/8VSB-Signal keinerlei Pilotsignale zur Vermessung des Kanals selbst mitgeführt werden, lässt sich mit Hilfe des Kanalequalizers im Messempfänger aus den PRBS-Sequenzen im 8VSB-Signal der Amplituden- und Gruppenlaufzeit, bzw. –Phasengang [Abb. 24.8.] ermitteln. Die vom 8VSB-Messempfänger ausgegebenen Signalverläufe dienen dem Abgleich z.B. eines ATSC-Modulators bzw. -Senders. Aus den Daten des Equalizers lässt sich auch auf das Echoverhalten des Übertragungskanals rückschließen und die Impulsantwort [Abb. 24.9] berechnen.

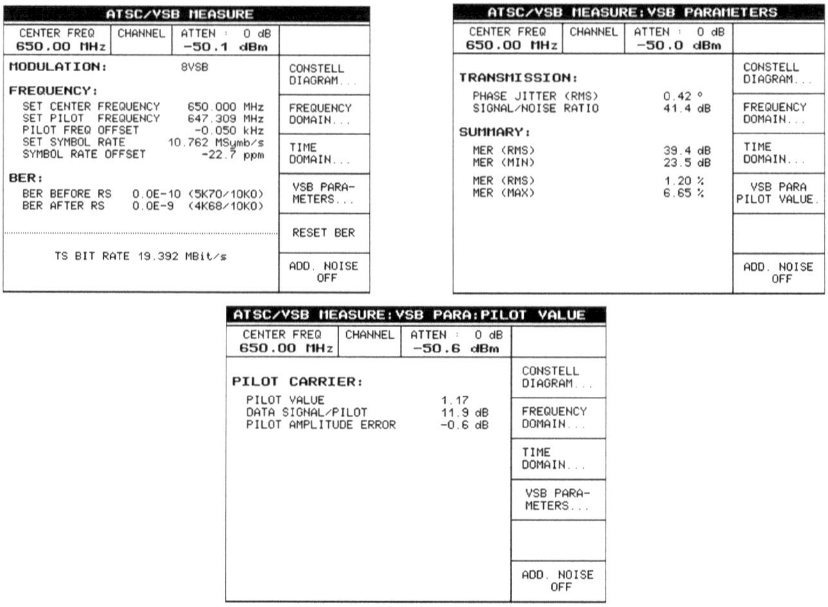

Abb. 24.7. Messwert-Displays eines ATSC-Messempfängers [EFA]

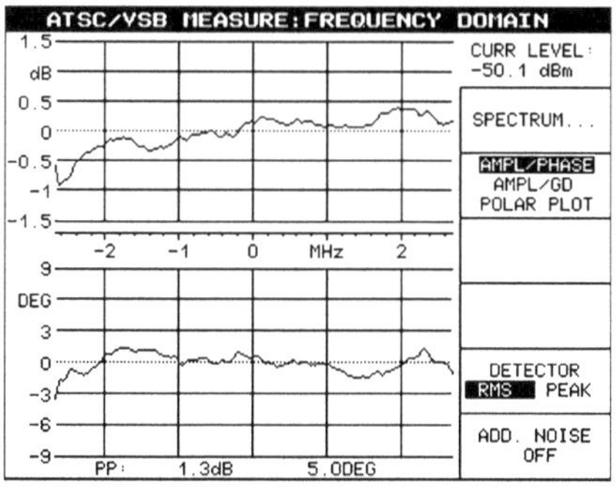

Abb. 24.8. Amplituden- und Phasengang-Messung mit Hilfe eines ATSC-Messempfängers [EFA]

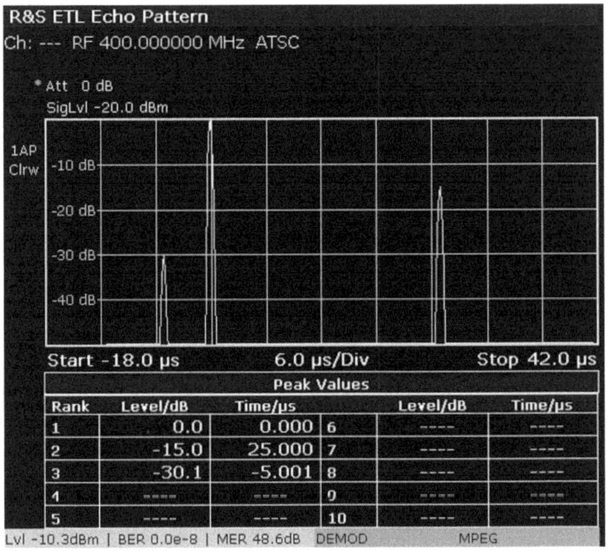

Abb. 24.9. Ghost Pattern / Impulsantwort [ETL]

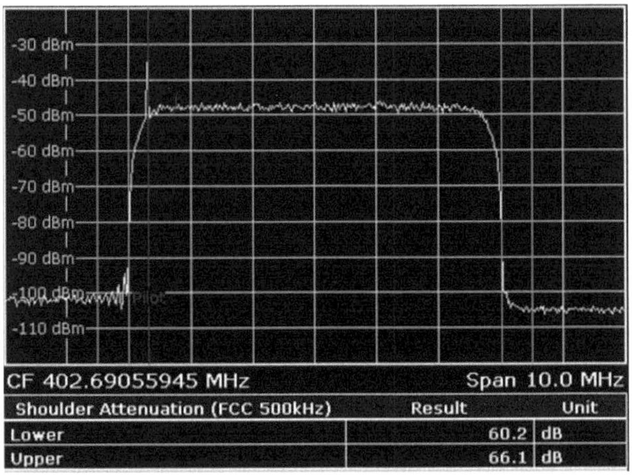

Abb. 24.10. ATSC-Spektrum [ETL] mit Schulterabstandsmessung, Pilot deutlich erkennbar

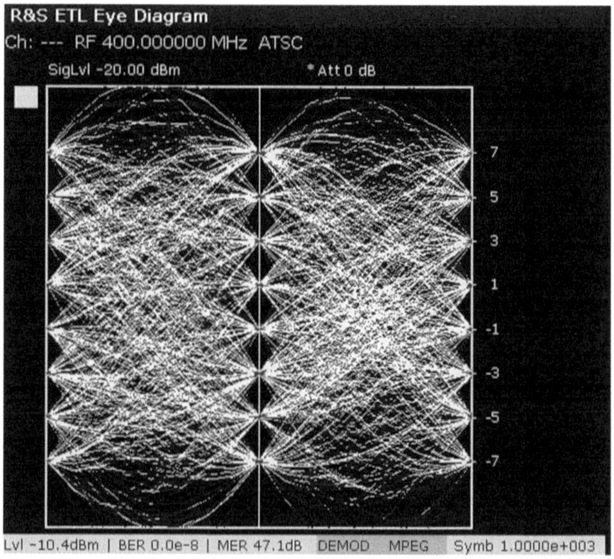

Abb. 24.11. Augendiagramm eines ATSC-8VSB-Signals

24.5. Weitere Messungen

Es gibt auch ATSC-Analyzer, die ein Augendiagramm eines 8VSB-Signals darstellen [Abb. 24.11.]. Hierbei wird das demodulierte Signal vor dem Demapper zum Abtastzeitpunkt, sowie die Übergangsverläufe zwischen den Abtastzeitpunkten des 8VSB-Signals dargestellt. Die Augenöffnung erlaubt Rückschlüsse auf die Signalqualität, die Form der Transienten hilft bei der Ursachenfindung.

Heutige ATSC-Analyzer [ETL] stellen die Konstellationsdiagramme teilweise auch farbig dar [Abb. 24.12.]. Die Farben sind den Trefferwahrscheinlichkeiten im Konstellationsdiagramm zugeordnet. D.h. anhand der Farben kann man erkennen, wo sich das Signal im Konstellationsdiagramm am häufigsten aufhält.

Abb. 24.12. Konstellationsdiagramm eine 8VSB-Signals, Trefferwahrscheinlichkeiten farblich dargestellt

Literatur: [A53], [EFA], [SFQ], [SFU], [ETL]

25 Digitales Terrestrisches Fernsehen gemäß ISDB-T (Japan)

Der japanische Standard für digitales terrestrischen Fernsehen heißt ISDB-T - Integrated Services Digital Broadcasting - Terrestrial. Der gleichnamige Standard wurde im Jahre 1999 deutlich nach DVB-T und ATSC verabschiedet. Man konnte deshalb auch Erfahrungen aus den älteren Standards mit in Betracht ziehen. Ganz klar hat man sich bei ISDB-T nicht wie bei ATSC für ein Einträgerverfahren, sondern wie bei DVB-T richtigerweise für ein COFDM-Vielträgerverfahren entschieden. ISDB-T ist noch deutlich aufwändiger als DVB-T; es ist aufgrund des deutlich größeren Interleaving über die Zeit auch robuster. ISDB-T kommt außerhalb Japan in großen Teilen von Südamerika (Brasilien, Argentinien u.a.) und auf den Philippinen zum Einsatz, bzw. wird dort noch getestet.

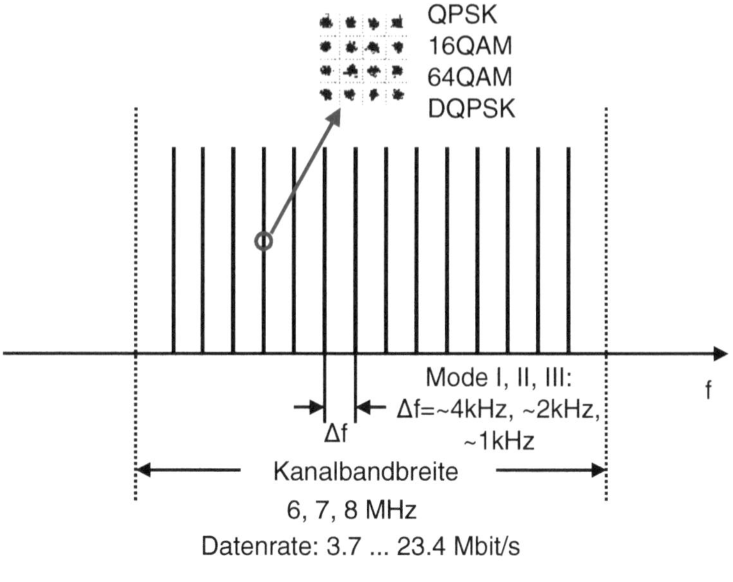

Abb. 25.1. COFDM-Modulationsverfahren bei IDSB-T

Bei ISDB-T kommt COFDM – Coded Orthogonal Frequency Division Multiplex im 2K, 4K und im 8K-Modus zum Einsatz. Der 6 MHz breite Kanal ist in 13 Teilbänder einteilbar. In diesen 13 Teilbändern können unterschiedliche Modulationsparameter gewählt werden und unterschiedliche Inhalte übertragen werden. Zeitinterleaving kann wahlweise in verschiedenen Stufen eingeschaltet werden. Bei einer tatsächlichen Kanalbandbreite von 6 MHz ist das eigentliche Nutzband nur 5.57 MHz breit, d.h. es gibt zum unteren und oberen Nachbarkanal einen Schutzabstand von je etwa 200 kHz. Ein Teilband des ISDB-T-Kanals ist 430 kHz breit.

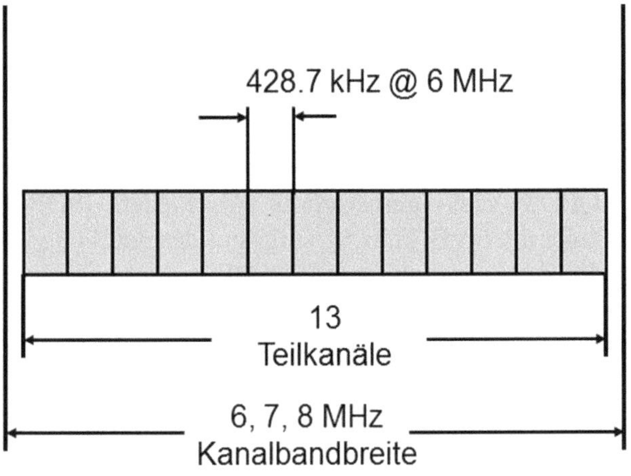

Abb. 25.2. ISDB-T-Kanal

Bei ISDB-T können unterschiedliche Modulationsarten gewählt werden. Dies sind

- QPSK mit Kanalkorrektur
- 16QAM mit Kanalkorrektur
- 64QAM mit Kanalkorrektur
- DQPSK ohne Kanalkorrektur (bei differentieller Codierung nicht notwendig)

3 verschiedene Modes (Beispiel: 6 MHz-Kanal) sind möglich, nämlich

- Mode I mit
  108 Trägern pro Teilband

3.968 kHz Unterträgerabstand
1404 Trägern innerhalb des Kanals
2048-Punkte-IFFT

- Mode II mit
  216 Trägern pro Teilband
  1.9841 kHz Unterträgerabstand
  2808 Trägern innerhalb des Kanals
  4196-Punkte-IFFT
- Mode III mit
  432 Trägern pro Teilband
  0.99206 kHz Unterträgerabstand
  5616 Trägern innerhalb des Kanals
  8192-Punkte-IFFT

Der 6 MHz-Gesamtkanal wird, wie schon erwähnt, in 13 Teilbänder von exakt je 3000/7 kHz = 428.7 kHz unterteilt.

Nicht alle der 2048, 4192 oder 8192 OFDM-Träger in Modus I, II oder III werden tatsächlich als Nutzlastträger verwendet. Es gibt bei ISDB-T

- Nullträger, also Träger, die nicht verwendet werden
- Datenträger, also echte Nutzlast
- Scattered Pilots (jedoch nicht bei DQPSK)
- Continual Pilots
- TMCC-Träger (Transmission and Multiplexing Configuration Control)
- AC (Auxilliary Channel).

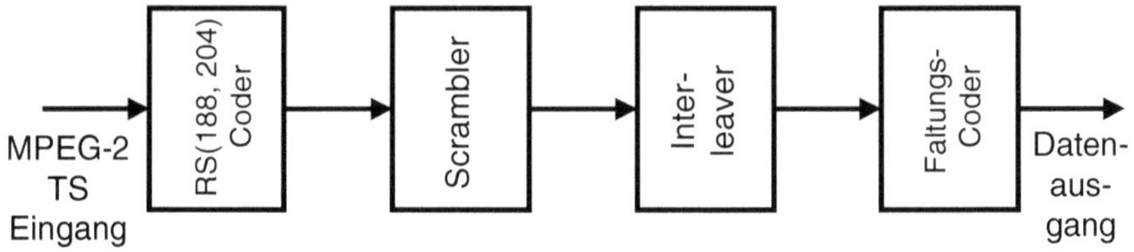

Abb. 25.3. Fehlerschutz bei ISDB-T

Die Nettodatenraten liegen zwischen 280.85 kbit/s pro Segment bzw. 3.7 Mbit/s pro Kanal und 1787.28 kbit/s pro Segment bzw. 23.2 Mbit/s pro 6 MHz-Kanal.

Aufgrund des Teilband- bzw. Segmentkonzeptes sind Schmalbandempfänger, die nur ein oder mehrere Teilbänder empfangen und auch Breitbandempfänger, die den ganzen 6 MHz breiten Kanal empfangen, realisierbar.

Der ISDB-T-Modulator ist grundsätzlich ganz ähnlich aufgebaut wie ein DVB-T-Modulator. Er besteht aus einem äußeren Fehlerschutz, realisiert als Reed-Solomon RS(204,188)-Coder, einer Energieverwischungseinheit, einem Interleaver, einem inneren Coder, realisiert als Faltungscoder, einem konfigurierbaren, ein- oder ausschaltbaren Zeitinterleaver, einem Frequenzinterleaver, der COFDM-Frame-Adaptierung, der IFFT usw. Der grundsätzliche Aufbau des Fehlerschutzes entspricht sogar fast unmittelbar dem von DVB-T. Es ist nur die Reihenfolge des RS-Coders und Scramblers (Energie-Verwischung) aufgrund des Layer-Konzepts vertauscht (siehe Blockschaltbild Teil 1, 25.9.). Die wählbaren Coderaten sind wie bei DVB-T:

- 1/2
- 2/3
- 3/4
- 5/6
- 7/8.

Es ist ein zusätzlicher Zeitinterleaver vorhanden und damit ist das Interleaving deutlich tiefer und auch konfigurierbar in den Stufen:

- 0
- 1
- 2
- 4.

Es können folgende Guard Interval – Längen eingestellt werden:

- 1/4
- 1/8
- 1/16
- 1/32.

25.1 Layer-Bildung

Bei ISDB-T können die einzelnen Segmente zu insgesamt drei Layern kombiniert werden, in denen unterschiedliche Übertragungsparameter

(Modulationsart und Fehlerschutz) gewählt werden können. In den drei hierarchischen Layern können dann unterschiedliche Inhalte unterschiedlich stark fehlergeschützt und unterschiedlich robust moduliert ausgestrahlt werden. Wieviele Segmente zu einem Layer kombiniert werden, ist wählbar. In jedem Segment eines Layers wird aber mit den gleichen Übertragungsparametern gearbeitet. Bei drei Layern müssen dann im Prinzip drei zugehörige voneinander unabhängige Datenströme zugeführt werden. Durch einen „Trick" ist es aber möglich, dies mittels eines gemeinsamen Zuführungstransportstrom zu tun (siehe hierzu Kapitel 25.3). Abb. 25.4. zeigt die Teilkanäle vor dem Frequenzinterleaving. Nach dem Frequenzinterleaving sind die Layer über den gesamten Kanal verstreut (Ausnahme Schmalbandvariante in der Mitte des Kanals). Der Grund hierfür ist die Vermeidung von frequenz-selektiven Problemen. Aufgrund von Mehrwegeempfang können an periodisch wiederkehrenden Stellen im Spektrum Auslöschungserscheinungen auftreten, die dann bestimmte Segmente oder Bereiche von Segmenten gezielt besonders stark stören können. Der Denkansatz bei ISDB-T ist etwas anders wie beim späteren DVB-T2. Bei ISDB-T sind die 3 Layer frequenzmäßig verschachtelt; bei DVB-T2 sind die verschiedenen PLP's über die Zeit verteilt.

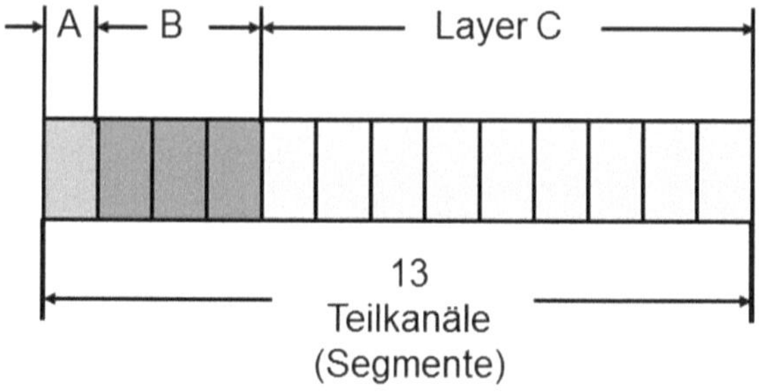

Abb. 25.4. Layer-Bildung

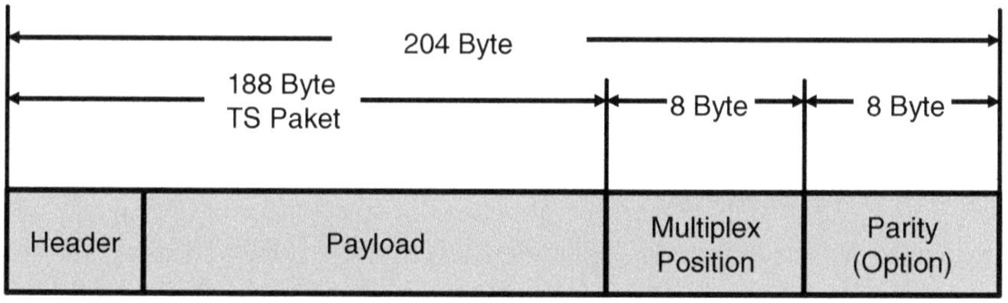

Abb. 25.5. Signalisierung der Layer in den 16 Zusatzbytes im Transportstrompaket bei der Transportstromzuführung

25.2 Basisbandcodierung

Im Bereich der Basisbandcodierung/Quellencodierung ist natürlich ISDB-T genauso offen wie jeder andere Übertragungsstandard auch. MPEG-2 Video und Audio sind hier genauso möglich wie auch die neuen optimaleren MPEG-4 Video- und Audio-Codecs. Bei ISDB-T wurde aber zunächst für die Basisbandcodierung MPEG-2 Video (SDTV und HDTV), sowie für Audio MPEG-2 AAC eingesetzt.

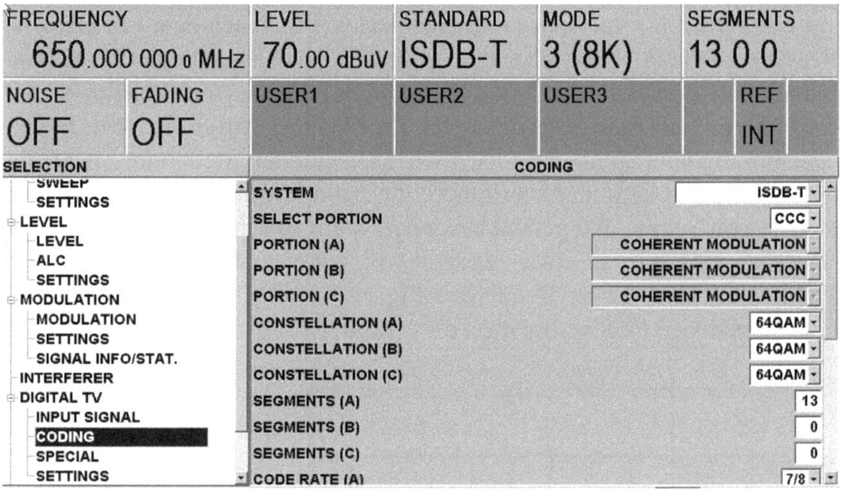

Abb. 25.6. Einstellmöglichkeiten am ISDB-T-Coder des Rohde&Schwarz Mess-Senders SFU zur Verdeutlichung der ISDB-T-Vielfalt; in den hier mit „Portion" bezeichneten Segmenten A, B und C können unterschiedliche Übertragungsparameter gewählt werden.

25.3 Änderungen in der Transportstromstruktur

Neben der Ansteuerung der 3 Layer über die Transportstromstruktur gibt es auch Erweiterungen bzw. neue Tabellen, die zwar weitestgehend denen von DVB-SI entsprechen, aber dennoch in Details abweichen bzw. ganz anders sind. Diese Tabellen nennt man bei ISDB-T ARIB-Tabellen (Association of Radio Industries and Business). Steuerinformationen für die Zuweisung von Daten zu den einzelnen Layern von ISDB-T finden sich im Transportstrom in einer 16-Bit-Erweiterung in den üblicherweise 188 Byte langen Transportstrom-Paketen (Abb. 25.5.). Über die „Multiplex Position" wird dem ISDB-T-Modulator gesagt, für welchen Layer gerade Information im aktuellen Transportstrompaket enthalten ist. Diese Erweiterung ist nicht zu verwechseln mit dem Fehlerschutz bei DVB oder ISDB-T. Es ist aber schon durchaus üblich gewesen, die 188 Byte langen Pakete bei DVB auf der Basisband-Ebene mit 16 Byte Dummy Info zu versehen. Die Möglichkeit diese Dummy-Info für die Layer-Signalisierung zu verwenden, wurde bei ISDB-T aufgegriffen.

Die Reihenfolge der Segmente wird nicht von links nach rechts, also von Kanalanfang bis Kanalende durchgezählt, sondern startet in der Mitte mit dem Segment S0. Segment S1 befindet sich dann links neben S0, S2 rechts neben S0. S0 ist das Segment, das im 1seg-Mode verwendet wird. Eine Schmalband-Variante ist ISDB-Tsb = Integrated Services Digital Broadcast Terrestrial - Sound Broadcast. Hier werden nur 1 … 3 Segmente verwendet. Abb. 25.7. zeigt die Segmente vor dem Frequenzinterleaving.

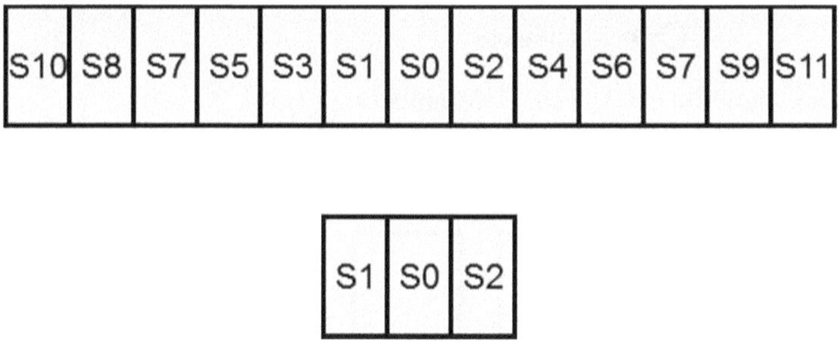

Abb. 25.7. Reihenfolge der Segmente bei ISDB-T (oben) und ISDB-Tsb (unten)

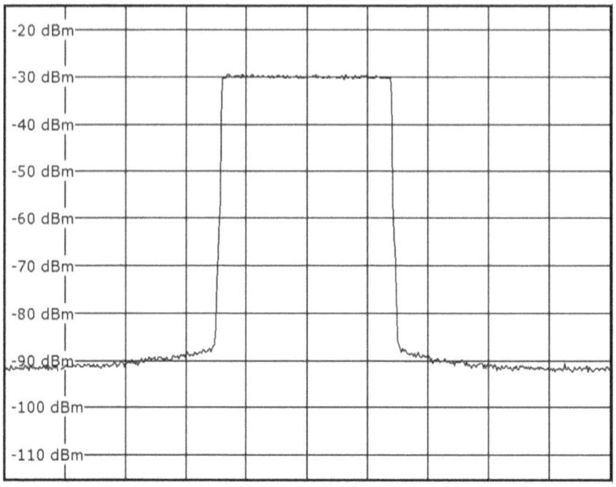

Abb. 25.8. ISDB-T-Spektrum

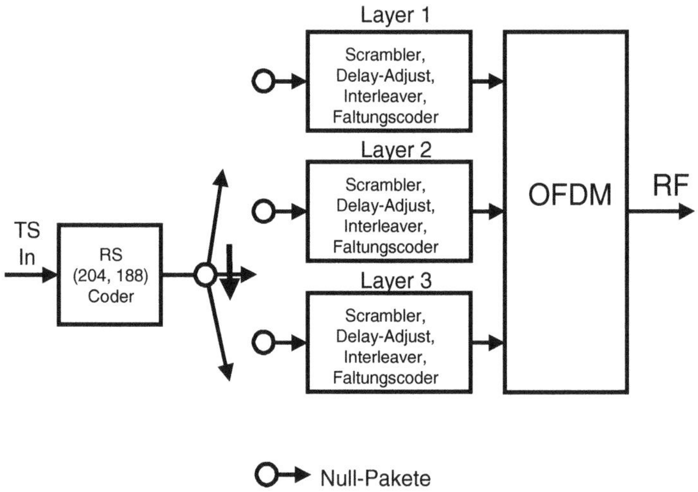

Abb. 25.9. Blockschaltbild eines ISDB-T-Modulators – Teil 1

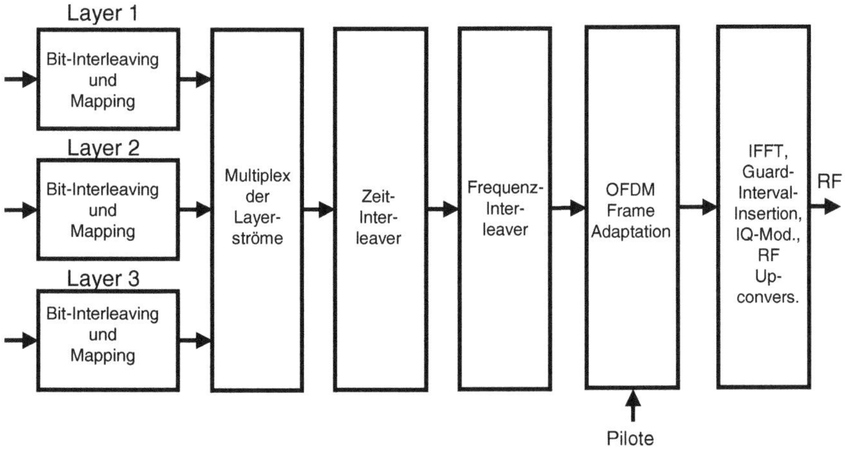

Abb. 25.10. Blockschaltbild eines ISDB-T-Modulators – Teil 2

25.4 Blockschaltbild

Abb. 25.9. und Abb. 25.10. zeigen das Blockschaltbild eines ISDB-T-Modulators. Zunächst werden die ankommenden MPEG-2-

Transportstrom-Pakete mit Reed-Solomon-Fehlerschutz versehen. Dann erfolgt im Scrambler die Energie-Verwischung, um benachbarte Null-oder Eins-Sequenzen aufzubrechen in möglichst zufällige Muster. Für jeden Layer ist dann eine unterschiedliche Coderate und ein unterschiedliches Modulationsverfahren wählbar. Dann werden die Ströme für Layer 1, 2 und 3 zusammengefasst und auf die verschiedenen Träger des Kanals verteilt. Zeit- und Frequenzinterleaving folgen hinterher. Anschließend werden vor der Rahmenbildung noch die Zusatzträger (z.B. Pilote) eingefügt. Es folgt dann noch die IFFT, die Einfügung des Schutzintervalles, sowie die IQ-Modulation und Upconversion in den eigentlichen HF-Kanal. Bei einem Leistungssender erfolgt die Vorentzerrung der Senderendstufen noch vor dem IQ-Modulator.

25.5 Kanaltabellen

Bei ISDB-T sind die TV-Kanäle um 1/7 MHz nach oben geschoben. Beispiel: Kanal 7 liegt ursprünglich auf 177 MHz. Als neue Mittenfrequenz gilt hier dann 177 MHz + 1/7 MHz = 177.143 MHz.

25.6 Leistungsfähigkeit von ISDB-T

Tabelle 25.1. zeigt die nach ISDB-T-Standard angegebenen Mindest-Störabstände abhängig von der Übertragungsparametern. Sie entsprechen einer Bitfehlerrate von $2 \cdot 10^{-4}$ vor Reed-Solomon und einem quasi-fehlerfreien Datenstrom nach Reed-Solomon.

Tabelle 25.1. Übertragungsparameter von ISDB-T und benötigter theoretischer Mindeststörabstand laut Standard

Modulation	CR=1/2 [dB]	CR=2/3 [dB]	CR=3/4 [dB]	CR=5/6 [dB]	CR=7/8 [dB]
DQPSK	6.2	7.7	8.7	9.6	10.4
QPSK	4.9	6.6	7.5	8.5	9.1
16QAM	11.5	13.5	14.6	15.6	16.2
64QAM	16.5	18.7	20.1	21.3	22.0

In Tabelle 25.2. sind die im ISDB-T-Standard wiedergegebenen Datenraten abhängig von den Übertragungsparametern dargestellt.

Tabelle 25.2. Datenraten von ISDB-T in Abhängigkeit von den ISDB-T-Übertragungsparametern laut Standard (bei 6 MHz Bandbreite)

Modulation	Coderate	g=1/4 [Mbit/s]	g=1/8 [Mbit/s]	g=1/16 [Mbit/s]	g=1/32 [Mbit/s]
DQPSK QPSK	1/2	3.651	4.056	4.295	4.425
DQPSK QPSK	2/3	4.868	5.409	5.727	5.900
DQPSK QPSK	3/4	5.476	6.085	6.443	6.638
DQPSK QPSK	5/6	6.085	6.761	7.159	7.376
DQPSK QPSK	7/8	6.389	7.099	7.517	7.744
16QAM	1/2	7.302	8.133	8.590	8.851
16QAM	2/3	9.736	10.818	11.454	11.801
16QAM	3/4	10.953	12.170	12.886	13.276
16QAM	5/6	12.170	13.522	14.318	14.752
16QAM	7/8	12.779	14.198	15.034	15.489
64QAM	1/2	10.953	12.170	12.886	13.276
64QAM	2/3	14.604	16.227	17.181	17.702
64QAM	3/4	16.430	18.255	19.329	19.915
64QAM	5/6	18.255	20.284	21.477	22.128
64QAM	7/8	19.168	21.298	22.551	23.234

Tabelle 25.3. Datenraten von ISDB-T pro Segment in Abhängigkeit von den ISDB-T-Übertragungsparametern laut Standard (bei 6 MHz Bandbreite)

Modulation	Coderate	g=1/4 [kbit/s]	g=1/8 [kbit/s]	g=1/16 [kbit/s]	g=1/32 [kbit/s]
DQPSK QPSK	1/2	280.25	312.06	330.42	340.43
DQPSK QPSK	2/3	374.47	416.08	440.56	453.91
DQPSK QPSK	3/4	421.28	468.09	495.63	510.65
DQPSK QPSK	5/6	468.09	520.10	550.70	567.39
DQPSK QPSK	7/8	491.50	546.11	578.23	595.76
16QAM	1/2	561.71	624.13	660.84	680.87
16QAM	2/3	748.95	832.17	881.12	907.82
16QAM	3/4	842.57	936.19	991.26	1021.30
16QAM	5/6	936.19	1040.21	1101.40	1134.78
16QAM	7/8	983.00	1092.22	1156.47	1191.52

64QAM	1/2	842.57	936.19	991.26	1021.30
64QAM	2/3	1123.43	1248.26	1321.68	1361.74
64QAM	3/4	1263.86	1404.29	1486.90	1531.95
64QAM	5/6	1404.29	1560.32	1652.11	1702.17
64QAM	7/8	1474.50	1638.34	1734.71	1787.28

25.7 Weitere ISDB-Standards

Neben ISDB-T gibt es noch weitere Standards der japanischen ARIB = Association of Radio Industries and Business, nämlich

- ISDB-S (Satellit)
- ISDB-Tsb (terrestrial sound broadcast)
- ISDB-C (cable)
- ISDB-Tmm (terrestrial mobile multi-media).

ISDB-S ist um den Faktor 1.5 in der Datenrate effektiver wie DVB-S und benutzt im Einträgermodulationsverfahren u.a. auch 8PSK.

ISDB-C entspricht der 6 MHz-Variante von DVB-C, genauer gesagt ist es ITU-T J83C. ITU-T J83C entspricht bis auf die Bandbreite und dem Roll-off-Faktor quasi direkt DVB-C. Es sei hier nur entsprechend auf dieses Kapitel verwiesen.

ISDB-Tsb und ISDB-Tmm sind die Schmalband-Varianten von ISDB-T; sie belegen nur 1 bis 3 Segmente. Auch ist dort die effektivere MPEG-4 Basisband-Codierung vorgesehen.

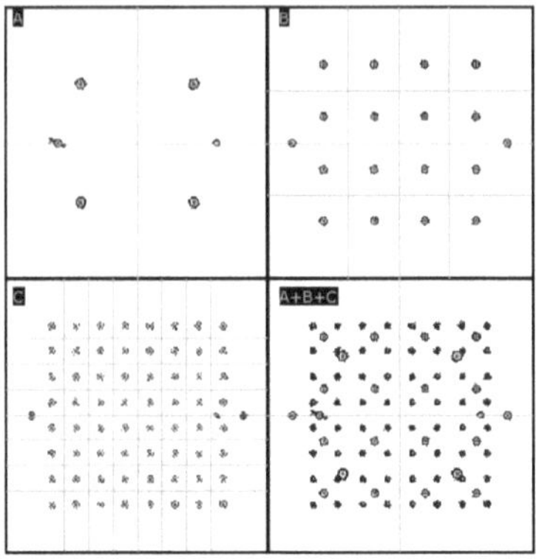

Abb. 25.11. ISDB-T-Konstellationsdiagramme in 3 verschiedenen Layern [ETL]

25.8 ISDB-T-Messtechnik

ISDB-T-Messtechnik ist vergleichbar mit DVB-T-Messtechnik. Aber es sind verschiedene Konstellationsdiagramme in den verschiedenen Layern (oder Portions genannt) möglich. Abb. 25.11. zeigt die unterschiedlichen Konstellationsdiagramme in den verschiedenen Layern. Im Falle von differentieller Modulation ist das gemessene MER ungefähr um 3 dB niedriger im Vergleich zu kohärenter Modulation (siehe Abb. 25.12. mittlere Teilkanäle).

ISDB-T-Messtechnik umfasst

- die Konstellationsanalyse (Abb. 25.11.)
- die MER-Messung (Abb. 25.12. und 25.13.)
- die BER-Messungen (in allen 3 Layern)
- die IQ-Fehlermessung
- die Messung der Impulsantwort (besonders in Gleichwellennetzen)
- und die MPEG-2-Transporstromanalyse.

Für weitere Details sei auf das Kapitel DVB-T-Messtechnik – Kapitel 21 - verwiesen.

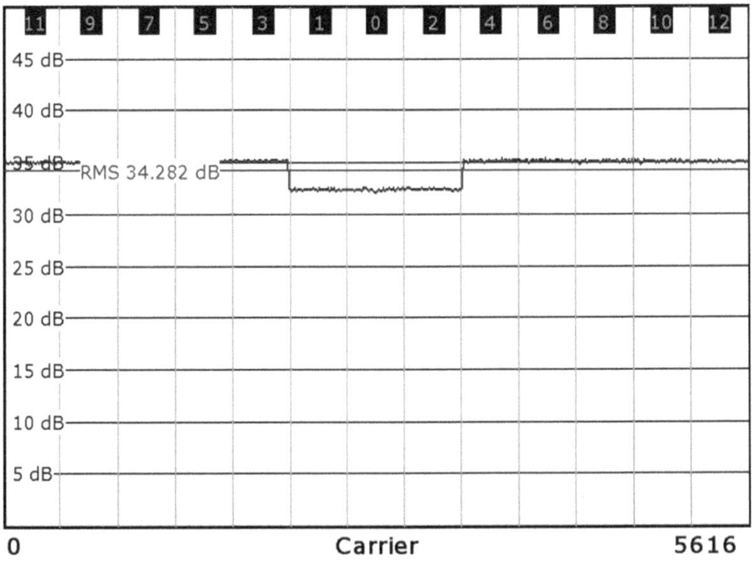

Abb. 25.12. MER(f)-Messung bei IDSB-T [ETL]; deutlich erkennbar sind die 3 DQPSK-codierten (differenziell codierten) Segmente in der Mitte, die damit ein um 3 dB schlechteres MER aufweisen.

25.9 Zusammenfassung

ISDB-T ist neben dem 6 MHz-Kanal, wie er in Japan üblich ist, auch für 7 und 8 MHz breite Kanäle definiert. Außer in Botswana wird aber ISDB-T in keinem weiteren 8 MHz-Land benutzt.

ISDB-T ist gegenüber DVB-T und ATSC v.a. wegen der Möglichkeit der Layerbildung und des Zeitinterleavers flexibler bzw. robuster, aber DVB-T2 ist deutliche zehn Jahre jünger und moderner und erlaubt viel höhere Datenraten. ISDB-T ist von Haus aus natürlich SFN-tauglich und es werden auch Gleichwellennetze gebildet. Der Abstand zum Shannon-Limit ist bei ISDB-T mit DVB-T(1) vergleichbar.

Als erstes Land außerhalb Japans hat sich nun Brasilien für ISDB-T entschieden. In Brasilien wird als Basisbandcodierung MPEG-4 AVC, sowie MPEG-4 LC AAC oder MPEG-4 HE AAC eingesetzt. Der brasilianische terrestrisch-digitale TV-Standard heißt auch SBTVD = Sistema Brasileiro de Televisao Digital. ISDB-T wird in großen Teilen Südamerikas ausgehend von Brasilien eingesetzt werden, jedoch gibt es auch hier Länder, die auf DVB-T2 setzen (Kolumbien). Auf den Philippinen hat man sich auch für ISDB-T entschieden.

Pass	Limit <	Results			Unit
		Layer A	Layer B	Layer C	
MER (rms)	24.0	32.3	35.0	35.0	dB
MER (Peak)	10.0	21.5	23.2	23.2	dB
MER (total,rms)	24.0	34.6			dB
MER (total,peak)	10.0	18.1			dB
MER (TMCC,rms)	24.0	36.0			dB
MER (AC,rms)	24.0	35.7			dB

	Limit <	Results <	Limit	Unit
Carrier Suppression	10.0	-----		dB
Carrier Phase		-----		deg
Amplitude Imbalance	-2.00	-----	2.00	%
Quadrature Error	-2.00	-----	2.00	deg

Abb. 25.13. ISDB-T-Messparameter-Liste [ETL]

Literatur: [ISDB-T], [SFU], [ETL]

26 Digital Audio Broadcasting – DAB/DAB+

Deutlich vor DVB, zu Beginn der 1990er Jahre wurde DAB – Digital Audio Broadcasting entwickelt und standardisiert. Trotzdem war DAB in vielen Ländern lange relativ unbekannt. DAB-Netze wurden in Deutschland regional unterschiedlich bereits ab den 1990er Jahren in Betrieb genommen; ab 2011 wurden die Netze weiter ausgebaut und auf DAB+ umgestellt. In Großbritannien, Schweden, Norwegen und Australien gab es bereits im Zeitraum vor 2010 größere DAB- bzw. DAB+-Betriebsnetze. Dieses Kapitel beschäftigt sich mit den Grundzügen des Digitalen Hörfunkstandards DAB.

Betrachten wir jedoch zunächst die geschichtliche Entwicklung des Audio-Rundfunks. Das Zeitalter der Übertragung von Audiosignalen für Rundfunkzwecke begann im Jahre 1923 mit dem Mittelwellenrundfunk (AM, z.B. Königs Wusterhausen bei Berlin). Im Jahr 1949 ging der erste UKW-Sender in Europa in Betrieb (Rohde&Schwarz) und die UKW-Netze sind bis heute on Air. 1982 begann für jedermann der Schritt vom analogen Audiosignal zum digitalen Audiosignal durch die Einführung der Compact Disc, der Audio-CD. 1991 wurden in Europa über Satellit zum ersten mal digitale Audiosignale ausgestrahlt, die für die breite Öffentlichkeit vorgesehen waren, nämlich DSR – Digital Satellite Radio. Dieses Verfahren, das unkomprimiert arbeitete, hatte aber keine lange Lebensdauer und war auch in der Bevölkerung wenig bekannt. 1993 ging in Europa ADR – Astra Digital Radio in Betrieb, das auf Unterträgern von Transpondern des ASTRA-Satellitensystems ausgestrahlt wurde, auf denen auch die analogen TV-Programme übertragen wurden. 1989 wurde das MUSICAM-Verfahren fixiert, das bis heute im Rahmen von MPEG-1 und MPEG-2 bei Layer II zur Audiokomprimierung verwendet wird und auch bei DAB Anwendung findet, genauer gesagt, sogar im Rahmen des DAB-Projektes für DAB entwickelt wurde. Zu Beginn der 1990er Jahre wurde im Rahmen des EUREKA-Projektes 147 das DAB-Verfahren entwickelt – Digital Audio Broadcasting. DAB setzte revolutionär auf die neuen Techniken MPEG-1- und MPEG-2-Audio und auf das Modulationsverfahren COFDM – Coded Orthogonal Frequency Division Multiplex. Mitte der 1990er Jahre wurden schließlich die Standards zum Digitalen Fernsehen DVB-S, DVB-C und DVB-T im Rahmen von Digital Video Broadcasting abgeschlossen, das Zeitalter des digitalen Fernsehens hatte nun damit auch begonnen. Seit 2001 gibt es einen weiteren digitalen Hörfunkstandard, nämlich DRM – Digital Radio Mondiale, vorgesehen für digitale Kurz- und Mittelwelle, das ebenfalls COFDM-basierend ist, aber MPEG-4 AAC Audiocodierung verwendet.

Der erste DAB-Pilotversuch wurde 1991 in München durchgeführt. Deutschland hatte bis etwa 2010 eine DAB-Abdeckung von etwa 80% v.a. in Band III. Es gab auch L-Bandsender für lokale Programme. In der Öffentlichkeit war DAB in Deutschland lange fast unbekannt, seit 2011 wird aber kräftig Werbung für das „Digitalradio" gemacht; UKW/DAB/DAB+-Kombi-Receiver gibt es mittlerweile zahlreiche. DAB wurde 2003/2004 kräftig in UK ausgebaut. DAB/DAB+-Aktivitäten gibt es in vielen Ländern, seit 2014 auch in Österreich.

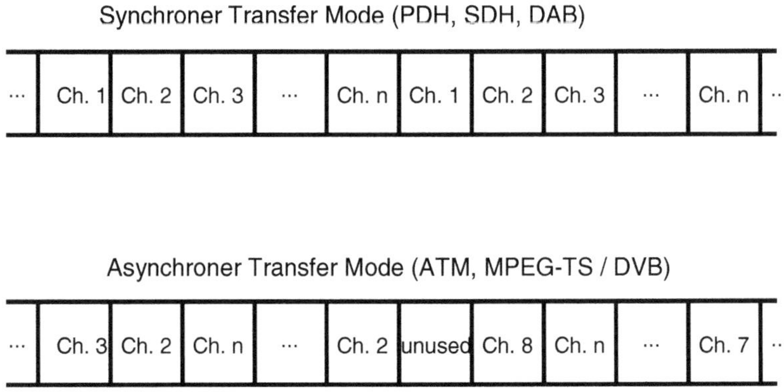

Abb. 26.1. Synchroner und asynchroner Transfer Mode

26.1 Vergleich DAB und DVB

Ein Vergleich von DVB und DAB soll zunächst die grundsätzlichen Wesenszüge beider Verfahren gegenüberstellen und die Unterschiede und Eigenschaften aufzeigen. Grundsätzlich ist es möglich, eine Datenübertragung synchron oder asynchron zu gestalten (Abb. 26.1.). Bei der synchronen Übertragung ist die Datenrate pro Datenkanal konstant und die Zeitschlitze der einzelnen Datenkanäle sind fest zugeordnet. Bei der asynchronen Übertragung kann die Datenrate der einzelnen Datenkanäle konstant sein oder auch variieren. Die Zeitschlitze sind nicht fest vergeben. Sie werden je nach Bedarf zugeordnet. Die Reihenfolge der Zeitschlitze der einzelnen Kanäle kann somit vollkommen zufällig sein. Beispiele für eine synchrone Datenübertragung sind PDH = Plesiochrone Digitale Hierarchie, SDH = Synchrone Digitale Hierarchie und DAB = Digital Audio Broadcasting. Als Beispiele für eine asynchrone Datenübertragung können ATM = Asynchroner Transfer Mode und der MPEG-2-Transport-Strom / Digital Video Broadcasting / DVB genannt werden.

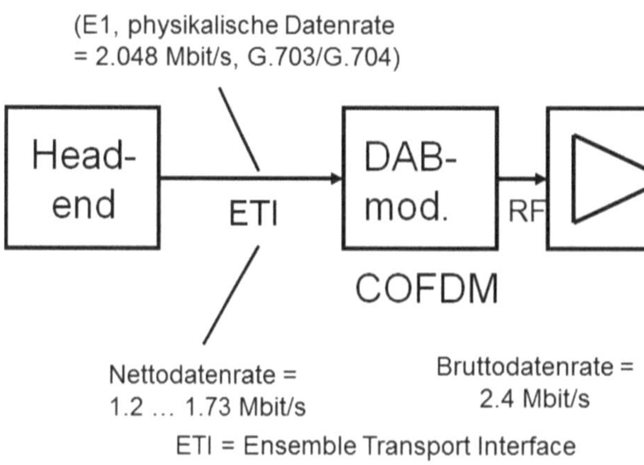

Abb. 26.2. DAB-Übertragungsstrecke

DAB ist ein vollkommen synchrones System. Schon im DAB-Headend bzw. am Ort der Erzeugung des DAB-Multiplex-Signals wird ein vollkommen synchroner Datenstrom erzeugt. Die Datenraten der einzelnen Inhalte sind konstant und immer ein Vielfaches von 8 kbit/s. Die Zeitschlitze, in denen die Inhalte der einzelnen Quellen übertragen werden, sind fest vergeben und variieren nur dann, wenn sich eine komplette Änderung im Multiplex, also in der Zusammensetzung des Datenstroms ergibt. Das Datensignal, das vom Multiplexer kommend, dem DAB-Modulator und Sender zugeführt wird, nennt man ETI = Ensemble Transport Interface (Abb. 26.2.). Der Multiplex selbst wird mit Ensemble bezeichnet. Das ETI-Signal benutzt von der Telekommunikation her bekannte E1-Übertragungswege, die eine physikalische Datenrate von 2.048 Mbit/s aufweisen. E1 entspräche 30 ISDN-Kanälen plus 2 Signalisierungskanälen von je 64 kbit/s. Man spricht vom Interface G.703 und G.704. Beides sind von der physikalischen Natur her PDH-Schnittstellen. Bei DAB wird jedoch ein anderes Protokoll verwendet. Obwohl die physikalische Datenrate 2.048 Mbit/s ist, liegt die tatsächliche Nettodatenrate des DAB-Signals, das darüber transportiert wird, zwischen (0.8) 1.2 … 1.73 Mbit/s. Das ETI-

Signal wird entweder ohne Fehlerschutz oder mit einem Reed-Solomon-Fehlerschutz übertragen, der aber am DAB-Modulatoreingang wieder entfernt wird. Der Fehlerschutz des DAB-Systems selbst wird erst im DAB-Modulator zugesetzt, obwohl dies oft fälschlicherweise anders in verschiedenen Literaturstellen dargestellt wird. Als Modulationsverfahren wird bei DAB COFDM = Coded Orthogonal Frequency Division Multiplex eingesetzt; die Unterträger sind π/4-shift-DQPSK moduliert. Nach Zusetzen des Fehlerschutzes beträgt die Bruttodatenrate des DAB-Signales 2.4 Mbit/s. Eine Besonderheit von DAB ist, dass die unterschiedlichen Inhalte unterschiedlich stark fehlergeschützt werden können (unequal FEC).

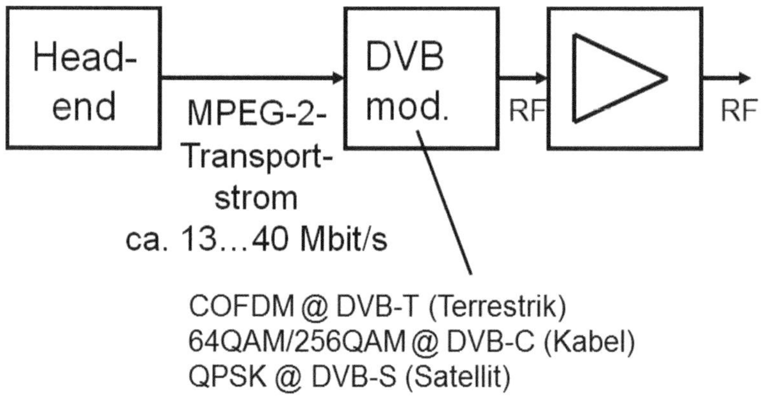

Abb. 26.3. DVB-Übertragungsstrecke

MPEG-2 und somit auch DVB – Digital Video Broadcasting ist ein vollkommen asynchrones System.

Der MPEG-2-Transportstrom ist als Basisbandsignal das Eingangssignal eines DVB-Modulators. Der MPEG-2-Transportstrom wird im DAB-Headend durch Encodieren und Multiplexen der einzelnen Programme (Services) generiert und dann über verschiedene Übertragungswege dem Modulator zugeführt (Abb. 26.3.). Beim DVB-Modulator muss man nun unterscheiden, über welchen Übertragungsweg der MPEG-2-Transportstrom ausgestrahlt werden soll: terrestrisch – DVB-T, Kabel – DVB-C oder Satellit – DVB-S. Die Übertragungsraten und Modulationsverfahren sind bei den einzelnen erwähnten Übertragungsverfahren natürlich unterschiedlich. Als Modulationsverfahren wird bei DVB-T COFDM unter Anwendung von QPSK, 16QAM oder 64QAM benutzt. Bei DVB-C arbeitet man entweder mit 64QAM oder 256QAM, je nach Art der Kabelverbindung (Koax oder Glasfaser). Bei DVB-S hat man aufgrund des schlechten Störabstandes im Kanal QPSK als Modulationsverfahren gewählt.

Der zugeführte MPEG-2-Transportstrom unterscheidet sich im Aufbau bei den einzelnen Übertragungsverfahren nur geringfügig. Unterschiedlich ist im wesentlichen nur die Datenrate und damit die Anzahl der enthaltenen Services und eine Tabelle, die die physikalischen Parameter des Modulators und Übertragungsweges beschreibt (NIT = Network Information Table).

Bei DVB werden alle übertragenen Inhalte im Modulator gleich stark fehlergeschützt, also mit dem gleichen Fehlerschutz versehen (equal FEC).

Die Datenrate bei DVB-S liegt in der Regel bei etwa 38 Mbit/s. Sie hängt nur von der gewählten Symbolrate und von der Coderate, also dem Fehlerschutz ab. Mit QPSK sind 2 Bit pro Symbol übertragbar. Die Symbolrate liegt meist bei 27.5 MSymbole/s. Wählt man nun als Coderate = ¾, so ergibt sich eine Datenrate von 38.01 Mbit/s.

Verwendet man bei DVB-C beispielhaft 64QAM (Koax-Netze) und eine Symbolrate von 6.9 MSymbole/s, so ergibt sich eine Nettodatenrate von 38.15 Mbit/s.

Bei DVB-T liegt die mögliche Datenrate je nach Betriebsart (Modulationsart QPSK, 16QAM, 64QAM, Fehlerschutz, Guard Interval - Länge, Bandbreite) zwischen 4 und etwa 32 Mbit/s. Üblich sind jedoch entweder ungefähr 15 Mbit/s bei Applikationen, die portablen Empfang erlauben und ungefähr 22 Mbit/s bei Applikationen im stationären Empfangsbereich mit Dachantenne. Ein DVB-T-Broadcast-Netzwerk wird entweder für portablen Empfang oder für Dachantennenempfang ausgelegt, d.h. bei Verwendung einer Dachantenne in einem für portablen Empfang ausgelegten DVB-T-Netz ergibt natürlich dadurch keine Datenratenerhöhung.

Der MPEG-2-Transportstrom ist das Datensignal, das den DVB-Modulatoren zugeführt wird. Es besteht aus Paketen konstanter Länge von 188 Byte. Der MPEG-2-Transportstrom stellt eine asynchrone Übertragung dar, d.h. die einzelnen zu übertragenden Inhalte werden völlig zufällig, nur rein bedarfsorientiert in den Nutzlastbereich der Transportstrompakete eingetastet. Die im Transportstrom enthaltenen Inhalte können völlig unterschiedliche Datenraten aufweisen, die auch nicht unbedingt konstant sein müssen. Die einzige Regel bezüglich der Datenraten ist, dass die Summendatenrate, die der Kanal zur Verfügung stellt, nicht überschritten werden darf. Und die Datenrate des MPEG-2-Transportstroms muss natürlich absolut der sich aus den Modulationsparametern ergebenden Eingangsdatenrate der DVB-Modulatoren entsprechen.

Zusammenfassend kann man nochmals festhalten, dass DAB ist ein vollkommen synchrones, DVB ein vollkommen asynchrones Übertragungssystem ist. Dies immer vor Augen zu haben, erleichtert es, die Wesenszüge beider Systeme besser verstehen zu können.

Der Fehlerschutz bei DAB ist ungleich, kann also für verschiedene Inhalte anders gewählt werden, wohingegen der Fehlerschutz bei DVB für alle zu übertragenen Inhalte gleich ist und wegen der Asynchronität auch gar nicht unterschiedlich gewählt werden könnte, da man ja nicht weiß, wann gerade welcher Inhalt übertragen wird.

Der DAB-Modulator demultiplext und berücksichtigt den gerade übertragenen Inhalt im ETI-Signal, DVB interessiert sich im Modulator nicht für den gerade übertragenen Inhalt. Das Modulationsverfahren bei DAB ist COFDM mit π/4-shift-DQPSK. DVB verwendet je nach Übertragungsweg Einzelträgerübertragungsverfahren oder COFDM. DAB ist für terrestrische Applikationen vorgesehen, wohingegen DVB Satellit, Kabel und terrestrische Übertragungsstandards vorsieht. Der Weg über Satellit ist bei DAB vorgesehen, wird aber nicht verwendet.

Tabelle 26.1. Gegenüberstellung DAB und DVB

	Digital Audio Broadcasting – DAB	Digital Video Broadcasting - DVB
Transfer Mode	Synchron	asynchron
Forward Error Correction (FEC)	Unequal	equal
Modulation	COFDM mit π/4-shift DQPSK	Einzelträger QPSK, 64QAM, 256QAM oder COFDM mit QPSK, 16QAM, 64QAM
Übertragungswege	Terrestrik (Satellit vorgesehen)	Satellit, Kabel, Terrestrik

26.2 DAB im Überblick

Im folgenden soll nun zunächst ein kurzer Überblick über DAB – Digital Audio Broadcasting gegeben werden. Der DAB-Standard ist der ETSI-Standard [ETS300401]. Im Standard ist die Datenstruktur, die FEC und die COFDM-Modulation des DAB-Standards beschrieben. Darüber hinaus ist in [ETS300799] das Zuführungssignal ETI (Ensemble Transport Interface) und in [ETS300797] sind die Zuführungssignale für den Ensemble Multiplexer STI (Service Transport Interface) definiert. Ein weiteres wichtiges Dokument ist [TR101496], das Guidelines und Regeln für die Implementierung und den Betrieb von DAB enthält. Desweiteren ist in [ETS301234] beschrieben, wie Multimedia-Objekte (Data Broadcasting) innerhalb von DAB zu übertragen sind.

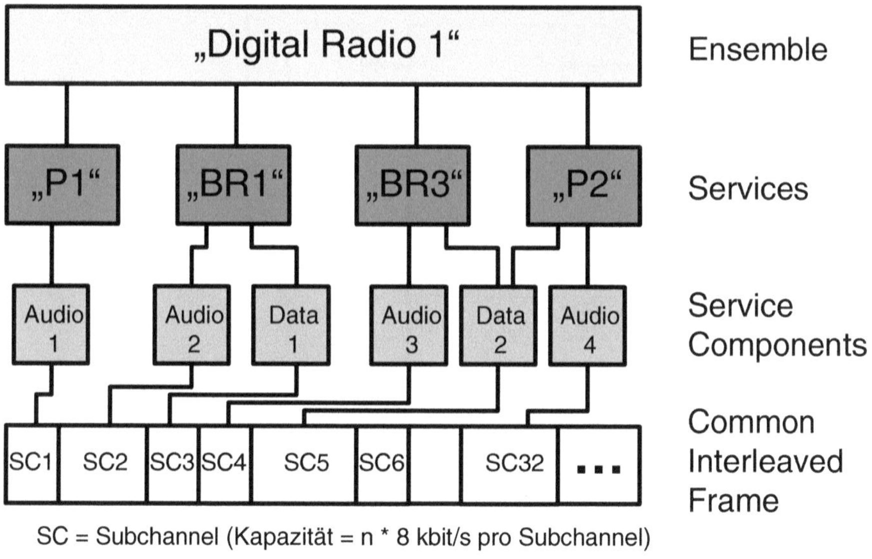

Abb. 26.4. DAB Ensemble

In Abb. 26.4 ist ein Beispiel für die Zusammensetzung eines DAB-Multiplexes dargestellt. Unter dem Oberbegriff „Ensemble" sind mehrere Programme zu einen Datenstrom zusammengefasst. Das Ensemble mit dem beispielhaften Namen „Digital Radio 1" setzt sich hier aus vier Programmen, den sog. Services zusammen, die hier mit „P1", „BR1", „BR3" und „P2" bezeichnet wurden. Diese Services wiederum können sich aus mehren Service Components zusammensetzen. Eine Service Component kann z.B. ein Audiostrom oder ein Datenstrom sein. Im Beispiel enthält der Service „P1" einen Audiostrom, nämlich Audio1. Dieser Audiostrom wird physikalisch im Subchannel SC1 übertragen. „BR" setzt sich zusammen aus einem Audiostrom „Audio2" und einem Datenstrom „Data 1", die in den Subchannels SC2 und SC3 ausgestrahlt werden. Jeder Subchannel weist eine Kapazität von n · 8 kbit/s aus. Die Übertragung in den Subchannels ist vollkommen synchron, d.h. die Reihenfolge der Subchannels ist immer gleich, die Datenraten in den Subchannels sind immer konstant. Alle Subchannels zusammen – max. sind 64 möglich – ergeben den sog.

Common Interleaved Frame. Service Components können mehreren Servicen zugeordnet sein, wie im Beispiel „Data 2".

Während der Übertragung im DAB-System können die unterschiedlichen Subchannels unterschiedlich stark fehlergeschützt werden (unequal FEC).

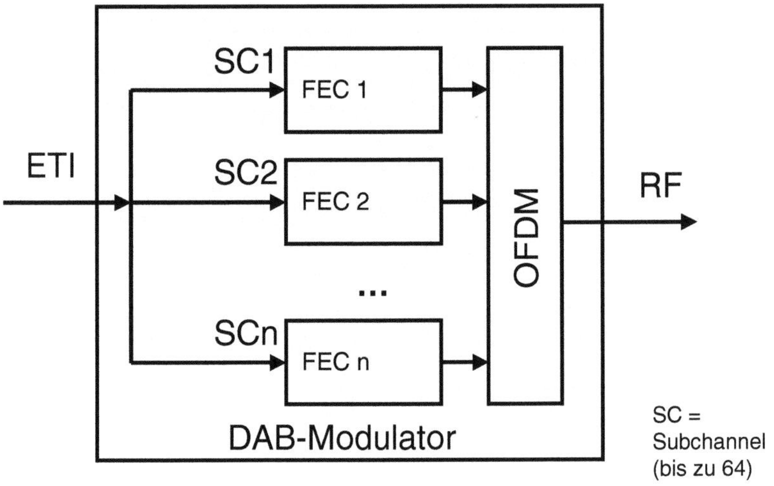

Abb. 26.5. DAB-Modulator

Den Datenstrom, der bei DAB im Multiplexer erzeugt wird, nennt man ETI = Ensemble Transport Interface. In ihm sind alle Programme und Inhalte, die später über den DAB-Sender abgestrahlt werden sollen, enthalten. Die Zuführung des ETI-Signals vom Playout Center zum Modulator kann z.B. über Glasfaserstrecken über bestehende Telekommunikationsnetzwerke oder aber auch über Satellit erfolgen. Eine E1-Strecke mit einer Datenrate von 2.048 MBit/s eignet sich hierfür.

Im DAB-Modulator erfolgt die COFDM (Abb. 26.5.). Der Datenstrom wird dort zunächst mit Fehlerschutz versehen und dann COFDM-moduliert. Das RF-Signal nach dem Modulator wird dann leistungsverstärkt, um dann über die Antenne abgestrahlt zu werden.

Bei DAB werden alle Teilkanäle (Subchannels) einzeln und unterschiedlich stark fehlergeschützt. Es sind bis zu 64 Subchannels möglich. Der Fehlerschutz (FEC) findet im DAB-Modulator statt. In vielen Blockschaltbildern wird die FEC oft in Verbindung mit dem DAB-Multiplexer beschrieben, was zwar vom Prinzip her nicht falsch ist, aber nicht der Realität entspricht. Der DAB-Multiplexer bildet das ETI-Datensignal, in dem die Teilkanäle synchron und ungeschützt übertragen werden.

Im ETI ist aber hinterlegt ist, wie stark die einzelnen Kanäle zu schützen sind. Im DAB-Modulator wird der ETI-Datenstrom dann aufgespaltet und jeder Teilkanal wird dann entsprechend der Signalisierung im ETI unterschiedlich stark fehlergeschützt. Die mit FEC versehenen Teilkanäle werden dann dem COFDM-Modulator zugeführt.

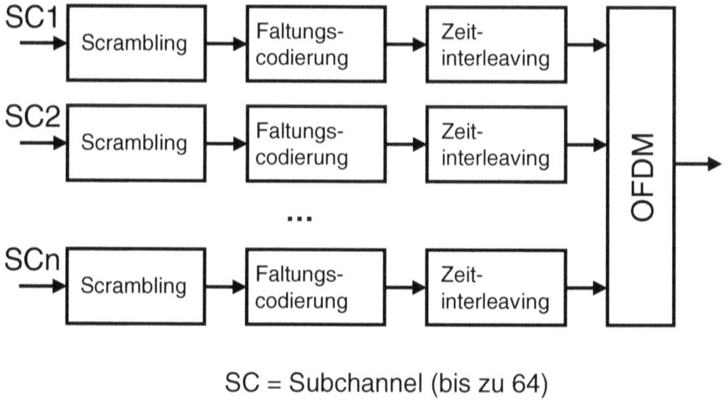

Abb. 26.6. Fehlerschutz bei DAB

Der Fehlerschutz bei DAB (Abb. 26.6.) setzt sich zusammen aus einer Verwürfelung (Scrambling) mit anschließender Faltungscodierung (Convolutional Coding). Zusätzlich wird das DAB-Signal dann noch einem langen zeitlichen Interleaving unterworfen, d.h. die Daten werden über die Zeit verwürfelt, um während der Übertragung robuster gegenüber Blockfehlern zu sein. Jeder Teilkanal (Subchannel) kann hierbei unterschiedlich stark fehlergeschützt werden (ungleicher Fehlerschutz, unequal Forward Error Correction). Die Daten aus allen Teilkanälen werden dann dem COFDM-Modulator zugeführt, der dann zunächst ein Frequenz-Interleaving durchführt, um sie dann auf viele COFDM-Teilträger aufzumodulieren.

Bei DAB gibt es vier verschiedene wählbare Modes. Diese Modes sind für verschiedene Applikationen und Frequenzbereiche vorgesehen. Im VHF-Bereich wird Mode I verwendet, im L-Band je nach Frequenz – und Applikation Mode II bis IV. Die Trägeranzahl liegt zwischen 192 und 1536 Trägern. Die Bandbreite des DAB-Signals ist immer 1.536 MHz. Der Unterschied zwischen den Modes ist einfach die Symbollänge und die Anzahl der verwendeten Unterträger.

Mode I weist das längste Symbol auf und hat die meisten Unterträger und somit den geringsten Unterträgerabstand. Es folgt dann Mode IV, Mode II und schließlich Mode III mit der kürzesten Symboldauer und den wenigsten Trägern und damit dem größten Unterträgerabstand. Grundsätzlich gilt jedoch: je länger das COFDM-Symbol, desto besser die Echoverträglichkeit, je kleiner der Unterträgerabstand, desto schlechter die Mobiltauglichkeit.

Die in der Praxis tatsächlich verwendeten Modes sind Mode I für den VHF-Bereich und Mode II für das L-Band. Nur wenige Empfänger unterstützen noch das L-Band; früher waren in Deutschland lokale DAB-Netze im L-Band aktiv.

Tabelle 26.2. DAB-Modes

Mode	Frequenz-bereich	Träger-Abstand [kHz]	Anzahl der COFDM-Träger	Anwend-ungs-bereich	Symbol-Dauer [µs]	Schutz-Inter-vall-Länge [µs]	Frame-länge
I	Band III VHF	1	1536	Gleich-wellennetz (SFN)	1000	246	96 ms 76 Symbole
II	L-Band (<1.5 GHz)	4	384	Mehr-frequenz-netzwerk (MFN)	250	62	24 ms 76 Symbole
III	L-Band (<3 GHz)	8	192	Satellit	125	31	24 ms 152 Symbole
IV	L-Band (<1.5 GHz)	2	768	Kleines Gleichwel-lennetz (SFN)	500	123	48 ms 76 Symbole

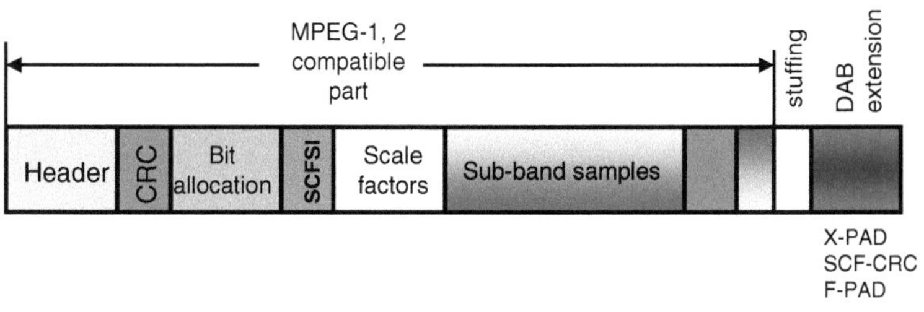

Abb. 26.7. DAB-Audio-Frame

Die Audiosignale sind bei DAB MPEG-1- oder MPEG-2 – audiocodiert (Layer II), d.h. komprimiert von etwa 1.5 Mbit/s auf 64…384 kbit/s. Das Audiosignal wird hierbei in 24 oder 48 ms lange Abschnitte eingeteilt, die dann einzeln komprimiert werden. Es findet hierbei eine Wahrnehmungscodierung (Perceptual Coding) statt, d.h. es werden Audiosignalbestandteile weggelassen, die für das menschliche Ohr nicht hörbar sind. Diese Verfahren basieren auf dem MUSICAM-Prinzip, das in den Standards ISO/IEC 11172-3 (MPEG-1) und ISO/IEC 13818-3 (MPEG-2) beschrieben ist und sogar im Rahmen von DAB für DAB entwickelt wurde. In MPEG-1 und MPEG-2 ist es möglich in Mono, Stereo, Dual Sound, und Joint Stereo zu übertragen. Die Frame-Länge liegt bei MPEG-1 bei 24 ms. Sie beträgt bei MPEG-2 48 ms. Diese Rahmenlängen finden sich auch im DAB-Standard wieder und beeinflussen auch die Länge der COFDM-Rahmen. Auch hier gilt dann wieder: DAB ist ein vollkommen synchrones Übertragungssystem. Alle Vorgänge sind aufeinander synchronisiert.

In Abb. 26.7. ist die Struktur eines DAB Audio Frames dargestellt. Ein MPEG-1-kompatibler Frame ist 24 ms lang. Der Frame beginnt mit einem Header, in dem 32 Bit System-Information enthalten sind. Der Header wird durch eine 16 Bit lange CRC-Checksum geschützt. Daraufhin folgt der Block mit der Bitzuweisung in den einzelnen Teilbändern, gefolgt von den Skalierungsfaktoren und Teilband-Abtastwerten. Zusätzlich können dann noch optional Hilfsdaten (Ancillary Data) übertragen werden. Die Abtastrate des Audiosignals beträgt bei MPEG-1 48 kHz, entspricht also nicht den 44.1 kHz der Audio-CD. Die Datenraten liegen zwischen 32 und 192 kbit/s für einen einzelnen Kanal oder zwischen 64 und 384 kbit/s im Falle von Stereo, Joint Stereo oder Zweiton. Die Datenraten betragen ein Vielfaches von 8 kbit/s. Bei MPEG-2 wird der MPEG-1-Rahmen um eine MPEG-2-Erweiterung ergänzt. Der Rahmen ist bei MPEG-2 Layer II 48 ms lang. Die Abtastrate des Audiosignals beträgt bei MPEG-2 24 kHz.

Diese Audio Frame Struktur des MPEG-1 und MPEG-2-Standards findet sich auch bei DAB wieder. Der MPEG-1 oder MPEG-2 kompatible Teil wird durch eine DAB-Erweiterung ergänzt, in dem programmzugehörige Daten übertragen werden, sog. PAD = Program Associated Data. Dazwischen wird ggf. noch mit Stopfbytes (Padding) aufgefüllt. Bei den PAD unterscheidet man zwischen den X-PAD, den extended PAD und den F-PAD, den Fixed PAD. Zu den PAD gehört u.a. eine Kennung für Musik/Sprache, programmbezogener Text und zusätzlicher Fehlerschutz.

In der Praxis übliche DAB-Audio-Datenraten sind:

- Deutschland:
  meist 192 kbit/s, PL3, manche 160 kbit/s
  oder 192 kbit/s, PL4 (ein Programm mehr),
  jetzt aber ersetzt durch DAB+-Dienste mit meist 128 kbit/s
- UK:
  256 kbit/s Klassik
  128 kbit/s Pop
  64 kbit/s Sprache

26.3 Der physikalische Layer von DAB

Im folgenden Abschnitt soll nun die Implementierung von COFDM im Rahmen von Digital Audio Broadcasting im Detail diskutiert werden. Es geht hier vor allem um die DAB-Details auf der Modulationsseite. COFDM ist ein Mehrträgerübertragungsverfahren, bei dem im Falle von DAB zwischen 192 und 1536 Träger zu einem Symbol zusammengefasst werden. Jeder der Träger kann bei DAB wegen DQPSK 2 Bit tragen. Ein Symbol ist eine Überlagerung all dieser Einzelträger. Zum Symbol, das bei DAB zwischen 125µs und 1ms lang ist, wird ein Guard Interval hinzugefügt. Die Länge des Guard Intervals beträgt bei DAB etwa 1/4 der Symbollänge. Im Guard Interval wird das Ende des nachfolgenden Symbols wiederholt. In ihm können sich Echos aufgrund von Mehrwegeempfang „austoben". Intersymbol-Interferenzen werden somit vermieden, solange eine maximale Echolaufzeit nicht überschritten wird.

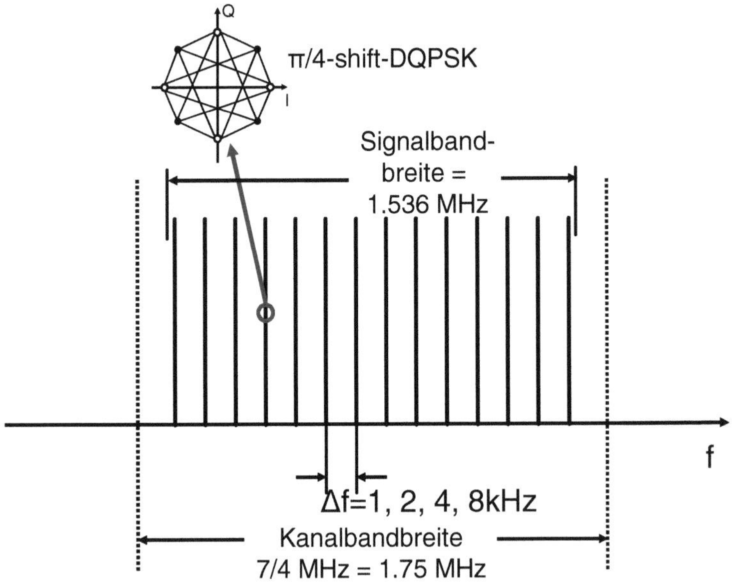

Abb. 26.8. DAB-COFDM-Kanal

Bei COFDM (Abb. 26.8.) findet man anstelle eines Trägers Hunderte bis zu Tausende von Unterträgern in einem Kanal. Die Träger sind äquidistant zueinander. Alle Träger bei DAB sind π/4-shift-Differential Quadrature Phase Shift Keying (DQPSK) – moduliert. Die Bandbreite eines

DAB-Signals beträgt 1.536 MHz, die zur Verfügung stehende Kanalbandbreite z.B. im VHF-Band 12 (223 … 230 MHz) liegt bei 1.75 MHz. 1.75 MHz entspricht genau 1/4 eines 7 MHz-Kanals.

Zunächst jedoch zum Prinzip einer differentiellen QPSK: Der Zeiger kann vier Positionen einnehmen, nämlich 45, 135, 225 und 315 Grad. Der Zeiger ist aber nicht absolut gemappt, sondern differenziell. D.h. die Information steckt in der Differenz von einem zum nächsten Symbol. Der Vorteil dieser Art von Modulation liegt darin, dass man sich jegliche Kanalkorrektur spart. Außerdem ist es egal, wie der Empfänger phasenmäßig einrastet, die Decodierung arbeitet immer einwandfrei. Diese Anordnung hat aber auch einen Nachteil. Es ist ein um etwa 3 dB besserer Störabstand notwendig als bei absolutem Mapping (Kohärente Modulation), da bei einem fehlerhaften Symbol die Differenz zum vorherigen und zum nachfolgenden Symbol falsch ist und zu Bitfehlern führt. Ein Störereignis ruft dann 2 Bitfehler hervor.

Bei DAB wird aber in Wirklichkeit keine DQPSK, sondern eine π/4-shift-DQPSK angewendet, die später noch im Detail besprochen wird. In vielen Literaturstellen wird bei DAB oft fälschlich nur von einer DQPSK gesprochen. Analysiert man jedoch den DAB-Standard im Detail und dort v.a. die COFDM-Rahmenstruktur, so stößt man automatisch über das Phasenreferenzsymbol (TFPR) auf diese besondere Art der DQPSK.

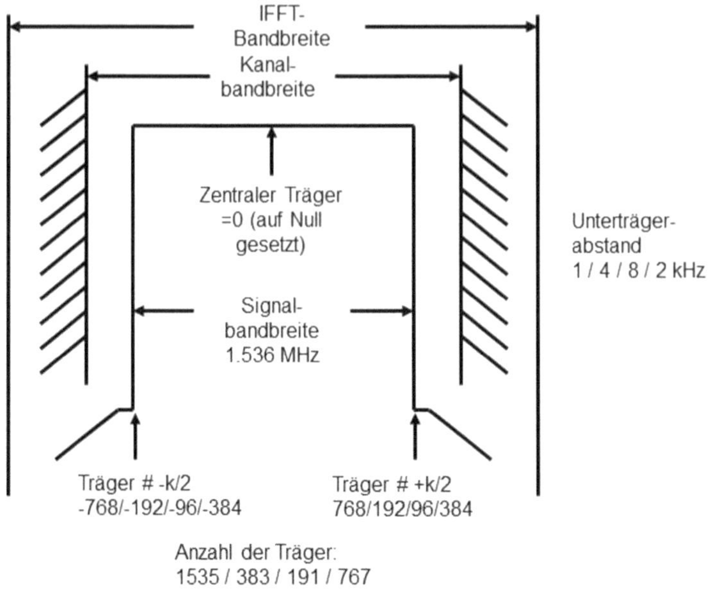

Abb. 26.9. DAB-Spektrum

COFDM-Signale werden mit Hilfe einer Inversen Fast Fourier Transformation erzeugt (siehe Kapitel COFDM), die eine Trägeranzahl erfordert, die einer Zweierpotenz entspricht. Bei DAB wird entweder eine 2048-Punkte-IFFT, 512-Punkte-IFFT, 256-Punkte-IFFT oder 1024-Punkte IFFT vorgenommen. Die IFFT-Bandbreite aller dieser Träger zusammen ist größer als die Kanalbandbreite. Die Randträger werden aber nicht benutzt und sind auf Null gesetzt (Guard Band). Die tatsächliche Signalbandbreite von DAB beträgt 1.536 MHz. Die Kanalbandbreite liegt bei 1.75 MHz. Die Unterträgerabstände sind 1, 4, 8 oder 2 kHz je nach DAB-Mode (Mode I, II, III oder IV) (siehe hierzu Abb. 26.8 und 26.9.).

In Abb. 26.10 ist ein echtes DAB-Spektrum dargestellt, so wie man es mit Hilfe eines Spektrumanalyzers am Senderausgang nach dem Maskenfilter messen würde. Das Spektrum ist 1.536 MHz breit. Es sind auch Signalanteile vorhanden, die bis in die Nachbarkanäle hineinreichen, man spricht von sog. Schultern und dem Schulterabstand. Die Schultern werden mit Hilfe von Maskenfiltern abgesenkt.

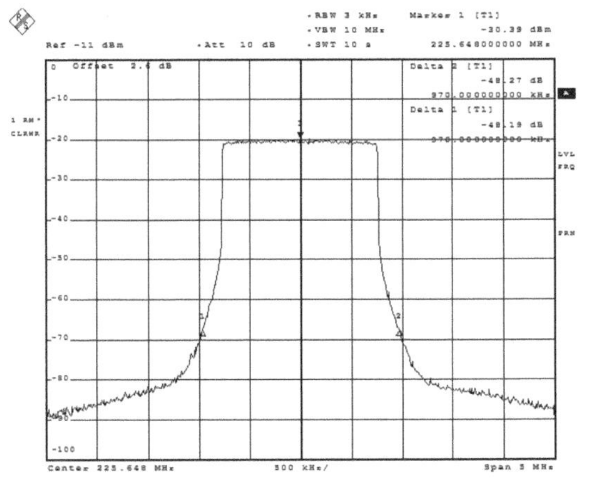

Abb. 26.10. „Echtes" DAB-Spektrum nach dem Maskenfilter

Bei DAB besteht ein COFDM-Rahmen (Abb. 26.11.) aus 77 COFDM-Symbolen. Die Länge eines COFDM-Symbols ist abhängig vom DAB-Mode. Sie beträgt zwischen 125 µs und 1 ms. Hinzu kommt noch das Guard Interval, das in etwa 1/4 der Symbollänge ausmacht. Somit liegt die Gesamtlänge eines Symbols zwischen etwa 156 µs und 1.246 ms. Das Symbol Nr. 0 ist das sog. Nullsymbol; während dieser Zeit ist der HF-

Träger vollständig ausgetastet. Mit dem Nullsymbol startet der DAB-Rahmen (= Frame). Nach dem Nullsymbol folgt das Phasenreferenz – Symbol (TFPR). Dieses dient zur Frequenzsynchronisation und Phasensynchronisation des Empfängers. Es enthält keine Daten.

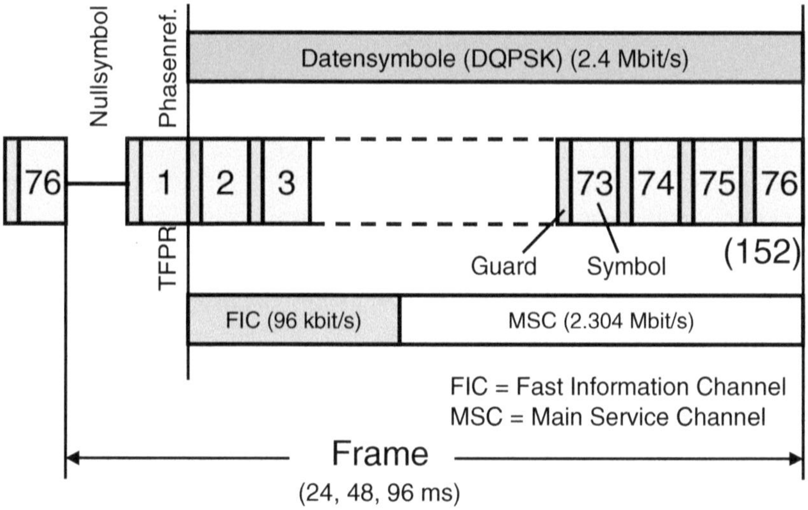

Abb. 27.11. DAB-Rahmen

Alle COFDM-Träger sind im Phasenreferenz-Symbol auf definierte Amplituden- und Phasenwerte gesetzt. Mit dem Symbol Nr. 2 startet die eigentliche Datenübertragung. Anders als bei DVB ist bei DAB der Datenstrom vollkommen synchron zum COFDM-Rahmen. In den ersten Symbolen des DAB-Rahmens wird der FIC, der Fast Information Channel übertragen. Die Länge des FIC's ist vom DAB Mode abhängig. Die Datenrate des FIC beträgt 96 kbit/s. Im FIC werden wichtige Informationen für den DAB-Empfänger übertragen. Nach dem FIC startet die Übertragung des MSC, des Main Service Channels. In ihm finden sich die eigentlichen Nutzdaten. Die Datenrate des MSC ist konstant 2.304 MBit/s und ist mode-unabhängig. Beide – FIC und MSC beinhalten zusätzlich Forward Error Correction (FEC), eingetastet vom DAB-COFDM-Modulator. Bei DAB ist die FEC sehr flexibel und für die verschiedenen Teilkanäle unterschiedlich konfigurierbar. Es ergeben sich damit Nettodatenraten für die eigentliche Nutzlast (Audio und Daten) von (0.8) 1.2 bis 1.73 Mbit/s. Die Modulationsart bei DAB ist Differential QPSK. Die Bruttodatenrate von FIC und

MSC zusammen beträgt 2.4 Mbit/s. Die Länge eines DAB-Frames liegt zwischen 24 und 96 ms (modeabhängig).

Im weiteren soll nun genauer auf die Details der COFDM-Implementierung bei DAB eingegangen werden. Bei DAB startet ein COFDM-Rahmen mit einem Nullsymbol. Alle Träger sind in diesem Symbol einfach auf Null gesetzt. In Abb. 26.12. ist jedoch nur ein einzelner Träger über mehrere Symbole hinweg dargestellt. Das erste dargestellte Symbol am linken Bildrand ist das Nullsymbol, der Zeiger hat die Amplitude Null. Daraufhin folgt das Phasenreferenzsymbol, auf das sich das erste Datensymbol (Symbol Nr. 2) phasenmäßig bezieht. Aus der Differenz vom Phasenreferenzsymbol zum Symbol Nr. 2 und von nun an aus den Differenzen zweier benachbarter Symbole, ergeben sich die codierten Bits. D.h. in der Phasenänderung steckt die Information.

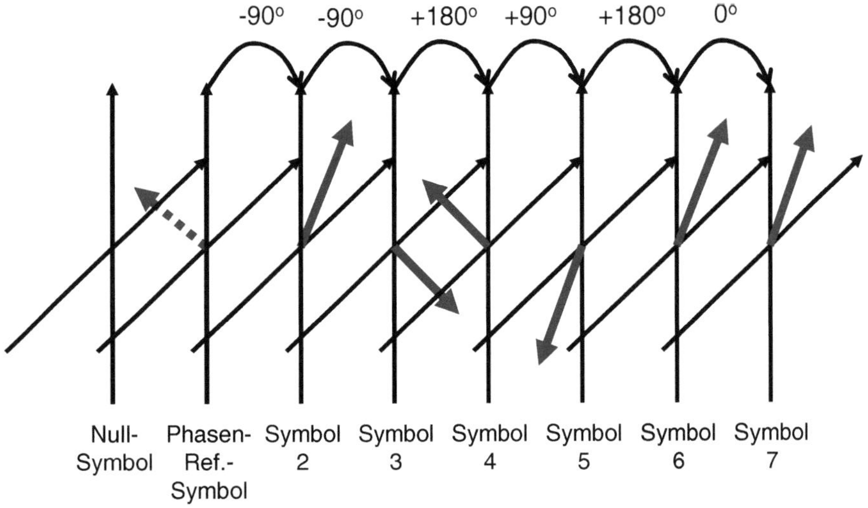

Abb. 26.12. Zeitlicher Ablauf einer DQPSK mit Null-Symbol und Phasenreferenz-Symbol

Das in Abb. 26.12. dargestellte Prinzip entspricht aber immer noch nicht der exakten Realität bei DAB. Wir nähern uns jetzt Schritt für Schritt der Wirklichkeit bei DAB.

In Abb. 26.13. dargestellt sind das Mapping und die Zustandsübergänge im Falle einer einfachen QPSK oder einfachen DQPSK. Man erkennt deutlich, dass Phasensprünge von +/-90 Grad und +/-180 Grad möglich sind. Bei Phasensprüngen von +/-180 Grad kommt es aber zum Nulldurchgang des Spannungsverlaufes, was zu Einschnürungen in der Hüllkurve führt.

Deshalb ist es üblich bei Einträgerverfahren anstelle einer DQSPK eine sog. π/4-shift-DQPSK vorzunehmen. Eine π/4-shift-DQPSK vermeidet dieses Problem. Bei dieser Art von Modulation wird die Trägerphase von Symbol zu Symbol um 45 Grad, also um π/4 weitergeschaltet. Der Empfänger weiß hiervon und macht diesen Vorgang rückgängig. Ein Anwendungsbeispiel für π/4-shift-DQPSK ist z.B. der Mobilfunkstandard TETRA. Auch bei DAB hat man sich für dieses Modulationsverfahren entschieden, dort aber in Verbindung mit dem Vielträgerverfahren COFDM.

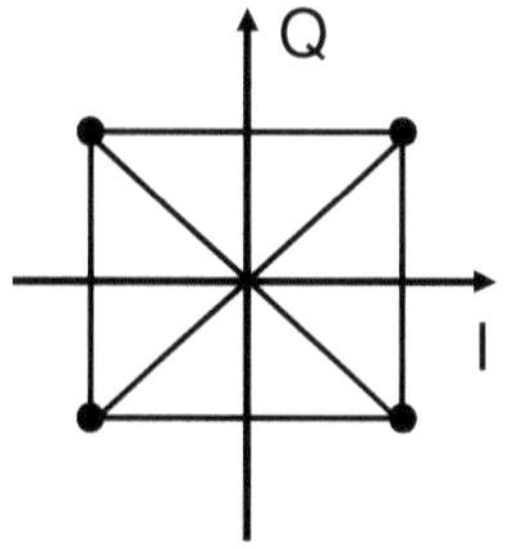

Abb. 26.13. Mapping einer „normalen" QPSK oder „normalen" DQPSK mit Zustandsübergängen, die auch durch den Nullpunkt laufen.

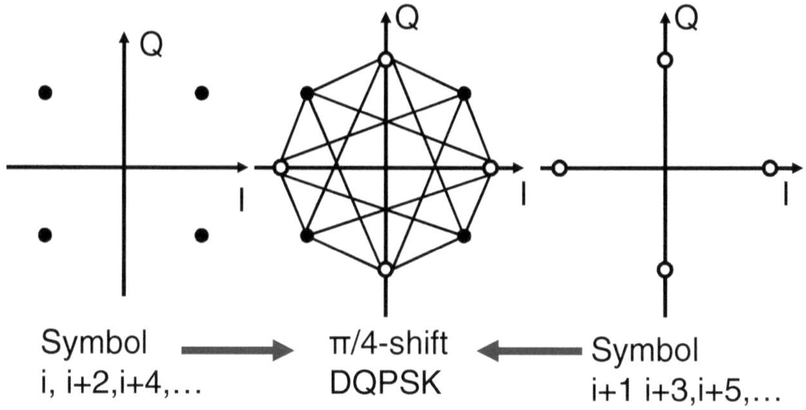

Abb. 26.14. Übergang von DQPSK auf π/4-shift-DQPSK

Betrachten wir nun den Übergang von einer DQPSK zu einer π/4-shift-DQPSK. Links in Abb. 26.14. ist das Konstellationsdiagramm einer einfachen QPSK dargestellt. Rechts im Bild ist eine um 45 Grad, also um π/4 gedrehte QPSK abgebildet. Eine π/4-shift-DQPSK setzt sich aus beidem zusammen. Von Symbol zu Symbol wird die Trägerphase um 45 Grad weitergeschaltet. Will man nur 2 Bit pro Vektorübergang darstellen, so kann man nun die 180 Grad Phasensprünge vermeiden. Es lässt sich zeigen, dass man mit Phasensprüngen von +/-45 Grad (+/-π/4) und +/-135 Grad (+/-3/4π) auskommt, um per differentiellem Mapping 2 Bit pro Symboldifferenz zu übertragen. Im Konstellationsdiagramm der π/4-shift-DQPSK (Abb. 26.14. Mitte) sind die benutzten Zustandsübergänge dargestellt. Man erkennt nun, dass kein 180 Grad Sprung stattfindet.

Bei DAB wird eine π/4-shift-DQPSK in Verbindung mit einer COFDM angewendet. Der COFDM Frame startet bei DAB mit dem sog. Nullsymbol. Während dieser Zeit sind alle Träger auf Null gesetzt, d.h. u(t) = 0 für den Zeitraum eines COFDM-Symbols. Anschließend folgt das Phasenreferenz-Symbol, genauer gesagt, das sog. TFPR-Symbol (Time Frequency Phase Reference). Dort sind alle Träger auf n · 90 Grad gemappt, entsprechend der sog. CAZAC-Sequenz. CAZAC steht für Constant Amplitude Zero Autocorrelation. Dies bedeutet, dass die Träger nach einem bestimmten Muster für jeden Träger verschieden auf die I- oder Q-Achse gemappt sind, also den Phasenraum 0, 90, 180, 270 Grad einnehmen. Das Phasenreferenzsymbol ist die Referenz für die π/4-shift-DQPSK des ersten Datensymbols, also die Referenz für Symbol Nr. 2. Die Träger im Symbol Nr. 2 belegen also den Phasenraum n ·45 Grad. Symbol Nr. 3 bezieht seine Phasenreferenz aus Symbol Nr. 2 und belegt wieder den Phasenraum n · 90 Grad usw. Gleiches gilt auch für alle anderen Träger.

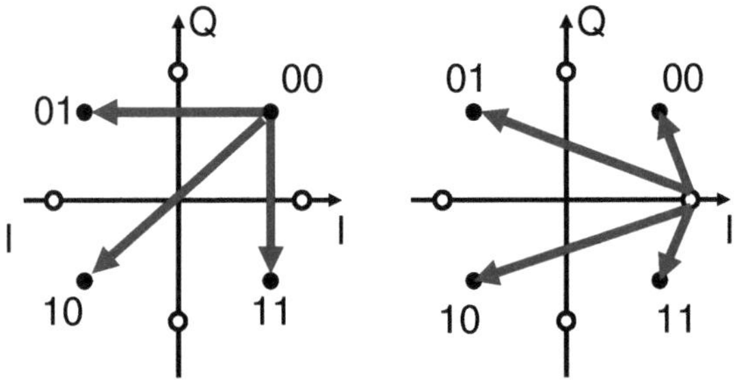

Abb. 26.15. Konstellationsdiagramm einer DQPSK im Vergleich zu einer π/4-shift-DQPSK

Abb. 26.15. zeigt den Vergleich einer DQPSK mit einer π/4-shift-DQPSK. Die gewählte Mapping-Vorschrift ist hier frei gewählt und könnte durchaus auch anders gewählt werden.

Will man mit Hilfe der DQPSK im Beispiel die Bitkombination 00 übertragen, so ändert sich die Phasenlage nicht. Die Bitkombination 01 wird durch einen Phasensprung von +45 Grad signalisiert, die Bitkombination 11 entspricht einem Phasensprung von -45 Grad. Eine 10 wiederum entspricht einem Phasensprung von 180 Grad.

Im rechten Bild (Abb. 26.15.) sind die Zustandsübergänge einer $\pi/4$-shift-DQPSK abgebildet. Hier treten Phasensprünge von +/-45 Grad und +/-135 Grad auf. Der Träger verharrt nie auf einer konstanten Phase, es treten auch keine 180 Grad Phasensprünge auf.

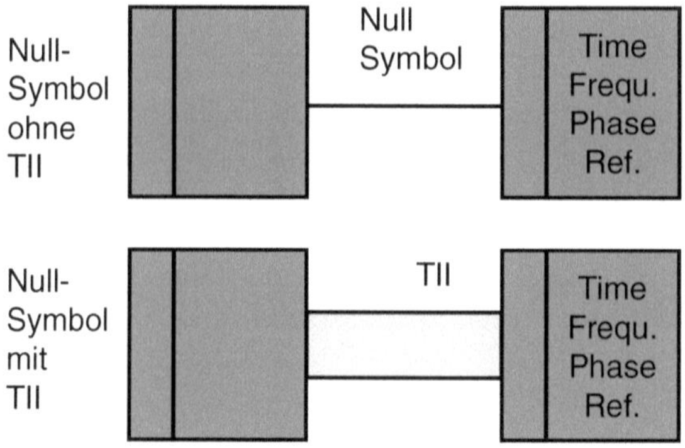

Abb. 26.16. Null-Symbol ohne und mit TII

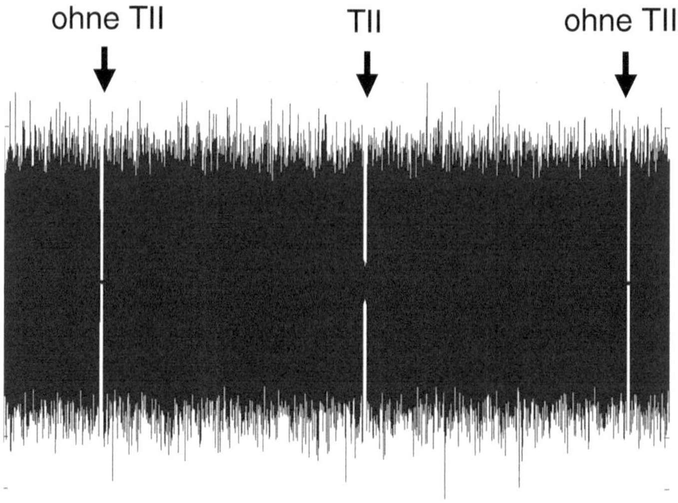

Abb. 26.17. Oszillogramm eines DAB-Frames mit Null-Symbolen (nur jedes zweite Null-Symbol beinhaltet eine TII = Transmitter Indentification Information)

Das Nullsymbol ist das allererste Symbol eines DAB-Frames, von der Zählweise her wird es mit Symbol Nr. 0 bezeichnet. Während dieser Zeit ist die Amplitude des COFDM-Signals Null. Die Länge eines Nullsymbols entspricht in etwa der Länge eines normalen Symbols plus Guard Interval. In Wirklichkeit ist es aber etwas länger. Das liegt daran, dass man die DAB-Frame-Länge damit auf exakt 24, 48 oder 96 ms justiert, um somit eine Anpassung an die Frame-Länge des MPEG-1 bzw. MPEG-2 Audio-Layers II zu erreichen. Das Nullsymbol (Abb. 26.16.) kennzeichnet den Beginn eines DAB-COFDM-Rahmens. Es ist das erste Symbol dieses Frames und ist sehr leicht erkennbar, da während dieser Zeit alle Träger auf Null getastet sind. Es dient also zur groben Zeitsynchronisation des Empfängers. Während des Nullsymbols kann außerdem eine Senderkennung, eine sog. TII = Transmitter Identification Information (Abb. 26.16. und Abb. 26.17.) übertragen werden. Im Falle einer TII = Transmitter Identification Information sind bestimmte Trägerpaare (Abb. 26.18.) im Nullsymbol gesetzt. Damit kann die Transmitter ID signalisiert werden.

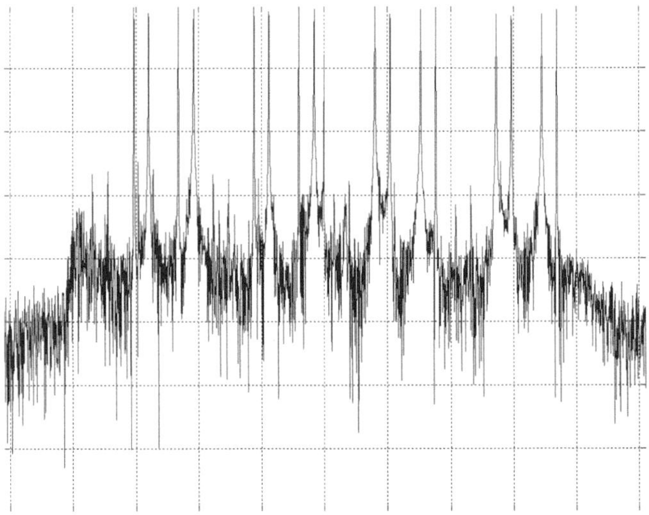

Abb. 26.18. FFT eines Null-Symbols mit TII; Trägerpaare sind gesetzt zur Signalisierung der TII Main ID und TII Sub-ID

Die Frame-Längen, die Symbollängen und somit auch die Nullsymbol-Längen hängen vom DAB Mode ab. Diese Längen sind in Tabelle 26.2. aufgelistet.

Das Phasenreferenzsymbol oder TFPR-Symbol = Time Frequency Phase Reference Symbol ist das Symbol, das unmittelbar nach dem Nullsymbol folgt. Innerhalb dieses Symbols sind alle Träger auf bestimmte feste Phasenpositionen gestellt nach der sog. CAZAC-Sequenze = Constant Amplitude Zero Autocorellation. Dieses Symbol dient zum einen der AFC = Automatic Frequency Control des Empfängers, als auch als Start-Phasenreferenz für die π/4-shift-DQPSK.

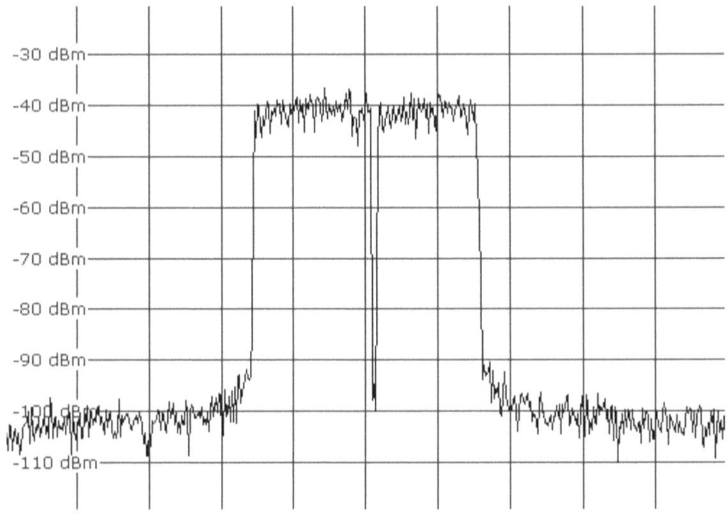

Abb. 26.19. Spektrum eines DAB-Signals mit durchlaufendem Null-Symbol

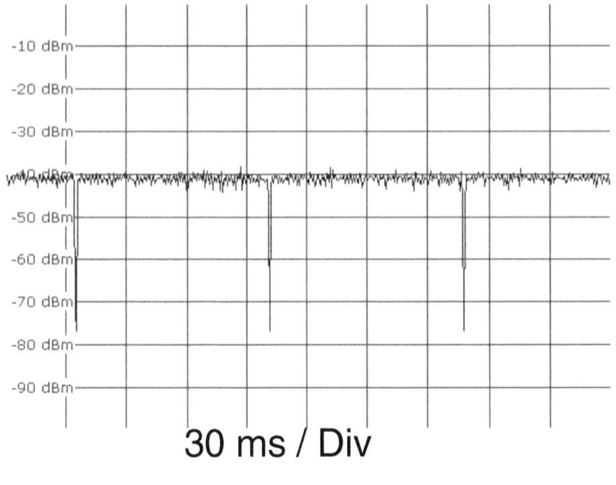

Abb. 26.20. DAB-Spektrum bei Zero Span; der DAB-Frame mit Null-Symbol ist gut erkennbar (Mode I)

Anhand dieses Symbols kann der Empfänger auch die Impulsantwort des Kanals berechnen, um eine genaue Zeitsynchronisation vorzunehmen. Hierüber wird u.a. das FFT-Abtastfenster im Empfänger positioniert. Die Impulsantwort erlaubt eine Identifizierung der einzelnen Echopfade. Während des TFPR-Symbols sind die Träger auf 0, 90, 180 oder 270 Grad gesetzt. Dies geschieht für jeden Träger unterschiedlich. Die Vorschrift hierzu ist im Standard anhand von Tabellen definiert (CAZAC-Sequenz).

Nun kehren wir zurück zum DAB-Datensignal. Die Bruttodatenrate eines DAB-Kanals beträgt 2.4 Mbit/s. Abzüglich des Fast Information Channels, der der Empfängerkonfiguration dient und abzüglich des Fehlerschutzes (Faltungscodierung), erhält man eine Nettodatenrate von (0.8) 1.2 … 1.73 Mbit/s. DAB arbeitet im Gegensatz zu DVB vollkommen synchron. Während man bei DVB-T im Datensignal, dem sog. MPEG-2-Transportstrom keine COFDM-Rahmenstruktur erkennen kann, besteht das DAB-Datensignal auch aus Rahmen. Ein DAB-COFDM-Frame (Abb. 26.21.) beginnt mit einem Null-Symbol.

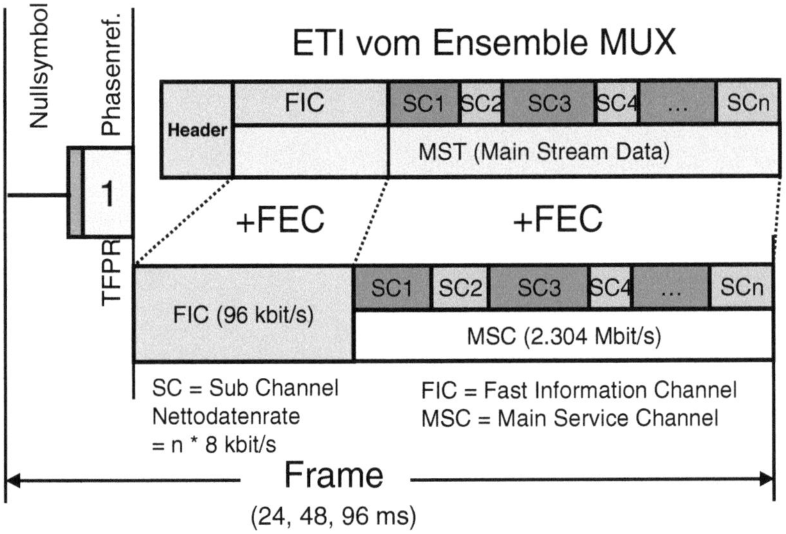

Abb. 26.21. DAB-Frame

Während dieser Zeit ist das RF-Signal wirklich auf Null getastet. Anschließend folgt das Referenzsymbol. Während der Zeit des Nullsymbols und Referenzsymbols erfolgt keine Datenübertragung. Die Datenübertragung startet mit dem COFDM-Symbol 2 mit der Übertragung des FIC, des Fast Information Channel. Anschließend wird der MSC, der Main Service Channel übertragen. Im FIC und im MSC ist bereits Fehlerschutz (FEC) vom Modulator eingefügt worden. Der im FIC verwendete Fehlerschutz ist gleichmäßig (equal), der im MSC verwendete Fehlerschutz ungleichmäßig (unequal). Gleichmäßiger Fehlerschutz bedeutet, dass alle Daten mit dem gleichen Fehlerschutz versehen werden, ungleichmäßiger Fehlerschutz bedeutet, dass wichtigere Daten besser geschützt werden als unwichtigere. Die Datenrate des FIC beträgt 96 kbit/s, die des MSC 2.304 Mbit/s. Zusammen ergibt sich eine Bruttodatenrate von 2.4 Mbit/s. Ein DAB-Frame ist 76 COFDM-Symbole lang im Mode I, II und IV, sowie 152 CODFM-Symbole lang im Mode III. Der Rahmen besteht aus 1536 · 2 · 76 Bit = 233472 Bit im DAB-Mode I, aus 384 · 2 · 76 Bit = 58368 Bit im Mode II, 192 · 2 · 151 Bit = 57984 Bit im Mode III und 768 · 2 · 76 Bit = 116736 Bit im Mode IV.

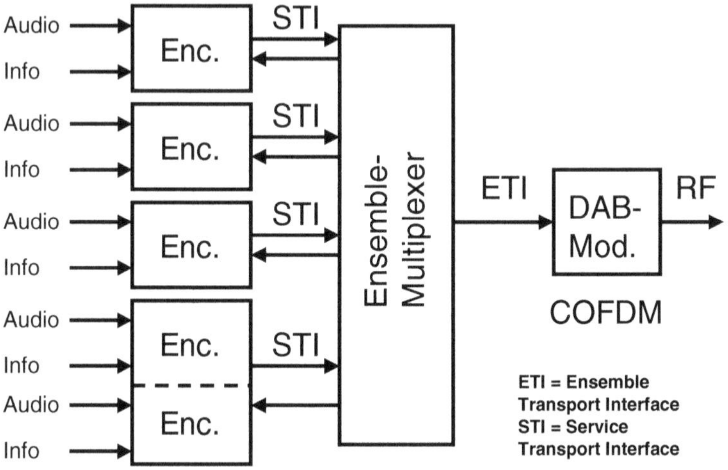

Abb. 26.22. DAB-Zuführung über ETI

Die Zuführung der DAB-Daten vom Ensemble-Multiplexer zum DAB-Modulator und Sender erfolgt über ein Datensignal, das man ETI = Ensemble Transport Interface bezeichnet (Abb. 26.22.). Die Datenrate des ETI-Signales ist niedriger als die des DAB-Frames, da es noch keinen Fehlerschutz enthält. Der Fehlerschutz wird erst im Modulator hinzugefügt (Faltungscodierung und Interleaving). Man findet aber auch schon im ETI-Signal die Frame-Struktur von DAB (Abb. 26.21.). Ein ETI-Rahmen startet mit einem Header. Dann folgen die Daten des Fast Information Channels = FIC. Daraufhin findet man den Main Stream = MST. Der Main Stream ist in Subchannels unterteilt. Bis zu 64 Subchannels sind möglich. Die Information über den Aufbau des Main Streams und den Fehlerschutz, der im Modulator hinzugefügt werden soll, findet man im Fast Information Channel FIC. Der FIC ist für den Empfänger zur automatischen Konfiguration gedacht.

Der Modulator bezieht die Information für die Zusammensetzung und Konfiguration des Multiplexes jedoch aus dem ETI-Header.

26.4 DAB – Forward Error Correction – FEC

In diesem Abschnitt wird nun der Fehlerschutz, die Forward Error Correction (FEC), die bei DAB verwendet wird, näher beleuchtet.

Bei DAB werden alle Teilkanäle (Subchannels) einzeln und unterschiedlich stark fehlergeschützt (Abb. 26.5. und 26.6.). Es sind bis zu 64 Subchannels möglich. Der Fehlerschutz (FEC) findet im DAB-Modulator statt.

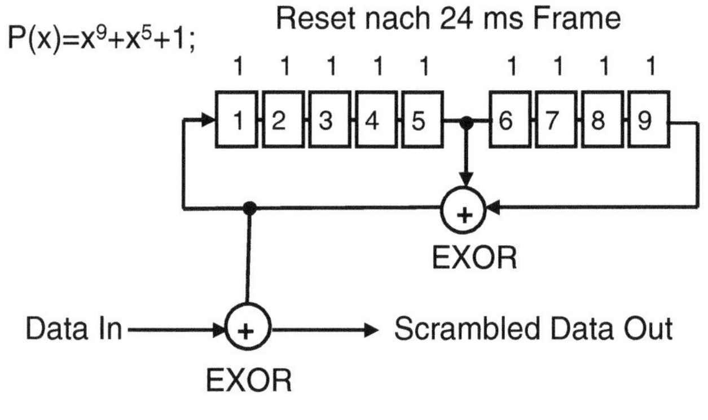

Abb. 26.23. Data Scrambling

Bevor der Datenstrom mit Fehlerschutz versehen wird, wird er verwürfelt (Abb. 26.23.). Dies geschieht durch Mischen mit einer Pseudo Random Binary Sequence (PRBS). Die PRBS wird mit Hilfe eines rückgekoppelten Schieberegisters erzeugt. Der Datenstrom wird dann mit Hilfe eines Exlusiv-Oder-Gatters mit dieser PRBS gemischt. Lange 1-Sequenzen und lange 0-Sequenzen, die im Datenstrom vorhanden sein können, werden damit aufgebrochen. Man spricht von einer sog. Energieverwischung. Bei Einträgerverfahren ist eine Energieverwischung u.a. notwendig, um das Verharren des Trägerzeigers an konstanten Positionen zu verhindern. Dies würde zu diskreten Spektrallinien führen. Aber auch der Fehlerschutz arbeitet erst richtig, wenn im Datensignal Bewegung drin ist. Dies ist der

Grund, warum man dieses Scrambling auch bei COFDM-Verfahren am Eingang der FEC durchführt. Alle 24 ms wird die Schieberegisteranordnung mit lauter Einsen geladen und damit zurückgesetzt.

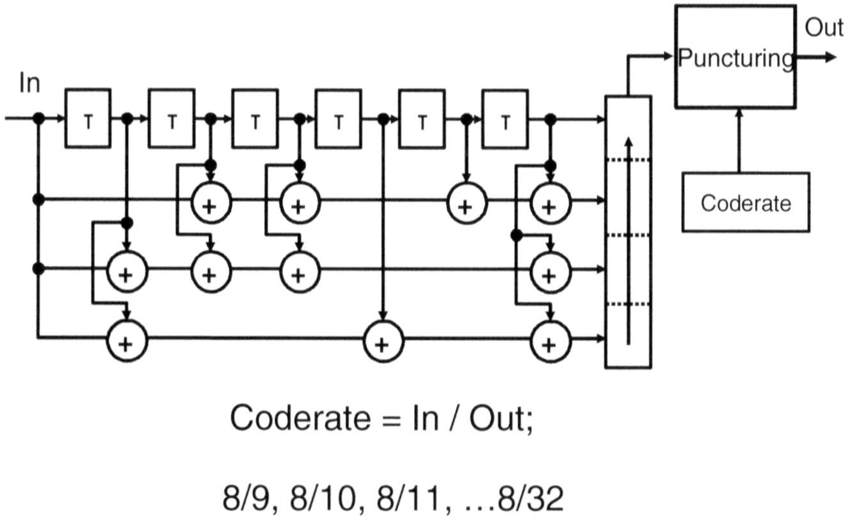

Abb. 26.24. DAB-Faltungscodierung mit Punktierung

Solch eine Anordnung findet sich auch im Empfänger; sie muss zum Sender synchronisiert sein. Durch das nochmalige Vermischen mit der gleichen PRBS im Empfänger wird der Originaldatenstrom wiederhergestellt.

Es erfolgt dann die Faltungscodierung (Convolutional Coding). Der bei DAB verwendete Faltungscodierer (mit anschließendem Punktierer) ist in Abb. 26.24. dargestellt. Das Datensignal durchläuft ein sechsstufiges Schieberegister. Parallel dazu wird es in 3 Zweigen mit den in den Schieberegister gespeicherten Informationen zu verschiedenen Verzögerungszeitpunkten Exclusiv-Oder-verküpft. Der um sechs Takte verzögerte Schieberegisterinhalt und die 3 durch EXOR-Verknüpfung manipulierten Datensignale werden seriell zu einem neuen Datenstrom der nun vierfachen Datenrate im Vergleich zur Eingangsdatenrate zusammengestellt.

Man spricht von einer Coderate von 1/4. Die Coderate ergibt sich aus dem Verhältnis von Eingangsdatenrate zu Ausgangsdatenrate.

Nach der Faltungscodierung wurde der Datenstrom nun um den Faktor vier aufgebläht. Der Ausgangsdatenstrom trägt aber nun 300% Overhead, also Fehlerschutz. Dies senkt aber entsprechend die zur Verfügung stehende Nettodatenrate. In der Punktierungseinheit kann nun dieser Overhead und damit auch der Fehlerschutz gesteuert werden. Durch gezieltes Weglassen von Bits kann die Datenrate wieder gesenkt werden. Das Weglassen, also Punktieren, geschieht nach einem dem Sender und Empfänger bekannten Schema; man spricht von einem Punktierungsschema. Die Coderate beschreibt die Punktierung und gibt damit ein Maß an für den Fehlerschutz an. Die Coderate berechnet sich ganz einfach aus dem Verhältnis von Eingangsdatenrate zu Ausgangsdatenrate. Sie kann bei DAB variiert werden zwischen 8/9, 8/10, 8/11 … 8/32. 8/32 ergibt den besten Fehlerschutz bei niedrigster Nettodatenrate, 8/9 ergibt den niedrigsten Fehlerschutz bei höchster Nettodatenrate. Bei DAB werden verschiedene Dateninhalte verschieden stark geschützt. Häufig treten jedoch bei einer Übertragung Bündelfehler (Burstfehler) auf. Bei längeren Burstfehlern führt dies aber zu einem Versagen des Fehlerschutzes. Deshalb werden die Daten nun in einem weiteren Arbeitsschritt ge-interleaved, d.h. über einen bestimmten Zeitraum verteilt. Das lange Interleaving über 384 ms macht das System sehr gut mobiltauglich und robust. Beim De-Interleaving auf der Empfangsseite werden dann evtl. vorhandene Bündelfehler aufgebrochen und breiter im Datenstrom verteilt. Nun ist es leichter, diese zu Einzelfehlern gewordenen Bündelfehler zu reparieren und dies ohne zusätzlichen Daten-Overhead. Bei DAB finden zwei Arten von Fehlerschutz Anwendung, nämlich gleichmäßiger Fehlerschutz und ungleichmäßiger Fehlerschutz.

Gleichmäßiger Fehlerschutz bedeutet, dass alle Komponenten mit dem selben FEC-Overhead versehen werden. Dies gilt für den Fast Information Channel (FIC) und für den Fall einer reinen Datenübertragung.

Ungleichmäßig geschützt werden Audioinhalte, d.h. die Bestandteile eines MPEG-1 oder MPEG-2 Audioframes. Manche Bestandteile im Audioframe sind wichtiger, weil sich dort Bitfehler störender auswirken würden. Deshalb werden diese Teile stärker geschützt. Diese unterschiedlichen Komponenten im Audio-Frame werden mit unterschiedlichen Coderaten versehen.

In vielen Übertragungsverfahren wird mit einem konstanten, gleichmäßigem Fehlerschutz gearbeitet. Ein Beispiel hierfür ist DVB. Bei DAB werden nur Teile der zu übertragenden Information mit einem gleichmäßigem Fehlerschutz versehen. Hierzu zählen die folgenden Daten: Der FIC = Fast Information Channel wird gleichmäßig mit einer mittleren Coderate von 1/3 geschützt. Die Daten des Packet Mode können mit einer Coderate von 2/8, 3/8, 4/8 oder 6/8 versehen werden.

Die MPEG-Audio-Pakete werden bei DAB mit einem ungleichmäßigem Fehlerschutz, der noch dazu steuerbar ist, geschützt. Manche Anteile des MPEG-Audio-Paketes sind empfindlicher gegenüber Bitfehlern als andere.

Die mit verschiedenem Fehlerschutz versehenen Anteile im DAB-Audioframe sind:

- Header
- Skalierungsfaktoren
- Teilband-Abtastwerte
- Programmbezogene Daten (PAD).

Besonders gut muss der Header geschützt werden. Treten Fehler im Header auf, so führt dies zu schwerwiegenden Synchronisationsproblemen. Ebenfalls müssen die Skalierungsfaktoren gut geschützt sein, da sich Bitfehler in diesem Bereich sehr unangenehm anhören würden. Weniger empfindlich sind dagegen die Teilband-Abtastwerte. Entsprechend niedriger ist auch deren Fehlerschutz.

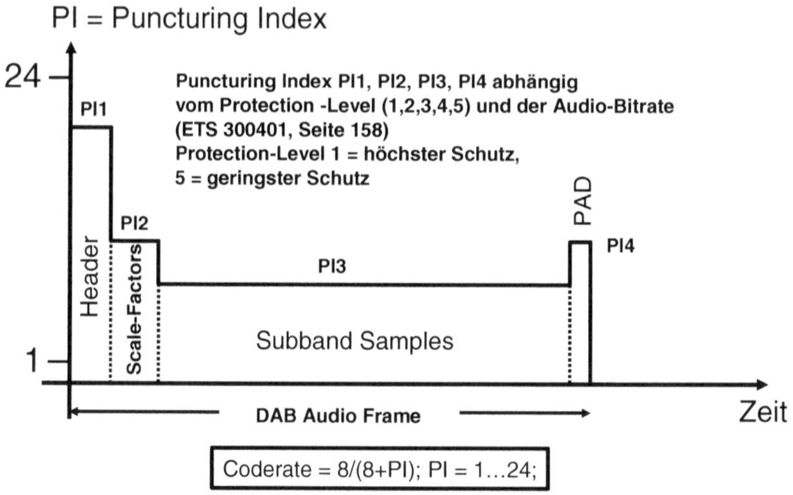

Abb. 26.25. Unequal Forward Error Correction eines DAB-Audio-Frames

In Abb. 26.25. ist ein Beispiel für den ungleichmäßigen Fehlerschutz innerhalb eines DAB-Audio-Frames abgebildet. Der Puncturing Index beschreibt die Qualität des Fehlerschutzes. Aus dem Puncturing Index lässt sich die Coderate im entsprechenden Abschnitt einfach berechnen. Sie ergibt sich einfach aus folgender Formel:

Coderate = 8/(8+PI);

mit PI = 1…24; = Puncturing Index

Der Puncturing Index ergibt sich wiederum aus dem sog. Protection Level, der im Bereich von 1, 2, 3, 4 oder 5 liegt, und der Audiobitrate. Tabelle 26.3. listet die mittleren Coderaten abhängig vom Protection Level und den Audiobitraten auf. PL1 bietet den höchsten Fehlerschutz, PL5 den niedrigsten Fehlerschutz.

Tabelle 26.3. DAB-Protection Levels und mittlere Coderaten

Audio-Bitrate [kbit/s]	Mittlere Coderate Protection Level 1	Mittlere Coderate Protection Level 2	Mittlere Coderate Protection Level 3	Mittlere Coderate Protection Level 4	Mittlere Coderate Protection Level 5
32	0.34	0.41	0.50	0.57	0.75
48	0.35	0.43	0.51	0.62	0.75
56	X	0.40	0.50	0.60	0.72
64	0.34	0.41	0.50	0.57	0.75
80	0.36	0.43	0.52	0.58	0.75
96	0.35	0.43	0.51	0.62	0.75
112	X	0.40	0.50	0.60	0.72
128	0.34	0.41	0.50	0.57	0.75
160	0.36	0.43	0.52	0.58	0.75
192	0.35	0.43	0.51	0.62	0.75
224	0.36	0.40	0.50	0.60	0.72
256	0.34	0.41	0.50	0.57	0.75
320	X	0.43	X	0.58	0.75
384	0.35	X	0.51	X	0.75

Tabelle 26.4. DAB-Kanalkapazität und minimales SNR

Protection Level (FEC)	Anzahl der Programme bei 196 kbit/s	SNR [dB]
PL1 (höchster)	4	7.4
PL2	5	9.0
PL3	6	11.0
PL4	7	12.7
PL5 (niedrigster)	8	16.5

Tabelle 26.4. zeigt den mindestens benötigten Störabstand SNR und die Anzahl der in einem DAB-Multiplex unterbringbaren Programme, ausgehend von einer Datenrate von 196 kbit/s je Programm, in Abhängigkeit

vom Protection Level. Wird z.B. PL3 verwendet, so finden 6 Programme mit je 196 kbit/s in einem DAB-Multiplex Platz; der mindestens benötigte Störabstand beträgt dann 11.0 dB. Die Bruttodatenrate des DAB-Signals (inklusive Fehlerschutz) beträgt 2.4 Mbit/s, die Nettodatenrate liegt je nach gewähltem Fehlerschutz zwischen (0.8) 1.2 bis 1.7 Mbit/s.

Tabelle 26.5. DAB-Parameter und Qualität

Programmtyp	Format	Qualität	Abtastrate [kHz]	Protection Level	Bitrate [kbit/s]
Musik/Sprache	Mono	broadcast	48	PL2 oder 3	112...160
Musik/Sprache	2-Kanal Stereo	broadcast	48	PL2 oder 3	128...224
Musik/Sprache	Mehrkanal	broadcast	48	PL2 oder 3	384...640
Sprache	Mono	akzeptabel	24 oder 48	PL3	64...112
Nachrichten	Mono	verständlich	24 oder 48	PL4	32 oder 64
Daten	--	--		PL4	32 oder 64

Der ungleiche Fehlerschutz bei DAB bewirkt, dass die DAB-Empfangbarkeit nicht abrupt beim Unterschreiten einen bestimmten Mindeststörabstandes abbricht. Es setzen erst hörbare Störungen ein, erst etwa 2 dB später bricht dann die Empfangbarkeit ab. Tabelle 26.5. zeigt häufig gewählte Protection Levels und Audiodatenraten bei DAB [HOEG_LAUTERBACH].

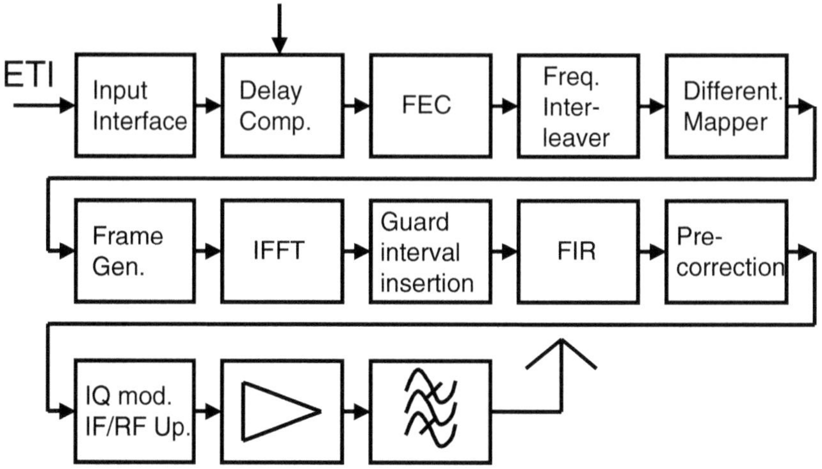

Abb. 26.26. Blockschaltbild eines DAB-Modulators und Senders

26.5 DAB-Modulator und Sender

Betrachten wir nun das Gesamtblockschaltbild eines DAB-Modulators (Abb. 26.26.) und Senders. Das ETI-Signal (Ensemble Transport Interface) liegt am Input Interface an. Dort findet die Aufsynchronisierung auf das ETI-Signal statt. Im Falle eines Gleichwellennetzes erfolgt dann im Modulator ein Laufzeitausgleich, der über das TIST = Time Stamp im ETI-Signal gesteuert wird. Anschließend erfolgt für jeden Signalinhalt unterschiedlich stark der Fehlerschutz (FEC). Der fehlergeschützte Datenstrom wird dann über die Frequenz ge-interleaved, also verteilt. Jeder COFDM-Träger erhält einen Teil des Datenstromes zugewiesen, bei DAB sind dies immer 2 Bit pro Träger.

Im Differential Mapper werden dann die Real- und Imaginärteiltabelle gebildet, d.h. für jeden Träger wird die aktuelle Vektorposition ermittelt. Es wird daraufhin der DAB-Frame mit Nullsymbol, TFPR-Symbol und Datensymbolen gebildet, um die fertigen Realteil- und Imaginärteiltabellen dann der IFFT, der Inversen Fast Fouriertransformation zuzuführen. Hinterher befinden wir uns dann wieder im Zeitbereich; dort wird zum Symbol durch Wiederholung des Endes des nachfolgenden Symbols das Guard Interval hinzugefügt. Nach einer FIR-Filterung erfolgt dann im Leistungssender eine Vorentzerrung zur Kompensation der Nichtlinearitäten von Betrag und Phase der Verstärkerkennlinie. Üblicherweise ist der dann folgende IQ-Modulator dann gleichzeitig IF/RF-Upconverter. Man verwendet heutzutage üblicherweise Direktmodulation, d.h. man geht direkt vom Basisband hoch in die RF-Lage.

Daraufhin folgt dann die Leistungsverstärkung in Transistorendstufen. Wegen den noch verbleibenden Nichtlinearitäten und wegen des notwendigen Clippings von Spannungsspitzen auf ca. 13 dB ergeben sich die sog. Schultern des DAB-Signals. Dies sind Außerbandanteile, die die Nachbarkanäle stören würden. Deshalb folgt dann noch ein passives Bandpassfilter (Maskenfilter). Ohne Vorentzerrung würde ein DAB-Signal einen Schulterabstand von ca. 30 dB aufweisen. Wenn die Vorentzerrung ordentlich eingestellt wurde, liegt der Schulterabstand dann bei etwa 40 dB. Dies würde aber immer noch die Nachbarkanäle zu stark stören und würde von den Regulierungsbehörden nicht genehmigt werden. Nach dem Maskenfilter sind die Schultern dann noch um weitere etwa 10 dB abgesenkt.

In Abb. 26.27 sind häufig verwendete DAB-Blöcke dargestellt. Man unterteilt einen VHF-Kanal (Bandbreite 7 MHz) in 4 DAB-Blöcke. Die Blöcke werden dann z.B. mit Block 12A, 12B, 12C oder 12D bezeichnet.

In Tab. 26.6., 26.7 und 26.8. sind die bei DAB verwendeten Kanaltabellen aufgelistet. Jeder DAB-Kanal ist 7/4 MHz = 1.75 MHz breit. Die

COFDM-Signalbandbreite beträgt jedoch nur 1.536 MHz; es gibt also ein Guard Band zu den Nachbarkanälen hin.

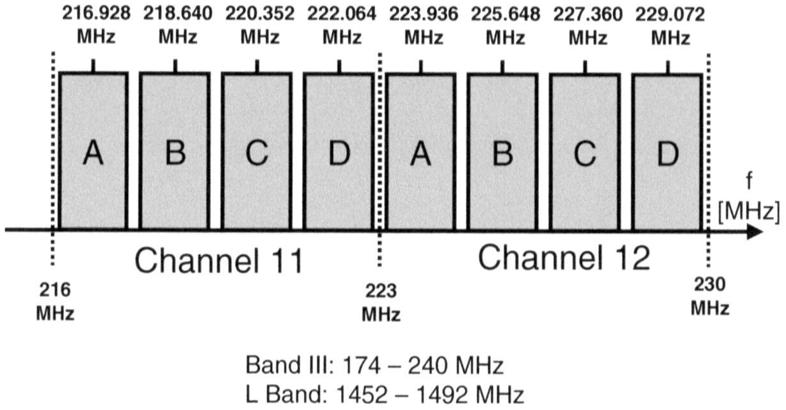

Abb. 26.27. DAB-Kanalraster; Beispiel: Kanal 11 und 12

Tabelle 26.6. DAB-Kanal-Tabelle Band III VHF

Kanal	Mittenfrequenz [MHz]
5A	174.928
5B	176.640
5C	178.352
5D	180.064
6A	181.936
6B	183.648
6C	185.360
6D	187.072
7A	188.928
7B	190.640
7C	192.352
7D	194.064
8A	195.936
8B	197.648
8C	199.360
8D	201.072
9A	202.928
9B	204.640
9C	206.352
9D	208.064
10A	209.936
10N	210.096
10B	211.648
10C	213.360

10D	215.072
11A	216.928
11N	217.088
11B	218.640
11C	220.352
11D	222.064
12A	223.936
12N	224.096
12B	225.648
12C	227.360
12D	229.072
13A	230.784
13B	232.496
13C	234.208
13D	235.776
13E	237.488
13F	239.200

Tabelle 26.7. DAB-Kanal-Tabelle L-Band

Kanal	Mittenfrequenz [MHz]
LA	1452.960
LB	1454.672
LC	1456.384
LD	1458.096
LF	1461.520
LG	1463.232
LH	1464.944
LI	1466.656
LJ	1468.368
LK	1470.080
LL	1471.792
LM	1473.504
LN	1475.216
LO	1476.928
LP	1478.640
LQ	1480.352
LR	1482.064
LS	1483.776
LT	1485.488
LU	1487.200
LV	1488.912
LW	1490.624

Tabelle 26.8. DAB-Kanaltabelle L-Band Kanada

Kanal	Mittenfrequenz [MHz]
1	1452.816
2	1454.560
3	1456.304
4	1458.048
5	1459.792
6	1461.536
7	1463.280
8	1465.024

9	1466.768
10	1468.512
11	1470.256
12	1472.000
13	1473.744
14	1475.488
15	1477.232
16	1478.976
17	1480.720
18	1482.464
19	1484.464
20	1485.952
21	1487.696
22	1489.440
23	1491.184

26.6 DAB-Datenstruktur

Im folgenden Abschnitt werden nun die wesentlichen Grundzüge der Datenstruktur von DAB – Digital Audio Broadcasting erläutert. Bei DAB werden mehrere MPEG-1- oder MPEG-2-Audio Layer II codierte Audiosignale (MUSICAM) in einem 1.75 MHz breiten DAB-Kanal zusammengefasst zu einem Ensemble übertragen. Die maximale Nettodatenrate des DAB-Kanals beträgt hierbei etwa 1.7 Mbit/s, die Bruttdatenrate 2.4 Mbit/s. Die Datenrate eines Audiokanals liegt zwischen 32 und 384 kbit/s.

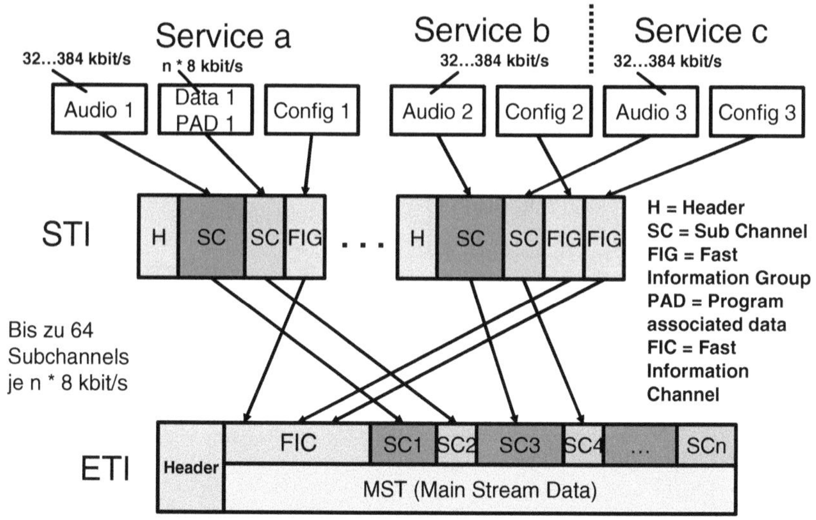

Abb. 26.28. Zusammensetzung des ETI-Datenstroms

Die im folgenden Abschnitt beschriebenen Details sind in den Standards [ETS300401] (DAB), [ETS300799] (ETI) und [ETS300797] (STI) zu finden.

Ein DAB-Datensignal (ETI) setzt sich zusammen aus dem Fast Information Channel FIC und dem Main Service Channel MSC. Im Fast Information Channel wird der Modulator und der Empfänger über die Zusammensetzung des Multiplexes mit Hilfe der Multiplex Configuration Information (MCI) informiert. Der Main Service Channel enthält bis zu 64 Subchannels mit einer Datenrate von je n · 8 kbit/s. In den Subchannels werden Audiosignale, sowie Daten übertragen. Die Information über die Zusammensetzung des Main Service Channels erhält der Modulator und Receiver aus der Multiplex Configuration Information (MCI). Die Übertragung in den Subchannels kann im Stream Mode und im Packet Mode erfolgen. Im Stream Mode erfolgt eine kontinuierliche Datenübertragung. Im Packet Mode ist der Subchannel zusätzlich in Teilpakete einer konstanten Länge unterteilt. Eine Audioübertragung erfolgt grundsätzlich im Stream Mode. Hier ist die Datenstruktur von der Audiocodierung her vorgegeben (24ms / 48 ms – Raster). Daten können im Packet Mode (Beispiel: MOT=Multimedia Object Transfer) oder im Stream Mode (z.B. T-DMB) übertragen werden. Im Packet Mode ist es möglich, innerhalb eines Subchannels verschiedenartigste Datenströme zu übertragen.

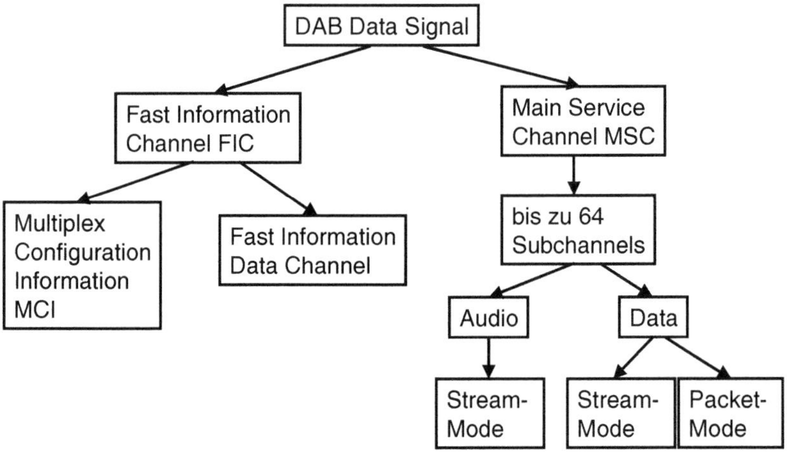

Abb. 26.29. DAB-Datenstruktur

Im Stream Mode wird ein Subchannel komplett für einen kontinuierlichen Datenstrom verwendet. Dies ist z.B. bei der Audioübertragung der Fall. Es können aber auch Daten im Stream Mode übertragen werden. Dies ist z.B. beim T-DMB-Verfahren (Süd-Korea) der Fall. Im Packet Mode wird ein Subchannel zusätzlich in Pakete konstanter Länge von 24, 48, 72 oder 92 Byte unterteilt. Ein Paket beginnt mit einem 5 Byte langen Packet Header, der u.a. die Packet ID enthält. Mit Hilfe der Packet ID kann der Inhalt des Pakets identifiziert werden. Ein Paket endet mit einer CRC-Checksum. Somit kann der Subchannel flexibel genutzt werden. Es können unterschiedliche Datendienste eingebettet werden. Variable Datenraten sind möglich.

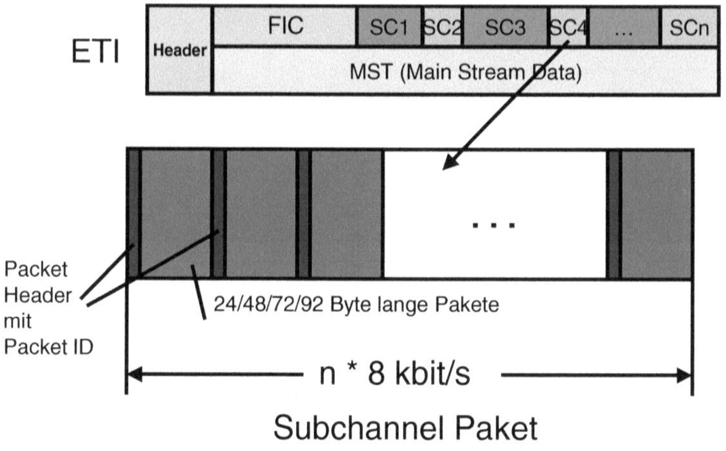

Abb. 26.30. DAB-Datenstruktur beim Packet Mode

Im folgenden wird der Aufbau und Inhalt des FIC = Fast Information Channels und des MSC = Main Service Channels näher betrachtet. Die im Fast Information Channel und Main Service Channel übertragenen Informationen stammen aus dem MST = Main Stream Data aus dem ETI = Ensemble Transport Interface. FIC und MSC werden im Modulator mit Fehlerschutz (FEC) versehen. Besonders stark geschützt wird hierbei der FIC. Der Fehlerschutz im MSC ist konfigurierbar. Die Stärke des Fehlerschutzes im MSC wird im FIC signalisiert, also dem Empfänger im Fast Information Channel mitgeteilt.

Im MSC werden die einzelnen Subchannels übertragen, wobei insgesamt bis zu 64 Subchannels möglich sind. Jeder Subchannel kann unterschiedlich stark fehlergeschützt sein. Auch dies wird im FIC signalisiert. Die Subchannels sind zu Services zusammengefasst oder besser gesagt zugeordnet.

Der Fast Information Channel wird nicht-zeitinterleaved, aber fehlergeschützt übertragen. Die Übertragung erfolgt in sog. FIB‘s = Fast Information Blocks (Abb. 26.31. und Abb. 26.32.).

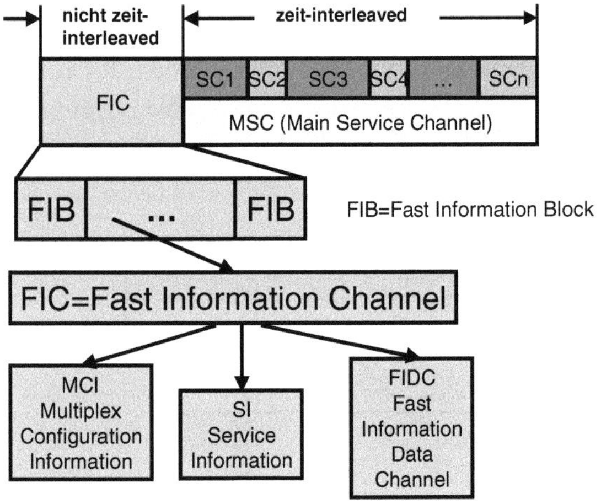

Abb. 26.31. Fast Information Channel

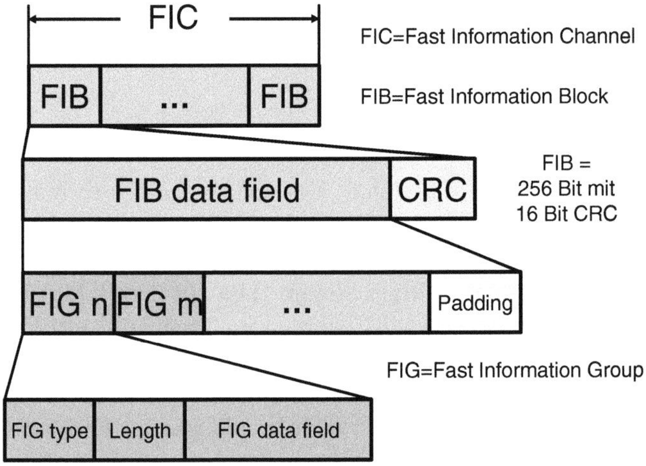

Abb. 26.32. Aufbau des DAB FIC = Fast Information Channel

Im FIC wird die MCI = Multiplex Configuration Information übertragen, eine Information über die Zusammensetzung des Multiplexes, des weiteren die SI = Service Information und der FIDC = Fast Information Data Channel.

Die SI überträgt Informationen über die übertragenen Programme, die Services. Im FIDC werden schnelle programmübergreifende Zusatzdaten übermittelt.

Der Fast Information Channel (FIC) setzt sich aus Fast Information Blocks der Länge von 256 Bit zusammen. Ein FIB besteht aus einem FIB - Data Field und einer 16 Bit breiten CRC Checksum. Im Datenbereich des FIB werden die Nachrichten in sog. FIG's = Fast Information Groups übertragen. Jede Fast Information Group ist gekennzeichnet durch ihren FIG-Typ. Eine FIG (Abb. 26.31.) setzt sich zusammen aus dem FIG-Type, aus der Length und dem FIG Data Field, in dem die eigentlichen Nachrichten übertragen werden.

Im Main Service Channel (Abb. 26.33.) werden die einzelnen Subchannels ausgestrahlt. Insgesamt sind bis zu 64 Subchannels möglich. Jeder Subchannel hat eine Datenrate von n · 8 kbit/s. Die Subchannel sind Services = Programmen zugeordnet. Der MSC setzt sich zusammen aus sog. Common Interleaved Frames. Diese CIF's haben eine Länge von 24 ms und bestehen aus CU's = Capacity Units der Länge 64 Byte. Insgesamt ergeben 864 CU's einen CIF, der dann eine Länge von 55296 Byte aufweist. Mehrere CU's ergeben einen Subchannel. In einem Subchannel werden die Audio-Frames bzw. Daten übertragen.

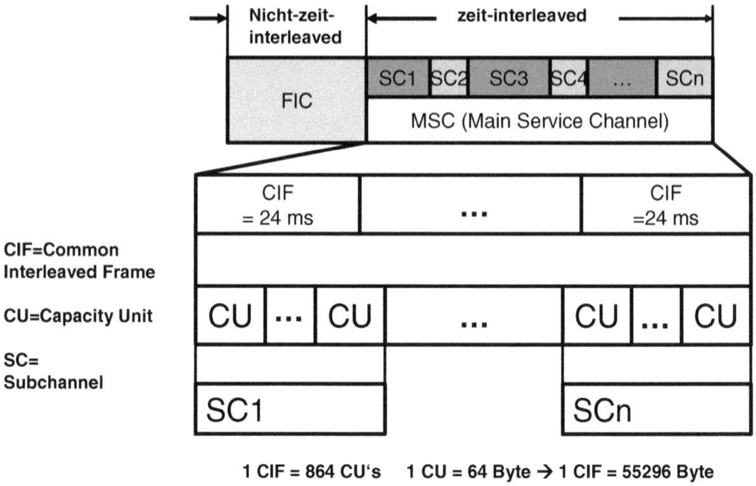

Abb. 26.33. DAB Main Service Channel

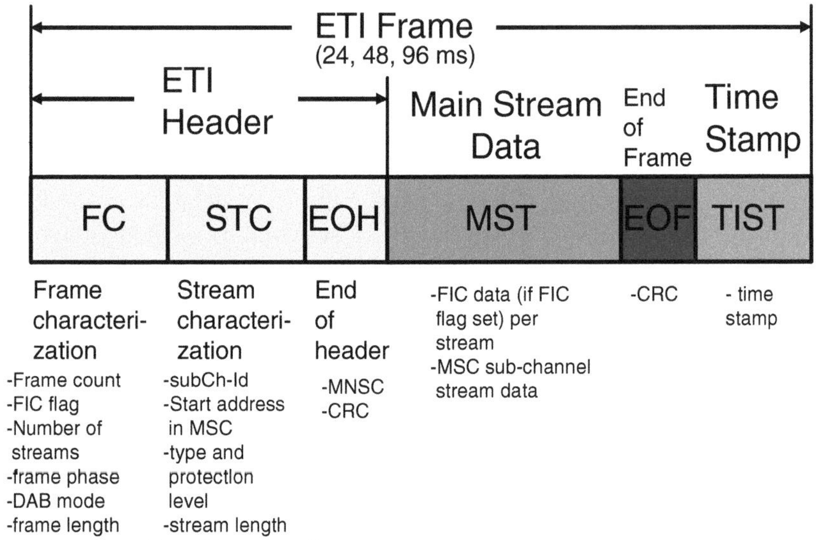

Abb. 26.34. DAB-ETI-Frame-Struktur

Ein ETI-Frame (Abb. 26.34.) setzt sich zusammen aus dem Header, den MST = Main Stream Data, einem EOF = End of Frame und dem TIST = Time Stamp. Ein ETI-Frame ist 24, 48 oder 96 ms lang.

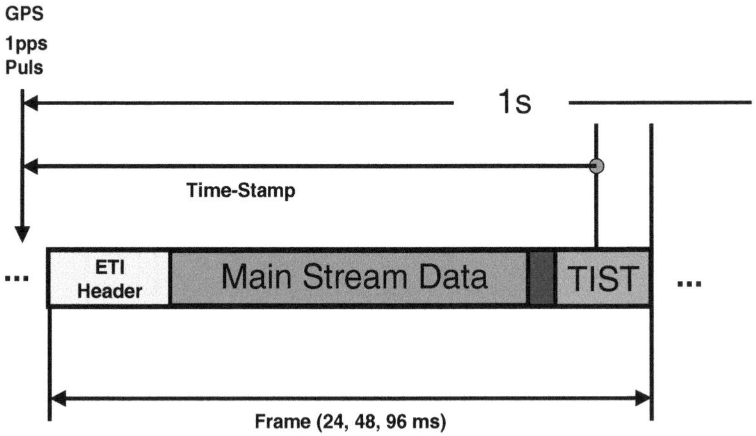

Abb. 26.35. Synchronisation von DAB-Modulatoren über das TIST=Time Stamp im EIT-Frame

26.7 DAB-Gleichwellennetze

Im weiteren werden DAB-Gleichwellennetze (SFN = Single Frequency Networks) und deren Synchronisation diskutiert.

COFDM ist bestens geeignet für einen Gleichwellenbetrieb. Bei einem Gleichwellenbetrieb arbeiten alle Sender auf der gleichen Frequenz. Daher ist der Gleichwellenbetrieb sehr frequenzökonomisch. Alle Sender strahlen ein absolut identisches Signal ab und müssen deswegen vollkommen synchron arbeiten. Signale von benachbarten Sendern sieht ein DAB-Empfänger so, als wären es einfach Echos.

Die am einfachsten einhaltbare Bedingung ist die Frequenzsynchronisation, denn auch schon beim analogen terrestrischen Rundfunk musste die Frequenzgenauigkeit und Stabilität hohen Anforderungen genügen. Bei DAB bindet man die RF des Senders an eine möglichst gute Referenz an. Nachdem das Signal der GPS-Satelliten (Global Positioning System) weltweit verfügbar ist, benutzt man dieses als Referenz für die Synchronisation der Sendefrequenzen eines DAB-Gleichwellennetzes.

Die GPS-Satelliten strahlen ein 1pps-Signal (one pulse per second) aus, an das man in professionellen GPS-Empfängern einen 10 MHz-Oszillator anbindet. Dieser wird als Referenzsignal für die DAB-Sender verwendet.

Es besteht aber noch eine strenge Forderung hinsichtlich des maximalen Senderabstandes. Der mögliche maximale Senderabstand ergibt sich hierbei aus der Länge des Guard-Interval's und der Lichtgeschwindigkeit, bzw. der damit verbundenen Laufzeit. Es sind Intersymbol-Interferenzen nur vermeidbar, wenn bei Mehrwegeempfang kein Pfad eine längere Laufzeit aufweist als die Schutzintervall-Länge. Die Frage, was denn passiert, wenn ein Signal eines weiter entfernten Senders, das das Schutzintervall verletzen würde, empfangen wird, ist leicht zu beantworten. Es entstehen Intersymbol-Interferenzen, die sich als rauschartige Störung im Empfänger bemerkbar machen. Signale von weiter entfernten Sendern müssen einfach ausreichend gut gedämpft sein. Als Schwelle für den quasi-fehlerfreien Betrieb gelten die gleichen Bedingungen wie bei reinem Rauschen. Es ist also besonders wichtig, dass ein Gleichwellennetz richtig gepegelt ist. Nicht die maximale Sendeleistung an jedem Standort ist gefordert, sondern eben die richtige. Bei der Netzplanung sind topographische Informationen erforderlich.

Mit c=299792458 m/s Lichtgeschwindigkeit ergibt sich eine Signallaufzeit pro Kilometer Senderabstand von 3.336 μs.

Die bei DAB möglichen maximalen Abstände zwischen benachbarten Sendern in einem Gleichwellennetz sind in Tabelle 26.9 dargestellt.

Tabelle 26.9. SFN-Parameter bei DAB

	Mode I	Mode IV	Mode II	Mode III
Symboldauer	1 ms	500 µs	250 µs	125 µs
Guard-Interval	246 ms	123 µs	62 µs	31 µs
Symbol+Guard	1246 µs	623 µs	312 µs	15 6µs
Max. Sender-abstand	73.7 km	36.8 km	18.4 km	9.2 km

In einem Gleichwellennetz müssen alle einzelnen Sender aufeinander synchronisiert arbeiten. Die Zuspielung erfolgt hierbei vom Playout-Center, in dem sich der DAB-Multiplexer befindet, z.B. über Satellit, Glasfaser oder Richtfunk. Dabei ist klar, dass sich aufgrund verschiedener Weglängen bei der Zuführung unterschiedliche Zuführungslaufzeiten für die ETI-Signale ergeben.

Innerhalb jedes DAB-Modulators in einem Gleichwellennetz müssen jedoch die gleichen Datenpakete zu COFDM-Symbolen verarbeitet werden. Jeder Modulator muss alle Arbeitsschritte vollkommen synchron zu allen anderen Modulatoren im Netz vollziehen. Die gleichen Pakete, die gleichen Bits and Bytes müssen zur gleichen Zeit verarbeitet werden. Absolut identische COFDM-Symbole müssen zur gleichen Zeit an jedem DAB-Senderstandort abgestrahlt werden.

Die DAB-Modulation ist in Rahmen, in Frames organisiert.

Zum Laufzeitausgleich im DAB-SFN werden dem ETI-Signal im Multiplexer TIST = Time Stamps zusammengesetzt, die vom GPS-Signal-Empfang abgeleitet werden (Abb. 26.35.).

Am Ende eines ETI-Frames wird das TIST = Time Stamp übertragen, das vom DAB Ensemble Multiplexer durch GPS-Empfang abgeleitet wird und in das ETI-Signal eingetastet wird. Es gibt den Zeitpunkt rückwärts zum Empfang des letzten GPS-1pps-Signales an. Die Zeit-Information im TIST=Time Stamp wird dann im Modulator mit dem dort ebenfalls empfangenen GPS-Signal am Senderstandort verglichen und damit wird kontrolliert eine angepasste ETI-Signalverzögerung durchgeführt.

26.8 DAB Data Broadcasting

Im weiteren wird kurz auf die Möglichkeit des Data Broadcasting bei DAB eingegangen. Bei Data Broadcasting über DAB (Abb. 26.36.) unterscheidet man zwischen dem MOT-Standard (Multimedia Object Transfer), wie er im Standard [ETS301234] definiert ist und der IP-Übertragung über

DAB. In beiden Fällen wird ein DAB-Subchannel im Packet Mode betrieben, d.h. die zu übertragenden Datenpakete werden in kurze Pakete konstanter Länge eingeteilt. Jedes dieser Pakete weist im Headeranteil eine Packet ID auf, anhand der der übertragene Inhalt identifiziert werden kann.

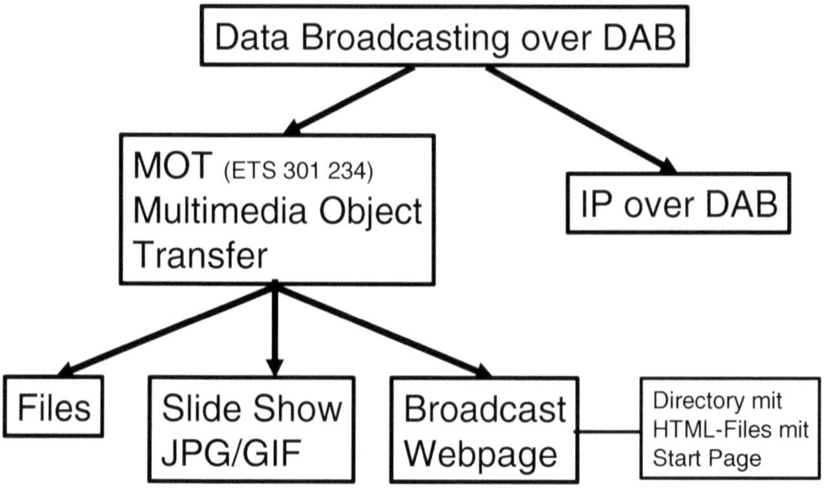

Abb. 26.36. Data Broadcasting über DAB

Beim Multimedia Object Transfer (MOT) gemäß [ETS301234] wird zwischen einer File-Übertragung, einer Dia-Show und dem Betrieb „Broadcast Webpage“ unterschieden. Bei der File-Übertragung werden einfach nur Files zyklisch ausgespielt. Eine Diashow kann in Bezug auf die Darstellungsgeschwindigkeit konfiguriert werden. Es besteht die Möglichkeit JPEG oder GIF-Dateien zu übertragen.

Beim „Broadcast Webpage“ findet die zyklische Übertragung eines Directories von HTML-Seiten statt, wobei eine Startseite definierbar ist. Die Auflösung entspricht 1/4 VGA.

Abb. 26.37. zeigt die MOT-Datenstruktur. Die zu übertragenden Files, die Slide Show oder die HTML-Daten werden im Payloadanteil eines MOT-Pakets übertragen. Das MOT-Paket samt Header wird in den Nutzlastanteil einer MSC Data Group eingefügt. Vorangesetzt wird der MOT-Header, hinterher folgt eine CRC Checksum. Das gesamte MOT-Paket wird aufgeteilt in kurze Pakete konstanter Länge des Packet Modes. Diese Pakete werden dann in Subchannels übertragen.

T-DMB = Terrestrial Digital Multimedia Broadcasting gehört auch in die Kategorie „DAB-Data Broadcasting“ eingereiht. Bei diesem aus Südkorea stammenden Verfahren wird DAB im Data Stream Mode betrieben.

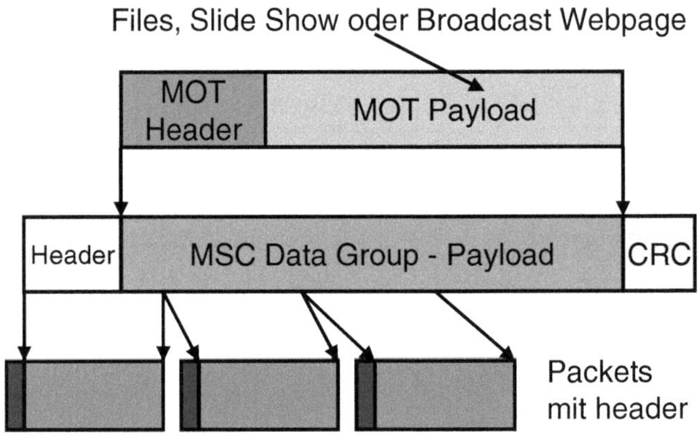

Abb. 26.37. MOT-Datenstruktur

26.9 DAB+

Eine neuere Entwicklung im Bereich von Audio Broadcasting ist u.a. DAB+. Bei DAB+ wird anstelle von MPEG-1 bzw. MPEG-2 Layer II Audio jetzt MPEG-4 AAC Plus verwendet. Der ungleiche Fehlerschutz („unequal FEC“) wie original in DAB vorgesehen, ist dann aber nicht mehr möglich, da er direkt mit dem MPEG-1 bzw. MPEG-2 Audio Layer II Frame verkoppelt ist. Aber man bringt nun aber etwa drei mal so viele Services, also Programme pro DAB-Multiplex unter. Die AAC-Audiosignale werden bereits nach der Quellcodierung vor dem Multiplexen, also außerhalb des DAB+-Senders bereits mit einem Reed-Solomon-Fehlerschutz versehen. Am physikalischen Layer von DAB ändert sich hierbei ebenso wie bei einer T-DMB-Übertragung überhaupt nichts, d.h. es kommt im DAB-Sender der DAB-Fehlerschutz in Form einer konstanten Faltungscodierung hinzu. Fernab von Europa hat sich auch Australien etwa 2008 für DAB+ entschieden und baut diese Netze seither aus. Seit 2011 werden die ursprünglichen DAB-Netze in DAB+-Netze umgestellt und es erfolgt ein deutlich dichterer Netzausbau mit höheren Sendeleistungen. Anstelle von ursprünglich sechs DAB-Servcen sind nun mindestens 12 DAB+-Programme pro Multiplex enthalten. In der Fläche sind in Deutschland nun etwa meist vier Multiplexe mit öffentlich-rechtlichen und privaten Programminhalten in der Luft. DAB+-Receiver brauchen üblicherweise (Beispiel: DAB+-Netze in Deutschland) einen minimalen Störabstand von etwa 6 dB und einen minimalen Empfängereingangspegel von ca. 10 dBµV. Das von reinem DAB her bekannte „Blubbern“ bei grenzwertigen Empfangspegel tritt bei DAB+ nicht mehr auf. Der „Fall-off-the-Cliff“ bei DAB+ ist nämlich nun wegen der Verkopplung von zwei Fehlerschutzmechanismen (Reed-Solomon-Block-Code über den MPEG-4-AAC-Audiostrom und Faltungscodierung im DAB-Sender) deutlich schärfer geworden, so dass es zu keinem „weichen“ Übergangsbereich mit „Blubbern“ mehr kommt, wie bei klassischem DAB.

26.10 DAB-Messtechnik

Die DAB-Messtechnik ist direkt kopierbar aus der DVB-T-Welt. Es besteht genauso die Notwendigkeit, sowohl DAB-Empfänger zu testen als auch DAB-Sender zu vermessen. Hierzu gibt es jetzt Mess-Sender, die ein DAB-Signal liefern [SFU][BTC] und Mess-Empfänger, die in der Lage sind, DAB-Signale zu analysieren [ETL].

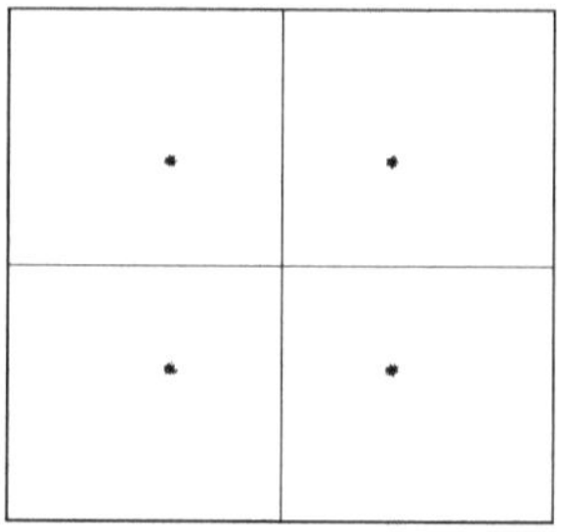

Abb. 26.38. relativ ungestörtes differenziell demoduliertes DAB-Konstellationsdiagramm [ETL]

26.10.1 Test von DAB-Empfängern

Beim DAB-Empfänger-Test muss dem DAB-Empfänger die Wirklichkeit des DAB-Empfangs simuliert werden. Mehrwegeempfang, Rauschen, Mindestempfängereingangspegel, Interferenzstörer usw. sind hierbei notwendige Test-Szenarien. Quelle hierfür ist ebenso wie bei DVB-T ein entsprechender Mess-Sender mit Fading-Simulator [SFU][BTC]. Dieser ist ebenfalls für T-DMB und DAB+ geeignet, da der physikalische Layer der gleiche ist.

26.10.2 Messungen am DAB-Signal

Bei DAB/DAB+ können wie bei DVB-T auch folgende Messungen am DAB-Signal vorgenommen werden, nämlich

- Erfassung der Bitfehler-Verhältnisse
- Messungen am DAB-Spektrum
- Konstellationsanalyse.

Die Messung der Bitfehlerverhältnisse ist aufgrund des ungleichen Fehlerschutzes schwieriger. Relativ einfach gestaltet sich die Messung der Bitfehler lediglich am FIC = Fast Information Channel, da dort konstanter Fehlerschutz mit einer Coderate von 1/3 vorliegt.

Bei der DAB-Konstellationsanalyse [ETL] wird das Konstellationsdiagramm erst differenziell demoduliert und ergibt wieder 4 Punkte. Je kleiner diese Punkte im Konstellationsdiagramm erscheiden, desto ungestörter war die Übertragung (Abb. 26.38.).

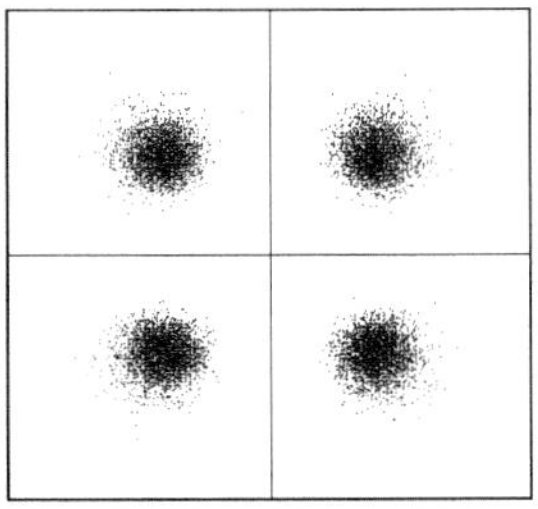

Abb. 26.39. DAB-Konstellationsdiagramm mit Rauscheinflüssen [ETL]

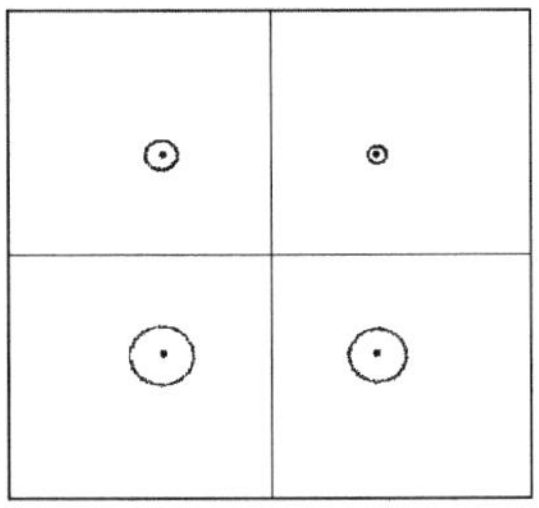

Abb. 26.40. DAB-Konstellationsdiagramm bei Überlagerung mit einem sinusförmigen Störer

Liegen rauschartige Einflüsse auf ein DAB-Signal vor, so erscheint ein DAB-Konstellationsdiagramm wie in Abb. 26.39. dargestellt. Phasenjitter äußert sich ähnlich wie bei DVB-T in schlierenartigen Verzerrungen des Konstellationsdiagramms. Sinusförmige Störer erzeugen kreisförmige Konstellationspunkte (Abb. 26.40.). Ein falsch abgeglichener IQ-Modulator verursacht wie bei DVB-T ein Trägerübersprechen vom unteren DAB-Teilband ins obere und umgekehrt und führt zu einem schlechteren SNR. Bei DAB kann man ebenfalls ein MER = Modulation Error Ratio definieren. Es sei hierbei auf das Kapitel DVB-T-Messtechnik verwiesen. Sinnvoll ist es auch bei DAB ein MER als Funktion der Unterträger zu definieren und zu vermessen (Abb. 26.41. und Abb. 26.42.). Aufgrund der differenziellen Modulation ist das gemessene MER (Modulation Error Ratio) um etwa 3 dB niedriger als bei kohärenter Modulation, da sich die Fehler von zwei benachbarten Symbolen aufaddieren. Dies entspricht auch der Realität im Empfänger; er benötigt im Vergleich zu kohärenter Modulation einen um etwa 3 dB besseren Störabstand.

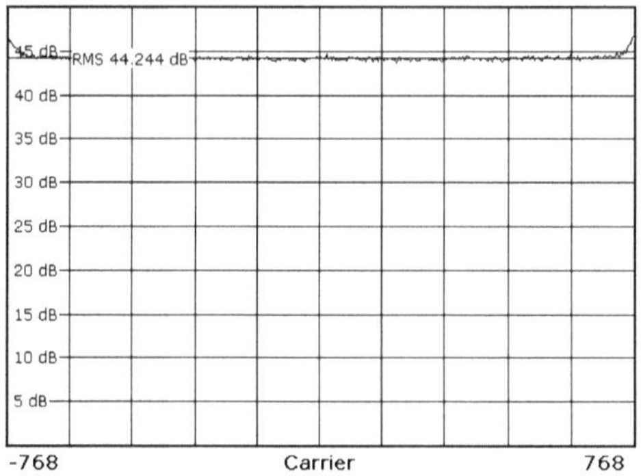

Abb. 26.41. MER(f) bei DAB im ungestörten Fall [ETL]

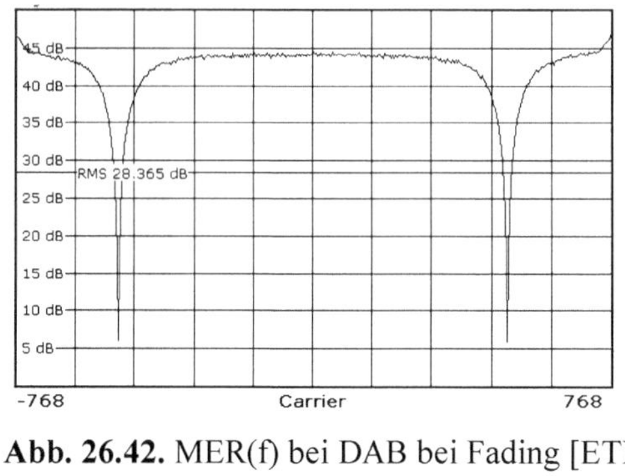

Abb. 26.42. MER(f) bei DAB bei Fading [ETL]

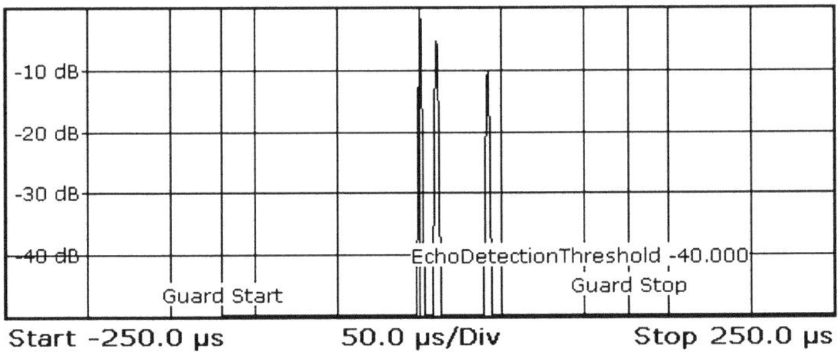

Abb. 26.43. DAB-Kanalimpulsantwort (3 Signalpfade) [ETL]

Eine weitere notwendige Messung bei DAB ist die Messung der Kanalimpulsantwort (Abb. 26.43.). Anhand der Kanalimpulsantwort, die durch eine Analyse des TFPR-Symbols berechnet werden kann, kann nachgeprüft werden, ob ein DAB-Gleichwellennetz synchron läuft und ob keinerlei Schutzintervall-Verletzungen vorliegen. Natürlich ist auch die Auswertung der Dateninhalte im DAB-Signal von Interesse.

Die Analyse eines ETI-Signals am Ausgang des DAB-Headends bzw. am Sendereingang ist vergleichbar mit der MPEG-2-Transportstrom-Analyse bei DVB. Auch hierfür gibt es mittlerweile Analyse-Tools. Die deutlich verspätete Verfügbarkeit der DAB-Messtechnik hat einfach nur mit dem DAB-Markt zu tun und hat keinerlei technische Hintergründe.

Literatur: [FISCHER7], [HOEG_LAUTERBACH], [ETS300401], [ETS300799], [ETS300797], [TR101496], [ETS301234], [SFU], [ETL], [BTC]

27 DVB-Datendienste in „Object Carousels"

Neben DVB-H gibt es im Rahmen von DVB weitere aktuelle Datendienste, nämlich die Multimedia Home Platform, kurz MHP genannt und den System Software Update für DVB-Receiver – kurz SSU. Parallel hierzu läuft auch noch MHEG (=Multimedia and Hypermedia Information Coding Experts Group) in UK über DVB-T. All diese Datendienste haben als gemeisame Eigenschaft, dass sie über sog. Object Carousels über DSM-CC Sections ausgestrahlt werden. Über MHP und MHEG werden Applikationen zum Receiver hin übertragen, die dann ein speziell dafür ausgestatteter Receiver auch speichern und starten kann. Bei MHP sind dies HTML-Files und Java-Applikationen, die in kompletten Directory-Strukturen an das Endgerät übertragen werden. MHEG gestattet die Übermittlung und das Starten von HTML- und XML-Files.

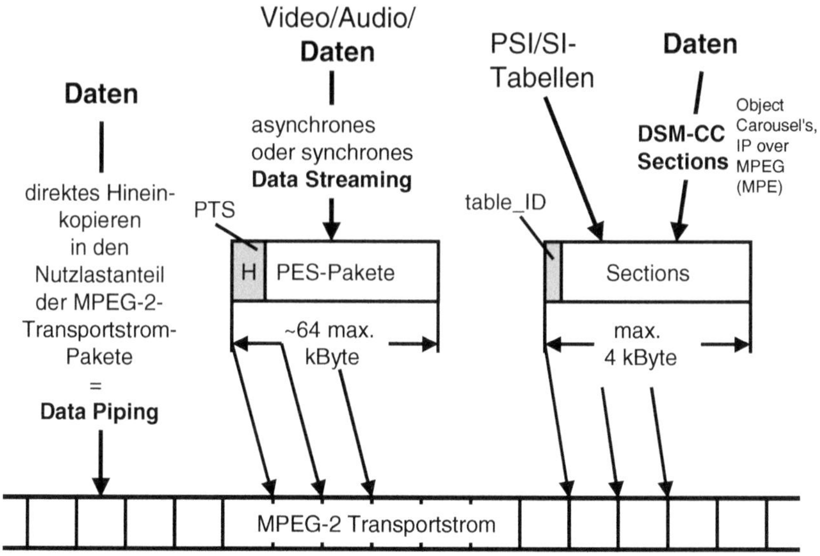

Abb. 27.1. Datenübertragung über einen MPEG-2-Transportstrom: Data Piping, Data Streaming und DSM-CC-Sections

27.1 Data Broadcasting bei DVB

Eine Datenübertragung (Abb. 27.1.) kann bei MPEG-2/DVB erfolgen als

- Data Piping
- asynchrones oder synchrones Data Streaming
- über Object-/Data-Carousels in DSM-CC Sections
- als Datagram-Übertragung in DSM-CC Sections
- oder als IP-Übertragung in DSM-CC Sections.

Beim Data Piping werden die zu übertragenden Daten ohne weiteres definiertes Zwischenprotokoll asynchron zu allen anderen Inhalten direkt in den Nutzlastanteil von MPEG-2-Transportstrompaketen hineinkopiert. Beim Data Streaming hingegen verwendet man die bekannten PES-Paket-Strukturen (PES=Packetized Elementary Stream), die eine Synchronisation der Inhalte zueinander über die Presentation Time Stamps (PTS) erlauben. DSM-CC Sections (DSM-CC=Digital Storage Media Command and Control) sind ein weiterer in MPEG-2 definierter Mechanismus zur asynchronen Datenübertragung.

```
table_id (=0x3A ...0x3E)                    8 Bit
section_syntax_indicator                    1
private_indicator=1                         1
reserved =11                                2
section_length                              12
{
 table_id_extension                         16
 reserved                                   2
 version_number                             5
 current_next_indicator                     1
 section_number                             8
 last_section_number                        8
 switch(table_id)
 {
   case 0x3A: LLCSNAP(); break;
   case 0x3B: userNetworkMessage(); break;
   case 0x3C: downloadDataMessage(); break;
   case 0x3D: DSMCC_descriptor_list(); break;
   case 0x3E: for (i=0; i<dsmcc_section_length-9;i++)
                    private_data_byte;                     8 Bit
 }
}
CRC                                                        32 Bit
```

Abb. 27.2. Aufbau einer DSM-CC-Section

27.2 Object Carousels

DSM-CC Sections sind schon ausführlich im Abschnitt DVB-H diskutiert worden. DSM-CC Sections sind tabellenartige Strukturen und gelten gemäß MPEG-2 Systems als sog. private Sections. Sie sind im Standard [ISO/IEC13818-6] definiert worden. Der grundsätzliche Aufbau einer DSM-CC Section entspricht dem Aufbau einer sog. langen Section mit CRC-Checksum am Ende. Eine DSM-CC Section ist bis max. 4 kByte lang und beginnt mit einer table_ID im Wertebereich 0x3A ... 0x3E. Anschließend folgt dann der schon in anderen Kapiteln ausführlich erläuterte Section Header mit Versionsverwaltung. Im eigentlichen Section-Rumpf erfolgt dann die Übertragung von Datendiensten, wie Object Carousels oder allgemeinen Datagram's oder wie bei DVB-H über IP-Pakete (MPE=Multiprotocol Encapsulation). Anhand der table_ID lässt sich erkennen, um welche Art von Datendienste es sich handelt: Über die table_ID

- 0x3A und 0x3C erfolgt die Ausstrahlung von Object-/Data-Carousels
- 0x3D die Signalisierung von Stream Events
- 0x3E die Übertragung von Datagram's oder IP-Paketen.

Object Carousels erlauben die Übertragung kompletter File- und Directory-Strukturen von einem Server über den MPEG-2-Transportstrom hin zu einem Endgerät. Eine Einschränkung stellen hierbei die sog. Data Carousels dar. Sie erlauben nur eine relativ flache Directory-Struktur und eine flache logische Struktur. Object- und Data Carousels sind sowohl im Standard [ISO/IEC13818-6] (Teil von MPEG-2), als auch im DVB-Data Broadcasting Dokument [EN301192] beschrieben.

Data-/Object-Carousels haben zunächst eine logische Struktur, die nichts mit dem eigentlich zu übertragenden Inhalt (Directory-Baum samt Files) zu tun hat. Der Einstiegspunkt ins Carousel erfolgt über die sog. DSI-Nachricht (Download Server Initializing) bzw. beim Data Carousel nur über eine DII-Message. Sie wird zyklisch immer wieder in einer DSM-CC-Section mit einer table_ID=0x3B übertragen. Zyklisch deswegen, weil es sich ja um Broadcasting handelt, d.h. es sollen ja viele Endgeräte immer wieder erreicht werden können und die Endgeräte können vom Server keine Nachrichten anfordern. Das DSI-Paket verweist dann über ID's auf ein oder mehrere DII-Nachrichten (DII = Download Info Identification). Die DII-Nachrichten werden ebenfalls zyklisch immer wieder in DSM-CC Sections mit einer table_ID=0x3B verschickt. Die DII-

Nachrichten wiederum zeigen auf Module in denen dann über viele Data Download Blocks (DDB) in DSM-CC Sections mit einer table_ID=0x3C die eigentlichen Daten (Directory Strukturen) zyklisch immer wieder ausgestrahlt werden.

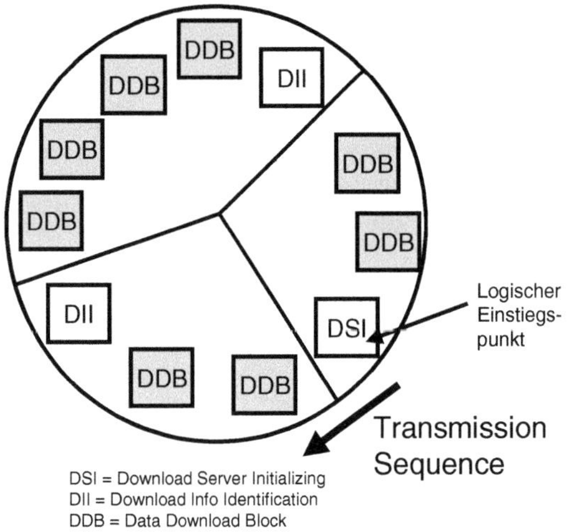

Abb. 27.3. Prinzip eines Object Carousel's

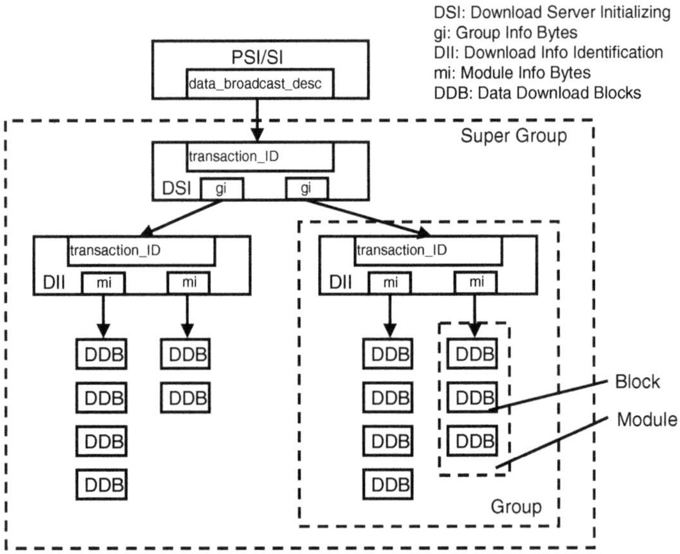

Abb. 27.4. Logische Struktur eines Object Carousels

Die Übertragung eines Directory Baums kann hierbei je nach Datenmenge und zur Verfügung stehender Datenrate bis zu mehreren Minuten dauern.

Das Vorhandensein eines Object-/Data-Carousels muss über PSI/SI-Tabellen bekannt gemacht werden. Solch ein Datendienst wird einem Progamm=Service zugeordnet und in der jeweiligen Program Map Table (PMT) eingetragen, d.h. man findet dort die PID's der Object-/Data Carousels. Bei einem Data Carousel erfolgt der Einstieg direkt über DII.

Zusätzliche Dinge, wie eine genauere Beschreibung der Inhalte in den Carousels werden über eigene neue SI-Tabellen ausgestrahlt, wie AIT = Application Information Table und UNT = Update Notification Table. Die AIT gehört zur Multimedia Home Platform und die UNT zum System Software Update. Beide – AIT und UNT – müssen ebenfalls über PSI/SI bekannt gemacht werden. Der Eintrag der AIT erfolgt in der PMT des zugehörigen Programmes, der Eintrag der UNT in der NIT.

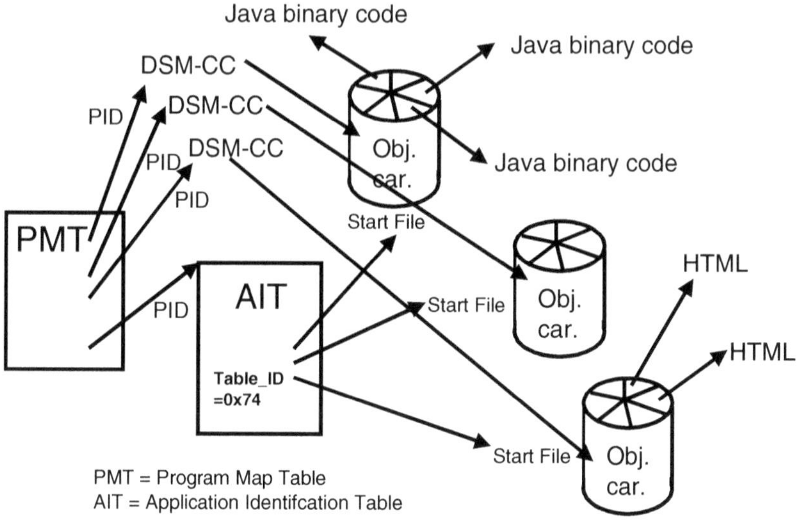

Abb. 27.5. MHP-Struktur

27.3 MHP = Multimedia Home Platform

Die Multimedia Home Platform ist im Rahmen von Digital Video Broadcasting als Zusatzservice für MHP-taugliche Empfänger vorgesehen worden. Der an die 1000 Seiten umfassende Standard ist [ETS101812] und im Jahre 2000 verabschiedet worden. Es gibt zwei Versionen, nämlich

MHP 1.1. und MHP 1.2. Über MHP erfolgt die Übertragung von HTML-Files (Hypertext Multimedia Language), bekannt vom Internet und die Übertragung von Java-Applikationen. Zum Starten der HTML- und Java-Applikationen ist eine spezielle Software im Receiver erforderlich, oft Middleware genannt. MHP-taugliche Empfänger sind deutlich teurer und nicht so zahlreich im Markt erhältlich. MHP-Applikationen wurden in vielen Ländern ausgestrahlt, wirklich erfolgreich war MHP wohl nirgends.

Bei den über MHP ausgestrahlten Inhalten handelte es sich um

- Spiele
- elektronische Programmzeitschriften
- Nachrichtenticker
- interaktive programmbegeleitende Services
- „moderner“ Videotext.

Der Einstiegspunkt in die MHP-Verzeichnisstruktur, das Startfile und der Name der MHP-Applikation, sowie die Art der MHP-Applikation wird über die AIT = Application Information Table signalisiert. Die AIT ist in einer PMT als PID eingetragen; sie trägt als table_ID den Wert 0x74.

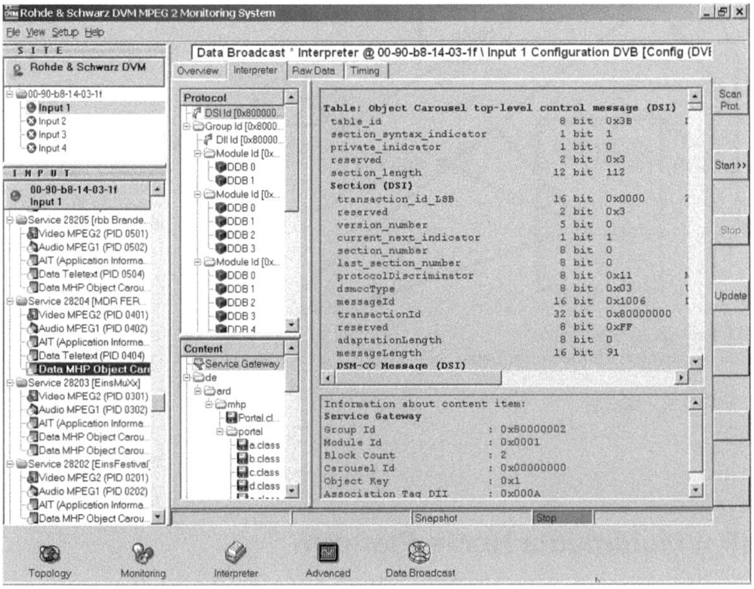

Abb. 27.6. MHP-Filestruktur und Object Carousel-Struktur, analysiert mit einem MPEG-Analyzer [DVM]

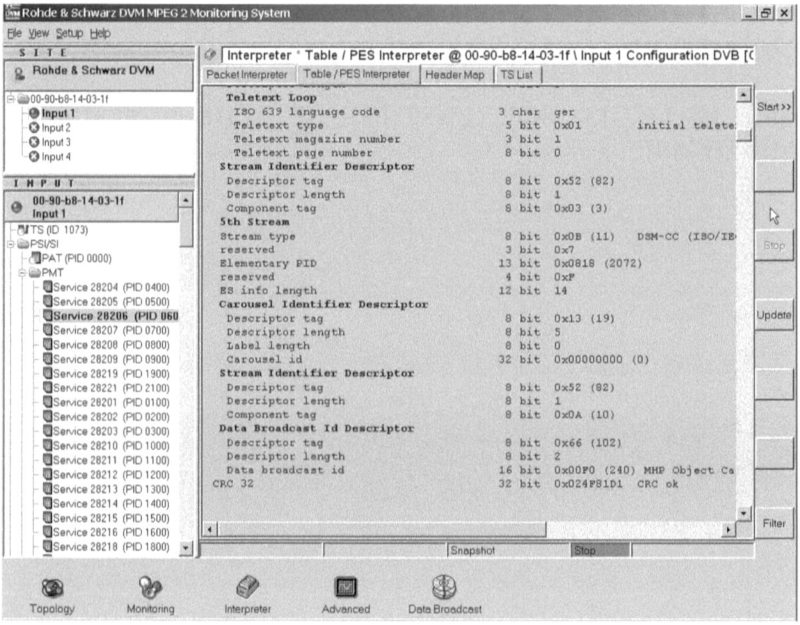

Abb. 27.7. Eintrag eines MHP-Object Carousel's in einer Program Map Table (PMT) analysiert mit einem MPEG-Analyzer [DVM]

MHP war lange Zeit als Datenservice z.B. in Deutschland in DVB-S-Multiplexen und in Österreich in DVB-T-Diensten enthalten. MHP-taugliche Receiver gab es jedoch kaum. Mittlerweile ist MHP durch HbbTV-Angebote ersetzt worden.

27.4 System Software Update – SSU

Nachdem die Software von DVB-Receivern auch ständigen Erweiterungen unterworfen ist, macht es Sinn, diese dem Endkunden auf relativ einfache Weise in Updates zur Verfügung zu stellen. Hierzu bietet sich v.a. der Weg über die „Luft“ bei DVB-S und DVB-T an und bei DVB-C eben der Weg über's Kabel. Wird die Software eingebettet im MPEG-2-Transportstrom gemäß DVB in Object Carousels übertragen, so spricht man vom SSU = System Software Update. Definiert ist dies im Standard [TS102006]. Momentan gibt es jedoch v.a. proprietäre Software Updates.

Beim SSU werden die zur Verfügung stehenden Software Updates über eine weitere Tabelle, die UNT = Update Notification Table bekannt gemacht. Die PID der UNT wird in der NIT eingetragen, die table_ID der UNT beträgt 0x4B.

Literatur: [ISO/IEC13818-6], [EN301192], [ETS101812], [TS102006], [DVM], [DVMS]

28 T-DMB

T-DMB = Terrestrial Digital Multimedia Broadcasting stammt von der Idee her aus Deutschland, wurde in Südkorea weiterentwickelt und ist von der Physik her ganz genauso wie das europäische DAB – Digital Audio Broadcasting. T-DMB ist für den Mobilempfang von Broadcasting-Diensten ähnlich wie DVB-H vorgesehen für den Empfang am Handy. T-DMB entspricht im physikalischen Layer zu 100% DAB, wobei DAB von Haus aus den bei T-DMB verwendeten Modus „Stream Mode" für Data Broadcasting unterstützt (Abb. 28.2.). Der bei DAB mögliche ungleiche Fehlerschutz „Unequal Error Protection" ist jedoch hierbei nicht mehr möglich. Der gesamte Subchannel, der für den T-DMB-Channel vorgesehen ist, muss gleichmäßig geschützt werden.

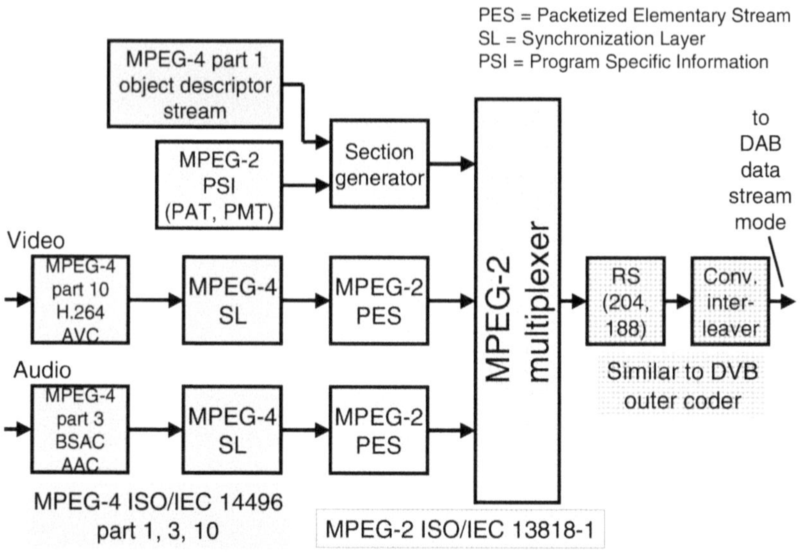

Abb. 28.1. Blockschaltbild T-DMB-Modulator

Bei T-DMB werden die Video- und Audioinhalte MPEG-4- AVC und AAC-codiert. Bei der Videocodierung kommt das H.264-Verfahren zum Einsatz. Video- und Audio werden dann in PES-Pakete verpackt und dann zu einem MPEG-2-Transportstrom zusammengestellt (Abb. 28.1.). Dieser beinhaltet auch die bekannten PSI/SI-Tabellen. Der Transportstrom wird dann fast genauso wie bei DVB-C fehlergeschützt, es erfolgt also ein Reed-Solomon-RS(204,188)-Fehlerschutz plus Forney-Interleaving. Anschließend wird der Datenstrom im Stream Mode an DAB „angedockt“ (Abb. 28.2.).

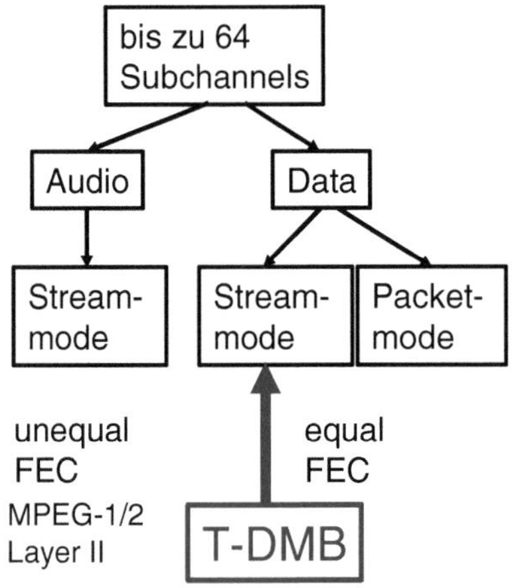

Abb. 28.2. DAB-Datenstruktur

T-DMB ist in Südkorea in Betrieb. In Deuschland gab es während der Fußball-Weltmeisterschaft 2006 ein T-DMB-Netz, das aber relativ bald wieder abgeschaltet wurde. T-DMB wurde ebensowenig ein Markterfolg geworden wie DVB-H. Und das Mobil-TV-Netz „MediaFLO“ in USA hat das gleiche Schicksal getroffen.

Literatur: [ETS300401], [T-DMB]

29 IPTV – Fernsehen über Internet-Protokoll

Neben den klassischen Übertragungswegen für Fernsehen, nämlich der Terrestrik, dem Breitbandkabel und dem Satelliten gibt es nun dank neuer Technologien einen weiteren Verbreitungsweg, nämlich die Zweidrahtleitung, klassisch als Telefonkabel bekannt. Über VSDL (Very High Speed Digital Subscriber Line, [ITU-T G.993]) sind nun hierüber Datenraten möglich, die auch Fernsehen, IPTV – Fernsehen über Internet erlauben. IPTV wird von Telekommunikationsanbietern unter dem neuen Schlagwort „Triple Play" angeboten. Unter „Triple Play" versteht man Telefon, Internet und Fernsehen aus einer Anschlussdose. Dieser Begriff gilt aber auch seit einiger Zeit für den Breitbandkabelanschluss; auch dort werden alle drei Medien aus einer Dose zur Verfügung gestellt.

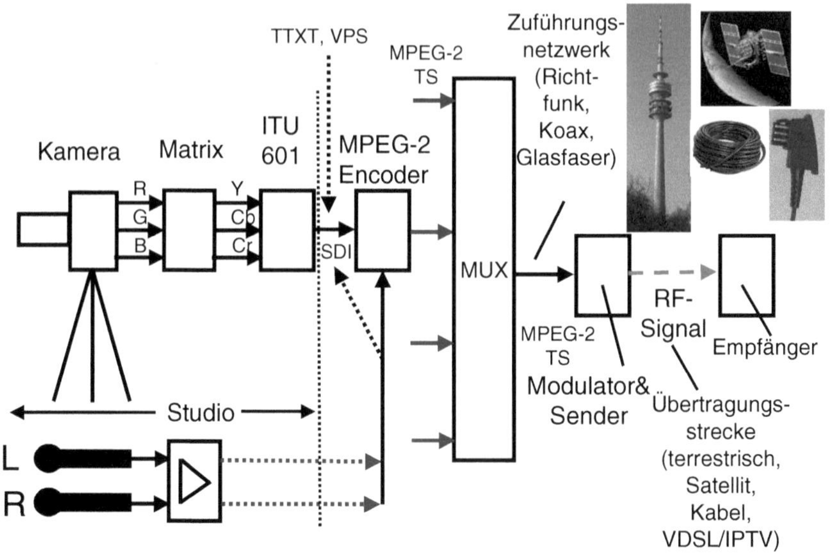

Abb. 29.1. Verbreitungswege des Digitalen Fernsehens

Die Inhalte sind hierbei meist MPEG-4-codiert, um das Ausgangsmaterial optimal auf möglichst niedrige Datenraten zu komprimieren. D.h. es kommt MPEG-4 AVC (oder ggf. VC-1 = Windows Media 9) und AAC zur Anwendung. Es werden jedoch auch noch MPEG-2-codierte Videostreams und MPEG-1-codierte Audiostreams über IP übertragen. Momentan gibt es vier Möglichkeiten, DTV über IP zu übertragen. Die erste Möglichkeit ist proprietär; MPEG-4 Video oder ggf. Windows Media 9 (VC-1) wird zusammen mit MPEG-4 Audio (AAC) einfach in UDP-Pakete (also ohne Handshake) eingebettet. Die UDP-Pakete wiederum finden dann Platz in IP-Paketen, um sie dann über Ethernet, WLAN, WiMAX oder xDSL zu übertragen.

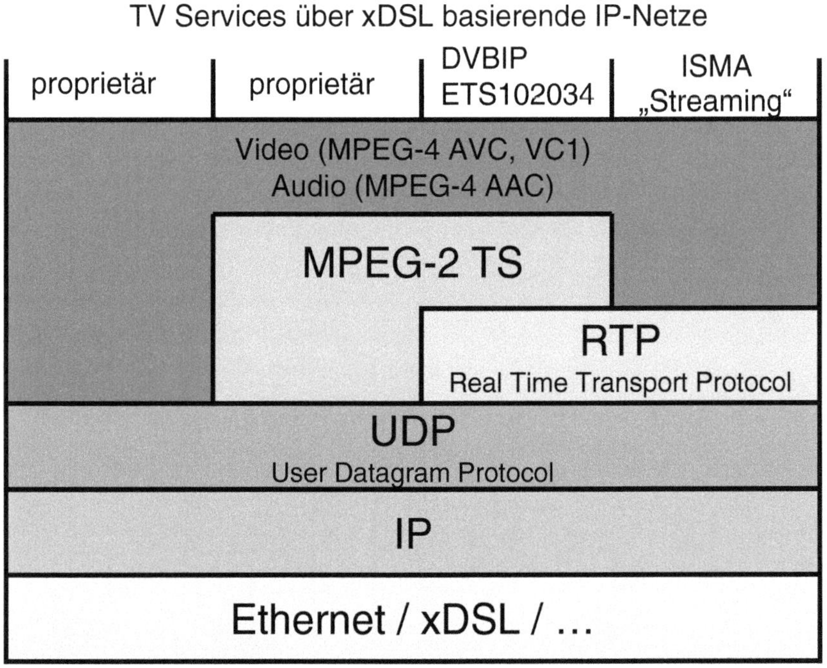

Abb. 29.2. IPTV-Protokolle

Ein weiterer ebenfalls momentan nicht genormter Ansatz ist, Video- und Audio-Streams in einen MPEG-2-Transporstrom einzufügen, wie es innerhalb des MPEG-2 bzw. MPEG-4-Standards festgelegt wurde und diesen Transportstrom dann innerhalb von UDP- und IP-Paketen ebenfalls z.B. über xDSL zu transportieren. Im dem im Rahmen von DVB-IP im Standard [ETS 102034] festgelegten Verfahren wird zusätzlich zwischen dem Transportstrom und dem UDP-Layer noch das RTP=Real Time Transport

Protocol eingefügt. Beim ISMA-Streaming (= Internet Streaming Media Alliance) fehlt der Transport Stream Layer, aber es wird auch dort mit dem RTP gearbeitet. Gemeinsam haben alle Verfahren, dass jeweils nur ein Programm on-demand übertragen wird. Im MPEG-2-Transportstrom werden zur Signalisierung PAT und PMT-Tabellen eingetastet.

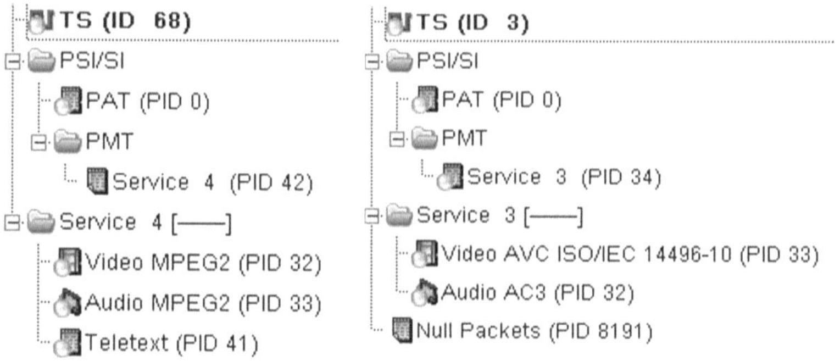

Abb. 29.3. Beispiele für DVB-IP-konforme Transportströme, aufgenommen im Netz der Telekom Austria; links MPEG-2-Inhalte, rechts MPEG-4 AVC und Dolby Digital Audio

Die IPTV-Dienste werden üblicherweise in sog. SPTS = Single Program Transport Stream angeboten, in dem keinerlei Nullpakete enthalten sind und bei dem die PCR-Werte meist nicht korrigiert wurden. Ein MPEG-Analyzer weist hier dann entsprechenden PCR-Jitter aus. Der in Kapitel 3 beschriebe Transportstrom, ist der sog. MPTS = Multiple Program Transport Stream.

29.1 DVB-IP

Bei DVB-IP [ETS 102034] wird MPEG-2-Transportstrom mit entweder MPEG-4 oder MPEG-2-codierten Videosignalen und MPEG-4, MPEG-2 oder MPEG-1-codierten Audiosignalen (Abb. 29.3.) über RTP (Real Time Transport Protocol) in UDP-Pakete eingebettet und dann in einem IP-Netzwerk über xDSL mit momentanen Datenraten von 8 Mbit/s oder 16 Mbit/s übertragen. Das RTP soll hierbei v.a. bei der Wiederherstellung der Originalreihenfolge der Pakete in einem IP-Netzwerk helfen. Auch sind im RTP-Protokol Mechanismen enthalten, um das Timing unter Kontrolle zu bekommen (vgl. PCR-Jitter). In DVB-IP ist vorgesehen, den MPEG-2-

Transportstrom entweder mit allen PSI/SI-Tabellen zu versenden oder nur die PSI-Tabellen mitzuschicken. Vom Delivery System wird dem DVB-IP-Receiver beim Anmelden eine Liste der zur Verfügung stehenden Services mit zugehörigem Socket geschickt. Ein Socket besteht aus einer aus 4 Byte bestehenden IP-Adresse und dem zugehörigen UDP-Port. Diese Adresse wird oft syntaxmäßig angegeben als

a.b.c.d:port

wobei a, b, c und d einen Wert zwischen 0 … 255 aufweisen und port den Wertebereich von 0 ... 65535 umfasst. „Normales“ IP-TV läuft auf Multicast-IP-Adressen; diese liegen im Bereich von

224.0.0.0 ... 239.255.255.255.

Nur bei Video-on-demand machen dann Unicast-Adressen Sinn, die mit Ausnahmen dann fast den gesamten Adress-Bereich von

0.0.0.0 ... 255.255.255.255

umfassen können. Ausnahmen gemäß Internet-Protokoll sind:

127.0.0.1 (= local host),
x.x.x.0 (= aktuelles Netzwerk),
x.x.x.255 (= Broadcast),
224.0.0.0 ... 239.255.255.255 (= Multicast).

Dem IPTV-Receiver wird beim Anmelden über DHCP (Dynamic Host Configuration Protocol) eine IP-Adresse zugewiesen, mit der er dann sowohl Mulicast wie auch Unicast empfangen kann. Bei der Wahl des Services, bzw. Programmes durch den Benutzer signalisiert der Receiver dann den entsprechenden Socket zum nächsten Netzknoten (DSLAM) und bekommt dann den MPEG-2-Transportstrom über genau diese IP-Adresse plus UDP-Port über UDP-Protokoll den Transportstrom zugespielt.

29.2 IP-Schnittstelle ersetzt TS-ASI

Es ist festzustellen, dass die TS-ASI-Schnittstelle immer mehr durch eine Gigabit-IP-Schnittstelle ersetzt wird, sei es im Playout, Headend oder im Sender. Das Protokoll entspricht dann dem DVBIP-Protokoll. Werden

Headend-Komponenten über Gigabit-IP miteinander verbunden, so muss der sonst über TS-ASI verteilte Transportstrom völlig kompatibel, also vollständig in IP eingebettet werden, d.h. mit allen zugehörigen PSI/SI-Tabellen versehen sein. Adressiert wird der gewünschte Transportstrom im IP-Netzwerk ebenfalls über einen Socket, also über die 4 Byte lange IP-Adresse und den UDP-Port. Manchmal bezeichnet man dies dann als „MPTS" = „Multiprogram Transport Stream" über IP.

29.3 OTT – Over the Top TV

IPTV ist nicht gleich „Streaming"! Das jetzt auch von vielen Rundfunkinhalteanbietern über Internet angebotene Video- bzw. Audiostreaming bezeichnet man jetzt mit dem Fachbegriff „OTT" = „Over the Top TV". Bei OTT wird ein Video-/Audiostream für verschieden Endgeräte und verschiedene Datenraten aufbereitet und zur Verfügung gestellt. Die Endgeräte, die hierbei unterstützt werden sind

- Geräte mit Windows© Betriebssystem (PCs, Laptops, …)
- Geräte mit iOS-Betriebssystem (Apple© iPhone, iPad, …)
- Geräte mit Android©-Betriebssystem (Smart Phones, Tablet PCs, …).

Da für das Streaming die verfügbare Datenrate nicht immer gleich hoch ist, müssen die Streaming Services mit verschiedener Qualität sprich Video/Audiodatenrate encodiert werden. Bei den OTT-Applikationen spricht man vom sog. „second Screen", da z.B. Tablet PCs parallel zum Fernsehgerät benutzt werden. Mit MPEG-DASH werden die jetzt proprietären OTT-Streaming-Lösungen versucht, standardisiert zu werden.

Literatur: [ITU-T G.993], [ETS102034]

30 DRM – Digital Radio Mondiale

Mit DRM = Digital Radio Mondiale [ETS 101980] wurde im Jahre 2000 ein weiterer digitaler Rundfunk-Standard ins Leben gerufen. DRM ist vorgesehen für den Frequenzbereich von 30 kHz ... 30 MHz, in dem üblicherweise AM-Services übertragen wurden. Grundsätzlich wurden die Rundfunk-Frequenzbereiche bezüglich deren Ausbreitungseigenschaften eingeteilt in

- LW (Langwelle) ~30 kHz ... 300 kHz
- MW (Mittelwelle) ~300 kHz ... 3 MHz
- KW (Kurzwelle) ~3 MHz ... 30 MHz
- VHF: ~30 MHz ... 300 MHz
- UHF: ~300 MHz ... 3 GHz

Bei VHF unterscheidet man zwischen drei Bändern:

- VHF I: 47 ... 85 MHz
- VHF II: 87.5 ... 108 MHz
- VHF III: 174 … 230 MHz

Bei UHF gibt es zwei Frequenzbänder, nämlich

- UHF IV: 470 ... 606 MHz
- UHF V: 606 ... 826 MHz

Im Frequenzbereich unter 30 MHz sind teilweise sehr große Reichweiten möglich, diese sind jedoch sehr stark tagesabhängig bzw. tag-/nachtabhängig und abhängig von der Sonnenaktivität. Die dort festgelegten Kanalbandbreiten liegen bei 9 kHz (ITU-Region 1 = Europa, Afrika und 3 = Asia/Pacific) bzw. 10 kHz (ITU-Region 2 = Nord- und Südamerika).

DRM ist der Versuch, immer mehr brach liegende Frequenzbereiche, in denen bisher oder früher Amplitudenmodulation eingesetzt wurde, durch ein modernes digitales Übertragungsverfahren zu ersetzen. Als Modulationsverfahren wird COFDM verwendet, die Kompression der Audiosignale erfolgt über MPEG-4 AAC. Die Nettodatenraten liegen üblicherweise bei ca. 10 bis 20 kbit/s.

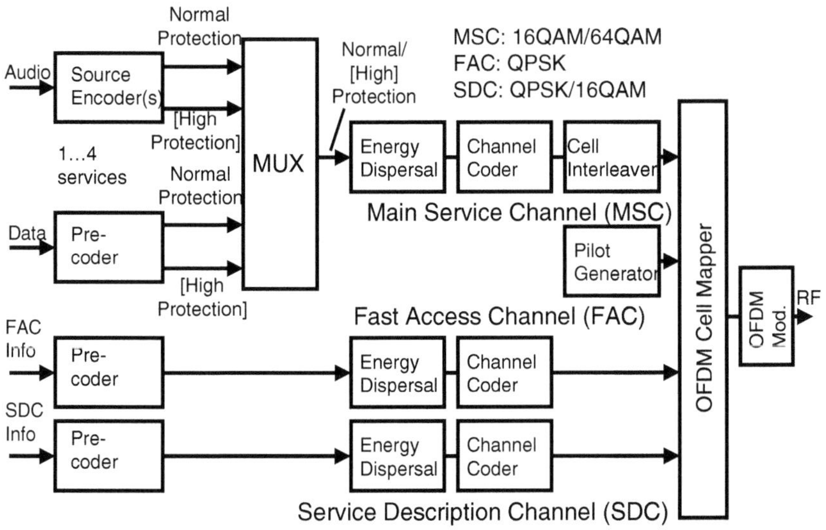

Abb. 30.1. Blockschaltbild eines DRM-Modulators

Tabelle 30.1. DRM-Bandbreiten

Spectrum Occupancy	0	1	2	3	4	5
Kanal-bandbreite [kHz]	4.5	5	9	10	18	20

Die bei DRM festgelegten Kanalbandbreiten orientieren sich an den in den vorgesehenen Frequenzbereichen üblichen Bandbreiten. Die DRM-Bandbreiten liegen zwischen 4.5 kHz und 20 kHz und werden über den Parameter „Spectrum Occupancy“ definiert. Tabelle 30.1. zeigt die möglichen Bandbreiten. Wie auch bei anderen Standards, die COFDM als Modulationsverfahren verwenden, sind auch hier Modes definiert; die DRM Modes werden mit Robustness Mode A, B, C und D bezeichnet. Der Mode bestimmt den Unterträgerabstand und die Symboldauer. Die physikalischen Parameter der DRM-Modes kann man Tabelle 30.2. entnehmen. Die Anzahl der Träger in einem COFDM-Symbol hängt vom Mode und von der DRM-Bandbreite ab. Wie viele Träger in einem Symbol Platz finden, ist in Tabelle 30.3. aufgelistet.

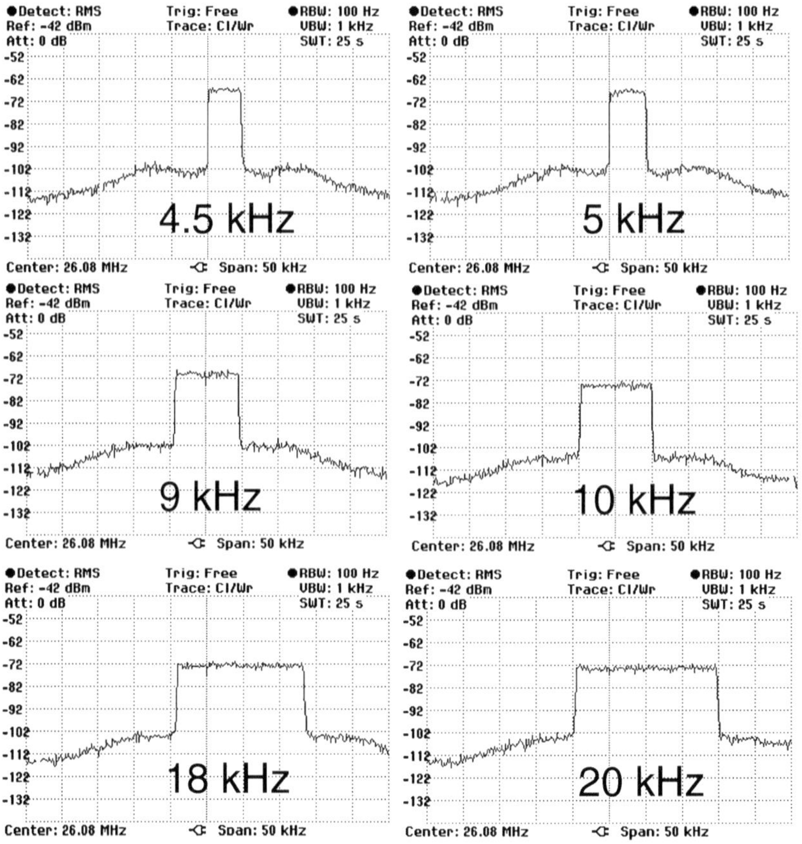

Abb. 30.2. DRM-Spektren bei 4.5, 5, 9, 10, 18 und 20 kHz Bandbreite jeweils bei der gleichen Kanalfrequenz; zu beachten ist, dass die Kanalfrequenz nicht immer der Bandmitte des DRM-Spektrums entspricht; vgl. hierzu auch Tabelle 30.3. (K_{min}/K_{max})

Tabelle 30.2. DRM-Modes und deren physikalische Parameter

DRM Robustness Mode	Symbol-dauer [ms]	Carrier Spacing [Hz]	t_{guard} [ms]	t_{guard}/t_{symbol}	Anzahl Symbole pro Frame
A	24	41 2/3	2.66	1/9	15
B	21.33	46 7/8	5.33	1/4	15
C	14.66	68 2/11	5.33	4/11	20
D	9.33	107 1/7	7.33	11/14	24

Tabelle 30.3. Anzahl der DRM-Träger pro OFDM-Symbol (K_{min} = unterster Träger, K_{max} = oberster Träger, K_{unused} = nicht benutzte Trägernummern)

Robustness Mode	Träger	SO 0 4.5 kHz	SO 1 5 kHz	SO 2 9 kHz	SO 3 10 kHz	SO 4 18 kHz	SO 5 20 kHz
A	K_{min}	2	2	-102	-114	-98	-110
A	K_{max}	102	114	102	114	314	350
A	K_{unused}	-1,0,1	-1,0,1	-1,0,1	-1,0,1	-1,0,1	-1,0,1
B	K_{min}	1	1	-91	-103	-87	-99
B	K_{max}	91	103	91	103	279	311
B	K_{unsed}	0	0	0	0	0	0
C	K_{min}	-	-	-	-69	-	-67
C	K_{max}	-	-	-	69	-	213
C	K_{unused}	-	-	-	0	-	0
D	K_{min}	-	-	-	-44	-	-43
D	K_{max}	-	-	-	44	-	135
D	K_{unused}	-	-	-	0	-	0

Im SDC werden Informationen übertragen, wie

- Protection Level des MSC
- Stream Description
- Service Label
- Conditional Access Information
- Audio Coding Information
- Time and Date.

Das Blockschaltbild eines DRM-Modulators ist in Abb. 30.1. dargestellt. Es können bis zu 4 Services (Audio oder Daten) zu einem DRM-Multiplex zusammengestellt werden und im sog. MSC = Main Service Channel übertragen werden. Ein DRM-Signal beinhaltet folgende Teilkanäle:

- den MSC = Main Service Channel (Modulationsverfahren : 16QAM/64QAM)
- den FAC = Fast Information Channel (QPSK)
- den SDC = Service Description Channel (QPSK/16QAM).

Über den FAC werden dem Receiver folgende Informationen signalisiert:

- Robustness Mode
- Spectrum Occupancy
- Interlever Depth
- MSC Mode (16QAM/64QAM)
- SDC Mode (QPSK/16QAM)
- Number of Services.

30.1 Audio-Quellencodierung

DRM überträgt MPEG-4-codierte Audiosignale, die mit folgenden Algorithmen komprimiert sein können:

- MPEG-4 AAC (= Advanced Audio Coding)
- MPEG-4 CELP speech coding (= Code Excited Linear Prediction)
- MPEG-4 HVXC speech coding (= Harmonic Vector Excitation Coding).

30.2 Fehlerschutz

Der Fehlerschutz bei DRM setzt sich zusammen aus:

- einem Energy Dispersal Block
- einem Faltungscoder
- einem Punktierer.

Bei DRM ist es möglich zu wählen zwischen

- equal FEC und
- unequal FEC.

Teile des Audioframes können hierüber unterschiedlich stark fehlergeschützt werden. Der Grad des Fehlerschutzes wird über den Protection Level bestimmt; er ist wählbar als

- PL = 0 (höchster Fehlerschutz)
- PL = 1
- PL = 2 und
- PL = 3 (niedrigster Fehlerschutz).

Aus dem PL ergibt sich dann eine bestimmte Coderate.

30.3 Modulationsverfahren

Der Fast Access Channel (FAC) ist fest QPSK-moduliert, da dieser quasi der erste „Einstiegspunkt“ für den DRM-Receiver ist und somit fest und auch sehr robust moduliert sein muss. Beim Service Description Channel (SDC) kann zwischen QPSK und 16QAM als Modulationsverfahren ausgewählt werden, was dem Receiver wiederum über den FAC signalisiert wird.

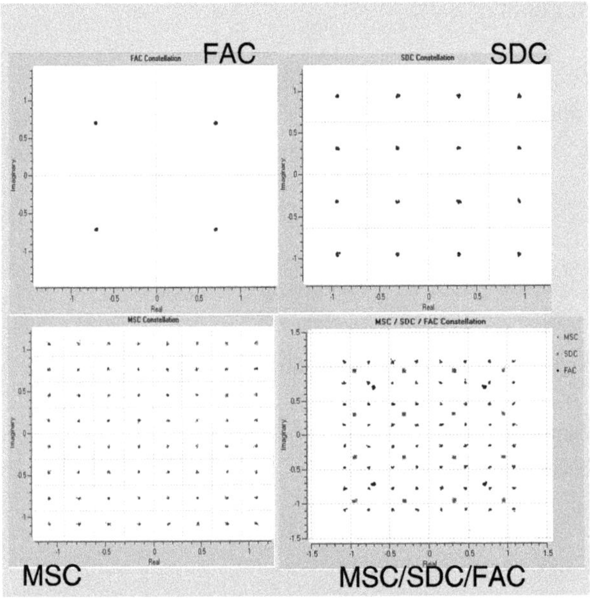

Abb. 30.3. Modulationsverfahren bei DRM [DREAM]

Die im MSC möglichen Modulationsarten sind entweder 16QAM oder 64QAM; auch dies wird dem Receiver über den FAC mitgeteilt. Neben den modulierten Datenträgern, die die Information des MSC, FAC und SDC übertragen, gibt es auch Pilote, die für keinerlei Informationstransport zuständig sind. Sie haben spezielle Aufgaben und sind auf feste dem Modulator und Receiver bekannte Konstellationsschema gemappt. Diese Pilote werden verwendet für:

- Rahmen-(Frame-), Frequenz- und Zeitsynchronisation
- Kanalschätzung und –korrektur
- Robustness-Mode-Signalisierung.

Bei DRM kann neben der „Simple Modulation“, bezeichnet auch als SM, auch „Hierarchical Modulation“ (HM) gewählt werden, ähnlich wie bei DVB-T. In den zwei Pfaden der Hierachischen Modulation kann dann unterschiedlich starker Fehlerschutz verwendet werden.

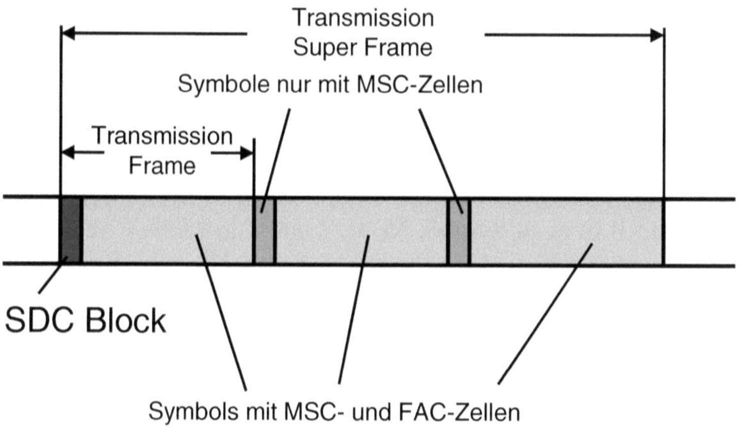

Abb. 30.4. Rahmenstruktur bei DRM

30.4 Rahmenstruktur

Wie auch bei anderen Übertragungsstandards wie DVB-T oder DAB gibt es auch bei DRM eine Rahmenstruktur für die Anordnung der COFDM-Symbole. DRM ist hier folgendermaßen organisiert:

- eine bestimmte Anzahl von COFDM-Symbolen Ns ergibt einen COFDM-Transmission Frame
- 3 Transmission Frames ergeben einen Transmission Superframe.

Ein COFDM-Frame wiederum setzt sich zusammen aus sog.

- Pilot Cells
- Control Cells (FAC, SDC)
- Data Cells (MSC).

Unter Cells (Zellen) versteht man hierbei Träger, die bestimmten Verwendungszwecken zugeordnet sind. Über Control Cells wird der FAC und der SDC übertragen. Über Data Cells erfolgt der Transport des MSC.

Die Pilot Cells sind ganz einfach die schon erwähnten Pilote. Tabelle 30.4. zeigt, wie viele CODFM-Symbole einen Transmission Frame ergeben:

Tabelle 30.4. Anzahl Symbole Ns pro Frame

Robustness Mode	Anzahl der Symbole N_s pro Transmission Frame
A	15
B	15
C	20
D	24

Zu Beginn eines Transmission Super Frames wird in Symbol Nr. 0 und 1 im Mode A und B bzw. in Symbol Nr. 0, 1 und 2 in Mode C und D der sog. SDC-Block übertragen. Anschließend werden bis zum Beginn des nächsten Super Frames nur MSC und FAC Cells transportiert (Abb. 30.2.).

Pilotträger bzw. Pilotzellen sind über den gesamten COFDM-Trägerbereich verteilt. Sie befinden sich abhängig vom Mode im Abstand von 20, 6, 4 oder 3 Trägern zueinander und springen von Symbol zu Symbol um 4, 2 oder 1 Träger weiter.

Tabelle 30.5. Pilot-Träger

Mode	Pilot-Trägerabstand im Symbol	Trägersprungabstand von Symbol zu Symbol
A	20	4
B	6	2
C	4	2
D	3	1

30.5 Störeinflüsse auf der Übertragungsstrecke

DRM wird in einem Frequenzbereich betrieben, in dem atmosphärische Störungen und tag/nachtabhängige Schwankungen des Übertragungsverhaltens (Raum- und Bodenwelle) besonders ausgeprägt sind. Im Frequenzbereich unter 30 MHz liegt aber v.a. auch sog. „Men-made-Noise“ vor.

Bei DRM ergibt sich im MSC laut Standard bei einem Störabstand von 14.9 dB bei 64QAM und einer Coderate von 0.6 nach dem Kanaldecoder eine Bitfehlerrate von $1 \cdot 10^{-6}$. In der Praxis konnte tatsächlich „Fall-off-the-Cliff" bei etwa einem SNR von 16 dB bei einer CR=0.5 festgestellt werden. Bei einer Modulationsart von 16QAM trat dieser Effekt bei einem SNR von etwa 5 dB auf (Receiver: Mischer DRT1 von Sat Schneider und Dream Software).

Tabelle 30.6. Fall-off-the-cliff (Receiver: Mischer DRT1 von Sat Schneider und DREAM Software der Technischen Universität Darmstadt)

Übertragungsparameter	SNR bei "Fall-off-the-Cliff"
MSC=64QAM, CR=0.5	16 dB
MSC=16QAM, CR=0.5	5 dB

30.6 DRM-Datenraten

Die DRM-Datenraten hängen ab von der DRM-Bandbreite (Spectrum Occupancy, SO), vom Mode, von der gewählten Modulationsart und vom Fehlerschutz. Sie liegen zwischen etwa 5 und 72 kbit/s.

Tabelle 30.7. MSC-Nettodatenraten bei einer Coderate von CR=0.6 (gleicher Fehlerschutz, Simple Modulation) bei 64QAM (SO = Spectrum Occupancy):

Robustness Mode	SO 0 4.5 kHz [kbit/s]	SO 1 5 kHz [kbit/s]	SO 2 9 kHz [kbit/s]	SO 3 10 kHz [kbit/s]	SO 4 18 kHz [kbit/s]	SO 5 20 kHz [kbit/s]
A	11.3	12.8	23.6	26.6	49.1	55.0
B	8.7	10.0	18.4	21.0	38.2	43.0
C	-	-	-	16.6	-	34.8
D	-	-	-	11.0	-	23.4

Tabelle 30.8. MSC-Nettodatenraten bei einer Coderate von CR=0.62 (gleicher Fehlerschutz, Simple Modulation) bei 16QAM:

Robustness mode	SO 0 4.5 kHz [kbit/s]	SO 1 5 kHz [kbit/s]	SO 2 9 kHz [kbit/s]	SO 3 10 kHz [kbit/s]	SO 4 18 kHz [kbit/s]	SO 5 20 kHz [kbit/s]
A	7.8	8.9	16.4	18.5	34.1	38.2
B	6.0	6.9	12.8	14.6	26.5	29.8
C	-	-	-	11.5	-	24.1
D	-	-	-	7.6	-	16.3

Absolut minimale Datenrate (CR=0.5, 16QAM, Mode B, 4.5 kHz): 4.8 kbit/s.

Absolut maximale Datenrate (CR=0.78, 64QAM, Mode A, 20 kHz): 72 kbit/s.

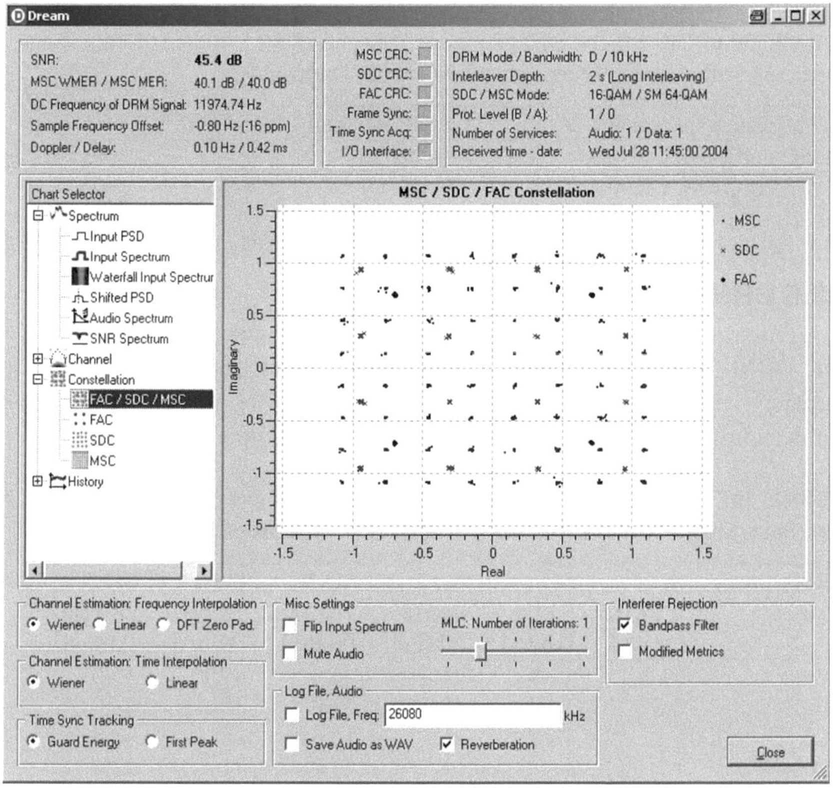

Abb. 30.5. Konstellationsdiagramm eines DRM-Signals (MSC, FAC und SDC überlagert), aufgenommen mit der DREAM-Software [DREAM]

30.7 DRM-Sendestationen und DRM-Receiver

Weltweit wurden zahlreiche Sendestationen von AM auf DRM umgestellt. Es sei hier auf entsprechende Seiten im Internet verwiesen. DRM-Empfang ist zwar über softwarebasierende DRM-Receiver-Lösungen möglich, aber es gibt kaum Kompaktgeräte (sog. „Weltempfänger"). Softwarebasierende Lösungen setzen meist auf ein auf 12 kHz heruntergemischtes DRM-Signal auf, das man in die Audio-Line-In-Buchse eines PCs einspeist. Als Beispiel sei hier die DREAM-Software der Technischen Universität Darmstadt erwähnt (siehe auch Abb. 30.3. und Abb. 30.5.). Mittlerweile (Stand 2015) sind viele der DRM-Sendestationen wieder komplett abgeschaltet worden. Der Rundfunk auf Langwelle, Mittelwelle und Kurzwelle wird wohl in den nächsten Jahren zumindest in Europa und auch in anderen Regionen komplett außer Betrieb gestellt werden, egal ob in AM oder DRM. Es gibt viel zu wenige Hörer und die Energiekosten der Sendeanlagen sind hoch, da die Sendeleistungen hier im kW bis MW-Bereich liegen.

30.8 DRM+

Das bisher beschriebene Verfahren wird mit DRM30 (bis 30 MHz, DRM-Mode A, B, C, D) bezeichnet. Mit DRM+ ist eine Erweiterung von DRM und für den Frequenzbereich über 30 MHz entwickelt geworden. DRM+ wäre eine mögliche Alternative zu DAB. Wie DRM verwendet auch DRM+ den neuesten AAC+ Codec und könnte sowohl in VHF-Band II, in dem zur Zeit UKW-FM-Rundfunk ausgestrahlt wird verwendet werden, wie auch in mittlerweile ungenutzten VHF-Band I. DRM+ erweitert DRM um einen weiteren Mode, nämlich Mode E. Im DRM-Mode E (DRM+) gelten die folgenden technischen Parameter:

- 444 Hz Unterträgerabstand
- 96 kHz Signalbandbreite
- 312 Träger pro Kanal
- 2.25 ms Symboldauer
- 0.25 ms Guard Interval

In Mode E ist im MSC nur 16QAM oder QPSK vorgesehen. Die Datenraten bei DRM+ liegen bei 16QAM zwischen 99.4 bis 186.3 kbit/s und bei QPSK zwischen 37.2 bis 74.2 kbit/s.

Literatur: [ETS 101980], [DREAM], [SFU]

31 DVB-T-Gleichwellennetze in der Praxis

Gleichwellennetze, sog. SFN's – Single Frequency Networks sind „besondere“ Rundfunknetze. Sie müssen

- frequenzsynchron
- zeitsynchron und
- den Schutzabstand (Guard Interval) erfüllend

sein. Damit dies auch in der Praxis so ist, müssen diese auch im späteren Betrieb bzw. bei der Inbetriebnahme vermessen und überwacht werden. Zahlreiche praktische Messungen und Erkenntnisse im Feld – anfangs weit weg von Europa ... in Australien und später dann v.a. im Netz des Bayerischen Rundfunks - haben zu diesem Abschnitt geführt. Diese Erkenntnisse können auch auf Gleichwellennetze anderer Standards wie DVB-T2, ISDB-T oder DTMB übertragen werden. Zunächst muss ein SFN unter Kenntnis der topographischen und geographischen Struktur richtig geplant werden. Die Senderabstände dürfen die Guard Interval – Bedingung nicht verletzen, d.h. sie dürfen einen bestimmten Maximalabstand zueinander nicht überschreiten. Falls dies trotzdem so wäre, hilft es u.U. den einen oder anderen Sender durch eine verzögerte oder verfrühte COFDM-Signal-Abstrahlung zu „schieben“. Es kann dann in Bereichen, wo sonst Signalpfade die Schutzintervalle überschritten hätten, ein sicherer Empfang gewährleistet werden. Aber man erkauft sich hierbei dann ggf. Probleme in anderen Regionen. Auch spielt natürlich das Antennendiagramm eine Rolle. Durch einen „Einzug“, d.h. geringere Abstrahlleistung in eine Richtung lässt sich ein SFN modellieren. Die meisten Dinge, die in diesem Kapitel angesprochen werden lassen sich durchaus von DVB-T auch auf andere Standards, die OFDM als Modulationsverfahren verwenden, übertragen, wie z.B. DAB oder ISDB-T und auch auf DVB-T2. Wenn in diesem Abschnitt von Receivern gesprochen wird, so waren anfangs v.a. externe Geräte damit gemeint; man hatte diese auch mit dem Begriff „Settop-Box“ bezeichnet, weil man diese z.B. auf den „Fernseher“ gestellt hatte. Heute sind die DVB-T-Receiver in den Flachbildschirm integriert. Drauf stellen könnte man da keinen externen Receiver mehr; er würde herunterfallen.

31.1 SFN-Messparameter

Zuerst soll nun erläutert werden, welche Messparameter in einem DVB-T-Gleichwellennetzen erfasst werden müssen. Die für die SFN-Versorgungsmessungen gültigen Zusammenhänge sind natürlich auch auf den Sonderfall eines SFN's anwendbar, nämlich ein MFN = Multifrequency Network. Jeder Sender ist dort für sich alleine auf einer Frequenz. Der Empfänger hat dort im Vergleich zu einem SFN nur einen Signalpfad vom Sender und ggf. „richtige" Echopfade zu erwarten. Die Laufzeitunterschiede bewegen sich aber dort im Vergleich zum SFN nur im Bereich von etwa 1 ... 10 µs anstelle von bis zu etwa 200 µs. Die zu messenden Parameter im Felde sind:

- Pegel bzw. Feldstärke
- Modulation Error Ratio
- Bitfehlerverhältnisse
- Kanalimpulsantwort
- Konstellationsdiagramm (optische Bewertung).

Der wichtigste Messparameter ist natürlich zunächst der am Ort vorliegende Singalpegel bzw. die Feldstärke. Gemessen wird der Signalpegel als Ausgangssignal einer bekannten Messantenne. Über deren k-Faktor bzw. Antennengewinn lässt sich dann auf die Feldstärke zurückrechnen. Die Formel hierzu lautet:

$$E[dB\mu V/m] = U[dB\mu V] + k[dB/m];$$

$$k[dB] = (-29.8 + 20 \bullet \log(f[MHz]) - g[dB]);$$

mit
E = elektrische Feldstärke;
U = Antennenausgangspegel;
k = Antennen-k-Faktor;
f = Empfangsfrequenz;
g = Antennengewinn;

Der mindest notwendige Empfängereingangspegel hängt von den gewählten Modulationsparametern und von der Qualität des Receivers ab. Wie im Kapitel 20 dargestellt kann man von etwa 10 dBµV Rauschpegel am Empfängereingang ausgehen, was bei 16QAM, Coderate = 2/3 zu einem Mindestpegel von etwa 22 dBµV und bei 64QAM, Coderate = 2/3 zu

28 dBµV führt. Im Gauß'schen Kanal (AWGN-Kanal) stimmt dies recht gut mit der Realität überein. Eine Reserve von etwa 3 dB hier hinzu zu rechnen, schadet aber nicht. Es gibt Implementierungsverluste (Antenne, Kabel) und es gibt Qualitätsunterschiede bei den Receivern. Diese Mindestempfängereingangspegel gelten aber auch nur für den Fall des Einwegeempfanges, also dem reinen AWGN-Kanal. Bei Mehrwegeempfang ist in der Praxis oft ein um 5 bis 15 dB höherer Eingangspegel notwendig. Dies kommt von den realen Eigenschaften der in den DVB-T-Receivern „verbauten“ DVB-T-Demodulator-Chips. Anfangs gab hier es deutliche Unterschiede, die neueren Generationen von DVB-T-Receivern und Chips kommen sehr nah an die theoretischen Erwartungen heran. Rechnen wir nun zunächst mit den theoretischen Mindestpegeln ohne Abschläge die Mindestfeldstärken bei 0 dB Antennengewinn aus und nehmen wir nun auch noch QPSK mit Coderate=2/3 hinzu (-6dB gegenüber 16QAM = 16dBµV).

Tabelle 31.1. Theoretisch mindest notwendiger Empfängereingangspegel (CR=2/3) im AWGN-Kanal bei DVB-T bei 0 dB Antennengewinn und keinen Implementierungsverlusten, Empfängerrauschzahl = 7 dB, Umgebungstemperatur = 20 °C.

	200 MHz	500 MHz	600 MHz	700 MHz	800 MHz
k-Faktor bei 0dB Gewinn	16.4 dB	24.2 dB	25.8 dB	27.1 dB	28.3 dB
Mindestpegel bei QPSK	16 dBµV	16 dBµV	16 dBµV	16 dBµV	16 dBµV
Mindest-Empfangs-Feldstärke bei QPSK	32.4 dBµV/m	40.2 dBµV/m	41.8 dB µV/m	43.1 dBµV/m	44.3 dBµV/m
Mindestpegel bei 16QAM	22 dBµV	22 dBµV	22 dBµV	22 dBµV	22 dBµV
Mindest-Empfangs-Feldstärke bei 16QAM	38.4 dBµV/m	46.2 dBµV/m	47.8 dBµV/m	49.1 dBµV/m	50.3 dBµV/m
Mindestpegel bei 64QAM	28 dBµV	28 dBµV	28 dBµV	28 dBµV	28 dBµV
Mindest-Empfangs-Feldstärke bei 64QAM	44.4 dBµV/m	52.2 dBµV/m	53.8 dBuV/m	55.1 dBµV/m	56.3 dBµV/m

In der Realität kommen aber nun die Implementierungsverluste hinzu. Und diese hängen wiederum von der gewählten Empfangssituation ab. Es gibt im Endeffekt vier Empfangssituationen, nämlich:

- Empfang über Dach-Hausantenne („fixed“)
- Empfang über Haus-Außenantenne („portable outdoor“)
- Empfang im Haus („portable indoor“)
- Mobilempfang.

Beim Empfang über Dach-Hausantenne kommt der Antennengewinn von etwa 6 bis 12 dB hinzu und sorgt dafür, dass entsprechend weniger Feldstärke notwendig ist. Die Feldstärke ist hierbei meist bei entsprechenden Höhen über Grund definiert, meist 10 m über Grund. Entsprechend erfolgt auch die Messung der Feldstärke unter diesen Bedingungen (Mast, 10 m, Richtantenne). Aber es empfiehlt sich hier auch die Verluste auf den Leitungen usw. zum Receiver zu berücksichtigen (z.B. 6 dB) und diese in die Versorgungsberechnung mit einzubeziehen. Beim Empfang über Haus-Außenantenne entfällt der Antennengewinn. Als Ansatz sind hier 0 dB Antennengewinn und z.B. 2 m über Grund als Empfangssituation zu berücksichtigen. Beim Indoor-Empfang kommen dann jedoch Dämpfungsverluste der Wände und Fenster von bis zu etwa 20 dB hinzu. Speziell Beton-Bauten mit metall-bedampften Fenstern führen zu starker Dämpfung. Auch sind Polarisationsverluste von 5 bis 15 dB in Betracht zu ziehen. Empfängt man in einem horizontal abstrahlendem DVB-T-Netzwerk mit einer vertikalen Stabantenne verliert man z.B. 5…15 dB. D.h. Portable-Indoor-Empfang ist in Bezug auf die Mindestfeldstärke ein sehr weiter Bereich. Auch ist der Antennengewinn ggf. mit negativen Werten behaftet. Am schwierigsten ist der Mobilempfang. DVB-T ist ein System, das ursprünglich nicht dafür ausgelegt wurde. Der Zeit-Interleaver ist nur sehr kurz. Die Feldstärkemesswerte sind mobil aber nicht anders wie stationär. Jedoch spielt der Einfluss des Dopplereffektes eine sehr große Rolle; aber auch die wechselnden Empfangssituationen stressen den Empfänger. Der Störabstand und auch das MER = Modulation Error Ratio ist mobil ganz anders wie stationär und noch dazu ortsabhängig. Das MER ist der Summenparameter, in dem sich alle Störereignisse auf den DVB-T-Empfang abbilden lassen. Es ist, wie in Kapitel 21 dargestellt, das logarithmische Verhältnis des Signaleffektivwertes und dem Effektivwert des Fehlervektors im Konstellationsdiagramm. Liegt nur Rauscheinfluss vor, so entspricht das MER dem SNR. Wird das SNR oder das MER im fahrenden Betrieb erfasst, so beeinflusst der Dopplereffekt zusätzlich durch verschiedenartigste lokal empfangsbedingte Effekte und Signalpfade eine Verschlechterung des

MER's oder SNR's abhängig von der Fahrgeschwindigkeit. Später wird dies in diesem Kapitel durch praktische Beispiele aus den Beispiel-DVB-T-Netzwerken auch anschaulich hinterlegt. Das MER wird somit stationär den entsprechenden gewünschten Soll-Empfangsbedingungen z.B. mit Richtantenne bei 10 m oder 5 m Höhe oder mit ungerichteter Antenne erfasst. Das mindest notwendige MER zum Empfang hängt ebenfalls von den Modulationsparametern ab.

Tabelle 31.2. mindestens notwendiges MER bei Coderate = 2/3.

	QPSK	16QAM	64QAM
MER	6 dB	12 dB	18 dB

Wichtig ist, dass niemals das mobil gemessene MER dem stationär gemessenen MER nur annähernd entsprechen kann; das ist einfach physikalisch bedingt. Das MER ist immer und auch bei jedem Standard eine Funktion der Fahrgeschwindigkeit und der Mehrwegeempfangssituation. Gleiches gilt auch für die Bitfehlerverhältnisse. Diese sind ebenfalls nicht nur vom Empfangspegel abhängig, sondern lassen sich direkt vom MER ableiten. Das mindest notwendige BER vor Reed-Solomon oder nach Viterbi beim quasi-fehlerfreien DVB-T-Empfang beträgt $2 \cdot 10^{-4}$. Bei DVB-T gibt es drei Bitfehlerverhältnisse, nämlich das

- BER vor Viterbi oder das Kanalbitfehlerratenverhältnis
- BER nach Viterbi oder vor Reed-Solomon und das
- BER nach Reed-Solomon.

Es macht Sinn, bei der Feldmessung alle drei BER's zu erfassen. V.a. das BER nach Viterbi, also vor Reed-Solomon gibt dem Praktiker entsprechende Informationen. Auch bei der Messung der BER's ergeben sich im mobilen Betrieb naturgemäß ganz andere Werte im Vergleich zu stationären Messungen. Die Messergebnisse hängen zudem davon ab, wo man sich im SFN mobil bewegt. Grund hierfür ist einfach wiederum der Dopplereffekt auf den Mehrwegeempfang in den verschiedenen Empfangsregionen.

Die Kanalimpulsantwort (Abb. 31.1.) vermittelt eine zuverlässige Aussage über die Mehrwegeempfangsverhältnisse in den verschiedenen Regionen im SFN. Anhand der Kanalimpulsantwort erkennt man auch, ob ein SFN synchron läuft oder nicht. Außerdem kann anhand der Kanalimpulsantwort abgeschätzt werden, ob die Empfangssituation trotz Einhaltung aller theoretischen SFN-Bedingungen kritische Zustände bezüglich der Synchronisation auf Symbol und Guard Interval darstellen könnten. Kritische Empfangssituationen sind

- die Schutzintervall-Verletzung
- das Vorecho
- das 0 dB-Echo
- die Quasi-Mobil-Empfangssituation
- Abstrahlung unterschiedlicher TPS-Bits.

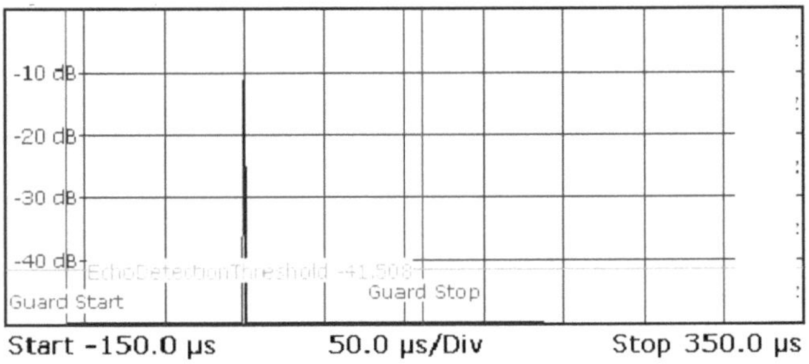

Abb. 31.1. Kanalimpulsantwort mit einem Signalpfad; gemessen mit dem TV-Messempfänger ETL [ETL]

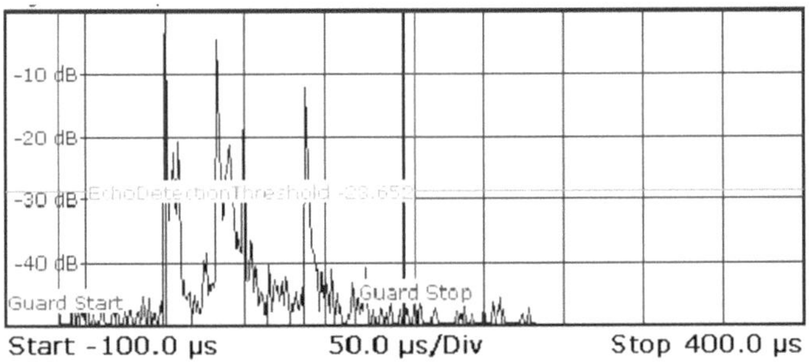

Abb. 31.2. Kanalimpulsantwort bei Mehrwegeempfang mit Nachechos; hier gemessen in einem SFN mit drei Sendern [ETL]

31.1.1 Schutzintervall-Verletzung

Hierbei ist die Schutzintervall-Verletzung am einfachsten zu erklären und gilt als absoluter Verstoß gegen die SFN-Bedingungen. Man empfängt hierbei einfach Signalpfade, die sich mit noch ausreichender Energie außerhalb des Guard Intervals befinden. Entstehen kann so ein Problem bei zu großen Senderabständen und falsch oder ungünstig gewählten Verzögerungszeiten an den Senderstandorten oder einfach bei Überreichweiten.

Kritisch wird die Energie eines solchen Signalpfads, wenn er von der Dämpfung gegenüber dem Hauptpfad in die Größenordnung des Minimal-SNR's bzw. Minimal-MER's (Fall-off-the-Cliff), abhängig von den gewählten Übertragungsparametern, gerät.

Korrigieren lässt sich dieses Problem durch die geeignete Wahl der Verzögerungs-, also Abstrahlzeiten der OFDM-Symbole an den Senderstandorten, durch Anpassen der Antennendiagramme und der ERP's der Sender. Ein typisches Konstellationsdiagramm bei einer Schutzintervall-Verletzung weist außen größere Konstallationspunkte auf als innen (Abb. 31.3.).

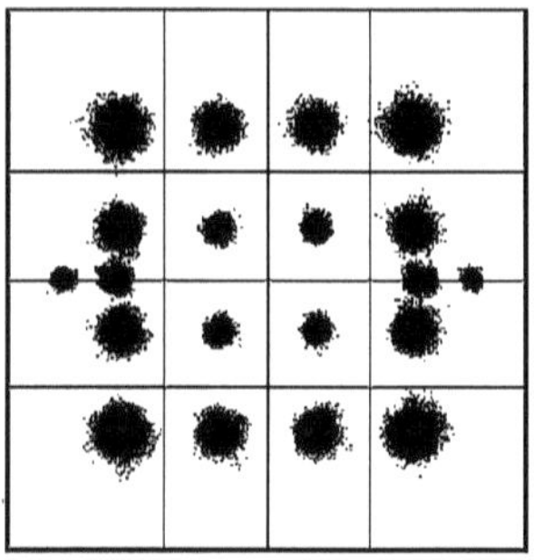

Abb. 31.3. Typisches Konstellationsdiagramm bei Verletzung des Guard Intervals (äußere Punkte sind größer wie die inneren)

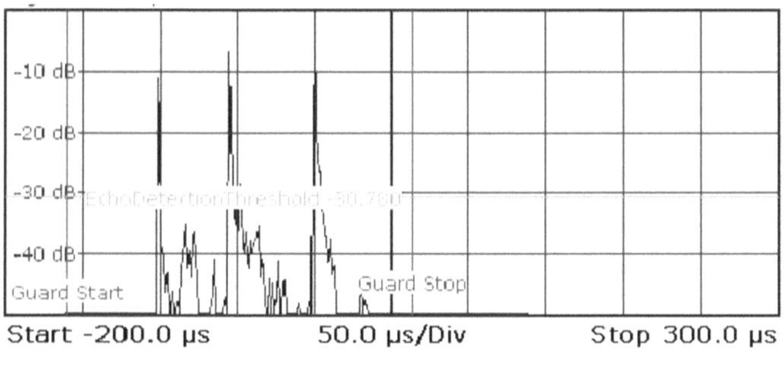

Abb. 31.4. Kanalimpulsantwort mit Vorechos

31.1.2 Vorecho

Vorechos bezeichnet man Signalpfade in einem Gleichwellennetz, die mit geringerem Pegel früher ankommen als der Hauptpfad (Abb. 31.4.). Theoretisch sollte diese Situation von allen Empfängern problemlos bewältigt werden. Die Praxis jedoch zeigt, dass viele v.a. ältere DVB-T-Empfänger mit dieser Situation nicht zurecht kommen. Ob die Empfänger damit zurecht kommen oder nicht hängt zudem von der Verzögerungszeit zwischen dem 0 dB-Pfad, also Hauptpfad und dem abgesenktem Vorecho ab. Zu erklären ist das Problem des Vorechos einfach damit, dass der Empfänger in diesem Fall das FFT-Abtastfenster einfach symmetrisch über den Hauptpfad legt und das Vorechos so über das Schutzintervall hinaus schiebt.

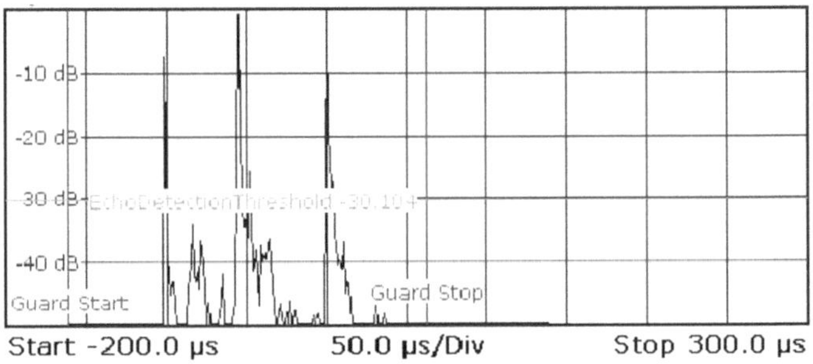

Abb. 31.5. Kanalimpulsantwort mit Vorecho und 0dB-Echo

31.1.3 Das 0 dB-Echo

Man spricht von einem 0 dB-Echo, wenn zwei oder mehr Signalpfade mit gleichem Pegel, aber unterschiedlicher Laufzeit am Empfänger eintreffen (Abb. 31.5.). Auch hier kann es zu Empfänger-Synchronisationsproblemen kommen, v.a. bei längeren Laufzeitdifferenzen ab dem halben Guard Interval. Theoretisch sollte auch diese Empfangssituation von einem Receiver problemlos bewältigt werden. Auch dieses Problem lässt sich damit erklären, dass der Receiver das FFT-Fenster einfach so ungünstig platziert, dass sich ein Signalpfad außerhalb des Schutzintervalls befindet.

31.1.4 Quasi-Mobil-Empfangssituation

Von einer Quasi-Mobil-Empfangssituation spricht man, wenn sich der Kanal aufgrund von ständig wechselnden Reflexionsbedingungen ständig ändert. Wie sich ein Empfänger hierbei verhält, hängt von den Eigenschaften der Kanalkorrektur des Empfängers und natürlich der Empfangssituation ab. Quasi-Mobilempfangssituationen trifft man dann an, wenn z.B. keine direkte Sicht zu den Sendern vorhanden ist und der Empfang v.a. von Reflexionen „lebt“, diese Reflexionen aber von Autos, Zügen, Straßenbahnen usw. beeinflusst werden.

31.1.5 Abstrahlung unterschiedlicher TPS-Bits

Bei DVB-T werden insgesamt 67 Bit über 68 Symbole als sog. TPS-Bits = Transmission Parameter Signalling Bits übertragen. Diese Bits stellen einen schnellen Informationskanal vom Sender zum Empfänger zur Übermittelung der Übertragungsparameter dar. Die Übertragungsparameter sind u.a. Modulationsverfahren, Fehlerschutz usw. Neben den schon ursprünglich im DVB-T-Standard definierten TPS-Bits gibt es die reservierten Bits, von denen nun einige für die für Cell-ID (und bei DVB-H) verwendet werden.

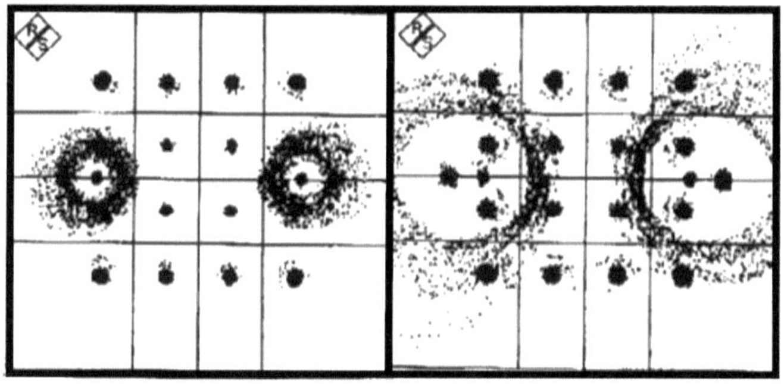

Abb. 31.6. Konstellationsdiagramme in einem SFN bei unterschiedlich abgestrahlten TPS-Bits

Ein vor den eigentlichen Nutz-TPS-Bits ausgestrahlter Längenindikator übermittelt, wie viele der reservierten TPS-Bits eigentlich gerade verwendet werden. Wichtig ist, dass alle Sender in einem Gleichwellennetz alle TPS-Bits gleich und vollkommen synchron ausstrahlen. Es ist mehrfach passiert, dass Sender in einem SFN unterschiedlich konfiguriert waren und Längenindikator und reservierte Bits unterschiedlich abgestrahlt hatten. Die Empfänger, die die TPS-Bits dann wirklich ausgewertet hatten, kamen dann abhängig vom Empfangsort nicht mit der Empfangssituation zurecht und konnten nicht synchronisieren. Die TPS-Träger arbeiten mit DBPSK-Modulation, also mit differentieller BPSK-Modulation. Die Information wird in der Differenz von einem zum nächsten Symbol übertragen. Das bedeutet aber, dass ab dem Zeitpunkt, wo ein TPS-Bit anders ausgestrahlt wird wie an anderen Senderstandorten die Trägerzeiger entgegensetzt stehen und die DBPSK-Modulation dann nicht mehr funktioniert und Ursache für die kreisförmigen Verzeichnungen im Konstellationsdiagramm an den TPS-Punkten sind (siehe Abb. 31.6.). Man kann nur empfehlen, bei allen Änderungen in einem SFN immer ein oder mehrere Messfahrzeuge im Feld zu haben und die Situation auch an den TPS-Trägern (z.B. Träger Nr. 50) zu erfassen.

31.1.6 Frequenzgenauigkeit der Sender

Es ist wichtig, dass in einem Gleichwellennetz alle Sender möglich genau auf der gleichen Frequenz abstrahlen. Die anzustrebende Genauigkeit beträgt $1 \cdot 10^{-9}$ oder besser. Der Nachweis der Frequenzgenauigkeit ist mit einem geeigneten Messempfänger über die Messung der Impulsantwort leicht möglich. Umgerechnet ergibt sich eine Frequenzgenauigkeit von etwa besser 0.5 Hz. Normalerweise wird diese Bedingung leicht eingehalten.

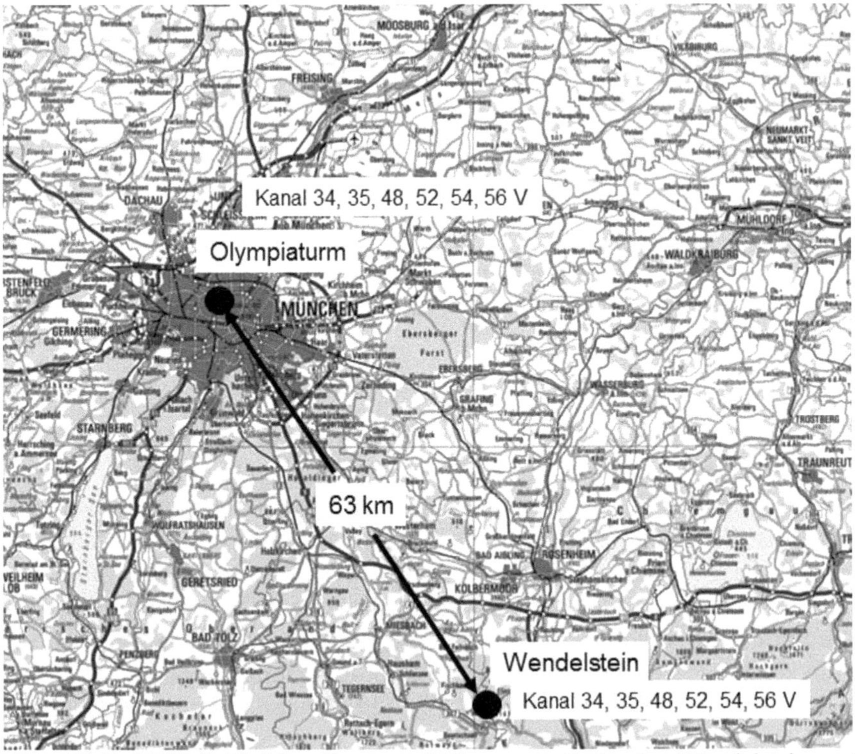

Abb. 31.7. DVB-T-Gleichwellennetz Südbayern mit Sender Wendelstein und Olympiaturm (DTK500; © Landesamt für Vermessung und Geoinformation Bayern, Nr. 4385/07)

31.2 Praktische Beispiele

Die nachfolgenden praktischen Beispiele beziehen sich hauptsächlich auf das DVB-T-Gleichwellennetz Südbayern (Abb. 31.7.) bestehend aus dem Sender Wendelstein und dem Olympiaturm München. Die Netzbetreiber sind hier der Bayerische Rundfunk und Media Broadcast. Über beide Senderstandorte werden sechs DVB-T-Multiplexe mit je vier SDTV-Programmen im Gleichwellennetz ausgestrahlt. D.h. sowohl vom Wendelstein, wie auch vom Olympiaturm werden Kanal 34, 35, 48, 52, 54 und 56 in vertikaler Polarisation verbreitet. Der Abstand beider Sendestandorte beträgt 63 km. Der Wendelstein strahlt gerichtet mit eine „Equivalent Radiated Power“ = ERP von je 100 kW pro Kanal in Richtung Norden. Das Antennendiagramm des Olympiaturm ist rund, also nicht gerichtet ebenfalls mit einer ERP von 100 kW pro Kanal. Die Senderausgangsleistungen des Wendelstein sind je 5 kW, die des Olympiaturm je 10 kW. Die Kanalbelegung hat sich seit dem Einschalttermin (Mai 2005) mehrfach geändert; ursprünglich wurde auch im Kanal 10 des VHF-Bands III gesendet, die Frequenz wurde später zugunsten von DAB+ auf einen anderen Kanal geschoben. Wegen der digitalen Dividende wurde Kanal 66 ebenfalls geräumt und auf einen niedrigeren geschoben. Über das DVB-T-Gleichwellennetz Südbayern werden etwa 24 Programme (Öffentlich-Rechtliche und Private, Anzahl und Programmbelegung wurde immer wieder verändert) verbreitet.
Als weiteres Beispiel dient das DVB-T-Gleichwellennetz Ostbayern (Abb. 31.8.), bestehend aus den vier Senderstandorten Pfarrkirchen, Brotjacklriegel, Hoher Bogen und Hohe Linie (Regensburg). Von diesen Standorten werden nur drei DVB-T-Multiplexe gesendet, nicht alle Frequenzen werden an allen Standorten verwendet; es handelt sich um ein SFN-Mischnetz. Die Entfernungen zwischen den Standorten sind teilweise auch länger als das Schutz-Intervall. Teilweise sind deswegen die Abstrahlzeitpunkte der OFDM-Symbole verzögert. Die Antennenpolarisation ist teilweise vertikal, teilweise horizontal. Die Standorte liegen sowohl in Mittelgebirgsregionen (Bayerischer Wald; Hoher Bogen, Brotjacklriegel) wie auch im flachen Land. Vom DVB-T-Netz Ostbayern werden nur zwölf öffentlich-rechtliche Programme verbreitet.

Beide DVB-T-Netze werden im Zuge der Einführung von DVB-T2 in Deutschland auf diesen Standard umgestellt.

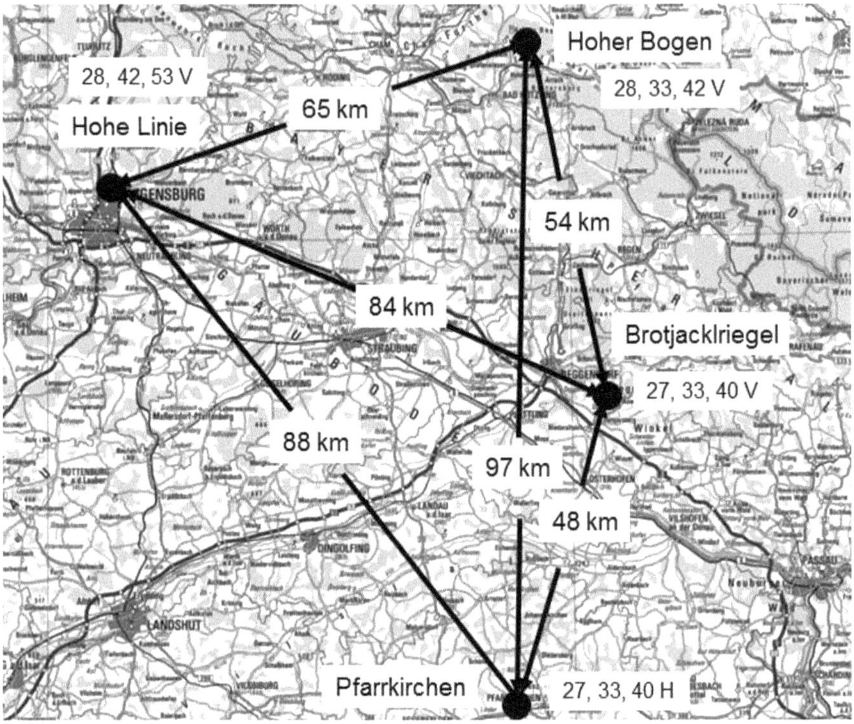

Abb. 31.8. DVB-T-Gleichwellennetz Ostbayern (DTK500; © Landesamt für Vermessung und Geoinformation Bayern, Nr. 4385/07)

31.2.1 Vorechos

Die beschriebenen Vorechos treten v.a. in Gebieten auf, wo der entfernungsgemäß nähere Pfad aufgrund von geographischen Hindernissen (Hügeln, Bergen) gegenüber dem 0 dB-Pfad stärker gedämpft wird. Im beschriebenen Gebiet des Gleichwellennetzes Südbayern tritt dies z.B. nördlich des Flughafens München in der Nähe des Isarverlaufs auf, dort wo der Olympiaturm durch Hügel abgeschattet wird und somit der weiter entfernte Wendelstein dominiert.

31.2.2 Die 0 dB-Echos

0 dB-Echos treten dann auf, wenn aufgrund der Ausbreitungsbedingungen zwei oder mehr Pfade mit gleicher oder nahezu gleicher Energie am Empfänger ankommen. Im SFN Südbayern tritt solch eine Situation v.a. im

Gebiet des „Erdinger Moos“ um den Flughafen München herum auf. Dort ist es sehr flach und es werden Wendelstein und Olympiaturm z.T. mit gleichem Pegel empfangen, jedoch bei extremer Laufzeitdifferenz von etwa 140 µs.

31.2.3 Quasi-Mobil-Kanal

Ein Quasi-Mobil-Kanal liegt in Gegenden vor, wo keine direkte Sicht zu den Sendern vorliegt. Dies ist dann der Fall, wenn die Sender aufgrund von Hindernissen abgeschirmt sind und der Empfang von Reflexionen z.T. an „veränderlichen“ Hindernissen wie Autos, Zügen oder Straßenbahnen lebt.

31.2.4 TPS-Bits

Bei SFN-Inbetriebnahmen oder SFN-Umstellungen kann es vorkommen, dass nicht alle Sender (eines oder unterschiedlicher Senderhersteller) gleich konfiguriert sind, und dass dann somit die Sender unterschiedliche TPS-Information abstrahlen. Dies kam mehrfach bei Inbetriebnahmen oder Umstellungen im SFN vor.

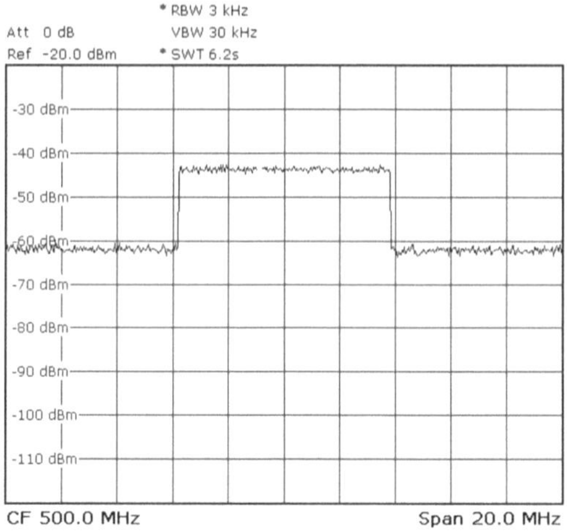

Abb. 31.9. Spektrum eines DVB-T-Signals im Gauß’schen Kanal

31.2.5 DVB-T-Mobilempfang

Sehr oft wird die Frage gestellt: „Bis zu welcher Geschwindigkeit funktioniert DVB-T?“. Diese Frage ist so nicht einfach zu beantworten. Grundsätzlich ist an dieser Stelle festzustellen, dass DVB-T niemals für dem Mobilempfang vorgesehen war und damit auch keine hierfür speziell vorbereiteten Eigenschaften aufweist, wie z.B. einen langen Zeitinterleaver. Die Mobilempfangbarkeit hängt v.a. von der Mehrwegeempfangssituation an. Empfängt man nur einen Signalpfad, so ist der Mobilempfang überhaupt kein Problem. Der Dopplereffekt verschiebt dann lediglich das DVB-T-Spektrum in Richtung höhere oder tiefere Frequenzen, abhängig davon ob man sich in Richtung Sender bewegt oder sich von diesem wegbewegt. Die Frequenzverschiebung liegt bei üblichen Fahrgeschwindigkeiten im Bereich von 50 bis 150 Hz. Diese Frequenzverschiebung stellt für DVB-T-Receiver beim Empfang eines Signalpfades überhaupt kein Problem dar. Beim Mehrwegeempfang und Dopplerverschiebung ergibt sich das Problem der Spektrumsverschmierung mit allen möglichen Zwischenstufen, die im folgenden in Beispielen dargestellt werden sollen.

31.2.5.1 Gauß'scher-Kanal

Im Gauß'schen Kanal sind alle Träger nur rauschartig gestört, wie in Abb. 31.9. dargestellt. Man erkennt an den Schultern deutlich den Rausch-Sockel bei etwa 20 dB unter dem Nutzsignal.

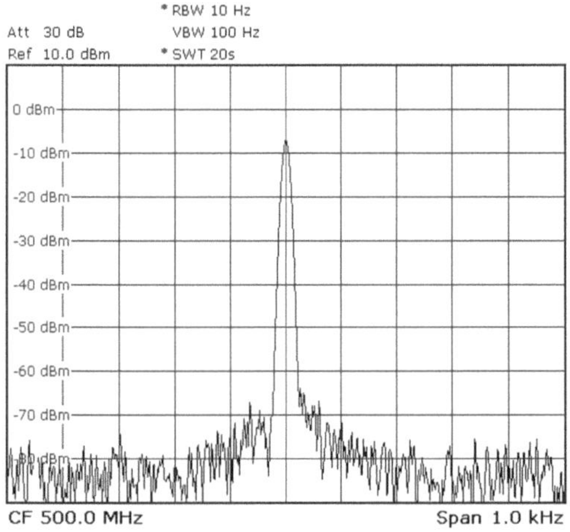

Abb. 31.10. OFDM-Einzelträger im Gauß'schen Kanal

Die COFDM-Einzelträger liegen im Gauß'schen Kanal an den exakt richtigen Frequenzpositionen (Abb. 31.10.). Es überlagert sich lediglich bei jedem einzelnen Träger mehr oder weniger „Rausch-Saum".

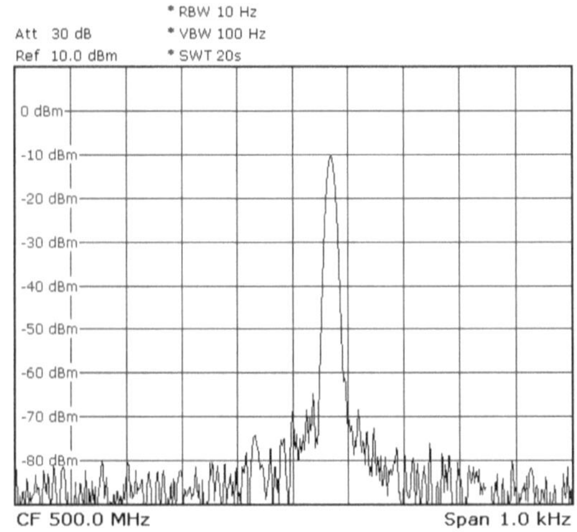

Abb. 31.11. Frequenzverschobener DVB-T-Einzelträger im Mobilkanal

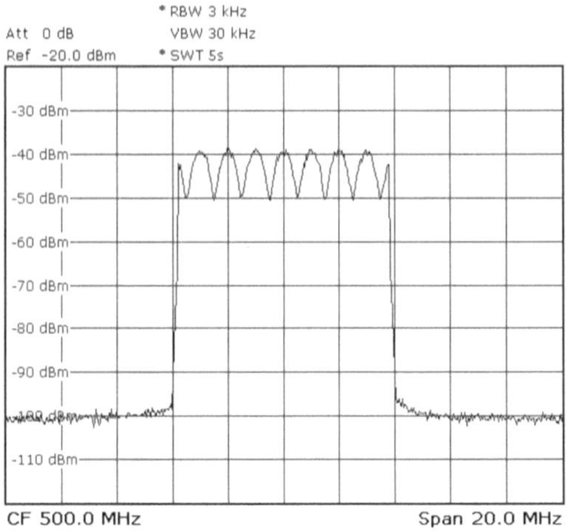

Abb. 31.12. stationärer Mehrwegeempfang von zwei Signalpfaden (0 dB / 0 µs, -5 dB / 1 µs)

31.2.2.2 Dopplerverschiebung

Bei Bewegung im Mobilkanal kommt es zu einer Frequenzverschiebung des kompletten DVB-T-Signals. Alle COFDM-Einzelträger werden in Richtung höhere oder tiefere Frequenzen verschoben, je nachdem ob man sich in Richtung Sender oder vom Sender weg bewegt. Abb. 31.11. zeigt einen um 70 Hz verschobenen Einzelträger eines DVB-T-Signals bei einer Geschwindigkeit von 150 km/h bei einer Bewegung in Richtung Sender.

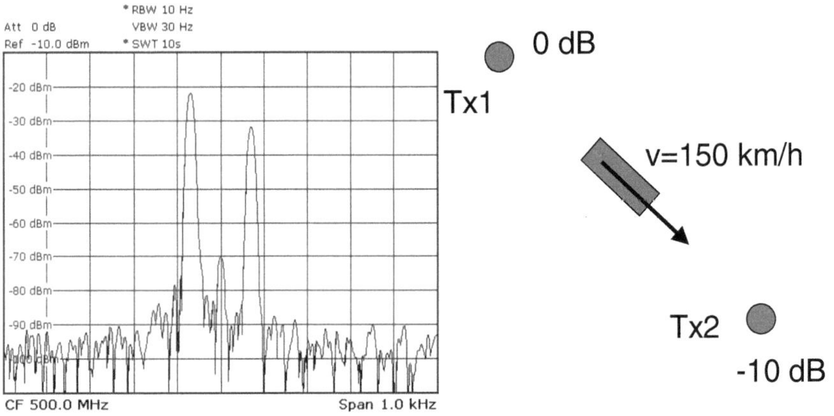

Abb. 31.13. Mobiler Mehrwegeempfang, zwei Pfade 0 dB und –10 dB bei 150 km/h

31.2.2.3 Stationärer Mehrwegempfang

Beim stationären Mehrwegeempfang tritt lediglich Fading auf. Je nach Echolaufzeitdifferenz und Echodämpfung treten mehr oder weniger tiefe frequenzselektive Signaleinbrüche im Spektrum auf, wie in Abb. 31.12. dargestellt. Der Abstand der Einbrüche entspricht dem Kehrwert der Echolaufzeitdifferenz.

31.2.2.4 Mobiler Mehrwegeempfang

Beim mobilen Mehrwegeempfang werden die DVB-T-Unterträger gleichzeitig in Frequenzrichtung nach oben und unten verschoben oder ggf. auch gar nicht verschoben. Je nach Empfangslage ergibt sich aufgrund dieser Frequenzverschmierung eine Stör-Amplitudenmodulation des DVB-T-Signals.

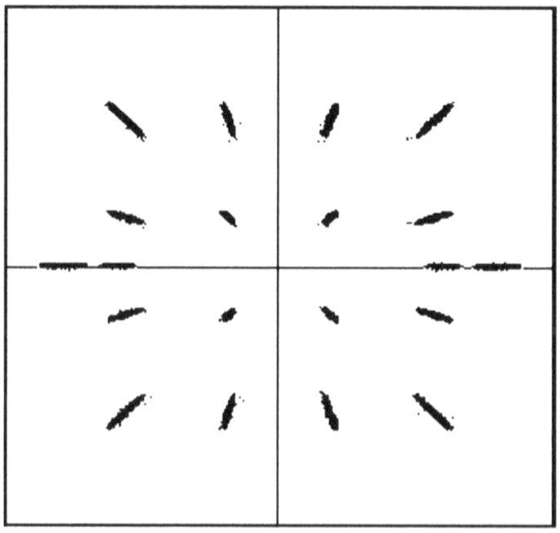

Abb. 31.14. DVB-T-Konstellationsdiagramm mit Stör-Amplitudenmodulation, verursacht durch mobilen Mehrwegeempfang (3 Pfade, -20 dB/-50 Hz, 0 dB/0 Hz, 150 Hz/-20 dB)

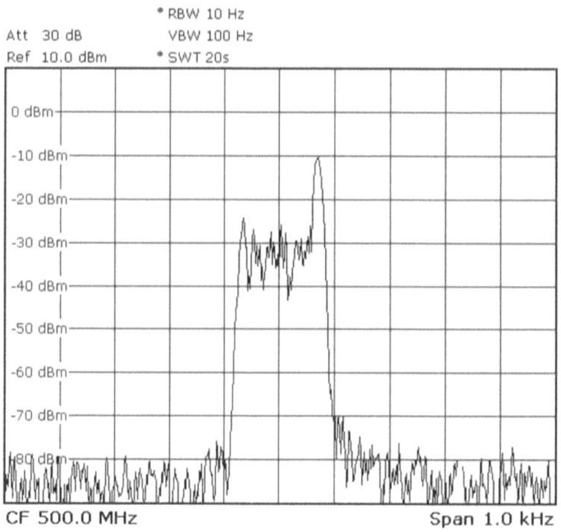

Abb. 31.15. Mobiler Rice-Kanal, v=150 km/h, Power Ratio = 10 dB

31.2.2.5 Mobiler Rice-Kanal

Das Modell des Rice-Kanals simuliert den Fall von mehrfachem Mehrwegeempfang und dominierendem Hauptpfad. Abb. 31.15. zeigt das Spektrum eines DVB-T-Einzelträgers im mobilen Rice-Kanal. Man erkennt deutlich den sich abhebenden dominierenden Hauptpfad bei 10 dB.

31.2.2.6 Rayleigh Kanal

Im Rayleigh-Kanal existiert kein Hauptpfad mehr. Er entspricht dem Rice-Kanal mit Power-Ratio = 0 dB. Abb. 31.16. zeigt ein Beispiel eines DVB-T-Einzelträgers im mobilen Rayleigh-Kanal bei einer Geschwindigkeit von 150 km/h.

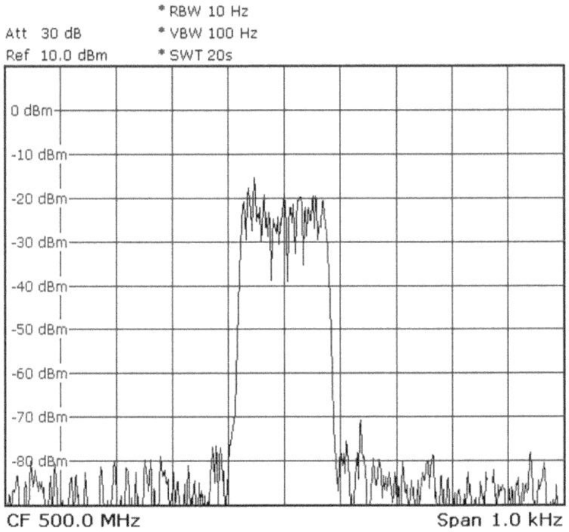

Abb. 31.16. Mobiler Rayleigh-Kanal, v=150 km/h, Power Ratio = 10 dB

Selbst ausgetrocknete Elektrolytkondensatoren eines Antennenverstärkers können vergleichbare „Mobilsituationen“ für einen DVB-T-Empfänger erzeugen. So entstehender überlagerter Netzbrumm kann eine Stör-Amplitudenmodulation bei 50 oder 100 Hz erzeugen. Ein entsprechendes Konstellationsdiagramm ist in Abb. 31.17. dargestellt.

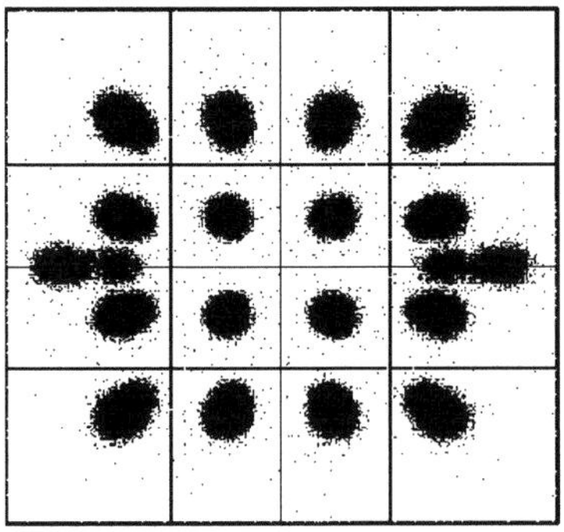

Abb. 31.17. Stör-Amplitudenmodulation verursacht durch einen ausgetrockneten Elektrolyt-Kondensator in einem Antennenverstärker

31.3 Verhalten von DVB-T-Receivern

Das Verhalten von DVB-T-Receivern (extern oder integriert ins TV-Endgerät) bei der einen oder anderen Empfangssituation ist in starkem Maße abhängig von den Eigenschaften des Receivers, d.h. v.a. von den Eigenschaften des eingebauten Tuners, des DVB-T-Chips, des MPEG-Decoders und der Firmware des Empfängers. Wie das Verhalten der Receiver zu testen ist wird im nächsten Abschnitt besprochen. Die Eigenschaften des Tuners können wie folgt differenziert werden:

- Rauschzahl
- Phasenrauschen
- Selektionseigenschaften in HF und ZF
- Linearität/Intermodulation.

Die Eigenschaften des Tuners bestimmen im wesentlichen den mindest notwendigen Empfangspegel, sowie die Nachbarkanalverträglichkeit v.a. bei hohem Nachbarkanalpegel.

Vom DVB-T-Chip hängt v.a. ab, wie gut ein Receiver mit verschiedenen Empfangssituationen zurecht kommt, wie

- Vorecho
- 0dB-Echo
- ganz allgemein Mehrwegeempfang
- Mobilempfang und Quasi-Mobil-Empfang
- Nachbarkanalbelegung
- unterschiedlich gesetzte TPS-Bits
- hierarchische Modulation.

Der MPEG-Decoder und die Firmware bestimmen, wie der Receiver sich bei unterschiedlichen Transportstrom-Inhalten verhält. Dies betrifft

- die Kanalsuche (Geschwindigkeit und Eigenschaften bei kritischen Bedingungen)
- die PSI/SI-Tabellen (z.B. Verhalten bei dynamischer PMT)
- das Verhalten bei Netzüberlappung (gleiche Services in verschiedenen TS)
- die Elementarstrom-Decodierung
- die Signalisierung der Quelleneigenschaften (4:3/16:9, Mono/Stereo)

- Fehlerverschleierung
- die Umschaltgeschwindigkeit
- die Stabilität
- die Receiver-Ausstattung, wie z.B. Videotext, VPS, MHP.

31.4 DVB-T-Empfängertest

Speziell bei terrestrischen Rundfunknetzen ist es wichtig, TV-Empfänger ausreichend umfangreich bezüglich ihrer Eigenschaften zu testen, um herauszufinden, wie gut sie mit den in den vorigen Abschnitten beschriebenen Problemsituationen fertig werden. Empfängertests werden vorgenommen bei

- der Empfängerentwicklung,
- der Fertigungsüberführung (EMI, EMV, ...)
- der Empfängerfertigung zum Zwecke der Endprüfung,
- dem Vergleichen von Empfängern in Testhäusern und bei Netzbetreibern.

Die Erfahrung zeigt, dass speziell DVB-T-Empfänger anfangs (vor ca. 2007) meist zu wenig ausführlich „stressgetestet“ wurden. Zumindest bei der Empfängerentwicklung, bei der Fertigungsüberführung und beim Empfängervergleich sollte das Maximalmaß an Tests vorgenommen werden. Diese Maximaltests sind

- die Erfassung des Mindestempfängereingangspegels bei einigen Frequenzen
- die Erfassung des minimalen SNR’s bei einigen Frequenzen
- das Verhalten bei hohem Nachbarkanalpegel (nah oder weiter entfernt)
- das Verhalten bei Gleichkanalempfang von Analog TV
- das Verhalten des Empfängers bei Mehrwegeempfang (stationär, quasi-mobil und mobil)
- das Verhalten des Empfängers bei der Kanalsuche
- das Verhalten des Empfängers bei Netzüberlappung
- die Messung der Bootgeschwindigkeit
- die Messung der Umschaltgeschwindigkeit
- das Testen der Videotextfunktionalität
- das Testen der VPS-Funktionalität

- das Testen des Verhalten von dynamischen PSI/SI-Tabellen
- das Prüfen der Firmwareausstattung und Firmwarequalität
- das Messen der Stromaufnahme
- EMV-Tests
- mechanische Ausführung.

Die Minimaltests in der Fertigung müssen vom Hersteller geeignet für das jeweilige Produkt gewählt werden.

31.4.1 Mindestempfängereingangspegel im AWGN-Kanal

Der Mindestempfängereingangspegel sollte bei unterschiedlichen Übertragungsparametern (64QAM, 16QAM, QPSK, verschiedene Coderaten) an mindestens drei Frequenzen (einmal VHF, zweimal UHF) zunächst im Gaußschen Kanal (AWGN) ermittelt werden. D.h. der Empfänger wird hier mit einem einzelnen Signalpfad versorgt. Man startet bei einem Pegel von etwa 50 dBμV und verringert diesen Pegel solange, bis durch optische und akustische Begutachtung von decodiertem Video und Audio ein nicht mehr störungsfreier Betrieb des Empfängers erreicht wird. Wichtig ist, dass beim Ausloten des exakten Fall-off-the-Cliff-Punktes immer ausreichend lange (mindestens 1 Minute) gewartet wird, ob der Empfänger wirklich noch stabil arbeitet.

31.4.2 Minimales SNR

Neben der Erfassung des Mindestempfängereingangspegels ist die Ermittelung des minimal notwendigen Störabstandes im AWGN-Kanal von Interesse. Die Ergebnisse sollten dann mit den Ergebnissen aus der Mindestempfängereingangspegel-Messung verglichen und diskutiert werden. Diese Tests sollten auch an mindestens drei Frequenzen (natürlich den gleichen wie in 31.4.1.) vorgenommen werden. Hierbei wählt man z.B. einen „vernünftigen" Empfängereingangspegel bei DVB-T von 50 bis 60 dBμV, so dass der Empfänger weder zu schlecht versorgt, aber auch nicht zum Abregeln gebracht wird. Man addiert dann sukzessive immer mehr Rauschen, bis man wieder die Fall-off-the-Cliff-Bedingung erreicht. Auch diese wird dann entsprechend vorsichtig wie bei 31.4.1. ausgelotet.

31.4.3 Nachbarkanalbelegung

Beim Nachbarkanaltest wird das Verhalten eines DVB-T-Receivers bei hohem Nachbarkanalpegel ermittelt. Hierbei stellt man einen DVB-T-Nachbarkanal unter und/oder über einen Nutzkanal. Man erhöht dann den Pegel des Nachbarkanals oder der Nachbarkanäle immer mehr bis kein sicherer Empfang mehr möglich ist. Dieser Test wird ebenfalls wie in 31.4.1. und 31.4.2. bei unterschiedlichen Übertragungsparametern vorgenommen. Als Ziel sollte ein Nachbarkanalpegel möglich sein, der mindestens um 20 dB über dem Nutzpegel liegt. Speziell ein DVB-T/DVB-H/DAB-Misch-Szenario könnte durchaus zu solchen Verhältnissen führen. Auch sollte dieser Test an mindestens drei Frequenzen vorgenommen werden.

31.4.4 Gleichkanalempfang

Die Überprüfung des Gleichkanalempfanges von DVB-T mit DVB-T wird im wesentlichen schon durch 31.4.2. erfüllt, da ein nicht-synchrones DVB-T-Störsignal quasi wie Rauschen aussieht. Ein Test mit Analog TV im Gleichkanal ist aber durchaus eine betrachtenswerte Messung, die aber stark vom gewählten ATV-Bildinhalt abhängt.

31.4.5 Mehrwegeempfang

Beim Mehrwegeempfangstest wird dem Receiver eine Situation „vorgespielt“, wie sie sich in der Realität in einem MFN oder SFN ergeben kann. Man verwendet hierzu einen Mess-Sender mit Kanalsimulator (Fading-Simulator).

31.4.6 Kanalsuche

Beim Test der Kanalsuche eines Receivers wird v.a. die Suchgeschwindigkeit und auch das Suchverhalten unter unterschiedlichen Bedingungen (auch Nachbarkanalbelegung) getestet. Auch sollte überprüft werden, wie sich ein Receiver bei falschen NIT-Einträgen verhält. In diesen Themenbereich fällt auch das Receiververhalten bei Netzüberlappung, d.h. beim Empfang der gleichen Services aus verschiedenen Transportströmen. Dies kommt in Gegenden vor, wo der Receiver zwei oder mehr Netze sieht, d.h. an Randregionen von SFN’s.

31.4.7 Bootgeschwindigkeit und Bootverhalten

Unter „Booten“ versteht man in der Rechnerwelt den Begriff des „Einschaltvorganges“. Nachdem ein DVB-T-Receiver auch nichts anderes als Rechner ist, dauert es eine gewisse Zeit, bis er betriebsbereit ist. Für den Benutzer ist es durchaus von Interesse, wie lange dieser Vorgang dauert und wie er abläuft.

31.4.8 Programmwechsel

Für den Benutzer ist es besonders lästig, wenn ein Programmwechsel lange dauert und „unschön“ abläuft. Bei diesem Test wird das Receiver-Verhalten beim „Zappen“ überprüft.

31.4.9 Videotext

Bei DVB ist das „Tunneln“ von Videotext über private PES-Pakete vorgesehen und wird v.a. von den öffentlich-rechtlichen Programmanbietern auch gemacht. Der Receiver kann hierbei wieder Videotext in die Vertikalaustastlücke des Videosignals an der analogen Ausgangsschnittstelle (SCART oder Cinch) eintasten. Ein daran angeschlossener TV-Empfänger kann dann diesen Videotext decodieren. Ebenso ist es möglich, dass der DVB-T-Receiver selbst den Videotext decodiert und als Vollbildsignal ausgibt. Hierbei kann der Receiver mehr oder weniger Seiten in seinem Puffer vorhalten. Die vom Receiver unterstützten Videotextmodi (eingetastet in V-Lücke und/oder Selbstdecodierung) sind ein Test- und Vergleichskriterium von Receivern.

31.4.10 VPS-Funktionalität

In Datenzeile 16 in der Vertikalaustastlücke des Analogen TV-Signals wurde bisher u.a. die VPS-Information zur Steuerung von Videorecordern übertragen. Auch dieses Signal kann im Rahmen von DVB in privaten PES-Paketen im MPEG-2-Transportstrom „getunnelt“ werden und entweder im Receiver direkt genutzt werden (Festplattenreceiver) und/oder an der FBAS-Schnittstelle wieder in Zeile 16 eingetastet werden. Daran angeschlossene Videorecorder können dann auf dieses Signal reagieren und die Aufzeichnung steuern. Auch diese Funktionalitäten sind bei einem Receiververgleichstest zu erfassen.

31.4.11. Dynamische PSI/SI-Tabellen

Unter dynamischen PSI/SI-Tabellen versteht man die Veränderung dieser Tabellen über die Zeit. Klar sind EIT und TOT/TDT immer dynamisch. Es gibt aber auch sog. „Fensterprogramme", die nur zu bestimmten Tageszeiten ausgestrahlt werden und durch sich verändernde PMT's, sog. dynamische PMT's signalisiert werden. Nicht alle Receiver erkennen eine Änderung in der PMT. Die Reaktion auf Änderungen in PAT, PMT's und der SDT sollte getestet werden.

31.4.12 Firmwareausstattung

Die Bedienbarkeit eines DVB-Receivers und der Umgang v.a. mit der elektronischen Programmzeitschrift hängen stark von der Firmware des Receivers ab. Bei einem Receiver-Vergleichstest ist v.a. auch diesem Punkt Aufmerksamkeit zu widmen.

31.4.13 sonstiges

Natürlich gehört auch das Einhalten der EMV-Vorschriften zum Empfängertest; näher soll aber an dieser Stelle nicht darauf eingegangen werden. Ebenso ist natürlich beim Vergleichen von Empfängern in Testhäusern auch eine Begutachtung der mechanischen Ausführung des Receiver-Gehäuses wichtig. Auch dies soll hier nicht näher diskutiert werden.
Entsprechende Vorschriften, wie DVB-Empfänger zu testen sind, gibt es, Beispiele hierfür sind

- NorDig© (Skandinavien),
- D-book© (Grossbritannien).

Die in diesem Buch beschriebenen Tests orientieren sich nicht an diesen Vorschriften, sondern einfach an praktischen Erfahrungen, Tests und Messungen.

31.5 Netzplanung

Im Vorfeld eines Netzausbaus findet natürlich eine Netzplanung statt. Diese geschieht heutzutage natürlich software-unterstützt. Hierbei werden aufgrund von geografischen, topografischen und morphologischen Daten und unter Kenntnis der möglichen Senderstandorte die Netzdaten, wie Antennendiagramme, Sendeleistungen, Fehlerschutz, Schutzintervall, Laufzeiten usw. simuliert und festgelegt und die Versorgung der Gebiete berechnet. Im Vorfeld werden von den Regulierungsbehörden die Frequenzen und Leistungen, sowie Strahlungsrichtung usw. zugewiesen. In Grenzgebieten ist hierbei eine länderübergreifende Koordinierung nötig. Beispiele für Planungstools im deutschsprachigen Raum sind:

- Tools der Deutschen Telekom
- Tools des Instituts für Rundfunktechnik (IRT)
- sowie der Fa. LStelcom.

Speziell die Software CHIRplus_BC© von der Fa. LStelcom (Lichtenau bei Baden-Baden) ist weltweit vorzufinden. Dem Autor liegen mittlerweile auch entsprechende Erfahrungen vor, dass man bei geeignetem Einsatz von Planungstools auch eindeutig die vorher für die Receiver beschriebenen Problemgebiete identifizieren kann (0 dB-Echo, Vorechos). Beim Einschalten entsprechender Schalter in der Planungs-Software werden diese Gebiete deutlich sichtbar ausgewiesen.

31.6 Auffüllen von Versorgungslücken

Es war schon zu Zeiten des analogen Fernsehens üblich, Versorgungslükken durch Füllsender, sog. Umsetzer abzudecken. Beim analogen Fernsehen wurden alternative Kanäle mit Sicherheitsabstand ohne Nachbarkanalbelegung gewählt, die ein analog von einem Muttersender empfangenes Signal über einen auf einem anderen Kanal sendenden Kleinleistungssender ein begrenztes Gebiet zu versorgen. Per Ballempfang empfangene TV-Signale eines Muttersenders wurden dabei umgesetzt in einen anderen TV-Kanal und dann wieder über einen Sender abgestrahlt und somit wurde dann ein sonst abgeschattetes Gebiet versorgt. Beim digitalen terrestrischen Fernsehen wird zunächst davon ausgegangen, dass viele Bereiche durch die Eigenschaften des digitalen Fernsehens automatisch abgedeckt und versorgt sind. Trotzdem sind zusätzliche Füllsender nicht vermeidbar, je nach Versorgungsauftrag; dieser wiederum ist landesabhängig. Beim analogen Fernsehen haben Reflexionen nämlich nicht nur dazu geführt, dass der Empfang gar nicht möglich war, sondern im gemäßigten Fall einfach unschöne „Geisterbilder“ hervorgerufen. „Geisterbilder“ gibt es beim digitalen Fernsehen nicht mehr und wegen COFDM stören Echos auch nicht in dem Maße, wie beim analogen Fernsehen. Theoretisch sollte ein

COFDM-System mit solchen Situationen ja auch recht problemlos fertig werden. Aber wenn aufgrund von Abschattung die Empfangsfeldstärke zu gering ist, dann muss man auch beim digitalen terrestrischen Fernsehen solche Gegenden durch Füllsender versorgen. Beim digitalen Fernsehen kann man diese Füllsender sowohl auf der gleichen Frequenz als auch auf anderen Frequenzen betreiben. Beim analogen Fernsehen musste man diese Sender auf anderen Frequenzen betreiben. Man unterscheidet nun zwischen

- auf der gleichen Frequenz abstrahlenden Sendern (Gap-Filler, SFN) und
- frequenz-umsetzenden Sendern (Transposer, MFN)
- sowie frequenz-umsetzenden Sendern mit Remodulation (Retransmitter, MFN).

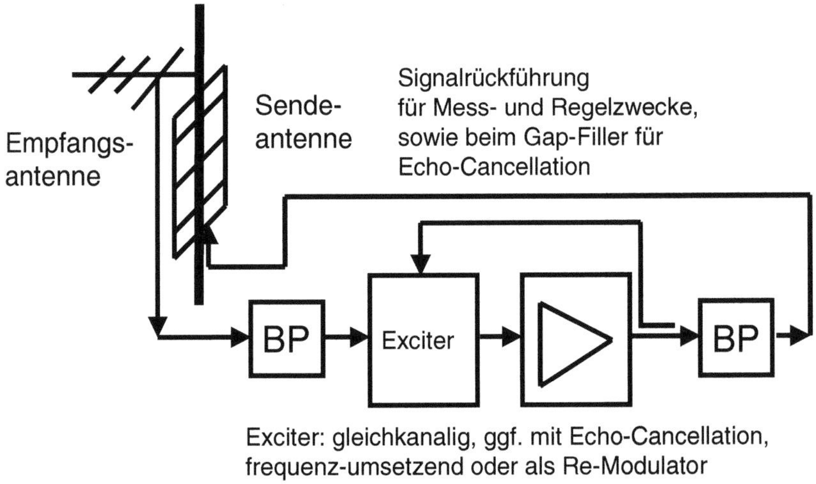

Abb. 31.18. Prinzip eines Gap-Fillers oder Umsetzers

Zur Auffüllung von Versorgungslücken in Gleichwellennetzen auf der gleichen Frequenz kommen nur die sog. Gap-Filler zum Einsatz. Bei diesen auf der gleichen Frequenz abstrahlenden Sendern ist keinerlei Remodulation möglich, da ein Zurückgehen auf Datenstromebene (Demodulation) und erneutem Modulieren zuviel Laufzeit kosten würde. Deswegen geht man hier den Weg des Heruntermischens auf eine niedrige Zwischenfrequenz, Equalizings und erneutem Hochmischen auf die HF-Lage und

Verstärkens. Wichtig ist, dass hier Empfangs- und Sendeantenne ausreichend gut entkoppelt sein müssen. Ein Equalizer kann hierbei bis zu einem gewissen Maße helfen; man spricht hier auch von einer sog. Echo-Cancellation. Die mindest notwendige Isolation zwischen Empfangs- und Sendeantenne beträgt (heutiger Stand der Technik):

- ohne Echo-Cancellation: Verstärkung + 10 dB
- mit Echo-Cancellation: Verstärkung - 10 dB.

Abb. 31.19. Praktisches Beispiel eines Umsetzer-, bzw. Gap-Fillerstandortes; die 2 Empfangsantennen (Log-Per) befinden sich im unteren Teil der verlängerten Turmspitze, die 3 Sendeantennen (8er-Felder) im oberen Teil der verlängerten Turmspitze.

Neben einer aus ausreichend guten Entkopplung von Sende- und Empfangsantenne ist auch die richtige Ausrichtung der Empfangsantenne von sehr großer Bedeutung. Es sollte möglichst nur ein Signalpfad aus dem SFN weitergegeben werden und nicht eine Multipath-Situation. Auf gar keinen Fall sollten Vorechosituationen oder ein Null-dB-Echopfad abgestrahlt werden, da dies ja bekannterweise bei vielen Empfängern zu Problemen führt. Ansonsten erzeugt man sich nicht nur kleinflächig an manchen Orten sondern eben großflächig im Auffüllgebiet und ggf. darüber hinaus Empfängerprobleme. Bei einem frequenz-umsetzenden Sender kann man den Weg über die ZF gehen, genauso wie beim Gap-Filler, oder einen Remodulationsvorgang wählen. Remodulation ist teuerer und kostet natürlich Laufzeit. Deswegen ist Remodulation beim Gap-Filler auch nicht möglich, da man sonst das SFN-Timing komplett verletzen würde. Eine Remodulation ist aber stabiler und bringt v.a. eine bessere Signalqualität. Bei größeren Sendeleistungen empfiehlt sich aber immer der Weg der Remodulation bzw. des Re-Transmitters.

Abb. 31.20. Fall-off-the-Cliff-Artefakte beim digitalen Fernsehen

31.7 Fall-off-the-Cliff

Sehr oft werden durch die Kompression verursachten Blocking-Artefakte mit Artefakten, die durch die Übertragungsstrecke verursacht werden

„vermischt" oder verwechselt. Ein Bild am Ausgang eines Receivers, das aufgrund von Bitfehlern an den „Fall-off-the-Cliff", also an die Grenze der Decodierbarkeit gebracht wurde, sieht ganz anders aus als ein Bild, das durch zu starke MPEG-Kompression „unschön" gemacht wurde. Im Falle von Bitfehlern fehlen ganze Slices oder das ganze Bild friert ein oder man sieht gar kein Bild mehr. Abb. 31.39. zeigt ein Bild, bei dem aufgrund von zu vielen Bitfehlern ganze Blockgruppen innerhalb einer Zeile, sog. Slices fehlen.

31.8 Zusammenfassung

Die in diesem Kapitel anhand von DVB-T beschriebenen Erfahrungswerte lassen sich durchaus auch auf andere terrestrische Übertragungsstandards übertragen. Es sind dic Dctails im Fehlerschutz und Modulationsverfahren, die anders sind bei DAB, ISDB-T, DVB-T2 oder anderen Standards. Das Prinzip bleibt immer das gleiche. Somit ist dieses Kapitel aufgrund der Erfahrung des Autors zwar zugeschnitten auf DVB-T, bleibt aber nicht auf DVB-T begrenzt. In diesem Abschnitt wurden Erfahrungen und Probleme der realen Netze dargestellt. Es ist zu hoffen, dass diese Erfahrungen helfen, die meisten realen Probleme zu erkennen und zu lösen und die Angst vor dem neuen digitalen Fernsehen zu nehmen. Digitales Fernsehen ist anders als analoges Fernsehen, aber bei entsprechender Erfahrung nicht undurchschaubarer.

Literatur: [VIERACKER], [LSTELCOM], [NorDig], [D-book]

32 Digital Terrestrial Multimedia Broadcasting - DTMB (China)

DMB-T = Digital Multimedia Broadcasting – Terrestrial ist ein chinesischer Standard, der ähnlich wie DVB-T das Ziel hat, Fernsehen digital terrestrisch mit modernen Zusatzdiensten ökonomisch auszustrahlen. DMB-T wurde im Jahr 2006 – zumindest in Auszügen als „GB20600-2006"="Framinig Structure, Channel Coding and Modulation for Digital Terrestrial Television Broadcasting System" veröffentlicht. DMB-T wurde umbenannt in DTMB, wobei in 2007 zwei Vorschläge zu einem Standard vereint wurden. In einem Vorschlag wurde ein Mehrträgerverfahren angesetzt, in einem anderen wird ein Einträgerverfahren vorgeschlagen (Abb. 32.1.).

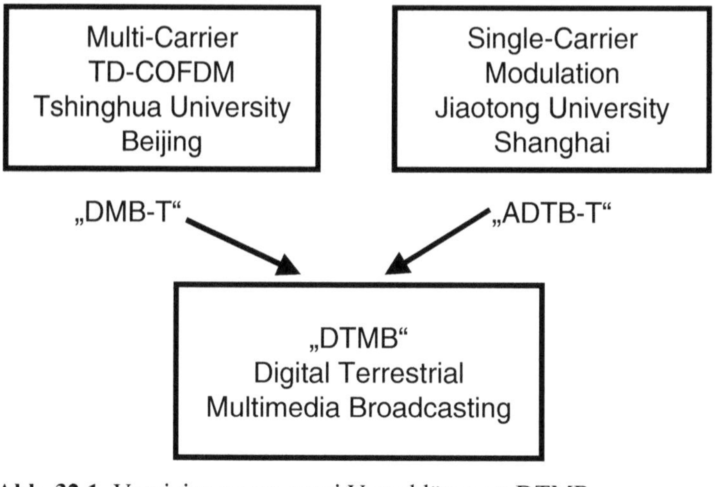

Abb. 32.1. Vereinigung von zwei Vorschlägen zu DTMB

Der favorisierte Vorschlag des Mehrträgerverfahrens kommt von der Tsinghua University in Beijing (Peking) und war lange Zeit mit DMB-T bezeichnet. Der Vorschlag für das Einträgerverfahren wird ADTB-T benannt und stammt von der Jiaotong University in Shanghai. DMB-T weist

Ähnlichkeiten mit DVB-T auf; ADTB-T leitet sich von nordamerikanischen ATSC ab.

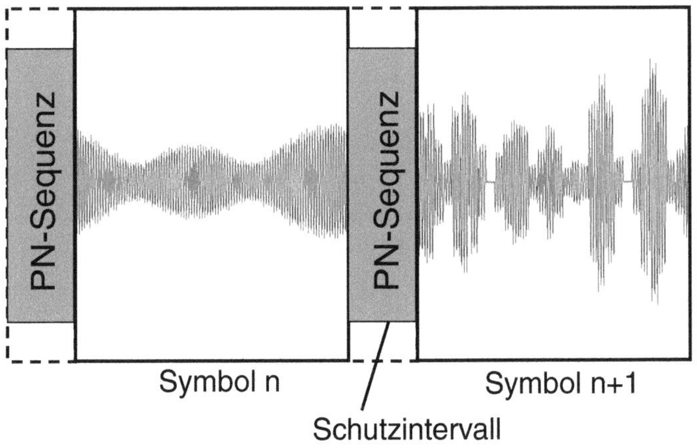

Abb. 32.2. DTMB TD-COFDM

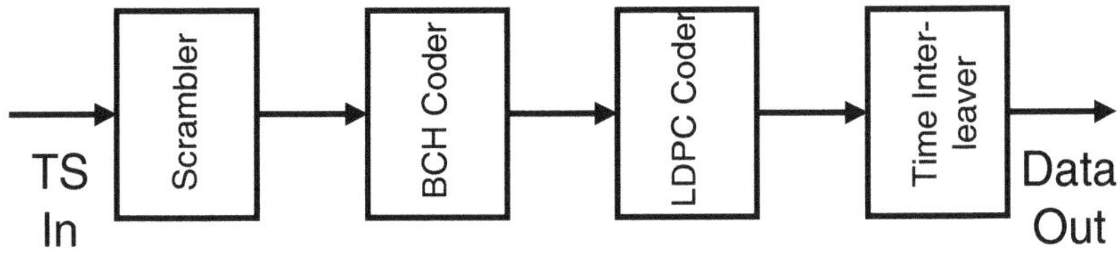

Abb. 32.3. DTMB-Fehlerschutz

Es kommt u.a. als Modulationsverfahren TD-COFDM = Time Domain Coded Orthogonal Frequency Division Multiplex zum Einsatz. Es ist hier das Guard-Interval nicht mit dem Ende des nachfolgenden Symbols, sondern mit einer PRBS aufgefüllt (Abb. 32.2.). Diese Symbol-Präambel wird als „Frame Header“ bezeichnet und ist 56.6 µs, 78.7 µs oder 125 µs lang bei 8 MHz Kanalbandbreite. DMB-T läuft im 4K-Mode mit 3780 benutzten Trägern, die sich im 8 MHz-Kanal in einem Abstand von 2 kHz zueinander befinden. Die Symboldauer beträgt somit 500 µs. Von diesen 3780 Trägern sind 3744 modulierte Datenträger und 36 Signalisierungsträger, also quasi TPS-Träger. DMB-T unterstützt Kanalbandbreiten von 8, 7 und 6 MHz. Das Nutzspektrum ist im 8 MHz-Kanal 7.56 MHz breit. Die Netto-Datenrate liegt im Bereich zwischen 4.813 Mbit/s und 32.486 Mbit/s. Das Spektrum ist roll-off-gefiltert mit einem Roll-off-Faktor von r=0.05, daran ist ein DTMB-Spektrum auch als solches identifizierbar. Das Übertragungsverfahren ist vorgesehen für SDTV- und HDTV-Übertragungen und soll sowohl stationär als auch mobil funktionieren. MFN- und SFN-Netze können realisiert werden.

Als Modulationsverfahren auf den 3744 Datenträgern kann

- 64QAM
- 32QAM
- 16QAM
- 4QAM
- 4QAM-NR (Nordstrom Robinson)

gewählt werden.

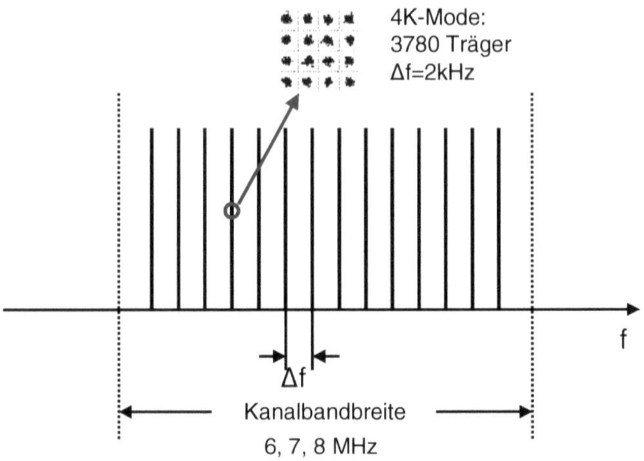

Abb. 32.4. Eigenschaften des Mehrträger-Modes von DTMB

Der Fehlerschutz bei DTMB (Abb. 32.3.) besteht aus einem

- Scrambler
- BCH-Coder
- LDPC-Coder
- Zeit-Interleaver.

Das DTMB-Signal wird aufgebaut aus einem

- Signal Frame (Frame Header + Frame Body = quasi Guard + Symbol)
- Super Frame = N1 · Signal Frame
- Minute Frame = N2 · Super Frame
- Calendar Day Frame = N3 · Minute Frame.

Das Eingangssignal eines DMB-T-Senders ist wie auch bei anderen Übertragungsverfahren der MPEG-2-Transportstrom.

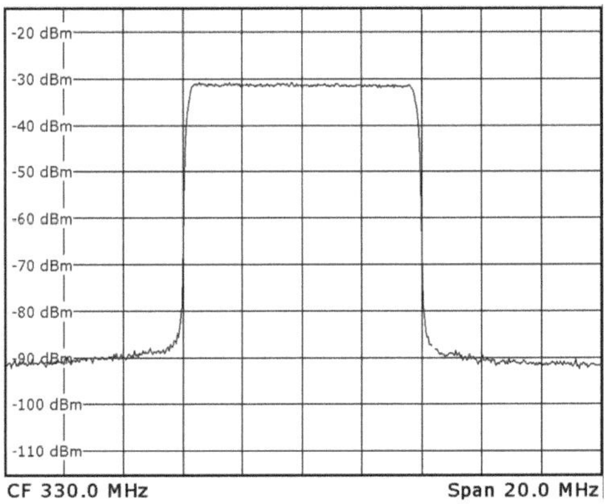

Abb. 32.5. DTMB-Spektrum

Obwohl hier gerne mehr über Details von DTMB berichtet werden sollte, ist dies nur schwer möglich. Es sind kaum Details veröffentlicht, noch erscheinen die veröffentlichten Papiere alle überein zu stimmen, bzw. die Dokumente sind teilweise nur in Chinesischer Sprache verfügbar. Es ist besser nichts zu beschreiben, als falsche Dinge zu erläutern. Welche Vorteile das durch eine PN-Sequenz aufgefüllte Schutzintervall bringt, ist nicht wirklich klar. Sicher ist nur, dass man sich in Bezug auf Lizenzrechte hinsichtlich DVB und ATSC in eine weniger verpflichtende Richtung bewegt hat und wohl einige Standard-Details damit zu tun haben. Auch ist nicht klar, woher und wozu die Roll-off-Charakteristik eingeführt wurde. Möglicherweise stammt die Roll-off-Charakteristik im Multi-Carrier-Mode von dem mit einer PN-Sequenz aufgefüllten Schutzintervall (Einträgerverfahren im Schutzintervall?).

Literatur: [SFU], [BTC], [ETL]

33 DOCSIS - Data over Cable Service Interface Specification

Breitbandkabelnetze, sog. CATV-Netze werden seit etwa Mitte der 1980er Jahre zur Verteilung von Rundfunksignalen als Alternative zur terrestrischen Verbreitung bzw. Satellit eingesetzt. Gegen Ende der 1990er Jahre tauchten dann auch die ersten Services für Datendienste und Telefonie in Kabelnetzen auf. Hierzu wurde sehr früh im DVB-Projekt der DVB-C-Rückkanal als DVB-RCC definiert und mit DVB-RCC/DAVIC bezeichnet; dieser Standard setzte sich aber nie durch. In den USA wurde zur gleichen Zeit bereits an DOCSIS gearbeitet (DOCSIS = Data Over Cable Service Interface Specification). DOCSIS hatte das Ziel, eine bidirektionale Datenverbindung zwischen Cable Modems (CM) und einem CMTS = Cable Modem Termination System zu spezifizieren, mit dem es möglich sein sollte, Telefonie over IP, sowie Internetzugang anzubieten. Heutzutage bezeichnet man solche Lösungen mit „Triple Play", nämlich drei Applikationen aus einer Steckdose, Rundfunk (Hörfunk und Fernsehen), Internet und Telefon. In Europa wurde das System leicht modifiziert unter dem Begriff „EURO-DOCSIS" eingeführt, wobei lediglich der Downstream anstelle von dem im Orginal DOCSIS verwendeten J83B-Signal durch ein DVB-C-Signal ersetzt wurde. Schneller Internet-Zugang über Breitbandkabelnetze ist sehr attraktiv und heute quasi der Dienst, mit dem Kabelnetzbetreiber wirklich Geld verdienen. Er hat somit höhere Priorität bekommen, als nur die klassische Verbreitung von Rundfunkdiensten.

33.1 Downstream

Unter dem Downstream (DS) versteht man den Datenstrom zu den Teilnehmern hin. Als Träger dient bei den ersten DOCSIS-Systemen MPEG-2-Transportstrom, jedoch ohne irgendwelche MPEG- oder DVB-Tabellen. Das Datenprotokoll selbst ist komplett in DOCSIS definiert und wird auf einer Transportstrom-PID (z.B. 0x1FFE) durch „Data Piping" übertragen. Man erkennt dies v.a. daran, dass ein daran angeschlossener MPEG-Analyzer keinerlei Protokolle erkennen kann und im besten Fall auf „Data

Piping“ verweist. Physikalischer Träger dieses Datenstroms ist beim „Standard-US“-DOCSIS ein J83B-Signal mit 64QAM oder 256QAM-Modulation. Beim EURO-DOCSIS wird beim Downstream DVB-C mit 64QAM oder 256QAM verwendet. DOCSIS verwendet 6 MHz breite Downstream-Kanäle, EURO-DOCSIS-Downstream-Kanäle sind typischerweise 8 MHz breit.

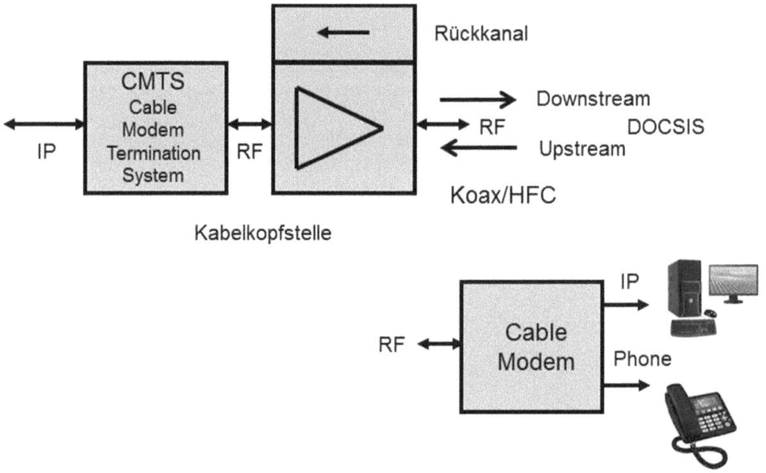

Abb. 33.1. CATV-Netz mit Cable Modem Termination System (CMTS) und Cable Modem (CM)

Tabelle 33.1. Datenraten im Downstream (DS)

Standard	Datenrate und Symbolrate je Downstream-Kanal
DOCSIS, J83B, 64QAM, 6 MHz	26.97 Mbit/s, SR=5.057 MS/s
DOCSIS, J83B, 256QAM, 6 MHz	38.81 Mbit/s, SR=5.361 MS/s
EURO-DOCSIS, DVB-C, 64QAM, 8 MHz	38.44 Mbit/s, SR=6.952 MS/s
EURO-DOCSIS, DVB-C, 256QAM, 8 MHz	51.25 Mbit/s, SR=6.952 MS/s

Der Downstream (DS) ist im Gegensatz zum Upstream (US) ein kontinuierlicher Datenstrom. Aber auch der Downstream wird von mehreren Endteilnehmern – entsprechend adressiert – geteilt. Es sind mehrere Downstreams pro CATV-Teilnehmer-Segment möglich. Jeder Teilnehmer, also jedes Cable Modem empfängt bei DOCSIS 1.0 bis 3.0 alle Pakete der anderen Teilnehmer; Pakete anderer Teilnehmer müssen aber verworfen werden.

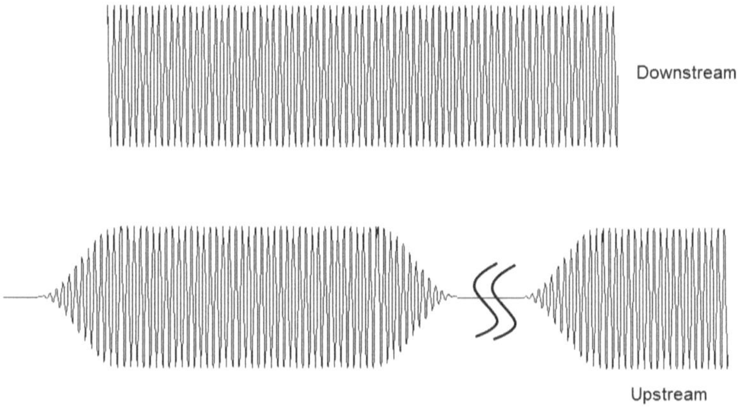

Abb. 33.2. Prinzipieller Zeitverlauf von Downstream (DS) und Upstream (US) bei DOCSIS 1.0 bis 3.0

33.2 Upstream

Als Upstream (US) wird der Datenstrom vom Cable Modem (CM) zum CMTS bezeichnet. Man nennt ihn auch den sog. Rückkanal. Der Rückkanal liegt physikalisch bei den ersten DOCSIS-Versionen im Bereich zwischen 5 ... 65 MHz. CATV-Netze müssen Rückkanal-tauglich gemacht werden; dies bedeutet, dass alle Komponenten eines CATV-Netzes einen Bypass für den Rückkanal aufweisen müssen, und dass v.a. der Rückkanal-Frequenzbereich überhaupt freigemacht ist. Außerdem muss gewährleistet sein, dass der Rückkanal-Frequenzbereich frei von Einstrahlungen ist. Solche meinst „man-made" Einstrahlungen bezeichnet man mit „Ingress-Noise". Um sie zu minimieren, müssen meist die Koaxkabel und Anschlussdosen durch besser geschirmte Lösungen ersetzt werden. D.h. v.a. die Netzebene beim Teilnehmer ist davon betroffen. Der Upstream-Frequenzbereich wird von mehreren Teilnehmern im sog. Zeitschlitzverfahren (TDMA = Time Division Multiple Access) gemeinsam genutzt. Den „Takt" hierfür gibt das CMTS vor. Kabelnetze müssen aber auch passend so in Segmente (Cluster) eingeteilt werden, dass die Netzlast im Upstream und im Downstream nicht zu groß wird. Das Cable Modem sendet zum CMTS hin innerhalb der erlaubten Zeitschlitze in Burstpaketen; verwendet wird QAM mit relativ robuster Modulationsart, also QPSK, 16QAM usw. Natürlich sind die Daten auch fehlergeschützt, nur ist der Fehlerschutz nicht der von DVB oder J83B, sondern ein Fehlerschutz, der im Rahmen von DOCSIS vorgesehen wurde. Die Burstpakete müssen bestimmte Timing-Bedingungen einhalten, d.h. die Anstiegs- und Abfallzeiten sind definiert. Beim Anmelden des Cable Modems (CM) vereinbart das CMTS mit dem CM die für das CM relevanten Zeitschlitze; außerdem erfolgt die Einpegelung des Upstreams, sowie die Frequenzsynchronisation des CM.

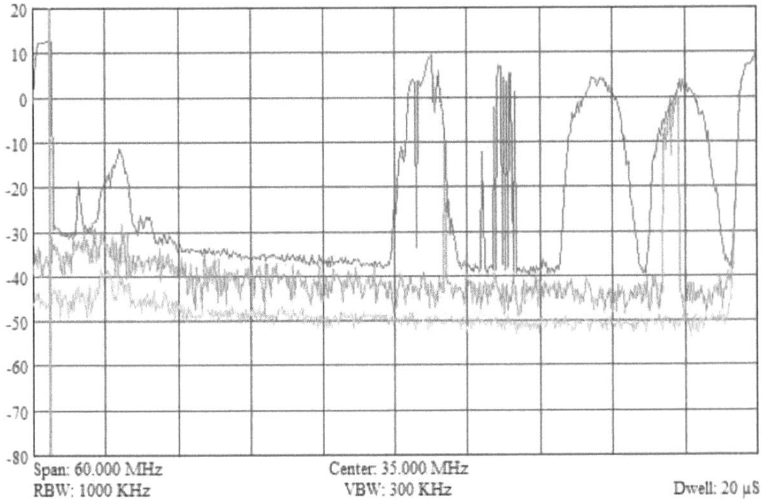

Abb. 33.3. Praktisches Beispiel eines DOCSIS 2.0 – Upstream-Bereichs (5...65 MHz, Darstellungsbereich 5...75 MHz), gemessen am CMTS

33.3 CMTS und Cable Modem

Im Cable Headend befindet sich der „Master" als CMTS = Cable Modem Termination System. Das CMTS ist auf den einen Seite an einen Internet Backbone angeschlossen, auf der anderen Seite laufen von dort die Downstreams zu den Endteilnehmern (Cable Modems, CM) hin und es kommen Upstreams von den Teilnehmern über den Rückkanal an. Das CMTS gibt als Master die Zeitschlitze für den Rückkanal der Cable Modems vor. Das CMTS vermißt die Pegel und Qualität der Rückkanäle und fragt die Qualität der ankommenden Downstreams von den Cable Modems ab.

33.4 Entwicklung von DOCSIS

Erste Breitbandkabelnetze gab es bereits in den 1970er Jahren in Regionen mit schlechter terrestrischer Rundfunkversorgung; Rundfunk über Satellit gab es damals sowieso noch nicht. Etwa Mtte der 1980er Jahre startete der Breitbandkabelausbau unter Nutzung von 75 Ohm – Koaxtechnik zur Versorgung mit analogen Fernseh- und Radio-Programmen. In Deutschland lag dies damals noch in der Hand der staatlichen Deutschen Bundespost, was dann dazu führte, dass später etwa 40 Prozent der Rundfunkteilnehmer an das Breitbandkabelnetz angeschlossen waren; weitere etwa 40 Prozent nutzten dann die später hinzugekommene Versorgung über Satellit. Ab den 1990er Jahren wurden dann neue Netze in Glasfasertechnik gebaut und auch in bestehenden Netzen auch teilweise Glasfaser eingesetzt. Daraus entstand dann der Begriff „HFC" = Hybrid Fibre Coax, was für die gemischte, also hybride Nutzung von Glas und Koax – Technik steht. Der letzte Abschnitt bis zum Kunden und beim Kunden ist in den meisten Fällen auch heute noch in Kupfer ausgeführt.
Bei der Einführung der Breitbandkabelnetze wurden die verschiedenen physikalischen Breitbandkabel-Netzabschnitte in sogenannte Netzebenen eingeteilt; dies sind

- Netzebene 1 (NE 1) = Inhalte-Erzeugung und Zuführung zur Kabelkopfstelle
- Netzebene 2 (NE 2) = zentrale CATV-Einrichtungen wie Kabelkopfstelle
- Netzebene 3 (NE 3) = CATV-Verteilung (unterirdisch oder überirdisch, in Koaxtechnik, Glasfasertechnik oder HFC = Hybrid Fibre Coax) von der Kabelkopfstelle bis zum Hausübergabepunkt
- Netzebene 4 (NE 4) = Hausverteilung vom Hausübergabepunkt bis zu Wandanschlussdose
- Netzebene 5 (NE 5) = Teilnehmerebene nach der Wandanschlussdose.

Ab ca. 1996 wurden erste DVB-C-Kanäle im Frequenzbereich über 330 MHz eingespeist. Damit wurde zwar der erste Schritt in Richtung Digitalisierung des Breitbandkabels getan; es wird aber noch mehr als ein Jahrzehnt dauern, bis dann tatsächlich digitales Fernsehen in den Breitbandkabelnetzen wirklich Bedeutung gewinnen wird. Im Jahr 1997 wurde dann auch schon der erste DOCSIS-Standard mit dem Ziel einer IP- und Telefonie-Versorgung über CATV-Netze fixiert, nämlich DOCSIS 1.0 als „ITU-T J112". Damals gegen Ende der 1990er Jahre war die Internet-Nutzung im Gegensatz zu heute noch nicht sehr weit verbreitet. Und wenn jemand damals das Internet nutzte, dann meist mit bescheidenen 56kbit/s oder gar weniger über die Telefon-Zweidrahtleitung. DSL-Technik war zwar bereits definiert, aber auch noch nicht wirklich im Einsatz. Im Jahr 1999 folgte dann DOCSIS 1.1, kurz später im Jahr 2001 DOCSIS 2.0 „ITU-T J222"; 2006 wurde dann DOCSIS 3.0 als Standard „ITU-T J222" realisiert. Heute sind v.a. DOCSIS 2.0 und DOCSIS 3.0 in den Netzen weltweit im Einsatz. Mit DOCSIS 3.0 sind heute durchaus nun Downstream-Datenraten von 100 Mbit/s möglich, d.h. ein Endnutzer nutzt dann die Datenrate von mehr als nur einem Downstream-Kanal. Mittlerweile benötigen aber auch Rundfunkdienste deutlich mehr Datenrate, da aufgrund der großen Flachbildschirme der Wunsch nach mehr HDTV-Diensten einher ging; deshalb wurden HD-Dienste über H.264-Codierung über den „alten" DVB-C-Standard ins Kabel integriert und DVB brachte den neuen DVB-C2-Standard 2009 ins Rennen. DVB-C2 hat aber bisher den Feldversuchs-Status nicht verlassen; es gibt keine C2-Betriebsnetze. Der Bedarf an Datenrate steigt aber immer mehr an, darum wurde mit DOCSIS 3.1 eine völlig neue Technik mit OFDM-Verfahren und Kanalbandbreiten von bis zu 192 MHz standardisiert. Die Entwicklungschritte der Technik im Breitbandkabel in den letzten Jahren vom „analogen" Rundfunk-Breitbandkabel bis hin zum modernen HFC-Netz waren:

- ab 1996 Einführung von DVB-C
- 1997 DOCSIS 1.0 (IP and telephone) „ITU-T J.112" (Downstram ITU-T J83B oder DVB-C, Upstream TDMA)
- 1999 DOCSIS 1.1 (physikalischer Layer wie DOCSIS 1.0, jedoch jetzt auch QoS)
- 2001 DOCSIS 2.0 „ITU-T J.122" (jetzt TDMA und CDMA-Upstream möglich)
- 2006 DOCSIS 3.0 „ITU-T J.222" (jetzt auch Channel Bonding im Downstream möglich)
- 2009 DVB-C2 veröffentlicht
- 2009 HD-Service nutzen H.264 und DVB-C
- 2010 erste DVB-C2 Hardware erhältlich
- 2013 DVB-C2-Versuche
- 2013 DOCSIS 3.1 (nun ODFM im Downstream und Upstream, Downstream sehr breitbandig)

Bis einschließlich DOCSIS 3.0 wird Single-Carrier-Modulation eingesetzt. Der Downstream lehnt sich bei DOCSIS 1.0 bis 3.0 an den jeweilig eingesetzten digitalen TV-Dienst an und es wird somit entweder ITU-T J83B oder DVB-C mit MPEG-2-Transportströmen unter Nutzung von Data Piping verwendet und zwar ohne Verwendung von SI/PSI-Tabellen. DOCSIS 3.1 verwendet wie auch DVB-C2 OFDM-Technik, wobei sich die Ansätze aber in Trägerabstand und Kanalbandbreite deutlich unterscheiden. Die Modulationverfahren liegen im Bereich von höher 1024QAM bei 4096QAM oder gar 16K-QAM, was beim Einsatz von moderner Optik, sowie modernem Fehlerschutz kein Problem mehr ist. Irgendwann wird in jedem Haus eine Glasfaser liegen und selbst die Endgeräte der Zukunft werden einen Glasfaseranschluss haben und keine Koax-Buchse mehr. Dies ist auch heute eh nur noch eher ein mechanisches Problem bei der zuverlässigen Adaptierung eines optischen Kabels als eine Preisfrage. Und natürlich kostet der Ersatz der Koaxialtechnik Geld – Geld wegen der Installationskosten, nicht wegen des Materialpreises. „Aufgraben“ und „Schlitzschlagen“ kostet Geld. Eine für den Endnutzer brauchbare mechanische Lösung für die optischen Anschlüsse wird gefunden werden.

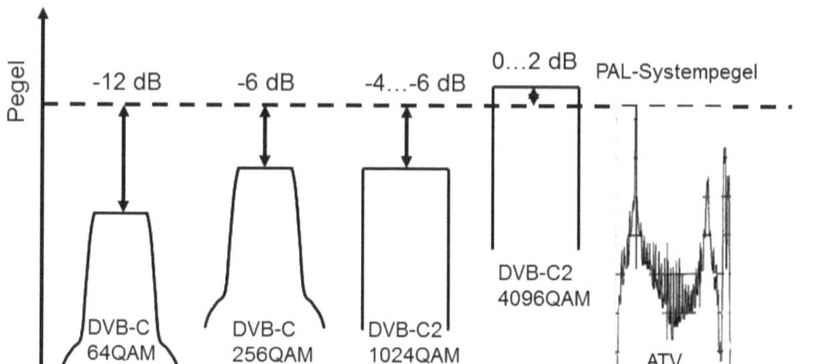

Abb. 33.4. Pegelverhältnisse im Breitbandkabel

Bei höherwertiger Modulation muss natürlich der Systempegel entsprechend angepaßt werden und die Verstärkerkaskaden durch von vermehrten Verbau von Glas reduziert werden.
Die bei DOCSIS 1.0 bis 3.0 verwendeten Modulationsverfahren sind

- im Downstream ITU-T J83B, Single Carrier 64QAM/256QAM, bzw.

- bei EURO-DOCSIS im Downstream ITU J83A/DVB-C, Single Carrier 64QAM/256QAM
- und im Upstream Single Carrier QPSK …64QAM, TDMA, CDMA.

DOCSIS 3.1 verwendet in beiden Richtungen, also im Downstream und Upstream OFDM. Die folgende Tabelle vergleicht die DOCSIS 3.1 und die DOCSIS 3.0 – Parameter.

Tabelle 33.2. Technische Parameter des DOCSIS-Downstream

Parameter Downstream	DOCSIS 3.1	DOCSIS 1.0 … 3.0
Modulationsart	OFDM 4K und 8 K FFT	Single Carrier (J.83/B, DVB-C)
Frequenzbereich	108 MHz … 1218 MHz (1794 MHz)	45 MHz … 1002 MHz
Kanalbandbreite	bis zu 192 MHz	6 MHz / 8 MHz
QAM-Ordnungen	bis zu 4096 (8k, 16k)	bis zu 256
Cyclic Prefix-Länge (Guard Interval)	0.9375 µs bis 5 µs	--
Pilote	Scattered und Continuous	--
Error protection	BCH-LDPC	Reed-Solomon
Datenrate	8 Gbit/s (10 Gbit/s)	300 Mbit/s (1 Gbit/s)

Tabelle 33.3. Technische Parameter des DOCSIS-Upstream

Parameter Upstream	DOCSIS 3.1	DOCSIS 3.0
Modulationsart	OFDM 2K und 4 K FFT	Single Carrier TDMA, S-CDMA
Frequenzbereich	5 MHz … 204 MHz	5 MHz … 85 MHz
Kanalbandbreite	bis zu 96 MHz	bis zu 6.4 MHz

QAM-Ordnungen	bis zu 4096	QPSK ... 64QAM
Cyclic prefix length	0.9375 µs ... 6.25 µs	--
Pilote	complimentary und continuous	--
Forward Error Correction (FEC)	LDPC	Reed-Solomon
Datenrate	400 Mbit/s (1 Gbit/s bis 2.5 Gbit/s)	100 Mbit/s (300 Mbit/s)

33.5 Datenströme – Kontinuierlich und im Zeitschlitzverfahren (TDMA)

Datensignale im Bereich des Rundfunk sind typischerweise kontinuierliche Datenströme, die an alle betriebsbereiten und auch nicht betriebsbereiten Rundfunkempfänger gerichtet sind. Die Datenquelle „spürt“ nicht, wie viele Rundfunkteilnehmer aktuell zuhören. Ein Beispiel hierfür im Kabel sind die MPEG-2-Transportströme, die in die DVB-C-Modulatoren eingespeist werden und die verschiedenen TV-Programme zu den Rundfunkteilnehmern des Breitbandkabelnetzes transportieren. Auch die Downstreams von DOCSIS erscheinen als quasi kontinuierliche Ströme, wenn man deren Physik betrachtet. Analysiert man jedoch die Dateninhalte, so wird man feststellen, dass sie IP- und MAC-Adressen tragen, die an unterschiedliche Endteilnehmer gerichtet sind. D.h. die Downstreams werden auch von verschiedenen Teilnehmern in ihrem Datenvolumen je nach Bedarf geteilt. Ein Breitbandkabelnetz muss aber für die bidirektionalen Datendienste in Segmente (Cluster) eingeteilt sein, so dass das Gesamtdatenaufkommen in einem Segment je nach angeschlossener Teilnehmerzahl nicht zu einer Überlastung führt. Die DOCSIS-Downstreams der Versionen 1.0 bis 3.0 erscheinen nach außen hin wie DVB-C- oder J83B-Kanäle, tragen jedoch ein anderes Datenformat innerhalb des übertragenen MPEG-2-Transportstroms. Die Upstreams des Rückkanals – im Frequenzbereich zwischen 5 und 65 MHz liegend – sind jedoch TDMA-Signale (Time Division Multiple Access). In den TDMA-Zeitschlitzen, die als geburstete Signale erscheinen, übertragen die jeweiligen Kabelmodems ihre Daten zurück zum Headend und dort zum CMTS.

33.6 Modulation – Single Carrier und Multicarrier im Kabel

Seit der Aufschaltung der ersten digitalen TV-Signale in CATV-Netzen in den 1990er Jahren wurde Single Carrier-Modulation meist in 64QAM oder 256QAM eingesetzt, bei Datenraten zwischen 40 bis etwa 50 Mbit/s pro Kanal. Und es wurden die gleichen Kanalraster eingesetzt wie es beim analogen Fernsehen im Kabel üblich war. Die analoge TV-Technik im Kabel wiederum wurde ursprünglich von der Terrestrik einfach ins Kabel adaptiert, waren ja erste CATV-Netze nichts anderes als „lange Antennenkabel" mit vielen Verstärkern, um terrestrisch nicht versorgte Gegenden anzubinden. Nun erfolgt eine Wandlung weg von den ursprünglichen Zielen. Bei den neuen Technologien verschwindet die Einträgermodulation und das gilt momentan sogar für alle Technologien, sei es der Rundfunk oder sei es der Mobilfunk; bei all diesen Standards setzt man heute auf OFDM-Verfahren. Beim Mobilfunk (LTE) spricht man dann vom OFDMA – Orthogonal Frequency Division Multiple Access und bringt dann gleich den Gedanken der zahlreichen Endnutzer mit ins Spiel. Vergleichbares taucht nun mit DOCSIS 3.1 auch im Kabel auf; man führt OFDM als OFDMA ein und zwar im Downstream wie auch im Upstream. Und der OFDMA-Upstream wird zusätzlich in Zeitschlitze eingeteilt. Gleichzeitig wird im Downstream der Gedanke der ursprünglichen Kabelkanäle quasi aufgegeben. Ein Kanal im Kabel ist nun nicht mehr nur 6, 7 oder 8 MHz breit, sondern kann bis zu 192 MHz breit werden. Und dort finden sich nun viele OFDM-Träger in einem Trägerabstand von entweder 25 oder 50 kHz.
Wird ein neuer Datenübertragungsstandard für die Anwendung im Breitbandkabel entwickelt, z.B. so auch DOCSIS, so sind dabei die Anforderungen hinsichtlich Störeinflüsse und Besonderheiten im Breitbandkabel zu berücksichtigen. Diese sind

- lineare Verzerrungen (Amplitudengang, Gruppenlaufzeitgang)
- nichtlineare Verzerrungen (Verstärkerkaskaden)
- Intermodulation (Multikanal-Last und Nichtlinearitäten)
- kurze Echos ("Micro-Reflections"), wenige Mikrosekunden lang,
- Rauschen (AWGN)
- frequenz-selektive Interferer
- "Ingress Noise" (Einstrahlrauschen)
- Undichtigkeit des Kabels (in beide Richtungen, mangelnde Schirmwirkung ...)
- „Dachschrägen" des Frequenzganges aufgrund der Kabeldämpfung, sog. „Tilt"
- „verbotene" Frequenzbereiche (z.B. Air Traffic Control).

Da bei DOCSIS 3.1 nun OFDM zum Einsatz kommt ist zu betrachten, mit welchen Echos im Breitbandkabel zu rechnen ist; der DOCSIS 3.1 – Standard beschreibt diese in den folgenden Tabellen.

Tabelle 33.4. max. erwartete Mikro-Reflektionen im DOCSIS 3.1-Downstream (mit dBc = dB relativ zum Träger (Carrier)).

Zeit	Dämpfung
≤0.5 µs	-20 dBc
≤1.0 µs	-25 dBc
≤1.5 µs	-30 dBc
>2.0 µs	-35 dBc
>3.0 µs	-40 dBc
>4.5 µs	-45 dBc
>5.0 µs	-50 dBc

Tabelle 33.5. Max. erwartete Mikro-Reflektionen im DOCSIS 3.1 – Upstream (mit dBc = dB relativ zum Träger (Carrier)).

Zeit	Dämpfung
≤0.5 µs	-16 dBc
≤1.0 µs	-22 dBc
≤1.5 µs	-29 dBc
>2.0 µs	-35 dBc
>3.0 µs	-40 dBc
>4.5 µs	-42 dBc
>5.0 µs	-51 dBc

33.7 DOCSIS 3.1

DOCSIS 3.1 ist völlig anders als noch DOCSIS 3.0 und hätte eigentlich besser mit einer völlig neuen Versionnummer ausgestattet werden sollen. DOCSIS 3.1 setzt auf Multicarrier-Modulation, nämlich OFDMA = Orthogonal Frequency Division Multiple Access. Es ist OFDM für viele Endnutzer, also nicht mehr OFDM für Rundfunkteilnehmer, wo jeder das gleiche empfängt. DOCSIS ist ähnlich wie DVB-C2, aber doch im Detail dann völlig anders, auch was die OFDM-Basisparameter angeht. Die Eckdaten von DOCSIS 3.1 sind

- Einsatz von OFDMA im Downstream
- Einsatz von TDMA-OFDM im Upstream
- 25 oder 50 kHz Unterträgerabstand
- bis zu 192 MHz Bandbreite im Downstream
- kurze Schutzintervalle (CP, Guard Interval) von 0.9375 ... 6.25 µs Länge
- Schutzintervalle mit „Tuckey-rised-Cosine“-Fensterung vor und nach dem Nutzsymbol
- Modulationsverfahren im Downstream bis 4096QAM, 16K-QAM,
- Modulationsverfahren im Upstream bis 256QAM
- BCH und LDPC als Fehlerschutz im Downstream
- LDPC als Fehlerschutz im Upstream.

DVB-C2 basiert auf DVB-T2

- Schmalband-Kanal-Design (6, 8 MHz) mit Breitband-Kanalbündelungs- Option
- langes Zeitinterleaver-Design für Rundfunkapplikationen
- enge OFDM-Unterträgerabstände von 1.7/2.2 kHz (4K-Mode in 6, 8 MHz)
- nur Downstream, kein Upstream definiert
-

DOCSIS 3.1 Design

- Breitband-Kanal-Design (192 MHz) mit Schmalband-Option (... 24 MHz)
- Optimiert auf schnelle Antwortzeiten ... 1 ms
- weite OFDM-Unterträgerabstände von 25/50 kHz (4K / 8K-Mode in 192 MHz)
- Downstream und Upstream sind definiert

Vergleichen wir zunächst die OFDM-Implementierungen bei DVB-C2 und DOCSIS 3.1 miteinander; DVB-C2 ist ein Schmalband-Kanalansatz (z.B. 6 oder 8 MHz Bandbreite) mit der Möglichkeit über Kanalbündelung (Channel Bonding) auf breitbandige OFDM-Kanäle zu erweitern, d.h. bei DVB-C2 kann man von einem 6 oder 8 MHz-Kanal ausgehend bis zu 450 MHz breite Kanäle bilden. DVB-C2 basiert technologisch auf dem DVB-T2-Standard. Es genügt, wenn ein DVB-C2-Empfänger etwa 8 MHz spektrale Breite ausschneidet und demoduliert. Bei DOCSIS 3.1 geht man genau einen anderen, nämlich von Haus aus 192 MHz breiten Ansatz und kann das Spektrum bei Bedarf schmäler machen. Ein DOCSIS 3.1- Empfänger muss 192 MHz spektrale Breite demodulieren können. DVB-C2 sieht einen relativ engen Unterträgerabstand von 2.2 oder 1.7 kHz vor, d.h. in einer Bandbreite von etwa 8 oder 6 MHz finden sich 3408 (4K) Träger. Bei DOCSIS findet sich die gleiche Anzahl (4K Mode) oder doppelte Anzahl (8K Mode) von OFDM-Trägern in etwa 192 MHz Bandbreite bei 50 oder 25 kHz Trägerabstand.

Bei DVB-C2 wird vor das 594 µs bzw. 448 µs lange OFDM-Symbol ein Schutzintervall von 9.3 bzw. 7 µs (langes GI = 1/64) oder 4.7 bzw. 3.5 µs Länge (kurzes GI = 1/128) vorangestellt.

Bei DOCSIS 3.1 wird vor und hinter das OFDM-Symbol ein Guard Interval (CP = Cyclic Prefix) gesetzt. Der CP vor dem Nutzsymbol ist länger als der CP nach dem Nutzsymbol; beide sind aber aufgrund der nur zur erwartenden „Micro-Reflections" nur wenige Mikrosekunden lang.

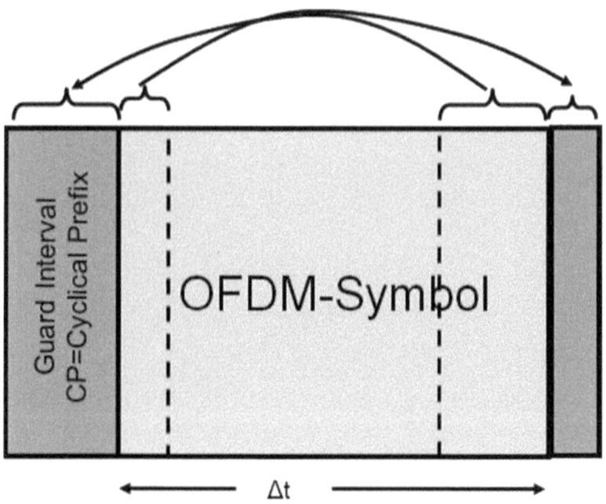

Abb. 33.5. Schutzintervalle vor und nach dem Nutzsymbol bei DOCSIS 3.1

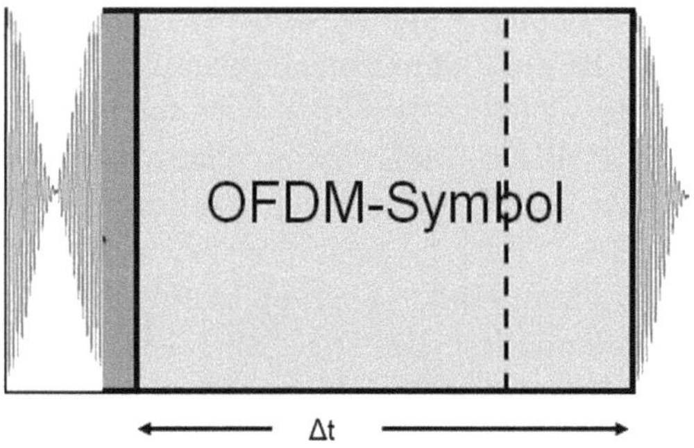

Abb. 33.6. Gefensterte Schutzintervalle bei DOCSIS 3.1

Die Schutzintervalle sind aber mittels einer Cosinus-Quadrat-Funktion „gefenstert" („Tuckey-rised-Cosine"), d.h. die CPs werden allmählich ein- und ausgeblendet. Damit lassen sich die Schultern des OFDM-Signals, d.h. die Außerbandanteile vor und hinter dem Nutzspektrum besser unterdrükken oder genauer gesagt absenken. Die möglichen CP-Längen im Downstream und Upstream sind in den folgenden Tabellen dargestellt.

Tabelle 33.6. Schutzintervall-Längen im Upstream

CP-Länge des Upstreamstream 2K / 4K mode	CP-Länge in Elementary Periodes (T_{SU})
0.9376 µs	$96 \cdot T_{SU}$
1.25 µs	$128 \cdot T_{SU}$
1.5625 µs	$160 \cdot T_{SU}$
1.875 µs	$192 \cdot T_{SU}$
2.1875 µs	$224 \cdot T_{SU}$
2.5 µs	$256 \cdot T_{SU}$
2.8125 µs	$288 \cdot T_{SU}$
3.125 µs	$320 \cdot T_{SU}$
3.75 µs	$384 \cdot T_{SU}$
5.0 µs	$512 \cdot T_{SU}$
6.25 µs	$640 \cdot T_{SU}$

Tabelle 33.7. Schutzintervall-Längen im Downstream

CP-Länge im Downstream 4K / 8K	CP-Länge in Elementary Periodes (T_{SD})
0.9376 μs	$192 \cdot T_{SD}$
1.25 μs	$256 \cdot T_{SD}$
2.5 μs	$512 \cdot T_{SD}$
3.75 μs	$768 \cdot T_{SD}$
5 μs	$1024 \cdot T_{SD}$

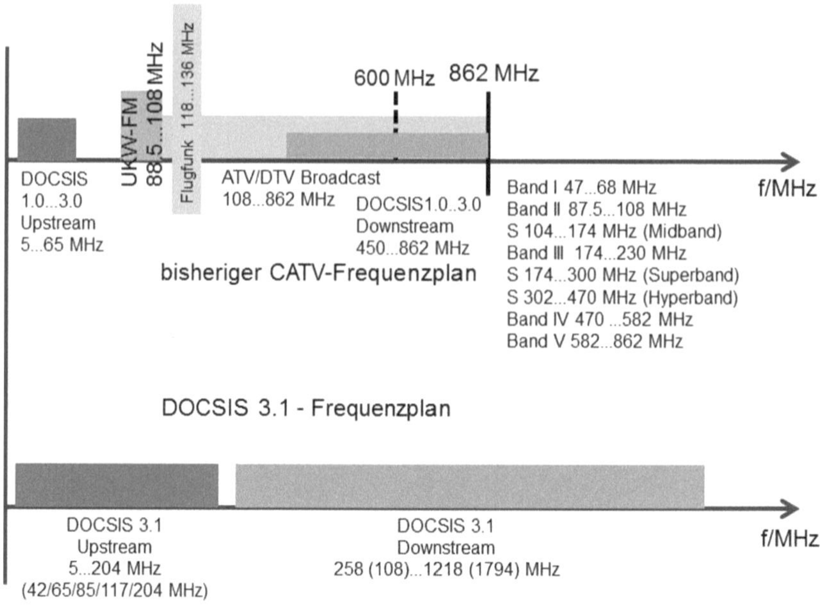

Abb. 33.7. CATV-Frequenzplan bisher und bei DOCSIS 3.1

Das bisherige CATV-Spektrum besteht aus dem Upstream-Bereich von 5…65 MHz, dem UKW-FM-Bereich von 88.5 bis 108 MHz, und dem Frequenzbereich für die analogen und digitalen TV-Kanäle, der bei 600 oder 862 MHz endet. Der Frequenzbereich, in dem sich der Flugfunk befindet („Air Traffic Control“) ist geschützt und wird deshalb nicht genutzt.

DOCSIS 3.1 teilt das CATV-Spektrum ein in den Upstream-Frequenzbereich von 5…204 MHz und in den Downstream-Frequenzbereich von 258 … 1218 MHz. Die Obergrenze des Upstream-Frequenzbereichs kann aber auch schon bei 42, 65, 85 oder 117 MHz enden. Der Downstream-Frequenzbereich kann auch schon bei 108 MHz beginnen und erst bei 1794 MHz enden. Zwischen Downstream- und Upstream-Bereich liegt ein „brach liegender" Frequenzbereich für den Übergang der Duplex-Filter.

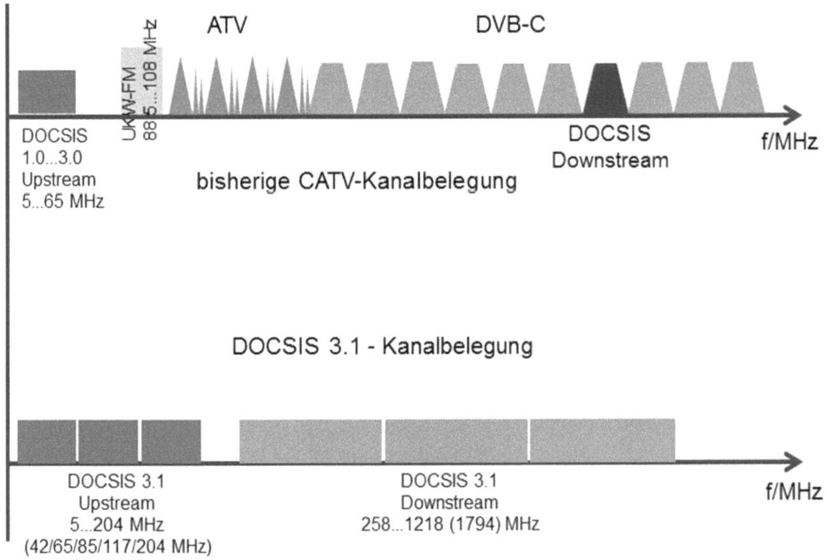

Abb. 33.8. CATV-Spektrum bisher mit Lücken zwischen den Kanälen und bei DOCSIS 3.1

Bei der bisherigen CATV-Kanalbelegung sind deutliche Frequenzlücken zwischen den Kanälen erkennbar. DOCSIS 3.1 – Spektren sind im Gegensatz zur bisherigen CATV-Kanalnutzung sehr breit und lassen sich fast lückenlos aneinander setzen. Single Carrier-Spektren (DVB-C, J83A, B, C) sind roll-off-gefiltert und erscheinen somit als langsam einschwingende und abklingende Spektren. OFDM-Spektren hingegen sind steilflankig. Bei DOCSIS 3.1 kommen steilflankige breite OFDM-Spektren zum Einsatz. Schon alleine deswegen läßt sich der CATV-Frequenzbereich deutlich effektiver nutzen.

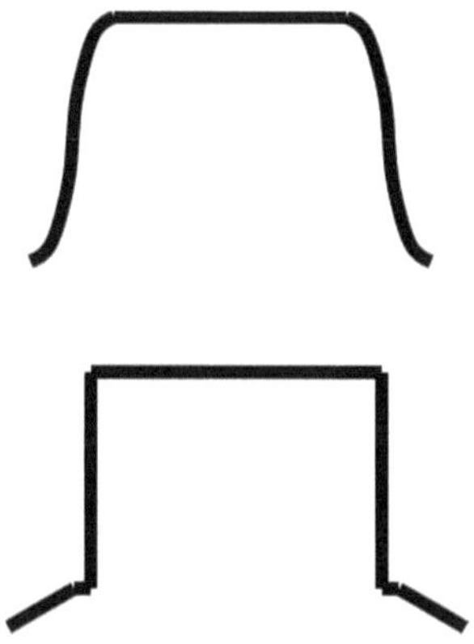

Abb. 33.9. Form eines Single-Carrier-Spektrums mit Roll-off (oben) und eines OFDM-Spektrums (unten) im direkten Vergleich

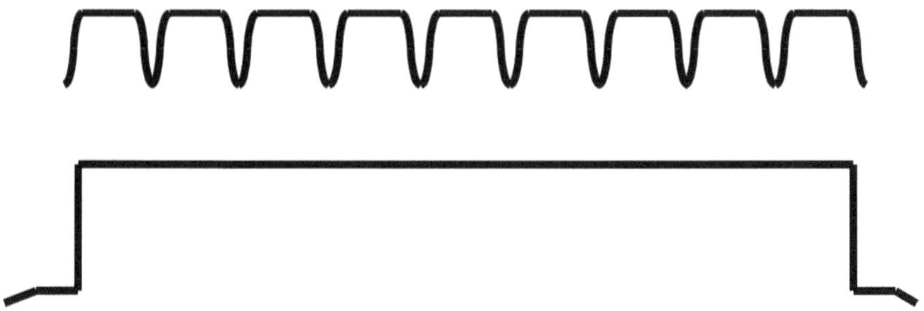

Abb. 33.10. Aneinander gesetzte Single-Carrier-Spektren (DVB-C) und breitbandiges steilflankiges OFDM-Spektrum (DOCSIS 3.1) im Vergleich

Im DOCSIS 3.1-Upstream werden sog. Minislots gebildet, d.h. der Strom wird in Zeit- und Frequenzrichtung in Einheiten eingeteilt, die natürlich synchronisiert werden müssen. Die Kabelmodems bekommen von der CMTS im Headend bestimmte Minislots zugewiesen.

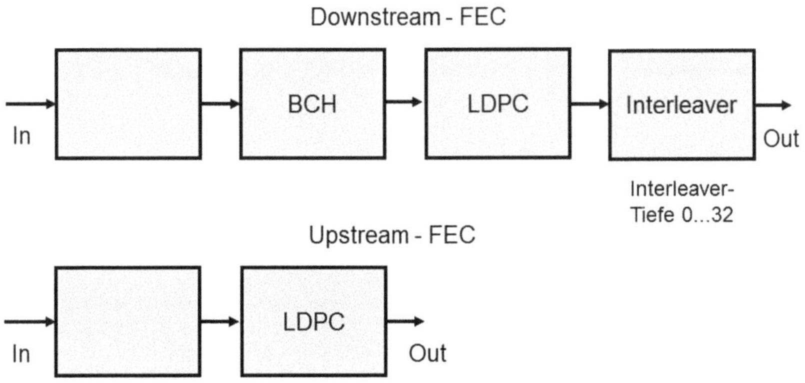

Abb. 33.11. Fehlerschutz im Downstream und Upstream bei DOCSIS 3.1

Der bei DOCSIS 3.1 verwendete Fehlerschutz entspricht dem modernen Fehlerschutz von DVB-C2, DVB-S2 und DVB-T2 und setzt sich im Downstream zusammen aus einer BCH- und LDPC-Codierung mit bestimmten Coderaten und nachfolgendem Interleaver. Der Upstream wird nur mit Hilfe von LDPC geschützt.

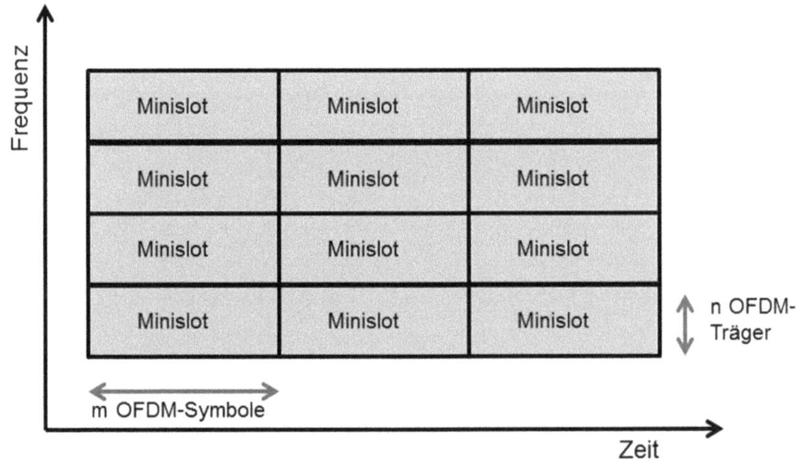

Abb. 33.12. Minislots im DOCSIS 3.1 - Upstream

Grundsätzlich bezeichnet man den bei DOCSIS 3.1 verwendeten OFDM-Ansatz mit OFDMA; OFDMA steht für Orthogonal Frequency Division Multiple Access. Bestimmte Träger werden bestimmten Nutzern zugewiesen. Im Downstream bildet man auch sog. Profiles; dies sind bestimmte

Paarungen aus Fehlerschutz und Modulationsordnung, um in bestimmten Segmenten im Kabel den Bedürfnissen hinsichtlich Robustheit gegenüber den aktuellen Störabständen gerecht zu werden.

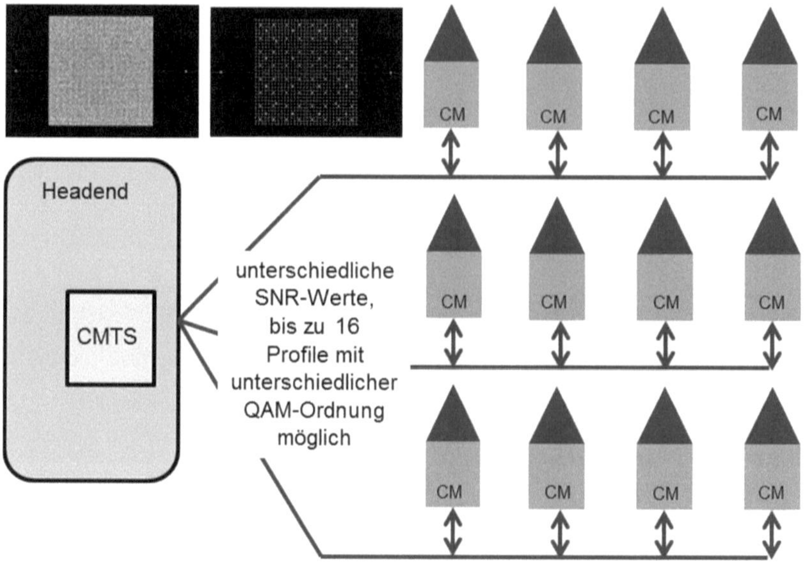

Abb. 33.13. Struktur eines CATV-Netzes und Nutzung von verschiedenen Profiles für verschiedene Segmente oder Teilnehmerentfernungen bei DOCSIS 3.1

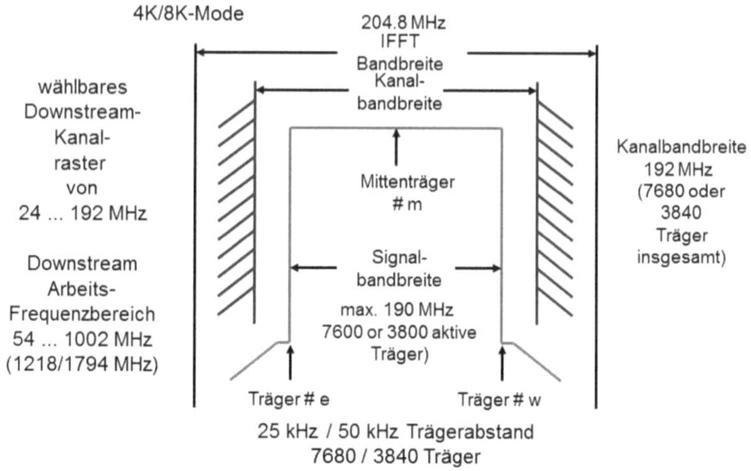

Abb. 33.14. Signal- und Kanalbandbreiten des DOCSIS 3.1 - Downstreams

Das DOCSIS 3.1 – OFDM-Downstream-Spektrum weist eine maximale Signalbandbreite von 190 MHz auf; innerhalb dieser Bandbreite befinden sich dann 7600 oder 3800 aktive Träger. Die Kanalbandbreite selbst ist etwas breiter, beinhaltet die OFDM-Schutzbänder (Guard Band) und ist 24 ... 192 MHz breit. Innerhalb von 192 MHz sind dann 7680 oder 3840 OFDM-Träger angeordnet, von denen die Träger des Schutzbandes abgeschaltet sind.

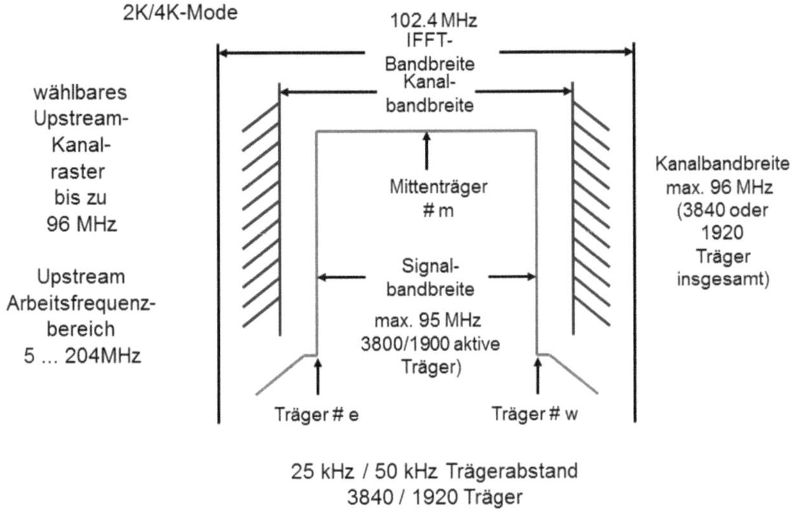

Abb. 33.15. Signal- und Kanalbandbreiten des DOCSIS 3.1. - Upstreams

Das DOCSIS 3.1-Spektrum beinhaltet

- Daten- oder Nutzträger mit unterschiedlichen Modulationsparametern, abhängig vom Profile,
- kontinuierliche Pilote (feste Position, verwendet für AFC),
- scattered Pilote (variable Position für Kanalvermessung und -korrektur),
- PLC-Träger (Physical Layer Link Channel), sowie
- abgeschaltete, auf Null gesetzte Träger (Guard Band).

Mit Hilfe der unterschiedlich modulierten und fehlergeschützten Datenträger (abhängig vom Profil, verteilt über den Nutzfrequenzbereich) werden die Nutzdaten vom CMTS zu den CMs übertragen. Die kontinuierlichen Pilote dienen der Synchronisation (AFC). Mit Hilfe der verteilten scattered

Pilote wird der Kabelkanal vermessen und korrigiert. Über die Träger des PLC (Physical Layer Link Channel) erfolgt eine Signalisierung vom CMTS zu den CMs. Die Modulation der PLC-Träger, von denen es 8 Stück im 4K-Mode und 16 Stück im 8K-Mode gibt, beträgt BPSK für die PLC-Preamble und 16QAM für die PLC-Daten.
Die Robustheit im Downstream und Upstream wird durch den mindestens benötigten Störabstand beschrieben und ist in den folgenden Tabellen aufgelistet.

Tabelle 33.8. Mindestens benötigter Störabstand im Downstream.

Modulation-Mode Downstream	min. CNR (AWGN ... 1GHz)	min. CNR (AWGN ... 1.2GHz)
16QAM	15.0 dB	15.0 dB
64QAM	21.0 dB	21.0 dB
128QAM	24.0 dB	24.0 dB
256QAM	27.0 dB	27.0 dB
512QAM	30.5 dB	30.5 dB
1024QAM	34.0 dB	34.0 dB
2048QAM	37.0 dB	37.5 dB
4096QAM	41.0 dB	41.5 dB
8192QAM		
16384QAM		

Abb. 33.16. zeigt das Spektrum eines 190 MHz breiten DOCSIS 3.1-Spektrums. Man erkennt deutlich herausragende geboostete Träger. Auf den folgenden Abbildungen sind einige DOCSIS 3.1 – Konstellationsdiagramme mit und ohne Nutzlast, sowie Modulationsgraden bis hin zu 16KQAM (16384QAM) dargestellt.

Tabelle 33.9. Mindestens benötigter Störabstand im Upstream.

Modulation-Mode Upstream	Min. CNR (AWGN)
QPSK	11.0 dB
8QAM	14.0 dB
16QAM	17.0 dB
32QAM	20.0 dB
64QAM	23.0 dB
128QAM	26.0 dB
256QAM	29.0 dB
512QAM	32.5 dB
1024QAM	35.5 dB
2048QAM	39.0 dB
4096QAM	43.0 dB

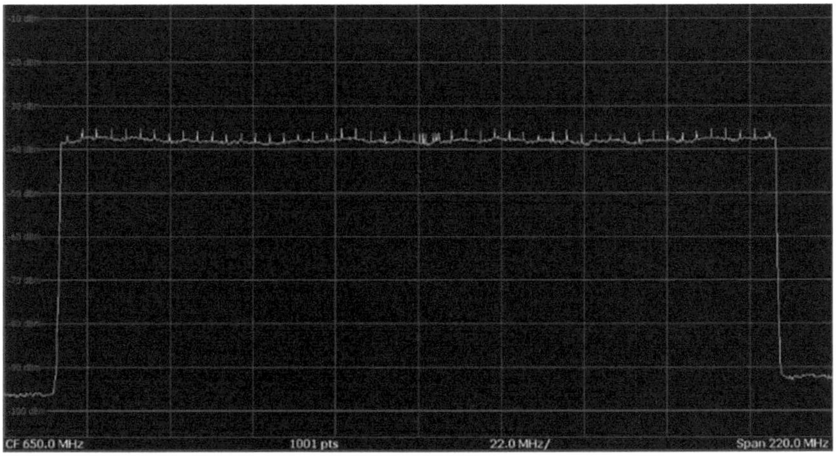

Abb. 33.16. DOCSIS 3.1 – Downstream-Spektrum (Span 220 MHz)

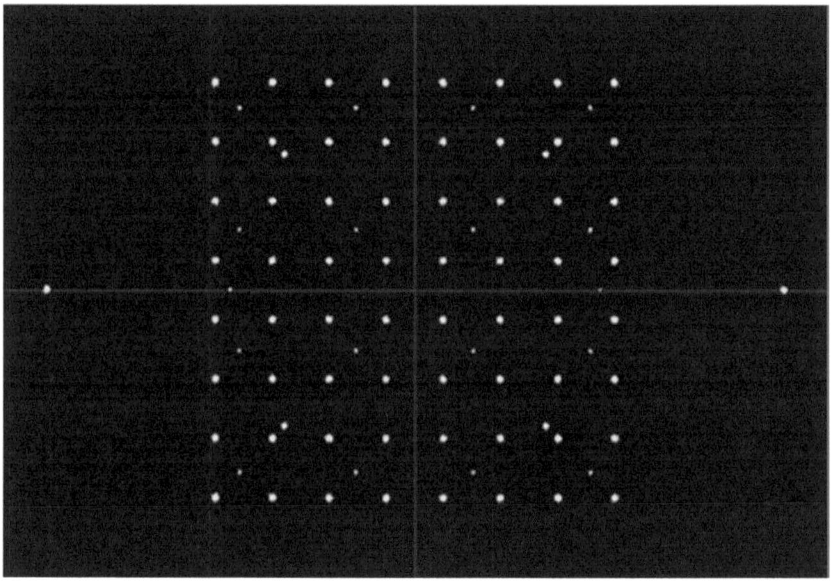

Abb. 33.17. Konstellationsdiagramm eines DOCSIS 3.1 – Downstream-Signals ohne Nutzlast, nur PLC und Pilote

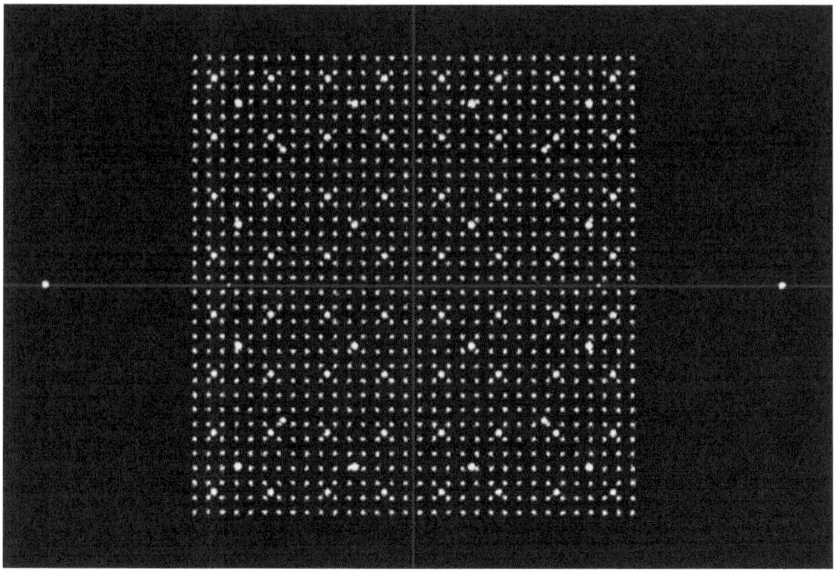

Abb. 33.18. Konstellationsdiagramm eines DOCSIS 3.1 – Downstream-Signals mit Nutzlast verschiedener Profiles bis hin zu 1024QAM

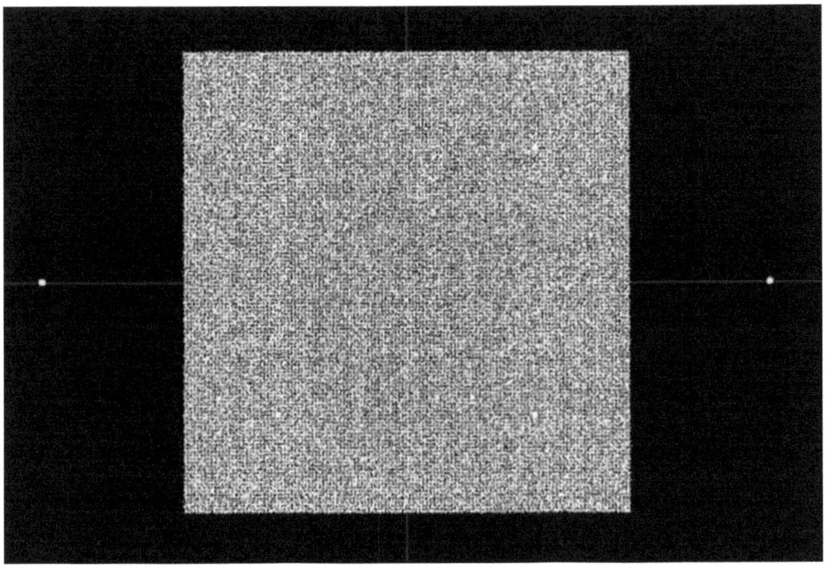

Abb. 33.19. Konstellationsdiagramm eines DOCSIS 3.1 – Downstream-Signals mit Nutzlast verschiedener Profiles bis hin zu 16kQAM (16384QAM)

33.8 Ausblick

DOCSIS 3.1 wird wohl mittelfristig die älteren DOCSIS-Versionen im Kabel bei den Datendiensten ablösen. Der Bedarf an Datenrate wird ständig steigen. 100 Mbit/s sind sogar jetzt schon Stand der Technik in vielen Kabelnetzen im Downstream. Die möglichen Datenraten mit DOCSIS 3.1 liegen deutlich darüber. DOCSIS 3.1 wird aber wahrscheinlich langfristig auch zur Verbreitung der Rundfunkdienste im Kabel eingesetzt werden, was dann bedeutet, dass DVB-C und J83A, B und C verschwinden werden. DVB-C2 wird wohl nie Einsatz finden, obwohl auch dieser Standard was die Performance anbelangt, dem neuesten Stand der Technik entspricht. Es ist aber sowieso nicht bekannt, wieviel Rundfunk, also Punkt zu Multipunkt, es in den verschiedenen Distributionswegen überhaupt noch geben wird. Das hängt aber dann stark vom Verbraucherverhalten ab und kann jetzt noch nicht abgeschätzt werden. Jedenfalls ist schon jetzt der Trend weg vom linearen Rundfunk erkennbar. Unter linearem Rundfunk versteht man das Gegenteil von z.B. VoD = Video on Demand, nämlich sehen und hören, was der Endteilnehmer gerade sehen und hören will und nicht, was der Programmbetreiber gerade überträgt. Man spricht dann vom „nicht-linearen Rundfunk“.

Literatur: [ETSI201488], [ETSI300800], [KELLER], [DOCSIS1.0], [DOCSIS2.0], [DOCSIS3.0], [DOCSIS3.1], [J83B], [DVB-C]

34 Display-Technologien

Lange hat die Kathodenstrahlröhre sowohl auf der Aufnahmeseite, als auch auf der Wiedergabeseite als wesentliches elektronisches Bauelement im TV-Bereich dominiert. Viele Parameter bzw. Eigenschaften eines Video-Basisbandsignals (sog. geschlossen codiertes Videosignal), wie z.B. die Horizontal- und Vertikal-Austastlücke, sowie das Zwischenzeilenverfahren zur Flimmerreduzierung basieren darauf und wären bei neuen Technologien gar nicht nötig, bzw. stören dort sogar. Vor der Röhre gab es aber schon seit 1883 Versuche, Bilder elektronisch von einem Ort zum anderen zu übertragen. Paul Nipkow erfand die rotierende Nipkow-Scheibe, die es überhaupt erst ermöglichte, sich Gedanken zu machen, Bildinformation – und noch dazu bewegte – von einem Ort zu einem anderen Ort zu versenden. Schon bei der Nipkow-Scheibe wurden Bilder in übertragbare Bestandteile zerlegt, im Prinzip in Zeilen. Heutige moderne Bildschirmtechnologien arbeiten Pixel-orientiert, in sog. progressiver Technik, also ohne Zwischenzeilentechnik und haben eine deutlich höhere Auflösung. Im Prinzip gibt es heute

- noch in wenigen Wohnzimmern die „alte" Bildröhre
- den Flachbildschirm und
- projizierende Systeme wie Beamer und Rückprojektoren.

Die dahinter stehenden Technologien sind hierbei

- die Kathodenstrahlröhre
- die Flüssigkristall-Technologie (LCD – Liquid Cristal Display)
- Plasma-Displays
- Bewegtspiegel-Chips
- sowie organische Leuchtdiodensysteme (OLED).

Videokompressionsverfahren wie MPEG-1 und MPEG-2 wurden Anfang der 1990er Jahre noch für die Kathodenstrahlröhre als Wiedergabemedium entwickelt. MPEG-2-kodiertes Videomaterial sieht darauf selbst bei relativ niedrigen Datenraten (unter 3 Mbit/s) noch recht erträglich aus, wohingegen dieses auf einem großen modernen Flachbildschirm deutlich sichtbare Blocking-Effekte, Unschärfe und sog. Mosquito-Rauschen (sichtbare DCT-Strukturen) zum Vorschein bringt. MPEG-4-Video sieht auf diesen modernen Displays aber selbst bei deutlich niedrigen Datenraten noch sauber aus. Zwischenzeilenmaterial muss in Flachbildschirmen vor der Darstellung „ge-de-interlaced" werden, sonst kommt es zu störendem „Zeilenreißen". Am deutlichsten sieht man dieses bei durchlaufenden, eingeblendeten Schriften. Neue Technologien – und es gibt andere Probleme und Artefakte – so könnte man dies bezeichnen. Die neuen Effekte bei der Bildwiedergabe, verursacht durch das Wiedergabesystem sind:

- Einbrennen (engl. Burn-In)
- Auflösungskonvertierungsprobleme
- Bewegungsunschärfe (engl. Motion Blur)
- Sichtbarwerden von Kompressionsartefakten
- Zeilenreißen (Interlacing-Artefacte)
- Falschfarben (engl. Phospor Lag)
- Ausbildung falscher Kontouren (engl. Dynamic False Contours)
- sowie der Regenbogeneffekt (engl. Rain-Bow Effect).

Dieses Kapitel beschreibt zunächst die Funktionsweise der verschiedenen Display-Technologien, sowie deren Eigenschaften und die auftretenden Artefakte und den jeweiligen Versuch der Kompensation.

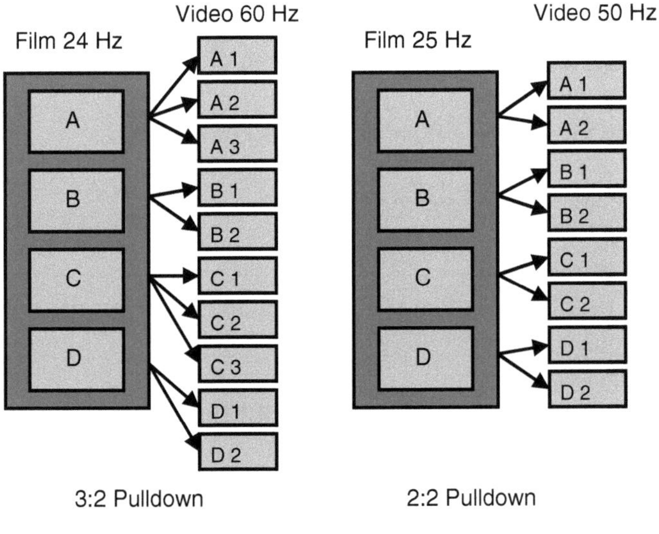

Abb. 34.1. Konvertierung eines Kinofilms in ein Videosignal („Pulldown")

Ausgangsmaterial vieler im Fernsehen übertragener Filme war und ist Original-Kinofilm. Dieser wird mit 24 Bildern pro Sekunde produziert und zwar unabhängig davon, wo er produziert wird. Es muss nun bei der Wiedergabe im Fernsehen eine Anpassung an die 25 bzw. 30 Bilder pro Sekunde vorgenommen werden, außerdem müssen aus den Vollbildern Halbbilder im Zwischenzeilenverfahren erzeugt werden (Abb. 34.1.). In der 25 Bilder/Sekunde-Technik werden die Filme einfach mit 25 Bildern pro Sekunde anstelle von 24 Bildern pro Sekunde ablaufen gelassen und jedes Vollbild wird vom Filmabtaster zweimal abgetastet mit einer Videozeile Versatz. Somit läuft der Film unmerklich etwas schneller im Fernsehen im Vergleich zum Kino ab. Diese Art der Konvertierung ist problemlos und führt zu keinen sichtbaren Konvertierungsartefakten. Beim 30 (59.94) Bilder/Sekunde-Standard wird eine sog. „3:2 -Pullddown-Konvervierung" vorgenommen (Abb. 34.1.). Der Film wird hierbei anstelle von 24 Bildern pro Sekunde mit 23.976 Bildern pro Sekunde um 0.1 % langsamer laufen gelassen, um dann 4 Vollbilder auf 5 Vollbilder mit Hilfe des Zwischenzeilenverfahrens zu strecken. Pro Vollbild werden abwechselnd 2 oder 3 Halbbilder erzeugt. Solch konvertiertes Bildmaterial kann Ruckeln aufweisen und ist nicht so leicht konvertierbar. Bei der Konvertierung von 30 auf 25 Bildern/s spricht man vom inversen 3:2 Pull-down. All dies hat auch Auswirkung auf die Bildverarbeitung in den jeweiligen TV-Displays.

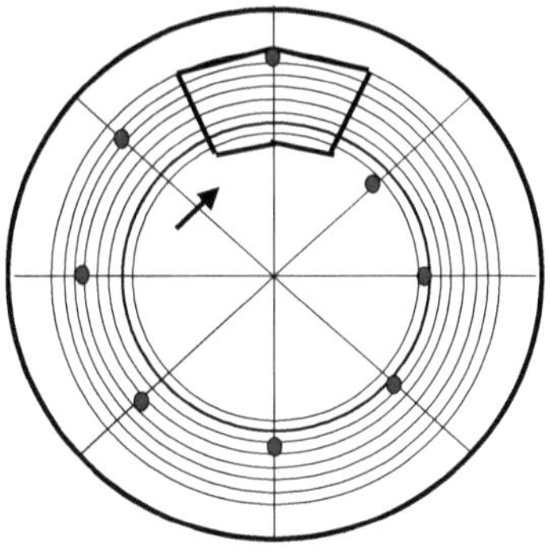

Abb. 34.2. Nipkow-Scheibe

34.1 Alte Wandlersysteme – die Nipkow-Scheibe

Paul Nipkow hatte bereits 1883 die Idee, Bilder in „Zeilen" zu zerlegen. Er benutzte hierfür eine sich schnell drehende Scheibe für die Aufnahme- und für die Wiedergabeseite. Die Nipkow-Scheibe (Abb. 34.2.) hatte spiralförmig eingebohrte Löcher, so dass eine Bildvorlage von den Löchern „Zeile für Zeile“ abgetastet wurde. Vor der Nipkow-Scheibe befand sich ein optisches System, das die Bildvorlage auf eine Selen-Zelle hinter der Nipkow-Scheibe projizierte. Die Selen-Zelle bekam nun von jedem der spiralförmig angeordneten Löcher quasi Zeile für Zeile den Leuchtdichteverlauf der Bildvorlage zugespielt. Auf der Empfangsseite befand sich eine umgekehrte Anordnung aus steuerbarer Lichtquelle und ebenfalls sich synchron zur Aufnahmescheibe drehenden Wiedergabescheibe samt Wiedergabe-Optik. Nipkow-Scheiben wurden bis in die 1940er Jahre verwendet. Größtes Problem war die Synchronisation von Aufnahme- und Wiedergabe-Scheibe. Die ersten Versuche wurden mit Scheiben auf einer gemeinsamen Achse durchgeführt.

Nach John Logie Baird arbeitende Televisoren benutzten ebenfalls Nipkow-Scheiben und wurden bis in dic 1930cr Jahre in sog. Fernsehstuben eingesetzt. Die schmalbandige Fernsehübertragung fand drahtgebunden oder über Funk statt. Noch verfügbare heutige Demonstratoren (siehe NBTV = Narrow Band Television Association) zeigen, dass die damals benutzten Signale mit schmalbandigen Audioübertragungskanälen auskommen. Die Apparate nutzten Zeilenzahlen von etwa 30 Zeilen pro Bild. Zur vereinfachten Synchronisation wurden Synchronmotoren verwendet; damit war man quasi an die Wechselstromfrequenz von 25 bzw. 30 Hz angebunden. Interessant ist, dass sich der Bezug der Bildfrequenz auf die Wechselstromfrequenz des jeweiligen Stromversorgungsnetzes im jeweiligen Land bis heute erhalten hat. Zur Synchronisation von Sender und Empfänger wurden zusätzlich Synchronisationssignale in das schmalbandige Videosignal eingetastet, die denen eines FBAS-Signals ähneln. Moderne Nipkow-Scheiben-Demonstratoren benutzen Schwarz-Weiss-Strichmuster auf den Scheiben in Verbindung mit Phasenregelschleifen (siehe www.mutr.co.uk). Die davon abgeleiteten Signale werden mit den Synchronimpulsen verglichen und damit wird dann die Drehgeschwindigkeit der Scheibe nachgeregelt. Zwischen den Synchronimpulsen befindet sich ein linear ausgesteuertes schmalbandiges Videosignal, das das Wiedergabeelement (heute Leuchtdiode, damals Neonröhre) in der Helligkeit steuert, während das jeweilige zugeordnete Loch in der Nipkow-Scheibe den sichtbaren Bildschirmbereich überstreicht. Über die Bildqualität dieser einfachen Systeme braucht man nicht viele Worte verlieren, das Prinzip ist aber selbst für erfahrene Videospezialisten einfach faszinierend. Es erläutert einfach anschaulich die Grundlagen und die Geschichte der Fernsehtechnik. Nipkow-Scheiben-Geräte arbeiten nach dem stroboskopischen, also kurzzeitig darstellenden und nicht-haltenden Prinzip, ebenso wie deren Nachfolger, die Kathodenstrahlröhre.

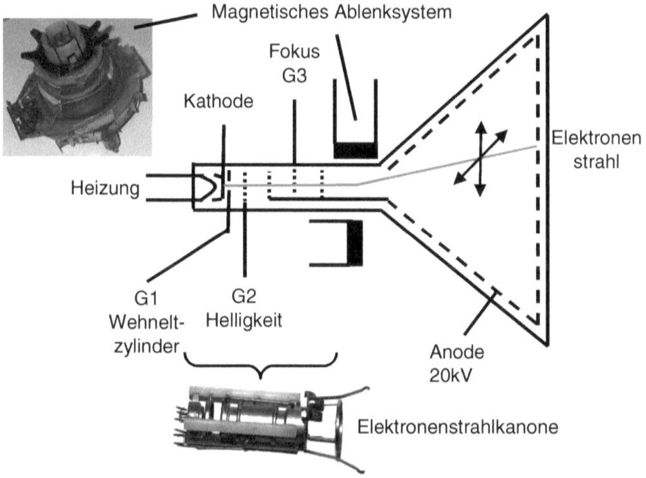

Abb. 34.3. Kathodenstrahl-Röhre mit magnetischer Ablenkung des Elektronenstrahls

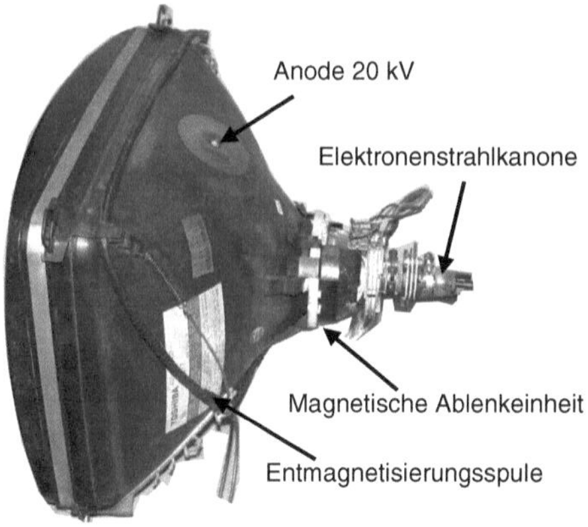

Abb. 34.4. Kathodenstrahlröhre

34.2 Bildröhre

Kathodenstrahlröhren (Abb. 34.3. und 34.4.) basieren auf dem Prinzip der Braun'schen Röhre, bei der ein durch zwei orthogonale Magnetfelder abgelenkter und durch ein Gitter in der Intensität steuerbarer Elektronenstrahl ein Bild zeilenförmig auf eine Leuchtschicht auf der Rückseite des Wiedergabeschirms schreibt. Die ersten Wiedergabe-, aber auch Aufnahmeröhren waren einfarbig, also monochrom. Die Aufnahmeröhren funktionierten umgekehrt, bei ihnen hat der Elektronenstrahl eine optische Speicherschicht zeilenförmig ausgelesen. Auf der Aufnahmeseite sind die Kathodenstrahlröhren schon in den 1980er Jahren durch CCD-Chips, sog. Charge Coupled Devices – Eimerkettenspeicher ersetzt worden. Auf der Wiedergabeseite waren sie bis etwa 2005 dominant. Heute gibt es quasi nur noch die „neuen Bildschirmtechnologien". Alle Eigenschaften eines analogen Videobasisbandsignals, des sog. FBAS-Signals oder geschlossen codierten Videosignals (Composite Video) basieren auf der Kathodenstrahlröhre. Horizontal- und Vertikalaustastlücke ermöglichten den dunkelgetasteten Strahlrücklauf, und dieser ging nur in endlicher Zeit. Magnetfelder lassen sich eben nur mit energetisch verträglichem Aufwand in endlicher Zeit umpolarisieren. Um den Flimmereffekt zu reduzieren, zerlegte man das Bild zusätzlich in Halbbilder, d.h. in ungerade und gerade Zeilen, die dann versetzt wiedergegeben wurden. So erreichte man aus 25 Bildern oder 30 Bildern pro Sekunde quasi eine Halbbildfolge mit der doppelten Anzahl an Bildern (50 oder 60 Halbbilder). Nachleuchteigenschaften und Filtereigenschaften des steuerbaren, abgelenkten Elektronenstrahls waren maßgeblich am Wiedergabeverhalten beteiligt. Die ersten meist bis heute eingesetzten Videokompressionverfahren (MPEG-1 und MPEG-2) wurden mit diesen Wiedergabetechnologien und für diese Wiedergabetechnologien entwickelt. Die monochromen Bildschirme unterschieden sich hierbei aber in wesentlichen Details von den farbigen Röhrensystemen. Bei den farbigen Röhrenbildschirmen befindet sich eine Loch- bzw. Schlitzmaske (Abb. 34.6.) unmittelbar hinter der Leuchtschicht; im Durchschreitungspunkt der Schlitzmaske kreuzen sich die drei Strahlen von Rot, Grün und Blau bei richtiger Konvergenz. D.h. bei den farbigen Kathodenstrahlröhren-Bildschirmen hatte man schon gewissermaßen eine Pixelstruktur. Diese Pixelstruktur (Abb. 34.5.) sieht man auch, wenn man ganz nah an einen Röhrenmonitor herangeht. War es bei der Delta- oder Lochmaskenröhre noch sehr aufwändig die Konvergenz, also die Treffergenauigkeit der drei Elektronenstrahlen herzustellen, so war dies bei der Schlitzmasken- oder Inline-Röhre deutlich einfacher. Die drei Elektronenstrahlsysteme (Abb. 34.6.) waren hier in einer Reihe angeordnet, so dass die Strahlsysteme nur noch in horizontaler Richtung in Konvergenz gebracht werden mussten. Von über 30 Einstellreglern bei Lochmasken- oder Deltasystemen wurden die Konvergenzeinstellungen bei Schlitzmasken- oder Inline-Röhren bis auf anfangs wenige bis später gar keine mehr reduziert. Röhrenmonitore weisen total andere Eigenschaften auf wie moderne Flachdisplays. Die Röhrenmonitore arbeiten

- im Zwischenzeilenverfahren (Halbbilder und Vollbilder, sog. interlaced)
- Tiefpass-filternd aufgrund ihrer Physik
- stroboskopisch, d.h. kurzzeitig wiedergebend.

Deswegen zeigen sie gewisse Artefakte nicht, die bei modernen Flachbildschirmen in Zusammenhang mit komprimiertem Bildmaterial sichtbar werden. Und diese Artefakte der modernen Flachdisplay-Technologien fallen nicht nur dem Experten auf; v.a. auch die Endkunden – die Zuschauer bemerken bei MPEG-2-kodiertem Videomaterial im SDTV-Bereich diese unschönen, nun sichtbaren Bildstrukturen, die bei der Röhre nicht so sichtbar waren.

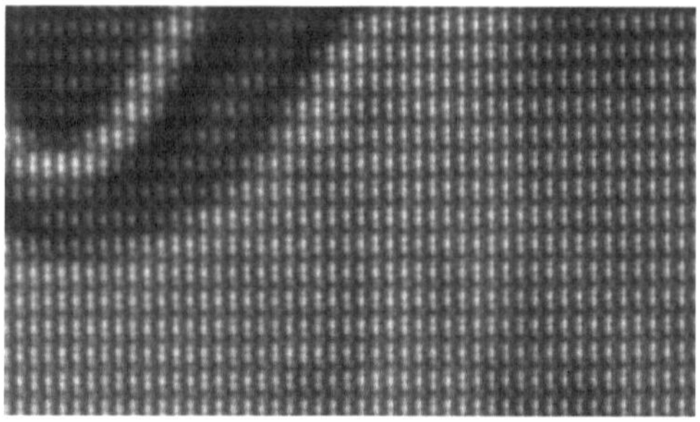

Abb. 34.5. Pixelstruktur einer Schlitzmaskenröhre

Abb. 34.6. Elektronenstrahlkanonen einer Lochmaskenröhre (links) und Schlitzmaskenröhre (rechts)

Dies erhöht v.a. den Druck auf die Programmanbieter schneller in Richtung HDTV, dem hochauflösendem Fernsehen, das sowieso in der neuen MPEG-4-AVC-Technologie ausgestrahlt werden wird, zu gehen. Zusammenfassend kann man sagen – die Bildröhre war recht gutmütig – sie zeigte Dinge nicht, die wir jetzt sehen. Selbst Rauschen hat sie weitgehend weggefiltert. Die Bildröhre war aber für das einfach auflösende Fernsehen – SDTV – entwickelt worden. Aber jetzt sind wir im Zeitalter des hochauflösenden Fernsehens – HDTV angekommen und gehen schon den Weg in Richtung UHDTV. Beim guten alten „Röhrenfernseher“ hing die Energieaufnahme vom aktuellen Bildinhalt ab. Je mehr Licht zur Wiedergabe gebracht werden soll, desto mehr Strom wurde aufgenommen.

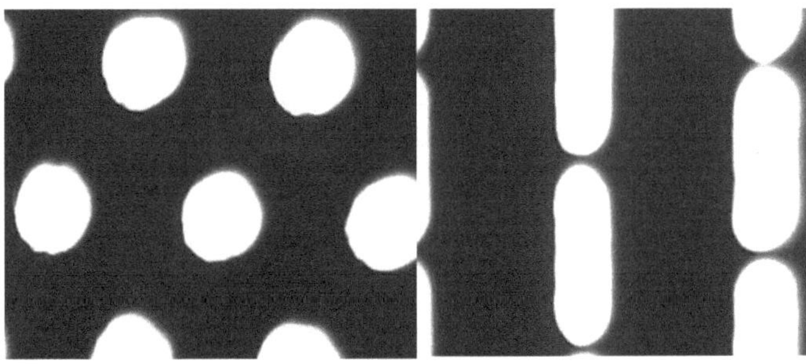

Abb. 34.7. Lochmaske (links) und Schlitzmaske (rechts)

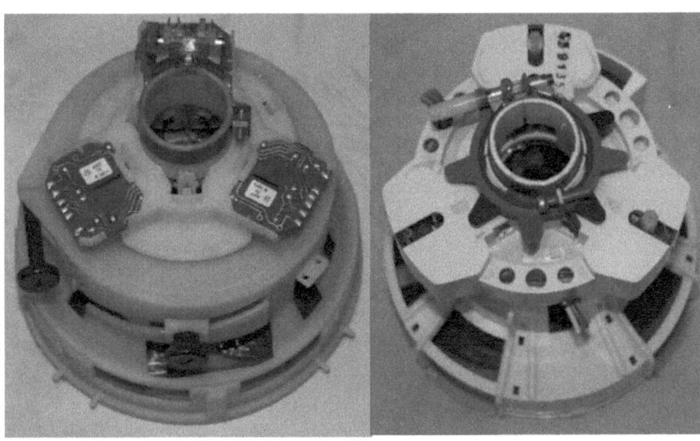

Abb. 34.8. Ablenksysteme bei Lochmaske (links) und Schlitzmaske (rechts)

34.3 Der Plasma-Bildschirm

Ein Plasma-Bildschirm funktioniert nach dem Prinzip der Gasentladung in einer mehr oder weniger fast luftfreien Umgebung. Durch eine hohe Spannung wird die Gasentladung eines sog. Plasmas – ein ionisiertes verdünntes Luftgemisch - wie z.B. in einer Leuchtstoffröhre gezündet. Es entsteht ultraviolettes Licht. Durch entsprechende Phosphore – chemische Leuchtschichten - lässt sich durch Umwandlung von ultraviolettem Licht der Gasentladung farbiges Licht erzeugen. Jedes Pixel eines Plasma-Bildschirms besteht aus drei Kammern der Farben Rot, Grün und Blau. Die drei Farben können durch Anlegen hoher Spannung durch Zündung der entsprechenden Zelle ein- oder ausgeschaltet und auch gleichzeitig ein- oder ausgeschaltet werden. Entscheidend ist nur – sie können nur ein oder ausgeschaltet werden und nicht stufenweise mehr oder weniger. Um Abstufungen in den jeweiligen Helligkeitsstufen der Farben erreichen zu können, muss ein Trick angewendet werden: man zündet die jeweilige Rot-, Grün- oder Blauzelle nur eine bestimmte Zeit lang; man spricht von einer Pulsdauermodulation. Kurze Zündung bedeutet dunkler, lange Zündung bedeutet heller. Dieses Prinzip kann auch zu Darstellungsartefakten (Falschfarben aufgrund unterschiedlicher Reaktionszeiten der Phospore) führen. Hier unterscheidet sich der Plasmabildschirm von der Röhre. Im Engergieverhalten sind beide ähnlich. Mehr Licht bedeutet mehr Strom, somit ist hier die Energieaufnahme sowohl beim Röhrenfernseher, wie auch beim Plasmabildschirm vom aktuellen Bildinhalt abhängig. Große Displays waren lange nur in Plasma-Technologie realisierbar. Diese Technologie verschwindet aber schon wieder und wird durch LCD-Bildschirme ersetzt. Die wesentlichen Eigenschaften des Plasmabildschirms sind

- Energieaufnahme ist bildinhaltsabhängig
- deutlich weniger Gewicht wie Kathodenstrahlröhre
- geringe Bautiefe („Flachbildschirm“)
- hoher Kontrast
- weiter Betrachtungswinkel
- neigt zu Einbrenneffekten bei statischen Bildern (Alterung der Phosphore)
- arbeitet progressiv, neigt also bei Zwischenzeilen-Material zum Zeilenreißen
- Lebensdauer war früher ein Problem, heute 100000 Stunden
- aufgrund der Ansteuertechnik haltendes und nicht-stroboskopisches System
- unempfindlich gegenüber Magnetfeldern
- bei schlechter Schirmung ggf. Strahlung im Kurzwellenbereich
- Falschfarbendarstellung aufgrund der Phosphoreigenschaften
- dynamische falsche Konturen.

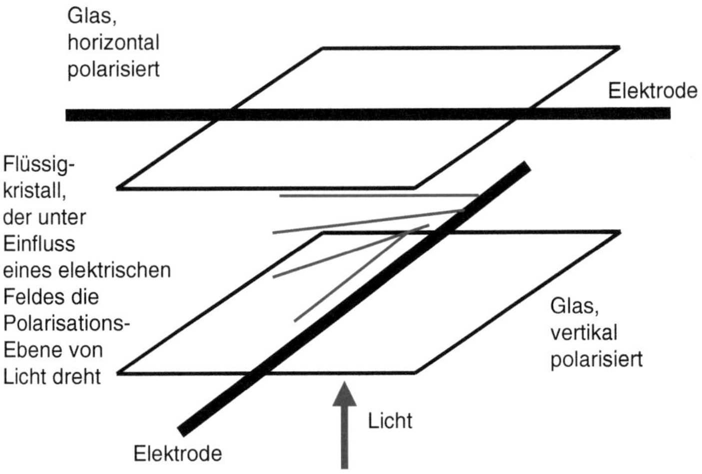

Abb. 34.9. Flüssigkristall-Display-Technologie

34.4 Der Flüssigkristall-Bildschirm

Flüssigkristall-Displays (Abb. 34.9.) kommen seit den 1970er Jahren im Konsumerbereich zum Einsatz. Es gibt heute kaum mehr Anwendungsbereiche, wo man keine Liquid Cristal Displays (LCD's) findet. Einfache Flüssigkristall-Displays sind billig in der Herstellung und sehr energiesparend. Werden sie statisch angesteuert, so brauchen sie praktisch kaum Energie. Deshalb werden v.a. Armbanduhren seit langem mit Flüssigkristall-Displays ausgestattet. Aus der monochromen Variante kommt seit etwa Mitte der 1990er Jahre auch die farbige Variante zum Einsatz. Speziell die TFT-Displays – Thin Film Transistor Displays werden seit dieser Zeit vermehrt eingesetzt. Heutige Computer-Monitore arbeiten ausnahmslos in dieser Technologie. Der Röhrenmonitor ist praktisch seit Anfang der 2000er Jahre immer mehr im Rückzug gewesen und es gibt ihn im Computerbereich bereits nicht mehr. Und der Röhrenmonitor würde dort auch keine Vorteile mehr haben – weder in Bildqualität noch im Preis, noch im Gewicht und noch in der Größe. V.a. liegt dies aber an der im Computerbereich seit Anfang an üblichen Technologie – der Vollbildtechnik. Im Computerbereich arbeitet man nicht mit Halbbildern und Zwischenzeilenverfahren. Dies war nie notwendig. Meistens waren dort die Bilder relativ statisch. Bildflimmern war also dort nie ein Thema. Computer und Computer-Monitore haben immer progressiv gearbeitet. Bei LCD-Displays wird die Lichtmenge durch das LCD-Display über mehr oder weniger

Drehung von polarisiertem Licht zwischen zwei Polfiltern gesteuert. Lange war die Steuergeschwindigkeit ein großes Thema. Dadurch waren diese Displays anfangs sehr träge. Bei LCD-Displays lässt sich die Lichtmenge durch eine LCD-Zelle relativ linear durch die angelegte Zellenspannung über mehr oder weniger Drehung der Polarisierung des Lichts steuern. Sind die Polfilter vor und hinter dem Flüssigkristall gleich polarisiert, so geht das Licht ohne Ansteuerung ungehindert hindurch und wird erst durch Anlegen von Steuerspannung gedämpft; sind die Polfilter gekreuzt, so geht erst dann Licht hindurch, wenn eine Steuerspannung angelegt wird und sich damit der Kristall anders anordnet und damit das Licht in der Polarisation dreht. Die Energieaufnahme von LCD-Displays hängt im wesentlichen von der Hintergrundbeleuchtung ab und ist konstant, somit unabhängig vom aktuellen Bildinhalt. LCD-Displays gehören in die Kategorie der haltenden, also nicht-stroboskopischen Wiedergabesysteme eingeordnet und weisen damit sog. ggf. Bewegungsunschärfe auf. Die wesentlichen Eigenschaften eines LCD-Bildschirms sind

- geringe Bautiefe („Flachbildschirm“)
- geringeres Gewicht gegenüber bisherigen Bildschirmtechnologien
- geringerer Kontrast gegenüber Röhre und Plasmadisplay
- langsamere Reaktionszeiten
- konstante Leistungsaufnahme, Bild-unabhängig
- Bewegungsunschärfe (Motion Blur)
- Lebensdauer ca. 100000 Stunden
- Geringerer, aber mittlerweile recht guter Betrachtungswinkel gegenüber Röhre und Plasma-Display
- aufgrund der Ansteuertechnik haltendes und nicht-stroboskopisches System
- unempfindlich gegenüber Magnetfeldern
- arbeitet progressiv, neigt also bei Zwischenzeilen-Material zum Zeilenreißen
- fehlerhafte Pixel
- Pixelreaktionszeit von der Sprunghöhe (Signaländerung) abhängig.

Ganz moderne LCD-Flachbildschirme arbeiten anstelle von Leuchtstoffröhren-Hintergrundbeleuchtung mit LED-Hintergrundbeleuchtung. Damit ist die Beleuchtung auch partiell steuerbar, um den Kontrast zu verbessern. Zudem ist LED-Hintergrundbeleuchtung auch energiesparender.

34.5 Bewegtspiegel-Systeme

Texas Instruments brachte Anfangs der 2000er Jahre eine neue Display-Technologie für Projektionssysteme auf den Markt – nämlich Bewegtspiegel-Chips (DLP = Digital Light Processing). Die Idee selbst geht auf das Jahr 1987 zurück (Dr. Larry Hornbeck, Texas Instruments). Bei dieser Technologie wird die Lichtintensität pro Pixel durch winzig-kleine bewegbare Spiegel gesteuert. Jedes Pixel ist ein Spiegel, dieser ist um etwa 10 Grad kippbar. Pro Farbe gibt es entweder einen Chip oder nur einen Chip für alle Farben, der dann im Zeitmultiplex für Rot, Grün und Blau über eine rotierende Farb-Scheibe geteilt wird. Ein Spiegel kann nur in den Strahlengang ein- oder ausgeschaltet werden. Deswegen kommt auch hier zur Steuerung der Lichtintensität Pulsdauermodulation zum Einsatz. Bei der Anwendung von rotierenden Farb-Scheiben kommt es zum sog. Regenbogeneffekt, d.h. ggf. aufgrund der anatomischen Wahrnehmung des menschlichen Auges zum Sichtbarwerden eines Farbspektrums. Bewegtspiegelsysteme kommen bei Projektionssystemen wie Beamern oder Rückprojektoren zum Einsatz. Richtige Flachbildschirme sind damit nicht realisierbar. Die Applikationen sind Heimkinoanlagen und mögen aufgrund der guten Lichtausbeute und der hohen Auflösung und Farbwiedergabe auch bis hin zu professionellen Kinos gehen.

34.6 Organische Leuchtdioden

Displays aus organischen Leuchtdioden (OLED's = Organic LED) stellen die modernste Displaytechnologie dar. OLED-Displays sind aber momentan noch sehr teuer, aber es sind von verschiedenen Herstellern TV-Flachbildschirme in dieser Technologie verfügbar. Anfangs war die Stabilität bzw. Lebensdauer noch ein Problem. Sie können aber in sehr dünnen Schichten sogar auf flexiblem Material aufgebracht werden. Somit könnten sogar aufrollbare Displays realisiert werden. Für jedes Pixel gibt es drei Leuchtdioden, die linear in der Intensität gesteuert werden können. Ohne Zweifel weisen die OLED-Displays eine brillante Bildqualität auf. In dieser Technologie werden auch sog. „Curved Displays" angeboten.

34.7 Auswirkungen auf die Bild-Wiedergabe

Kathodenstrahlröhren-Fernseher waren über lange Jahre relativ optimal auf die Eigenschaften des menschlichen optischen Wahrnehmungssystems angepasst und weiterentwickelt worden. Doch nun gibt es neue revolutionäre Technologien, die die Bildröhre abgelöst haben, aber ganz andere Eigenschaften aufweisen. Entscheidend für die Bildwiedergabe ist die Art der Display-Technologie in Verbindung mit der Ansteuertechnologie, also der Signalverarbeitung. Hierbei kann man unterscheiden zwischen

- stroboskopischen Wiedergabesystemen mit kurzer Bildhaltezeit und
- Haltesystemen mit Bildhaltezeiten im Bereich eines Bildes.

Das Wahrnehmungsverhalten eines bewegten Bildes hängt hierbei aber nicht nur von der Physik des Displays ab, sondern auch von der Anatomie des menschlichen optischen Wahrnehmungssystems (Auge, Augennachführung und Gehirn).

Im weiteren muss man zwischen der Art der Farbwiedergabe unterscheiden; es gibt Systeme,

- die sich ein Wiedergabeelement für alle Farben teilen (z.B. über rotierende Farbfilter) oder
- diskrete Farbwiedergabeelemente für RGB aufweisen.

Und natürlich spielt die Reaktionszeit des Bildschirms eine große Rolle. Diese ist ganz stark von der Display-Technologie abhängig. LED-Systeme und Plasma-Bildschirme weisen eine natürlich sehr kurze Umschaltzeit zwischen Helligkeitszuständen auf. Außerdem weisen diese das größte Verhältnis zwischen ein- und ausgeschaltetem Licht und damit den größten Kontrast auf.

Außerdem unterscheidet man zwischen Display-Technologien, die in

- Zwischenzeilentechnologie und
- progressiver Technologie

arbeiten. Alle modernen Displays kann man in die Kategorie „progressiv“ einordnen. Bei progressiv arbeitenden Displays muss unbedingt ein Deinterlacing-Prozess vor der Wiedergabe durchgeführt werden, sonst kommt es zu unschönem aus der frühen 100 Hz-Fernseher-Technologie bekanntem „Zeilenreißen“. Grund hierfür ist das Nichtzusammenpassen von Halbbildern aufgrund von Bewegung zwischen diesen. Reines Filmmaterial ist hierbei unkritisch. Hier gibt es keine Bewegung zwischen beiden Halbbildern.

Im weiteren kann man Displays einordnen in

- linear ansteuerbare Displayelemente und
- über ein- und ausschaltbare Displayelemente.

Die nur ein- und ausschaltbaren Displayelemente werden dann über Pulsdauermodulation in der Intensität gesteuert.

Es gibt somit folgende durch die Display-Technologie bedingte Probleme:

- Unschärfe aufgrund von Verzögerungszeiten des Displays
- Unschärfe augrund von Interpolation bei nicht-angepasster Auflösung von ausgestrahltem Material und Wiedergabesystem
- Bewegungsunschärfe bei nicht-stroboskopischen Displays
- Unschärfe aufgrund der Display-Wechselgeschwindigkeit
- Zeilenreißen aufgrund von mangelhaftem De-Interlacing (Abb. 34.10.)
- Farbverschiebung (Plasma)
- unterschiedlicher Kontrast bei unterschiedlichen Helligkeitssprüngen (LCD)
- Regenbogeneffekt (Farbaufspaltung)
- deutliches Sichtbarwerden von Kompressionsartefakten aufgrund der hohen Auflösung
- Kontrastverluste
- bildinhaltsabhängige Leistungsaufnahme
- Einbrenneffekte (v.a. Plasma).

34.8 Kompensationsmaßnahmen

Gegen jedes „Leid" gibt es in der modernen Elektronik Verbesserungsmaßnahmen. Wie gut sie wirken, hängt vom Stand der Technik ab. Alle modernen Displaytechnologien arbeiten in progressiver Technologie. Die einfachste Abhilfe gegen Interlacing-Artefakte ist die Nichtverwendung von Zwischenzeilenmaterial. Dies strebt man v.a. im HDTV-Bereich an – Stichwort 720p. Im SDTV-Bereich muss aber Programm-Material im Zwischenzeilenbereich angeboten werden, weil es noch beliebig viele Fernseher mit Kathodenstrahlröhren gibt. V.a. gibt es in den Archiven beliebig viel Zwischenzeilenmaterial. De-Interlacing ist deshalb bei modernen Displays ein unbedingtes Muss, sonst werden unschöne Zeilenreißeffekte sichtbar. Beim De-Interlacing muss zwischen den Halbbildern interpoliert werden. Dies ist nicht notwendig bei von Haus aus progressivem Material, wie z.B. dem guten alten Kinofilm. Dort gibt es quasi nur Vollbilder, die Halbbilder entstehen durch nochmalige Abtastung in den Zeilen dazwischen. Beim Kinoprojektor wird der Film durch eine Flügelblende pro Bild zwei mal unterbrochen, um Flimmern zu reduzieren. Bei mit elektronischen Kameras aufgenommenem Material ist aber bereits Bewegung zwischen den beiden Halbbildern. Aus den Halbbildern müssen nun quasi bewegungskompensierte, interpolierte Vollbilder erzeugt werden. Ansonsten „verfransen" die Zeilen. Gegen Bewegungsunschärfe aufgrund nichtstroboskopischer Displays gibt es sog. 100 Hz oder 200 Hz – Systeme, die im Gegensatz zu früheren 100 Hz – Kathodenstrahlröhren-Displays dies nicht zur Flimmerreduktion benötigen, sondern quasi für das menschliche Auge eine Bewegung eines Objektes auf dem Display durch Interpolation von mehr oder weniger Zwischenbildern simulieren. Andernfalls verharrt das Auge samt dem kompletten „menschlichen optischen Aufnahmesystems" auf einem quasi immer wieder statischen Zwischenzustand der Bilddarstellung, was dann zu einem Verschmieren oder anders gesagt zu Unschärfe führt.

Abb. 34.10. Unterschiedliche Bildqualität nach dem Deinterlacing-Prozess [ERVER]

34.9 Messtechnik

Zum Nachweis der von der Display-Technologie bedingten Probleme gibt es Testsequenzen in Videosignalgeneratoren [DVSG]. Hierbei werden bewusst Stress-Signale für die Displays erzeugt, um z.B. Auflösung, Interpolationsverhalten, Bewegungsunschärfe, Regenbogeneffekt und Zeilenreissen sichtbar zu machen. V.a. ist auch interessant, wie sich ein Wiedergabesystem verhält, wenn es sich auf eine nicht dem System entsprechende Quellauflösung (z.B. Laptop mit nicht angepasster Bildschirmauflösung) zugeführt bekommt. Hierbei muss nämlich eine Interpolation zwischen Pixeln (Hoch- oder Herunter-Rechnen) erfolgen. Zusätzlich ist es interessant, wie die Wiedergabegeräte mit Kompressionsartefakten wie

- Unschärfe
- Blocking oder
- Mosquito-Rauschen

umgehen. Hier war ja die gute alte „Röhre" relativ gutmütig, was man eindrucksvoll in Demonstrationen zeigen kann. Und es geht auch jetzt nicht darum, an einem alten bewährten System festzuhalten. Nein – wir vergleichen halt neue System nur damit und wundern uns und sind überrascht oder enttäuscht. Manche Dinge sieht man bei bestimmten Wiedergabesystemen einfach nicht, weil diese sie kaschieren. V.a. auch normales Gauß'sches Rauschen eines analogen TV-Kanals wirkt sich bei verschiedenen Wiedergabesystemen unterschiedlich aus. V.a. dieses stößt bei Fernsehzuschauern von Analog-TV mit Flachbildschirmen in Breitbandkabelnetzen zusehends auf Widerspruch, obwohl gerade die Bequemlichkeit der Nicht-Notwendigkeit eines speziellen DVB-C-Receivers hier so geschätzt wird. Aber es gibt auch Bildschirme, die es gestatten, Rauschen zu unterdrücken, was aber dann auf Kosten der Bildschärfe geht. Rauschen kann nur eliminiert werden, wenn man zwischen Bildern mittelt, was dann wieder zu Unschärfe führt. Neue Schnittstellen wie HDMI tauschen auch Daten zwischen Display und Receiver aus, um z.B. aus den möglichen Features des Displays die richtige Auflösung zu ermitteln. Auch diese Dinge müssen getestet werden. Ein weiterer interessanter Test ist, wie sich die verschiedenen Displays verhalten im Vergleich von

- Zwischenzeilenmaterial in 25/50 Hz-Technik
- 30/60 Hz-Technik (3:2 Pull-down)
- sowie 3:2 inverse Pull-down (rückkonvertiertes Material von 30 auf 25 Bildern/s).

34.10 Stand der Technik

Fazit: Bei der Display-Wiedergabequalität hängt dies nicht nur von der „verbauten“ Display-Technologie ab, sondern v.a. auch von der Art der verwendeten Kompensationsmaßnahmen. LCD- und Leuchtdiodentechnologien haben die Plasma-Systeme verdrängt. Kathodenstrahlsysteme haben über lange Jahrzehnte gute Dienste erwiesen, haben aber ab etwa dem Jahr 2010 das Ende der Lebenszeit erreicht. Bewegtspiegelsysteme sind das aktive Element in vielen lichtstarken Projektoren geworden. Im Zeitraum 2010...2012 haben immer mehr Sender begonnen, in HDTV auszustrahlen, anfangs zwar noch nicht immer mit nativem HD-Material, sondern oft hochskaliert, aber zumindest durchgehend in HD-Auflösung. Die Reduktion der Wiedergabeartefakte bei Flachbildschirmen hatte etwa ab 2010 einen akzeptablen bis hervorragenden Stand erreicht und deswegen sind die großen Röhrenfernseher auch aus den Wohnzimmern verschwunden. Und mittlerweile sind auch schon zahlreiche TV-Flachbildschirm-Endgeräte mit

- UDH-1 – Auflösung (3840 x 2160 Pixel)
- HDMI2.0-Schnittstellen
- Personal Video Recoding (PVR) über externe USB-Festplatten
- HbbTV/Smart-TV-Funktionalität
- Integrierter Triple Tuner (DVB-S/S2, DVB-T/T2, DVB-C, ATV)

verfügbar.

Die Bildqualität der Endgeräte und der Inhalte sind hervorragend geworden, auch wenn das Ausstrahlungsformat nach wie vor meist nur 720p ist. Die großen TV-Röhrengeräte wurden anfangs oft durch 32-Zoll-Flachbildschirme (Bildschirmdiagonale), dann durch Geräte im Mittel von 42 Zoll und heute mit Bildschirmen bis hin zu 55 Zoll ersetzt.

Selbst noch größere TV-Endgeräte scheinen Platz in den Wohnzimmern zu finden; die Geräte tragen ja auch in der Tiefe nicht mehr auf, sie sind nur noch ca. 10 mm dick; außerdem sind sie im Gegensatz zu den Röhrengeräten wahre Leichtgewichte. „Settop-Boxen“ sind nicht mehr nötig und würden beim „Draufstellen“ auf das TV-Endgerät auch von diesem herunterfallen; sie verdienen also schon deshalb diesen Namen nicht mehr.

Literatur: [ERVER], [NBTV], [DVSG]

35 Neue Generation von DVB-Standards (DVB-x2)

Mit DVB-S2 erschien im Jahre 2003 der erste neue Übertragungsstandard im Rahmen von Digital Video Broadcasting – DVB. Im weiteren werden die DVB-Standards nun bezeichnet mit DVB-x1, und es sind damit die Standards der ersten Generations gemeint, und mit DVB-x2, den Standards der zweiten DVB-Generation. Wegen des deutlich höheren Datenratenbedarfs bei der Übertragung von HDTV-High Definition Television war es notwendig, die Übertragungskapazität, sprich Nettodatenrate pro Satellitentransponder um mindestens 30% gegenüber DVB-S zu erhöhen. Auf der anderen Seite stand nun aber auch deutlich leistungsfähigere Hardware gegenüber Anfang bis Mitte der 1990er Jahre zur Verfügung. Sowohl die Speicherkapazität, wie auch die Rechengeschwindigkeit der Chips ist deutlich gestiegen. Somit war es nun möglich eine v.a. auf der Empfängerseite zwar immens mehr Ressourcen benötigende Forward Error Correction (LDPC) einzusetzen, aber auf der anderen Seite bringt dieser Fehlerschutz auch deutlich mehr Nettodatenrate (ca. 30%). Bekannt ist dieser Fehlerschutz schon seit 1962; er geht zurück auf Robert Gallager. Alle neuen Übertragungsstandards – sei es im Mobilfunkbereich oder im Rundfunkbereich – setzen heute entweder auf Turbo Codes (1993) oder auf LDPC-Codes (Low Density Parity Check Codes). Bei DVB-S2 ist es nun möglich, über einen Satellitentransponder, der bisher über DVB-S 38 Mbit/s Datenrate geboten hat, nun 48 bis 49 Mbit/s zu übertragen. Unter Verwendung von MPEG-4 Part 10 AVC (H.264) – Videocodierung passen dann vier HDTV-Programme in einen Satellitentransponder. Bei DVB-S2 wurde aber auch zum ersten mal die unmittelbare Bindung an den MPEG-2-Transportstrom als Basisband-Eingangssignal aufgegeben. Das Schlagwort heißt nun GS = Generic Streams. D.h. es werden nun neben dem MPEG-2-Transportstrom auch ganz allgemeine Datenströme wie z.B. IP als Eingangssignal eines DVB-S2-Modulators vorgesehen. Hierbei ist es möglich entweder einen oder sogar auch mehrere Ströme in den Modulator einzuspeisen. Im Rahmen von DVB-S2 wird das bisher aber nicht ausgenutzt. Bei DVB-S2 werden bisher nur reine Standard-MPEG-2-Transportströme übertragen. Auch werden momentan nur Teile der im Standard enthaltenen Möglichkeiten ausgenutzt. Der DVB-S2-Standard wurde schon im Kapitel 14 „Übertragung digitaler TV-Signale über Satellit …“ diskutiert. Im Jahre

2008 erschien dann der neue sehr mächtige Standard DVB-T2 – „Second Generation Digital Video Broadcasting Terrestrial". Dort findet man ebenfalls diesen neuen Fehlerschutz wieder. GS – Generic Streams und Multiple Inputs ist dort ebenfalls ein Thema. Die Möglichkeit der mehrfachen Eingangsströme, seien es nun Transportströme oder Generic Ströme wird hier PLP = Physical Layer Pipes genannt und wird wohl auch ausgenutzt werden. Bei DVB-T2 ist die Möglichkeit der Wahl unterschiedlicher Modulationsparameter (Fehlerschutz und Modulationsart) für verschieden Inhalte vorgesehen; man spricht hier von Variable Coding and Modulation (VCM). Somit kann man dann HDTV-Programme z.B. weniger robust, damit aber mit mehr Nettodatenrate ausgestattet ausstrahlen als z.B. SDTV-Programme. DVB-T2 wurde von der BBC gepuscht; erste Feldversuche im sog. BBC-Mode sind dort ab 2008 als Single PLP, also mit einem (Transportstrom-)Eingang gelaufen. DVB-T2 ist seit 2010 in vielen Ländern in Betrieb. Im Jahre 2009 erschien dann der neue ebenfalls sehr mächtige Kabelstandard DVB-C2. DVB-C2 basiert auf DVB-T2, verfügt ebenfalls über die Möglichkeit von GS und Multiple PLP mit VCM. Ebenfalls wird als FEC die LDPC-Codierung verwendet. Neu ist bei DVB-C2 die Möglichkeit der Zusammenfassung von mehreren 8 oder 6 MHz breiten Kanälen zu Kanalbündeln. Dies soll die Effektivität durch Vermeidung von Lücken zwischen den Kanälen erhöhen. DVB-C2 verwendet wie DVB-T2 COFDM, also ein Mehrträgermodulationsverfahren, wohingegen DVB-S2 nur ein Einträgermodulationsverfahren einsetzt. Wieder einige Jahre später erschien dann 2014 eine Erweiterung des DVB-S2-Standards, nämlich DVB-S2X. Man hatte bei der Entwicklung von DVB-S2X versucht, entweder einen neuen Satellitenstandard zu erschaffen oder aus DVB-S2 noch etwas mehr Datenrate herauszuholen, bzw. einfach mehr Platz für Ultra High Definition TV zu schaffen. Letztendlich waren dem Entwicklungsteam die Erweiterungen nicht weitreichend genug, um damit einen neuen Standard zu veröffentlichen. DVB-S2X berücksichtigt aber schon die Bedürfnisse des UHDTV-Statistical-Multiplex-Signals durch die Möglichkeit einer Kanalbündelung von Satellitentranspondern.

35.1 Übersicht über die DVB-Standards

Es gibt nun folgende DVB-Standards:

- DVB-S – Satellitenübertragungsstandard der ersten Generation
- DVB-C – Kabelübertragungsstandard der ersten Generation

- DVB-T – terrestrischer Übertragungsstandard der ersten Generation
- DVB-SI – Service Information
- DVB-SNG – Satellitenübertragungsstandard für professionelle Anwendungen
- DVB-H – Handheld-Erweiterung in DVB-T
- DVB-IP – Transportstromübertragung über IP-Netzwerke z.B. VDSL
- DVB-SH – Hybridverfahren für Handhelds über Terrestrik und Satellit
- DVB-S2 – Satellitenübertragungsstandard der zweiten Generation
- DVB-T2 – terrestrischer Übertragungsstandard der zweiten Generation
- DVB-C2 – Kabelübertragungsstandard der zweiten Generation
- DVB-S2X – Erweiterungen im DVB-S2-Standard

Natürlich gibt es zahlreiche weitere DVB-Dokumente. Die vorab aufgeführten stellen aber die bedeutungsvollsten dar.

35.2 Eigenschaften der alten und neuen DVB-Standards

In diesem Abschnitt werden die wesentlichen Eigenschaften der alten und neuen DVB-Standards gegenübergestellt. Wesentlich ist, dass die alten DVB-Standards fest mit dem MPEG-2-Transportstrom als Eingangssignal verknüpft sind und als Fehlerschutz eine Kombination aus Reed-Solomon und Faltungscodierung verwendet wird. Bei den neuen DVB-Standards wird die Bindung an den Transportstrom aufgegeben. Der Fehlerschutz wurde modernisiert.

Tabelle 35.1. DVB-Standards der ersten und zweiten Generation im Vergleich

Standard	Anwendung	Eingangssignal	Fehlerschutz	Modulation
DVB-S	Satellit	MPEG-2 TS	Reed-Solomon und Faltungscodierung	Single Carrier, QPSK
DVB-C	Kabel	MPEG-2 TS	Reed-Solomon	Single Carrier, 64QAM, 256QAM, weitere QAM-Ordnungen

				unterhalb 256 und 64QAM sind möglich
DVB-T	Terrestrik	MPEG-2 TS	Reed-Solomon und Faltungs-codierung	CODFM, QPSK, 16QAM, 64QAM
DVB-SNG	Satellit	MPEG-2 TS	Reed-Solomon und Trellis-codierung	Single Carrier, QPSK, 8PSK, 16QAM
DVB-H	Terrestrik	MPEG-2 TS mit MPE	Reed-Solomon und Faltungs-codierung und zusätzlich Reed-Solomon über IP	wie DVB-T
DVB-IP	Zweidraht-leitung oder Ethernet	MPEG-2 TS	--	--
DVB-SH	Terrestrik und Satellit	MPEG-2 TS mit MPE	Turbo-Codierung	weitestgehend wie DVB-T und DVB-S2
DVB-S2	Satellit	Single oder Multiple MPEG-2-TS oder GS	BCH und LDPC	Single Carrier, QPSK, 8PSK, 16APSK, 32APSK
DVB-T2	Terrestrik	Single oder Multiple MPEG-2-TS oder GS	BCH und LDPC	COFDM, QPSK, 16QAM, 64QAM, 256QAM
DVB-C2	Kabel	Single oder Multiple MPEG-2-TS oder GS	BCH und LDPC	COFDM, QPSK, 16QAM, 64QAM, 256QAM, 1024QAM, 4096QAM
DVB-S2X	Satellit	Single oder Multiple MPEG-2-TS oder GS	BCH und LDPC	Single Carrier, wie DVB-S2, und zusätzliche Konstellationen bis hin zu 256APSK

35.3 Möglichkeiten und Ziele der neuen DVB-Standards

V.a. der neue Fehlerschutz bietet schon ab DVB-S2 um etwa 30% mehr Datenrate. DVB-x2 rückt also näher an das Shannon-Limit heran. DVB-S2 ermöglicht es auch schon, mehrere verschiedene Eingangsdatenströme über einen Satelliten-Transponder auszustrahlen. Und die Loslösung vom MPEG-2-Transportstrom ist vorgesehen. DVB-T2 nutzt zusätzlich noch weitere Möglichkeiten aus, um noch mehr Datenrate gegenüber DVB-T zu gewinnen. Man arbeitet mit längeren Symbolen und reduziert so z.B. den Overhead im Guard Interval; man bietet die Verbreiterung des Nutzspektrums näher zu den Nachbarkanälen hin an usw. Außerdem kann im Multiple PLP-Mode Variable Coding and Modulation aktiviert werden; d.h. Inhalte können ähnlich wie bei DAB und ISDB-T verschieden robust übertragen werden. DVB-T2 ermöglicht noch vieles andere mehr, wie z.B. die Anwendung von Mehrantennensystemen auf der Sendeseite, die aktive Reduktion des Crest-Faktors. Die Details werden im Kapitel „DVB-T2" beschrieben. DVB-C2 basiert auf DVB-T2 und arbeitet mit ähnlichen „Tricks", um die Datenrate empor zu treiben. Multiple PLP ist ebenso vorgesehen wie VCM. Bei DVB-T2 und DVB-C2 sind bis zu etwa 50% mehr Datenrate gegenüber den vergleichbaren alten DVB-Standards möglich. Bei DVB-T2 und DVB-C2 werden auch höhere Modulationsarten vorgesehen, wie z.B. 256QAM bei DVB-T2 und bis hin zu 4096QAM bei DVB-C2. DVB-S2X und DVB-C2 bieten die Möglichkeit einer Kanalbündelung.

Die wesentlichen Merkmale und Möglichkeiten der neuen DVB-Standards sind also:

- 30-50% mehr Nettodatenrate
- Multiple Inputs (TS oder GS)
- bei T2 und C2 die Möglichkeit von Variable Coding and Modulation (VCM)
- bei DVB-C2 und DVB-S2X die Möglichkeit einer Kanalbündelung (Channel Bonding)

Der Übergang von SDTV auf HDTV und im weiteren auf UHDTV erfordert deutlich steigenden Datenratenbedarf. DVB-S2 wird sich irgendwann gleitend gegenüber DVB-S durchsetzen. Seit der Analogabschaltung über Satellit im Jahre 2012 sind viele DVB-S2-Transponder mit HDTV-Inhalten in Betrieb. Alle neu seit 2010 in Betrieb gegangenen terrestrisch-digitalen TV-Netzen nutzen DVB-T2 (oder ISDB-T, DTMB), viele DVB-

T(1)-Netze werden in den nächsten Jahren in DVB-T2-Netze umgestellt, u.a. auch in Deutschland.

In den folgenden Kapiteln werden nun die Basisbandsignale von DVB-x2 und dann die Standards DVB-T2 und DVB-C2 beschrieben. DVB-S2 wurde schon im Kapitel DVB-S/S2 diskutiert. Auch findet sich bereits die zugehörige DVB-S2-Messtechnik im gemeinsamen Kapitel „DVB-S/S2-Messtechnik".

Literatur: [EN303307], [TR102376], [EN302755], [A138], [TS102773], [TS102606], [TS102771], [A133], [DVB-A83-2]

36 Basisbandsignale für DVB-x2

Bei den DVB-Standards der ersten Generation (DVB-S, DVB-C, DVB-T) beschränkte sich das Eingangsdatenformat exakt nur auf MPEG-2-Transportströme. Alle Modulations- und Demodulationsschritte sind dort fest auf die 188 Byte lange Transportstrom-Paketstruktur synchron angebunden. Ein MPEG-2-Transportstrom-Paket beginnt mit einem 4 Byte langem Header und der wiederum mit einem Sync-Byte mit dem Wert 0x47. Diese Begrenzung auf die Transportstromstruktur gibt es bei den neuen DVB-x2-Standards nicht mehr. Bei den DVB-Standards der ersten Generation gab es auch nur die Möglichkeit genau einen Transportstrom in den Modulator einzuspeisen; einzige Ausnahme war DVB-T in der Betriebsart „hierarchische Modulation". Dort bestand die Möglichkeit bis zu zwei Transportströme dem Modulator zuzuführen. Bei den neuen DVB-x2-Standards können bis zu 255 Transportströme oder Generic-Ströme oder beides in den Modulator eingespeist und übertragen werden. Diese Kapitel beschäftigt sich mit den Eingangssignalen für die neuen DVB-x2-Standards, sowie deren Signalverarbeitung – und Aufbereitung in den Eingangsschnittstellen der DVB-x2-Modulatoren.

36.1 Eingangssignalformate

Für die neuen DVB-x2-Modulatoren sind vier verschiedene Eingangssignalformate möglich, nämlich

- MPEG-2 Transportströme (TS)
- Generic Fixed Packetized Streams (GFPS)
- Generic Continuous Streams (GCS)
- und Generic Encapsulated Streams (GSE).

Zum Zeitpunkt der Veröffentlichung des DVB-S2-Standards gab es den DVB-GSE-Standard noch nicht. Bei DVB-S2 wurden nur nur GFPS-Ströme und GCE-Ströme als Generic Eingangsströme vorgesehen. Unterstützt wird sowohl ein einziger Eingangsstrom (TS oder Generic), als auch mehrfache Eingangsströme (Multiple Input Streams). Multiple Input Streams können auch unterschiedliche Formate aufweisen. Bei DVB-T2 und DVB-C2 bezeichnet man die Multiple Input Streams mit PLP's = Physical Layer Pipes.

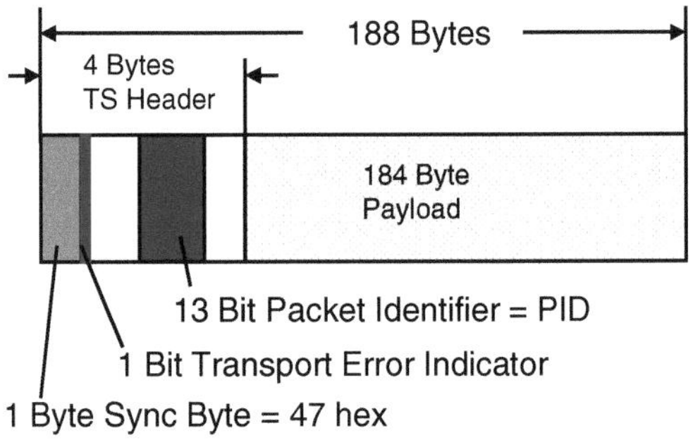

Abb. 36.1. MPEG-2-Transportstrom

36.1.1 MPEG-2-Transportströme – TS

Ein MPEG-2-Transportstrom besteht aus Paketen einer konstanten Länge von 188 Byte. Das Paket selbst teilt sich in einen Headeranteil mit einer Länge von 4 Byte und einem Nutzlastanteil von 184 Byte. Das erste Byte des Headers ist das Sync-Byte, das einen konstanten Wert von 0x47 aufweist. Die weiteren 3 Bytes im Header dienen der Signalisierung wichtiger Transportparameter. Weiteres ist im Detail im Kapitel 3 beschrieben.

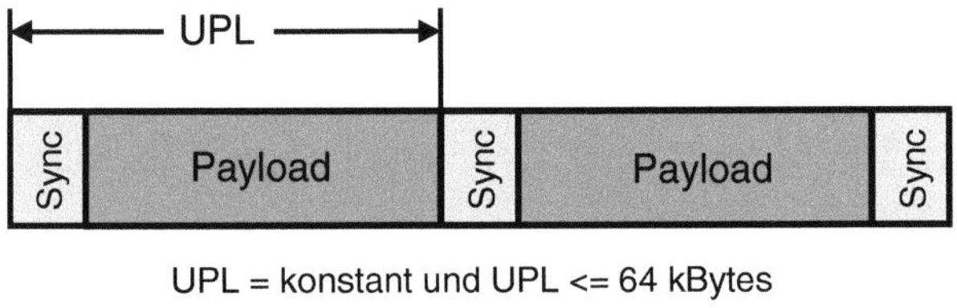

Abb. 36.2. Generic Fixed Packetized Stream

36.1.2 Generic Fixed Packetized Streams – GFPS

Generic Fixed Packetized Streams sind Datenströme, die eine Paketstruktur aufweisen und deren Paketlänge bekannt und konstant ist. Der Beginn eines Pakets ist mit einem speziellen Sync markiert. Die Länge eines

GFPS-Paketes darf 64 kByte nicht überschreiten, andernfalls ist es dann ein Generic Continuous Stream - GCS.

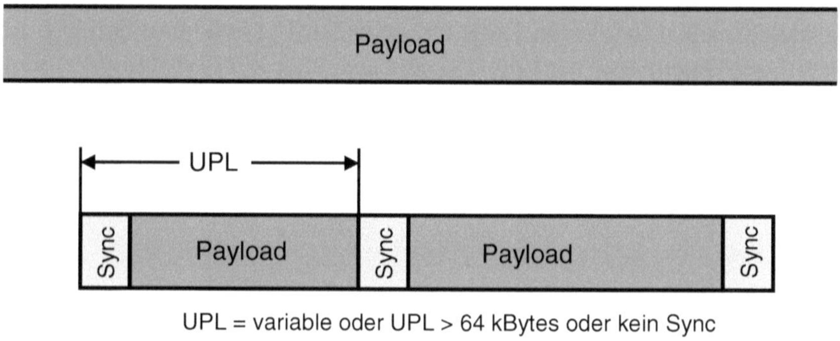

Abb. 36.3. Generic Continuous Stream

36.1.3 Generic Continuous Streams – GCS

Generic Continous Streams weisen keinerlei Paket-Struktur auf. Das Modulator-Interface kennt also keinerlei Grenzen im Datenstrom. Generic Continous Streams sind die allgemeinste Form von Datenströmen. Als Generic Continous Streams gelten auch Datenströme, die eine Paketstruktur abweichend von GSE aufweisen, deren Paketlänge aber schwankt oder länger als 64 kBytes ist.

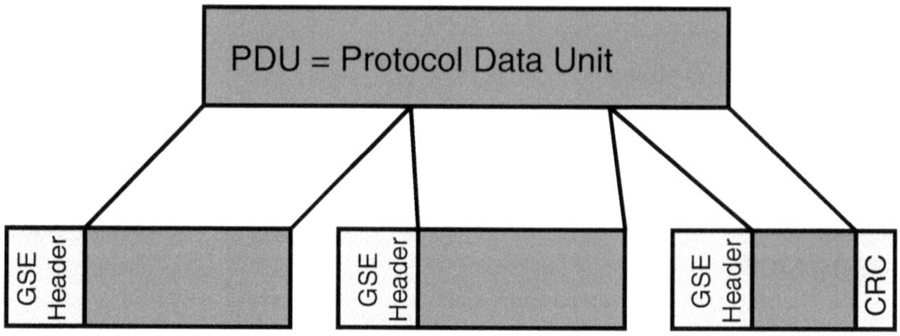

Abb. 36.4. Generic Stream Encapsulation

36.1.4 Generic Encapsulated Streams – GSE

Generic Encapsulated Streams weisen eine Paket-Struktur auf, deren Paket-Länge schwankt. Der Paket-Beginn ist mit einem speziellen GSE-Header versehen, wie er im DVB-GSE-Standard [TS102606] definiert ist. Dem User-Datenpaket wird im GSE-Encapsulator ein GSE-Header vorangestellt. Über das gesamte Datenpaket wird eine CRC gebildet, die dann angehängt wird. Die User-Datenpakete können auch in mehrere Pakete eingeteilt werden; jedes Packet startet mit einem GSE-Header. Zum Zeitpunkt der Standardisierung von DVB-S2 gab es diesen Datentyp noch nicht.

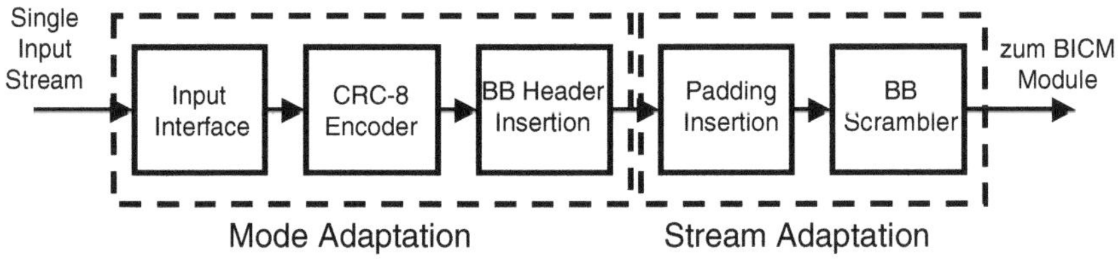

Abb. 36.5. Input Processing bei einem Single Input Stream

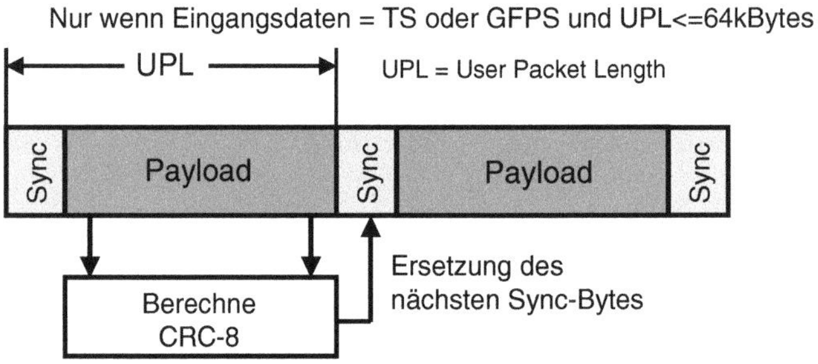

Abb. 36.6. CRC-8-Encoding

36.2 Signalverarbeitung- und Aufbereitung im Modulator-Eingangsteil

Im folgenden wird beschrieben, wie ein oder mehrere DVB-x2-Eingangsströme im Eingangsteil des Modulators aufbereitet werden. Ein großer Unterschied ist hierbei die Aufbereitung eines Single Input Streams im Vergleich zu Multiple Input Streams. Die Aufbereitung eines einzelnen

Datenstromes, sei es Transportstrom oder Generic Stream ist deutlich einfacher als die Aufbereitung mehrerer Eingangsströme.

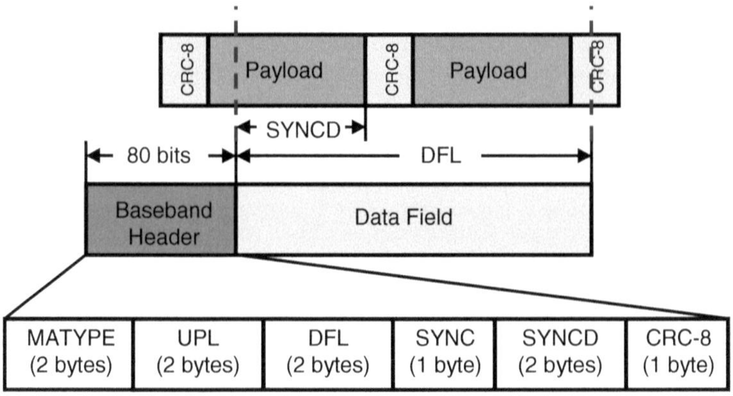

Abb. 36.7. Baseband Header Insertion bei TS oder GFPS

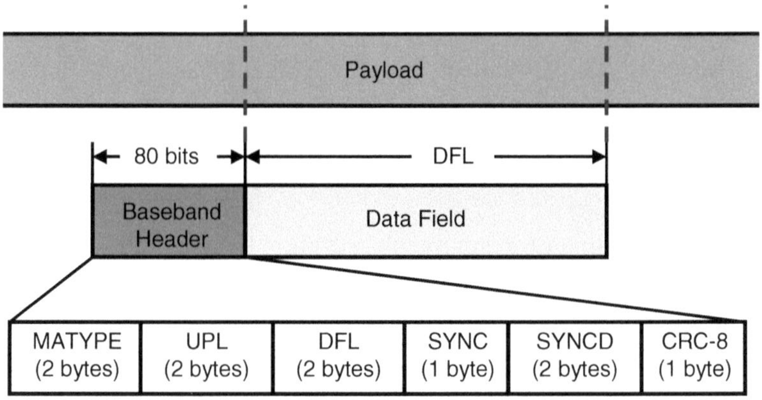

Abb. 36.8. Baseband Header Insertion bei GCS

36.2.1 Single Input Stream

Speist man nur einen Datenstrom in den DVB-x2-Modulator ein (bei DVB-T2 nennt man dies Mode A), so synchronisiert sich der Modulator im Input Interface zunächst auf den angelieferten Datenstrom auf. Es folgt dann der CRC-8 Encoder, der dem Datenstrom eine Checksum an einer bestimmten Stelle einfügt, falls es sich nicht um einen kontinuierlichen Datenstrom handelt. Im Falle eines Transportstroms wird über die 187

Byte vor dem nächsten Sync-Byte eine CRC-8 gebildet und dann das darauf folgende Sync-Byte durch diese Checksum ersetzt. Handelt es sich um einen GFPS, so wird die CRC-8 über alle Daten außer dem Sync-Byte gebildet und das dem Paket nachfolgende Sync-Byte wird ebenfalls durch eine CRC-8 ersetzt.

Anschließend wird aus dem Datenstrom ein entsprechend langes Stück herausgeschnitten und ein 10 Byte, also 80 Bit langer Baseband Header davor gesetzt. Dies geschieht kontinuierlich Stück für Stück und läuft völlig asynchron zum zugeführten Datenstrom, sei es TS, GFPS, GCS oder GSE. Bei TS und GFPS wird im Baseband Header im SYNCD-Teil der Abstand vom Beginn des ausgeschnittenen Pakets zum nächsten Sync-Byte in Anzahl Bytes eingetragen.

Bestandteile des Baseband Header:

MATYPE (2 bytes) – Mode Adaptation Type

MATYPE-1

- TS/GS field (2 bits), Input Stream Format: Generic Packetized Stream, Transport
- Stream, Generic Continuous Stream, Generic Encapsulated Stream
- SIS/MIS field (1 bit): Single or Multiple Input Streams
- CCM/ACM field (1 bit): Constant Coding and Modulation or Variable Coding and Modulation (or in DVB-S2: Adaptive Coding and Modulation)
- ISSY (1 bit): Input Stream Synchronization Indicator)
- NPD (1 bit): Null-Packet Deletion active/not active
- EXT (2 bits): media specific, reserved for future use

MATYPE-2

- Wenn Multiple Input Streams: MATYPE-2 = ISI = Input Stream Identifier (bis zu 255 Input Streams)

Weitere Bestandteile des Baseband Headers:

- UPL (2 bytes): User Packet Length in Bits (0…65535)
- DFL (2 bytes): Data Field Length in Bits (0 …53760)
- SYNC (1 byte): Eine Kopie des User Packet Sync-Bytes
- SYNCD (2 bytes): Abstand zwischen dem Data Field und dem Start des ersten User Packets welches im Data Field beginnt.

- CRC-8 Mode (1 byte): Das XOR des CRC-8 Fields mit dem MODE Field.
- CRC-8 ist die CRC über die ersten 9 Byte des BB-Headers.
- MODE: 0 = Normal Mode (NM), 1 = High Effiency Mode (HM), andere Werte: reserved for future use.

Die ersten 3 Blöcke des Input Processings, nämlich Input Interface, CRC-8-Encoding und Baseband Header Insertion nennt man Mode Adaptation. Es folgt dann die Stream Adaptation bestehend aus Padding und Baseband Scrambler.

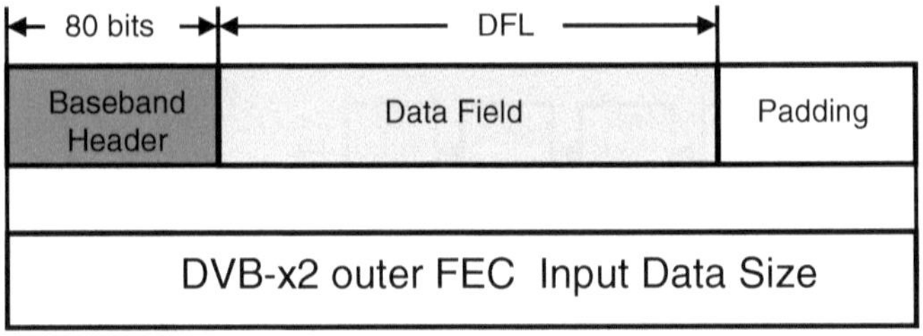

Abb. 36.9. Padding - Aufstopfen

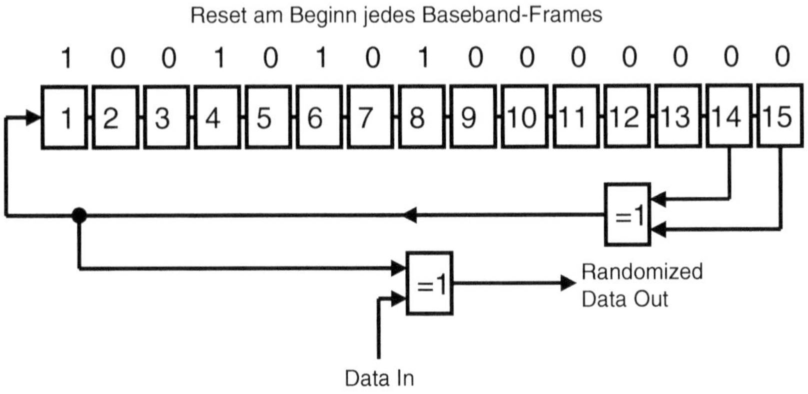

Abb. 36.10. Baseband Scrambler

Padding heißt auffüllen oder aufstopfen, d.h. ggf. falls nicht genügend User Daten zur Verfügung stehen, wird soweit mit Stopfbytes aufgefüllt, dass ein DVB-x2-FEC-Frame vollständig mit Daten gefüllt ist. D.h. es erfolgt hier eine Anpassung an die FEC-Frame-Struktur des äußeren

DVB-x2-Fehlerschutzes (BCH). Dies ist abhängig von der eingestellten Coderate des Fehlerschutzes.

Es folgt dann der Baseband Scrambler. Dieser hat die Aufgabe, die Daten möglichst zufällig werden zu lassen, d.h. es werden benachbarte lange Null- und Eins-Sequenzen aufgebrochen und ein Quasi-Zufallsdatenstrom erzeugt. Hierzu werden die Daten mit einer Pseudo-Zufallssequenz exclusiv-ver-odert. Der PRBS-Generator ist genauso aufgebaut wie die Energie-Verwischungsstufe der ersten Generation der DVB-Standards. Ein Reset des PRBS-Generators erfolgt immer zu Beginn eines Baseband Frames.

Die DVB-x2-Eingangsdaten sind nun vorbereitet für die weiteren Signalverarbeitungsschritte, die vom jeweiligen DVB-x2-Standard abhängig sind.

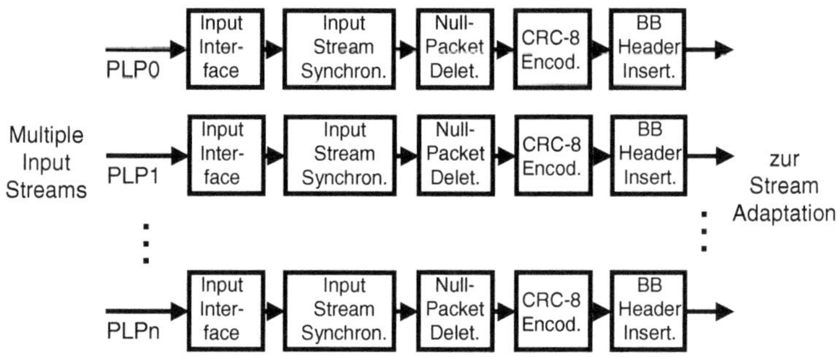

Abb. 36.11. Mode Adaptation bei Multiple Input Streams

36.2.2 Multiple Input Streams

Im folgenden wird die deutlich komplexere Signalverarbeitung in der Eingangsstufe eines DVB-x2-Modulators im Falle von Multiple Input Streams beschrieben. Bei DVB-T2 heißt die Betriebsart mit mehrfachen Eingangsströmen, seien es Transportströme oder Generic Ströme, Mode B oder Multiple PLP.

Die Multiple Input Streams (TS, GFPS, GCS oder GSE) liegen an den jeweiligen Eingängen des Input Interfaces an; dort erfolgt die Synchronisation auf die Eingangsströme. Die Eingangsströme werden dann den weiteren Signalverarbeitungsblöcken der Mode Adaption zugeführt. Als erstes folgt der optionale Input Stream Synchronizer (ISSY). Mit Hilfe des ISSY können die Eingangsströme im Empfänger von Jitter befreit werden und zueinander synchronisiert werden; dies geschieht ähnlich wie bei der STC/PCR beim MPEG-2-Transportstrom über eine interne Uhr. Diese Uhr ist aber über den Modulatortakt gesteuert. Die Uhr besteht aus einem 22 Bit-Zähler, dessen aktueller Wert immer wieder fortlaufend in optionale ISSY-Felder geschrieben wird, die an das Ende der User Packets (UP) gehängt werden. Die ISSY-Felder sind 2 oder 3 Byte lang.

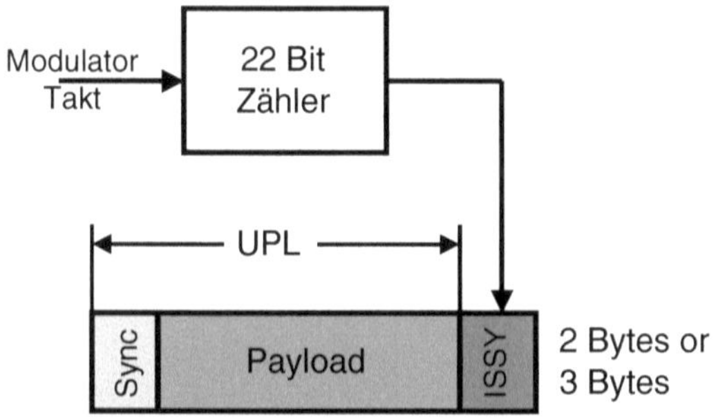

Abb. 36.12. Input Stream Synchronization (ISSY)

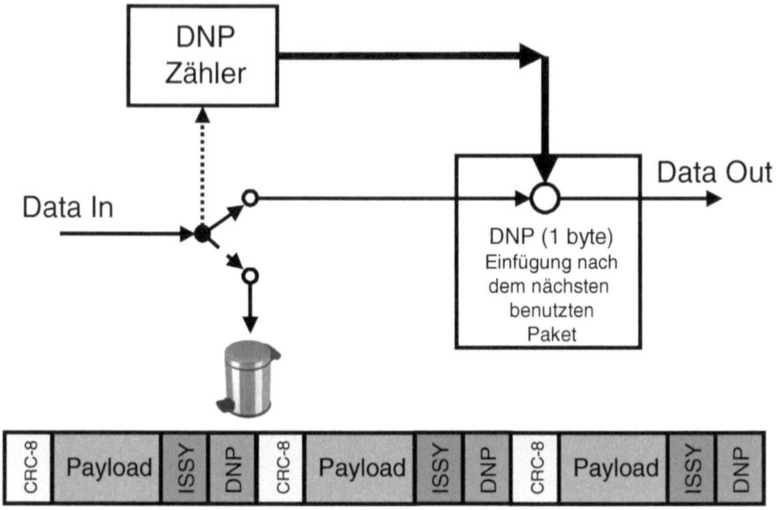

Abb. 36.13. Null-Packet-Deletion

Die Signalisierung, ob ISSY verwendet wird oder nicht erfolgt über den Baseband Header. Anschließend folgt der Block „Null Packet Deletion". Dieser Block ist optional und wird nur verwendet, wenn als Eingangsstrom ein MPEG-2-Transportstrom anliegt. Ein MPEG-2-Transportstrom enthält Null-Pakete, die auf der PID=0x1FFF, also auf der höchsten PID laufen. Diese Pakete tragen keine Nutzdaten, sondern stopfen den Transportstrom lediglich auf eine konstante Gesamtdatenrate auf. Ziel des Verarbeitungsblocks „Null Packet Deletion“ ist es, diese Nullpakete aus dem Transportstrom zu entfernen; Null-Pakete sind quasi unnötiger Ballast, der nicht übertragen werden muss. Die Null-Pakete müssen aber so entfernt werden, dass der Empfänger diese dem Transportstrom wieder in richtiger Anzahl und an der richtigen Position zusetzen kann. Hierzu wird nun nach jedem Transportstrompaket (nach dem ISSY-Feld oder falls keines vorhanden ist, direkt nach dem Transportstrompaket) ein DNP-Byte eingefügt. Im DNP=Delete Null Paket-Feld wird die Anzahl der vor diesem Paket entfernten Null-Pakete eingetragen. Steht im DNP-Feld der Wert Null, so wurden vor diesem Transportstrom-Paket keine Null-Pakete entfernt. Parallel zum Entfernen der Null-Pakete wird hierzu ein Null-Paket-Zähler mitgeführt, der bei jedem Entfernungsvorgang inkrementiert wird. Nach dem nächsten Transportstrom-Paket, das kein Null-Paket ist, wird der Zählerstand dann in das DNP-Feld dieses „echte Daten“ tragenden Transportstrom-Paketes eingetragen und der Zähler zurückgesetzt. Erreicht der DNP-Zähler den Höchststand von 255, so wird dieser Wert in das DNP-Feld des nächsten Transportstrom-Paketes eingetragen und dieses auch übertragen, auch wenn es ein Null-Paket ist. Daraufhin wird der DNP-Zähler ebenfalls zurückgesetzt.

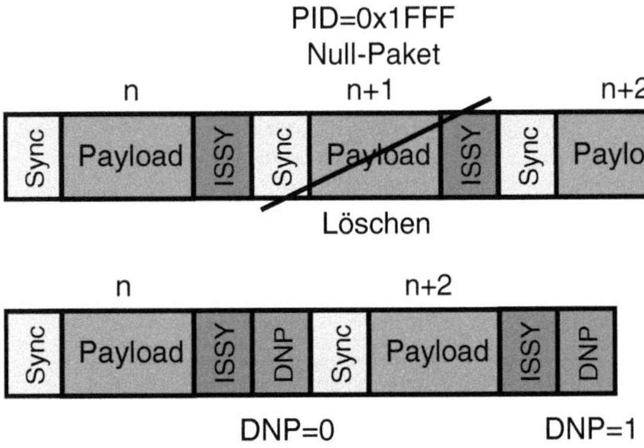

Abb. 36.14. Löschen von Null-Paketen

Wie auch beim Single Input Stream folgt dann das Einfügen der CRC-8-Checksum und des Baseband Headers. Die Funktionsweise dieser beiden Blöcke wurde schon im Abschnitt „Single Input Stream“ beschrieben.

Der nächste Block „Stream Adaptation“ fasst dann alle im Mode Adpatation Block vorbereiteten Ströme zusammen. Je nach Standard DVB-S2, DVB-T2 und DVB-C2 heißt der Block, der die Ströme zusammengefasst dann entweder Merger oder Scheduler. Auch unterscheidet sich der Block „Stream Adaption“ im Detail bei diesen Standards ein bisschen. In diesem Abschnitt sollte nur auf die Gemeinsamkeiten aller Standards eingegangen werden. Die Details und Unterschiede werden später beschrieben.

Wie auch beim „Single Input Stream“ folgt das Padding und der Baseband Scrambler. Auch diese beiden Blöcke sind bereits im Kapitel „Single Input Stream“ beschrieben worden.

Nun sind die Datenströme vorbereitet für den nun folgenden Signalverarbeitungsblock „Bit Interleaved Coding and Modulation“ (BICM), der sich aber bei den verschiedenen Standards deutlich unterscheidet und im jeweiligen Kapitel DVB-S2, DVB-T2 und DVB-C2 erläutert wird.

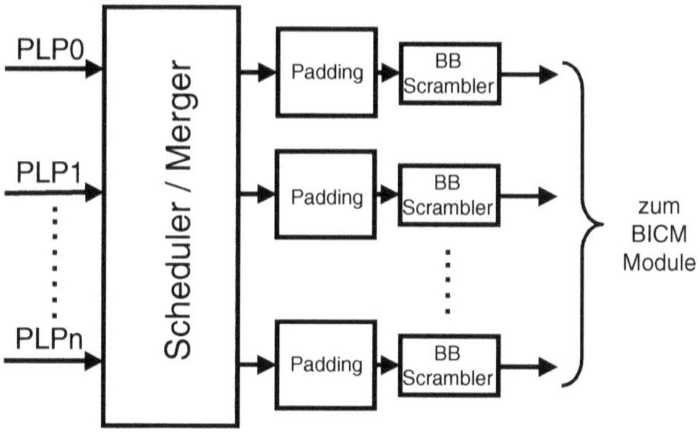

Abb. 36.15. Stream Adaptation bei Multiple PLP

36.3 Standardspezifische Besonderheiten

Es wird nun noch kurz auf standardspezifische Besonderheiten bei der Eingangssignalverarbeitung von DVB-S2, DVB-T2 und DVB-C2 eingegangen. Weitere Details finden sich aber dann im jeweiligen Hauptkapitel DVB-S2, DVB-T2 und DVB-C2.

36.3.1 DVB-S2

Die Signalverarbeitung bei DVB-S2 entspricht ziemlich genau dem, was in diesem Kapitel beschrieben wurde. Das Datenformat „Generic Encapsulated Stream“ war zum Zeitpunkt der Fixierung des DVB-S2-Standards noch nicht definiert. Auch der Begriff PLP = Physical Layer Pipe taucht im DVB-S2-Standard noch nicht auf. Hier spricht man dann einfach von

Multiple Input Streams. Der Signalverarbeitungsteil im Block „Stream Adaptation“ wird bei DVB-S2 mit „Merger/Slicer“ bezeichnet. Bisher ist die Betriebsart „Multiple Input Streams“ noch in keiner DVB-S2-Applikation aufgetaucht.

36.3.2 DVB-T2

Bei DVB-T2 wurde zum ersten Mal der Begriff PLP = Physical Layer Pipe verwendet. Und bei DVB-T2 wird der Multiple Input Mode als Mode B bezeichnet und auch Anwendung finden. Gerade die Möglichkeit nun Inhalte hierüber verschieden robust und mit verschieden Datenraten übertragen zu können, wird verwendet werden und heißt dort VCM = Variable Coding and Modulation.

Im Stream Adaptation Block finden sich weitere Verarbeitungsschritte wie

- Dynamic Scheduling Information,
- Frame Delay und
- In-band Signalling.

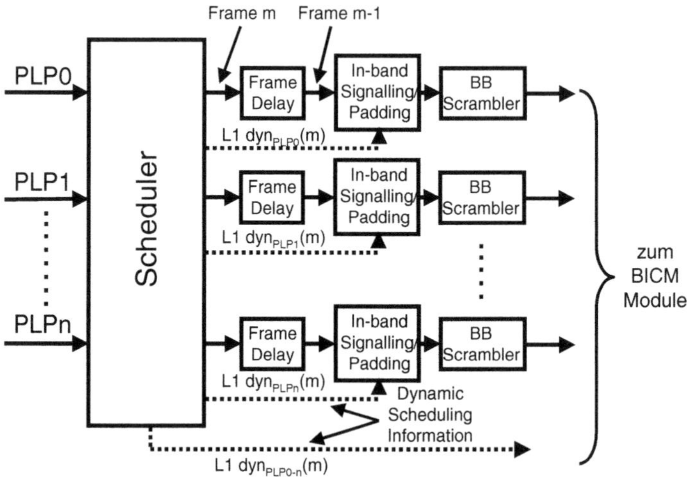

Abb. 36.16. Stream Adaptation Block bei DVB-T2

Das Padding-Feld kann anstelle von Stopfdaten auch In-band Signalling Daten enthalten. Hierüber kann eine dynamische Layer 1 – (L1) – Signalisierung für nachfolgende Frames erfolgen. D.h. es können hierüber z.B.

Modulationsparameter und Fehlerschutz dynamisch signalisiert und verändert werden. Da sich die Signalisierungsinformation auf nachfolgende Frames bezieht, benötigt man in jedem PLP-Pfad einen Frame Delay Block.

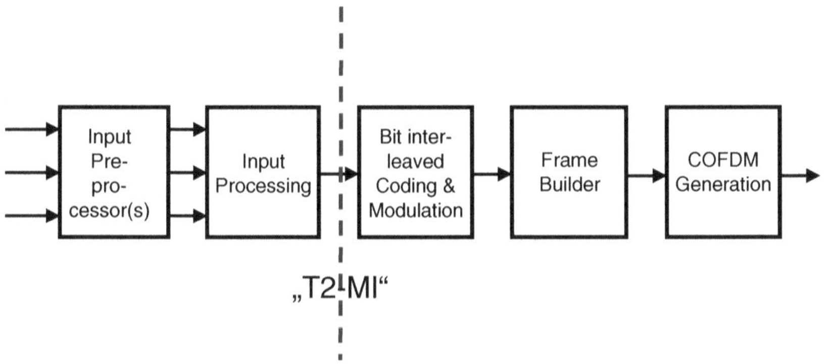

Abb. 36.17. Schnittstelle zwischen DVB-T2-Multiplexer und Modulator

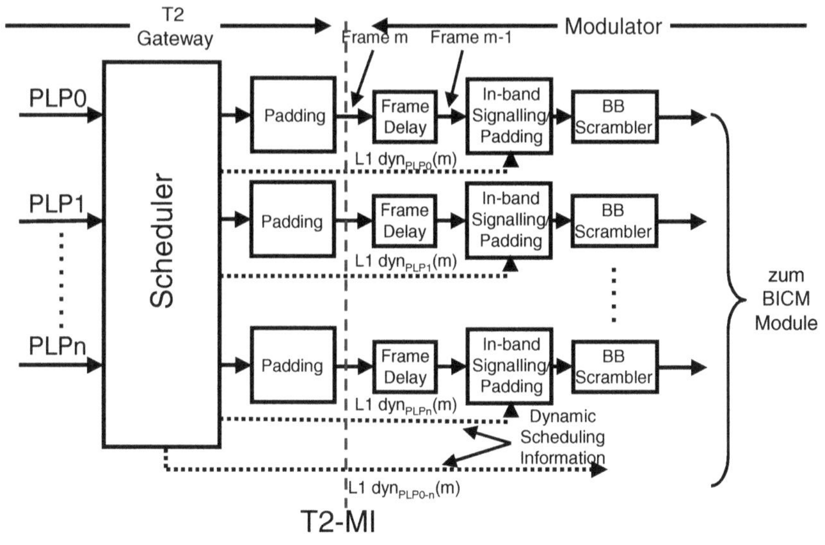

Abb. 36.18. Exakte Schnittstelle zwischen DVB-T2-Multiplexer und Modulator

Da mit DVB-T2 auch Gleichwellennetze gebildet werden sollen, müssen diese Multiple Input Streams zu allen Modulatoren komplett synchron zugeführt werden. Dies wäre niemals über n Zuführungsleitungen möglich.

Deshalb werden die PLP's außerhalb des Modulators im sog. DVB-T2-Multiplexer/DVB-T2 Gateway zusammengefasst. Hierzu wurde eine eigene Schnittstelle definiert, nämlich das DVB-T2-Modulator Interface, kurz „T2-MI".

Die Schnittstelle zwischen DVB-T2-Multiplexer oder DVB-T2 Gateway und Modulator befindet sich im Prinzip zwischen dem Signalverarbeitungsblock Input Processing und Bit Interleaved Coding and Modulation. Im T2-MI-Signal sind alle PLP's enthalten. Es wird dem DVB-T2-Modulator nur ein einziges spezielles Eingangssignal zugeführt. Exakt sitzt die T2-MI-Schnittstelle nach dem Scheduler. Das Padding erfolgt aber noch im DVB-T2 Gateway.

Für das DVB-T2-Modulator-Interface „T2-MI" wurde eine eigene Paket-Struktur definiert, nämlich T2-MI-Pakete mit Header und Nutzlast. Nach dem Nutzlastfeld wird dann mit Bits noch soweit aufgestopft, dass sich insgesamt eine ganzzahlige Anzahl an Bytes ergibt. Am Ende folgt dann eine CRC-32 Checksum. Im T2-MI-Header gibt es folgende Bestandteile:

- Packet Type (8 Bits)
- Packet Count (8 Bits)
- Superframe Index (4 Bits)
- Reserved for future use (12 Bits)
- Payload Length (16 Bits).

Über den Packet Type wird signalisiert, welche Daten gerade im Payload-Feld übertragen werden.

Tabelle 36.1. Packet Type im T2-MI-Header

T2-MI Packet Type	Beschreibung
0x00	Baseband Frame
0x01	Auxilliary Stream I/Q Data
0x10	L1 Current
0x11	L1 Future
0x20	DVB-T2 Timestamp
0x21	Individual Addressing
0x30	FEF Part: Null
0x31	FEF Part: I/Q Data
Alle anderen Werte	Reserved for future Use

Packet Count ist ein Zähler der kontinuierlich und Nutzlast-unabhängig einfach immer um eins von T2-MI-Paket zu T2-MI-Paket inkrementiert wird. Der Zähler läuft von 00 bis FF und beginnt dann wieder bei 00. Über

Packet Count kann am Modulator-Eingang festgestellt werden, ob z.B. Pakete verloren gegangen sind.

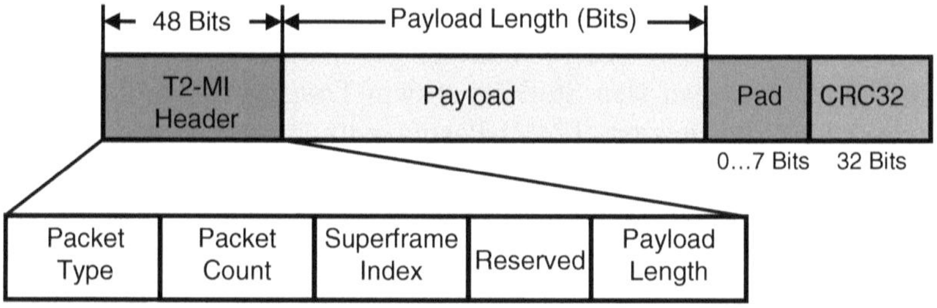

Abb. 36.19. T2-MI Paket-Struktur

Der Superframe Index ist konstant für alle T2-MI-Pakete, die zum gleichen Superframe gehören. Die „reserved for future use"-Bits haben momentan keine Bedeutung. Über Paylaod Length wird die Länge den Paylaod-Anteils in Bits signalisiert.

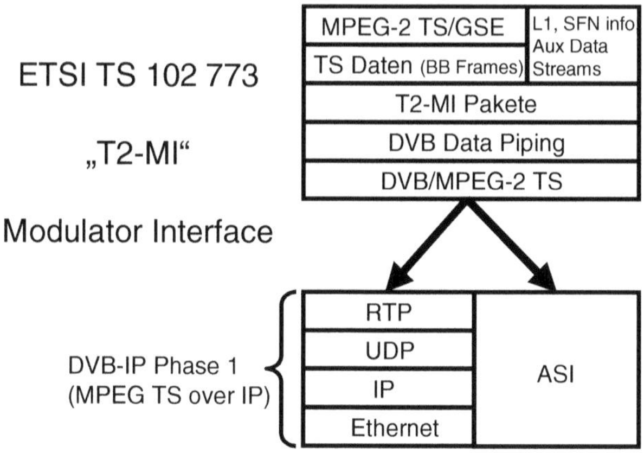

Abb. 36.20. physikalische T2-MI-Schnittstelle

Physikalisch werden die T2-MI-Pakete über DVB-Data Piping in MPEG-2 Transportstrom-Pakete verpackt; d.h. die T2-MI-Packete werden in 184 Byte lange Stücke zerschnitten und dann in den Nutzlast-Anteil der MPEG-2-Transportstrom-Pakete gesteckt. Um die Transportstrom-Schnittstelle besonders effektiv auszunutzen, ist vorgesehen mit einem Pointer-Feld unmittelbar nach dem Transportstrom-Header zu arbeiten, ähnlich wie bei MPEG-2-Sections. Ist der Transport Error Indicator im TS-

Header auf Eins gesetzt, so markiert er bei der T2-MI-Einbettung den Beginn eines neuen T2-MI-Paketes im Nutzlastanteil des Transportstrom-Paketes. Es kann zu Beginn aber noch der Rest des vorhergehenden T2-MI-Pakets im TS-Paket übertragen werden. Der Pointer zeigt dann auf den Beginn des nächsten T2-MI-Paketes im Nutzlast-Anteil des TS-Paketes. Damit spart man sich Stuffing in dem Transportstrom-Paket, das den Ende-Anteil des letzten T2-MI-Pakets enthält und gewinnt somit Übertragungskapazität in der Zuführungsstrecke.

Als Schnittstellen-Typ ist dann entweder TS-ASI oder DVB-IP vorgesehen. Die Gigabit-Ethernet-Schnittstelle setzt sich als TS-Schnittstelle immer mehr durch, somit macht es Sinn, beide zur Zeit sehr populären TS-Schnittstellen TS-ASI und DVB-IP als physikalische Schnittstelle für T2-MI vorzusehen. Somit kann bestehende TS-Infrastruktur auch für die Verteilung von T2-MI-Signalen verwendet werden.

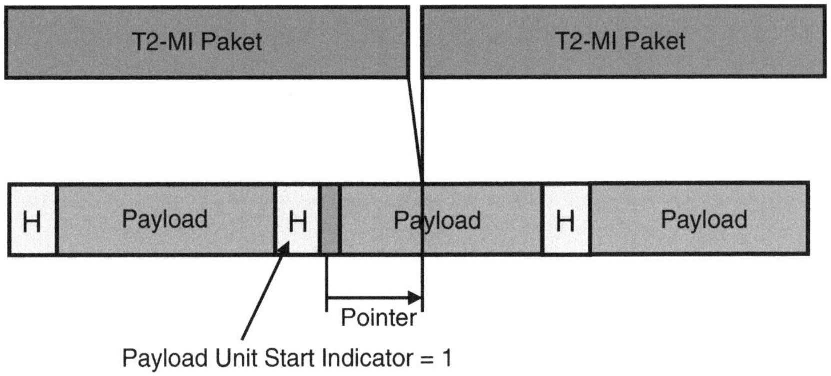

Abb. 36.21. Data Piping: T2-MI-Pakete werden in MPEG-2-Transportstrom-Paketen übertragen

Über T2-MI werden die Baseband-Frames (die eigentlichen Nutzdaten der verschiedenen PLPs), die Konfigurationsdaten der DVB-T2-Modulatoren (sog. Layer 1-Signalling, also z.B. OFDM-Mode, Modulationsarten, Fehlerschutz, usw.), sowie die Timestamps zur Synchronisation der DVB-T2-Gleichwellennetze vom T2-Gateway zu den Senderstandorten übertragen. Weitere Details wie Auxilliary Data und Future Extension Frames werden im Kapitel DVB-T2 beschrieben, da hierzu vorher mehr DVB-T2-Wissen nötig ist.

Bei DVB-T2 gibt es noch weitere Besonderheiten. Es gibt zunächst auch den Begriff einer Common PLP. Dies ist eine Physical Layer Pipe, die Information für mehrere PLP trägt. Im Mode Adaptation Block findet man noch den Schaltungsteil Compensating Delay. Hier werden Laufzeitausgleiche zwischen den PLP's vorgenommen. Zusammen mit dem ISSY-Block kann hier eine Common PLP auf die anderen PLP's aufsynchronisiert werden. Die Synchronisation zwischen den PLP's ist zwar damit auch möglich, jedoch erscheint dies aus heutiger Sicht eher als nicht relevant. Bisher gab es nur wenige Ansätze, in denen mehrere PLP's in Betriebsnetzen zum Einsatz kommen, zumindest nicht in der ursprünglich geplanten Idee; die meisten DVB-T2-Netze arbeiten mit einer einzigen PLP.

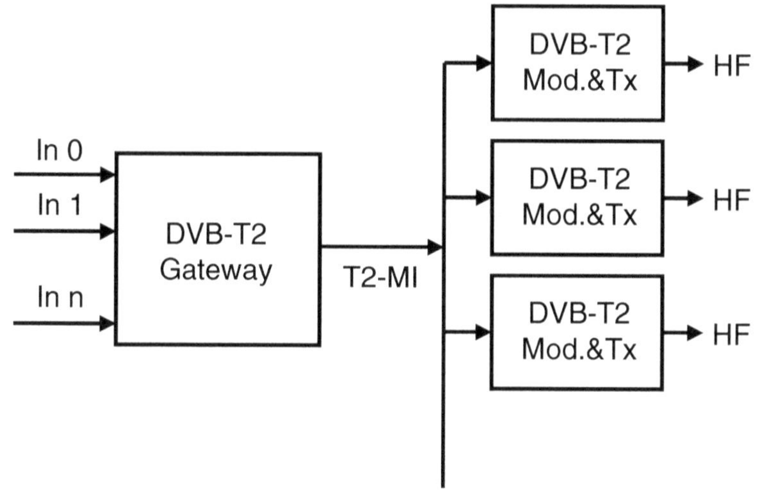

Abb. 36.22. DVB-T2-Netzwerk mit DVB-T2-Gateway und DVB-T2-Modulatoren und -Sendern

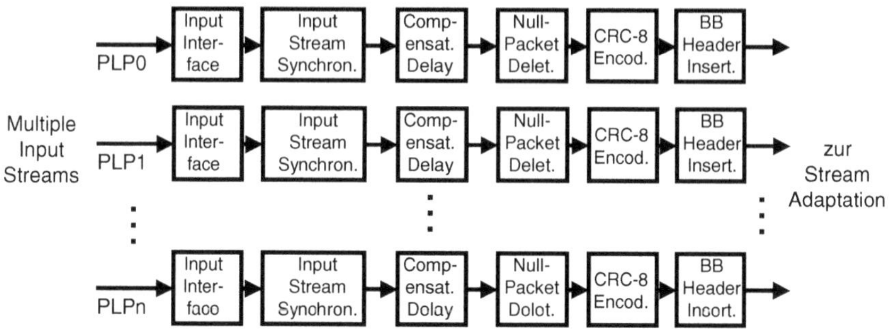

Abb. 36.23. erweiterter Mode Adaptation Block bei DVB-T2

Des Weiteren ist bei DVB-T2 auch ein Normal Mode (NM) und ein High Efficiency Mode (HEM) definiert worden. Beide Modes betreffen nur die Eingangssignalverarbeitung. Zum Normal Mode ist eigentlich nichts weiter zu sagen. Er entspricht genau dem Besprochenen. Der NM ist auch der zu DVB-S2 kompatible Mode. Der Normal Mode gilt für alle vier Eingangssignalformate.

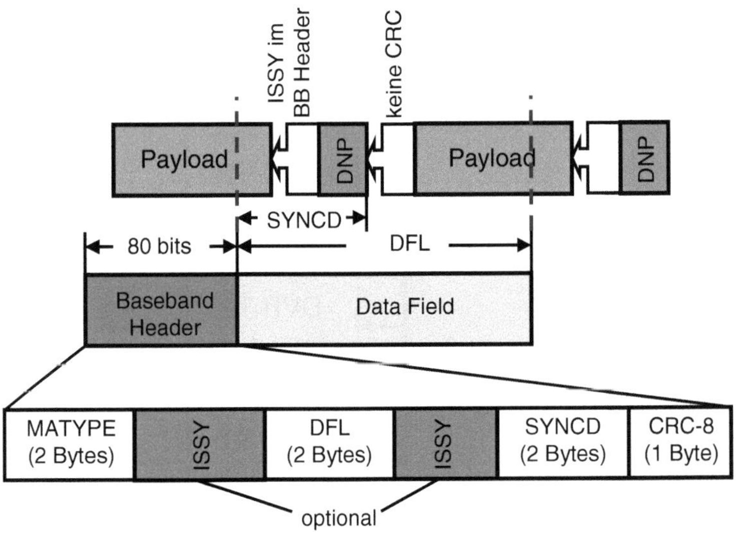

Abb. 36.24. High Efficiency Mode bei DVB-T2 und TS

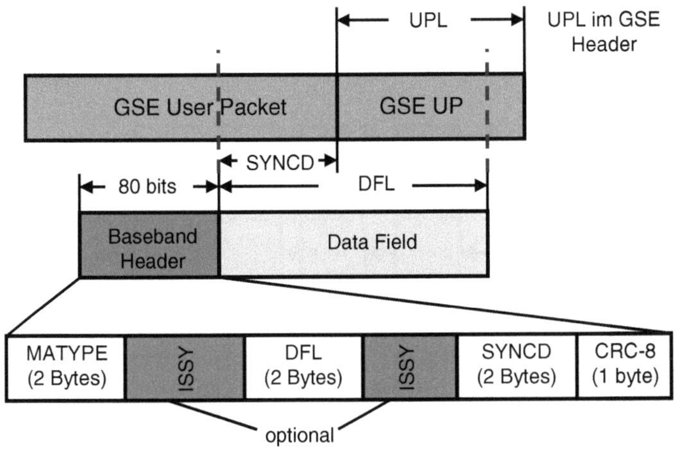

Abb. 36.25. High Efficiency Mode bei DVB-T2 und GSE

Der High Efficiency Mode beschränkt sich nur auf TS und GSE. Im High Effiency Mode wird keine CRC-8 gebildet und übertragen. Außerdem erfolgt der Transport des ISSY-Felds im Baseband Header und zwar in den nun freien Feldern UPL und SYNC. Beides SYNC und UPL sind bei den Signalformaten TS (Sync = 0x47 und UPL=188 Byte) und GSE bekannt, bzw. bei GSE schon im GSE-Header signalisiert (UPL). Somit können hier nochmals ein paar Byte gespart werden.

36.3.3 DVB-C2

Die DVB-C2-Signalverarbeitung entspricht ziemlich genau dem in diesem Kapitel besprochenen Ablauf. DVB-C2 spricht ebenfalls von PLP's. In DVB-Dokument A169 [DVB-A169] wurde 2014 ein C2-Modulator-Interface („C2-MI") definiert. Das C2-MI definiert eine Signalschnittstelle zwischen dem C2-OFDM-Signalverarbeitungsblock und den Signalverarbeitungsblöcken davor. Die C2-MI-Pakete haben ähnliche Struktur wie T2-MI-Pakete und werden ebenfalls für den Transport in Transportstrompakete über Data-Piping verpackt. Das physikalische Interface ist hierbei wie bei T2-MI auch entweder TS-ASI oder DVB-IP. Auch bei DVB-C2 gibt es den Normal Mode (NM) und High Efficiency Mode (HEM).

36.3.4 DVB-S2X

Bei DVB-S2X kann ein „großer" Eingangsdatenstrom, typischerweise ein MPEG-2-Transportstrom mit mehreren Ultra High Definition TV-Programmen im statistischen Multiplex auf mehrere Transponder aufgeteilt übertragen werden („Channel Bonding", „Kanalbündelung").

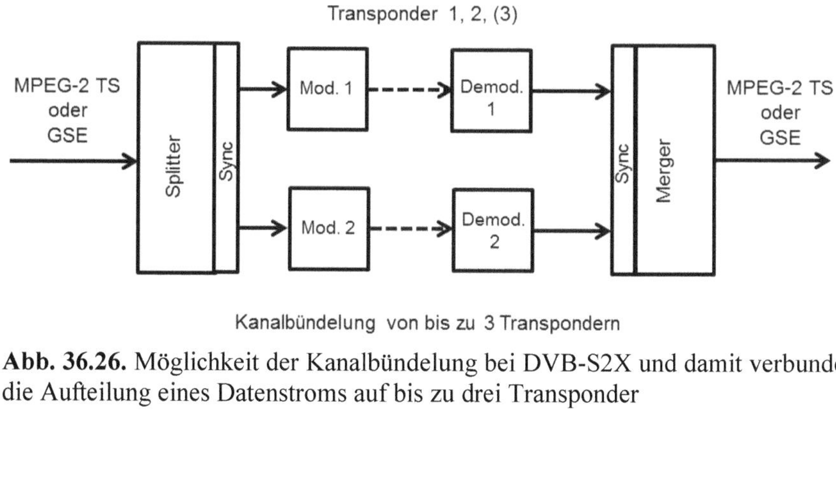

Abb. 36.26. Möglichkeit der Kanalbündelung bei DVB-S2X und damit verbunden die Aufteilung eines Datenstroms auf bis zu drei Transponder

Dazu ist es nötig, die Datenströme für die bis zu drei DVB-S2X-Transponder so aus dem „großen“ Eingangsdatenstrom zu gewinnen, dass diese hinterher synchron wieder im Empfänger zu einem gemeinsamen wieder „großen“ Ausgangsdatenstrom zusammengeführt werden können. Hierzu werden den einzelnen Datenströmen für die bis zu drei Transponder Synchronisationssignale mit auf die Reise gegeben. Die Bildung einen „großen“ MPEG-2-Transportstroms erscheint bei UHDTV-Applikationen nötig, damit eine ausreichende Anzahl an Programmen, bzw. Services zu einem statischen Multiplex-Bündel zusammengestellt werden können, um damit einen vernünftigen Stat-MUX-Gewinn zu erzielen.

Literatur: [EN303307], [TR102376], [EN302755], [A138], [TS102773], [TS102606], [TS102771], [A133], [DVB-A83-2] [DVB-A169]

37 DVB-T2

Bei DVB-T2 – der „Second Generation Digital Terrestrial Video Broadcasting“ [DVB A122r1], [ETSI EN 302755] handelt es sich um einen komplett neuen DVB-T-Standard. Ebenso wie DVB-T(1) wurde DVB-T2 v.a. von der BBC gepuscht. In UK sollte damit die terrestrische HDTV-Versorgung in Verbindung mit MPEG-4-Quellencodierung forciert werden. Ziel von DVB-T2 war ursprünglich eine um ca. mindestens 30% bis 50% höhere Nettodatenrate gegenüber DVB-T(1). Tatsächlich werden damit teilweise sogar noch höhere Datenratenverbesserungen realisiert.

37.1 Einführung

Bei DVB-T2 wird wie bei DVB-T(1) als Modulationsverfahren ebenfalls COFDM verwendet, jedoch mit geänderten und erweiterten Konstellationsdiagrammen. Als Fehlerschutz dient wie bei DVB-S2 die BCH-Codierung im äußeren Fehlerschutz, sowie die LDPC-Codierung im inneren Fehlerschutz mit nachfolgendem Bit-Interleaving.

Die komplette FEC-Rahmenstruktur entspricht der Rahmenstruktur von DVB-S2. Die LDPC-Codierung ist schon seit den 1960er Jahren bekannt (Low Density Parity Check Codes), erfordert aber sehr viel mehr Rechenleistung im Empfänger und kann erst seit etwa 2002 aufgrund der nun verfügbaren Chiptechnologien realisiert werden. Seit dem Frühjahr 2006 bis März 2008 fanden sieben mehrtägige DVB-T2-Meetings statt. Beim Meeting im März 2008 wurde ein vorläufiges Papier verabschiedet, das von der ETSI im Mai 2008 als Draft veröffentlicht und später zum Standard erhoben wurde. Im Herbst 2008 erschienen dann die Implementation Guidelines und das T2-MI = T2-Modulator Interface. Für viele Länder kam dann DVB-T2 zu früh oder zu spät – je nach Betrachtungsweise -, da in diesen Ländern bereits DVB-T eingeführt wurde und ein Umstieg auf DVB-T2 zum Erscheinungszeitpunkt nicht angebracht gewesen wäre, bzw. keine Akzeptanz gefunden hätte. In 2010 wurden in UK die ersten DVB-T2-Netze in Betrieb genommen, gefolgt von Italien und vielen Feldversuchen. Ab 2010 gingen eigentlich nur noch DVB-T2-Netze (mit Ausnahme von

ISDB-T-Netzen in vielen Ländern in Südamerika oder DTMB-Netzen in China) in Betrieb, so z.B. in Südafrika, Russland. In vielen Ländern steht die Umstellung von DVB-T(1) auf DVB-T2 bevor, so z.B. in Deutschland ab 2017. Die Einführungsszenarien von DVB-T2 kann man im Prinzip unterteilen

- in Länder, die bereits DVB-T betreiben
- in Länder, die noch komplett analoges Fernsehen betreiben und
- in Länder, die zusätzliche neue Applikationen einführen wollen, die mit DVB-T nicht realisierbar sind.

Neue Applikationen sind z.B. Applikationen in nun freien Frequenzbereichen, die für DAB vorgesehen waren oder sind.

Tabelle 37.1. Theoretische maximale Kanalkapazität eines 8 MHz breiten TV-Kanals

SNR[dB]	Theor. max. Kanalkapazität [Mbit/s]	Bemerkung
10	26.7	
12	32	Schlechter portabler Indoor-Empfang
15	40	Portabler Indoor-Empfang
18	48	Guter portabler Indoor-Empfang
20	53.3	Schlechter Empfang mit Außenantenne
25	66.7	Guter Dachantennenempfang
30	80	Sehr guter Dachantennenempfang

37.2 Theoretische maximale Kanalkapazität

Bevor jedoch die Details des DVB-T2-Standards diskutiert werden, werden zunächst die theoretischen Grenzen des terrestrischen Übertragungskanals betrachtet. Basis hierfür soll ein 8 MHz breiter Kanal sein. Und es sollen hierbei verschiedene Empfangsbedingungen von Portabel Indoor bis Fixed Antenna Outdoor betrachtet werden, mit Eigenschaften, wie sie von DVB-T bekannt sind.

Das Shannon-Limit drückt die theoretisch maximal mögliche Datenrate näherungsweise über folgende Formel aus, wenn der Störabstand bei oder über 10 dB liegt:

C = 1/3 · B · SNR;
mit C = Kanalkapazität (in Bit/s);
mit B = Bandbreite (in Hz);
mit SNR = Störabstand (eingesetzt in dB);

Ein 8 MHz breiter terrestrischer TV-Kanal bietet folgende theoretische maximale Kanalkapazitäten wie in Tabelle 37.1 aufgelistet.
Die Datenraten in einem 8 MHz-DVB-T-Kanal liegen bei Netzen, die für portable Indoor-Empfangsbedingungen ausgelegt wurden, häufig bei

13.27 Mbit/s (16QAM, CR = 2/3, g= 1/4, SFN, Grenz-SNR = 12 dB)

und bei DVB-T-Netzen, die für Dachantennenempfang geplant wurden, meist bei

22.39 Mbit/s (64QAM, CR = 3/4, g=1/4, SFN, Grenz-SNR = 18 dB).

Das Ziel bei DVB-T2 war es, mindestens 30 bis 50% (70%) höhere Datenraten zu erreichen. Ohne den DVB-T2-Standard zu kennen, kann also erwartet werden, dass bei vergleichbaren Bedingungen nun folgende Datenraten erreichbar sind:

Portabler Indoor-Empfang (SFN, langes Guard Interval):

17.3 bis 19.9 Mbit/s (22.6 Mbit/s)

Dachantennenempfang (SFN, langes Guard Interval):

29.1 bis 33.6 Mbit/s (38.1 Mbit/s).

Alleine der Fehlerschutz bringt schon 30 % Datenratengewinn. Zusätzliche DVB-T2-Features sind

- der 16K- und 32K-Mode
- der Extended Carrier Mode
- die 256QAM
- die rotated Q-delayed Konstellationsdiagramme.

37.3 DVB-T2 - Übersicht

Die wesentlichen Kernparameter von DVB-T2 sind:

- Mehrere MPEG-2-Transportstromeingänge oder ggf. Generic-Ströme als Basisbandsignale (bis zu 255)
- ca. mindestens 30% höhere Nettodatenrate v.a. aufgrund des schon bei DVB-S2 verwendeten verbesserten Fehlerschutzes BCH+LDPC
- Kompatibilität mit dem Frequenzplan Genf 2007 (Bandbreiten 8, 7, 6 MHz)
- zusätzliche Bandbreiten 1.7 MHz und 10 MHz
- stationäre, aber auch mobile Applikationen
- COFDM
- 1K, 2K, 4K, 8K, 16K und 32K-Mode
- Guard Interval 1/4, 1/8, 1/16, 1/32, 19/256 und 1/128
- Modulationsschema QPSK, 16QAM, 64QAM und 256QAM
- „gedrehte", Q-delayed „rotated" Konstellationsdiagramme
- HF-Frame-Struktur mit P1 und P2-Symbol zu Beginn des Frames
- flexible Pilotstruktur mit festen und verteilten Piloten
- PAPR-Reduktion = Peak to Average Power – Reduktion, also Reduktion des Crest-Faktors (2 verschiedene Methoden)
- variable Codierung und Modulation (Wechsel der Übertragungsparameter im Betrieb möglich)
- Time Interleaving
- Time Slicing
- optional MISO-Prinzip (Multiple Input, Single Output)
- eingebaute FEF's = Future Expansion Frames für spätere Erweiterungen
- Auxillary Data Streams als Option
- Time Frequency Slicing (TFS) im Anhang des Standards erwähnt.

Im folgenden werden nun die Details von DVB-T2 im einzelnen diskutiert.

37.4 Basisband-Interface

Das DVB-T2-Basisband-Interface sieht einen oder mehrere Dateneingänge vor. DVB-T2 ist nicht mehr nur auf MPEG-2-Transportströme fixiert, sondern sieht auch sog. Generic-Ströme als mögliche Eingangsströme vor.

Und es sind bis zu 255 Eingangsströme möglich. Es war zunächst offen, wo das Multiplexen dieser Ströme stattfinden wird. Die Antwort kam mit dem Standard „T2-MI“, dem Modulator-Interface für DVB-T2 (Abb. 37.1.). Das Zusammenfassen erfolgt im Headend bzw. Multiplex Center; dem DVB-T2-Modulator wird nur ein Datenstrom über DVB-T2-MI zugeführt. Dieser Datenstrom ist ähnlich wie der ETI-Strom bei DAB mit allen notwendigen Informationen für den Modulator (L1-Signalisierung) versehen. Er überträgt alle PLP-Baseband-Frame-Daten. Er enthält auch die Zeitstempel für die Synchronisation von Gleichwellennetzen. Das Basisbandinterface selbst ist bereits im Kapitel 36 beschrieben.

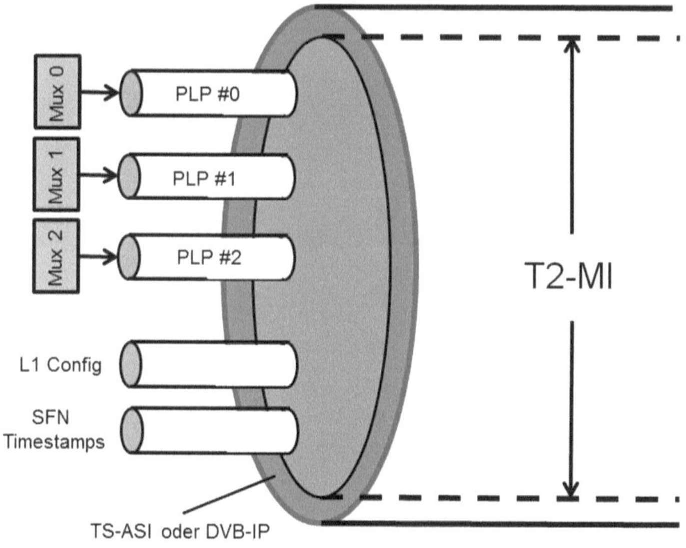

Abb. 37.1. T2-MI-Schnittstellenprotokoll

Bei DVB-T2 gibt es zwei Modes, nämlich Mode A = Single PLP und Mode B = Multiple PLP. Nur im Fall Mode A finden alle Verarbeitungsschritte im Modulator selbst statt, im Falle von Mode B ist die T2-MI-Schnittstelle kurz nach dem Scheduler.

Im Mode B kann von PLP zu PLP mit Variable Coding and Modulation (VCM) gearbeitet werden und dies kann auch dynamisch erfolgen. D.h. im nächsten DVB-T2-Frame könnten sich die Übertragungsparameter ändern und dies muss ggf. dynamisch signalisiert werden. Dies erfolgt im Padding Field des Baseband Headers. Und es gibt optional eine Common PLP, die Informationen für alle oder mehrere PLP’s beinhaltet. Im Mode B wird zusätzlich noch unterschieden zwischen dem

- HEM = High Efficiency Mode (für MPEG-2 Transport Ströme und GSE) und dem
- NM = Normal Mode (kompatibel zu DVB-S2).

Für weitere Details der Signalverarbeitung im Baseband Interface sei auf das Kapitel 36 "Basisbandsignale für DVB-x2" verwiesen.

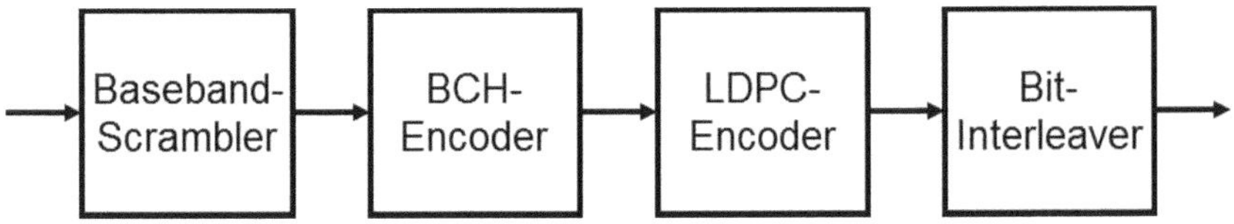

Abb. 37.2. DVB-T2-Fehlerschutz (BCH=Bose-Chaudhuri-Hoquenghem, LDPC = Low Density Parity Check Code)

37.5 Fehlerschutz

Der verbesserte Fehlerschutz (Abb. 37.2.) führt wie bei DVB-S2 zu einem SNR-Gewinn. Insgesamt rückt man somit näher an das Shannon-Limit heran. Die Nettodatenrate steigt alleine durch diese Maßnahme um 30%. Der Fehlerschutz bei DVB-T2 besteht wie bei DVB-S2 aus einem Baseband Scrambler, einem BCH-Blockcoder, einem LDPC-Blockcoder und einem nachfolgenden Bit-Interleaver. Im DVB-T2-Modulator wird wird der Basisband-Frame samt Basisband-Header und Padding-Block zunächst gescrambled (Baseband Scrambler) und dann dem FEC-Block zugeführt. Dort wird zuerst der BCH-Code hinzuaddiert. Anschließend wird dann im LDPC-Coder ein weiterer Fehlerschutz angehängt, dessen Länge von einer wählbaren Coderate abhängt. Die möglichen Coderaten sind hierbei

- 1/2
- 3/5
- 2/3
- 3/4
- 4/5 oder
- 5/6.

Coderate 1/2 bedeutet maximaler Fehlerschutz und minimale Nettodatenrate und Coderate 5/6 bedeutet minimaler Fehlerschutz und maximale Nettodatenrate.

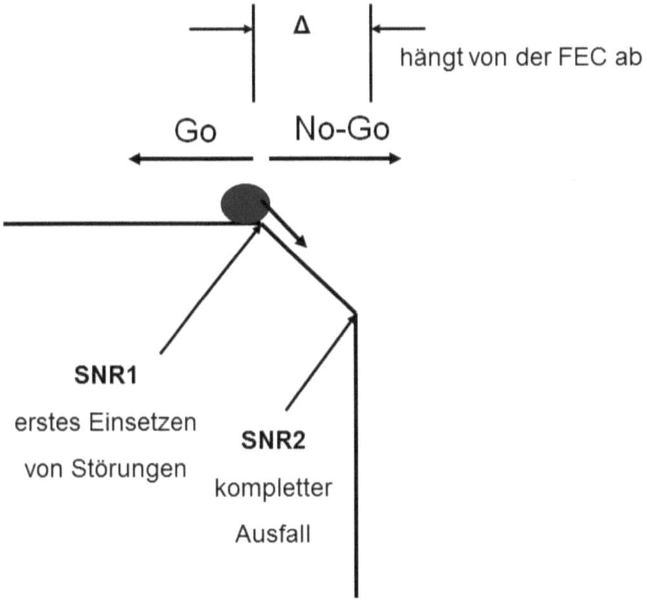

Abb. 37.3. „Fall-off-the-Cliff"

Ebenso wie bei DVB-S2 kann bei DVB-T2 mit einem kurzen (16K) oder langem FEC-Frame (64K) (Abb. 37.4.) gearbeitet werden. Die Performance-Unterschiede bezüglich des notwendigen Störabstands sind minimal und liegen im Bereich von wenigen Zehntel dB. Möglicherweise ist der kurze FEC-Frame günstiger für niedrig-datenratige Datenströme und der lange Frame besser für höher-datenratige Datenströme. Die bei DVB-T2 nun möglichen Datenraten liegen nun zwischen 7.49 Mbit/s (QPSK, CR=1/2) und 50.32 Mbit/s (256QAM, CR=5/6). Die mindest notwendigen Störabstände bewegen sich zwischen 0.4 und 25.9 dB (Tabelle 37.2 und 37.3.). Der „Fall-off-the-Cliff-Effekt" (Abb. 37.3.) ist bei DVB-T2 deutlich steiler im Vergleich zu DVB-T. Innerhalb von wenigen Hundertstel-dB-Schritten findet der Übergang vom Go- zum No-Go-Fall statt. Der Grund liegt hier bei der Verkettung zweier Block-Codes. Datenratenbeispiele sind in Tabelle 37.4. für den Fall 8 MHz-Kanal, 32K-Mode, g=1/128, PP7 aufgelistet. Andere Übertragungsparameter führen aber zu zahlreichen anderen Datenraten. Die Kombinationsmöglichkeiten sind vielfältig und würden viele Seiten füllen.

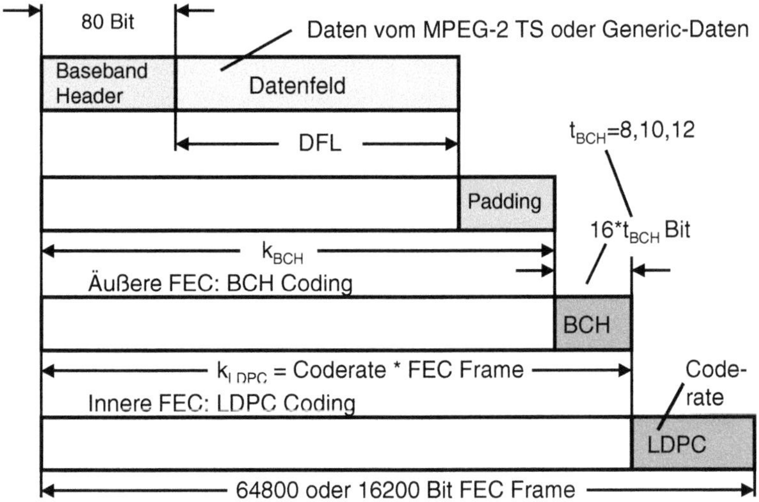

Abb. 37.4. DVB-T2-FEC-Frame

Tabelle 37.2. CNR-Grenzen für eine BER von $1 \cdot 10^{-4}$ nach LDPC, langer 64K-FEC-Frame

Modulation	Coderate	CNR Gauss Kanal [dB]	CNR Rice Kanal [dB]	CNR Rayleigh Kanal [dB]	CNR 0dB Echo Kanal @ 90% GI [dB]
QPSK	1/2	0.8	1.0	1.8	1.5
	3/5	2.1	2.4	3.4	3.0
	2/3	2.9	3.3	4.6	4.2
	3/4	3.9	4.3	5.9	5.5
	4/5	4.5	5.0	6.8	6.4
	5/6	5.0	5.6	7.2	7.2
16QAM	1/2	5.7	6.1	7.3	7.0
	3/5	7.4	7.7	9.1	8.8
	2/3	8.6	8.9	10.5	10.2
	3/4	9.8	10.3	12.2	11.9
	4/5	10.6	11.1	13.4	13.2
	5/6	11.2	11.8	14.4	14.2
64QAM	1/2	9.6	10.0	11.7	11.5
	3/5	11.7	12.1	13.8	13.6

	2/3	13.2	13.6	15.4	15.1
	3/4	14.9	15.3	17.5	17.3
	4/5	15.9	16.4	19.0	18.9
	5/6	16.6	17.2	19.9	20.1
256QAM	1/2	12.8	13.3	15.4	15.3
	3/5	15.6	16.0	18.1	18.2
	2/3	17.5	17.8	20.0	20.0
	3/4	19.7	20.2	22.5	22.5
	4/5	21.1	21.5	24.2	24.4
	5/6	21.8	22.3	25.3	25.7

Tabelle 37.3. CNR-Grenzen für eine BER von $1 \cdot 10^{-4}$ nach LDPC, kurzer 16K FEC-Frame

Modulation	Coderate	CNR Gauss Kanal [dB]	CNR Rice Kanal [dB]	CNR Rayleigh Kanal [dB]	CNR 0dB Echo Kanal @ 90% GI [dB]
QPSK	1/2	0.4	0.7	1.5	1.2
	3/5	2.2	2.4	3.5	3.2
	2/3	3.1	3.4	4.7	4.4
	3/4	4.0	4.5	6.0	5.7
	4/5	4.6	5.1	6.9	6.5
	5/6	5.1	5.7	7.8	7.4
16QAM	1/2	5.2	5.5	6.6	6.3
	3/5	7.5	7.9	9.3	9.0
	2/3	8.8	9.1	10.7	10.4
	3/4	10.0	10.5	12.4	12.1
	4/5	10.8	11.3	13.6	13.3
	5/6	11.4	12.0	14.6	14.4
64QAM	1/2	8.7	9.1	10.7	10.5
	3/5	12.0	12.4	14.2	14.0
	2/3	13.4	13.8	15.7	15.5
	3/4	15.2	15.6	17.8	17.6
	4/5	16.1	16.6	19.1	18.9
	5/6	16.8	17.4	20.3	20.3
256QAM	1/2	12.1	12.4	14.4	14.3
	3/5	16.5	16.9	18.8	18.8
	2/3	17.7	18.1	20.3	20.3
	3/4	19.9	20.4	22.6	22.7
	4/5	21.2	21.7	24.2	24.3
	5/6	22.0	22.5	25.6	25.9

Tabelle 37.4. DVB-T2-Kanalkapazität im 8 MHz-Kanal, 32K-Mode, g=1/128, PP7 (Quelle: DVB-T2-Implementation Guidelines, Februar 2009)

Modulation	Coderate	Bitrate [Mbit/s]	Frame-Länge [Symbole]	FEC Blocks pro Frame
QPSK	1/2	7.44	60	50
	3/5	8.94	60	50
	2/3	9.95	60	50
	3/4	11.20	60	50
	4/5	11.95	60	50
	5/6	12.46	60	50
16QAM	1/2	15.04	60	101
	3/5	18.07	60	101
	2/3	20.11	60	101
	3/4	22.62	60	101
	4/5	24.14	60	101
	5/6	25.16	60	101
64QAM	1/2	22.48	60	151
	3/5	27.02	60	151
	2/3	30.06	60	151
	3/4	33.82	60	151
	4/5	36.09	60	151
	5/6	37.62	60	151
256QAM	1/2	30.08	60	202
	3/5	36.14	60	202
	2/3	40.21	60	202
	3/4	45.24	60	202
	4/5	48.27	60	202
	5/6	50.32	60	202

37.6 COFDM-Parameter

DVB-T2 unterstützt die Kanalbandbreiten 1.7, 5, 6, 7, 8 und 10 MHz. Die eigentliche Signalbandbreite ist dabei wegen des Schutzbandes am unteren und oberen Ende des DVB-T2-Kanals etwas kleiner (Tabelle 37.5.). In Tabelle 37.3. sind die bei DVB-T2 möglichen CODFM-Parameter im 8 MHz-Kanal dargestellt. In Falle des 7 und 6 MHz, bzw. 1.7 und 10 MHz-Kanal (Abb. 37.5., 37.9.) müssen die Parameter entsprechend um den Faktor 7/8 bzw. 6/8 usw. angepasst werden. Wie man in Tabelle 37.3. erkennen kann, ist nicht jedes Guard Interval in jedem COFDM-Mode möglich. Bis auf eine Ausnahme (P1-Symbol) ist das Guard Interval (Abb. 37.6.) bei DVB-T2 ebenfalls ein sog. Cyclic Prefix (CP), also eine Wiederholung des Symbol-Endes in der entsprechenden Länge.

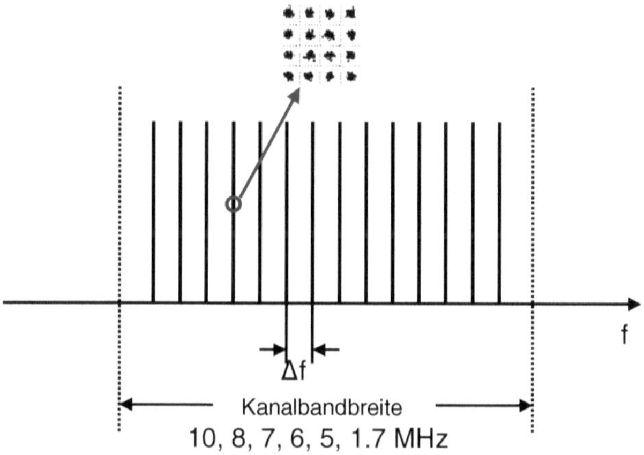

Abb. 37.5. DVB-T2-Kanal

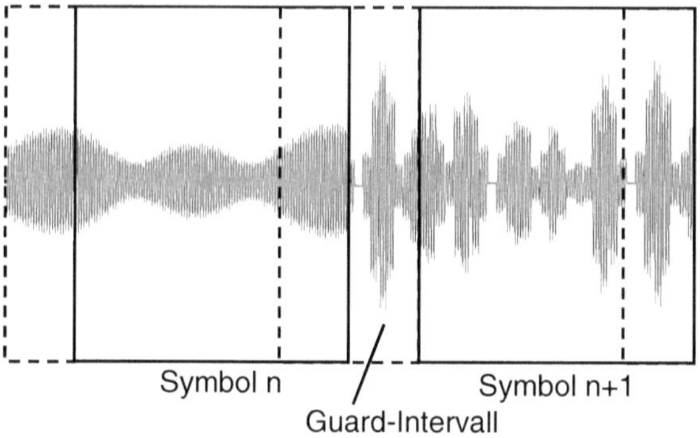

Abb. 37.6. Symbol und Schutzintervall als Cyclic Prefix (CP)

Tabelle 37.5. DVB-T2-Kanal- und Signalbandbreiten

Bandbreite [MHz]	1.7	5	6	7	8	10
Elementar-periodendauer [μs]	71/131	7/40	7/48	1/8	7/64	7/80
Signalband-breite [MHz]	1.54	4.76	5.71	6.65	7.61	9.51

Tabelle 37.6. DVB-T2-COFDM-Parameter im 8 MHz-Kanal

FFT	Symbol-Dauer [ms]	Träger-Abstand [kHz] Δf	g= 1/128	g= 1/32	g= 1/16	g= 19/256	g= 1/8	g= 19/128	g= 1/4
32K	3.584	0.279	X	X	X	X	X	X	--
16K	1.792	0.558	X	X	X	X	X	X	X
8K	0.896	1.116	X	X	X	X	X	X	X
4K	0.448	2.232	--	X	X	--	X	--	X
2K	0.224	4.464	--	X	X	--	X	--	X
1K	0.112	8.929	--	--	X	--	X	--	X

Es wurde ein 16K- und 32K-Mode vorgesehen, um bei gleicher absoluter Schutzintervall-Länge weniger zeitlichen Overhead und damit eine höhere Nettodatenrate zu erreichen (6% Overhead beim 32K-Mode, 25% beim 8K-Mode). Das längste Schutzintervall ist nun mehr als doppelt so lang wie das längste Schutzintervall bei DVB-T (0.224 ms); 0.532 ms bei DVB-T2, 32K, g=19/128 entsprechen einem maximalen Senderabstand von fast 160 km. Kleinere Signalbandbreiten (7, 6, 1.7 MHz) führen zu noch längeren Symbolen und führen damit auch zu längeren Schutzintervallen. Mit diesen Schutzintervall-Längen lassen sich landesweite Gleichwellennetze realisieren. Der 32K-Mode ist der Mode, der die längsten Symbole bietet; er hat somit den geringsten Overhead im Guard Interval, gleichzeitig sind damit die größten Gleichwellennetze realisierbar. Der 32K-Mode ist aber aufgrund des deutlich geringeren Unterträgerabstands der am wenigsten mobiltaugliche Mode. Der am besten mobiltaugliche Mode ist der 1K-Mode mit den größtem Unterträgerabstand, damit aber auch mit den kürzesten Symbolen. Er ist damit am schlechtesten tauglich für die Bildung von großen SFN's.

37.6.1 Normal Carrier Mode

Im DVB-T2-Normal Carrier Mode entsprechen die Bandbreiten des Nutzsignals in etwa den Bandbreiten von DVB-T. Zwischen dem Nutzsignalspektrum und dem Beginn des Nachbarkanals befindet sich am unteren und oberen Ende des DVB-T2-Kanals das sog. Schutzband, das bis zu etwa 200 kHz breit ist. Das Schutzband oder Guard-Band hat mehrere Aufgaben. Die wichtigste Aufgabe ist, die Nachbarkanäle (Abb. 37.6.) zu schützen. Im Schutzband müssen die Schultern des OFDM-Signals abklingen. Ein Grund für die Schultern ist die Überlagerung der Ausläufer der sin(x)/x-Funktionen jedes modulierten Einzelträgers (Abb. 37.7.). Man kann nun aber zeigen, dass die dadurch hervorgerufenen Schultern umso stärker unterdrückt werden, je mehr Träger man verwendet; d.h. der 1K-Mode weist von Haus aus höhere Schultern auf als der 32K Mode. Diese Schultern werden durch digitale Filtermaßnahmen im Modulator so gut wie möglich abgesenkt. Trotzdem kann man auch an einem sehr guten Mess-Sender zeigen, dass im Nahbereich im 32K-Mode deutlich niedrigere Schultern vorliegen als im 1K-Mode (Abb. 37.6.). Dies hat einfach mathematische Gründe. Je mehr Träger man verwendet, umso besser löschen sich die sin(x)/x-Ausläufer aus.

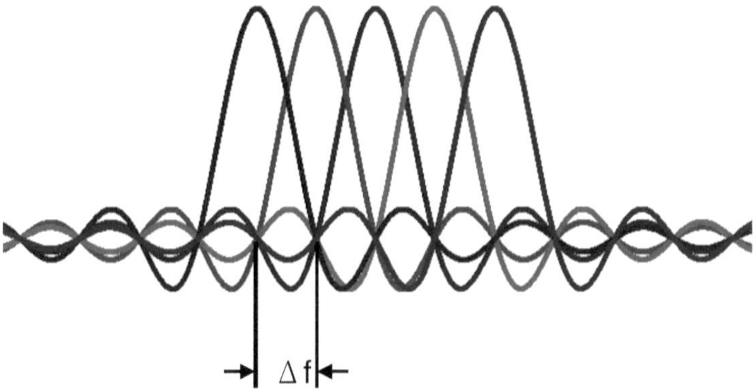

Abb. 37.7. sin(x)/x-förmige Spektren der OFDM-Träger

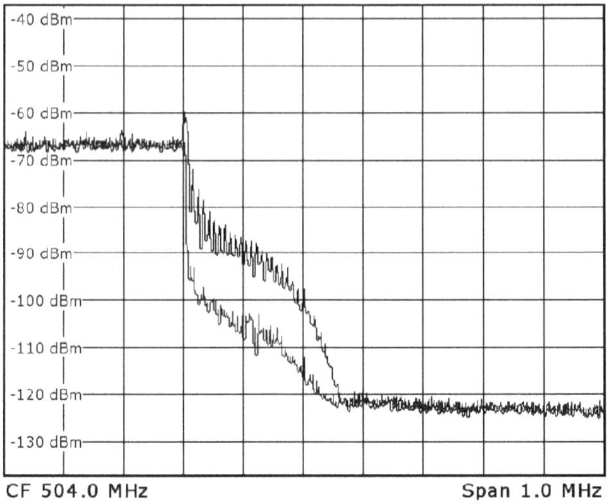

Abb. 37.8. Schultern des DVB-T2-Signals im 32K- und 1K-Mode im Vergleich

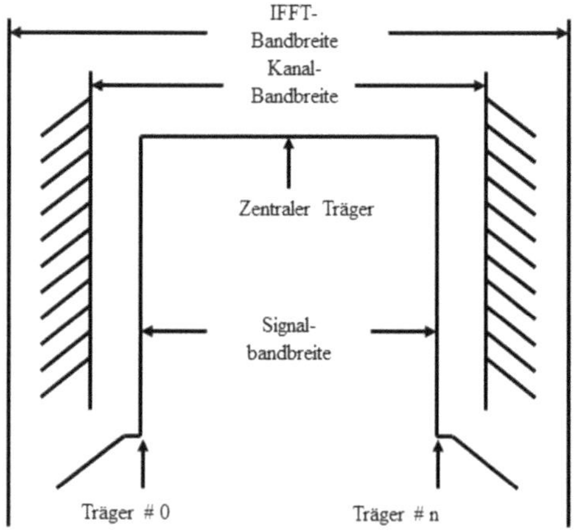

Abb. 37.9. DVB-T2-Spektrum mit Schutzbändern unten und oben

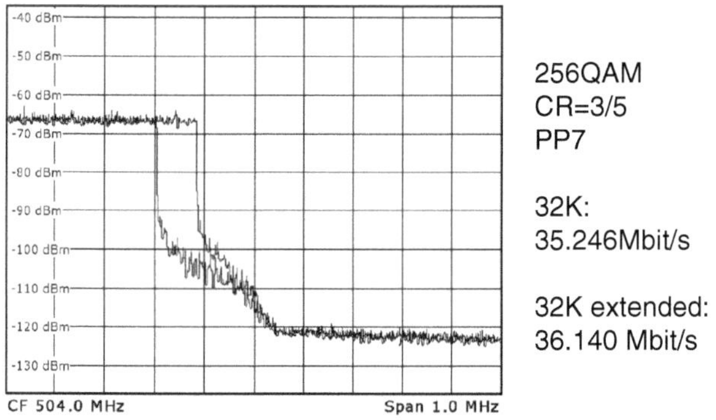

Abb. 37.10. DVB-T2-Spektrum im Normal und Extended Carrier Mode (32K)

37.6.2 Extended Carrier Mode

Da die sin(x)/x-Ausläufer und somit die Schultern bei den Modes mit mehr Trägern stärker zu den Nachbarkanälen hin abfallen, wurde bei DVB-T2 vorgesehen, ab dem 8K-Mode ein breiteres Spektrum im sog. Extended Carrier Mode zu ermöglichen. Der Vorteil ist, dass damit die Datenrate des DVB-T2-Signals ansteigt.

Deutlich ist in Abb. 37.10. und 37.11. das breitere DVB-T2-Spektrum des 32K-Modes im Extended Carrier Mode gegenüber dem Normal Carrier Mode erkennbar. Im gewählten Beispiel beträgt der Unterschied der Nettodatenrate etwa 1 Mbit/s.

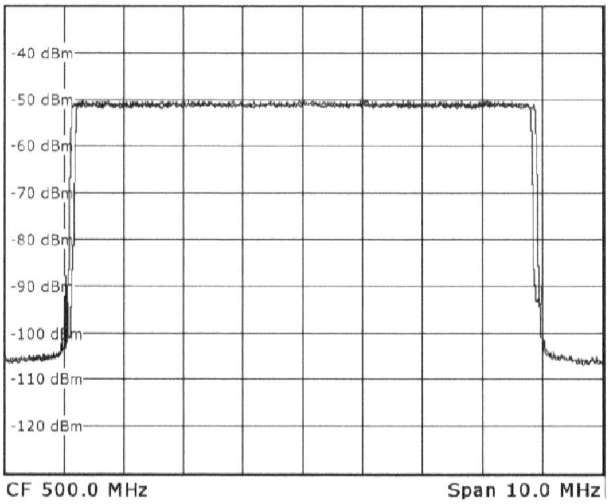

Abb. 37.11. DVB-T2-Gesamtspektrum im Normal und Extended Carrier Mode (32K)

Tabelle 37.7. DVB-T2-OFDM-Parameter im 8 MHz-Kanal

Parameter	1K Mode	2K Mode	4K Mode	8K Mode	16K Mode	32K Mode
Trägeranzahl im Normal Mode	853	1705	3409	6817	13633	27265
Trägeranzahl im Extended Carrier Mode	--	--	--	6913	13921	27265
Zusätzliche Träger im Extended Carrier Mode	0	0	0	96	288	596
IFFT	1024	2048	4096	8192	16384	32768
Symboldauer [µs]	112	224	448	896	1792	3584
Trägerabstand Δf [kHz]	8.929	4.464	2.232	1.116	0.558	0.279
Signalbandbreite im Normal Mode [MHz]	7.61	7.61	7.61	7.61	7.61	7.61
Signalbandbreite im Extended Carrier Mode [MHz]	--	--	--	7.71	7.77	7.77

37.7 Modulationsverfahren

Als Modulationsverfahren kommen bei DVB-T2 kohärente Gray-codierte QAM-Ordnungen zum Einsatz. Die bei DVB-T2 möglichen Konstellationen sind:

- QPSK
- 16QAM
- 64QAM und
- 256QAM.

Differenzielle Modulation ist bei DVB-T2 nicht vorgesehen. Die ersten drei QAM-Ordnungen entsprechen hierbei voll dem bei DVB-T eingesetzten Mapping. Eine Besonderheit ist, dass die Konstellationsdiagramme entweder ungedreht oder in einem bestimmten Winkel nach links gekippt sein können; man spricht von sog. rotated, Q-delayed Constellation Diagrams.

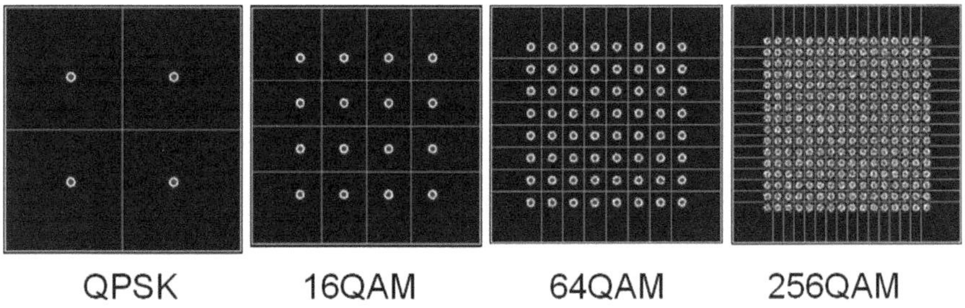

Abb. 37.12. Nicht-gekippte „normale" Konstellationsdiagramme bei DVB-T2

37.7.1 Normale Konstellationsdiagramme

Die normalen nicht-gekippten Konstellationsdiagramme entsprechen im Falle von QPSK, 16QAM und 64QAM genau den Kostellationsdiagrammen von DVB-T. Zusätzlich wurde bei DVB-T2 noch 256QAM als mögliche Konstellation definiert. Sinn macht 256QAM wegen des nun verbesserten Fehlerschutzes. Abb. 37.12. zeigt die nicht-gekippten Varianten der bei DVB-T2 möglichen Konstellationsdiagramme.

37.7.2 Begriffsdefinition „Cell“ – Zelle

Es ist nun notwendig, den Begriff einer „Cell“ – Zelle (Abb. 37.13.) zu definieren. Dieser Begriff taucht immer wieder im DVB-T2-Standard auf. So gibt es z.B. auch einen sog. Cell Interleaver. Eine Zelle ist einfach das Ergebnis des Mapping-Vorgangs eines späteren Trägers. Im Gegensatz zu DVB-T findet das Mapping nicht nach allen Interleaving-Vorgängen statt, sondern relativ früh nach dem Fehlerschutz und nach dem Bit-Interleaver. Es folgen aber dann noch der Cell-Interleaver, der Zeit-Interleaver und der Frequenz-Interleaver. Deswegen kann man das Mapping-Ergebnis noch keinem Träger zuordnen und darum wurde der Begriff „Zelle“ eingeführt. Eine Zelle ist also eine komplexe Zahl, bestehend aus einem I- und Q-Anteil bzw. einem Realteil und Imaginärteil (Abb. 37.13.).

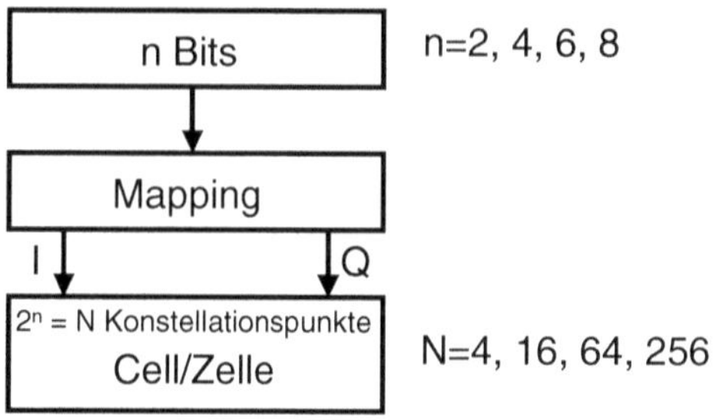

Abb. 37.13. Begriffsdefinition „Cell“ - Zelle

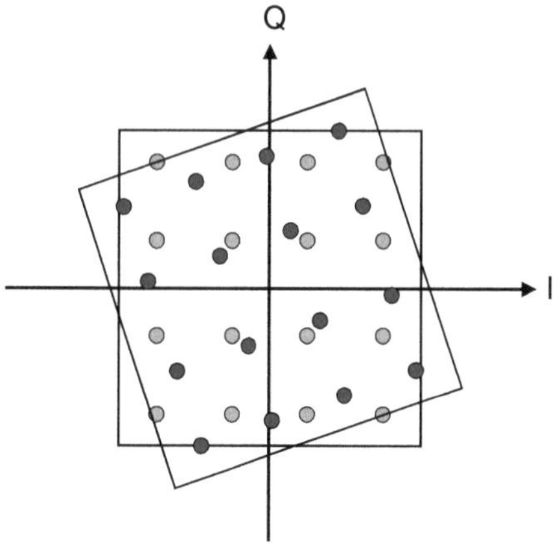

Abb. 37.14. Gekipptes Q-delayed Konstellationsdiagramm

37.7.3 Gekippte Q-delayed Konstellationsdiagramme

Wird mit gedrehten Konstellationsdiagrammen (Abb. 37.14., 37.15., „rotated Constellation Diagram") gearbeitet, so steckt die Information über die Lage eines Konstellationspunktes sowohl im I-, wie auch im Q-Signalanteil. Damit kann im gestörten Fall eine sicherere Aussage über die Lage des Konstellationspunktes getroffen werden, im Gegensatz zum nicht gedrehten Diagramm (Abb. 37.16.). Dies sollte zur besseren Decodierbarkeit beitragen. Die im Gegensatz zum nicht gedrehten Konstellationsdiagramm nun diskrete IQ-Information kann ggf. zur Soft-Decision verwendet werden. Praxistests hierzu werden in einem späteren Kapitel (Kapitel 39) diskutiert. Tabelle 37.5. listet die Drehwinkel der verschiedenen DVB-T2-Konstellationen abhängig vom QAM-Mode auf.

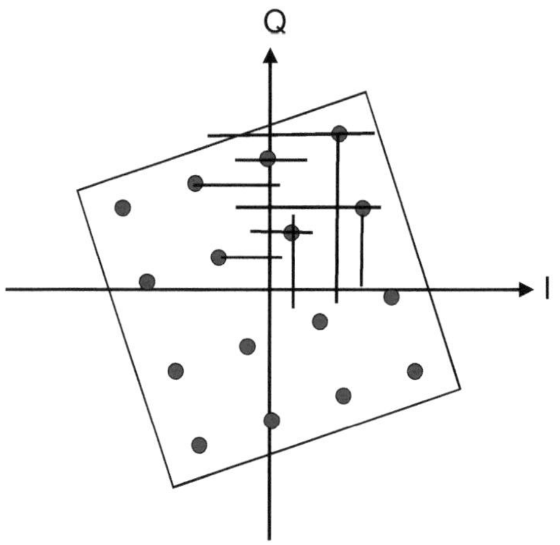

Abb. 37.15. Diskretes Abbilden der Konstellationspunkte auf der I- und Q-Achse beim gekippten Konstellationsdiagramm

Tabelle 37.8. Drehwinkel der Konstellationsdiagramme

Mod.	QPSK	16QAM	64QAM	256QAM
φ [Grad]	29.0	16.8	8.6	atan(1/16)

In Wirklichkeit ist das Ganze aber noch etwas komplexer. Der Q-Anteil wird bei gekippten Konstellationsdiagrammen nicht wie üblich auf dem gleichen Träger, oder genauer gesagt in der gleichen „Zelle" übertragen, sondern verzögert auf einem anderen Träger (Abb. 37.17. und 37.18.) oder besser auf einer anderen Zelle. Aus einer QAM entstehen dann quasi zwei

ASK = Amplitude Shift Keying Modulationen in I und Q-Richtung, die dann auf unabhängigen und in der Praxis verschieden gestörten Trägern – „Zellen“ übertragen werden und somit zur Demodulations-Sicherheit beitragen sollen.

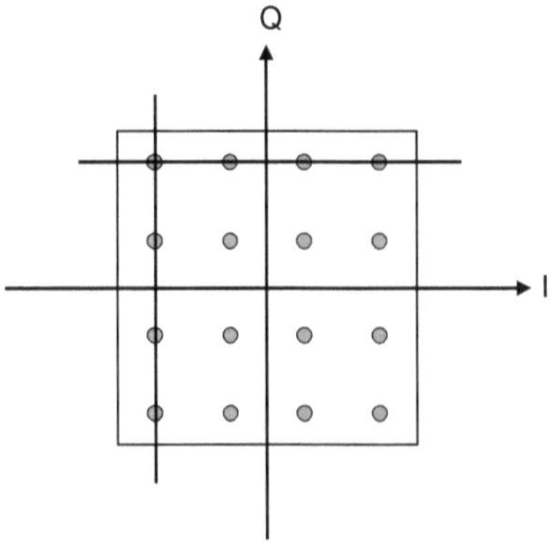

Abb. 37.16. Abbildungen der Konstellationspunkte auf der I- und Q-Achse beim nicht gekippten Konstellationsdiagramm

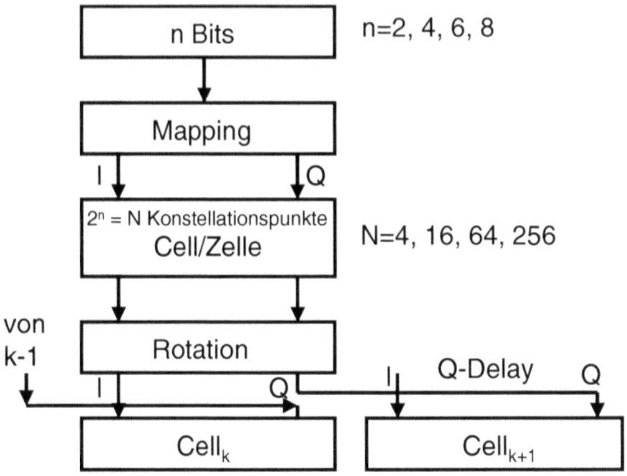

Abb. 37.17. Mapping, Rotation und Q-Delay

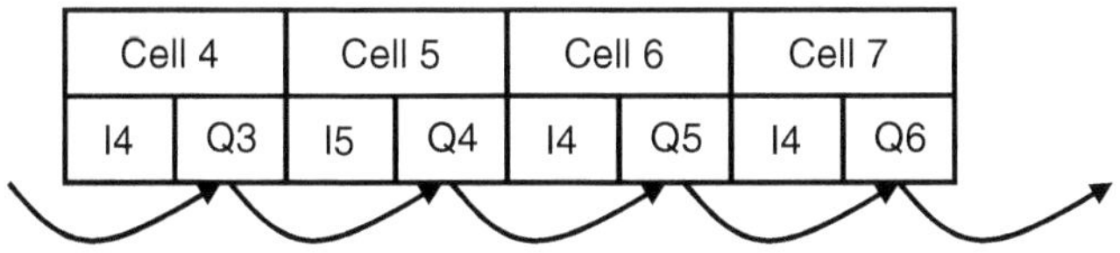

Abb. 37.18. Zyklischer Q-Delay zwischen benachbarten Zellen

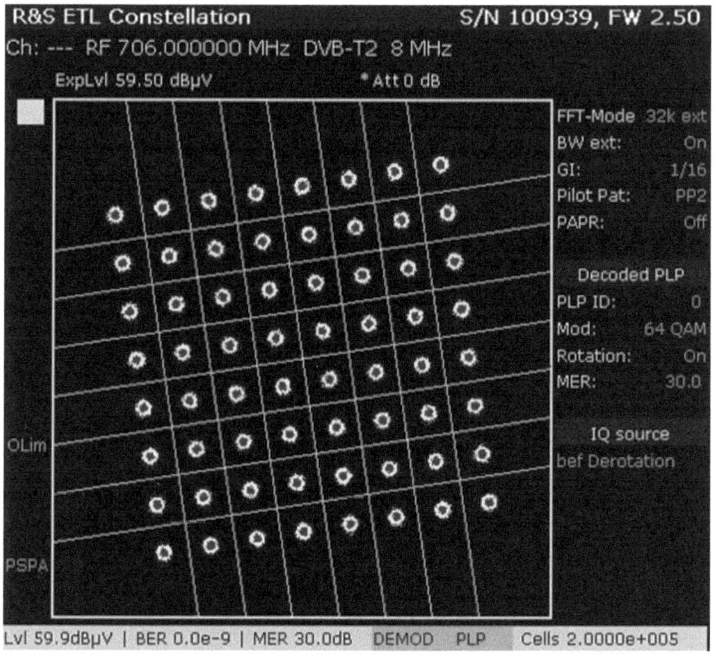

Abb. 37.19. „Rotated Constellation", hier 64QAM

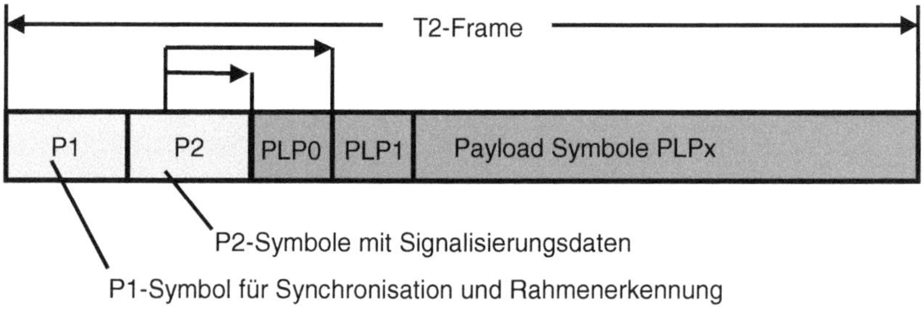

Abb. 37.20. Aufbau eines DVB-T2-Frames

37.8 Rahmenstruktur

Ein Physical Layer Frame (Abb. 37.20.) bei DVB-T2 beginnt mit einem P1-Symbol, das der Synchronisation und Frame-Findung dient, gefolgt von einem oder mehreren P2-Symbolen, die Layer 1 (L1)-

Signalisierungsdaten für den Empfänger beinhalten. Anschließend folgen Symbole, die die eigentlichen Nutzdaten tragen. Die bis zu theoretisch 255 Eingangsdatenströme werden in sog. Physical Layer Pipes übertragen, in denen die unterschiedlichen Inhalte mit höherer oder niedrigerer Datenrate und mehr oder weniger robust (Fehlerschutz und Modulation) übertragen werden können. Man nennt dies Variable Coding and Modulation (VCM). Darüber hinaus kann man auch von T2-Frame zu T2-Frame die Übertragungsparameter der PLP's dynamisch verändern. Die aktuellen Übertragungsparameter aller PLP's werden in den P2-Symbolen signalisiert, dymanische L1-Signalisierung für den Empfänger erfolgt in Padding-Feld des Base-Band-Frames.

Tabelle 37.9. Maximale Länge eines DVB-T2-Frames in Anzahl an OFDM-Symbolen

FFT	Symbol-dauer [μs]	g= 1/128	g= 1/32	g= 1/16	g= 19/256	g= 1/8	g= 19/128	g= 1/4
32K	3584	68	66	64	64	60	60	--
16K	1792	138	135	131	129	123	121	111
8K	896	276	270	262	259	247	242	223
4K	448	--	540	524	--	495	--	446
2K	224	--	1081	1049	--	991	--	892
1K	112	--	--	2098	--	1982	--	1784

Tabelle 37.10. Anzahl an P2-Symbolen pro DVB-T2-Frame in Abhängigkeit des DVB-T2-FFT-Modes

FFT-Mode	Anzahl P2-Symbole pro DVB-T2-Frame
1K	16
2K	8
4K	4
8K	2
16K	1
32K	1

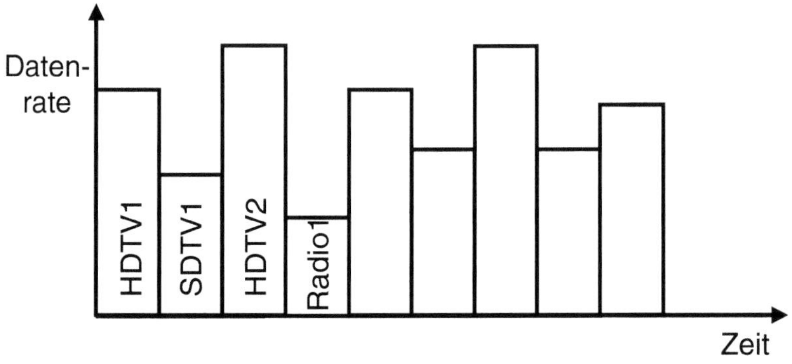

Abb. 37.21. Variable Coding and Modulation (VCM)

Von Physical Layer Pipe (PLP) zu Physical Layer Pipe können bis auf den FFT-Mode fast alle Übertragungsparameter verändert werden. Deren Signalisierung und die Adressierung der PLP (Start, Länge usw.) erfolgt wie schon erwähnt über die P2-Symbole; man spricht von L1-Signalierung. Die Anzahl der P2-Symbole hängt vom FFT-Mode ab (Tab. 37.10.); der Grund hierfür ist einfach die unterschiedliche Datenkapazität der Symbole, abhängig vom FFT-Mode. Der 1K-Mode weist die kürzesten Symbole und damit die niedrigste Datenkapazität pro Symbol auf. Im 32K-Mode kann man mit Hilfe der deutlichen längeren Symbole mehr Daten pro Symbol übertragen. Das geht sogar soweit, dass man sogar schon aufgrund brach liegender Kapazität mit der Datenübertragung in den P2-Symbolen beginnen kann. Tabelle 37.10. listet die Anzahl der P2-Symbole pro DVB-T2-Frame auf. Somit besteht ein DVB-T2-Frame aus

- einem P1-Symbol
- 1 … 16 P2-Symbolen (FFT-Mode-abhängig)
- N Datensymbolen (PLP-Daten, FEF, Auxillary Daten, Dummy Cells).

Ein Frame darf maximal 250 ms lang sein, damit ergibt sich eine maximale Anzahl an Datensymbolen, die wiederum vom FFT-Mode und vom Schutzintervall abhängig ist. Die Nettodatenrate pro PLP kann aufgrund unterschiedlicher Übertragungsparameter schwanken. Ein HDTV-Services tragender Datenstrom benötigt z.B. auch mehr Datenrate also ein Datenstrom, der SDTV-Services oder ein Datenstrom, der reine Hörfunk-Services transportiert (Abb. 37.21.).

37.8.1 P1-Symbol

Ein P1-Symbol (Präambel-Symbol 1) markiert den Rahmenbeginn, ähnlich wie das Null-Symbol bei DAB. Ingesamt wird das P1-Symbol verwendet für die

- Markierung des DVB-T2-Frame-Beginns
- Zeit- und Frequenz-Synchronisation
- Signalisierung der Grund-Übertragungsparameter (FFT-Mode, SISO/MISO).

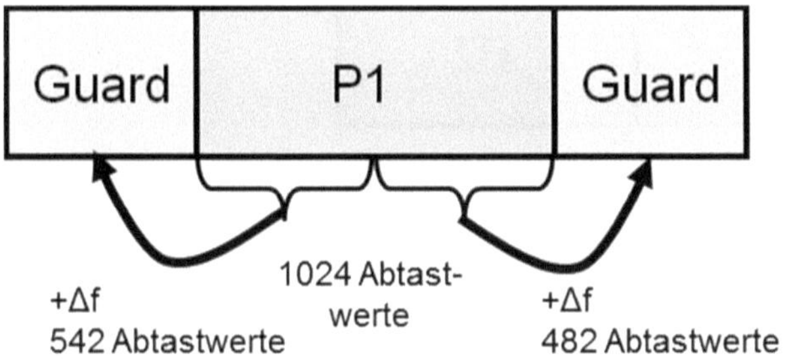

Abb. 37.22. P1-Symbol

Das P1-Symbol weist folgende Eigenschaften auf:

- FFT-Mode = 1K
- 1/2 Schutzintervall mit Frequenzversatz vor und nach dem P1-Symbol
- Träger DBPSK-moduliert
- 7 Bit Signalisierungsdaten (SISO/MISO/Future Use (3 Bits), use of FEF (1 Bit), FFT (3 Bits)).

Um das P1-Symbol besonders sicher und leicht identifizieren zu können, wurden zwei Schutzintervalle angehängt – eins davor und eins dahinter. Damit ergibt sich bei der Autokorrelation quasi eine doppelte Korrelation. Zusätzlich sind die Träger im Cyclical Pre- und Post-Fix alle um eine Trägerposition frequenzmäßig nach oben geschoben. Pre- und Post-Fix sind nicht exakt gleichlang.

37.8.2 P2-Symbole

Pro DVB-T2-Rahmen wird in 1 ... 16 P2-Symbolen (Präambel-Symbole 2) die Layer 1-Signalisierung (L1-Signalling) vom Modulator zum Empfänger übertragen. Ein Präambel-Symbol 2 ist physikalisch fast genauso aufgebaut wie die Datensymbole. Der FFT-Mode entspricht dem der Datensymbole und wird bereits im P1-Symbol signalisiert. Die Pilotdichte ist aber größer.

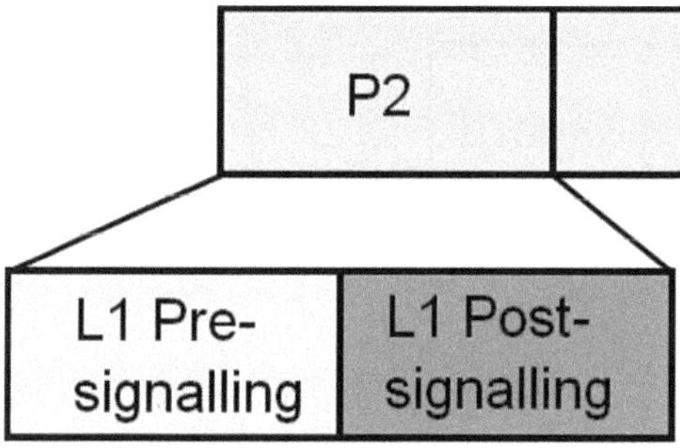

Abb. 37.23. P2-Symbole

Ein P2-Symbol besteht aus einem Pre- und Post-Signalisierungs-Anteil. Beide Anteile sind unterschiedlich moduliert und fehlergeschützt. Der Pre-Signalling-Anteil ist fest BPSK-moduliert und mit einem konstantem, dem Empfänger bekannten Fehlerschutz geschützt. Die Übertragungsparameter des P2-Pre-Signalling-Anteils sind:

- BSPK-Modulation
- FEC = BCH+16K LDPC
- LDPC-Coderate =1/2.

Die Übertragungsparameter des P2-Post-Signalling-Anteils sind:

- BPSK, QPSK, 16QAM oder 64QAM
- FEC = BCH+16K LDPC
- LDPC-Coderate =1/2 oder 1/4 bei BPSK
- LDPC-Coderate =1/2 bei QPSK, 16QAM oder 64QAM.

P2-Daten im Teil 1 (konstante Länge, L1 Pre-Signalling):

- Guard interval
- Pilot pattern
- Cell ID
- Network ID
- PAPR use
- Number of data symbols
- L1 post signalling parameters (FEC and mod. of L1 post).

P2-Daten im Teil 2 (variable Länge, L1 Post-Signalling):

- Number of PLP's
- RF frequency
- PLP ID's
- PLP signalling parameter (FEC and mod. of PLP).

In den höheren FFT-Modes werden nicht alle Träger für die L1-Signalisierung benötigt. Diese freie Kapazität kann dann schon für die eigentliche Datenübertragung benutzt werden. D.h. die Übertragung der PLP's kann schon in den P2-Symbolen starten. Dies klingt für einen langjährigen Praktiker zwar etwas abenteuerlich und macht die Implementierung sicher auch nicht unbedingt einfacher, bringt aber zusätzliche Kapazität.

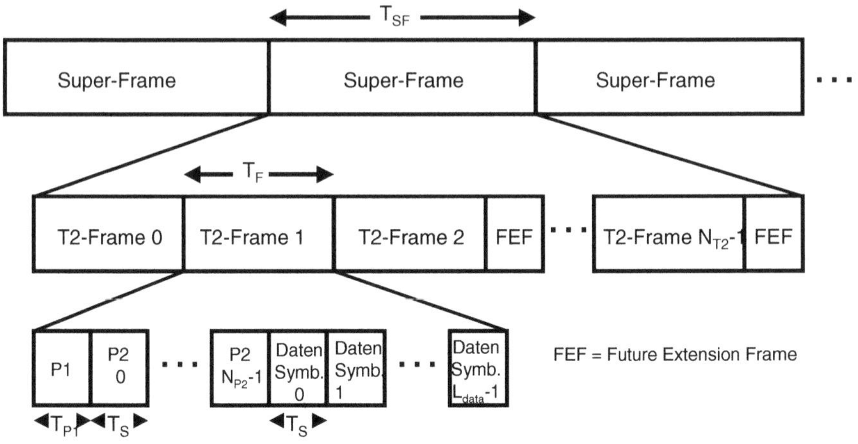

Abb. 37.24. Symbol, Frame und Superframe

37.8.3 Symbol, Frame, Superframe

Ein DVB-T2-Frame setzt sich zusammen aus einem P1-Symbol, 1 bis 16 P2-Symbolen und N Datensymbolen, die PLP-Daten, Future Extension Frames und Auxillary Daten, sowie Dummy Cells beinhalten können. Mehrere Frames wiederum ergeben einen Superframe.

37.9 Blockdiagramm

Das komplette Blockdiagramm des DVB-T2-Modulators (Abb. 37.25.) im Vergleich mit dem des DVB-T(1)-Modulators (siehe Kapitel 20) führt anschaulich die gewaltige Dimension des DVB-T2-Standards vor Augen. Man erkennt links den Eingangssignalverarbeitungsblock, der aufgeteilt ist in dic Funktionsgruppc T2-Gatcway und dcn Funktionsblock, dcr zum DVB-T2-Modulator gehört. Es folgen dann die verschiedenen Physical Layer Pipe – Pfade bestehend jeweils aus FEC, Cell Builder, Mapper, Cell Interleaver und Time Interleaver. Alle PLP-Zweige laufen dann im Frame Builder Block zusammen. Frequency Interleaving und MISO-Processing schließen dann die Verarbeitungskette ab. Man erkennt dann noch die zwei möglichen Ausgänge für MISO Mode 1 / SISO und MISO Mode 2; diese Verarbeitungsblöcke werden später erläutert.

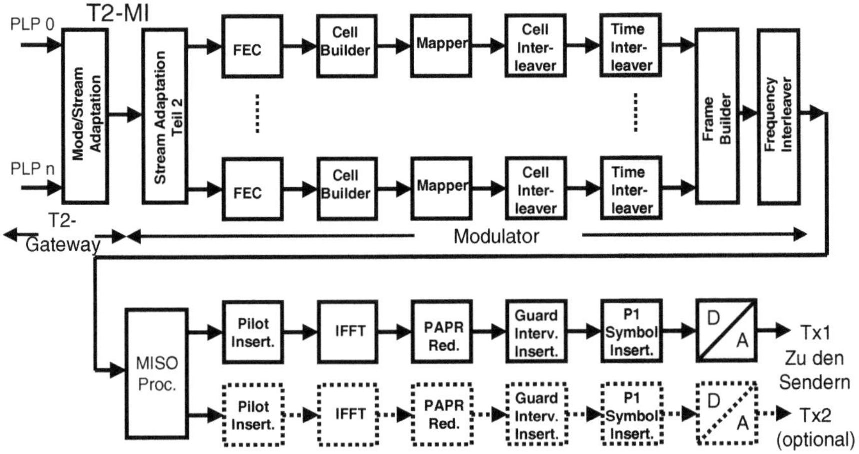

Abb. 37.25. Blockschaltbild des DVB-T2-Modulators

37.10 Interleaver

Beim Interleaving wird bei DVB-T2 (Abb. 37.26.) unterschieden zwischen

- Bit-Interleaving
- Cell-Interleaving
- Zeit-Interleaving und
- Frequenz-Interleaving.

Der Bit-Interleaver ist ein sehr kurzer Interleaver. Er entspricht dem des DVB-S2-Bit-Interleavers und arbeitet genauso wie dort auf FEC-Frame-Ebene. Die Aufgabe des Bit-Interleavers ist es, unabhängig von den nachfolgenden Interleavern schon die Eigenschaften des Fehlerschutzes auf Burstfehlerunanfälligkeit zu optimieren. Der Cell-Interleaver arbeitet ebenfalls auf FEC-Frame-Ebene und interleaved die schon gemappten Zellen, also die IQ-Werte. V.a. in Zusammenhang mit den Rotated und Q-delayed Constellations verbessert er dort die Performance.

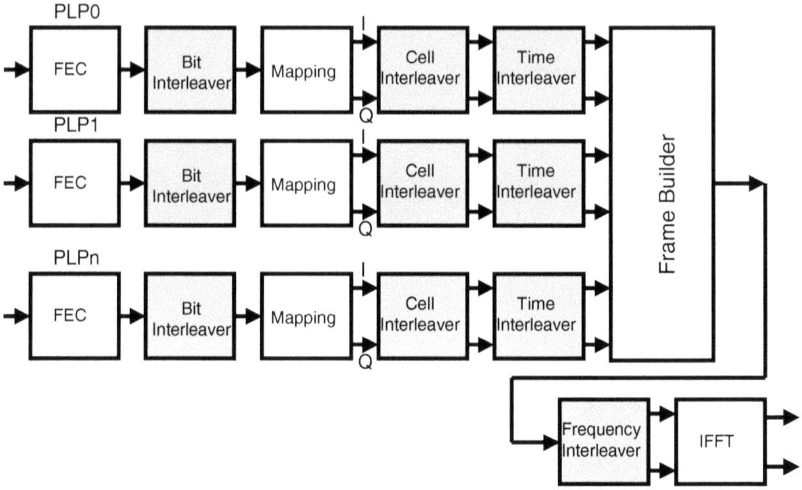

Abb. 37.26. Interleaver bei DVB-T2

Der Zeit-Interleaver verteilt die Information nun über eine in großen Bereichen einstellbare Zeit. V.a. der Zeit-Interleaver hilft beim Mobil-Empfang, bei langen Burstfehlern und beim Impulsive Noise. Der Frequenz-Interleaver verteilt dann die Information möglichst zufällig auf die verschiedenen DVB-T2-OFDM-Träger. Notches, bedingt durch Mehrwegeempfang führen dann damit zu geringeren Einbußen.

37.10.1 Interleaver-Arten

David Forney hatte schon in den 1960er Jahren die Idee, den Fehlerschutz durch Zeit-Interleaving in Hinsicht auf Burstfehleranfälligkeit zu verbessern. Interleaver sollen einen Datenstrom möglichst zufällig, aber für Empfänger rekonstruierbar bei der Übertragung zeitlich oder frequenzmäßig verteilen. Es gibt

- Block-Interleaver und
- PRBS-Interleaver.

Die bei DVB-T2 verwendeten Interleaver sind entweder Block- oder PRBS-Interleaver.

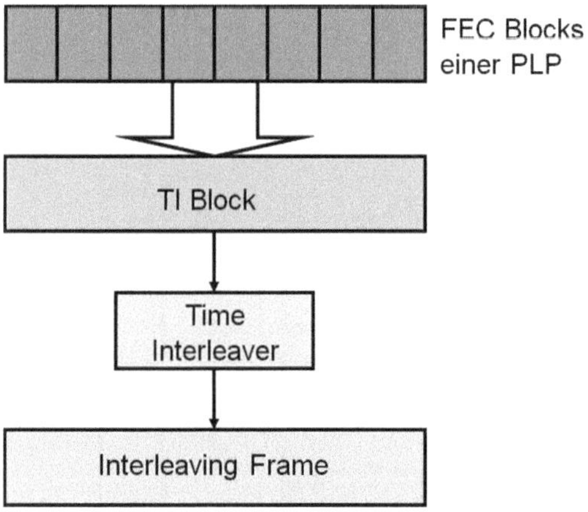

Abb. 37.27. DVB-T2-Time Interleaving

Tabelle 37.11. Interleaver-Typen bei DVB-T2

Interleaver	Interleaver-Typ
Bit-Interleaver	Block-Interleaver
Cell-Interleaver	PRBS-Interleaver
Time-Interleaver	Block-Interleaver
Frequenz-Interleaver	PRBS-Interleaver

Ein Block-Interleaver liest die Daten z.B. zunächst zeilenweise in einen Block ein und dann z.B. spaltenweise oder in Zig-Zag-Form wieder aus.

Ein PRBS-Interleaver wird durch eine Pseudo Random Sequenz gesteuert und verteilt die Daten noch zufälliger.

37.10.2 DVB-T2-Time Interleaver-Konfiguartion

Die Aufgabe des Time Interleavers ist es, die Daten einer PLP möglichst über einen sehr weiten Zeitraum (mehrere hundert Millisekunden) zu verteilen. Damit steigt die Robustheit gegenüber Burstfehlern. Burstfehler können v.a. beim Mobilempfang und bei Impulsive Noise auftreten. Im DVB-T2-Time Interleaver werden mehrere FEC-Block's zu einem oder mehreren Time Interleaving Blocks zusammengefügt und diese werden dann interleaved und ergeben dann einen Interleaving Frame. Der Time Interleaver bei DVB-T2 kann durch folgende Konfigurations-Parameter eingestellt werden:

- TIME_IL_TYPE (1 Bit) 0 oder 1
- TIME_IL_LENGTH (8 Bit) in Blocks pro Interleaving Frame
- FRAME_INTERVAL (8 Bit) in Frames
- PLP_NUM_BLOCKS_MAX (10 Bit) in Blocks 0 … 1023

Die Signalisierung der TI-Konfigurationsparameter jeder PLP erfolgt über den L1-Post-Signalisierungteil in den P2-Symbolen.

Über den TIME_IL_TYPE kann entschieden werden, ob sich das Zeitinterleaving innerhalb eines T2-Frames (TIME_IL_TYPE = 0) oder es sich über mehrere T2-Frames verteilt (TIME_IL_TYPE = 1) abspielen soll.

TIME_IL_LENGTH gibt die Anzahl an Interleaving Blocks pro Time Interleaving Frame an.

FRAME_INTERVAL definiert den Abstand zwischen zwei Frames, die Zeit-Interleaving-Daten einer PLP tragen. D.h. es sind nun Pausen, bzw. T2-Frames zwischen die Interleaving-Daten von PLP's einfügbar und damit größere Interleaving-Abstände erreichbar. Das funktioniert aber nur, wenn mehr als nur eine PLP verwendet wird.

PLP_NUM_BLOCKS_MAX gibt an, wie viele FEC-Frames maximal zu einem Time Interleaving Block zusammengefasst werden dürfen.

Mit der Wahl dieser TI-Konfigurationsparameter können nun drei TI-Interleaver-Arten realisiert werden, nämlich

- Typ 1: ein Time Interleaver Block in einem Time Interleaving Frame gemappt in exakt einen T2 Frame (TIME_IL_TYPE=0, TIME_IL_LENGTH=1) (Abb. 37.25.)

- Typ 2: ein Time Interleaver Block in einem Time Interleaving Frame gemappt in mehrere (n) T2 Frames mit einem definierbaren Frame-Abstand dazwischen (TIME_IL_TYPE=1, FRAME_INTERVAL=n) (Abb. 37.26.) und
- Typ 3: eine bestimmbare Anzahl (m) an TI Interleaving Blocks in einem Time Interleaving Frame, gemappt in einem T2-Frame (TIME_IL_TYPE=0, TIME_IL_LENGTH=m) (Abb. 37.27.).

Jeder dieser drei Time Interleaver-Typen hat unterschiedliche TI-Eigenschaften. Diese sind in Tabelle 37.12. aufgelistet.

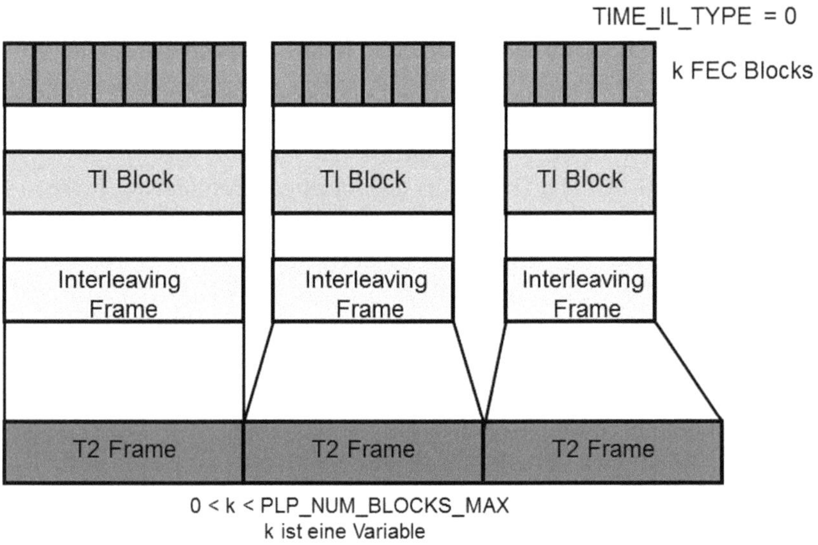

Abb. 37.28. Time Interleaver, Typ 1

Tabelle 37.12. Eigenschaften der TI-Typen bei DVB-T2

TI-Typ	Eigenschaften/Anwendung
1	Besseres Interleaving bei mittleren Datenraten als bei Typ 3
2	Besseres Interleaving bei niedrigen Datenraten
3	Anwendung bei höheren Datenraten, aber weniger Interleaving als bei Typ 1

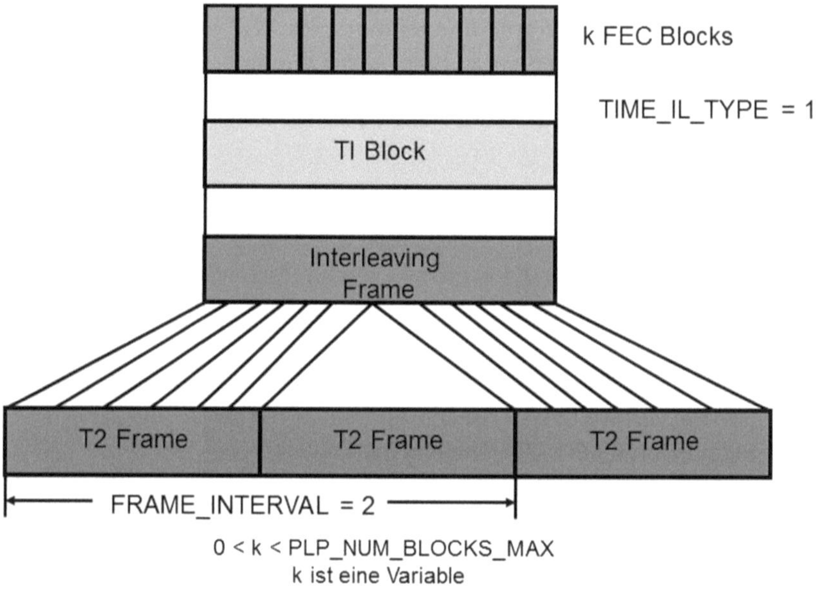

Abb. 37.29. Time Interleaver, Typ 2

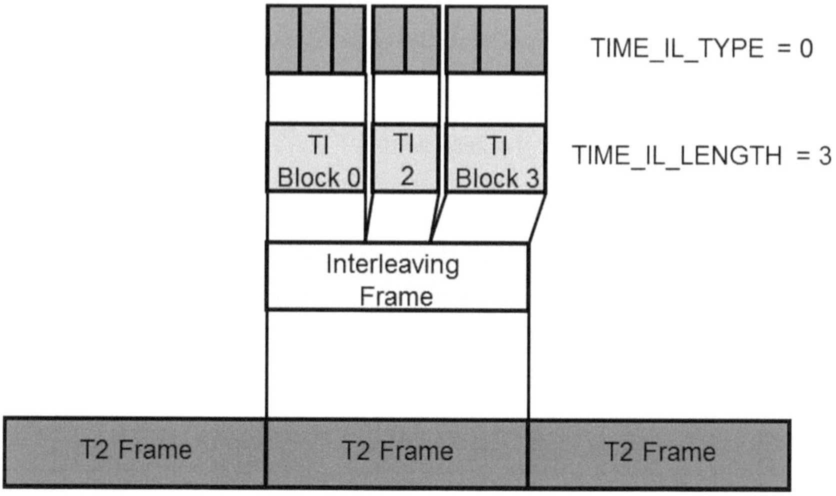

Abb. 37.30. Time Interleaver, Typ 3

Da in den meisten T2-Applikationen nur eine PLP mit sehr hoher Datenrate verwendet wird, wählt man meist den Time Interleaver Typ 3 (Abb. 37.30.) mit TI_Length=3.

37.11 Pilote

Bei COFDM-Systemen sind im Prinzip immer folgende Aufgaben durch Spezial-Träger zu realisieren:

- Frequenz-Anbindung (AFC = Automatic Frequency Control)
- Kanalschätzung – und Kanalkorrektur, sowie die
- Signalisierung der Übertragungsparameter.

Hierzu gibt es bei DVB-T die folgenden Pilotsignale, nämlich

- die Continual Pilots für die AFC
- die Scattered Pilots für die Kanalschätzung und
- die TPS-Träger für die Signalisierung.

Bei DVB-T2 gibt es folgende Pilote, nämlich

- Edge-Pilots am Anfang und Ende des Kanals
- Continual Pilots
- Scattered Pilots
- P2-Pilots an jeder 3. Trägerposition
- Frame-closing Pilots zum sauberen Abschluss eines Frames.

Tabelle 37.13. Pilot Pattern bei DVB-T2

Pilot Pattern	Abstand d_1 zwischen Pilotträgerpositionen (und Abstand d_2 der Pilote innerhalb eines Symbols)	Anzahl an Symbolen d_3, die eine Pilotsequenz bilden
PP1	3 (12)	4
PP2	6 (12)	2
PP3	6 (24)	4
PP4	12 (24)	2
PP5	12 (48)	4
PP6	24 (48)	2
PP7	24 (96)	4
PP8	6 (96)	16

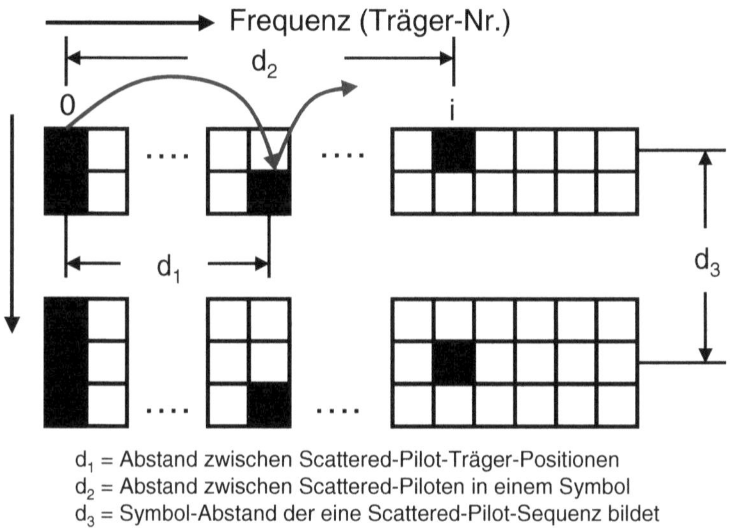

Abb. 37.31. Parameter für Pilot-Pattern bei DVB-T2

Bei DVB-T2 steckt die Information der vormals TPS-Träger (DVB-T) in den P2-Symbolen. Es gibt also hier keine TPS-Träger mehr. Sehr wohl gibt es Continual Pilots und Scattered Pilots. Zusätzlich wurde der Begriff Edge Pilot eingeführt; er ist eigentlich keine Besonderheit, diese gab es auch schon bei DVB-T, nur sind sie dort in die Kategorie Continual Pilot gefallen. Unter den Edge Pilots versteht man einfach den ersten und letzten Piloten im Spektrum.

Bei den Scattered Pilots gibt es mehrere wählbare Pilotstrukturen, mit mehr oder weniger dichten Pilotstrukturen. Weniger dichte Pilotstrukturen bedeutet, dass es mehr Nutzträger gibt – und das ergibt eine höhere Nettodatenrate.

Dichtere Pilotstrukturen (Abb. 37.28. und Tab. 37.13.) erlauben aber eine bessere Kanalschätzung v.a. in Gegenwart von schwierigen Empfangsbedingungen, wie Mehrwegeempfang und Mobilempfang. Bei der Netzplanung kann dann abhängig von der geplanten Versorgung die entsprechende Pilotstruktur (Pilotdichte) ausgewählt werden. Nicht alle Pilot Patterns (bezeichnet mit PP1 bis PP8) können in allen Mode- und Guard Interval Konfigurationen verwendet werden.

Tabelle 37.14. Scattered Pilot Pattern im SISO Mode

FFT Mode	g=1/128	g=1/32	g=1/16	g=19/256	g=1/8	g=19/128	g=1/4
32K	PP7	PP4, PP6	PP2, PP8, PP4	PP2, PP8, PP4	PP2, PP8	PP2, PP8	--
16K	PP7	PP7, PP4, PP6	PP2, PP8, PP4, PP5	PP2, PP8, PP4, PP5	PP2, PP3, PP8	PP2, PP3, PP8	PP1, PP8
8K	PP7	PP7, PP4	PP8, PP4, PP5	PP8, PP4, PP5	PP2, PP3, PP8	PP2, PP3, PP8	PP1, PP8
4K, 2K	--	PP7, PP4	PP4, PP5	--	PP2, PP3	--	PP1
1K	--	--	PP4, PP5	--	PP2, PP3	--	PP1

Tabelle 37.15. Scattered Pilot Pattern im MISO Mode

FFT Mode	g=1/128	g=1/32	g=1/16	g=19/256	g=1/8	g=19/128	g=1/4
32K	PP8, PP4, PP6	PP8, PP4	PP2, PP8	PP2, PP8	--	--	--
16K	PP8, PP4, PP5	PP8, PP4, PP5	PP3, PP8	PP3, PP8	PP1, PP8	PP1, PP8	--
8K	PP8, PP4, PP5	PP8, PP4, PP5	PP3, PP8	PP3, PP8	PP1, PP8	PP1, PP8	--
4K, 2K	--	PP4, PP5	PP3	--	PP1	--	--
1K	--	--	PP3	--	PP1	--	--

Die Pilote weisen im Vergleich zu den Nutzlastträgern eine höhere Amplitude auf. Man spricht von „boosted“ Pilots. Damit können die Pilote leichter detektiert werden, außerdem ist damit die Kanalschätzung genauer. Die Amplitude hängt aber vom gewählten Pilot-Pattern ab (siehe Tabelle 37.16.).

Tabelle 37.16. Amplituden der Scattered Pilots

Scattered Pilot Pattern	Amplitude	Equivalenter Boost [dB]
PP1, PP2	4/3	2.5
PP3, PP4	7/4	4.9
PP5, PP6, PP7, PP8	7/3	7.4

37.12 Sub-Slicing

Ohne Sub-Slicing (Abb. 37.29.) kommt bei DVB-T2 eine PLP in einem Zeitschlitz im Stück im Empfänger an. D.h. es tritt für eine PLP ggf. eine relativ hohe Spitzendatenrate auf und dann gibt es ggf. über längere Zeit keinen weiteren Empfang dieser Daten. Sub-Slicing teilt die PLP's in kleinere „Häppchen" ein, die dann synchron von PLP zu PLP im DVB-T2-Frame übertragen werden. Eine PLP kann beim Sub-Slicing in 2 bis 6480 Sub-Slices aufgeteilt werden. Innerhalb eines T2-Frames folgen dann die Sub-Slices der verschiedenen PLP's synchron hintereinander. Mehr Sub-Slices bedeuten mehr Zeit-Diversity und weniger Puffer-Speicherbedarf und weniger Sub-Slices bedeuten weniger Zeit-Diversity, aber die Möglichkeit im Empfänger mehr Energie zu sparen. Wird nur eine PLP verwendet, kann Sub-Slicing nicht benutzt werden.

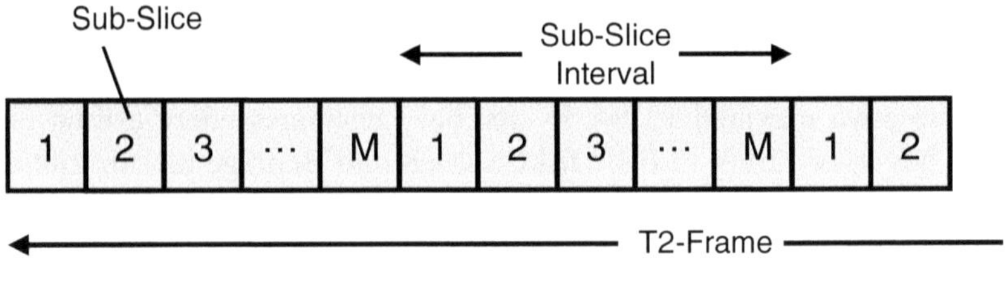

Abb. 37.32. Sub-Slicing

37.13 Time-Frequency-Slicing (TFS)

Time-Frequency-Slicing (TFS) ist im Anhang des DVB-T2-Standards als Option erwähnt. Hierbei wäre es möglich, die PLP's bzw. deren Sub-Slices auf bis zu 8 unterschiedlichen RF-Kanälen auszustrahlen. Der Aufwand wäre auf der Sendeseite sehr hoch, da dann eben bis zu 8 Sendezüge realisiert werden müssten und auf der Empfängerseite wären dann mindestens zwei Tuner nötig. TFS wird nicht verwendet, obwohl dies in der ersten Version der NorDig-Spec für DVB-T2-Empfänger bereits als Bedingung enthalten ist.

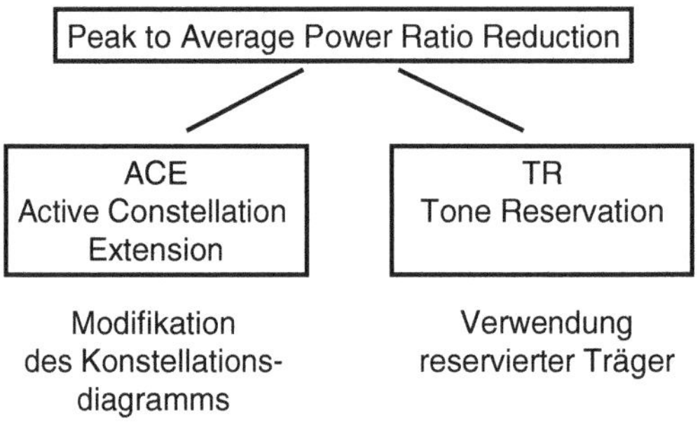

Abb. 37.33. PAPR – Peak to Average Power Ratio Reduction

37.14 PAPR Reduction

PAPR steht für Peak to Average Power Ratio Reduction (Abb. 37.30.) und bedeutet nichts anderes als die Reduktion des Crest Faktors. Unter dem Crest Faktor versteht man das Verhältnis von maximal auftretender Spitzenspannung im Verhältnis zum Effektivwert. Der Crest Faktor kann bei COFDM-Systemen theoretisch sehr hohe Werte annehmen. In der Praxis liegt er bei etwa maximal 12 bis 15 dB, bei Leistungssendern erfolgt ein Clipping bei etwa 12 bis 13 dB. Diskussionen und Beiträge hierfür gibt es seit OFDM praktisch eingesetzt wird.

Um den Crest Faktor bei DVB-T2 verringern zu können sind zwei Methoden der PAPR Reduction vorgesehen, nämlich Active Constellation Extension (ACE) (Abb. 37.31.) und Ton Reservation (TR). Bei der Active Constellation Externsion nützt man die Tatsache aus, dass die äußersten Konstellationspunkte bei der Modulation in bestimmten Grenzen ggf. nach weiter nach außen verschoben werden könnten, um den aktuellen Crest Faktor durch Aufsummierung aller Träger und durch geeignete Anpassung bestimmter Trägeramplituden zu reduzieren. Werden die äußeren Konstellationspunkte weiter nach außen geschoben, wandern sie weiter von den Entscheidungsschwellen weg und führen damit auch nicht zu Fehlentscheidungen und somit nicht zu einer höheren Bitfehlerrate. Nicht möglich ist aber die ACE bei gekippten Konstellationsdiagrammen.

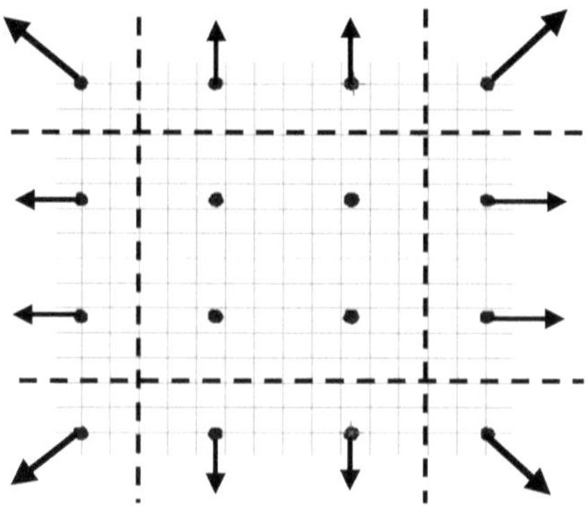

Abb. 37.34. PAPR – ACE – Active Constellation Extension

Bei der Ton Reservation werden bestimmte Trägerbereiche nicht für die Nutzdatenübertragung und auch nicht für Pilottöne verwendet. Diese dann im Falle der Tone Reservation abgeschalteten Träger können bei Bedarf so aktiviert werden, dass sie dem Crest-Faktor entgegen wirken. Es ist dann dem jeweiligen DVB-T2-Modulator in seiner vom jeweiligen Modulatorhersteller bestimmten Eigenschaft vorbehalten, diese Träger in Amplitude und Phase so zu setzen, dass sie den Crest-Faktor am Senderstandort wirklich entscheidend reduzieren.

Wird TR aktiviert, so reduziert sich die Nettodatenrate um einige Hundert kbit/s. Obwohl die TR-PAPR-Reduktion nicht zwischen den Senderstandorten synchronisiert abläuft, stört dies ein Gleichwellennetz nicht, da die Empfänger die TR-Träger nicht auswerten. Dies muss auch so sein, da in einem SFN natürlich Sender verschiedener Hersteller verwendet werden könnten.

Über PAPR kann es v.a. möglich sein, den Wirkungsgrad der Sendeendstufen zu erhöhen und damit Strom sparen.

Abb. 37.35. SISO = Single Input – Single Output

37.15 Mehrantennensysteme SISO/MISO

Bei DVB-T2 ist als Option im Standard das sog. MISO-Prinzip (= Multiple Input/Single Output) enthalten. Dies bedeutet, dass hier ggf. zwei Sendeantennen zum Einsatz kommen können, von denen aber nicht wie in einem klassischen SFN das gleiche Sendesignal abgestrahlt wird. Vielmehr werden hier benachbarte Symbole einmal von der einen und dann von der anderen Sendeantenne wiederholt nach dem modifizierten Alamouti-Prinzip gesendet. Man versucht hier v.a. im Mobilkanal näher an das Shannon-Limit heranzukommen. SISO = Single Input/Single Output ist der klassische Fall einer terrestrischen Übertragungsstrecke (Abb. 32.32.).

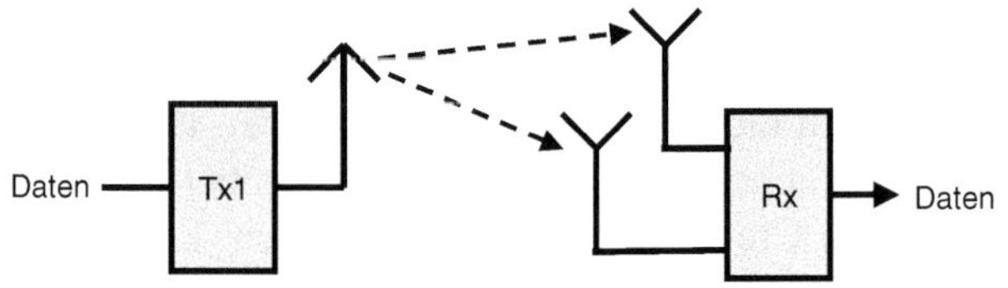

Abb. 37.36. SIMO = Single Input – Multiple Output

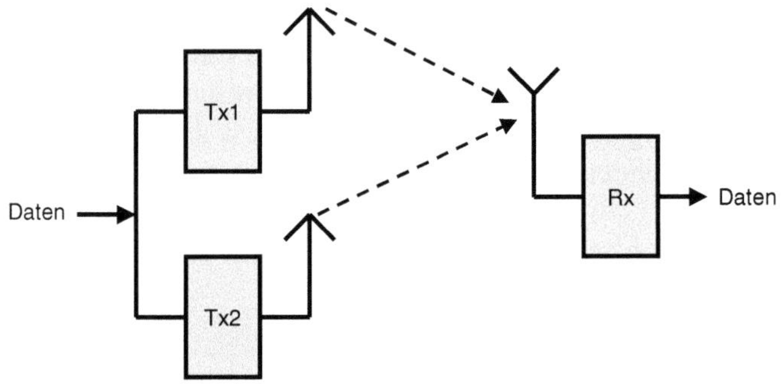

Abb. 37.37. MISO = Multiple Input – Single Output

Es kommt hierbei exakt eine Sende- und Empfangsantennen zum Einsatz (Abb. 37.35.). SIMO = Single Input/Multiple Output entspricht dem sog. Diversity-Empfang mit einer Sendeantenne und mehreren Empfangsantennen (Abb. 32.36.) In Kraftfahrzeugen wird hierbei beim DVB-T-

Mobilempfang z.T. mit 2..4 Empfangsantennen an den Fahrzeugscheiben gearbeitet.

37.15.1 MISO nach Alamouti

Beim MISO-Prinzip – nach Alamouti – kommen aber zwei Sendeantennen und eine Empfangsantenne zum Einsatz. Ziel ist es, Antennenaufwand im Empfänger zu sparen; man verlagert die Empfangs-Diversity in Sende-Diversity (Abb. 37.37.). Man spricht von Raum-Zeit-Diversity nach [ALAMOUTI]. Eine weitere Möglichkeit wäre dann noch MIMO = Multiple Input / Multiple Output mit mehreren Sende- und Empfangsantennen (Abb. 37.35.). Die Idee des MISO-Prinzip geht zurück auf [ALAMOUTI], 1998. Das Prinzip wird bereits im Mobilfunkbereich verwendet. Die grundsätzliche Idee ist hierbei, benachbarte Symbole (COFDM-Symbole) an den beiden Sendeantennen zu wiederholen. An der Empfangsantenne trifft hierbei dann immer eine Überlagerung benachbarter Symbole ein, die sich ohne Modifikation stören würden und somit nicht mehr im Empfänger trennbar wären. Anders beim Alamouti-Prinzip: hier werden die benachbarten Symbole nicht unmodifiziert an den verschiedenen Sendeantennen abgestrahlt, sondern nach dem Alamouti-Code (Abb. 37.36.). Nach [ALAMOUTI] liegen zunächst zum Zeitpunkt t_n beide benachbarten Symbole s_n an Antenne 1 und s_{n+1} an Antenne 2 an. Dann wird Symbol s_{n+1} negativ konjugiert komplex auf Antenne 1 gegeben und zeitgleich Symbol s_n konjugiert komplex an der Sendeantenne 2 abgestrahlt.

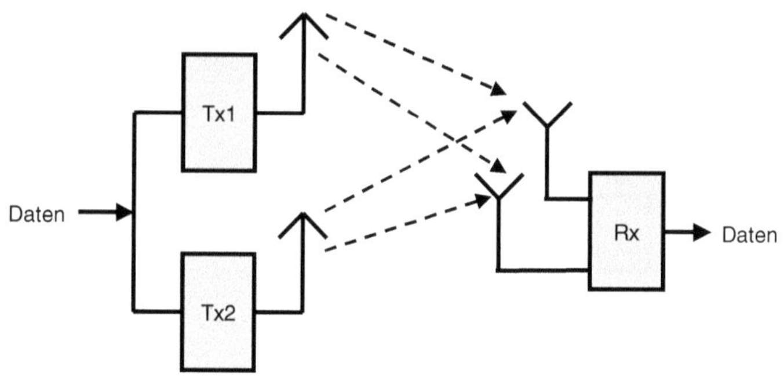

Abb. 37.38. MIMO = Multiple Input – Multiple Output

Damit ergibt sich für den Receiver (Abb. 37.39.) durch Betrachtung zweier benachbarter Symbole unter Verwendung geeigneter komplexer mathematischer Operationen die Möglichkeit, die Symbole wieder zu trennen (Abb. 37.40.).

Zusätzlich ist es notwendig, die Kanalübertragungsfunktion von Sendeantenne 1 zum Empfänger und Sendeantenne 2 zum Empfänger zu ermitteln. D.h. es muss die Kanalschätzung über alle Sende- und Empfangspfade durchgeführt werden.

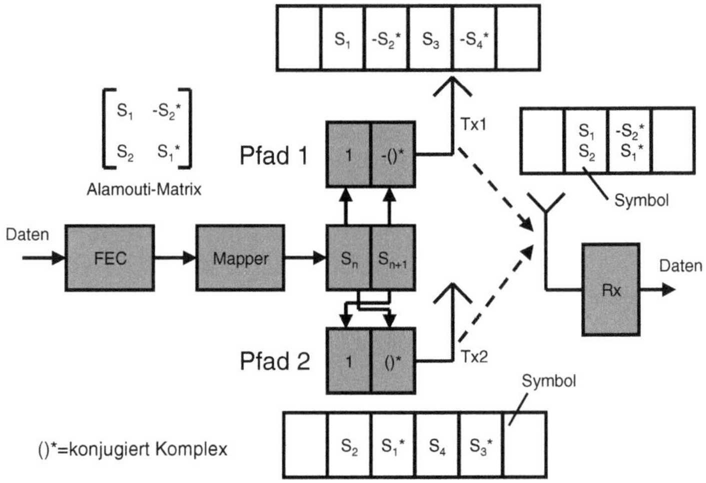

Abb. 37.39. MISO-Prinzip nach Alamouti

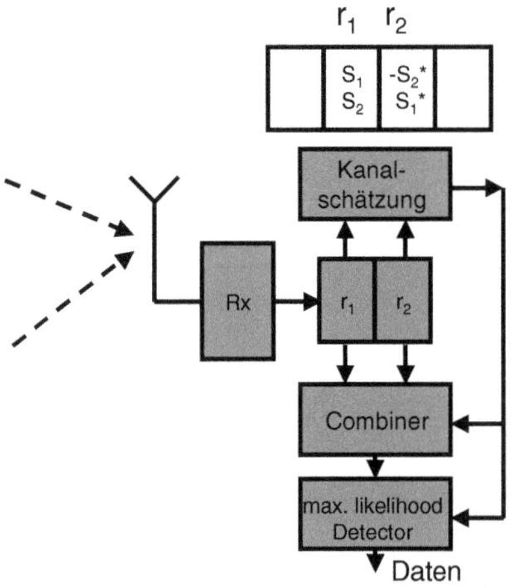

Abb. 37.40. MISO-Signalempfang im Receiver

37.15.2 Modified Alamouti bei DVB-T2

Bei DVB-T2 ist es als Option möglich, sowohl an einem Senderstandort, wie auch über SFN-Standorte verteilt, das MISO-Prinzip einzusetzen. An einem Standort kann dies z.B. durch horizontale und vertikale Polarisation erfolgen. Bei DVB-T2 kommt aber eine modifizierte Alamouti-Codierung zur Anwendung (Abb. 32.42.). An Antenne 1 liegen die Symbole s_1, s_2, s_3, s_4, ... unverändert an. Nur an Antenne 2 werden entsprechend veränderte Symbole abgestrahlt. Dies hat den Vorteil, dass das DVB-T2-System leicht auf SISO reduziert werden kann. Dies geschieht dann einfach durch Weglassen des zweiten Sendepfads (MISO-Mode 2).

Das alleine ist aber noch nicht alles. Bei DVB-T2 wird MISO nicht über Raum-Zeit-Diversity realisiert, sondern über Raum-Frequenz-Diversity. D.h. es werden benachbarte Trägerpaare an der Sendeantenne 2 gegenüber Sendeantenne 1 vertauscht ausgestrahlt. Ein großer Vorteil dieses modifizierten Alamouti-Prinzips bei DVB-T2 ist, dass die Signale von Sendeantenne 1 und 2 nicht mehr miteinander korrelieren.

Zeit t_1 t_2

Pfad$_1$, Pfad$_2$: $\begin{bmatrix} s_1 & -s_2^* \\ s_2 & s_1^* \end{bmatrix}$

Alamouti-Matrix

empfangene Symbole:

$r_1=s_1+s_2$

$r_2=-s_2^*+s_1^*$

Kombinations-Regel im Empfänger:

$$s_1^{\sim}=r_1+r_2^*=(s_1+s_2)+(-s_2^*+s_1^*)^*=s_1+s_1=2s_1;$$
$$s_2^{\sim}=r_1-r_2^*=(s_1+s_2)-(-s_2^*+s_1^*)^*=s_2+s_2=2s_2;$$

$()^*$=konjugiert Komplex

Abb. 37.41. MISO-Signalverarbeitung im Receiver

V.a. beim sog. „distributed MISO“ in einem SFN lassen sich dadurch die bei DVB-T und DAB stark auftretenden Fading-Löcher (Notches) vermeiden (Abb. 37.43. und 37.44.). Das Prinzip von MISO über H- und V-Polarisation nennt man bei DVB-T2 „co-located MISO“.

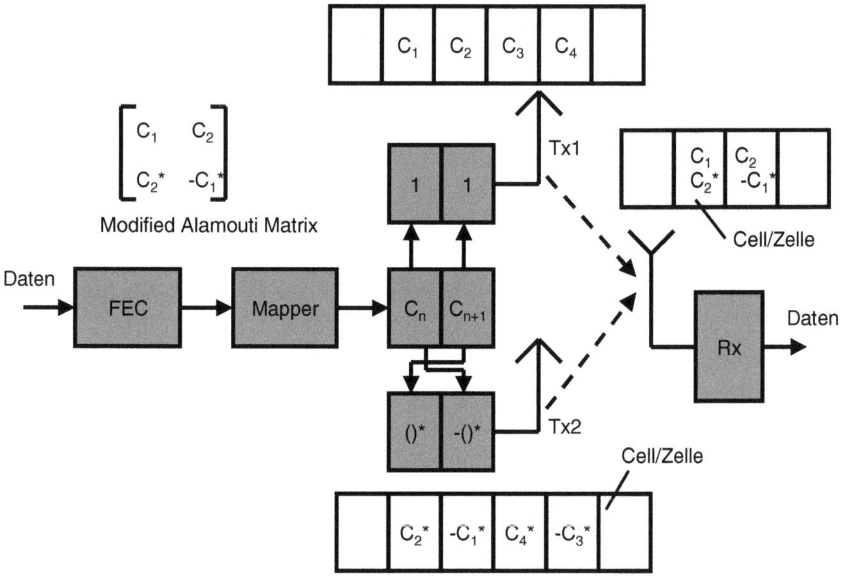

Abb. 37.42. Modified Alamouti bei DVB-T2

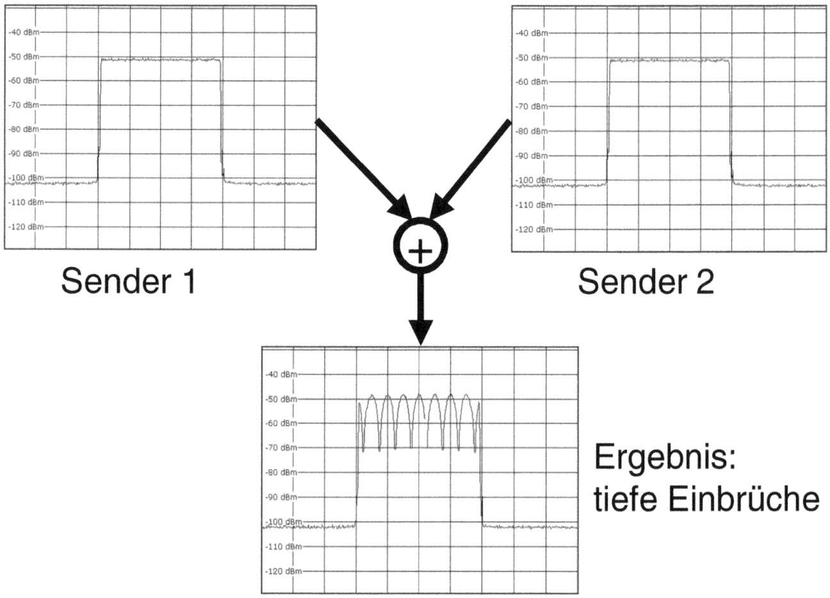

Abb. 37.43. Empfang von zwei Signalpfaden in einem SFN ohne MISO, mit Fading-Löchern

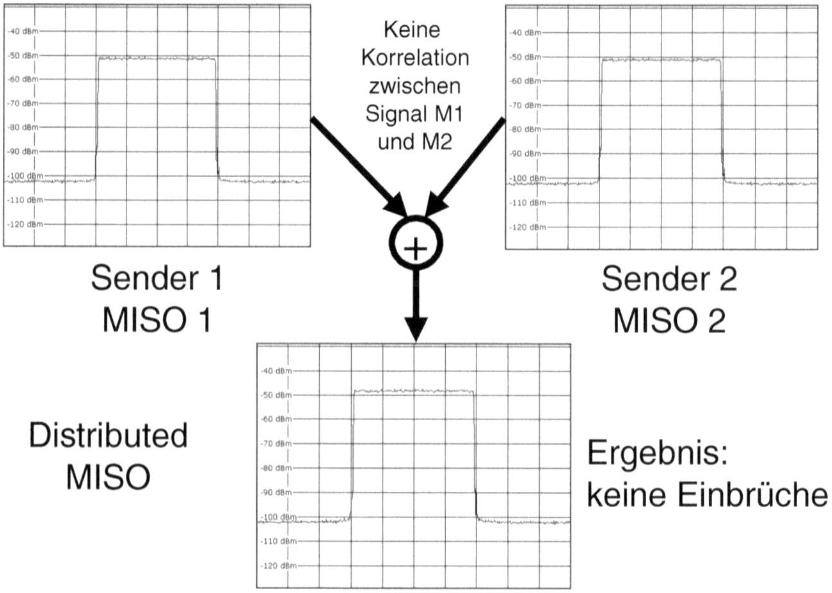

Abb. 37.44. Empfang von zwei Signalpfaden in einen distributed DVB-T2-MISO, ohne Fading-Löcher

37.16 Future Extension Frames

Bei DVB-T2 wurden von Haus aus schon Erweiterungsmöglichkeiten in sog. Future Extension Frames (FEF) vorgesehen. Bei diesen handelt es sich um spezielle Rahmen, mit noch nicht definierten Übertragungsparametern, die in die DVB-T2-Rahmenstruktur einbindbar sind. Die Signalisierung dieser erfolgt über die P2-Symbole. Anwendungen von Future Extension Frames sind mittlerweile

- DVB-T2-lite
- sowie TX-SIG, Senderkennung im SFN.

37.17 Auxilliary Data Streams

Am Ende eines DVB-T2-Frames (Abb. 37.45.) können noch Auxilliary Stream-Daten angehängt werden. Dies sind „customer-designed" fehlergeschützte und gemappte IQ-Werte. Ein normaler DVB-T2-Empfänger braucht diese Daten nicht auswerten zu können. Eine Anwendung von Auxillary Data ist mittlerweile bei TX-SIG (Senderkennung zu Messzwecken in T2-SFNs) gefunden worden.

37.18 DVB-T2-MI

Um im Mode B = Multiple Physical Layer Pipes mehrere (bis zu 255) Datenströme synchron zu den DVB-T2-Modulatoren und Sendern führen zu können, wurde die T2-MI-Modulator-Schnittstelle definiert (Abb. 37.1.). Über diese erfolgt neben der Zuführung der Datenströme auch die Steuerung und Signalisierung. Die DVB-T2-MI-Schnittstelle ist im Kapitel 36 beschrieben. Über T2-MI werden die Sender in einem DVB-T2-Gleichwellennetz

- mit den Baseband-Frame-Daten der PLPs versorgt
- konfiguriert und gesteuert (L1-Signalling)
- und über T2-Timestamps synchronisiert.

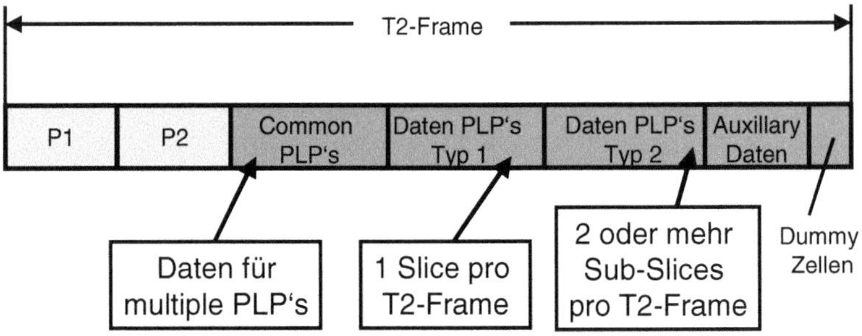

Abb. 37.45. DVB-T2-Rahmen mit Auxilliary Stream Data

37.19 SFN's in DVB-T2

Auch in DVB-T2 sollen natürlich Gleichwellennetze realisierbar sein. Gleichwellennetze sind frequenzökonomisch. Frequenzen sind teuer und werden immer knapper. Deswegen ist die effektive Wiederverwendung der gleichen Frequenz sehr wichtig. Gleichwellennetze erlauben dies an mehreren benachbarten Senderstandorten in einer sog. „Gleichwelleninsel".

DVB-T2 erlaubt es zudem aufgrund der längeren Schutzintervalle größere interferenzfreie Gleichwellennetze zu bilden. Gleichwellennetze müssen folgende Bedingungen erfüllen:

- Frequenzsynchronität
- Zeitsynchronität
- Datensynchronität
- Schutzintervallbedingung, d.h. maximalen Senderabstand nicht überschreiten.

Frequenzsynchronität wird durch Frequenznormale am Senderstandort erreicht; dies ist i.a. ein professioneller GPS-Empfänger, der eine 10 MHz-Referenz und ein 1pps-Zeitnormal darstellt. Zeit- und Datensynchronität erreicht man durch Zeitstempel im Basisband-Zuführungssignal. Dieses ist bei DVB-T2 das sog. T2-MI-Signal. Der DVB-T2-Modulator synchronisiert seine Rahmenstruktur auf diese Zeitstempel. Die Erfüllung der Schutzintervallbedingung erreicht man durch eine geeignete Netzplanung mit Planungssoftware [LStelcom]. Neu ist bei DVB-T2 die Möglichkeit des „distributed MISO“. Es gibt hier Senderstandorte, die entweder den MISO-Mode 1 oder 2 abstrahlen. Der Vorteil dieses Verfahrens ist, das zwischen zwei benachbarten Senderstandorten nicht mehr auftretende destruktive Fading. Für die Netzplanung ist die geeignete Wahl und Simulation der MISO-Modes aber auch eine neue Herausforderung.

37.20 Senderkennung in DVB-T2

Es gibt mittlerweile auch ein ETSI-Dokument, das beschreibt, wie es ähnlich wie bei DAB möglich ist, Sender in einem Gleichwellennetz messtechnisch unterscheiden zu können. Bei DAB gibt es hierzu das TII-Signal im Nullsymbol. Bei DVB-T war keine Senderkennung möglich, da dies dort ein Verstoß gegen die Datensynchronität gewesen wäre und zu massiven Störungen in einem SFN geführt hätte. Die Cell-ID bei DVB-T hat es nur erlaubt, eine SFN-Zelle zu identifizieren. Die Cell-ID ist bei DVB-T in den reservierten TPS-Bits eingebaut. Bei DVB-T2 gibt es die Möglichkeit, Auxiliary Streams und FEF's = Future Extension Frames in einen T2-Rahmen einzufügen. Normale DVB-T2-Empfänger ignorieren die Auxiliary Streams und FEF's. Bei DVB-T2 ist vorgesehen, entweder über die Auxiliary Streams oder über die FEF's solche Senderkennungen oder Sender-Signaturen in die T2-Rahmen einzufügen. Ähnlich wie bei DAB wären dies im Falle der Auxiliary Streams bestimmte eingeschaltete Träger, die nur an einzelnen Trägern innerhalb der Auxilary Streams aktiviert wären und bei allen anderen Sendern in einem SFN ausgeschaltet wären. Hierüber lassen sich dann die Signale der Kanalimpulsantwort in einem SFN den einzelnen Sendern zuordnen. Bei der Signalisierung der Senderkennung über die FEF's ist vorgesehen, über die Sender bestimmte unterschiedliche Signaturen oder Sequenzen auszustrahlen, die durch Korrelation identifiziert werden können und somit auch ermöglichen sollen, die einzelnen Sender in einem SFN erkennen zu können. Die zusätzliche Signalisierung der Senderkennung ist ein Overhead, der aber so wenig wie möglich Nutzdatenrate wegnehmen soll. Bei DVB-T war die Senderkennung immer ein Wunsch der Messtechniker, die Versorgungsmessungen durchzuführen hatten; aber es war eben dort nur ein nicht realisierbarer Wunsch. Bei DVB-T2 ermöglicht dies aber jetzt wie bei DAB sowohl ein komfortableres Einmessen und Laufzeitabgleichen eines Gleichwellennetzes, als auch dessen Überwachung. Die Senderkennung über „TX-SIG" bei DVB-T2 ist aber nur eine Option.

37.21 Leistungsfähigkeit

30% mehr Leistungsfähigkeit gegenüber DVB-T war angestrebt. Teilweise sind bis zu - in Faktoren ausgedrückt - 1.5 bis fast 2 mehr Datenrate unter vergleichbaren Bedingungen möglich. Dafür ist dieser Standard auch um etwa 150% komplexer als DVB-T. In Kombination mit den neuen Video- und Audio-Kompressionsstandards wie MPEG-4 H.264 / AVC und MPEG-4 AAC ergibt sich dann eine gewaltige Steigerung an Effektivität in Bezug auf Programmvielfalt und Qualität. Dieser Standard ist seiner Zeit wohl soweit voraus, dass es erst einmal dauern wird, bis ein neuer Standard möglicherweise DVB-T2 ersetzen wird, zumal man nun schon sehr nahe an das Shannon Limit heran gekommen ist. In Deutschland wird ab dem Jahre 2017 auf DVB-T2 umgestellt, bei gleichzeitiger Verwendung des neuen Video Codecs H.265/HEVC. D.h. heißt aber dann auch, dass TV-Endgeräte, die bereits einen DVB-T2-Empfänger integriert haben, nicht unbedingt die Voraussetzungen für einen Empfang hierfür aufweisen. Denn erst seit 2015 werden Endgeräte auch HEVC unterstützen.

37.22 T2-Lite

Einige Jahre nach der Veröffentlichung von DVB-T2 erschien mit T2-Lite eine im T2-Dokument-Anhang beschriebene technische Variante von

DVB-T2. Ziel waren wieder mobile TV-Endgeräte. Die technischen Parameter eines T2-Lite-Empfängers wurden eingeschränkt hinsichtlich des Speicherbedarfs und es wurden T2-Lite-FEC-Coderaten definiert. T2-Lite wird in Future Extension Frames von DVB-T2 übertragen. Wesentliches Merkmal ist es, dass der OFDM-Mode in den FEFs ein anderer sein kann und darf als im Rest des DVB-T2-Signals. Damit kann man einem mobilen Empfänger niedrigere und damit mobil leichter empfangbare OFDM-Modes anbieten als stationären DVB-T2-Empfängern. Normale DVB-T2-Empfänger ignorieren das DVB-T2-Lite-Signal einfach.

37.23 Ausblick

DVB-T2 ist der modernste terrestrisch-digitale Fernsehstandard der Gegenwart (Jahr 2015). Seit der Verfügbarkeit der Technik im Jahr 2010 werden immer mehr DVB-T2-Netze weltweit aufgebaut oder bestehende DVB-T-Netze in DVB-T2-Netze umgewandelt. In Deutschland erfolgt der Umstieg von DVB-T(1) auf DVB-T2 ab dem Jahr 2017. Gleichzeitig wird auch eine neue Videoquellcodierung – H.265/HEVC – eingeführt. Durch beide Verfahren können damit zahlreiche HDTV-Programme anstelle der bisherigen SDTV-Programme ausgestrahlt werden. Wie viele Programme dies in Deutschland sein werden, hängt von den noch festzulegenden technischen Ausstrahlungsparametern (Robustheit, Bildqualität, usw.) und von der Anzahl der dann noch verwendeten bzw. verfügbaren Frequenzen in den Regionen ab.

Literatur: [DVB A122r1], [ETSI302583], [ALAMOUTI], [ETSI302755], [FKTG2008_GUNKEL], [IRT2008_KUNERT], [LStelcom], [T2-Lite], [BTC]

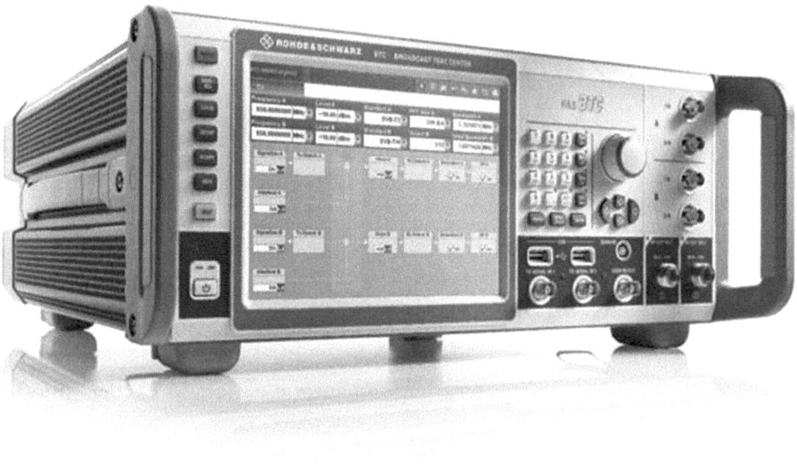

Abb. 37.46. Broadcast Test Center BTC, geeignet zur Simulation diverser komplexer DVB-T2-Empfangssituationen bis hin zu MISO-SFN-Tests [BTC], [R&S]

38 DVB-C2

Es zeichnete sich schon bei der Veröffentlichung des DVB-T2-Standards ab, dass nach DVB-T2 auch ein neuer DVB-Breitbandkabelübertragungsstandard erscheinen wird. „Call for Papers“ war Ende 2007. Auf der IBC 2008 wurden dann auf einem DINA4-Blatt grobe Informationen bekannt gegeben. Damals war aber noch nicht ganz klar, ob es nur auf ein Mehrträgerverfahren hinauslaufen würde, oder ob auch Single Carrier Modulation Bestandteil von DVB-C2 sein wird. Auf DVB-T2 basierende DVB-C2-Arbeitsdokumente waren dann seit Ende 2008 verfügbar. Im Frühjahr 2009 war es dann soweit. DVB-C2 wurde als Draft veröffentlicht. DVB-C2 ist nun ein offizieller DVB-Übertragungsstandard, Receiver-Chips sind verfügbar, teilweise gibt es kombinierte DVB-T/T2/C/C2-Schaltkreise. Aber außer in ein paar Feldversuchen wurde DVB-C2 bisher nirgendwo in einem Breitbandkabelnetz eingesetzt.

38.1 Einführung

Bei DVB-C2 findet man viele Ansätze, die unmittelbar von DVB-T2 stammen. Und es ist auch so, dass man sich relativ leicht in DVB-C2 zurecht findet, wenn man DVB-T2 kennt. DVB-C2 verwendet nun ebenso, wie DVB-T2 COFDM als Modulationsverfahren, nur gibt es hier nur sehr kurze Schutzintervalle und nur den 4K-Mode. Und die Konstellationsdiagramme reichen von QPSK bis hin zu 4096QAM. Zunächst scheint es eher überraschend, dass man bis zu 4096QAM vorsieht, aber grobe Abschätzungen aus von DVB-T2 bekannten Parametern besagen, dass 4096QAM bei Störabständen möglich sind, die leicht in einem modernen Breitbandkabel erreichbar sind. Möglich sind solche hochwertige Modulationsarten v.a. wegen des bei DVB-C2 verwendeten Fehlerschutzes, der dem des bei DVB-S2 und DVB-T2 verwendeten Fehlerschutzes entspricht. Bei DVB-C2 wird also ebenfalls BCH und LDPC-Codierung eingesetzt. Und moderne Breitbandkabelnetze werden auch in Bezug auf den Störabstand immer besser. Die Glasfaser wird immer näher an das End User Terminal herangeführt. D.h. es sind dann nur noch die letzten Meter bis etwa vielleicht 1000 m in Koax-Technologie ausgeführt. Schon bei reinen Koaxnetzwerken sind Störabstände im Bereich von über 30 dB meist leicht möglich. Und moderne Breitbandkabelnetzwerke bieten dann Störabstände im Bereich von bis zu 40 dB. Der „alte“ DVB-C-Standard arbeitet mit einem Einträgermodulationsverfahren und genutzt wird üblicherweise entweder 64QAM oder 256QAM. Möglich wären aber auch Modulationsschemata bis herunter zu QPSK. Nur verwendet werden diese dort üblicherweise nicht. Der „Fall-off-the-Cliff“ tritt bei DVB-C bei Bitfehlerverhältnissen vor Reed-Solomon von unterhalb von $2 \cdot 10^{-4}$ auf. Die entspricht dann einem Störabstand von etwa

- 26dB bei 64QAM oder
- 32dB bei 256QAM.

Vor der Betrachtung eines neuen einen anderen ersetzenden Standard ist es immer interessant zu wissen, wo der bisherige Standard seine Grenzen hatte. Breitbandkabelnetzwerke arbeiten im Frequenzbereich von etwa 30 bis etwa 860 MHz. Der Bereich unter 65 MHz wird aber heute meist für den Rückkanal (Internet, Telefonie) benutzt. Knapp nach dem oberen Ende des BK-Frequenzbandes folgt dann schon das GSM900-Band. Bestimmte Frequenzbereiche im Kabel müssen aber zum Schutze anderer Funkdienste aufgrund von möglichen Undichtigkeiten im Kabel freigehalten werden. Im terrestrischen Bereich wurden ab 2010 bisherige TV-Kanäle für am oberen Ende des TV-Bandes für die Nutzung durch den Mobilfunk umgewidmet („Digitale Dividende I“ = 800 MHz-Band und „Digitale Dividende II“ = 700 MHz-Band). Das entspricht dann einer Bandbreite von etwa 170 MHz. Untersuchungen haben aber gezeigt, dass in diesem Frequenzbereich durch diese Mobilfunkapplikationen starke Einwirkungen v.a. auf die DVB-C-Empfänger zu erwarten sind. Schon bisher gab es aber auch Frequenzbereiche im Kabel, die von anderen Diensten gestört sein konnten. V.a. die Einstrahlung auf die letzten Meter, d.h. beim Endkunden können dafür verantwortlich sein. Aber das BK-Kabel stört sich auch selbst. Durch Vielkanalbelegung und nichtlineare Verstärker entstehen Intermodulationsprodukte. Und die „Verdrahtung“ beim Endkunden kann manchmal auch recht abenteuerlich ausgeführt sein. Falsche Abschlüsse und einfache T-Verteiler sind gar nicht so selten. Übersteuerte, falsch gepegelte Verstärker beim Endkunden sind oft vorfindbar. Nicht immer ist es so, dass der Kabelnetzbetreiber per Zwang Einfluss auf die richtige Netzbeschaffenheit von Netzebene 4 und 5, sprich Endkunden hat. Speziell deswegen zeigte hier DVB-C seine Grenzen. Grund hierfür ist der relativ einfache Fehlerschutz (nur Reed-Solomon-Blockcodierung) und das verwendete Einträgermodulationsverfahren. Ausgestattet mit einem Kanalequalizer können DVB-C-Receiver nur begrenzt Frequenzgangfehler kompensieren. Mit Hilfe eines Mehrträgermodulationsverfahren unter Zuhilfenahme von Pilotträgern können Frequenzgangfehler leichter erkannt und kompensiert werden. Deshalb ist COFDM auch im Kabel der richtige Ansatz. Es erscheint momentan sowieso so, dass die Mehrheit der modernen Übertragungsstandards auf COFDM setzen und weiter setzen werden. Dies gilt auch für den Mobilfunkbereich immer mehr. Und deswegen ist es klar, dass auch bei DVB-C2 COFDM eingesetzt wird. Ein Einträgermodulationsverfahren ist dort nicht vorgesehen. Man kann sagen, dass bei DVB-C2 der DVB-T2-Standard als Basis genommen wurde, zunächst nicht für DVB-C2 relevante Modes und Features herausgestrichen wurden und dann in Richtung BK-Applikation neue Features implementiert wurden und auch die Modulationsschemata angepasst wurden auf die Kabelwelt.

38.2 Theoretische maximale Kanalkapazität

Bevor der DVB-C2-Standard nun näher betrachtet wird, sollen nun zuerst die theoretischen Grenzen des Breitbandkabels diskutiert werden. Das Shannon-Limit besagt, dass bei Störabständen ab 10 dB näherungsweise die folgende Formel für die theoretische maximale Kanalkapazität gilt:

$C = 1/3 \cdot B \cdot SNR$;
mit C = Kanalkapazität (in Bit/s);
mit B = Bandbreite (in Hz);
mit SNR = Störabstand (eingesetzt in dB);

Ein 8 MHz breiter BK-Kanal bietet nun folgende theoretische maximale Kanalkanalkapazität:

Tabelle 38.1. Shannon-Limits im Breitbandkabel

SNR[dB]	Theor. max. Kanalkapazität [Mbit/s]	Bemerkung
26	69.3	"Fall-off-the-Cliff "bei DVB-C @64QAM
30	80	schlechtes Koaxkabel-System
32	85.3	"Fall-off-the-Cliff" bei DVB-C @256QAM
35	93.3	
40	106.7	gutes HFC
45	120	im Headend

Die Datenraten in einem 8 MHz-Kanal bei DVB-C lagen meist unter der Annahme, dass eine Symbolrate von 6.9 MS/s benutzt wird bei:

38.15 Mbit/s bei 64QAM, sowie
50.87 Mbit/s bei 256QAM.

Das Mindestziel bei DVB-C2 war 30% mehr Datenrate zu erreichen. Damit ist zu erwarten, ohne den DVB-C2-Standard zu kennen, dass nun in einem 8 MHz breiten Kanal anstelle der oben dargestellten Datenraten nun entweder mindestens etwa 50 Mbit/s bei Störabständen um die 26 dB erreicht werden müssten, bzw. 66 Mbit/s bei einem Störabstand von um die 32 dB. Diese Ziele wurden sogar überschritten. Die Gründe für die Steigerung der Kanalkapazität bei DVB-C2 sind:

- besserer Fehlerschutz
- höherwertige Modulationsarten
- Kanalbündelung und dadurch Vermeindung von Schutzbändern.

38.3 DVB-C2 – Übersicht

Im folgenden Abschnitt wird kurz ein Überblick über die wichtigsten DVB-C2-Details gegeben:

- basiert auf DVB-T2
- COFDM (4K Mode, 2 kurze Schutzintervalle)
- FEC basiert auf LDPC (... DVB-S2, DVB-T2, ...)
- multiple TS (Transport Streams) und GS (Generic Streams)
- single und multiple PLP (Physical Layer Pipes)
- Data Slices (festes Mapping von bestimmten PLP‘s auf bestimmte feste Trägergruppen)
- QPSK ... 4096QAM (16K QAM angedacht)
- Variable Coding and Modulation
- Kanal-Raster-Bandbreite 6 oder 8 MHz
- Kanalbündelung bis zu ca. 450 MHz Bandbreite
- unterstützt sog. Notches (Aussparen von gestörten oder störenden Frequenzbereichen)
- reservierte Träger für PAPR (Peak to Average Power Ratio reduction).

38.4 Basisband-Interface

Das DVB-C2-Baseband-Interface erlaubt die Verwendung eines einfachen MPEG-2-Transportstroms, die Einspeisung mehrerer Transportströme, eines Generic-Stroms sowie mehrer Generic-Ströme. Die Eingangssignalformate entsprechen voll denen von DVB-T2 und sind bereits im Kapitel 36 und 37 beschrieben. DVB-C2 unterstützt ebenso wie DVB-T2 den Normal Mode (NM) und High Effiency Mode (HEM). Der Begriff Physical Layer Pipe (PLP) ist auch in DVB-C2 verwendet und entspricht einem physikalischen Transport eines dieser Eingangssignale. Es sind gemeinsame (Common) PLP's für eine Gruppe von PLP's vorgesehen, um Signalisierungsaufwand zu sparen. Eine Gruppe von bis zu 255 PLP's kann zu Data Slices kombiniert werden. Seit 2014 ist auch ein C2-Modulator-Interface definiert („C2-MI"), das eine Schnittstelle zwischen dem eigentlichen letzten OFDM-Signalverarbeitungsblock und den Verarbeitungsblöcken davor darstellt.

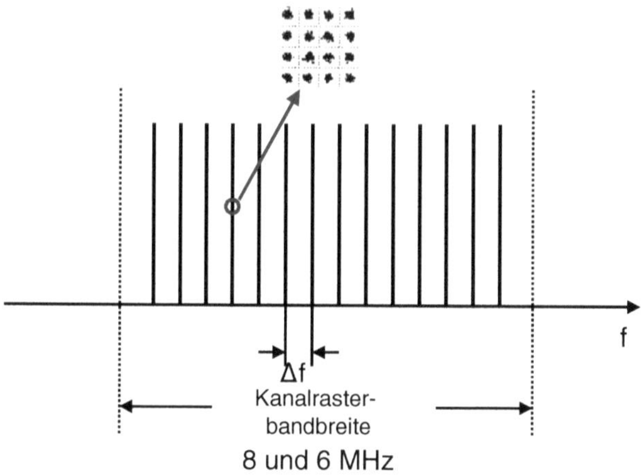

Abb. 38.1. COFDM-Parameter

38.5 Fehlerschutz

Der Fehlerschutz bei DVB-C2 entspricht dem von DVB-S2 und DVB-T2. Er besteht aus einem Baseband-Scrambler, einem BCH-Blockcoder, einem LDPC-Blockcoder und einem nachfolgenden Bitinterleaver. Der Fehlerschutz bei DVB-C2 ist durch die Wahl von einer aus 5 Coderaten einstellbar; sie sind in Tabelle 38.2. aufgelistet.

Tabelle 38.2. Coderaten bei DVB-C2

Langer Frame (64800 Bits)	Kurzer Frame (16200 Bits)
Coderate	Coderate
2/3	2/3
3/4	3/4
4/5	4/5
5/6	5/6
8/9	8/10

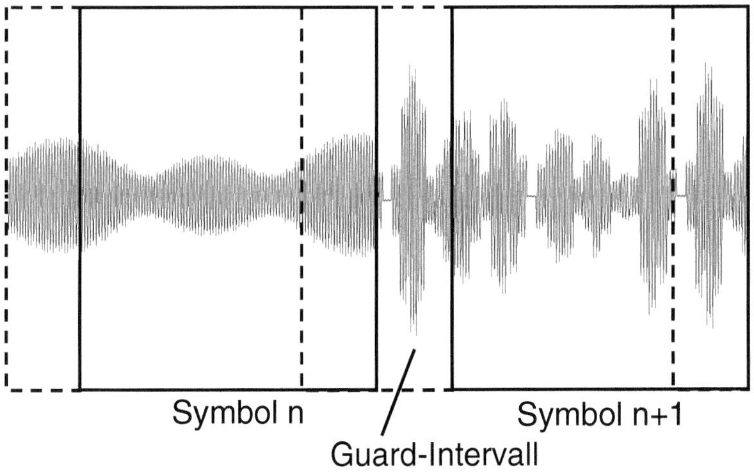

Abb. 38.2. COFDM-Symbol und Guard-Intervall

38.6 COFDM-Parameter

Bei DVB-C2 ist nur der 4K-Mode möglich. Dies entspricht 3409 verwendeten Trägern. Insgesamt arbeitet die IFFT aber mit einer Zweierpotenz an Trägern, also 4096 Trägern. Die Kanalrasterbandbreiten betragen 6 oder 8 MHz. Die Unterträgerabstände und die tatsächlichen Signalbandbreiten sind dann laut Tabelle 38.3.:

Tabelle 38.3. COFDM-Parameter bei DVB-C2

Kanalrasterbandbreite [MHz]	Unterträgerabstand [kHz]	Signalbandbreite [MHz]
6	1.674	5.71
8	2.232	7.61

Es machen nur sehr kurze Schutzintervalle Sinn, da im CATV-Netz nur mit sehr kurzen Reflexionen zu rechnen ist. Die wählbaren Schutzintervalle sind 1/64 oder 1/128 der Symboldauer. Das Schutzintervall ist ein Cyclic Prefix, also eine vorangestellte Kopie des Symbol-Endes.

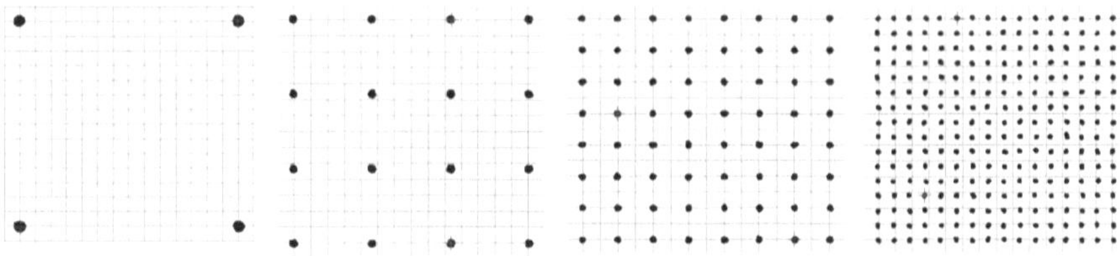

Abb. 38.3. QAM-Ordnungen QPSK, 16QAM, 64QAM und 256QAM bei DVB-C2

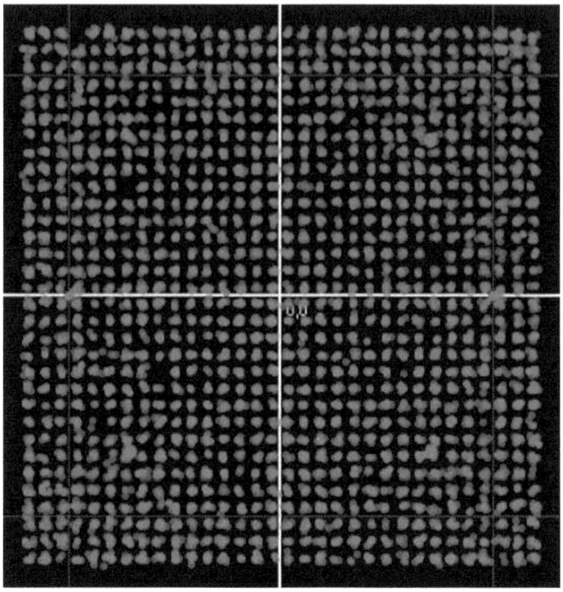

Abb. 38.4. DVB-C2 - 1024QAM

38.7 Modulationsverfahren

DVB-C2 arbeitet mit kohärenter Gray-codierter Modulation. Es werden folgende QAM-Ordnungen unterstützt, nämlich

- QPSK,
- 16QAM,
- 64QAM,
- 256QAM,
- 1024QAM,
- 4096QAM.

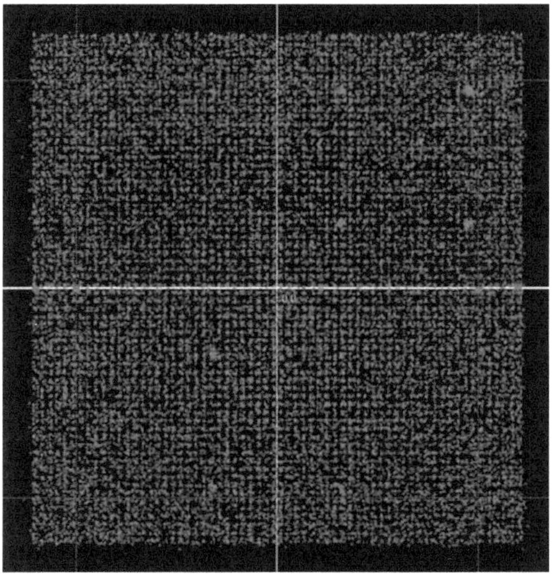

Abb. 38.5. DVB-C2 - 4096QAM

4096QAM erscheint zunächst interessant oder abenteuerlich, bei näherer Betrachtung aber durchaus realistisch. Tabelle 38.4. zeigt die mindestens notwendigen SNRs laut den DVB-C2-Implementation Guidelines [DVB Blue Book A147]. Die mittlerweile relativ guten Störabstände im Kabel von 30 dB bis zu knapp unter 40 dB in Verbindung mit LDPC-Codierung machen solch hohe QAM-Ordnungen möglich.

Tabelle 38.4. Mindest notwendige Störabstände SNR bei DVB-C2 in Abhängigkeit von Modulation und FEC Code Rate

Modulation	FEC Code Rate	SNR @ Bit Error Rate 10_{-6} [dB]
4096QAM	9/10	34.97
4096QAM	5/6	32.36
1024QAM	9/10	29.50
1024QAM	5/6	27.15
1024QAM	3/4	24.81
256QAM	9/10	24.02
256QAM	5/6	21.96
256QAM	3/4	19.97
64QAM	9/10	18.40
64QAM	4/5	16.05
64QAM	2/3	13.47
16QAM	9/10	12.80
16QAM	4/5	10.72

38.8 Definition einer Zelle (Cell)

Ebenso wie bei DVB-T2 wurde bei DVB-C2 der Begriff einer Zelle eingeführt. Grund hierfür ist, dass Bitgruppen relativ früh zu späteren gemappten, also modulierten Trägern zusammengefasst werden, aber einige Interleaving-Vorgänge noch stattfinden müssen. Bei DVB-T2 ist eine Zelle ein IQ-Wert, bei DVB-C2 entspricht eine Zelle einer 2, 4, 8, 10 oder 12 Bit breiten Bitgruppe – je nach gewählter QAM-Ordnung, die später auf einem Träger transportiert wird.

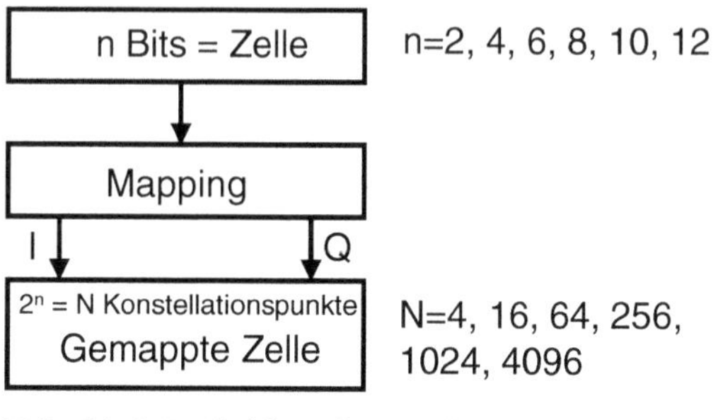

Abb. 38.6. Definition einer Zelle (Cell) bei DVB-C2

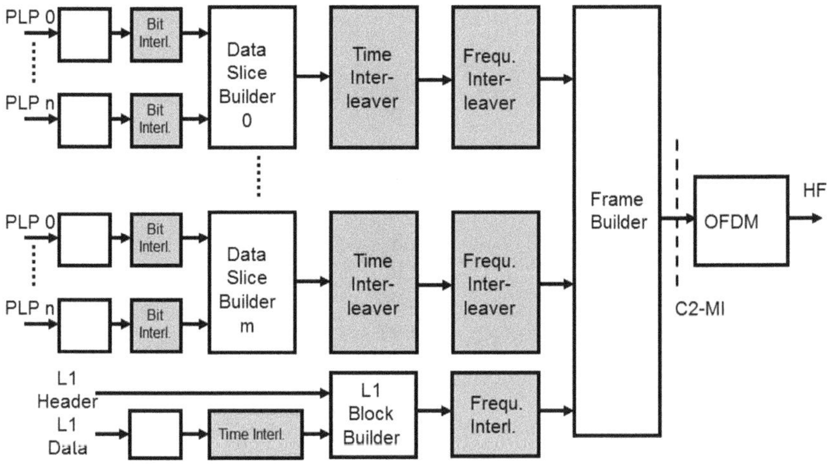

Abb. 38.7. Interleaver bei DVB-C2

38.9 Interleaver

Bei DVB-C2 gibt es insgesamt drei Interleaver, nämlich

- einen Bitinterleaver, der direkt zur FEC gehört,
- einen Zeitinterleaver und
- einen Frequenzinterleaver.

Einen Cell-Interleaver wie bei DVB-T2 gibt es hier nicht.

Der Bitinterleaver arbeitet auf FEC-Frame-Ebene und optimiert das Verhalten des Fehlerschutzes. Er ist aber genauso wie bei DVB-S2 und DVB-T2 ein kurzer Interleaver. Der Zeitinterleaver macht DVB-C2 robuster gegen längere Burstfehler. Der Zeitinterleaver ist in der Interleaving-Tiefe einstellbar. So tiefes Zeit-Interleaving wie bei DVB-T2 ist hier nicht nötig. Und der Frequenzinterleaver verteilt die Daten möglichst zufällig auf viele COFDM-Träger. Zeit- und Frequenzinterleaving findet bei DVB-C2 innerhalb eines Daten-Slices, dem eine bestimmte Anzahl von PLP's zugeordnet sind, statt.

38.10 Variable Coding and Modulation (VCM)

Jeder Eingangsstrom wird bei DVB-C2 in einer eigenen Physical Layer Pipe (PLP) übertragen. Alle Interleaving-Vorgänge sind nicht auf eine PLP, sondern auf eine Gruppe von PLP's, die zu einem Datenslice zusammegenfasst sind, beschränkt. Innerhalb jeder PLP können jedoch verschiedene Übertragungsparameter, wie Fehlerschutz und Modulationsverfahren gewählt werden. Man spricht von Variable Coding and Modulation (VCM). Dieser Begriff wurde auch schon bei DVB-T2 geprägt. Aufgrund der Gleichförmigkeit des Breitbandkabels ist aber davon auszugehen, das von VCM, also auf die Wahl von unterschiedlichen Übertragungsparametern in verschiedenen Frequenzbereichen bzw. PLP's im Kabel nicht sehr intensiv Gebrauch gemacht werden wird.

38.11 Rahmenstruktur

Genauso wie bei anderen Standards gibt es auch bei DVB-C2 den Begriff eines Rahmens oder engl. Frame. Ein DVB-C2-Frame beginnt mit Preamble-Symbolen, die sich alle 7.61 MHz wiederholen und je 3409 Träger breit sind. Anschließend folgen dann die Datensymbole, insgesamt sind dies 448 Datensymbole. Die Preamble-Symbole dienen sowohl der Zeit-, als auch Frequenz-Synchronisation und zur Signalisierung der Layer 1 (L1) – Parameter. Die Preamble-Symbole sind in Frequenz-Richtung so angelegt, dass ein Empfänger mit einer Empfänger-Bandbreite von 7.61 MHz alle zum Auffinden der Layer 1 – Parameter notwendigen Daten mitbekommt.

38.12 Kanalbündelung und Slice-Bildung

Bei DVB-C2 gibt es eigentlich keine Kanäle mehr, sondern nur noch zwei Kanalraster von entweder 6 oder 8 MHz. Es können Kanäle zu einem insgesamt ca. 450 MHz breiten Kanal zusammengebündelt werden. Zwischen den ursprünglichen Kanälen gibt es dann keine Lücken mehr. Die nicht mehr vorhandenen Lücken (Schutzbänder) ermöglichen dann eine effektivere Nutzung des Frequenzspektrums und erlauben insgesamt eine höhere Datenrate. Im Kabel gibt es aber sehr oft auch gestörte Frequenzbereiche oder Frequenzbereiche, die andere Funkdienste (z.B. Flugfunk) stören könnten. Diese können bei DVB-C2 ausgespart werden, in dem man bestimmte OFDM-Träger einfach abschaltet. Man spricht von der sog.

Notch-Bildung. Es entstehen dann Lücken im Frequenzspektrum. Die Kanalbündelung führt zu erhöhten Anforderungen an den Modulator, nicht jedoch an den Receiver.

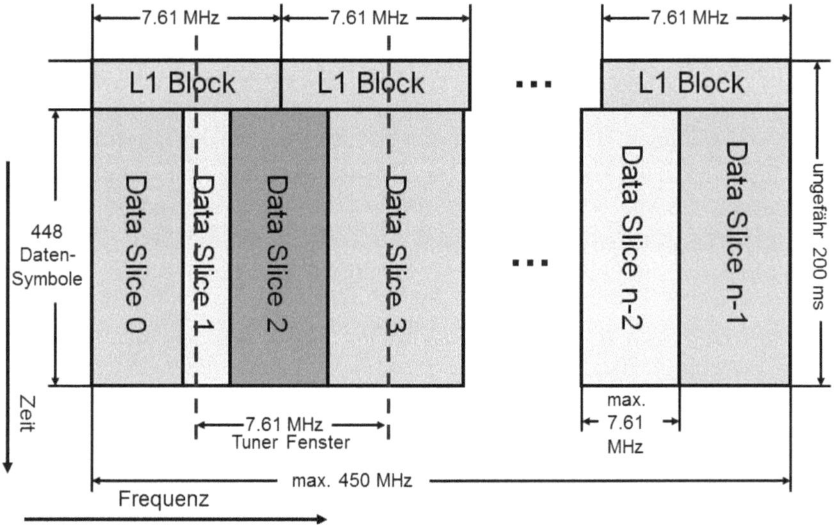

Abb. 38.8. Rahmenbildung und Kanalbündelung

Die Receiver-Bandbreite ist bei DVB-C2 auf 7.6 MHz begrenzt, d.h. der Receiver muss nur in der Lage sein, maximal 7.6 MHz breite Kanalraster zu demodulieren. Bei DVB-C2 werden hierzu maximal bis zu 7.6 MHz breite Frequenz-Slices gebildet, in denen eine ganze Anzahl von Physical Layer Pipes (PLP's) abgebildet werden. Der Receiver setzt sich beim demodulieren auf den Frequenz-Slice, der den zu demodulierenden Datenstrom, also die relevante PLP enthält. Damit der Receiver die Slices findet, sowie die Übertragungsparameter in den Slices kennt, erfolgt alle 7.6 MHz eine Layer 1 – Signalisierung. D.h. alle 7.6 MHz werden immer wieder zu Beginn eines DVB-C2-Frame spezielle Signalisierungssymbole einfügt. Da die Symbole alle 7.6 MHz wiederholt werden, kann sich der Receiver beliebig im 7.6 MHz Receiver-Bandbreite über den gebündelten DVB-C2-Kanal darüber setzen.

Der erste L1-Block beginnt rechnerisch bei 0 MHz; alle 7.6 MHz wird dieser L1-Block zu Beginn eines DVB-C2-Frames wiederholt. Egal, wo sich der Receiver mit einer Empfängerbandbreite von mindestens 7.6 MHz draufsetzt, er bekommt immer die komplette Signalisierung der Layer 1 – Parameter mit.

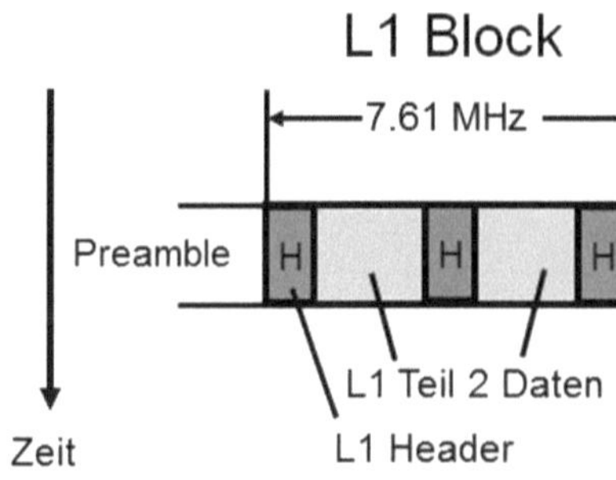

Abb. 38.9. Preamble-Symbole

38.13 Preamble-Symbole

Die Preamble-Symbole dienen zur

- Zeitsynchronisation
- Frequenz-Synchronisation und zur
- Signalisierung der Layer 1 – Parameter (Schutz-Intervall, Modulation, Fehlerschutz usw.).

Sie befinden sich am Anfang eines DVB-C2-Rahmens im L1-Block und markieren auch den Rahmenbeginn. Die Preamble-Symbole bestehen aus einem Header und einen L1-Time-Interleaving Block. Im Header erfolgt über 32 Bit, bestehend aus 16 Datenbits und Fehlerschutz die Grundsignalisierung der wichtigsten L1-Basisparameter.

Der Preamble-Header ist 32 OFDM-Zellen breit. Im Header werden übertragen:

- L1_INFO_SIZE (14 Bit)
- und der L1_TI_MODE (2 Bit).

In Summe besteht der Preamble-Header aus 32 Bit, die sich aus den 16 Nutzdatenbits und zusätzlichen 32 FEC-Bits (Reed-Mueller-codiert) zusammensetzen. Die 32 OFDM-Träger des Preamble-Headers sind QPSK-moduliert.

L1_INFO_SIZE signalisiert in 14 Bits die halbe Breite des L1-Teil 2 (L1 Time Interleaving Block, bestehend aus Daten- und Stopfbits).

L1_TI_MODE gibt Auskunft über den verwendeten Time Interleaving Mode von L1 Teil 2 (Layer 1 Time Interleaving Block). Es sind 2 Bit die folgendes übermitteln:

- 00 = no time interleaving
- 01 = best fit
- 10 = 4 OFDM symbols
- 11 = 8 OFDM symbols.

Die OFDM-Datenträger im Layer 1-Teil 2 Block sind 16QAM-moduliert; der Fehlerschutz besteht aus BCH und 16K-LDPC-Codierung mit einer Coderate von ½.

Im Teil 2 werden dann folgende L1-Parameter signalisiert:

- Network ID
- C2 system ID
- Start frequency
- Guard interval
- C2 frame length
- No. of bundled channels
- No. of data slices
- No. of notches
- Data slice parameters in der "Data Slice Loop"
- PLP parameters in "PLP Parameter Loops"
- Notch parameters.

Alle Data Slices sind in der „Data Slice Loop“ beschrieben und zwar über folgende Parameter:

- Data Slice ID
- Data Slice Tune Position
- Data Slice Offset left
- Data Slice Offset right
- Data Slice Time interleaver depth
- Data Slice Type
- No. of PLP's per Data Slice
- PLP loop mit allen PLP-Beschreibungen pro Data Slice.

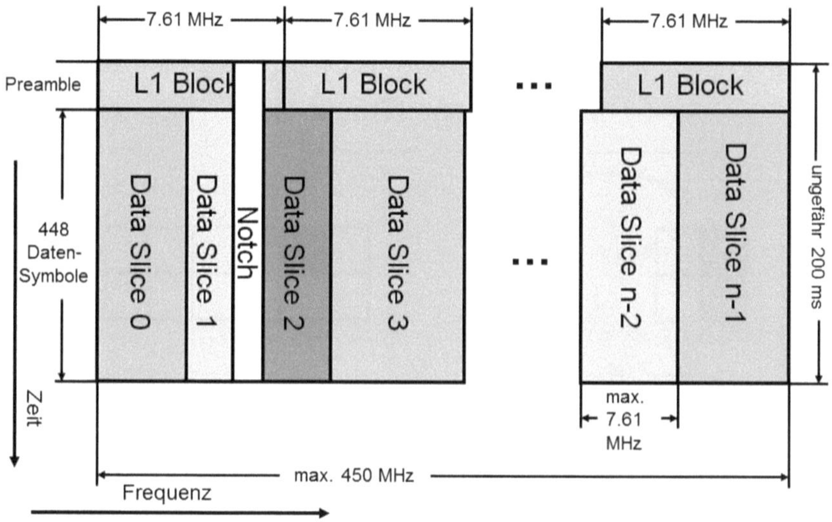

Abb. 38.10. Bildung von Notches (ausgeschaltete Trägerbereiche) bei DVB-C2

Alle PLP's eines Data Slice sind beschrieben in PLP loops. Diese Schleifen enthalten folgende Parameter:

- PLP ID
- PLP bundled
- PLP Type
- PLP Payload Type
- PLP Start
- PLP FEC Type
- PLP Modulation.

L1-Signalling-Header und L1-Time-Interleaving-Block können sich innerhalb 7.6 MHz in Frequenzrichtung mehrfach wiederholen, je nach Länge der L1-Time-Interleaving-Blocks.

38.14 Pilote bei DVB-C2

Bei DVB-C2 gibt es ebenso wie bei DVB-T2 sog.

- Edge-Pilots

- Continual Pilots und
- Scattered Pilots.

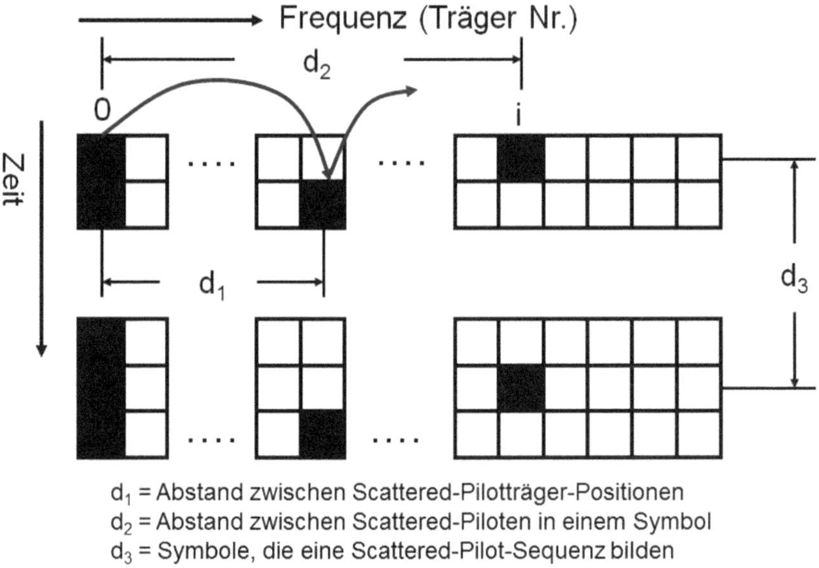

Abb. 38.11. Pilot-Strukturen bei DVB-C2

Edge-Pilots und Continual Pilots dienen der Frequenzsynchronisation (AFC). Zusätzlich werden dann noch dichtere Pilotstrukturen durch Einfügen von springenden Scattered Pilots für die Kanalschätzung und Kanalkorrektur gebildet. Bei DVB-C2 müssen die Pilotstrukturen aufgrund der physikalisch für den Receiver einfacheren Kabelkanäle gegenüber DVB-T2 nicht so dicht sein. DVB-C2 unterstützt eine Pilotstruktur für jede der beiden Guard Interval – Längen. Alle DVB-C2-Pilote sind gegenüber den Datenträgern um 7/3 geboostet.

Tabelle 38.5. Scattered Pilot-Strukturen bei DVB-C2

Schutzintervall	Abstand der Pilotträger tragenden Träger (und Abstand der Pilotträger innerhalb eines COFDM-Symbols)	Anzahl an Symbolen, die eine Pilotsequenz bilden
1/64	12 (48)	4
1/128	24 (96)	4

Tabelle 38.6. Continual Pilot-Positionen bei DVB-C2

Continual Pilot Nr.
96 216 306 390 450 486 780 804
924 1026 1224 1422 1554 1620 1680 1902
1956 2016 2142 2220 2310 2424 2466 2736
3048 3126 3156 3228 3294 3366

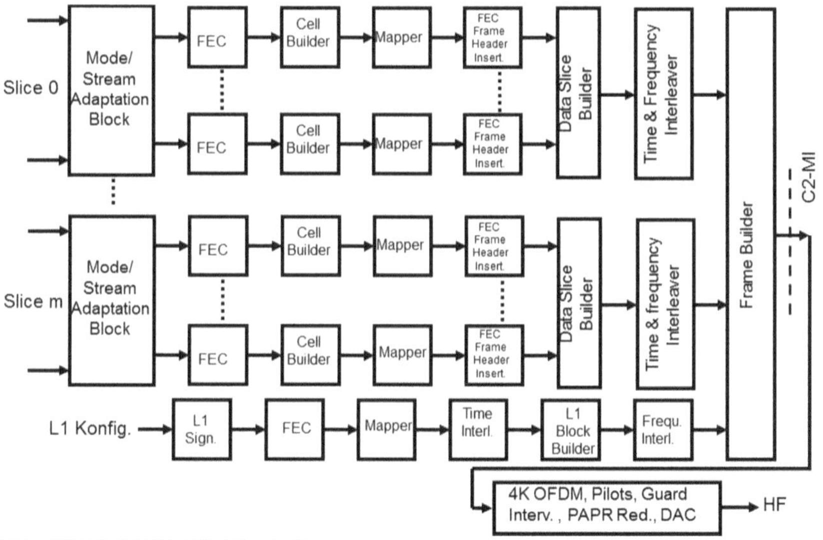

Abb. 38.12. DVB-C2-Blockdiagramm

38.15 PAPR-Reduktion

Wie bei DVB-T2 auch besteht bei DVB-C2 die Möglichkeit der Reservierung von Trägern für die Reduktion des Crest-Faktors. Diese Träger können dann bei Bedarf vom Modulator eingeschaltet werden und so gesetzt werden, dass sie den aktuellen Crest-Faktor des Signals reduzieren. Das Verfahren entspricht der Tone Reservation bei DVB-T2.

38.16 Blockdiagram

Das DVB-C2-Blockdiagramm (Abb. 38.12.) ist deutlich mächtiger als das von DVB-C, aber doch noch weniger komplex als bei DVB-T2. Manche Teile entsprechen aber dem von DVB-T2.

38.17 Pegelverhältnisse im Breitbandkabel

DVB-C-Kanäle wurden üblicherweise so eingepegelt, das 64QAM-modulierte Kanäle 12 dB unter dem Analog-TV-Referenzpegel (Bildträger- Sync-Spitze) und 256QAM-modulierte Kanäle 6 dB darunter liegen (RMS), um ausreichend Abstand zum Störgeräusch im Breitbandkabel zu haben. DVB-C2-Kanäle mit 1024QAM-Modulation werden wahrscheinlich um 4 ... 6 dB unter dem ATV-Bezugspegel liegen und bei 4096QAM liegt der Pegel dann bei ca. 0 ... +2 dB über dem Analog-TV-Bezugspegel.

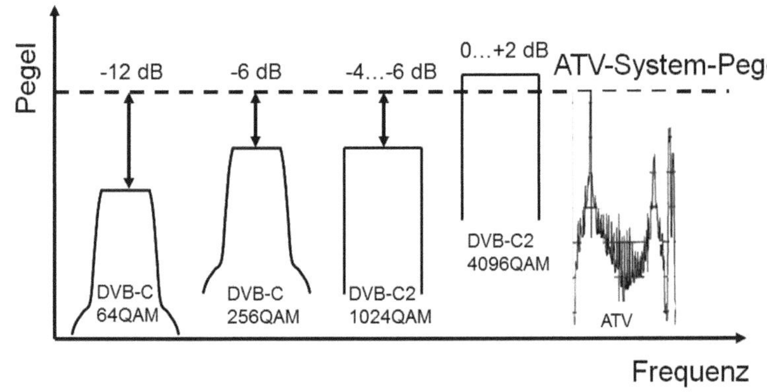

Abb. 38.13. Pegelverhältnisse im Breitbandkabel

38.18 Leistungsfähigkeit

DVB-C2 schafft jetzt bis zu über 70 Mbit/s in einem früheren 8 MHz-Kanal, wo bisher nur 51 Mbit/s möglich waren. Grund hierfür ist v.a. der moderne LDPC-Fehlerschutz in Verbindung mit Kanalbündelung, d.h. der Vermeidung von Lücken zwischen den Kanälen. Mit Hilfe von COFDM-

Modulation lässt sich nun das Breitbandkabel noch effektiver nutzen, da frequenz-selektive Probleme besser behoben werden können. Es ist vorgesehen, bis zu ca. 450 MHz breite Kanäle zu bündeln. In 862 MHz Bandbreite gibt es dann etwa 380000 individuell nutzbare Träger.

38.19 Ausblick

Mit DVB-C2 wurde ebenso wie mit DVB-T2 und DVB-S2 ein sehr moderner leistungsfähiger neuer DVB-Übertragungsstandard geschaffen. Die Applikationen waren für den Bereich HDTV und schnelle Downstreams für Breitbandinternet über BK-Kabel vorgesehen. Doch seit dem Erscheinen von DOCSIS 3.1 ist klargeworden, dass für das Breitband-Internet über CATV ein eigener von DVB-C2 losgelöster Weg gegangen wird. Selbst Jahre nach dem Erscheinen von DVB-C2 ist dieses Verfahren außer bei Feldversuchen noch in keinem Kabelnetz zu finden. Es kann spekuliert werden, mit welchem Standard der Datenratenbedarf im Breitbandkabel in Zukunft gestillt wird.

Literatur: [DVB_A138], [EN302769],[TS102991],
[DVB Blue Book A147]

39 DVB-T2-Messtechnik

DVB-T2 ist zwar gegenüber DVB-T ein deutlich komplexerer Standard und erfordert deshalb auch mehr Rechenleistung im DVB-T2-Messempfänger; im Prinzip werden aber die gleichen Messparameter erfasst, nämlich

- HF-Pegel
- Bitfehlerverhältnisse (BER = Bit Error Ratio)
- Modulationsfehler (MER = Modulation Error Ratio)
- Konstellationsdiagramm (Aussehen, Form)
- Schulterabstand
- Impulsantwort (Impulse Response, Channel Impulse Response)
- sowie Amplitudengang und Gruppenlaufzeit.

Welche Messparameter gemessen werden, hängt im Wesentlichen davon ab, woran gerade gemessen wird, nämlich ob die Messung stattfindet

- am Senderausgang vor oder nach dem Maskenfilter, vor oder nach der Antennenweiche
- im Feld (Versorgungsmessung, SFN-Kontrollmessung)
- beim Kunden (Zuschauer) an der Antennenbuchse,

usw.
Die hierbei wichtigsten Messparameter sind jedoch immer

- HF-Pegel, gemessen meist in dBuV oder dBm
- BER (dimensionslos) und
- MER in dB.

Diese drei Parameter erlauben eine direkte Aussage über die Signalqualität. HF-Pegel und BER werden praktisch auch von jedem Konsumer-Empfänger im Einstellmenü angezeigt, dort aber in einer verständlichen Form für technisch nicht so versierte Nutzer (als Signalstärke und Signalqualität zwischen 0% und 100%). Der große Unterschied zwischen DVB-T2 und DVB-T und damit von Bedeutung für die DVB-T2-Messtechnik ist

- die Multi-PLP-Fähigkeit von DVB-T2
- die optionalen „rotated Constellations“
- andere Pilotarten
- P1-, P2- und Datensymbole
- anderer Fehlerschutz (BCH, LDPC)
- und der optionale MISO-Mode.

Für weitere Details und Erklärungen sei hier auf das Kapitel „DVB-T2“ verwiesen.

39.1 Messung des HF-Pegels

Der HF-Pegel ist bei DVB-T2 genauso definiert und wird auch genauso gemessen wie bei DVB-T. Als Spannung ist er einfach der Effektivwert (RMS, Root Mean Square) der Spannung der DVB-T2-Quelle; als Leistung die sog. mittlere Leistung (Average Power, $P_{AVG}=U_{RMS}*R_{Load}$). Ein DVB-T2-Messempfänger misst hierbei den Effektivwert der Spannung an 50 oder 75 Ohm Impedanz und stellt diese Spannung entweder direkt dar oder rechnet sie entsprechend um in

- V
- mV
- µV
- dBm
- dBµV oder
- W, kW.

Misst man den Pegel eines DVB-T2-Signals mit Hilfe eines Spektrumanalysators, so wählt man am Spektrumanalysator folgende Einstellungen:

- Center auf Kanalmitte des DVB-T2-Kanals
- Span auf 20 MHz
- RMS-Detector
- Auflösebandbreite auf 30 kHz
- Videobandbreite auf 300 kHz

- Ablaufzeit ca. 2 s
- Noise Marker auf Kanalmitte.

Handelt es sich um einen flachen DVB-T2-Kanal, so kann man die Anzeige des Noise-Markers in Bandmitte, nämlich die Rauschleistungsdichte in einem Fenster von 1 Hz Bandbreite, leicht umrechnen in die Leistung des DVB-T2-Gesamtkanals (1.7, 5, 6, 7, 8, 10 MHz), wobei hierbei natürlich nur die tatsächliche Signalbandbreite des DVB-T2-Signals eingesetzt werden darf (Signal Bandwidth, useful Bandwidth); diese hängt auch ab vom gewählten normal oder extended Carrier Mode von DVB-T2.

Beispiel:

DVB-T2-System mit 8 MHz Bandbreite, 32k extended Carrier Mode,
Noise Marker Wert = - 100 dBm/Hz

Signalbandbreite: anstelle von 7.6 MHz (normal mode) nun 7.77 MHz

Korrekturwert zur Berechnung der Leistung in dBm aus der Rauschleistungsdichte bei 1 Hz:

$10 \log(7.77 \cdot 10^6) = 68.9$ dB

tatsächliche Leistung im Beispiel:

- 100 dBm/Hz + 68.9 dB = - 31.1 dBm.

Möchte man das Ergebnis in dBμV ausgedrückt bekommen, so addiert man zum Wert in dBm bei einer Impedanz von 50 Ohm den Wert 107 dB und bei einer Impedanz von 75 Ohm den Wert 108.8 dB und erhält in unserem Beispiel:

bei 50 Ohm Impedanz: 75.9 dBμV
bei 75 Ohm Impedanz: 77.7 dBμV.

„Vernünftige“ Empfängereingangspegel liegen zwischen etwa 50 und 70 dBμV; ein Empfänger benötigt jedoch je nach Modulationsart und Fehlerschutz mindestens 25 bis 35 dBuV Eingangspegel im Gauß-Kanal und je nach tatsächlichem realem Kanal und Empfänger 10 … 20 dB mehr Pegel. Über 70 dBμV müssen Empfänger meist schon abregeln.

39.2 Messung der Bitfehlerverhältnisse (BER)

Die Definition des Bitfehlerverhältnisses (engl. Bit Error Ratio, BER) ist für alle Übertragungsverfahren gleich, nämlich

BER = fehlerhafte Bits / übertragene Bits.

DVB-T2 verwendet aber im Gegensatz zu DVB-T einen anderen Fehlerschutz, nämlich BCH-Codierung (Bose-Chaudri-Hoquenhem-Codierung) und LDPC-Codierung (Low Density Parity Check Coding). Es ergeben sich damit drei Bitfehlerverhältnisse, nämlich

- BER before LDPC, was dem Kanalbitfehlerverhältnis entspricht
- BER before BCH und
- BER after BCH.

Die BER-Einheit ist dimensionslos.
Außerdem ist eine BCH-Blockfehlerrate und eine Transportstrompaket-Fehlerrate definiert. Hierbei wird meist angegeben, wieviele BCH-Blocks bzw. Transportstrompakete pro Zeiteinheit fehlerhaft sind; die Einheit ist also hier meist 1/s.
Bis zu einem bestimmten Bitfehlerverhältnis (BER) kann fehlerfrei dekodiert werden. Bei LDPC hängt das von der gewählten Coderate, also dem Fehlerschutz-Overhead ab. Bei DVB-T2 können sechs verschiedene Coderaten gewählt werden, nämlich

- 1/2
- 3/5
- 2/3
- 3/4
- 4/5
- und 5/6.

Coderate 1/2 schützt die Daten am besten, addiert aber auch den größten Overhead und somit ergibt sich dadurch die niedrigste Nettodatenrate. Coderate 5/6 bedeutet niedrigster Fehlerschutz und damit höchste Nettodatenrate. Meist wird Coderate 2/3 oder 3/4 gewählt. Der bei DVB-T2 verwendete Fehlerschutz - eine Kombination von zwei Blockcodes - bewirkt ein im Vergleich zu DVB-T sehr abruptes Abstürzen der Übertragung. Der Unterschied zwischen Go und No-Go beträgt nur wenige Hundertstel dB beim Störabstand.

Zu beachten ist, dass bei DVB-T2 in jeder Physical Layer Pipe (PLP) eine andere Coderate und ein anderes Modulationsverfahren gewählt werden kann. Damit ergeben sich für jede PLP unterschiedliche Bitfehlerverhältnisse. D.h. die BER wird in jeder PLP separat gemessen und damit muss die PLP bei der BER-Messung ausgewählt werden. Die L1-Daten in den P2-Symbolen sind separat ebenfalls mit BCH und LDPC geschützt, aber mit einer anderen Coderate. Deswegen gibt es zusätzlich die BER-Messung in den L1-Daten.

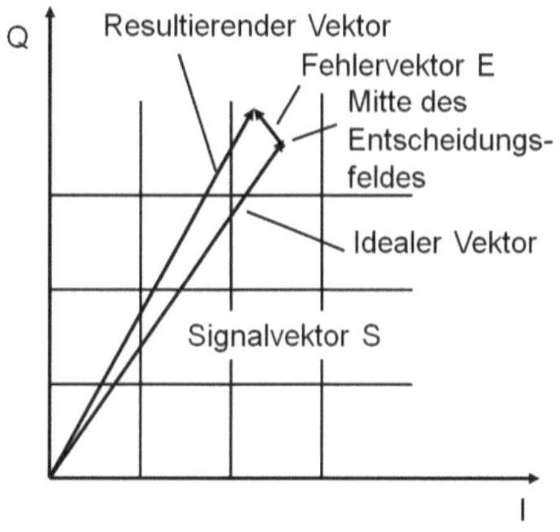

Abb. 39.1. Definition des MER = Modulation Error Ratio

39.3 Messung des Modulationsfehlerverhältnisses (MER)

Über die Definition des Modulationsfehlerverhältnisses (engl. Modulation Error Ratio, MER) lässt sich - genauso wie bei DVB-T und anderen digitalen Rundfunkübertragungsstandards auch - der Gesamtfehler der Modulation bei DVB-T2 ausdrücken, verursacht durch

- Rauschen
- Jitter
- Echos
- lineare und
- nicht-lineare Verzerrungen.

Idealerweise sollte der QAM-modulierte Signalvektor s in die Mitte eines Entscheidungsfelds treffen. Jeder abweichende Treffer im Konstellationsdiagramm läßt sich durch eine Ablage über einen Verschiebungsvektor, den Fehlervektor e beschreiben. Erfasst man über eine längere Zeit hinweg Signalvektoren s_i und Fehlervektoren e_i und ermittelt dann daraus den quadratischen Mittelwert aller Signalvektoren S und Fehlervektoren E, so kann man daraus das Modulationsfehlerverhältnis oder Modulation Error Ratio MER ermitteln über

MER [dB] = 20 log (S/E);

Ein ideal gutes MER wäre ein Wert von Unendlich, ein maximal schlechtes MER wäre ein Wert von Null. Reale Werte am Senderausgang liegen bei etwa 35 dB, reale Werte am Empfängereingang im Bereich zwischen 10 und 30 dB. Netzplanerisch werden meist Werte für den Fall-off-the-Cliff-Punkt definiert von

- ca. 18 dB bei einer Planung für Dachantennenempfang oder
- ca. 12 dB bei einer Planung für Indoor-Empfang.

Bei DVB-T2 kann das MER in jeder PLP und im L1 in den P2-Symbolen gemessen werden. Bei der MER-Messung ist zu beachten, dass die Konstellationsdiagramme auch gedreht (rotated) sein können. Bei der Ermittelung des MER eines bestimmten Trägers ist auch entsprechend die Umsortierung durch die verschiedenen Interleaver von Bedeutung. Wichtig ist bei DVB-T2 ebenso die Darstellung des MER als Funktion der Trägernummer MER(f).

Da immer wieder die Frage in den Raum gestellt wird, wie hoch der MER-Wert eines Senders sein sollte, hier eine kurze Betrachtung des MER-Einflusses auf das Geschehen letztendlich im Empfänger und damit der Größe des Versorgungsgebiets eines DVB-T2-Senders. Starten wir zunächst mit der Messunsicherheit der Feldstärke bei Versorgungsmessungen; sie liegt bei einigen dB – wir setzen hier zunächst +/- 3 dB an, um eine Größenordung zu definieren. Wir können annehmen, dass nun der Einfluss des Senders dann in etwa vernachlässigt werden kann, wenn er einen Beitrag zur Verschlechterung des MER von unter 0.5 dB leistet. Jeder Digital-TV-Sender verwendet Klasse AB-Verstärker-Technologie. Der Wirkungsgrad der Verstärker und damit des Senders hängt vom Arbeitspunkt (Ruhestrom der Transistoren) ab. Es gilt aber – je linearer eine Senderendstufe ist und je mehr Reserve in der Aussteuerbarkeit vorgehalten werden muss, desto schlechter wird der Wirkungsgrad. D.h. je höher die MER-Forderung, desto schlechter der Wirkungsgrad. Somit muss ein möglichst gutes Optimum gefunden werden zwischen einem guten MER und einem guten Wirkungsgrad; dies ist gerade in der heutigen Zeit wichtig, wo die Energiekosten immer mehr steigen. Bei einem MER von etwa 35 dB kann man sowohl bei DVB-T, DVB-T2 und auch anderen Standards wie ISDB-T von einem sehr guten Wert sprechen. Wir werden auch gleich sehen, dass mehr auch wenig Sinn macht und keine messbare Vergrößerung des Versorgungsgebiets bewirken wird. Aber wie groß ist nun der Sender-MER-Einfluss auf das Empfänger-MER? Dies scheint zunächst eine schwierige Frage zu sein, aber in der Realität ist dies recht einfach zu beantworten. Wenn ein Sender einen schlechten MER-Wert aufweist, z.B. von 20 dB, so überlagert sich dem Nutzsignal (hier DVB-T2-Signal) einfach ein Rauschsignal, d.h. der Sender spielt einfach auch Rauschquelle. Und wir nehmen jetzt auch an, dass der Einfluss dieser „senderinternen Rauschquelle“ dann vernachlässigt werden kann, wenn dessen Einfluss kleiner als 0.5 dB auf das MER im Empfänger ist. Digitaler Rundfunk arbeitet störungsfrei bis zum „Fall-off-the-Cliff“-Punkt. Dieser Punkt hängt von den gewählten Netzplanungsparametern ab. Und diese Netzplanungsszenarien sind

- “Portable Indoor”
- “Outdoor” oder
- Dachantenne mit Antennengewinn.

Der Unterschied ist einfach das anzusetzende minimale SNR bzw. MER. Diese Werte für das SNR bzw. MER liegen bei etwa

- 12 dB für “Portable Indoor”
- 18 dB für “Outdoor” und
- ca. 20 dB für Empfang über Dachantenne.

Befindet man sich mit seinem Empfänger in der Nähe des Senders, so erreicht man damit fast MER-Werte wie am Senderausgang. Wir nehmen nun diese zu erwartenden MER-Werte im Receiver als „Fall-off-the-Cliff“-Punkte, die nun die (unerwünschte, durch schlechte MER-Werte des Senders verursachte) Rauschquelle im Sender so verschlechtert, dass sich der Empfang gerade an der Grenze befindet. Im Empfänger addieren sich nun zwei Rauschquellen, nämlich die Rauschquelle N1, repräsentiert durch die Empfangsbedingungen und die Rauschquelle N2, repräsentiert durch die Senderrauschquelle. Um beide Rauschquellen addieren zu können, müssen wir zunächst vom logarithmischen dB-Bereich auf den linearen Bereich wechseln, dort die Addition der beiden Rauschquellen vornehmen und dann wieder zurück in den dB-Bereich konvertieren:

$$N3 = 10\log(\frac{1}{10^{-0.1N1} + 10^{-0.1N2}});$$

mit N3 = resultierendes MER im Empfänger in dB;
N1 = MER bei Fall-off-the-Cliff in dB;
N2 = MER des Senders in dB;

Die folgende Grafik zeigt das Ergebnis:

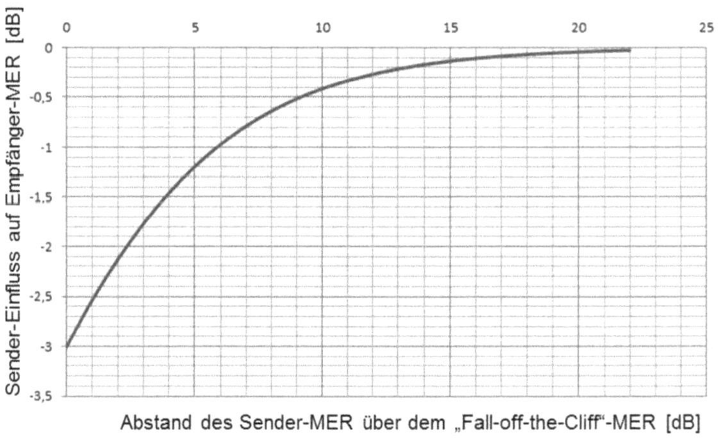

Abb. 39.2. Einfluss des Sender-MER auf des Empfänger-MER beim Fall-off-the-Cliff-Punkt

Die Grafik zeigt den Einfluss des Sender-MER auf das Empfänger-MER beim „Fall-off-the-Cliff"-Punkt. Wenn wir mit dem Sender-MER um etwa 10 dB über dem Fall-off-the-Cliff-MER liegen, so erkennt man, dass der Einfluss des Senders etwa knapp unter 0.5 dB beträgt. D.h. in unserem betrachteten Fall ist dann der Einfluss auf die Größe des Versorgungsgebiets nicht mehr messbar. Liegt er 15 dB über „Fall-off-the-Cliff", so ist der Sender-Einfluss etwa 0.2 dB, und 20 dB darüber bedeuten nur noch 0.05 dB Einfluss. Setzt man nun z.B. 18 dB für den Fall-off-the-Cliff-Punkt (Outdoor-Empfang) an, so würden 18+10 = 28 dB als MER im Sender ausreichen, dass dessen Einfluss auf das Versorgungsgebiet kaum mehr nachweisbar ist. Aber dies ist nicht nur Theorie, sondern praktische Tests zeigen vergleichbare Werte. D.h. ein MER von 35 dB am Senderausgang ist ein sehr guter Wert und jedes dB mehr wäre unnötige Energieverschwendung.

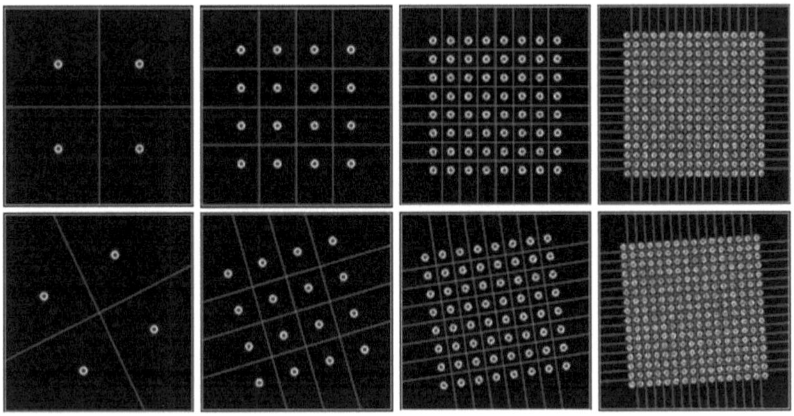

Abb. 39.3. DVB-T2-Konstellationsdiagramme

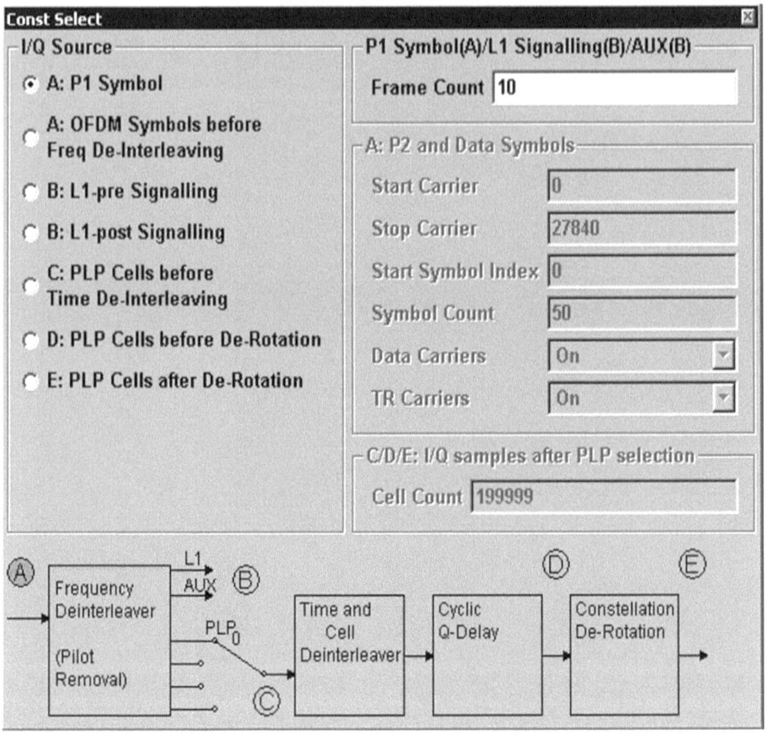

Abb. 39.4. Auswahlmöglichkeit der Konstellationsdiagrammdarstellung beim TV-Messempfänger R&S ETL [ETL]

39.4 Konstellationsanalyse an DVB-T2-Signalen

Die rein optische Begutachtung von Konstellationsdiagrammen spielt natürlich auch bei DVB-T2 eine Rolle. Anhand der Konstellationsdiagrammdarstellung aller überlagerten Konstellationsdiagramme aller Träger oder die Darstellung einzelner Träger lassen sich leicht Rückschlüsse auf Fehlerbilder und Fehlerursachen machen. Ideale Konstellationsdiagramme weisen nur Treffer in der Mitte eines Entscheidungsfelds auf. Verrauschte Konstellationsdiagramme erkennt man an großen runden Konstellationspunkten. Häufig zeigen DVB-T2-Messempfänger Trefferwahrscheinlichkeiten durch den Wahrscheinlichkeiten zugeordneten Farben an (R&S ETL). Zur Deutung der verschiedenen Fehlerformen im Konstellationsdiagramm sei hier auf die Kapitel DVB-C und DVB-T verwiesen.

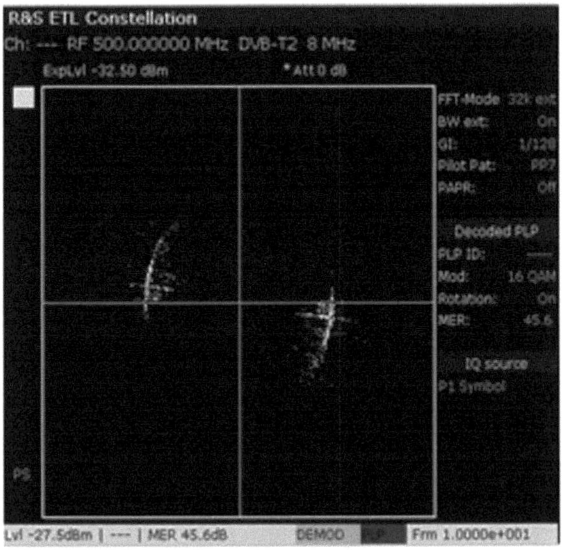

Abb. 39.5. P1-Symbol

Bei DVB-T2 macht es Sinn, sich das Konstellationsdiagramm an verschiedenen Punkten im Signalfluss im Messempfänger betrachten zu können (siehe Abb. 4). So kann man z.B. beim R&S ETL folgende Konstellationsdiagramme darstellen:

- P1-Symbol
- OFDM-Symbols before Frequency De-Interleaving

- P2-Symbol: L1 Pre-Signalling
- P2-Symbol: L1 Post-Signalling
- PLP-Zellen before Time De-Interleaving
- PLP-Zellen before De-Rotation
- PLP-Zellen after De-Rotation

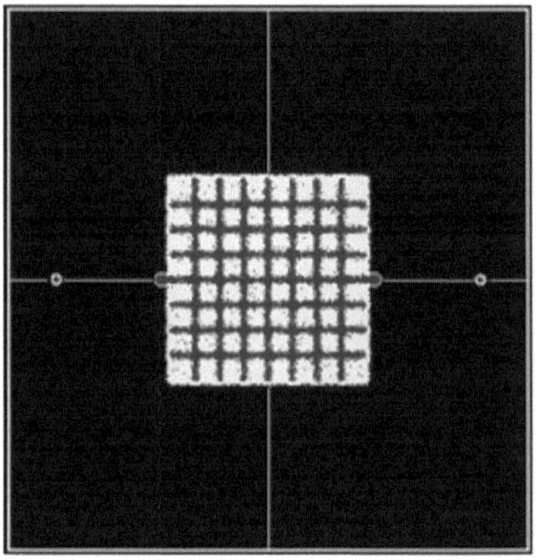

Abb. 39.6. DVB-T2-Konstellationsdiagramm, P2- und Datensymbole überlagert dargestellt

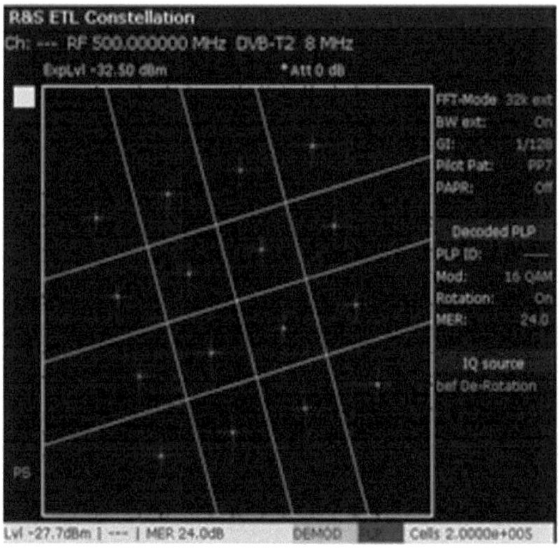

Abb. 39.7. „kreuzförmige“ Konstellationsdiagramme bei „rotated Constellation“ in Gegenwart von Fading

Als Besonderheit ergibt sich bei DVB-T2 eine kreuzförmige Form bei den „rotated Constellations“ in Gegenwart von deutlichen Mehrwegeempfangs-Situationen. Grund hierfür ist die jeweils unterschiedliche Verzerrung am Konstellationsdiagramm des I- und Q-Wertes aufgrund des Delays und Cell-Interleaving der I- und Q-Werte (siehe Bild).

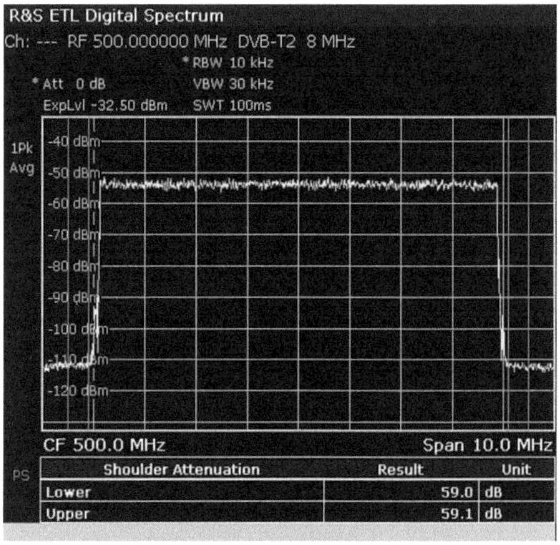

Abb. 39.8. Spektrum eines DVB-T2-Signals mit Schultern

39.5 Messung des Schulterabstandes

Die Nutzband-nahen Störprodukte im unteren und oberen Nachbarkanal eines DVB-T2-Signals nennt man Schultern des DVB-T2-Signals. An ihnen misst man den Abstand, d.h. die Unterdrückung zum Nutzsignal in der Bandmitte des DVB-T2-Signals. Obwohl das DVB-T2-Signal im extended Carrier Mode etwas breiter als ein DVB-T-Signal ist, gelten typischerweise die gleichen Messpunkte wie bei DVB-T, so z.B. +/- 4.2 MHz im 8 MHz breiten Kanal. Die Schulterabstandsmessung ist eine Messung, die nur am Senderstandort vorgenommen wird und dort wird vor und nach dem Maskenfilter gemessen. Die Schulterabstandsmessung vor dem Maskenfilter gilt gleichzeitig als Abgleichkriterium für die Entzerrung der Senderendstufen. Der Schulterabstand vor Maske liegt bei etwas knapp unter 40 dB, der Wert nach Maske hängt vom verwendeten Maskenfilter (kritische, unkritische Maske) ab und wird von den jeweiligen Regulierungsbehörden auch vorgegeben. Eine Schulterabstandsmessung im Feld, also außerhalb eines Senderstandorts, macht wenig Sinn, bzw. ist nur ein Maß für den Rauschsockel aufgrund verschiedener Summenstöreinflüsse.

Tabelle 39.1. typische Messpunkte bei der Schulterabstandsmessung bei DVB-T2

Kanalband-breite [MHz]	Signalband-breite [MHz] Normal	Messpunkte [MHz] Normal	Signalband-breite [MHz] extended	Messpunkte [MHz] Extended
10	9.51	tbd	9.71	tbd
8	7.6	+/- 4.2	7.77	+/- 4.2
7	6.6	+/- 3.7	6.74	+/- 3.7
6	5.7	+/- 3.2	n/a	tbd
5	4.76	tbd	n/a	tbd
1.7	1.536	+/- 0.97	n/a	+/-0.97

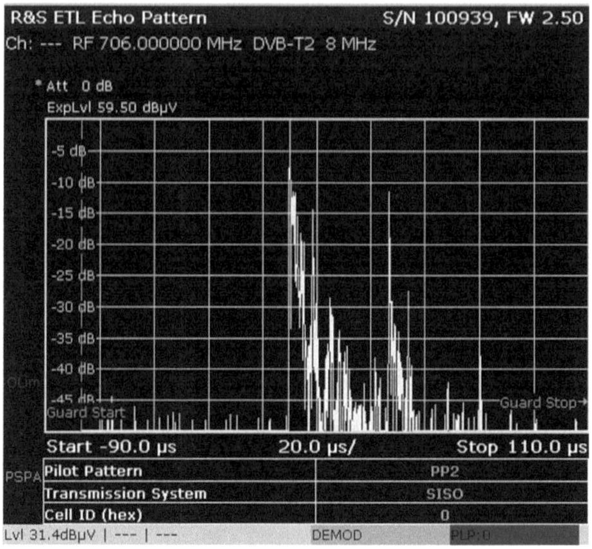

Abb. 39.9. DVB-T2-Kanalimpulsantwort

39.6 Messung der Kanalimpulsantwort

Die Kanalimpulsantwort wird aus den ausgewerteten Piloten des DVB-T2-Signals mit Hilfe der inversen Fast Fourier Transformation (IFFT) berechnet. Anhand der Kanalimpulsantwort erkennt man, wie viele Signalpfade den DVB-T2-Empfänger erreichen. Mit Hilfe der Kanalimpulsantwort wird auch ein DVB-T2-Gleichwellennetz eingemessen; man erkennt daran, ob das Netz synchron ist und ob alle Signalpfade innerhalb des Schutzintervalls (Guard Interval, Cyclic Prefix) im Empfänger eintreffen. Eine Besonderheit stellt die Impulsantwortmessung im Falle von MISO dar. Z.B. mit Hilfe verschiedener Diagramm-Farben müssen dann die Impulsantworten der beiden MISO-Modes 1 und 2 eines DVB-T2-Signals dargestellt werden (R&S ETL).

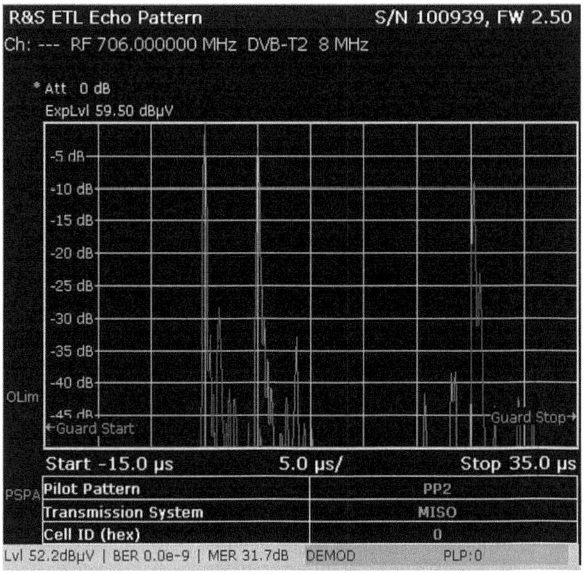

Abb. 39.10. DVB-T2-Kanalimpulsantwort im MISO-Mode (Impulse von MISO-Mode 1 und 2 in unterschiedlichen Farben dargestellt)

39.7 Messung von Amplitudengang und Gruppenlaufzeit

Mit Hilfe der Pilote des DVB-T2-Signals lassen sich genauso einfach wie bei DVB-T der Amplitudengang und die Gruppenlaufzeit eines Kanals bzw. DVB-T2-Senders erfassen. Es gilt aber genauso wie schon bei DVB-T - bedeutende Beeinträchtigungen des DVB-T2-Empfangs werden dadurch nicht verursacht, weil der Empfänger diese durch die Pilotauswertung und Kanalkorrektur kompensiert.

Tabelle 39.2. Schutzintervall-Längen bei DVB-T2 im 8 MHz-Kanal

FFT Mode	Symbol-dauer in 8 MHz	g= 1/128	g= 1/32	g= 1/16	g= 19/256	g= 1/8	g= 19/128	g= 1/4
32K	3.584 ms	28 µs 8.4 km	112 µs 33.6 km	224 µs 67.2 km	266 µs 79.7 km	448 µs 134.3 km	532 µs 159.5 km	--
16K	1.792 ms	14 µs 4.2 km	56 µs 16.8 km	112 µs 33.6 km	133 µs 39.9 km	224 µs 67.2 km	266 µs 79.7 km	448 µs 134.3 km
8K	0.896 ms	7 µs 2.1 km	28 µs 8.4 km	56 µs 16.8 km	67 µs 19.9 km	112 µs 33.6 km	133 µs 39.9 km	224 µs 67.2 km
4K	0.448 ms	--	14 µs 4.2 km	28 µs 8.4 km	--	56 µs 16.8 km	--	112 µs 33.6 km
2K	0.224 ms	--	7 µs 2.1 km	14 µs 4.2 km	--	28 µs 8.4 km	--	56 µs 16.8 km
1K	0.112 ms	--	--	7 µs 2.1 km	--	14 µs 4.2 km	--	28 µs 8.4 km

39.8 Messung des Crest-Faktors (PAPR)

Der Crest-Faktor (auch PAPR = Peak to Average Power Ratio) ist bei DVB-T2 genauso definiert wie bei DVB-T, kann jedoch theoretisch aufgrund einer noch höheren Trägeranzahl noch höhere Werte annehmen. Es sind bei DVB-T2 auch Maßnahmen definiert, die den Crest-Faktor reduzieren können (PAPR-Reduction). Es sind genauso wie bei anderen Standards auch zwei unterschiedliche Definitionen im Umlauf, die sich um 3 dB unterscheiden, nämlich die Definition über das Verhältnis der Spitzenspannung zum Effektivwert der Spannung und die Definition über die PEP (= Peak Envelope Power). Bei Messgeräten wie Spektrumanalysatoren ist üblicherweise die um 3 dB niedrigere PEP-Definition, bei der ein Sinus einen Crest-Faktor von 0 dB aufweist, in Anwendung (siehe auch R&S ETL).

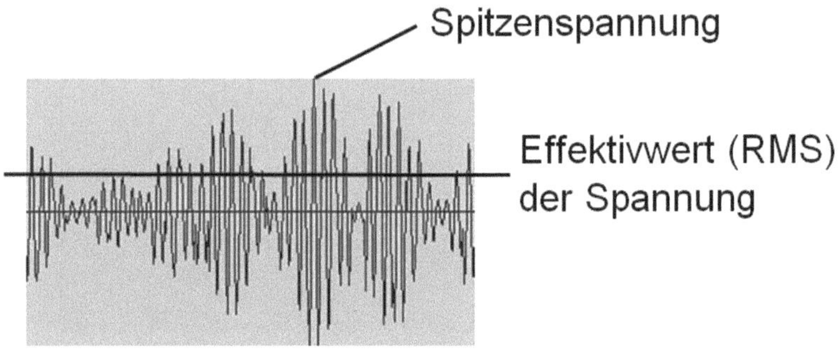

Abb. 39.11. Definition des Crest-Faktors

Der Crest-Faktor eines DVB-T2-Senders ist ein Design-Parameter und wird üblicherweise nur bei Senderabnahmen (Factory Acceptance Test, FAT) protokolliert.

39.9 Pre- und Post-Signalling-Daten

DVB-T2-Messempfänger erlauben auch die Darstellung diverser DVB-T2-Systemparameter. Diese werden als Pre- und Post-Signalling-Daten im L1-Signalling in den P2-Symbolen vom Sender zum Empfänger übertragen.

39.10 Praktische Erfahrungen und Messergebnisse

In DVB-T2-Feldversuchen und DVB-T2-Betriebsnetzen wurden in den letzten Jahren zahlreiche Messungen durchgeführt. Hierbei wurden u.a. folgende DVB-T2-Eigenschaften und Features untersucht:

- Single und Multiple PLP
- Coderaten und Modulationsverfahren
- Vergleich non-rotated und rotated Constellations
- Gleichwellennetze und deren Synchronisation
- SISO/MISO
- sowie die Mobiltauglichkeit der DVB-T2-OFDM-Modi.

L1-pre signalling			
Bandwidth Extension	On	S1 (binary)	001
Guard Interval	1/16	S2 (binary)	1010
Pilot Pattern	PP2	System ID (hex)	0x0
Transmission System	MISO	Cell ID (hex)	0x0
Data Symbols/Frame	59	Network ID (hex)	0x0
L1-post Constellation	16 QAM	Frames/Superframe	2
L1-post Size	376	Tx ID Availability (hex)	0x0
L1-post Extension	Off	L1-post Info Size	318
L1 Repetition	Off	Regeneration Flag	0
L1-post Code Rate	1/2	Frequencies	1
L1-post FEC Type	Short	RF Index	0
PAPR	L1-ACE & P2-TR	CRC32 (hex)	0xDADDD45C
Stream Type	TS only	Reserved (hex)	0x0
T2 Version	1.2.1		

PLP Data (Decoded PLP ID 0)			
PLP Constellation	64 QAM	Num Blocks Max	140
PLP Rotation	Off	Static Flag	On
PLP FEC Type	Normal	Static Padding Flag	On
PLP Code Rate	2/3	Fixed Freq Flag	Off
PLP Type	Type 1	PLP Group ID	1
PLP Payload Type	TS	First RF Index	0
Time Intlv Type	Single	In Band A Signalling	Off
Time Intlv Length	3	In Band B Signalling	Off
First Frame Index	0	Reserved_1 (hex)	0x000
Frame Interval	1	PLP Mode	High Efficiency

Abb. 39.12. Pre- und Post-Signalling-Daten

Die weltweit ersten DVB-T2-Versuchsnetze waren in Norddeutschland (Raum Braunschweig, Hannover), Süddeutschland (München, Bayerischer Rundfunk), Berlin und in Singapur zu finden. Die ersten Betriebsnetze starteten in Großbritannien, Italien und in Südafrika. Ab 2011 breitete sich DVB-T2 weltweit aus und die meisten Länder, die neu in digitales Fernsehen eingestiegen sind und damit analoges terrestrisches Fernsehen abgelöst haben, nutzen hierbei DVB-T2. Alternativ-Standards sind nur noch ISDB-T (v.a. Südamerika), ATSC (USA, Kanada, Mexiko) und DTMB (China).

Die meisten DVB-T2-Netze laufen momentan mit folgenden Parametern:

- Mode B = MPLP mit T2-MI-Zuführungssignal
- SFN-Betrieb
- MPLP mit nur einer benutzten PLP

- 32K-Extended Carrier Mode
- Guard Interval = 1/16
- Rotated Constellations
- 64QAM oder 256QAM
- Coderate = 2/3 oder 3/4.

39.10.1 Single und Multiple PLP

Bei DVB-T2 ist zunächst zwischen Mode A (Single PLP) und Mode B (Multiple PLP) zu unterscheiden. Festzustellen ist aber, dass klassische Gleichwellennetze (SFN, Single Frequency Networks) bei DVB-T2 bis auf Sonderfälle (proprietäre Verfahren) nur im Mode B realisierbar sind und damit den MPLP-Mode erfordern. Dies hat einfach damit zu tun, dass

- Mode A (SPLP) mit MPEG-2-Transportstromzuführung und
- Mode B (MPLP) mit T2-MI als Zuführungssignal arbeitet

und nur über T2-MI die SFN-Steuerinformation übertragen wird. D.h. bis auf MFN-Netze in UK nutzt quasi weltweit fast jedes DVB-T2-Netz den Mode B und die damit verbundene SFN-Tauglichkeit. Kaum ein DVB-T2-Netz überträgt jedoch mehr als nur eine PLP. Meistens genügt es daher, alle über DVB-T2 übertragenen Informationen nur mit der gleichen Robustheit, also mit dem gleichen Fehlerschutz und mit dem gleichen Modulationsverfahren zu übertragen. Es sind nur wenige Ausnahmen bekannt (Südafrika, Unterscheidung lokaler und nationaler Content), bei denen tatsächlich mehr als eine PLP verwendet wird. Und auch dort spielt die Möglichkeit von VCM (Variable Coding and Modulation) bei MPLP eigentlich keine Rolle. Es ist also festzustellen, dass die meisten DVB-T2-Netze weltweit SFN-Netze sind und deswegen Mode B nutzen, darüber aber nur eine PLP verbreiten, da die Applikationen für MPLP fehlen. Denkbare Applikationen für echtes MPLP wäre aber z.B. die gleichzeitige Ausstrahlung von PLPs unterschiedlicher Robustheit für

- Hörfunk (niedrige Datenrate, hohe Robustheit, Deep-Indoor Empfang)
- SDTV (mittlere Datenrate, mittlere Robustheit, Indoor-Empfang)
- und HDTV (hohe Datenrate, niedrige Robustheit, Empfang nur über Dachantenne).

39.10.2 Coderaten und Modulationsverfahren bei DVB-T2

In Feldversuchen wurden v.a. die Coderaten und Modulationsverfahren für übliche Planungsszenarien getestet. Meist werden folgende Paarungen von Coderaten und Modulationsverfahren für die Netzplanungsfälle

- Indoor-Versorgung mit 64QAM-Modulation, Coderate = 2/3 oder 3/4 bei einem „Fall-off-the-Cliff" von etwa 12 dB
- und Outdoor/Dachantennenversorgung mit 256QAM, Coderate = 2/3 oder 3/4 bei einem „Fall-off-the-Cliff" von etwa 18 dB

verwendet. Es sind bei DVB-T2 in der Praxis folgende Datenraten in etwa zu erreichen:

- ca. 22 … 27 Mbit/s für Gleichwellennetze, Indoor-Planung,
- ca. 28 … 35 Mbit/s für Gleichwellennetze, Outdoor-Planung und
- ca. 40 … 45 Mbit/s für Mehrfrequenznetze (Mode A).

Die maximale Nettodatenrate von DVB-T2 liegt bei über 50 Mbit/s.

39.10.3 Vergleich non-rotated und rotated Constellations

Rotated Constellations sind eine nur bei DVB-T2 definierte Sonderform von Konstellationsdiagrammen, bei der das Konstellationsdiagramm dann abhängig von der Modulationsordnung (QPSK, 16QAM, 64QAM, 256QAM) mehr oder weniger entgegen dem Uhrzeigersinn um ein paar Grad gekippt wird. Die Idee hierbei ist, die Projektionspunkte der Konstellationspunkte an der horizontalen und vertikalen Achse zu separieren, um dem Receiver zusätzliche Information und Hilfestellung bei der Decodierung mit Soft-Decision zu bieten, die er dann in schwierigen und speziellen Empfangsbedingungen zur besseren Decodierbarkeit verwenden kann. Dies wurde u.a. im Münchner Feldversuch (Bayerischer Rundfunk) und im Laboraufbau mit zahlreichen DVB-T2-Empfängern vom Autor selbst sehr intensiv untersucht. Es wurden speziell auch Fading-Situationen mit starken Fading-Notches, wie sie in Gleichwellennetzen auftreten, untersucht. Es wurde festgestellt, dass für die momentane Generation von DVB-T2-Receivern rotated Constellations – so interessant sie auch erscheinen – keinen nachweisbaren Beitrag zur Verbesserung der Empfangbarkeit bringen. In manchen Fällen war auch unklar, ob rotated Constellations nicht sogar wenige Zehntel dB schlechtere SNR-Werte liefern, was aber aufgrund von Messgenauigkeiten speziell draußen im Feld schwer nachweisbar ist. Wie sich zukünftige DVB-T2-Chipgenerationen hierzu verhalten, ist nicht bekannt. Fakt ist, dass fast alle DVB-T2-Netze mit gekippten Konstellationsdiagrammen arbeiten, obwohl dies momentan nachweisbar keine Vorteile bringt.

39.10.4 Time Interleaver Parameter und Data Symbols per Frame

Bei der Wahl der DVB-T2-Parameter ist man nur teilweise frei. Zwar kann man wählen, ob in einer PLP der Time Interleaver aktiv sein soll oder nicht, aber die Anzahl der Time Interleaver Blocks hängt von der Datenrate der PLP ab. Es darf zu keinem Speicherüberlauf kommen. Wie viele Blocks gewählt werden müssen, kann man entweder im Standard oder in den Implementation Guidelines nachlesen, oder man nützt Software-Tools oder die Bedienoberfläche des DVB-T2-Gateway. Oft werden folgende Werte verwendet:

- Time Interleaver Type = 0
- Time Interleaver Length = 3
- Jump = 1
- Max Blocks = 140.

Auch bei der Anzahl der Datensymbole pro Frame und der Anzahl der Frames per Superframe ist man nicht beliebig frei. Bei den Datensymbolen ist zu beachten, dass hier manchmal nur die Datensymbole gemeint sind und manchmal die Summe aus P2-Symbolen plus Datensymbolen angegeben wird. Die Anzahl der P2-Symbole wiederum hängt vom Mode ab. Meist findet man im 32K-Mode folgende Einstellung:

- Data Symbols per Frame = 59
- Data Symbols plus P2-Symbols = 60

39.10.5 DVB-T2-Gleichwellennetze

Frequenzen sind eine immer knapper werdende Ressource; deshalb werden auch bei DVB-T2 meist nur sog. Gleichwellennetze aufgebaut, bei denen man mit Hilfe von einigen Senderstandorten Gleichwellennetzzellen bildet, um eine möglichst große Fläche mit der gleichen Frequenz zu versorgen. Interferenzzonen zwischen den Sendern sind zwar vorhanden, sind aber bei OFDM beherrschbar, sofern die Schutzintervall-Bedingung erfüllt ist. Bei DVB-T2 sind grundsätzlich auch deutlich längere Schutzintervalle (engl. GI = Guard Interval oder CP = Cyclic Prefix) und damit größere Senderabstände möglich. Gleichwellennetze sind bei DVB-T2 nur in der Betriebsart Mode B, MPLP = Multiple Physical Layer Pipe möglich, da nur dort als Zuführungssignal T2-MI vorgesehen ist. Nur im T2-MI-Signal sind die SFN-Sender synchronisierbar, da nur dort die dafür notwendigen Steuersignale übertragen werden. Mit Hilfe der Messung der Kanalimpulsantwort werden DVB-T2-Gleichwellennetze überprüft und ggf. eingestellt (static Delay der Senderstandorte).

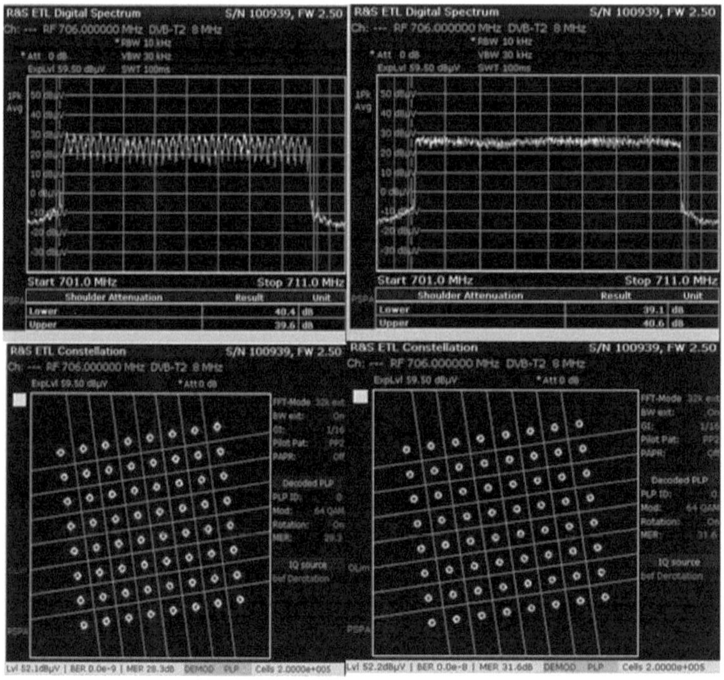

Abb. 39.13. Untersuchung von SISO/MISO in DVB-T2-Gleichwellennetzen (links Spektrum und Konstellationsdiagramm im SISO-Mode, rechts MISO-Mode)

39.10.5 SISO/MISO bei DVB-T2

SISO und MISO sind bei DVB-T2 möglich; praktisch alle DVB-T2-Betriebsnetze weltweit nutzen aber momentan den SISO-Mode. SISO = Single Input / Single Output ist quasi die „normale Betriebsart" eines Funknetzes mit einer Sendeantenne pro Sender und einer Empfangsantenne pro Empfänger. SIMO = Single Input / Multiple Output entspricht dem Diversity-Empfang und ist im Prinzip auch nichts DVB-T2-Spezifisches. Multiple Input / Single Output entspricht bei DVB-T2 zwei verschiedenen Sendeantennen, auf denen zwei unterschiedliche T2-Modes laufen. Mit distributed MISO ist ein DVB-T2-Gleichwellennetz beschrieben, bei dem an benachbarten Senderstandorten unterschiedliche DVB-T2-MISO-Modes abgestrahlt werden, mit deren Hilfe das T2-SFN an den Interferenzzonen verbessert werden kann. Von DVB-T ist bekannt, dass sich in den Überlappungszonen zwischen benachbarten Senderstandorten im SFN sog. Fading-Notches (spektrale Einbrüche) ergeben können, die sich auf das Verhalten von Receivern destruktiv auswirken können. Mit Hilfe von MISO können diese Fading-Notches minimiert oder teilweise eliminiert werden. Im DVB-T2-Feldversuch in München und auch im Labor konnte gezeigt werden, dass die Fading-Notches beim Umschalten von SISO auf MISO-Mode verschwinden, was auch zu erwarten war, aber zusätzlich auch, dass im MISO-Mode in vielen Zonen eines DVB-T2-Gleichwellennetzes deutlich geringere Empfangspegel (z.B. 0.5 bis 2.5 dB bei 64QAM und CR=2/3) zum stabilen Empfang genügen. Dies wurde mit mehreren DVB-T2-Receivern (Settop-Boxen) untersucht. In einem weiteren Feldversuch in Norwegen konnten die Werte vom dortigen Netzbetreiber ebenfalls bestätigt werden; dort wurden v.a. aber auch Parameter für Dachantennenversorgung (also z.B. 256QAM und CR=3/4) getestet und damit war dann der Gewinn des MISO-Modes gegenüber SISO in SFN-Überlagerungszonen (Null-dB-Echo-Zonen usw.) sogar noch größer. Damit wurden im Prinzip die theoretischen Werte nahezu bestätigt. Der Nachteil des MISO-Modes ist aber - aufgrund der größeren Pilot-Dichten (Einschränkung bei der Wahl der Pilot Pattern) - die etwas geringere Nettodatenrate (einige 100 kbit/s niedriger).

39.10.6 Mobiltauglichkeit von DVB-T2

In Deutschland ist die Mobilempfangbarkeit von DVB-T2 immer wieder ein Diskussionspunkt, wohl auch getrieben von der dortigen Fahrzeugindustrie und den auf Autobahnbahnen teilweise nicht vorhandenen Geschwindigkeitslimits. Die OFDM-Trägerdichte, beschrieben durch den OFDM-Mode (1K, 2K, 4K, 8K, 16K, 32K), ist die im Wesentlichen bestimmende Größe für die Mobiltauglichkeit. Je höher der Mode, desto dichter schmiegen sich die Träger aneinander und umso empfindlicher ist DVB-T2 gegenüber dem Dopplereffekt. D.h. der 1K-Mode wäre der am besten mobiltaugliche Mode, der 32K-Mode aber der am schlechtesten mobiltaugliche. SFN-Netze benötigen aber die höheren Modes, damit man größere Schutzintervalle und damit größere Senderabstände realisieren kann. Im DVB-T2-Feldversuch in München wurden deshalb auch Receiver auf Mobiltauglichkeit untersucht und zwar waren dies nur Standard-Empfänger im 8K, 16K und 32K-Mode. Beim Test wurde auf verschiedenen Teststrecken bei Geschwindigkeiten von ca. 60 – 100 km/h mit Hilfe von Stoppuhren die Empfangbarkeit der Receiver in diesen 3 Modes miteinander verglichen. Interessant war, dass der 8K- und der 16K-Mode sich nahezu identisch verhalten haben; der 32K-Mode war natürlich mobil schlechter empfangbar, aber die Empfangswahrscheinlichkeit lag meist immer noch zwischen 30 bis 70 Prozent. D.h. es nicht nicht so, dass der 32K-Mode sofort „aussteigt", sobald man sich zu bewegen beginnt. Grundsätzlich sind weder bei DVB-T, noch bei DVB-T2 irgendwelche theoretischen Grenzgeschwindigkeiten angebbar. Die mobile Empfangbarkeit hängt sehr stark von der aktuellen Mehrwegeempfangssituation ab. Es ist bei DVB-T2 also zu erwarten, dass auf Mobilempfang optimierte Empfänger (für die Fahrzeugindustrie) auch im 32K-Mode recht gut funktionieren werden.

39.11 Zusammenfassung

Die Messungen am DVB-T2-Signal sind vergleichbar mit denen an einem DVB-T-Signal. Die wichtigsten Messparameter sind HF-Pegel, CNR, SNR, BER und MER(siehe Abb. 39.14.). Multi-PLP, MISO, rotated Constellations und der neue LDPC-Fehlerschutz, der DVB-T2-Rahmen mit P1-, P2- und Datensymbolen und andere Pilote erfordern aber modifizierte Algorithmen und Darstellungsformen der Messwerte und Graphen bei DVB-T2. Durch Messungen an realen DVB-T2-Netzen konnten mittlerweile auch die Theorien überprüft werden und nachgewiesen werden, dass z.B.

- die „rotated Constellations" in Receivern momentan keinerlei Vorteile bringen
- „distributed MISO" in Gleichwellennetzen durchaus eine Möglichkeit darstellt, dort Interferenzzonen zu minimieren
- 8K- und 16K-Mode vom Mobilverhalten her sehr ähnlich sind
- der 32K-Mode durchaus in Grenzen selbst von nicht optimierten Receivern noch mobil empfangbar ist und
- bestimmte Modulationsarten/Coderaten-Paare für die Praxis tauglich sind.

In Deutschland wird ab den Jahren 2016/2017 von DVB-T nach DVB-T2 umgestellt. Es wurde gleichzeitig für die Einführung des neuen Video-Quellcodierungsstandards HEVC = High Efficiency Video Coding oder H.265 / MPEG-H Teil 2 entschieden. Damit sind nochmals um den Faktor zwei niedrigere Videodatenraten möglich; dies bedeutet, dass für HDTV pro Programm nur eine Datenrate von etwa 5 Mbit/s benötigt wird. Damit sind bei der für Deutschland relevanten Portable Indoor – Planung bei 23 … 26 Mbit/s Gesamtdatenrate pro DVB-T2-Kanal etwa 5 HD-Programme in einem physikalischen Kanal möglich. Das wäre mindestens ein Programm mehr in HDTV also vorher bei DVB-T in SDTV.

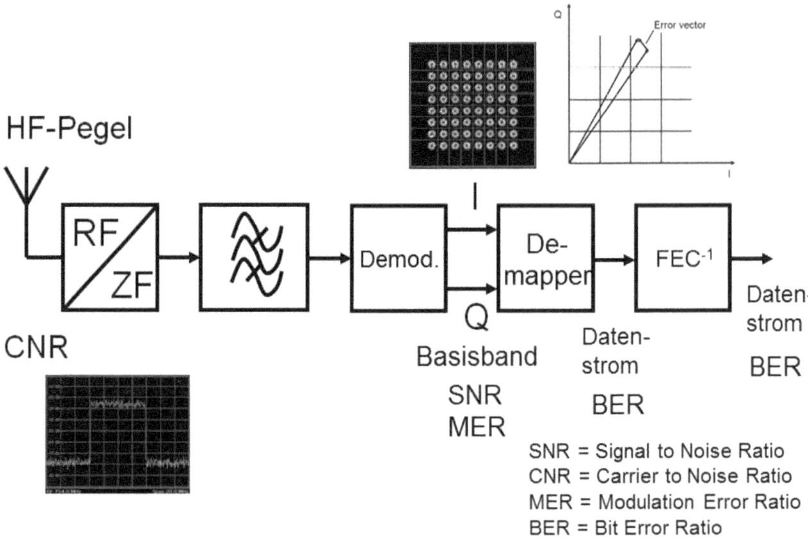

Abb. 39.14. Wichtigste DVB-T2-Messparameter und deren Messpunkt im Messempfänger

Literatur: [SFU], [ETL], [BTC]

40 UKW-FM-Hörfunk

Obwohl es seit Jahren digitalen Hörfunk gibt, war es lange Zeit Realität, dass dieser meist nur „unbekannte Energie“ in der Luft darstellte. Der Rundfunkteilnehmer nutzt in vielen Ländern meist nur den UKW-FM-Hörfunk, den es seit den 1940er Jahren gibt. Dies wird wohl auch noch einige Jahre so bleiben. Es werden und wurden sogar alte UKW-Hörfunksender durch neue ersetzt, da die älteren Sendergenerationen (Röhrentechnologie) nicht mehr wirtschaftlich betreibbar waren. Die Qualität und Effektivität des guten alten UKW-FM-Hörfunks macht es dem digitalen Hörfunk neben anderen Problemen immer noch schwer, Fuß zu fassen. In diesem Kapitel werden kurz die wesentlichen Merkmale des UKW-FM-Hörfunks und die wichtigsten Messungen am FM-Signal beschrieben. Die für den UKW-FM-Hörfunk gültige Norm ist [ITU-R BS.450-3].

Der UKW-FM-Hörfunk ist ursprünglich nach dem 2. Weltkrieg aus einer Frequenznot heraus entstanden. Die Alliierten hatten dem kriegszerstörten Deutschland nur noch wenige Frequenzen im Lang- und Mittelwellenbereich zur Nutzung zugestanden. Der erste europäische UKW-FM-Hörfunksender ist am 28. Februar 1949 in München durch Dr. Lothar Rohde für den Bayerischen Rundfunk (damals „Radio München“) eingeschaltet worden. Man berichtet, dass er eine geeignete Senderöhre persönlich aus den USA mitgebracht hatte. Um den UKW-FM-Hörfunk zu fördern, wurden dann auch die ersten europäischen UKW-Empfänger von Rohde&Schwarz (Typ: ESF BN15061) entwickelt und gefertigt. Die Fertigung dieser Geräte wurde später von Max Grundig fortgesetzt. UKW-FM-Hörfunk brachte gegenüber dem Mittelwellen-AM-Hörfunk eine deutliche Qualitätsverbesserung, da gegenüber ca. 5 kHz Audiobandbreite nun 15 kHz übertragen wurden und das benutzte UKW-Frequenzband im Gegensatz zur Mittelwelle nahezu unanfällig gegenüber atmosphärischen Störungen ist. In den 1960er Jahren wurde dann UKW-FM-Stereo eingeführt und damit der Hörgenuss weiter gesteigert.

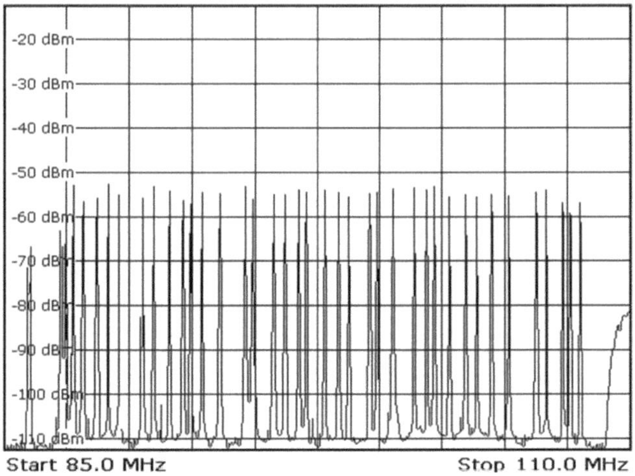

Abb. 40.1. UKW-Band (87.5 – 108 MHz); hier ein Beispiel aus einem BK-Netz

40.1 Kanalraster und Modulationsverfahren

UKW-FM-Hörfunk wird im VHF-Band II (Abb. 40.1.) zwischen 87.5 und 108 MHz gesendet. Dieses UKW-Band ist also etwa 20 MHz breit. Das Kanalraster beträgt 300 kHz. Dies bedeutet aber nicht, dass jeder Nachbarkanal tatsächlich belegt ist. Zum Einsatz kommt Frequenzmodulation, die, wenn sie jenseits der FM-Schwelle betrieben wird, einen gegenüber der Amplitudenmodulation deutlichen Störspannungsgewinn in der NF bei gleichen Störspannungen in der HF aufweist. Die NF-Bandbreite beträgt 15 kHz. Anfangs wurde nur ein Mono-Signal ausgestrahlt, seit vielen Jahren wird aber ein Stereo-Multiplex-Signal gesendet, das sowohl in Mono als auch in Stereo decodierbar ist. Für klaren Stereo-Empfang braucht man einen besseren HF-Störabstand; deshalb verfügen die höherwertigeren UKW-FM-Empfänger über eine Umschalt-Taste „Mono/Stereo“. Ein besserer HF-Störabstand bedeutet in der Praxis einfach einen höheren HF-Pegel. Der Unterschied zwischen Mono- und Stereo-Empfang hinsichtlich des resultierenden NF-Störabstands beträgt ungefähr bis zu 20 dB (Abb. 40.2.).

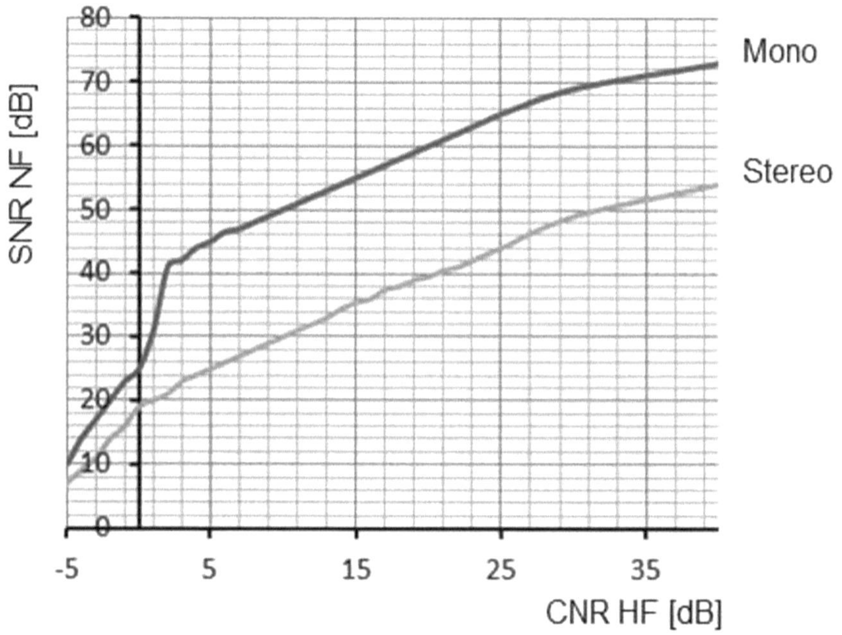

Abb. 40.2. Gemessener Vergleich des NF-Störabstands als Funktion des HF-Störabstands (CNR) zwischen Mono und Stereo bei 40 kHz Hub, 50 µs Pre- und De-Emphase

Die FM-Schwelle liegt ungefähr bei 10 dB HF-Störabstand; sie kann aber bei Verwendung von PLL-Demodulatoren noch weiter abgesenkt werden (auf ca. 7 dB). Diese PLL-FM-Demodulator-Technologie war v.a. beim analogen Fernsehen über Satellit ("Breitband-FM") im Einsatz; im UKW-Hörfunk-Bereich war bei analoger Realisierung der Empfängerschaltung meist der Koinzidenz-Demodulator in Verwendung. In Abb. 40.3. ist die FM-Schwelle als deutlicher Knick in den Kurvenscharen erkennbar. Diese Abbildung stellt tatsächlich gemessene Verläufe des NF-Störabstands (y-Achse) als Funktion des HF-Störabstands (x-Achse) dar.

Der maximale FM-Hub beim UKW-Hörfunk liegt bei 75 kHz. Speziell der maximale FM-Hub stellt in der Praxis einen wichtigen und häufig überwachten Messparameter dar. Rundfunkbetreiber wollen den maximalen FM-Hub weitestgehend ausnützen, um möglichst laut zu klingen und gehen mit der Hubeinstellung an die Grenze von z.B. ± 75 kHz. Zu hoher Hub stört aber Nachbarkanäle. Eine Messvorschrift ist in CEPT/ERC/REC

54-04 definiert. In der Praxis führen verschiedene Fremdeinflüsse bei der Messung aber auch leicht zu vermeintlicher Hubüberschreitung.

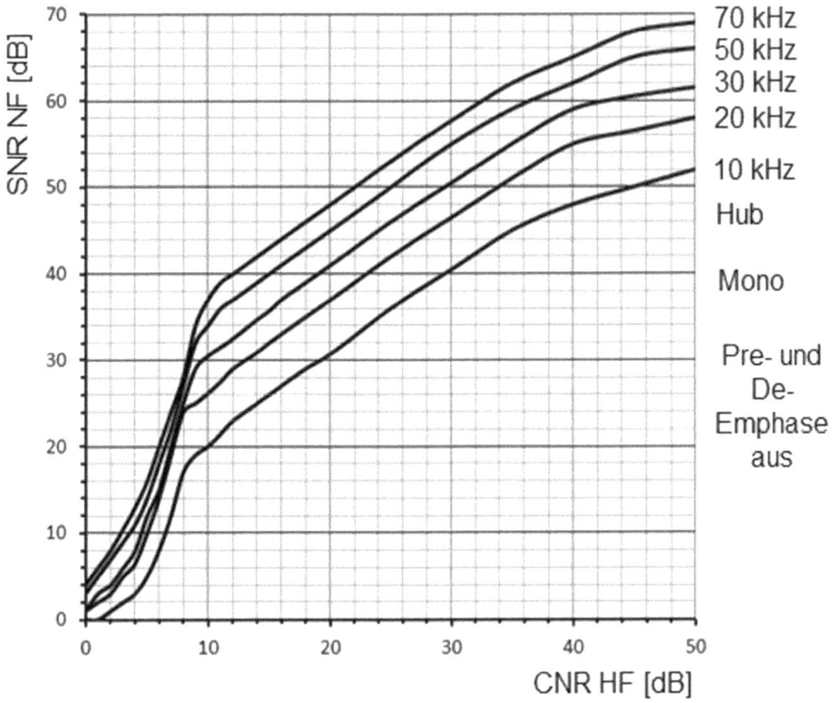

Abb. 40.3. Gemessener Verlauf des NF-Störabstands SNR über dem HF-Störabstand CNR (im Beispiel: Pre- und De-Emphase = aus, Messton = 1 kHz, Rauschbandbreite HF = 300 kHz, NF-Bandbreite = 15 kHz; gemessen bei hohem HF-Pegel und verschiedenen FM-Hüben von 10, 20, 30, 50, 70 kHz); deutlich erkennbar ist als Knick in der Kennlinie die FM-Schwelle bei einem CNR von ca. 10 dB

Wie ein „echtes“ Spektrum eines UKW-FM-Kanals aussieht, zeigt Abb. 40.4.; mehrere belegte benachbarte UKW-Kanäle sind in Abb. 40.5. dargestellt. Ein „künstliches“ FM-Spektrum, wie es ein Mess-Sender bei einfacher sinusförmiger Aussteuerung erzeugt, sieht hierzu hingegen symmetrisch und höckerförmig aus (Abb. 40.6.). Bei entsprechender Auflösung sind auch diskrete Spektrallinien erkennbar. Der physikalische Hintergrund hierzu ist in Kapitel 13 sowie im nächsten Abschnitt näher erläutert.

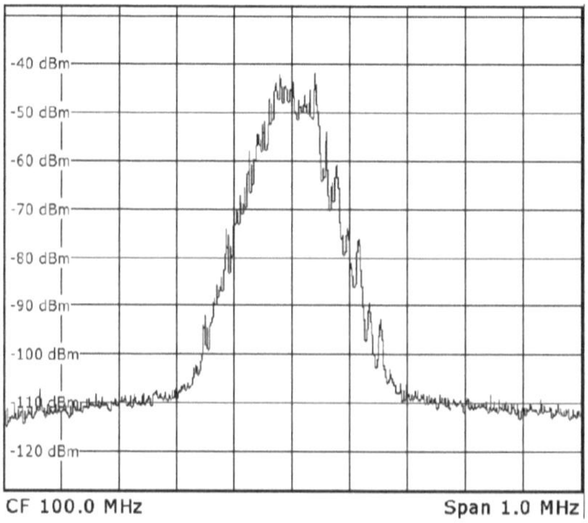

Abb. 40.4. Spektrum eines UKW-FM-Kanals

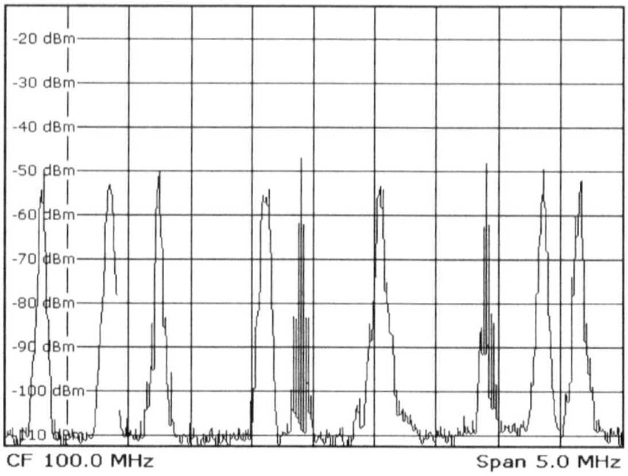

Abb. 40.5. Spektren mehrerer belegter benachbarter UKW-FM-Kanäle

40.2 Spektrum eines FM-modulierten Signals

Die wesentlichen Unterschiede und Merkmale von AM- und FM-Modulation sind bereits in Kapitel 13 beschrieben. Der größte Vorteil bei der FM-Modulation ist der Gewinn an NF-Störabstand gegenüber HF-Störabstand oberhalb der FM-Schwelle. Das Frequenz-Spektrum eines FM-modulierten Signals ist aber auch deutlich breiter als das eines AM-modulierten Signals. Die spektralen Anteile eines FM-Signals lassen sich unter Zuhilfenahme der Besselfunktionen (Abb. 47.7.) berechnen.

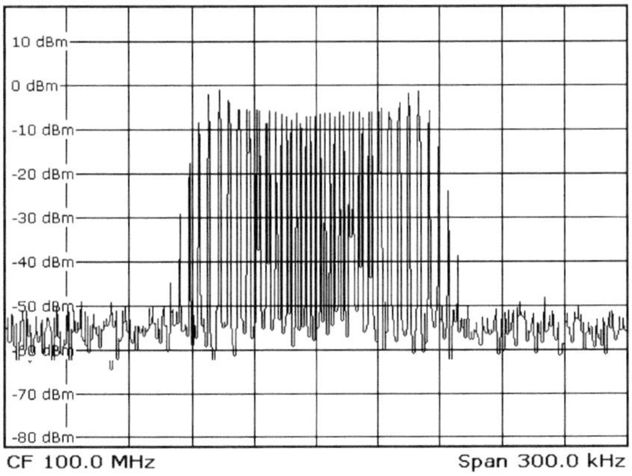

Abb. 40.6. Spektrum eines FM-modulierten Signals bei relativ großem Modulationsindex (Trägerfrequenz 100 MHz, Modulationssignalfrequenz 1 kHz, Hub 50 kHz) [SFU], [ETL]

Die Besselfunktionen gehen zurück auf Friedrich Wilhelm Bessel, einem Zeitgenossen von Carl Friedrich Gauß (18. und 19. Jahrhundert). Wesentliche Arbeiten zur Anwendung der Besselfunktionen bei FM machte J. R. Carson [Carson] bereits in den 1920er Jahren. Er berechnete hierüber die 1%- und 10%-Bandbreite (spektrale Komponenten des FM-modulierten Signals auf unter 1% bzw. 10% abgesenkt) eines FM-modulierten Signals bei gegebenem Modulationsindex $m=\Delta\varphi=\Delta f/f_T$; (siehe Kapitel 13). Die Besselfunktionen sind die Lösungen der Besselschen Differentialgleichung.

$$x^2 \frac{d^2y}{dx^2} + \frac{dy}{dx} + (x^2 - n^2)y = 0;$$

Sie ist eine gewöhnliche Differentialgleichung 2. Ordnung. Die Zahl n ist üblicherweise eine ganze Zahl. Bessel war Mathematiker, Astronom und Geodät. Anwendungen der Besselfunktionen kommen aus dem Bereich Kreis-, Kugel- und Zylinderfunktionen. Bessel beschäftigte sich v.a. mit Planetenbahnen. Die Besselfunktionen sind in Abb. 41.7. graphisch dargestellt. Das Spektrum eines FM-modulierten Trägers lässt sich durch sie mathematisch beschreiben zu

$$u(t) = U \cdot (J0(\Delta\varphi)\cos(\omega_T t)$$
$$- J1(\Delta\varphi)\sin((\omega_T - \omega_s)t) - J1(\Delta\varphi)\sin((\omega_T + \omega_s)t)$$
$$- J2(\Delta\varphi)\sin((\omega_T - 2\omega_s)t) - J2(\Delta\varphi)\sin((\omega_T + 2\omega_s)t)$$
$$- J3(\Delta\varphi)\sin((\omega_T - 3\omega_s)t) - J3(\Delta\varphi)\sin((\omega_T + 3\omega_s)t)$$
$$- \ldots\ldots$$

J0, J1, J2, J3 usw. sind hierbei die Besselfunktionen, wie sie in Abb. 47.4 dargestellt sind. ω_T ist die Trägerfrequenz und ω_S die Signalfrequenz, d.h. die Frequenz des modulierenden Signals. Ein FM-moduliertes Signal weist also Spektrallinien bei der Trägerfrequenz selbst und bei Vielfachen der Signalfrequenz des Modulationssignals um den Träger herum auf. Die Amplitude dieser Spektrallinien hängt vom Modulationsindex $m=\Delta\varphi=\Delta f/f_T$ ab. Abb. 40.6. zeigt das Spektrum eines FM-modulierten Signals bei einem relativ großen Modulationsindex.

In der FM-Messtechnik werden die Besselfunktionen häufig zur exakten Ermittelung des FM-Hubs verwendet. Man nutzt hierbei die Kenntnis von Nullstellen der Besselfunktionen bei bestimmten Hub/Signal-Frequenzverhältnissen aus. Beispiele hierfür sind in Abb. 40.8. und 40.9. dargestellt; so führt z.B. ein Hub von 2.41 kHz zusammen mit einer Modulationssignalfrequenz von 1 kHz zu einem Modulationsindex von m=2.41. Hier weist die Grundwelle, d.h. die Besselfunktion des Grades 0 (J0) eine Nullstelle auf (Abb. 40.8.). Entsprechendes gilt auch z.B. für einen Hub von 5.13 kHz bei einer Signalfrequenz von 1 kHz; hier hat J2, also die Besselfunktion 2. Ordnung eine Nullstelle (Abb. 40.9.).

Wegen des relativ zur Bandbreite des NF-Signals ansteigenden Rauschanteils (sog. Dreiecksrauschen, siehe Kapitel 13) bei der Frequenzmodulation wird ab einer bestimmten Grenzfrequenz $fg=1/2\pi\tau$ (τ=50µs oder 75 µs) der Frequenzgang des modulierenden NF-Signals auf der Sendeseite angehoben (Pre-Emphase) und auf der Empfangsseite wieder abgesenkt (De-Emphase) (siehe Abb. 40.6.). Durch das Absenken werden auch die störenden Rauschprodukte abgesenkt.

Damit sind nun auch schon die wesentlichen Parameter des UKW-FM-Mono-Hörfunks beschrieben durch:

- Frequenzmodulation mit einem max. Hub von 75 kHz, bzw. 50 kHz
- Audiosignalbandbreite (Mono-Signal) 15 kHz
- Pre-Emphase mit 50 µs oder 75 µs (USA)
- Kanalraster 300 kHz oder 400 kHz.

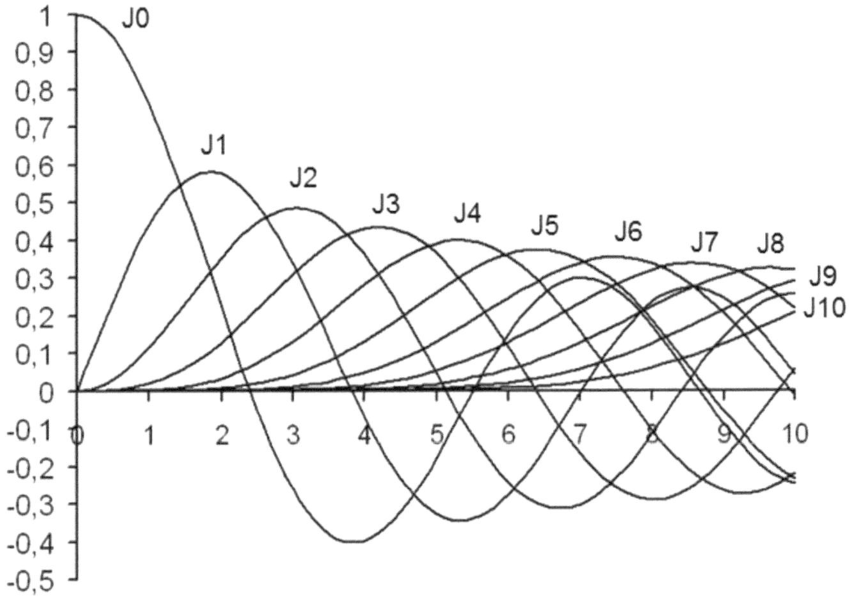

Abb. 40.7. Besselfunktionen (x-Achse = Modulationsindex, y-Achse = relative Amplitude der Spektrallinien)

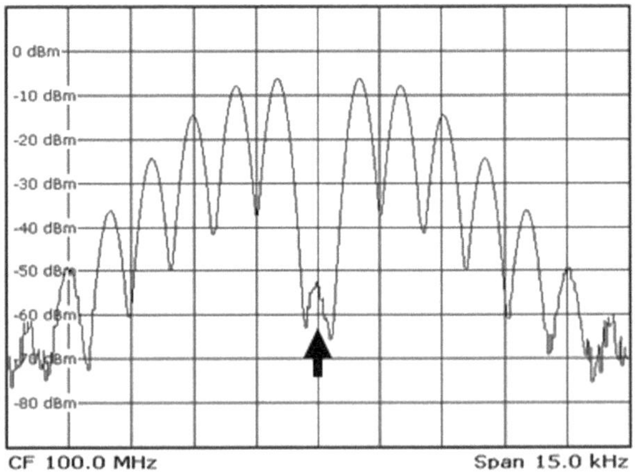

Abb. 40.8. Trägerfrequenz 100 MHz, Modulationssignalfrequenz 1 kHz, Hub 2.41 kHz und somit Modulationsindex m = 2.41 (Träger weist ein Minimum auf, siehe Pfeil)

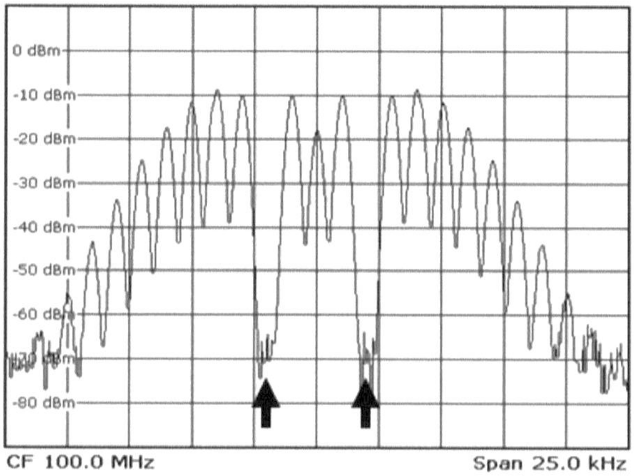

Abb. 40.9. Trägerfrequenz 100 MHz, Modulationssignalfrequenz 1 kHz, Hub 5.13 kHz und somit Modulationsindex m = 5.13 (Spektrallinien 2. Ordnung weisen ein Minimum auf, siehe Pfeile)

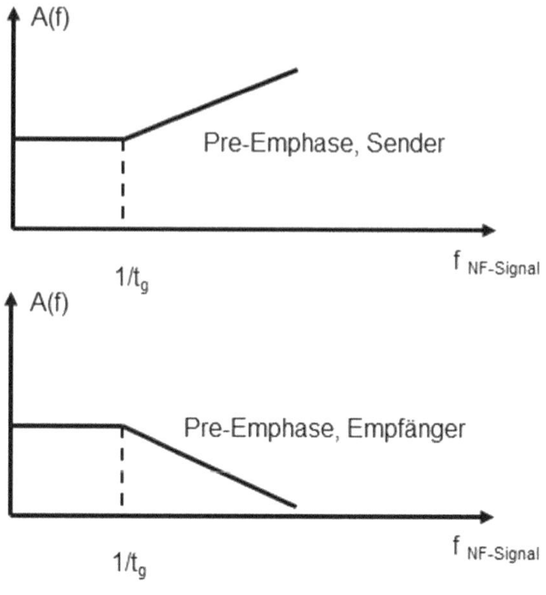

Abb. 40.10. FM-Pre- und De-Emphase

40.3 Stereo-Multiplex-Signal

Das Stereo-Multiplex-Signal (Abb. 40.11. und Abb. 40.12.) beim UKW-FM-Hörfunk setzt sich zusammen aus dem L+R-Summensignal M=(L+R)/2 von 0 ... 15 kHz, einem 19 kHz-Pilot-Signal und einem AM-modulierten L-R-Differenzsignal S=(L-R)/2, das einem Träger bei 38 kHz aufgeprägt wird. Der 38 kHz-Träger selbst ist unterdrückt, um Hub und damit Bandbreite zu sparen. Das Spektrum des AM-modulierten L-R-Basisbandsignals im UKW-Multiplex-Signal beginnt bei 23 kHz und endet bei 53 kHz. Der 19 kHz-Pilot dient der Stereo-Erkennung im Empfänger und dort auch zur Rückgewinnung des 38 kHz-Trägers. Das L+R und L-R – Signal wird im Modulator durch Matrizierung gebildet und im Empfänger durch Dematrizierung in Links (L) und Rechts (R) zurückgewandelt.

Der Aufbau des FM-Stereo-Multiplex-Signals wurde so vorgenommen, dass dieses kompatibel zum ursprünglichen in den 1940er Jahren eingeführten UKW-FM-Mono ist. Damit waren und sind immer noch UKW-FM-Mono-Empfänger in der Lage, Monosignale störungsfrei wiederzugeben. Dies ist vergleichbar mit dem Umstieg vom Schwarz-Weiß-Fernsehen auf das Farbfernsehen. Und es gibt auch heute noch Millionen von UKW-Mono-Empfängern, bekannt als gutes altes „Küchenradio". Oberhalb des Stereo-Multiplex-Signals befindet sich noch das RDS-Signal (Radio Data System), sowie ggf. sog. SCA-Signale). Die Zuführung von RDS und SCA (Subsidiary Communications Authorization) ist bereits im Blockschaltbild Abb. 40.13. eingezeichnet. Das SCA-Signal, also der Frequenzbereich zwischen 60 und 100 kHz, wird in manchen Ländern für spezielle Applikationen verwendet (Beispiel München: Information für Straßenbahn- und Bushaltestellen, DARC-Signal).

Die technischen Daten des UKW-FM-Hörfunks sind:

- Kanalraster: 300/400 kHz (in vielen Ländern meist aber aufgegeben)
- Maximaler Hub: 75 kHz oder 50 kHz (in manchen Staaten in Osteuropa)
- Audio-Bandbreite: 15 kHz
- Pre- und De-Emphase: 50 µs oder 75 µs (USA), dies entspricht einer Grenzfrequenz von 3.18 kHz bzw. 2.12 kHz
- Pilotfrequenz: 19 kHz
- Pilot-Hub: 6.75 kHz
- RDS-Hub: 2 kHz

Abb. 40.14., 40.15. und 40.16. zeigen Zeitsignale des Stereo-Multiplexsignals; das Stereo-Multiplexsignal ist die zeitliche Überlagerung von M=(L+R)/2, dem 19 kHz-Pilot-Signal und S=(L-R)/2. Die Bilder erinnern an den ausmodulierten 20T-Impuls des analogen Fernsehsignals. Tatsächlich können davon auch messtechnische Ähnlichkeiten abgeleitet werden. Sind nämlich aufgrund von Amplitudengangfehlern und Gruppenlaufzeitgangfehlern die M- und S-Anteile im Stereo-Multiplex-Signal nicht richtig zueinander ausgewogen, so führt dies zu Stereo-Übersprechen, welches messtechnisch erfassbar und im Extremfall auch wahrnehmbar ist und das Stereoempfinden aufhebt.

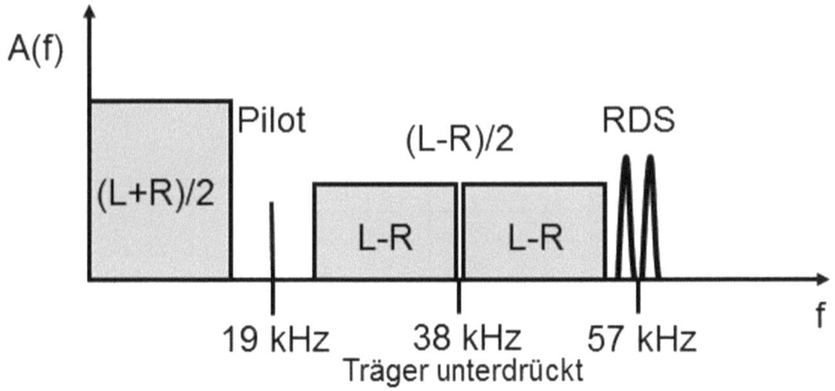

Abb. 40.11. Spektraler Aufbau des Stereo-Multiplex-Signals

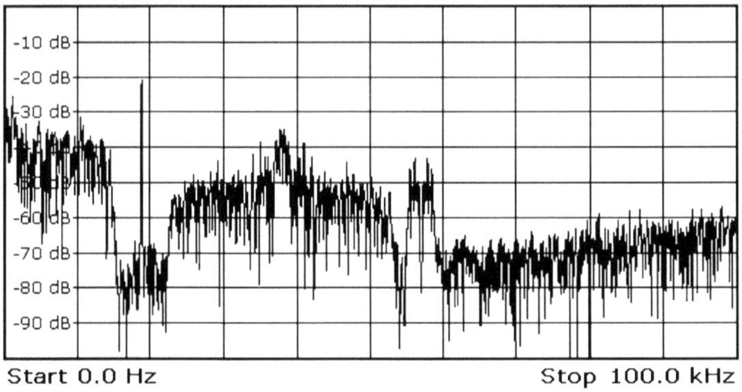

Abb. 40.12. Spektrum eines Stereo-Multiplex-Signals (siehe hierzu im Vergleich auch Abb. 40.9. bezüglich der Signalbestandteile)

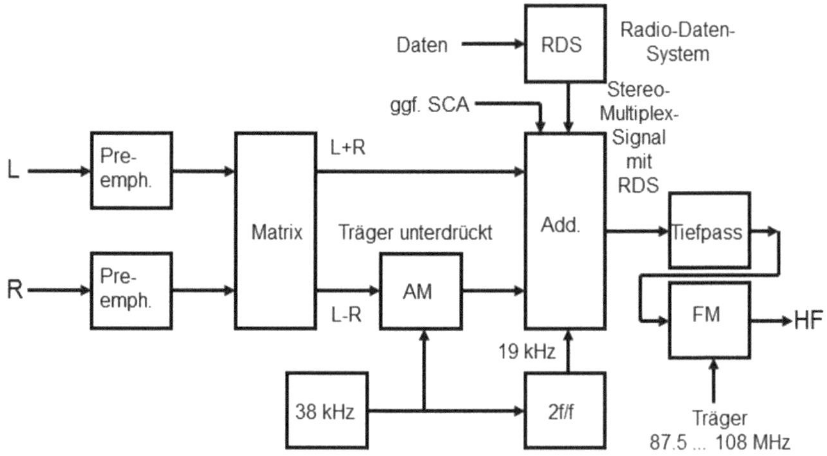

Abb. 40.13. Blockschaltbild eines UKW-FM-Stereo-Modulators

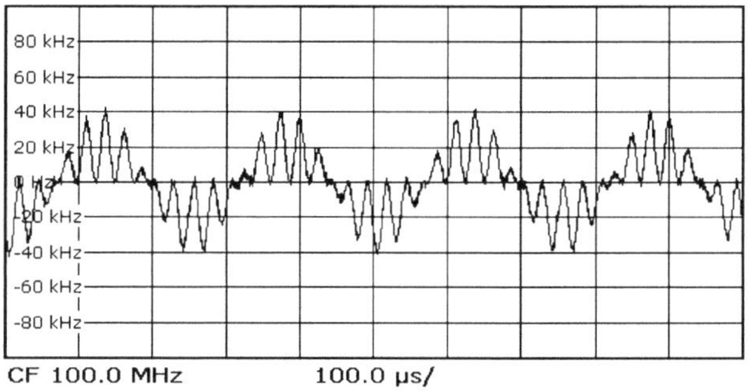

Abb. 40.14. Multiplex-Zeitsignal (Links 4 kHz, Rechts aus, Pilot aus)

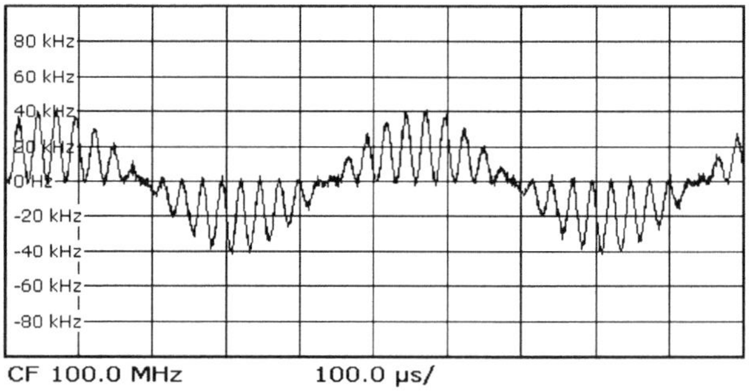

Abb. 40.15. Multiplex-Zeitsignal (Links aus, Rechts 2 kHz, Pilot aus)

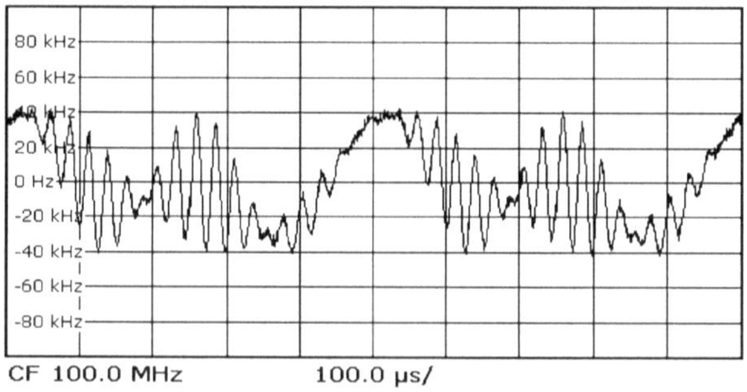

Abb. 40.16. Multiplex-Zeitsignal (Links 4 kHz, Rechts, 2 kHz, gleicher Hub, Pilot aus)

Die maximale MPX-Leistung als eigens definierter Parameter darf gemäß ITU-R BS.412-9 Punkt 2.5 den Wert von +0 dBr nicht überschreiten. Dabei entspricht 0 dBr der Modulationsleistung eines sinusförmigen Signals (ohne Pilotton und ohne Zusatzsignale), welches einen Spitzenhub von 19 kHz erzeugt. Die exakte Referenzeinstellung von 0 dBr kann mit Hilfe von Besselfunktionen erfolgen.

Stereodecoder wurden in integrierten Schaltkreisen häufig als PLL-Schaltdecoder realisiert; hierbei rastet ein 38 kHz-Oszillator per PLL (Phase Locked Loop) auf dem 19 kHz-Piloten und der 38 kHz-Träger wird dann zum Stereo-Multiplexsignal hinzu addiert. Die entstehende positive Hüllkurve des resultierenden Summensignals entspricht dann dem Links-Signal, die resultierende negative Hüllkurve dem Rechtssignal.

Heutige Empfängerschaltungen lassen sich in einem winzigen Chip realisieren und arbeiten nach der Abtastung des RF-Signals rein digital. Wie genau welche Schaltungsteile realisiert sind, bleibt dann meist ein Geheimnis der Chiphersteller.

40.4 Radio-Daten-System (RDS)

RDS steht für Radio Data System und wurde in den 1980er Jahren entwikkelt. Die Norm hierfür ist [ETSI EN 62106]. RDS benutzt einen Unterträger bei 57 kHz, der vorher v.a. für ARI = Autofahrer Rundfunk Information genutzt wurde. ARI ist nicht mehr in Betrieb. Über RDS werden folgende Informationen ausgestrahlt:

- Senderkennung,

- Alternative Frequenzen,
- TMC = Traffic Message Channel,
- und zahlreiche weitere Informationen.

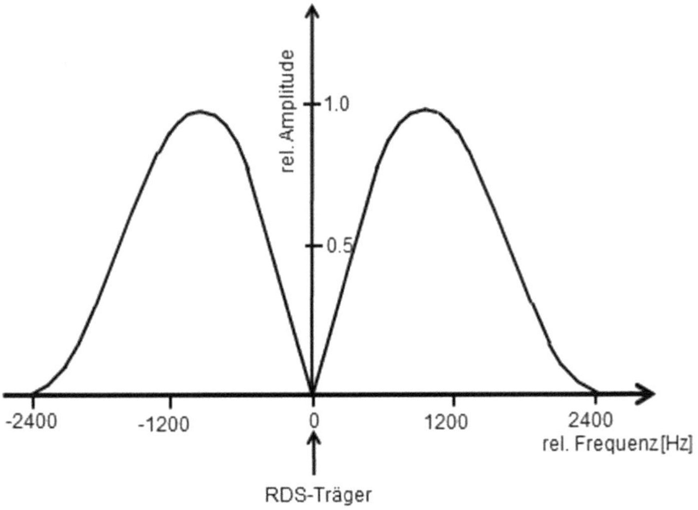

Abb. 40.17. RDS-Spektrum

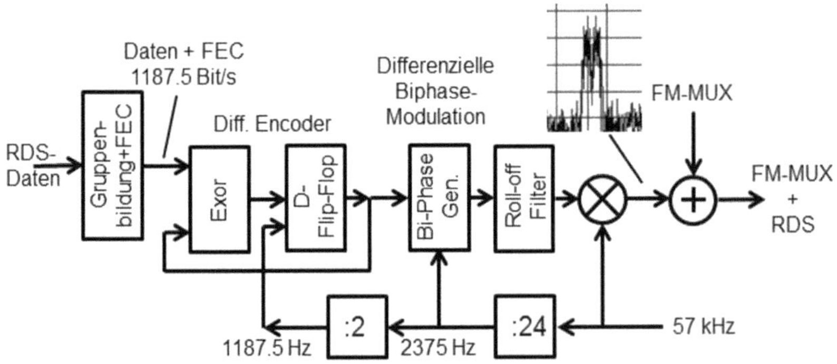

Abb. 40.18. Blockschaltbild RDS-Coder

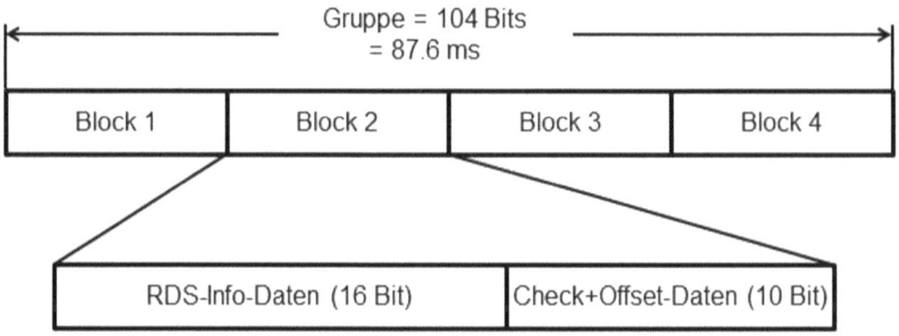

Abb. 40.19. RDS-Datenstruktur - Gruppe und Blöcke

Wichtigstes Merkmal von RDS ist sicher die Senderkennung, gefolgt von der Signalisierung der Alternativ-Frequenzen und damit verbunden der automatischen Kanalumschaltung beim Verlassen des Versorgungsgebietes eines Senders.

TMC wird heute von den Navigationssystemen im Auto genutzt, um bei einem Stau ggf. Umleitungsstrecken anzubieten. Der RDS-Träger ist zweiphasen-umgetastet digital differentiell moduliert. Der Datenstrom weist eine Datenrate von 1187.5 Hz auf und ist durch einen verkürzten zyklischen Blockcode fehlergeschützt. Eine bestimmte Anzahl an Bitfehlern ist damit reparierbar, weitere sind erkennbar. Abb. 40.11. zeigt das Spektrum eines Stereo-Multiplexsignals samt RDS-Unterträger.

Im RDS-Spektrum (Abb. 40.18.) ist der aufgrund der gewählten Modulationsart durch fehlenden tieffrequenten Signalanteil unterdrückte Träger erkennbar. Das Signal weist um den RDS-Träger herum bei 57 kHz eine Bandbreite von +/- 2400 Hz auf.

Das RDS-Signal wird folgendermaßen erzeugt: Der durch vier fehlergeschützte Blöcke (4 • 16 Daten +10 FEC = 104) in 104 Bits lange Gruppen eingeteilte Datenstrom wird im differenziellen Encoder zunächst auf die doppelte Bitrate aufgebläht und dann im Biphase-Modulator dem RDS-Träger aufgeprägt. Durch die differenzielle Encodierung entfallen Gleichanteil und niederfrequente Signalanteile, die dann später zur Unterdrükkung des RDS-Trägers führen. Biphase-Takt und Bittakt sind durch Teilung durch 24, sowie nochmals durch 2 von 57 kHz abgeleitet. Das RDS-Signal ist rolloff-gefiltert und wird zum Stereomultiplexsignal hinzuaddiert.

40.5 Minimale Feldstärke und Nachbarkanal-Schutzabstände

Die minimale Feldstärke bei UKW-FM-Hörfunk, sowie die Nachbarkanal-Schutzabstände sind in [ITU-R BS.412-9] geregelt. In Tabelle 40.1. sind die hierbei geforderten Mindestfeldstärken beim UKW-FM-Empfang aufgelistet. Außerdem dürfen Signalanteile aus Nachbarkanälen abhängig von der FM-Betriebsart (Mono/Stereo) bestimmte Grenzwerte nicht übersteigen, um den Nutzkanal hinsichtlich Tonqualität nicht hörbar zu beeinträchtigen (siehe Abb. 40.20.).

Tabelle 40.1. ITU-Mindestfeldstärken bei UKW-FM-Empfang

Versorgungsgebiet	Mono [dBµV/m]	Stereo [dBµV/m]
Ländlich (Rural)	48	54
Stadt (Urban)	60	66
Großstadt (Large Cities)	70	74

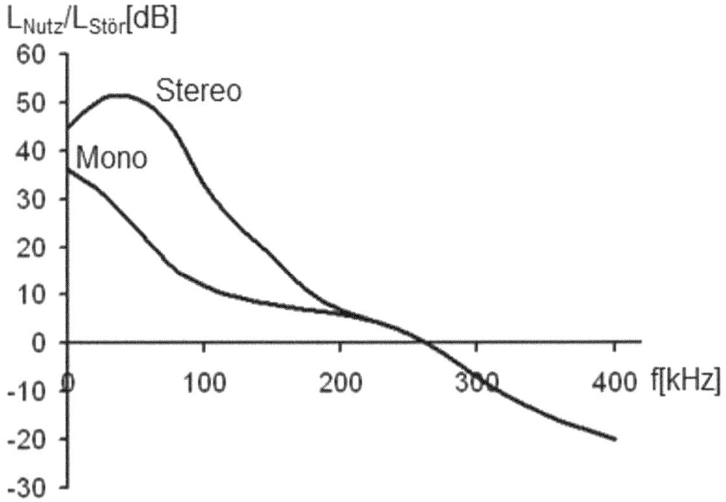

Abb. 40.20. Schutzabstände gemäß ITU-R BS.412-9 für 75 kHz Hub für Mono und Stereo bei „Steady Interference"; weitere Schutzabstände sind für Troposheric Interference und 50 kHz Hub definiert

Die gemäß ITU-R BS.412-9 geforderten Schutzabstände hängen ab vom Abstand zur Bandmitte des UKW-FM-Kanals, vom Hub und von der Betriebsart Mono oder Stereo, sowie von „Steady Interference“ oder „Tropospheric Interference“. Abb. 40.20. zeigt die geforderten Bedingungen für „Steady Interference“ und 75 kHz Hub. Die dort dargestellten Schutzabstände gelten für die Bereiche unterhalb und oberhalb der Mittenfrequenz des UKW-FM-Hörfunkkanals. Ab etwa 260 kHz Abstand dürfen Interferer, d.h. Nachbarkanäle auch leistungsmäßig höher sein als der Nutzkanal.

40.6 Störeinflüsse auf der UKW-FM-Übertragungsstrecke

Neben den im vorherigen Kapitel beschriebenen störenden Außerband-Anteilen gibt es auch beim UKW-FM-Stereo-Hörfunk weitere Störeinflüsse auf der Übertragungsstrecke. Dies sind

- Rauschen
- Interferenzstörer (schmalbandig und breitbandig)
- Amplitudenfrequenzgang
- Gruppenlaufzeitgang
- Mehrwegeempfang
- und Nichtlinearitäten.

Sie gelten für alle Übertragungswege, nur wirken sie sich unterschiedlich aus. Frequenzmodulation ist relativ unempfindlich gegenüber Nichtlinearitäten, deswegen können bei FM-Sendern C-Verstärker zum Einsatz kommen, die zum einen relativ nichtlinear sind, aber auch einen deutlich höheren Wirkungsgrad (ca. 60%) gegenüber AB-Verstärkern (ca. 20%) aufweisen. Verstärker von FM-Sendern werden im Gegensatz zu Verstärkern von AM-basierenden Sendern (Analog-TV, DVB-T, ...) nicht entzerrt und teilweise über die Versorgungsspannung des Verstärkers in der Leistung geregelt. Auch Amplitudenfrequenzgang und Gruppenlaufzeitverzerrungen sind unkritischer. Jedoch führen die linearen Verzerrungen im HF-Kanal (Amplituden- und Gruppenlaufzeitgang) zu Klirrprodukten im Basisbandsignal. Mehrwegeempfang führt ggf. zu Auslöschungserscheinungen (Schwund, Fading). Unterhalb der FM-Schwelle treten Phasensprünge des Trägers auf und dies führt v.a. zu tieffrequenten Rauschanteilen. Dies ist in Abb. 40.21. sehr gut erkennbar (links oberhalb und rechts unterhalb der FM-Schwelle).

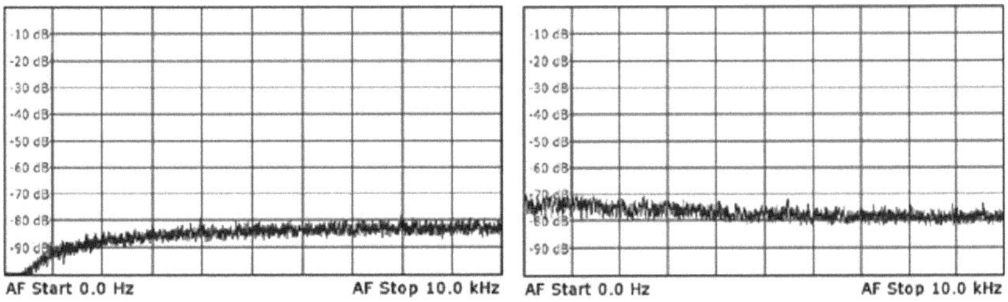

Abb. 40.21. Rauschverhalten oberhalb (links) und unterhalb (rechts) der FM-Schwelle

Lineare Verzerrungen (Amplitudenfrequenzgang und Gruppenlaufzeitgang) im Stereo-Multiplex-Signal erzeugen Stereo-Übersprechen. Dies kann man einfach damit erklären, dass im Falle von Amplitudengang die Balance zwischen dem M- und S-Signal nicht mehr stimmt, bzw. im Fallc von Gruppenlaufzeitverzerrungen Zeitverzögerungen zwischen dem M- und S-Signal auftreten.

40.7 Minimaler Empfängereingangspegel

Wie auch in allen anderen erläuterten Übertragungsstandards ist auch beim UKW-FM-Hörfunk eine Betrachtung des minimalen Empfängereingangspegels von Interesse. Gemessen wird der minimale Empfängereingangspegel bei FM bei einem definierten Hub und einem definierten Audiosignal; die Pre- und De-Emphase sind aktiviert. Es wird hierbei der Audiostörabstand im demodulierten Signal gemessen und das Unterschreiten einer definierten Schwelle erfasst. Dies erfolgt in der Betriebsart "Mono" und "Stereo". Erschwert wird dies oft jedoch dadurch, dass übliche kommerzielle UKW-FM-Empfänger nicht mehr von Hand in die Betriebsart Mono/Stereo gezwungen werden können. Gerade dieser "Schalter" würde bei schlechten oder wechselnden Empfangsbedingungen eines "Küchenradios" zu komfortableren Klangerlebnissen führen. Für den Stereobetrieb sind ja deutlich höhere RF-Signal/Rauschabstände notwendig.

Betrachtet man zunächst das reine Empfängereigenrauschen im HF-Frontend, so ergibt sich über die Boltzmannkonstante k ($k=1.38 \bullet 10^{-23}$ W/K/Hz) eine Rauschleistungsdichte von:

$$N_0 = -228.6 \frac{dBW}{K \cdot Hz} = -198.6 \frac{dBm}{K \cdot Hz};$$

Ersetzt man die absolute Temperatur K durch die Raumtemperatur von (273.15 + 20) K, d.h. also 20 Grad Celsius, so erhält man eine thermische Rauschleistungsdichte am Empfängereingang ohne zusätzliches Empfängerrauschen von

$$N_{0\_Ambient} = -173.9 \frac{dBm}{Hz};$$

Jetzt kann man sich noch entscheiden, ob man dies dabei belässt, oder dies wie es für Empfängereingangssignale üblich ist, in einen Pegel von dBµV umrechnet. Will man hierbei exakt vorgehen, so rechnet man die dBm in dBµV um, durch Hinzuaddieren von

- +107 dB bei 50 Ohm - Eingängen und
- +108.8 dB bei 75 Ohm - Eingängen.

Tabelle 40.2. Thermische Rauschleistung N am Empfängereingang

Bandbreite	Verhältnis in dB	N in dBm	N in dBµV bei 50 Ohm	N in dBµV bei 75 Ohm	Typische Anwendung
1 Hz	0	-173.9	-66.9	-65.1	
5 kHz	37	-136.9	-29.9	-28.1	AM-Hörfunk/ DRM
10 kHz	40.0	-133.9	-26.9	-25.1	DRM
180 kHz	52.6	-121.3	-14.3	-12.5	FM-Hörfunk
300 kHz	54.8	-119.1	-12.1	-10.3	FM-Hörfunk
1.536 MHz	61.9	-112.0	-5.0	-3.2	DAB/DAB+
6 MHz	67.8	-106.1	0.9	2.7	TV
7 MHz	68.5	-105.4	1.6	3.4	TV
8 MHz	69.0	-104.9	2.1	3.9	TV
10 MHz	70.0	-103.9	3.1	4.9	
33 MHz	75.2	-98.7	8.3	10.1	Sat-TV
36 MHz	75.6	-98.3	8.7	10.5	Sat-TV

Wir hatten es in diesem Buch mit verschiedenen Empfängerbandbreiten zu tun; um weitere Vergleiche zu vereinfachen, sind in Tabelle 40.2. die thermischen Rauschleistungsdichten bei verschiedenen Empfängerbandbreiten aufgelistet und in praxisüblichen Dimensionen dargestellt.

Das übliche Kanalraster beim FM-Hörfunk ist 300 kHz; die anzusetzende Empfängerbandbreite ist jedoch kleiner; meist ist sie nicht spezifiziert. In alten Datenblättern (z.B. von ZF-Keramikfiltern) findet man meist eine Durchlassbandbreite von 180 kHz. Für die Empfindlichkeitsbetrachtung bei FM-Empfängern sei nun also 180 kHz angesetzt. Damit ergibt sich bei einer Empfängereingangsimpedanz von 75 Ohm, welche bei Geräten im häuslichen Bereich anzusetzen ist, eine rein thermische Rauschleistung am Empfängereingang von -12.5 dBµV. Autoradios weisen eine Impedanz von 50 Ohm am Antenneneingang auf; somit sei hier eine thermische Leistung von -14.3 dBµV angenommen. Hinzu kommt das zusätzlich erzeugte Rauschen des Empfängers durch seine aktiven Komponenten. Es wird durch seine Rauschzahl F in dB angegeben und liegt typischerweise im Bereich von ca. 6 ... 8 dB. Da die tatsächliche Umgebungstemperatur erheblichen Schwankungen unterliegt und die Eingangsimpedanz eines Empfängers ziemlich streuen kann und nur eine ungefähre Größenordnung für die Empfängerempfindlichkeit ermittelt werden soll, wird nun auf folgende Annahme vereinfacht: Eine Rauschzahl von 6.5 dB und ein 75 Ohm-System ergibt eine Rauschleistung von etwa

$$N_{UKW\,FM} = -6 \text{ dB}\mu\text{V}$$

am UKW-FM-Empfängereingang.

Für die weiteren Betrachtungen wird die Eingangsimpedanz nicht mehr in Betracht gezogen, auch nicht die tatsächliche Empfängerbandbreite oder evtl. Temperaturschwankungen.

Untersuchen wir zunächst, wo dann ungefähr die bereits erläuterte FM-Schwelle zu liegen kommt. Diese ist abhängig von der Realisierung des FM-Demodulators als

- Verhältnis- oder Ratio-Detektor
- Koinzidenz-Demodulator oder
- PLL-Demodulator
- optimierter digitaler FM-Demodulator (z.B. Cordic-Verfahren).

Der Verhältnis- oder Ratio-Detektor kommt nur bei sehr alten Systemen zum Einsatz, moderne Systeme arbeiten mit dem Koinzidenz-Demodulator-Prinzip oder v.a. nach dem PLL-Demodulator-Prinzip. Das analoge Satellitenfernsehen wäre ohne den PLL-Demodulator gar nicht möglich gewesen. Bei heutigen modernen UKW-Empfängern ist der FM-Demodulator ausnahmslos digital realisiert. Meist befinden sich sogar alle Signalverarbeitungsbestandteile vom RF-Frontend bis hin zum Stereo-

Decoder und RDS-Decoder auf einem Chip von einer Größe von ein paar Quadratmillimetern. Nur noch die Audio-Endstufe und natürlich der Prozessor und das Display sind zusätzlich vorhanden.

Wir setzen die FM-Schwelle zunächst an bei einem Rauschabstand in der HF-Ebene (CNR) von etwa 10 dB; um diese FM-Schwelle herum bzw. darüber muss die Empfindlichkeitsgrenze eines UKW-FM-Empfängers liegen. D.h. wir nehmen jetzt die angenommenen N = - 6 dBμV und addieren hierzu den Wert der FM-Schwelle von 10 dB und kommen damit auf einen Eingangspegel von

$$U_{FM\ Threshold} = \text{ca. } + 4\ \text{dB}\mu\text{V}.$$

Um diesen Wert herum muss die Mindestempfindlichkeit eines UKW-FM-Radios im Mono-Mode liegen. Untersucht man nun verschiedene Heimempfänger, so stößt man aber meist auf die Schwierigkeit der Adaption an den Empfängereingang. Viele Heimgeräte verfügen über eine Teleskop-Antenne oder gar eine Wurfantenne. In solchen Fällen müsste man den Empfänger in eine geschirmte Kammer setzen, um ihn dann einer definierten Feldstärke auszusetzen. Für grobe Untersuchungen zu diesem Kapitel wurden einige "Küchenradios" umgebaut. Natürlich ist dann immer noch die Impedanzanpassung eine offene Frage. Solche Empfänger mit Teleskop- oder Wurfantenne müssten an die relativ hohe Impedanz dieser Antennen angepasst sein und diese ist definitiv nicht 50 oder 75 Ohm. Einfacher ist der Fall bei Autoradios. Hier liegt eine definierte 50 Ohm-Schnittstelle für die Antenne vor. Kommen wir nun zu tatsächlich mit einem Mess-Sender [SFU] gemessenen Werten; diese lagen zwischen 0 und 20 dBμV, wenn man als Empfänger-Empfindlichkeitsgrenze im Monobetrieb z.B. einen Audio-Störabstand von 26 dB ansetzt.

Üblicherweise werden die Mindestempfängereingangspegel beim UKW-FM-Empfang nach der SINAD-Methode bestimmt. SINAD steht für Signal to Noise and Distortion. Hierbei wird das Nutzsignal, z.B. ein 1kHz-Signal-Ton mit einem Notch-Filter in der Messanordnung (Audio-Analyzer) ausgeblendet und der Pegel des Restsignals ermittelt. Dieser wird dann ins Verhältnis zur Amplitude des Nutzsignals gesetzt und ergibt den SINAD-Wert, der im Endeffekt dem NF-Störabstand entspricht.

Übliche Kriterien für Empfängerempfindlichkeitsmessungen sind NF-Störabstände

- im Mono-Betrieb von 26 dB unbewertet
- bzw. im Stereo-Betrieb 48 dB unbewertet.

Die Umrechnung des Pegels an der Antennenbuchse in elektrische Feldstärke erfolgt über folgende Beziehungen:

E[dBμV/m] = U[dBμV] + k[dB/m];

k[dB/m] = (-29.8 + 20•log(f[MHz]) – g[dB]);

mit
E = elektrische Feldstärke;
U = Antennenausgangspegel;
k = Antennen-k-Faktor;
f = Empfangsfrequenz;
g = Antennengewinn;

Zur Abschätzung der mindestens notwendigen Feldstärke gehen wir von einer Empfangsfrequenz von 100 MHz und einem Antennengewinn von 0 dB aus. In Wirklichkeit wird der Antennengewinn sogar meist negativ sein, dies kann man jedoch auch in andere Verluste mit einrechnen und damit berücksichtigen. Der k-Faktor beträgt somit bei 100 MHz

k = -29.8 + 20•log(f[MHz]) - 0) dB/m = 10.2 dB/m;

Addiert man die 10.2 dB/m zu den abgeschätzten mindestens 4 dBμV Empfängereingangspegel, so kommt man zu einer Mindestfeldstärke an der Empfangsantenne von etwa gerundet

Emin = 15 dBμV/m;

Bei den üblichen Standorten eines "Küchenradios" ist durchaus mit Dämpfungsverlusten vom Gebäudeinneren zum Außenbereich (Gebäudedämpfung) von 20 dB oder mehr zu rechnen. Moderne Bürogebäude in Betonbauweise mit metall-bedampften Fenstern sind hier ein Extrembeispiel. Gehen wir also durchaus von 25 dB Pegelunterschied zwischen dem Außenbereich im Erdgeschoss und Innenbereich im Erdgeschoss aus, so braucht man auf etwa 2 m Messhöhe eine Feldstärke von 15 dBμV/m + 25 dB = 40 dB uV/m. Gemessen wird aber üblicherweise mit einer Messantenne, die sich auf einem auf 10 m ausgefahrenen Mast befindet. D.h. man hat von 10 m auf 2 m Höhenverluste im Pegel. Nimmt man hier wiederum etwa 10 dB Höhenverluste an, so bewegt man sich bei einem Wert um die 50 dBuV/m in 10 m Höhe. Damit kommt man zu den Werten, die nach ITU als Versorgungspegel beschrieben werden (siehe Tabelle 40.1.). Im Stereo-Betrieb ist etwas mehr Empfangspegel notwendig, da man sich über das Stereo-Multiplex-Signal mehr NF-Rauschen mit einfängt. Dies sind 6 dB mehr Empfangspegel für den Stereo-Mode gegenüber dem Mono-Mode, wie man auch aus Tabelle 40.1. entnehmen kann.

40.8 Vergleich mit DAB/DAB+

UKW-FM-Hörfunk wird durch Digital-Radio-Systeme abgelöst werden. Die Frage ist nur – wann bzw. wann komplett. DAB ist bereits seit Jahren in der Luft, DAB+ in Deutschland z.B. seit ca. 2011. Es bietet sich nun an, die Systeme miteinander zu vergleichen. Mittlerweile ist eine größere Anzahl an kombinierten DAB/DAB+/FM-Empfangsgeräten im Markt verfügbar. Verglichen werden sollen Mindest-Empfängereingangspegel und notwendige Bandbreite pro Stereo-Programm. Zunächst zur Frage Bandbreite pro Stereo-Programm:

Bei UKW sind hier 300 kHz pro Programm anzusetzen. Bei DAB (siehe Kapitel 26 in diesem Buch) passen üblicherweise 6 Programme in eine DAB-Bandbreite von 1.536 MHz oder eigentlich 1.75 MHz, wenn man die Schutzbänder zu den Nachbarkanälen mit hinzurechnet. Bei DAB+ kann die Anzahl der Programme gegenüber DAB verdoppelt oder verdreifacht werden, je nachdem welche Datenrate man als "Broadcast Quality" ansetzt. Somit passen in einen 1.536 bzw. 1.75 MHz breiten DAB/DAB+ -Kanal nun 12 - 18 Programme.

Tabelle 40.3. Vergleich UKW - DAB - DAB+

System	Kanalbandbreite [MHz]	Datenrate pro Stereo-Programm [kbit/s]	Anzahl Stereo-Programme pro Kanal	Bandbreite pro Programm [kHz]	Vergleich mit UKW	NF-Störabstand [dB]
UKW-FM	0.3	--	1	300	1 : 1	50
DAB	1.75	196	6	292	1 : 1.03	90
DAB+	1.75	64 - 98	12-18	97-145	1 : 2.06-3.1	90

Um die Systeme reell miteinander vergleichen zu können, muss natürlich ehrlicherweise auch der mögliche NF-Störabstand mit in Betracht gezogen werden, der bei DAB/DAB+ natürlich der CD-Qualität entspricht. Hier fehlen dem UKW-System einige Zehnerpotenzen gegenüber den digitalen Systemen, was sich in etwa 40 dB Störabstand logarithmisch dargestellt ausdrückt. Leider spielt der Gewinn des Digitalradios im Störabstand bei vielen Applikationen wie "Küchenradio", oder auch Autoradio („Car Entertainment System") reell betrachtet keine Rolle. Dieser Gewinn kommt lediglich im "Wohnzimmer" wirklich zur Geltung und dort v.a. bei klassischer Musik. Moderne Musik maskiert eher Rauschen.

Ein weiterer Vergleich des UKW-FM-Systems mit dem Digitalradio-System sei nun über die Mindestempfangspegel gemacht: Wir haben für UKW-FM im Mono-Betrieb als Mindestempfängereingangspegel 4 dBµV abgeschätzt. Gute UKW-FM-Empfänger funktionieren tatsächlich noch bei 0 dBµV und liefern hierbei einen Mono-Störabstand von 26 dB unbewertet. Diese 0 dBµV findet man auch in einschlägigen Herstellerangaben. Gute DAB+ -Empfänger benötigen meist einen Mindestempfängereingangspegel von 6 ... 10 dBµV. Meist werden die Werte dort in dBm angegeben und sind hierbei leicht zu merken, da sie um den Wert -100 dBm herum liegen.

40.9 Messungen an UKW-FM-Stereo-Signalen

Folgende Messungen werden an UKW-FM-Signalen vorgenommen:

- HF-Pegel
- FM-Hub
- Multiplex-Leistung
- Störabstand SNR
- Stereo-Übersprechen
- Balance
- Frequenzgang
- Klirrfaktor THD
- Bewertung von Außerbandanteilen

Der maximale FM-Spitzen-Hub und die Multiplex-Leistung stehen oft unter besonderer Beobachtung der Regulierungsbehörden der Länder, da sie, wenn sie zu groß sind, Nachbarsender stören.

Es gibt immer weniger moderne Messmittel, die diese Messungen an FM-Signalen ermöglichen. Da aber der digitale Hörfunk in vielen Ländern weiterhin eine untergeordnete Rolle spielt und deswegen immer noch der UKW-FM-Hörfunk dominiert, wurden im Rohde&Schwarz-Messempfänger ETL [ETL] die wichtigsten Messfunktionen für UKW-FM-Hörfunk integriert. Ebenso wie im Kapitel 2 – Analoges Fernsehen – ausführlich auf die Messparameter und Messverfahren eingegangen wurde, sollen auch hier nur die wichtigsten Parameter angesprochen werden. Viele der in diesem Abschnitt verwendeten Abbildungen stammen vom Mess-Empfänger ETL.

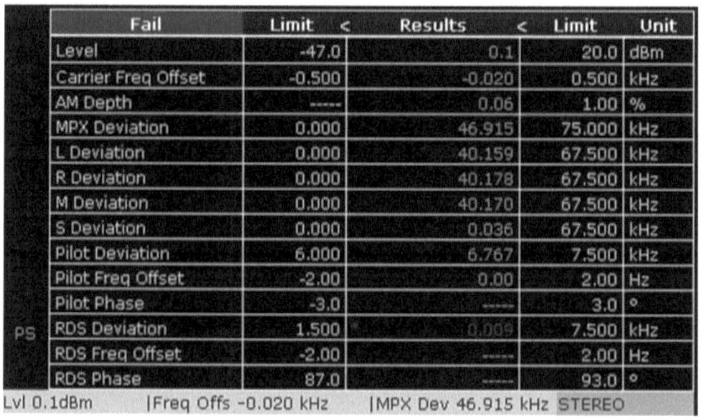

Fail	Limit <	Results	< Limit	Unit
Level	-47.0	0.1	20.0	dBm
Carrier Freq Offset	-0.500	-0.020	0.500	kHz
AM Depth	-----	0.06	1.00	%
MPX Deviation	0.000	46.915	75.000	kHz
L Deviation	0.000	40.159	67.500	kHz
R Deviation	0.000	40.178	67.500	kHz
M Deviation	0.000	40.170	67.500	kHz
S Deviation	0.000	0.036	67.500	kHz
Pilot Deviation	6.000	6.767	7.500	kHz
Pilot Freq Offset	-2.00	0.00	2.00	Hz
Pilot Phase	-3.0	-----	3.0	°
RDS Deviation	1.500	0.009	7.500	kHz
RDS Freq Offset	-2.00	-----	2.00	Hz
RDS Phase	87.0	-----	93.0	°

Abb. 40.22. Messung diverser FM-Parameter mit dem Messempfänger ETL (Rohde&Schwarz)

40.9.1 Messung des HF-Pegels

Der HF-Pegel wird durch Messung des Effektivwerts des FM-Signals ermittelt. Am Senderausgang geschieht dies durch Einsatz eines thermischen Leistungsmesskopfes am Messrichtkoppler. Dort lässt sich entsprechend auch die rücklaufende Leistung ermitteln. Typische Senderausgangsleistungen liegen im Bereich von wenigen Watt im Kleinleistungsbereich bei Füllsendern bis hin zu ca. 10 oder 20 kW. Zum Einsatz kommen C-Verstärker, die wegen des FM-Prinzips relativ nichtlinear sein dürfen und dadurch einen im Vergleich zu analogen oder digitalen TV-Sendern, die im AB-Betrieb arbeiten, einen deutlich höheren Wirkungsgrad aufweisen.

40.9.2 „Einpegeln“

Bevor mit den diversen Messungen am FM-Signal gestartet werden kann, muss darauf geachtet werden, dass das Messobjekt (FM-Sender, bzw. FM-Empfänger) richtig gepegelt ist. D.h. man muß z.B. bei einem Audioeingangspegel von +6 dBu nachprüfen, ob dies am Sender auch wirklich zu z.B. 40 kHz FM-Hub führt. Typischerweise erfolgt dies z.B. vor einer Sendermessung folgendermaßen:

Monobetrieb:
- Pre-Emphase am Sender ausschalten
- +6dBu (0 dBu = 1mW an 600 Ohm = 0.7746 V), 500 Hz Audiosignal einspeisen
- FM-Hub messen und auf 40 kHz einstellen (ggf. durch Justieren der Sender-Hub-Konstante)

Sender mit integriertem Stereo-Coder:
- Pre-Emphase ausschalten
- links +6 dBu, 500 Hz einspeisen, rechts kurzschließen
- Hub links messen und auf 40 kHz abgleichen
- rechts +6 dBu, 500 Hz einspeisen, links kurzschließen
- Hub rechts messen und auf 40 kHz abgleichen

Sender mit externem Stereo-Coder:
- am Basisbandeingang des Senders +6 dBu, 500 Hz einspeisen
- FM-Hub messen und auf 40 kHz abgleichen
- dann Stereocoder mit dem Sender verbinden und diesen wie vorher mit einem linken und rechten Signal von je +6 dBu, 500 Hz speisen und bei ausgeschalteter Pre-Emphase auf 40 kHz Hub abgleichen

40.9.3 Messung des FM-Hubs und der Multiplex-Leistung

Durch Demodulation lässt sich der FM-Hub und hieraus auch die Multiplexleistung ermitteln. Der Hub ist nichts anderes als die aktuelle Ablage des FM-Signals von der Ruhelage in Kanalmitte. Der Spitzenhub darf bestimmte Werte nicht überschreiten (typ. 75 kHz oder 50 kHz) und wird von den Regulierungsbehörden streng überwacht. Eine Hubüberschreitung führt zu Nachbarkanalstörungen. Nach Einführung von Dynamikkompressoren wurde als weiterer Messparameter ein vom Hub abgeleiteter Messwert definiert, die Multiplex-Leistung. Sie ist wie folgt definiert: Die Multiplexleistung wird als gleitendes Integral über ein Messfenster von 60 Sekunden über den FM-Spitzenhub gemessen und auf einen Hub von 19 kHz bezogen. D.h. würde man einen FM-Sender konstant mit 19 kHz Hub aussteuern, so ergäbe sich eine Multiplexleistung von exakt 0 dBr. Das kleine r bei den dB steht hierbei für „relativ“, also relativ zu 19 kHz.

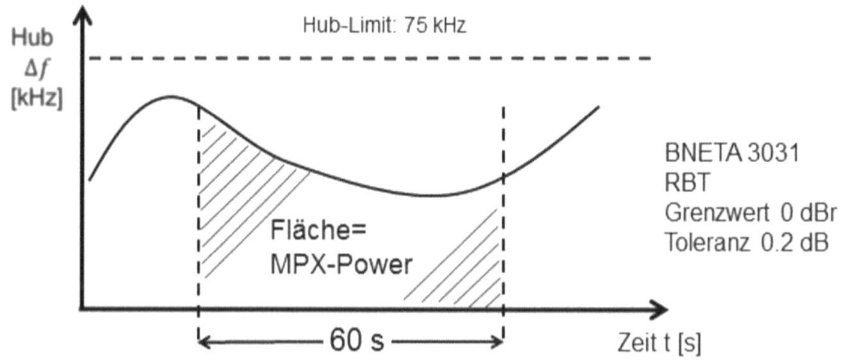

$$P_{MUX} = 10\log(\frac{2}{60s}\int_{T}^{T+60s}(\frac{\Delta f(t)}{19kHz})^2 dt); dBr$$

Abb. 40.23. Definition der Multiplex-Leistung

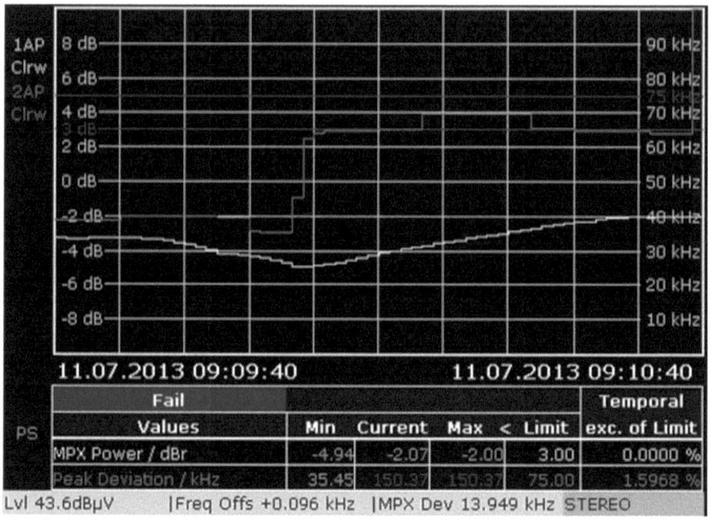

Abb. 40.24. Messung des FM-Hubs und der Multiplex-Leistung an einem Live-Signal

40.9.4 Messung des Störabstands

Die Messung des Audiostörabstands kann auf verschiedene Art und Weise erfolgen. Zunächst wird ein bestimmter Hub, z.B. 40 kHz und eine definierte Audiomessfrequenz, z.B. 1 kHz ausgewählt und der Sender entsprechend ausgesteuert. Dann misst man den Pegel nach der Demodulation. Traditionell wurde dann das Nutzsignal abgeschaltet und der Pegel nach der Demodulation nochmals gemessen. Man erhält nach dem Abschalten des Nutzsignals den Pegel des Störsignals. Meist erfolgt vorher eine Filterung über ein Bewertungsfilter. Aus dem Pegel des Nutzsignals S (Signal) und dem Pegel des bewerteten Rauschsignals N (Noise) ergibt sich dann der Wert SNR, der meist als logarithmischer Wert in dB ausgedrückt wird. Verschiedene definierte Rauschbewertungsfilter sind in Abb. 47.26. dargestellt. Meist wird hierbei die Bewertungskurve A, ITU468 oder IEC315/Tuner gewählt. Ohne die Angabe des verwendeten Bewertungsfilters ist der Wert des Störabstands SNR wertlos.

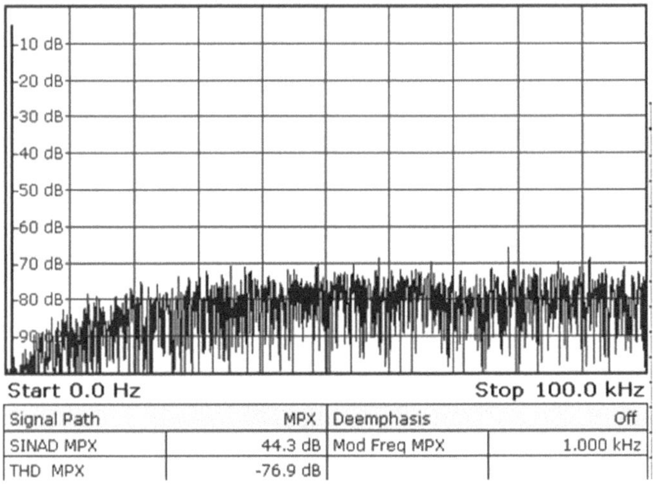

Abb. 40.25. Störspannungsmessung nach dem SINAD-Verfahren mit einem 1kHz- Mess-Signal

Moderne Audioanalysatoren erlauben die SINAD-Messung. SINAD steht für Signal to Noise and Distortion. Hierbei wird der Prüfling mit dem Mess-Signal beaufschlagt, das Mess-Signal automatisch detektiert, vermessen und dann wird vor dem Messen des Störsignalanteils das Mess-Signal durch ein Notch-Filter unterdrückt. Gerade im Audiobereich kann diese SINAD-Methode über digitale Signalverarbeitung in DSP-Prozessoren mittels der FFT und digitaler Filterung mit höchster Präzision und praktisch in Echtzeit durchgeführt werden. Bei der Messung des NF-Störabstands sind folgende Messbedingungen wählbar:

- Bezugs-Hub z.B. 40 kHz
- NF-Messfrequenz, z.B. 1 kHz
- Bewertungsfilter, z.B. Tunerfilter IEC315

Wird ein Sender vermessen, so ist vorher auf die richtige Einpegelung des NF-Eingangssignals bezüglich des resultierenden Hubs zu achten, z.B. sollte sich meist bei +6dBu Eingangspegel ein FM-Hub von 40 kHz ergeben.

Wird ein Empfänger vermessen, so ist darauf zu achten, das im Audiozweig keine Übersteuerungseffekte auftreten.

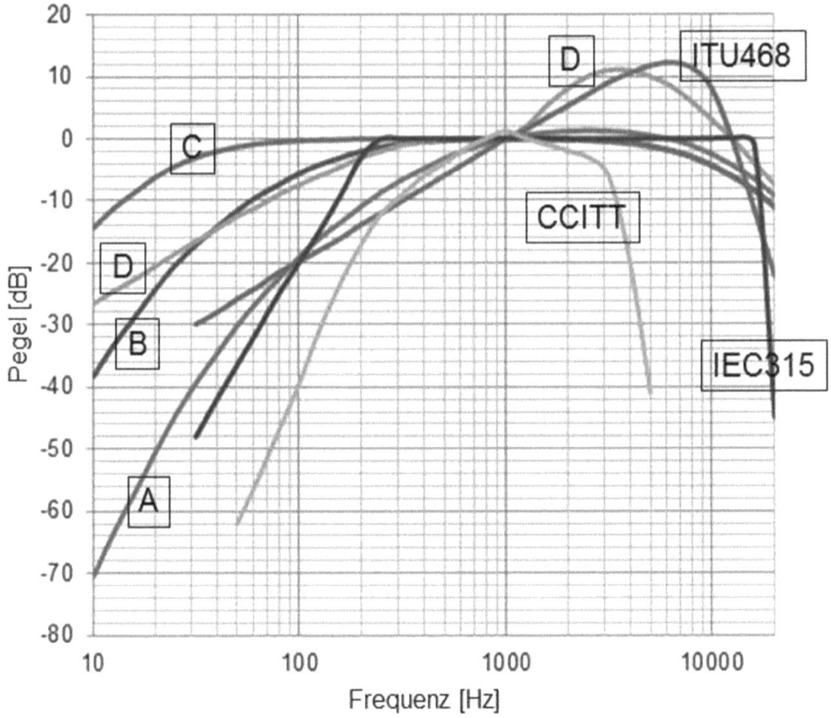

Abb. 40.26. Audio-Rauschbewertungsfilter

Die Störspannungsmessung am FM-Sender erfolgt typischerweise ohne Modulation, d.h. es werden die Eingangssignale hierzu abgeschaltet. Der Mess-Empfänger misst dann die noch verbleibende Störmodulation mit De-Emphase-Filter (=Ein) und bewertet nach ITU468 bei vorher richtig gepegeltem Sender.

40.9.5 Frequenzgang linker und rechter Audiokanal

Der Frequenzgang des linken und rechten Audiokanals wird alternierend durch ein sinusförmiges Wobbelsignal im Bereich von 0 bis 15 kHz bestimmt. Obwohl in der Audiotechnik meist nur der Amplitudengang interessiert, ist auch der Phasengang, bzw. Gruppenlaufzeitgang messbar. Die Messung erfolgt bei ausgeschalteter Pre- und De-Emphase. Beim Vorgang des „Wobbelns" wird das Mess-Signal am Sendereingang mit konstanter Amplitude, aber variabler von 0 bis 15 kHz hochlaufender Frequenz angelegt und dessen Amplituden nach Durchlaufen der Übertragungsstrecke am Demodulatorausgang des Messempfängers gemessen. Das Verhältnis von Ausgangs- zu Eingangssignalamplitude wird dann meist in dB graphisch dargestellt.

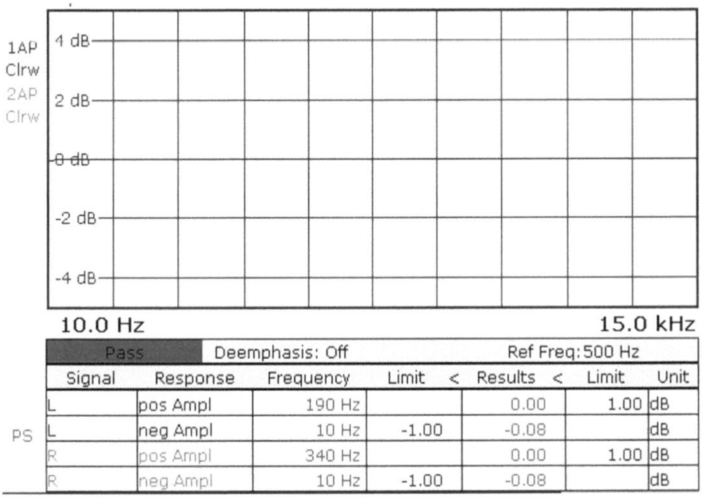

Signal	Response	Frequency	Limit <	Results <	Limit	Unit
L	pos Ampl	190 Hz		0.00	1.00	dB
L	neg Ampl	10 Hz	-1.00	-0.08		dB
R	pos Ampl	340 Hz		0.00	1.00	dB
R	neg Ampl	10 Hz	-1.00	-0.08		dB

Abb. 40.27. Frequenzgangmessung linker und rechter Audiokanal

40.9.6 Messung des Stereo-Übersprechens

Bei der Messung des Stereo-Übersprechens wird der Prüfling (Sender oder Empfänger) mit einem sinusförmigen Wobbelsignal beaufschlagt, das entweder nur den Links- oder Rechtskanal belegt. Im jeweils eigentlich stummen Kanal (links oder rechts) wird dann bei der Messfrequenz der Pegel gemessen und ergibt dann im Verhältnis zum Pegel im belegten Kanal (rechts oder links) den Wert des Stereo-Übersprechens. Somit ergeben sich hierbei zwei Messwerte, bzw. zwei Messkurven, nämlich das Stereoübersprechen

- links auf rechts und
- rechts auf links.

Das Stereoübersprechen wird üblicherweise in dB angegeben. Stereoübersprechen entsteht bei analoger Signalverarbeitung bei der FM-Übertragung aufgrund von Amplitudengang und Gruppenlaufzeitfehlern im Zweig des Multiplexsignals. Bei digitaler Signalverarbeitung ist dieser Zweig als perfekt anzusehen. D.h. es entsteht dann nur noch Stereoübersprechen im analogen Audiozweig zu Beginn oder am Ende der Übertragungskette. Die Messung erfolgt bei ausgeschalteter Pre- und De-Emphase.

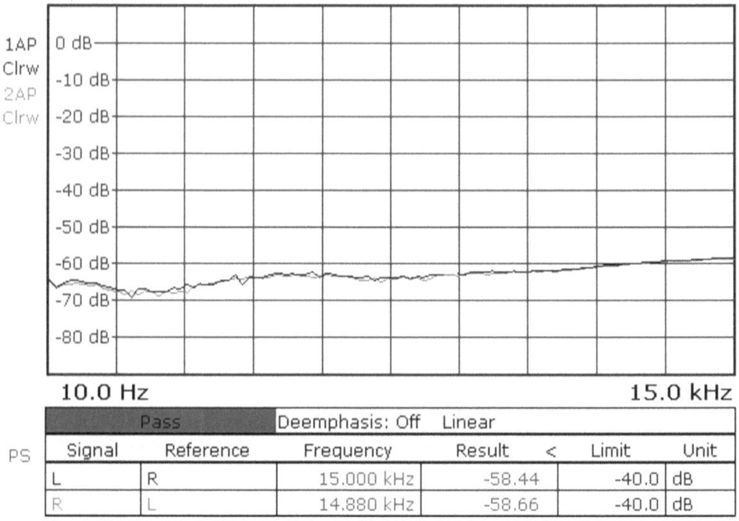

Abb. 40.28. Messung des Stereoübersprechens

40.9.7 Messung des Klirrfaktors bzw. der THD

Bei Nichtlinearitäten im Zweig des Audio- oder Multiplexsignals entstehen neben der gewünschten Grundwelle auch Oberwellen des Signals. Das Verhältnis der Energie in den Oberwellen zur Energie der Grundwelle wird im Klirrfaktor bzw. der Total Harmonic Distortion THD ausgedrückt.

Bei der Messung des Klirrfaktors bzw. der THD wird der Prüfling mit einem definierten Mess-Signal wie bei der Messung des NF-Störabstands beaufschlagt, z.B. 1 kHz mit 40 kHz Hub. Daraufhin wird dann der Pegel am Ausgang des Prüflings gemessen, die Grundwelle ausgefiltert und dann entweder das verbleibende Restsignal gemessen oder nur der Pegel selektiv an den Stellen der zu erwartenden Oberwellen, also Vielfachen der Grundwelle gemessen. Dies ergibt dann den Wert THD+N oder THD. Der Wert THD bzw. Klirrfaktor kann in dB oder in Prozent ausgedrückt werden. Moderne Audioanalyzer verwenden für die Messung der THD ebenfalls die SINAD-Methode. Die Messung erfolgt bei ausgeschalteter Pre- und De-Emphase.

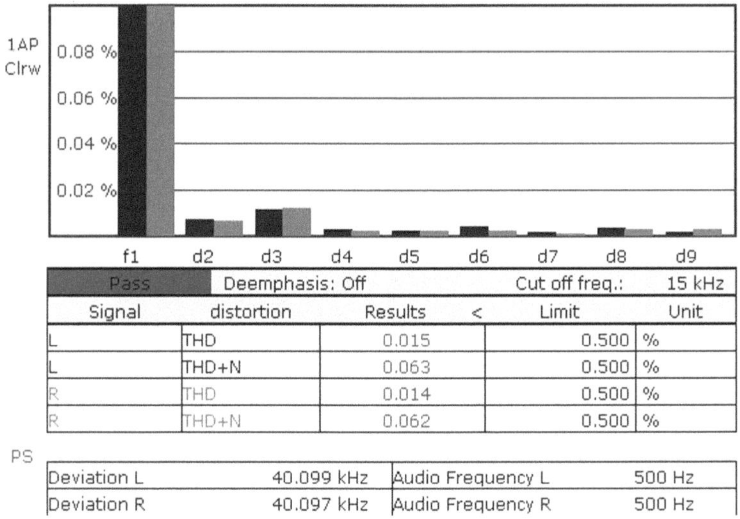

Abb. 40.29. THD/Klirrfaktor-Messung

40.9.8 Stereo-Balance

Linker und rechter Audiokanal müssen gleiche Verstärkung aufweisen, also richtige Balance zueinander haben. Verantwortlich hierfür ist der Stereocoder im Sendezweig, bzw. der Stereo-Decoder im Empfänger. Die R-L-Balance-Messung ist ein Parameter, der z.B. bei einer Senderqualitätsmessung bzw. Empfängermessung durchgeführt wird. Hierzu wird abwechselnd der linke und rechte Kanal mit einem sinusförmigen Mess-

Signal gewobbelt. Die Messung erfolgt bei ausgeschalteter Pre- und De-Emphase.

40.9.9 Zweitonfaktor

Bei der Zweiton-Messung wird der linke und rechte Audiokanal abwechselnd und unabhängig voneinander jeweils mit zwei Messtönen beaufschlagt und an den erwarteten Stellen die Amplitude der Mischprodukte gemessen. Die Pegeldifferenz der (Stör-)Mischprodukte relativ zum Pegel der beiden gleich ausgesteuerten zwei Töne z.B. bei 1 kHz und 2 kHz ergibt den Parameter „Zweiton-Faktor“. Die Messung erfolgt bei ausgeschalteter Pre- und De-Emphase.

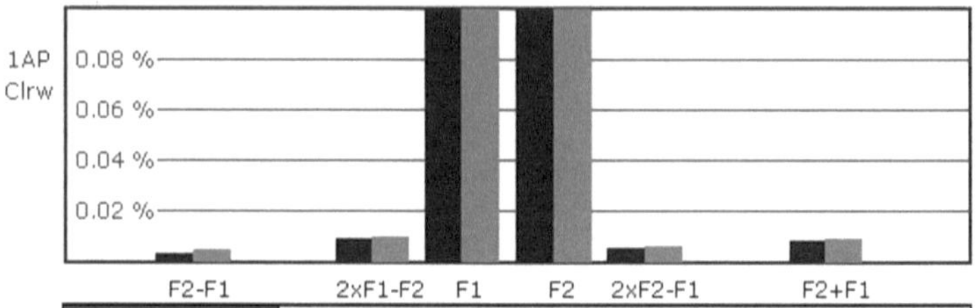

Pass	Deemphasis: Off		Cut off freq.:	15 kHz	
Signal	**IMD**	**IM Products**	**Results <**	**Limit**	**Unit**
L	d2	F2-F1	0.003	0.355	%
L	d2	F2-F1 & F2+F1	0.012	0.500	%
L	d3	2xF2 - F1 & 2xF1-F2	0.014	0.500	%
R	d2	F2-F1	0.004	0.355	%
R	d2	F2-F1 & F2+F1	0.013	0.500	%
R	d3	2xF2 - F1 & 2xF1-F2	0.015	0.500	%

PS

Deviation L	40.089 kHz	F1	5.000 kHz	F2	6.000 kHz
Deviation R	40.088 kHz	F1	5.000 kHz	F2	6.000 kHz

Abb. 40.30. Messung des Zweitonfaktors

40.9.10 MPX-Basisband-Frequenzgang

Unter dem MPX-Basisband-Frequenzgang versteht man den Frequenzgang des Stereo-Multiplex-Signals bis 100 kHz. Durch Wobbeln mit einem sinusförmigen Mess-Signal wird sowohl der Amplituden-, wie auch der Phasengang des Basisband-Signal vermessen. Die hiermit erfassten linearen Verzerrungen des Basisband-Signals lassen auf hierdurch hervorgerufenes Stereo-Übersprechen schließen.

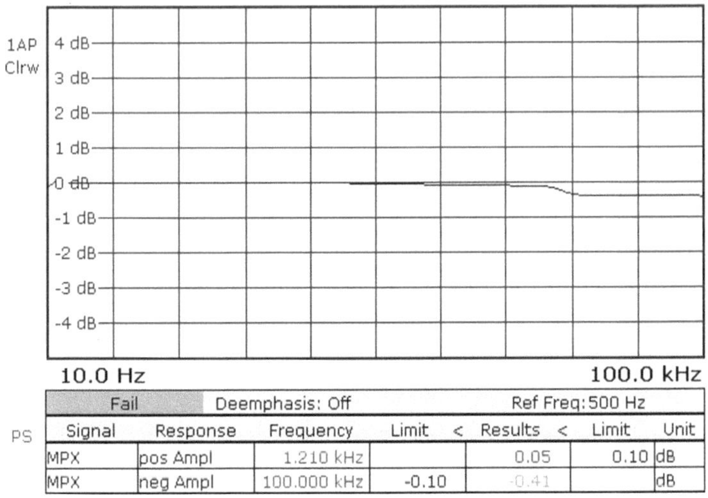

Abb. 40.31. Messung des MPX-Frequenzganges

40.9.11 Asynchrone und synchrone AM

Ist die Hüllkurve des FM-Trägers nicht konstant, so spricht man von einer asynchronen oder synchronen Amplitudenmodulation des FM-Signals je nach Ursache. Ursache für eine nicht-modulations-signalabhängige Amplitudenmodulation, also einer sog. asynchronen AM ist meist ein Netzteil-Brumm, verursacht durch defekte Elektrolytkondensatoren. Folgt die Hüllkurve des FM-Trägers dem Modulationssignal, so spricht man von einer synchronen AM. Ursache hierfür sind z.B. lineare Verzerrungen durch Filter im HF-Pfad. FM-Messempfänger erlauben die Messung des zeitlichen Verlaufs der Amplitude des FM-Trägers durch geeignete Schaltungsteile und ermöglichen somit die Messung der asynchronen AM des FM-Trägers sowie synchronen AM des FM-Trägers.

40.9.12 Messung von Außerbandanteilen

Bei Messungen an FM-Sendern wird mit Hilfe eines Spektrum-Analysators mit ausreichender Dynamik der Bereich um den Nutzkanal herum, sowie an den Vielfachen des Nutzkanals der Pegel untersucht. Diese Außerbandanteile dürfen bestimmte Grenzen nicht überschreiten.

Oberwellen werden üblicherweise im FM-Sender durch geeignete Filter in den Verstärkermodulen unterdrückt.

Literatur: [SFU], [CISPR20], [MAEUSL1], [ITU-R BS.450-3], [ITU-R BS.412-9], [ETS300384], [ETL], [MAEUSL7], [KIRCHNER]

41 Weitere Übertragungsstandards

Neben den bereits ausführlich beschriebenen Standards für Digital Video und Audio Broadcasting, sowie Mobile TV gibt es weitere Verfahren, die in diesem Kapitel z.T. erläutert werden.

Die in diesem Kapitel diskutierten Standards sind:

- MediaFLO,
- IBOC/HD-Radio,
- FMextra
- und CMMB.

41.1 MediaFLO

MediaFLO steht für Media Forward Link Only und ist ein nordamerikanischer proprietärer Standard für Mobil TV aus dem Hause des Chipherstellers Qualcomm.

Die technischen Parameter von MediaFLO sind:

- COFDM
- 4K mode, QPSK or 16QAM
- Guard Interval = 1/8
- Kanalbandbreite = 5, 6, 7 oder 8 MHz
- verketteter RS(16, k=12,14 oder 16) und Turbo-Code-Fehlerschutz (Coderate = 1/3, 2/3, ½)
- Nettodatenrate (6 MHz, CR_{Inner}=2/3, CR_{Outer}=12/16, 16QAM) = 8.4 Mbit/s
- Datenraten bis zu 11.2 Mbit/s
- Quellencodierung: MPEG-4 Part 10 AVC Video, MPEG-4 AAC+ Audio oder IP.

MediaFLO war einige Zeit in Betrieb, ist aber aus wirtschaftlichen Gründen genauso gescheitert wie auch andere Mobile TV-Standards. Die Netze sind alle wieder ausgeschaltet.

41.2 IBOC – HD-Radio

IBOC = In Band on Channel oder HD-Radio = Hybrid Radio sind synonyme Begriffe für digitales Radio in Kombination mit analogem FM-Radio. Es werden hier benachbart zu einem FM-Träger unterhalb und oberhalb COFDM-modulierte Bänder hinzugefügt, in denen digitale Audiosignale übertragen werden. IBOC stammt aus den USA und wird momentan auch in Europa in einigen Gegenden getestet. IBOC stellt eine Möglichkeit dar, FM und digitales Audio momentan benachbart zu betreiben.

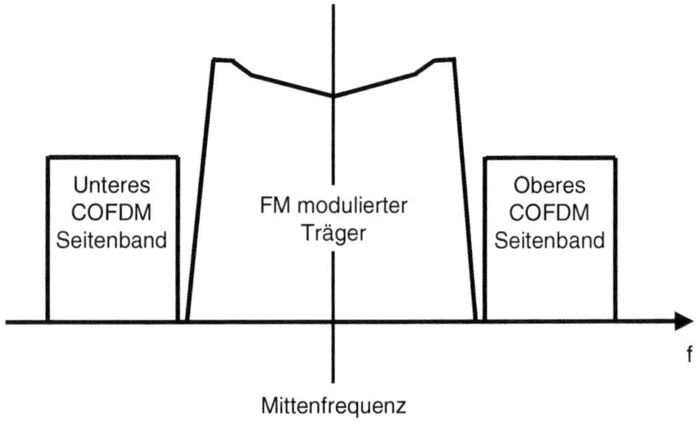

Abb. 41.1. IBOC-Spektrum

Das Kanalraster beim UKW-Hörfunk beträgt 300 kHz bzw. 400 kHz (USA), der Frequenzhub typischerweise 75 kHz. Das UKW-Multiplexsignal (Basisbandsignal) besteht aus dem 15 kHz breiten L+R-Signal, dem Piloten bei 19 kHz, sowie dem L-R-Anteil in zwei Seitenbändern um einen unterdrückten AM-Träger bei 38 MHz herum und einem modulierten Hilfsträger bei 57 kHz (RDS früher ARI); die Basisband-Bandbreite liegt somit bei 57 kHz. Bei 75 kHz Hub liegt die benötigte HF-Bandbreite nach der Carson-Formel bei knapp über 250 kHz; die Lücken zu den Nachbarkanälen hin können mit COFDM-modulierten Signalen aufgefüllt werden. Hierbei kann auch mit dem Hub des FM-Trägers gespielt werden, d.h. dieser kann ggf. reduziert werden, um die COFDM-Spektren verbreitern zu können. Kanalraster bedeutet hierbei nicht unbedingt zur Verfügung stehende HF-Bandbreite. Auch die tatsächlich zur Verfügung stehende Basisband-Bandbreite beim UKW-Hörfunk liegt bei bis zu 100 kHz; dies wird beim später beschriebenen FMextra ausgenutzt.

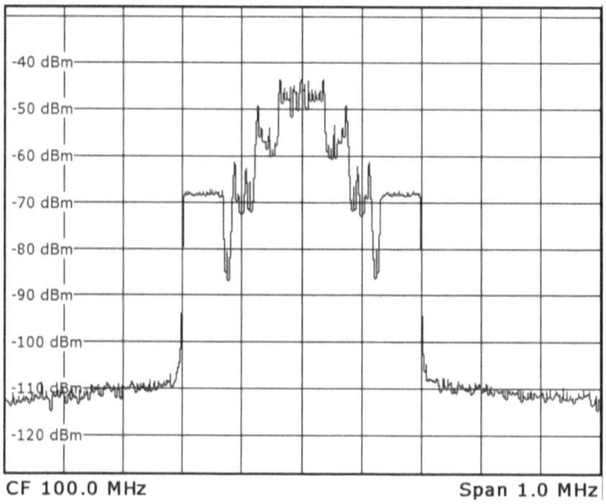

Abb. 41.2. Echtes HD-Radio-Spektrum

41.3 FMextra

Die Basisbandsignalbreite eines UKW-FM-Kanals beträgt 100 kHz. Ausgenützt werden momentan ca. 60 kHz. Der Bereich zwischen 60 und 100 kHz wird in den USA z.T. für zusätzliche Informationen genutzt. UKW-Sender haben SCA – Eingänge, die eine Belegung des Spektrums zwischen 60 und 100 kHz erlauben. FMextra setzt hier an und ermöglicht die Nutzung dieses Bereichs im Basisband. Am Kanalraster im HF-Band ändert sich nichts.

41.4 CMMB – Chinese Multimedia Mobile Broadcasting

CMMB – Chinese Multimedia Mobile Broadcasting ist ebenfalls ein Mobile TV – Standard. CMMB ist vergleichbar mit DVB-SH; es ist ein hybrides System und unterstützt den terrestrischen Versorgungsweg und den Versorgungsweg über Satellit. Ebenso wie bei DVB-SH sind Gap-Filler vorgesehen, die über Satellit gespeist werden. CMMB hat nichts mit

DTMB zu tun, auch das Basisband-Signal ist in diesem Fall nicht der MPEG-2-Transportstrom. Das abgestrahlte Datensignal kann aus bis zu 39 Service Channels und einem Logical Control Channel bestehen. Diese werden in bis zu 40 Zeitschlitzen abgestrahlt. Das eingesetzte Modulationsverfahren ist OFDM, die Modulationsarten sind BPSK, QPSK und 16QAM. Als Fehlerschutz dient eine Kombination aus Reed-Solomon-Codierung und LDPC-Codierung und Bit-Interleaving. Der Standard ist nur auszugsweise veröffentlicht. Die unterstützten Kanalbandbreiten sind 8 MHz und 2 MHz, die Signalbandbreiten betragen 7.512 MHz und 1.536 MHz. Im 8 MHz-Kanal wird der 4K-Mode mit 3077 tatsächlich benutzten Trägern eingesetzt. Der 2 MHz-Kanal verwendet den 1K-Mode mit tatsächlich 629 gesetzten Trägern. Der Unterträgerabstand beträgt 2.441 kHz, Ebenso wie bei anderen OFDM-basierten Systemen gibt es Continual Pilots, Scattered Pilots und Datenträger. Die abgestrahlten Inhalte sind mit Sicherheit MPEG-4 AVC und AAC-Signale.

Literatur: [SFU], [ETL], [BTC]

42 Digitale Dividende

Durch die Umstellung vom analogen terrestrischen Fernsehen auf digitales terrestrisches Fernsehen (DVB-T) in Europa sind für die Verbreitung der gleichen Anzahl von Programmen deutlich weniger Frequenzen notwendig, da bei DVB-T mindestens 4 SDTV-Programme pro Kanal untergebracht werden können; so argumentiert zumindest die Mobilfunk-Lobby und die Politik. Bei der letzten internationalen Wellenkonferenz (WRC07, Genf, Oktober/November 2007) wurden deshalb die oberen TV-Kanäle 61 – 69 (790 – 862 MHz) unter dem Begriff „Digitale Dividende I" für Mobilfunk-Applikationen umgewidmet (UMTS, LTE, WiMAX). Mittlerweile gibt es auch die „Digitale Dividende II", damit ist das 700 MHz-Band mit den Kanälen 50 – 60 (702-790 MHz) gemeint. Dies hat natürlich Auswirkungen auf Anwendungen, die im gleichen Frequenzbereich arbeiten; dies sind DVB-T/T2-Ausstrahlungen in diesen Kanälen, aber auch Breitbandkabelnetze, die den vollen Frequenzbereich von 5 bis 862 MHz ausnutzen. Die Auswirkungen sind unterschiedlich und mittlerweile auch durch Versuche praxisnah unterlegt. Der Autor war bei einigen der ersten Untersuchungen aktiv beteiligt. Im Folgenden werden die Einflüsse der Mobilfunk-Nutzung der Kanäle 50 - 69 auf DVB-T/T2-Netze und auf Breitbandkabelnetze beleuchtet.

42.1 Anatomie der Mobilfunksignale

Man könnte zunächst glauben, dass die Anatomie der Mobilfunksignale, d.h. die angewendeten Modulationsverfahren, die nun bei der Digitalen Dividende Störsignale für DVB-T und DVB-C-Netze bilden, eine Rolle spielen würde, aber das ist nicht so. Alle Mobilfunkstandards nutzen genauso wie digitales Fernsehen digitale Modulationsverfahren. Und diese unterscheiden sich nicht wesentlich voneinander. Egal ob nun ein Einträgermodulationsverfahren, WCDMA (Wide Band Code Division Multiple Access) oder OFDM zum Einsatz kommt, die Signale sehen alle aus wie bandbegrenzte Rauschsignale mit mehr oder weniger großem Crestfaktor. GSM verwendet ein Einträgermodulationsverfahren, UMTS benutzt

WCDMA und LTE und WiMAX arbeiten mit OFDM-Verfahren. Und der allgemeine Trend in allen Bereichen geht sowieso hin zu Mehrträgerverfahren. Anatomisch kann man diese Signale durch folgende Parameter unterscheiden:

- Bandbreite
- Hüllkurvenform (rechteckig oder Rolloff- oder Gauss-gefiltert)
- Crestfaktor
- kontinuierliches oder getastetes Spektrum/Signal.

Den Haupteinfluss auf Applikationen im gleichen Frequenzbereich macht v.a. die Bandbreite und die HF-Leistung dieser Mobilfunksignale aus. Und es ist überwiegend der Uplink, d.h. der Rückkanal vom Mobilfunkgerät zur Basisstation, der störende Wirkung zeigen kann. Der Downlink war leistungsbilanzmäßig am Nutzungsort von terrestrischen und Kabelempfängern bislang zu gering, um eine Chance zu haben, eine Störwirkung zu verursachen.

Die Europäische Kommission hat jedoch zu Beginn des Jahres 2010 eine Draft herausgegeben. Darin ist die Ausgangsleistung für den Downlink einer Basisstation von +56 dBm/5 MHz bis 64 dBm/5 MHz vorgesehen. Derart hohe angedachte Leistungen werden auch in unmittelbarer Umgebung zur Basisstation zu einem Störpotential führen.

Ein dichtes Kabelnetz übt auch keine störende Wirkung auf Uplink und Downlink aus. DVB-T-Sender und Mobilfunkapplikationen im gleichen Kanal können nicht co-existieren; ein DVB-T-Sender würde einen Mobilfunk-Downlink wegdrücken und ein Mobilfunk-Uplink würde in eine DVB-T-Antenne einstrahlen und den Empfang eines DVB-T-Kanals im gleichen Frequenzbereich unmöglich machen. Es gibt also Effekte, die gar nicht erst untersucht werden müssen, da deren Auswirkungen auf Applikationen im gleichen Frequenzbereich einfach durch Physik, Mathematik und Erfahrung erklärt oder abgeschätzt werden können.

Die zulässige Sendeleistung im Uplink der Mobilfunkgeräte beträgt in diesem Frequenzbereich bis zu 23 dBm (250 mW). Dies gilt es zu berücksichtigen.

42.2 Terrestrische TV-Netze und Mobilfunk

Gleichkanalbetrieb von Mobilfunk und DVB-T ist nicht möglich. DVB-T würde den Mobilfunk-Downlink stören, da die DVB-T-Feldstärke am Empfangsort deutlich höher ist als die Feldstärke des Mobilfunk-Kanals.

Dies gilt v.a. für DVB-T-Netze, die für Portable-Indoor-Empfang ausgelegt sind. Der Mobilfunk-Uplink würde den DVB-T-Empfang stören, da der Uplink-Kanal entweder direkt in die DVB-T-Empfangsantenne einstrahlen würde, aber mit Sicherheit sind auch die DVB-T-Empfänger undicht und würden sich gestört fühlen. Es ist auch nicht nötig, dies durch Untersuchungen zu bestätigen, da die Eigenschaften der DVB-T-Empfänger bekannt sind. Wie sich ein Mobilfunk-Uplink im Nachbarkanal bemerkbar macht, hängt stark von den Eigenschaften des DVB-T-Empfängers ab. Praktisch alle DVB-T-Empfänger verkraften bis zu 20 dB höhere Nachbarkanäle, viele aber auch bis zu 40 dB und mehr höhere Nachbarkanäle. Je weiter entfernt frequenzmäßig ein Nachbarkanal liegt, umso leichter wird es für den DVB-T-Empfänger. Für einen DVB-T-Empfänger ist ein Mobilfunk-Nachbarkanal praktisch wie ein DVB-T-Nachbarkanal. Analysen und Untersuchungen auf die Interferenzwirkung Mobilfunknetz und Analoges Terrestrisches Fernsehnetz sind nicht mehr nötig. Bald gibt es in Europa keine Analogen Terrestrischen Fernsehnetze (ATV) mehr.

42.3 Breitbandkabel-TV-Netze und Mobilfunk

Ganz anders sieht die Situation bei Breitbankkabelnetzen aus. Im Breitbandkabelnetz gibt es momentan vier Applikationen, nämlich

- Analoges Fernsehen
- Digitales Fernsehen (jetzt DVB-C, später DVB-C2)
- Schneller Internetzzugang (Euro-DOCSIS mit DVB-C-Signalen im Downlink) und Telefonie.

Analoges Fernsehen wird in den nächsten Jahren auch in BK-Netzen abgeschaltet werden.

Es konnte in Versuchen nachgewiesen werden, dass ein BK-Netz bis zur Netz-Ebene 4 (= Teilnehmernetzebene) unter Anwendung von modernen mehrfachgeschirmten Kabeln, modernen Verstärkern und Enddosen soweit dicht ist, dass nur noch geringfügige bis gar keine Einflüsse bei externer Bestrahlung bis zu ca. 23 dBm (250 mW) Leistung nachweisbar waren. Weiterhin konnte auch nachgewiesen werden, dass die meisten Endgeräte (Netzebene 5) zu wenig dicht sind bei Bestrahlung im Gleichkanal. Und dies gilt für alle Arten des BK-Empfangs. Im Nachbarkanal kann z.T. bis zu 20 dB mehr Störstrahlung akzeptiert werden. Dies zeigten Tests von modernen DVB-C-Receivern. D.h. das Problem sind v.a. die Endgeräte selbst und natürlich auch die Kabel von der Dose bis zum Endgerät (Netzebene 5).

42.3.1 Einfluss des Gleichkanal-Mobilfunks auf DVB-C-Empfang

Durch Tests konnte nachgewiesen werden, dass bei moderner NE 4 nur die Endgeräte das Problem darstellten. Praktisch alle DVB-C-Receiver fühlten sich ab ca. 8 bis 15 dBm Einstrahlleistung ab 1 bis 2 Meter Entfernung gestört und zeigten Slicing, Freezing und Picture Loss. Die Polarisationsebene (horizontal oder vertikal) spielte hierbei eine große Rolle und macht zwischen 3 und 10 dB aus. Natürlich spielt auch die Qualität der Sendeantenne im Mobilteil eine große Rolle, hier können locker noch einmal 5 dB Unterschied angesetzt werden. Ab ca. 5 bis 10 m Abstand und bei ordentlich dämpfenden Wänden ist wohl für den Mobilfunk-Downlink im Gleichkanal keine störende Wirkung mehr zu erwarten. Die Streuung der Dichtigkeit der Endgeräte ist aber sehr groß und bewegt sich sicher im Bereich von um die 10 dB. Die Qualität der verwendeten Verbindungskabel ist immer entscheidend. Dies braucht auch nicht untersucht werden. Auch die Dichtigkeit der Stecker ist ein Problem. Ab wann die Störungen beginnen, hängt ab von der Art der QAM (64QAM oder 256QAM) und vom anliegenden RF-Pegel. Die ungünstigste Konstellation ist 256QAM mit 54 dBμV Pegel (minimaler Pegel an der Teilnehmerenddose) und die günstigste liegt bei 64QAM und 74 dBμV Pegel (maximaler Pegel an der Teilnehmerenddose). Als Standard sollte von 256QAM mit 64 dBμV Pegel (üblicher mittlerer Pegel an der Teilnehmerenddose) ausgegangen werden.

42.3.2 Einfluss des Gleichkanal-Mobilfunks auf analogen TV-Empfang

Auch beim analogen TV-Empfang im BK-Netz konnte nachgewiesen werden, das die einzige Undichtigkeit beim Endgerät bzw. bei der Endgeräteverkabelung zu erwarten ist. Endgeräte fühlen sich ab ca. 1 bis 2 m Abstand und polarisationsabhängig mehr oder weniger gestört. Die Störungen sind rauschartig oder Moire-artig im Bild sichtbar. Bei mehr als 5 m Abstand oder ausreichend dichten Wänden ist wohl keine Störung mehr erkennbar. Auch dies ist aber vom Endgerät abhängig.

42.3.3 Einfluss des Gleichkanal-Mobilfunks auf weitere digitale BK-Dienste

Besonders dramatisch ist der Einfluss von Gleichkanal-Interferenzen von Mobilfunk-Einstreuungen im BK-Netz auf die weiteren digitalen BK-Dienste zu sehen. Hier führen Sendeleistungen ab ca. 10 bis 15 dBm polarisationsabhängig zu kürzeren Ausfällen bzw. niedrigerer Datenrate und darüber hinaus zu bis zu minutenlangen Re-Synchronisationspausen des Kabelmodems. V.a. die Re-Synchronisationspausen werden dem Endkunden nicht besonders gefallen. Die prinzipielle Undichtigkeit im Gleichkanalempfang entspricht dem des reinen DVB-C-Empfangs. Es ist ja der Downlink betroffen und dieser ist bei Euro-DOCSIS ein DVB-C-Signal. In der Telefonie über BK wird sich dies ähnlich auswirken.

42.4 Störfestigkeitsnorm für Ton- und Fernsehrundfunkempfänger

Die Störfestigkeit von Ton- und Fernsehrundfunkempfänger und verwandte Endgeräte ist in der Norm EN 55020 bzw. CISPR 20 geregelt [CISPR20]. Bei Störfeldstärken bis zu 3 V/m dürfen sich solche Empfangsgeräte nicht gestört fühlen. Ausgenommen ist aber die Betriebsfrequenz selbst („tuned frequency excluded"). Dies macht natürlich bei terrestrischen Empfängern Sinn. Nur wird diese Norm auch auf BK-Empfänger angewendet.

42.5 Zusammenfassung

Die BK-Netze sind dicht – sowohl in Bezug auf die abstrahlende Leistung, als auch auf die einstrahlende Leistung, sofern sie modern und ordentlich ausgeführt sind. Dies muss natürlich nicht für alle v.a. alten Netze gelten. Und dies wird auch für die alten Netze (NE 4) nicht generell so sein. Getestet wurden nur neue Netze. Aber auch neue DVB-C-Receiver und Kabelmodems wurden als besondere Leckstelle identifiziert. Und dies gilt auch für analoge TV-Empfänger. Bei Störstrahlungen von 10 dB weniger als ein Mobilempfänger im Uplink strahlen darf, fühlen sich DVB-Endgeräte schon gestört. Dies soll jetzt nicht pauschal als Widerspruch gegen die „Digitale Dividende" verstanden werden, sondern ist einfach eine Darstellung der aktuellen Probleme und Tatsachen. Die Störfestigkeitsnorm für Rundfunkempfänger lässt die Störbarkeit im eingestellten Betriebskanal explizit zu. Die Co-existenz von BK-Netzen bzw. DVB-T-Netzen mit Mobilfunknetzen im gleichen Frequenzbereich war nie vorgesehen oder geplant. Macht man die BK-Endgeräte dicht, so ist dies für BK-Netze der neueren Art kein Problem. Nur müsste hierfür auch eine entsprechende Störfestigkeit im Betriebskanal in einer entsprechenden Störfestigkeitsnorm gefordert werden. Belegt man nur Nachbarkanäle bei DVB-T und Mobilfunknetzen, so wird das auch kein Problem sein.

Im Zuge der Digitalen Dividende I und II wird das 800 MHz und 700 MHz-Band komplett von terrestrischen Rundfunkdiensten (z.B. DVB-T, DVB-T2) freigemacht. Dies ist meist schon für das 800 MHz-Band geschehen und wird für das 700 MHz-Band in Deutschland im Zuge der DVB-T2-Umstellung ab 2016/2017 geschehen. Im 800 MHz-Band findet man schon seit einigen Jahren LTE-Dienste.

Literatur: [LESNIK], [CISPR20]

43 3DTV - Dreidimensionales Fernsehen

Dreidimensionale Fotografie gibt es schon seit deutlich über 100 Jahren. Ansätze hierfür waren schon Ende des 19. Jahrhunderts vorhanden. Seit dem großen Erfolg des Kinofilms „Avatar“ im Jahr 2009 ist 3D in aller Munde. Es gibt immer mehr 3D-Kinos und 3D-taugliche Displays (Beispiel Abb. 43.1.). In diesem Kapitel sollen Grundlagen und Technik ausgehend von der menschlichen Anatomie bis hin zur Aufnahme-, Übertragungs- und Wiedergabetechnik erläutert werden.

Abb. 43.1. 3D-Bild am Flachbildschirm, betrachtet ohne 3D-Brille, links oben zugehörige 3D-Shutterbrille, die erst ein entsprechendes 3D-Bild für das Auge erzeugt

43.1 Wie funktioniert 3D aus anatomischer Sicht

Sieht man mit beiden Augen vollkommen identische Bilder, so nimmt man diese Bilder zweidimensional wahr. Das entspricht aber nicht der Realität in einer „echten Umgebung“. Nur Fotos und Displays liefern quasi solche 2D-Bilder. In der Realität sieht das linke Auge ein leicht gegenüber dem rechten Auge versetztes Bild, wenn Gegenstände im Raum erfasst werden.

Die Augen weisen beim Menschen einen mittleren Abstand von etwa 6.5 cm auf, dadurch sehen wir links etwas andere Bilder als rechts (Abb. 43.2.). Die von den Augen erfassten Bildreize werden von den Sehnerven links und rechts gekreuzt zu den Sehzentren im Gehirn übertragen. Die Sehzentren sitzen auf der Gehirnrückseite. Das Bild vom linken Auge wird im Sehzentrum rechts, das Bild vom rechten Auge im Sehzentrum links verarbeitet. Zusammen mit beiden empfangenen Reizen bildet dann das Gehirn ein dreidimensionales Bild, sofern beide Bilder nicht identisch sind.

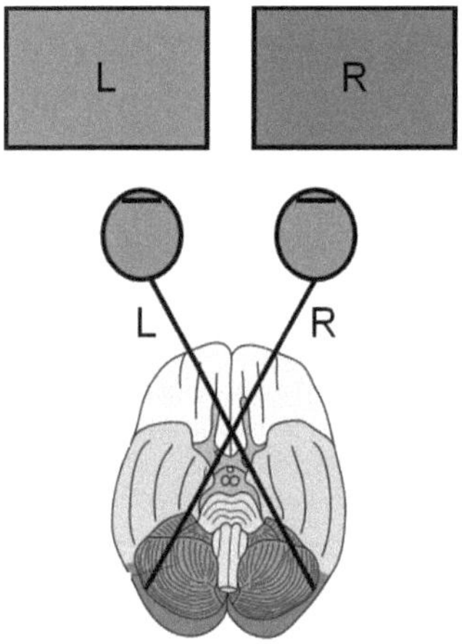

Abb. 43.2. 3D-Prinzip; eigenes Bild erfasst vom linken und rechten Auge; Augenversatz im Mittel ca. 6.5 cm

Abb. 43.3. 3D-Aufnahme-Kamera (Foto: Internet)

43.2 Das 3D-Prinzip

Sollen dem Menschen dreidimensionale Bilder präsentiert werden, so müssen den beiden Augen unterschiedliche entsprechend aufbereitete Bilder gezeigt werden (Abb. 43.2.). Hierzu werden die Stand- oder Bewegtbilder mit zwei Kameras oder mit einer mit einem Doppelobjektiv und Doppelaufnahmesystem versehenen Kamera aufgenommen (Abb. 43.3.). Der Abstand der Aufnahmesysteme entspricht dabei ungefähr dem Augenabstand. Die beiden Aufnahmesysteme simulieren dabei die beiden Augen und erzeugen ebenfalls zueinander versetzte Bilder. Der Versatz D der Bilder wird mit Deviation oder Disparity bezeichnet (Abb. 43.4.). Abhängig von D sieht man ein Bild zweidimensional auf der Betrachtungsoberfläche oder Displayoberfläche liegend oder es befindet sich dahinter oder davor. Es gilt folgende Beziehung (Abb. 43.4.):

- D = 0 das Objekt liegt auf der Betrachtungsfläche und ist zweidimensional
- D = positiv das Objekt befindet sich scheinbar hinter der Betrachtungsfläche
- D = negativ das Objekt befindet sich scheinbar vor der Betrachtungsfläche

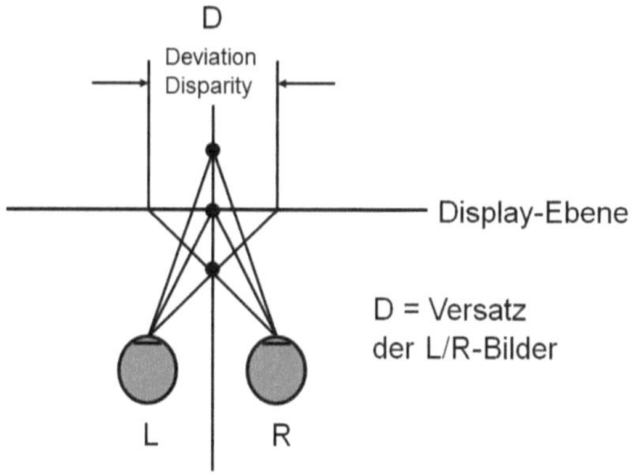

Abb. 43.4. Links-Rechts-Versatz von 3D-Bildern

D.h. kommt die Bildinformation für beide Augen vom gleichen Punkt, so befindet sich das Objekt auf der Betrachtungsfläche. Kommt die Information für das linke Auge von links und die Information für das rechte

Auge von rechts, so meint man, dass sich das Objekt hinter der Betrachtungsfläche befindet. Ein Objekt erscheint vor der Betrachtungsfläche liegend, wenn die Information für das linke Auge rechtsliegend und die Information für das rechte Auge linksliegend erscheint. D.h. der Versatz der Bildbestandteile bestimmt, wie man den räumlichen Eindruck wahrnimmt. Wichtig bei der 3D-Aufnahme ist, dass man vorsichtig mit negativer Deviation umgeht. Objekte, die zu stark aus der Betrachtungsfläche herausragen, erscheinen unnatürlich, sind unangenehm, ermüdend und überraschen oder erschrecken sogar.

43.3 Wiedergabe von 3D

Will man dreidimensional aufgenommenes Bildmaterial wiedergeben oder präsentieren, so muss man das Linksbild dem linken Auge und das Rechtsbild dem rechten Auge getrennt zuführen. Hierzu sind entsprechende Präsentationsmittel oder Techniken notwendig. Im Wesentlichen gibt es dafür momentan drei Techniken, die für Standbilder und Bewegtbilder verwendet werden können:

- Anaglyphenbrille
- Polfilterbrille
- Shutterbrille
- Autostereoskopische Displays
- Farb-Notch-Filter

Abb. 43.5. Anaglyphenbrille

Die Technik der Anaglyphenbrille ist alt aber einfach. Typischerweise wird vor das linke Auge ein rotes Filter und vor das rechte Auge ein blaues oder cyanfarbenes Filter gesetzt. Die Links- und Rechtsbilder sind hierbei auf dem Bild auch entsprechend eingefärbt. Natürlich leidet hierbei der Farbeindruck, aber der 3D-Effekt ist bereits gut erkennbar. Ein cyanfarbenes Filter liefert hierbei einen besseren Farbeindruck als ein Blaufilter, da Cyan die Gegenfarbe von Rot im Farbkreis ist und nicht nur aus einer Farbe besteht. Es gibt im Internet viele schöne Bespiele hierfür. Manche Demobeispiele im Fernsehen wurden auch für Anaglyphenbrillen codiert.

Abb. 43.6. Polfilter-Brille

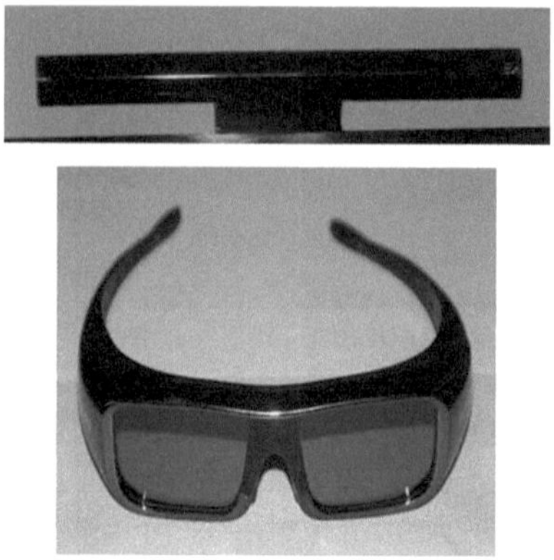

Abb. 43.7. Shutterbrille; Infrarot-Sender montiert am TV-Display

Polfilterbrillen (Abb. 43.6.) arbeiten meist mit zirkular polarisierten Filtern, links- und rechtsdrehend. Daher müssen auch die Projektoren vor den Objektiven entsprechende Polfilter vorgeschaltet haben. Die Brillen sind billig, können als Wegwerfbrillen gedacht werden und sind deswegen v.a. in Kinos unbedenklich einsetzbar. Der Preis von etwa 3 Euro wird üblicherweise auf das Kinoticket aufgeschlagen. Die Kinos benötigen aber neben zwei konvergierenden Projektoren auch eine spezielle teuere Silber-Leinwand, die die Polarisation nicht beeinflusst. Filmpräsentationen wie „Avatar“ erfolgten in dieser Technik.

Die Shutterbrille (Abb. 43.7.) arbeitet aktiv und dunkelt abwechselnd das linke und rechte Auge ab. Sie wird über einen Infrarot-Sender vom Display gesteuert. Das Display präsentiert zeitlich versetzt einmal ein Bild für das linke und dann für das rechte Auge. Die Brille ist hierzu synchronisiert. Fast alle heutigen 3D-tauglichen Displays verwenden momentan diese Technik. Die Brillen sind jedoch relativ teuer (ca. 100 Euro), oft nicht kompatibel zwischen verschiedenen Herstellern, schwer, unbequem und anstrengend. Eine Zusatzbrille stellt zudem ein mechanisches Problem für Brillenträger dar.

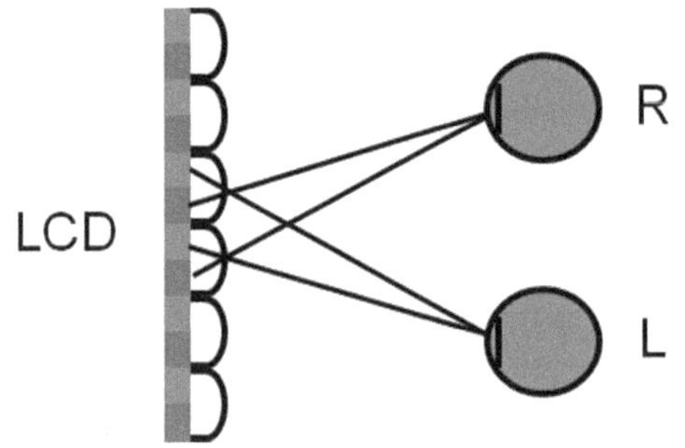

Abb. 43.8. Prinzip eines autostereoskopischen Displays

Autostereoskopische Displays (Abb. 43.8.) benutzen eine Technik, die von den sog. „Wackelbildern“ her bekannt ist. Spezielle Linsensysteme trennen die Bildinformation für das linke und rechte Auge. Diese sog. Prismenrastersysteme befinden sich vor dem LCD. Der große Nachteil ist momentan noch der Betrachtungswinkel, der ziemlich eingeschränkt ist, aber man kommt ohne Spezialbrillen aus.

Für die Projektionstechnik (z.B. in Kinos) gibt es auch Farb-Notch-Filter für die beiden Projektoren und für die Brillen. Hierbei werden Rot, Grün und Blau auf schmale spektrale Bereiche eingeschränkt und zwar für das Links- und Rechtsbild unterschiedlich, d.h. spektral gegeneinander versetzt. Diese Technik hat Vor- und Nachteile; Polfilterbrillen erfordern spezielle "Silberleinwände", die eine Polarisationsverschiebung vermeiden, aber relativ teuer sind. Bei der Farb-Notch-Filter-Technik kann man mit normalen Leinwänden arbeiten, jedoch sind die Farb-Notch-Filter-Brillen wesentlich teurer als die Polfilterbrillen.

43.4 Die 3DTV-Übertragung

Nun stellt sich natürlich noch die Frage, wie man die Links- und Rechtsbilder überträgt oder aufzeichnet. In Bezug auf das Kino ist diese Frage sehr einfach erklärt: Es gibt bei der Verwendung der Polfilterbrille einfach einen Datenstrom für den linken und für den rechten Projektor, die zueinander synchronisiert sind. Zirkulare Polarisation ist hierbei unkritischer gegenüber falscher Kopfneigung als die Verwendung von horizontal und vertikal polarisierten Filtern. Polfilter sind seit langem v.a. bei jedem LCD-Display für dessen Funktionsprinzip im Einsatz und sehr gut beherrschbar.

Beim 3D-Fernsehen könnte man zunächst meinen, dass dies ähnlich und natürlich auch möglich sei. In Wirklichkeit wird aber momentan ein HDTV-Bild entweder vertikal oder horizontal in eine Links- und Rechtsbild-Information eingeteilt und übertragen. Dabei leidet aber entweder die vertikale oder die horizontale Auflösung. Es ist jedoch ein kompatibler Weg, der keine neuen MPEG-Decoder-Chips benötigt. Die Techniken werden als Top/Bottom und Side by Side (Abb. 43.9.) bezeichnet.

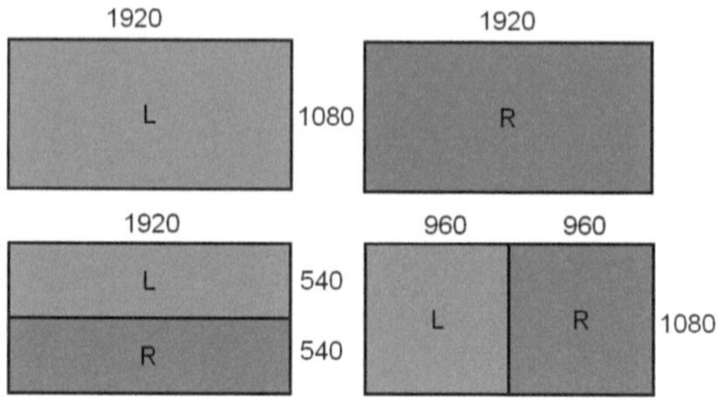

Abb. 43.9. Side by Side (links) und Top/Bottom-Übertragung von Links- und Rechts-Bildern, oben Original-Bilder L/R

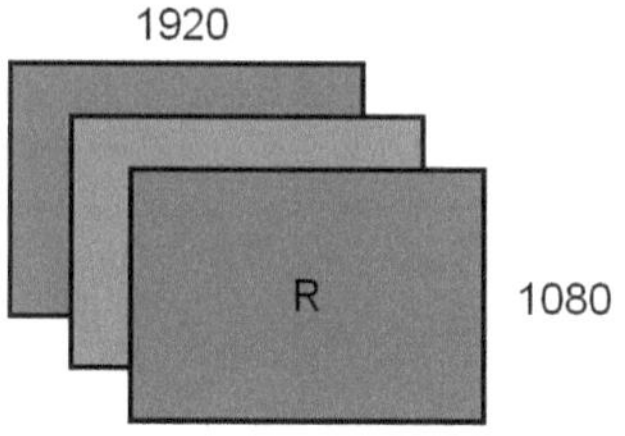

Abb. 43.10. Links- und Rechts-Bild in serieller Übertragung

Grundsätzlich gibt es folgende Möglichkeiten der Übertragung von 3D-Bildern:

- Anaglyphen-Prinzip (Abb. 43.5.)
- Links und rechts Top/Bottom (Abb. 43.9.)
- Links und rechts Side by Side (Abb. 43.9., 43.11., 43.12.)
- Links und rechts seriell hintereinander (Abb. 43.10.)

Für den letzteren Fall der seriellen Übertragung des Links- und Rechtsbildes wurde im Rahmen von MPEG-4 AVC ein neuer Codec entwickelt und im Jahr 2008 standardisiert. Dieser Codec heißt Multiview Coding (MVC). Er codiert ein gemeinsames Bild und eine differenzielle Information für die Berechnung von weiteren stereoskopischen Bildern. Die Codierung ist so gehalten, dass ein normaler MPEG-4 AVC Decoder ein 2D-Bild präsentieren kann.

Abb. 43.11. Praktisches Beispiel für Side by Side-Übertragung (Sky 3D), Display im Normal-Mode

Abb. 43.12. Display im 3D-Mode, betrachtet ohne Shutter-Brille (Sky 3D); Disparität (Links-Rechts-Versatz) deutlich erkennbar

43.5 Stand der Technik und Ausblick

Im Kino arbeitet man momentan mit Polfiltern. Zwei Projektoren mit Polfiltern und billige Polfilterbrillen für die Zuschauer sind notwendig. Für Demos wird das Anaglyphen-Prinzip verwendet, sowohl für Stand-, als auch für Bewegtbilder. TV-Displays und die zugehörige Übertragungstechnik arbeitet momentan mit der Aufteilung eines Vollbildes in Top/Bottom oder Side by Side. Der Nachteil liegt in der Reduzierung der Auflösung entweder in vertikaler oder horizontaler Richtung. Die Zukunft liegt in der seriellen Übertragung von Links- und Rechtsbildern mit entsprechend angepasster Kompression und autostereoskopischen Wiedergabesystemen ohne den Zwang der Benutzung von Brillen. Es wird aber wohl nicht alles in Zukunft immer 3D sein. 3D ist anstrengend für den Menschen und für die meisten Fälle wird 2D ausreichend sein. Manche Display-Hersteller warnen teilweise bestimmte Zuschauergruppen. Das Angebot an 3D-Filmen in Kinos wird immer größer; selbst Kinos in Mittelzentren und nicht nur in Ballungsräumen werden immer mehr auch mit 3D-Projektionstechnik ausgestattet. Jedoch ist das Angebot im TV-Bereich momentan auf das Bezahlfernsehen beschränkt und vom Angebot her noch ziemlich dürftig. Auch gibt es nur wenige 3D-Filme im Bereich der Blue Rays. DVD unterstützen die 3D-Technik überhaupt nicht. 3D-Technik für den Heimbereich hat keinen Boom ausgelöst. Zahlreiche Flachbildschirme sind für diese Technik vorbereitet, wenige scheinen 3D-Technik aber zu Hause zu benutzen.

Literatur: [HDMI2.0]

44 Konvergenz von Rundfunk und Internet

44.1 Einleitung

Schon in der ersten Auflage dieses Buches wurde das Zusammenwachsen von Rundfunk und Internet angesprochen. Mit den Arbeiten zur englischen und deutschen Auflage wurde 2001 begonnen. Damals war der Internetzugang Zuhause noch nicht wirklich schnell und tauglich für Fernseh- und Hörfunkanwendungen. Auch waren die Codecs noch weit von der heutigen Leistungsfähigkeit entfernt. Typisch für die Zeit um das Jahr 2000 waren ca. 55 kbit/s Internetdatenrate im häuslichen Umfeld. Dies war noch die Zeit der einfachen Telefonmodems oder im besten Fall der Bündelung von ISDN-Kanälen. Firmen-Netzzugänge lagen damals meist bei Datenraten um 2 Mbit/s. In den Ballungsräumen hat sich die Situation speziell ab ca. 2004 und in den Folgejahren deutlich geändert. ADSL [ITU-T G.992] (Asymmetric Digital Subscriber Line) war dann das Verfahren, welches Datenraten von 2 Mbit/s und mehr über Zweidrahtleitungen möglich machte. Mit VDSL [ITU-T G.993] (Very High Speed Digital Subscriber Line) wurden dann im Heimbereich sogar Datenraten von 10 ... 16 Mbit/s möglich. ADSL und v.a. VDSL ermöglichen diese Datenraten aber nur über eine relativ kurze Entfernung (wenige Kilometer oder einige 100 m) zum DSL-Umsetzer (= DSLAM, Digital Subscriber Line Access Multiplexer). VDSL-DSLAMs findet man in Schaltkästen am Straßenrand. Die Zuführung zu diesen Schaltkästen erfolgt über Glasfaser. Die klassische Telefon-Zweidrahtleitung schließt dann die Häuser und Wohnungen an.

Parallel entwickelte sich aber auch der schnelle Internetzugang über das Breitbandkabel. Hierüber sind Bandbreiten von deutlich über dem der klassischen Telefonnetzwerke möglich. 10 bis 30 Mbit/s sind typisch. Somit unterscheidet sich die Internet-Datenrate Zuhause kaum mehr von der am Arbeitsplatz, aber dies gilt nur für Ballungsräume oder Mittelzentren. In der Fläche, d.h. im ländlichen Bereich, ist man aber meist noch immer weit von diesen Datenraten entfernt. Bei Datenraten über 5 Mbit/s sind Multimedia-Applikationen über Internet realistisch. Gerade mit den neuesten Video- und Audio-Codecs ist eine TV- oder Hörfunkversorgung über das Internet möglich. Aber ein Internet-Zugang ist immer eine Punkt-zu-Punkt-Verbindung, d.h. jeder Teilnehmer baut seine eigene Verbindung zur Quelle (z.B. Hörfunk-/Fernseh-Playout) auf und holt sich sein Hörfunk- bzw. Fernsehprogramm quasi über eine "Standleitung" ab. Der klassische Begriff "Rundfunk" steht aber ursprünglich für eine Punkt-zu-Multipunkt-Verbindung. Ein Hörfunk- oder Fernseh-Sender versorgt viele Empfänger, ohne zu wissen, wie viele er versorgt. Somit ist der klassische Rundfunk für solche Applikationen immer noch die billigste Variante. Und von einer Hochgeschwindigkeitsinternetversorgung in der Fläche, die dann eine Basis für eine Hörfunk- und Fernsehversorgung über IP in der Fläche sein könnte, sind wir noch weit entfernt.

44.2 Internet-Applikationen im Fernseh- und Hörfunkumfeld

Hat man über Internetverbindungen ausreichend Datenrate zur Verfügung, so kann man diese Verbindungen nutzen für

- Zugriffe auf das WWW, das World Wide Web
- Emails
- Audio- und Videostreaming
- Telefonie

Beschränken wir uns nun auf Hörfunk- und Fernseh-Applikationen. Übliche Beispiele hierfür sind

- Internet-Radio, klassisch über den PC oder über Internet-Radios oder das Mobiltelefon
- Video-, Audio-Streaming (YouTube usw.)
- IPTV- Fernsehen über Internet
- Verknüpfung von Rundfunk und Internet in einem Gerät
- Firmware-Download für Rundfunk-Endgeräte

Es ist zu beobachten, daß die junge Generation zunehmend Radio über Internet am PC oder über das Handy hört. Die Rundfunkanstalten haben hierauf auch entsprechend reagiert und unterstützen diesen Verbreitungsweg immer mehr. Mobiles Fernsehen hat sich jedoch nicht oder zumindest nicht in diesem Maße entwickelt.

Video- und Audio-Streaming nutzen viele, um über den PC auf entsprechende Angebote im Netz zuzugreifen. Zahlreiche Kurzvideos und weitere Angebote sind meist kostenfrei im WWW verfügbar.
IPTV wird von zahlreichen klassischen Zweidraht-Netzbetreibern (Telekom) angeboten. Vor allem für Single-Haushalte in Ballungszentren ist dies durchaus ein lukratives Angebot (eine Person pro Haushalt, die entweder telefoniert, im Internet surft oder vor dem TV-Gerät sitzt).

Viele DVB-Empfänger haben immer häufiger auch eine drahtgebundene oder drahtlose Anschlussmöglichkeit für LANs. Dies gilt für externe Empfänger (Settop-Boxen) genauso wie für Flachbildschirme. Der Receiver kann so mit dem PC verbunden werden, um z.B. Filme zu laden oder aufzuzeichnen. Firmware-Updates oder ein direkter Zugriff auf Applikationen im Internet sind hierüber ebenfalls möglich (Video- und Audio-Streaming); dies hängt im Wesentlichen nur vom Endgerät ab. Rundfunkanstalten bieten immer mehr entsprechend angepasste Angebote an. Die Bedienung und der Zugriff darauf erfolgen über die TV-Fernbedienung. Wie sich der Internet-Zugriff darstellt, ist zunächst vom Endgerätehersteller abhängig, d.h. er ist proprietär. Versäumte Filme oder aktuelle Nachrichten ruft man so einfach per Fernbedienung über das Internet ab.

44.3 HbbTV - Hybrid Broadcast Broadband TV

Eine genormte Konvergenz von digitalem Fernsehen und Internet verbirgt sich hinter dem Begriff „HbbTV“ – Hybrid Broadcast Broadband TV [TS102796, HbbTV]. Dieser Begriff tauchte im Jahre 2010 auf Messen und in Veröffentlichungen mehrfach auf und ist ab dem Frühjahr 2011 in DVB-Receiver und Flachbildschirme eingeflossen. Der Gedanke hierbei ist, Fernsehen mit Internet standardisiert und nicht nur proprietär miteinander zu verknüpfen. Live-Sendungen werden dabei ganz normal über DVB-C/T/T2/S/S2 empfangen; Internet-Angebote der Broadcaster sind so direkt ohne den Umweg über den PC am DVB-Empfänger abrufbar und zwar ohne umständliche Bedienung - einfach über die Fernbedienung des Empfängers.

Eine andere Bezeichnung dafür wurde von einigen Geräteherstellern gewählt, nämlich „SmartTV“. Dieser Begriff ist für das Publikum griffiger. Bietet ein Service, bzw. Programm HbbTV an, so weist der Receiver durch eine Texteinblendung am rechten unteren Bildrand beim Kanalwechsel kurz darauf hin mit der Aufforderung „rote Taste drücken für HbbTV“. Daraufhin lädt der Receiver die entsprechende Applikation aus dem Internet und startet diese. Die Farbfunktionstasten der Fernbedienung bekommen dazu eine Funktion zugewiesen, die von der gestarteten Applikation abhängt.

Die Verknüpfung mit dem Internet findet durch Einträge in der Program Map Table (PMT) statt. Dort ist zunächst eine Application Information Table (AIT) wie bei MHP (Abb. 44.1.) referenziert. In der AIT weisen schließlich Deskriptoren (Abb. 44.2.) den Weg zu HbbTV durch die direkte Angabe eines www-Eintrags, z.B. www.ard.hbbtv.

HbbTV bietet dann Applikationen für einen komfortableren Teletext, direkten Zugriff auf Mediatheken der Rundfunkanstalten usw. Einige Beispiele aus der deutschen Fernsehwelt sind im Folgenden dargestellt.

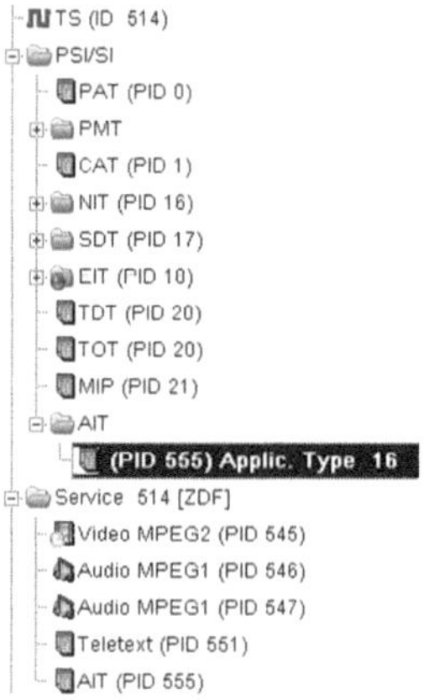

Abb. 44.1. PSI/SI-Tabellen mit AIT für die Referenzierung von HbbTV

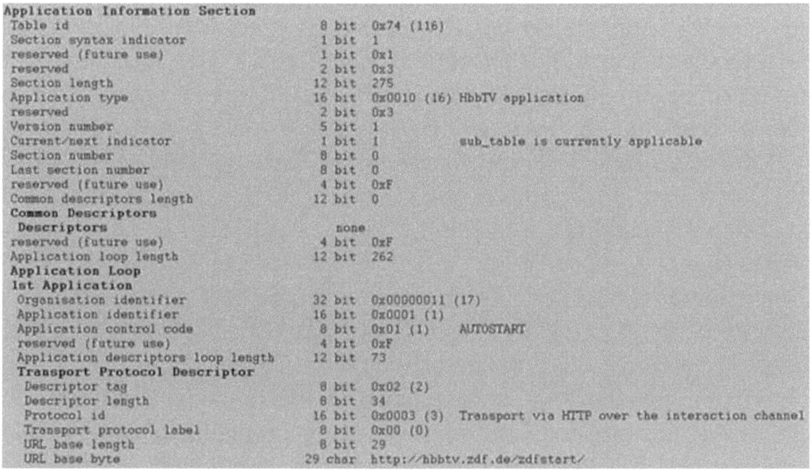

Application Information Section			
Table id	8 bit	0x74 (116)	
Section syntax indicator	1 bit	1	
reserved (future use)	1 bit	0x1	
reserved	2 bit	0x3	
Section length	12 bit	275	
Application type	16 bit	0x0010 (16)	HbbTV application
reserved	2 bit	0x3	
Version number	5 bit	1	
Current/next indicator	1 bit	1	sub_table is currently applicable
Section number	8 bit	0	
Last section number	8 bit	0	
reserved (future use)	4 bit	0xF	
Common descriptors length	12 bit	0	
Common Descriptors			
Descriptors	none		
reserved (future use)	4 bit	0xF	
Application loop length	12 bit	262	
Application Loop			
1st Application			
Organisation identifier	32 bit	0x00000011 (17)	
Application identifier	16 bit	0x0001 (1)	
Application control code	8 bit	0x01 (1)	AUTOSTART
reserved (future use)	4 bit	0xF	
Application descriptors loop length	12 bit	73	
Transport Protocol Descriptor			
Descriptor tag	8 bit	0x02 (2)	
Descriptor length	8 bit	34	
Protocol id	16 bit	0x0003 (3)	Transport via HTTP over the interaction channel
Transport protocol label	8 bit	0x00 (0)	
URL base length	8 bit	29	
URL base byte	29 char	http://hbbtv.zdf.de/zdfstart/	

Abb. 44.2. AIT = Application Information Table mit HbbTV-Einträgen

Unterstützt das TV-Gerät HbbTV, bietet der gewählte Sender ein HbbTV-Angebot und ist das TV-Gerät auch wirklich mit dem Internet verbunden, so blendet es kurz nach dem Programmwechsel einen Hinweis am rechten unteren Bildrand ein: „Drücken Sie den roten Knopf auf der Fernbedienung, um ins HbbTV-Angebot zu gelangen ...“ (vgl. Abb. 44.3.). Gemeint ist hier die rote Funktionstaste auf der Fernbedienung und nicht der „Ausschaltknopf“. Drückt man nun diese rote Taste, so lädt das TV-Gerät die HbbTV-Applikation über den Link in der AIT aus dem Internet-Angebot des gewählten TV-Kanals. Die weiteren farbigen Funktionstasten auf der Fernbedienung erhalten dann eine spezifische Funktion durch die Applikation zugewiesen.

Abb. 44.3. Hinweis „Drücken Sie den roten Knopf ...“ um ins HbbTV-Angebot zu gelangen

Wie die Funktionstasten dann belegt werden (Abb. 44.4.), wie das HbbTV-Angebot aussieht und ob es wirklich ein HbbTV-Angebot gibt, hängt nur vom gewählten TV-Kanal ab. Für die Navigation und Darstellung ist nicht das TV-Endgerät verantwortlich; dies obliegt der geladenen Applikation, genauso wie ein gestartetes Programm auf einem PC die weitere Funktion dort bestimmt.

Typischerweise werden meist folgende HbbTV-Funktionen angeboten:

- Moderner Videotext
- Elektronische Programmzeitschrift mit verbesserter senderspezifischer Darstellung
- Programmangebot aus Mediatheken (Angebot an Filmen der letzten Tage)

Abb. 44.4. Beispiel eines HbbTV-Angebotes mit entsprechend belegten farbigen Funktionstasten der Fernbedienung

HbbTV-Applikationen können entweder als Vollbild oder als Teilbild mit dem laufenden Programm im Hintergrund oder in einem Fenster dargestellt werden. Es ist möglich, entweder nur auf das HbbTV-Angebot des gewählten TV-Kanals im Internet zu verweisen oder sogar die Applikationen vergleichbar wie bei MHP (Multimedia Home Platform, siehe entsprechendes Kapitel im Buch) per Object Carousel auszuspielen. Dies benötigt jedoch eine entsprechende Datenrate im Übertragungskanal, die dann den eigentlichen Video- und Audioinhalten weggenommen wird.

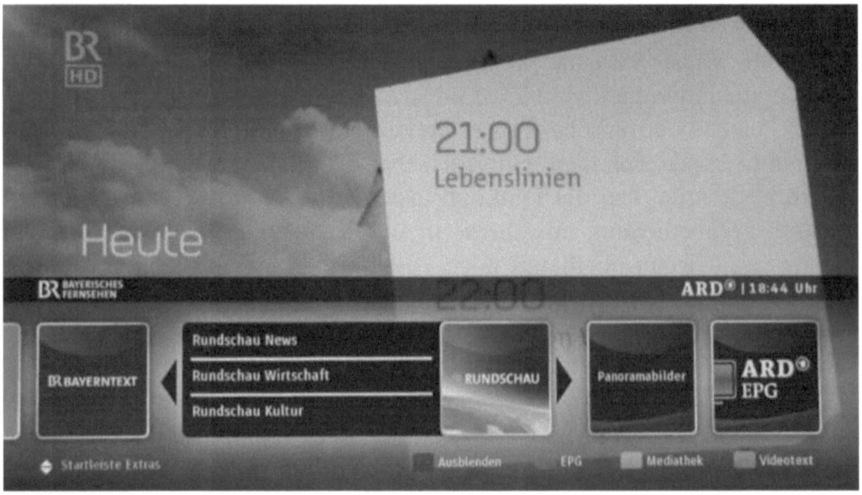

Abb. 44.5. Beispiel eines HbbTV-Angebots (Bayerischer Rundfunk 2013)

Abb. 44.6. Elektronische Programmzeitschrift über HbbTV als Alternative zur integrierten Lösung des TV-Gerätes

Abb. 44.6. zeigt eine HbbTV-Version einer elektronischen Programmzeitschrift. Diese Variante ist dann parallel zur integrierten DVB-EPG-Lösung, die individuell vom TV-Endgerät dargestellt wird, verfügbar.

D.h. eine elektronische Programmzeitschrift und Informationen zum Programm lassen sich dann entweder über den üblichen Weg (EPG-Taste, i-Taste) oder nun über die Funktionstasten (HbbTV: rot, grün, gelb, blau) auf der Fernbedienung anwählen. In der Bedienungsanleitung des TV-Gerätes ist – wenn überhaupt noch vorhanden – nur der integrierte Weg über EPG- und i-Taste beschrieben. Mit der HbbTV-Lösung muss der Anwender selbst umgehen lernen, diese Funktionalitäten sind nirgends beschrieben und ändern sich auch im Laufe der Zeit.

44.4 OTT – Over the Top TV

Vor wenigen Jahren tauchte mit OTT ein weiterer Begriff in der Medienlandschaft auf. OTT steht für „Over the Top TV“ und bedeutet nichts anderes als ein zugeschnittenes Video-/Audio-Streaming-Programmangebot für PCs, Handheld-PCs und Smart-Phones. Hierbei bieten z.B. die öffentlich-rechtlichen Rundfunkanstalten, private TV-Sender usw. Applikationen und zugehörige passend codierte Video- und Audioströme an, die dann bei den Endgeräten zum Betrachten von Liveströmen verwendet werden. Dort taucht dann auch der Begriff des „Second Screen“ auf. Gemeint ist hierbei z.B. der Tablet PC als paralleles Medium neben dem klassischen Fernseher.

Mit MPEG-DASH – „Dynamic Adaptive Streaming over HTTP“ wurde dazu auch ein Standard [ISO/IEC 23009] für das dynamische, angepasste Video-/Audiostreaming über Internet hin zu den Endgeräten geschaffen.

44.5 Zusammenfassung und Ausblick

Der klassische Rundfunk ist immer noch die billigste Variante, um Hörfunk- und Fernseh-Inhalte Punkt-zu-Multipunkt zu verteilen. Es wird auch wohl die momentan einzige Variante bleiben, um Hörfunk im Auto zu empfangen (z.B. T-DMB). In Ballungsräumen ist über das Internet ausreichend Datenrate vorhanden, um auch Hörfunk- und Fernsehapplikationen abzudecken. Internet-Provider haben aber auch bereits gemerkt, daß v.a. das Videostreaming eine sehr hohe Netzlast hervorruft und gerade das führte dazu, das Datenvolumen bei den Internet-Zugängen auf bestimmte

Werte pro Tag oder Monat deckeln zu wollen. IPTV ist ein vierter Verteilungsweg für Hörfunk und Fernsehen, bei dem gezielt ausschließlich über diesen Weg empfangen wird; diesem Übertragungsweg wurde aber bereits ein eigenes Kapitel gewidmet. Das Zusammenwachsen von Rundfunk und Internet macht Sinn und eröffnet beim Vorhandensein von ausreichend Bandbreite über das Netz ganz neue sehr interessante Aspekte.

Literatur: [TS102796], [HbbTV], [OTT], [ISO/IEC23009], [ITU-T G.992], [ITU-T G.993]

45 Studio, Playout, Headend und Distributionsnetz

Video- und Audiosignale haben ihren Ursprung irgendwann in einem Studio oder sonstigem Drehort gehabt und sind dann live auf den Weg zum Konsumenten, sei es der Zuschauer oder Zuhörer, gelaufen. Dieses Kapitel beleuchtet weniger die Technik als vielmehr die Begrifflichkeit vom Studio bis hin zu den Wohnzimmern. Die Technik selbst ist, verteilt über verschiedene Kapitel, in diesem Buch bereits erläutert worden.

Waren es zu Beginn von Hörfunk und Fernsehen zunächst meist Live-Übertragungen oder Filme aus dem Filmabtaster (im Deutschen meist FAT genannt), die man betrachtete, so ist der Live-Anteil heute wohl eher die deutliche Minderheit von weniger als 10%. Es waren bis etwa Mitte der 1980er Jahre auch nur eine „Hand voll" physikalische Kanäle, die man per Hörfunk oder Fernsehen empfangen konnte. Heute sind es nach wie vor in der Terrestrik wenige Kanäle (mangels Verfügbarkeit von freien Frequenzen, reguliert durch Genfer Wellenkonferenzen), dafür bieten Satellit und Kabel zahllose Inhalte. Beim analogen Rundfunk galt auch die Regel: ein Programm ist gleich ein physikalischer Kanal; das hat sich mit dem digitalen Rundfunk auch geändert. Viele Programme oder Services haben Platz auf einem früheren „Sendeplatz", also dem, was ehemals Kanal genannt wurde. Heute muss man den Begriff Kanal genau definieren, d.h. ist damit ein physikalischer Kanal oder ein Programm, also ein virtueller Kanal gemeint. Meist startet heute ein Service gleichbedeutend mit Programm auf einem Server; beim Fernsehen entspricht das einem Videoserver. Dieser wird mit dem Begriff „Channel Playout" bezeichnet. Einer oder meist mehrere Videoserver in einem Channel Playout spielen dann einen Programmablauf gesteuert von einer Playliste ab. Bei vielen Programmen gibt es auch nur diese Videoserver. Bei einer gewissen Anzahl von Programmen kommt aber auch immer wieder ein Beitrag live aus dem Studio, sei es z.B. bei den Nachrichten – zu Neu-Deutsch News – oder bei Quizsendungen, Kochshows, Talk-Shows usw. Vom Studio und vom Channel Playout läuft das Sendesignal zuerst zum Headend - zur Kopfstelle - und wird mit anderen Programmen zusammen gebündelt, man sagt „multiplexed" zu einem gemeinsamen Datenstrom, bezeichnet mit Multiplex oder kurz MUX. Vor dem Multiplexer müssen die Services bzw. Programme aber noch encodiert werden, was heißen kann, dass sie zum ersten Mal einer MPEG-Datenreduktion unterworfen werden oder zum wiederholten Mal auf die letztendlich gewünschte Datenrate und damit verbundene Qualität (SDTV, HDTV, usw.) gebracht werden. Im Headend findet man also mehrere Encoder und einen Multiplexer. Vor dort nimmt das Sendesignal dann seinen Weg zum Modulator und Sender, sei es in der Einzahl oder Mehrzahl, d.h. für einen oder mehrere Multiplexe oder zu einem oder mehreren Sendern im terrestrischen Gleichwellennetz. Heute gibt es dann die Verteilwege

- Terrestrik,
- Satellit,
- Kabel,
- Zweidrahtleitung (xDSL) als IPTV oder
- ganz allgemein IP/OTT (Internet Protokoll, Over the Top TV).

Abhängig vom Verteilweg unterscheiden sich dann auch die Multiplexsignale.

45.1 Playout

Beim Begriff Playout muss man vorsichtig sein – es ist mit der Wahl dieses Begriffes immer noch nicht genau gesagt, was damit gemeint ist. Man spricht auch in einem Fernsehstudio von einem Playout, meint damit aber das „Studio Playout“. Ein Studio Playout ist nichts anderes als das Equipment, das man früher mit MAZ oder Magnetaufzeichnungsgerät bezeichnet hatte. Eine MAZ gibt es so nicht mehr oder wenn dann nur noch für älteres Material. Früher war der Arbeitsablauf im Studio filmbasierend, dann tape-based (band-basierend) und heute nennt man Arbeitsablauf zu gut „neudeutsch“ „Workflow“. Und dieser ist heute file-basierend. Selbst die Heimvideokameras oder die Handy-Kameras erzeugen Files, meist solche, die irgendwo im Kern auf H.264-ähnlichen Kompressionsalgorithmen beruhen. Ein Studio Playout ist ein Videoserver im Fernsehstudio und ist zuständig für das Ausspielen von aufgezeichneten Beiträgen, die dann unmittelbar auf Sendung gehen oder als Hintergrundbild für Chroma-Keying verwendet werden.

Vom „Channel Playout“ aus laufen die Beiträge zwischen den Live-Sendungen. Sie ersetzen die früheren Filmabtaster, in denen ein 35mm-Film abgespielt wurde. Channel Playouts waren vor wenigen Jahren noch

Abspielgeräte für Kassetten-Bandmaterial. Ein voller Sendetag hatte entsprechend als Bandstapel Platz auf einem Transportwagen. Heute werden Abspiellisten von Files zusammengestellt und einfach gestartet. Die zu spielenden Filme warten als Files auf einem Server, der dann zum Channel Playout gehört. Channel Playouts, die alle zusammen die Services für einen gemeinsamen Multiplex generieren, müssen sich nicht an einem Ort befinden. Sie können durchaus verteilt über ein ganzes Land sein.

D.h. es gibt nun

- im Studio die sog. „Studio Playouts" für einzuspielende Beiträge oder für den Hintergrund beim Chroma Keying (vgl. Nachrichtensendungen, Wetterkarte usw.)
- und als Quelle für Filme die sog. „Channel Playouts".

Schon nach dem Studio oder nach dem Channel Playout werden Video- und Audiosignale großzügig von einer sehr hohen Datenrate (z.B. 1.485 Gbit/s oder 270 Mbit/s= auf noch relativ hohe aber mäßigere Datenraten reduziert, d.h. komprimiert. Man spricht hier von Quellcodierung, die dann gemäß MPEG oder Dolby erfolgt.

45.2 Headend

Auch bei der Verwendung des Begriffes „Headend" verstehen Rundfunkleute durchaus etwas Unterschiedliches. Bei der terrestrischen Verteilung oder bei der Verteilung über Satellit meint man mit Headend (Abb. 45.1.) meist eine Reihe von „Quellcodern" oder „Transratern" mit nachfolgendem Multiplexer. Am Multiplexer laufen alle Services aus dem Studio oder den Channel Playouts zusammen. Die Services beinhalten aber auch schon z.B. zusätzliche Daten wie Videotext oder Informationen für HbbTV, elektronische Programmzeitschrift usw. Am Ausgang des Multiplexers findet zudem die Anpassung an den Distributionsweg statt, z.B. durch Hinzuaddieren der geeigneten NIT = Network Information Table, und bei der Terrestrik sitzt dort auch der SFN-Adapter zur Steuerung eines Gleichwellennetzes (Abb. 45.1.). Das Ausgangssignal ist dann je nach Standard ein MPTS = Multi Program Transport Stream, was nichts anderes bedeutet als ein gewöhnlicher standard-konformer MPEG-2-Transportstrom mit vielen Programmen; oder es ist im Falle von DAB/DAB+ ein ETI-Signal (Ensemble Transport Interface), oder bei DVB-T2 ein T2-MI-Signal (T2-Modulator Interface) oder bei ISDB-T ein BTS – Signal (Broadcast Transport Stream).

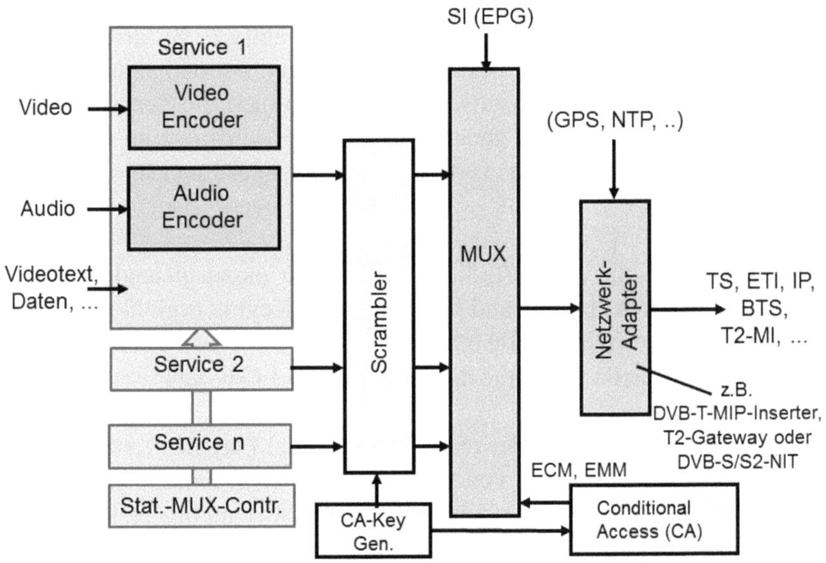

Abb. 45.1. Struktur eines Headends (z.B. DVB-T- oder DVB-T2-Headend)

Spricht man mit Kabelnetzbetreibern, so verstehen diese unter dem Begriff Headend deutlich mehr. Hier ist das Aufbereiten von durchaus hundert Kanälen gemeint, d.h. ein Kabelheadend („Kabelkopfstelle") beinhaltet

- Encoder, Transrater,
- Multiplexer,
- Modulatoren,
- den Combiner für alle Kabelkanäle,
- die Übergabeverstärker an die Strecke,
- bzw. die elektrisch/optische Wandlung.

Heute gibt es auch den Begriff OTT = Over the Top TV. Damit gemeint ist ein weiterer neuer Weg, die Rundfunkinhalte zu den Endkunden zu bringen, sei es zuhause oder unterwegs. Mehr oder weniger ist mit OTT „Streaming" über IP für verschiedene Endgeräte gemeint. D.h. benutzt man einen Tablet-PC, um ein TV-Programm zu sehen, so handelt es sich um OTT.

45.3 Distributionsnetz

Das Distributionsnetz folgt nach dem Headend. Rundfunk nutzt heute die Distributionswege Terrestrik, Breitbandkabel, Satellit, IPTV über xDSL, sowie OTT/IP. Beim terrestrischen Distributionsnetz werden die Multiplexdatensignale aus dem Headend erst zu den terrestrischen Sendestationen gebracht und dann an der Antenne in elektromagnetische Wellen gewandelt. Die Sendeleistungen liegen im Bereich von wenigen Watt bis zu einigen Kilowatt. Bei der Satellitenverteilung befindet sich meist unmittelbar nach dem Headend auch die Uplink-Einrichtung, d.h. der Satellitenmodulator, die Frequenzumsetzung ins Ku-Band, die Leistungsverstärkung auf etwa 100 W und dann die Satellitenantenne. Begriffe wie „Satellitenfarm", Erdefunkstelle oder neuerdings auch Teleport bezeichnen Orte, an denen Signale zum Satelliten hochgestrahlt werden.

Beim Breitbandkabelnetz werden viele gebündelte physikalische Kanäle meist unterirdisch über Glasfaserkabel, Koaxkabel und Verstärkerkaskaden zu den Haushalten gebracht.

xDSL nutzt die verdrillte Zweidrahtleitung („twisted pair") des guten alten analogen Telefonnetzes, um sog. SPTS = Single Program Transport Streams in die Haushalte zu spielen und das parallel zum Telefonzugang, Internetzugang aber durch Datenratenteilung. Ein SPTS ist ein MPEG-2-Transportstrom; er enthält aber nur ein Programm und nur die hierfür notwendigen Tabellen; meist ist die Datenrate variabel und die Time Stamps des SPTS sind meist auch nicht korrigiert (PCR-Jitter).

OTT zielt auf die mit dem Internet verbundenen Geräte wie Windows-PCs, Apple iOS-Geräte oder Android-Geräte. D.h. ein OTT-Headend hat einen Service-Eingang und viele Ausgänge, die den gleichen Inhalt in unterschiedlichen Streaming-Formaten und unterschiedlichen Datenraten ausgeben.

45.4 Zusammenfassung

Rundfunk bezeichnet die Art und Weise, wie Inhalte bestehend aus Ton, Ton und Sprache oder Ton, Sprache und Daten von einem Punkt sternförmig an viele Nutzer multipunktartig verteilt werden. In der Mitte des Netzes sitzt der Sender, um ihn herum die Empfänger. Der Sender merkt hierbei zunächst nicht, wie viele Empfänger angeschlossen sind. Dies ändert sich nur bei IPTV oder OTT. Das Netz zwischen Sender und Empfänger nennt man Distributionsnetz. Beim digitalen Rundfunk sind neue Begriffe eingeführt worden, die in diesem Kapitel erläutert wurden, wie

- Studio Playout,
- Channel Playout,
- Headend,
- IPTV,
- OTT = Over the Top TV,
- und SFN-Adapter.

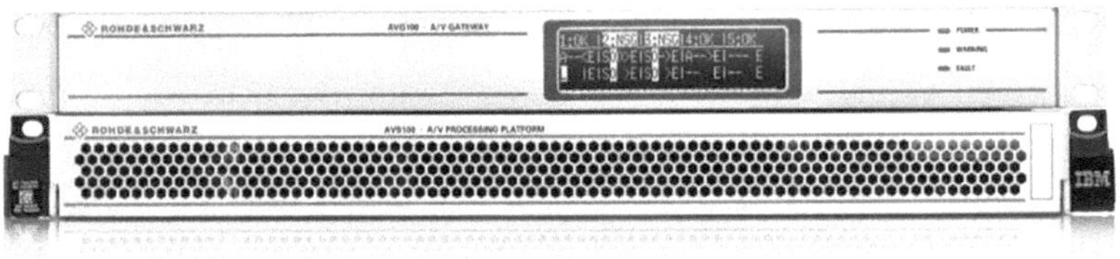

Abb. 45.2. Beispiel für ein modernes, kompaktes Rundfunk-Headend (DVB-T, DVB-T2, DVB-S/S2, ISDB-T, MPEG-2, MPEG-4/AVC/H.264, H.265/HEVC, MPEG-1-LII-Audio, Dolby AC-3, …) Rohde&Schwarz AVHE100 [AVHE100], [R&S]

Literatur: [AVHE100], [R&S], [OTT]

46 Terrestrische Rundfunksender und Sendestationen

In diesem Abschnitt wird der Aufbau und die Funktionsweise von terrestrischen Rundfunksendern und Sendestationen beschrieben. Terrestrische Rundfunksendestationen finden sich immer in geeigneter geographischer Lage in Bezug auf das zu versorgende Empfangsgebiet. Wo genau dann die Sendestationen liegen, das hängt ab vom

- Versorgungsauftrag
- Frequenzbereich (Langwelle, Mittelwelle, Kurzwelle, Ultrakurzwelle, VHF, UHF usw.)
- örtlicher Topographie und Geographie.

Bei Lang-, Mittel- und Kurzwellensendern ist v.a. die Bodenbeschaffenheit und damit verbunden die Leitfähigkeit des Bodens von großer Bedeutung. Deshalb findet man solche Sendestationen meist in Gelände mit hohem Grundwasserniveau. Ab einer bestimmten Frequenz (oberhalb von Kurzwelle, also oberhalb von ca. 30 MHz) erfolgt Ausbreitung hauptsächlich nach optischer Sicht. Deshalb findet man Band I, II, III, IV und V-Sender, also UKW-Hörfunk und TV-Sender meist auf geographisch höher gelegenen Standorten (Hügeln, Bergen). Im flachen Land sind dann entsprechend hohe Sendeantennenmasten notwendig (z.B. 300 m). Viele ehemalige Richtfunktürme stehen aufgrund des Horizonts bei den ebenfalls gültigen quasi-optischen Ausbreitungsbedingungen in einem Abstand von etwa 50 … 70 km. Meist wurde aber auf der Spitze dieser ehemals für analoge Telefonie verwendeten Türme zusätzlich eine Nutzung als UKW- und TV-Sendeantenne vorgesehen. Bei einer Masthöhe von 300 m im flachen Land liegt der Horizont bei ca. 60 km, je km Abstand ergibt sich aus der Lichtgeschwindigkeit eine elektrische Signallaufzeit von 3.3 µs, somit entsprechen 60 km in etwa 200 µs. Diese 200 µs wiederum führen zu terrestrischen OFDM-Schutzintervall-Längen entsprechender Dauer.

$$d = \sqrt{2rh + h^2} \approx \sqrt{2rh} \approx \sqrt{12800km \cdot h}$$

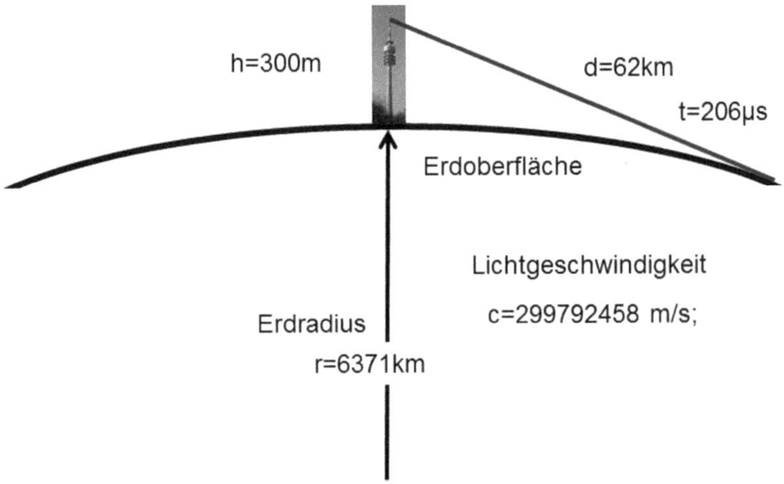

Abb. 46.1. Optischer Horizont eines 300m-Sendemastes

46.1 Modulationssignalzuführung

Das Modulationssignal oder Distributionssignal wird den Sendern von der Quelle (Studio, Headend, ...) über

- Richtfunk
- Glasfaser
- Satellit
- oder drahtgebunden

über redundante Wege zugeführt. Das Distributionssignal wird im sog. Headend erzeugt; unter Headend bezeichnet man beim digitalen Rundfunk die Quellcoder (MPEG-Encoder, Dolby Coder, ...) inklusive Multiplexer und SFN-Adapter (bei DVB-T auch MIP-Inserter genannt). Bevor das Distributionssignal dem Verteilnetzwerk am Ausgang des Headends übergeben wird, muss bei Gleichwellennetzen noch ein standardkonformer Zeitstempel hinzugefügt werden (z.B. bei DVB-T im MIP). Eine Leitung zu „vergraben" ist teuer und speziell in bergigem Gelände auch durch Lawinen gefährdet, deshalb wählt man hier meist den Weg „durch die Luft" über Richtfunk. Satellitenanbindung ist zwar sehr zuverlässig, aber die

Transpondermiete ist teuer. Bei der SFN-Synchronisation ist zudem bei Satellitenzuführung auch der dynamische Laufzeitausgleich wegen der variablen Satellitenbahnpositionen zu beachten, gerade weil für solche Anwendungen aus Kostengründen häufig Satelliten am Lebensdauerende verwendet werden. Im Sendergebäude gibt es typischerweise einen eigenen Bereich (Gestell, Raum, usw.), in dem die Distributionssignale vom Distributionsweg ankommen. Typischerweise sind Reserve-Distributionswege vorgesehen (z.B. ein zweiter Richtfunkring, Ballempfang bei UKW, usw.). Die Modulationssignale werden hier auch häufig überwacht (Distributionssignal-Monitoring) und dann an die Modulatoren in den Sendergestellen weitergeleitet.

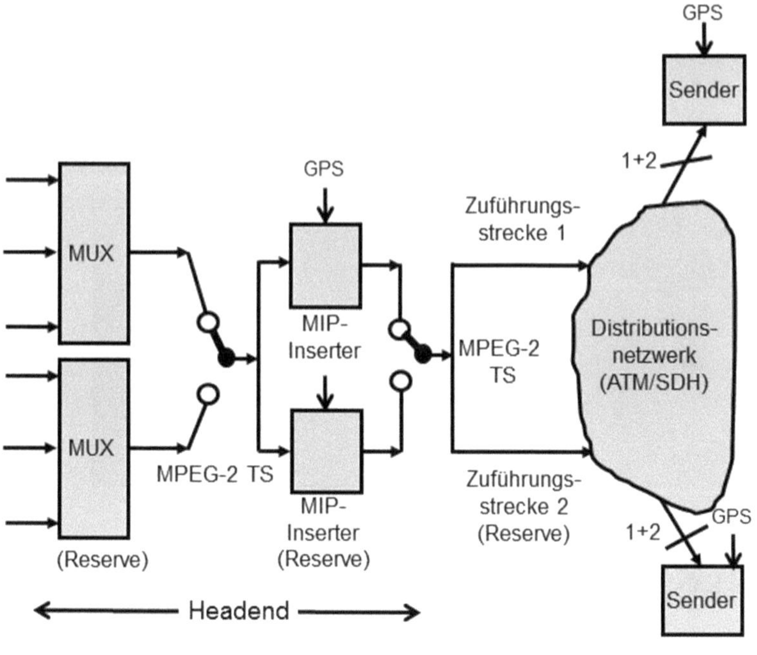

Abb. 46.2. Distributionsnetz bei DVB-T; Headend (Encoder, Multiplexer, MIP-Inserter), Zuführungsstrecke mit Reservestrecke, Sendernetz (Gleichwellennetz, „SFN“ = „Single Frequency Network“) mit GPS-Synchronisation

Abb. 46.3. Sendestation Wendelstein, Bayerischer Rundfunk, Richtfunkantennen sowie Kabelkanal für Sendekabel deutlich erkennbar

46.2 Terrestrische Rundfunk-Sendestation

Eine terrestrische Rundfunk-Sendestation besteht aus folgenden Abschnitten bzw. Räumen:

- Distributionszuführung (ankommende Modulationssignale)
- Senderraum
- Kühlung

- Antennen-Combiner/Filter
- Senderkontrollraum
- Energieversorgung, Dieselaggregat/Generator
- Sozialräume
- sowie Sendeantenne.

Großsendeanlagen verfügen über eigene Räume (siehe Abb. 46.4.) für die einzelnen technischen Abschnitte; manchmal sind jedoch alle Technikbereiche eines Senders in einem oder mehreren Containern untergebracht. Früher waren viele Sendestationen rund um die Uhr bemannt, heute findet man immer weniger Personal vor Ort. Viele Sender werden von der Ferne aus überwacht und gesteuert. Die Komponenten eines Senders sowie die Technik um den Sender herum werden in den nächsten Kapiteln genauer erörtert.

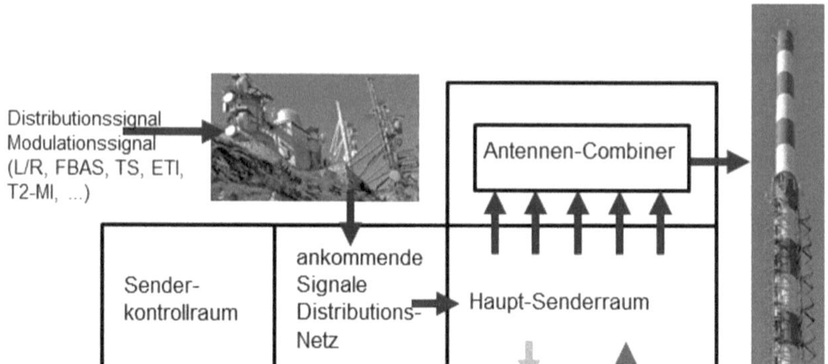

Abb. 46.4. Aufbau einer terrestrischen Sendestation; Distributionszuführung der Modulationssignale, Haupt-Senderaum, Antennen-Combiner mit Maskenfiltern, Kühlsystem, Kontrollraum, Energieversorgung, Sendeantennensystem, Aufenthaltsräume bei bemannten Stationen

Abb. 46.5. DVB-T-Sendergestelle, Sender Wendelstein, Bayerischer Rundfunk

46.3 Steuersender, Modulator, Exciter

Der Modulator ist die Hauptfunktionsbaugruppe des Steuersenders oder engl. Exciters; er empfängt das Modulationssignal und erzeugt durch Modulation das Hochfrequenzsignal (RF-Signal). Das Modulationssignalformat hängt vom Übertragungsstandard (UKW-FM, analoges Fernsehen, digitales Fernsehen – DVB-T, DVB-T2, ISDB-T, usw.) ab und ist somit ein

- analoges Audiosignal, Mono
- analoges Audiosignal, Stereo L/R
- UKW-FM-Stereo-Multiplex-Signal
- analoges FBAS-Signal mit zugehörigen analogen Tonsignalen
- MPEG-2-Transportstrom
- DAB-ETI-Signal
- T2-MI-Signal
- ISDB-T-BTS-Signal, usw.

Der Modulator liefert ein HF-Signal schon in entsprechend richtiger Frequenzlage, aber mit einer sehr geringen Leistung im Bereich von ein paar Milliwatt oder Watt, die jedoch ausreichen, um die Sendeverstärker zu speisen. Vor dem Senderverstärker findet sich aber meist erst ein Leistungsteiler, der das Modulatorausgangssignal leistungs- und phasenrichtig für die Verstärker aufteilt.

Dem OFDM-Modulator im Gleichwellennetz (DVB-T, DVB-T2, DAB/DAB+, ISDB-T, ...) wird zusätzlich ein hochgenaues 1PPS-Taktsignal und ein 10 MHz-Referenzsignal aus einem GPS-Frequenznormal zugeführt.

Der Steuersender (Exciter) beinhaltet neben dem Modulator noch weitere Funktionen; d.h. der Steuersender besteht insgesamt aus den folgenden Baugruppen (siehe Abb. 46.8.):

- Eingangsinterface für Haupt- und Reservemodulationszuführungssignale
- Modulator-Baugruppe
- Interface für Zeit- und Frequenzreferenz
- optional integrierter GPS-Empfänger
- Synthesizer/Frequenzanbindung/Frequenzreferenz
- nichtlineare Vorentzerrung
- lineare Vorentzerrung
- Ausgangsverstärker.

Die nichtlineare Vorentzerrung dient zum Entzerren der nachfolgenden Leistungsverstärker; d.h. mit der nichtlinearen Vorentzerrung werden verbliebene Restnichtlinearitäten so gut wie möglich durch „Dagegenhalten" ausgeglichen. Typischerweise geschieht dies im IQ-Zweig durch Korrekturtabellen, die beim Abgleichen gesetzt werden. Die Vorentzerrung selbst geschieht bei DTV/DAB durch Beobachten der Schultern und gezieltes Absenken auf möglichst guten Schulterabstand. Anfangs geschah dies manuell im Senderprüffeld, heute setzt sich immer mehr der automatische Abgleich durch. Beim analogen Fernsehen sind hierfür eigene Messparameter wie Luminanz-Nonlinearity, Differential Gain, Differential Phase sowie ICPM definiert, um Anhaltspunkte für die Entzerrung zu bekommen. Mit Hilfe der manuell durchzuführenden linearen Vorentzerrung werden Amplitudengang und Gruppenlaufzeitgang von nachgeschalteten Bandpassfiltern (Maskenfilter, Antennenweiche) kompensiert.

46.4 GPS-Zeit-/Frequenz-Normal

War es früher teilweise üblich, Sendefrequenzen hochgenau aus Frequenznormalen wie Rubidium-Normalen oder über Zeitzeichensender (DCF77) abzuleiten, so werden heute für diesen Zweck ausschließlich GPS-Zeit-Frequenz-Normale (Bild 6) verwendet. Diese GPS-Empfänger liefern aus dem Global Positioning System eine Zeitinformation, den Sekundentakt (1PPS) und meist eine hochgenaue Referenzfrequenz bei 10 MHz. Im Prinzip bestehen diese GPS-Normale aus einer GPS-Antenne, einem GPS-Empfangsteil mit 1PPS-Ausgangssignal (1 pulse per second) und einem 10 MHz-VCO (Voltage Controlled Oscillator), der über eine PLL (Phase Locked Loop, phasengerastete Schleife) an die 1PPS vom GPS-Empfangsteil angebunden ist. Die „Kunst" hierbei ist, möglichst schnell zu rasten, ein möglichst stabiles 1PPS-Zeitsignal und ein 10 MHz-Taktsignal zu liefern und diese Signale so lange wie möglich auch bei GPS-Signalverlust zu halten.

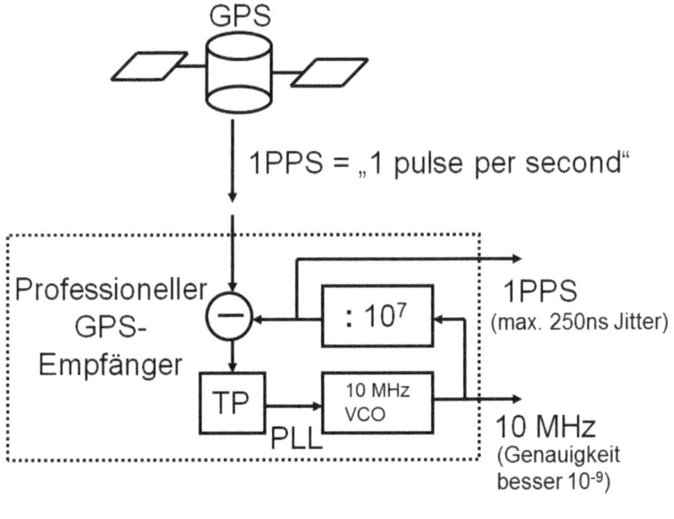

Abb. 46.6. GPS-Zeit-Frequenz-Normal

46.5 Sender-Leistungsverstärker

Im Folgenden werden zunächst die wichtigsten Grundlagen von Leistungsverstärkern erläutert und dann deren Ausführung und Eigenschaften beim Einsatz in terrestrischen Sendeanlagen diskutiert. Während bis vor kurzem noch vereinzelt röhrenbestückte Leistungsverstärker im UKW-Hörfunk an einzelnen Senderstandorten vorzufinden waren, sind diese bereits mit dem Einzug der digitalen Übertragungsstandards im TV-Bereich komplett verschwunden. Alle Neuentwicklungen ab den 90er Jahren setzten im gesamten terrestrischen Rundfunkbereich nur noch auf die Halbleitertechnologie. Lediglich bei Satellitenrundfunk kommen in der Bodenstation (Uplink-Station, Erdefunkstelle) und im Satelliten noch sog. Wanderfeldröhrenverstärker zum Einsatz. Im terrestrischen Bereich hatte man bei den eingesetzten Röhrentechnologien zwischen

- Triode,
- Klystron und
- IOT

unterschieden, deren Abmessungen und Ausführungsformen durchaus beeindruckend waren. Die Nachteile waren aber v.a. die Größe, die Abwärme, die Hochspannungsversorgung und auch die auf einige zehntausend Betriebsstunden beschränkte Lebensdauer und die damit verbundene Notwendigkeit eines Reservesenders im ständigen Standby. Lange Zeit war es zunächst nicht vorstellbar, im Hochleistungsbereich Transistoren einzusetzen. Der Grund hierfür war die anfangs nur geringe mögliche Leistung je Transistor und die Nichtverfügbarkeit von geeigneten Leistungstransistoren in den geforderten Frequenzbereichen im VHF- und UHF-Bereich. Das hat sich aber v.a. mit der MOS-FET-Technologie schon seit einiger Zeit geändert. Und es kommt auch im Gegensatz zur Röhre nun nicht nur ein aktives Element pro Leistungsverstärker zum Einsatz, sondern viele im Parallel-Betrieb, die noch dazu nun auch quasi-automatisch eine gewisse Redundanz bewirken, d.h. fällt nur ein Transistor aus, so fällt nicht gleich der gesamte Leistungsverstärker aus; es reduziert sich nur die Sendeleistung um einen bestimmten Betrag, gemäß folgender Formel:

$$P = P_{nom} ((m-n)/m)^2;$$

mit m = Anzahl der kombinierten Quellen;
n = Anzahl der ausgefallenen Quellen.

Die Leistung reduziert sich hierbei um mehr als nur die Leistung der ausgefallenen Elemente, da ein Teil der verbliebenen Leistung wegen unsymmetrischer Kopplung in Lastausgleichswiderständen absorbiert wird.

Die nachfolgenden Tabellen verdeutlichen die verbliebene Leistung nach Transistorausfall, bzw. Verstärkerausfall.

Tabelle 46.1. Beispiel: Verstärker mit 16 Leistungstransistoren und N defekten Transistoren

N	P [%]	P [dB]
0	100	0
1	88	-0.6
2	77	-1.2
3	66	-1.8
4	56	-2.5
5	47	-3.2
6	39	-4.1

Tabelle 46.2. Beispiel: verbliebene Ausgangsleistung eines Senders mit 6 Verstärkereinschüben und N defekten Verstärkern

N	P [%]	P [dB]
0	100	0
1	69	-1.6
2	44	-3.5
3	25	-6.0
4	11	-9.5
5	3	-16
6	0	---

Dies bedeutet, dass man meist auf teure Redundanzsysteme wie bei der Röhrentechnologie weitestgehend verzichten kann. Ein Leistungsverstärker wird hierbei auf viele Einzeltransistor-Verstärkerstufen aufgeteilt, die wiederum über Leistungskoppler (0 Grad und 90 Grad - Koppler, Hybrid-Koppler) zusammengeschaltet werden. Im folgenden Kapitel werden nun die einzelnen Elemente eines Solid-State-Leistungsverstärkers beschrieben, nämlich die

- eingesetzte Transistortechnologie,
- Verstärkerklassen,
- Splitter- und Kopplertechnologie,
- HF-Schaltungstechnik (Stripline, Koax) und
- Kühltechnologie.

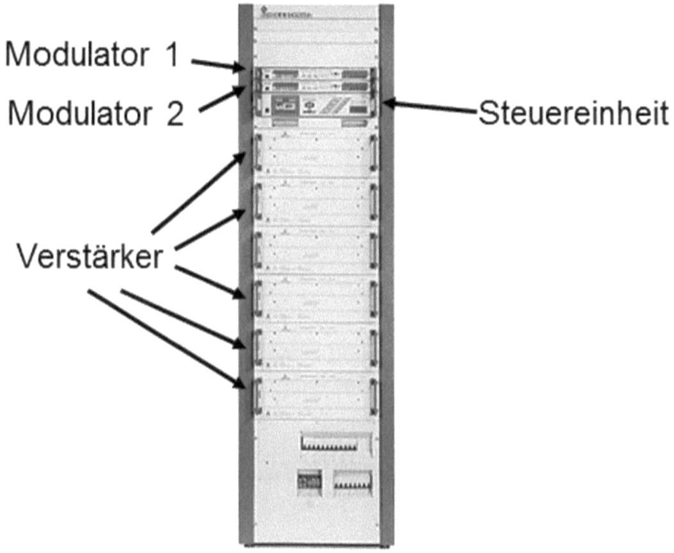

Abb. 46.7. Aufbau eines terrestrischen Rundfunksenders (Beispiel R&S NV8000) [R&S]; 19-Zoll-Gestell mit Steuersender (Exciter, Modulator), Reserve-Steuersender, Steuereinheit/Zentrales Bediengerät (CCU), Verstärkereinschübe, Netzverteilung

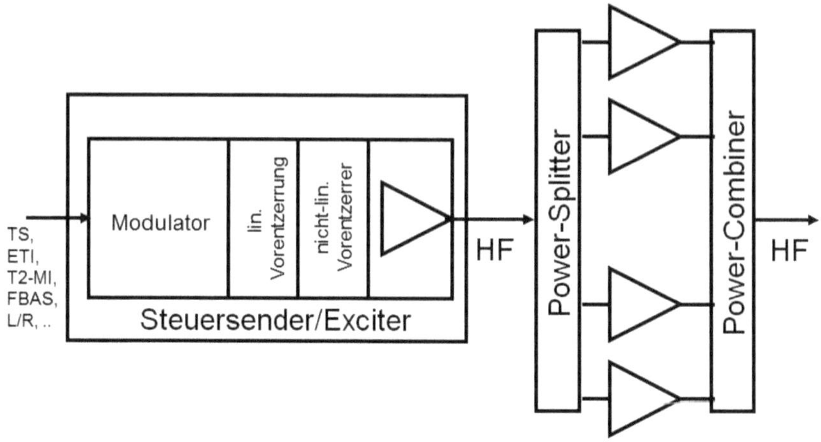

Abb. 46.8. Blockschaltbild eines terrestrischen Rundfunksenders; Modulationssignaleingang, Steuersender/Modulator mit Vorentzerrung, Power-Splitter, Verstärker, Power-Combiner, HF-Ausgang

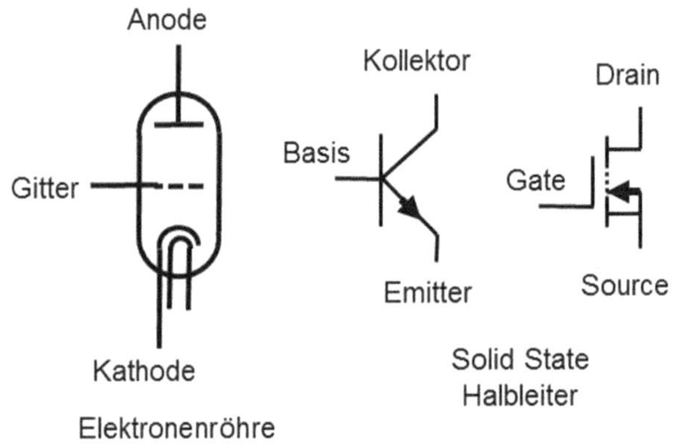

Abb. 46.9. Technologien für aktive elektronische Bauelemente

46.5.1 Transistortechnologie

Obwohl der Transistor eigentlich als Feldeffekttransistor schon in den 1920er Jahren erfunden wurde, begann der wirkliche Einsatz mit dem Erscheinen des ersten bipolaren Transistors in den 1950er Jahren, entwickelt in den Bell Laboratories (Shockley, Pearson, 1947). Wirkliche Anwendung fand er aber erst ab den 1960er Jahren und ersetzte dann allmählich die Elektronenröhre. Der Vorteil war, dass er im Gegensatz zur Röhre ohne energie-aufwendige Heizung auskam, v.a. mit Niederspannung funktionierte und deutlich kleiner war und damit deutlich weniger Platz beanspruchte. Bei den Transistoren unterscheidet man zwischen (Abb. 46.10.)

- Bipolar-Transistoren (NPN, PNP)
- Sperrschicht-Feldeffekt-Transistoren (sog. Junction-FETs, NJFET, PJFET) und
- Metall-Oxid-Semiconductor MOS-FETs (NMOS-FET, PMOSFET).

Bei den eingesetzten Halbleitermaterialien unterscheidet man zwischen

- Siliziumtechnologie
- Gallium-Arsenid-Technologie
- und der früher eingesetzten Germaniumtechnologie.

Heute verwendet man meist das häufig auf der Erdoberfläche vorkommende Silizium, das es ja quasi "wie Sand am Meer" gibt (Sand = Silizium-Dioxid).

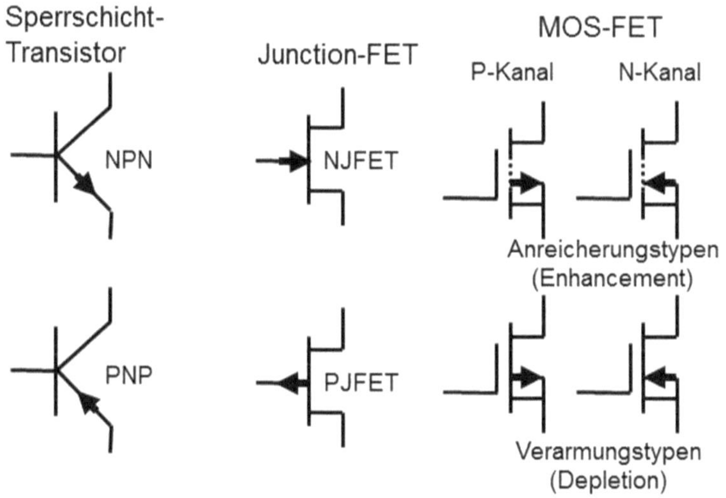

Abb. 46.10. Übersicht Transistor-Technologien

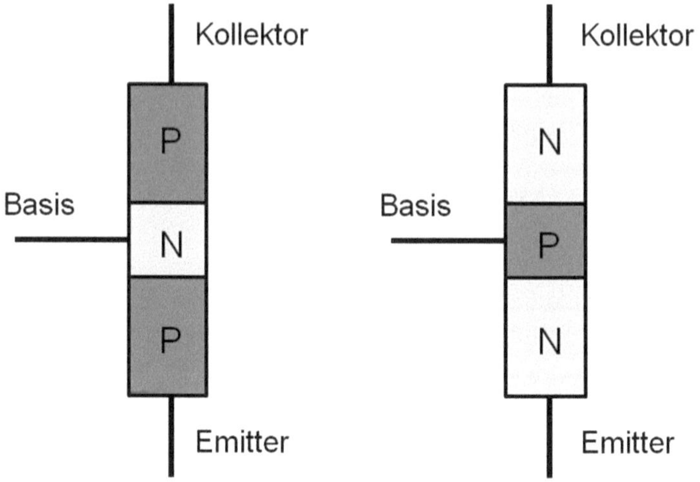

Abb. 46.11. Aufbau von Bipolar- bzw. Sperrschicht-Transistoren (Junction Transistor, PNP und NPN)

Grundlage für Transistoren ist heute meist ein Silizium-Wafer, auf dem dann verschiedene dünne Schichten mit unterschiedlicher Dotierung (N-Dotierung, P-Dotierung) (Abb. 11) oder Metallen bzw. Metalloxiden aufgebracht, bzw. aufgebaut werden. Grundsätzlich lässt sich daraus Bipolar-Technologie wie auch MOS-Technologie fertigen, je nachdem welche Schichten aufgebaut werden.

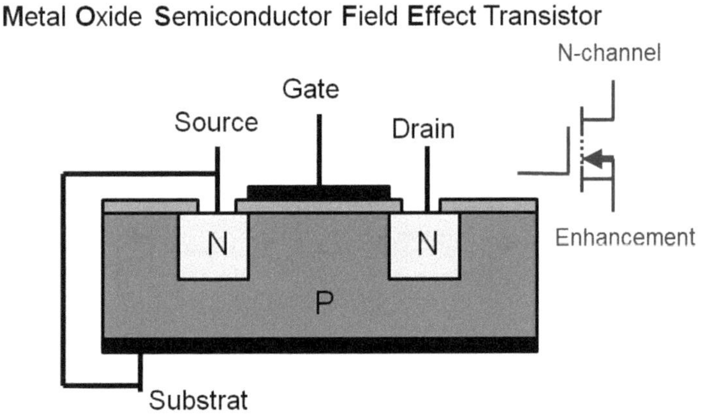

Abb. 46.12. Aufbau eines Enhancement-MOSFETs

Bei den Bipolar-Transistoren unterscheidet man zwischen NPN und PNP-Transistoren. Z.B. in Audioendstufen verwendet man ein geeignetes Pärchen aus einem NPN und PNP-Transistor zum Bau von Gegentaktendstufen (Push-Pull). In den Anwendungen, die in diesem Kapitel diskutiert werden sollen, werden aber MOS-FET-Transistoren eingesetzt. Bei der Familie der Feldeffekttransistoren (FET = Field Effect Transistor) unterscheidet man zwischen den Sperrschicht FETs (Junction FET) und den MOS FETs (Metal Oxide Semiconductor). Die Klasse der Junction FET's wiederum kennt N-JFET und P-JFET, wobei es in der Praxis eigentlich nur N-JFETs gibt. JFETs kommen aber auch praktisch nur im Kleinsignalbereich zum Einsatz, so dass diese hier auch nicht Gegenstand der Diskussion sind. D.h. wir beschränken uns nun auf MOS-FETs; von diesen wiederum gibt es N-Kanal und P-Kanal-Typen. Ein MOS-FET besteht aus einem entweder ohne Ansteuerung primär sperrenden Kanal (N- oder P-dotiert) und heißt dann Enhancement MOS-FET (Abb. 46.12.) oder Anreicherungstyp; oder er besitzt einen ohne Ansteuerung leitenden Kanal (ebenfalls N- oder P-dotiert); man nennt ihn dann Depletion-MOS-FET oder Verarmungstyp. An einem Ende des Kanals sitzt der Source-Anschluss, am anderen Ende der Drain-Anschluss. Der Source-Anschluss ist gleichzeitig auch der Anschluss für das Bezugspotential für den dritten Anschluss, nämlich das Gate. Das Gate ist eine isolierte Elektrode auf einer Metall-Oxid-Insel zwischen Source und Drain. Mit dem Gate wird der Kanal zwischen Source und Drain gesteuert, d.h. besser oder schlechter leitend gemacht. Je nach Ausführung (N-Kanal oder P-Kanal) ist die am Gate anzulegende Steuerspannung entweder positiv oder negativ. Je nachdem, ob es sich um einen Verarmungstypen oder Anreicherungstypen handelt, bewirkt die Steuerspannung ein Öffnen oder Schließen des Kanals zwischen Source und Drain. In den Applikationen, die hier diskutiert werden sollen, werden typischerweise N-Kanal-Anreicherungstypen verwendet, d.h. die positive Steuerspannung am Gate bewirkt ein Schließen des Kanals; ohne Ansteuerung ist der MOS-FET offen, d.h. nichtleitend. Wegen der Metall-Oxid-Isolierung ist das Gate sehr hochohmig isoliert gegenüber dem Source; das ist zum einen ein großer Vorteil hinsichtlich der Eingangsimpedanz, aber auch ein Nachteil; hohe Spannungen, verursacht durch statische Elektrizität können die Gate-Isolierung durchschlagen und damit den MOS-FET zerstören. Deswegen ist hier auf entsprechende ESD-Schutzmaßnahmen zu achten (entsprechende Kleidung, ESD-Schuhe, ESD-Erdungsarmbänder), um die Aufladung des Körpers beim Handling mit solchen Schaltungen zu verhindern, bzw. abzuleiten.

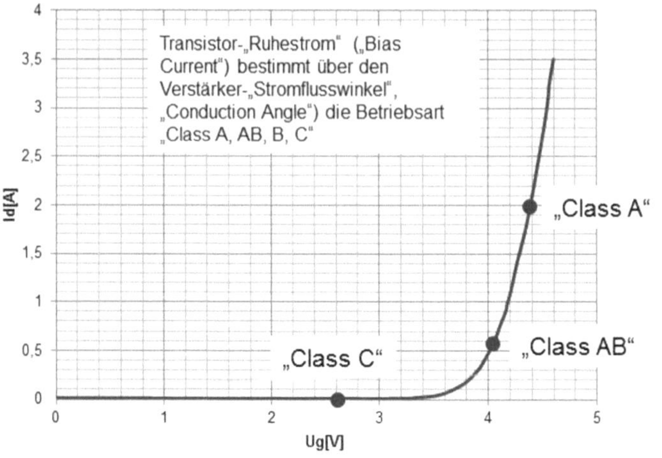

Abb. 46.13. Kennlinie eines MOS-FET-Transistors mit eingetragenen Arbeitspunkten der Klasse A, AB, B und C (Drain-Strom über Gate-Spannung)

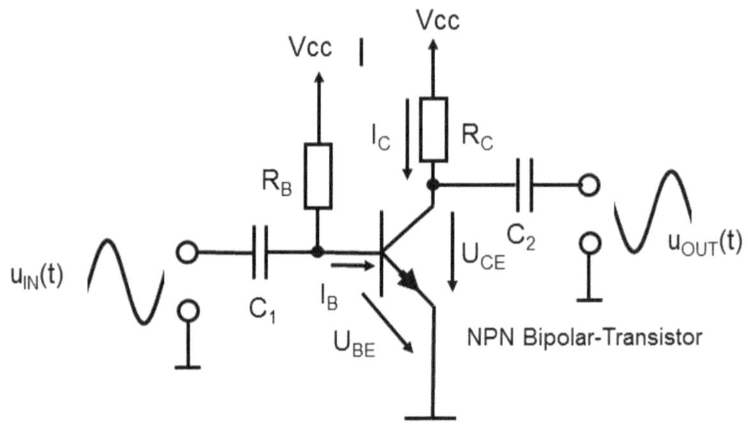

Abb. 46.14. HF-Verstärker mit NPN-Transistor

46.5.2 Leistungsverstärkerklassen

Durch die Wahl des Transistorruhestroms (engl. Bias Current) (Abb. 46.13.) unterscheidet man zwischen den verschiedenen Transistorverstärkerklassen. Dies ist zunächst unabhängig von der Transistortechnologie, d.h. dies gilt für Bipolar-Technologie gleichermaßen wie für MOS-Technologie. Die Verstärkerklasse bestimmt aber wesentliche Eigenschaften des Verstärkers; die wichtigsten Parameter des Verstärkers sind hierbei

- Bandbreite
- Linearität
- Ausgangsleistung
- Verstärkung und
- Wirkungsgrad.

Bei den Verstärkerklassen (Abb. 46.15, 46.16, 46.17) unterscheidet man zwischen

- A-Betrieb (Klasse-A)
- B-Betrieb (Klasse-B)
- AB-Betrieb (Klasse-AB) und
- C-Betrieb (Klasse-C).

Die Verstärkerklassen unterscheiden sich durch den sog. „Stromflusswinkel“ (engl. Conduction Angle), der vom Arbeitspunkt auf der Transistorkennlinie abhängt; dieser wiederum wird vom durch das Schaltungsdesign eingestellten Ruhestrom durch den Transistor bestimmt. Weitere Verstärkerklassen D, E usw. sind ebenfalls definiert und beschreiben Technologien, die in die Kategorie „Schaltverstärker“ einzuordnen sind. Da diese momentan im Rundfunk nur im Bereich der Langwelle, Mittelwelle und Kurzwelle eingesetzt werden und diese Technologien nicht Kernbereich dieses Buches sind, wird hier auch nicht weiter darauf eingegangen. Nur soviel – bei Klasse D – Leistungsverstärkern z.B. bei Hochleistungs-Mittelwellensendern wird die Endstufenbetriebsspannung durch das Modulationssignal über Pulsweitenmodulation gesteuert. Der HF-Träger selbst schaltet dann die Endstufentransistoren komplett aus und ein und „zerhackt“ somit quasi die in der Amplitude modulierte Versorgungsspannung. Damit erreicht man Wirkungsgrade von etwa 90%. Im folgenden werden nun die Verstärkerklassen A, B, C und AB erklärt. Beginnen wir mit der Grundschaltung eines einfachen Transistorverstärkers.

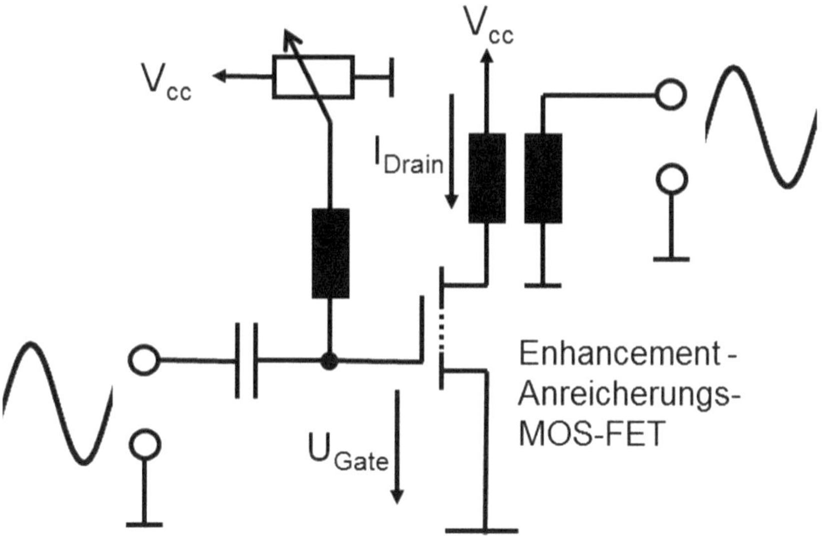

Abb. 46.15. Grundschaltung eines MOSFET-Verstärkers

46.5.2.1 Grundschaltung eines Transistorverstärkers

Als Grundschaltung eines Transistorverstärkers (Abb. 46.15.) soll mit einem HF-Verstärker in Bipolartechnologie in Emitterschaltung gestartet werden. Anstelle eines ohmschen Arbeitswiderstandes befindet sich im Kollektorkreis ein HF-Übertrager; die Basis wird über einen Widerstand R_B mit Betriebsspannung verbunden; das HF-Eingangssignal wird an der Basis über einen Koppelkondensator C1 eingekoppelt. Über den Widerstand R_B wird ein bestimmter definierter Ruhestrom I_{Bias} (als Gleichstrommittelwert von I_C) im Kollektorkreis des Transistors eingestellt. Im HF-Verstärkerdesign wird anstelle des Kollektorwiderstands R_C ein HF-Übertrager eingesetzt. Eine vergleichbare Schaltung lässt sich auch mit Hilfe eines MOS-Feldeffekttransistors realisieren. Der Bipolartransistor wird einfach durch einen MOS-FET (hier Anreicherungstyp, N-Kanal) ersetzt (Abb. 14). Im Drain-Kreis befindet sich der HF-Übertrager; das Gate wird durch einen Spannungsteiler (hier Potentiometer) auf eine bestimmte Vorspannung gebracht, so dass sich ein bestimmter Ruhestrom IBias durch den Drainkreis ergibt. Das HF-Steuersignal wird hier ebenfalls über den Koppelkondensator C1 eingekoppelt. Die Vorspannungsversorgung (Gleichspannung) wird über die Spule L1 wechselspannungsmäßig entkoppelt. Das Ausgangssignal wird sowohl in der Bipolarschaltung, wie auch in der MOS-FET-Schaltung am HF-Übertrager an der Ausgangswicklung entnommen. Über das Übersetzungsverhältnis des Ausgangsübertragers lässt sich dann auch entsprechend die Ausgangsimpedanz der Schaltung anpassen (z.B. 50 Ohm). In HF-Verstärkern sind sowohl im Gate-Kreis wie auch im Drain-Kreis entsprechende Anpassungsmaßnahmen von 50 Ohm auf die Impedanz der Transistoranschlüsse nötig.

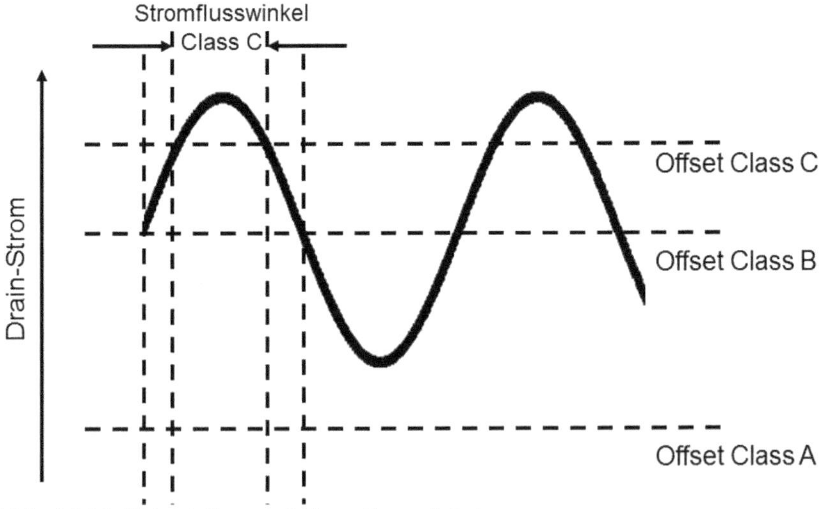

Abb. 46.16. Ruheströme und Stromflusswinkel

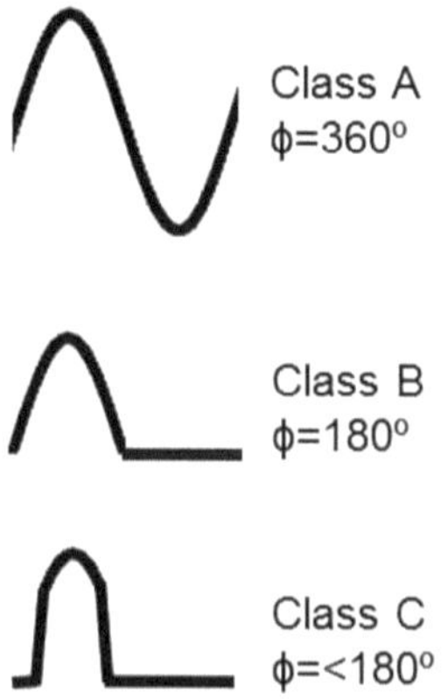

Abb. 46.17. Stromflusswinkel bei Klasse A, B und C

46.5.2.2 Klasse-A-Verstärker

Von einem Klasse-A-Verstärker spricht man nun in unserem Fall (Grundschaltung eines Transistor-HF-Verstärkers), wenn der Ruhestrom der Schaltung so eingestellt wird, dass sich der Transistor im linearen Bereich der Kennlinie befindet (Abb. 46.13.). Dies heißt wiederum, dass der Ruhestrom I_{Bias} relativ hoch ist und zwar ohne irgend eine Aussteuerung durch das HF-Signal. Das wiederum bedeutet, dass der Wirkungsgrad relativ schlecht ist. Ein HF-Eingangssignal steuert nun den Transistor aus, das verstärkte Ausgangssignal kann man dann am HF-Ausgangsübertrager abgreifen. Damit ist auch schon die Grundschaltung des HF-Verstärkers besprochen. Ein Klasse-A-Verstärker ist sehr linear, d.h. der Oberwellenanteil ist relativ gering. Beim Klasse-A-Verstärker fließt immer Strom durch den Transistor, in jeder Halbwelle des Eingangssignals; man spricht hier von einem sog. Stromflusswinkel (Conduction Angle) von 360 Grad (Abb. 46.16., 46.17.).

46.5.2.3 Klasse-C-Verstärker

Von einem Klasse-C-Verstärker spricht man, wenn der Ruhestrom sehr klein oder nahezu null ist. D.h. die Transistorverstärkerstufe befindet sich im nicht-linearen Bereich der Transistorkennlinie. Erst durch das HF-Signal wird die Stufe ausgesteuert. Nur ein Teil einer Halbwelle des HF-Eingangssignals bewirkt ein Durchsteuern des Transistors. Der Stromflusswinkel beträgt hier weniger als 180 Grad. Ein Klasse-C-Verstärker ist sehr nichtlinear, weist aber einen relativ guten Wirkungsgrad auf und benötigt quasi immer ein Ausgangsfilter zum Unterdrücken der Oberwellen.

46.5.2.4 Klasse-B-Verstärker

Ein Klasse-B-Verstärker unterscheidet sich vom Klasse-C-Verstärker nur im nun geringfügig vorhandenen Ruhestrom und im Stromflusswinkel von größer 180 Grad. Der Arbeitspunkt ist dabei ein wenig in Richtung lineare Kennlinie verrutscht.

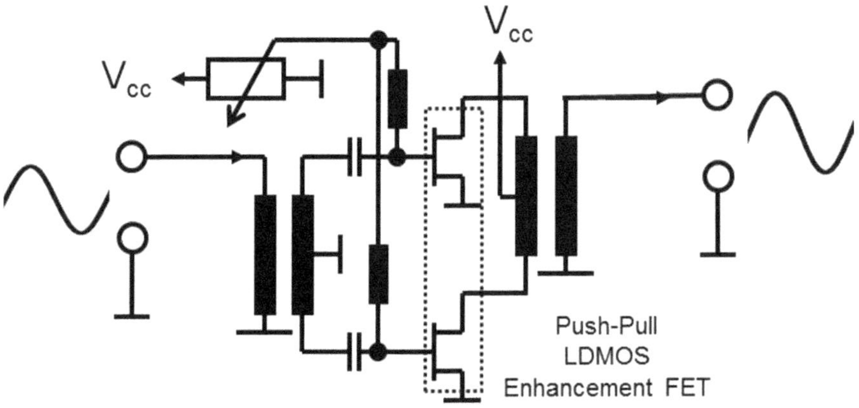

Abb. 46.18. MOSFET-Klasse-AB-Verstärker mit Doppeltransistor im Push-Pull-Mode

46.5.2.5 Klasse-AB-Verstärker

Klasse-AB-Verstärker kennt man eigentlich nur als sog. Gegentaktendstufe (Abb. 46.18). Hier arbeiten zwei komplementäre Transistoren im Push-Pull-Betrieb, d.h. immer einer davon ist leitend. Bei Bipolartransistoren werden hier z.B. in Audioendstufen NPN-PNP-Pärchen eingesetzt. Der Ruhestrom in beiden Transistoren wird hierbei so eingestellt, dass er sich am unteren Ende der linearen Kennlinie befindet. Die Arbeitskennlinien der beiden Push-Pull-Transistoren werden hierbei durch die Ruhestromeinstellung so aneinander geschoben, dass sich insgesamt eine möglichst lineare Kennlinie der Gesamtschaltung ergibt. Dies ist auch beim Einsatz von MOS-FET's möglich. Hier werden üblicherweise sog. Doppeltransistoren des identischen Typs in einem gemeinsamen Gehäuse eingesetzt. Der Push-Pull-Betrieb wird durch eine Gegentaktansteuerung über einen Eingangsübertrager mit einer gemeinsamen Eingangswicklung und zwei zueinander gegenphasigen Ausgangswicklungen erreicht. Einen vergleichbaren Ausgangsübertrager findet man dann auch in den Drain-Kreisen der Transistoren. Klasse-AB-Verstärker weisen einen besseren Wirkungsgrad als A-Verstärker auf, haben aber einen schlechteren Wirkungsgrad wie Klasse-C-Verstärker. Eine typische Anwendung von Klasse-AB-Verstärkern im Rundfunkbereich sind

- Endstufen für analoge Fernsehsender
- Endstufen für DVB-T, DVB-T2, ISDB-T, ATSC, DAB, DTMB-Sender.

Der Wirkungsgrad typischer DTV-Endstufen, realisiert mit AB-Verstärkern, liegt bei ca. 20 % (plus x). Obwohl AB-Verstärker sehr linear sind, sind sowohl bei ATV wie bei DTV und DAB eine Vorentzerrung und ein Oberwellenfilter nötig, um die gewünschten Anforderungen zu erreichen.

46.5.3 Leistungskoppler und Leistungsteiler

Über Leistungsteiler wird die Verstärkertreiberleistung auf die einzelnen Verstärkerstufen aufgeteilt; über Leistungskoppler wird die Ausgangsleistung der Verstärkerstufen möglichst verlustarm zusammengefasst. Hierbei unterscheidet man zwischen sog.

- Null-Grad-Kopplern (Wilkinson-Koppler) (Abb. 46.19.) und
- 90-Grad-Kopplern (Abb. 46.20.).

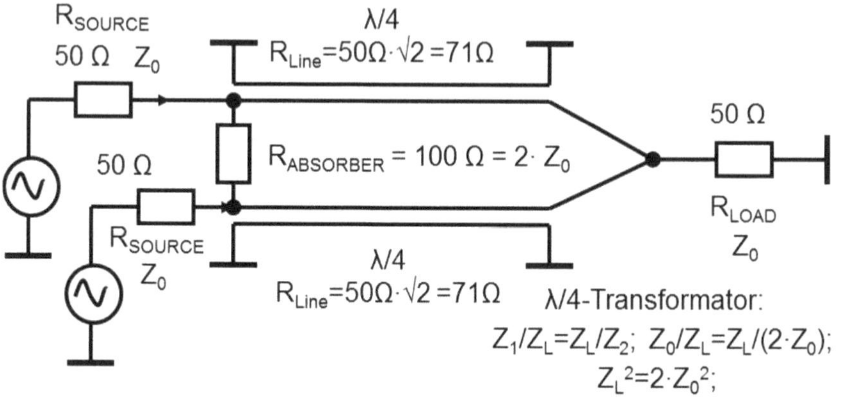

Abb. 46.19. Wilkinson-Koppler

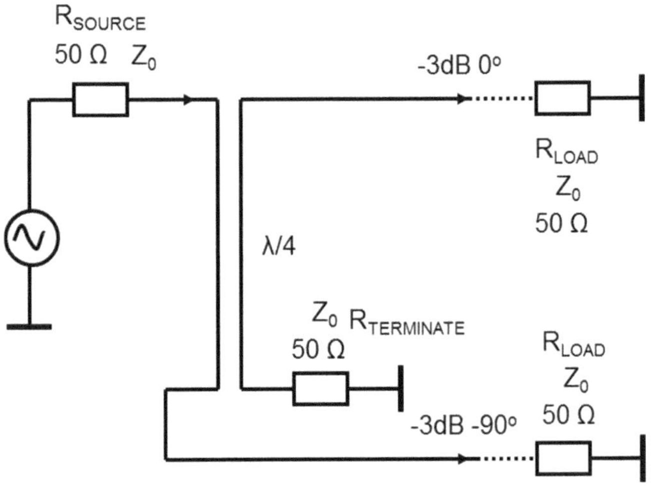

Abb. 46.20. 90-Grad-Koppler

46.5.3.1 Wilkinson-Koppler

Wilkinson-Koppler (Abb. 46.19.) setzen sich aus mehreren hintereinandergeschalteten (ca. λ/4-langen) Leitungsstücken verschiedener Impedanzen zusammen, von denen einige auf einen gemeinsamen Sternpunkt arbeiten, mit Hilfe derer man mehrere Eingangssignale wellenwiderstandsrichtig angepasst aufaddieren (Leistungskoppler) oder Ausgangssignale aufteilen (Leistungsteiler) kann. Zwischen den Eingängen bzw. Ausgängen befinden sich „schwimmend" dann außerdem noch sog. Lastausgleichswiderstände. Über diese Anordnung lassen sich Signale sowohl in zwei oder mehrere Signale der halben Leistung bzw. einem Bruchteil der Eingangsleistung aufteilen. Die Phasenbeziehung der aufgeteilten Signale zueinander ist 0 Grad. Die gleiche Anordnung lässt sich in umgekehrter Anordnung auch als Leistungsaddierer (Koppler) verwenden. Der Vorteil des Wilkinsonkopplers bzw. Wilkinsonteilers ist die 0 Grad Phasenbeziehung der zu verkoppelnden bzw. zu teilenden Signale; der Nachteil der Wilkinsonanordnung ist der schwimmende Lastausgleichswiderstand, der technologische Realisierungsprobleme bereiten kann. Der Wilkinson-Koppler kann sehr einfach über das Prinzip des Viertelwellen-Transformators erklärt werden (siehe. Abb. 46.19.), wobei in unserem Beispiel in zwei Zweigen je 50Ω auf 100Ω mit Hilfe einer λ/4-langen Leitung zu transformieren sind; die Leitungen mit einem Wellenwidersand von

√2·50Ω=71Ω werden dann am Sternpunkt zusammengeführt. Dadurch ergeben so aus den zu je zweimal auf 100Ω transformierten Impedanzen wieder 50Ω.

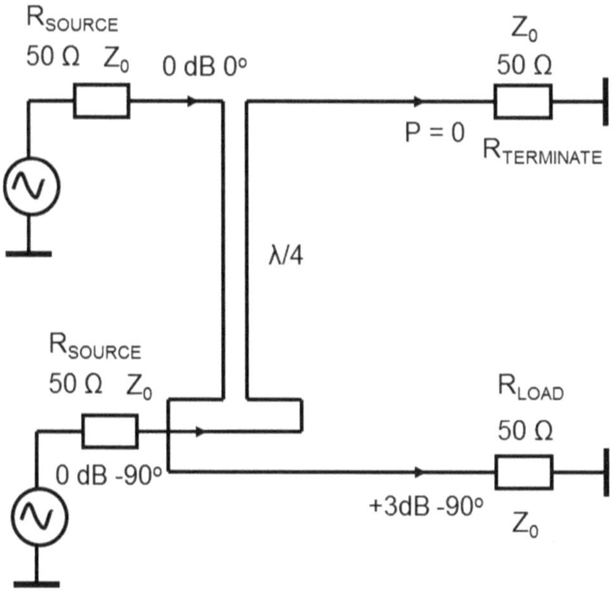

Abb. 46.21. 90-Grad-3dB-Leistungskoppler

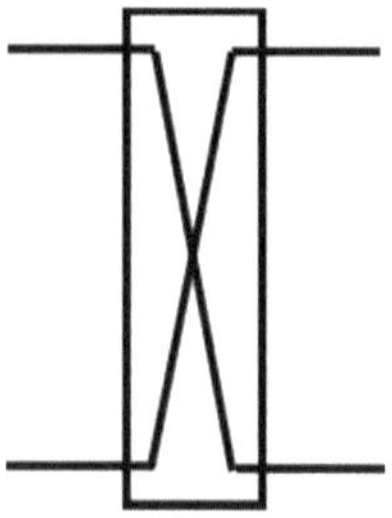

Abb. 46.22. Schaltbild-Symbol eines 90-Grad-3dB-Kopplers

46.5.3.2 90-Grad-Koppler

90-Grad-Koppler (Abb. 46.20., 46.21., 46.22. (Schaltbild-Symbol), 46.23.) bestehen im Prinzip aus zwei parallel-laufenden (ca. λ/4-langen) Leitungsstücken, die durch das Parallel-Führen miteinander verkoppelt sind. Speist man an einem Ende einer dieser parallel-laufenden Leitungen ein Signal ein, so kann man dieses Signal entsprechend auch am Ende der Leitung abzapfen, an dem es eingespeist wird (Abb. 46.20.). Zusätzlich koppelt aber auch ein Teil des Signals auf die parallel-laufende Leitung über und man kann einen Teil des Signals auch an dem Ende der parallel-laufenden Leitung auskoppeln, an dem es gegenüberliegend eingespeist wird. Das andere Ende der gekoppelten Leitung ist mit dem Wellenwiderstand abzuschließen. Wieviel Energie an der verkoppelten Leitung ausgekoppelt werden kann, hängt von der Geometrie der Anordnung ab (Verkoppelungslänge, Abstand der verkoppelten Leitungen). Man spricht von einem 3dB-90-Grad-Koppler, wenn die Geometrie so gewählt wurde, dass jeweils an den 2 Ausgangsports die Hälfte, also 3dB weniger als am Eingang eingespeist wurde, ausgekoppelt werden kann. Ein Signal ist im Verhältnis zum Ausgangssignal um 90 Grad verschoben, das andere ist phasengleich, also um 0 Grad gegenüber dem Eingangssignal verschoben. Mit dieser Anordnung lässt sich also ein Signal in zwei gleich große Signale aufteilen (Leistungsteiler, Abb. 46.20.). Die Anordnung läßt in umgekehrt angeordneter Weise auch zu, zwei Signale aufzuaddieren (Leistungsaddierer Abb. 46.21.). Der Vorteil des 90 Grad-Kopplers ist der gegen Masse liegende und somit technologisch leicht realisierbare Lastausgleichswiderstand, der Nachteil liegt in der 90 Grad Phasenlage der zu verkoppelnden oder geteilten Signale.

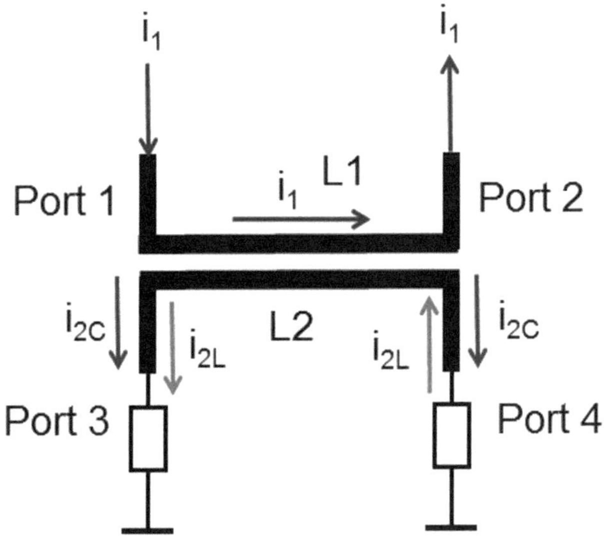

Abb. 46.23. Funktionsprinzip eines 90-Grad-Leitungskopplers

46.5.3.3 Funktionsprinzip des 90-Grad-Leitungskopplers

Um zu verstehen, wie der 90-Grad-Leitungskoppler physikalisch funktioniert (Abb. 46.23.), muss man sich das Überkoppeln von Energie zwischen den parallel-laufenden Leitungen zusammengesetzt aus einer kapazitiven und einer induktiven Komponente vorstellen. Die speisende Leitung sei das Leitungsstück zwischen Port 1 und Port 2; die verkoppelte Leitung sei das Leitungsstück zwischen Port 3 und Port 4. Port 1 und Port 3, sowie Port 2 und Port 4 liegen genau gegenüber. Zur besseren Erklärung stellt man sich nun die Ströme i_1 auf der speisenden Leitung, i_{2c} als kapazitiv übersprechenden Strom auf der verkoppelten Leitung und dem induktiv übersprechenden Strom i_{2L} ebenfalls auf der verkoppelten Leitung vor. Der Strom i_{2c} ist in beiden Leitungsanschlüssen jeweils aus dem Port heraus gerichtet. Der magnetisch induzierte Strom i_{2L} hingegen läuft in einen Port hinein und aus einem Port heraus. Nun gilt es bei der Dimensionierung darauf zu achten, dass die Beträge von i_{2c} und i_{2L} gleich groß werden; dies erreicht man durch die geeignete Wahl der Leitungslänge, Leitungsbreite und Abstand der Leitungen. D.h. der durch induktives Übersprechen verursachte Strom und der durch kapazitives Übersprechen verursachte Strom müssen gleich groß sein. Ist dies so, so addieren sich die Ströme i_{2c} und i_{2L} an dem dem einspeisenden Port 1 gegenüberliegenden Port 3 und sie heben sich an Port 4 auf. Damit ist aus zwei parallel-laufenden Leitungen ein direktiver Koppler entstanden, der auch bei Speisung an anderen Ports entsprechende äquivalente Koppeleigenschaften aufweist.

46.5.3.4 Praktische Anwendung von Leistungskopplern

Sowohl Wilkinson- als auch 90 Grad-Koppler werden zum Teilen und Aufaddieren von Signalen in Leistungsverstärkern verwendet. Wichtig ist, dass die Phasenbeziehungen und die Leistungen der zu addierenden bzw. teilenden Signale exakt zu beachten sind, sonst funktioniert die Anordnung nicht. Im Weiteren werden hauptsächlich 90 Grad-Koppler und Teiler in den Schaltungskonzepten eingesetzt. Typischerweise wird bei Hochfrequenz-Hochleistungsverstärkern das Verstärkereingangssignal zunächst von etwa 0 dBm auf einige Watt verstärkt und dann entsprechend auf viele Pfade laufzeitrichtig und leistungsgleich aufgeteilt. Dann werden viele Verstärkereinzelstufen angesteuert. Die parallelen Verstärkerstufen verstärken das Signal z.B. in den Bereich von einigen 100 W, um dann alle Ausgangssignale an Leistungskopplern wieder phasenrichtig und leistungsgleich aufzuaddieren (Abb. 46.24., 46.25.).

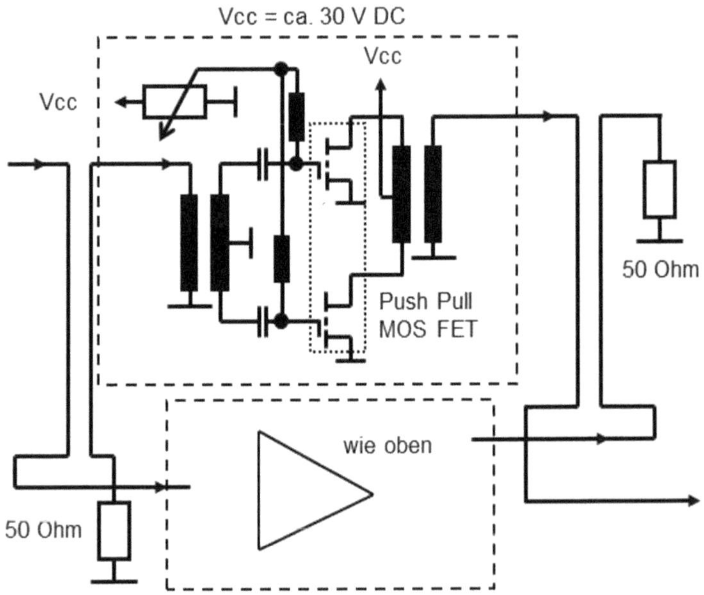

Abb. 46.24. Doppel-Verstärkerstufe in Koppler-Technik

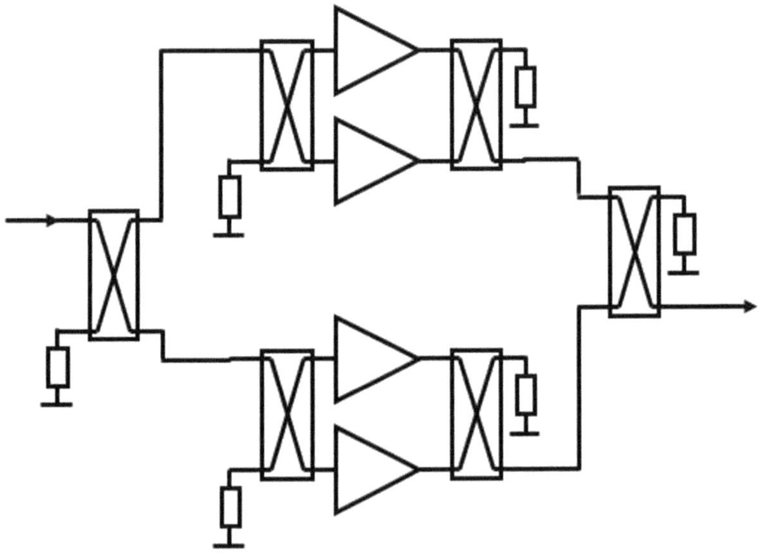

Abb. 46.25. Addition von Verstärkersignalen mit Hilfe von Kopplern

46.5.4 Wellenleiter

In den Verstärkerstufen werden zur Führung der Hochfrequenzsignale je nach Anforderung verschiedene Arten von Wellenleitern verwendet, nämlich

- Koaxialleitungen (Abb. 46.26.)
- Stripline (Streifenleiter) (Abb. 46.27.)
- Microstripline (Abb. 46.28.)
- suspended Substrate (Abb. 46.29.).

Die Impedanz hierbei ist nominal meist 50 Ohm; Ausnahmen hiervon sind Transformationsglieder und Transformationsleitungen, sowie als Wellenleiter realisierte Kondensatoren und Induktivitäten. Welche Art von Wellenleiter innerhalb des Verstärkers gerade zum Einsatz kommt, hängt von den Anforderungen ab. Mit Hilfe von Koaxialleitungen lassen sich fast beliebige Leistungen und Spannungen übertragen; sie kommen im Eingang und Ausgang eines Verstärkers zum Einsatz. Am Eingang wird das HF-Eingangssignal (wenige Milliwatt, z.B. 0 dBm) z.B. über flexible, dünne Koaxkabel in 50 Ohm-Technik zugeführt. Das Verstärkerausgangssignal im Bereich von wenigen Watt bis hin zu mehreren Kilowatt wird dann entweder auch über dicke flexible Koaxkabel oder über eine feste Rohrleitung in Koaxtechnik (sog. Rigid Line), ebenfalls in 50 Ohm-Technologie abgeführt und über Filter und Combiner in Richtung Antenne gebracht. Je größer die zu übertragende Leistung ist, desto größer muss die Oberfläche des Innenleiters der Koaxleitung oder der Streifenleitung sein. Je größer die zu übertragende Spannung ist, desto größer muss der Abstand zwischen dem Außen- und Innenleiter oder der Abstand zwischen Streifenleitung und Massefläche sein. Bei Koaxleitungen hängt der Durchmesser des Innenleiters und bei Streifenleitern hängt die Breite und damit die Oberfläche der Streifenleitung von der Impedanz, von der Ausführungsform, vom Abstand zur Massefläche und vom verwendeten Dielektrikum ab. Damit ergeben sich bei HF-Leistungsverstärkern doch beträchtliche Leitungsquerschnitte und auch Sonderformen der Streifenleitungen. Dies sind sowohl mehrere Zoll starke Koaxkabel bzw. Rigid Lines oder Streifenleitungen mit weit abgesetzter Massefläche (suspended Substrate Line).

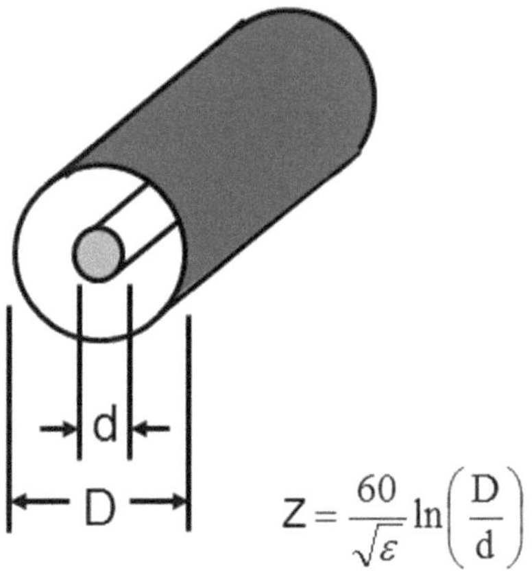

Abb. 46.26. Koax-Technologie

Abb. 46.27. Stripline-Technik

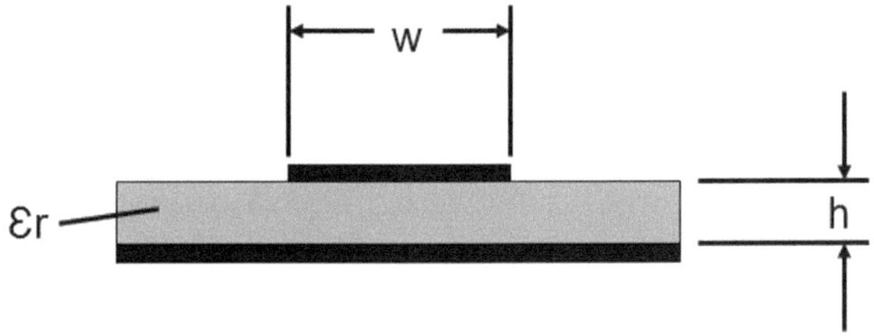

Abb. 46.28. Micro-Stripline-Technik

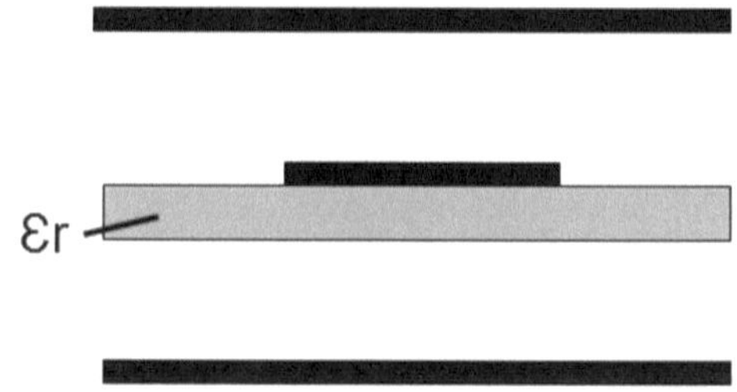

Abb. 46.29. Suspended Substrate-Line-Technik

46.5.5 Kühltechnologie

Aufgabe der Verstärkerkühlung ist es, die Verlustwärme geeignet abzuführen und an die Umgebung abzugeben. Je nach Leistungsklasse und Verstärkerklasse entsteht mehr oder weniger Abwärme; beschrieben wird dies durch den Wirkungsgrad, der sich einfach aus dem Verhältnis von in unserem Fall erzeugter Hochfrequenzleistung und zugeführter, aufgenommener Gleichstromleistung aus der Energieversorgung ergibt. Er wird in Prozent angegeben und liegt somit zwischen 0 und 100%. Beim Rundfunk übliche Wirkungsgrade sind

- ca. 20% beim analogen und digitalen terrestrischen Fernsehen (Klasse AB)
- ca. 60% beim UKW-FM-Hörfunk (Klasse C-Verstärker)
- ca. 20% beim digitalen Hörfunk (Klasse AB)
- ca. 30...40% bei neueren Verstärkertechnologien beim digitalen Fernsehen und Hörfunk (Doherty) und
- ca. 90% bei Klasse D-Verstärkern (z.B. Hochleistungs-Mittelwellensender).

Die restlichen 60...80% werden als Abwärme über Konvektions-, aktive Luft- oder Flüssigkeitskühlung aus dem Verstärker abgeführt. Am effektivsten ist hierbei die Flüssigkeitskühlung. Rundfunksender-Kühlsysteme arbeiten also entweder mit

- Luftkühlung oder
- Flüssigkeitskühlung.

Entsprechende Infrastruktur findet man auch in den Sendergebäuden. Speziell für die Luftkühlung gibt es dort eigene Räume für die Kühlaggregate (Lüfter, Luftmischkammer, Luftfilter), die meist so groß wie die Senderräume selbst sind und sich entweder im Stockwerk darunter oder darüber befinden. Luftkühlsysteme sind groß und auch oft sehr laut. Luftkühlung ist technologisch in der Elektronik aber meist einfacher beherrschbar, weil Luft die Elektronik nicht negativ beeinflussen kann. Bei Flüssigkeitskühlung müssen eigene Kanäle für die Kühlflüssigkeit durch die elektronischen Baugruppen geführt werden und es muss dabei strikt darauf geachtet werden, dass keine Flüssigkeit an die eigentliche Elektronik herankommt. Elektronik verträgt kein Wasser und deswegen hat Flüssigkeitskühlung auch einen schlechten Ruf. Die Kühlflüssigkeit muss auch über spezielle trennbare Anschlüsse an die Baugruppen heran und in die Baugruppen hineingeführt werden. Flüssigkeitskühlsysteme bestehen aus den folgenden Bestandteilen, nämlich

- Kühlschläuche und Kühlrohre
- Pumpen und Reservepumpen (vergleichbar mit Heizungspumpen)
- Absperrventile
- Ausgleichsbehälter (Druckausgleich, wie im Heizungsbereich; im Sendergestell, sowie auch in den Verstärkereinschüben selbst)
- Entlüftungsvorrichtung
- Füll- und Ablassvorrichtung
- Rückkühlersysteme (vgl. Klimatechnik).

Mit Hilfe von Flüssigkeitskühlung lässt sich der benötigte Raumbedarf eines Senders deutlich reduzieren; außerdem sind diese Kühlsysteme außerordentlich leise. Die Abwärme kann z.B. zur Heizung des Sendergebäudes verwendet werden. Da die Auslauftemperatur aber nur bei ca. 30 Grad Celsius liegt, ist dafür jedoch eine Wärmepumpe nötig. Die Kühlflüssigkeit setzt sich ähnlich zusammen wie die in Solaranlagen oder Kfz-Kühlern, sie ist ein Gemisch aus Wasser und höherwertigem Alkohol (Glykol o.ä.).

46.5.6 Verstärkertechniken zur Wirkungsgradsteigerung

Ein Signal wird meist dadurch verstärkt, in dem ein aktives Bauelement - früher eine Elektronenröhre, heute ein Transistor - durch das Eingangssignal mehr oder weniger leitfähig durchgesteuert wird. Im Extremfall entspricht dieses Bauteil einem offenen oder geschlossenen Schalter, bzw. einem mehr oder weniger großen ohm'schen Widerstand, an dem eine

Spannung U abfällt und durch das ein Strom I fließt und dadurch eine Leistung P = U · I in Wärme umgesetzt wird. Diese Wärme ist Verlustwärme bzw. Verlustleistung der Anordnung. Wird die Verstärkeranordnung so eingestellt, dass selbst bei Nichtaussteuerung ein hoher Ruhestrom (Bias Current) fließt, so wird auch schon in diesem Fall (unerwünschte) Wärme erzeugt. Nur ein Teil der aufgenommenen Leistung wird tatsächlich in Nutzleistung in den Verbraucherwiderstand – in unserem Fall in die Antenne – geschickt. Ein großer Teil der aufgenommenen Leistung wird nutzlos in Wärme umgesetzt. Deswegen muss die Anordnung auch gekühlt werden. Die Wärme wird durch Luft- oder Flüssigkeitskühlung in die Umgebung abgeführt. Man definiert als Wirkungsgrad das Verhältnis

Wirkungsgrad = Wirkleistung / aufgenommene Leistung;

Der Wirkungsgrad wird üblicherweise in Prozent angegeben. Er liegt also zwischen 0 und 100%. Im folgenden werden nun Techniken beschrieben, die eine Wirkungsgradsteigerung im Verstärker gegenüber konventionellen Konzepten bewirken.

Grundsätzlich entstehen die meisten Verluste in einem Verstärker durch

- eine Gleichstromverlustleistung am Transistor, bewirkt durch den Ruhestrom I_{Bias} und
- durch die Verluste am Transistor, wenn dieser dynamisch bei Aussteuerung durchgesteuert wird.

Wäre der Ruhestrom immer null, so würde die erste Verlustkomponente entfallen; dies gilt für den Fall des Klasse-C-Verstärkers. Ist ein Transistor entweder immer nur geschlossen, oder immer nur offen, so entfällt auch die zweite Komponente, man erhält das Prinzip eines sog. „Schaltverstärkers". Ein Nachteil beider Konzepte ist das Fehlen linearer Arbeitsbereiche. Würde man zu einem bestimmten Zeitpunkt nur sehr kleine Ausgangssignale benötigen, so würde in diesem Moment auch nur eine kleine Betriebsspannung der Anordnung genügen und die Verluste wären damit auch entsprechend gering. Liegt die Amplitude des Ausgangssignals dagegen in der Größenordnung der Betriebsspannung, so benötigt man dann auch die entsprechend große Betriebsspannung. Ein denkbares Konzept hierfür wäre auch die aussteuerungsabhängige Betriebsspannung; solche Konzepte nennt man dann Envelope-Tracking-Techniken. Ein anderer Ansatz ergibt sich aus der Betrachtung eines Klasse AB- und Klasse-C-Verstärkers mit einem variablen Lastwiderstand. Man könnte sich eine Verstärkeranordnung vorstellen, bei der der Verstärker aussteuerungsabhängig in bestimmten Betriebsarten arbeitet, also AB oder C-Betrieb. Und man kann untersuchen, wie sich die Größe des Lastwiderstands auf die Verlustleistung auswirkt; tatsächlich ist es so, dass bei kleinen Aussteuerungen ein kleiner Arbeits- bzw. Lastwiderstand weniger Verluste in der Verstärkeranordnung bewirkt und man bei großer Aussteuerung entsprechend mit großen Arbeits- bzw. Lastwiderständen günstigere Wirkungsgrade erzielt. Aus üblicherweise konstanten Lastwiderständen (50 Ohm) wird daraus das Konzept der Lastwiderstandsmodulation. Die letzteren Ideen führen dann zum Konzept des Doherty-Verstärkers.

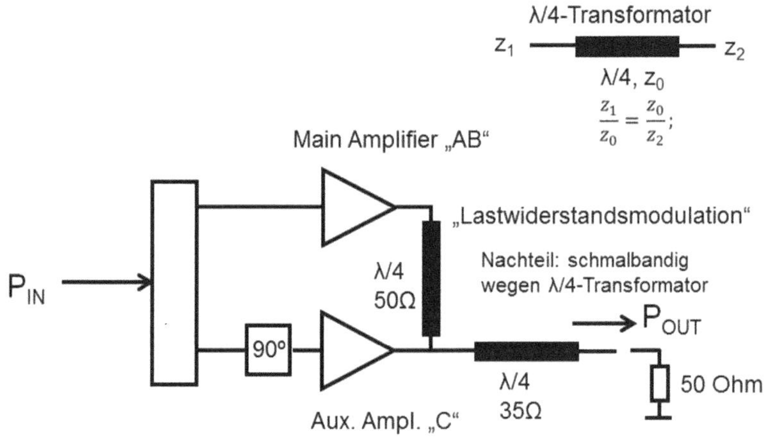

Abb. 46.30. Verstärker in Doherty-Technik

46.5.6.1 Doherty – Technik

Der Begriff „Doherty-Verstärker" stammt aus den 1930er Jahren und ist benannt nach William H. Doherty, Bell Laboratories. Doherty setzte diese Technik ein, um bei Hochleistungs-AM-Röhrensendern Energie zu sparen. Doherty-Verstärker (Abb. 46.30.) setzen sich zusammen aus einem Main- und einem Peak-Verstärker. Der Main-Verstärker ist in AB- und der Peak-Verstärker in C-Technik realisiert. Beide Verstärker werden von einem Eingangsnetzwerk angesteuert, das dafür sorgt, dass der Hauptverstärker bei kleinen bis mittleren Aussteuerungen arbeitet und der Peak-Verstärker ab einer bestimmten Aussteuerung mitarbeitet (ca. 6 dB unter Vollaussteuerung). Ab dem Punkt, wo der Peak-Amplifier mitarbeitet, geht der Main-Amplifier langsam in den Sättigungsbereich. Das Eingangsnetzwerk sorgt auch dafür, dass die Ansteuersignale entsprechend dem Koppelnetzwerk am Ausgang der beiden Verstärkerstufen entsprechend passend zu einander phasenverschoben werden (90 Grad). Zwischen den Ausgängen der Haupt- und Spitzenverstärker befindet sich eine λ/4-Transformationsleitung (Abb. 46.31.), die ebenfalls 90 Grad Phasenverschiebung bewirkt und gleichzeitig als Impedanztransformator wirkt. Nach dem Koppelpunkt der beiden Verstärker findet sich nochmals eine Impedanztransformatorschaltung, die die 50 Ohm Ausgangslast (Antenne) in 25 Ohm transformiert. Wirkt der Peak-Amplifier noch nicht, so sieht der Main-Amplifier nur diese 25 Ohm, aber nochmals transformiert über den Quarterwave-Transformer zwischen den beiden Verstärkern. Die 25 Ohm werden durch diesen Transformer aber in 100 Ohm gewandelt. Setzt nun der Peak-Amplifier ein, so werden aus den 25 Ohm scheinbar höhere Impedanzen, je nach Aussteuerung. Der Quarterwave-Transformer invertiert nun aber wieder diese höher werdende Impedanz entsprechend des Transformationsverhältnisses

$$Z_1/Z_L = Z_L/Z_2;$$

Bei Vollaussteuerung sieht der Hauptverstärker dann 50 Ohm. Damit ergibt sich eine Schaltung mit Lastwiderstandsmodulation für den Hauptverstärker. Die Gesamtschaltung weist nun einen Wirkungsgrad auf, der zwischen dem eines AB- und C-Verstärkers liegt, nämlich bei etwa 40%. Der Nachteil eines Doherty-Verstärkers ist aber die deutlich eingeschränkte Arbeitsfrequenzbandbreite aufgrund der λ/4-Transformatorschaltungen am Ausgang. Doherty-Technologie kann auch in dem für den klassischen Rundfunk relevanten VHF- und UHF-Bereich zum Einsatz kommen.

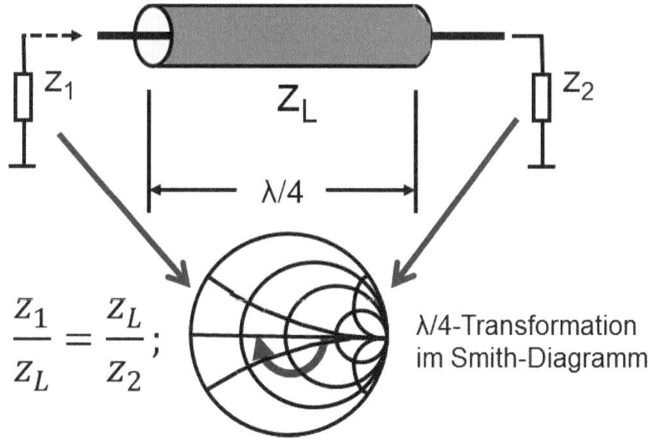

Abb. 46.31. λ/4-Transformator (engl. Quarter-Wave-Transformer)

46.5.6.2 Envelope - Tracking – Technik

Unter Envelope-Tracking versteht man einen Leistungsverstärker, dessen Versorgungsspannung nicht konstant ist, sondern der Hüllkurve des zu verstärkenden Signals folgend seine Versorgungsspannung entsprechend anpasst. Damit soll erreicht werden, dass die Verluste aufgrund des sog. „Headrooms“ reduziert werden. Unter Headroom versteht man den für Leistungsspitzen vorgehaltenen Bereich zwischen mittlerer Leistung und maximaler Leistung. Envelope-Tracking ist eine Technik, die heute v.a. im Mobilfunkbereich Einsatz findet. Beim Envelope-Tracking werden der Verstärkerendstufe zwei Steuersignale zugeführt, nämlich das eigentliche Nutzsignal und ein Steuersignal für die Versorgungsspannungseinstellung der Endstufe. Envelope-Tracking kann auch in dem für den Rundfunk relevanten VHF- und UHF-Bereich zum Einsatz kommen.

46.5.6.3 Schaltverstärker

Schaltverstärker, sog. Klasse-D-Verstärker, weisen Wirkungsgrade von 90% und besser auf. Bei diesem Prinzip werden die Transistoren nur voll aus- und eingeschaltet und durch Pulsdauermodulation angesteuert. Das Eingangssignal läuft in eine Konverterschaltung, die die Pulsdauermodulation erzeugt. Am Ausgang ist ein Tiefpassfilter notwendig, das die Pulsdauermodulation wieder in ein lineares Signal verwandelt. Diese Verstärkertechnologie kommt v.a. bei modernen Lang- und Mittelwellen-Hochleistungssendern zum Einsatz (100 kW … 1000 kW). Für den Einsatz im VHF- und UHF-Bereich fehlen noch die entsprechenden Technologien.

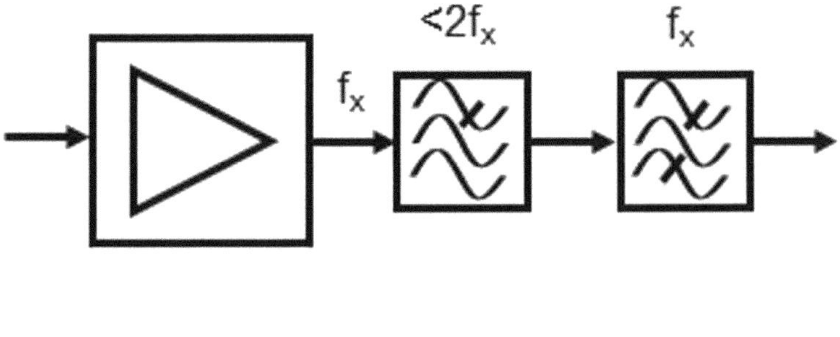

Abb. 46.32. Senderausgangsfilter

46.6 Senderausgangsfilter

Nach dem Verstärkungsvorgang muss das Sendesignal eine entsprechende Reinheit aufweisen, damit andere Funkdienste nicht gestört werden. Außerdem müssen mehrere Sender gegeneinander isoliert werden, d.h. kein Sender darf in einen anderen „hineinstrahlen". Hierzu werden entsprechende Filter (Abb. 46.31.) nach den Verstärkern am Senderausgang in die Ausgangsleitung eingefügt. Man unterscheidet hierbei folgende Filtertypen aufgrund ihrer Aufgabenstellung:

- Oberwellenfilter (Tiefpassfilter)
- Maskenfilter (Bandpassfilter) und
- Antennenweiche (Kombination mehrerer Bandpassfilter).

Das Oberwellenfilter (Abb. 46.33., 46.34., 46.35.) sorgt dafür, dass Vielfache der Sendefrequenz, sog. Harmonische durch den Einsatz von Tiefpassfiltern beseitigt werden. Das Maskenfilter (Abb. 46.36.) ist als hochselektives Bandpassfilter dafür verantwortlich, dass im Nachbarkanalbereich keine nennenswerten Außerkanalanteile auftreten. Die Antennenweiche wiederum isoliert Sender gegeneinander und erlaubt das Aufaddieren mehrerer Sendesignale auf ein Antennensignal.

Abb. 46.33. Oberwellenfilter

Abb. 46.34. Tiefpassfilter in „Distributed Element"-Struktur

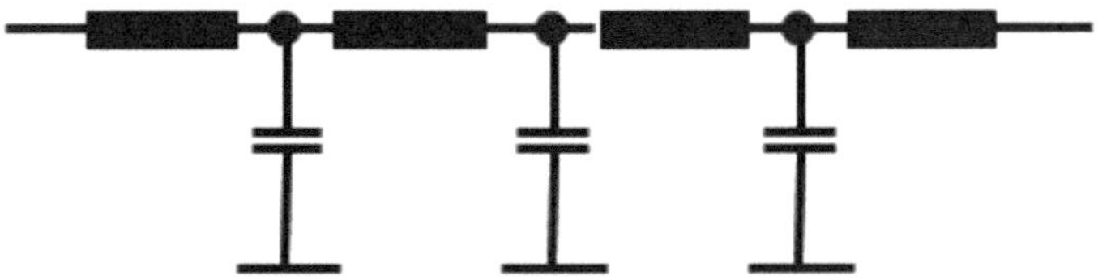

Abb. 46.35. Tschebyscheff-Tiefpassfilter mit „konzentrierten Elementen“

46.6.1 Oberwellenfilter

Das Oberwellenfilter (Abb. 46.33., 46.34., 46.35.) ist nichts anderes als ein gewöhnliches Tiefpassfilter, das nur das Sendesignal passieren lässt und die Oberwellen unterdrückt. Das Nutzband (Passband) ist hierbei so breit, dass es ohne Abgleich alle wählbaren Sendefrequenzen passieren lässt, aber sicher vor der ersten Oberwelle mit dem Sperrbereich (Stoppband) beginnt. Es ist technologisch (Leistung und Frequenzbereich) an die Anforderungen angepasst. Oft ist es als einfache C-L-C-L-C-Kettenschaltung als Tschebyscheff-Filter realisiert. Im VHF/UHF-Bereich werden anstelle von konzentrierten Bauelementen (L und C) Leitungsstücke verschiedener Länge und Impedanz z.B. in Rigid Line Technik eingesetzt.

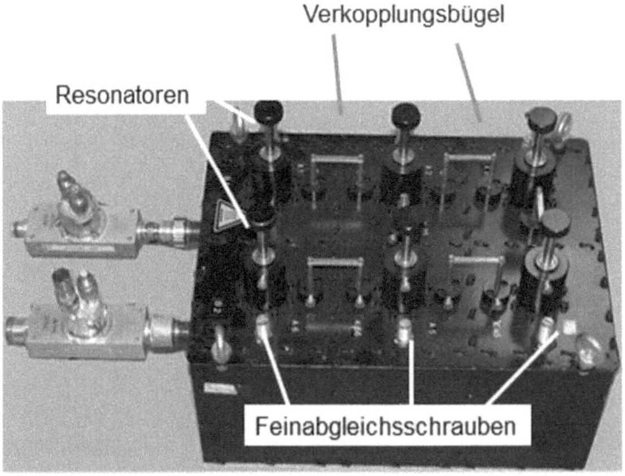

Abb. 46.36. Maskenfilter in Koaxtechnik (Fa. Spinner)

46.6.2 Maskenfilter

Maskenfilter (Abb. 46.36.) sind als hochselektive Bandpassfilter dafür verantwortlich, dass die Nachbarkanäle ausreichend geschützt werden. Sie sind im VHF/UHF-Bereich üblicherweise entweder als Koaxfilter oder als Hohlleiterfilter realisiert.

Das Maskenfilter kann in unkritischer oder kritischer Maske realisiert sein, je nach Anforderung durch die zuständige Regulierungsbehörde. Bei einem Filter mit kritischer Maske muss die Schulter im Nachbarkanal des DTV-Signals bereits um mehr als 52 dB unterdrückt sein. Solche Filter haben eine Dämpfung im Durchlassbereich von etwa 0.3 bis 0.6 dB, was sich auch durchaus in Wärmeentwicklung bemerkbar macht und somit Verluste verursacht.

Bei den hier eingesetzten Bandpassfiltern unterscheidet man technologisch zwischen Filtern in Koaxialtechnik und Hohlleitertechnik. In beiden Technologien werden dann 3- bis 10-kreisige Bandpassfilter aufgebaut, je nach Anforderungen. Beide Technologien bieten Vor- und Nachteile. Die Eigenschaften einen Koaxialfilters sind:

- durchstimmbar im kompletten Band III oder IV/V
- größere Dämpfung (z.B. 0.31 dB in Bandmitte)
- gute Temperaturkonstanz.

Für die Hohlleiterfilter (Waveguide Filter) gilt:

- niedrigere Dämpfung (z.B. 0.17 dB in Bandmitte)
- schlechtere Temperaturkonstanz
- nur über einige Kanäle durchstimmbar (5 – 6 Kanäle)
- größere Abmessungen.

Bei Antennenweichen kommen 3- oder 4-Kreisfilter zum Einsatz. Bei Maskenfiltern benötigt man für die unkritische Maske 6-Kreisfilter und für die kritische Maske 8-Kreisfilter. Oft werden Maskenfilter auch in die Antennenweiche integriert, was aber bedeutet, dass beide Bandpassfilter der Kanalweiche von höherer Ordnung sein müssen.

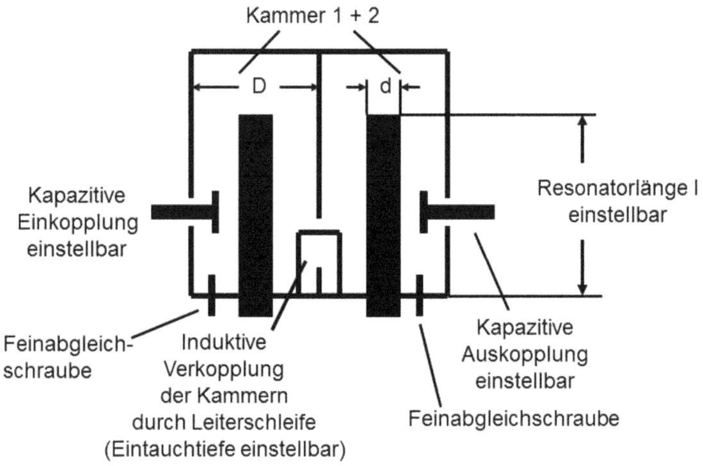

Abb. 46.37. Koaxfilter

46.6.2.1 Koaxfilter

Koaxfilter (Abb. 46.36., 46.37.) sind im Prinzip nichts anderes als λ/4-lange Koax-Leitungen, die auf der einen Seite kurzgeschlossen und auf der anderen Seite offen sind. Damit lassen sich Resonatoren aufbauen. Durch Variieren der Leitungslänge lässt sich die Resonanzfrequenz der Resonatoren verändern. Der Wellenwiderstand einer Koaxleitung mit rundem Innenleiter und rundem Außenleiter ergibt sich zu:

$$z_L = 377\Omega \cdot \ln(D/d)(2\pi\sqrt{\varepsilon_r}) = 60\Omega \cdot \ln(D/d)/\sqrt{\varepsilon_r};$$

mit

d = Durchmesser des Innenleiters;
D = Durchmesser des Außenleiters;
ε_r = Relative Dielektriziätskonstante.

Für die Kombination runder Innenleiter und rechteckförmiger Außenleiter gilt für den Wellenwiderstand:

$$z_L \approx 60\Omega \cdot \ln(1.07 \cdot D/d)/\sqrt{\varepsilon_r};$$

Für koaxiale Systeme gilt:

- minimale Dämpfung bei $z_L=77\Omega/\sqrt{\varepsilon_r}$
- größte Spannungsfestigkeit bei $z_L=60\Omega/\sqrt{\varepsilon_r}$
- maximal übertragbare Leistung bei $z_L=30\Omega/\sqrt{\varepsilon_r}$.

Beim Maskenfilter und beim Antennencombiner ist v.a. geringe Dämpfung gefragt, um die Verluste so gering wie möglich zu halten. Das Dielektrikum ist Luft, somit ergibt sich ein $\varepsilon_r=1$. Der gewählte Wellenwiderstand liegt bei etwa 77Ω, da hier die Dämpfung am geringsten ist.

Die Wellenlänge errechnet sich aus:

$$\lambda = c_0 /(f\sqrt{\varepsilon_r});$$

mit

c_0 = Lichtgeschwindigkeit = $3 \cdot 10^8$ m/s;
f = Frequenz;
ε_r = relative Dielektriziätskonstante.

Damit ergibt sich eine Resonatorleitungslänge λ/4 im Frequenzbereich zwischen etwa 200 MHz und 900 MHz von etwa 36 cm bis etwa 8 cm beim Dielektrikum Luft. Der Kammerdurchmesser hängt von der Leistungsklasse ab. Es können hierbei runde oder quadratische Kammern gewählt werden. Durch eine kapazitive Belastung am offenen Leitungsende kann die Leitung auch verkürzt werden. Die Ein- und Auskopplung in die Kammer kann kapazitiv oder induktiv erfolgen. Abb. 46.36. zeigt den prinzipiellen Aufbau eines zweikreisigen Koaxfilters. Die Einkopplung des Signals erfolgt hier kapazitiv durch einen Stempel, der in der Eintauchtiefe verstellt werden kann. Die Resonatorlängen l sind durch mehr oder weniger tiefes Einschieben von an einem Ende kurzgeschlossenen Stempeln einstellbar. Aus der Resonatorlänge ergibt sich dann die Resonanzfrequenz, die durch Feinabgleichschrauben noch zusätzlich beeinflusst werden kann.

Die Überkopplung von Kammer 1 nach Kammer 2 erfolgt hier durch einen Leiterbügel, der mehr oder weniger tief eingeschoben werden kann. Damit ist die Verkopplung der beiden Resonanzkammern steuerbar. Aus dem Verkopplungsgrad ergibt sich die Bandbreite des Filters. Die Auskopplung aus Kammer 2 erfolgt ebenfalls kapazitiv und ist auch einstellbar. Um mehrkreisige Filter an den Flanken noch steiler machen zu können, erfolgt eine weitere Verkopplung von nicht benachbarten Kammern, die ebenfalls einstellbar ist.

Die Längenausdehnung der Resonatoren muss durch geeignete Wahl von Materialien weitestgehend kompensiert werden, da sich ansonsten die Resonanzfrequenz verstimmt.

46.6.2.2 Hohlleiterfilter

Bei Hohlleiterfiltern (Abb. 46.38., 46.39.) handelt es sich um wirklich hohle Kammern ohne Innenleiter, in denen wirklich Hohlleitermodi erzeugt werden. Durch hohle Kammern lassen sich ebenfalls Resonatoren erzeugen, deren Resonanzfrequenz im Endeffekt vom Volumen des Hohlleiters abhängt. Die Bauform der Filter, die im Bereich der Maskenfilter Einsatz findet, ist zylindrisch; die beiden Parameter D = Durchmesser und h = Höhe des Zylinders bestimmen dann die Resonanzfrequenz, aber auch die Güte. Die Ein- und Auskopplung kann kapazitiv oder induktiv erfolgen. Im zylindrischen Hohlraum lassen sich orthogonal - in 90 Grad - zu einander zwei Modi anregen, die sich gegenseitig nicht stören. Damit kann man diesen Hohlraumresonator quasi doppelt ausnutzen und spart somit Platz. Man spricht dann von einem Dual-Mode-Filter. Mit einer Kammer kann man somit 2 Kreise realisieren. Für ein 6-Kreisfilter braucht man entsprechend drei Kammern und für ein 8-Kreisfilter vier Kammern. In Abb. 46.37. ist der prinzipielle Aufbau eines Dual Mode Hohlleiterfilters dargestellt.

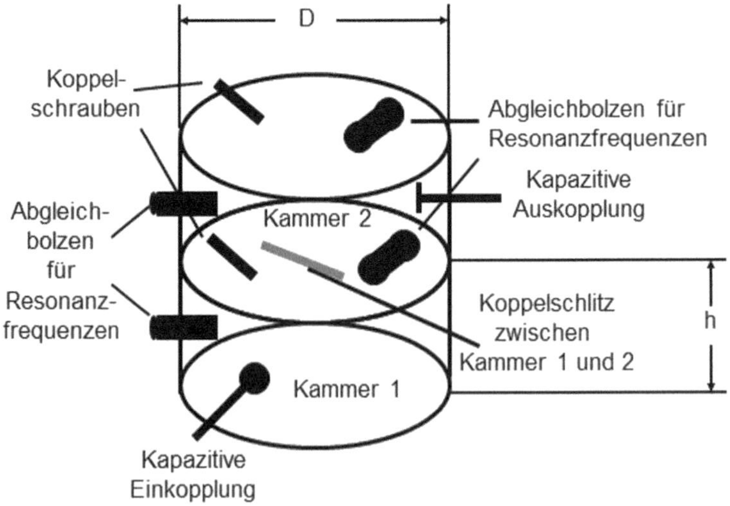

Abb. 46.38. Aufbau eines Dual-Mode-Hohlleiterfilters

Die Signaleinkopplung in Kammer 1 erfolgt kapazitiv durch einen Stempel, der mehr oder weniger tief eintauchbar ist. Gegenüberliegend befindet sich ein Abgleichbolzen, der mehr oder weniger tief eingeschraubt werden kann. Damit kann die Resonanzfrequenz abgestimmt werden. Im Winkel von 45 Grad hierzu ist eine Koppelschraube angebracht, die das Feld dreht und einen orthogonalen Hohlleiter-Mode im Winkel von 90 Grad zum ersteren erzeugt. Für diesen Hohlleiter-Mode existiert ebenfalls ein Abgleichbolzen in 90 Grad zum ersteren. Zwischen Kammer 1 und 2 wird über einen in der Länge verstellbaren Koppelschlitz übergekoppelt. In der zweiten Kammer findet man ebenfalls Abgleichbolzen, sowie eine Koppelschraube. Die Eintauchtiefe der Koppelschrauben bestimmt den Kopplungsgrad zwischen den orthogonalen Hohlleiter-Modi. Bei Erwärmung des Hohlleiterfilters dehnen sich die Kammern aus und somit verstimmt sich die Resonanzfrequenz in Richtung tiefere Frequenzen. Um dies zu vermeiden, werden Metall-Legierungen (Invar) verwendet, die einen besonders geringen Ausdehnungskoeffizienten aufweisen. Hohlleiterfilter sind größer als Koaxfilter; sowohl in den Durchmesser wie auch in die Kammerhöhe muss eine halbe Wellenlänge hineinpassen. Den angeregten Hohlleitermode nennt man H_{111}-Welle.

Abb. 46.39. Dual Mode-Waveguide-Filter

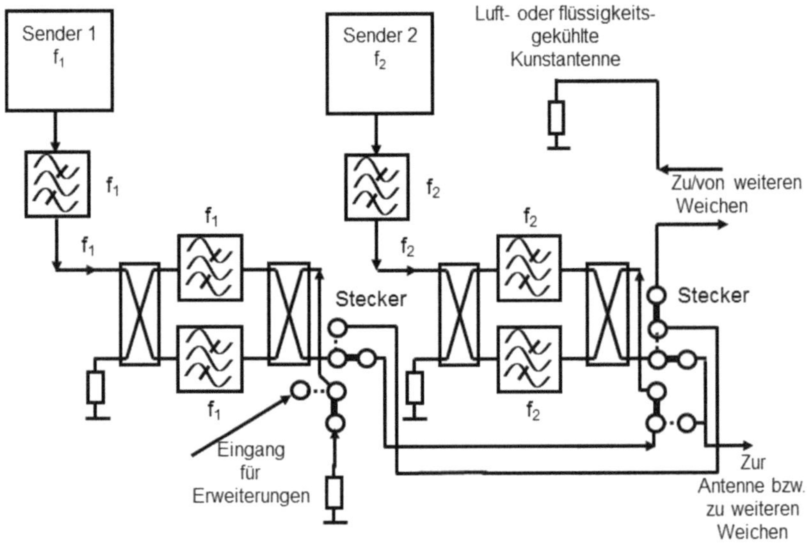

Abb. 46.40. Antennenweiche

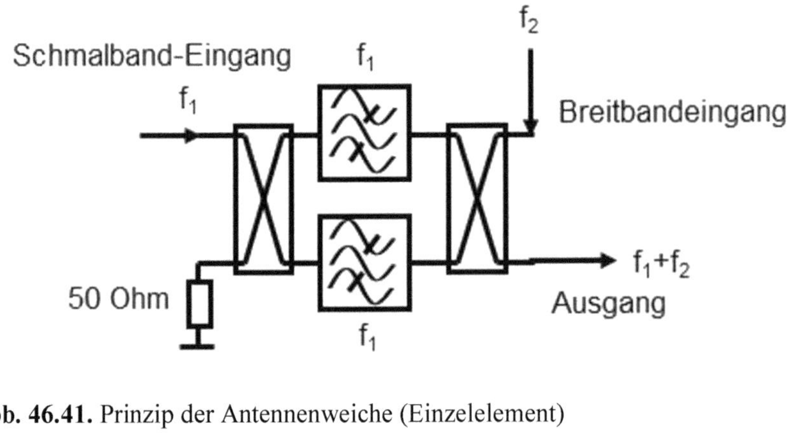

Abb. 46.41. Prinzip der Antennenweiche (Einzelelement)

Abb. 46.42. Antennenweiche, Sender Wendelstein

46.7 Antennenweiche

Die Antennenweiche (Abb. 46.40., 46.41., 46.42.) hat die Aufgabe, die verschiedenen Rundfunk-Kanäle zu einem Signal zusammenzufassen, um es über ein Kabel im VHF-Bereich und ein Kabel im UHF-Bereich der jeweiligen TV-Sendeantenne zuzuführen. Die Sender selbst müssen gegenseitig recht gut entkoppelt sein. Und dies geschieht genau durch die jeweiligen Filter in der Antennenweiche. Die Antennenweiche hat in etwa eine Durchgangsdämpfung von wenigen Zehntel dB (z.B. 0.3 dB pro Kanal).

Jede Kanalweiche der Antennenweiche besteht aus zwei Kanalfiltern, die auf den jeweiligen zuzuführenden TV-Kanal abgestimmt sind. Davor und dahinter ist ein 3dB-Koppler geschaltet. Um die Funktionsweise zu verstehen, kann man zunächst einmal zwei hintereinander geschaltete 3 dB-Koppler betrachten.

Wird in den ersten Koppler ein Signal eingespeist, so teilt sich dies auf in zwei Signale von 0 Grad und 90 Grad Phase. Der zweite Koppler summiert diese Signale wieder auf zu einem nun um 90 Grad gegenüber dem Eingangssignal verschobenen Signal. Bei der Kanalweiche sind zwischen die beiden Koppler Bandpassfilter geschaltet. Die Kanalweiche hat einen Schmalband- und einen Breitbandeingang und ist im Prinzip genauso aufgebaut wie eine Bild-Tonweiche beim analogen Fernsehen. Der zuzuführende Kanal läuft mit 0 Grad und 90 Grad Phase durch die Weiche und das Signal der anderen Sender wird im Breitbandeingang nach dem Koppler an den Filtern sofort totalreflektiert und kommt am Breitbandausgang in Summe mit dem zugeführten Kanal wieder heraus. Beide Filter der Kanalweiche müssen zumindest relativ gleich abgestimmt sein. Abb. 46.40. zeigt eine Antennenweiche mit zwei Sendern, zwei Maskenfiltern, zwei Antennenweichen, sowie Steckfelder, an denen man die Weiche überbrücken kann und ggf. den Senderausgang auf eine Kunstantenne (Dummy Load) schalten kann, um bei Bedarf Abstimm- und Messarbeiten durchführen zu können, ohne das Signal auf die Antenne zu geben.

46.8 Antennenzuführung und Sendeantenne

Von der Antennenweiche im Sendergebäude läuft das Sendesignal dann über ein entsprechend dickes Koaxkabel (Abb. 46.43.) zur Sendeantenne. Die Sendeantenne befindet sich meist erst in einiger Entfernung auf einem Turmbau, so dass die Zuführungsleitung einige Hundert Meter lang sein kann. Die Antenne selbst besteht aus Redundanzgründen aus einer unteren und oberen Halbantenne, die über getrennt geführte Speiseleitungen zu versorgen sind. Oft findet man dann auch noch mindestens eine Reserveleitung vom Sendergebäude zur Antenne. Es finden durchaus auch Sendekabel mit etwa 20 cm Durchmesser (6 1/8 Zoll) Verwendung.

Abb. 46.43. Sendekabel (Heliflex, Fa. RFS) [RFS]

Entsprechende Koaxkabel haben in etwa folgende Dämpfungen auf je 100 m Länge:

Tabelle 46.3. Technische Daten eines Heliflex-Koaxialkabels [RFS]

Durchmesser des Koaxkabels	max. mittlere Leistung bei 500 MHz	d[dB] @200 MHz	d[dB] @500 MHz	d[dB] @800 MHz
4-1/8"	35 kW	0.4 dB	0.7 dB	0.9 dB
5"	55 kW	0.3 dB	0.5 dB	0.7 dB
6-1/8"	75 kW	0.3 dB	0.4 dB	0.6 dB
8"	120 kW	0.2 dB	0.4 dB	0.5 dB

Entweder in einem eigenen Antennenhaus oder im Sendergebäude befindet sich dann ein Rangierfeld, über das die obere und untere Halbantenne der Sendeantenne gezielt gespeist wird bzw. freigeschaltet werden kann. Dies geschieht ggf. über einige etwa 20…30 cm große Steckbrücken in Koaxtechnologie. Die Antenne selbst besteht häufig aus in einem GFK-Zylinder (glasfaserverstärkter Kunststoff) untergebrachten Komponenten (Beispiel Sender Wendelstein, Bayerischer Rundfunk, Antenne Fa. Kathrein, Rosenheim), z.B. folgendermaßen aufgebaut:

- unten VHF-Antenne (1. und 2. Halbantenne)
- Mitte UHF-Antenne (1. und 2. Halbantenne)
- oben mechanischer Schwingungsdämpfer
- ganz oben Blitzfangkorb.

Im Beispiel des Senders Wendelstein, Bayerischer Rundfunk ist der GFK-Zylinder (Abb. 46.44., 46.45.) ca. 24 m und die Gesamtantenne ca. 65 m hoch; die Antennenspitze liegt bei ungefähr 1900 m über NN. Die VHF-Antenne setzt sich aus sechs Ebenen mit je sechs vertikal polarisierten Band III-Dipol-Antennenfeldern zusammen. Die unteren drei Ebenen bilden die untere VHF-Halbantenne, die oberen drei Ebenen die obere VHF-Halbantenne. Beide Halbantennen werde über je ein eigenes Speisekabel versorgt. Die UHF-Antenne besteht aus 12 Ebenen mit je acht Band IV/V-Antennenfeldern, die sich genauso wie die VHF-Antenne aus der unteren und oberen Halbantenne (hier je sechs Ebenen) aufbaut. Auch hier wird jede Halbantenne durch ein eigenes Koaxkabel angesteuert. Oberhalb der UHF-Antenne befindet sich der mechanische Schwingungsdämpfer, der ein Aufschwingen bei Windbelastung verhindern soll.

Ab der Sendeantenne ist das Signal nun auf dem Weg zu den Empfängern. Man spricht von Rundfunk, weil das Signal viele Empfänger Punkt-zu-Multipunkt erreicht; wie viele Empfänger dieses Rundfunksignal empfangen, spielt hierbei keine Rolle. Welche Empfänger dieses Signal erreichen kann, hängt vom Versorgungsgebiet ab. Bei den Rundfunknetzbetreibern gibt es eigene Netzplanungsabteilungen, die mit Hilfe von Planungssoftware ermitteln, welche Gegenden versorgt sind und entsprechend die Sendeanlagenplanung inkl. Leistung, Antennengewinn und Antennendiagramm vornehmen.

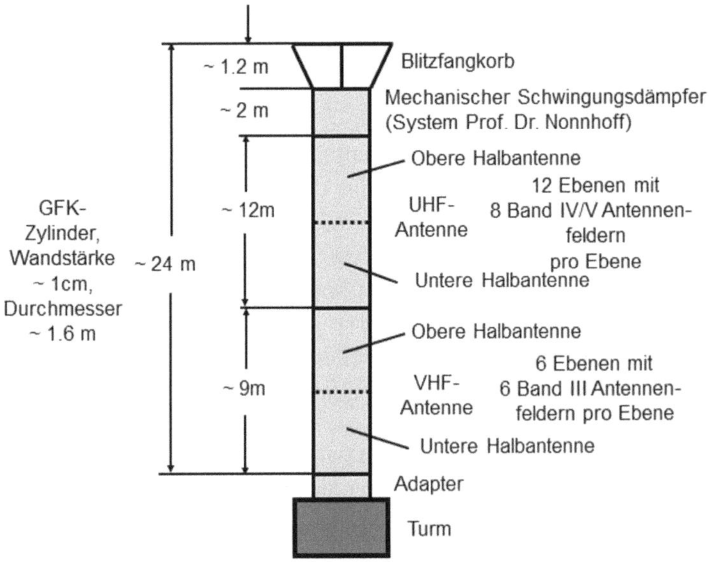

Abb. 46.44. Aufbau einer VHF/UHF-Sendeantenne

UHF-Sendeantennen werden häufig auch mit Hilfe von sog. Antennenfeldern (ca. 2 kW Eingangsleistung), die sich meist aus vier Ganzwellendipolen hinter einer Wetterschutzverkleidung zusammensetzen (Abb. 46.46.), direkt an einem Mastrohr aufgebaut. Die Einzelfelder sind dann auch direkt am Sendemast als weiße Koffer erkennbar (Abb. 46.46.). Jedes dieser Felder wird von einem Leistungsteiler phasenrichtig gespeist. Über die Phase lässt sich das Antennendiagramm steuern.

Bei den Angaben zur Sendeleistung wird unterschieden zwischen

- Leistung am Senderausgang vor Maskenfilter
- Leistung nach dem Maskenfilter
- sowie der äquivalenten Strahlungsleistung (inkl. Verluste bei der Zuführung zur Antenne, sowie Antennengewinn) ERP.

Abb. 46.45. Sendeantenne Wendelstein, Bayerischer Rundfunk [Kathrein]

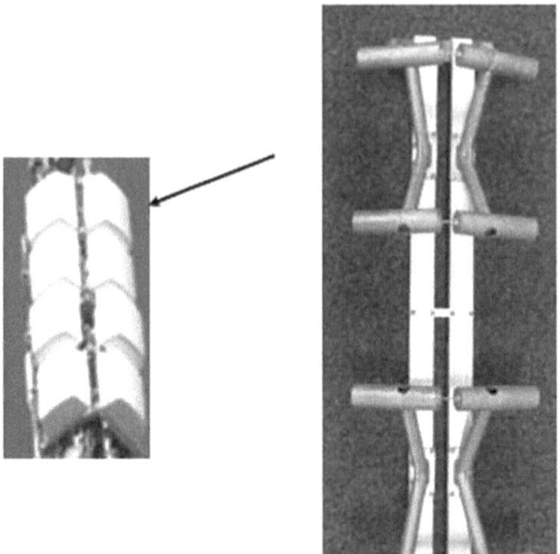

Abb. 46.46. UHF-Antennenfeld, geöffnet (horizontal polarisiert) [Kathrein]

Im Rundfunkbereich ist es üblich, das ERP (equivalent radiated power, also Sendeleistung inkl. Gewinn im Vergleich zum Halbwellendipol) und nicht das EIRP (equivalent isotropic radiated power inkl. Gewinn gegenüber isotropem Kugelstrahler) anzugeben.

Die „equivalent radiated power = ERP“ berechnet sich aus der Sendeantenneneingangsleistung und dem Antennengewinn gegenüber dem Halbwellendipol.

$$ERP = g \cdot P_{Ant}; \text{ [kW]}$$

mit P_{Ant} = Antenneneingangsleistung in kW
und g = Gewinn der Antenne (im linearen Maß) gegenüber Halbwellendipol.

Rundfunksender und Sendestationen weisen Redundanzen auf, um eine möglichst hohe Verfügbarkeit auch noch im Fehlerfall zu erhalten. Dies beginnt schon bei der meist mindestens doppelten Modulationssignalzuführung und endet bei den in Halbantennensegmente eingeteilten Sendeantennen. Auch die Sendergestelle selbst weisen Redundanzen auf wie z.B. doppelt ausgeführte Modulatoren („Dual Drive“), doppelt ausgeführte GPS-Versorgung und Reserven in den Endstufenmodulen selbst. Oft sind dann auch noch zusätzlich N+1 – Lösungen vorhanden, nämlich vollständig bereitgehaltene Sender für eine bestimmte Anzahl an Sendern. Senderreservekonzepte bezeichnet man typischerweise mit

- “Single Transmitter” (keine Reserve)
- „Dual Drive“ = zwei Modulatoren für eine Endstufe
- „1+1“ = „passive Transmitter Standby“
- „N+1“ – Standby
- „Active Power Amplifier Standby“ and „Dual Drive“ und
- “Passive Power Amplifier Standby” and “Dual Drive”.

Auch bei der Kühlung werden Reserven in Form von doppelten Pumpensystemen usw. vorgehalten. Antennenweichen sind meist auch so ausgeführt, dass notfalls Teile überbrückt werden können. Bei der Netzversorgung finden sich auf vielen Stationen Notstromgeneratoren, sowie für die mikroprozessor-basierenden Baugruppen auch batterie-gestützte Überbrückungssysteme, wie sie bei Servern im Datenverarbeitungsbereich üblich sind. Alles ist so ausgeführt, dass die Anlagen im Störungsfall im Notbetrieb weiterlaufen und ggf. nur mit reduzierter Leistung senden.

Greift das alles nicht, muss der Mensch manuell eingreifen, wenn noch jemand vor Ort ist. Früher hatte die terrestrische Rundfunkversorgung sehr hohe Priorität; deswegen waren die Stationen meist alle mit Personal besetzt. Das hat sich mit der Einführung anderer Distributionswege wie Satellit, Breitbandkabel und IP-Streaming geändert. Trotzdem werden terrestrische Rundfunksysteme gerade mit dem bewährten UKW-Hörfunk auch im Katastrophenfall noch dafür sorgen können, die Bevölkerung mit wichtigen Informationen zu versorgen; das hat sich in der Vergangenheit bei Flutkatastrophen auch in Europa mehrfach gezeigt.

Abb. 46.47. Luftgekühlter Mittelleistungssender [R&S] (TMU9)

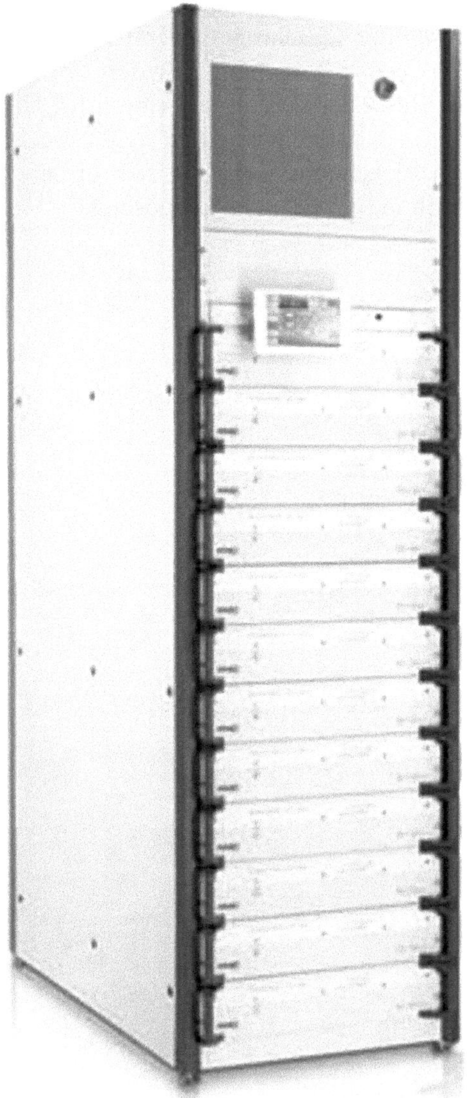

Abb. 46.48. Flüssigkeitsgekühlter Hochleistungssender [R&S] (THU9)

Abb. 46.49. 6-kreisiges Maskenfilter mit Flüssigkeitskühlung, unkritische Maske, 7.5 kW, (3.75 kW ohne Flüssigkeitskühlung), 6, 7 oder 8 MHz Bandbreite, Fa. Spinner, [SPINNER]

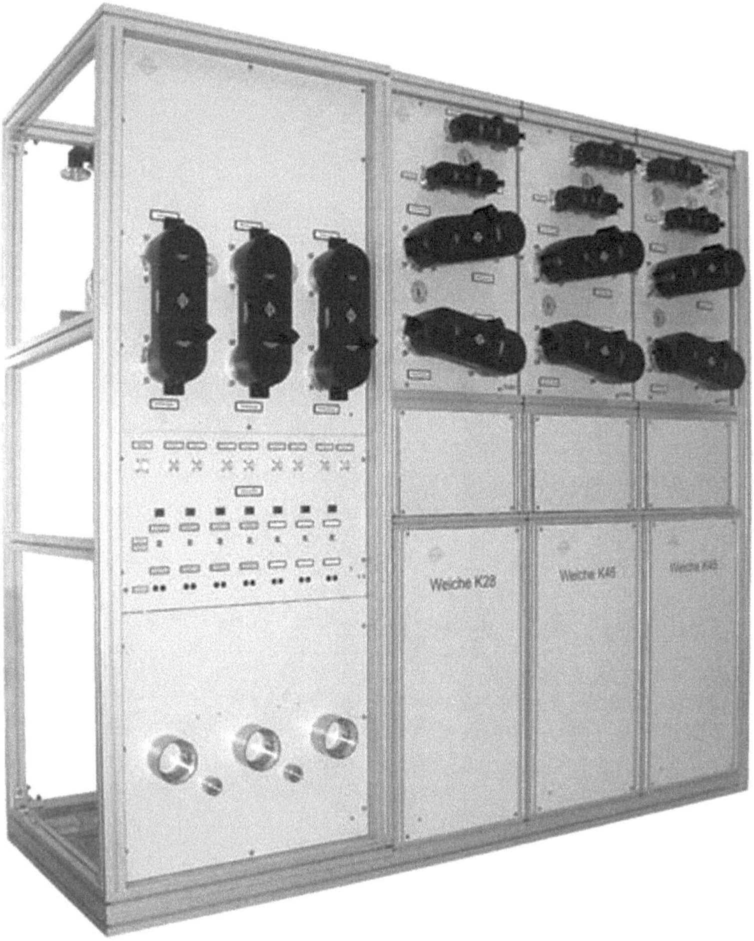

Abb. 46.50. Beispiel einer Antennenweiche für 3 Kanäle (je 5 kW); jedes Weichenmodul ist überbrückbar, jeder Weicheneingang ist auf Kunstantenne (Dummy Load) schaltbar, Fa. Spinner [SPINNER]

Literatur: [RFS], [R&S], [Kathrein], [KATHREIN_ANTENNEN_1], [KATHREIN_ANTENNEN_2], [SPINNER]

47 Ausblick

Ab Mitte der 1990er Jahre erfolgte der Umbruch vom analogen zum digitalen Rundfunk. Analoges Fernsehen gibt es nun (Stand 2015) terrestrisch nur noch in einigen Ländern in Asien, Afrika und Südamerika, alle anderen Regionen haben digitales terrestrisches Fernsehen in Form von DVB-T, DVB-T2, ATSC, ISDB-T oder DTMB eingeführt. Noch ein paar Jahre wird es sog. „re-analogisierte" TV-Kanäle in CATV-Netzen parallel zu DVB-C oder ITU-J83A, B, C-Kanälen geben, dann wird das analoge Fernsehen auch im Breitbandkabel Geschichte sein. Die TV-Analogabschaltung über Satellit erfolgte in Europa bereits im April 2012. Es gibt nun zahlreiche SDTV und HDTV-Kanäle über Satellit, über Kabel oder terrestrisch oder auch über die Telefonzweidrahtleitung als IPTV. Viele Endgeräte und viele Rundfunkinhalte unterstützen „HbbTV" bzw. „SmartTV"-Funktionalität und werten so den Rundfunkdienst hinsichtlich parallelen Angeboten wie Mediatheken, modernerem Videotext usw. über das Internet auf. 3DTV-Techniken und Angebote sind technisch auch seit Jahren möglich; aber es scheint momentan so, also wäre 3DTV ein „Hype" gewesen zu sein. Fast jedes Endgerät unterstützt dies, aber es gibt Inhalte wenn dann meist nur über Blu Ray Disc (BD). In den nächsten Jahren wird es auch UHDTV-Angebote geben; Endgeräte hierfür sind bereits verfügbar. In zahlreichen Regionen wird von DVB-T(1) auf DVB-T2 umgestellt, so auch in Deutschland ab 2017 in Verbindung mit HEVC/H.265-Videocodierung. Digital Radio gibt es als DAB oder DAB+-Technologie oder in USA als HD Radio / IBOC, Nicht-Flächen-Länder stellen oder stellten LW-, MW- und KW-Dienste bereits ein. UKW-FM-Radio wird aber noch lange Jahre in den meisten Ländern der Erde verfügbar bleiben. Seit einigen Jahren gibt es den neuen DOCSIS 3.1-Standard mit OFDM-Technologie für das Breitbandkabel; er wird mehr Datenrate für den Internetzugang über Breitbandkabel bieten. DOCSIS 3.1 wird aber wohl auch Konkurrenz zum DVB-C2 sein. Wie sich das weiter entwickelt, werden die nächsten Jahre zeigen. In USA wird auf den neuen ATSC 3.0-Standard gewartet; er wird OFDM-basierend sein auf so wie es aussieht auf DVB-T2 aufbauen.

Literatur: [DVB], [DOCSIS 3.1], [ATSC]

Literaturverzeichnis

[ALAMOUTI] Alamouti, S.: A Simple Transmit Diversity Technique for Wireless Communications, IEEE Journal, October 1998
[ARIB] Association of Radio Business and Industries, Arib Std.-B10 Version 3.2, Service Information for Digital Broadcasting System, 2001
[ATSC-MH] ATSC-M/H Standard, Part 1, A/153, 2009
[AVHE100] Rohde&Schwarz AVHE100, Headend Solution for Encoding and Multiplexing, 2015
[A53] ATSC Doc. A53, ATSC Digital Television Standard, September 1995
[A65] ATSC Doc. A65, Program and System Information Protocol for Terrestrial Broadcast and Cable, December 1997
[A133] Implementation Guidelines for a Second Generation Digital Terrestrial Television Broadcasting System (DVB-T2), DVB Document A133, February 2009
[A138] Digital Video Broadcasting (DVB), Frame Structure Channel Coding and Modulation for a Second Generation Digital Transmission System for Cable Systems (DVB-C2), April 2009
[BEST] Best, R.: Handbuch der analogen und digitalen Filterungstechnik. AT Verlag, Aarau, 1982
[BOSSERT] Bossert, M.: Kanalcodierung. Teubner, Stuttgart, 1998
[BRIGHAM] Brigham, E. O.: FFT, Schnelle Fouriertransformation. Oldenbourg, München 1987
[BRINKLEY] Brinkley, J.: Defining Vision - The Battle for the Future of Television. Harcourt Brace, New York, 1997
[BTC] Rohde&Schwarz, Broadcast Test Center BTC, Handbuch
[KWS_VAROS109] KWS Electronic VAROS109, Digitaler Satelliten-Messempfänger
[BUROW] Burow, R., Mühlbauer, O., Progrzcba, P.: Feld- und Labormessungen zum Mobilempfang von DVB-T. Fernseh- und Kinotechnik 54, Jahrgang Nr. 3/2000
[CHANG] Robert W. Chang, Orthogonal Frequency Data Transmission System, United States Patent Office, 1970

[CISPR20] International Electrotechnical Commission, Sound and Television Broadcast Receivers and Associated Equipment – Immunity Characterstics, 2006
[COOLEY] Cooley, J. W., and Tukey J. W.: An Algorithm for Machine Calculation of Complex Fourier Series, Math. Computation, Vol. 19, pp. 297-301, April 1965
[DAMBACHER] Dambacher, P.: Digitale Technik für Hörfunk und Fernsehen. R. v. Decker, 1995
[DAVIDSON] Davidson, G., Fielder, L., Antill, M.: High-Quality Audio Transform Coding at 128 kBit/s, IEEE, 1990
[D-book] www.dtg.org.uk
[DIBCOM] Kabelnetzhandbuch, 4. Auflage, Mai 2007
[DOCSIS1.0] Recommendation ITU-T J112, International Telecommunication Union, 1998
[DOCSIS2.0] Recommendation ITU-T J122, International Telecommunication Union, 2007
[DOCSIS3.0] Recommendation ITU-T J222.0, International Telecommunication Union, 2007
[DOCSIS3.1] Cable Television Laboratories, Data-Over-Cable Service Interface Specification – DOCSIS 3.1, 2014
[DREAM] DREAM; Version 1.5 cvs, Open-Source Software Implementation of a DRM Receiver, Darmstadt University of Technology, 2005
[DVB_A122r1] Digital Video Broadcasting (DVB), Frame Structure Channel Coding and Modulation for a Second Generation Digital Terrestrial Television Broadcasting System (DVB-T2), DVB, June 2008
[DVB-A169] DVB Blue Book A169, C2-Modulator Interface, ETSI, 2014
[DVB-A83-2] Digital Video Broadcasting, DVB Document A-83-2, DVB-S2X DVB-S2X Extensions, 2014
[DVB Blue Book A147] Digital Video Broadcasting, DVB-C2 Implementation Guidelines, ETSI, 2013
[DVB-T2] Digital Video Broadcasting (DVB); Frame Structure Channel Coding and Modulation for a Second Generation Digital Terrestrial Television Broadcasting System (DVB-T2), January 2008
[DVB-C2] Digital Video Broadcasting (DVB); Frame Structure Channel Coding and Modulation for a Second Generation Digital Transmission System for Cable Systems (DVB-C2), DVB Document A138, April 2009
[DVB-T2-MI] ETSI TS 102773, Digital Video Broadcasting (DVB); Modulator Interface (T2-MI) for a Second Generation Digital Terrestrial Television Broadcasting System (DVB-T2), 2009
[DVM] MPEG-2 Analyzer DVM, Documentation, Rohde&Schwarz, Munich, 2005

[DVMD] Digital Measurement Decoder DVMD, Documentation, Rohde&Schwarz, Munich, 2001
[DVMS] Rohde&Schwarz, Digital TV Monitoring System DVMS1, DVMS4
[DVSG] Digital Video Signal Generator, Rohde&Schwarz, Documentation, 2009
[DVQ] Digital Picture Quality Analyzer DVQ, Documentation, Rohde&Scharz, München, 2001
[DVG] Digital Video Generator DVG, Documentation, Rohde&Schwarz, München, 2001
[EFA] TV Test Receiver EFA, Documentation, Rohde&Schwarz, München, 2001
[EIA608A] EIA-608-A, Recommended Practice for Line 21 Data Service, December 1999
[EIA708B] EIA-708-B, Digital Television Closed Captioning, December 1999
[ERVER] Erver, M.: Mess-Sequenzen für TV-Displays, Diplomarbeit TU-Dortmund, 2008
[ETL] TV Analyzer ETL, Documentation, Rohde&Schwarz, 2009
[ETS101812] Digital Video Broadcasting (DVB); Multimedia Home Platform (MHP) Specification 1.1.1., ETSI 2003
[ETS101980] Digital Radio Mondiale (DRM); System Specification, ETSI, 2001
[ETS102006] ETSI TS 102 006, Digital Video Broadcasting (DVB); Specifications for System Software Update in DVB Systems, ETSI, 2004
[ETR290] ETSI Technical Report ETR 290, Digital Video Broadcasting (DVB), Measurement Guidelines for DVB systems, Sophia Antipolis, 2000
[ETS300401] Radio Broadcasting Systems ; Digital Audio Broadcasting (DAB) to mobile, portable and fixed receivers, ETSI May 2001
[ETS300472] ETS 300472 Digital broadcasting systems for television, sound and data services; Specification for conveying ITU-R System B Teletext in Digital Video Broadcasting (DVB) bitstreams, ETSI, 1995
[ETS301192] ETSI EN 301 192, Digital Video Broadcasting (DVB); DVB specification for data broadcasting
[ETS301234] Digital Audio Broadcasting (DAB) ; Multimedia Object Transfer (MOT) protocol, ETSI 1999
[ETS300421] ETS 300421, Digital broadcasting systems for television, sound and data services; Framing structure, channel coding and modulation for 11/12 GHz satellite systems, ETSI, 1994
[ETS300429] ETS 300429, Digital Video Broadcasting; Framing structure, channel coding and modulation for cable systems, ETSI, 1998

[ETS300468] ETS 300468 Specification for Service Information (SI) in Digital Video Broadcasting (DVB) Systems, ETSI, March 1997

[ETS300744] ETS 300744, Digital Video Broadcasting; Framing structure, channel coding and modulation for digital terrestrial television (DVB-T), ETSI, 1997

[ETS300797] Digital Audio Broadcasting (DAB); Distribution Interfaces ; Service Transport Interface (STI), ETSI 1999

[ETS300799] Digital Audio Broadcasting (DAB); Distribution Interfaces ; Ensemble Transport Interface (ETI), ETSI, Sept. 1997

[EN301210] ETSI EN 301 210 ; Digital Video Broadcasting (DVB), Framing Structure, Channel Coding and Modulation for Digital Satellite News Gathering (DSNG) and other Contribution Applications by Satellite, ETSI, 1999

[EN302769] Digital Video Broadcasting, ETSI EN302769, Frame Structure, Channel Coding and Modulation for the Second Generation Digital Transmission System for Cable System (DVB-C2), ETSI, 2011

[ETS302304] Digital Video Broadcasting (DVB); Transmission Systems for Handheld Terminals (DVB-H), ETSI 2004

[EN302583] Digital Video Broadcasting (DVB); Framing Structure, Channel Coding and Modulation for Satellite Services to Handheld Divices (SH) below 3 GHz, 2008

[ETS302307] ETSI EN 301 307; Digital Video Broadcasting (DVB), Second Generation of Framing Structure, Channel Coding and Modulation for Broadcasting, Interactive Services, News Gathering and other Broadcast Satellite Operations, ETSI, 2006

[FASTL] Fastl, H., Zwicker, E.: Psychoacoustics, Springer, Berlin, Heidelberg, 2006

[FISCHER1] Fischer, W.: Die Fast Fourier Transformation - für die Videomesstechnik wiederentdeckt. Vortrag und Aufsatz Fernseh- und Kinotechnische Gesellschaft, FKTG, Mai 1988

[FISCHER2] Fischer, W.: Digital Terrestrial Television: DVB-T in Theory and Practice, Seminar Documentaion, Rohde&Schwarz, Munich, 2001

[FISCHER3] Fischer, W.: DVB Measurement Guidelines in Theory and Practice, Seminar Documentation, Rohde&Schwarz, Munich, 2001

[FISCHER4] Fischer, W.: MPEG-2 Transport Stream Syntax and Elementary Stream Encoding, Seminar Documentation, Rohde&Schwarz, Munich, 2001

[FISCHER5] Fischer, W.: Picture Quality Analysis on Digital Video Signals, Seminar Documentation, Rohde&Schwarz, Munich, 2001

[FISCHER6] Fischer, W.: Digital Television, A Practical Guide for Engineers, Springer, Berlin, Heidelberg, 2004

[FISCHER7] Fischer, W.: Einführung in DAB, Seminardokumentation, Rohde&Schwarz München, 2004

[FITZEK] Fitzek, F., Katz, M., Cooperation in Wireless Networks: Principles and Applications, Springer, 2006

[FKT_2013_HEVC] B. Bross, D. Marpe, H. Schwarz, High-Efficiency Video Coding – (HEVC) Standard, Fernseh- und Kinotechnik, FKT 1-2, 2013

[FKTG_GUNKEL] Gunkel, G.: Presentation DVB-T2, Fernseh- und Kinotechnische Gesellschaft, Jahrestagung Mai 2008, München

[GB20600] GB20600-2006, Framing Structure, Channel Coding and Modulation for Digital Television Terrestrial Broadcasting System, China, 2006

[GIROD] Girod, B., Rabenstein, R., Stenger, A.: Einführung in die Systemtheorie. Teubner, Stuttgart, 1997

[GRUNWALD] Grunwald, S.: DVB, Seminar Documentation, Rohde&Schwarz, Munich, 2001

[HARRIS] Harris, Fredrik J.: On the Use of Windows for Harmonic Analysis with the Discrete Fourier Transform, Proceedings of the IEEE, Vol. 66, January 1978

[HbbTV] HbbTV Specification 2.00, www.hbbtv.org

[HDMI1.4] High-Definition Multimedia Interface Specification, Version 1.4b, 2011

[HDMI2.0] High-Definition Multimedia Interface Specification, Version 2.0a, 2015

[HEVC] Recommendation ITU-T H.265, High Efficiency Video Coding, International Telecommunication Union, 2013

[HEVC_IEEE_Overview] G.J. Sullivan, J.R. Ohm, W.J. Han, T. Wiegand, Overview of the High Efficiency Video Coding (HEVC) Standard, IEEE Transactions, Vol. 22, No. 12, Dec. 2012

[HEVC_IEEE_Comparison] J.R. Ohm, G.J. Sullivan, H. Schwarz, T.K Tan, T. Wiegand, Comparison of the Coding Efficiency of Video Coding Standards – Including High Efficiency Video Coding (HEVC), IEEE Transactions, Vol. 22, No. 12, Dec. 2012

[HOEG_LAUTERBACH] Hoeg W., Lauterbach T.: Digital Audio Broadcasting, Principles and Applications of Digital Radio, Wiley, Chichester, UK, 2003

[HOFMEISTER] Hofmeister, M.: Messung der Übertragungsparameter bei DVB-T, Diplomarbeit Fachhochschule München, 1999

[H.264] ITU-T H.264 Advanced video coding for generic audiovisual services, International Telecommunication Union, 2005

[IRT2008_KUNERT] Kunert, C.: Presentation DVB-T2, April 2008, IRT, Institut für Rundfunktechnik, München

[ISO/IEC13522.5] Information technology – Coding of multimedia and hypermedia information – part 5: Support of base-level interactive applications. ISO/IEC 13522-5, 1997

[ISO13818-1] ISO/IEC 13818-1 Generic Coding of Moving Pictures and Associated Audio: Systems, ISO/IEC, November 1994

[ISO13818-2] ISO/IEC 13818-2 MPEG-2 Video Coding

[ISO13181-3] ISO/IEC 13818-3 MPEG-2 Audio Coding

[ISO/IEC13818-6] Digital Storage Media Command and Control (DSM-CC), ISO/IEC 13818-6, 1996

[ISO14496-2] ISO/IEC 14496-10 AVC

[ISO/IEC23008] ISO/IEC23008, High Efficiency Coding and Media Delivery in Heterogeneous Environments, MPEG-H, 2014

[ISO/IEC23009] ISO/IEC23009, Dynamic Adaptive Streaming over HTTP (DASH), MPEG-DASH, 2012

[ITU205] ITU-R 205/11, Channel Coding, Frame Structure and Modulation Scheme for Terrestrial Integrated Services Digital Broadcasting (ISDB-T), ITU, March 1999

[ITU500] ITU-R BT.500 Methology for Subjective Assessment of Quality of Television Signals

[ITU601] ITU-R BT.601

[ITU709] ITU-R BT.709-5, Parameter values for the HDTV standards for production and interactive programme exchange, ITU, 2002

[ITU1120] ITU-R BT.1120-3, Digital interfaces for HDTV studio signals, ITU, 2000

[ITU-T G.992] ITU-T G.992 Asymmetrical Digital Subscriber Line (ADSL), ITU, 1999

[ITU-T G.993] ITU-T G.993 Very High Speed Digital Subscriber Line (VDSL), ITU, 2007

[ITUJ83] ITU-T J83: Transmission of Television, Sound Programme and other Multimedia Signals; Digital Transmission of Television Signals, April 1997

[ITU-R BS.412-9] ITU Recommendation ITU-R BS.412-9, Planning standards for terrestrial FM sound broadcasting at VHF, 1998

[ITU-R BS.450-3] ITU Recommendation ITU-R BS.450-3, Transmission Standard for FM sound broadcastingn at VHF, 2001

[JACK] Jack, K.: Video Demystified, A Handbook for the Digital Engineer, Elsevier, Oxford, UK, 2005

[JAEGER] Jaeger, D.: Übertragung von hochratigen Datensignalen in Breitbandkommunikationsnetzen, Dissertation. Selbstverlag, Braunschweig, 1998

[KAMMEYER] Kammeyer, K.D.: Nachrichtenübertragung. Teubner, Stuttgart, 1996

[KATHREIN] Kathrein-Werke KG, www.kathrein.de
[KATHREIN1] Kathrein, Broadcast Antennas for FM, TV, MMDS, DAB and DVB, Cathalogue, Rosenheim, 2005
[KATHREIN_ANTENNEN_1] O. Gotthard, FM- und TV-Sendeantennensysteme, Fa. Kathrein, 1989
[KATHREIN_ANTENNEN_2] Professional Broadcast Antennas, Katalog, 2011
[KELLER] Keller, A.: Datenübertragung im Kabelnetz, Springer, Berlin, Heidelberg, 2005
[KIRCHNER] Kirchner, J.: UKW-Stereo-Rundfunkversorgung, Funkschau, 1981
[KORIES] Kories, R.: Schmidt-Walter, H.: Taschenbuch der Elektrotechnik. Verlag Harri Deutsch, Frankfurt, 2000
[KUEPF] Küpfmueller, K.: Einführung in die theoretische Elektrotechnik. Springer, Berlin, 1973
[KWS] KWS Electronic GmbH, www.kws-electronic.de
[LASS] Lassalle, R., Alard, M.: Principles of Modulation and Channel Coding for Digital Broadcasting for Mobile Receivers. EBU Review no. 224, August 1987
[LEFLOCH] Le Floch, B.: Halbert-Lassalle, R., Castelain, D.: Digital Sound Broadcasting to Mobile Receivers. IEEE Transactions on Consumer Electronics, Vol. 35, No. 3, August 1989
[LESNIK] Lesnik, F.: Messtechnische Untersuchung über Einfluss der Belegung in den UHF-Kanälen K61 – 69 mit UMTS/3G FDD oder WIMAX-Signalen und Auswirkungen auf die Übertragung in Kabel-TV-Netzen, Februar 2009
[LOCHMANN] Lochmann, D.: Digitale Nachrichtentechnik, Signale, Codierung, Übertragungssysteme, Netze. Verlag Technik, Berlin, 1997
[LStelcom] LStelcom, CHIRplus BC, Lichtenau, 2009
[LVGB] Landesamt für Vermessung und Geoinformation Bayern, TOP50 and DTK500 Maps, 2006
[MAEUSL1] Mäusl, R.: Digitale Modulationsverfahren. Hüthig, Heidelberg, 1985
[MAEUSL2] Mäusl, R.: Modulationsverfahren in der Nachrichtentechnik. Huethig, Heidelberg, 1981
[MAEUSL3] Mäusl, R.: Refresher Topics - Television Technology, Rohde&Schwarz, Munich, 2000
[MAEUSL4] Mäusl, R.: Von analogen Videoquellensignal zum digitalen DVB-Sendesignal, Seminar Dokumentation, München, 2001
[MAEUSL5] Mäusl, R.: Fernsehtechnik, Von der Kamera bis zum Bildschirm. Pflaum Verlag, München, 1981

[MAEUSL6] Mäusl R.: Fernsehtechnik, Vom Studiosignal zum DVB-Sendesignal, Hüthig, Heidelberg, 2003
[MAEUSL7] Mäusl R.: Geschichtsbuch zum Hörfunk und Fernsehen, 2007, private Veröffentlichung
[NBTV] Narrow-Bandwidth Television Association, www.nbtv.org, Wikipedia, 2015
[NELSON] Nelson, M.: Datenkomprimierung, Effiziente Algorithmen in C. Heise, Hannover, 1993
[NEUMANN] Neumann, J.: Lärmmeßpraxis. Expert Verlag, Grafenau, 1980
[NorDig] www.nordig.org,
[NX7000] Rohde&Schwarz, High Power Transmitters, Documentation, Munich, 2007
[OTT] Over the Top TV, Wikipedia
[PRESS] Press, H. W.: Teukolsky, S. A., Vetterling, W. T., Flannery, B. P.: Numerical Recipes in C. Cambridge University Press, Cambridge, 1992
[RAUSCHER] Rauscher, C.: Grundlagen der Spektrumanalyse. Rohde&Schwarz, München, 2000
[REIMERS] Reimers, U.: Digitale Fernsehtechnik, Datenkompression und Übertragung für DVB. Springer, Berlin, 1997
[REIMERS1] Reimers U.: DVB, The Family of International Standards for Digital Video Broadcasting, Springer, Berlin, Heidelberg, New York, 2004
[REIMERS2] Reimers U.: DVB-Digitale Fernsehtechnik, Springer, Berlin, Heidelberg, 3. Auflage, 2007
[RFS] RFS, Radio Frequency Systems, www.rfsworld.com
[R&S_APPL_1MA91] Test of DVB-H Capable Mobile Phones in Development and Production, Application Note, Rohde&Schwarz, April 2005
[RICHARDS] Richards, J.: Radio Wave Propagation, Springer, Berlin, Heidelberg, 2008
[R&S] Rohde&Schwarz GmbH & Co. KG, www.rohde-schwarz.com
[SIGMUND] Sigmund, G.: ATM - Die Technik. Hüthig, Heidelberg, 1997
[SMPTE2022], SMPTE2022, "SDI over IP", Transport of High Bit Rate Media Signals over IP, SMPTE, 2015
[SPINNER] Spinner GmbH, www.spinner-group.com
[STEINBUCH] Steinbuch K., Rupprecht, W.: Nachrichtentechnik. Springer, Berlin, 1982
[SFN1] System Monitoring and Measurement for DVB-T Single Frequency Networks with DVMD, DVRM and Stream Explorer®, Rohde&Schwarz, April 2000
[T-DMB] Levi, S.: DMB-S/DMB-T Receiver Solutions on TI DM342, May 2004

[TEICHNER] Teichner, D.: Digitale Videocodierung. Seminarunterlagen, 1994
[THIELE] Thiele, A.N.: Digital Audio for Digital Video, Journal of Electrical and Electronics Engineering, Australia, September 1993
[TODD] Todd, C. C.: AC-3 The Multi-Channel Digital Audio Coding Technology. NCTA Technical Papers, 1994
[TOZER] Tozer E.P.J.: Broadcast Engineer's Reference Book, Elsevier, Oxford, UK, 2004
[TR101190] TR101190, Implementation Guidelines for DVB Terrestrial Services, ETSI, 1997
[TR101496] Digital Audio Broadcasting (DAB) ; Guidelines and rules for implementation and operation, ETSI 2000
[TS102796] ETSI TS102796, European Broadcasting Union, Hybrid Braodcast Broadband TV, 2010
[TS102991] Digital Video Broadcasting, TS102991, DVB-C2 Implementation Guidelines, ETSI, 2011
[T2-Lite] Digital Video Broadcasting, ETSI EN302755, DVB-T2 Annex I - T2-Lite, ETSI, 2012
[RFS] RFS, Documentation, Heliflex Cable, www.rfsworld.com, 2007
[SFQ] TV Test Transmitter SFQ, Gerätehandbuch, Rohde&Schwarz, München, 2001
[UHDTV] ITU-R BT.2020, ITU, 2014
[VIERACKER] Vieracker, T.: Analyse von DVB-T-Empfänger-Synchronisationsproblemen in DVB-T-Gleichwellennetzen, Diplomarbeit Berufsakademie Ravensburg, Sept. 2007
[WATKINSON] Watkinson, J.: The MPEG Handbook, Elsevier, Oxford, UK, 2004
[WEINSTEIN] Weinstein, S. B., Ebert, P. M.: Data Transmission by Frequency-Division Multiplexing Using the Discrete Fourier Transform. IEEE Transactions and Communication Technology, Vol. Com. 19, No. 5, October 1971
[WOOTTON] Wootton C.: A Practical Guide to Video and Audio Compression, From Sprockets and Rasters to Macro Blocks, Elsevier, Oxford, UK, 2005
[ZEIDLER] Zeidler, E., Bronstein, I.N., Semendjajew K. A.: Teubner-Taschenbuch der Mathematik, Teubner, Stuttgart, 1996
[ZIEMER] Ziemer, A.: Digitales Fernsehen, Eine neue Dimension der Medienvielfalt. R. v. Decker, Heidelberg, 1994
[ZWICKER] Zwicker, E.: Psychoakustik. Springer, Berlin 1982
[7BM85_0E] Application Note 7BM85_05, Rohde&Schwarz, „Compliance Testing, Functional Testing and Debugging on HDMI Interfaces“, 2014

[7EB01_APP] Application Note, ATSC Mobile DTV, Rohde&Schwarz, 2009
[802.AVB], IEEE 802.1BA Audio Video Bridging (AVB) 2011

Abkürzungsverzeichnis

Diese Sammlung von wichtigen Begriffen aus dem Bereich "Hörfunk und Fernsehen“ stammt teilweise aus Dokumentationen, Gerätehandbüchern usw. der Firma Rohde&Schwarz, bei der der Autor seit vielen Jahren arbeitet [R&S].

AAC	Advanced Audio Coding
AAL0	ATM Adaptation Layer 0
AAL1	ATM Adaptation Layer 1
AAL5	ATM Adaptation Layer 5
AIT	Application Information Table
ARIB	Association of Radio Industries and Business
ASI	Asynchronous Serial Interface
ATM	Asynchronous Transfer Mode
ATSC	Advanced Television Systems Committee
AVC	Advanced Video Coding
BAT	Bouquet Association Table
BCH	Bose-Chaudhuri-Hocquenghem Code
BD	Blu ray Disc
C2-MI	DVB-C2-Modulator Interface
CA	Conditional Access
CAT	Conditional Access Table
CD	Compact Disc
CI	Common Interface
CI+	Common Interface +
COFDM	Coded Orthogonal Frequency Divison Multiplex
CRC	Cyclic Redundancy Check
CVCT	Cable Virtual Channel Table
DAB	Digital Audio Broadcasting
DAB+	Digital Audio Broadcasting plus
DASH	Dynamic Adaptive Streaming over HTTP
DCT	Discrete Cosine Transform
DDB	Download Data Block
DFT	Discrete Fourier Transform
DII	Download Info Identification

DMB-T	Digital Terrestrial Multimedia Broadcasting Terrestrial
DOCSIS	Data over Cable Service Interface Specification
DRM	Digital Radio Mondiale
DSI	Download Server Initializing
DSM-CC	Digital Storage Media Command and Control
DST	Discrete Sine Transform
DTMB	Digital Terrestrial Multimedia Broadcasting
DTS	Decoding Time Stamp
DVB	Digital Video Broadcasting
DVD	Digital Versatile Disc
ECM	Entitlement Control Messages
EIT	Event Information Table
EMM	Entitlement Management Messages
ES	Elementary Stream
ETT	Extended Text Table
FEC	Forward Error Correction
FFT	Fast Fourier Transform
H.264	siehe AVC
H.265	siehe HEVC
HbbTV	Hybrid Broadcast Broadband TV
HD	High Definition
HDMI	High Definition Multimedia Interface
HDTV	High Definition Television
HEVC	High Efficiency Video Coding
IDCT	Inverse Discrete Cosine Transform
IDFT	Inverse Discrete Fourier Transform
IDST	Inverse Discrete Sine Transform
IFFT	Inverse Fast Fourier Transform
IRD	Integrated Receiver Decoder
ISDB-T	Integrated Service Digital Network - Terrestrial
LCD	Liquid Crystal Display
LDPC	Low Density Priority Check Code
LED	Light-Emitting Diode
LVDS	Low Voltage Differential Signalling
MGT	Master Guide Table
MHP	Multimedia Home Platform
MHEG	Multimedia and Hypermedia Information Coding Experts Group
MIP	Megaframe Initialization Packet
MOT	Multimedia Object Transfer
MP3	MPEG Audio Layer 3

MPEG Moving Pictures Expert Group
MIMO Multiple Input – Multiple Output
MISO Multiple Input – Single Output
MUSICAM Masking Pattern Adapted Universal Subband Integrated Coding and Multiplexing
NIT Network Information Table
OFDM Orthogonal Frequency Division Multiplex
OLED Organic Light-Emitting Diode
OTT Over the Top TV
PAT Program Association Table
PCR Program Clock Reference
PCMCIA PCMCIA
PDH Plesiochronous Digital Hierarchy
PES Packetized Elementary Stream
PID Packet Identifier
PMT Program Map Table
Profile MP@ML
PS Program Stream
PSI Program Specific Information
PSIP Program and System Information Protocol
PTS Presentation Time Stamp
PVR Personal Video Recording
QAM Quadrature Amplitude Modulation
QPSK Quadrature Phase Shift Keying
RRT Rating Region Table
SDH Synchronous Digital Hierarchy
SDT Service Descriptor Table
SDTV Standard Definition Television
SI Service Information
SISO Single Input – Single Output
SIMO Single Input – Multiple Output
SONET Synchronous Optical Network
SSU System Software Update
ST Stuffing Table
STD System Target Decoder
STT System Time Table
T2-MI DVB-T2-Modulator Interface
T-DMB Terrestrial Digital Multimedia Broadcasting
TDT Time and Data Table
TOT Time Offset Table
TS Transport Stream
TVCT Terrestrial Virtual Channel Table

UHDTV Ultra High Definition Television
VSB Vestigial Sideband Modulation

Adaptation Field
Das Adaptation Field ist eine Erweiterung des TS-Headers und enthält Zusatzdaten für ein Programm. Von besonderer Bedeutung ist dabei die Program Clock Reference (PCR). Das Adaptation Field darf grundsätzlich nicht verschlüsselt übertragen werden.
Advanced Audio Coding (AAC)
Advanced Audio Coding ist ein Audio-Encoding-Algorithmus, der innerhalb von MPEG-4 Part 3 standardisiert wurde.
Advanced Video Coding (AVC)
AVC ist ein Video-Codierverfahren das unter ITU-H.264 und MPEG-4 Part 10 standardisiert wurde.
Application Information Table (AIT)
Die AIT ist eine DVB-SI-Tabelle aus dem Bereich Data Broadcasting, die bei MHP, Object Carousels, SSU und HbbTV verwendet wird.
Asynchronous Transfer Mode Asynchronous Transfer Mode (ATM)
Verbindungsorientiertes Breitband Übertragungsverfahren mit Zellen fester Länge von 53 Bytes. Hierbei werden Nutz- und Signalisierungsinformationen übertragen.
ATM Adaptation Layer 0 (AAL0)
Das ATM AAL0 Layer ist eine transparente ATM Schnittstelle. Hier werden die ATM-Zellen direkt weitergeleitet, ohne durch das ATM Adaptation Layer behandelt worden zu sein.
ATM Adaptation Layer 1 (AAL1)
Das ATM Adaption Layer AAL1 findet für MPEG-2 mit und ohne FEC Anwendung. Die Payload beträgt hierbei 47 Bytes, die restlichen 8 Bytes werden für den Header mit der Forward Error Correction und der Sequence Number verwendet. Damit lässt sich die Reihenfolge der eingehenden Data Units, sowie die Übertragung überprüfen. Mit der FEC lassen sich Übertragungsfehler korrigieren.
ATM Adaptation Layer 5 (AAL5)
Das ATM Adaption Layer AAL5 findet für MPEG-2 grundsätzlich ohne FEC Anwendung. Die Payload beträgt hierbei 48 Bytes, die restlichen 7 Bytes werden für den Header verwendet. Es können beim Empfang keine Korrekturen fehlerhaft übertragener Daten stattfinden.
Asynchronous Serial Interface (ASI)

Das ASI ist eine Schnittstelle für den Transport Stream. Dabei wird jedes Byte des Transport Stream auf 10 Bit erweitert (Energieverwischung) und unabhängig von der Datenrate des Transport Stream mit einem festen Bittakt von 270 MHz (asynchron) übertragen. Die feste Datenrate wird durch Hinzunahme von Fülldaten ohne Informationsinhalt erzielt. Die Einfügung der Nutzdaten in den seriellen Datenstrom erfolgt entweder in einzelnen Bytes oder ganzen TS-Packets. Dies ist notwendig, um einen PCR-Jitter zu vermeiden. Nicht zulässig ist deshalb ein variabler Pufferspeicher am Sender.

Advanced Television Systems Committee (ATSC)

Nordamerikanisches Normungsgremium, das den gleichnamigen Standard für die digitale Übertragung von Fernsehsignalen festgelegt hat. ATSC basiert ebenso wie DVB auf MPEG-2-Systems bezüglich der Transportstrom-Multiplexbildung sowie MPEG-2-Video für die Videokompression. Für die Audiokompression wird jedoch abweichend von MPEG-2 der Standard AC-3 verwendet. ATSC spezifiziert die terrestrische und kabelgebundene Übertragung während die Ausstrahlung über Satellit nicht berücksichtigt ist.

Blu ray Disc (BD)

Speichermedium vergleichbar wie DVD und CD, nur mit deutlich höherer Datenkapazität.

Bose-Chaudhuri-Hocquenghem Code (BCH)

Zyklischer Blockcode, der u.a. beim Satellitenstandard DVB-S2 in der FEC verwendet wird.

Bouquet Association Table (BAT)

Die BAT ist eine SI-Tabelle (DVB). Sie enthält Informationen über die verschiedenen Programme (Bouquet) eines Anbieters. Sie wird in TS-Packets mit der PID 0x11 übertragen und durch die Table_ID 0x4A angezeigt.

Cable Virtual Channel Table (CVCT)

Die CVCT ist eine PSIP-Tabelle (ATSC), die Kenndaten (z. B. Kanalnummer, Frequenz, Modulationsart) für ein Programm (= Virtual Channel) im Kabel enthält (terrestrische Übertragung → TVCT). Die CVCT wird in TS-Paketen mit der PID 0x1FFB übertragen und durch die Table_id 0xC9 angezeigt.

Common Interface (CI)

Das CI ist eine empfängerseitige Schnittstelle für eine anbieterspezifische wechselbare CA-Einsteckkarte. Damit soll es möglich sein mit ein und derselben Hardware verschlüsselte Programme von verschiedenen Anbietern trotz unterschiedlicher CA-Systeme zu dekodieren.

Common Interface + (CI+)

CI+ ist eine DVB-Empfängerschnittstelle für anbieterspezifische wechselbare Entschlüsselungsmodule, z.B. notwendig für HD+.

Compact Disc (CD)

Optisches Speichermedium verwendet als Audio Compact Disc und als Datenträger mit einer Speicherkapazität von 700…900 MByte.

Conditional Access (CA)

CA ist ein System, das Programme verschlüsseln und auf der Empfängerseite individuell nur den berechtigten Nutzern zugänglich machen kann. Es eröffnet den Programmanbietern die Möglichkeit, Programme oder auch einzelne Sendungen gebührenpflichtig zu senden. Die Verschlüsselung kann auf einer von zwei vorgesehenen Ebenen eines MPEG-2 Multiplexstromes stattfinden. Dies ist die Ebene des Transport Stream oder die Ebene des Packetized Elementary Stream. Dabei bleiben die jeweiligen Header unverschlüsselt. Ebenfalls unverschlüsselt bleiben die PSI- und SI-Tabellen mit Ausnahme der EIT.

Conditional Access Table (CAT)

Die CAT ist eine PSI-Tabelle (MPEG-2) und enthält für die Entschlüsselung von Programmen notwendige Informationen. Sie wird in TS-Packets mit der PID 0x0002 übertragen und durch die Table_ID 0x01 gekennzeichnet.

Continuity Counter

Der Continuity Counter ist für jeden Elementary Stream (ES) als Vier-Bit-Zähler im vierten und letzten Byte eines jeden TS-Header vorhanden. Er zählt die TS-Packets eines PES und dient der Feststellung der richtigen Reihenfolge sowie der Vollständigkeit der Pakete eines PES. Mit jedem neuen Paket des PES erfolgt ein Increment des Zählers (auf die Fünfzehn folgt die Null). Unter bestimmten Umständen sind Abweichungen davon erlaubt.

Coded Orthogonal Frequency Division Multiplex (COFDM)

Im Prinzip OFDM. C steht für den Fehlerschutz (Coding), der immer vor OFDM geschaltet wird.

Cyclic Redundancy Check (CRC)

Der CRC dient der Feststellung der fehlerfreien Übertragung von Daten. Dazu wird im Sender aus den zu überwachenden Daten ein Bitmuster errechnet und an die betreffenden Daten angehängt und zwar in der Weise, daß ein äquivalentes Rechenwerk im Empfänger nach der Verarbeitung des nun erweiterten Datenabschnitts bei fehlerfreier Übertragung ein festes Bitmuster zum Ergebnis hat. In einem Transport Stream ist für die PSI-Tabellen (PAT, PMT, CAT, NIT) sowie für einige SI-Tabellen (EIT, BAT, SDT, TOT) ein CRC vorgesehen.

Data over Cable Service Interface Specification (DOCSIS)

Standard für schnellen Internetzugang und Telefonie im Breitbandkabel (CATV).

Digital Audio Broadcasting (DAB)
Ein im Rahmen des EUREKA Projekts 147 definierter Standard für den Digitalen Hörfunk im VHF-Band III, sowie dem L-Band. Die Audiocodierung erfolgt gemäß MPEG-1 oder MPEG-2 Layer II. Als Modulationsverfahren wird COFDM mit DSPSK-Modulation verwendet.

Digital Audio Broadcasting plus (DAB+)
Digitaler Radiostandard mit DAB als physikalischem Layer und AAC-Audio-Codierung.

Discrete Cosine Transform (DCT)
Transformationsverfahren vom Zeitbereich in den Frequenzbereich, basierend auf der diskreten Fouriertransformaton, das bei vielen Videokompressionsverfahren verwendet wird.

Discrete Fourier Transform (DFT)
Numerisches Transformationsverfahren vom Zeitbereich in den Frequenzbereich, basierend auf der Fouriertransformation.

Discrete Sine Transform (DST)
Numerisches Transformationsverfahren vom Zeitbereich in den Frequenzbereich, basierend auf der Diskreten Fouriertransformation, angewendet bei HEVC bei der Intra Frame Codierung.

Digital Terrestrial Multimedia Broadcasting (DTMB)
Chinesischer terrestrischer digitaler Fernsehstandard.

Digital Versatile Disc (DVD)
Optisches Speichermedium für Video/Audio-Signale, sowie Daten, mit einer Speicherkapazität von 4.7 GByte pro Layer.

Decoding Time Stamp (DTS)
Das DTS ist ein 33-Bit-Wert im PES-Header und repräsentiert den Dekodierzeitpunkt des betreffenden PES-Packets. Der Wert bezieht sich auf die 33 höherwertigen Bit der zugehörigen Program Clock Reference. Ein DTS ist nur vorhanden, wenn es vom Presentation Time Stamp (PTS) abweicht. Das ist bei Videoströmen dann der Fall, wenn Differenzbilder übertragen werden und somit die Reihenfolge der Dekodierung nicht mit der Reihenfolge der Ausgabe übereinstimmt.

Digital Radio Mondiale (DRM)
Digitaler Standard für Hörfunk im Mittelwellen- und Kurzwellenbereich. Die Audiosignale werden MPEG-4 AAC-codiert. Als Modulationsverfahren kommt COFDM zum Einsatz.

Digital Storage Media Command and Control (DSM-CC)
Private Sections gemäß MPEG-2, die im MPEG-2 Transportstrom zur Übertragung von Datendiensten in Object Carousels oder für Datagramme wie IP-Pakete dienen.

Download Info Identification (DII)
Logischer Einstiegspunkt in Module eines Object Carousels.
Download Data Block (DDB)
Datenübertragungsblöcke eines Object Carousels, logisch organisiert in Modulen.
Digital Multimedia Broadcasting Terrestrial (DMB-T)
Chinesischer Standard für digitales terrestrisches Fernsehen.
Digital Video Broadcasting (DVB)
Im Rahmen des europäischen DVB-Projekts sind Verfahren und Richtlinien für die digitale Übertragung von Fernsehsignalen festgelegt. Oft finden auch die Kürzel DVB-C (für die Übertragung im Kabel), DVB-S (für die Übertragung über Satellit) und DVB-T (für die terrestrische Übertragung) Verwendung.
Download Server Initializing (DSI)
Logischer Einstiegspunkt in ein Object Carousel.
DVB-C2-Modulator Interface (C2-MI)
Modulator-Interface-Datenschnittstelle für DVB-C2-Modulatoren.
DVB-T2-Modulator Interface (T2-MI)
Datenschnittstelle zwischen DVB-T2-Gateway, Distributionsnetz und DVB-T2-Modulatoren.
Dynamic Adaptive Streaming over HTTP (MPEG-DASH)
MPEG-Standard für Video- und Audiostreaming über IP.
Elementary Stream (ES)
Der Elementary Stream ist ein 'endloser' Datenstrom für Bild, Ton oder anwenderspezifische Daten. Die aus der Digitalisierung von Bild oder Ton entstandenen Daten sind mit in MPEG-2-Video und MPEG-2-Audio definierten Verfahren komprimiert.
Entitlement Control Messages (ECM)
ECM enthalten Informationen für den Descrambler im Empfänger eines CA-Systems, die Auskunft zum Entschlüsselungsverfahren geben.
Entitlement Management Messages (EMM)
EMM enthalten Informationen für den Descrambler im Empfänger eines CA-Systems, die Auskunft über die Zugriffsrechte des jeweiligen Kunden auf bestimmte verschlüsselte Programme oder Sendungen geben.
Event Information Table (EIT)
Die EIT ist sowohl als SI-Tabelle (DVB) als auch als PSIP-Tabelle (ATSC) definiert. Sie gibt Auskunft über Programminhalte ähnlich einer Programmzeitschrift.

In DVB wird die EIT in TS-Packets mit der PID 0x0012 übertragen und durch eine Table_ID von 0x4E bis 0x6F angezeigt. Abhängig von der Table_ID sind unterschiedliche Informationen enthalten:

Table_ID 0x4E actual TS / pesent+following

Table_ID 0x4E other TS / present+following
Table_ID 0x50...0x5F actual TS / schedule
Table_ID 0x60...0x6F other TS / schedule

In ATSC sind die EIT-0 bis EIT-127 definiert. Dabei enthält jede der EIT-k Informationen zu Programminhalten eines dreistündigen Abschnitts, angefangen bei der EIT-0 für das aktuelle Zeitfenster. Die EIT-4 bis EIT-127 sind optional. Jede EIT kann in einer von der MGT festgelegten PID mit der Table_id 0xCB übertragen werden.

Extended Text Table (ETT)

Die ETT ist eine PSIP-Tabelle (ATSC) und enthält Informationen zu einem Programm (Channel-ETT) oder zu einzelne Programmsendungen (ETT-0 ... ETT-127).in Textform. Die ETT-0 bis ETT-127 sind den ATSC-Tabellen EIT-0 bis EIT-127 zugeordnet und geben jeweils Informationen über die Programm-inhalte eines dreistündigen Zeitabschnitts. Die ETT-0 bezieht sich dabei auf das aktuell ablaufende Zeitfenster, die weiteren ETTs auf jeweils spätere Zeitabschnitte. Alle ETTs sind optional. Jede ETT kann in einer von der MGT festgelegten PID mit der Table_id 0xCC übertragen werden.

Fast Fourier Transform (FFT)

Schnelles numerisches Transformationsverfahren vom Zeitbereich in den Frequenzbereich, basierend auf der diskreten Fouriertransformation.

Forward Error Correction (FEC)

Fehlerschutz bei der Datenübertragung, Kanalcodierung.

Hybrid Broadcast Broadband TV (HbbTV)

Standardisierter Zugriff auf das Internet über TV-Endgeräte zum Download und Ausführen von TV-Applikationen, Zugriff auf Mediatheken und für modernen Videotext, usw., manchmal auch unter dem Begriff „Smart TV“ beworben.

High Definition (HD)

HD ist ein Synonym für hochauflösendes Video bzw. High-End-Audio.

High Definition Multimedia Interface (HDMI)

Moderne AV-Schnittstelle zur Vernetzung von Receivern, BD-Playern usw. mit TV-Endgeräten.

High Definition Television (HDTV)

HDTV steht für hochauflösendes Fernsehen.

High Efficiency Video Coding (HEVC)

HEVC ist ein neues Videoencodierverfahren, standardisiert als ITU-T.H.265 und MPEG-H.

Integrated Receiver Decoder (IRD)

Der IRD ist ein Empfänger mit integriertem MPEG-2-Decoder. Umgangssprachlich ist von Set-Top-Box die Rede.

Integrated Service Digital Network – Terrestrial (ISDB-T)

Japanischer digitaler terrestrischer Fernsehübertragungsstandard.

Inverse Discrete Cosine Transform (IDCT)

Numerisches Transformationsverfahren vom Frequenzbereich in den Zeitbereich; Umkehrung der DCT; wird im Videodecoder eingesetzt.

Inverse Discrete Fourier Transform (IDFT)

Numerisches Transformationsverfahren vom Frequenzbereich in den Zeitbereich; Umkehrung der DFT.

Inverse Discrete Sine Transform (IDST)

Numerisches Transformationsverfahren vom Frequenzbereich in den Zeitbereich; Umkehrung der DST.

Inverse Fast Fourier Transform (IFFT)

Schnelles numerisches Transformationsverfahren vom Frequenzbereich in den Zeitbereich; Umkehrung der FFT.

Kanalkodierung

Vor der Modulation und Übertragung eines Transport Stream wird die Kanalcodierung durchgeführt. Zweck der Kanalcodierung ist insbesondere eine Vorwärtsfehlerkorrektur (Forward Error Correction, FEC), die es ermöglicht, während der Übertragung auftretende Bitfehler im Empfänger zu korrigieren.

Liquid Crystal Display (LCD)

Flüssigkristall-Display.

Light-Emitting Diode (LED)

Leuchtdiode, verfügbar in verschiedenen Farben; aktives Halbleiter-Leuchtmittel.

Low Voltage Differential Signaling (LVDS)

LVDS kommt bei der parallelen Schnittstelle des Transport Stream zur Anwendung. Es ist eine positive differentielle Logik. Die Differenzspannung ist 330 mV an 100 Ω.

Low Density Priority Check Code (LDPC)

Blockcode der in der FEC des Satellitenstandards DVB-S2 verwendet wird.

Master Guide Table (MGT)

Die MGT ist eine Referenztabelle für alle weiteren PSIP-Tabellen (ATSC). Sie listet die Versionsnummer, die Tabellenlänge und die PID für jede PSIP-Tabelle mit Ausnahme der STT auf. Die MGT wird immer mit einer Section in der PID 0x1FFB übertragen und durch die Table_ID 0xC7 angezeigt.

Mega-frame Initialization Packet (MIP)

Das MIP wird mit der PID 0x15 in Transportströmen von terrestrischen Gleichwellennetzen (SFN / Single Frequency Networks) übertragen und ist von DVB definiert. Das MIP enthält Zeitinformationen für GPS (Global Positioning System) und Modulationsparameter. In jedem Mega-Frame ist genau ein MIP vorhanden. Ein Mega-Frame besteht aus n TS-Paketen, wobei die Zahl n von den Modulationsparametern abhängig ist. Die Übertragungsdauer eines Mega-frames ist etwa 0.5 Sekunden.

Multimedia Home Platform (MHP)
Programmbegleitender Datendienst im Rahmen von DVB. Über Object Carousels werden HTML-Files und JAVA-Applikationen für MHP-taugliche Receiver ausgestrahlt, die dann im Receiver gestartet werden können.

Multimedia and Hypermedia Information Group (MHEG)
Programmbegleitender Datendienst in MPEG-2-Transportströmen, basierend auf Object Carousels und HTML-Applikationen. Wird in UK im Rahmen von DVB-T ausgestrahlt.

MP@ML
MP@ML steht für Main Profile / Main Level und bezeichnet die Art der Quellencodierung für Videosignale. Dabei legt das Profile die anwendbaren Verfahren der Quellencodierung fest, während der Level die Bildauflösung bestimmt.

Moving Picture Experts Group (MPEG)
MPEG steht für ein weltweites Normungsgremium, das sich mit der Codierung, Übertragung und Aufzeichnung von (bewegtem) Bild und Ton befaßt.

MPEG-2
MPEG-2 ist ein von der Moving Picture Experts Group verfaßtes Normenwerk (ISO/IEC 13818), das sich in drei Hauptteile gliedert. Beschrieben wird die Codierung und Komprimierung von Bild (Teil 2) und Ton (Teil 3) zum jeweiligen Elementary Stream sowie die Zusammenführung der Elementary Streams zu einem Transport Stream durch die Multiplexbildung (Teil 1).

MPEG Audio Layer 3 (MP3)
Sehr populäres Audiokompressionsverfahren, angewendet bei MP3-Playern, usw.

Multiple Input – Multiple Output (MIMO)
Mehrantennensysteme auf Sende- und Empfangsseite; Begriff nach „Alamouti".

Multiple Input – Single Output (MISO)
Übertragung unter Nutzung mehrere Sendeantennen und einer Empfangsantenne; Begriff nach „Alamouti".

MUSICAM Masking Pattern Adapted Universal Subband Integrated Coding and Multiplexing

Network Information Table (NIT)
Die NIT ist eine PSI-Tabelle (MPEG-2/DVB). Sie enthält technische Daten zum Übertragungsnetzwerk (z. B. Orbitpositionen von Satelliten

und Transpondernummern). Die NIT wird in TS-Packets mit der PID 0x0010 übertragen und wird durch die Table_ID 0x40 oder 0x41 angezeigt.

Null Packet

Null Packets sind TS-Packets, mit denen der Transport Stream zur Erlangung einer bestimmten Datenrate aufgefüllt werden kann. Null Packets enthalten keine Nutzdaten und besitzen die Packet Identity 0x1FFF. Der Continuity Counter ist ungültig.

Organic Light-Emitting Diode (OLED)

Aktive Display-Technologie unter Einsatz von organischen Leuchtdioden.

Orthogonal Frequency Division Multiplex (OFDM)

Das Modulationsverfahren wird in DVB-Systemen zur die Ausstrahlung von Transportströmen mit terrestrischen Sendern verwendet. Es ist ein Multiträgerverfahren und eignet sich zum Betrieb von Gleichwellennetzen.

Over the Top TV (OTT)

Video-, Audiostreaming als zusätzlicher Distributionsweg von Rundfunkdiensten über IP.

Packet Identity (PID)

Die PID ist ein 13Bit-Wert im TS-Header. Sie kennzeichnet die Zugehörigkeit eines TS-Packet zu einem Teilstrom des Transport Stream. Ein Teilstrom kann einen Packetized Elementary Stream (PES), anwenderspezifische Daten, Program Specific Information (PSI) oder Service Information (SI) enthalten. Für verschiedene PSI- und SI-Tabellen sind die zugehörigen PID-Werte fest vergeben (siehe 1.3.6.). Alle anderen PID-Werte sind in den PSI-Tabellen des Transport Stream definiert.

Packetized Elementary Stream (PES)

Für die Übertragung wird der 'endlose' Elementary Stream in Pakete unterteilt. Bei Vidoeströmen bildet ein Bild diese Übertragungseinheit, während dies bei Audioströmen ein Audio Frame ist, das zwischen 16 ms und 72 ms Audiosignal repräsentieren kann. Jedem PES-Packet ist ein PES-Header vorangestellt.

Payload

Unter Payload sind allgemein Nutzdaten zu verstehen. Bezogen auf den Transport Stream sind dies alle Daten außer dem TS-Header und dem Adaptation Field. Bezogen auf einen Elementary Stream (ES) sind nur die Nutzdaten des betreffenden ES ohne den PES-Header Payload.

Payload Unit Start Indicator

Der Payload Unit Start Indicator ist ein 1Bit-Flag im zweiten Byte eines TS-Headers. Er zeigt den Beginn eines PES-Packets bzw. einer Section von PSI- oder SI-Tabellen im betreffenden TS-Packet an.

PCMCIA (PC-CARD)

PCMCIA ist eine von der Personal Computer Memory Card International Association standardisierte physikalische Schnittstelle für den Datenaustausch von Rechnern mit Peripheriegeräten. Eine Variante dieser Schnittstelle wird für das Common Interface verwendet.

PCR-Jitter

Der Wert einer PCR bezieht sich exakt auf den Beginn des TS-Packet, in dem sie sich befindet. Der Bezug auf den 27MHz-System-Takt ergibt eine Genauigkeit von etwa ± 20 ns. Wenn nun die Differenz der übertragenen Werte von der tatsächlichen Differenz des Beginns der betreffenden Pakete abweicht, spricht man von PCR-Jitter. Er kann beispielsweise durch ungenaue Berechnung der PCR während der Multiplexbildung des Transport Stream oder durch nachträgliches Einfügen von Null Packets auf dem Übertragungsweg ohne Korrektur der PCR verursacht werden.

Personal Video Recording (PVR)

Aufnahmemöglichkeit eines DVB-Receivers über Festplatte oder USB-Medium.

Plesiochronous Digital Hierarchy (PDH)

Die Plesiochrone Digitale Hierarchy wurde ursprünglich zur Übertragung digitalisierter Sprachverbindungen entwickelt. Dabei werden hochbitratige Übertragungssysteme durch zeitliches Verschachteln der Digitalsignale niederbitratiger Untersysteme erzeugt. In der PDH dürfen die Taktfrequenzen der einzelnen Untersysteme schwan-ken, der Ausgleich dieser Schwankungen erfolgt durch entsprechende Stopfverfahren. Zu der PDH gehören u.a. E3, DS3.

PES-Header

Jedes PES-Packet beginnt im Transport Stream mit einem PES-Header. Er enthält verschiedene Informationen zur Dekodierung des Elementary Stream. Von besonderer Bedeutung sind dabei die Zeitmarken Presentation Time Stamp (PTS) und Decoding Time Stamp (DTS). Der Beginn eines PES-Headers und damit auch der Beginn eines PES-Packet wird im betreffenden TS-Packet mit dem gesetzten Payload Unit Start Indicator angezeigt. Der PES-Header wird bei Verschlüsselung auf Transportstromebene verschlüsselt. Von der Verschlüsselung auf Elemantarstromebene bleibt er unbeeinflußt (siehe Conditional Access).

PES-Packet

Das PES-Packet (nicht zu verwechseln mit dem TS-Packet) enthält eine Übertragungseinheit eines Packetized Elementary Stream (PES). In einem Videostrom beispielsweise ist dies ein quellencodiertes Bild. Die Länge eines PES-Packets ist in der Regel auf 64 kByte begrenzt. Nur wenn eine Videobild in diesem Rahmen nicht Platz findet, darf das PES-Packet länger als 64 kByte sein. Jedem PES-Packet wird am Beginn ein PES-Header hinzugefügt.

Presentation Time Stamp (PTS)
Das PTS ist ein 33-Bit-Wert im PES-Header und repräsentiert den Ausgabezeitpunkt des Inhalts eines PES-Packets. Der Wert bezieht sich auf die 33 höherwertigen Bits der zugehörigen Program Clock Reference. Wenn die Reihenfolge der Ausgabe nicht mit der Reihenfolge der Dekodierung übereinstimmt, wird zusätzlich ein Decoding Time Stamp (DTS) übertragen. Das trifft für Videoströme zu, die Differenzbilder zum Inhalt haben.

Program and System Information Protocol (PSIP)
PSIP ist die Zusammenfassung der von ATSC definierten Tabellen für die Sendung von Übertragungsparametern, Programmbeschreibungen und anderem. Sie besitzen die von MPEG2-Systems definierte Struktur für ‚Private' Sections. Im einzelnen sind dies:
Master Guide Table (MGT)
Terrestrial Virtual Channel Table (TVCT)
Cable Virtual Channel Table (CVCT)
Rating Region Table (RRT)
Event Information Table (EIT)
Extended Text Table (ETT)
System Time Table (STT)

Program Association Table (PAT)
Die PAT ist eine PSI-Tabelle (MPEG-2). Sie listet alle in einem Transport Stream enthaltenen Programme auf und verweist auf die zugehörigen PMTs, in denen weitere Informationen zu den Programmen enthalten sind. Die PAT wird in TS-Packets mit der PID 0x0000 übertragen und durch die Table_ID 0x00 angezeigt.

Program Clock Reference (PCR)
Die PCR ist als 42-Bit-Wert in einem Adaptation Field enthalten und dient dem Decoder zur Synchronisation seines Systemtaktes (27 MHz) auf den Takt des Encoders bzw. des TS-Multiplexers mittels PLL. Dabei beziehen sich die 33 höherwertigen Bits auf einen 90-kHz-Takt, während die 9 niederwertigen Bits jeweils von 0 bis 299 zählen und damit einen Takt von 300 mal 90 kHz (= 27 MHz) darstellen. Jedes Programm eines Transport Stream bezieht sich auf eine PCR, die im Adaptation Field von TS-Packets mit einer bestimmten PID übertragen wird. Auf die 33 höherwertigen Bits der PCR beziehen sich die Presentation Time Stamps (PTS) und Decoding Time Stamps (DTS) aller Elementary Streams eines Programms. Jede PCR muss nach MPEG-2 im Abstand von höchstens 100 ms , nach den DVB-Richtlinien im Abstand von höchstens 40 ms übertragen werden.

Program Map Table (PMT)
Die PMT ist eine PSI-Tabelle (MPEG-2). In einer PMT sind die zu den einzelnen Programmen gehörenden Elementary Streams (Bild, Ton, Daten) beschrieben. Eine PMT besteht aus einer oder mehreren Sections, die je-

weils Informationen zu einem Programm enthalten. Die PMT wird in TS-Packets mit einer PID von 0x0020 bis 0x1FFE übertragen (in der PAT referenziert) und durch die Table_ID 0x02 angezeigt.

Program Stream (PS)

Der Program Stream ist ebenso wie der Transport Stream ein Multiplexstrom, der aber nur Teilströme für ein Programm enthalten kann und nur für die Übertragung in 'ungestörten' Kanälen geeignet ist (z. B. Aufzeichnung in Speichermedien).

Program Specific Information (PSI)

Als Program Specific Information werden die vier in MPEG-2 definierten Tabellen zusammengefaßt. Es sind dies die

Program Association Table (PAT),
Program Map Table (PMT),
Conditional Access Table (CAT),
Network Information Table (NIT).

Quadrature Amplitude Modulation (QAM)

QAM ist das für die Übertragung eines Transport Stream im Kabel verwendete Modulationsverfahren. Vor der QAM wird die Kanalkodierung durchgeführt.

Quadrature Phase Shift Keying (QPSK)

QPSK ist das für die Übertragung eines Transport Stream über Satellit verwendete Modulationsverfahren. Vor dem QPSK wird die Kanalkodierung durchgeführt.

Quellencodierung

Ziel der Quellencodierung ist die Datenreduktion durch möglichst weitgehende Beseitigung von Redundanz bei möglichst geringer Beeinflussung der Relevanz in einem Video- oder Audiosignal. Die anzuwendenden Verfahren sind in MPEG-2 definiert. Sie sind die Voraussetzung dafür, daß die Übertragung von digitalen Signalen gegenüber entsprechenden analogen Signalen weniger Bandbreite beansprucht.

Rating Region Table (RRT)

Die RRT ist eine PSIP-Tabelle (ATSC). Sie enthält für verschiedene geographische Regionen Referenzwerte für die Klassifizierung von Sendungen (z.B. ‚geeignet für Kinder ab X Jahre'). Die RRT wird mit einer Section in der PID 0x1FFB übertragen und durch die Table_ID 0xCA angezeigt.

Running Status Table (RST)

Die RST ist eine SI-Tabelle (DVB) und enthält Statusinformationen zu den einzelnen Sendungen. Sie wird in TS-Packets mit der PID 0x0013 übertragen und durch die Table_ID 0x71 angezeigt.

Section

Jede Tabelle (PSI und SI) kann eine oder mehrere Sections umfassen. Eine Section kann bis zu 1 kByte lang sein (bei EIT und ST bis zu 4 kByte). Bei den meisten Tabellen sind am Ende einer jeden Section 4 Bytes für den CRC vorhanden.

Service Description Table (SDT)

Die SDT ist ein SI-Tabelle (DVB) und enthält die Namen von Programmen und Programmanbietern. Sie wird in TS-Packets mit der PID 0x0011 übertragen und durch die Table_ID 0x42 oder 0x46 angezeigt.

Service Information (SI)

Als Service Information werden die von DVB definierten Tabellen bezeichnet. Sie besitzen die von MPEG2-Systems definierte Struktur für ‚Private' Sections. Es sind dies die

Bouquet Association Table (BAT),
Service Description Table (SDT),
Event Information Table (EIT),
Running Status Table (RST),
Time and Date Table (TDT),
Time Offset Table (TOT).

Oftmals bezieht man auch die Progam Specific Information (PSI) mit ein.

Single Input – Single Output (SISO)

Standard-Sende-Empfangsszenario mit einer Sende und einer Empfangsantenne; Begriff nach „Alamouti".

Single Input – Multiple Output (SIMO)

Diversity-Empfänger; Mehrantennensystem auf Empfängerseite.

Standard Definition Television (SDTV)

Einfach-auflösendes Fernsehen.

Stuffing Table (ST)

Die ST ist eine SI-Tabelle (DVB). Sie hat keinen relevanten Inhalt und entsteht durch das Überschreiben von nicht mehr gültigen Tabellen auf dem Übertragungsweg (z. B. an Kabelkopfstationen). Sie wird in TS-Packets mit einer PID von 0x0010 bis 0x0014 übertragen und durch die Table_ID 0x72 angezeigt.

Syncbyte

Das Syncbyte ist das erste Byte im TS-Header und somit auch das erste Byte eines jeden TS-Packet und hat den Wert 0x47.

Synchronous Digital Hierarchy (SDH)

Die Synchronous Digital Hierarchy (SDH) ist ein internationaler Standard zur digitalen Übertragung von Daten in einer einheitlichen Rahmenstruktur (Container). Es können alle Bitraten der PDH, ebenso wie ATM mittels SDH übertragen werden. SDH unterscheidet sich zwar durch die Pointerverwaltung ist aber kompatibel zu den amerikanischen PDH- und SONET-Standards.

Synchronous Optical NETwork (SONET)

Die Synchronous Optical NETwork (SONET) ist ein amerikanischer Standard zur digitalen Übertragung von Daten in einer einheitlichen Rahmenstruktur (Container). Es können alle Bitraten der PDH, ebenso wie ATM mittels SONET übertragen werden. SONET unterscheidet sich durch die Pointerverwaltung und ist damit nicht kompatibel zu dem europäischen SDH-Standard.

System Software Update (SSU)

Genormter System Software Update für DVB-Receiver, gemäß ETSI TS102006.

System Target Decoder (STD)

Der System Target Decoder beschreibt das (theoretische) Modell für einen Dekoder von MPEG2-Transportströmen. Ein 'realer' Dekoder muß alle dem STD zugrunde liegenden Bedingungen erfüllen, wenn sichergestellt sein soll, daß er die Inhalte aller nach MPEG2 erzeugten Transportströme fehlerfrei dekodieren kann.

System Time Table (STT)

Die STT ist eine PSIP-Tabelle (ATSC). Sie enthält Datum und Uhrzeit (UTC) sowie die lokale Zeitverschiebung. Die STT wird in TS-Packets mit der PID 0x1FFB übertragen und durch die Table_ID 0xCD angezeigt.

Table_ID

Die Table_Identity definiert die Art der Tabelle (z. B. PAT, NIT, SDT,...) und steht immer am Beginn einer Section der betreffenden Tabelle. Die Table_ID ist insbesondere deshalb nötig, weil in einem Teilstrom mit einer PID verschiedene Tabellen übertragen werden können (z. B. BAT und SDT mit der PID 0x11, siehe Tabelle 1-3).

Terrestrial Digital Multimedia Broadcasting (T-DMB)

Aus Südkorea stammender Standard für Digital TV – Empfäng für Mobilempfänger, basierend auf DAB und MPEG-4 AVC und AAC.

Terrestrial Virtual Channel Table (TVCT)

Die TVCT ist eine PSIP-Tabelle (ATSC), die Kenndaten für ein Programm (z.B. Kanalnummer, Frequenz, Modulationsart) zur terrestrischen Ausstrahlung enthält (Übertragung im Kabel → CVCT). Die TVCT wird in TS-Paketen mit der PID 0x1FFB übertragen und durch die Table_id 0xC8 angezeigt.

Time and Date Table (TDT)

Die TDT ist eine SI-Tabelle (DVB) und enthält Datum und Uhrzeit (UTC). Sie wird in TS-Packets mit der PID 0x0014 übertragen und durch die Table_ID 0x70 angezeigt.

Time Offset Table (TOT)

Die TOT ist eine SI-Tabelle (DVB) und enthält zusätzlich zu Datum und Uhrzeit (UTC) Informationen zur lokalen Zeitverschiebung. Sie wird in TS-Packets mit der PID 0x0014 übertragen und durch die Table_ID 0x73 angezeigt.

Transport Error Indicator

Der Transport Error Indicator ist im TS-Header enthalten und dort das erste Bit nach dem Syncbyte (MSB des zweiten Bytes). Er wird während der Kanaldecodierung gesetzt, wenn diese nicht alle auf dem Übertragungsweg entstandenen Bitfehler in dem betreffenden TS-Packet korrigieren konnte. Da grundsätzlich nicht nachvollzogen werden kann, welche Bits falsch sind (z. B. könnte auch die PID betroffen sein), darf das fehlerhafte Paket keiner weiteren Verarbeitung zugeführt werden. Die Häufigkeit des Auftretens eines gesetzten Transport Error Indicator ist kein Maß für die Bitfehlerrate auf dem Übertragungsweg. Der gesetzte Transport Error Indicator weist darauf hin, dass die Qualität des Übertragungsweges trotz Fehlerschutzcodierung für eine fehlerfreie Übertragung nicht ausreicht. Bereits mit geringfügiger Verschlechterung der Übertragungsqualität wird die Häufigkeit eines gesetzten Transport Error Indicator rasch ansteigen und schließlich die Übertragung ausfallen.

Transport Stream (TS)

Der Transport Stream ist ein von MPEG-2 definierter Multiplexdatenstrom, der mehrere Programme enthalten kann, die wiederum jeweils aus mehreren Elementary Streams bestehen können. Für jedes Programm wird eine Zeitreferenz (PCR) mitgeführt. Die Multiplexbildung geschieht durch die Bildung von TS-Packets für jeden Elementary Stream und die Aneinanderreihung dieser von verschiedenen Elementary Streams stammenden TS-Pakete.

TS-Header

Der TS-Header steht am Beginn eines jeden TS-Packet und ist vier Bytes lang. Der TS-Header beginnt immer mit dem Syncbyte 0x47. Weitere wichtige Elemente sind die PID und der Continuity Counter. Der TS-Header darf grundsätzlich nicht verschlüsselt übertragen werden.

TS-Packet

Der Transport Stream wird in Paketen zu 188 Byte (nach der Kanalcodierung 204 Byte) übertragen. Dabei sind die ersten vier Bytes dem TS-Header vorbehalten, an die sich die 184 Nutzbytes anschließen.

Ultra High Definition Television (UHDTV)

Ultra-hoch-auflösendes Fernsehen.

Vestigial Sideband Modulation (VSB)

Das Modulationsverfahren VSB (=Restseitenband-Amplitudenmodulation) findet in ATSC-Systemen Anwendung. Für die terrestrische

Ausstrahlung wird dabei 8-VSB mit 8 Amplitudenstufen verwendet, während für die Kabelübertragung meist mit 16-VSB moduliert wird.

Rundfunk-Kanaltabellen

Es folgen nun die Kanaltabellen für Analoges und Digitales Fernsehen (Terrestrik und Kabel), sowie für DAB/DAB+ (ohne Gewähr; landesspezifische Unterschiede sind möglich).

Analog-TV:
Bildträger bei 7 MHz Bandbreite 2.25 MHz unter Bandmitte,
Bildträger bei 8 MHz Bandbreite 2.75 MHz unter Bandbreite

Europa, Terrestrik und Kabel

Tabelle 50.1. TV-Kanalbelegung Europa

Kanal	Band	Mittenfrequenz [MHz]	Bandbreite [MHz]	Anmerkung
2	VHF I	50.5	7	
3	VHF I	57.5	7	
4	VHF I	64.5	7	
	VHF II			UKW 87.5...108.0 MHz
5	VHF III	177.5	7	
6	VHF III	184.5	7	
7	VHF III	191.5	7	
8	VHF III	198.5	7	
9	VHF III	205.5	7	
10	VHF III	212.5	7	
11	VHF III	219.5	7	
12	VHF III	226.5	7	
S1	Sonderkanal	107.5	7	nicht benutzt (UKW)
S 2	Sonderkanal	114.5	7	Kabel, Midband
S 3	Sonderkanal	121.5	7	Kabel, Midband
S 4	Sonderkanal	128.5	7	Kabel, Midband
S 5	Sonderkanal	135.5	7	Kabel, Midband
S 6	Sonderkanal	142.5	7	Kabel, Midband

S 7	Sonderkanal	149.5	7	Kabel, Midband
S 8	Sonderkanal	156.5	7	Kabel, Midband
S 9	Sonderkanal	163.5	7	Kabel, Midband
S 10	Sonderkanal	170.5	7	Kabel, Midband
S 11	Sonderkanal	233.5	7	Kabel, Superband
S 12	Sonderkanal	240.5	7	Kabel, Superband
S 13	Sonderkanal	247.5	7	Kabel, Superband
S 14	Sonderkanal	254.5	7	Kabel, Superband
S 15	Sonderkanal	261.5	7	Kabel, Superband
S 16	Sonderkanal	268.5	7	Kabel, Superband
S 17	Sonderkanal	275.5	7	Kabel, Superband
S 18	Sonderkanal	282.5	7	Kabel, Superband
S 19	Sonderkanal	289.5	7	Kabel, Superband
S 20	Sonderkanal	296.5	7	Kabel, Superband
S 21	Sonderkanal	306	8	Kabel, Hyperband
S 22	Sonderkanal	314	8	Kabel, Hyperband
S 23	Sonderkanal	322	8	Kabel, Hyperband
S 24	Sonderkanal	330	8	Kabel, Hyperband
S 25	Sonderkanal	338	8	Kabel, Hyperband
S 26	Sonderkanal	346	8	Kabel, Hyperband
S 27	Sonderkanal	354	8	Kabel, Hyperband
S 28	Sonderkanal	362	8	Kabel, Hyperband
S 29	Sonderkanal	370	8	Kabel, Hyperband
S 30	Sonderkanal	378	8	Kabel, Hyperband
S 31	Sonderkanal	386	8	Kabel, Hyperband
S 32	Sonderkanal	394	8	Kabel, Hyperband
S 33	Sonderkanal	402	8	Kabel, Hyperband
S 34	Sonderkanal	410	8	Kabel, Hyperband
S 35	Sonderkanal	418	8	Kabel, Hyperband
S 36	Sonderkanal	426	8	Kabel, Hyperband
S 37	Sonderkanal	434	8	Kabel, Hyperband
S 38	Sonderkanal	442	8	Kabel, Hyperband
S 39	Sonderkanal	450	8	Kabel, Hyperband
S40	Sonderkanal	458	8	Kabel, Hyperband
S41	Sonderkanal	466	8	Kabel, Hyperband
21	UHF IV	474	8	
22	UHF IV	482	8	
23	UHF IV	490	8	
24	UHF IV	498	8	
25	UHF IV	506	8	
26	UHF IV	514	8	
27	UHF IV	522	8	
28	UHF IV	530	8	
29	UHF IV	538	8	
30	UHF IV	546	8	
31	UHF IV	554	8	

32	UHF IV	562	8
33	UHF IV	570	8
34	UHF IV	578	8
35	UHF IV	586	8
36	UHF IV	594	8
37	UHF IV	602	8
38	UHF V	610	8
39	UHF V	618	8
40	UHF V	626	8
41	UHF V	634	8
42	UHF V	642	8
43	UHF V	650	8
44	UHF V	658	8
45	UHF V	666	8
46	UHF V	674	8
47	UHF V	682	8
48	UHF V	690	8
49	UHF V	698	8
50	UHF V	706	8
51	UHF V	714	8
52	UHF V	722	8
53	UHF V	730	8
54	UHF V	738	8
55	UHF V	746	8
56	UHF V	754	8
57	UHF V	762	8
58	UHF V	770	8
59	UHF V	778	8
60	UHF V	786	8
61	UHF V	794	8
62	UHF V	802	8
63	UHF V	810	8
64	UHF V	818	8
65	UHF V	826	8
66	UHF V	834	8
67	UHF V	842	8
68	UHF V	850	8
69	UHF V	858	8

Anmerkung: Kanal 61-69 = Digitale Dividende I
Kanal 50-60 = Digitale Dividende II

Australien, Terrestrik

Tabelle 50.2. TV-Kanalbelegung Australien (terrestrisch)

Kanal	Band	Mittenfrequenz [MHz]	Bandbreite [MHz]	Anmerkung
0	VHF I	48.5	7	
1	VHF I	59.5	7	
2	VHF I	66.5	7	„ABC Analog“ Sydney
3	VHF II	88.5	7	
4	VHF II	97.5	7	
5	VHF II	104.5	7	
5A	VHF II	140.5	7	
6	VHF III	177.5	7	oft „Seven Digital“
7	VHF III	184.5	7	oft „Seven Analog“
8	VHF III	191.5	7	oft „Nine Digital“
9	VHF III	198.5	7	oft „Nine Analog“
9A	VHF III	205.5	7	
10	VHF III	211.5	7	oft „Ten Analog“
11	VHF III	219.5	7	oft „Ten Digital“
12	VHF III	226.5	7	oft „ABC Digital“
28	UHF IV	529.5	7	„SBS Analog“ Sydney
29	UHF IV	536.5	7	
30	UHF IV	543.5	7	
31	UHF IV	550.5	7	
32	UHF IV	557.5	7	
33	UHF IV	564.5	7	
34	UHF IV	571.5	7	„SBS Digital“ Sydney
35	UHF IV	578.5	7	
36	UHF V	585.5	7	
37	UHF V	592.5	7	
38	UHF V	599.5	7	
39	UHF V	606.5	7	
40	UHF V	613.5	7	
41	UHF V	620.5	7	
42	UHF V	627.5	7	
43	UHF V	634.5	7	

44	UHF V	641.5	7	
45	UHF V	648.5	7	
46	UHF V	655.5	7	
47	UHF V	662.5	7	
48	UHF V	669.5	7	
49	UHF V	676.5	7	
50	UHF V	683.5	7	
51	UHF V	690.5	7	
52	UHF V	697.5	7	
53	UHF V	704.5	7	
54	UHF V	711.5	7	
55	UHF V	718.4	7	
56	UHF V	725.5	7	
57	UHF V	732.5	7	
58	UHF V	739.5	7	
59	UHF V	746.5	7	
60	UHF V	753.5	7	
61	UHF V	760.5	7	
62	UHF V	767.5	7	
63	UHF V	774.5	7	
64	UHF V	781.5	7	
65	UHF V	788.5	7	
66	UHF V	795.5	7	
67	UHF V	802.5	7	
68	UHF V	809.5	7	
69	UHF V	816.5	7	

Nord-Amerika, Terrestrik

Tabelle 50.3. Terrestrische TV-Kanalbelegung, Nord-Amerika

Channel	Band	Center frequency [MHz]	Bandwidth [MHz]	Remarks
2	VHF	57	6	
3	VHF	63	6	
4	VHF	69	6	
5	VHF	79	6	
6	VHF	85	6	
7	VHF	177	6	
8	VHF	183	6	
9	VHF	189	6	
10	VHF	195	6	

11	VHF	201	6
12	VHF	207	6
13	VHF	213	6
14	UHF	473	6
15	UHF	479	6
16	UHF	485	6
17	UHF	491	6
18	UHF	497	6
19	UHF	503	6
20	UHF	509	6
21	UHF	515	6
22	UHF	521	6
23	UHF	527	6
24	UHF	533	6
25	UHF	539	6
26	UHF	545	6
27	UHF	551	6
28	UHF	557	6
29	UHF	563	6
30	UHF	569	6
31	UHF	575	6
32	UHF	581	6
33	UHF	587	6
34	UHF	593	6
35	UHF	599	6
36	UHF	605	6
37	UHF	611	6
38	UHF	617	6
39	UHF	623	6
40	UHF	629	6
41	UHF	635	6
42	UHF	641	6
43	UHF	647	6
44	UHF	653	6
45	UHF	659	6
46	UHF	665	6
47	UHF	671	6
48	UHF	677	6
49	UHF	683	6
50	UHF	689	6
51	UHF	695	6
52	UHF	701	6
53	UHF	707	6
54	UHF	713	6
55	UHF	719	6
56	UHF	725	6

57	UHF	731	6	
58	UHF	737	6	
59	UHF	743	6	
60	UHF	749	6	
61	UHF	755	6	
62	UHF	761	6	
63	UHF	767	6	
64	UHF	773	6	
65	UHF	779	6	
66	UHF	785	6	
67	UHF	791	6	
68	UHF	797	6	
69	UHF	803	6	
70	UHF	809	6	
71	UHF	815	6	
72	UHF	821	6	
73	UHF	827	6	
74	UHF	833	6	
75	UHF	839	6	
76	UHF	845	6	
77	UHF	851	6	
78	UHF	857	6	
79	UHF	863	6	
80	UHF	869	6	
81	UHF	875	6	
82	UHF	881	6	
83	UHF	887	6	

Nord-Amerika, Kabel

Besonders im Kabel kann die aufgelistete Kanalbelegung nicht garantiert werden.

Tabelle 50.4. Kanalbelegung Nord-Amerika, Kabel

Kanal	Band	Mitten-frequenz [MHz]	Bandbreite	Anmerkung
2		57	6	
3		63	6	
4		69	6	
5		79	6	
6		85	6	
7		177	6	

8	183	6
9	189	6
10	195	6
11	201	6
12	207	6
13	213	6
14	123	6
15	129	6
16	135	6
17	141	6
18	147	6
19	153	6
20	159	6
21	165	6
22	171	6
23	219	6
24	225	6
25	231	6
26	237	6
27	243	6
28	249	6
29	255	6
30	261	6
31	267	6
32	273	6
33	279	6
34	285	6
35	291	6
36	297	6
37	303	6
38	309	6
39	315	6
40	321	6
41	327	6
42	333	6
43	339	6
44	345	6
45	351	6
46	357	6
47	363	6
48	369	6
49	375	6
50	381	6
51	387	6
52	393	6
53	399	6

54	405	6
55	411	6
56	417	6
57	423	6
58	429	6
59	435	6
60	441	6
61	447	6
62	453	6
63	459	6
64	465	6
65	471	6
66	477	6
67	483	6
68	489	6
69	495	6
70	501	6
71	507	6
72	513	6
73	519	6
74	525	6
75	531	6
76	537	6
77	543	6
78	549	6
79	555	6
80	561	6
81	567	6
82	573	6
83	579	6
84	585	6
85	591	6
86	597	6
87	603	6
88	609	6
89	615	6
90	621	6
91	627	6
92	633	6
93	639	6
94	645	6
95	93	6
96	99	6
97	105	6
98	111	6
99	117	6

100	651	6
101	657	6
102	663	6
103	669	6
104	675	6
105	681	6
106	687	6
107	693	6
108	699	6
109	705	6
110	711	6
111	717	6
112	723	6
113	729	6
114	735	6
115	741	6
116	747	6
117	753	6
118	759	6
119	765	6
120	771	6
121	777	6
122	783	6
123	789	6
124	795	6
125	801	6
126	807	6
127	813	6
128	819	6
129	825	6
130	831	6
131	837	6
132	843	6
133	849	6
134	855	6
135	861	6
136	867	6
137	873	6
138	879	6
139	885	6
140	891	6
141	897	6
142	903	6
143	909	6
144	915	6
145	921	6

146	927	6
147	933	6
148	939	6
149	945	6
150	951	6
151	957	6
152	963	6
153	969	6
154	975	6
155	981	6
156	987	6
157	993	6
158	999	6

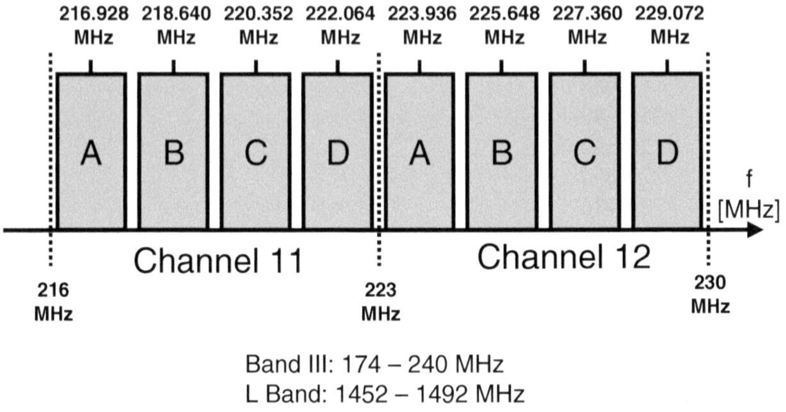

Abb. 50.1. DAB-Kanalraster, Beispiel: Kanal 11 und 12

Tabelle 50.5. DAB-Kanal-Tabelle VHF-Band III

Kanal	Mittenfrequenz [MHz]
5A	174.928
5B	176.640
5C	178.352
5D	180.064
6A	181.936
6B	183.648

6C	185.360
6D	187.072
7A	188.928
7B	190.640
7C	192.352
7D	194.064
8A	195.936
8B	197.648
8C	199.360
8D	201.072
9A	202.928
9B	204.640
9C	206.352
9D	208.064
10A	209.936
10N	210.096
10B	211.648
10C	213.360
10D	215.072
11A	216.928
11N	217.088
11B	218.640
11C	220.352
11D	222.064
12A	223.936
12N	224.096
12B	225.648
12C	227.360
12D	229.072
13A	230.784
13B	232.496
13C	234.208
13D	235.776
13E	237.488
13F	239.200

Tabelle 50.6. DAB-Kanal-Tabelle, L-Band

Kanal	Mittenfrequenz [MHz]
LA	1452.960
LB	1454.672
LC	1456.384
LD	1458.096

LF	1461.520
LG	1463.232
LH	1464.944
LI	1466.656
LJ	1468.368
LK	1470.080
LL	1471.792
LM	1473.504
LN	1475.216
LO	1476.928
LP	1478.640
LQ	1480.352
LR	1482.064
LS	1483.776
LT	1485.488
LU	1487.200
LV	1488.912
LW	1490.624

Tabelle 50.7. DAB-Kanaltabelle, L-Band Kanada

Kanal	Mittenfrequenz [MHz]
1	1452.816
2	1454.560
3	1456.304
4	1458.048
5	1459.792
6	1461.536
7	1463.280
8	1465.024
9	1466.768
10	1468.512
11	1470.256
12	1472.000
13	1473.744
14	1475.488
15	1477.232
16	1478.976
17	1480.720
18	1482.464
19	1484.464
20	1485.952
21	1487.696
22	1489.440
23	1491.184

Abb. 50.2. zeigt die Belegung des Ku-Bands für den TV-Satelliten-Direktempfang.

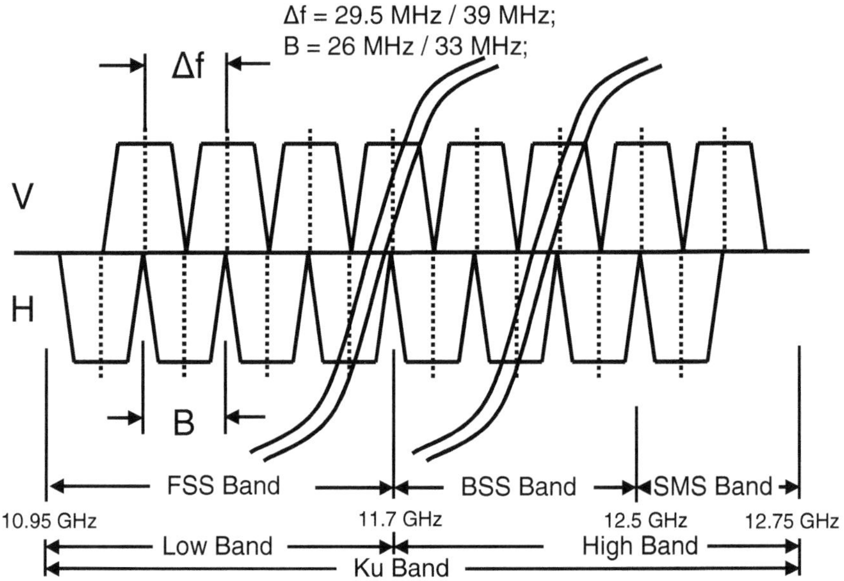

Abb. 50.2. Ku-Band für TV-Direktempfangssatelliten

Sachverzeichnis

FSC
www.fsc.org
MIX
Papier aus verantwortungsvollen Quellen
Paper from responsible sources
FSC® C105338

If you have any concerns about our products,
you can contact us on
ProductSafety@springernature.com

In case Publisher is established outside the EU,
the EU authorized representative is:
Springer Nature Customer Service Center GmbH
Europaplatz 3, 69115 Heidelberg, Germany

Printed by Libri Plureos GmbH
in Hamburg, Germany